Jürgen Gausemeier/ Christoph Plass/Christoph Wenzelmann

Zukunftsorientierte Unternehmensgestaltung

Jürgen Gausemeier
Christoph Plass
Christoph Wenzelmann

Zukunftsorientierte Unternehmensgestaltung

Strategien, Geschäftsprozesse und IT-Systeme
für die Produktion von morgen

Bibliografische Information Der Deutschen Bibliothek:
Die Deutsche Bibliothek verzeichnet diese Publikation in der Deutschen Nationalbibliografie;
detaillierte bibliografische Daten sind im Internet über <http://dnb.ddb.de> abrufbar.

ISBN 978-3-446-41055-8

© 2009 Carl Hanser Verlag München Wien
www.hanser.de
Lektorat: Dipl.-Ing.Volker Herzberg
Herstellung: Der Buchmacher, Arthur Lenner, München
Titelillustration: Atelier Frank Wohlgemuth, Bremen
Coverrealisierung: Stephan Rönigk
Druck und Bindung: aprinta druck GmbH & Co. KG, Wemding
Printed in Germany

Inhalt

Kapitel 3:
Strategien – Wege in eine erfolgreiche Zukunft 132

Kapitel 4:
Prozesse – Gestaltung der Leistungserstellung 264

Kapitel 5:
Systeme – Nutzung der Informationstechnik 366

Autoren

Von links nach rechts:
Felix Reymann (Projektmanager des Buches),
Christoph Plass, Jürgen Gausemeier und
Christoph Wenzelmann

PROF. DR.-ING. JÜRGEN GAUSEMEIER ist seit 1990 Professor für Rechnerintegrierte Produktion am Heinz Nixdorf Institut der Universität Paderborn. Er promovierte 1977 am Institut für Werkzeugmaschinen und Fertigungstechnik der TU Berlin bei Prof. Spur. In seiner zwölfjährigen Industrietätigkeit war Dr. Gausemeier Entwicklungschef für CAD/CAM-Systeme und zuletzt Leiter des Produktbereiches Prozessleitsysteme bei einem namhaften schweizer Unternehmen. Über die Universitätsgrenzen hinaus engagiert er sich u.a. als Mitglied des Vorstands und Geschäftsführer des Berliner Kreises – Wissenschaftliches Forum für Produktentwicklung e.V. Ferner ist Jürgen Gausemeier Initiator und Aufsichtsratvorsitzender des Beratungsunternehmens UNITY AG. Jürgen Gausemeier ist Mitglied von acatech – Deutsche Akademie der Technikwissenschaften; 2008 wurde er in das Präsidium von acatech berufen.

CHRISTOPH PLASS ist Mitglied des Vorstands der UNITY AG, die er 1995 gemeinsam mit seinem Vorstandskollegen Tomas Pfänder und dem Aufsichtsratsvorsitzenden Prof. Dr.-Ing. Jürgen Gausemeier gründete. Die UNITY AG ist ein technologieorientiertes Beratungsunternehmen mit zurzeit 150 Mitarbeitern. Der Hauptsitz des Unternehmens ist in Paderborn/Büren. Niederlassungen sind in Berlin, Hamburg, München, Stuttgart, Kairo, Wien und Zürich. Christoph Plass studierte Wirtschaftsingenieurwesen mit der Fachrichtung Fertigungstechnik an der Universität Paderborn. Seit 2004 ist Christoph Plass bei den Wirtschaftsjunioren Deutschland in leitenden Funktionen auf Landes- und Bundesebene aktiv.

DIPL.-WIRT.-ING. CHRISTOPH WENZELMANN ist Geschäftsfeldleiter bei der UNITY AG und dort für das Mittelstandsgeschäft im Südwesten Deutschlands verantwortlich. Zuvor studierte er Wirtschaftsingenieurwesen mit der Fachrichtung Maschinenbau an der Universität Paderborn und war anschließend von 2004 bis Anfang 2008 wissenschaftlicher Mitarbeiter von Herrn Prof. Gausemeier am Heinz Nixdorf Institut der Universität Paderborn. Dort waren seine Arbeitsschwerpunkte strategische Planung und Technologiemanagement. Er leitete drei Jahre lang den Bereich Innovationsmanagement. Sein Promotionsverfahren im Themenkomplex zukunftsorientierte Strategieoptionen und Wettbewerberverhalten wird er voraussichtlich Ende 2008 abschließen. Christoph Wenzelmann hat für Unternehmen der Branchen Maschinen- und Anlagenbau, Nutzfahrzeugindustrie, Aluminiumindustrie, Elektro-/Elektronik-Industrie und Haushaltsgeräteindustrie einschlägige Beratungsprojekte durchgeführt.

Vorwort

Zukunftsorientierte Unternehmensgestaltung – dieser Begriff findet grundsätzlich Zustimmung, auch wenn der eine oder andere denkt, das sei selbstverständlich. Wir werden erklären, was wir darunter verstehen und was unsere Botschaften sind.

Die Managementliteratur hat einen Hang zum Neuesten. Das ist gut so, weil es praktisch an allen Fronten Handlungsbedarf und eine Nachfrage nach Lösungen gibt. Wenn wir zurückblicken, müssen wir einräumen, dass es immer wieder neue Ansätze der Unternehmensgestaltung gab, die teils enthusiastisch propagiert worden sind, man denke an Business Process Reengineering, Lean Production, Fraktale Fabrik und Agile Manufacturing. Manchmal wird die Führung eines Unternehmens einfach nur aus einem neuen Blickwinkel betrachtet, wie das für Total Quality Management zu beobachten ist. All diese Ansätze und Lehren geben neue Denkanstöße und praktische Handlungskonzepte. Sie ersetzen aber nicht die Essenz der jahrzehntelangen Managementforschung. Es ist immer wieder gut, sich dieses vor Augen zu führen, wenn der nächste neue Zug abfährt.

Wir liefern keine neue Managementlehre, sondern ein ausgewogenes Buch für den Praktiker. Unser Anspruch ist, einer Führungspersönlichkeit eine Leitlinie zur Unternehmensgestaltung zu geben und ihr zu verdeutlichen, welche Instrumente in ihrem spezifischen Fall geeignet wären.

Die von uns propagierte Leitlinie zur Unternehmensgestaltung besteht aus vier Ebenen, die idealtypisch top down zu bearbeiten sind: Vorausschau, Strategien, Geschäftsprozesse und IT-Systeme. Dementsprechend ist auch das vorliegende Buch strukturiert. Wir zeigen, wie sich künftige Geschäftschancen, aber auch Bedrohungen für das etablierte Geschäft aufspüren lassen, wie daraus Schlüsse für die Geschäftsstrategie zu ziehen sind und wie diese zu entwickeln ist, wie davon ausgehend die Geschäftsprozesse zu gestalten sind und last but not least, wie die faszinierenden Möglichkeiten der Informationstechnik zur Unterstützung der Geschäftsprozesse wirkungsvoll genutzt werden können. Auf jeder Ebene stellen wir eine Fülle von Methoden vor und beschreiben deren Einsatz im Kontext konkreter Beratungsprojekte.

Der Fokus liegt auf Unternehmen der Fertigungsindustrie, die komplexe Erzeugnisse entwickeln, produzieren und vermarkten. Das vorgestellte Instrumentarium lässt sich auch auf weitere Branchen übertragen. Die von uns ins Auge gefassten Zielgruppen sind zunächst einmal Führungspersönlichkeiten. Das Buch richtet sich auch an Studierende, denen wir deutlich machen wollen, wie Managementlehre, Betriebsorganisation und Informationstechnik zu gut ausbalancierten Unternehmensführungskonzeptionen verknüpft werden können. Damit unterstreichen wir unseren interdisziplinären Ansatz in der Lehre, der in erster Linie Wirtschaftsingenieure anspricht, aber auch für all die Studiengänge von Interesse ist, denen es gut tut, über den Tellerrand zu schauen.

So ein relativ aufwändiges Werk zu schaffen geht kaum ohne Mitstreiter. Ich bin daher sehr froh, meine ehemaligen „Schüler" Christoph Plass und Christoph Wenzelmann als Mitautoren gewonnen zu haben. Sie sind tagtäglich am Puls der Unternehmen und sorgen insbesondere für den aktuellen Praxisbezug. Ferner haben uns eine Reihe von wissenschaftlichen Mitarbeitern und Fachleuten aus unserem Spin-off-Unternehmen UNITY AG zu einzelnen Kapiteln Input gegeben. Ihnen sei besonders gedankt. Wir stellen diese Personen am Buchende kurz vor. Ferner haben wir punktuell Input von Rinje Brandis, Almut Brünger und Oliver Köster erhalten. Ihnen sei ebenfalls herzlich gedankt.

Ein Buch zu schreiben und zu produzieren ist ein umfassendes Projekt, das ein straffes Management erfordert. Mein Assistent Felix Reymann war der Dreh- und Angelpunkt auf dem Weg zum fertigen Buch. Großen Dank für diese Spitzenleistung! Felix Reymann hatte eine Schar von Helferinnen, die den Text und die Bilder produziert haben: Alexandra Dutschke, Christine Flamme, Stefanie Hesse, Svenja Kies, Wiebke Marx und Sarah Reuter. Insbesondere Alexandra Dutschke, meine Sekretärin, hat mit viel Übersicht und Engagement die Texte x-mal bearbeitet. Wenn es eine Auszeichnung für das Erkennen kryptischer Anweisungen zerstreuter Autoren und die Konsistenzsicherung inkonsistenter Beiträge gäbe, würde ihr ohne Frage dieser Preis zustehen. Herzlichen Dank an sie und die weiteren Helferinnen.

Sollten trotz sorgfältiger Redaktionsarbeit und Korrekturlesens Fehler auftauchen, bitte ich schon jetzt dafür um Entschuldigung und um die Freundlichkeit, mir diese mitzuteilen. Ferner sind konstruktive Kritik und Anregungen zur Verbesserung dieser Arbeit sehr willkommen. Wir werden sie bei einer weiteren Auflage gern berücksichtigen.

Wir schreiben im Folgenden in der maskulinen Form, und zwar ausschließlich wegen der einfachen Lesbarkeit. Wenn beispielsweise von Entscheidungsträgern und Managern die Rede ist, meinen wir selbstredend auch Entscheidungsträgerinnen und Managerinnen.

Ich hoffe, liebe Leserinnen und Leser, Sie gewinnen durch unser Buch neue Erkenntnisse und Impulse für die praktische Arbeit.

Paderborn, im September 2008
Jürgen Gausemeier

1 Mit visionärer Kraft zur rechnerintegrierten Produktion

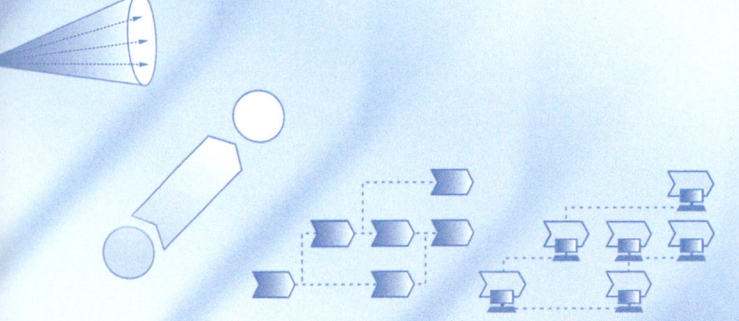

»Ideen sind die neuen Produktivkräfte. Dieser Tatsache ist erst einmal nicht zu widersprechen. Nur Ideen langweilen sich zu Tode, wenn ihre Produzenten nicht in der Lage sind, ihnen Taten folgen zu lassen. Möglichst schnell und professionell.«

– HENRY JOE HEIBUTZKY –

Zusammenfassung

Industrielle Produktion leistet einen wesentlichen Beitrag zu einem hohen Lebensstandard. Angesichts der Phänomene unserer Zeit, wie Globalisierung, technologischer Wandel und Diskontinuitäten der Entwicklung von Märkten und Geschäftsumfeldern, stellt sich die Frage nach den entscheidenden Hebeln zur Sicherung des nachhaltigen Unternehmenserfolgs.

Zunächst stellen wir dar, welche Bedeutung die strategische Führung hat. Sie identifiziert frühzeitig die Geschäftschancen von morgen und sorgt dafür, dass diese rechtzeitig und konsequent wahrgenommen werden. Strategische Führung setzt einerseits Erfolg und Liquidität voraus, andererseits steuert sie diese unternehmerischen Kenngrößen vor.

Wir betrachten schwerpunktmäßig Unternehmen der industriellen Produktion – Unternehmen des Maschinen- und Anlagenbaus, der Elektroindustrie, der Automobilindustrie, der Medizintechnik etc. Daher beschreiben wir dieses Handlungsfeld und machen deutlich, dass ein modernes Industrieunternehmen in erster Linie ein hochkomplexes informationsverarbeitendes System ist. In diesem Sinne ergeben sich zwei Hauptgeschäftsprozesse: der Produktentstehungsprozess und der Auftragsabwicklungsprozess.

Informationstechnik (IT) trägt entscheidend zur Effizienz dieser Geschäftsprozesse bei. Der Einsatz von IT-Systemen steht aber am Ende einer gut überlegten Unternehmensführungskonzeption und nicht am Anfang. Das ist eine der wesentlichen Botschaften des von uns propagierten 4-Ebenen-Modells der zukunftsorientierten Unternehmensgestaltung.

Im Fokus stehen produzierende Unternehmen, weil wir möglichst konkret werden wollen. Das 4-Ebenen-Modell und die damit verbundenen Methoden gelten prinzipiell auch für andere Klassen von Unternehmen.

Die Fähigkeit, innovative Industrieerzeugnisse hervorzubringen und auf dem Weltmarkt mit Gewinn zu verkaufen, bestimmt in hohem Maße den Lebensstandard. Auch in der so genannten Informationsgesellschaft hat die industrielle Produktion nach wie vor eine Schlüsselstellung; es finden nur weniger Menschen als früher Arbeit in diesem Sektor. Zukunft gestalten heißt daher auch, neue attraktive Erzeugnisse zu entwickeln und zu produzieren. Ein hoher Lebensstandard erfordert offensichtlich adäquate Spitzenleistungen an Kreativität und industrieller Wertschöpfung.

Die industrielle Produktion ist für Deutschland von sehr hoher Bedeutung. Mit etwa 500 Mrd. € erwirtschaftet das verarbeitende Gewerbe etwa ein Viertel der gesamtwirtschaftlichen Wertschöpfung in Deutschland. Gemessen am Produktionswert der gesamten Wirtschaft entfällt auf die industrielle Produktion mehr als ein Drittel.

Das verarbeitende Gewerbe beruht in hohem Maße auf Wissen: über 90 Prozent der gesamten Aufwendungen der Wirtschaft für Forschung und Entwicklung in Deutschland werden von den verarbeitenden Betrieben aufgebracht, das dynamische Wachstum der Dienstleistungen (Engineering, Softwareentwicklung, Beratung etc.) wird in erster Linie durch Aufträge an die produzierenden Unternehmen induziert. Forschung und Entwicklung für neue bzw. verbesserte Produkte sind mit Forschung und Entwicklung für Produktionssysteme eng verzahnt. Die außerordentlich hohen Produktivitätssteigerungen in den Kernbereichen der Industrie haben das Wachstum der Dienstleistungen ermöglicht und umgekehrt. Aus volkswirtschaftlicher und wirtschaftspolitischer Sicht ist die Produktionstechnologie eine wesentliche Grundlage des Wohlstandes einer modernen hochentwickelten Gesellschaft [BDI05].

Von jeher war die industrielle Produktion einem Wandel unterworfen. Häufig war dieser so stark, dass der Begriff Revolution verwendet wurde. Bild 1-1 vermittelt einen Überblick über die entsprechende Entwicklung.

- Die **erste industrielle Revolution** beschreibt den Übergang von der reinen Handarbeit zur maschinellen Produktion, die sich ab 1770 zunächst in den Baumwollspinnereien und Webereien Mittelenglands vollzog. Den großen Durchbruch brachte die Vollendung der Dampfmaschine durch JAMES WATT 1782; sie ermöglichte die Bereitstellung von Energie

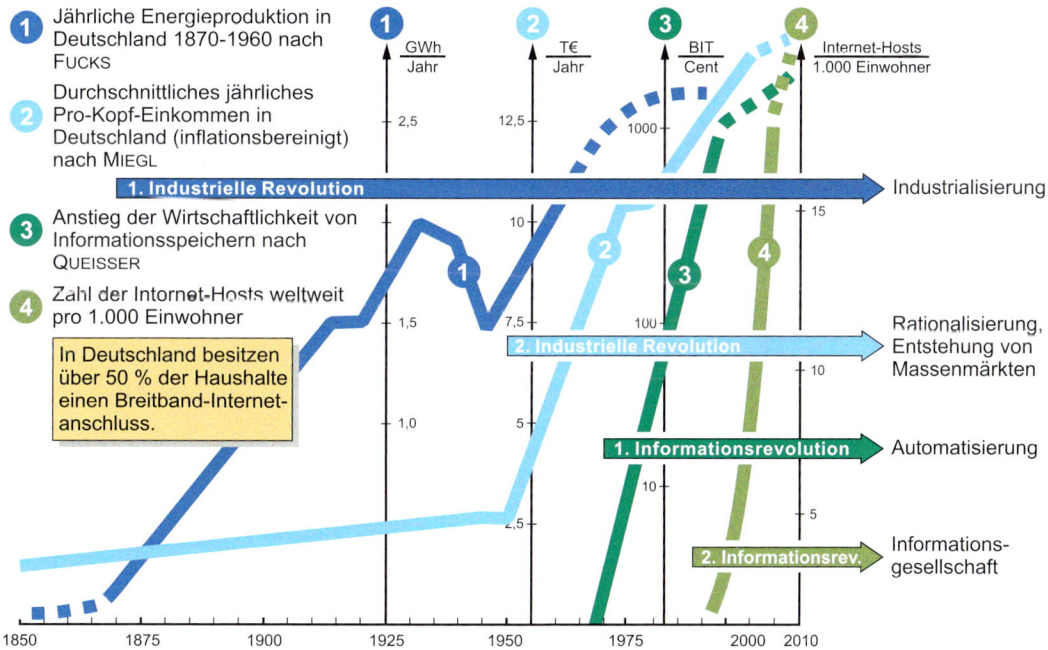

Bild 1-1: Entwicklung der industriellen Produktion nach WARNECKE [War93]

an beliebigen Orten und machte die Menschheit unabhängig von den Kräften der Natur [Geo08].

- Die **zweite industrielle Revolution** charakterisiert eine starke Mechanisierung und Elektrifizierung kombiniert mit einer ausgeprägten Rationalisierung. Dies ermöglichte ein erhebliches Wachstum und damit die Versorgung der entstehenden Massenmärkte. Wesentliche Merkmale der durch TAYLOR geprägten Rationalisierung dieser Epoche waren die Arbeitsteilung, die Standardisierung und die Präzisionsfertigung sowie die Fließfertigung; HENRY FORD wandte diese neue Methodik auf die Produktion des T-Modells an und erzielte damit einen bahnbrechenden Erfolg in der Automobilherstellung. Die Elektrizität förderte stark die Dezentralisierung der mechanischen Systeme.

- Die **erste Informationsrevolution** (auch: dritte industrielle Revolution) basierte auf der Entwicklung und Verbreitung des Computers bzw. Mikroprozessors. Dies führte zu nummerisch gesteuerten Arbeitsmaschinen (NC-Maschinen, Industrierobotern), die wesentlich schneller umgerüstet werden können als konventionell automatisierte mechanische Systeme. Es entstand das Paradigma der flexiblen Automatisierung; die entsprechenden Systeme zeichnen sich durch eine hohe Produktivität und Flexibilität aus.

- Heute befinden wir uns inmitten der **zweiten Informationsrevolution**, in der sich ein Wandel von den nationalen Industriegesellschaften zur globalen Informationsgesellschaft vollzieht. Informations- und Kommunikationstechnik wachsen zusammen und durchdringen alle Lebensbereiche. Der Produktionsbetrieb wird als komplexes informationsverarbeitendes System verstanden, in dem die bereichsübergreifenden Leistungserstellungsprozesse und deren durchgängige Unterstützung durch Informations- und Kommunikationstechnik eine herausragende Rolle spielen.

Die skizzierte Entwicklung erfüllt viele mit Sorge, weil sie empfinden, dass die Informationstechnik die Arbeit ausrottet. Andere sehen das Schreckgespenst der „menschenleeren Fabrik". Wir müssen aber einräumen, dass wir froh sind, den Schweißrobotern bei der Arbeit zusehen zu können, statt selbst zu schweißen. Wie dem auch sei, die durch die Informationstechnik entstehenden Automatisierungs- und Rationalisierungspotentiale werden ausgeschöpft, wann immer es wirtschaftlich ist. Oft verspricht man sich von der Informationstechnik zu viel. Das war auch im Zuge der CIM-Euphorie vor gut einem Jahrzehnt der Fall. CIM steht für **Computer Integrated Manufacturing**, auf gut Deutsch Rechnerintegrierte Produktion. Viele Unternehmen haben damals kühne CIM-Strategien erarbeitet, mit denen die Frage beantwortet werden sollte, wie mit geballtem Einsatz von Informationstechnik die Wettbewerbsfähigkeit gestärkt werden kann. Häufig wurde aus pragmatischen Erwägungen die Wirtschaftlichkeitsrechnung zurückgestellt bzw. mit groben Nutzenannahmen gearbeitet, die mehr Wunsch als Resultat analytischen Denkens waren. Die vielerorts eingeführten komplexen, teuren Applikationssysteme brachten häufig nicht den erhofften bzw. geplanten Nutzen. Die Kostenbudgets wurden aber durchweg erreicht, oft auch wesentlich überschritten. Ernüchterung machte sich breit. Es reifte die Erkenntnis, dass Verfahren der Informationsverarbeitung ihren Nutzen nur dann entfalten können, wenn sie auf wohlstrukturierte Geschäftsabläufe angewandt werden. Der Begriff des Geschäftsprozesses (Business Process) war geboren. Ferner stellte sich heraus, dass gut strukturierte Abläufe nicht nur die Voraussetzung für den wirkungsvollen Einsatz von IT-Verfahren sind, sondern auch für sich genommen einen hohen Nutzen bringen. Die Abläufe in den Unternehmen sind in der Regel historisch gewachsen und weisen somit ein erhebliches Rationalisierungspotential auf. Unter dem Schlagwort Business Process Reengineering wurde daher an vielen Stellen begonnen, das Gewachsene in Frage zu stellen, neue schlanke Prozesse zu definieren und zu implementieren. Die Erfolge sind im Großen und Ganzen zweifellos vorhanden. Dennoch erwies sich, dass schlanke Prozesse allein die Zukunft eines Unternehmens nicht sichern. Business Process Reengineering führt nur dann zu nachhaltigem Erfolg, wenn die Prozesse Konsequenz einer klugen Geschäftsstrategie sind. G. HAMEL und C. K. PRAHALAD stellen dazu in ihrem Buch „Wettlauf um die Zukunft" Folgendes fest [HP95]:

„*Nur wenige Firmen scheinen sich die Frage ge-stellt zu haben, welches die Opportunitätskos-ten jener Hunderten Millionen – oder sogar Mil-liarden – Dollar sind, die für Reengineering und Umstrukturierung ausgegeben wurden. Was wä-re, wenn man all dieses Geld und dieses „über-schüssige" intellektuelle Potential dafür einge-setzt hätte, die Märkte von morgen zu schaffen? Die Kosten für eine Umstrukturierung oder ein Reengineering in großem Stil sind alles andere als ein Beweis für die Entschlossenheit oder den Weitblick der Unternehmensführung. Sie sind einfach die Strafe, die ein Unternehmen dafür zahlen muss, dass es sich nicht früh genug auf die Zukunft vorbereitet hat.*"

Offensichtlich ist es nicht damit getan, die Probleme von heute zu lösen, weil ein Unternehmen damit nicht zwangsläufig fit für die Zukunft wird. Die Produktion nachhaltig erfolgreich gestalten heißt daher ganz besonders, den Wettbewerb von morgen zu antizipieren und sich dementsprechend auszurichten. Dafür verwenden wir auch den Begriff Strategisches Produktionsmanagement. Im Folgenden gehen wir zunächst auf die Aufgabe und Bedeutung der strategischen Führung ein (Kapitel 1.1). Dann charakterisieren wir in Kapitel 1.2 das Handlungsfeld Produktion. In Kapitel 1.3 stellen wir unser Referenzmodell zur Gestaltung der Produktion vor – das 4-Ebenen-Modell. Die Hauptkapitel 2 bis 5 des vorliegenden Buches entsprechen den vier Ebenen.

1.1 Mehr denn je kommt es auf die Strategie an

Bis in die 1960er Jahre hinein war es für die meisten Unternehmen einfach, Abnehmer für ihre Produkte zu finden. Der Nachkriegs-Boom und die Entstehung moderner Wohlstandsgesellschaften sorgten für genügend Nachfrage. Die benötigten Ressourcen – vor allem Erdöl als Energieträger und seine Folgeprodukte wie Treib- und Kunststoffe – waren billig und standen in ausreichender Menge zur Verfügung.

Mit der ersten großen Nachkriegsrezession und der Ölkrise der 1970er Jahre ging dieses „Zeitalter der Kontinuität" zu Ende. Mit der zunehmenden Unsicherheit veränderte sich auch die Art, wie Unternehmen planen und führen. Es wurde immer schwieriger, unternehmerische Entscheidungen „aus dem Bauch heraus" zu treffen oder zu improvisieren. Infolgedessen verstärkten viele Unternehmen ihre Planung.

Geprägt wird die Planung seit den 1960er Jahren vom ursprünglich militärischen Begriff der „Strategie". Die Wurzeln strategischen Denkens liegen offensichtlich im Militärischen. Die älteste Schrift ist „Die Kunst des Kriegers" von SUN TZU, der etwa 400 vor Christus lebte [Tzu88]. Der preußische Generalmajor und Militärtheoretiker CARL VON CLAUSEWITZ hat die Strategie wie folgt von der Taktik abgegrenzt:

- Die Mittel der Taktik sind die Streitkräfte, ihr Ziel ist der Sieg im Gefecht oder im Einsatz.

- Die Mittel der Strategie sind die Gefechte oder aufeinander folgende Einsätze, ihr Ziel ist der Frieden.

Diese Unterscheidung findet sich auch in den unternehmerischen Führungsgrößen – d.h. den Größen, anhand derer Unternehmen geführt und gesteuert werden. Bis in die 1970er Jahre wurden Unternehmen im Großen und Ganzen über Liquiditäts- und Erfolgsgrößen geführt. Erst mit der strategischen Planung rückten Erfolgspotentiale in den Mittelpunkt des Interesses. Ziel der strategischen Planung ist die vorteilhafte Positionierung des Unternehmens im Wettbewerb von morgen und damit verbunden der nachhaltige Erfolg.

Es kommt also darauf an, Erfolgspotentiale zu erkennen und zu erschließen.

Das Denken in Erfolgspotentialen hat sich in der Praxis noch nicht überall durchgesetzt. Für viele ist strategische Führung nicht viel mehr als eine langfristige Planung. Erfolgspotentiale gelten als schwer messbar und daher als nicht handhabbar. Weil sich Unternehmen ohne einen Fokus auf Erfolgspotentiale auf Dauer nicht halten können, müssen sie ihr Verständnis für die strategischen Führungsgrößen verbessern. Dabei hilft es ihnen, sich die Entwicklung der Führungsgrößen vor Augen zu führen.

1.1.1 Liquiditätssteuerung

Ein Unternehmen ist ein komplexes sozio-technisches System, das darauf ausgerichtet ist, seine Lebensfähigkeit durch ökonomisches Handeln zu erhalten. Kurzfristig benötigt es dazu **Liquidität**. Also Geld – oder wissenschaftlich: die durch Geld oder andere Tauschmittel vertretene Verfügungsmacht über Bedarfsgüter. Damit ist Liquidität die elementare Steuerungs- bzw. Führungsgröße eines Unternehmens. Sie lässt sich in Form von Aktiva (Vermögen) und Passiva (Kapital) messen und über Einnahmen und Ausgaben verändern. Die **Liquiditätssteuerung** ist noch heute die Aufgabe der **Finanzplanung**.

Bereits im späten Mittelalter begann mit der Entwicklung der **Buchführung** die Erweiterung des unternehmerischen Führungs- und Steuerungsinstrumentariums. Dadurch wurde es möglich, das Ergebnis des unternehmerischen Handelns in einer Zeitperiode zu erfassen. Ausgedrückt wurden diese Ergebnisse als Erfolg in Form der (positiven) Liquiditätsveränderung und später in Form eines (positiven) Gewinns. Gesteuert wird der Erfolg über Ertrag und Aufwand.

Als in den 1930er Jahren die Grenzen der Buchhaltung deutlich wurden, entstand die **Kosten- und Leistungsrechnung**. Durch die Erfassung der Kosten im Rahmen der Kostenartenrechnung wurde es erstmals möglich, nicht nur die Kosten des gesamten Unternehmens zu messen, sondern die Kosten weiter aufzugliedern. Die ermittelten Kosten wurden einzelnen Kostenstellen zu-

gerechnet, so dass sich deren Wirtschaftlichkeit kontrollieren ließ (Kostenstellenrechnung), oder sie wurden einzelnen Produkten zugerechnet, so dass deren Selbstkosten ermittelt werden konnten (Kostenträgerrechnung). Schon bald zeigte sich, dass auch diese vergangenheitsorientierten Ex-post-Analysen (Ist- und Normalkostenrechnung) als Steuerungsinstrumentarien nicht ausreichten. Es war notwendig, die zukünftigen Entwicklungen gedanklich vorwegzunehmen und an Zielgrößen auszurichten. So entstand die **operative Planung** in Form der Plankostenrechnung, die sich an prognostizierten Werten orientiert.

Das Verhältnis der beiden Steuergrößen Liquidität und Erfolg hat A. GÄLWEILER in seinem Konzept der **Vorsteuergrößen** beschrieben. Danach ist die **Erfolgssteuerung** eine organisierte und systematische Vorsteuerung der **Liquiditätssteuerung**. Je größer der Erfolg ist, desto größer ist die Möglichkeit einer Liquiditätserhaltung. Damit kann man den Erfolg auch als „Liquiditätspotential" auffassen. Dennoch reicht es nicht, nur den Erfolg zu steuern. So kann ein stark wachsendes Unternehmen durch die erforderlichen Erweiterungsinvestitionen zahlungsunfähig werden, obwohl es einen hohen Periodenerfolg aufweist. Im Gegensatz dazu können Unternehmen mit negativem Erfolg überleben, solange sie liquide bleiben. Es wird deutlich, dass Liquiditätsplanung und Erfolgsplanung parallel durchgeführt werden müssen.

1.1.2 Erfolgspotentiale als strategische Führungsgröße

Bis in die 1970er Jahre hinein dominierten Verkäufermärkte. Die Unternehmen konnten ihren Erfolg relativ sicher planen, solange sie nur den Marktbedarf analysierten und die Lieferfähigkeit ihrer Produkte sicherstellten. Das änderte sich mit dem Übergang von Verkäufer- zu Käufermärkten. Jetzt bedurfte es zusätzlich einer genauen Kenntnis der Kunden und Mitbewerber. Die zentrale Orientierungsgrundlage einer wettbewerbsorientierten Planung wurde die **Erfahrungskurve**, die 1966 von der Boston Consulting Group erstmals vorgestellt wurde. Danach nehmen die zur Erstellung von Produkten oder Leistungen benötigten Ressourcen je Ausbringungseinheit mit zunehmender Ausbringungsmenge und Erfahrung ab. So entsteht bei jeder Verdoppelung der kumulierten Mengen eines Produktes oder einer Leistung ein Kosteneinsparungspotential von rund 20 - 30 %. Die Marktposition rückte in den Mittelpunkt der Planung, weil mit einem hohen Marktanteil geringere Kosten, eine bessere Wettbewerbsposition und damit letztlich ein höherer Erfolg verbunden war.

Die traditionelle Erfolgssteuerung – selbst in Form einer Plankostenrechnung – konnte den Anforderungen einer wettbewerbsorientierten Planung nicht genügen. Daher entstand in den 1960er Jahren die **strategische Planung**. Ihre Aufgabe war nicht mehr die bloße Liquiditäts- oder Erfolgsmaximierung, sondern die Schaffung und Erhaltung der besten Voraussetzungen für zukünftige Erfolgsmöglichkeiten. Diese strategische Steuergröße wird als **Erfolgspotential** bezeichnet und von GÄLWEILER definiert als „Gefüge aller jeweils produkt- und marktspezifischen erfolgsrelevanten Voraussetzungen, die spätestens dann bestehen müssen, wenn es um die Erfolgsrealisierung geht". Er sieht mit der **Erfolgspotentialsteuerung** die dritte Stufe der Unternehmenssteuerung erreicht:

„Es kann damit gerechnet werden, dass im Laufe der Zeit das Erfolgspotential im Vergleich zum Erfolg in vielen Fällen zur Hauptführungsgröße wird. Ebenso wie der Erfolg im Laufe der wirtschaftsgeschichtlichen Entwicklung zur vorrangigen und wichtigeren Führungsgröße im Vergleich zur Liquidität geworden ist, obwohl eine Unternehmung nur an fehlender Liquidität zugrunde gehen kann. Der Grund liegt in der hohen Effizienz der Erfolgssteuerung in Bezug auf die Vorsteuerung der Liquidität. Das gleiche gilt für die Erfolgspotentialsteuerung in Bezug auf die Vorsteuerung des Erfolges. Allerdings sind bis dahin noch eine intensivere Kenntnis branchenspezifischer strategischer Gegebenheiten und eine längere Übung im Umgang mit den strate-

gisch relevanten Orientierungsgrundlagen erforderlich." [Gäl90]

Folglich handelt es sich bei Erfolgspotentialen um strategische Führungs- bzw. Steuergrößen. Im Gegensatz dazu müssen Liquidität und Erfolg als operative Führungs- bzw. Steuergrößen verstanden werden. Beide Steuergrößen lassen sich entsprechend Bild 1-2 charakterisieren:

- Ziel der operativen Führung ist, geschäftsjahres- bzw. quartalsbezogenen Gewinn auszuweisen. Ein wichtiges Führungsinstrument ist die Deckungsbeitrags- bzw. Managementerfolgsrechnung. Eine wesentliche Steuergröße des Managements ist der Gewinn.

- Ziel der strategischen Führung ist die zeitgerechte Ausschöpfung von Erfolgspotentialen der Zukunft. Führungsinstrumente sind die Unternehmens- bzw. Geschäftsstrategie sowie die damit verbundenen Maßnahmenpläne zur Umsetzung der Strategie. Die

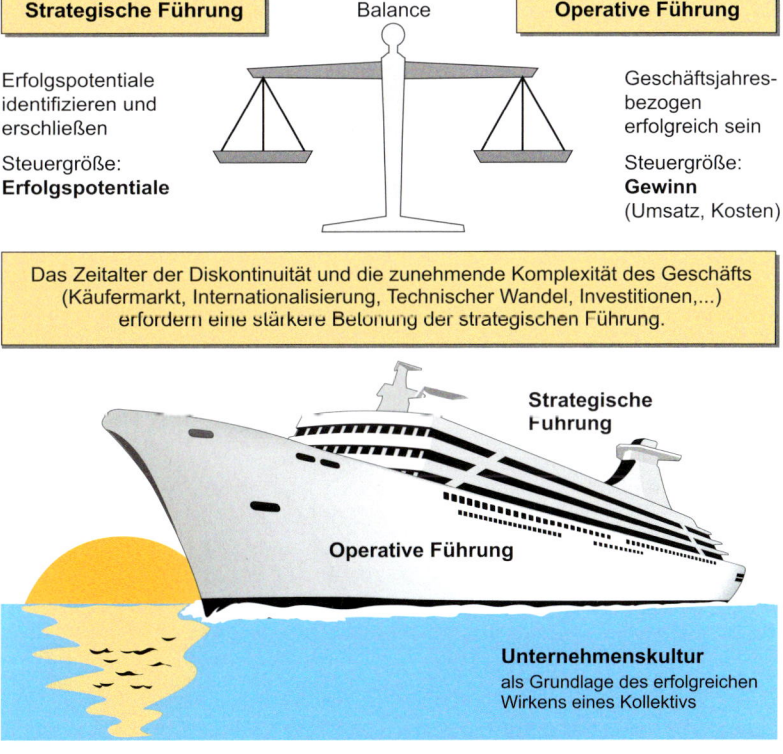

Bild 1-2: Balance von strategischer und operativer Führung

Steuergröße des Managements sind die Erfolgspotentiale.

Angesichts komplexer werdender Erzeugnisse und Prozesse, zunehmender Internationalisierung und Dynamik der Geschäftstätigkeiten sowie steigenden Kapitalbedarfs muss auf die strategische Führung mehr Gewicht gelegt werden als das in den meisten Unternehmen der Fall ist. Gleichwohl muss das Gleichgewicht zwischen strategischer und operativer Führung sichergestellt sein. Was nützen ausgezeichnete Fortschritte in der Umsetzung der strategierelevanten Maßnahmen, deren Resultate sich erst mittelfristig in Gewinn niederschlagen, wenn der Gewinn im laufenden Geschäftsjahr nicht wie budgetiert eintritt und somit auch die Liquidität gefährdet wird? Die Unternehmensführung muss also beides tun: Einerseits beharrlich an der Umsetzung – und ggf. auch an der Weiterentwicklung – der Unternehmensstrategie arbeiten und andererseits sicherstellen, dass operativ Gewinn erzielt wird.

Diese Art der Führung lässt sich auch bildlich am Beispiel des Kreuzfahrtschiffes unterstreichen (Bild 1-2). Die strategische Führung steht für die vorausschauende Kursbestimmung und die Einhaltung des Kurses. Die operative Führung kümmert sich um die Erledigung der aktuellen und mehr oder weniger selbstverständlich erscheinenden Aufgaben: dass die Passagiere pünktlich ihr Essen bekommen, dass die Klimaanlage funktioniert etc. Strategische und operative Führung zeigen nur dann die gewünschte Wirkung, wenn die entsprechende Unternehmenskultur gegeben ist. Diese lässt sich nicht verordnen, sondern ist Resultat eines langjährigen gruppendynamischen Prozesses, der durch die Vorbildwirkung der Führungspersonen stark geprägt wird.

1.1.3 Vorsteuerung der Erfolgspotentiale über Zukunftspotentiale

Obwohl die Erfolgspotentialsteuerung noch längst nicht in den Köpfen aller Entscheidungsträger verankert ist, konzentrieren sich viele innovative und vorausschauende Unternehmensführer auf neue Erfolgspotentiale als weitere Führungsgröße. GÄLWEILER unterscheidet zwischen „bestehenden Erfolgspotentialen", die wiederum durch „neue Erfolgspotentiale" vorgesteuert werden. Er charakterisiert diese neuen Erfolgspotentiale wie folgt:

„Neue Erfolgspotentiale beziehen sich ... stets auf neue Produkte und/oder neue Märkte, die entweder zusätzliche neue Erfolgspotentiale begründen oder – über völlig neue Lösungstechnologien – an die Stelle der mit den alten Tech-

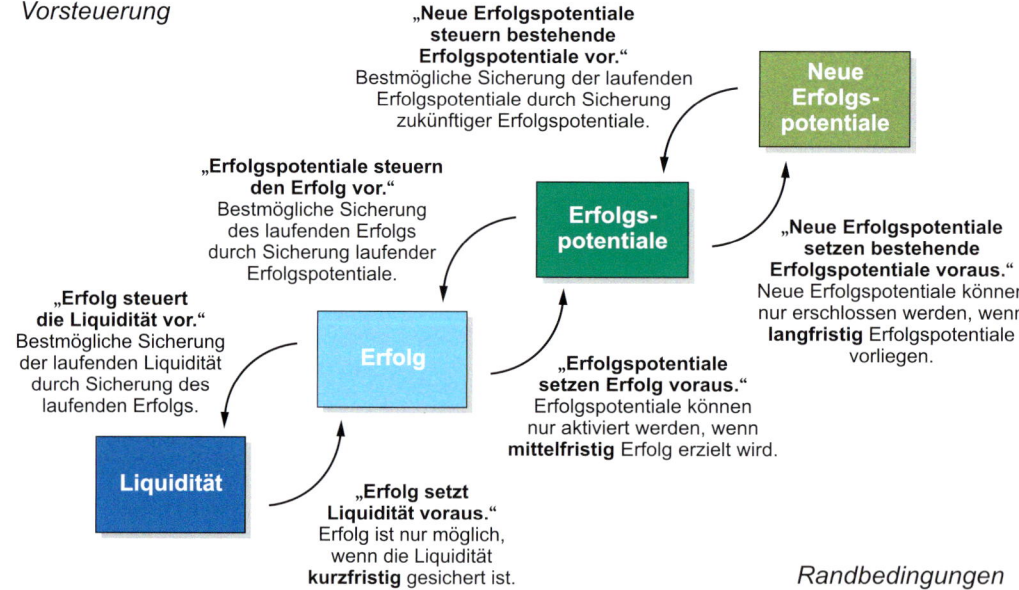

Bild 1-3: Unternehmensführung und -steuerung als integrativer Prozess nach GÄLWEILER

nologien auslaufenden Erfolgspotentiale treten."
[Gäl90]

Diese neue Vorsteuergröße, die wir auch als zukünftige Erfolgspotentiale oder Zukunftpotentiale bezeichnen, basiert nach Rudolf Mann vor allem auf dem Vorstellungsvermögen, dem Entscheidungsvermögen und dem Umsetzungsvermögen [Man88]. Nur wenn es gelingt, zukünftige Erfolgspotentiale bereits heute zu sehen, zu beschreiben und die Unternehmensentwicklung darauf auszurichten, werden sich in der Zukunft reale Erfolgspotentiale erschließen und damit Gewinne realisieren lassen. Der Prozess der Unternehmensführung und -steuerung kann demnach als integrativer Prozess aufgefasst werden, wie er in Bild 1-3 dargestellt ist:

- Einerseits findet eine **Vorsteuerung** statt: Die bestmögliche Sicherung der laufenden Liquidität erfolgt durch die Sicherung des laufenden Erfolgs. Dieser wiederum lässt sich am besten durch Erfolgspotentiale erreichen. Die Vorsteuerung von Erfolgspotentialen erfolgt wiederum über Zukunftpotentiale.

- Andererseits bestehen **Randbedingungen** für die Vorsteuerung. So ist Erfolg nur möglich, wenn kurzfristig die Liquidität gesichert ist. Auch Erfolgspotentiale können nur gesichert werden, wenn mittelfristig Erfolg erzielt wird. Und genauso ist es mit den neuen Erfolgspotentialen, die sich nur erschließen lassen, wenn gegenwärtig bereits Erfolgspotentiale bestehen.

Zur langfristigen Sicherung des Erfolgs eines Unternehmens müssen daher bestehende und vor allem zukünftige Erfolgspotentiale berücksichtigt werden. Häufig mangelt es den Unternehmen aber schon an der Bereitschaft, die nicht monetär direkt messbaren Erfolgspotentiale als Führungsgrößen anzuerkennen, geschweige denn die künftigen Erfolgspotentiale. Dies ist unserer Meinung nach ein Fehler, denn ohne Erfolgspotentiale wird der Bestand eines Unternehmens langfristig nicht zu sichern sein.

1.1.4 Berücksichtigung der Stakeholder

Die Entwicklung von der ausschließlich an ökonomischen Zusammenhängen orientierten Betriebswirtschaftslehre zu einer systemorientierten Managementlehre macht deutlich, dass Unternehmen heute in ihrem gesellschaftlichen Umfeld gesehen werden müssen. Die Unternehmen müssen ihr Augenmerk auf viele verschiedene **Anspruchsgruppen** richten, wie sie in Bild 1-4 dargestellt sind. Für diese Gruppen ist durch ein Memorandum des Standford Research Institute (SRI) der Begriff **„Stakeholder"** in die Managementliteratur eingeführt worden. R. E. Freemann definiert Stakeholder als Gruppen oder Individuen, die ein Unternehmen beeinflussen oder von einem Unternehmen beeinflusst werden [Fre84].

Bild 1-4: Stakeholder (Anspruchsgruppen) eines Unternehmens

Die Beziehungen zu den Stakeholdern sind aktiv zu gestalten [ML03]; die Interessen der Stakeholder führen daher zu einem mehrdimensionalen Zielsystem eines Unternehmens. Dies bleibt nicht ohne Auswirkungen auf die unternehmerischen Führungsgrößen. Die von Gälweiler beschriebene Entwicklung der Erfolgspotentialsteuerung ist eindimensional, da sie ausschließlich auf der Dimension „Geld" basiert. Letztlich werden über Erfolgspotentiale – der Name sagt es bereits – ausschließlich Erfolg und Liquidität gesichert. Das Verständnis des Unternehmens als integraler Teil der Gesellschaft führt zu einem Zielsystem. Die Sicherstellung von Liquidität und (monetärem) Erfolg wird allein nicht ausreichen, die Ansprüche der Stakeholder zu erfüllen. Das Erfolgspotential-Konzept sollte daher erweitert werden.

In einer komplexen Umwelt kann die Lebensfähigkeit eines Unternehmens nur gewährleistet werden, wenn es seinen Anspruchsgruppen (Stakeholdern) mittelfristig Nutzen bringt. Ein großer Nutzen ist sicherlich der finanzielle Erfolg, den das Unternehmen den Kapitaleignern bietet. Aber in der Zukunft zählen ebenso die Arbeitsplätze, die das Unternehmen den Arbeitnehmern sichert, das Steueraufkommen, mit dem es die Kommunen unterstützt, und die Innovationskraft, mit der es zum Wohlstand der Bürger und zukünftiger Generationen beiträgt.

Wir bezeichnen das erweiterte Erfolgspotential-Konzept als **Nutzenpotential-Konzept**. Ausgangspunkt ist dann nicht mehr ausschließlich die Liquidität – sozusagen die monetäre Lebensfähigkeit –, sondern generell die **Lebensfähigkeit** eines Unternehmens. Den Skeptikern, die stets an dieser Stelle widersprechen, sei versichert: Es ist selbstverständlich, dass die Liquidität weiterhin als die wichtigste Größe zur Beurteilung

der Lebensfähigkeit eines Unternehmens anzusehen ist.

Die bisherige Steuergröße „Erfolg" wird durch den **Nutzen** für die Stakeholder abgelöst. Auch hier bleibt der Nutzen für die Kapitalgeber – gemessen als monetärer Erfolg – eine herausragende Größe. Dennoch spielen andere Aspekte – für Arbeitnehmer der sichere Arbeitsplatz oder für engagierte Umweltgruppen die Umweltverträglichkeit der Produktion – eine immer größere Rolle. Darauf aufbauend kann der Begriff „Erfolgspotential" auch durch **Nutzenpotential** ersetzt werden. Diese Bezeichnung macht deutlich, dass es im strategischen Management vor allem darum geht, über einen längeren Zeitraum für die Stakeholder Nutzen zu stiften. Zwei Beispiele sollen den abstrakten Begriff des Nutzenpotentials konkretisieren:

- Zur Zeit der Jahrhundertwende herrschte große Skepsis gegenüber „motorisierten Vehikeln" (Bild 1-5). Im Jahre 1889 produzierten 30 amerikanische Hersteller – vorwiegend aus Neuengland – etwa 2.500 Autos. Ein Auto kostete damals so viel wie heute ein Flugzeug. Zu dieser Zeit erkannte HENRY

„Das Automobil ist eine vorübergehende Erscheinung. Ich setzte auf das Pferd."
KAISER WILHELM, 1889

„Die weltweite Nachfrage nach Kraftfahrzeugen wird eine Million nicht überschreiten – allein schon aus Mangel an verfügbaren Chauffeuren."
DAIMLER MOTOREN GESELLSCHAFT, 1901

Nutzenpotentiale sind Voraussetzungen dafür, dass ein Unternehmen seinen Stakeholdern in der Zukunft einen signifikanten Nutzen bringen kann.

Die frühzeitige Identifikation und zeitgerechte Erschließung von Nutzenpotentialen ist für die Lebensfähigkeit des Unter-nehmens sowie für den Unternehmenserfolg unerlässlich.

Beispiel: HENRY FORD und die Massenmotorisierung durch das Ford T-Modell

Bild 1-5: Nutzenpotentiale entstehen durch Wandel im Stakeholder-Feld

FORD den latenten Massenbedarf nach tiefpreisigen Automobilen. Inspiriert durch die Rationalisierungslehre von TAYLOR entwickelte er das berühmte T-Modell, mit dem er dieses Nutzenpotential für eine Reihe von Stakeholdern erschließen konnte. Die folgenden Zahlen unterstreichen diese Erfolgsstory: Die Produktion stieg von 78.440 Kraftwagen in den Jahren 1911-1912 auf 785.432 in den Jahren 1916-1917. Der Preis für das T-Modell fiel in diesem Zeitraum von 690 Dollar auf 360 Dollar. In sechs Jahren wurde also die Produktion verzehnfacht und der Preis halbiert [Spu79], [Gro97].

- In den 1970er Jahren erkannten die SAP-Gründer den Bedarf nach integrierten Softwaresystemen zur Unterstützung der kaufmännischen Funktionen und des Auftragsabwicklungsprozesses in Unternehmen. Es entstanden SAP R/2 und später SAP R/3. Heute ist SAP das erfolgreichste deutsche Software-Unternehmen und das Produkt SAP R/3 nahezu internationaler Industriestandard.

Beide Beispiele zeigen, dass die energische Ausschöpfung der erkannten Nutzenpotentiale unter der Führung dynamischer Unternehmerpersönlichkeiten ein zentraler Erfolgsfaktor ist. Nutzenpotentiale können nach PÜMPIN aber auch in anderen Bereichen als im Absatzmarkt entstehen. Ein Beispiel ist die Restrukturierung des Automobilzulieferermarktes in der ersten Hälfte der 1990er Jahre. In seinem Buch „Das Dynamik-Prinzip" gliedert C. PÜMPIN die Nutzenpotentiale in zwei Gruppen [Püm92]:

- **Externe Nutzenpotentiale** liegen außerhalb des Unternehmens. Beispiele hierfür sind neue Absatzmöglichkeiten (Marktpotentiale), Möglichkeiten zur gesteigerten Wertschöpfung auf den Beschaffungsmärkten (Beschaffungspotentiale), Vorteile aus einem hohen Bekanntheits- oder Prestigegrad von Produkten und Marken (Imagegrad) oder Wertsteigerungsmöglichkeiten aus dem Einsatz von Schrittmacher- bzw. Schlüsseltechnologien (Technologiepotentiale).

- **Interne Nutzenpotentiale** liegen demgegenüber im Innern des Unternehmens. Beispiele sind die Möglichkeiten der Neugestaltung innerbetrieblicher Abläufe (Organisationspotential), die Möglichkeiten zur Ausschöpfung eigenen Wissens und Könnens (Know-how-Potential), die Mitarbeiter (Humanpo-

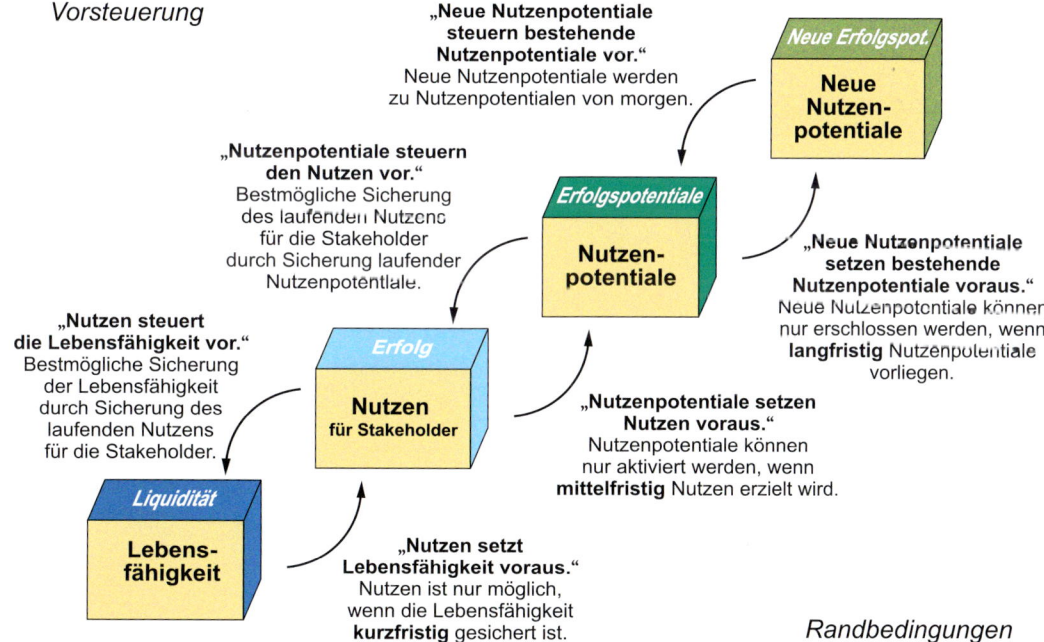

Bild 1-6: Unternehmensführung und -steuerung als integrativer Prozess unter Berücksichtigung der Stakeholder nach GÄLWEILER

tential) sowie die Möglichkeiten der Unternehmensfinanzierung (Bilanzpotential).

Auch das Nutzenpotential-Konzept lässt sich als integrativer Prozess aus Vorsteuerung und Randbedingungen darstellen (Bild 1-6). Nur wenn es den Unternehmen gelingt, Nutzenpotentiale frühzeitig zu erkennen und zeitgerecht zu erschließen, werden sie den Nutzen ihrer Stakeholder mehren und ihre Lebensfähigkeit sichern können. Eine erfolgreiche – besser: „nutzenbringende" – Unternehmensentwicklung ist nur möglich, wenn Unternehmensführung und strategische Planung frühzeitig Zukunftspotentiale („neue Nutzenpotentiale") identifizieren. Mit ihrer Erschließung werden sie zu Nutzenpotentialen, mit denen sich die Unternehmensentwicklung wirkungsvoll steuern lässt. Eine erfolgreiche Geschäftsstrategie muss daher auf attraktive Nutzenpotentiale ausgerichtet sein.

1.1.5 Zur Rolle der Vision

Der Begriff „Vision" ist bei uns in Deutschland eher negativ belegt. Vielleicht liegt es daran, dass Vision nach Duden Traumbild bedeutet; an der gleichen Stelle steht aber auch Zukunftsentwurf; und darum geht es uns. Wir meinen, dass wir in Deutschland das Entwerfen der Zukunft und das Gewinnen von Mitmenschen für Zukunftsentwürfe vernachlässigen. Wir konzentrieren uns auf das Managen des Wandels statt auf die Gestaltung des Wandels. Auch viele Unternehmen betonen ausschließlich das Operative und steigern die Effizienz des etablierten Geschäfts. Das ist sicher wichtig, aber zu wenig, um die Zukunft des Unternehmens zu sichern. Die Beschränkung auf Effizienzerhöhung führt nach HAMEL und PRAHALD zu folgender Stimmung im Unternehmen:

> *„Was die Mitarbeiter täglich zu hören bekommen, ist, dass sie das wertvollste Vermögen der Firma sind, was sie hingegen wissen, ist, dass sie jenes Vermögen sind, auf das die Firma am ehesten verzichten kann."* [HP95]

Es ist leicht nachvollziehbar, dass in einem derartigen Klima keine Spitzenleistungen gedeihen können, die wir benötigen, um unsere Zukunft erfolgreich zu ge-

stalten. Die starke Betonung auf Effizienzsteigerung geht in der Regel einher mit dem ausgeprägten Festhalten an so genannten bewährten Geschäftsmodellen. Das, was heute gut läuft, kann schon morgen ein Auslaufmodell sein, das trotz großem Einsatz kaum noch Gewinn abwirft. G. HAMEL schreibt dazu:

> *„Eine Stammesweisheit der Dakota-Indianer lautet: „Wenn du merkst, dass du auf einem toten Pferd sitzt, dann steig lieber ab." Natürlich gibt es noch Alternativen. Sie können die Reiter austauschen. Sie können einen Ausschuss zur Untersuchung des toten Pferdes ins Leben rufen. Sie können Benchmarking darüber betreiben, wie andere Unternehmen tote Pferde reiten. Sie können erklären, dass es billiger ist, ein totes Pferd zu füttern. Sie können mehrere tote Pferde gleichzeitig anschirren. Aber nachdem Sie all diese Dinge versucht haben, bleibt Ihnen schließlich doch nichts anderes übrig, als abzusteigen."*
> [Ham01]

Sie haben sicher Freude an diesem Zitat. Aber nach kurzer Zeit werden Sie nachdenklich, weil Sie in Ihrem Umfeld plötzlich auch „tote Pferde" entdecken. Werden Sie visionär oder nehmen Sie sich zumindest Zeit, anderen, die sich Gedanken über die Gestaltung der Zukunft machen, zuzuhören. Auch eine exzellente Idee benötigt viele Mitstreiter und Machtpromotoren, wenn sie nicht im Gezeter der Bedenkenträger untergehen bzw. der vermeintlich klaren Linie derjenigen zum Opfer fallen soll, die ausschließlich das „kurzfristige Wohl" des Unternehmens im Auge haben.

Strategische Führung heißt: Erfolgspotentiale bzw. Nutzenpotentiale der Zukunft frühzeitig erkennen und rechtzeitig erschließen. Eine unternehmerische Vision drückt ein grundsätzliches Ziel im Sinne des Erschließens eines erkannten Erfolgspotentials aus. Die Strategie beschreibt den Weg zu dieser Vision. Sollen die Menschen in einem Unternehmen für diesen Weg gewonnen werden, so muss die Vision einen Sinn vermitteln – ein Ziel umschreiben, für das es sich einzusetzen lohnt. Diese Sinnvermittlungsfunktion wird besonders deutlich mit dem berühmten Zitat von A. DE SAINT EXUPÉRY:

„Wenn Du ein Schiff bauen willst, schicke nicht die Leute Holz sammeln, verteile nicht die Arbeit und gib keine Befehle, sondern lehre sie statt dessen die Sehnsucht nach dem weiten und endlosen Meer."

Offensichtlich ist es ein wichtiges Bedürfnis der Menschen, einen Sinn in ihrem Wirken zu sehen. Ein Sprichwort lautet: *„Ohne Vision geht der Mensch zugrunde"*. Die Vision richtet die Kräfte einer Gruppe auf ein gemeinsames Ziel. Damit wird einem weiteren wichtigen Bedürfnis der Menschen entsprochen. Das ist das Bedürfnis, in einer erfolgreichen Mannschaft zu spielen, zu den Siegern zu gehören. Die Vision steht im übertragenen Sinne für den Turniersieg. Und welche Mannschaft geht schon in ein Turnier, um nicht den Sieg zu erringen. Eine Organisation, die nicht von einer derartigen Vision getrieben wird, wird kaum erfolgreich sein.

Ein Beispiel dafür, welche Kräfte Visionen freisetzen können, ist das Apollo-Programm. Auslöser für dieses Programm der amerikanischen Regierung in den 1960er Jahren war der sog. „Sputnik-Schock". Die Vorstellung, dass Satelliten der Sowjetunion ihre Bahnen über den USA ziehen und militärische Schläge durchführen könnten, war für die meisten Amerikaner einfach unerträglich. Damit begann ein beispielloser Wettlauf um die Vorherrschaft im All. John F. Kennedy brachte die Vision auf den Punkt, indem er am 25. Mai 1961 verkündete, *„that this Nation should commit itself to achieving the goal, before this decade is out, of landing a man on the moon and returning him safely to earth"*. Das wurde erreicht. Alle Astronauten kehrten wohlbehalten zur Erde zurück. Selbst im Lichte der heute verfügbaren Technologie wäre das noch eine Spitzenleistung, geschweige denn mit den Möglichkeiten vor vier Jahrzehnten. Für viele ist das Apollo-Programm die technologische Glanzleistung schlechthin. Ohne die Begeisterung und Motivation der Beteiligten sowie den kompromisslosen Siegeswillen der amerikanischen Nation wäre das nicht möglich gewesen. Und nicht zuletzt war es auch die prägnante Formulierung der Vision, die zum Erfolg beigetragen hat; schließlich war es etwas anderes als zu sagen „Lasst uns mal unser Raumfahrt-Programm aufmöbeln".

Ein weiteres Beispiel dafür, dass Visionen sprichwörtlich Berge versetzen können, ist die Erfolgsgeschichte von Heinz Nixdorf und der Nixdorf Computer AG. Ein wesentlicher Grund für diesen Erfolg lag in dem visionären Geschäftskonzept, die Datenverarbeitung an den Arbeitsplatz zu bringen. Bis dahin dominierten Rechenzentren und Mainframes die betriebliche Datenverarbeitung. Ein weiterer wichtiger Grund war die Führungsstärke von Heinz Nixdorf, mit der er die Mitarbeiter für die Vision gewann und ihnen das Gefühl vermittelte, zu den Siegern zu gehören [Kem87].

Beide Beispiele zeigen, dass das Vermitteln von Sinn und das Erzeugen von Begeisterung besonders wichtig sind. Es gibt jedoch auch Beispiele für große Vorhaben, die erfolgreich durchgeführt worden sind, obwohl nur wenige Führungspersönlichkeiten die visionäre Kraft und den Weitblick hatten und die Masse anfänglich verständnislos den Kopf geschüttelt hat. Es handelt sich um den Siegeszug der Eisenbahn im 19. Jahrhundert und den Autobahnbau vor bald siebzig Jahren.

Eisenbahn: Als die erste deutsche Eisenbahn 1835 von Nürnberg nach Fürth gebaut wurde, war es gängige Meinung der Wissenschaft, dass der Mensch eine Geschwindigkeit von mehr als 25 km/h nicht ertragen könne und die Reisenden die Gehirnkrankheit „Delirium Furiosum" bekommen würden. Von der Meinung des Volkes ganz zu schweigen. Wohl nur wenige haben darin einen Sinn gesehen, ein flächendeckendes Eisenbahnnetz aufzubauen. Gleichwohl ist das geschehen, und zwar in einer einmaligen Rasanz. Bereits 1851 gibt es einen durchgehenden Schnellzug auf der Strecke Berlin – Köln, der mit 17 Stunden nur noch einen Bruchteil der wochenlangen Reise mit der konventionellen Postkutsche benötigt. 1871 ziehen sich 20.000 Kilometer Schienenweg durch das Deutsche Reich. Offenbar reicht die Vorstellungskraft der meisten Menschen nicht aus, Innovationen dieser Größenordnung und deren Auswirkung voll zu erfassen. Diese stellt sich erst allmählich ein, wenn die ersten Schritte vollzogen worden sind und die Sache erlebbar geworden ist. Es scheint sich zu bestätigen, dass Probieren über Studieren geht.

Autobahnen: Die Idee, Autobahnen zu bauen, beruhte auf dem Antizipieren einer damals wahrnehmbaren Entwicklung: Mit der Verwirklichung der Massenproduktion im Automobilbau durch Henry Ford konnte man unschwer vorhersehen, dass es zu einer Massenmotorisierung kommen wird und das herkömmliche Straßennetz diese sicher nicht bewältigen wird. Diese Erkenntnis war natürlich nicht Allgemeingut. Hätte man die Bevölkerung in den zwanziger Jahren gefragt, ob sie Autobahnen braucht, hätte man wahrscheinlich Gelächter geerntet. Kostete doch ein Auto in Deutschland mehrere Jahresgehälter. Genau so gut könnte man heute den Durchschnittsbürger fragen, ob er für sein Flugzeug, das er demnächst haben wird, in der Nähe einen Flugplatz benötigt.

Wir bringen diese Beispiele, um zu verdeutlichen, dass Visionen keine Hirngespinste oder Fiktionen sind, sondern in der Regel das Ergebnis phantasievollen Antizipierens und logischen Verknüpfens von in der Gegenwart wahrnehmbaren Entwicklungen. Visionen haben etwas Neues und nach Lichtenberg ist das Neue immer am Rande und somit nicht im Zentrum. Die Masse der Menschen wünscht sich offenbar nicht das, was ihr fehlt, sondern mehr von dem, was sie schon besitzt [Far97]. Gefahren für das Bestehende erkennen die meisten, die Chancen des Neuen nur sehr wenige. So hat das Neue unzählige Gegner und nur wenige Befürworter. Es setzt sich nicht durch, wenn Innovatoren und Meinungsführer nicht zusammenarbeiten. Das scheint der Grund zu sein, warum wir uns so schwer tun mit dem Ausschöpfen offensichtlicher Erfolgspotentiale wie der Gentechnik, der Energietechnik und last but not least einer innovativen Bahntechnik.

In nachhaltig erfolgreichen Unternehmen bilden Innovatoren und Meinungsführer in der Regel eine Koalition bzw. beide Rollen sind in einer herausragenden Unternehmerpersönlichkeit vereint. Das macht es einfacher als die Gesellschaft für Visionen zu gewinnen, geschweige denn diese dazu zu bringen, Visionen zu verwirklichen. Aber auch in einem Unternehmen gilt, dass zunächst einmal erste Schritte zu vollziehen sind und sich erst allmählich mit den Anfangserfolgen Zuversicht und Begeisterung bei den Mitarbeitern einstellen. Nichts motiviert mehr als der Erfolg. Die Unternehmensführung muss gerade in der Anfangsphase vorangehen. Die Fähigkeit, das überzeugend zu tun, zeichnet erfolgreiche Unternehmerpersönlichkeiten aus. Unternehmerische Erfolge hängen allerdings nicht allein von der gemeinsamen Vision von Innovatoren und Meinungsführern ab. Ein wesentliches Merkmal erfolgreicher Visionen ist das methodische Vorgehen bei deren Umsetzung. Daher geht es in diesem Buch um beides: Darum, wie Unternehmen Visionen entwickeln und wie sie diese mit Hilfe von Strategien, Prozessen und IT-Systemen umsetzen können.

HEINZ NIXDORF –
Pionier der Informationstechnik

Die deutsche Computerindustrie befand sich noch in den Anfängen, als HEINZ NIXDORF sein *Labor für Impulstechnik* in Essen gründete. Nur mit einer Idee zum Bau eines Elektronikrechners ausgestattet, gewann der Student der Physik das Energieversorgungsunternehmen *RWE* in Essen als ersten Kunden. Dieses stellte ihm einen Vorschuss von 30.000 DM zur Verfügung.

Die ersten Geräte für das RWE arbeiteten bald mit Erfolg, und das junge Unternehmen entwickelte sich schnell zum Zulieferer elektronischer Rechenwerke für bedeutende Büromaschinenhersteller wie die Kölner Wanderer-Werke und die Compagnie des Machines Bull.

HEINZ NIXDORF erkannte sehr früh die Möglichkeiten der Computertechnik und den Bedarf des Mittelstandes und der Fachabteilungen nach Computerleistung. Er entwickelte die Vision, den Computer für diese Anwendungssegmente wirtschaftlich zugänglich zu machen. Während die einen auf den Mainframe setzten und andere sich technologisch verzettelten, entsprach NIXDORF der Nutzenerwartung des Mittelstandes.

Mit der Entwicklung des frei programmierbaren Kleincomputers *Nixdorf 820* erschloss sich HEINZ NIXDORF 1964 den Markt für Klein- und Mittelbetriebe. Dieses System arbeitete mit Magnetkernspeicher, integrierter Tastatur und einer Schreibmaschine zur Datenausgabe. Das Grundsystem wurde später mit Magnetkonto zur Datenspeicherung, einem Nadeldrucker und einem Modul ausgestattet, das Datenübertragung zu übergeordneten Computern ermöglichte.

Der Erfolg des Systems 820 war so groß, dass NIXDORF 1967 mit dem Aufbau eines eigenen Vertriebsnetzes begann. Im April 1968 erwarb HEINZ NIXDORF für 17,5 Mio. DM die *Wanderer-Werke AG* in Köln, seinen bis dahin größten Kunden. Noch im gleichen Jahr folgte die Umbenennung in Nixdorf Computer AG und

die Verlegung des Firmensitzes nach Paderborn. Ein wesentlicher Erfolgsfaktor war, dass NIXDORF technische Neuerungen der Zeit aufnahm und sie umgehend in neue Produkte umsetzte.

Grundsteine für NIXDORFS Erfolg im Bankengeschäft waren ehrgeizige Projekte wie das mit der schwedischen *Scandinaviska Enskilda-Bank.* Schon 1974 ließ sie ihre Filialen mit Hilfe von 1.100 Nixdorf-Terminals landesweit vernetzen.

1985 besaß die Nixdorf Computer AG Tochtergesellschaften in 44 Ländern der Erde und erzielte mit 23.000 Mitarbeitern einen Umsatz von vier Mrd. DM. Auf der Höhe seines Erfolgs verstarb HEINZ NIXDORF 1986.

Literatur:

KEMPER, K.: Heinz Nixdorf – Eine deutsche Karriere. verlag moderne industrie, Landsberg/Lech, 1987

1.2 Handlungsfeld Produktion

Gegenstand des vorliegenden Buches sind Strategien und Maßnahmen für produzierende Industrieunternehmen. Bevor wir darauf näher eingehen, liegt es nahe, das Handlungsfeld industrielle Produktion zu beschreiben. Dies ist das Ziel dieses Unterkapitels. Bild 1-7 enthält eine Definition des Begriffes Produktion [Spu79]. Danach gliedert sich die Produktion in die drei Bereiche Energie-, Verfahrens- und Fertigungstechnik auf. Wir adressieren in erster Linie die Fertigungstechnik; die entsprechende Industrie wird im Allgemeinen als Fertigungsindustrie bezeichnet. Dazu zählen Unternehmen des Maschinen- und Anlagenbaus, der Automobil- und Automobilzulieferindustrie, der Medizintechnik etc. Da wir uns aber nicht auf den Fabrikbetrieb beschränken, sondern alle Funktionsbereiche zur Erstellung und Vermarktung eines Erzeugnisses betrachten, verwenden wir den Begriff Produktion.

Im Folgenden beschreiben wir die wesentlichen Funktionsbereiche eines produzierenden Unternehmens und deren Zusammenwirken sowie die zwei Hauptgeschäftsprozesse Produktentstehung und Auftragsabwicklung. Die Ausführungen sind für all diejenigen gedacht, die mit dieser Materie nicht so vertraut sind – also in erster Linie Studierende. Für die meisten Praktiker ist das nichts grundsätzlich Neues; sie werden aber einräumen, dass eine derartige Systematik hilft, die komplexe Materie des Buches besser zu verstehen. Einige Praktiker werden ihren Betrieb in der folgenden Systematik nicht 1:1 abgebildet sehen. Uns geht es zunächst um eine generische Sicht der industriellen Produktion, die für den überwiegenden Teil der Unternehmen weitestgehend zutrifft. Für eine tiefergehende Strukturierung sei auf die üblichen Klassifikationsschemata und die damit einhergehenden Betriebstypen verwiesen [War93], [Dan03].

Was die zu produzierenden Erzeugnisse angeht, denken wir hauptsächlich an komplexe Produkte der erwähnten Branchen, die heute in der Regel auf dem engen Zusammenwirken von Mechanik, Elektronik, Softwaretechnik und ggf. neuer Werkstoffe beruhen. Dafür hat sich das Kunstwort Mechatronik eingebürgert.

1.2.1 Funktionale Struktur eines produzierenden Unternehmens

Das generische Modell eines produzierenden Industrieunternehmens ist mit seinen wesentlichen Funktionsbereichen in Bild 1-8 dargestellt. Die einzelnen Funktionsbereiche werden im Folgenden kurz charakterisiert.

Produktion ist ein von Menschen organisierter Prozess der Wertschöpfung mit dem Ziel, dass die Produkte

- zu der benötigten Qualität,
- in möglichst kurzer Zeit,
- zu möglichst niedrigen Kosten und
- in ausreichender Menge

gefertigt und geliefert werden können.

Die Produktion schließt alle relevanten Funktionsbereiche eines Unternehmens ein, also Produktplanung, Entwicklung/Konstruktion, Arbeitsvorbereitung, Fertigung etc.

Energietechnik
Sie dient der Energiewandlung und Energieversorgung. Die Energiewirtschaft umfasst alle technischen und wirtschaftlichen Maßnahmen der Primärenergieerschließung und -gewinnung, der Umwandlung, des Transports und der Verteilung bis hin zur Energieanwendung beim Endverbraucher.

Verfahrenstechnik
Sie befasst sich mit dem Herstellen von Stoffen und mit dem Wandeln ihrer Eigenschaften im formlosen Zustand oder als Halbzeug.

▷ **Kontinuierliche Prozesse**

Fertigungstechnik
Aufgabe ist, Werkstücke aus vorgegebenem Werkstoff nach vorgegebenen geometrischen Bestimmungsgrößen zu formen und diese zu funktionsfähigen Erzeugnissen zusammenzusetzen (Teilefertigung und Montage).

▷ **Diskrete Prozesse**

Bild 1-7: Die drei Hauptbereiche der industriellen Produktionstechnik nach Spur

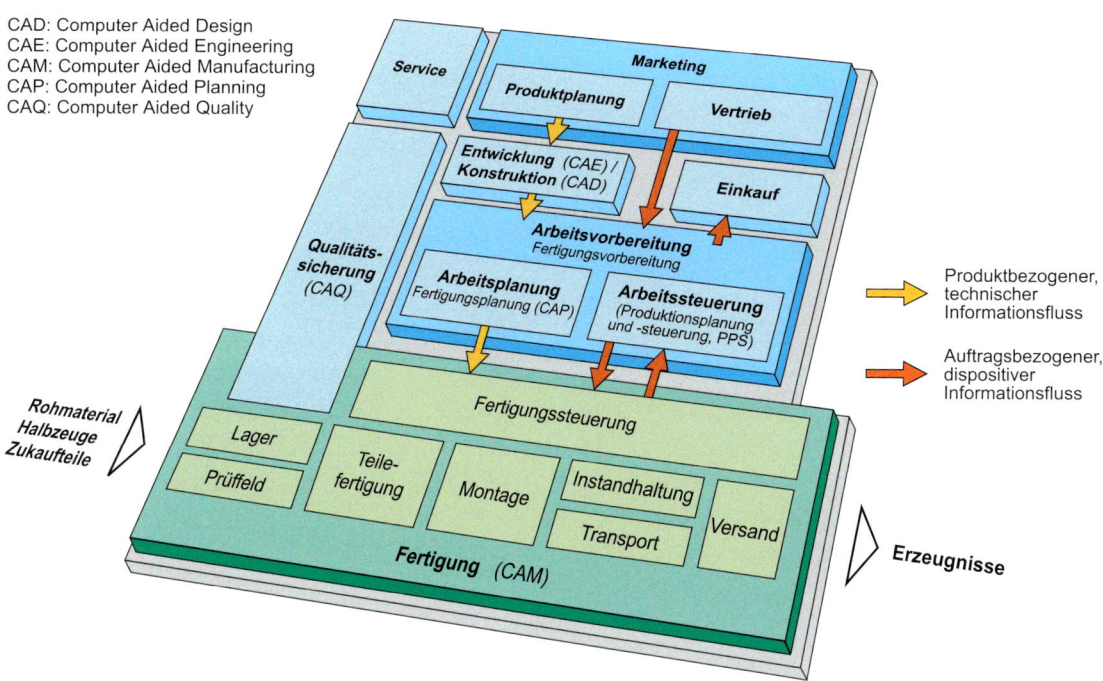

CAD: Computer Aided Design
CAE: Computer Aided Engineering
CAM: Computer Aided Manufacturing
CAP: Computer Aided Planning
CAQ: Computer Aided Quality

Bild 1-8: Funktionale Struktur eines produzierenden Unternehmens

Produktplanung: Hauptaufgabe dieses Funktionsbereiches ist die Planung neuer Produkte bzw. Produktoptionen. Wesentliche Ergebnisse sind Entwicklungsaufträge und Geschäftspläne. Ein Entwicklungsauftrag besteht aus einer marktorientierten Produktspezifikation (Anforderungskatalog, Pflichtenheft) und Festlegungen über Stückzahlen, Herstellkosten, Entwicklungszeit und -kosten. Mit dem Geschäftsplan soll der Nachweis erbracht werden, dass mit dem neuen Produkt bzw. der Produktoption über die geplante Produktlebensdauer ein attraktiver Return on Investment erzielt werden kann.

Entwicklung/Konstruktion: Wir benutzen bewusst die beiden Begriffe, weil sich hier kein Standard abzeichnet. Häufig wird dieser Bereich auch in Vor- und Serienentwicklung gegliedert. Hauptaufgabe der Entwicklung/Konstruktion ist die Konkretisierung des Produktes inklusive der möglichen Funktionsnachweise. Wesentliche Ergebnisse sind die Bauunterlagen (Zusammenstellungszeichnungen, Fertigungszeichnungen, Stücklisten bzw. die diesen Unterlagen äquivalenten digitalen Modelle).

Arbeitsvorbereitung: Es handelt sich um einen übergeordneten Bereich. Wir halten uns an die Definitionen von AWF/REFA [AR69]. Die Arbeitsvorbereitung (syn. Fertigungsvorbereitung) umfasst alle Maßnahmen einschließlich der Erstellung aller erforderlichen Unterlagen und Fertigungsmittel, die durch Planung, Steuerung und Überwachung für die Fertigung von Erzeugnissen ein Minimum an Aufwand gewährleisten. Sie gliedert sich in die Bereiche Arbeitsplanung (syn. Fertigungsplanung) und Arbeitssteuerung (syn. Produktionsplanung und -steuerung, PPS). Die **Arbeitsplanung** klärt, aus welchem Werkstoff, nach welchen Fertigungsverfahren und mit welchen Fertigungsmitteln ein Teil hergestellt wird. Wesentliches Ergebnis ist der Arbeitsplan, der die Umwandlung des Werkstückes vom Rohzustand zum Fertigungszustand beschreibt. Sinngemäß gelten vorstehende Aussagen auch für die Montage – das Fügen der Teile zu Baugruppen und Erzeugnissen. Die Arbeitsplanung legt also fest, *wie gefertigt wird.* Die **Arbeitssteuerung** umfasst die Planung, Steuerung und Überwachung der Produktionsabläufe von der Angebotsbearbeitung bis zum Versand unter Mengen-, Termin- und Kapazitätsaspekten. Nach der Prüfung, ob die für die Herstellung notwendigen Ressourcen (Material, Betriebsmittel, Personal) verfügbar sind, werden zwei Kategorien von Aufträgen erzeugt: Fertigungsaufträge und Bestellaufträge. Die Fertigungsaufträge werden an die Fertigungssteuerung übergeben, die Bestellaufträge an den Einkauf. Die Arbeitssteuerung legt also fest, *wann gefertigt wird.*

Vertrieb: Hauptaufgabe ist die Bearbeitung des Marktes mit dem Ziel, Kundenaufträge zu gewinnen. Diese werden an die Arbeitssteuerung übergeben. Insbesondere bei erklärungsbedürftigen Erzeugnissen gehört zum Vertrieb ein so genannter *Pre Sales Support.* Dieser unterstützt den eigentlichen Vertrieb bei der Beantwortung von komplexen Fachfragen der potentiellen Kunden und bei der Bearbeitung von umfassenden Angeboten. Das **Marketing** im Sinne von Marktkommunikation, Programmpolitik, Entgeltpolitik und Distributionspolitik kann sowohl dem Vertrieb als auch der Produktplanung zugeordnet werden. Daher steht der Begriff über beiden Funktionsbereichen.

Einkauf: Der Einkauf verantwortet die Transaktionen mit dem Warenbeschaffungsmarkt. Insbesondere sorgt er für die zeitgerechte Bereitstellung von Materialien, Halbzeugen und Komponenten, die von Dritten hergestellt werden und zu verbauen sind. Der Einkauf operiert auf der Basis von Bestellaufträgen, die ausgehend von den Kundenaufträgen durch die Arbeitssteuerung erzeugt werden.

Fertigung: Dies ist der eigentliche Fabrikbetrieb. Aufgabe der Fertigung ist es, mit Hilfe der verfügbaren Ressourcen die Informationen aus den vorgelagerten Funktionsbereichen (Entwicklung/Konstruktion, Arbeitsplanung, Arbeitssteuerung/PPS) in Operationen zur Herstellung der Erzeugnisse umzusetzen. Wesentliche Funktionsbereiche der Fertigung sind die Teilefertigung und die Montage. Bild 1-9 enthält die nach DIN 8580 genormten Bezeichnungen der Fertigungsverfahren. Die weiteren Funktionsbereiche der Fertigung sind in Bild 1-8 aufgeführt. Das Geschehen in der Fertigung wird durch die **Fertigungssteuerung** koordiniert. Dazu disponiert die Fertigungssteuerung die von der Arbeitssteuerung erhaltenen Fertigungsaufträge zu den einzelnen Arbeitssystemen (Maschinen, Fertigungszellen, Montageplätze etc.) und organisiert den Materialfluss. Des Weiteren findet eine Steuerung und Überwachung statt; Störungen an den Arbeitssystemen und im Materialfluss sind nach Möglichkeit zu kompensieren. Können die Vorgaben der übergeordneten Arbeitssteuerung nicht eingehalten werden, so muss diese ggf. umplanen, was im Worst Case zu Verschiebungen der mit dem Kunden vereinbarten Liefertermine führen kann.

Produktionsbereich	Fertigungs-verfahren	Erläuterung	Beispiele
Teilefertigung Fertigung von Teilen (Bauteile/Werkstücke) für die Montage oder für die direkte Lieferung an Kunden	Urformen	Fertigen eines festen Körpers aus formlosem Stoff	Gießen, Sintern
	Umformen	Fertigen durch bildsames (plastisches) Ändern der Form eines festen Körpers	Stauchen, Ziehen
	Trennen	Fertigen durch Ändern der Form eines festen Körpers, wobei der Zusammenhalt örtlich aufgehoben wird	Drehen, Bohren
	Beschichten	Aufbringen einer festhaftenden Schicht aus formlosem Stoff auf ein Werkstück	Galvanisieren
	Stoffeigenschaft ändern	Fertigen eines festen Körpers durch Umlagern, Auslagern, Aussondern oder Einbringen von Stoffteilchen	Härten, Nitrieren
Montage Zusammenbau von Teilen und/oder Gruppen zu Erzeugnissen oder zu Gruppen höherer Erzeugnisebenen	Fügen	Zusammenbringen von zwei oder mehr Werkstücken oder von Werkstücken mit formlosem Stoff	Kleben, Schweißen, Schrauben

Bild 1-9: Fertigungsverfahren nach DIN 8580 [War90]

Service: Darunter wird der so genannte *Post Sales Support* verstanden. Wichtige Aufgaben sind Installation, Inbetriebnahme, Wartung und Ersatzteilwesen.

Qualitätssicherung: Dies ist eine Querschnittsfunktion mit den klassischen Aufgaben Qualitätsplanung, Qualitätskontrolle und Qualitätslenkung [Pfe01].

Die Aufgaben in den kurz vorgestellten Funktionsbereichen eines Industrieunternehmens werden heute in der Regel durch IT-Systeme unterstützt. Die entsprechenden Abkürzungen (CAD, CAE, CAP etc.) sind in Bild 1-8 aufgeführt. Obwohl Bild 1-8 eine funktionale Sicht repräsentiert, werden doch die drei Hauptprozesse deutlich; es handelt sich um den Produktentstehungsprozess (produktbezogener, technischer Informationsfluss), den Auftragsabwicklungsprozess (auftragsbezogener, dispositiver Informationsfluss) und den eigentlichen Herstellprozess. Diese Prozesssicht wird in Bild 1-10 näher betrachtet. Auch hier sind die IT-Systeme den einzelnen Aufgabenbereichen zugeordnet. Im Hauptkapitel 5 gehen wir auf diese Systeme näher ein. Der Produktentstehungsprozess ist Gegenstand des übernächsten Kapitels 1.2.3, der Auftragsabwicklungsprozess wird in Kapitel 1.2.4 erläutert.

1.2.2 Informationsbeziehungen zwischen den Hauptfunktionsbereichen

Im vorangegangenen Kapitel ist das generische Modell eines produzierenden Industrieunternehmens mit seinen wesentlichen Funktionsbereichen eingeführt worden. Hier erläutern wir die wesentlichen Informationsflüsse zwischen den Funktionsbereichen.

Bevor wir darauf eingehen, wollen wir unser Verständnis des Begriffes Information darlegen. Der Transfer von Information stellt eine zielgerichtete Kommunikation dar. Individuen und Objekte senden und empfangen Signale (Zeichen) als kleinstmögliche Kommunikationseinheit über Kommunikationskanäle. Eine definierte Syntax regelt die Zusammenstellung von Zeichen zu so genannten Daten (synonym: Nachrichten). Daten bestehen aus syntaktisch reglementierten Zeichenketten, die von einem Kommunikator (Nachrichtensender) zu einem oder mehreren Rezipienten (Nachrichtenempfängern) übertragen werden können. Durch die Interpretation des Nachrichtenempfängers enthalten die empfangenen Daten eine Bedeutung. Die Daten werden dann zu einer Information, wenn diese zur Verringerung des Kenntnisgefälles zwischen Kommunikator und Rezipient beiträgt, also beim Rezipienten zu eigentlichem Wissen bzw. Wissenserwerb führen

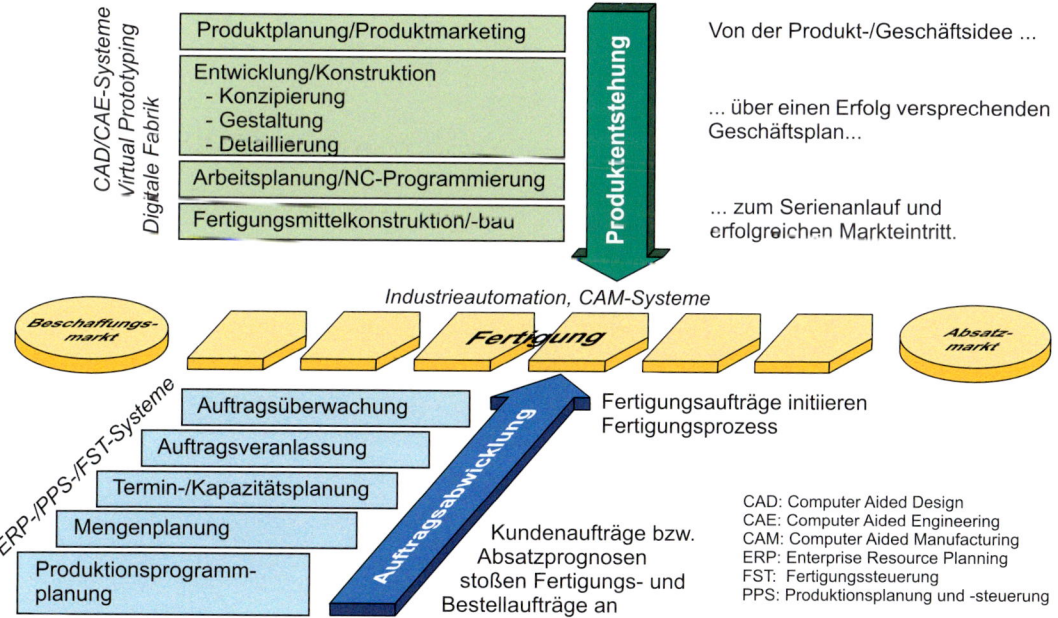

Bild 1-10: Die drei Hauptgeschäftsprozesse (Leistungserstellungsprozesse) im Produktgeschäft

[GHK+06]. Der Datentransfer kann dabei aus Sicht des Kommunikators zweckorientiert erfolgen; so kann beispielsweise eine Information eine Aktion oder Reaktion eines Rezipienten starten, ändern oder beenden. Die Organisation und Verarbeitung von Informationen und Wissen ist für ein Unternehmen essentiell. Es gilt kognitive, organisatorische und technische Aspekte zu integrieren. Information nimmt als Produktionsfaktor eine Sonderstellung ein [Dan03]:

- Information und insbesondere Wissen kann durch eine entsprechende Nutzung vermehrt werden. Der Wert einer Information für ein Industrieunternehmen hängt dabei von dem Zeitpunkt der Verfügbarkeit und ihrer Verwendung ab. Eine Information nutzt sich in der Regel nicht ab, sie kann ergänzt, verändert, selektiert, aggregiert etc. werden.

- Information kann andere Produktionsfaktoren beeinflussen. So ist es beispielsweise möglich, dass Informationen eine effizientere Anwendung eines Fertigungsverfahrens ermöglichen. Dieses kann zu einer unmittelbaren Einsparung von Ressourcen führen.

- Information ist übertragbar bzw. transportierbar. Die Information ist nicht auf einen einzelnen Kommunikator beschränkt, sondern kann z.B. durch Sprache oder Schrift an Rezipienten übermittelt werden. Diese werden dann zu potentiellen Kommunikatoren der erhaltenen Information.

Im Unternehmen entstehen an vielen Stellen neue Informationen: im Vertrieb, in der Entwicklung/Konstruktion, in der Arbeitsplanung etc. Diese Funktionsbereiche sind sowohl Kommunikatoren als auch Rezipienten. Die Kenntnis über die Informationen und die Informationssysteme ist die Voraussetzung für die Führung eines Unternehmens im Allgemeinen und für Maßnahmen zur Stärkung der Wettbewerbsfähigkeit im Besonderen. Um die Informationen und die Informationsbeziehungen in einem produzierenden Unternehmen zu erläutern, greifen wir auf das Bild 1-8 zurück. In dieser Struktur heben wir den Funktionsbereich, den wir näher betrachten wollen, hervor und tragen dann die Informationsbeziehungen zu den übrigen Bereichen ein. Das erste Bild dieser Serie ist Bild 1-11. Hier gehen wir vom **Vertrieb** aus.

Vertrieb/Produktplanung: Der Vertrieb erhält die Vertriebsdokumentation. Dazu zählen im wesentlichen Prospekte, Argumentationshilfen, Produktspezifikationen, Preise und Konditionen. Auf der Basis seiner Marktkenntnis stellt der Vertrieb der Produktplanung Informationen über Anforderungen an Produkte, Erfolgsfaktoren/kaufentscheidende Faktoren, Marktvolumen, Marktwachstum, Marktanteil, Chancen und Risiken, Absatzprognosen sowie Reklamationen zur Verfügung.

Vertrieb/Entwicklung: Im Geschäft mit Standardprodukten und bei Vorhandensein einer Produktplanung gibt es keine ausgeprägten Informationsbeziehungen zur Entwicklung/Konstruktion. Der Normalfall in den hier betrachteten Branchen ist aber, dass der Kunde Ergänzungen bzw. Modifikationen des Standardproduktes wünscht. Die entsprechenden Anforderungen werden vom Vertrieb aufgenommen und an die Entwicklung/Konstruktion gegeben. Die von der Entwicklung/Konstruktion erarbeiteten Spezifikationen der Produktergänzungen erhält der Vertrieb, der sie in das Angebot integriert.

Vertrieb/Arbeitssteuerung: Die Arbeitssteuerung erhält vom Vertrieb Informationen über prognostizierte und erteilte Aufträge. Dazu zählen insbesondere Angaben über die Art, die Menge sowie über den Liefertermin des Produktes. Unter Berücksichtigung der verfügbaren Kapazitäten oder des aktuellen Fertigungsstandes meldet die Arbeitssteuerung die ermittelten Lieferfristen oder den aktuellen Kundenauftragsfortschritt zurück.

Vertrieb/Versand: Nach der Versandfreigabe des Produktes durch die Fertigung erstellt der Vertrieb einen Versandauftrag. Dieser enthält neben dem Liefertermin und der Lieferanschrift die Verpackungsart und -einheit, die Versandtour sowie das einzusetzende Transportmittel [LES99]. Der erfolgte Versand des Produktes wird an den Vertrieb zurückgemeldet.

Vertrieb/Service: Sind im Vertrag mit dem Kunden die Installation, die Inbetriebnahme und weitere Service-

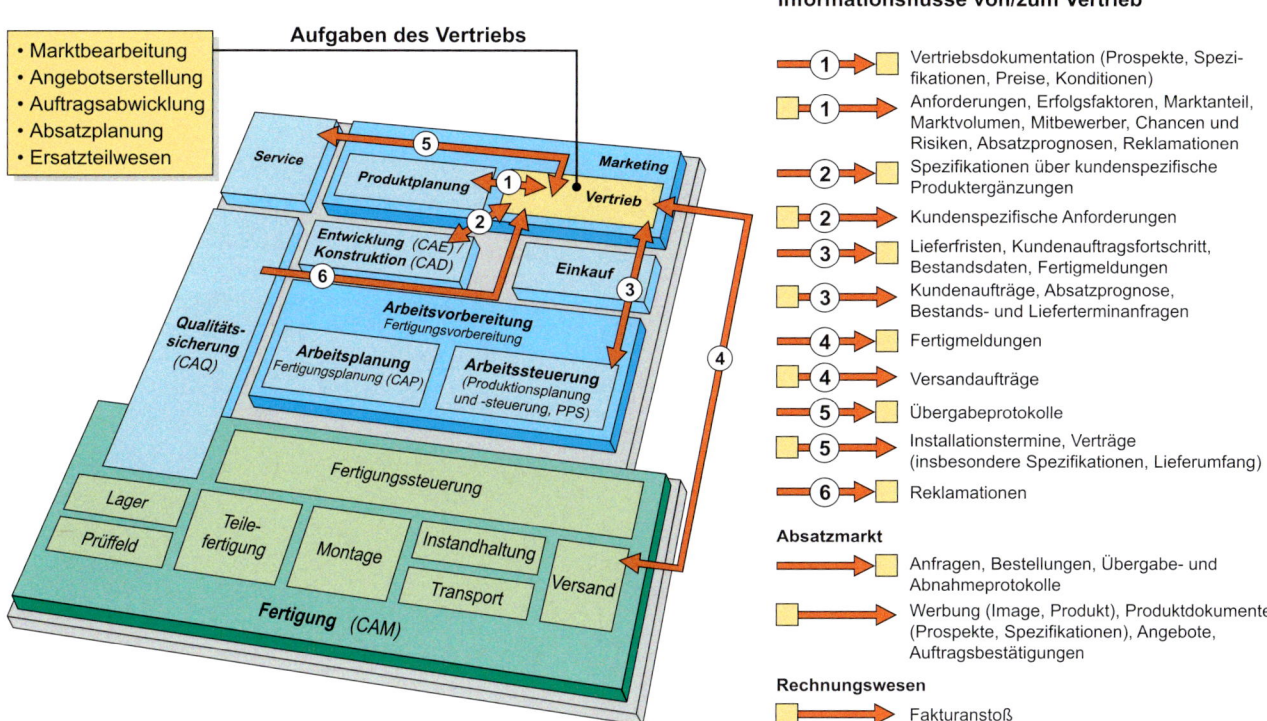

Bild 1-11: Informationsbeziehungen in einem Industrieunternehmen – Vertrieb

leistungen, z.B. Schulungen, Instandhaltung etc., festgehalten, so werden die entsprechenden Informationen an den Service weitergeleitet. Nach Installation und Inbetriebnahme wird zusammen mit dem Kunden ein Übergabeprotokoll erstellt, das an den Vertrieb geht.

Vertrieb/Qualitätssicherung: Informationen über Reklamationen des Kunden werden von der Qualitätssicherung mit dem Ziel bearbeitet, die Fehlerursache zu lokalisieren. Anschließend wird das weitere Vorgehen mit dem Vertrieb abgestimmt, z.B. die Reparatur oder der Austausch des reklamierten Produktes.

Vertrieb/Absatzmarkt: Der Vertrieb bildet die Schnittstelle zum Absatzmarkt bzw. zum Kunden. Anfragen oder Bestellungen von Kunden sowie Übergabe- und Abnahmeprotokolle gehen beim Vertrieb ein. Primäre Aufgabe des Vertriebs ist die Marktbearbeitung. Wesentliche Informationen, die der Vertrieb im Rahmen der Akquisition weitergibt, sind Produkt- bzw. Leistungsbeschreibungen, Angebote und Auftragsbestätigungen.

Vertrieb/Rechnungswesen: Ist die Lieferung des Produktes an den Kunden erfolgt, kommt es zum Fakturanstoß durch den Vertrieb. Auf der Grundlage der erhaltenen Angaben über Art und Umfang der erbrachten Leistung erstellt das Rechnungswesen eine Rechnung für den Kunden.

Bild 1-12 beschreibt die wesentlichen Informationsbeziehungen aus der Perspektive der **Entwicklung/Konstruktion**. Die Informationsflüsse zwischen Vertrieb und Entwicklung/Konstruktion sind bereits beschrieben worden (vgl. Vertrieb, Bild 1-11); im Folgenden – das gilt auch für die Betrachtung der übrigen Funktionsbereiche – gehen wir nur auf die Informationsbeziehungen ein, die noch nicht beschrieben worden sind.

Entwicklung/Produktplanung: Die Entwicklung/Konstruktion erhält den Entwicklungsauftrag von der Produktplanung. Dazu zählen das Pflichtenheft bzw. der Anforderungskatalog, Herstellkosten- und Entwicklungskostenziele sowie Termine. Die Produktplanung erhält formal als Auftraggeber die Ergebnisse der Entwicklung/Konstruktion (Bauunterlagen bzw. Ferti-

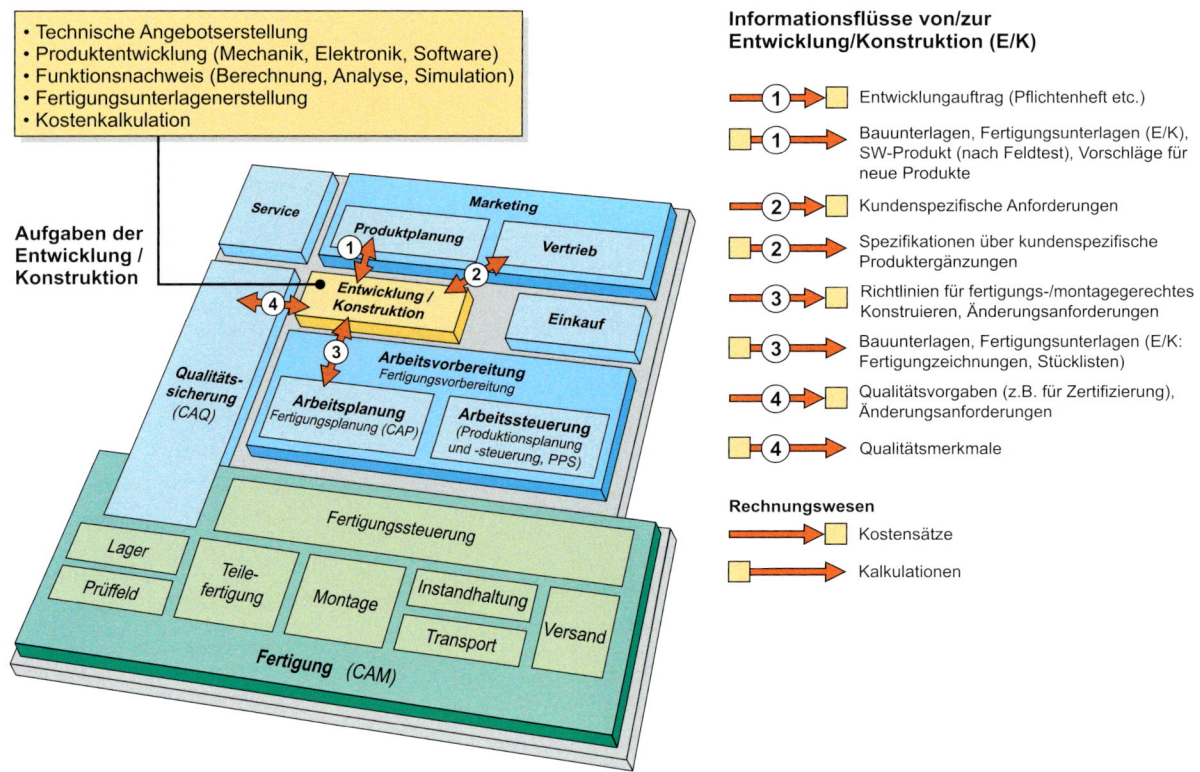

Bild 1-12: Informationsbeziehungen in einem Industrieunternehmen – Entwicklung/Konstruktion

gungsunterlagen etc.). Ferner kommen auch viele Anstöße für neue Produkte aus der Entwicklung/Konstruktion.

Entwicklung/Arbeitsplanung: Die Entwicklung/Konstruktion übergibt die Bau- bzw. Fertigungsunterlagen sowie Stücklisten an die Arbeitsplanung. Von der Arbeitsplanung erhält die Entwicklung/Konstruktion Richtlinien für das fertigungs- und montagegerechte Konstruieren. Häufig gibt es von der Arbeitsplanung auch Hinweise zur verbesserten Produktgestaltung im Hinblick auf die vorhandenen Möglichkeiten der Fertigung oder den Einsatz neuer vorteilhafter Fertigungstechnologien. Formal wird das in der Regel über Änderungsanforderungen abgewickelt.

Entwicklung/Qualitätssicherung: Die Entwicklung/Konstruktion legt die Qualitätsmerkmale des Produktes für die Qualitätssicherung fest. Diese können sowohl auf Anforderungen des Kunden als auch auf Anforderungen des Gesetzgebers beruhen. Die Qualitätssicherung richtet an die Entwicklung/Konstruktion konkrete Qualitätsanforderungen, z.B. für die Zertifi-

zierung eines Produktes. Ferner kann es sein, dass die Qualitätssicherung aufgrund der Analyse der eingegangenen Reklamationen Änderungen des Produktes initiiert (Änderungsanforderungen).

Entwicklung/Rechnungswesen: Die Entwicklung/Konstruktion erstellt eine Kalkulation für das zu entwickelnde Produkt. Das Rechnungswesen liefert die entsprechenden Kostensätze und Kalkulationsverfahren.

Bild 1-13 enthält die Informationsflüsse zwischen der Arbeitsplanung und den weiteren Funktionsbereichen in einem Industrieunternehmen. Die Beziehung zwischen der Arbeitsplanung und der Entwicklung/Konstruktion wurde bereits vorgestellt.

Arbeitsplanung/Produktplanung: Die Arbeitsplanung erhält von der Produktplanung formal gesehen die Bau- bzw. Fertigungsunterlagen und die Stücklisten. Auf der Basis des Wissens über Fertigungstechnologien unterbreitet die Arbeitsplanung häufig Vorschläge für Produktverbesserungen.

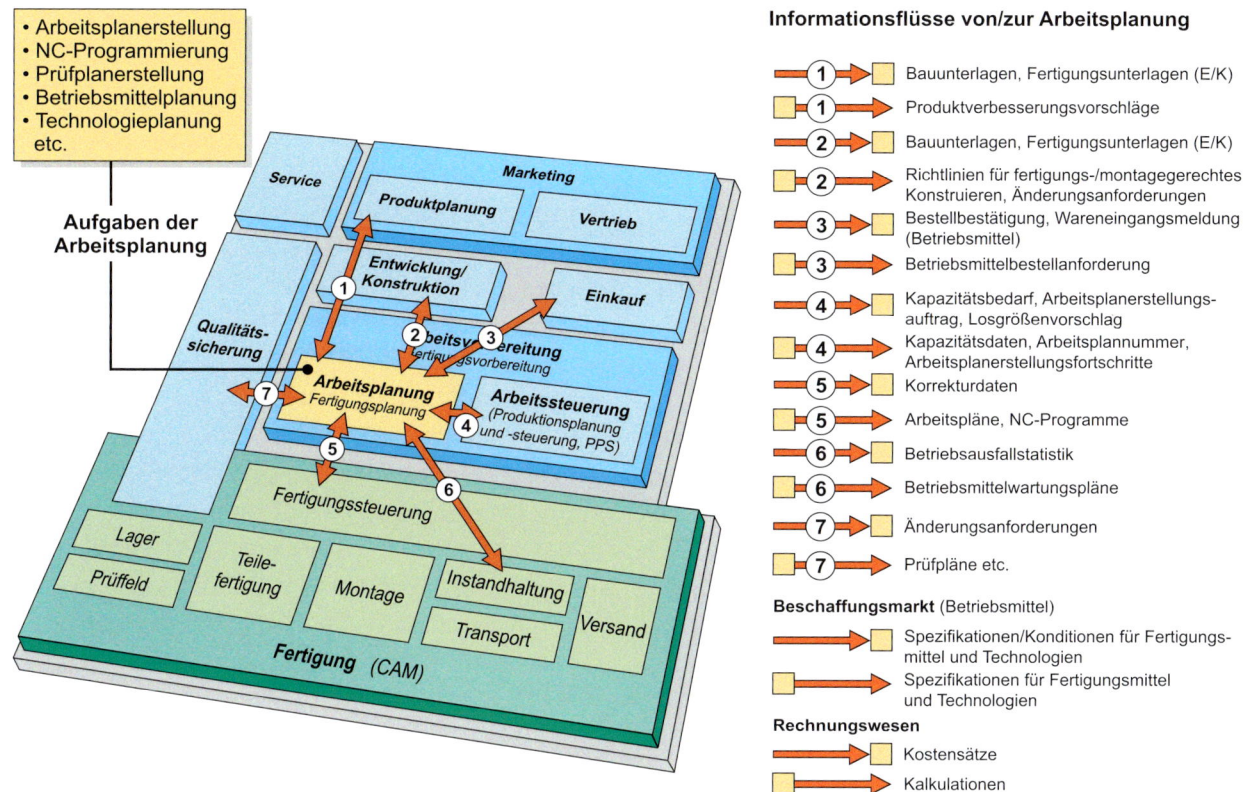

Informationsflüsse von/zur Arbeitsplanung

1 → Bauunterlagen, Fertigungsunterlagen (E/K)

1 → Produktverbesserungsvorschläge

2 → Bauunterlagen, Fertigungsunterlagen (E/K)

2 → Richtlinien für fertigungs-/montagegerechtes Konstruieren, Änderungsanforderungen

3 → Bestellbestätigung, Wareneingangsmeldung (Betriebsmittel)

3 → Betriebsmittelbestellanforderung

4 → Kapazitätsbedarf, Arbeitsplanerstellungsauftrag, Losgrößenvorschlag

4 → Kapazitätsdaten, Arbeitsplannummer, Arbeitsplanerstellungsfortschritte

5 → Korrekturdaten

5 → Arbeitspläne, NC-Programme

6 → Betriebsausfallstatistik

6 → Betriebsmittelwartungspläne

7 → Änderungsanforderungen

7 → Prüfpläne etc.

Beschaffungsmarkt (Betriebsmittel)

→ Spezifikationen/Konditionen für Fertigungsmittel und Technologien

→ Spezifikationen für Fertigungsmittel und Technologien

Rechnungswesen

→ Kostensätze

→ Kalkulationen

Bild 1-13:   Informationsbeziehungen in einem Industrieunternehmen – Arbeitsplanung

Arbeitsplanung/Einkauf: Die Fertigung eines neuen Produkts erfordert häufig die Beschaffung neuer Betriebsmittel. Zu diesem Zweck werden die zu beschaffenden Betriebsmittel von der Arbeitsplanung spezifiziert und als Betriebsmittelbestellanforderung an den Einkauf gegeben. Ist die Bestellung erfolgt, so erhält die Arbeitsplanung eine Bestellbestätigung; bei Eingang der Lieferung erhält die Arbeitsplanung eine Wareneingangsbestätigung.

Arbeitsplanung/Arbeitssteuerung: Ausgangspunkt ist die Erteilung eines Arbeitsplanerstellungsauftrags durch die Arbeitssteuerung. Die Arbeitsplanung informiert anschließend die Arbeitssteuerung über den zu nutzenden Arbeitsplan (Arbeitsplannummer) bzw. während der Arbeitsplanerstellung über den Arbeitsplanerstellungsfortschritt. Ferner meldet die Arbeitsplanung Kapazitätsdaten der verfügbaren Ressourcen. Die Arbeitssteuerung schickt an die Arbeitsplanung den Kapazitätsbedarf und Losgrößenvorschläge.

Arbeitsplanung/Fertigungssteuerung: Die Fertigungssteuerung erhält mit den Arbeitsplänen und den NC-Programmen die wesentlichen Informationen zur Herstellung eines Produktes. Korrekturen in den Arbeitsplänen und NC-Programmen werden von der Fertigung dokumentiert und der Arbeitsplanung mitgeteilt.

Arbeitsplanung/Instandhaltung: Die Instandhaltung erhält die Betriebsmittelwartungspläne mit Angaben über die Wartungsintervalle, die durchzuführenden Tätigkeiten sowie die benötigten Materialien. Die Festlegung der Wartungsintervalle und der Tätigkeiten wird von der Betriebsausfallstatistik bestimmt. Diese enthält u.a. Angaben über Anzahl und Ursachen von Störungen. Die Betriebsmittelausfallstatistik wird oft vom Service erstellt und an die Arbeitsplanung gesandt.

Arbeitsplanung/Qualitätssicherung: Im Rahmen des Qualitätsmanagements werden die Notwendigkeit, der Ablauf und die Häufigkeit von Prüfungen festgelegt. Anschließend werden diese Informationen von der Arbeitsplanung aufgenommen und für die Qualitätssicherung weiter spezifiziert. Die Qualitätssicherung überprüft die Angaben zur Prüfplanung, zur Prüfausführung und zur Prüfdatenauswertung. Fertigungsbezogene Schwachstellen, die beispielsweise zu Kunden-reklamationen geführt haben, werden in Form von Änderungsanforderungen an die Arbeitsplanung weitergegeben.

Arbeitsplanung/Beschaffungsmarkt: Für die Beschaffung neuer Betriebsmittel gibt es eine Kommunikation mit dem Beschaffungsmarkt (Hersteller und Lieferanten von Betriebsmitteln, Materialien, Hilfsstiften etc.). Dies erfolgt in Abstimmung mit dem Einkauf.

Arbeitsplanung/Rechnungswesen: Das Rechnungswesen stellt der Arbeitsplanung die Kostensätze und die Kalkulationsverfahren für die Kalkulation der Herstellkosten zur Verfügung. Im Gegenzug erhält das Rechnungswesen von der Arbeitsplanung die Herstellkostenkalkulationen.

Das letzte Bild der Serie beschreibt die wesentlichen Informationsbeziehungen zwischen der **Arbeitssteuerung** und den übrigen Funktionsbereichen (Bild 1-14). Die Wechselbeziehungen zur Arbeitsplanung und zum Vertrieb wurden bereits vorgestellt.

Arbeitssteuerung/Einkauf: Die Arbeitssteuerung ermittelt die wirtschaftliche Bestellmenge des fremdzubeziehenden Materials und generiert eine Bestellanforderung für den Einkauf. Übermittelte Informationen zur Auswahl eines Lieferanten sind die zu beschaffende Menge, die geforderte Qualität und der Liefertermin. Informationen über den Wareneingang oder den Lieferverzug des bestellten Materials werden vom Einkauf an die Arbeitssteuerung zurückgemeldet.

Arbeitssteuerung/Fertigungssteuerung: Die Fertigungssteuerung erhält von der Arbeitssteuerung Fertigungsaufträge. Ferner kann die Arbeitssteuerung auch Betriebsmittel reservieren sowie erteilte Fertigungsaufträge ändern bzw. stornieren. Der aktuelle Stand des Fertigungsauftrags (Produktivitätsdaten, Auftragsfortschritt, Verfügbarkeit der benötigten Ressourcen etc.) wird an die Arbeitssteuerung zurückgemeldet. Dies ermöglicht hier die Umplanung und ggf. das Informieren der Kunden bei Nichteinhalten der Vorgaben durch die Fertigung.

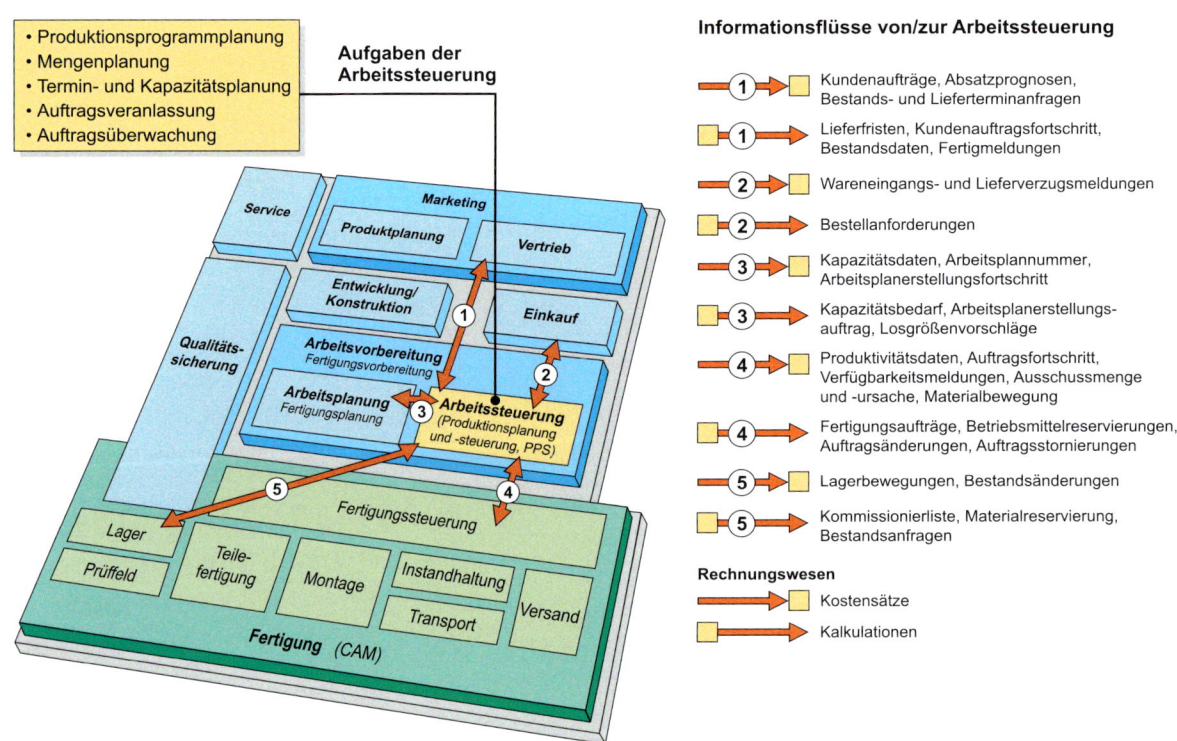

Bild 1-14:   Informationsbeziehungen in einem Industrieunternehmen – Arbeitssteuerung

Arbeitssteuerung/Lager: Die Informationsbeziehungen zum Funktionsbereich Lager dienen der Bereitstellung des benötigten Materials in der Teilefertigung oder Montage. Der Informationsaustausch kann dabei durch eine Kommissionierliste oder in Form einer Materialreservierung erfolgen. Die Rückmeldungen aktueller Lagerbewegungen oder Bestandsänderungen werden von der Arbeitssteuerung aufgegriffen und bei der Planung neuer Fertigungsaufträge berücksichtigt.

Arbeitssteuerung/Rechnungswesen: Das Rechnungswesen stellt der Arbeitssteuerung Kostensätze und Kalkulationsverfahren zur Kalkulation der Herstellkosten von Kundenaufträgen bzw. kundenauftragsbezogenen Fertigungssaufträgen bereit. Die Kalkulationen werden an das Rechungswesen bzw. an den Vertrieb gegeben.

Im Rahmen des skizzierten Informationsmanagements spielt die so genannte Geschäftsobjektverwaltung eine wichtige Rolle. Sie umfasst die Verwaltung und Bereitstellung von Stamm- und Bestandsdaten bzw. -objekten. Unter **Stammdaten** (synonym: Stammobjekte) verstehen wir sämtliche auftragsunabhängige Produkt- und Prozessdefinitionen (Geschäftsobjekte), die in einem Zusammenhang mit dem betrachteten Fertigungsauftrag stehen [Sch01]. Die wesentlichen auftragsunabhängigen Geschäftsobjekte sind Artikel, Stücklisten, Kapazitätsplätze, Betriebsmittel und Arbeitspläne. Diese Informationen werden in einem produzierenden Unternehmen überwiegend durch die Funktionsbereiche Entwicklung/Konstruktion und Arbeitsplanung erstellt und von anderen Bereichen genutzt. Bild 1-15 veranschaulicht die Zugriffe auf die Stammdaten seitens der Funktionsbereiche. Die **Bestandsdaten** (synonym: Bestandsobjekte) unterscheiden sich von den Stammdaten durch ihre Auftragsbezogenheit. Unter dem Begriff Bestandsdaten werden daher sämtliche auftragsabhängige Geschäftsobjekte zusammenfasst. Bestandsdaten enthalten somit Angaben über den Bearbeitungszustand der Aufträge für sämtliche Auftragstypen (Kunden-, Entwicklungs-, Produktionsaufträge etc.) sowie die Lagerbestände und Ressourcen-Transaktionen (Betriebsdaten). Im Gegensatz zu den Stammdaten werden Bestandsdaten in nahezu allen Funktionsbereichen des Unternehmens erzeugt und genutzt.

Die Stammdaten sind im Wesentlichen das Ergebnis der kundenauftragsunabhängigen Produkt- und Prozessentwicklung, ergänzt um Kunden- und Lieferan-

↓ schreiben ↑ lesen **Unternehmens-Bereiche** / **Stammdaten**	Vertrieb	Produktplanung	Entw./Konstruktion	Arbeitsplanung	Arbeitssteuerung	Qualitätssicherung	Einkauf	Rechnungswesen	Service	F.-Steuerung	Lager	Transport	Teilefertigung	Montage	Prüffeld	Versand	Instandhaltung
Lieferantenstammdaten		↑	↑	↑	↑		↓↑	↑	↑								
Kundenstammdaten	↓↑				↑			↑	↓↑							↑	
Kundenauftragsdaten*	↓↑		↑		↓↑			↑	↑							↑	
Fertigungsauftragsdaten*				↑	↓↑	↑		↑		↑	↑	↑	↑	↑	↑	↑	
Zeichnungen*		↑	↓↑	↑	↑	↑			↑				↑	↑	↑		
Teilestammdaten	↑	↑	↓↑	↑	↑	↑	↑	↑	↑	↑	↑	↑	↑	↑			
Erzeugnisstrukturen/Stücklisten	↑	↑	↓↑	↑	↑	↑		↑	↑		↑			↑		↑	
Montage-/Fertigungsvorschriften		↑	↓↑	↑	↑	↑								↑			
Arbeitspläne*		↑	↑	↓↑	↑	↑							↑	↑			
Werkzeugdaten		↑	↓↑	↑	↑					↑			↑		↑		↓↑
Betriebsmitteldaten		↑	↓↑	↑	↑					↑			↑	↑			↓↑
Werkstoffdaten		↑	↓↑	↑	↑					↑	↑	↑	↑	↑			
Prüfpläne*		↑	↓↑	↑		↓				↑			↑	↑	↑		
NC-Programme*		↑	↓↑	↑	↑					↑			↑	↑			
⋮																	

Bild 1-15: Stammdaten und Stammdatenzugriffe

*auftragsneutral

tenangaben. Bei der Bearbeitung eines Auftrages werden die produkt- und prozessbezogenen Daten um die Angaben Termin und Bestellmenge ergänzt. Auf diese Weise kann aus Stammdaten ein Kunden-, Fertigungs- oder Beschaffungsauftrag generiert werden. Es bietet sich an, Stammdaten wegen ihrer Vielfalt zu klassifizieren; die von uns vorgeschlagene Klassifizierung orientiert sich an den Ausführungen von Luczak, Eversheim und Schotten [LES99].

Produktbezogene Stammdaten

Die produktbezogenen Stammdaten beschreiben den Aufbau und die Struktur des betrachteten Produktes. Zu den produktbezogenen Stammdaten zählen auftragsunabhängige Zeichnungen und Modelle des Produktes, wie z.B. CAD-Modelle und Simulationsmodelle sowie Teilestammdaten, Werkstoffdaten und Stücklisten. Die entsprechende Datenstruktur orientiert sich im Wesentlichen an der Produktstruktur.

Die produktbezogenen Stammdaten werden von der Entwicklung/Konstruktion für die übrigen Funktionsbereiche des Industrieunternehmens erstellt und aktualisiert. So nutzt beispielsweise die Arbeitsplanung auftragsunabhängige Stücklisten und CAD-Modelle bei der Planung des Produktionssystems (Arbeitsvorgangs-, Arbeitsmittel- und Fertigungsstättenplanung sowie Produktionslogistik, vgl. auch Kap. 1.2.3). Die Qualitätssicherung greift ebenfalls bei der Festlegung von allgemeinen produktbezogenen Qualitätsmerkmalen, Prüfverfahren und Toleranzen auf die Produktdaten zu.

Fertigungsbezogene Stammdaten

Die fertigungsbezogenen Stammdaten beschreiben in einer auftragsunabhängigen Form die Fertigung des Produktes. Die wesentlichen fertigungsbezogenen Stammdaten sind Arbeitspläne, Werkzeugdaten, Betriebsmitteldaten, Montage- und Fertigungsvorschriften sowie Angaben zu NC-Programmen. Im Rahmen der Produktentstehung werden diese Stammdaten von der Arbeitsplanung erstellt und dienen den anderen Funktionsbereichen als Arbeitsgrundlage.

Die Arbeitssteuerung nutzt beispielsweise die auftragsunabhängigen Angaben des Arbeitsplans (Arbeitsvorgangsfolge, Arbeitsvorgangsbeschreibung, Vorgabezeit etc.), um unabhängig von einem tatsächlichen Fertigungsauftrag die benötigten Betriebsmittel, Vorrichtungen und Werkzeuge für die Herstellung des Produktes zu bestimmen. Ferner greifen insbesondere auch die Teilefertigung und die Montage auf diese Stammdaten zu.

Lieferantenbezogene Stammdaten

Die Lieferantenstammdaten eines Unternehmens werden vom Einkauf des Unternehmens erstellt und ggf. aktualisiert. Diese enthalten auftragsunabhängige Angaben über die Lieferantenanschrift, die Ansprechpartner beim Lieferanten sowie lieferantenspezifische Materialien und Einkaufskonditionen (allgemeine Zahlungsbedingungen, Kreditlinien, Lieferzeiten und Qualitätsvereinbarungen).

Kundenbezogene Stammdaten

Die Kundenstammdaten enthalten ehemalige, bestehende oder potentielle Geschäftspartner des Unternehmens. Der Vertrieb und zum Teil auch der Service generieren Kundenstammdaten mit auftragsunabhängigen Informationen. Zu diesen zählen insbesondere die Versandadresse für den Versand, die Rechnungsanschrift für das Rechnungswesen sowie die Ansprechpartner beim Kunden.

1.2.3 Produktentstehungsprozess

Wie eingangs erwähnt handelt es sich bei den Produkten der hier betrachteten Unternehmen oftmals um mechatronische Produkte. Die Leistungsfähigkeit dieser Produkte beruht auf der Integration mechanischer, elektronischer und softwaretechnischer Komponenten. Dies stellt neue Anforderungen an das Vorgehen in der Produktentwicklung und Fertigungsplanung. Ferner sind wir zu der Auffassung gelangt, dass der eigentlichen Produktentwicklung die systematische Erarbeitung des Entwicklungsauftrags vorangestellt werden muss. Vor diesem Hintergrund schlagen wir ein neues Vorgehensmodell der Produktentstehung vor, das den

Prozess von der Produkt- bzw. Geschäftsidee bis zum Serienanlauf abdeckt und die Erfordernisse der Realität weitestgehend abbildet. Der **Produktentstehungsprozess** umfasst nach Bild 1-16 die Aufgabenbereiche strategische Produktplanung, Produktentwicklung und Produktionssystementwicklung. Die Produktionssystementwicklung beinhaltet im Prinzip die Fertigungsplanung bzw. Arbeitsplanung. Unserer Erfahrung nach kann der Produktentstehungsprozess nicht als stringente Folge von Phasen und Meilensteinen verstanden werden. Vielmehr handelt es sich um ein Wechselspiel von Aufgaben, die sich allenfalls in drei Zyklen gliedern lassen.

Erster Zyklus: Von den Erfolgspotentialen der Zukunft zur Erfolg versprechenden Produktkonzeption

Dieser Zyklus charakterisiert das Vorgehen vom Finden der Erfolgspotentiale der Zukunft bis zur Erfolg versprechenden Produktkonzeption – der sog. prinzipiellen Lösung. Er umfasst die Aufgabenbereiche Potentialfindung, Produktfindung, Geschäftsplanung und Produktkonzipierung. Das Ziel der **Potentialfindung** ist das Erkennen der Erfolgspotentiale der Zukunft sowie die Ermittlung entsprechender Handlungsoptionen. Es

werden Methoden wie die Szenario-Technik, Delphi-Studien oder Trendanalysen eingesetzt.

Basierend auf den erkannten Erfolgspotentialen befasst sich die **Produktfindung** mit der Suche und der Auswahl neuer Produkt- und Dienstleistungsideen zu deren Erschließung. Wesentliches Hilfsmittel zur Ideenfindung sind Kreativitätstechniken wie das laterale Denken nach DE BONO oder TRIZ und Technologie-Roadmaps.

In der **Geschäftsplanung** geht es zunächst um die Geschäftsstrategie, d.h. um die Beantwortung der Frage, welche Marktsegmente wann und wie bearbeitet werden sollen. Auf dieser Grundlage erfolgt die Erarbeitung der Produktstrategie. Diese enthält Aussagen zur Gestaltung des Produktprogramms, zur wirtschaftlichen Bewältigung der vom Markt geforderten Variantenvielfalt, zu eingesetzten Technologien, zur Programmpflege über den Produktlebenszyklus etc. Die Produktstrategie mündet in einen Geschäftsplan, der den Nachweis erbringt, ob mit dem neuen Produkt bzw. mit einer neuen Produktoption ein attraktiver Return on Investment zu erzielen ist.

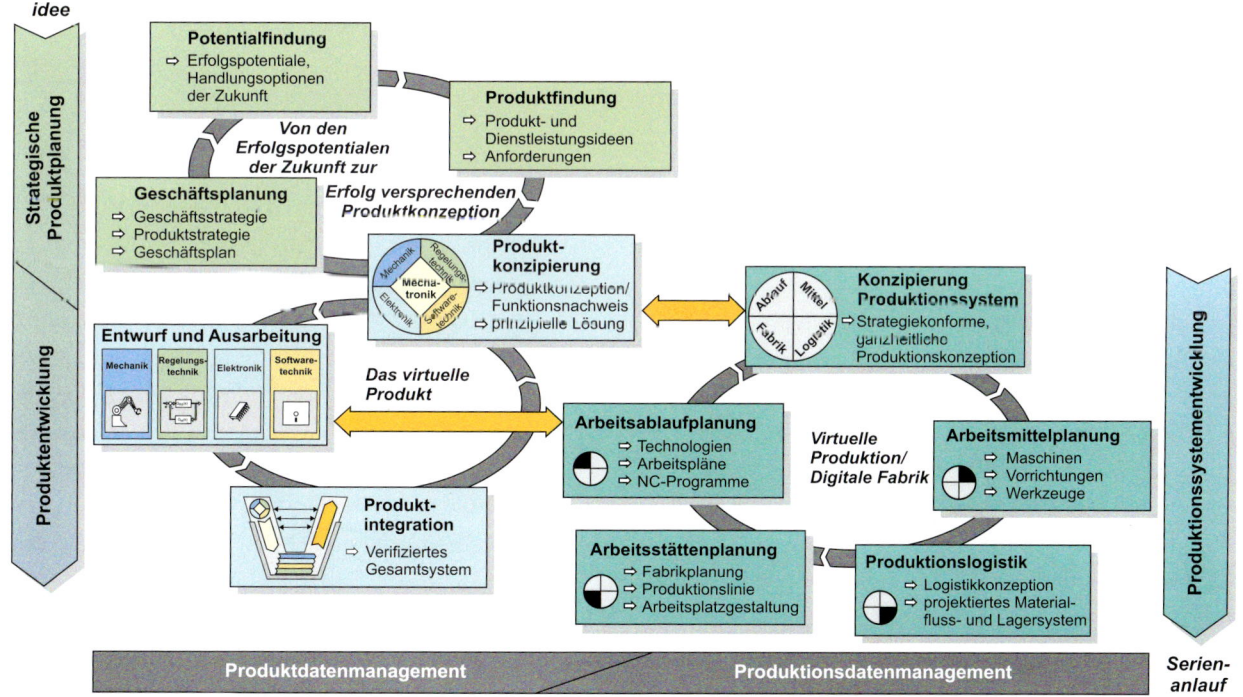

Bild 1-16:   3-Zyklen-Modell der Produktentstehung

Zweiter Zyklus: Produktentwicklung/Virtuelles Produkt

Dieser Zyklus umfasst die Produktkonzipierung, den domänenspezifischen Entwurf und die entsprechende Ausarbeitung sowie die Integration der Ergebnisse der einzelnen Domänen zu einer Gesamtlösung. Da in diesem Zusammenhang die Bildung und Analyse von rechnerinternen Modellen eine wichtige Rolle spielt, hat sich der Begriff Virtuelles Produkt bzw. Virtual Prototyping verbreitet [SK97].

Dritter Zyklus: Produktionssystementwicklung/Digitale Fabrik

Den Ausgangspunkt bildet die Konzipierung des Produktionssystems. Dabei sind die vier Aspekte Arbeitsablaufplanung, Arbeitsmittelplanung, Arbeitsstättenplanung und Produktionslogistik integrativ zu betrachten. Diese vier Aspekte sind im Verlauf dieses dritten Zyklus weiter zu konkretisieren. Die Begriffe Virtuelle Produktion bzw. Digitale Fabrik drücken aus, dass in diesem Zyklus ebenfalls rechnerinterne Modelle gebildet und analysiert werden – Modelle von den geplanten Produktionssystemen bzw. von Subsystemen des Gesamtsystems wie Fertigungslinien und Arbeitsplätze.

Dem aufmerksamen fachkundigen Leser wird sicher aufgefallen sein, dass wir die Produktionssystementwicklung konsequent parallel zur Produktentwicklung anordnen und nicht im Anschluss an die Produktentwicklung. Produkt- und Produktionssystementwicklung sind parallel und eng aufeinander abgestimmt voranzutreiben, um sicherzugehen, dass auch alle Möglichkeiten der Gestaltung eines leistungsfähigen und kostengünstigen Erzeugnisses ausgeschöpft werden. Gerade bei solchen mechatronischen Erzeugnissen, die sich durch eine Integration von Mechanik und Elektronik auf engem Raum auszeichnen, wird bereits das Produktkonzept durch die in Betracht gezogenen Fertigungstechnologien determiniert. Demzufolge sehen wir eine enge Verbindung von Produkt- und Produktionssystementwicklung auf der Stufe der Konzipierung. Im Verlauf der weiteren Konkretisierung besteht ein Abstimmungsbedarf zwischen dem Aufgabenbereich Entwurf und Ausarbeitung auf der Seite der Pro-

duktentwicklung und der Arbeitsablaufplanung auf der Seite der Produktionssystementwicklung. Die beiden Pfeile in Bild 1-16 sollen das verdeutlichen.

Dem geschilderten Zyklenmodell muss ein leistungsfähiges Datenmanagement unterlegt werden, das die Partialmodelle der Produkt- und Produktionssystementwicklung abbildet und integriert. Dabei sind insbesondere auch die Partialmodelle der Produktentwicklung mit denen der Produktionssystementwicklung zu verknüpfen.

Entwurfsraum als Metapher für die Produktentwicklung

Was für den gesamten Produktentstehungsprozess gilt, gilt auch für das Entwurfsgeschehen in der Produktentwicklung im Detail; auch hier gibt es kein stringentes Phasen-Meilenstein-Vorgehen. Die Komplexität der Erzeugnisse zwingt zu einem iterativen Vorgehen, das durch eine Folge von Entwurfsschritten im so genannten Entwurfsraum gekennzeichnet ist. Um dies beispielhaft zu verdeutlichen sei Bild 1-17 herangezogen. Danach wird der **Entwurfsraum** durch drei Dimensionen aufgespannt:

- vom Abstrakten zum Konkreten,
- vom Generellen zum Detail sowie
- durch Sichten (Struktur, Verhalten, Gestalt gemäß Y-Modell der Mikroelektronik [BGH+96]).

Das Vorgehen beim Entwurf eines mechatronischen Systems ist von einem Wechselspiel aus Synthese- und Analyseschritten geprägt, wobei jeweils verschiedene Entwurfsaspekte (Struktur, Verhalten, Gestalt) betrachtet werden können. Die Wahl von Detaillierungsstufen unterstützt sowohl ein Top-down-Vorgehen (eine Grobstruktur wird verfeinert) als auch ein Bottom-up-Vorgehen (getrennt entwickelte Baugruppen werden zu einem Gesamtsystem zusammengefügt). Nichtsdestotrotz gibt es ein prinzipielles Vorgehen für alle Arten von Entwicklungsaufgaben: vom Abstrakten zum Konkreten, vom Generellen zum Detail und von der Funktions- zur Baustruktur. Je nach Entwicklungsaufgabe, Randbedingungen und Zielstem ergeben sich im Entwurfsraum spezifische Verfen. Auf der darunter angeordneten Ebene Arbeitssystem wäre die Beschreibung einer Handhabungsaufgabe mit Hilfe der Symbolik nach VDI 2860 einzuordnen.

- Gestaltorientierte Spezifikation von Fertigungssystemen (Bild 1-20) : Dies ist naturgemäß konkret. Auf der Planungsebene Produktionsbetrieb ist das 3D-Modell des Bauwerks dargestellt. Das Modell einer Fertigungszelle, das sowohl die Gestalt abbildet als auch die Simulation ermöglicht (Analyse des Verhaltens), ist auf der Planungsebene Arbeitssystem angesiedelt.

- Abstrakte Spezifikation der Struktur eines überbetrieblichen Systems (Bild 1-21 oben): Dies wäre auf der Planungsebene Branchenwertschöpfungssystem/-kette anzuordnen. Zur Beschreibung des Sachverhaltes bietet sich die Spezifikationstechnik von DANGELMAIER an [Dan99].

- Spezifikation von Struktur und Verhalten eines Fertigungssystems (Bild 1-21 unten): Die Struktur wird mit Hilfe einer anschaulichen Graphik relativ konkret im Sinne eincs Wirkschemas beschrieben. Das entsprechende Verhalten wird mit einem Petri-Netz konkret und insbesondere analysierbar beschrieben [Dan99].

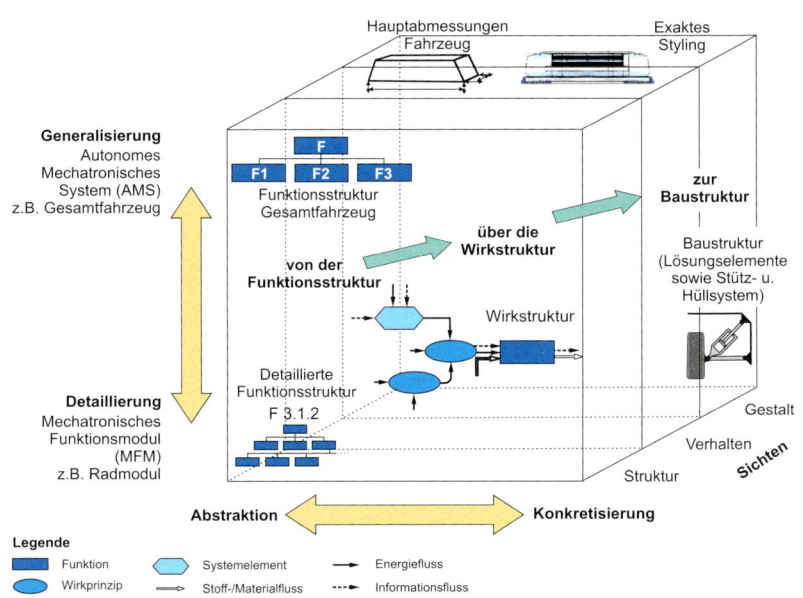

Bild 1-17: Der Entwurfsraum als Grundstruktur des Entwicklungsgeschehens

läufe von Entwurfsprozessen (Bild 1-18). Demnach gibt es keinen universellen, sondern immer nur fallspezifisch ausgeprägte Entwurfsprozesse.

Planungsraum als Metapher für die Produktionssystementwicklung

Die Metapher des Entwurfsraumes verwenden wir auch für die Systematisierung der Produktionssystementwicklung, wobei wir hier die Dimension Generalisierung/Detaillierung durch Planungsebenen konkretisieren (Bild 1-19).

Dieses generische Referenzmodell hilft, die Vielfalt der Methoden, Werkzeuge und Spezifikationstechniken im Kontext Digitale Fabrik/Virtuelle Produktion zu ordnen. Folgende Beispiele sollen dies verdeutlichen:

- Abstrakte Spezifikation von Fertigungssystemen, Sicht Struktur: Die Spezifikation der Struktur eines flexiblen Fertigungssystems mit Hilfe der Symbolik nach VDI 3239/40 [BKW89] ist auf der Planungsebene Fertigungssystem (im engeren Sinne) einzustu-

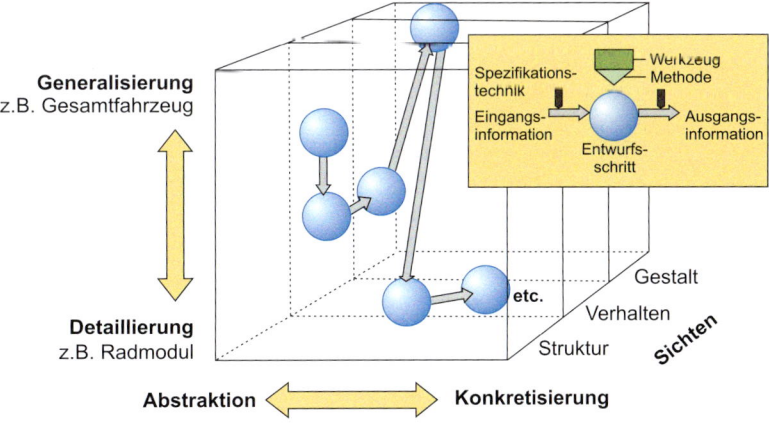

Bild 1-18: Prinzipieller Verlauf eines ausgeprägten Entwurfsprozesses im Entwurfsraum

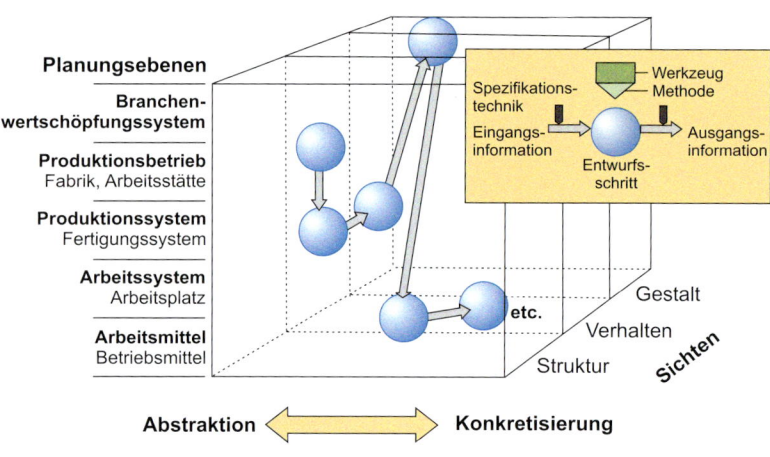

Bild 1-19:   Planungsraum der Arbeitsplanung/Fertigungsplanung

Arbeitsablaufplanung

Die Arbeitsablaufplanung definiert den Fertigungsablauf und die Betriebsmittel, die zur Herstellung eines Produktes benötigt werden. Der Planungshorizont der Arbeitsablaufplanung ist eher kurz- bis mittelfristig. Die Aufgaben der Arbeitsablaufplanung sind vielfältig und mit den anderen Aufgabenbereichen der Produktionssystementwicklung eng verknüpft. Wesentliche Ergebnisse der Arbeitsablaufplanung sind die Arbeitspläne und NC-Programme.

Im weiteren Verlauf des dritten Zyklus der Produktionssystementwicklung sind die vier Hauptaspekte weiter zu konkretisieren (Arbeitsablaufplanung, Arbeitsmittelplanung, Produktionslogistik und Arbeitsstättenplanung).

Der **Arbeitsplan** ist der zentrale Informationsträger der Fertigungsplanung. Die Erstellung von Arbeitsplänen erfolgt in den meisten Fällen auftragsneutral auf der Basis von Fertigungszeichnungen und Stücklisten für einen vorgegebenen Stückzahl- bzw. Losgrößenbereich. Bild 1-22 zeigt ein Beispiel eines Arbeitsplans. Danach gliedert sich ein Arbeitsplan in die zwei Hauptteile Kopf und Arbeitsvorgangsfolge:

- Der Kopf enthält allgemeine Daten wie Benennung des Teiles, Werkstoff und Stückzahl. Die Stückzahl ist besonders wichtig, weil diese einen starken Einfluss auf die Auswahl der Fertigungsverfahren ausübt.

- In der Arbeitsvorgangsfolge ist je Zeile ein Arbeitsvorgang, wie „Rundmaterial auf 340 mm ablängen und zentrieren auf Maschinengruppe 4201", eingetragen. Zu einem Arbeitsvorgang gehören ferner Angaben über die Rüstzeit (t_r) und die Ausführungszeit je Einheit (t_e) sowie ggf. noch Maschineneinstellparameter.

Arbeitsmittelplanung

Die Arbeitsmittelplanung befasst sich mit der Planung der Fertigungsmittel (Maschinen, Vorrichtungen, Werkzeuge), die für die Durchführung der Arbeitsvorgän-

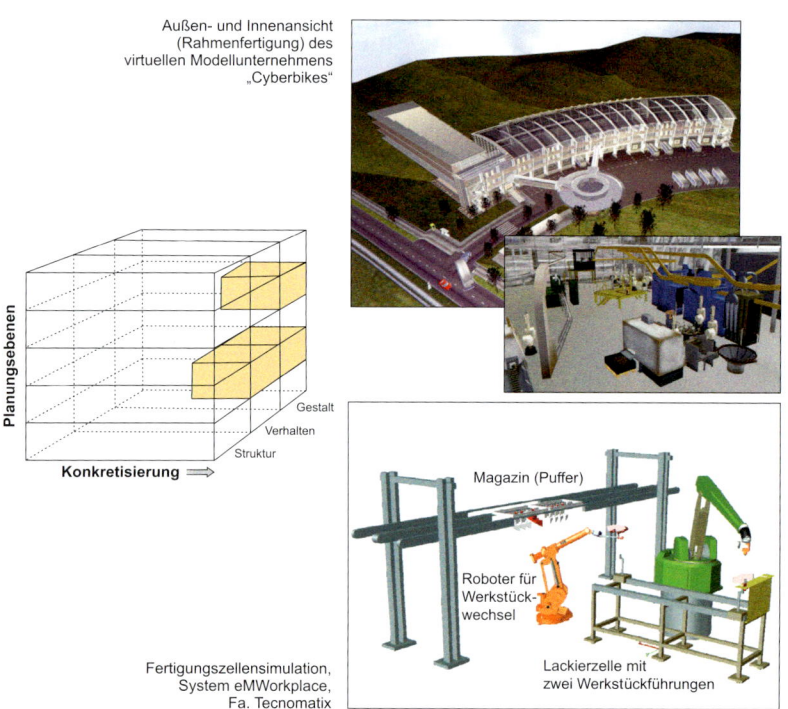

Bild 1-20:   Beispiele für die konkrete Beschreibung von Fertigungssystemen, Sicht Gestalt bzw. Sichten Gestalt und Verhalten

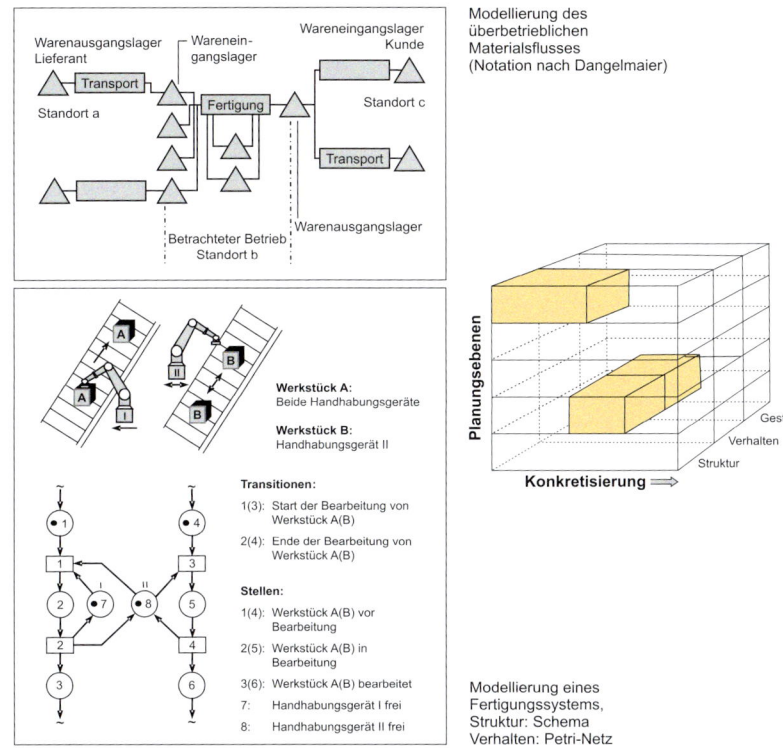

Bild 1-21: Modellierungsbeispiele der Fertigungsplanung [Dan99]

ge in einem Fertigungsbetrieb erforderlich sind. Nach EVERSHEIM gliedert sich die Arbeitsmittelplanung in drei Bereiche [Eve97].

• **Maschinenplanung:** Bei den hier betrachteten Maschinen handelt es sich überwiegend um Werk-

zeugmaschinen bzw. Produktionsmaschinen. Unter dem Begriff Werkzeugmaschine verstehen wir mehr oder weniger automatisierte Fertigungseinrichtungen, die durch relative Bewegungen zwischen Werkzeug und Werkstück eine vorgegebene Form oder Veränderung am Werkstück erzeugen. Bei der Maschinenplanung werden neben so genannten technologischen Kriterien weitere Einflussfaktoren wie z.B. die zu fertigende Losgröße oder die Arbeitsvorgangsfolge (Prozessfolge) berücksichtigt. Die technologischen Kriterien wie Arbeitsraummaße, Leistungsdaten, Maschinenfähigkeit sowie Einsatzschwerpunkte der Maschine geben an, ob das betreffende Werkstück unter Berücksichtigung der geplanten Arbeitsvorgangsfolge auf der Maschine bearbeitet werden kann. Zu diesem Zweck werden aus der Werkstückbeschreibung (Fertigungszeichnung, CAD-Modell) und der ermittelten Arbeitsvorgangsfolge die Anforderungen an die Maschine formuliert, die in einem weiteren Schritt mit den technologischen Kriterien der Maschine abgeglichen werden.

Blatt: 1	Datum: 18.03.05		Auftrags-Nr: 47110815		**ARBEITSPLAN**			
	Bearbeiter: W. Müller							
Stückzahl: 2	Bereich: 1-20		Benennung: Antriebswelle		Zeichnungs-Nr: 170-0542			
Werkstoff: St 50		Rohform und -abmessung: Rundmaterial 60mm			Rohgew: 7,6 kg		Fertiggew: 4,6 kg	
AVG Nr.	Arbeitsvorgangs-beschreibung		Kosten-stelle	Masch.-gruppe	Fertigungs-hilfsmittel	Lohn-gruppe	t_r [min]	t_e [min]
10	Rundmaterial auf 345 mm Länge sägen		300	4101	-	04	30	10,0
20	Rundmaterial auf 340 mm ablängen und zentrieren		340	4201	1201/1231/1233	06	30	2,0
30	Welle komplett drehen		360	4313	1201/1231/1233	08	30	2,6
40	Gewindelöcher bohren und Gewinde M6x20 schneiden		350	4407	1201/1231/1233	07	20	5,2
50	Passfedernut fräsen		400	4751	3104	09	45	4,7
60	Lagersitze schleifen		510	4908	-	07	20	6,7
70	Fertigteilkontrolle		900	9002	-	-	10	3,8

t_e = Zeit je Einheit
t_r = Rüstzeit

Bild 1-22: Beispiel eines Arbeitsplans

- **Vorrichtungsplanung:** Dies umfasst die Planung und Auswahl der Vorrichtungen, die nicht an der Maschine vorhanden sind. Unter einer Vorrichtung verstehen wir ein Fertigungsmittel, das an ein Werkstück gebunden ist und unmittelbar in Beziehung zum Arbeitsvorgang steht [DIN6300]. Vorrichtungen dienen dazu, Werkzeuge bzw. Werkstücke zu positionieren, zu halten oder zu spannen und ggf. ein oder mehrere Werkzeuge bzw. Werkstücke zu führen. Vorrichtungen lassen sich in Standard- und Sondervorrichtungen unterscheiden.

- **Werkzeugplanung:** Hier geht es um die Ermittlung der Werkzeuge und der damit verbundenen Angaben über Werkzeugtyp, Werkzeuggröße, Schneidstoff etc. Dies erfolgt auf der Basis der Werkstückgeometrie, der Stückzahl und der technologischen Restriktionen (z.B. Oberflächengüte, Werkstoff, Arbeitsvorgangsfolge). Bei der Werkzeugplanung wird analog zur Vorrichtungsplanung zwischen Standard- und Sonderwerkzeugen unterschieden. Eine detaillierte Klassifikation der Werkzeuge ermöglicht die VDI-Richtlinie 3320.

Produktionslogistik

Die Produktionslogistik umfasst die Planung des gesamten Materialflusses in einem Fertigungsbetrieb vom Wareneingang bis zum Versand sowie der damit verbundenen Ausrüstung inkl. der Erstellung der Steuerungssoftware. Dementsprechend ergeben sich vier Hauptaufgaben.

- **Erstellung der Logistikkonzeption:** Diese leitet sich aus der Strategie des Unternehmens ab und trifft Aussagen zu den Logistikzielen, der Logistikstrategie, der Logistikorganisation, den Logistikprozessen und den logistischen Gestaltungsmitteln.

- **Projektierung des Materialflusssystems:** Ein Materialfluss umfasst nach VDI 3300 die Verkettung aller Vorgänge beim Gewinnen, beim Be- und Verarbeiten sowie bei der Verteilung von stofflichen Gütern innerhalb festgelegter Bereiche. Der Materialfluss lässt sich anhand des Kriteriums „Bereich des Materialflusses" in vier Stufen unterteilen [Dan99]:

- Der **Materialfluss 1. Stufe** umfasst die Transporte in der Branchenwertschöpfungskette; aus Sicht eines Fertigungsbetriebs wäre das der Materialfluss von den Lieferanten über den Fertigungsbetrieb zu den Kunden.

- Der **Materialfluss 2. Stufe** betrachtet den Materialfluss in einem Fertigungsbetrieb auf der obersten Stufe, d.h. zwischen den Hauptbereichen (z.B. Wareneingang, Teilefertigung, Galvanik, Vormontage, Endmontage).

- Der **Materialfluss 3. Stufe** enthält Materialflussbewegungen zwischen den Abteilungen eines Betriebsbereiches sowie die Bewegungen innerhalb dieser Abteilungen. Dazu zählen beispielsweise die Materialflüsse zwischen Arbeitsplätzen, Maschinengruppen, Lagern etc.

- Der **Materialfluss 4. Stufe** umfasst die Materialbewegungen an einzelnen Arbeitsplätzen.

Im Kontext Produktentstehung sind die Stufen 2, 3 und 4 relevant. Die Gestaltung der 1. Stufe ist Gegenstand der eigentlichen Logistik, die sich in Beschaffungs-, Produktions- und Distributionslogistik gliedert.

- **Projektierung der Handhabungssysteme:** Die Projektierung der Handhabungssysteme umfasst die Klassifikation der Handhabungsaufgaben (z.B. Ordnen, Weitergeben, Spannen) und der Handhabungsmittel (z.B. Bunker, Magazine). Der Vorgang Handhaben beschreibt die Bewegungsvorgänge beim Einleiten oder Beenden von Vorgängen der Fertigung, des Transportierens und des Lagerns [VDI3300].

- **Projektierung der Lagersysteme:** Ein Lager (bzw. Pufferlager) dient der Stabilisierung des Materialflusses zwischen zwei Fertigungssystemen, bei denen der Ausstoß des ersten Systems zeitlich nicht an den Bedarf des zweiten Systems angepasst ist [Dan99]. Ein zu planendes Lagersystem kann nach der Lageraufgabe, dem Lagergut (Stückgut, Schüttgut und Flüssiggut) und dem Lagerprinzip (prinzipielle Lösungsmöglichkeit eines Lagersystems) klassifiziert werden.

Arbeitsstättenplanung

Im Rahmen der Arbeitstättenplanung ist die bauliche Struktur des Fertigungsbetriebes auf das Fertigungssystem und den damit verbundenen Materialfluss abzustimmen. Insbesondere ist den Fertigungsmitteln und den Komponenten des Materialflusssystems ein Standort in den Gebäuden zuzuordnen [Dan99]. Die Planung der innerbetrieblichen Strukturen lässt sich unterteilen in die Bebauungsplanung und die Anordnungsplanung. Der Planungsprozess erfolgt dabei interdisziplinär – so wird der Fertigungsplaner beispielsweise von Architekten, Bauingenieuren und Arbeitspsychologen unterstützt. Einen sehr aktuellen Aspekt stellt angesichts des turbulenten Umfelds der industriellen Produktion die Wandlungsfähigkeit der Fabrik dar [WNK+05]. Im Folgenden charakterisieren wir die vier Hauptaufgaben der Arbeitstättenplanung:

- **Bebauungsplanung (Gebäude):** Die wesentlichen Aufgaben der Bebauungsplanung sind die Ermittlung des Flächenbedarfs, der Funktionszusammenhänge und des Gebäudetyps sowie die Anordnung der Gebäude auf dem Grundstück und die Bestimmung der funktionalen und baulichen Organisationsprinzipien. Das Ergebnis ist der Bebauungsplan. Dieser gewährleistet die material- und informationsgerechte Anordnung der einzelnen Funktionseinheiten eines Betriebes unter Berücksichtigung der vorhandenen Restriktionen (Bauvorschriften, Geländeeigenschaften etc.). Die Gebäudeplanung ist ein Teil der Bebauungsplanung und legt die Gebäudestruktur fest [Dan99].

- **Anordnungsplanung:** Diese konkretisiert die innerbetriebliche Struktur des Produktionssystems sowie die Beziehungen zwischen den einzelnen Funktionsbereichen [KSG84]. Die wesentlichen Planungsvorgaben bzw. -restriktionen resultieren aus Entscheidungen der Bebauungsplanung und der Arbeitsablaufplanung. In der einschlägigen Fachliteratur wird ein systematisches Durchlaufen folgender Schritte vorgeschlagen: ideales Funktionsschema,

flächenmaßstäbliches Funktionsschema, Anordnungsplan ohne Berücksichtigung von Flächeninhalten, idealer Anordnungsplan und realer Anordnungsplan [Dan99].

- **Planung der Produktionslinien:** Hier geht es um die Planung komplexer Fertigungssysteme wie flexible Fertigungssysteme und flexible Fertigungslinien. Diese Systeme bestehen aus mehreren Arbeitssystemen (z.B. flexible Fertigungszellen, Industrieroboterzellen und Handarbeitsplätze), die über ein automatisiertes Materialflusssystem und ein übergeordnetes Leitsystem miteinander verknüpft sind. Diese Komponenten sowie die ggf. vorzusehenden Pufferlager sind auszuwählen, zu dimensionieren und zu integrieren.

- **Gestaltung der Arbeitsplätze:** Hier geht es um das Festlegen der Arbeitsplatzfläche, die Anordnung von Betriebsmitteln, Transport- und Lagereinrichtungen, die Sicherstellung der Energie-, Material- und Werkzeugversorgung, die Vermeidung gesundheitsschädlicher Einflüsse sowie die Planung der Beleuchtung und Klimatisierung [Eve97]. Diese Aufgaben basieren auf den Vorgaben der Bebauungs- und Anordnungsplanung. Neben der Berücksichtigung dieser Vorgaben müssen Aspekte der Ergonomie, der Arbeitspsychologie und der Betriebsorganisation berücksichtigt werden.

1.2.4 Auftragsabwicklungsprozess

Der Auftragsabwicklungsprozess umfasst die Planung und Steuerung sämtlicher Prozesse von der Angebotserstellung über die Herstellung bis zur Distribution und Fakturierung eines Produktes. Dieser Aufgabenkomplex wird als **Produktionsplanung und -steuerung (PPS)** bezeichnet. Parallel zu diesem Begriff hat sich auch der Begriff **Enterprise Resource Planning (ERP)** verbreitet. ERP umfasst analog zu PPS Prozesse, Methoden und Techniken zur effektiven Planung und Steuerung aller Ressourcen, die zur Beschaffung, zur Herstellung, zum Vertrieb und zur Abwicklung von Kundenaufträgen in einem Produktions-, Handels- oder einem Dienstleistungsunternehmen nötig sind.

Wir verwenden den Begriff PPS und die damit verbundene Sichtweise auf den Auftragsabwicklungsprozess.

Die Produktionsplanung und -steuerung nimmt eine zentrale Rolle für die wirtschaftliche Leistungserstellung ein und bildet ein traditionelles Einsatzgebiet der Informationstechnik. Entsprechende PPS-Systeme weisen im Allgemeinen die in Bild 1-23 angegebene Funktionalität auf: Die Produktionsplanung umfasst die Produktionsprogrammplanung, Mengenplanung, Termin- und Kapazitätsplanung. Zur Produktionssteuerung zählen die Bereiche Auftragsveranlassung und Auftragsüberwachung. Im Folgenden charakterisieren wir diese fünf Aufgabenbereiche kurz.

- **Produktionsprogrammplanung:** Diese legt unter Berücksichtigung der Produktionskapazität fest, welche Erzeugnisse in einer bestimmten Periode hergestellt werden sollen. Sowohl für End- als auch Zwischenprodukte wird das Mengengerüst terminiert und mit dem gesamten Produktionsprogramm abgestimmt. Der dabei entstehende Primärbedarf stützt sich in erster Linie auf Marktdaten und lässt sich danach unterscheiden, ob es sich um einen konkreten Kundenauftrag oder eine kundenanonyme Prognose des Absatzes der nächsten Planungsperiode handelt. Somit umfasst die Produktionsprogrammplanung sowohl die Prognoserechnung für die Erzeugnisse, Gruppen und Einzelteile als auch die Grobplanung der Kundenauftragsabwicklung im Sinne einer Vorlaufsteuerung.

- **Mengenplanung:** In der Mengenplanung wird aus dem Produktionsprogramm mit Hilfe der Stücklisten der Materialbedarf (Bedarf an Baugruppen, Teilen, Werkstoffen etc.) ermittelt. Dabei werden die in der Produktionsprogrammplanung festgestellten Primärbedarfe mit Hilfe der im System hinterlegten Stücklisten oder durch mathematisch statistische Verfahren aufgelöst (Sekundärbedarf). Aus dem somit ermittelten Bruttobedarf wird unter Berücksichtigung der verfügbaren Bestände an Erzeugnissen, Gruppen und Einzelteilen, aber auch an Roh-, Betriebs- und Hilfsstoffen der Nettobedarf ermittelt und die Materialdisposition angestoßen. Diese umfasst die Beschaffungsrechnung einschließlich der Be-

stellrechnung und Lieferantenauswahl sowie die verbrauchsgesteuerte Bedarfsermittlung und Bestandsführung.

- **Termin- und Kapazitätsplanung:** Sie bestimmt mit Hilfe der Arbeitspläne den Kapazitätsbedarf an Personen und Betriebsmitteln. Die Hauptaufgabe der Termin- und Kapazitätsplanung ist der Abgleich der zeitbezogenen vorhandenen Kapazitäten mit dem geplanten Kapazitätsbedarf zur Auftragserfüllung. Diese umfasst eine Kapazitätsbedarfsrechnung, eine Kapazitätsangebotsermittlung und deren Abstimmung miteinander. Die Fertigungsaufträge werden entsprechend ihrer grundsätzlichen Reihenfolge eingeplant und gemäß ihres Durchlaufes terminiert. Bekannte Prinzipien hierfür sind die Rückwärtsterminierung (fester Endtermin), die Vorwärtsterminierung (fester Starttermin) und die Mittelpunktsterminierung (am Engpass ausgerichtet).

- **Auftragsveranlassung:** Aufgabe der Auftragsveranlassung ist das kurzfristige Durchsetzen von periodengenauen Fertigungs- und Bestellaufträgen. Es werden die Fertigungs- und Beschaffungsaufträge freigegeben und die entsprechenden Fertigungs- und Beschaffungsbelege erstellt. Voraussetzung hierfür ist die Verfügbarkeit der benötigten Kapazitäten und Ressourcen. Die Planungsphase wird verlassen und die operative Steuerung der Aufträge veranlasst. Die Einlastung der Fertigungsaufträge auf die einzelnen Betriebsmittel kann sich dabei auf die ursprüngliche Reihenfolgeplanung auswirken. Durch Simulation, Prioritätsregeln oder Freigabeprinzipien wie die belastungsorientierte Auftragsfreigabe wird die Reihenfolge an den einzelnen Betriebsmitteln optimiert [Dan03], [Wie97].

- **Auftragsüberwachung:** Sie überwacht die Durchführung der freigegebenen Fertigungs- und Bestellaufträge. Für die Fertigungsaufträge erfolgt die Überwachung auf der Basis der Rückmeldungen via Betriebs- bzw. Maschinendatenerfassung (BDE, MDE) ggf. aus der unterlagerten Fertigungssteuerung. Ferner ist diesem Funktionsbereich die Bestellauftragsüberwachung und Wareneingangserfassung zugeordnet.

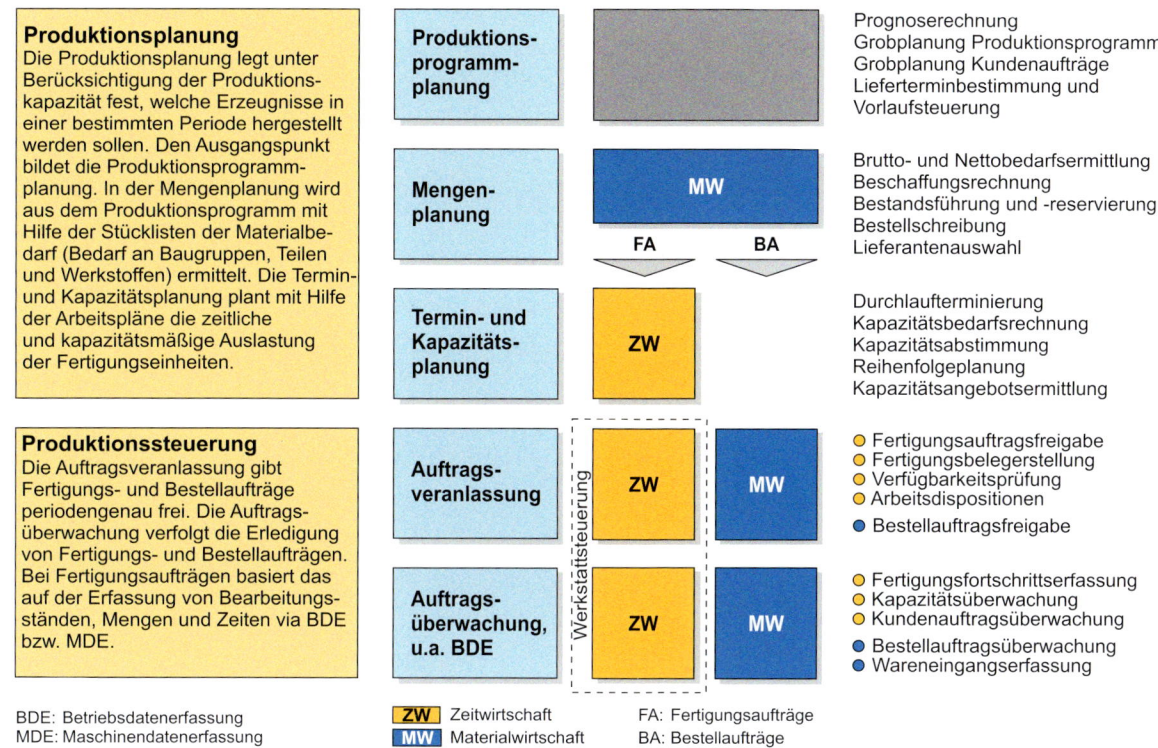

Produktionsplanung
Die Produktionsplanung legt unter Berücksichtigung der Produktionskapazität fest, welche Erzeugnisse in einer bestimmten Periode hergestellt werden sollen. Den Ausgangspunkt bildet die Produktionsprogrammplanung. In der Mengenplanung wird aus dem Produktionsprogramm mit Hilfe der Stücklisten der Materialbedarf (Bedarf an Baugruppen, Teilen und Werkstoffen) ermittelt. Die Termin- und Kapazitätsplanung plant mit Hilfe der Arbeitspläne die zeitliche und kapazitätsmäßige Auslastung der Fertigungseinheiten.

Produktionssteuerung
Die Auftragsveranlassung gibt Fertigungs- und Bestellaufträge periodengenau frei. Die Auftragsüberwachung verfolgt die Erledigung von Fertigungs- und Bestellaufträgen. Bei Fertigungsaufträgen basiert das auf der Erfassung von Bearbeitungsständen, Mengen und Zeiten via BDE bzw. MDE.

Produktions-programm-planung — Prognoserechnung / Grobplanung Produktionsprogramm / Grobplanung Kundenaufträge / Liefeterminbestimmung und Vorlaufsteuerung

Mengen-planung — MW — Brutto- und Nettobedarfsermittlung / Beschaffungsrechnung / Bestandsführung und -reservierung / Bestellschreibung / Lieferantenauswahl

FA   BA

Termin- und Kapazitäts-planung — ZW — Durchlaufterminierung / Kapazitätsbedarfsrechnung / Kapazitätsabstimmung / Reihenfolgeplanung / Kapazitätsangebotsermittlung

Auftrags-veranlassung — ZW — MW — ○ Fertigungsauftragsfreigabe / ○ Fertigungsbelegerstellung / ○ Verfügbarkeitsprüfung / ○ Arbeitsdispositionen / ● Bestellauftragsfreigabe

Auftrags-überwachung, u.a. BDE — ZW — MW — ○ Fertigungsfortschrittserfassung / ○ Kapazitätsüberwachung / ○ Kundenauftragsüberwachung / ● Bestellauftragsüberwachung / ● Wareneingangserfassung

Werkstattsteuerung

BDE: Betriebsdatenerfassung
MDE: Maschinendatenerfassung

ZW Zeitwirtschaft
MW Materialwirtschaft

FA: Fertigungsaufträge
BA: Bestellaufträge

Bild 1-23: Funktionsgliederung der Produktionsplanung und -steuerung (PPS) nach FIR, RWTH Aachen [Hac89], [LES99]

Die Mengenplanung sowie die Auftragsveranlassung und -überwachung von Bestellaufträgen bilden die sog. **Materialwirtschaft**. Das Ziel der klassischen Materialwirtschaft besteht in der Versorgung des Unternehmens mit Gütern und Materialien. Dabei ist neben einer ökonomischen Aufgabenkomponente (Minimierung der Beschaffungs- und Lagerkosten) eine technische zu berücksichtigen. Die technische Aufgabe besteht in der termingerechten Bereitstellung der erforderlichen Art, Menge und Qualität von Gütern und Materialien bei der Leistungserstellung. Daraus resultiert ein Zielkonflikt zwischen einer hohen Materialverfügbarkeit und einer geringen Kapitalbindung [Eve96].

Die Termin- und Kapazitätsplanung sowie die Auftragsveranlassung und -überwachung der Fertigungsaufträge werden häufig als **Zeitwirtschaft** bezeichnet. Als dritter Begriff hat sich die **Werkstattsteuerung** eingebürgert. Wie in Bild 1-23 angedeutet ist darunter die Veranlassung und Überwachung von Fertigungsaufträgen zu verstehen. Im Prinzip ergibt sich hier ein fließender Übergang zur Fertigungssteuerung, die einen herstellprozessnahen Regelkreis bildet, der von der Pro-

duktionssteuerung überlagert wird (Bild 1-24). Die Begriffe Fertigungssteuerung und Werkstattfertigung werden häufig synonym verwendet. Wir bevorzugen den Begriff **Fertigungssteuerung**. Im Gegensatz zur übergeordneten Produktionssteuerung steuert und überwacht diese den Herstellprozess im Detail. Ein sehr wichtiges Merkmal der Fertigungssteuerung ist, dass Störungen im Herstellprozess zu kompensieren sind. Wenn dies nicht möglich ist, wird die Produktionssteuerung angesprochen, die auf ihrer Ebene geeignete Schritte durchführen muss – z.B. die Ermittlung und Weitergabe eines neuen Liefertermins.

Erst wenn das PPS-System die Planung, Steuerung und Überwachung der Produktionsabläufe nach Mengen- und Kapazitätsgesichtspunkten gewährleistet, wird die eigentliche Fertigungssteuerung angestoßen. Die Fertigungssteuerung übernimmt die Fertigungsaufträge vom PPS-System und ordnet sie den einzelnen Fertigungseinrichtungen (Fertigungszelle, Montagezelle usw.) zu. Die Steuerung und Überwachung der Fertigungseinrichtungen erfolgt häufig über Fertigungsleitstände. Das PPS-System und das Fertigungssteue-

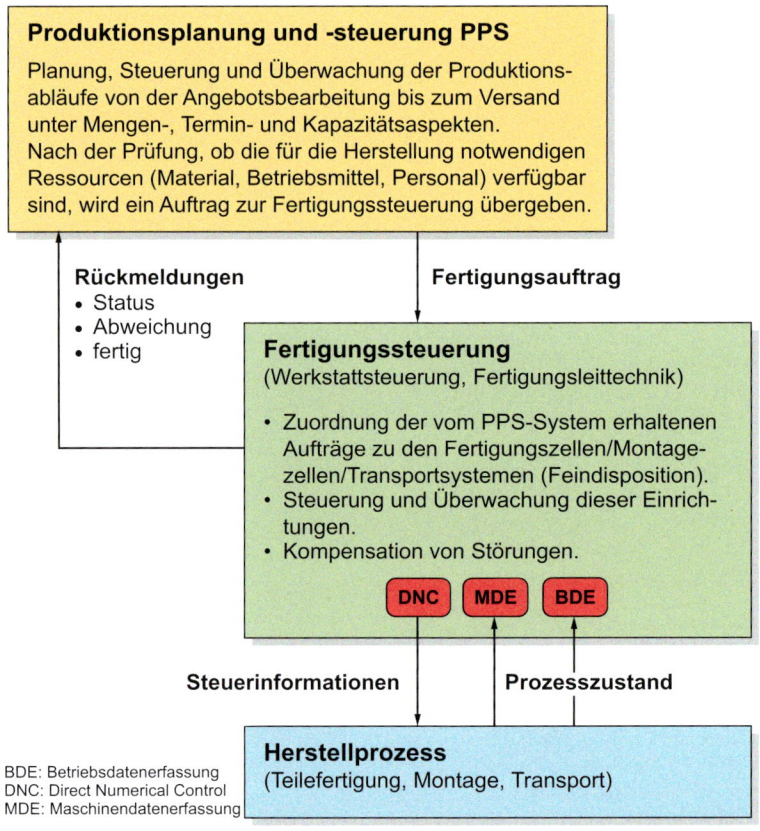

Bild 1-24: Hierarchie der Informationsverarbeitung bei der Auftragsabwicklung (Produktgeschäft)

rungssystem sind über Schnittstellen gekoppelt, über die der Status oder die Fertigstellung eines Fertigungsauftrages an das PPS-System zurückgemeldet werden können. Grundsätzlich sind die Funktionen eines Fertigungssteuerungssystems mit den Funktionen der Termin- und Kapazitätsplanung vergleichbar. Es ermöglicht jedoch eine wesentlich detailliertere Planung und Steuerung des Fertigungsgeschehens vor Ort und bietet den verantwortlichen Meistern eine Entscheidungsunterstützung und Eingriffsmöglichkeiten in den Fertigungsprozess.

Über den **Fertigungsleitstand** werden die einzelnen Fertigungseinrichtungen mit Steuerinformationen versorgt. Die Funktion Direct Numerical Control (DNC) verwaltet NC-Programme und führt sie den einzelnen Fertigungseinrichtungen zu. Das manuelle, halbautomatische und vollautomatische Erfassen von Betriebsdaten (Auftragsfortschritt, Produktionsdaten usw.) wird durch Systeme der Maschinendatenerfassung (MDE) bzw. der Betriebsdatenerfassung (BDE) durchgeführt. Dadurch erhält das Fertigungssteuerungssystem stets

aktuelle Daten über den Herstellprozess und dessen Prozesszustand. Diese werden ggf. verdichtet, an das PPS-System zurückgemeldet und ausgewertet.

Produktionsplanung und -steuerung sowie Werkstattsteuerung bzw. Fertigungssteuerung bewegen sich aufeinander zu. Während PPS fertigungsprozessnäher wird, übernehmen dezentrale Werkstattsteuerungssysteme immer häufiger auch klassische PPS-Funktionen. Dadurch wird betriebliches Wissen stärker einbezogen, was zu realitätsnäheren Planungen führt und die Reaktionsfähigkeit auf sich ändernde Gegebenheiten erhöht.

Zur Strukturierung der sehr komplexen Informationsverarbeitung in Industrieunternehmen wurde in den 1980er Jahren die Hierarchie der sog. Leitebenen eingeführt (Bild 1-25).

• **Betriebsleitebene (BLE):** In der Betriebsleitebene ist die Produktionsplanung und -steuerung (PPS) angesiedelt. Sie plant die Fertigungsaufträge auf lange Sicht hin unter Berücksichtigung von Kapazitä-ten und Terminen und veranlasst die Fertigung der Produkte. Sie erhält Rückmeldungen von der unter-lagerten Ebene. Häufig werden dieser Ebene auch die übrigen IT-Systeme, die in der Entwicklung/Kon-struktion, Arbeitsplanung und Verwaltung einge-setzt werden, zugeordnet.

- **Fertigungsleitebene (FLE):** Dieser Ebene ist die Fer-tigungssteuerung zugeordnet. Das Fertigungssys-tem bzw. Fertigungsleitsystem koordiniert die Aus-führung der Aufträge, die vom PPS-System überge-ben werden. Über den Fertigungsleitstand sind dem Benutzer eine Überwachung und ein Eingreifen in den Produktionsablauf möglich.

- **Prozessleitebene (PLE):** In komplexen Fertigungsbe-trieben, insbesondere in verfahrenstechnischen Pro-zessen, wird der Fertigungsbereich in Maschinen-gruppen bzw. Prozessstufen aufgeteilt. Ein Prozess-leitsystem steuert und überwacht einen derartigen Bereich. In solchen Strukturen ist zudem die Mate-rialflusssteuerung dieser Ebene zugeordnet.

- **Maschinenleitebene (MLE):** Die Steuerung und Über-wachung einzelner Fertigungseinrichtungen ist Ge-genstand dieser Ebene. Somit gehören insbesonde-re CNC-Steuerungen von Maschinen und Industrie-robotern zur Maschinenleitebene.

Allgemein gilt, dass eine Ebene nur mit der nächst hö-heren bzw. -tieferen Ebene kommuniziert. So sind für die Funktionalität der Produktionsplanung und -steuerung Daten aus den Maschinensteuerungen nicht relevant, sondern werden durch die zwischengelager-ten Ebenen ausgewertet und aufbereitet weitergege-ben, sofern sie nicht von Belang sind, wie z.B. ein län-gerer Maschinenausfall, der auf den unteren Ebenen nicht kompensiert werden kann. Als Computer-Aided-Manufacturing (CAM)-Systeme werden in diesem Kon-text die Systeme bezeichnet, die den drei unteren Ebe-nen zuzuordnen sind. CAM beinhaltet also die **Ferti-gungssteuerung** und darunter liegende Subsysteme.

Die Strukturierung der Informationsverarbeitung in hierarchische Leitebenen basiert auf dem Paradigma der zentralen Automation. In jüngster Zeit setzt sich das neue Paradigma der „dezentralen intelligenten Au-tomation" durch, d.h. die Komponenten einer Fabrik

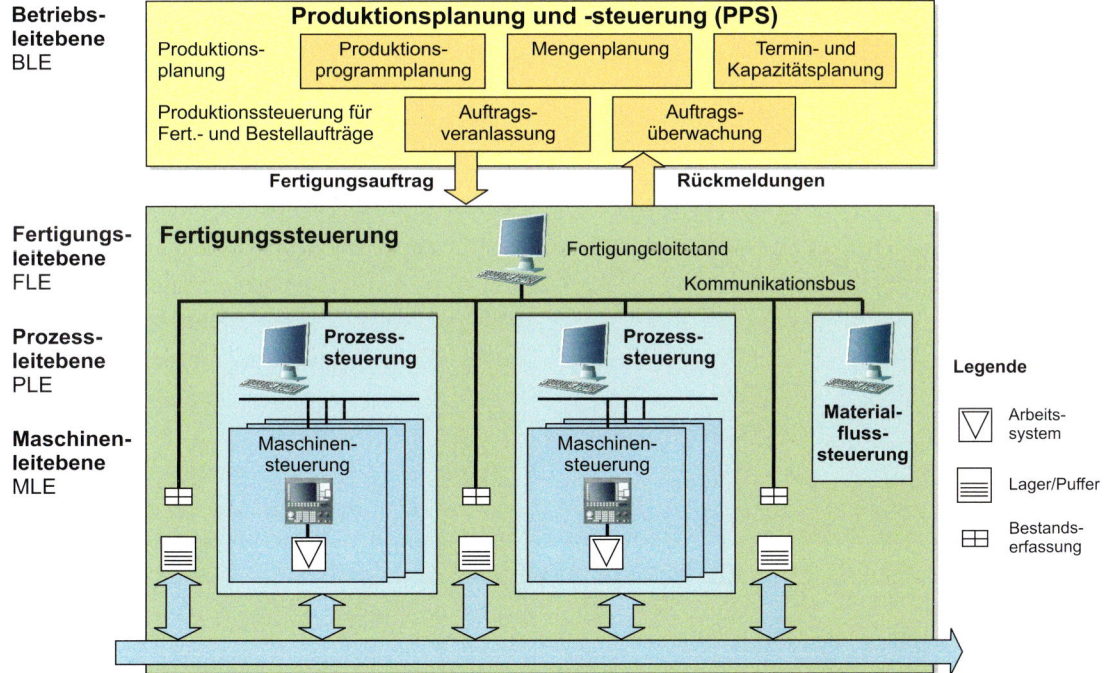

Bild 1-25: Hierarchie der Leitebenen in der industriellen Produktion

mit Maschinen, Industrierobotern, Materialflusssteuerungen und Leitsystemen bis hin zu PPS-Systemen sowie auch untergeordnete Komponenten wie ein Shuttle oder die Weiche eines Materialflusssystems bilden Knoten, die quasi gleichberechtigt kommunizieren. Diese Knoten werden auch als „intelligent" bezeichnet, weil deren Software Ziele und Strategien verfolgt.

1.3 Das 4-Ebenen-Modell zur Gestaltung der Produktion von morgen

Zur nachhaltigen Sicherung der Wettbewerbsfähigkeit eines Unternehmens bieten sich viele Möglichkeiten an. So ist es ganz natürlich, dass im Laufe der Zeit immer wieder neue Ansätze auftauchen und teils enthusiastisch propagiert werden. Beispiele für solche Ansätze sind *Business Process Reengineering, Lean Production, Fraktale Fabrik* und *Agile Manufacturing*. Manchmal wird die Führung eines Industrieunternehmens einfach nur aus einem anderen Blickwinkel betrachtet, wie das für *Total Quality Management* zu beobachten ist. Nachdem man sich längere Zeit mit einem dieser Ansätze intensiv befasst hat, wird klar, dass davon wohl wichtige und auch neue Impulse ausgehen und in vielen Teilbereichen der Unternehmensführung auch ausgezeichnete Resultate erzielt werden, aber nicht wirklich die bis dahin etablierten Ansätze ersetzt werden. Häufig ergibt sich auch eine gewisse Ernüchterung, da die mit einem neuen Ansatz verknüpfte Erwartungshaltung einfach zu hoch angesetzt war. Ganz besonders trifft dies für Computer Integrated Manufacturing (CIM) zu – wir hatten das eingangs schon kurz geschildert. Aber welche Lehren können wir aus derartigen Erkenntnissen ziehen?

Wir haben sehr viele Strategieprojekte durchgeführt und erkannt, dass sich die nachhaltig erfolgreiche Gestaltung eines Unternehmens auf ein einfaches und plausibles Grundmuster zurückführen lässt. Es handelt sich um das **4-Ebenen-Modell**. Nach Bild 1-26 weist es die Betrachtungsebenen *Vorausschau, Strategien, Prozesse* und *Systeme* auf. Erleben Sie nicht auch häufig, dass im Zusammenhang mit komplexen Aufgabenstellungen aneinander vorbeigeredet wird, weil sich die Akteure gedanklich auf unterschiedlichen Ebenen bewegen? Das ist ein Grund, warum wir diese Ebenen eingeführt haben. Ein weiterer Grund ist, dass die kollektive Lösung komplexer Aufgaben einen übergeordneten Plan benötigt. Dieser sollte sich an den vier Ebenen orientieren, indem diese von oben nach unten bearbeitet werden. Im Folgenden werden die vier Ebenen kurz erläutert; nach ihnen ist das vorliegende Buch strukturiert.

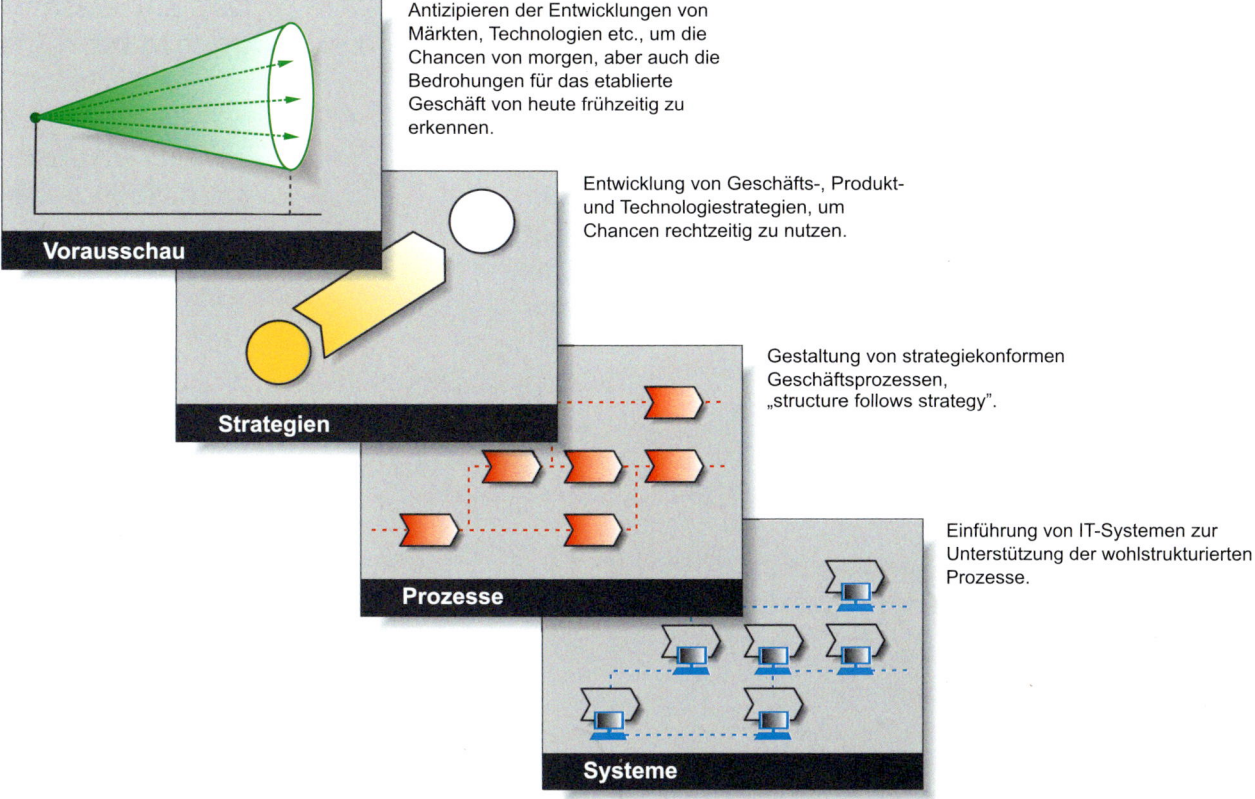

Antizipieren der Entwicklungen von Märkten, Technologien etc., um die Chancen von morgen, aber auch die Bedrohungen für das etablierte Geschäft von heute frühzeitig zu erkennen.

Vorausschau

Entwicklung von Geschäfts-, Produkt- und Technologiestrategien, um Chancen rechtzeitig zu nutzen.

Strategien

Gestaltung von strategiekonformen Geschäftsprozessen, „structure follows strategy".

Prozesse

Einführung von IT-Systemen zur Unterstützung der wohlstrukturierten Prozesse.

Systeme

Bild 1-26: Das 4-Ebenen-Modell zur zukunftsorientierten Unternehmensgestaltung

Vorausschau: Auf dieser Ebene der Unternehmensführung geht es um das systematische Ausleuchten des Zukunftsraumes mit dem Ziel, künftige Chancen (Erfolgs- bzw. Nutzenpotentiale) aufzuspüren und auch Bedrohungen für das etablierte Geschäft von heute zu erkennen. Das Symbol dafür ist der so genannte Szenario-Trichter, in dem sich die künftigen Möglichkeiten aufspannen [Rei91]. Wir verwenden auf dieser Ebene die Szenario-Technik, die von uns aufgegriffen und wesentlich weiterentwickelt worden ist. Es bieten sich aber auch alternative Methoden der Vorausschau wie die Delphi-Methode und die Trendanalyse an. Die zentrale Frage, die auf dieser Ebene zu beantworten ist, lautet: Welche Chancen und Bedrohungen zeichnen sich ab? Ein Management-Team ist sicher gut beraten, sich von Zeit zu Zeit damit zu befassen und eine gemeinsame Sicht auf die Zukunft zu bilden. Dies ist neben der üblichen Analyse der Ausgangssituation (Stärken-Schwächen-Analyse, Marktanalyse, Wettbewerbsanalyse etc.) eine wesentliche Grundlage für die Strategieentwicklung. Wir gehen im Hauptkapitel 2 auf die Methoden der Vorausschau-Ebene ein.

Strategien: Auf dieser Ebene werden primär Unternehmens- und Geschäftsstrategien entwickelt – also der Kurs des Unternehmens bestimmt. Das erfolgt auf der Basis der Erkenntnisse, die auf der Vorausschau-Ebene gewonnen wurden. Eine Strategie weist neben der Kursbestimmung in Form eines Leitbildes u.a. Schlüsselfähigkeiten, konkrete Marktleistungs- und Geschäftsziele sowie Konsequenzen und Maßnahmen für die einzelnen Handlungsbereiche des Unternehmens auf. Damit ergibt sich eine fundierte Vorgabe für die folgenden Ebenen getreu CHANDLERS Motto „structure follows strategy". Als Symbol für Strategie verwenden wir den in Bild 1-27 angedeuteten Pfeil [PG88]. Er steht für den Weg ausgehend von der heutigen Situation des Unternehmens zu einer gedachten Situation in der Zukunft – der Vision. Das wesentliche an diesem Symbol sind die „Leitplanken" rechts und links des Weges, die dafür sorgen, dass die Kräfte des Unternehmens, ausgedrückt in Zielen und Maßnahmen, immer wieder gebündelt und auf die Verwirklichung der Vision konzentriert werden. Die Strategie-Ebene ist Gegenstand des Hauptkapitels 3.

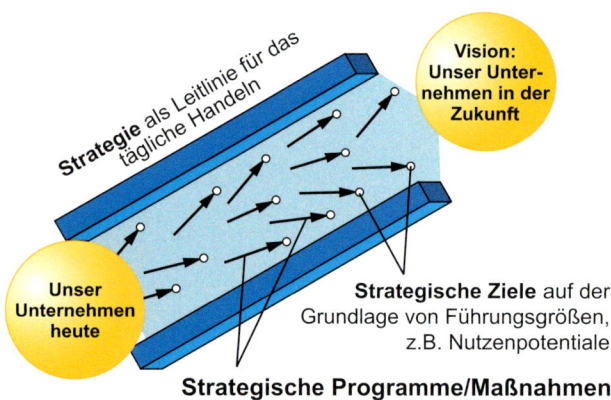

Bild 1-27:   Strategie – der Weg zur Vision

Prozesse: Gut strukturierte Geschäftsprozesse sind die wesentliche Voraussetzung für die effiziente Leistungserstellung. Auf der Prozess-Ebene sind die Geschäftsprozesse – synonym auch Leistungserstellungsprozesse – entsprechend den Vorgaben aus der Strategie zu gestalten. Dazu sind die Mitarbeiter intensiv einzubeziehen, weil diese in den Prozessen ihren Arbeitsplatz haben und die Prozesse sowohl verstehen als auch akzeptieren sollten. Ferner liegt es auch nahe, auf der Prozess-Ebene die Aufbauorganisation zu überprüfen, weil die Abbildung der Prozesse auf die Aufbauorganisation zur Ablauforganisation führt. So lässt es sich vermeiden, dass schlanke Prozesse wegen einer aufwändigen Aufbauorganisation am Ende dann doch eine wenig effiziente Ablauforganisation ergeben. Im Hauptkapitel 4 befassen wir uns mit dieser Ebene.

Systeme: Hier steht die Planung und Einführung von IT-Systemen im Vordergrund. Zu den IT-Systemen gehören Hardwaresysteme, Basissysteme wie Betriebssysteme, Datenbanksysteme und Kommunikationssysteme sowie Anwendersoftwaresysteme zur Unterstützung der Aufgaben in den Hauptgeschäftsprozessen, beispielsweise CAE-Systeme für Produktentwicklungsprozesse und PPS-Systeme für Auftragsabwicklungsprozesse. Punkte von besonderer Bedeutung auf dieser Ebene sind die enge Verzahnung von Geschäftserfordernissen und IT-Möglichkeiten, was durch den Begriff „Business IT Alignment" zum Ausdruck kommt, und damit verbunden ein neues Paradigma der Gestaltung der IT in einem Unternehmen, die so genannte „Service-Orientierung". Die System-Ebene und die da-

mit verbundenen Gestaltungsmöglichkeiten werden im Hauptkapitel 5 des Buches behandelt.

Wir haben uns eingangs nicht gerade positiv über das Leitbild Rechnerintegrierte Produktion (resp. Computer Integrated Manufacturing) geäußert. Aus der Erläuterung des 4-Ebenen-Modells wird deutlich, dass die Einführung und Nutzung von IT-Systemen am Ende einer gut überlegten Handlungskette stehen muss und nicht am Anfang. Das ist genau der Punkt, „das Pferd darf nicht von hinten aufgezäumt werden". In diesem Sinne kann die Rechnerintegrierte Produktion den wesentlichen Schub auf dem Weg in eine erfolgreiche Zukunft bringen.

Literatur zum Kapitel 1

[AR69] AWF/REFA (Hrsg.): Handbuch der Arbeitsvorbereitung. Beuth Verlag, Berlin, 1969

[BDI05] BDI - Bundesverband Der Deutschen Industrie e.V. (Hrsg.): Intelligenter Produzieren – 32 Thesen zur Forschung für die Zukunft der industriellen Produktion. November 2005

[BGH+96] Bleck, A.; Goedecke, M.; Huss, M.; Waldschmidt, K.: Praktikum des VLSI-Entwurfs. B.G. Teubner, Wiesbaden, 1996

[BKW89] Baumgartner, H.; Knischewski, K.; Wieding, H.: Produktionsautomatisierung und Automatisierungssysteme. Verlag der Siemens-Aktiengesellschaft, Berlin, 1989

[Dan99] Dangelmeier, W.: Fertigungsplanung. Springer, Berlin, 1999

[Dan03] Dangelmeier, W.: Produktion und Information – System und Modell. Springer, Berlin, 2003

[DIN6300] DIN 6300: Vorrichtungen für formändernde Fertigungsverfahren – Benennungen und deren Abkürzungen. Beuth Verlag, Berlin, 1970

[DIN8580] DIN 8580: Fertigungsverfahren – Begriffe, Einleitung. Beuth Verlag, Berlin, 2003

[Eve96] Eversheim, W.: Organisation in der Produktionstechnik – Grundlagen. Band 1, 3. Aufl., Springer, Berlin, 1996

[Eve97] Eversheim, W.: Organisation in der Produktionstechnik – Arbeitsvorbereitung. Band 3, 3. Aufl., Springer, Berlin, 1997

[Far97] Farson, R.: Die meisten Probleme sind keine – So überstehen Sie den unberechenbaren Management-Wahnsinn. Ueberreuther, Wien, 1997

[Fre84] Freemann, R. E.: Strategic Management – A Stakeholder Approach. Pitmann, Marshfield, 1984

[Gäl90] Gälweiler, A.: Strategische Unternehmensführung. 2. Aufl., zusammengest., bearb. und ergänzt von Markus Schwaninger. Campus, Frankfurt/Main, New York, 1990

[GEK01] Gausemeier, J.; Ebbesmeyer, P.; Kallmeyer, F.: Produktinnovation – Strategische Planung und Entwicklung der Produkte von morgen. Carl Hanser Verlag, München, Wien, 2001

[Geo08] GEO EPOCHE: Die industrielle Revolution. Gruner + Jahr, Hamburg, 2008

[GHK+06] Gausemeier, J.; Hahn, A.; Kespohl, H. D.; Seifert, L.: Vernetzte Produktentwicklung. Carl Hanser Verlag, München, Wien, 2006

[Gro97] Gross, D.: Die größten Erfolgsstories aller Zeiten – Mitreißende Unternehmensgeschichten aus dem Land der unbegrenzten Möglichkeiten. verlag moderne industrie, Landsberg/Lech, 1997

[Hac89] Hackstein, R.: Produktionsplanung und -steuerung. 2. Auflage, VDI-Verlag, Düsseldorf, 1989

[Ham01] Hamel, G.: Das revolutionäre Unternehmen. Econ, München, 2001

[HP95] Hamel, G.; Prahalad, C. K.: Wettlauf um die Zukunft – Wie sie mit bahnbrechenden Strategien die Kontrolle über ihre Branche gewinnen und die Märkte von morgen schaffen. Wirtschaftsverlag Ueberreuther, Wien, 1995

[Kem87] Kemper, K.: Heinz Nixdorf – Eine deutsche Karriere. Verlag moderne Industrie, Landsberg /Lech, 1987

[KSG84] Kettner, H.; Schmidt, J.; Grein, H.-R.: Leitfaden der systematischen Fabrikplanung. Carl Hanser Verlag, München, 1984

[LES99] Luczak, H.; Eversheim, W. (Hrsg.); Schotten, M: Produktionsplanung und -steuerung – Grundlagen, Gestaltung und Konzepte. 2. Aufl., Springer, Berlin, 1999

[Man88] Mann, R.: Das ganzheitliche Unternehmen – Die Umsetzung des neuen Denkens in die Praxis zur Sicherung von Gewinn und Überlebensfähigkeit. Scherz, Bern, 1988

[ML03] Müller-Stewens, G.; Lechner, C.: Strategisches Management – Wie strategische Initiativen zum Wandel führen. 2. Aufl., Schäffer-Poeschel Verlag, Stuttgart, 2003

[Pfe01] Pfeifer, T.: Qualitätsmanagement – Strategien, Methoden, Techniken. Carl Hanser Verlag, München, 2001

[PG88] Pümpin, C.; Geilinger, U. W.: Strategische Führung – Aufbau strategischer Erfolgspositionen in der Unternehmenspraxis. In: Die Orientierung, Nr. 88, 1988

[Püm92] Pümpin, C.: Das Dynamik-Prinzip – Zukunftsorientierungen für Unternehmen und Manager. Econ, München, 1992

[Rei91] Reibnitz, U.: Szenario-Technik – Instrumente für die unternehmerische und persönliche Erfolgsplanung. Gabler, Wiesbaden, 1991

[Sch01] Schönsleben, P.: Integrales Informationsmanagement – Informationssysteme für Geschäftsprozesse – Management, Modellierung, Lebenszyklus und Technologie. 2. Aufl., Springer, Berlin, 2001

[SK97] Spur, G.; Krause, F.-L.: Das virtuelle Produkt. Carl Hanser Verlag, München, Wien, 1997

[Spu79] Spur, G.: Produktionstechnik im Wandel. Carl Hanser Verlag, München, 1979

[Tzu88] Tzu, S.: The Art of War. Oxford University Press, New York, 1971. (Deutsche Version: Sunzi, Die Kunst des Kriegers. Droemer Knaur, München, 1988)

[VDI2860] VDI 2860: Montage- und Handhabungstechnik – Handhabungsfunktionen, Handhabungseinrichtungen – Begriffe, Definitionen, Symbole. Beuth Verlag, Berlin, 1990

[VDI3239] VDI 3239: Sinnbilder für Zubringerfunktionen. Beuth Verlag, Berlin, 1996

[VDI3240] VDI 3240: Zubringeeinrichtungen. Beuth Verlag, Berlin, 1971

[VDI3300] VDI 3300: Materialfluss-Untersuchungen. Beuth Verlag, Berlin, 1973

[VDI3320] VDI 3320: Werkzeugnummerung – Werkzeugordnung. Beuth Verlag, Berlin, 1978

[War90] Warnecke, H.-J.: Einführung in die Fertigungstechnik. Teubner Verlag, Stuttgart, 1990

[War93] Warnecke, H.-J.: Der Produktionsbetrieb. Springer, Berlin, 1993

[Wie97] Wiendahl, H.-P.: Fertigungsregelung – Logistische Beherrschung von Fertigungsabläufen auf Basis des Trichtermodells. Carl Hanser Verlag, München, 1997

[WNK+05] Wiendahl, H.-P.; Nofen, D.; Klußmann, J.H.; Breitenbach, F.: Planung modularer Fabriken. Carl Hanser Verlag, München, 2005

[ZM04] Zäh, M. F.; Müller, S.: Referenzmodelle für die Virtuelle Produktion. In: Industrie Management 1/2004, GITO-Verlag, Berlin, S.52-55

2 Szenarien – Möglige Zukünfte vorausdenken

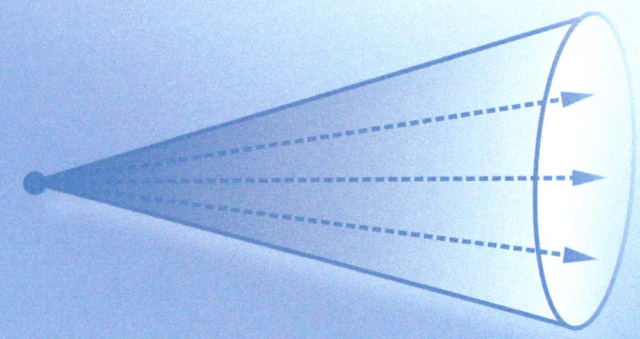

»Haben Sie keine Angst vor der Zukunft – sie beginnt erst morgen.«

– ŽARKO PETAN –

Zusammenfassung

Wer Zukunftsentwürfe erstellen will, muss Vorstellungen von der Zukunft haben. Weder die Auffassung, dass sich die Dinge so weiterentwickeln werden wie wir es gewohnt sind, noch Prophezeihungen und Voraussagen helfen da weiter. Worauf es ankommt, ist das Vorausdenken der Zukunft. In diesem Kapitel stellen wir die Methoden und Werkzeuge dafür vor. Ziel ist, ein nachvollziehbares Bild von der Wettbewerbsarena von morgen zu gewinnen und darin künftige Erfolgspotentiale, aber auch Bedrohungen für das etablierte Geschäft von heute zu erkennen.

Im Vordergrund steht die Szenario-Technik. Ein Szenario ist ein Zukunftsbild, das auf einer in sich schlüssigen Kombination von denkbaren Entwicklungen (Projektionen) einzelner Einflussfaktoren beruht. Die herausragende Stärke der Szenario-Technik ist, dass je Einflussfaktor mehrere mögliche Entwicklungen ins Kalkül gezogen werden können. Auf der Basis der sehr großen Anzahl von uns durchgeführter Szenario-Projekte haben wir festgestellt, dass viele Einflussfaktoren und Projektionen immer wieder auftauchen. Diese stellen wir in einer Informationsbasis bereit, die von uns regelmäßig aktualisiert wird. Zusammen mit dem Software-Tool *Scenario-Software* (www.scenario-software.de) reduziert das den Aufwand zur Szenario-Erstellung auf ein Minimum.

Neben der Szenario-Technik stellen wir noch weitere Methoden der Vorausschau vor. Es handelt sich um die Delphi-Methode, die Trendanalyse, die strategische Frühaufklärung, die Bibliometrie und das Information Retrieval. Teils werden diese alternativ zur Szenario-Technik, teils in Kombination mit ihr wirkungsvoll eingesetzt.

Die vielen Beispiele unterstreichen die Mächtigkeit und hohe Praxisrelevanz des Methodenrepertoires. Und es wird deutlich, dass an der Auseinandersetzung mit der Zukunft kein Weg vorbeiführt. Insbesondere die Szenario-Technik ist das probate Mittel, einem Team von Führungspersönlichkeiten zu einer gemeinsamen Sicht auf die Zukunft zu verhelfen – systematisch, nachvollziehbar und effizient.

Strategische Führung beruht auf Vorstellungen von der Zukunft. Diese lässt sich seriöserweise nicht vorhersehen. Veränderungen von Märkten und Geschäftsumfeldern, die durch die technologische Entwicklung, veränderte Kundenanforderungen, Verhalten der Wettbewerber, die Gesetzgebung etc. bestimmt werden, sind nicht ohne weiteres prognostizierbar. Kein Wunder, dass gerade in den mittelständisch geprägten Unternehmen der hier betrachteten Industrien eine gewisse Abneigung besteht, sich mit der Zukunft auseinander zu setzen:

„Wir brauchen keine Vorhersagen!" – Viele Unternehmen leben von den Erfolgen der Vergangenheit oder sind vollständig vom Tagesgeschäft getrieben. Ihre Führungskräfte befassen sich nicht mit der Zukunft. Sie gehen fälschlicherweise von einem stabilen Unternehmensumfeld aus und übersehen dabei, dass sich das Umfeld verändert. Wenn der „Shake Out" voll im Gange ist, wird als Entschuldigung genannt, dass es die so genannten „Schwachen Signale" waren, die man eigentlich nicht sehen konnte, weil sie eben so schwach waren. In Wirklichkeit waren die Signale gar nicht so schwach; sie haben stark und eindeutig auf tiefgreifende Veränderungen des Geschäftsumfeldes hingewiesen; nur wollte man sie nicht sehen. Von daher haben wir den Begriff „Schwache Signale" als Unwort eingestuft, weil damit mehr eine Entschuldigung verbunden ist, denn die Bereitschaft, sich mit offensichtlichen Veränderungen rechtzeitig auseinanderzusetzen.

„Alles kann passieren!" – Nicht wenige sehen in der Zukunft ein offenes Spiel, auf das sich vorzubereiten wegen der Komplexität gar nicht sinnvoll ist. „Alles Chaostheorie!" hört man sie sagen. Aber nehmen sie bei bewölktem Himmel nicht auch einen Regenschirm mit? Häufig steckt hinter einer solchen Einstellung lediglich die Absicht, sich der anstrengenden Auseinandersetzung mit der Zukunft zu entziehen.

„Die Zukunft ist ähnlich wie die Gegenwart" – Nicht selten erfolgt der Blick in die Zukunft nach dem Motto „größer, höher, schneller". Hier ist die Zukunft im Prinzip so wie die Gegenwart. Die Geschichte hat allerdings gezeigt, dass solche Extrapolationen nur selten eingetreten sind. Zukünftige Entwicklungen werden immer wieder durch „Diskontinuitäten" entscheidend beeinflusst.

„Panik!" – Häufig wird ein Problem so lange ignoriert, bis es sich zu einer handfesten Krise ausgewachsen hat. Erst dann wird aufgeregt ein ganzes Bündel von Maßnahmen ergriffen. Ein solcher Ansatz setzt allerdings voraus, dass nach Ausbruch der Krise genügend Zeit bleibt, um die entsprechenden Maßnahmen durchzuführen. Selbst wenn das Turn-Around-Management gelingt, so bleibt in der Regel ein Großteil der Arbeitsplätze auf der Strecke.

„Fragen wir jemand anders!" – In der Antike zogen die Menschen zum Orakel, wenn sie ihr zukünftiges Handeln absichern wollten. Heute suchen einige Unternehmen einen ähnlichen Rat bei Trendforschern. Aber die Anzahl der Fehlprognosen steigt. Selbst berühmte Persönlichkeiten, die sicher ihr Geschäft verstanden, haben sich mit ihren Einschätzungen der Zukunft gründlich geirrt (vgl. Bild 2-1). Oder die Unternehmen wenden sich Hilfe suchend an ihre Kunden. Auch dies hilft nicht weiter, denn Kunden zeichnen sich oft durch einen notorischen Mangel an Weitblick und Phantasie aus. Die klassische Marktforschung bringt heute kaum noch neue erfolgreiche Produkte hervor.

Eine systematische Auseinandersetzung mit der Zukunft setzt demgegenüber auf fünf Prämissen auf:

1) Die Zukunft ist anders als die Vergangenheit – daher brauchen wir eine konsequente Auseinandersetzung mit zukünftigen Entwicklungsmöglichkeiten.

2) Veränderungen sind wahrnehmbar; die entsprechenden Indikatoren werden in der Praxis aber gern ignoriert.

3) Zukünftige Entwicklungen sind keine Fortschreibungen aktueller Trends, sondern können erheblich von Diskontinuitäten beeinflusst werden.

4) Eine Vorausschau zukünftiger Entwicklungen ist notwendig, weil der Handlungsspielraum mit fort-

schreitender Zeit immer stärker eingeengt wird und der Aufwand für wirkungsvolle Maßnahmen steigt.

5) Die Auseinandersetzung mit der Zukunft ist nachvollziehbare Denkarbeit.

Im Folgenden stellen wir eine Reihe von bewährten Methoden vor, um fundierte Vorstellungen von der Zukunft zu gewinnen und somit die Chancen für das Geschäft von morgen, aber auch die Bedrohungen für das etablierte Geschäft von heute frühzeitig zu erkennen. Den Schwerpunkt bildet die Szenario-Technik, von der K. SONTHEIMER gesagt hat:

„Es handelt sich weniger um das Vorhersagen als um das Vorausdenken der Zukunft." [Son70]

1897	**Lord Kelvin** *Bedeutender Mathematiker und Erfinder*	„Das Radio hat absolut keine Zukunft."
1901	**Wilbur Wright** *Zusammen mit seinem Bruder der wohl wichtigste Flugpionier*	„Der Mensch wird es in den nächsten fünfzig Jahren nicht schaffen, sich mit einem *Metallflugzeug* in die Luft zu erheben."
1901	**Daimler Motoren Gesellschaft** *Marktforschungsstudie*	„Die weltweite Nachfrage nach Kraftfahrzeugen wird eine Million nicht überschreiten – allein schon aus Mangel an verfügbaren Chauffeuren."
1932	**Albert Einstein** *Entdecker der Relativitätstheorie; Wegbereiter der Atomenergie*	„Es gibt nicht das geringste Anzeichen, dass wir jemals Atomenergie entwickeln können."
1943	**Thomas J. Watson** *Vorstandsvorsitzender von IBM*	„Ich glaube, auf dem Weltmarkt besteht Bedarf für fünf Computer, nicht mehr."
1945	**Vannevor Bush** *Amerikanischer Oberkommandierender*	„Ich wünschte, die Amerikaner würden endlich aufhören, von dem Hirngespinst interkontinentaler Raketen zu reden."
1957	**Lee de Forest** *Erfinder der Vakuumröhre*	„Trotz aller Fortschritte wird es der Mensch nie dahinbringen, den Mond zu erreichen."
1965	**Battelle-Institut**	„Die letzten Autobusse werden 1990 aus dem Stadtverkehr verschwinden."
1968	**Business Week**	„Es wird der japanischen Automobilindustrie nicht gelingen, einen nennenswerten Marktanteil in den USA zu erreichen."
1977	**Ken Olsen** *Vorstandsvorsitzender des großen Computerherstellers Digital*	„Ich sehe keinen Grund, warum einzelne Individuen ihren eigenen Computer haben sollten."
1988	**Jimmy Carter** *Ehemaliger US-Präsident*	„Gorbatschow wird noch eine Reihe von Jahren, vielleicht sogar bis zur Jahrtausendwende, Generalsekretär der KPdSU bleiben."

Bild 2-1: Auch die, die es eigentlich wissen mussten, haben sich gründlich geirrt.

2.1 Szenario-Technik

Wir befassen uns seit über einem Jahrzehnt intensiv mit der Szenario-Technik. Lassen Sie uns aus der großen Anzahl der Projekte zwei typische Projekte kurz erläutern, um die Mächtigkeit dieser Technik zu unterstreichen. Es sind zwei Projekte, die wir Mitte der 1990er Jahre durchgeführt haben. Der damalige Zukunftshorizont ist inzwischen Vergangenheit bzw. Gegenwart, so dass wir auch etwas zur Validität der entwickelten Zukunftsszenarien aussagen können. Um es vorwegzunehmen: wir lagen sehr gut, d.h. jeweils ein Szenario der entwickelten Szenarien ist eingetreten. Nun zu den zwei Projekten:

„Die Zukunft des Geldausgabeautomaten": Anlass für das Projekt war 1995 die Beobachtung von zwei wichtigen Trends, die das Geschäft mit Geldausgabeautomaten hätten beeinträchtigen können: 1) Zunahme des bargeldlosen Zahlungsverkehrs und 2) Verbreitung von Teleshopping. Diese beiden Entwicklungen ließen auf den ersten Blick Zweifel aufkommen, ob es eine gute Idee ist, künftig ein Geschäft mit Geldausgabeautomaten zu führen. Die Szenario-Technik erlaubte es, viele Einflussfaktoren und nicht nur die beiden genannten ins Kalkül zu ziehen. Heraus kam, dass es im Jahr 2005 (das war der Zukunftshorizont) nach wie vor attraktiv ist, das Geschäft zu betreiben. Allerdings werden an das Produkt und die damit verbundene Marktleistung geänderte und neue Anforderungen gestellt.

„Neue Wege zur Produktentwicklung": Ziel dieser Studie war eine strategisch begründete Leitlinie zur Steigerung der Innovationskraft in Deutschland. Basis dafür bildeten Globalszenarien, die die möglichen Positionen des Wirtschaftsstandorts Deutschland im globalen Wettbewerb charakterisieren. Von den drei Szenarien A) *Deutschland als „erfolgreicher Mitläufer" im globalen Informationszeitalter;* B) *Deutschland als „Key Player" im globalen Informationszeitalter;* C) *Deutschland als „Verlierer" im globalen Informationszeitalter* tritt offensichtlich das Szenario A im Großen und Ganzen ein [BK98].

2.1.1 Grundlagen der Szenario-Technik

Die Anwendung der Szenario-Technik in der strategischen Führung unterscheidet sich deutlich von der traditionellen Planung. Das „Denken in Szenarien" basiert auf zwei Grundprinzipien (Bild 2-2):

- Es lässt *mehrere* Möglichkeiten zu, wie sich die Zukunft entwickeln könnte. Damit wird der Erkenntnis Rechnung getragen, dass die Zukunft nicht ex-

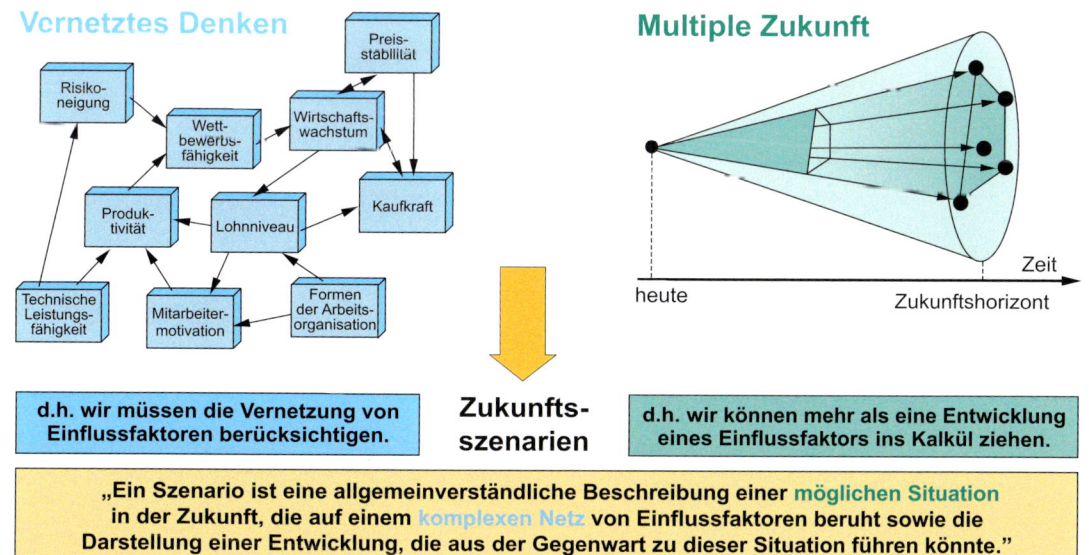

Bild 2-2: Grundlagen der Szenario-Technik: Vernetztes Denken und multiple Zukunft

akt prognostizierbar ist. Wir sprechen hier von einer **multiplen Zukunft.**

- Die Zukunft wird in *komplexen* Bildern beschrieben. Es reicht nicht mehr aus, die Unternehmensumwelt als ein einfaches System zu beschreiben. Es ist vielmehr notwendig, den systematischen Blick in die Zukunft durch **vernetztes Denken** zu unterstützen.

2.1.1.1 Multiple Zukunft

Bis in die 1960er Jahre hinein operierte die Mehrzahl der Unternehmen in einem Verkäufermarkt. Aufgrund des Nachfrageüberhangs war es relativ einfach, Abnehmer für die Erzeugnisse zu finden. Dementsprechend war der Blick dieser Unternehmen in die Zukunft „eindimensional" auf Wachstum gerichtet. Angesichts der weitgehend bekannten Zukunft hatte das prognostische Instrumentarium in den Unternehmen keinen hohen Stellenwert und war nur wenig ausgeprägt. Die ersten Systeme der systematischen Vorausschau („Planung") entstanden in den 1930er Jahren. A. DE GEUS beschreibt deren Stellung innerhalb der Unternehmen so:

„Als ich zum ersten Mal mit ‚Planung' in Berührung kam – als Student nach dem zweiten Weltkrieg – wurde die Aufgabe der Komplexitätsreduktion von Spezialisten gehandhabt. Um 1940 hatten viele Unternehmen begonnen, das Geschäft des Blicks in die Zukunft an die ‚Backroom Boys' in die Planungsabteilung zu delegieren. So konnten die pragmatischen Macher mit dem eigentlichen Geschäft fortfahren, ohne dass sie sich Gedanken über mögliche Entwicklungen machen mussten. Unternehmensführung wurde aufgeteilt in diejenigen, die planen, und diejenigen, die etwas unternehmen." [Geu97]

Erst mit der deutlich steigenden Anzahl von Fehlprognosen begannen einige Unternehmen, sich von der Vorstellung einer prognostizierbaren Zukunft zu verabschieden und stattdessen alternative Entwicklungsmöglichkeiten von Einflussfaktoren ins Kalkül zu ziehen. O. K. FLECHTHEIM, ein Pionier der Zukunftsfor-

schung in Deutschland, verwendet daher den zunächst ungewohnten Begriff der „Zukünfte".

„Die Zukunft ist niemals eindeutig festgelegt; … Deshalb hat die Pluralform ‚Zukünfte' ihre Berechtigung. Vieles mag unwiederbringlich verloren und in der Zukunft nicht mehr möglich sein, aber noch können wir zwischen verschiedenen Zukünften wählen. Und wir sollten auf jene Zukunft hinarbeiten, die uns … ein lebenswertes Leben ermöglicht." [Fle87]

Diese Vorstellung einer **multiplen Zukunft** – so einleuchtend und selbstverständlich wie sie uns vorkommt – wird immer noch in vielen Planungsprozessen ignoriert. In so genannten Langfrist-Plänen werden aktuelle Trends fortgeschrieben. Je nach Interessenlage wird die Zukunft „rosarot" geredet oder schwarzgesehen. Zukünftige Entwicklungen lassen sich aber immer weniger genau vorhersagen. Dies erschwert die Unternehmensführung – trotzdem müssen wir uns darauf einstellen. Der amerikanische Zukunftsforscher R. B. FULLER drückte dies so aus: *„Die Zukunft wird uns immer überraschen – aber sie sollte uns nicht überrumpeln."*

Dieses Zitat unterstreicht die große Bedeutung des Grundprinzips der multiplen Zukunft: wir werden dadurch ermuntert, das Undenkbare zu denken und die Grenzen des gewohnten Denkens zu überwinden. Zurückblickend lässt sich feststellen, dass oft nicht das vermeintlich Wahrscheinliche, sondern das Undenkbare Realität geworden ist, weil die Menschen dazu neigen, das, was sie erlebt haben, auf die Zukunft zu projizieren. Somit unterbleibt, sich mental auf mögliche Veränderungen vorzubereiten. Die Folge ist, dass man von plötzlich einsetzenden Entwicklungen überrumpelt wird. Wer nicht überrumpelt werden will, muss mental auf mögliche Veränderungen vorbereitet sein; das sorgt im Veränderungsfall für kurze geistige Rüstzeiten.

Es gibt aber noch ein weiteres wichtiges Argument für das Prinzip der multiplen Zukunft. Lassen Sie uns das am Beispiel des Einflussfaktors Benzinpreis, der in vielen Szenario-Projekten vorkommt, erläutern. Zunächst einmal sei festgestellt, dass es ein nahezu hoffnungsloses Unterfangen ist, in einem Strategieteam Konsens über den Benzinpreis beispielsweise im Jahr 2015 zu erzielen. Die einen werden 1,80 € nennen. Das ist die vermeintlich wahrscheinliche, wünschenswerte Entwicklung. Andere sind für 2,50 €. Das war bis vor einigen Jahren politisches Programm der Bundesregierung und braucht daher ebenfalls nicht näher begründet zu werden. Nur einige wenige werden einen exorbitant hoch erscheinenden Benzinpreis z.B. von 15 € in die Diskussion bringen. Logischerweise müsste dies begründet werden, was einem mit offenen Augen durch die Welt gehenden Menschen nicht schwer fallen dürfte. Diese Entwicklung ist zugegebenermaßen unwahrscheinlich – und sicher nicht wünschenswert – aber sie ist denkbar. Und darauf kommt es an. Wenn es beispielsweise unsere Aufgabe wäre, auf der Basis von Szenarien, die auch die Entwicklung des Benzinpreises beinhalten, eine intelligente Logistikkonzeption für das Jahr 2015 zu erarbeiten, so dürften wir spüren, wie beim Lesen des einen Szenarios mit dem Benzinpreis von 10 € neue Gehirnwindungen durchblutet werden und wir würden uns fragen, wie gestalten wir die Logistik in einer derartigen Welt. Die Folge wäre höchstwahrscheinlich eine innovative Konzeption, weil dieses Szenario eine Provokation darstellt und Provokationen Kreativität erzeugen. Wir kämen aber kaum auf eine besonders innovative Lösung, wenn wir nur mit solchen Entwicklungen von Einflussfaktoren arbeiten würden, die auf dem beruhen, was wir gewohnt sind. Möglicherweise funktioniert die auf der provokativen extremen Entwicklung basierende Logistikkonzeption auch, wenn der Benzinpreis sich so moderat entwickelt, wie wir alle hoffen – umso besser. Auch dann hätte es sich gelohnt, das „Undenkbare" zu denken.

2.1.1.2 Vernetztes Denken

Angesichts einer Vielzahl von gesellschaftlichen und ökologischen Problemen wie Arbeitslosigkeit, Luft- und Bodenverschmutzung oder Datenmissbrauch setzt sich nach einer langen Ära des kontinuierlichen Wachstums die Erkenntnis durch, dass die Entwicklung eines Unternehmens nicht mehr getrennt von der Entwicklung der Städte, der Umwelt, der Technik oder der Gesellschaft betrachtet werden kann. Alle diese Systeme sind nur Untersysteme eines einzigen Gesamtsystems.

„Das Verhalten eines Systems kann nur verstanden werden, wenn es gedanklich in Verbindung mit seiner Umwelt, als Teil eines umfassenderen Systems gesehen wird." [UP91]

Das Gesamtsystem aus einem Unternehmen und seiner Umwelt wird – viel stärker als das Unternehmen allein – von zwei Entwicklungen geprägt:

- Die **Vielfalt** der unternehmerischen Tätigkeit hat sich durch neue Produktions- und Kommunikationstechnologien, heterogenere Produktionsprogramme, zunehmende politische Regelungen sowie die gestiegenen Ansprüche von Gesellschaft, Kunden und Mitarbeitern stetig erhöht.

- Hinzu kommt, dass sich die **Dynamik** der Änderungsprozesse in der Unternehmensumwelt ständig erhöht. Beispielsweise verkürzen sich die Produktzyklen. Ferner wird der zunehmende Wandel durch das starke Anwachsen des Wissens begleitet. Wir können heute davon ausgehen, dass sich das Wissen der Menschheit etwa alle fünf Jahre verdoppeln wird.

Dieses Zusammentreffen von Vielfalt und Dynamik wird als **Komplexität** bezeichnet. D. DÖRNER hat in seinem Buch „Die Logik des Misslingens" eindrucksvoll aufgezeigt, dass der Mensch nur sehr begrenzt in der Lage ist, komplexe Zusammenhänge zu erfassen und adäquat zu handeln [Dör92]. Mit der Zunahme von Komplexität versagen auch die Managementansätze, die auf einer getrennten Betrachtung einzelner Bereiche beruhen. Die Unternehmen sind daher darauf angewiesen, die Vernetzung zwischen vielen Einflussfaktoren zu berücksichtigen. Wir sprechen hier von vernetztem Denken.

2.1.1.3 Szenarien in der strategischen Führung

Ein Szenario ist eine allgemeinverständliche und nachvollziehbare Beschreibung einer möglichen Situation in der Zukunft, die auf einem komplexen Netz von Einflussfaktoren beruht. Der Blick in die Zukunft kann durch einen Trichter symbolisiert werden [Rei91] (Bild 2-3). Dieser Blick führt zu mehreren Szenarien, weil basierend auf dem Grundprinzip der multiplen Zukunft in der Regel mehrere Entwicklungsmöglichkeiten je Einflussfaktor ins Kalkül gezogen werden.

Die Nutzung von Szenarien in der strategischen Führung bezeichnen wir als Szenario-Management. Szenario-Management geht also über die eigentliche Szenario-Erstellung hinaus [GFS96]. Wesentliches Ziel ist es, Chancen/Erfolgspotentiale und Gefahren zu erkennen und dementsprechend strategische Entscheidungen zu unterstützen. Die zu unterstützenden Entscheidungen beziehen sich immer auf einen bestimmten Gegenstand – beispielsweise ein Unternehmen oder eine Geschäftseinheit („Welche Schlüsselfähigkeiten sollen wir aufbauen?"; „Wo greifen wir an?"; „Mit welchen Partnern arbeiten wir zusammen?" etc.), ein Produkt („Wie sollen wir das Produkt „Werkzeugmaschine" gestalten?") oder eine Technologie („Welchen Lösungsansatz sollen wir wählen?"). Diesen Gegenstand eines Szenario-Projektes bezeichnen wir als **Gestaltungsfeld.** Es beschreibt das, was gestaltet werden soll.

Szenarien beschreiben in der Regel die Entwicklungsmöglichkeiten eines speziellen Betrachtungsbereiches, den wir als **Szenariofeld** bezeichnen. Das Szenariofeld beschreibt das, was durch die erstellten Szenarien erklärt werden soll. In Relation zum Gestaltungsfeld werden drei typische Szenariofelder unterschieden (Bild 2-4):

- Ein Szenariofeld kann ausschließlich externe, nicht lenkbare Umfeldgrößen enthalten. Beispielsweise könnte ein Hersteller von Werkzeugmaschinen beabsichtigen, mit solchen **Umfeldszenarien** die möglichen Marktentwicklungen der nächsten zehn Jahre vorauszudenken und aus den Szenarien Rückschlüsse auf die erforderliche Funktionalität von Werkzeugmaschinen zu ziehen.

- Ein Szenariofeld kann ausschließlich interne Lenkungsgrößen enthalten. Diese – z.B. „Produktmerkmale der Werkzeugmaschine" – sind zugleich Teil des Gestaltungsfeldes, so dass wir beim Vorliegen eines solchen Szenariofeldes von Gestaltungsfeld-Szenarien sprechen. Mit solchen **Gestaltungsfeld-Szenarien** können z.B. konsistente Produktkonzepte erarbeitet werden. Wir wenden diese Technik auch für das Entwickeln von Strategievarianten an (vgl. Kapitel 3.3.5).

- Ein Szenariofeld kann sowohl externe Umfeldgrößen als auch interne Lenkungsgrößen enthalten. In diesem Fall bildet das Szenariofeld das gesamte System aus Gestaltungsfeld und Umfeld ab, so dass wir von System-Szenarien sprechen. **System-Szenarien** enthalten also gleichermaßen Rahmenbedingungen und Handlungsoptionen.

Die am häufigsten genutzte Form sind Umfeldszenarien. Da der wesentliche Teil des Umfeldes in der Regel der Markt ist, bezeichnen wir diese Szenarien auch als Markt- und Umfeldszenarien. Derartige Szenarien stehen im Fokus der folgenden Betrachtungen.

2.1.1.4 Phasen des Szenario-Managements

Das Szenario-Management erfolgt nach einem **Phasenmodell** in fünf Phasen, wie sie in Bild 2-5 dargestellt sind. Die Phasen 2 bis 4 werden zusätzlich mit Hilfe

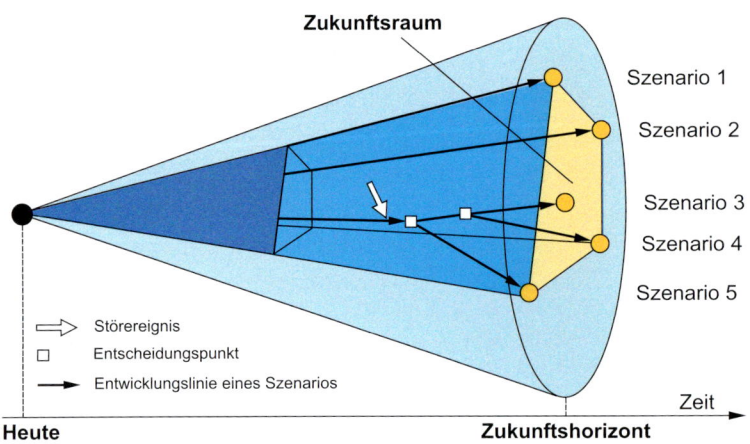

Bild 2-3: Szenario-Trichter

Szenariofeld: „...das, was durch die erstellten Szenarien erklärt werden soll."

Entweder **1** **Umfeld des Produktes „Werkzeugmaschine"**
Mit welchen Rahmenbedingungen könnten wir konfrontiert werden?
➡ **Umfeldszenarien**

oder **2** **Produkt „Werkzeugmaschine"**
Wie könnte unser Produkt aussehen?
➡ **Gestaltungsfeld-Szenarien**

oder **3** **Produkt „Werkzeugmaschine" in seinem Umfeld**
Welche Gesamtkonstellation (Umfeld, Produkt, Leistungserstellung und Leistungsvermarktung) könnte sich ergeben?
➡ **System-Szenarien**

Umfeldgrößen

Wirtschaftsentwicklung

Energiekosten

Mobilität

Image Produktions-standort D

Branchenwertschöpfungskette

Standards WZM-Branche

Marktvolumen

Lenkungsgrößen
Positionierung
Funktionalität
Technologien
Markteintritt
Vertriebskanäle

Branchenstruktur

Gestaltungsfeld:
Produkt „Werkzeugmaschine"
„...das, was durch das Szenario-Projekt gestaltet werden soll."

Bild 2-4: Gestaltungsfeld und mögliche Szenariofelder eines Szenario-Projekts

• Die **Szenario-Prognostik** (Phase 3) bildet den Kern des Szenario-Managements. Hier werden alternative Entwicklungsmöglichkeiten (so genannte Zukunftsprojektionen) der zuvor festgelegten Schlüsselfaktoren erarbeitet.

• In der **Szenario-Bildung** (Phase 4) werden aus diesen Zukunftsprojektionen mehrere Szenarien generiert. Dies erfolgt auf der Grundlage der paarweisen Bewertung der Konsistenz von Zukunftsprojektionen. Im Prinzip ist ein Szenario eine in sich konsistente Kombination von Zukunftsprojektionen; ein Szenario besteht also aus solchen Zukunftsprojektionen, die gut zusammenpassen.

• Im **Szenario-Transfer** (Phase 5) werden die Auswirkungen der Szenarien auf das Gestaltungsfeld untersucht und im Lichte der alternativen Entwicklungsmöglichkeiten Aussagen für strategische Entscheidungen erarbeitet bzw. Strategien entwickelt.

von Bild 2-6 und Bild 2-7 anschaulich visualisiert. Diese beiden Bilder sind von links nach rechts zu lesen.

• Die **Szenario-Vorbereitung** (Phase 1) umfasst die Feststellung der Projektzielsetzung und der Projektorganisation sowie die Definition und Analyse des Gestaltungsfeldes.

• Mit der **Szenariofeld-Analyse** (Phase 2) beginnt die Szenario-Erstellung. Hier wird das Szenariofeld durch Einflussfaktoren beschrieben. Die Schlüsselfaktoren ergeben sich aus der Analyse der Vernetzung und der Relevanz der Einflussfaktoren.

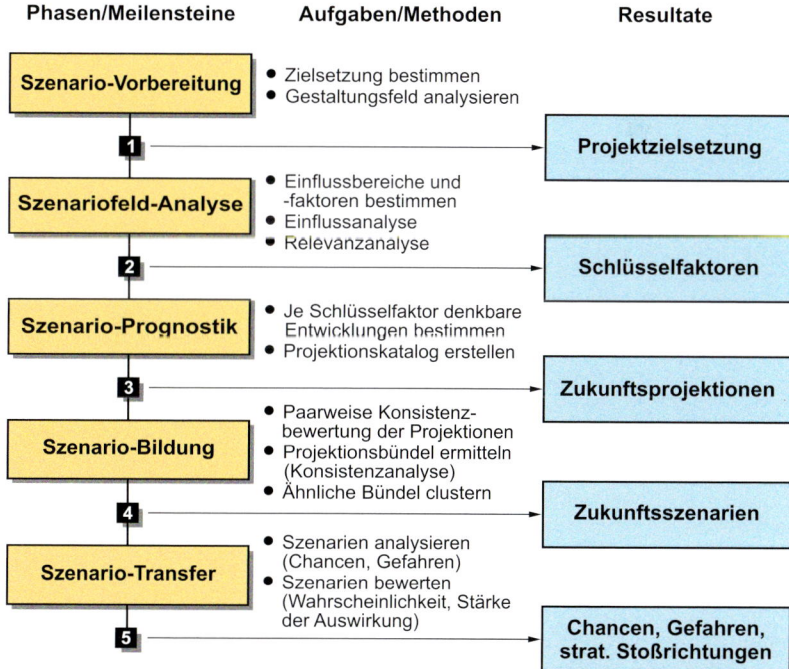

Phasen/Meilensteine	Aufgaben/Methoden	Resultate
Szenario-Vorbereitung	• Zielsetzung bestimmen • Gestaltungsfeld analysieren	
1		**Projektzielsetzung**
Szenariofeld-Analyse	• Einflussbereiche und -faktoren bestimmen • Einflussanalyse • Relevanzanalyse	
2		**Schlüsselfaktoren**
Szenario-Prognostik	• Je Schlüsselfaktor denkbare Entwicklungen bestimmen • Projektionskatalog erstellen	
3		**Zukunftsprojektionen**
Szenario-Bildung	• Paarweise Konsistenzbewertung der Projektionen • Projektionsbündel ermitteln (Konsistenzanalyse) • Ähnliche Bündel clustern	
4		**Zukunftsszenarien**
Szenario-Transfer	• Szenarien analysieren (Chancen, Gefahren) • Szenarien bewerten (Wahrscheinlichkeit, Stärke der Auswirkung)	
5		**Chancen, Gefahren, strat. Stoßrichtungen**

Bild 2-5: Phasenmodell des Szenario-Managements

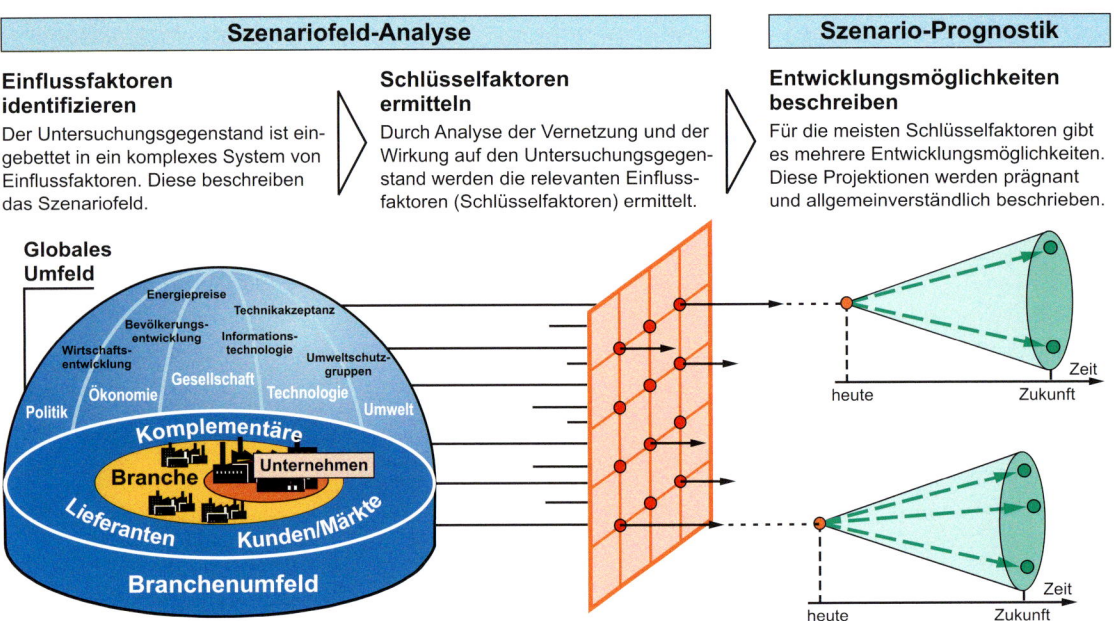

Bild 2-6: Szenario-Erstellung (Teil 1 von 2): Vom Szenariofeld zu den Zukunftsprojektionen

Mit dem 5-Phasenmodell des Szenario-Managements liegt eine leistungsfähige Methodik zur Erstellung von Szenarien und deren Anwendung in Bereichen wie der Unternehmensführung, dem Technologiemanagement und der Produktplanung vor. Nachfolgend gehen wir auf diese Phasen im Einzelnen ein. Zur Veranschaulichung dient uns dabei das Szenario-Projekt „Werkzeugmaschine 20XX - Initiative für die Werkzeugmaschine von morgen", das im Rahmen des BMBF-Programms „Forschung für die Produktion von morgen" (Projektträger Forschungszentrum Karlsruhe, Bereich Produktion und Fertigungstechnologie) durchgeführt worden ist. Die Szenarien beschreiben Märkte und Geschäftsumfelder der heimischen Werkzeugmaschinenhersteller.

2.1.2 Szenario-Vorbereitung

Zunächst werden die Ziele des Szenario-Projektes bestimmt. Typische Fragen sind: „Was soll mit der Erstellung und Anwendung der Szenarien erreicht werden?" „Welche Entscheidungen sollen unterstützt werden?" „Welche Art von Strategie wollen wir erarbeiten?" Die Ziele eines Szenarioprojektes beziehen sich auf das Gestaltungsfeld, das hier klar zu umreißen und

analysieren ist. Im Folgenden werden typische Gestaltungsfelder genannt:

- **Unternehmen:** Hier geht es um die strategische Weiterentwicklung eines Unternehmens, Geschäftsbereiches oder dergleichen. Teilbereiche des Gestaltungsfeldes sind Produktentwicklung, Fertigung, Vertrieb, Personalentwicklung etc.

- **Produkte:** Die Frage lautet hier, durch welche Merkmale sich ein künftiges Produkt auszeichnen soll. Wir betrachten hier also einen Teilbereich eines Unternehmens. Analog könnten auf dieser Hierarchiestufe auch die Fertigung, der Vertrieb etc. betrachtet werden.

- **Branchen:** Häufig befassen sich mehrere Unternehmen einer Branche mit der gleichen Fragestellung. Es liegt daher nahe, für diese Gruppe Empfehlungen zur Gestaltung der Zukunft zu erarbeiten. Vier Beispiele sollen das verdeutlichen:

1) Die Zukunft der deutschen Pumpenindustrie: Hier ging es am Ende um die Identifikation und die Priorisierung der Themen für die vorwettbewerbliche Gemeinschaftsforschung.

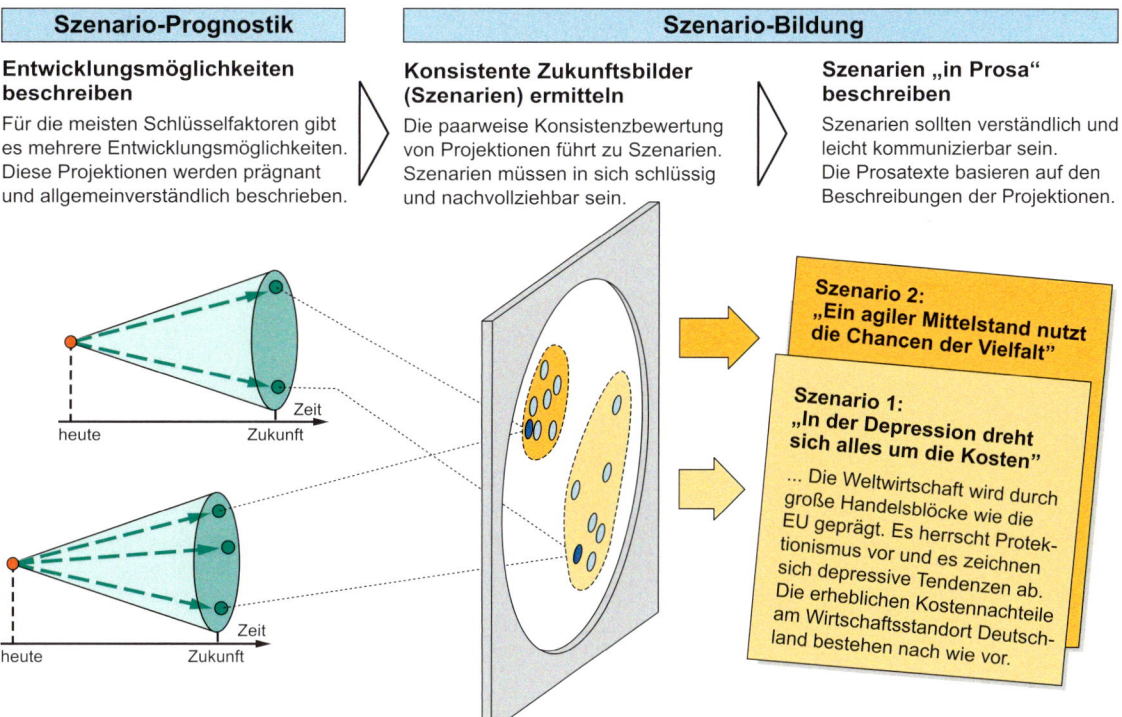

Szenario-Prognostik

Szenario-Bildung

Entwicklungsmöglichkeiten beschreiben

Für die meisten Schlüsselfaktoren gibt es mehrere Entwicklungsmöglichkeiten. Diese Projektionen werden prägnant und allgemeinverständlich beschrieben.

Konsistente Zukunftsbilder (Szenarien) ermitteln

Die paarweise Konsistenzbewertung von Projektionen führt zu Szenarien. Szenarien müssen in sich schlüssig und nachvollziehbar sein.

Szenarien „in Prosa" beschreiben

Szenarien sollten verständlich und leicht kommunizierbar sein. Die Prosatexte basieren auf den Beschreibungen der Projektionen.

Szenario 2: „Ein agiler Mittelstand nutzt die Chancen der Vielfalt"

Szenario 1: „In der Depression dreht sich alles um die Kosten"

... Die Weltwirtschaft wird durch große Handelsblöcke wie die EU geprägt. Es herrscht Protektionismus vor und es zeichnen sich depressive Tendenzen ab. Die erheblichen Kostennachteile am Wirtschaftsstandort Deutschland bestehen nach wie vor.

Bild 2-7: Szenario-Erstellung (Teil 2 von 2): Von den Zukunftsprojektionen zu den Szenarien

2) Gießerei 2010 – Strategien für die deutsche Gießereiindustrie: Grundsätzliches Ziel dieses Vorhabens war, die Erfolgspotentiale der heimischen Gießereiindustrie zu erkennen und Wege aufzuzeigen, diese zu erschließen.

3) Herausforderungen der Zukunft für die deutsche Verpackungsmaschinenindustrie: Hier stand u.a. die Frage im Vordergrund, wie der Offensive der italienischen Verpackungsmaschinenhersteller auf dem Weltmarkt begegnet werden kann und welche Maßnahmen auf Verbandsebene zu ergreifen sind.

4) Die Zukunft der Möbelwirtschaft – E-Business: Zentrale Frage war hier, welche Perspektiven sich durch die Verbreitung von E-Business für die primär mittelständischen Möbelhersteller eröffnen.

Derartige Szenario-Projekte haben den beteiligten Unternehmen mit relativ geringem Aufwand viele gute Erkenntnisse gebracht und in den Unternehmen den Prozess der Strategieentwicklung initiiert.

- **Technologien:** Auch hier sind es meistens mehrere Unternehmen, die sich gemeinsam ein Bild von den Gestaltungsmöglichkeiten auf einem bedeutenden Technologiefeld machen wollen. Dazu zwei Beispiele:

1) Zukünftige Produktionstechnologien im KFZ-Leichtbau: Hier ging es im Prinzip um die Entscheidungsunterstützung für den Einsatz von derartigen Technologien. Eine Zukunftsbetrachtung des Leichtbaus bot sich hier besonders an, da damit erhebliche Investitionen in Produktionsanlagen verbunden sind.

2) Mikrotechnologie-Applikationszentrum mit den Schwerpunkten Formenbau und Spritzgießtechnik: Im Vordergrund stand hier die Frage, ob es technisch und wirtschaftlich Sinn macht, für eine größere Gruppe von einschlägigen mittelständischen Unternehmen eine gemeinsame Einrichtung zu betreiben.

- **Globale Gestaltungsfelder:** Auf dieser sehr hohen Hierarchieebene geht es um Fragen wie die Gestaltung der Mobilität von morgen, die Zukunft einer Wirtschaftsregion, die Innovationskraft einer Volkswirtschaft etc. Die Studie „Neue Wege zur Produktentwicklung", in der es um den Forschungsbedarf zur Stärkung der Innovationskraft am Wirtschaftstandort Deutschland geht [BK98], fällt in diese Kategorie.

Ein weiterer Schritt der Szenario-Vorbereitung ist die **Gestaltungsfeldanalyse.** Hier wird das Gestaltungsfeld in seiner gegenwärtigen Situation charakterisiert. Dazu verwenden wir die üblichen Methoden wie die Marktleistung-Marktsegmente-Matrix, das integrierte Markt-Technologie-Portfolio, das Erfolgsfaktoren-Portfolio etc. (vgl. Kapitel 3.2). Die Analyse ergibt die Herausforderungen aus heutiger Sicht. Eine solche Ist-Analyse ist aber auch eine Voraussetzung für die Strategieentwicklung, weil die Strategie den Weg von der heutigen Situation zur Erschließung der Erfolgspotentiale von morgen aufzeigen soll.

2.1.3 Szenariofeld-Analyse

Es ist das Ziel dieser Phase, die für die Entwicklung des Szenariofelds relevanten bzw. besonders charakteristischen Einflussfaktoren – die so genannten Schlüsselfaktoren – zu identifizieren. In unseren Projekten hat sich ein mehrstufiges Vorgehen zur Bestimmung der Einflussfaktoren bewährt. Zunächst wird das Szenariofeld in **Einflussbereiche** aufgeteilt. Wie links in Bild 2-6 angedeutet handelt es sich um Bereiche, die den Untersuchungsgegenstand direkt umgeben (Branche, Markt, Lieferanten etc.), und Bereiche des globalen Umfelds (Politik, Ökonomie, Gesellschaft, Technologie etc.). Aus diesen Einflussbereichen ermitteln wir Einflussfaktoren. Dafür verwenden wir Checklisten, die aufgrund der vielen von uns durchgeführten Szenario-Projekte ständig erweitert und aktualisiert werden. Häufig ermitteln wir auch neue spezifische Einflussfaktoren mit Hilfe von Experteninterviews. Als Ergebnis liegt für ein Projekt ein Katalog von etwa hundert Einflussfaktoren vor.

Unsere Erfahrung zeigt, dass insbesondere für ähnlich gelagerte Aufgabenstellungen ein erheblicher Teil der Einflussfaktoren gleich ist. Ganz besonders trifft dies

für die Faktoren des globalen Umfelds zu. Daher liegt es nahe, einmal recherchierte Einflussfaktoren in einer unternehmensweiten oder – im Sinne von vorwettbewerblicher Zusammenarbeit – branchenweiten Informationsbasis abzulegen und regelmäßig aktuell zu halten. In Kapitel 2.1.6 gehen wir auf den Aufbau und die Verwendung einer solchen Informationsbasis näher ein.

Die identifizierten Einflussfaktoren weisen eine leicht verständliche Kurzbezeichnung auf. Außerdem wird jeder Einflussfaktor prägnant und allgemeinverständlich in Form einer Definition beschrieben. Im Folgenden wird ein Beispiel für den Einflussfaktor „Attraktivität des Standorts Deutschland" gegeben:

Kurzbezeichnung: *Attraktivität des Standorts Deutschland*

> *Definition: Die Attraktivität des Standorts Deutschland wird durch das Wachstum des Bruttosozialproduktes / Bruttoinlandproduktes und durch die Wirtschaftspolitik bestimmt. Die Wirtschaftspolitik bildet dabei den Rahmen in Form von Art und Umfang staatlicher Eingriffe zur Erreichung wirtschaftspolitischer Ziele: Wachstum, Vollbeschäftigung, Währungsstabilität, Außenhandelsgleichgewicht. Diese Faktoren beschreiben die Attraktivität des Wirtschaftsstandorts Deutschlands.*

Identifikation von Schlüsselfaktoren

Aus der relativ großen Anzahl von Einflussfaktoren sind diejenigen zu ermitteln, die das Szenariofeld besonders prägen und einen besonders hohen Einfluss auf den Untersuchungsgegenstand ausüben. Diese Einflussfaktoren nennen wir **Schlüsselfaktoren**. In der Regel sind das etwa zwanzig. Das sind immer noch wesentlich mehr als wir normalerweise ins Kalkül ziehen, wenn wir Strategieentscheidungen zu treffen haben.

Um zu den Schlüsselfaktoren zu kommen, sind vier Abschnitte zu durchlaufen: Zunächst werden in der **direkten Einflussanalyse** die direkten Beziehungen zwischen den Einflussfaktoren betrachtet. Anschließend werden durch die **indirekte Einflussanalyse** auch indirekte Beziehungen zwischen den Einflussfaktoren einbezogen. Mit der **Relevanzanalyse** wird die Bedeutung der Einflussfaktoren für das Gestaltungsfeld ermittelt. Abschließend erfolgt die **Auswahl** mit Hilfe des so genannten System-Grids.

Direkte Einflussanalyse

Bei der direkten Einflussanalyse werden die direkten Beziehungen bzw. Beeinflussungen zwischen den Einflussfaktoren erfasst. Dazu dient eine **Einflussmatrix**, wie sie 1973 von J. C. DUPPERIN und M. GODET entwickelt wurde [DG73]. In dieser Matrix werden die Einflussfaktoren einander gegenübergestellt. Je **Einflussfaktoren-Paar** wird bewertet, wie stark oder wie schnell sich der eine Einflussfaktor durch die direkte Einwirkung des anderen verändert – und umgekehrt. Die Bewertung der Einflüsse erfolgt anhand der in Bild 2-8 oben links angegebenen vierstufigen Skala. Bei der Be-

wertung ist besonderes Augenmerk darauf zu legen, nur direkte Einflüsse der Einflussfaktoren aufeinander zu betrachten. Die indirekten Einflüsse werden im nächsten Schritt behandelt.

Aus der vollständig ausgefüllten Einflussmatrix können vier Kennwerte abgeleitet werden, die bereits erste Hinweise geben, welche Einflussfaktoren als Schlüsselfaktoren in Frage kommen:

- Die **Aktivsumme** [AS] eines Einflussfaktors ist die Zeilensumme aller Beziehungswerte. Sie zeigt die Stärke an, mit der der Einflussfaktor direkt auf alle anderen Einflussfaktoren wirkt.

- Die **Passivsumme** [PS] eines Einflussfaktors ergibt sich aus der Spaltensumme. Sie ist ein Maß dafür, wie stark der jeweilige Einflussfaktor direkt durch alle übrigen Einflussfaktoren beeinflusst wird.

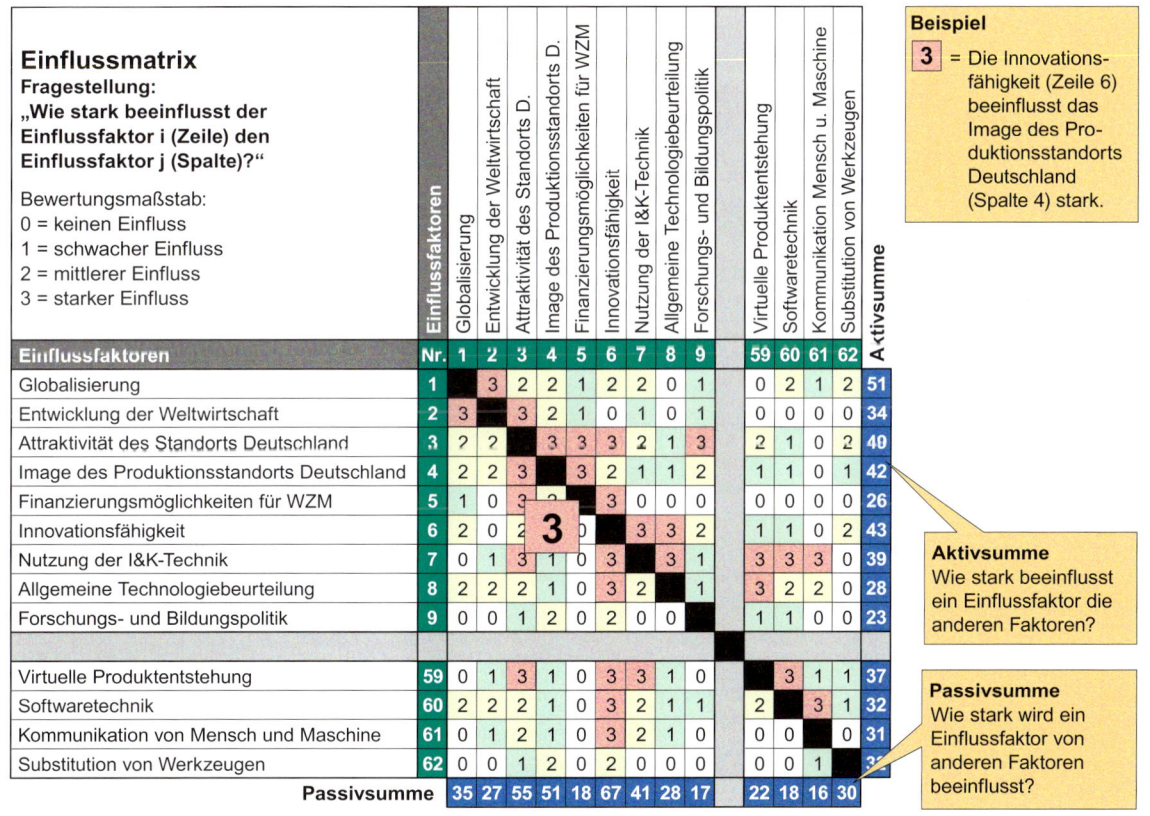

Bild 2-8: Einflussmatrix mit direkten Bewertungen

- Die Division der Aktiv- durch die Passivsumme liefert den **Impuls-Index (IPI)**. Er ist ein Maß für die direkten Einflüsse, die von einem Einflussfaktor ausgehen, ohne dass der Einflussfaktor dadurch Veränderungen erfährt. Der Begriff Impuls ist hier im physikalischen Sinne als Anstoß oder Antrieb definiert. Die Einflussfaktoren mit den größten Quotienten werden daher als impulsive Größen, diejenigen mit den niedrigsten Quotienten als reaktive Größen bezeichnet.

- Der **Dynamik-Index (DI)** errechnet sich durch die Multiplikation von Aktiv- und Passivsumme. Er ist ein Maß für die direkte Einbindung des Einflussfaktors in das Gesamtsystem bzw. dessen Einfluss auf das Verhalten des Gesamtsystems. Ein hoher DI bedeutet, dass dieser Einflussfaktor sehr stark im System vernetzt ist. Die Einflussfaktoren mit dem größten Dynamik-Index werden als dynamische Größen (auch: ambivalente Größen), die Einflussfaktoren mit dem niedrigsten DI als puffernde Größen (auch: träge Größen) bezeichnet.

Bei der Erstellung von System-Szenarien werden in einem Szenario-Projekt Lenkungs- und Umfeldfaktoren betrachtet. Auf Grund dieser Unterscheidung kann in diesem Fall ein weiterer Kennwert ermittelt werden:

- Die **Wirkungssumme** [WS] eines Einflussfaktors ergibt sich aus der Zeilensumme bezogen auf die Spalten der Lenkungsfaktoren. Sie gibt an, wie stark ein Einflussfaktor direkt auf das Gestaltungsfeld wirkt.

Indirekte Einflussanalyse

Bisher wurden nur direkte Beziehungen der Einflussfaktoren betrachtet. Das reicht aber nicht aus, weil sich die Faktoren über mehrere Stufen beeinflussen, wie das in Bild 2-9 beispielhaft angedeutet ist.

So beeinflusst die *Innovationsfähigkeit* im direkten Vergleich die *Finanzierungsmöglichkeiten für Werkzeugmaschinen* nicht. Über zwei Stationen des vernetzten Systems erfolgt aber doch eine Beeinflussung, weil die

Bild 2-9: Berücksichtigung indirekter Einflüsse in der Einflussmatrix

Innovationsfähigkeit Einfluss auf *das Image des Produktionsstandorts* ausübt und *das Image des Produktionsstandorts* wiederum die *Finanzierungsmöglichkeiten* von *Werkzeugmaschinen* beeinflusst. Dabei ist zu beachten, dass dieser Einfluss nicht mehr so stark wie eine direkte Beziehung ist. Es muss eine Dämpfung berücksichtigt werden.

Mit diesem Beispiel wollen wir verdeutlichen, wie komplex die Beziehungen in einem vernetzten System sind. Es ist nahezu unmöglich, das Wirkungsgefüge eines derartigen vernetzten Systems vollständig zu erfassen. Daher werden mit Hilfe der *Scenario-Software* die indirekten Beeinflussungen mit einer Einflussmatrix identifiziert und in die Analyse einbezogen. Als Ergebnis erhalten wir modifizierte Kennwerte (Aktivsumme, Passivsumme, Dynamik-Index etc.), die jetzt neben den direkten auch die indirekten Beeinflussungen berücksichtigen.

Wir haben gute Erfahrungen damit gemacht, im Rahmen der indirekten Einflussanalyse zusätzlich diejenigen Einflussfaktoren-Paare zu ermitteln, über die besonders viele indirekte Beziehungen wirken. Deren direkte Beziehungen sind noch einmal gesondert zu überprüfen.

Relevanzanalyse

Die vorgestellte umfassende Einflussanalyse liefert Aussagen über das systemische Verhalten der Einflussfaktoren; sie sagt aber noch nichts über die Stärke der Wirkung der Einflussfaktoren auf den Untersuchungsgegenstand aus. Dazu dient die in Bild 2-10 dargestellte Relevanzanalyse [Gri04].

Die Relevanzanalyse beruht auf dem paarweisen Vergleich der Einflussfaktoren in einer Gewichtungsmatrix. Dabei steht die Beantwortung der Frage im Vordergrund: Ist der Einflussfaktor i in der Zeile wichtiger für den Untersuchungsgegenstand als der Einfluss-

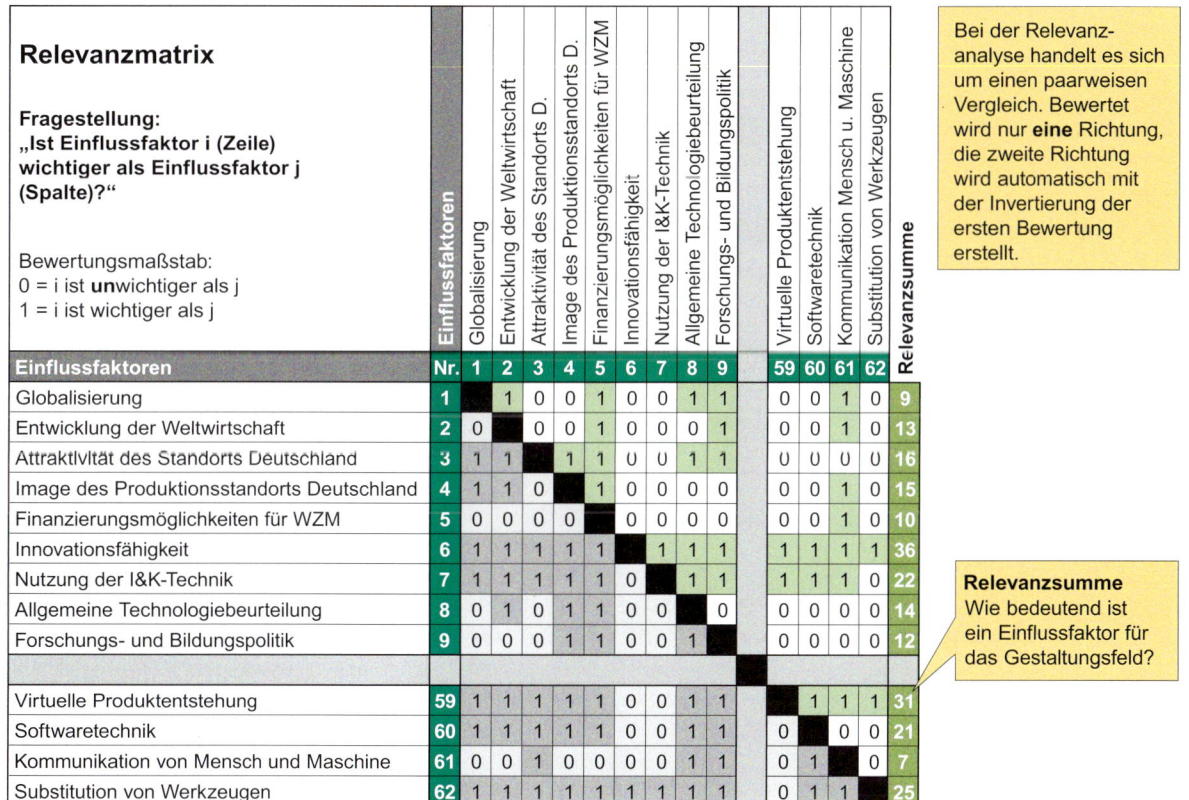

Relevanzmatrix

Fragestellung:
„Ist Einflussfaktor i (Zeile) wichtiger als Einflussfaktor j (Spalte)?"

Bewertungsmaßstab:
0 = i ist **un**wichtiger als j
1 = i ist wichtiger als j

Bei der Relevanzanalyse handelt es sich um einen paarweisen Vergleich. Bewertet wird nur **eine** Richtung, die zweite Richtung wird automatisch mit der Invertierung der ersten Bewertung erstellt.

Relevanzsumme
Wie bedeutend ist ein Einflussfaktor für das Gestaltungsfeld?

Einflussfaktoren	Nr.	1	2	3	4	5	6	7	8	9	59	60	61	62	Relevanzsumme
Globalisierung	1	■	1	0	0	1	0	0	1	1	0	0	1	0	9
Entwicklung der Weltwirtschaft	2	0	■	0	0	1	0	0	0	1	0	0	1	0	13
Attraktivität des Standorts Deutschland	3	1	1	■	1	1	0	0	1	1	0	0	0	0	16
Image des Produktionsstandorts Deutschland	4	1	1	0	■	1	0	0	0	0	0	0	1	0	15
Finanzierungsmöglichkeiten für WZM	5	0	0	0	0	■	0	0	0	0	0	0	1	0	10
Innovationsfähigkeit	6	1	1	1	1	1	■	1	1	1	1	1	1	1	36
Nutzung der I&K-Technik	7	1	1	1	1	1	0	■	1	1	1	1	1	0	22
Allgemeine Technologiebeurteilung	8	0	1	0	1	1	0	0	■	0	0	0	0	0	14
Forschungs- und Bildungspolitik	9	0	0	0	1	1	0	0	1	■	0	0	0	0	12
Virtuelle Produktentstehung	59	1	1	1	1	1	0	0	1	1	■	1	1	1	31
Softwaretechnik	60	1	1	1	1	1	0	0	1	1	0	■	0	0	21
Kommunikation von Mensch und Maschine	61	0	0	1	0	0	0	0	1	1	0	1	■	0	7
Substitution von Werkzeugen	62	1	1	1	1	1	1	1	1	1	0	1	1	■	25

Bild 2-10: Relevanzanalyse mit der Gewichtungsmatrix

faktor j in der Spalte? Zugunsten einer einfachen Handhabbarkeit wird lediglich eine binäre Bewertung vorgenommen (0 = nein / 1 = ja) [PB03]. Aus den Bewertungen in der Gewichtungsmatrix wird je Einflussfaktor die Zeilensumme, die so genannte Relevanzsumme, gebildet. Daraus wird als wichtiger Kennwert die Rangfolge der Einflussfaktoren hinsichtlich ihrer Wichtigkeit für das Gestaltungsfeld abgeleitet.

Auswahl der Schlüsselfaktoren

Die mit Einfluss- und Relevanzanalyse ermittelten charakteristischen Größen (Aktivsumme, Passivsumme, Relevanzsumme etc.) werden in einem Diagramm – dem so genannten System-Grid – dargestellt, auf dessen Grundlage diejenigen Einflussfaktoren ausgewählt werden, die die Zukunft des Untersuchungsgegenstands am stärksten prägen. Das sind die Schlüsselfaktoren.

In dem System-Grid wird die Aktivsumme der Schlüsselfaktoren über deren Passivsumme aufgetragen, und zwar unter Berücksichtigung der indirekten Beeinflus-

sungen. In unseren Projekten hat es sich bewährt, beide Achsen nach Rängen zu skalieren (Bild 2-11). Das ermöglicht eine übersichtliche und klare Darstellung. Die Kugeldurchmesser repräsentieren das Ergebnis der Relevanzanalyse. Je größer der Durchmesser, desto höher ist der Einfluss auf den Untersuchungsgegenstand.

Zur Identifikation der Schlüsselfaktoren ist das System-Grid nach fallender Aktivsumme von oben nach unten, bei besonders dynamischen und kurzfristigen Szenarien auch nach fallendem Dynamikindex diagonal von rechts oben nach links unten, zu scannen. Die Schlüsselfaktoren sind die Einflussfaktoren, die einen großen Kugeldurchmesser, also eine hohe Relevanz für den Untersuchungsgegenstand, und eine möglichst hohe Positionierung, also eine starke Aktivität im vernetzten System der Einflussfaktoren, aufweisen.

Ein zusätzliches Hilfsmittel zur Analyse komplexer Systeme ist der Vergleich der direkten und indirekten Kennwerte anhand der Verschiebung in einem Aktiv-Passiv-Grid (Bild 2-12). Durch diese Analyse können

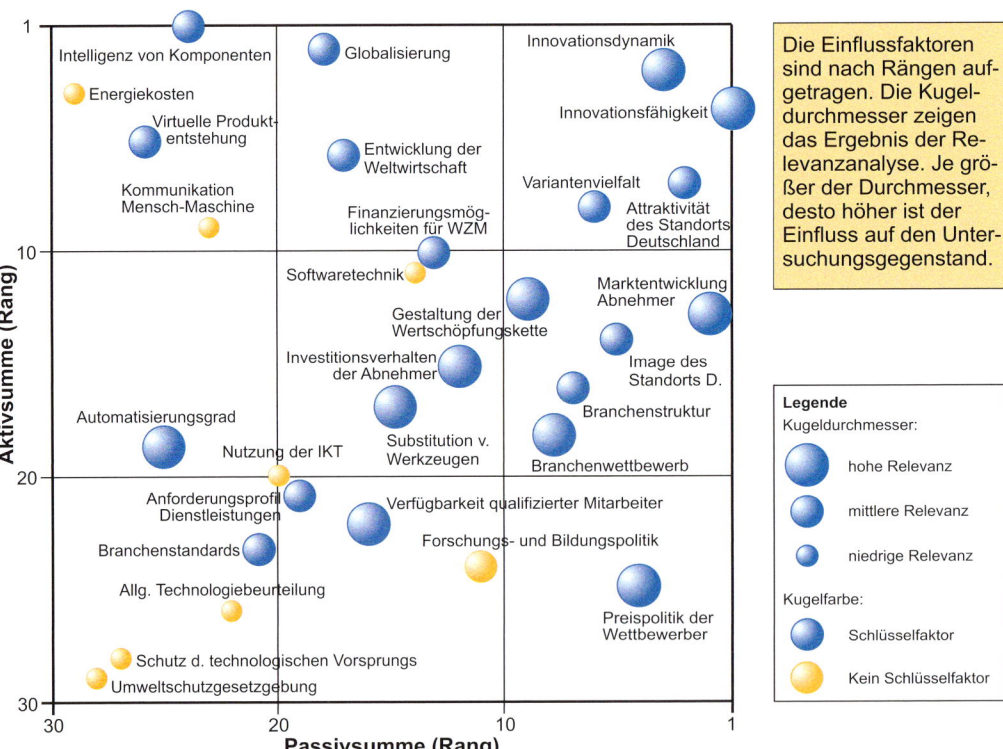

Bild 2-11:   Aktiv-Passiv-Grid zur Identifikation der Schlüsselfaktoren

versteckte Schlüsselfaktoren – so genannte „hidden driver" – identifiziert werden. Das sind Einflussfaktoren, deren indirekte Bewertungen deutlich höher als die zugehörigen direkten Bewertungen liegen. Es ist zu entscheiden, ob diese Einflussfaktoren als Schlüsselfaktoren geeignet sind. In Bild 2-12 ist beispielsweise der Einflussfaktor „Branchenstandards" als „hidden driver" identifiziert worden. Obwohl die absolute Position nach indirekter Vernetzung nur im Mittelfeld liegt, ist die relative Steigerung zur direkten Position so groß, dass dieser Faktor nachträglich als Schlüsselfaktor ergänzt wurde.

In der Regel werden so aus einer Menge von etwa 100 Einflussfaktoren etwa 20 Schlüsselfaktoren bestimmt. Grundsätzlich ist die Auswahl der Schlüsselfaktoren ein gruppendynamischer Prozess, der durch das vorgestellte Verfahren unterstützt wird. Es ist letztlich entscheidend, dass die Schlüsselfaktoren die Aufgabenstellung hinreichend repräsentieren. Der folgende Kasten zeigt die Schlüsselfaktoren eines konkreten Projektes und deren Zuordnung zu Einflussbereichen.

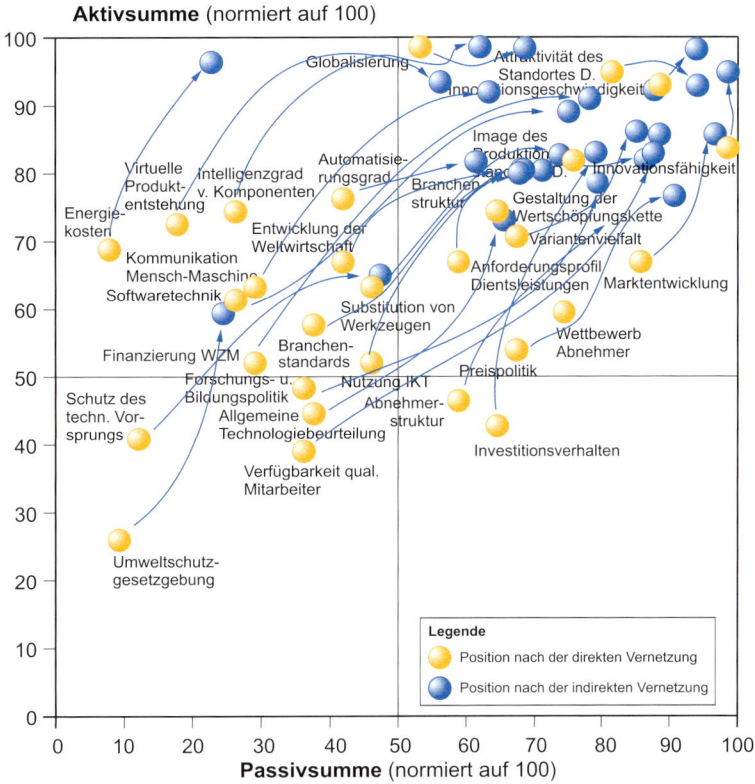

Bild 2-12: Vergleich der direkten und indirekten Bewertungen in einem System-Grid zur Identifikation der „hidden driver"

Die Zukunft der Werkzeugmaschine 2015 – Schlüsselfaktoren mit Sicht auf verschiedene Marktsegmente.

In Bild 1 sind die 19 Schlüsselfaktoren mit ihrer Zuordnung zu den Einflussbereichen wiedergegeben. Dabei geht es um das Geschäft mit Werkzeugmaschinen für den Zielmarkt „Automobil- und Automobilzulieferindustrie."

Bild 2 enthält auf den ersten Blick die gleichen Informationen. Da es hier um den Zielmarkt „Werkzeug-

und Formenbau" geht, gibt es eine Reihe von neuen Schlüsselfaktoren. Zur Schnittmenge gehören die Schlüsselfaktoren *Entwicklung von Weltwirtschaft und Welthandel, Attraktivität des Standorts Deutschland, Image des Produktionsstandorts Deutschland, Innovationsfähigkeit, Branchenstruktur der WZM-Hersteller, Funktionswerkstoffe in WZM, Intelligenzgrad von Komponenten, Standards in der WZM-Branche, Durchgängigkeit der virtuellen Produktentstehung, Automatisierungsgrad.*

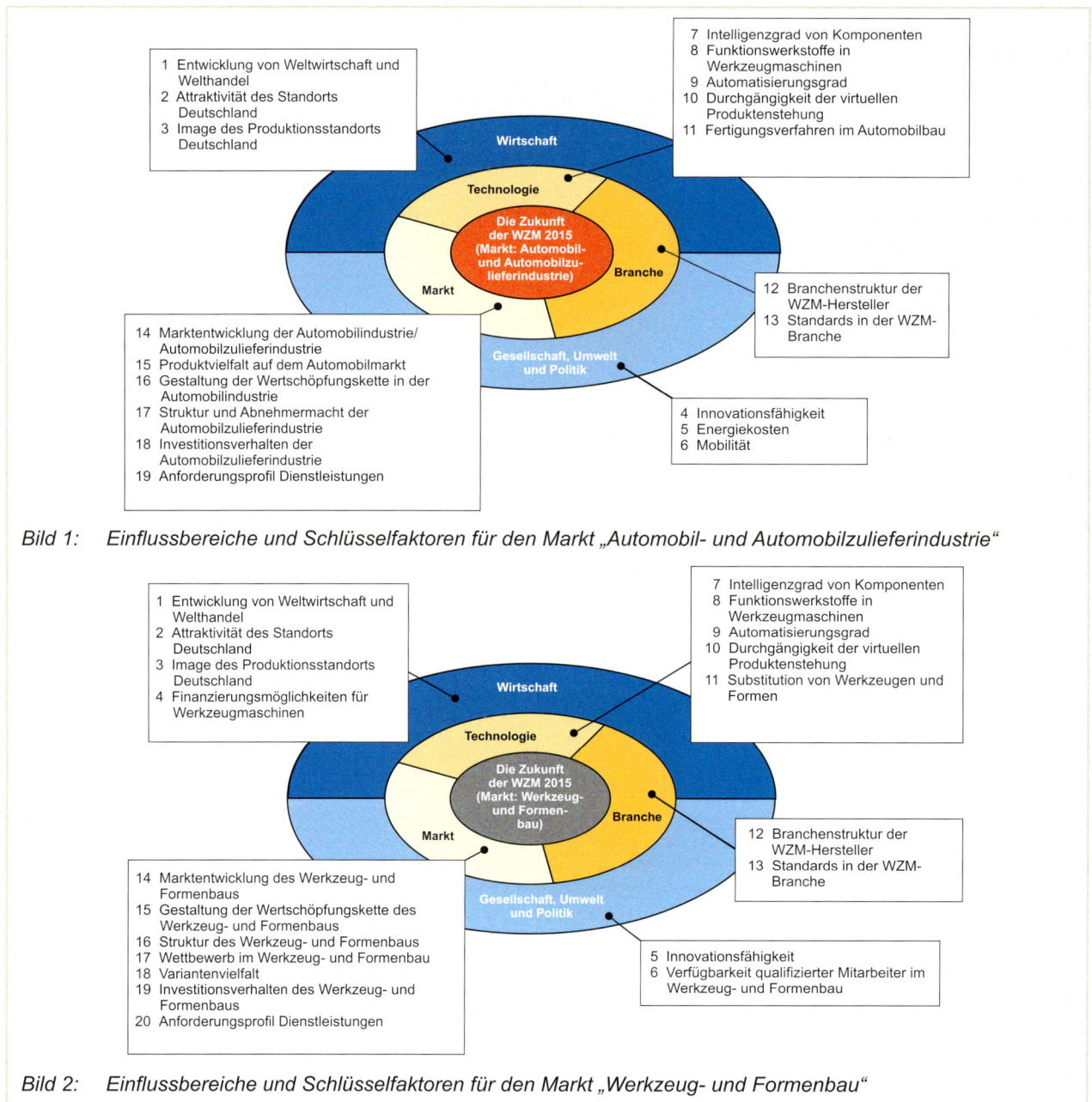

Bild 1:   *Einflussbereiche und Schlüsselfaktoren für den Markt „Automobil- und Automobilzulieferindustrie"*

Bild 2:   *Einflussbereiche und Schlüsselfaktoren für den Markt „Werkzeug- und Formenbau"*

Aufbereitung der Schlüsselfaktoren

Die ausgewählten Schlüsselfaktoren müssen für die weitere Verarbeitung aufbereitet werden. Neben der Definition wird für jeden Schlüsselfaktor eine fundierte und präzise Beschreibung der gegenwärtigen Situation erstellt. Diese Beschreibung basiert auf Indikatoren. Das sind im Zeitverlauf messbare Größen, die direkt erhoben werden und eine Einschätzung der Entwicklung des zugehörigen Faktors erlauben. Diese Indikatoren können zu einem späteren Zeitpunkt auch für

das Prämissen-Controlling verwendet werden, in dessen Rahmen die Frage zu beantworten ist, ob die der Strategie zugrunde liegenden Annahmen (ausgedrückt durch das gewählte Markt- und Umfeldszenario) nach wie vor noch gelten. Alle Angaben sind mit Quellen zu versehen, um die Nachvollziehbarkeit für nicht direkt Beteiligte sicherzustellen. Auch hier liegt es nahe, die so aufbereiteten Schlüsselfaktoren in einer Wissensbasis abzulegen und regelmäßig zu aktualisieren (vgl. Kapitel 2.1.6). Der folgende Kasten enthält ein Beispiel eines präzise beschriebenen Schlüsselfaktors.

Beschreibung des Schlüsselfaktors: „Attraktivität des Standorts Deutschland"

Definition: Die Attraktivität des Standorts Deutschland wird durch das Wachstum des Bruttosozialproduktes/Bruttoinlandproduktes und durch die Wirtschaftspolitik bestimmt. Die Wirtschaftspolitik bildet dabei den Rahmen in Form von Art und Umfang staatlicher Eingriffe zur Erreichung wirtschaftspolitischer Ziele: Wachstum, Vollbeschäftigung, Währungsstabilität, Außenhandelsgleichgewicht.

Ist-Situation: Deutschland ist für Investoren attraktiv. Deutschland verfügt über eine hohe Innovationsfähigkeit, eine erstklassige Forschungslandschaft und gut ausgebildete Fachkräfte. Das haben auch ausländische Investoren erkannt. Für sie ist Deutschland im Jahr 2007 – gleich hinter China, den USA und Indien – einer der weltweit attraktivsten Standorte für Investitionen. Im europäischen Vergleich liegt Deutschland damit an erster Stelle vor Polen und Großbritannien [EY07].

Die Attraktivität des Standortes Deutschland zeigt sich auch in den ausländischen Direktinvestitionen (FDI). Im Jahr 2006 haben ausländische Unternehmen in den Standort Deutschland so viel investiert wie zuletzt 2000. Die Kapitalzuflüsse nach Deutschland betrugen 2006 ca. 42,9 Mrd. US-$ und damit etwa 20 % mehr als noch 2005 [UN07].

Dieser Erfolg basiert insbesondere auf dem guten technischen Niveau in Deutschland – Deutschland wird als Hightech-Standort wahrgenommen. Außerdem werden Deutschlands Einbindung in die globale Weltwirtschaft, das hohe Niveau von Forschung und Entwicklung sowie die Infrastruktur positiv bewertet. „Made in Germany" steht bei der Großzahl der ausländischen Unternehmer für hohe Qualität und zuverlässige Produkte. Weniger positiv wird das rechtliche und steuerliche Umfeld für Unternehmer gesehen. Hier werden insbesondere die Flexibilität des Arbeitsrechts und die Arbeitskosten negativ beurteilt [EY07].

Nach Jahren als Schlusslicht der wirtschaftlichen Entwicklung im Euroraum ist Deutschland wieder zum Wachstumsmotor aufgestiegen. Das Bruttoinlandsprodukt (BIP) ist 2007 im Vergleich zum Vorjahr um 2,9 % auf etwa 2.322 Mrd. € gestiegen [Sta07-ol].

Die Inflationsrate lag in Deutschland im Jahr 2007 bei 2,3 % und damit 0,7 Prozentpunkte über der Teuerungsrate von 2006 [Sta08-ol].

Indikatoren:

Ausländische Direktinvestitionen, Inflationsrate, Bruttoinlandsprodukt

Quellen:

[EY07] Ernst & Young AG: Standort Deutschland 2007 – Deutschland und Europa im Urteil internationaler Manager. 2007

[Sta07-ol] Statistisches Bundesamt Deutschland (Hrsg.): Inlandsproduktberechnung – Wichtige gesamtwirtschaftliche Größen. Wiesbaden, Stand: 23.08.2007, unter: http://www.destatis.de/jetspeed/portal/cms/Sites/destatis/Internet/DE/Content/Statistiken/VolkswirtschaftlicheGesamtrechnungen/Inlandsprodukt/Tabellen/Content75/Gesamtwirtschaft,templateId=renderPrint.psml

[Sta08-ol] Statistisches Bundesamt Deutschland (Hrsg.): Verbraucherpreise. Wiesbaden, Stand: 13.06.2008, unter: http://www.destatis.de/jetspeed/portal/cms/Sites/destatis/Internet/DE/Content/Statistken/Zeitreihen/WirtschaftAktuell/Basisdaten/Conte-nt100/vpi101j,templateId=renderPrint.psml

[UN07] United Nations Conference On Trade And Development (UNCTAD): World Investment Report 2007 – Transnational Corporations, Extractive Industries and Development. United Nations Publication, United Nations, New York, Genf, 2007

2.1.4 Szenario-Prognostik

Mit der Szenario-Prognostik erfolgt der eigentliche „Blick in die Zukunft". Für jeden Schlüsselfaktor werden mehrere Entwicklungsmöglichkeiten beschrieben. Dazu ist es erforderlich, den Zeithorizont festzulegen. Viele Praktiker neigen dazu, einen zu kurzen Zeithorizont zu wählen. Ein Zukunftshorizont von fünf Jahren ist jedoch in vielen Projekten erheblich zu kurz – im Normalfall wählen wir etwa zehn Jahre. Bei sehr dynamischen Geschäften wie im Bereich der Informationstechnik oder der Telekommunikation kann hingegen ein näherer Zeithorizont ratsam sein, vor allem dann, wenn die Szenarien Hinweise für die Produktplanung geben sollen.

Die Erarbeitung von alternativen Zukunftsbildern je Schlüsselfaktor ist der entscheidende Schritt der Szenario-Technik, weil damit die Bausteine für die späteren Szenarien geschaffen werden. Davon hängen die Aussagekraft und die Qualität der Szenarien und damit letztlich der Erfolg des gesamten Szenario-Projekts ab. In der Regel ist es sinnvoll, sowohl aus heutiger Sicht plausible als auch extreme, aber vorstellbare Entwicklungen in Betracht zu ziehen. Letzteres stimuliert später in der Strategieentwicklung die Kreativität. In Kapitel 2.1.1.1 „Multiple Zukunft" sind wir darauf schon näher eingegangen. Um zu geeigneten Zukunftsprojektionen zu gelangen, sind je Schlüsselfaktor drei Schritte vorzunehmen.

Ermittlung möglicher Zukunftsprojektionen (Schritt 1): Ähnlich wie bei der Ermittlung von Einflussfaktoren sind auch in diesem Schritt gleichzeitig analytische und kreative Fähigkeiten gefragt: Auf analytischem Weg lassen sich Zukunftsprojektionen von Schlüsselfaktoren mit quantitativ messbaren Merkmalen erfassen. Dazu zählen beispielsweise die Bevölkerungs- oder Marktentwicklungsgrößen. Andere Schlüsselfaktoren lassen sich besser qualitativ beschreiben. Das Verfahren bei der Ermittlung möglicher Zukunftsprojektionen kann nicht exakt vorgegeben werden. Es gibt aber einige grundsätzliche Hinweise:

- **Entwicklung fortschreiben oder simulieren:** Ist die bisherige Entwicklung eines Schlüsselfaktors be-

kannt, so kann sie „in die Zukunft" fortgeschrieben werden. Eine solche Extrapolation oder geradlinige Projektion basiert auf der Entwicklung eines Merkmals oder mehrerer Merkmale, während äußere Einflüsse bewusst außer Acht gelassen werden. So kann die Entwicklung der Weltbevölkerung anhand von Faktoren wie Geburten und Sterberaten, Schwangerschaftsabbrüchen und Krankheiten fortgeschrieben bzw. simuliert werden.

- **Entwicklungen und ihre Merkmale überzeichnen:** Vor allem Extremprojektionen können ermittelt werden, indem die Entwicklung des Schlüsselfaktors bzw. einzelner seiner Merkmale überzeichnet wird. Ein Beispiel hierfür ist die Projektion „Cocooning" des Schlüsselfaktors „Freizeitverhalten", mit dem F. Popcorn die zunehmende Individualisierung der Gesellschaft und den Rückzug der Menschen in ihre Privatsphäre mit einem „Einspinnen in einen Kokon" vergleicht und so überzeichnet [PM99].

- **Entwicklungen bewusst beschleunigen:** Auch die Beschleunigung gegenwärtiger Entwicklungen kann zu interessanten Zukunftsprojektionen führen. Dieses Vorgehen wird häufig bei technischen Schlüsselfaktoren angewendet. So entstand die Projektion „Telepräsente Kommunikation in virtuellen Welten", mit der eine mögliche Entwicklung der Kommunikationsqualität beschrieben wird, indem die derzeit zu beobachtende Entwicklung von Technologien wie Virtual Reality beschleunigt wird.

- **Umfeldentwicklungen bewusst einbeziehen:** Eine weitere Variante zur Ermittlung möglicher Zukunftsprojektionen ist die bewusste Einbeziehung anderer Einflussfaktoren bzw. weiterer Umfeldparameter. Insbesondere für Schlüsselfaktoren mit hohen Passivwerten können Projektionen gefunden werden, indem die Wirkungen anderer Einflussfaktoren auf diesen Schlüsselfaktor überprüft werden.

- **Zukunftsprojektionen aus Prozessen ermitteln:** Häufig können Entwicklungsmöglichkeiten eines Schlüsselfaktors an aktuell laufenden Prozessen und damit verbundenen Weichenstellungen festgemacht werden. Beispielsweise hängt die Entwicklung der Kernenergie von Wahlergebnissen ab und die Entwicklung des deutschen Kommunikationsmarktes wurde maßgeblich vom Zeitpunkt der Abschaffung des Sprachdienst- und Netzmonopols beeinflusst.

Auswahl von Zukunftsprojektionen (Schritt 2): In den meisten Fällen ergeben sich je Schlüsselfaktor eine Reihe von Zukunftsprojektionen. Viele davon ähneln sich. Aus der Menge möglicher Zukunftsprojektionen sind geeignete Projektionen auszuwählen, mit denen die wirklich charakteristischen Entwicklungsmöglichkeiten beschrieben werden. Dabei ist es besonders wichtig, auf die Trennschärfe der Zukunftsprojektionen zu achten, so dass jede eine eigenständige Entwicklungsmöglichkeit darstellt. Oft enthält eine Projektion auch mehrere Aspekte. Das ist mit äußerster Vorsicht zu behandeln, weil damit unterschiedliche Sichten auf die Projektion gefördert werden, was später bei der paarweisen Bewertung der Konsistenz von Projektionen zu unterschiedlichen Beurteilungen führen kann – je nachdem welcher Aspekt im Vordergrund steht. Andererseits kann so die Aussagekraft einer Projektion erhöht werden. Um mit solchen Situationen in der Diskussion der Projektionen geschickt umzugehen, empfehlen wir, die verschiedenen Aspekte als Achsen eines Portfolios zu verwenden, wie das in Bild 2-13 dargestellt ist. Mit Hilfe der daraus resultierenden Matrix lassen sich die Projektionen präzise formulieren. In der Regel verbleiben zwischen zwei und vier Zukunftsprojektionen je Schlüsselfaktor. In seltenen Fällen gibt es nur eine plausible Entwicklungsmöglichkeit. Solche eindeutigen Entwicklungen werden zurückgestellt und später jedem der berechneten Szenarien direkt zugeordnet.

Formulierung und Begründung der Zukunftsprojektionen (Schritt 3): Im Anschluss an die Auswahl der Zukunftsprojektionen müssen diese so formuliert und begründet werden, dass sie auch von Unbeteiligten leicht und schnell verstanden werden. Daher sollte eine Zukunfts-

projektion zunächst eine prägnante Kurzbezeichnung erhalten. Neben der besseren Handhabbarkeit der Projektionen in einem Projekt haben prägnante Kurzbezeichnungen den Vorteil, dass sie bei den Anwendern Interesse wecken und in Diskussionen schnell übernommen werden. Neben einer Kurzbezeichnung bedarf es einer ausführlichen Beschreibung und Begründung der Zukunftsprojektionen (siehe Kästen). Auf diese Textbausteine wird später zurückgegriffen, um die Szenarien zu schreiben. Generell gilt: Je mehr die Projektion vom vermeintlich Wahrscheinlichen abweicht, je provokativer sie ist, umso wichtiger ist eine Begründung. Ein Benzinpreis von 2,50 € im Jahr 2010 erfordert keine Begründung, jeder kann das nachvollziehen. Ein Benzinpreis von 15 € wäre auf den ersten Blick äußerst unwahrscheinlich, aber möglich, wenn einige Entwicklungen wie eine prosperierende Wirtschaft in Asien und extrem ansteigende Schadstoffemissionen Realität würden. Logischerweise müsste eine derartige Projektion sehr sorgfältig und nachvollziehbar begründet werden.

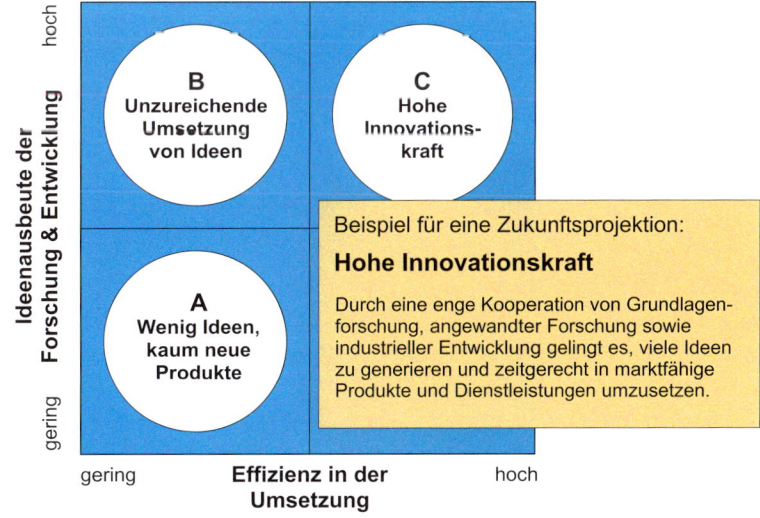

Bild 2-13: Portfoliogestützte Ermittlung von Zukunftsprojektionen

Beispiele für Zukunftsprojektionen zu Schlüsselfaktoren aus dem globalen Umfeld

Schlüsselfaktor: **Attraktivität des Standorts Deutschland**

A Weiterhin Nachteile: Hohe Arbeitslosigkeit und die ungünstige Alterspyramide lassen keinen Spielraum zur Reduktion der Lohnnebenkosten und der Unternehmensbesteuerung. Die standortimmanenten Kostennachteile bleiben erhalten. Deutschland fällt im internationalen Vergleich zurück.

B Partielle Verbesserung der Situation: Zur Sicherung der Leistungsfähigkeit des Standorts Deutschland werden vielschichtige Anstrengungen unternommen. Hinzu kommt eine Harmonisierung der Sozialgesetzgebung und der Unternehmensbesteuerung in der EU. Beide Entwicklungen führen zu einer Verbesserung der preislichen Wettbewerbsfähigkeit im Vergleich zu den übrigen Ländern der EU. Deutschland schafft es, den Anschluss an die Industriestaaten (G7) zu halten. Zu den Standortkosten von Schwellenländern in Südostasien und Osteuropa klafft aber nach wie vor eine große Lücke.

C Gravierende Verbesserung der Situation: Zur Steigerung der Leistungsfähigkeit des Standorts Deutschland sind umfangreiche Änderungen in der Besteuerung und in der Lohnpolitik vorgenommen worden. Diese Entwicklung hat zur Stärkung der Position der deutschen Unternehmen im globalen Wettbewerb geführt. Ferner kommt dieser Entwicklung zugute, dass die Niedriglohnländer zunehmend unter Kostendruck geraten – die Kostenvorteile dieser Länder werden geringer.

Schlüsselfaktor: **Image des Produktionsstandorts Deutschland**

A Deutschland als High-Tech-Standort: Durch vorbildliche Betriebsorganisation und intelligenten Technologieeinsatz ist die Produktionstechnik in Deutschland führend. Als Produktionsstandort gilt Deutschland als erste Adresse. Mit Anerkennung wird registriert, dass auch in einem Hochkostenland wirtschaftlich produziert werden kann. Produkte aus Deutschland genießen überall in der Welt höchstes Ansehen.

B Der Produktionsstandort Deutschland hat wieder an Boden gewonnen: Der Produktionsstandort Deutschland wird neu entdeckt. Nach Jahren der Abwanderung aus Deutschland setzt sich die Einsicht durch, dass die vom Markt geforderte Produktqualität in Niedriglohnländern nicht erreicht werden kann. Die Produktivität in Deutschland übersteigt die der ausländischen Standorte um das Maß, wie die deutschen über den ausländischen Lohnkosten liegen. Ferner bieten die enge Verflechtung der deutschen Wirtschaft, die gute Infrastruktur und das klare Rechtssystem weitere Vorteile. Dadurch können immer wieder Produktivitäts- und Lohnkostenunterschiede vertreten werden.

C Produktionsstandort unter vielen: Spitzenproduktionstechnik ist überall anzutreffen, weil die global tätigen Unternehmen dort investieren, wo es insgesamt gesehen am günstigsten ist. Deshalb konnte die Erosion des Produktionsstandorts Deutschland nicht aufgehalten werden. Bei der Vermarktung von Produkten spielt die Bezeichnung „Made in Germany" keine Rolle. Stattdessen etablieren sich markenbezogene Produktkennzeichnungen. Markennamen stehen für Qualität – unabhängig vom Produktionsstandort.

Schlüsselfaktor: **Innovationsfähigkeit**

A Wenig Ideen, kaum neue Produkte: Der Rückgang der F&E-Aktivitäten an Hochschulen, in Forschungseinrichtungen und in der Wirtschaft reduziert die Innovationskraft erheblich. Auch die Innovationsgeschwindigkeit ist stark verringert. Kooperationsdefizite im Innovationspfad und mangelnde Risikobereitschaft führen dazu, dass von den wenigen Ideen viele nicht schnell genug in neue, vermarktbare Produkte einfließen. Es ist schwierig, mit neuen Produkten einen Return on Investment (ROI) zu erzielen. Die Entwicklungsdynamik hat sich erheblich abgekühlt.

B **Unzureichende Umsetzung von Ideen:** Es werden zwar viele innovative Ideen durch Forschung und Entwicklung gefunden – durch die geringe Risikobereitschaft der Unternehmen und mangelndes Kooperationsverhalten werden diese jedoch nur unzureichend oder zu langsam in marktfähige Produkte und Dienstleistungen umgesetzt. Die Innovationsgeschwindigkeit deutscher Unternehmen ist im Vergleich zu ausländischen Konkurrenten eher gering. Die meisten Forschungsergebnisse gelangen nicht in den Markt, viele aber davon ins Ausland.

C **Hohe Innovationskraft:** Durch eine enge Kooperation von Grundlagenforschung, angewandter Forschung sowie industrieller Entwicklung gelingt es, viele Ideen zu generieren. Es entsteht ein Forschungs- und Entwicklungswettlauf, so dass es gelingt, die Ideen zeitgerecht in marktfähige Produkte und Dienstleistungen umzusetzen. Treiber dieser Entwicklung sind eine neue Kultur der Zusammenarbeit von Wirtschaft und Hochschulen sowie die Risikobereitschaft der Unternehmen, in neue Technologien und Produkte zu investieren. Die Eintrittsbarrieren sind durch den ständigen Wandel eher gering. Für kleine und flexible Anbieter ergibt sich hieraus die Möglichkeit, in den Branchenwettbewerb einzusteigen. Deutsche Unternehmen erwirtschaften einen überdurchschnittlich hohen Anteil ihres Umsatzes mit neuen oder neu gestalteten Produkten.

Beispiele für Zukunftsprojektionen zu Schlüsselfaktoren aus dem Branchenumfeld

Schlüsselfaktor: **Automatisierungsgrad**

A Dynamische Entwicklung der Automatisierung: Der rasante technologische Fortschritt ermöglicht einen hohen Automatisierungsgrad. Modularisierung und Standardisierung haben in Verbindung mit erheblichen Skalenvorteilen der großen Anbieter von Automatisierungskomponenten und Subsystemen dazu geführt, dass Automatisierung kostengünstig zu haben ist. Automatisierte Fabriken sind überall auf der Welt der Standard.

B Symbiose von Mensch und Automatisierung: Trotz des dynamischen technologischen Fortschritts konnte der Automatisierungsgrad im Großen und Ganzen nicht gesteigert werden. Die Gründe dafür liegen unter anderem in der mangelnden Wirtschaftlichkeit und in der Zurückhaltung der Anwender aufgrund der schwer beherrschbaren Komplexität von hochautomatisierten Anlagen. Ferner gibt es nach wie vor im Organisationsbereich erhebliche Rationalisierungs- und Qualitätsverbesserungspotentiale. Organisationskonzeptionen wie Gruppenarbeit und Fertigungssegmentierung haben den gleichen Stellenwert wie Automatisierung. Der Mensch ist im Produktionsprozess nach wie vor der entscheidende Erfolgsfaktor. Die führenden Produktionsbetriebe sind vor allem dort anzutreffen, wo auch das Qualifikationsniveau hoch ist.

Schlüsselfaktor: **Anforderungsprofil Dienstleistungen**

A Betreiber beherrschen das Gesamtsystem: Der Dienstleistungsbedarf ist bei den Betreibern von automatisierten Fertigungsanlagen hoch. Der Bedarf wird hauptsächlich von firmeninternen Teams gedeckt. Die Beherrschung des Gesamtsystems wird von den Betreibern als eine ihrer Schlüsselkompetenzen gesehen. Die Hersteller von Fertigungsanlagen und deren Lieferanten reduzieren daher ihr Leistungsspektrum weitestgehend auf die Herstellung und Vermarktung von Fertigungsanlagen.

B Alles aus einer Hand: Der Dienstleistungsbedarf ist bei den Betreibern von automatisierten Fertigungsanlagen hoch. Der Kunde verlangt nicht nur die Bereitstellung der Fertigungsanlage, sondern die Gesamtlösung aus einer Hand. Die Betreiber beschränken sich bewusst auf ihr Core-Business, da Spezialisten die benötigten Dienstleistungen in der Regel günstiger und besser abdecken. Das Leistungsspektrum der Fertigungsanlagenhersteller und deren Lieferanten ist daher stark erweitert. Die Hersteller und deren Lieferanten haben sich zu starken Partnern des Kunden entwickelt und übernehmen auch Dienstleistungen, die über die eigentliche Betreibung der Fertigungsanlage hinausgehen. Oft wird der Betrieb der Anlage in die Verantwortung des Herstellers gegeben.

C Betreiber halten das Heft in der Hand: Der Dienstleistungsbedarf ist bei den Betreibern von automatisierten Fertigungsanlagen hoch. Sie decken den Bedarf durch firmeninterne Teams als auch durch externe Lieferanten ab. Entscheidend für die „Make-or-Buy"-Entscheidung ist die Kompetenz der Dienstleistungsanbieter. Einigen Herstellern und deren Lieferanten ist es gelungen, durch technologische Fortschritte und/oder ein breit gefächertes Dienstleistungsangebot eine Spitzenstellung zu erreichen, andere sind austauschbar geworden und haben den Kontakt zum Endkunden verloren.

D Dienstleistung spielt keine Rolle: Es besteht kein Dienstleistungsbedarf bei den Betreibern von automatisierten Fertigungsanlagen, da die Fertigungsanlagen selbsterklärend und weitestgehend störungsfrei sind. Die Hersteller von Fertigungsanlagen und deren Lieferanten reduzieren daher ihr Leistungsspektrum auf die Herstellung und Vermarktung von Fertigungsanlagen.

Schlüsselfaktor: **Softwaretechnik**

A Professionalisierung der Softwareentwicklung: Software bestimmt die Funktionalität und den Kundennutzen entscheidend. Ein erheblicher Teil der Wertschöpfung entfällt auf die Software. Softwareentwicklungsstandards (Entwicklungsmethoden, Entwicklungsumgebungen und QS-Verfahren) haben sich durchgesetzt. Es gibt ein außerordentlich großes Angebot an hochwertigen Softwarebausteinen. Über Kommunikationsnetze werden Softwarebausteine für jedweden Zweck zur Verfügung gestellt. Die Hersteller von Software können sich auf die Entwicklung und die Systemarchitektur und die Integration der Softwarebausteine konzentrieren. Selbst komplexe Softwaresysteme entstehen schnell, kostengünstig und mit hoher Qualität.

B Software-Inflation: Software bestimmt die Funktionalität und den Kundennutzen entscheidend. Ein beträchtlicher Teil der Wertschöpfung entfällt auf Software. De-facto-Standards und proprietäre Entwicklungsumgebungen erlauben es fast „Jedermann", Software zu erstellen. Das Angebot ist nahezu unüberschaubar; die Qualität ist aber eher gering. Software erhält das Image einer billigen Massenware. Dadurch ist es den Kunden schwer zu vermitteln, für Software einen hohen Preis zu zahlen. Den Herstellern von Software-Systemen bleibt nichts anderes übrig, als die Kosten für die Entwicklung über den Systempreis und Dienstleistungserträge zu subventionieren.

C Software nach wie vor „Sorgenkind": Software bestimmt die Funktionalität und den Kundennutzen entscheidend. Ein erheblicher Teil der Wertschöpfung entfällt auf Software. Software ist aber nach wie vor mehr das Werk von individuellen „Künstlern", als das Resultat eines transparenten, reproduzierbaren Prozesses. Standardisierte Bausteine sind die Ausnahme. Es kommt immer wieder zu Parallelentwicklungen. Sehr hohe Entwicklungskosten beeinträchtigen den Geschäftserfolg.

2.1.5 Szenario-Bildung

Das besonders Reizvolle an der Szenario-Technik ist, dass sich das Szenario-Team zunächst einmal voll auf die Ermittlung von denkbaren Entwicklungen je Schlüsselfaktor konzentrieren kann, ohne sich auf die Wahrscheinlichkeit des Eintretens dieser Entwicklungen festlegen zu müssen und ohne sich Gedanken über „vernünftige" Kombinationen dieser Entwicklungen zu Szenarien machen zu müssen. Erfahrungsgemäß fördert gerade diese offensichtliche „Zwanglosigkeit" die kreative, offene Diskussion. Natürlich ist jedes Teammitglied neugierig, welche Kombinationen von Projektionen am Ende zu Szenarien führen. Die Antwort darauf liefert das nächste Kapitel.

Ein Szenario ist im Prinzip eine Kombination von Zukunftsprojektionen, die gut zusammenpassen. Das elementarste Szenario ist ein so genanntes **Projektionsbündel**, d.h. eine Kette von Projektionen, wobei je Schlüsselfaktor genau eine Projektion vorkommt. Entscheidend für die Glaubwürdigkeit von Zukunftsbildern ist die Konsistenz, d.h. die Widerspruchsfreiheit der einzelnen Projektionen zueinander. So ist ein Zukunftsbild beispielsweise unglaubwürdig, wenn es neben drastisch steigendem Benzinpreis einen Anstieg der individuellen Mobilität beschreibt. Solche Widersprüche werden als Inkonsistenzen bezeichnet. Demgegenüber erscheint die Verbindung von Benzinpreisanstieg und Mobilitätsrückgang konsistent. Ein weiteres Beispiel für Konsistenz ist: steigende Umweltschutz-Auflagen und Intensivierung der F&E-Tätigkeit der Industrie. Zukunftsbilder mit solchen Kombinationen sind in sich schlüssig. Die Bewertung der Konsistenz je Projektionspaar erfolgt durch die Mitglieder des Szenario-Projektteams. Dies ist neben der Projektionsermittlung der zweite wesentliche Schritt der Szenario-Bildung. Alle weiteren Schritte, auf die im Folgenden eingegangen wird, werden von der *Scenario-Software* automatisch erledigt.

2.1.5.1 Paarweise Konsistenzbewertung

Um in sich konsistente Zukunftsbilder zu erhalten, müssen zunächst die einzelnen Projektionspaare auf ihre Verträglichkeit hin überprüft werden. Diese paarweise Konsistenzbewertung erfolgt in einer Konsistenzmatrix, wie sie in Bild 2-14 dargestellt ist. Es sind nur auf einer Seite der Matrix Konsistenzwerte anzugeben, da es sich – im Gegensatz zur Einflussanalyse – nicht um gerichtete Beziehungen handelt. Zur Bewertung der Konsistenz verwenden wir die folgende Skala:

1 = totale Inkonsistenz, d.h. die beiden Projektionen schließen einander aus und können nicht zusammen in einem glaubwürdigen Szenario vorkommen.

2 = partielle Inkonsistenz, d.h. die beiden Projektionen widersprechen einander. Ihr gemeinsames Auftreten beeinträchtigt die Glaubwürdigkeit eines Szenarios.

3 = neutral oder unabhängig voneinander, d.h. die beiden Projektionen beeinflussen einander nicht, und ihr gemeinsames Auftreten beeinflusst die Glaubwürdigkeit eines Szenarios nicht.

4 = gegenseitiges Begünstigen, d.h. die beiden Projektionen können gut in einem Szenario vorkommen.

5 = sehr starke gegenseitige Unterstützung, d.h. aufgrund des Eintretens der einen Projektion kann auch mit dem Eintreten der anderen Projektion gerechnet werden.

Die Konsistenzbewertung der einzelnen Projektionspaare basiert wie bei der Einflussanalyse auch auf den subjektiven Einschätzungen der an der Erstellung beteiligten Personen. Insbesondere bei größeren Szenario-Projekten werden daher mehrere Konsistenzmatrizen ausgefüllt. Die Abweichungen, die sich aus den

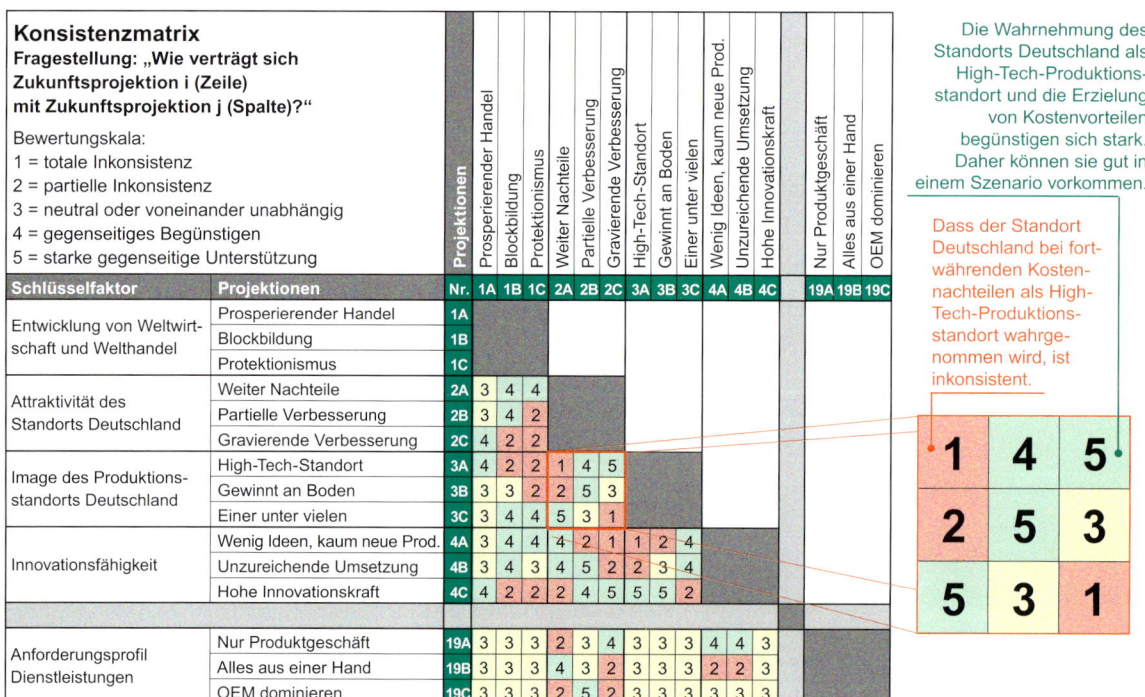

Schlüsselfaktor	Projektionen	Nr.	1A	1B	1C	2A	2B	2C	3A	3B	3C	4A	4B	4C	19A	19B	19C
Entwicklung von Weltwirtschaft und Welthandel	Prosperierender Handel	1A															
	Blockbildung	1B															
	Protektionismus	1C															
Attraktivität des Standorts Deutschland	Weiter Nachteile	2A	3	4	4												
	Partielle Verbesserung	2B	3	4	2												
	Gravierende Verbesserung	2C	4	2	2												
Image des Produktionsstandorts Deutschland	High-Tech-Standort	3A	4	2	2	1	4	5									
	Gewinnt an Boden	3B	3	3	2	2	5	3									
	Einer unter vielen	3C	3	4	4	5	3	1									
Innovationsfähigkeit	Wenig Ideen, kaum neue Prod.	4A	3	4	4	4	2	1	1	2	4						
	Unzureichende Umsetzung	4B	3	4	3	4	5	2	2	3	4						
	Hohe Innovationskraft	4C	4	2	2	2	4	5	5	5	2						
Anforderungsprofil Dienstleistungen	Nur Produktgeschäft	19A	3	3	3	2	3	4	3	3	3	4	4	3			
	Alles aus einer Hand	19B	3	3	3	4	3	2	3	3	3	2	2	3			
	OEM dominieren	19C	3	3	3	2	5	2	3	3	3	3	3	3			

Konsistenzmatrix
Fragestellung: „Wie verträgt sich Zukunftsprojektion i (Zeile) mit Zukunftsprojektion j (Spalte)?"

Bewertungsskala:
1 = totale Inkonsistenz
2 = partielle Inkonsistenz
3 = neutral oder voneinander unabhängig
4 = gegenseitiges Begünstigen
5 = starke gegenseitige Unterstützung

Die Wahrnehmung des Standorts Deutschland als High-Tech-Produktionsstandort und die Erzielung von Kostenvorteilen begünstigen sich stark. Daher können sie gut in einem Szenario vorkommen.

Dass der Standort Deutschland bei fortwährenden Kostennachteilen als High-Tech-Produktionsstandort wahrgenommen wird, ist inkonsistent.

Bild 2-14: Konsistenzmatrix, paarweise Bewertung der Konsistenz von Zukunftsprojektionen

verschiedenen Bewertungen ergeben, erlauben Rückschlüsse auf Verständnisprobleme oder unterschiedliche Einschätzungen zukünftiger Entwicklungen. Die Diskussionen, die mit einer Synchronisierung der verschiedenen Konsistenzmatrizen verbunden sind, stellen für sich schon eine Wertschöpfung eines Szenario-Projektes dar.

2.1.5.2 Konsistenzanalyse

Auf der Basis der ausgefüllten Konsistenzmatrix werden die Projektionsbündel gebildet. Ein Projektionsbündel ist eine Kette von Projektionen, wobei genau eine Projektion je Schlüsselfaktor auftritt. Somit weist ein Projektionsbündel so viele Projektionen auf wie Schlüsselfaktoren existieren. Nach den Regeln der Kombinatorik ergeben sich schon bei 20 Schlüsselfaktoren mit je 2 bis 3 Projektionen einige Millionen Projektionsbündel. Daher ist eine Projektionsbündel-Reduktion erforderlich. Dies erfolgt durch die bereits erwähnte *Scenario-Software*. Mit diesem Tool wird zunächst eine Bündelreduktion vorgenommen, indem inkonsistente Bündel – sie enthalten mindestens eine Kombination, die mit „1" bewertet wurde – ausgeschlossen werden, weil „1" ja bedeutet, dass diese Kombination von zwei Projektionen nicht auftreten kann. Daneben werden mit der Konsistenzanalyse für jedes Projektionsbündel drei Kennwerte ermittelt und in einem vorläufigen Projektionsbündel-Katalog zusammengefasst:

- Der Konsistenzwert, auch **Bündelkonsistenz**, ist die Summe der Konsistenzbewertungen aller Paare in dem Bündel. Daraus wird die Rangfolge der Bündel nach fallendem Konsistenzwert für den Projektionsbündel-Katalog abgeleitet.

- Der **durchschnittliche Konsistenzwert** entsteht aus der Division des Konsistenzwertes durch die Anzahl der Projektionspaare im Bündel. Er wird zum Vergleich mehrerer Szenario-Projekte herangezogen. Je größer der Wert ist, desto höher ist die Prägnanz der Szenarien.

- Die **Anzahl partieller Inkonsistenzen** gibt Aufschluss über die Glaubwürdigkeit eines Projektionsbündels. Je weniger partielle Inkonsistenzen ein Bündel enthält, desto glaubwürdiger ist es.

In den meisten Fällen enthält der vorläufige Projektionsbündel-Katalog immer noch zu viele Projektionsbündel. Viele dieser Bündel haben nur einen geringen Konsistenzwert oder weisen eine große Anzahl partieller Inkonsistenzen auf. Damit solche qualitativ minderwertigen Zukunftsbilder die Aussagekraft der Szenarien nicht beeinträchtigen, wird die Anzahl der Projektionsbündel anhand der Kennwerte weiter reduziert.

Als besonders robust hat sich dabei die Reduktion durch vollständiges Scanning erwiesen. Hier werden aus dem nach fallendem Konsistenzwert sortierten vorläufigen Projektionsbündel-Katalog zunächst die drei höchstkonsistentesten Bündel mit der Projektion 1A herausgesucht und in den endgültigen Projektionsbündel-Katalog geschrieben. Anschließend werden die drei höchstkonsistentesten Bündel mit der Projektion 1B in den endgültigen Projektionsbündel-Katalog übernommen. Dieses Verfahren wird bis zur letzten Projektion fortgesetzt.

Als Ergebnis der Projektionsbündel-Reduktion ergibt sich ein Projektionsbündel-Katalog. Dieser enthält in der Regel etwa hundert hochkonsistente Projektionsbündel. Im Prinzip ist jedes dieser Bündel ein Szenario. Allerdings sind viele dieser Bündel sehr ähnlich. Auf dieser Gegebenheit beruht die folgende Rohszenarien-Bildung.

2.1.5.3 Rohszenarien-Bildung

Die vorliegenden etwa hundert hochkonsistenten Projektionsbündel werden entsprechend ihrer Ähnlichkeit zusammengefasst, so dass Gruppen (Cluster) von Projektionsbündeln entstehen. Diese Gruppen bezeichnen wir als **Rohszenarien** und beschreiben sie später in Prosa. Die Rohszenarien-Bildung erfolgt mit Hilfe der Clusteranalyse. Die **Clusteranalyse** ist ein Verfahren, bei dem einzelne Objekte entsprechend ihrer Ähnlichkeit zu Clustern (deutsch: Klumpen) zusammengefasst werden. Dabei soll erreicht werden, dass die Cluster in sich möglichst homogen und untereinander heterogen sind. Bei der Rohszenarien-Bildung bedeutet dies, dass die

Projektionsbündel innerhalb eines Rohszenarios möglichst ähnlich und die
Rohszenarien selbst bzw. die Projektionsbündel unterschiedlicher Rohszenarien möglichst verschieden sein sollen.

Eine besondere Bedeutung kommt der
Partitionsfestlegung zu. Mit ihr wird über
die Anzahl und Struktur der Rohszenarien entschieden: mit jeder Zusammenfassung steigt der Informationsverlust;
andererseits muss eine handhabbare Anzahl von Rohszenarien gefunden werden. Dabei hilft das Scree-Diagramm, in
dem der Informationsverlust über der
Anzahl der Rohszenarien aufgetragen
wird. Die *Scenario-Software* erzeugt dieses Diagramm (Bild 2-15). Das Scree-Diagramm weist in der Regel einen charakteristischen Knick, den so genannten
„Ellbogen-Punkt", auf. An dieser Stelle
würde der Informationsverlust mit einer
weiteren Zusammenfassung stark ansteigen, während
er im Vergleich zur vorherigen Zusammenfassung nur
gering gestiegen ist. Aus diesem Punkt ergibt sich die
geeignete Anzahl von Rohszenarien. Im vorliegenden
Beispiel sind das drei.

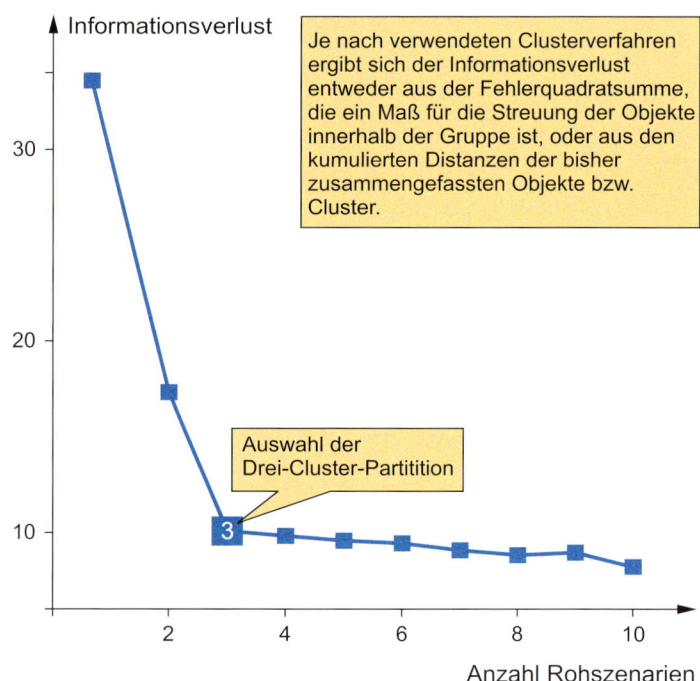

Bild 2-15: *Partitionsfestlegung mit einem Scree-Diagramm in der Scenario-Software*

Durch die Festlegung der Partition ist die Rohszenario-
Bildung abgeschlossen und die Umrisse der späteren
Szenarien werden erkennbar. Abschließend sind an dieser Stelle noch die während der Szenario-Prognostik
als eindeutige Entwicklungen beschriebenen unkritischen Schlüsselfaktoren zu jedem Cluster zu ergänzen.

Prinzip der Clusteranalyse

Die Clusteranalyse ist ein statistisches Datenanaly-
severfahren, bei dem einzelne Objekte gemäß ihrer
Ähnlichkeit zu Clustern (deutsch: Klumpen) zusammengefasst werden. Das grundsätzliche Ziel bei der
Clusteranalyse ist das Auffinden einer empirischen
Klassifikation, für die gilt: a) die Cluster sind jeweils
in sich möglichst homogen, b) die Cluster sind zueinander möglichst heterogen.

Es existiert eine Vielzahl von Clusterverfahren, die
sich nach der Methode, wie die Objekte den Clustern
zugeordnet werden, unterscheiden lassen. Nachfolgend wird exemplarisch das Nearest-Neighbour-Ver-

fahren[1] herausgegriffen und am Beispiel der Bildung
von Unternehmensklassen erläutert. Den grundsätzlichen Ablauf zeigt das Bild. Die zu klassifizierenden
Objekte sind in dem gewählten Beispiel Gießereiun-
ternehmen, die sich über eine große Bandbreite verteilen.

1. Merkmale und Ausprägungen festlegen: Für die
   Unternehmensklassenbildung ist ein mögliches
   Merkmal die Fertigungstiefe, zugehörige Ausprägungen sind beispielsweise Einzelfertigung, Kleinserienfertigung und Großserienfertigung. In der so
   genannten Rohdaten-Matrix werden die Ausprägungen der Objekte hinsichtlich der Merkmale auf-
   gezeichnet.

2. Distanzen zwischen den Objekten berechnen: Hier werden aus der Rohdaten-Matrix Distanzen zwischen den einzelnen Objekten berechnet. Die Distanz zweier Objekte ist umso größer, je unähnlicher sie sich sind. Die Distanzen werden durch ein Proximitätsmaß, beispielsweise die Quadrierte Euklidische Distanz, ausgedrückt.

3. Objekte zu Clustern zusammenfassen: Die beiden Objekte, die die geringste Distanz zueinander aufweisen, werden zusammengefasst.

4. Distanzen neu berechnen: Für die in Schritt 3 entstandenen Gruppen müssen neue Distanzen errechnet werden. Dazu wird beim Nearest-Neighbour-Verfahren aus den alten Distanzen der in der Gruppe zusammengefassten Objekte zu einem dritten Objekt die kleinste ausgewählt[2]. Dieser Vorgang wird so lange wiederholt, bis alle Objekte in einer Gruppe zusammengefasst sind. Bei jedem Durchlauf wird die Distanz der beiden zusammengefassten Objekte festgehalten und als Maß für den Informationsverlust herangezogen.

5. Anzahl der Cluster bestimmen: Hier ist eine geeignete Anzahl von Clustern zu ermitteln. Als Abbruchkriterium wird der Informationsverlust verwendet, der durch jede Zusammenfassung entsteht. Die ideale Anzahl von Clustern ist dann erreicht, wenn der Informationsverlust bei der vorherigen Zusammenfassung nur wenig gestiegen ist und durch eine weitere Zusammenfassung stark zunehmen würde.

Ein entscheidender Vorteil der Clusteranalyse liegt darin, gleichzeitig alle vorliegenden Eigenschaften zur Gruppenbildung heranzuziehen. Durch die große Anzahl existierender Clusterverfahren ist die Verarbeitung unterschiedlichster Daten möglich. Andererseits ist die Auswahl des richtigen Clusterverfahrens für die jeweiligen Daten ein Haupterfolgskriterium bei der Durchführung der Clusteranalyse.

Literatur:

BACHER, J.: Clusteranalyse – Anwendungsorientierte Einführung. Oldenbourg-Verlag, München, 1994

BACKHAUS, K.; ERICHSON, B.; PLINKE, W.; WEIBER, R.: Multivariate Analysemethoden – eine anwendungsorientierte Einführung. Springer Verlag, Berlin, 2003

[1] Das Nearest-Neighbour-Verfahren ist auch unter den Bezeichnungen „Nächster Nachbar" und „Single-Linkage" bekannt.

[2] Bei dem Complete-Linkage-Verfahren wird beispielsweise die größte der beiden Distanzen verwendet.

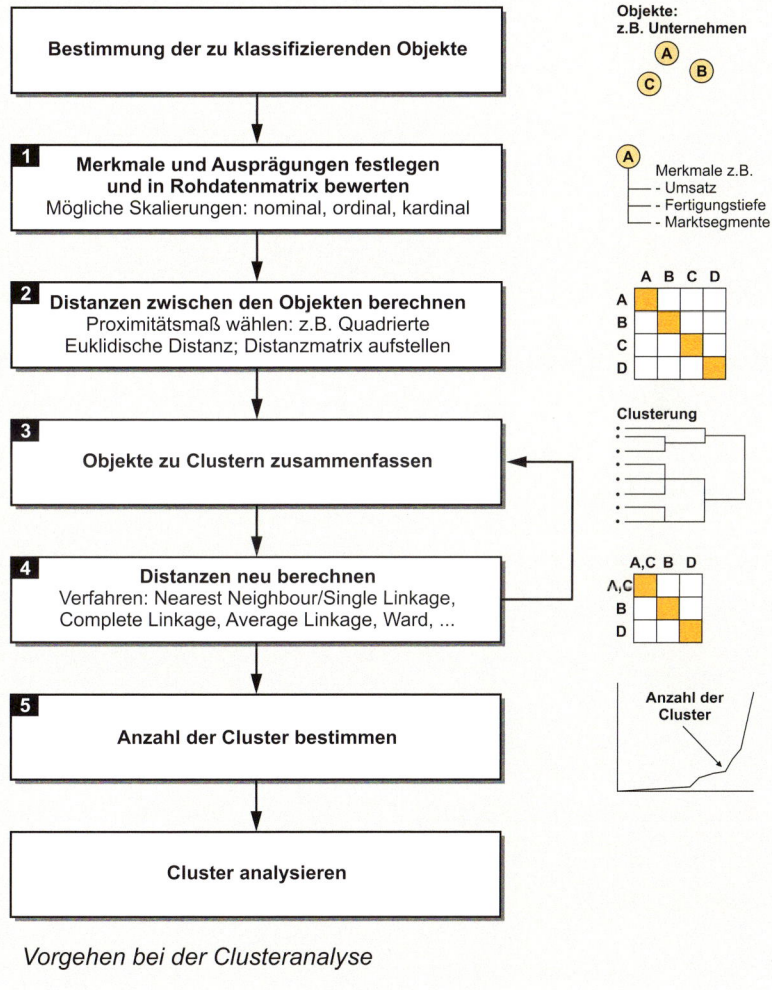

Vorgehen bei der Clusteranalyse

2.1.5.4 Zukunftsraum-Mapping

Das so genannte Zukunftsraum-Mapping visualisiert die Ergebnisse der Clusteranalyse. Hier werden die verschiedenen Projektionsbündel in einer Hilfsebene dargestellt, so dass die Rohszenario-Bildung überprüft werden kann. Es entsteht eine „Landkarte der Zukunft". Bevorzugtes Instrument des Zukunftsraum-Mappings ist die **Multidimensionale Skalierung (MDS).** Sie liefert für jedes Projektionsbündel zwei Koordinatenwerte, so dass die Projektionsbündel auf einer Ebene positioniert werden können. Dabei werden die Projektionsbündel so positioniert, dass ähnliche Bündel möglichst dicht beieinander und unähnliche Bündel möglichst weit voneinander entfernt liegen. In einer derartigen Graphik zeigen sich Rohszenarien als „Bündel-Gruppen" (Bild 2-16).

Eine weitere Form der visuellen Aufbereitung ist die Darstellung von Hauptunterscheidungsmerkmalen. In Bild 2-17 ist das am Beispiel von Szenarien für die automatisierte Fertigung dargestellt. Unter Hauptunterscheidungsmerkmalen werden grundlegende Unterschiede zwischen Szenarien verstanden, die sich durch

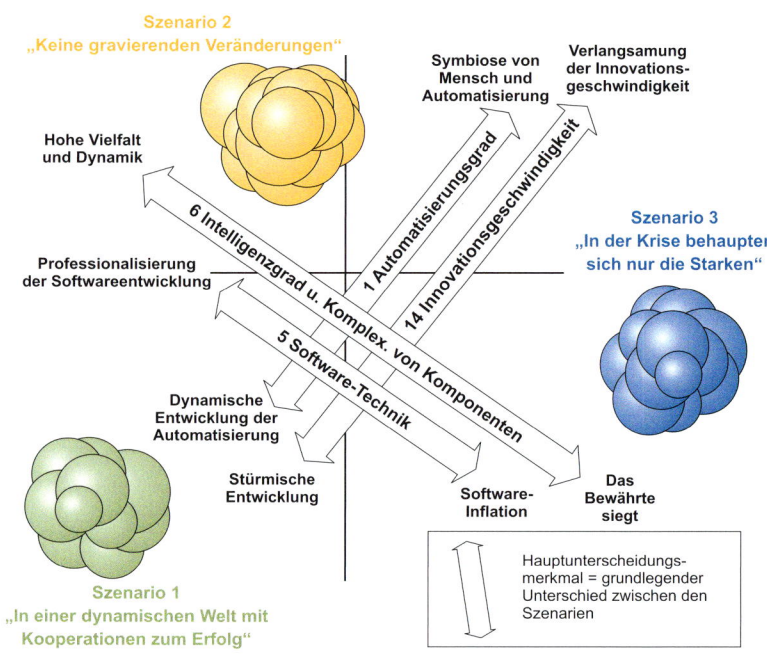

Bild 2-17: Hauptunterscheidungsmerkmale im Zukunftsraum-Mapping, Szenariofeld „Automatisierte Fertigung"

Pfeile in einem Zukunftsraum-Mapping darstellen lassen. Damit lassen sich die Zusammenhänge und Unterschiede zwischen den Szenarien im mehrdimensionalen Raum – im Prinzip ist ein Schlüsselfaktor eine Dimension – erklären. Die Pfeile repräsentieren ausgewählte Schlüsselfaktoren, deren Projektionen an den Pfeilspitzen stehen – beispielsweise „Professionalisierung der Softwareentwicklung" am Schlüsselfaktor „Software-Technik". Danach sind die Szenarien 1 und 2 durch diese Professionalisierung der Softwareentwicklung gekennzeichnet. Szenario 3 weist eine „Software-Inflation" auf. Analog dazu kommt hinsichtlich des Schlüsselfaktors „Innovationsgeschwindigkeit" in den Szenarien 2 und 3 die Projektion „Verlangsamung der Innovationsgeschwindigkeit" und im Szenario 1 die Projektion „Stürmische Entwicklung" vor.

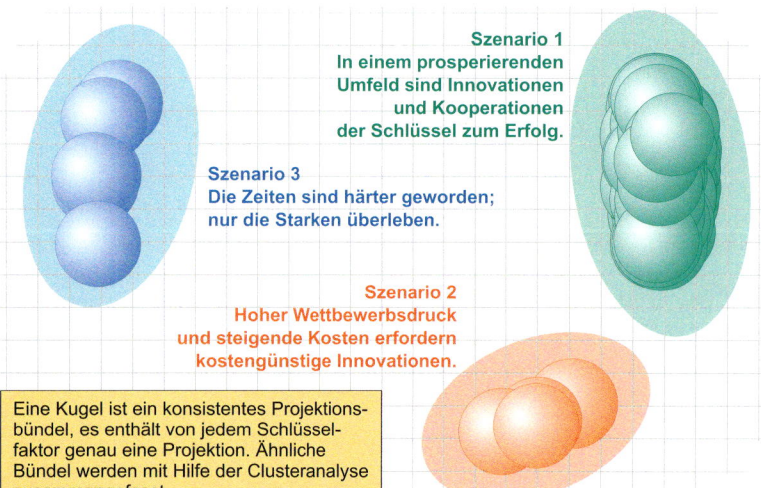

Bild 2-16: Visualisierung der Szenarien auf der Basis der Multidimensionalen Skalierung (MDS)

Prinzip der Multidimensionalen Skalierung

Mit der Multidimensionalen Skalierung (MDS) ist es möglich, subjektive Empfindungen der Ähnlichkeiten von Objekten in einem zweidimensionalen Wahrnehmungsraum darzustellen. Dazu werden multidimensionale Anordnungen so auf eine Ebene projiziert, dass ähnliche Objekte nah zusammen und unähnliche weit entfernt voneinander liegen. Zur Erläuterung des Vorgehens greifen wir das in der einschlägigen Literatur häufig verwendete Beispiel der Berechnung einer MDS aus der Entfernungstabelle von Städten auf.

Ausgangspunkt der multidimensionalen Skalierung ist eine Distanzmatrix. Liegt keine Distanzmatrix der Objekte vor, sondern eine Rohdatenmatrix, in der die Objekte hinsichtlich ihrer Merkmale charakterisiert sind, wird daraus eine Distanzmatrix erzeugt (vgl. Clusteranalyse). Für das Beispiel mit 10 Städten liegt in Form der Entfernungstabelle nach Straßenkilometern (Bild 1) bereits eine Distanzmatrix vor. Häufig liegen nur Rangdaten der Distanzen vor, die durch Befragungen ermittelt wurden. Auch diese Informationen können für die multidimensionale Skalierung verwendet wer-

den. In Bild 1 sind die Rangwerte der Distanzen berechnet worden und jeweils in Klammern angegeben.

Aus den paarweisen Distanzen der Distanzmatrix wird die relative Lage der Objekte zueinander erzeugt. Dieses Vorgehen erläutern wir am Beispiel der drei Städte Basel, Frankfurt und Berlin (Bild 2):

Die beiden Objekte mit der größten Distanz, hier Basel und Berlin, werden willkürlich im Raum positioniert, lediglich ihr Abstand steht fest. Für das dritte Objekt, die Stadt Frankfurt, liegen zwei Angaben vor. Frankfurt liegt auf einem Radius von 337 Kilometern entfernt von Basel und auf einem Radius von 555 Kilometern entfernt von Berlin. Die beiden Schnittpunkte der Radien sind mögliche Lagepunkte der Stadt Frankfurt. Daran zeigt sich, dass die MDS nicht in der Lage ist, die absoluten Positionen der Objekte zu visualisieren, sondern nur relative. Einer von beiden Punkten muss ausgewählt werden.

Alle anderen Objekte werden durch analoges Vorgehen im Betrachtungsraum positioniert. So entsteht für die zehn Städte eine Konfiguration wie in Bild 3 dargestellt. Die Konfiguration entspricht in ihrer Ausrichtung nicht dem erwarteten Bild, sondern ist um den

	Basel	Berlin	Frankfurt	Hamburg	Hannover	Kassel	Köln	München	Nürnberg	Stuttgart
Basel										
Berlin	874 (45)									
Frankfurt	337 (17)	555 (34)								
Hamburg	820 (44)	294 (14)	495 (30)							
Hannover	677 (42)	282 (12)	352 (18)	154 (1)						
Kassel	517 (32)	378 (21)	193 (5)	307 (15)	164 (2)					
Köln	496 (31)	569 (35)	189 (4)	422 (24)	287 (13)	243 (10)				
München	438 (27)	584 (37)	400 (22)	782 (43)	639 (40)	482 (29)	578 (36)			
Nürnberg	437 (25)	437 (25)	228 (9)	609 (38)	466 (28)	309 (16)	405 (23)	167 (3)		
Stuttgart	268 (11)	634 (39)	217 (7)	668 (41)	526 (33)	366 (19)	376 (20)	220 (8)	207 (6)	

Bild 1: *Entfernungen zwischen 10 Städten in Kilometern. Die Zahlen in Klammern geben die Rangwerte der Entfernungen an (1: geringste Entfernung) [BEP+03]*

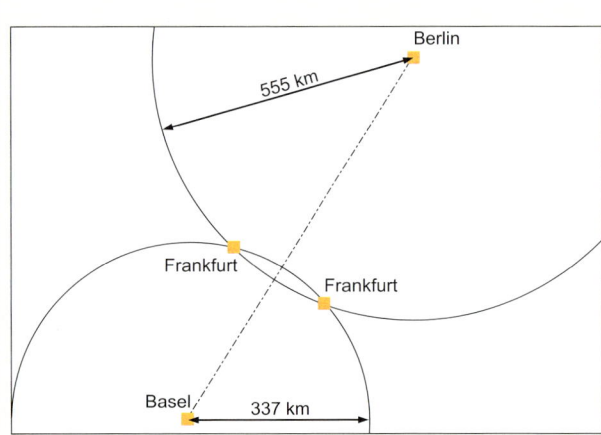

Bild 2:   Positionierung von drei Städten [BEP+03]]

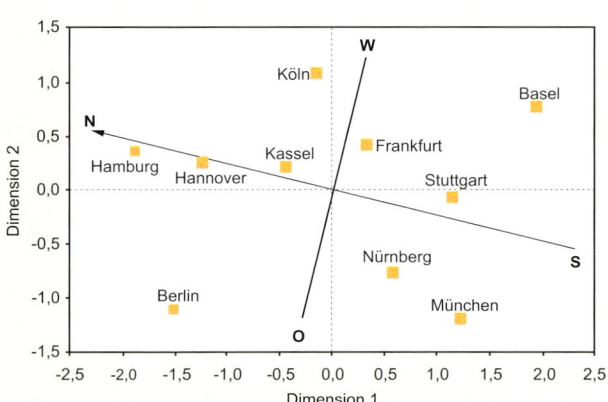

Bild 3:   Durch MDS gewonnene Konfiguration von 10 Städten (mit eingelegten Himmelsrichtungen) [BEP+03]

Konfigurationsmittelpunkt verdreht. Diese Tatsache spielt auch bei der Reproduzierbarkeit der MDS eine entscheidende Rolle. So können aus den gleichen Eingangsdaten Konfigurationen erzeugt werden, die auf den ersten Blick unterschiedliche Ergebnisse liefern. Sie lassen sich aber durch Spiegelung, Rotation, Translation und gleichmäßige Streckung, die alle die Ergebnisse nicht verändern, ineinander überführen. Im Regelfall ist außerdem im Vorfeld keine Konfiguration bekannt, die reproduziert werden soll, wie in dem Beispiel der Entfernungen der Städte. Die Dimensionen haben keine inhaltliche Bedeutung, es kann ihnen jedoch eine zugeordnet werden. Diese Zuweisung von Bedeutungen zu den Dimensionen kann bspw. intuitiv durch den Ersteller oder durch Anpassung der Eigenschaftsvektoren, das so genannte „property fitting (PROFIT)", geschehen.

Literatur:

Backhaus, K.; Erichson, B.; Plinke, W.; Weiber, R.: Multivariate Analysemethoden – eine anwendungsorientierte Einführung. Springer Verlag, Berlin, 2003

Dichtl, E.; Schobert, R.: Mehrdimensionale Skalierung – methodische Grundlagen und betriebswirtschaftliche Anwendungen. Verlag Franz Vahlen, München, 1979

Green, P. E.; Tull, D. S.: Methoden und Techniken der Marketingforschung. Poeschel-Verlag, Stuttgart, 1982

2.1.5.5 Szenario-Beschreibung

Ziel dieses letzten Schrittes der Szenario-Bildung ist zunächst die Erstellung der Prosa-Texte der ermittelten Rohszenarien. Dazu greifen wir auf die so genannte Ausprägungsliste gemäß Bild 2-18 zurück, die von der *Scenario-Software* automatisch generiert wird. Sie enthält die Schlüsselfaktoren mit ihren Projektionen und Angaben über die Häufigkeit des Auftretens der Projektionen in den Szenarien. Aus dieser Verteilung ergibt sich ferner eine Charakterisierung der Projektionen bezüglich eines Szenarios:

- **Eindeutige Ausprägungen** eines Szenarios sind Zukunftsprojektionen, die in mindestens Dreiviertel aller Projektionsbündel des Rohszenarios vorkommen. Beispiele hierfür sind im Szenario 1 die Projektionen 1A, 2C, 3A, 4C, 19B.

- **Dominante Ausprägungen** eines Szenarios sind Zukunftsprojektionen, die zwar in weniger als 75 % der Bündel eines Szenarios vorkommen, die das Szenario aber dominieren, weil sie in keinem anderen Rohszenario als Ausprägung vorkommen oder weil eine augenfällige Ungleichverteilung zwischen den mehrdeutigen Projektionen eines Schlüsselfaktors vorliegt, die eine Bevorzugung dieser Projektion rechtfertigt. Dies ist beispielsweise bei der Projektion 1B „Blockbildung" in Szenario 3 der Fall.

Schlüsselfaktoren	Projektionen		Szenario 1	Szenario 2	Szenario 3
SF 1: Entwicklung von Welt-wirtschaft und Welthandel	A	Prosperierender Handel	97	100	0
	B	Blockbildung	2	0	70
	C	Protektionismus	1	0	30
SF 2: Attraktivität des Standorts Deutschland	A	Weiter Nachteile	0	0	100
	B	Partielle Verbesserung	5	100	0
	C	Gravierende Verbesserung	95	0	0
SF 3: Image des Produktions-standorts Deutschland	A	High-Tech-Standort	95	0	0
	B	Gewinnt an Boden	5	100	0
	C	Einer unter vielen	0	0	100
SF 4: Innovationsfähigkeit	A	Wenig Ideen, kaum neue Prod.	0	0	50
	B	Unzureichende Umsetzung	0	67	50
	C	Hohe Innovationskraft	100	33	0
SF 19: Anforderungsprofil Dienstleistungen	A	Nur Produktgeschäft	5	0	100
	B	Alles aus einer Hand	95	0	0
	C	OEM dominieren	0	100	0

eindeutige Ausprägung   alternative Ausprägung
dominante Ausprägung   Projektion tritt nicht auf

Bild 2-18:   Ausprägungsliste der drei Szenarien

- **Alternative Ausprägungen** sind Zukunftsprojektionen, die in mehr als einem Viertel der Projektionsbündel vorkommen und die keine eindeutigen oder dominanten Ausprägungen sind. Sie drücken im Allgemeinen aus, dass mehrere Zukunftsprojektionen eines Schlüsselfaktors in einem Szenario auftreten.

Alle anderen Projektionen werden vernachlässigt. Durch Hinzufügen der als eindeutige Entwicklungen beschriebenen unkritischen Schlüsselfaktoren wird die Ausprägungsliste ggf. komplettiert.

Für die Beschreibung der Szenarien wird auf die Textbausteine zurückgegriffen, die im Zuge der Bildung der Zukunftsprojektionen formuliert worden sind. Diese Textbausteine sind entsprechend der Ausprägungsliste zu verknüpfen. Die Textbausteine sind vom Szenario-Autor in eine logische Reihenfolge zu bringen; ggf. sind auch Überleitungen zu formulieren, um den Text gut lesbar zu gestalten. Für die logische Reihenfolge gilt, dass in der Regel mit der Entwicklung des globalen Umfelds begonnen wird und mit der Beschreibung der Entwicklung derjenigen Einflussbereiche abgeschlossen wird, die den Untersuchungsgegenstand unmittelbar umgeben (z.B. Branche bzw. Markt im Fall von Unternehmen).

An dieser Stelle wird auch deutlich, dass die Szenarien keine frei erfundenen Wunschbilder sind, sondern auf den prägnant beschriebenen Entwicklungsmöglichkeiten der Schlüsselfaktoren beruhen, über die von den Mitgliedern des Szenario-Teams Konsens erzielt wurde, bevor die Rohszenarien ermittelt wurden. Die folgenden Kästen vermitteln einen Einblick in die Aussagekraft der entwickelten Szenarien. Dies erfolgt wieder am Beispiel des Projekts: *„Werkzeugmaschine 20XX – Initiative für die Werkzeugmaschine von morgen"*

Szenario 1: „In einem prosperierenden Umfeld sind Innovationen und Kooperationen der Schlüssel zum Erfolg."

Ausführliche Beschreibung (Auszug)

Wirtschaftliches Umfeld

[1A] Die Globalisierung ist nicht aufzuhalten. Bisher noch reglementierte Märkte wie China und Russland öffnen sich der Marktwirtschaft. Das Warenangebot gleicht sich an. Bei vergleichbaren Leistungsprofilen haben Importeure ähnliche Chancen wie lokale Anbieter. Das Bruttosozialprodukt in den wichtigsten Regionen der Welt wächst jährlich um mehrere Prozent. Dies führt zu Wohlstand bei großen Teilen der Bevölkerung.

[2C] Zur Steigerung der Leistungsfähigkeit des Standorts Deutschland sind umfangreiche Änderungen in der Besteuerung und in der Lohnpolitik vorgenommen worden. Diese Entwicklung hat zur Stärkung der Position der deutschen Unternehmen im globalen Wettbewerb geführt. Ferner kommt dieser Entwicklung zugute, dass die Niedriglohnländer zunehmend unter Kostendruck geraten – die Kostenvorteile dieser Länder werden geringer. [3A] Durch vorbildliche Betriebsorganisation und intelligenten Technologieeinsatz ist die Produktionstechnik in Deutschland führend. Als Produktionsstandort gilt Deutschland als erste Adresse. Mit Anerkennung wird registriert, dass auch in einem Hochkostenland wirtschaftlich produziert werden kann. Produkte aus Deutschland genießen überall in der Welt höchstes Ansehen.

Gesellschaft, Umwelt und Politik

[4C] Durch eine enge Kooperation von Grundlagenforschung, angewandter Forschung sowie industrieller Entwicklung gelingt es, viele Ideen zu generieren. Es entsteht ein Forschungs- und Entwicklungswettlauf, so dass es gelingt, die Ideen zeitgerecht in marktfähige Produkte und Dienstleistungen umzusetzen. Treiber dieser Entwicklung sind eine neue Kultur der

Zusammenarbeit von Wirtschaft und Hochschulen sowie die Risikobereitschaft der Unternehmen, in neue Technologien und Produkte zu investieren. Die Eintrittsbarrieren sind durch den ständigen Wandel eher gering. Für kleine und flexible Anbieter ergibt sich hieraus die Möglichkeit, in den Branchenwettbewerb einzusteigen. Deutsche Unternehmen erwirtschaften einen überdurchschnittlich hohen Anteil ihres Umsatzes mit neuen oder neu gestalteten Produkten.

[6A] Die Nutzung des Kraftfahrzeugs mit Verbrennungsmotoren ist eingeschränkt worden. Durch erhöhte Kfz-Steuern und einen, im Gegensatz zu alternativen Energien, hohen Benzinpreis entstehen hohe Mobilitätskosten für den privaten und geschäftlichen PKW-Nutzer. Es kommt zur Ausbildung einer Freizeitkultur, die auf Entertainment am Wohn- und Arbeitsort setzt; Großbildprojektionen und digitales Fernsehen lassen Multimedia-Welten zuhause entstehen. Das Arbeitsleben ist geprägt von einem steigenden Grad von Telearbeit und virtuellen Büros. [5C] Die Verknappung der Ölreserven wird durch den Einsatz alternativer Energien nahezu ausgeglichen. Das Angebot ist größer als die Nachfrage. Durch einen funktionierenden Wettbewerb der Anbieter sinken die Energiepreise.

Technologisches Umfeld

[7A] Eine ausgeprägte Differenzierung der Märkte und der rasante technologische Wandel haben zu einer nahezu unüberschaubaren Vielfalt von Produkten und ihren Komponenten geführt. Insbesondere die Informations- und Kommunikationstechnik erweist sich als entscheidender Treiber dieser Entwicklung. Die meisten Produkte und deren Subsysteme weisen eine inhärente Teilintelligenz auf, die beispielsweise die Anpassung an geänderte Bedingungen ermöglicht und die Verfügbarkeit steigert. Die herausragenden Probleme sind der hohe Integrationsaufwand und unterschiedliche Lebensdauern der einzelnen Komponenten. Letzteres führt immer wieder zu Schwierigkeiten in der Produkthaftung und bei der Wartung. [8B] Adaptronische Elemente bestimmen auch das Erscheinungsbild der Werkzeugmaschinen. Neben den Werkzeug-Werkzeughalter-Komponenten finden adaptronische Systeme Verwendung für die Verbesserung der Stell- und Hauptantriebe, im Bereich des Maschinengestells sowie im gesamten Maschinenumfeld. Bei der Konstruktion von Werkzeugmaschinen werden an kritischen Stellen Multifunktionswerkstoffe eingesetzt, die es gestatten, die Struktur und die Dämpfung des Gesamtsystems „Werkzeugmaschine" gleichzeitig zu beeinflussen. Hierdurch wird ein Leichtbau ermöglicht, der die Masse einer Werkzeugmaschine, verglichen mit einer konventionellen Auslegung passiver Strukturen, auf einen deutlich geringeren Teil reduziert. [10B] Die Abstimmung der Maschinen auf leistungsfähige CAD/CAM-Systeme ist zu einem entscheidenden Erfolgsfaktor geworden. Insbesondere die Automobilindustrie fordert sehr kurze Entwicklungszeiten für Werkzeuge und Formen, die nur durch die direkte Übernahme und Weiterverarbeitung der digitalen Konstruktionsdaten erreicht werden können. Die Software-Systeme weisen eine hohe Flexibilität auf, die es ermöglicht, schnell auf kundenspezifische Änderungen und Wünsche einzugehen. Es haben sich Systeme durchgesetzt, die auf standardisierte Schnittstellen zurückgreifen und die Austauschbarkeit der Daten sicher gewährleisten. Die gesamte Prozesskette der Produktentstehung wird unterstützt. Auf dieser Basis kann der Funktionsnachweis in der Regel sicher erbracht werden, so dass auf

Prototypen weitgehend verzichtet werden kann. Es werden erhebliche Kosten- und Zeiteinsparungen realisiert.

[9A] Der rasante technologische Fortschritt ermöglicht einen hohen Automatisierungsgrad. Modularisierung und Standardisierung haben in Verbindung mit erheblichen Skalenvorteilen der großen Anbieter von Automatisierungskomponenten und Subsystemen dazu geführt, dass Automatisierung kostengünstig zu haben ist. Automatisierte Fabriken sind überall auf der Welt der Standard. Darüber hinaus haben alternative Fertigungsverfahren, die sich oftmals leichter automatisieren lassen, an Bedeutung gewonnen. [11A] Alternative Fertigungsverfahren substituieren teilweise die spanende Fertigung. Unter den Gesichtspunkten der Durchlaufzeitverkürzung und Kosteneinsparung haben sich Verfahren wie Endform-Gießen, Sintern und auch generative Fertigungsverfahren etabliert, die die Herstellung von Bauteilen ohne spanende Nachbearbeitung ermöglichen. Zusätzlich verliert die spanende Fertigung durch eine Reihe von Produktinnovationen, die spanend gefertigte Bauteile im Fahrzeug überflüssig machen, weiter an Bedeutung. Beispielsweise kann die Nockenwelle durch einen elektromagnetischen Ventiltrieb vollständig eingespart werden. Ferner setzt sich die Brennstoffzelle mehr und mehr als Ersatz des Verbrennungsmotors durch. ...

Der Prosa-Text eines Szenarios hat je nach Umfang der einzelnen Projektionen eine Länge von bis zu zehn Seiten (Annahme: 20 Schlüsselfaktoren mit je einer Projektion, à ½ Seite). Obwohl der Text gut strukturiert und auch selektiv lesbar ist, fällt es doch denjenigen, die nicht am Szenarioprojekt beteiligt waren, schwer, den Inhalt auf Anhieb zu erfassen. Daher wenden wir noch zwei weitere Formen der Szenario-Dokumentation an: das Management Summary (vgl. Kasten) und die bildliche Darstellung. Letztere beruht auf dem Prinzip, dass wir jede Projektion mit einem treffenden Bild versehen. So gesehen enthält ein Projektionskatalog nicht nur die Textbausteine je Projektion, sondern auch jeweils ein Bild. Statt der Textbausteine kombinieren wir die Bilder zu einer plakativen Bildmontage (vgl. Kasten).

Szenario 1: „In einem prosperierenden Umfeld sind Innovationen und Kooperationen der Schlüssel zum Erfolg."

Management Summary

Wirtschaft: Die Globalisierung ist weit fortgeschritten; bisher noch reglementierte Märkte öffnen sich der Markwirtschaft; in den wichtigsten Regionen der Welt wächst das Bruttosozialprodukt jährlich um mehrere Prozent. Umfangreiche Änderungen in Besteuerung und Lohnpolitik stärken die Position deutscher Unternehmen im globalen Wettbewerb. Produktionstechnik in Deutschland ist führend; es wird wirtschaftlich produziert.

Gesellschaft, Umwelt und Politik: Innovationsfähigkeit und -dynamik sind hoch; viele Ideen werden in marktfähige Produkte und Dienstleistungen umgesetzt. Treiber dieser Entwicklung ist eine neue Kultur der Zusammenarbeit zwischen Wirtschaft und Hochschulen. Alternative Energien gleichen die Verknappung der Ölreserven aus; Energie ist eher günstig. Der Drang zur Mobilität ist ungebrochen; aber auch neue Ansätze wie virtuelle Büros und Telearbeit gewinnen an Bedeutung.

Technologie: Die Informationstechnik durchdringt Produkte und Leistungserstellungsprozesse. Der Einsatz neuer Werkstoffe in der WZM-Herstellung eröffnet neue Möglichkeiten; mechatronische und adaptronische Baugruppen bestimmen das Erscheinungsbild der Werkzeugmaschinen. Der Automatisierungsgrad ist hoch; die Abstimmung moderner Werkzeugmaschinen auf leistungsfähige CAD/CAM-Systeme ist zu einem entscheidenden Erfolgsfaktor geworden. Neue Fertigungsverfahren im Automobilbau substituieren häufig die spanende Fertigung.

Branche: Die Branche der WZM-Hersteller ist mittelständisch geprägt. Viele Unternehmen gehen Allianzen ein, um erkannte Chancen zu nutzen. Die WZM-Hersteller pflegen einen engen Kontakt zu ihren Abnehmern.

Markt: Die Weltautomobilkonjunktur boomt; individuelle und schnell wechselnde Anforderungen an das Automobil haben zu einer hohen Vielfalt geführt. Für die Fertigung sind schnell umrüstbare bzw. austauschbare Werkzeugmaschinen gefragt. Die OEM und ihre Zulieferer kooperieren partnerschaftlich. Ein ebenso gutes Verhältnis pflegen die Zulieferer zu den WZM-Herstellern. Lebenszykluskosten und Service sind entscheidend; langjährige Zusammenarbeit spielt eine wesentliche Rolle. Der Dienstleistungsbedarf der Zulieferer ist hoch, gefragt ist die Gesamtlösung aus einer Hand.

Das Konzeptbad 2015

Bildliche Darstellung von Szenarien

In dem Projekt „Konzeptbad 2015" wurden mit einem namhaften deutschen Hersteller von Badarmaturen Markt- und Umfeldszenarien für das Badezimmer der Zukunft erarbeitet. Mit der Hilfe von Bildcollagen wurden die Szenarien bildlich dargestellt. Das Bild zeigt beispielsweise das Szenario „Innovative Wohlstandsgesellschaft". Diese bildliche Darstellung der Szenarien erlaubte es den Bad-Designern, sich eine bessere Vorstellung der Welt zu machen, in die ihr Badkonzept passen sollte. Auf der Basis jedes Szenarios wurden anschließend Badkonzepte gestaltet, die den Kunden des Armaturenherstellers im Rahmen einer internationalen Badmesse präsentiert wurden

Bildliche Darstellung von Szenarien am Beispiel des Szenarios „Innovative Wohlstandsgesellschaft"

2.1.6 Informationsbasis zur Szenario-Erstellung

Im Rahmen der Szenario-Erstellung entfällt erheblicher Aufwand auf die Recherche von Informationen – sei es zur Ermittlung von Einflussfaktoren, von Indikatoren oder von Zukunftsprojektionen. Vor allem die Beschreibung der Faktoren und die kreative Antizipation zukünftiger Entwicklungen erfordern den Zugriff auf Informationen, deren Beschaffung zeit- und kostenintensiv ist. Unsere Erfahrung zeigt außerdem, dass ein erheblicher Teil von Einflussfaktoren und Zukunftsprojektionen zumindest für eine Branche weitgehend gleich ist. Es liegt daher nahe, einmal recherchierte Informationen und erhobene Daten systematisch abzulegen bzw. diese für eine Branche zu erfassen, aufzubereiten und regelmäßig zu aktualisieren. Dies führt zu einer Informationsbasis, auf die mit der Scenario-Software zugegriffen werden kann. Das zusammen reduziert den Aufwand für ein Szenario-Projekt erheblich.

2.1.6.1 Inhalte der Informationsbasis

In der Informationsbasis wird für jeden Einflussfaktor ein Steckbrief abgelegt. Ein Beispiel eines solchen Steckbriefs zeigt Bild 2-19.

Ein Einflussfaktorensteckbrief enthält im Wesentlichen zunächst eine Definition und eine prägnante Beschreibung der heutigen Situation. Die entsprechenden Aussagen beruhen auf messbaren Größen, so genannten Indikatoren. Diese werden ebenfalls in der Informationsbasis bereitgestellt. Sie sind mit dem Faktor verknüpft und können unter dem jeweiligen Link direkt aufgerufen werden. Den Steckbrief des Indikators Innovationsintensität als Bestandteil des Einflussfaktors Innovationsfähigkeit zeigt Bild 2-20.

Ferner enthält ein Einflussfaktorensteckbrief die Zukunftsprojektionen des Einflussfaktors. Die entsprechende zweite Seite des Steckbriefs für den Einflussfaktor „Innovationsfähigkeit" zeigt Bild 2-21. Die einzelnen Projektionen sind mit Photos versehen, die die Projektionen charakterisieren und die als Basis für Collagen dienen können (vgl. Kasten).

Zusätzlich zu den Einflussfaktoren werden in der Informationsbasis auch die Bewertungen der Einflussmatrix und der Konsistenzmatrix abgelegt, sobald im Rahmen eines Szenario-Projekts eine entsprechende Bewertung vorgenommen worden ist. Mit Hilfe der *Scenario-Software* können diese Bewertungen für eine Einfluss- bzw. Konsistenzanalyse im Zuge eines neuen Projekts verwendet werden. Lediglich die Faktoren

Einflussfaktor	**Innovationsfähigkeit**	Bearbeiter: Guido Stollt Stand: 8. Februar 2007 Version: 1.2
Einflussbereich	**Gesellschaft/Politik/Umwelt**	
Zeithorizont	**2015**	
Definition	Innovationsfähigkeit als maßgeblicher Faktor für die Wettbewerbsfähigkeit, Wettbewerbsanstrengungen und Wettbewerbsstärke deutscher Unternehmen. Entwicklung einer Innovation über die Grundlagenforschung und angewandte Forschung zur industriellen Entwicklung und Kommerzialisierung (Innovationspfad). Effizienz der Entwicklung; Innovationsgeschwindigkeit; Risikobereitschaft, in neue Technologie zu investieren.	
Ist-Situation	**Deutschland in Europa noch an der Spitze**	
	Ausgeprägte Innovationsaktivitäten stellen heute eine Grundvoraussetzung für den nachhaltigen Erfolg von Unternehmen dar [FAZ-198]. Deutsche Unternehmen investieren seit Jahren in zunehmendem Umfang in Innovationen. Die Ausgaben beliefen sich im Jahr 2005 auf € 107 Mrd., das sind nominell 5 % mehr als im Vorjahr. Damit setzte sich der seit vielen Jahren beobachtbare Anstieg fort. Für das Jahr 2006 zeigen die Planungen der Unternehmen vom Frühjahr 2006 zwar eine weitere, jedoch schwächere Zunahme von 1,2 %. Für 2007 waren die Unternehmen in Summe noch sehr vorsichtig, die gesamten Innovationsaufwendungen der deutschen Wirtschaft sollen demnach im Jahr 2007 bei € 108 Mrd. stagnieren. Ein kräftiger Anstieg der Innovationsaufwendungen in wissensintensiven Dienstleistungen bei gleichzeitig nur wenig gestiegenen Branchenumsätzen im Jahr 2005 hat zu einem merklichen Anstieg der Innovationsintensität geführt.	
	Der Umsatzanteil mit Produktneuheiten (oft auch als „Innovationsrate" bezeichnet) erhöhte sich 2005 in Summe der drei Branchengruppen ein wenig. Dabei stand ein leichter Anstieg im verarbeitenden Gewerbe von 26 auf gut 27 % sowie in den wissensintensiven Dienstleistungen von 12 auf 14 % einem Rückgang in den sonstigen Dienstleistungen von gut 7 auf 6 % gegenüber.[ZEW-ol]	
	Im internationalen Vergleich hebt sich Deutschland durch eine intensive Investitionstätigkeit ab. Deutsche Unternehmen der verarbeitenden Industrie wenden im Durchschnitt fünf Prozent ihres Gesamtumsatzes für Innovationen auf. Damit positioniert sich Deutschland in Europa auf einem Spitzenplatz. [ZEW-ol] [BMBF-ol]	
Quellen	[FAZ-198] Frankfurter Allgemeine Zeitung, Holger Schmidt: Innovationen gehören ins Pflichtenheft jedes Managers, 19. August 2004	
	[ZEW-ol] Zentrum für europäische Wirtschaftsforschung GmbH: Innovationsverhalten der deutschen Wirtschaft. Unter: ftp://ftp.zew.de/pub/zew-docs/mip/06/mip_2006.pdf, 2006	
	[BMBF-ol] Bundesministerium für Bildung und Forschung: Zur technologischen Leistungsfähigkeit Deutschlands. Unter: http://www.technologische-leistungsfaehigkeit.de/pub/tlf_2006_aussagen_breg.pdf, 2006	
Indikatoren	• Anteil der Umsätze durch neue Produkte • Innovationsintensität	

Bild 2-19:   Einflussfaktorensteckbrief „Innovationsfähigkeit" aus der Informationsbasis

und Zukunftsprojektionen, die unternehmensspezifisch verändert oder hinzugefügt wurden, müssen gegenseitig und in Bezug auf die bestehenden Faktoren/Zukunftsprojektionen eingeschätzt werden. Hierdurch reduziert sich der erforderliche Zeitaufwand erheblich. Bei einer Konsistenzmatrix mit 20 Faktoren und durchschnittlich 3 Zukunftsprojektionen je Faktor müssten 1.710 Einschätzungen eingetragen werden. Für den Fall, dass 15 Faktoren aus der Informations-

basis stammen und fünf neue Faktoren hinzukommen, reduziert sich die Anzahl der Bewertungen auf 765.

2.1.6.2 Nutzung der Informationsbasis in einem Szenario-Projekt

Wenn ein einzelnes Unternehmen die Entwicklung von Märkten und Geschäftsumfeldern antizipieren will, dann sind die branchenbezogenen Einflussfaktoren und Zukunftsprojektionen um unternehmensspezifi-

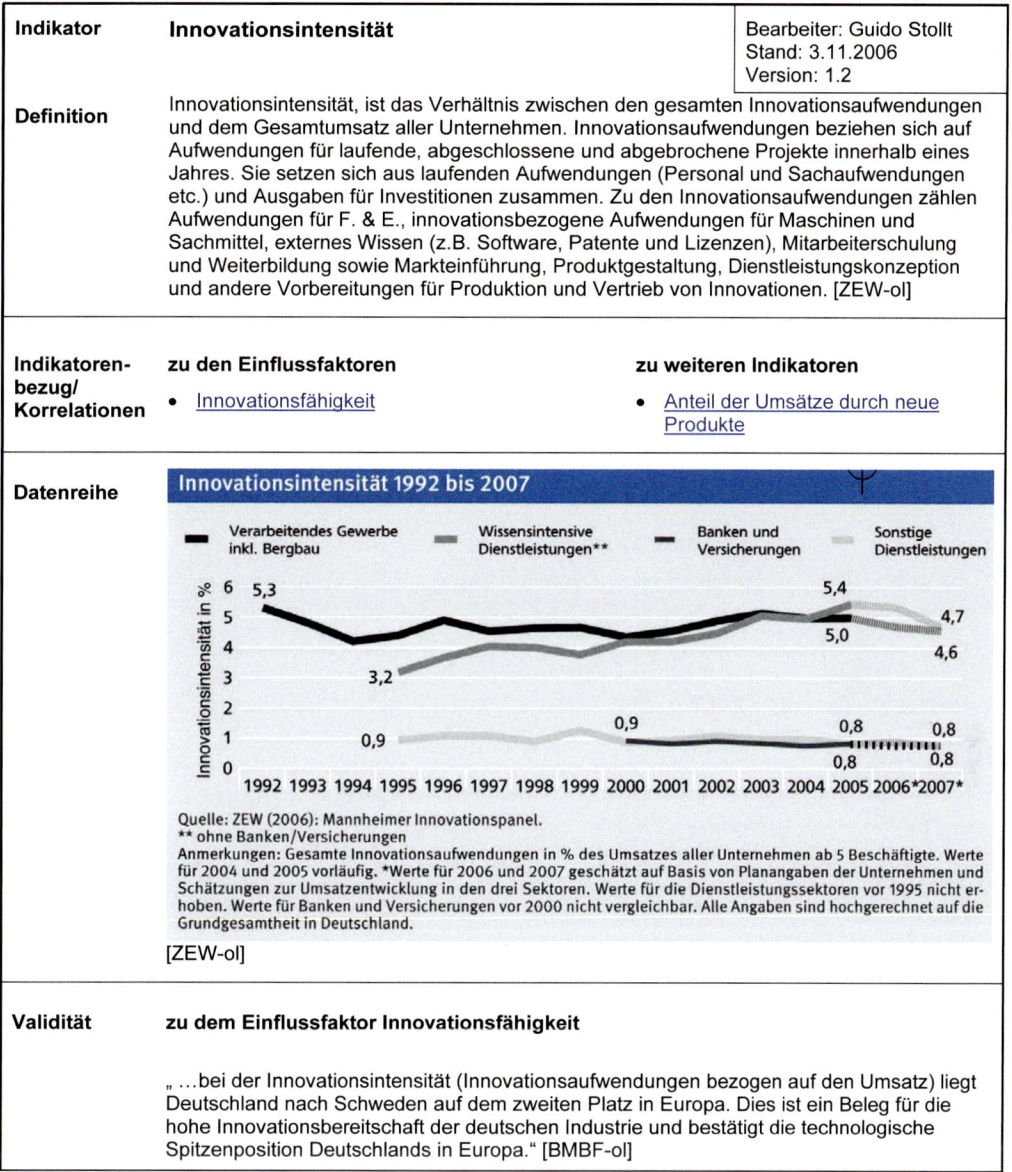

Indikator	**Innovationsintensität**	Bearbeiter: Guido Stollt Stand: 3.11.2006 Version: 1.2
Definition	Innovationsintensität, ist das Verhältnis zwischen den gesamten Innovationsaufwendungen und dem Gesamtumsatz aller Unternehmen. Innovationsaufwendungen beziehen sich auf Aufwendungen für laufende, abgeschlossene und abgebrochene Projekte innerhalb eines Jahres. Sie setzen sich aus laufenden Aufwendungen (Personal und Sachaufwendungen etc.) und Ausgaben für Investitionen zusammen. Zu den Innovationsaufwendungen zählen Aufwendungen für F. & E., innovationsbezogene Aufwendungen für Maschinen und Sachmittel, externes Wissen (z.B. Software, Patente und Lizenzen), Mitarbeiterschulung und Weiterbildung sowie Markteinführung, Produktgestaltung, Dienstleistungskonzeption und andere Vorbereitungen für Produktion und Vertrieb von Innovationen. [ZEW-ol]	

Indikatoren-bezug/ Korrelationen

zu den Einflussfaktoren
- Innovationsfähigkeit

zu weiteren Indikatoren
- Anteil der Umsätze durch neue Produkte

Datenreihe

Innovationsintensität 1992 bis 2007

Verarbeitendes Gewerbe inkl. Bergbau — Wissensintensive Dienstleistungen** — Banken und Versicherungen — Sonstige Dienstleistungen

Quelle: ZEW (2006): Mannheimer Innovationspanel.
** ohne Banken/Versicherungen
Anmerkungen: Gesamte Innovationsaufwendungen in % des Umsatzes aller Unternehmen ab 5 Beschäftigte. Werte für 2004 und 2005 vorläufig. *Werte für 2006 und 2007 geschätzt auf Basis von Planangaben der Unternehmen und Schätzungen zur Umsatzentwicklung in den drei Sektoren. Werte für die Dienstleistungssektoren vor 1995 nicht erhoben. Werte für Banken und Versicherungen vor 2000 nicht vergleichbar. Alle Angaben sind hochgerechnet auf die Grundgesamtheit in Deutschland.

[ZEW-ol]

Validität

zu dem Einflussfaktor Innovationsfähigkeit

„ ...bei der Innovationsintensität (Innovationsaufwendungen bezogen auf den Umsatz) liegt Deutschland nach Schweden auf dem zweiten Platz in Europa. Dies ist ein Beleg für die hohe Innovationsbereitschaft der deutschen Industrie und bestätigt die technologische Spitzenposition Deutschlands in Europa." [BMBF-ol]

Bild 2-20: Indikatorensteckbrief „Innovationsintensität" aus der Informationsbasis

sche zu ergänzen. Dies führt zu einer für den Anwender individuell zugeschnittenen Informationsbasis. Zusammen mit der *Scenario-Software* trägt die Informationsbasis dazu bei, insbesondere die regelmäßige Aktualisierung der Szenarien im Rahmen des Prämissen-Controllings der strategischen Führung zu vereinfachen. Das Vorgehen zur Szenario-Erstellung bzw. -Aktualisierung unter Verwendung der Informationsbasis und mit Hilfe der *Scenario-Software* verdeutlichen die folgenden Bilder.

In einem ersten Schritt werden aus der Informationsbasis die Einflussfaktoren ausgewählt, die für ein konkretes Szenario-Projekt relevant sind. Diese Auswahl wird um Faktoren ergänzt, die für die spezifische Fragestellung des Projektes erforderlich sind. Für diese Zusammenstellung müssen dann die Einfluss- und die Relevanzanalyse durchgeführt werden. Einflussanalyse: Für Faktoren, die unverändert übernommen werden, sind die Bewertungen der Einflüsse untereinander in der Informationsbasis hinterlegt; sie werden über die Schnittstelle in die *Scenario-Software* importiert. Die fehlenden Einflussbewertungen für neu hinzuge-

Projektion A 	**Wenig Ideen, kaum neue Produkte** Der Rückgang der F&E-Aktivitäten an Hochschulen, in Forschungseinrichtungen und in der Wirtschaft reduziert die Innovationskraft erheblich. Auch die Innovationsgeschwindigkeit ist stark verringert. Kooperationsdefizite im Innovationspfad und mangelnde Risikobereitschaft führen dazu, dass von den wenigen Ideen viele nicht schnell genug in neue, vermarktbare Produkte einfließen. Es ist schwierig, mit neuen Produkten einen Return on Investment (ROI) zu erzielen. Die Entwicklungsdynamik hat sich erheblich abgekühlt.
Projektion B 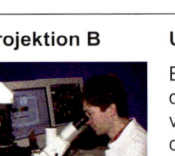	**Unzureichende Umsetzung von Ideen** Es werden zwar viele innovative Ideen durch Forschung und Entwicklung gefunden – durch die geringe Risikobereitschaft der Unternehmen und mangelndes Kooperationsverhalten werden diese jedoch nur unzureichend oder zu langsam in marktfähige Produkte und Dienstleistungen umgesetzt. Die Innovationsgeschwindigkeit deutscher Unternehmen ist im Vergleich zu ausländischen Konkurrenten eher gering. Die meisten Forschungsergebnisse gelangen nicht in den Markt, viele aber davon ins Ausland.
Projektion C 	**Hohe Innovationskraft** Durch eine enge Kooperation von Grundlagenforschung, angewandter Forschung sowie industrieller Entwicklung gelingt es, viele Ideen zu generieren. Es entsteht ein Forschungs- und Entwicklungswettlauf, so dass es gelingt, die Ideen zeitgerecht in marktfähige Produkte und Dienstleistungen umzusetzen. Treiber dieser Entwicklung sind eine neue Kultur der Zusammenarbeit von Wirtschaft und Hochschulen sowie die Risikobereitschaft der Unternehmen, in neue Technologien und Produkte zu investieren. Die Eintrittsbarrieren sind durch den ständigen Wandel eher gering. Für kleine und flexible Anbieter ergibt sich hieraus die Möglichkeit, in den Branchenwettbewerb einzusteigen. Deutsche Unternehmen erwirtschaften einen überdurchschnittlich hohen Anteil ihres Umsatzes mit neuen oder neu gestalteten Produkten.

Bild 2-21:   *Zukunftsprojektionen des Einflussfaktors „Innovationsfähigkeit"*

fügte Faktoren sind über die Benutzungsoberfläche der *Scenario-Software* einzugeben. Relevanzanalyse: Die entsprechende Matrix wird ebenfalls automatisch erzeugt; die Bewertungen sind aber für alle Einflussfaktoren vorzunehmen, weil sich die Bewertungen auf den Untersuchungsgegenstand beziehen.

Die Einfluss- und Relevanzanalyse liefern Aussagen über die Vernetzung der Faktoren im Gesamtsystem und zur Bedeutung hinsichtlich des Untersuchungsgegenstands. Auf dieser Grundlage erfolgt die systematische Auswahl der Schlüsselfaktoren für das Projekt. In Bild 2-22 sind die Schritte schematisch dargestellt.

Für die aus der Informationsbasis ausgewählten Schlüsselfaktoren können die vorhandenen Beschreibungen sowie die hinterlegten Zukunftsprojektionen genutzt, aber auch modifiziert werden. Die spezifischen neuen Faktoren und Zukunftsprojektionen sind zu beschreiben. Die Ergebnisse dieser Arbeitsschritte können in Form eines so genannten Projektionskatalogs

und als Datei zur weiteren Bearbeitung in der *Scenario-Software* ausgegeben werden (Bild 2-23). Ein Projektionskatalog ist die wesentliche Informationsgrundlage für die späteren Szenarien; er enthält die Beschreibungen der Schlüsselfaktoren und je Schlüsselfaktor die Beschreibungen der Zukunftsprojektionen.

Es folgt die Kombination der Zukunftsprojektionen zu in sich schlüssigen Szenarien. Hierzu wird, wie in Kapitel 2.1.5.2 beschrieben, die Konsistenzanalyse verwendet. Auch hier besteht die Möglichkeit, die *Scenario-Software* zu nutzen. Die Datei wird in die Software importiert. Hier wird eine Konsistenzmatrix mit den Faktoren und Zukunftsprojektionen befüllt. Vorhandene Bewertungen können überprüft, geändert oder einfach übernommen werden. Die fehlenden Bewertungen sind zu ergänzen. Die Software ermittelt hochkonsistente Projektionsbündel und fasst diese mittels Clusteranalyse zu Rohszenarien zusammen. Die Rohszenarien werden später auf der Basis der Beschrei-

Einflussfaktoren aus der Wissensbasis auswählen

Die Faktoren sind umfassend mit Bezug auf Quellen beschrieben. Ferner sind die Indikatoren für das Prämissen-Controlling beschrieben.

Einfluss- und Relevanzanalyse durchführen

Schon früher durchgeführte Bewertungen können aus der Wissensbasis übernommen werden.

Auswahl der Schlüsselfaktoren für ein Szenario-Projekt

Auswahl auf Basis der Aktivsumme und der Stärke der Wirkung auf den Untersuchungsgegenstand.

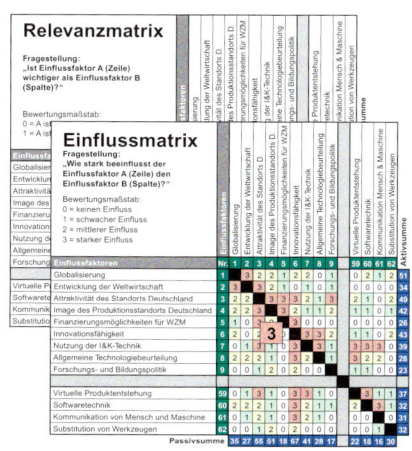
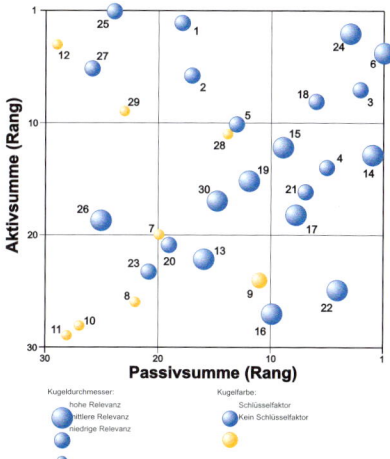

Bild 2-22: Auswahl von Einflussfaktoren aus der Informationsbasis und Bestimmung der Schlüsselfaktoren für ein Szenario-Projekt

bungen der Zukunftsprojektionen in Prosa beschrieben. Die multidimensionale Skalierung visualisiert die Szenarien. Bild 2-24 verdeutlicht die Schritte der Szenario-Bildung.

Die Informationsbasis ermöglicht im Zusammenspiel mit der Scenario-Software insbesondere auch kleinen und mittleren Unternehmen die regelmäßige Vorausschau auf Märkte, Technologien und Wettbewerb zu niedrigen Kosten, weil ein erheblicher Teil der Informationen und Bewertungen branchenweit gelten und mit der Informationsbasis bereitgestellt werden. Wesentlich ist in diesem Zusammenhang, dass diese „Brancheninformationen" jährlich aktualisiert werden. Daher bietet es sich an, eine derartige Informationsbasis für Unternehmen einer Branche als Dienst anzubieten.

2.1.7 Szenario-Transfer

Die erstellten Szenarien weiten den Blick für mögliche zukünftige Entwicklungen. Sie bilden daher eine fundierte Grundlage für die Erarbeitung von Strategien. Die Nutzung der Szenarien im strategischen Führungsprozess bezeichnen wir als **Szenario-Transfer**. Der Szenario-Transfer umfasst die Analyse der Szenarien,

um Hinweise auf die Erfolgspotentiale von morgen, aber auch für mögliche Bedrohungen des etablierten Geschäfts von heute zu erhalten. Darauf wird im Folgenden eingegangen.

2.1.7.1 Auswahl eines Referenzszenarios

Szenarien sind mögliche Zukünfte. Es gibt daher zwei grundsätzliche Möglichkeiten, die Szenarien in der strategischen Planung zu verwenden. Zunächst kann eine Strategie so gewählt werden, dass sie allen bzw. zumindest dem größten Teil der Szenarien gerecht wird. Wir bezeichnen dies als **zukunftsrobuste** bzw. teilrobuste Strategie. Selbstredend tritt nur eine Zukunft ein. Die Entwicklung und Verfolgung von zukunftsrobusten Strategien ist daher immer mit der Vergeudung von Ressourcen verbunden. Trotzdem kann die Entwicklung von zukunftsrobusten Strategien sinnvoll sein (vgl. Kasten). In der Regel empfehlen wir jedoch die **fokussierte** Strategieentwicklung. Eine fokussierte Strategie ist konsequent auf das Eintreten eines Szenarios ausgerichtet. Das Portfolio nach Bild 2-25 erleichtert die Diskussion der erarbeiteten Szenarien. Es weist die zwei folgenden Dimensionen auf:

Bearbeiten von bestehenden und neuen Faktoren

Die Beschreibungen bestehender Faktoren können modifiziert und neue Faktoren können beschrieben werden.

Entwicklungsmöglichkeiten bearbeiten und ergänzen

Die vorhandenen Zukunftsprojektionen können modifiziert werden. Für neue Faktoren sind die Zukunftsprojektionen zu beschreiben.

Projektionskatalog und Datei ausleiten

Die beschriebenen Faktoren und Projektionen werden als Projektionskatalog und als Datei ausgeleitet.

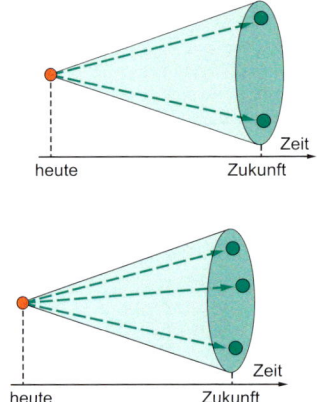

Bild 2-23: Bearbeiten von Schlüsselfaktoren und Zukunftsprojektionen

Paarweise Konsistenzbewertung vornehmen

Dies erfolgt mit Hilfe der Konsistenzmatrix. Früher vorgenommene Bewertungen werden aus der Wissensbasis übernommen.

Berechnung und Darstellung der Szenarien

In der *Scenario-Software* werden die Konsistenz- und Clusteranalyse durchgeführt. Die Szenarien werden mit Hilfe der multidimensionalen Skalierung visualisiert.

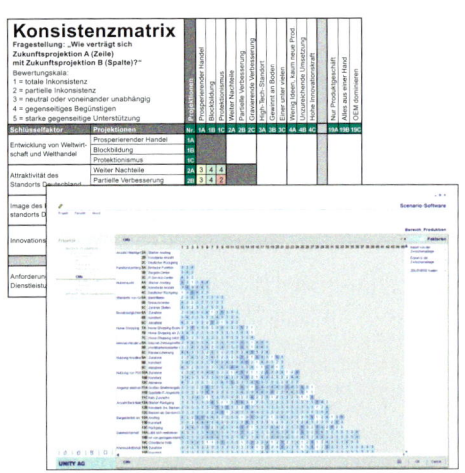

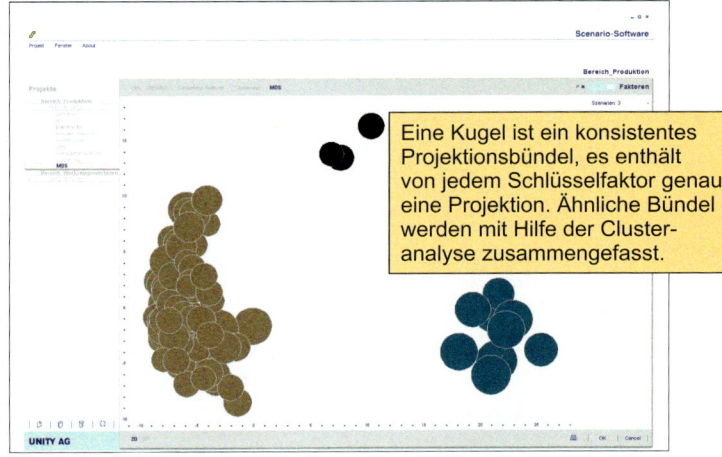

> Eine Kugel ist ein konsistentes Projektionsbündel, es enthält von jedem Schlüsselfaktor genau eine Projektion. Ähnliche Bündel werden mit Hilfe der Clusteranalyse zusammengefasst.

Bild 2-24: Ermitteln konsistenter Zukunftsbilder

- Die **Eintrittswahrscheinlichkeit** gibt an, wie wahrscheinlich das Eintreten eines Szenarios aus heutiger Sicht ist. Wir kommen zu dieser Bewertung, indem wir uns fragen „Welche heute wahrnehmbaren Entwicklungen deuten auf welches Szenario". Die Antwort ist in der Regel eindeutig. Eine wichtige Rolle spielen in diesem Zusammenhang die Indikatoren, die in der Beschreibung der Ist-Situation eines Schlüsselfaktors charakterisiert werden und auch in den Projektionen auftreten.

- Die **Stärke der Auswirkung** gibt den Grad der Veränderung für das heutige Geschäft an. Dieser Kennwert wird durch Mittelwertbildung über die Stärke

Stärke der Auswirkung

Welche Auswirkung hat das Eintreten dieses Szenarios auf das Geschäft mit Werkzeugmaschinen?

fundamentaler Wandel

leichte Veränderung

alles bleibt, wie es ist

Mittlere Bedeutung für die Strategieentwicklung

In einem prosperierenden Umfeld sind Innovationen und Kooperationen der Schlüssel zum Erfolg

Hohe Bedeutung für die Strategieentwicklung

Szenario 1

Szenario 3

Szenario 2

Die Zeiten sind härter geworden; nur die Starken überleben

Hoher Wettbewerbsdruck und steigende Kosten erfordern kostengünstige Innovationen

Indikatoren für die Prämissenkontrolle
- Innovationsintensität
- Energiekosten
- Marktentwicklung
- Standardisierungsgrad

Wahrscheinlichkeit

Geringe Bedeutung für die Strategieentwicklung

sehr unwahrscheinlich — durchaus möglich — höchst wahrscheinlich

Wie wahrscheinlich ist das Eintreten dieses Szenarios?

Bild 2-25: Auswahl des Referenzszenarios

der Auswirkung der in den Szenarien enthaltenen Projektionen der Schlüsselfaktoren gebildet.

In dem Portfolio ergeben sich drei charakteristische Bereiche:

- Eine hohe Bedeutung für die Strategieentwicklung haben Szenarien, die im oberen rechten Bereich liegen. In der Regel ist das für die fokussierte Strategieentwicklung zugrunde zu legende Referenzszenario in diesem Bereich zu finden.

- Eine geringe Bedeutung für die Strategieentwicklung haben Szenarien, die im unteren linken Bereich liegen. Auf Grund ihrer geringen Eintrittswahrscheinlichkeit bei gleichzeitig geringen Auswirkungen auf das Gestaltungsfeld sind diese Szenarien nicht relevant.

- Der diagonale Bereich ist differenziert zu betrachten. Beispielsweise bietet es sich bei der Position geringe Eintrittswahrscheinlichkeit/„fundamentaler Wandel" an, Alternativstrategien vorzubereiten, schon um auf die im betreffenden Szenario ausge-

drückten Änderungen der Randbedingungen für das Geschäft mental vorbereitet zu sein. Im folgenden Kapitel „Chancen-Gefahren-Matrix" geben wir weitere Hinweise für eine differenzierte Beurteilung der Szenarien.

Bei der fokussierten Strategieentwicklung ist es sehr wichtig, die entsprechende Strategie und insbesondere die getroffenen Annahmen über das Umfeld regelmäßig zu überprüfen. Wir bezeichnen das als **Prämissen-Controlling**. Ausgesprochen naiv wäre es, die erarbeitete Strategie „in Kunstharz einzugießen, an die Wand zu hängen und lange Zeit danach zu arbeiten, ohne die Veränderungen des Umfeldes im Auge zu behalten".

Das Prämissen-Controlling basiert auf den Indikatoren. Für den Schlüsselfaktor „Innovationsfähigkeit" ist beispielsweise die „Innovationsintensität", also der Anteil des Umsatzes, der in Forschung und Entwicklung investiert wird, ein Indikator. Diese Kennwerte sind regelmäßig zu erheben. Selbstredend sind nicht alle Indikatoren gleich relevant. So sind beispielsweise die Indikatoren, deren Ausprägungen auf die Szenarien im oberen Bereich des Portfolios deuten, besonders relevant, da das einen fundamentalen Wandel für das etablierte Geschäft bedeuten würde. Auf das Prämissen-Controlling gehen wir in Kapitel 3.5.2 detailliert ein.

Die Zukunft einer deutschen Maschinen-baubranche – Mit Szenarien zu konkreten Forschungskooperationen

Die untersuchte mittelständisch geprägte Maschinenbaubranche hat in den letzten Jahrzehnten eine führende Stellung auf dem Weltmarkt erlangt. Wesentlich für den Erfolg waren und sind neben anderen Kriterien die hervorragende Produktqualität und die technologische Führerschaft. Diese Position wird durch ausländische Wettbewerber, die in Bezug auf Qualität und Technologie bei häufig günstigeren Produktpreisen mehr und mehr aufschließen, zunehmend angegriffen. Hinzu kommen die standortimmanenten Kostennachteile in Deutschland als weiterer negativer Einflussfaktor.

Nahe liegende Ratschläge für diese Situation waren, die Kosten zu senken, die Fertigung ins Ausland zu verlagern und neue Auslandsmärkte zu erschließen. Es war die Frage zu beantworten: Kann der standortimmanente Kostennachteil durch verstärkte Innovationsanstrengungen kompensiert werden? Und wenn ja, welche Maßnahmen der vorwettbewerblichen Gemeinschaftsforschung der Branche bieten sich an?

Es wurden Einflussfaktoren aus Bereichen wie Markt, Technologie, Lieferanten und Umfeld betrachtet. Aus diesen Bereichen wurden 20 Schlüsselfaktoren bestimmt und dafür Zukunftsprojektionen ermittelt. Auf diesem Weg entstanden vier Branchenszenarien (Zukunftsraum-Mapping siehe Bild).

Szenario 1: **„Begegnungen der Internationalisierung durch Allianzen"** beschreibt eine Entwicklung, bei der eine mittelständisch geprägte Branche sich mit technisch anspruchsvollen Produkten einem möglichen Konzentrationsprozess durch Allianzenbildung entgegenstellt.

Szenario 2: **„Preisgünstige High-Tech-Produkte für globale Märkte"** zeigt eine Entwicklung auf, bei der die deutschen Unternehmen mit technisch hochwertigen und preislich attraktiven Produkten

den ausländischen Billiganbietern trotzen. Durch die große Bedeutung der Stückkosten haben in diesem Szenario die Konzentrationsprozesse zugenommen.

Szenario 3: **„Spezialisten in traditionellen Märkten"** beschreibt ein Zukunftsbild, in dem eine mittelständisch geprägte Branche mit technisch anspruchsvollen Produkten die vielfältigen Anforderungen der Kunden bedient. Das entspricht im Wesentlichen der gegenwärtigen Situation.

Szenario 4: **„Einfache Produkte in globalen Märkten"** bietet für viele deutsche Unternehmen schlechte Perspektiven. Hier dominieren große internationale Konzerne mit Skalenvorteilen. Bei weitgehend standardisierten Produkten ist der Preis das wesentliche Verkaufsargument.

Zur Entwicklung einer Strategie für diese Szenarien muss zunächst beachtet werden, inwieweit das Eintreten der Szenarien von den deutschen Unternehmen der Branche beeinflusst werden kann. In diesem Fall kann das Produktangebot („High-Tech"/„Low Cost") durch intensiven Kundenkontakt und in geringerem Maße auch das Kaufverhalten der Kunden beeinflusst werden. Ebenso kann einem möglichen Konzentrationsprozess durch die Bildung von Allianzen entgegengewirkt werden. Auf der anderen Seite können die Marktentwicklung und viele Kundenwünsche nur wenig bis gar nicht beeinflusst werden.

Für die geschilderte Situation sind zwei Strategien sinnvoll. Zum einen ist eine **fokussierte Strategie** auf Szenario 4 für wenige international wachsende Konzerne mit einer guten Kostenstruktur attraktiv. Sie ermöglicht Wachstum in globalen Märkten und zusätzlich Marktanteilsgewinne zu Lasten der kleineren Unternehmen. Wesentliche Konsequenz aus dieser Strategie wäre die Ablösung der deutschen Exportorientierung zugunsten einer Verlagerung von Wertschöpfung in attraktive Märkte.

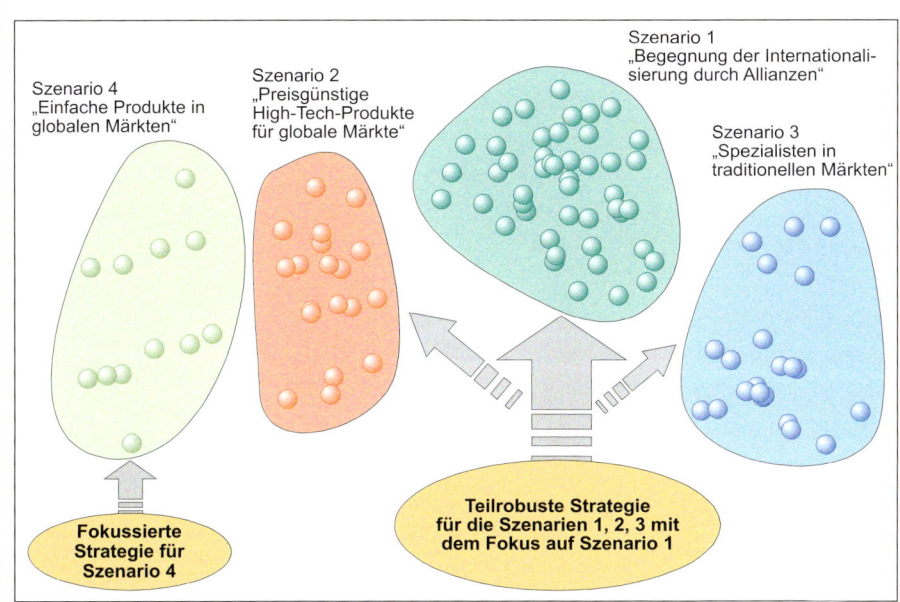

Szenario 4
„Einfache Produkte in globalen Märkten"

Szenario 2
„Preisgünstige High-Tech-Produkte für globale Märkte"

Szenario 1
„Begegnung der Internationalisierung durch Allianzen"

Szenario 3
„Spezialisten in traditionellen Märkten"

Fokussierte Strategie für Szenario 4

Teilrobuste Strategie für die Szenarien 1, 2, 3 mit dem Fokus auf Szenario 1

Szenarien als Basis strategischer Stoßrichtungen

Für den überwiegenden Teil der deutschen mittelständischen Unternehmen in der betrachteten Branche liegt jedoch eine andere Strategie nahe. Hier wird eine **teilrobuste Strategie** für die Szenarien 1, 2, 3 mit dem Fokus auf Szenario 1 empfohlen. Schwerpunkt ist hier die Zusammenarbeit innerhalb der Branche, um künftige Herausforderungen gemeinsam zu bewältigen und gleichzeitig die Agilität einer mittelständisch geprägten Branche zu erhalten.

Die Allianzenbildung muss insbesondere dazu beitragen, die technologische Spitzenposition auszubauen und gemeinsam Skalen- und Synergieeffekte zu realisieren. Eine solche Strategie ist auch für das Szenario 2 geeignet, wobei hier aufgrund des starken Preiswettbewerbs gemeinsame Anstrengungen zur Kostensenkung im Vordergrund stehen. Auch für Szenario 3 ist diese Strategie geeignet, hierbei haben gemeinsame Anstrengungen im Bereich der Forschung eine höhere Bedeutung.

Die gewählte teilrobuste Strategie weist das Leitbild **„Zukunftssicherung durch Technologieführerschaft und Dienstleistungskompetenz"** auf. Es beschreibt eine zukünftige Situation, in der die deutschen Unternehmen die Technologieführerschaft weiter ausgebaut haben und durch umfangreiche Beratungs- und Serviceleistungen einen Wettbewerbsvorsprung erlangt haben. Zur Erreichung dieses Leitbildes sind die Kräfte auf den Ausbau von drei **Kernfähigkeiten** zu richten.

Technologieführerschaft:
Die deutschen Unternehmen müssen sich im internationalen Wettbewerb durch technologisch hochwertige, am Kundennutzen orientierte Erzeugnisse differenzieren. Von entscheidender Bedeutung ist die verstärkte Integration moderner Informationstechnik in die Erzeugnisse, um zusätzlichen Kundennutzen zu erzeugen.

Dienstleistungskompetenz: Die deutschen Unternehmen müssen ihre Dienstleistungskompetenz im Pre-Sales- und After-Sales-Bereich erheblich ausbauen. Wesentliche Bedeutung hat dabei die Beratung der Kunden, um den zusätzlichen Kundennutzen der High-Tech-Produkte zu verdeutlichen.

Strategische Kooperation: Das Erschließen der Erfolgspotentiale der Zukunft erfordert in den meisten Fällen Allianzen, weil das einzelne Unternehmen in der Regel nicht die Kompetenzen und Ressourcen hat, dies allein schnell genug zu tun. Dabei sind Kooperationen im Rahmen der Forschung, der Beschaffung und Fertigung sowie der weltweiten Vermarktung von hoher Bedeutung.

Die entwickelte Branchenstrategie weist ferner ein Bündel von Konsequenzen und Maßnahmen sowie eine Rangliste von Forschungsthemen auf.

2.1.7.2 Chancen-Gefahren-Matrix

Nach Wack dienen Szenarien zur Entdeckung von bisher unbekannten strategischen Optionen und zur Absicherung gegenüber Gefahren [Wac86]. Aus den Szenarien ergeben sich in der Regel eine Vielzahl von Chancen und Gefahren für das Gestaltungsfeld. Diese unterscheiden sich allerdings hinsichtlich ihrer Bedeutung für das Gestaltungsfeld, ihrer Eintrittswahrscheinlichkeit sowie der zu ihrer Handhabung notwendigen Reaktionszeit. Analog zu der Bewertung der Szenarien im vorangegangenen Kapitel werden im Rahmen einer Chancen- und Gefahren-Bewertung die ermittelten Auswirkungen hinsichtlich von zwei Dimensionen analysiert:

- **Bedeutung der Chancen/Gefahren für das Gestaltungsfeld:** Darunter wird die Intensität der Einwirkung auf das Gestaltungsfeld verstanden.

- **Eintrittswahrscheinlichkeit:** Darunter wird die Wahrscheinlichkeit dafür verstanden, dass die der Chance bzw. der Gefahr zugrunde liegende Umfeldentwicklung wirklich eintritt.

Mit Hilfe dieser zwei Dimensionen lässt sich eine **Chancen-Gefahren-Matrix** aufspannen, aus der sich vier typische Formen von Handlungsoptionen ergeben (Bild 2-26):

- *Heiße Eisen sofort anpacken:* Entsprechende Chancen müssen energisch genutzt und Gefahren konsequent umgangen werden. Notwendig sind hier in der Regel eine sofortige präventive Planung und entsprechende Handlungen.

- *Auf plötzliche Veränderungen vorbereitet sein:* Dies ist das typische Einsatzfeld für die strategische Frühaufklärung. Notwendig ist hier die Erarbeitung von Krisenplänen, auf die im Fall des Eintretens unsicherer Ereignisse zurückgegriffen werden kann. Dazu zählen auch reaktive Planungen für das Auftreten unerwarteter Chancen, z.B. durch technologische Durchbrüche.

- *Erfolgspotentiale „am Rande" nutzen:* Sehr wahrscheinliche Chancen und Gefahren mit einer geringen Wirkung auf das Gestaltungsfeld können in die laufende Planung eingebunden werden.

- *Keine Ressourcen unnötig binden:* Chancen und Gefahren mit einer geringen Eintrittswahrscheinlichkeit und geringen Auswirkungen auf das Gestaltungsfeld sollten Ressourcen nicht unnötig binden.

2.1.7.3 Auswirkungsanalyse

Eine Auswirkungsanalyse, d.h. die systematische Analyse der Auswirkungen der Szenarien auf das Gestaltungsfeld ist insbesondere bei Markt- und Umfeldszenarien sinnvoll. Ein wichtiges Instrument der Auswirkungsanalyse ist die **Auswirkungsmatrix**. Darin werden die Folgen der erstellten Szenarien für das Gestaltungsfeld systematisch analysiert (Bild 2-27).

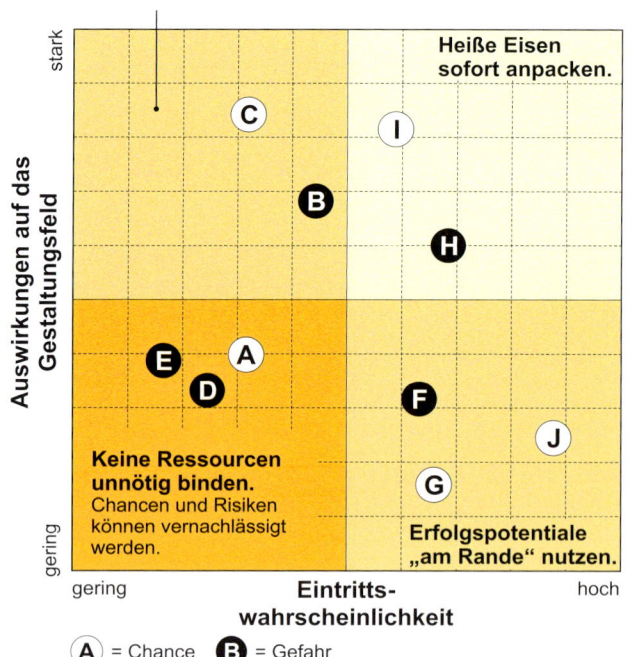

Bild 2-26:   Chancen-Gefahren-Matrix

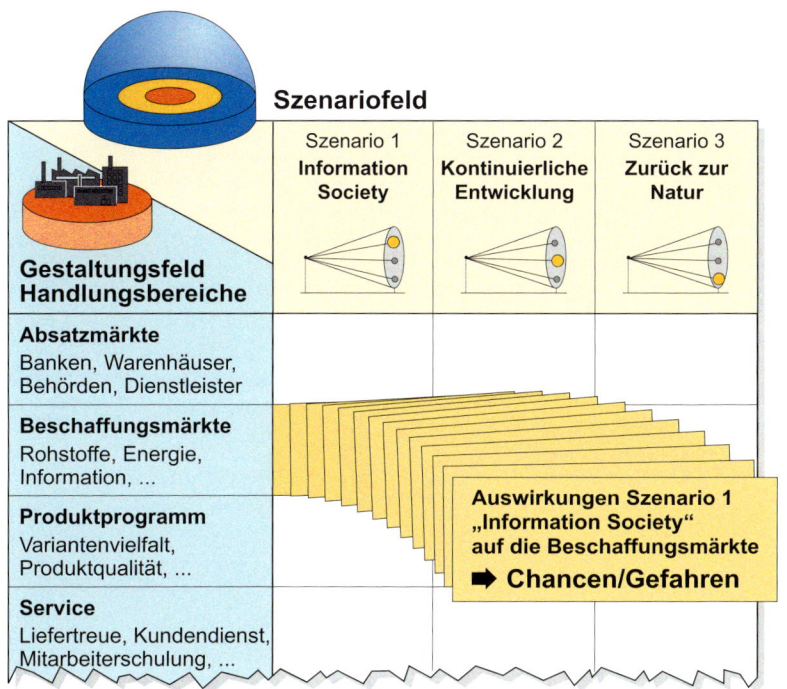

Szenariofeld

Gestaltungsfeld Handlungsbereiche	Szenario 1 **Information Society**	Szenario 2 **Kontinuierliche Entwicklung**	Szenario 3 **Zurück zur Natur**
Absatzmärkte Banken, Warenhäuser, Behörden, Dienstleister			
Beschaffungsmärkte Rohstoffe, Energie, Information, ...			
Produktprogramm Variantenvielfalt, Produktqualität, ...			
Service Liefertreue, Kundendienst, Mitarbeiterschulung, ...			

Auswirkungen Szenario 1 „Information Society" auf die Beschaffungsmärkte
➡ **Chancen/Gefahren**

Bild 2-27: Auswirkungsmatrix, Bestimmung von Auswirkungen auf Handlungsbereiche des Gestaltungsfelds

bestimmten Szenarios auf einen bestimmten Handlungsbereich untersucht. Dabei wird jeweils die Frage gestellt: „Wie wirkt sich das Szenario auf diesen Bereich aus?"

Um die Auswirkungen der Szenarien auf das Gestaltungsfeld möglichst weitreichend zu erfassen, müssen sich die Anwender intensiv in das betreffende Szenario „hineindenken". Weder die gegenwärtige Ausgangssituation noch die wahrscheinlichste oder die gewünschte Zukunft sollten diesen wichtigen Prozess beeinträchtigen. Als hilfreich hat es sich erwiesen, dass ein Mitglied des Projektteams in die Rolle eines **„Szenario-Anwalts"** schlüpft und immer dann in die Diskussion eingreift, wenn die anderen Team-Mitglieder Ansichten äußern, die sich nicht mit dem gerade behandelten Szenario vertragen.

Die Zeilen der Matrix enthalten die Handlungsbereiche des Gestaltungsfeldes. Die Spalten geben die verschiedenen Szenarien wieder. In einem einzelnen Feld der Auswirkungsmatrix werden die Auswirkungen eines

Mit Hilfe der Auswirkungsmatrix lassen sich bezogen auf die Szenarien Stoßrichtungen für ein strategisches Agieren bestimmen. Bild 2-28 gibt ein Beispiel für ei-

Das Szenario 1 in Kürze:

- Florierende freie Marktwirtschaft.
- Angleichung der Standortkosten in Europa; nach wie vor erhebliche Kostennachteile zu Osteuropa und den Schwellenländern.
- Hohe Bedeutung von Ökologie weltweit; Energie- und Rohstoffkosten steigen kontinuierlich.
- Rasanter technologischer Fortschritt reduziert die Eintrittsbarrieren; neue Mitbewerber tauchen auf.
- Vielfältige Verpackungen sollen den Endkunden ansprochen; Wachstum von 5% p.a. bei verpackten Gütern.
- Vielfalt bei Maschinenabnehmern und Handel führt zu einem innovationsgetriebenen Wachstum, teils auch durch den zunehmenden Stellenwert von Umweltschutz.
- Flexible und hochautomatisierte Anlagen von zuverlässigen, kompetenten Partnern sind gefragt.
- Es kommt auf Agilität und Innovationskraft an.
- Kundenspezifische Lösungen werden zunehmend aus Standardmodulen gebildet.

Chancen/Erfolgspotentiale

- Hoher Bedarf an innovativen Lösungen (Verpackungsaufgaben und - prozesse.)
- Profilierung über High-Tech und Ressourceneffizienz.
- Partnerschaft ist gefragt.

Bedrohungen

- Kernkompetenz Mechatronik liegt bei Zulieferern.
- Neue Mitbewerber tauchen auf.
- „Kooperationsphobie" des Mittelstandes verhindert Allianzen.

Strategische Stoßrichtung

➡ Angriff mit einem überlegenen Preis/Leistungsverhältnis aus der Technologieführerposition.

Bild 2-28: Vereinfachtes Beispiel für die Analyse eines Szenarios (Beispielprojekt „Herausforderungen der Zukunft für die deutsche Verpackungsmaschinenindustrie")

ne weitere Technik für die Ermittlung der strategischen Stoßrichtung ausgehend von einem Szenario. Im Prinzip bespricht das Strategie-Team das jeweilige Szenario (links im Bild) und erkennt dann die Chancen und die Bedrohungen. Daraus resultiert in der Re-

gel eine Stoßrichtung für eine Strategie. Ferner sei auf den folgenden Kasten verwiesen, der ein Beispiel enthält, das verdeutlicht, wie aus Szenarien Schlüsse für die Auswahl von Fertigungstechnologien gezogen werden können.

Die Zukunft des Leichtbaus in der Automobilindustrie

Schon aufgrund der Ressourceneffizienz gewinnt der Leichtbau stark an Bedeutung. Es ist offensichtlich, dass Leichtbau neue Produktionskonzeptionen und -strukturen erfordert, die mit erheblichen Investitionen verbunden sind. Da es eine große Anzahl von Leichtbautechnologien gibt, ist es notwendig, die Entscheidung für einzusetzende Technologien und Technologiekombinationen gründlich vorzubereiten. Daraus resultierte die Aufgabenstellung für das Szenario-Projekt, die aus drei Punkten bestand:

*   Systematische Analyse der Produktionstechnologien im Kfz-Leichtbau.

*   Erarbeitung konsistenter Szenarien für den Kfz-Leichtbau und seine Umfelder.

*   Entscheidungsunterstützung bei der Auswahl geeigneter Umsetzungsprojekte für neue Technologien im Kfz-Leichtbau.

Das gewählte Vorgehen zur Bearbeitung dieser Aufgabenstellung ist in Bild 1 dargestellt; es gliedert sich in vier Phasen, die der Reihe nach zu bearbeiten waren.

1 Markt- und Umfeldszenarien

Diese charakterisieren die Gesellschaft, deren Anforderungen an Verkehrssysteme und die Stellung des Automobils. Konkret wurden fünf Szenarien erarbeitet: 1) Traditionelle mobile Gesellschaft, 2) „Intelligente" mobile Gesellschaft, 3) Starre Konzepte – Mobilitätskrise, 4) Mobilität und Verkehrsaufkommen gehen zurück, 5) Mobilitätswettbewerb Schiene/Straße. Aus diesen Szenarien resultiert der „Market Pull".

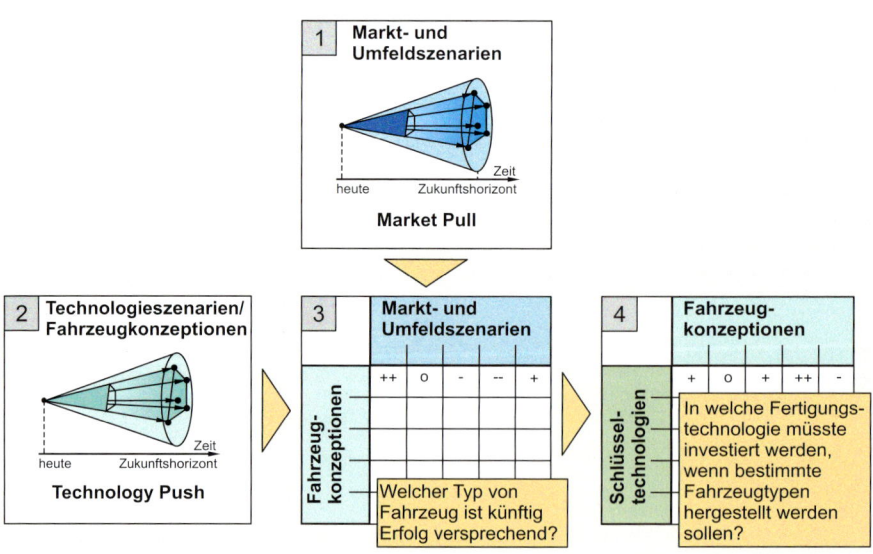

Bild 1:   Vorgehen zur Bearbeitung des Projekts „Die Zukunft des Leichtbaus in der Automobilindustrie"

2 Technologieszenarien / Fahrzeugkonzeptionen

Diese Szenarien enthalten ausschließlich Faktoren zur Gestaltung von Fahrzeugkonzeptionen; es handelt sich um so genannte Gestaltungsfeld-Szenarien. Bild 2 charakterisiert das Fahrzeugszenario 2 „Großes, teures Leichtbaufahrzeug"; das Bild enthält die neunzehn Schlüsselfaktoren (Gestaltungsgrößen) mit den Ausprägungen für diese Konzeption sowie einen erläuternden Text. Des Weiteren wurden folgende Fahrzeugszenarien entwickelt: 1) Konventionelles Leichtbau-Massenfahrzeug, 3) Teures High-End Hybrid-Fahrzeug, 4) Ultra-leichtes High-Tech Hybrid-Fahrzeug, 5) Spartanisches, ultra-leichtes Fahrzeug und 6) Kleines, billiges Fahrzeug. Diese Konzeptionen verdeutlichen die Möglichkeiten der Leichtbautechnologie. Damit ergibt sich der „Technology Push".

3 Abgleich Markt- und Umfeldszenarien und Fahrzeugkonzeptionen

Die vorstehenden Konzepte sagen noch nichts über ihre Akzeptanz im Markt von morgen aus. Daher werden zunächst in einer Matrix die Fahrzeugkonzeptionen in den einzelnen Markt- und Umfeldszenarien bewertet (Bild 3). Die Bewertungsskala reicht von „Totale Inkonsistenz", d.h. das Fahrzeugkonzept entspricht in keiner Weise den Marktanforderungen, bis „sehr hohe Konsistenz", d.h. ein derartiges Fahrzeug hat in diesem Markt exzellente Chancen.

4 Abgleich Fahrzeugkonzeptionen und Schlüsseltechnologien

Voraussetzung für diesen Schritt ist die Ermittlung von Schlüsseltechnologien des Kfz-Leichtbaus. Aus der großen Anzahl wurden nach bestimmten Kriterien zehn Leichtbautechnologien identifiziert, die ein besonders hohes Erfolgspotential aufweisen. Die Frage ist nun, „Welche Schlüsseltechnologien sind für welche Fahrzeugkonzeption relevant?"

Bild 4 zeigt die entsprechende Bewertung. Für die endgültige Entscheidung über die Gestaltung der Produktion sind natürlich die umzusetzenden Fahrzeugkonzeptionen auszuwählen, und dafür ist wiederum das wahrscheinliche Markt- und Umfeldszenario zu bestimmen.

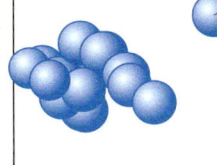

Ausprägungsliste Szenario II

1	Aggregate	Mischbauweise
2	Antriebskonzepte	Große Motoren
3	Außenhaut	Aluminium
4	Energiespeicher	Konventionell
5	Fahrwerk	Höherfeste Stähle
6	Gewichtsersparnis	Gering (< 10 %)
7	Innenausstattung	Spezifische Ausstattung
8	IT-Ausstattung	IT-g. Sicherheit (+Motormgmt.)
9	Kosten	Teurer als konv. Auto
10	Lebensdauer	Etwas längere Lebensdauer
11	Reparaturfähigkeit	Übliche Reparaturfähigkeit
12	Sicherheit	Höhere Sicherheit als heute
13	Standardisierung	Baukastensystem
14	Stückzahlen	Nische/Kleinst-Serie
15	Tragstruktur	Modulbauweise (+ Spaceframe)
16	Verarbeitungsqual.	Übliche, hohe Qualität
17	Verscheibung	Polymere (+ Verbund)
18	Wohlempfinden	Höher als heute
19	Zuladung/Größe	Konventionelle Größe

Szenario II:
Großes, teures Leichtbau-Fahrzeug

Konventionelles Fahrzeug (Größe, Motor, Energiespeicher) mit spezifischer Ausstattung für Marktnischen. Gehobene Ausstattung und vielfältiger IT-Einsatz sichern hohes Wohlempfinden. Ein Baukastensystem ermöglicht unterschiedliche Varianten auf Basis eines Grundmodells. Neben der Modulbauweise kommt auch eine Spaceframe-Tragstruktur in Betracht.
Gewichtsersparnis: Gering (< 10 %)

Diese Gruppe von Projektionsbündeln beschreibt eine zusätzliche Variante dieses Fahrzeugs. Hier gelingt es, die Kosten für das Fahrzeug im üblichen Rahmen zu halten. Dazu können Einsparungen an den Sicherheitsstandards und der Verzicht auf Polymere-Verscheibung beitragen.

Bild 2: Beispiel für ein Fahrzeug-Szenario (die Tabelle enthält die Gestaltungsgrößen und die für dieses Szenario gültigen Ausprägungen)

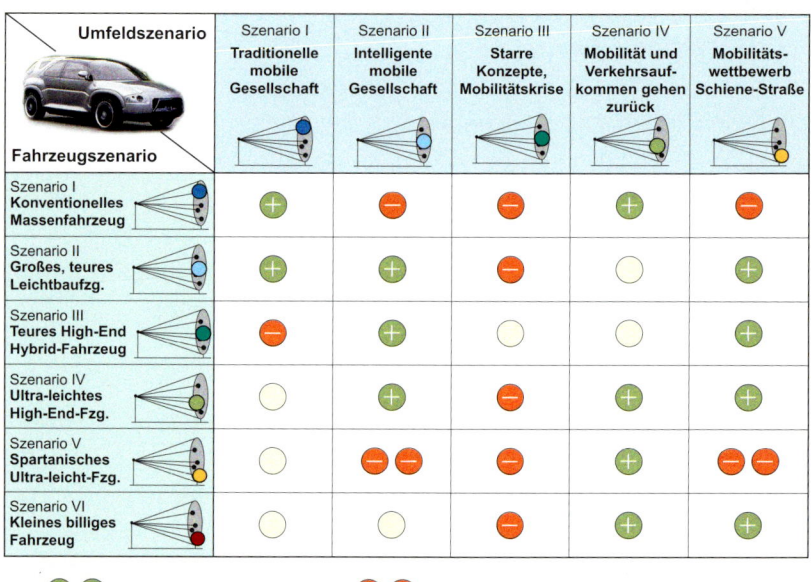

Bild 3: Gegenüberstellung von Fahrzeugsszenarien (Fahrzeugkonzeptionen) und Markt- und Umfeldszenarien

Fahrzeugszenario \ Umfeldszenario	Szenario I Traditionelle mobile Gesellschaft	Szenario II Intelligente mobile Gesellschaft	Szenario III Starre Konzepte, Mobilitätskrise	Szenario IV Mobilität und Verkehrsaufkommen gehen zurück	Szenario V Mobilitätswettbewerb Schiene-Straße
Szenario I Konventionelles Massenfahrzeug	+	−	−	+	−
Szenario II Großes, teures Leichtbaufzg.	+	+	−	○	+
Szenario III Teures High-End Hybrid-Fahrzeug	−	+	○	○	+
Szenario IV Ultra-leichtes High-End-Fzg.	○	+	−	+	+
Szenario V Spartanisches Ultra-leicht-Fzg.	○	− −	−	+	− −
Szenario VI Kleines billiges Fahrzeug	○	○	−	+	+

+ + Sehr hohe Konsistenz   − − Totale Inkonsistenz

Bild 4: Gegenüberstellung Fahrzeugkonzeptionen und Schlüsseltechnologien

Gestaltungsfeld \ Szenariofeld / Schlüsseltechnologien	Szenario I Konvent. Massenfahrzeug	Szenario II Großes, teures LB-Fahrzeug	Szenario III Teures High-End Hybrid-Fz.	Szenario IV Ultra-leicht. High-End Hybrid-Fzg.	Szenario V Spartan. ultra-leicht. Fahrzeug	Szenario VI Kleines billiges Fahrzeug
Thixo-Technologie	○	+	−	− −	○	+
Faserverbundtechnologien	− −	○	+	+ +	+	−
Textile Technologien	− −	○	+	+ +	+	−
Innenhochdruckumf.	+	+	+	−	○	+
Patchworks	+	+ +	−	−	−	○
Dünngußverfahren Außenhautteile	+	+ +	○	−	− −	+
Tailored Blanks mit nichtlinearen Schweißn.	+ +	+	○	−	−	+
Metallschaumverarbeit.	−	+	+	+	+	○
Magnetumformen	−	+	○	○	○	+
Fügen Mischbauweise	+ +	+	+	+	+ +	+ +

+ + Sehr hohe Konsistenz   − − Totale Inkonsistenz

2.2 Weitere Methoden zur Voraus-schau

Wenn es im Kontext der strategischen Führung um Vorausschau geht, setzen wir auf die Szenario-Technik. Dies dürfte dem Leser bis hierhin schon aufgrund der Ausführlichkeit der Schilderung der Szenario-Technik klar geworden sein. Gleichwohl gibt es eine Reihe von Methoden, die sich ebenfalls sehr gut eignen, Vorstellungen von der Zukunft zu entwickeln. Dazu zählen die Delphi-Methode, die Trendanalyse, die strategische Frühaufklärung, die Bibliometrie und das Information Retrieval. Wir setzen heute praktisch alle diese Verfahren ein, wobei wir diese auch verknüpfen. Beispielsweise verwenden wir die Bibliometrie zur strategischen Frühaufklärung und zum Finden von Informationen über neue Zukunftsprojektionen im Rahmen der Szenario-Technik. Ein weiteres Beispiel ist die Anwendung der Delphi-Befragung, um die Expertenmeinung zu einzelnen Zukunftsprojektionen zu ermitteln.

nisse beschränkt. Delphi wird zur Auswahl von Strategien, zur Identifizierung von Zielen sowie allgemein zur Lösung von Problemen und zur Entscheidungsfindung eingesetzt.

Es hat sich gezeigt, dass die Delphi-Methode besonders aussagekräftige Ergebnisse bei langfristigen und allgemeinen Fragestellungen hat (Prognosezeitraum größer als zehn Jahre sowie breit gestreute und gesellschaftliche Fragestellungen). Die Delphi-Methode hat sich weltweit bewährt und wurde bis heute viele tausend Mal angewendet [RW78], [Häd02].

Bild 2-29 charakterisiert die beiden Anwendungsschwerpunkte der Delphi-Methode. Der Anwendungsschwerpunkt **Ideenfindung** ist in dem Bereich Kreativitätstechniken einzuordnen. Da das im Kontext dieses Buches nicht relevant ist, gehen wir darauf nicht ein und behandeln im Folgenden den zweiten Anwendungsschwerpunkt der **Vorausschau**.

2.2.1 Delphi-Methode

Die Delphi-Methode wurde zu Beginn der fünfziger Jahre des 20. Jahrhunderts im Auftrag der amerikanischen Luftwaffe entwickelt. Das „Project Delphi" sollte helfen, mögliche Ziele sowjetischer Atombomben in den Vereinigten Staaten zu bestimmen. Es dauerte bis in die 1960er Jahre, bis die Methode erste zivile Anwendungen fand. Bekannt wurde die Delphi-Methode 1964 durch die RAND-Corporation. In dem „Report on a long range forecasting study" wurde versucht, die zukünftige Entwicklung der Bereiche Wissenschaft, Bevölkerung, Automation, Raumfahrt, Waffensysteme und Verhinderung von Kriegen vorauszusagen. Seitdem hat sich der Kreis der Anwender stark erweitert. Neben den Militärs setzen auch Industrie, Verwaltung und Universitäten Delphi als Analyse- und Prognosewerkzeug ein. Das Anwendungsgebiet der Methode blieb aber nicht nur auf die Prognose zukünftiger Ereig-

Bild 2-29: Zweck der Delphi-Methode

Im Rahmen der Vorausschau werden Fragen der Art, wie in Bild 2-29 links wiedergegeben, gestellt bzw. nach der Einschätzung zu Thesen gefragt, die eine Situation in der Zukunft beschreiben. Letzteres bietet sich an, um die Zukunftsprojektionen von Schlüsselfaktoren bei der Szenario-Erstellung abzusichern (siehe Kasten über das Projekt WZM 20XX). Der mit Fragen bzw. mit Thesen versehene Fragebogen wird an entsprechende Experten versandt. Anschließend erfolgt eine Auswertung der eingegangenen Bögen. In einer zweiten Runde werden die gleichen Experten mit der Meinung des Expertenkollektivs konfrontiert und gebeten, im Lichte dieser Meinung ihre Bewertung zu erneuern (zu bekräftigen, zu modifizieren, zu revidieren). Im Idealfall wird dieser Prozess solange durchgeführt, bis ein Gruppen-Konsens erzielt ist. In der Praxis bleibt es in der Regel bei der zweiten Runde. Bild 2-30 stellt den geschilderten Ablauf dar. Das Entscheidende für den Erfolg einer Delphi-Befragung ist die sorgfältige Vorbereitung; sie umfasst die klare Formulierung von Fragen bzw. Thesen und die Auswahl eines ausgewogenen und besonders urteilsfähigen Expertenkollektivs.

In Bild 2-31 ist als Beispiel eine typische Delphi-Frage und die entsprechende Auswertung wiedergegeben. Bild 2-32 enthält als Beispiel eine typische Delphi-These mit einer daraus resultierenden Auswertung.

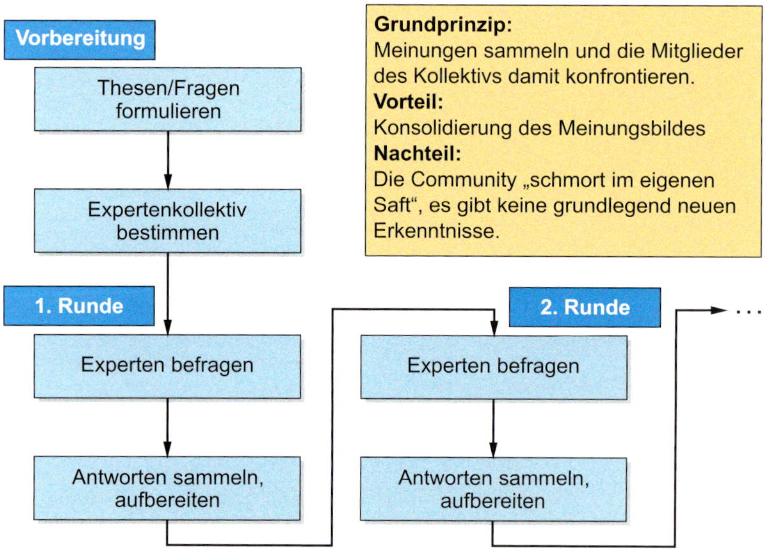

Die Delphi-Befragungstechnik ist dann besonders nützlich, wenn das individuelle Wissen einer größeren Anzahl von Experten zusammenzuführen ist. Die Einflussnahme von dominierenden Personen bzw. Meinungsführern wird weitgehend ausgeschlossen und es kommt zu einer gewissen Konsolidierung des Meinungsbildes. Unserer Erfahrung nach ist es auch eine sehr kostengünstige Maßnahme, die Meinung vieler, häufig geographisch verteilter Personen zu erfahren. Ein weiterer Reiz liegt darin, das Expertenkollektiv regelmäßig zu befragen, um daraus einen Trend zu bestätigen bzw. nicht zu bestätigen. Häufig erleben wir dann auch den so genannten „Wanderdüneneffekt", d.h. das Eintreten eines positiven Sachverhalts verschiebt sich von Mal zu Mal. Aber auch das ist eine wertvolle Erkenntnis, wenn es darum geht, strategische Entscheidungen zu treffen.

Resümee

Die Delphi-Methode ist eine sehr bewährte Methode, die Meinung einer größeren Anzahl von Experten relativ kostengünstig und schnell zu ermitteln und zu konsolidieren. Entscheidend für den Erfolg ist die Qualität der Fragen und Thesen. Eine wichtige Rolle spielt ferner die Bereitschaft der Befragten, den Fragebogen zu beantworten. Maßgebend dafür sind wiederum die Qualität der Fragen und Thesen, aber auch die Beziehungen zwischen den Experten auf der einen Seite und denjenigen, die die Befragung durchführen. Der gravierende Nachteil ist darin zu sehen, dass eine Experten-Community dazu neigt „im eigenen Saft zu schmoren", also das wiederzugeben, was eben derzeit die geltende Meinung ist, und es somit nicht wirklich zu grundlegend neuen Erkenntnissen kommt. Abhilfe schafft hier das bewusste Einbeziehen von „Querdenkern", deren Meinung häufig nachdenklich stimmt. Selbstredend müssen deren Äußerungen explizit und anonym in der Auswertung der ersten Runde enthalten sein.

Bild 2-30 Prinzipieller Ablauf der Delphi-Methode

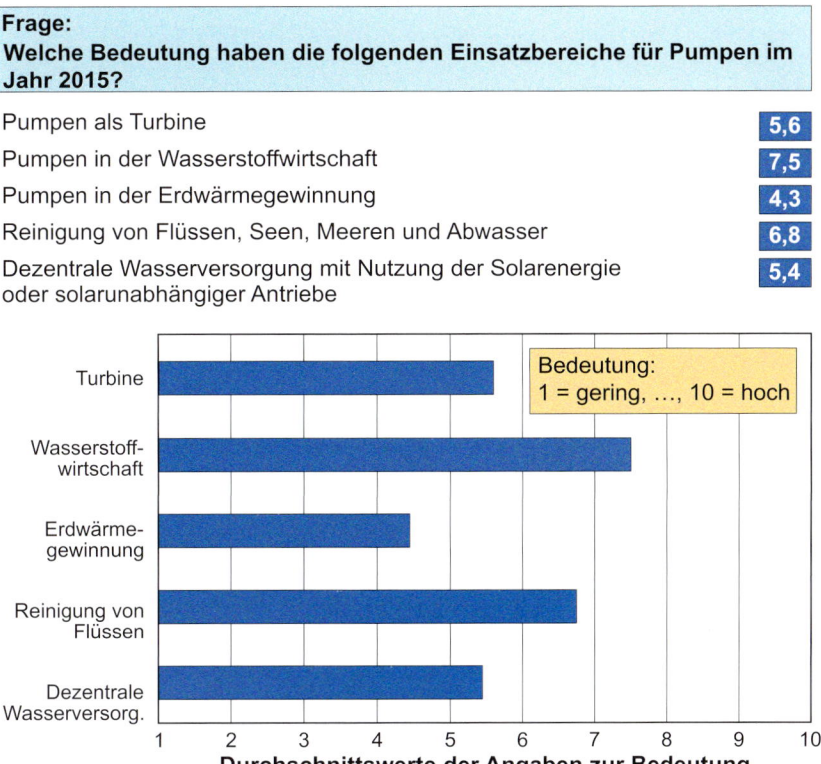

Frage:
Welche Bedeutung haben die folgenden Einsatzbereiche für Pumpen im Jahr 2015?

Pumpen als Turbine	5,6
Pumpen in der Wasserstoffwirtschaft	7,5
Pumpen in der Erdwärmegewinnung	4,3
Reinigung von Flüssen, Seen, Meeren und Abwasser	6,8
Dezentrale Wasserversorgung mit Nutzung der Solarenergie oder solarunabhängiger Antriebe	5,4

Bild 2-31: Delphi-Methode – Beispiel einer Frage und einer Auswertung

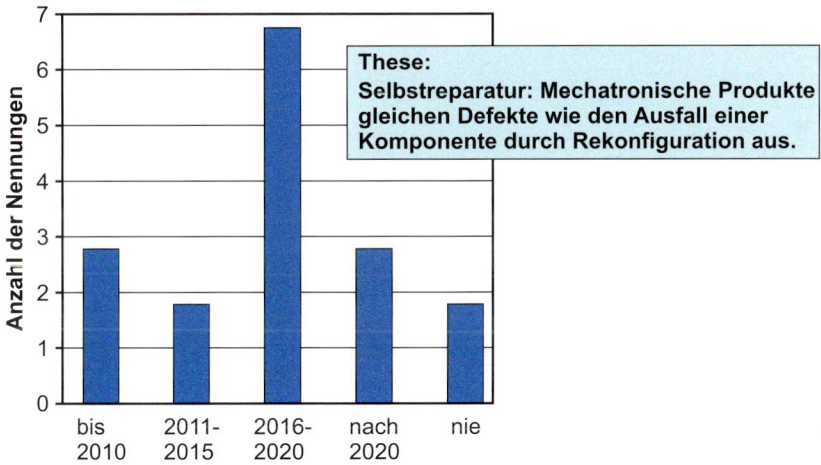

These:
Selbstreparatur: Mechatronische Produkte gleichen Defekte wie den Ausfall einer Komponente durch Rekonfiguration aus.

Bild 2-32: Delphi-Methode – Beispiel einer These und einer Auswertung

Zukünftige Herausforderungen für die deutsche Werkzeugmaschinenindustrie – Ergebnisse einer Delphi-Studie

Die deutsche Werkzeugmaschinenindustrie hat sich in der Vergangenheit im internationalen Wettbewerb gut behauptet, wenn sie ihren Kunden innovative Problemlösungen bieten konnte. Dazu ist es mithin notwendig, die (zukünftigen) Fertigungsanforderungen der Kunden zu erkennen und entsprechende Technologien zu entwickeln.

Die Delphi-Befragung ist eng mit der Entwicklung von Referenzszenarien für die deutsche Werkzeugmaschinenindustrie gekoppelt (vgl. BMBF-Verbundprojekt „WZM 20XX – Initiative für die Werkzeugmaschine von morgen", Rahmenprogramm „Forschung für die Produktion von morgen"). Für die wichtigsten Zukunftsprojektionen wurden aussagekräftige Thesen entwickelt, zu denen Experten aus Hersteller- und An-

wenderfirmen Stellung beziehen sollten. Analog zu den entwickelten Markt- und Umfeldszenarien wurden die Anwenderbranchen „Automobilzulieferer" und „Werkzeug- und Formenbau" ausgewählt, die beide für den deutschen Werkzeugmaschinenbau eine hohe Bedeutung haben und aufgrund ihrer Produktionscharakteristika unterschiedliche Anforderungen stellen. Insgesamt wurden 64 Thesen aus den Bereichen Wirtschaft (W), Technologie (T), Markt/Branche Automobilzulieferer (A) sowie Markt/Branche Werkzeug- und Formenbau (WF) abgefragt. Bild 1 zeigt eine Seite (Bereich Technologie) des 11-seitigen Fragebogens. Die einzelnen Felder, die von den Befragten zu markieren waren, enthalten schon die Auswertung.

Bild 2 gibt einen Überblick über die Top 12 der Thesen mit den höchsten Wahrscheinlichkeiten, die von den Firmenexperten im Mittel auf mehr als 50 % eingestuft wurden. Die Thesen sind danach strukturiert,

	Ihre Fachkenntnis zu der These			Wahrscheinlichkeit des Eintretens					Zeitpunkt des Eintretens					Bedeutung für *Ihre* Branche				Ausgangsposition des deutschen Werkzeugmaschinenbaus			
Fraunhofer Institut Systemtechnik und Innovationsforschung — WZM 20XX — Technologie	hoch	mittel	gering	0 % (nie)	1-24 %	25-50 %	51-75 %	75-100 %	2005-2010	2011-2015	2015-2020	nach 2020	nie	hoch	mittel	gering	keine	excellent	gut gewappnet	schlecht gewappnet	unvorbereitet
1. Fertigungssysteme, in denen einfache Maschinenmodule schnell zu verschiedenen komplexen Systemen angeordnet werden können, finden breite Anwendung (plug and produce).	19	32	8											62	26	7	2	8	66	21	0
2. 90 % der Stillstandzeiten von Werkzeugmaschinen im produktiven Einsatz sind auf Störungen der Informations- und Kommunikationstechnik und der Software zurückzuführen.	18	34	7											38	16	4	1	5	40	13	0
3. Die Integration verschiedener Fertigungsprozesse wie spanende Bearbeitung und Beschichtung in einer einzige Maschine führt dazu, dass viele Produkte komplett mit einer einzigen Maschine hergestellt werden (Fabrik in der Maschine).	18	32	10											24	23	8	5	2	32	22	3
4. Die Produktlebenszyklen bei Werkzeugmaschinen sind so kurz, dass der erzielte ROI (Return on Investment) für die notwenige Entwicklung in Deutschland nicht mehr ausreicht.	14	33	12											27	20	7	4	2	33	19	3
5. Durch den allgemeinen Einsatz von endkonturnahen Fertigungsverfahren (near net shape) wird der Einsatz von Werkzeugmaschinen auf die Endbearbeitung (Schnitttiefe unter 1 mm) beschränkt.	21	23	15											30	18	4	5	1	46	8	2
6. 30 % aller Werkzeugmaschinen sind mit Funktionen zur Selbstüberwachung, Fehlervorhersage und Teleservice ausgestattet.	25	32	3											40	17	2	1	8	45	6	0
7. CNC-Programme werden automatisch von CAD-Systemen generiert, ohne dass ein Testen der Programme an der Maschine noch notwendig ist.	20	37	3											31	22	7	0	3	48	8	0

Bild 1: Auszug aus dem Delphi-Fragebogen (Bereich Technologie) sowie die entsprechende Auswertung

Be-reich & Nr.	These	Mittlere Wahr-schein-lich-keit (%)	Zeitpunkt des Eintretens				
			2005-2010	2011-2015	2015-2020	nach 2020	nie
Chancen							
T 6	30 % der Werkzeugmaschinen sind mit Funktionen zur Selbstüberwachung, Fehlervorhersage und Teleservice ausgestattet.	75,1					
T 1	„plug and produce"-Fertigungssysteme finden breite Anwendung.	55,4					
T 11	Mikro-Elektromechanische Systeme (z. B. Aktuatoren) finden als aktive Komponenten breite Anwendung (z.B. aktive Werkstückspannsysteme).	55,2					
A 11	50 % der verkauften Autos werden auf individuellen Kundenwunsch gefertigt.	52,1					
T 10	Aufgrund kurzer Produktlebenszyklen wird in Prozessinnovationen ebensoviel investiert wie in Produktinnovationen.	51,3					
WF 8	Der weltweite Bedarf für Spanwerkzeuge hat sich durch Hart-, Trocken- und High-Speed-Bearbeitung um 1/3 erhöht.	51,3					
Risiken							
W 20	Beziehungsmanagement ist der wesentliche Verkaufsfaktor für WZM, da objektive Leistungen/ Qualität bei allen Wettbewerbern nahezu gleich ist.	55,4					
T 2	90 % der Stillstandzeiten von Werkzeugmaschinen sind auf Störungen von IuK-Technik und Software zurückzuführen.	47,5					
Chance oder Risiko?							
W 14	Alle Werkzeugmaschinenhersteller bieten in großem Umfang Finanzierungsmodelle für Käufer an (Leasing, etc).	66,2					
A 8	Automobilzulieferer treffen Kaufentscheidungen für Werkzeugmaschinen ausschließlich auf Basis der Gesamtlebenszykluskosten.	55,6					
A 5	Internetkataloge erlauben die Zusammenstellung individueller Autos aus modularen Baukästen.	51,6					
A 4	Hybride Antriebe und Antriebe mit nicht fossilen Brennstoffen erreichen einen Anteil von 30 % bei mobilen Anwendungen.	51,2					

Bild 2:   Top 12 der Thesen mit den höchsten Wahrscheinlichkeiten („Häuschen" stellen 25 %-, 50 %- und 75 %-Quartile der Zeitpunkteinschätzungen dar)

ob sie sich eindeutig als Chance oder Risiko für den deutschen Werkzeugmaschinenbau einordnen lassen oder ob diese Zuordnung zunächst offen bleiben muss. Im Bild repräsentiert die linke Wand des „Häus-chens" jeweils das untere Quartil (25 % der Experten erwarten bis zu diesem Zeitpunkt eine Verwirklich-ung), die Spitze den Median (50 %-Perzentil) und die rechte Wand das obere Quartil (75 %-Perzentil) der Experteneinschätzungen zum Eintrittszeitpunkt.

Es zeigt sich, dass vier der sechs wahrscheinlichsten Chancen für die deutsche Werkzeugmaschinenindus-trie aus technologischen Entwicklungen entspringen. Nach Ansicht der befragten Experten ist es bereits in absehbarer Zukunft sehr wahrscheinlich, dass 30 % der Werkzeugmaschinen mit Funktionen zur Selbst-überwachung, Fehlervorhersage und Teleservice aus-gestattet sein werden (Median 2010, d. h. 50 % der Experten erwarten bis zu diesem Zeitpunkt eine Ver-wirklichung). Auch die breite Anwendung von „plug and produce"-Fertigungssysteme, d.h. einfache Maschinenmodule können schnell zu komplexen Systemen angeordnet werden, sowie von Mikro-Elektromechanischen Systemen als aktive Komponenten (z.B. aktive Werkstückspannsysteme) wird mit jeweils 55 % im Durchschnitt als sehr wahrscheinlich eingeschätzt und innerhalb von 10 Jahren erwartet (Median 2011 bis 2015). Den Experten zufolge besitzen deutsche Werkzeugmaschinenhersteller die technologische Kompetenz, um von diesen Entwicklungen profitieren zu können.

Auch die als wahrscheinlich eingeschätzte These, dass künftig Prozessinnovationen aufgrund immer kürzer werdender Produktlebenszyklen der eigentliche Innovationsengpass sind, und in diese ebensoviel investiert wird wie in Produktinnovationen, stellt für die Werkzeugmaschinenindustrie als Fertigungsausrüster und damit „Prozessinnovationslieferanten" eine Chance dar. Die hohe Zustimmung zur These unterstreicht die künftige Bedeutung technischer und organisatorischer Prozessinnovationen, die gleichberechtigt wie Produktinnovationen geplant und gestaltet werden sollten. Chancen für den Werkzeugmaschinenbau bieten zudem die Marktentwicklungen im Automobilbereich hin zur kundenindividuellen Fahrzeugproduktion sowie im Werkzeugbau zu einer deutlich erhöhten Nachfrage nach spanabhebenden Werkzeugen. Eine erhöhte Nachfrage nach flexibleren bzw. allgemein nach Werkzeugmaschinen mit deutscher Technologiekompetenz erscheint vor diesem Hintergrund wahrscheinlich.

Von den als besonders wahrscheinlich eingeschätzten Entwicklungen lassen sich zwei eindeutig als Risiken charakterisieren. Beiden ist gemein, dass ihr Eintreten bereits in den nächsten fünf Jahren erwartet wird (Median 2005 bis 2010). Zum einen schätzen die Experten, dass zukünftig das Beziehungsmanagement durchaus der wesentliche Verkaufsfaktor für Werkzeugmaschinen sein könnte, da objektive Leistungsmerkmale bei allen Wettbewerbern nahezu gleich sind. Eine solche Entwicklung stellt eine ernsthafte Gefahr für den weiteren Exporterfolg der deut-

schen Werkzeugmaschinenindustrie dar, der sich auf technologisch herausragende Produkte und nicht auf enge Beziehungen und kurze Wege zur globalen Kundschaft stützt. Ein zweiter Risikofaktor droht von Seiten der Softwarebeherrschung, sollte sie zukünftig zusammen mit der IuK-Technik tatsächlich für 90 % der Stillstandzeiten von Werkzeugmaschinen verantwortlich sein. Die Beherrschung von Elektronik- und Softwarekompetenz ist vor diesem Hintergrund ein Schlüsselfaktor für die zukünftige Technologieentwicklung. Werkzeugmaschinenhersteller müssen kritisch reflektieren, was sie in diesen Bereichen im Hause halten müssen und was sie an externe Spezialisten vergeben können.

Vier der zwölf wahrscheinlichsten Thesen lassen sich nicht eindeutig danach einordnen, ob sie eher Chancen oder Risiken für den deutschen Werkzeugmaschinenbau darstellen. Hier hilft es, diese Thesen in einem Portfolio mit den zwei Dimensionen Ausgangsposition der deutschen Werkzeugmaschinenindustrie und Wahrscheinlichkeit zu positionieren. Das Ergebnis dieser Portfolio-Betrachtung zeigt Bild 3. Demnach lassen sich die Thesen vier Feldern zuordnen.

Die Anlage des vorliegenden Delphi-Ansatzes lässt es zu, nach Angaben von Werkzeugmaschinenherstellern und ihren Anwendern zu differenzieren. Dadurch können Unterschiede in den Einschätzungen sichtbar gemacht werden und z.B. sehr optimistische Herstellererwartungen mit eher pessimistischen Anwenderangaben kontrastiert werden. Insgesamt weichen nur einzelne Thesen deutlich in der Einschätzung zwischen Herstellern und Anwendern ab, wie das beispielsweise in Bild 4 dargestellt ist.

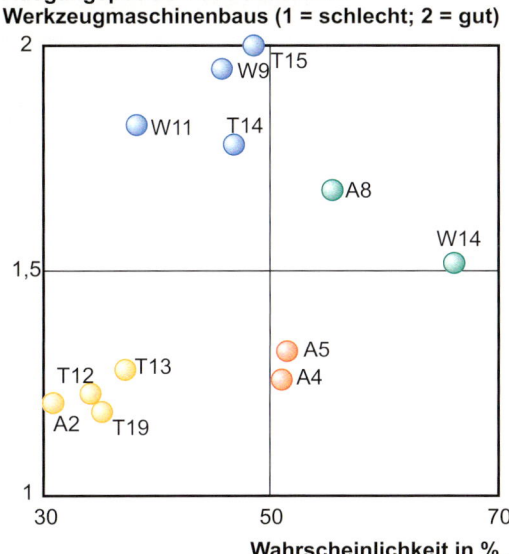

Ausgangsposition des deutschen Werkzeugmaschinenbaus (1 = schlecht; 2 = gut)

Wahrscheinlichkeit in %

A2	80 % des Umsatzes der Werkzeugmaschinenhersteller mit der Automobilzulieferindustrie beruhen auf Dienstleistungen.
A4	Hybride Antriebe und Antriebe mit nicht fossilen Brennstoffen erreichen einen Anteil von 30 % bei mobilen Anwendungen.
A5	Internetkataloge erlauben die Zusammenstellung individueller Autos aus modularen Baukästen.
A8	Automobilzulieferer treffen Kaufentscheidungen für Werkzeugmaschinen auf Basis der Gesamtlebenszykluskosten.
T12	Internetkataloge erlauben die Zusammenstellung individueller Werkzeugmaschinen aus Baukästen.
T13	80 % der industriellen Ausrüstungen werden nicht gekauft, sondern pro gefertigtem Produkt bezahlt („pay on production").
T14	Methoden zur integrierten Selbstkalibrierung und Selbstoptimierung des thermischen und dynamischen Verhaltens sind in 40 % aller Maschinen enthalten.
T15	30 % der Maschinen, die in einer Fabrik arbeiten, sind in flexible Fertigungssysteme integriert.
T19	Kleine Tisch-Werkzeugmaschinen („table tops") sind aufgrund der Miniaturisierung in der Industrie eingeführt.
W9	Zur Erhöhung der Flexibilität wird auch an Hochlohnstandorten nur ein mittlerer Automatisierungsrad realisiert.
W11	80 % der Produktinnovation deutscher Unternehmen entstehen durch Zusammenarbeit mit externen F&E-Einrichtungen.
W14	Alle WZM-Hersteller bieten in großem Umfang Finanzierungsmodelle für Käufer an (Leasing etc.).

Bild 3: Portfolio von Wahrscheinlichkeit der Thesen und Ausgangsposition des deutschen Werkzeugmaschinenbaus

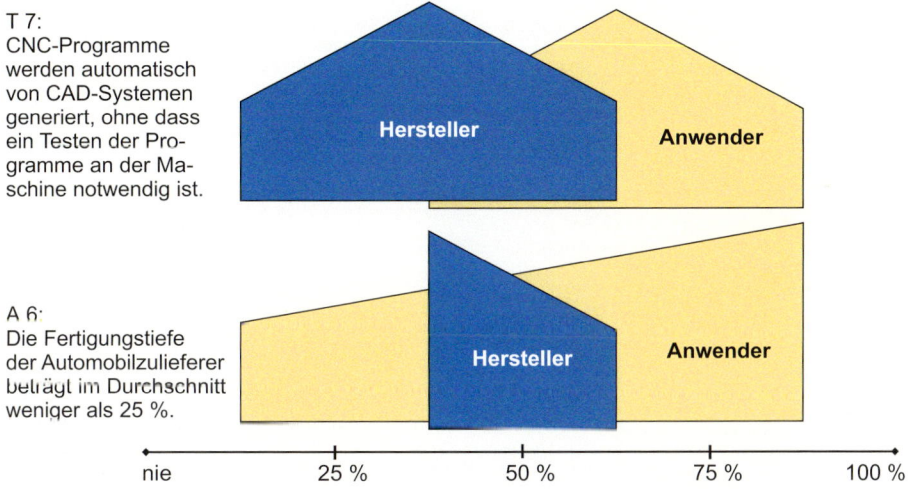

T 7:
CNC-Programme werden automatisch von CAD-Systemen generiert, ohne dass ein Testen der Programme an der Maschine notwendig ist.

A 6:
Die Fertigungstiefe der Automobilzulieferer beträgt im Durchschnitt weniger als 25 %.

Bild 4: Unterschiedliche Wahrscheinlichkeitseinschätzungen von Werkzeugmaschinenherstellern und -anwendern

Quellen:

Newsletter Nr. 3, Verbundprojekt „WZM 20XX – Initiative für die Werkzeugmaschine von morgen", BMBF-Rahmenprogramm „Forschung für die Produktion von morgen". Projektträger: Forschungszentrum Karlsruhe, Produktion und Fertigungstechnologien. Projektpartner: Fraunhofer ISI, Heinz Nixdorf Institut, Verein Deutscher Werkzeugmaschinenfabriken e.V. (VDW)

GAUSEMEIER, J.; KINKEL, S.: Strategische Technologieplanung mit Zukunftsszenarien – Methoden, Hilfsmittel, Beispiele. VDMA-Verlag, Frankfurt, 2008

2.2.2 Trendanalyse

Die Schnelllebigkeit der heutigen Zeit und die rasante technologische Entwicklung führen zu einer zunehmende Verunsicherung der Menschen. Dinge die *„früher institutionell, hierarchisch, sauber zugeordnet, schwarz und weiß eingeteilt werden konnten"* [Hor98] verwischen sich heute zunehmend. Die starke Unsicherheit der Menschen im Umgang mit der Zukunft erfordert es, zukünftige Entwicklungen abschätzen zu können. Die Trendforschung und -analyse setzen hier an, komplexe gesellschaftliche Zusammenhänge zu analysieren und mögliche Auswirkungen aufzudecken. Für uns spielen dabei besonders Entwicklungen eine Rolle, die die Geschäftstätigkeit von Unternehmen beeinflussen.

Ein Trend ist demnach eine mögliche Entwicklung in der Zukunft, die aufgrund einer hohen Wahrscheinlichkeit als relevant für die künftige Geschäftstätigkeit angesehen wird. Trends können zunächst als Bedrohung empfunden werden. Sie erzeugen ein Gefühl des Ausgeliefertseins und führen uns vor Augen, dass wir ein Teil eines komplexen Ganzen sind und nicht autonom und unbeeinflusst agieren können [Hor98].

Die Aufgabe der Trendforschung ist, Prognosen zu treffen, um eben dieser Unsicherheit entgegenzuwirken. Dabei wird eine Einschätzung über die Dynamik von Trends gemacht – Wie stark und wie schnell wird ein Trend eintreffen? Trends sollten darüber hinaus quantifiziert werden – Wie groß ist die Gruppe der Betroffenen eines Trends? Wird nur ein kleiner, marginaler Teil von Personen erreicht oder betrifft der Trend die gesamte Bevölkerung? Trends sollten eine gewisse zeitliche Gültigkeit vorweisen. Im zeitlichen Verlauf lassen sich Trends daher nachvollziehen, überprüfen und fortschreiben bzw. abwandeln [Hor98]. HORX schlägt die folgende Kategorisierung von Trends vor.

Megatrends sind Trends mit einer Halbwertszeit von mehr als zehn Jahren. Diese Trends sind soziographischen oder technologischen Ursprungs und haben Einfluss auf die Gesellschaft. NAISBITT versteht unter Megatrends breit angelegte soziale, wirtschaftliche, politische und technologische Veränderungen. Diese bil-den sich langsam und dauern nach Eintreten lange an. Die Megatrends von NAISBITT beziehen sich auf die gesellschaftliche Gesamtheit [NA92]. Ein Beispiel für einen Megatrend ist die fortschreitende Virtualisierung - die *„Entstehung eines zweiten Universums durch Medien und Computer"* [Hor98].

Konsumententrends beeinflussen das Kaufverhalten der Menschen und Marketing- und Produktkonzeptionen. Ein wichtiger Trend hier ist beispielsweise die Entwicklung „Zurück zu Altbewährtem".

Branchentrends sind Ableitungen von Megatrends und Konsumententrends, die das Geschäft von morgen einer Branche stark beeinflussen. Ein Beispiel ist der Leichtbau in der Fahrzeugtechnik, der aus dem Megatrend der Verknappung der Energieträger und dem Konsumententrend des zunehmenden Umweltbewusstseins resultiert.

POPCORN versteht unter einem Trend Entwicklungen, die langlebig und über verschiedene Märkte und Verbraucheraktivitäten hinweg zu beobachten sind. Darüber hinaus müssen Trends konsistent zu anderen Geschehnissen und Entwicklungen sein [PM99].

Beispiele für Megatrends

„Demographischer Wandel": Während die Bevölkerung im Westen kontinuierlich altern und schrumpfen wird, verzeichnen Entwicklungsländer einen Geburtenboom. Dies wird zu zunehmenden Migrationsströmen und demographischen Verwerfungen führen.

„Neue Stufe der Individualisierung": Der Individualismus ist ein globales Phänomen. Existierende Beziehungsgeflechte verändern sich: Es wird nur noch wenige starke, dafür viele lose Bindungen geben. Daran gebunden wird ein Wandel vom Massenmarkt zum Mikromarkt sein. Selbstversorgung und „Do-it-Yourself-Ökonomie" sind gefragt.

„Neue Mobilitätsmuster": Eine global anwachsende Mobilität steht vor der Herausforderung zunehmender Mobilitätsbarrieren. Parallel zum Ausbau der Verkehrsinfrastrukturen werden verstärkt neue Fahrzeugkonzepte und Antriebstechnologien notwendig.

„Lernen von der Natur": Die Biologie avanciert zur neuen Leitwissenschaft. In diesem Zuge wird die Bionik, die Übertragung biologischer Effekte in die Technik, eine Renaissance erfahren. So werden sich beispielsweise nach dem Vorbild der Schwarmintelligenz neue soziale Organisationsformen bilden.

„Konvergenz von Technologien": Nanotechnologie, Biotechnologie, Informationstechnologie und Kognition (NBIC) sind die zentralen Innovationstreiber. Durch deren Konvergenz wird sich der Fortschritt weiter beschleunigen und neue Impulse für viele andere Anwendungsfelder geben (Medizin, Energie und Materialien).

„Wandel der Arbeitswelt": Durch fortschreitende Automatisierung und dem Übergang vom Produktions- über den Service- in den Wissenssektor geht der Trend zu einer Dynamisierung der Arbeit: Flexible, interaktive, orts- und zeitungebundene Arbeitsstrukturen gewinnen zunehmend an Bedeutung.

„Umsteuern bei Energie und Ressourcen": Die Verknappung strategischer Ressourcen (fossile Energieträger, Frischwasser, Mineralstoffe, Metalle) führt zur verstärkten Nutzung alternativer Energiequellen und nachwachsender Rohstoffe. Der Trend führt zu einer Revolution im Bereich der Energieeffizienz. Gleichzeitig steigt die Bedeutung von dezentraler Energieversorgung.

„Klimawandel und Umweltbelastung": CO_2-Belastung und globaler Temperaturanstieg gehören zu den großen Umweltproblemen. Vor allem Schwellen- und Entwicklungsländer werden vor wachsenden Umweltproblemen stehen. Unternehmen werden eine höhere Verantwortung übernehmen, um die Entwicklung sauberer Technologien voranzutreiben.

„Urbanisierung": Neue Wohn-, Lebens- und Partizipationsformen der Menschen führen zu einer Veränderung der Siedlungsstruktur: Es wird ein starkes Wachstum von „Megacitys" und dadurch ausgelöst eine Entwicklung angepasster Infrastrukturlösungen geben.

Quelle:

[BN08-ol] BURMEISTER, K.; NEEF, A.: Die 20 wichtigsten Megatrends. Unter: http://www.z-punkt.de/fileadmin/be_user/ D_Publikationen/D_Arbeitspapiere/Die_20_wichtigsten_Megatrends_x.pdf am 27. Juni 2008

Die Trendforschung liefert somit eine Reihe von Ansätzen, einsetzende Entwicklungen wahrzunehmen. Diese Ansätze können als Grundlage für die Trendanalyse eines Unternehmens genutzt werden. Trends sind in diesem Sinne Ausdruck von Entwicklungen, die das Geschäft von morgen prägen. Die Trendforschung zeigt, dass sie nicht plötzlich auftreten, sondern sich frühzeitig ankündigen. Aufgabe der Trendanalyse ist es, Trends frühzeitig zu erkennen, sie in Bezug auf die möglichen Auswirkungen auf das Geschäft des Unternehmens zu bewerten und davon ausgehend den Kurs des Unternehmens zu bestimmen. Nach KOTLER und

BLIEMEL haben neue Produkte mit großer Wahrscheinlichkeit Erfolg, wenn sie sich an starken Trends ausrichten [KB95].

Das im Folgenden beschriebene Vorgehen für die Trendanalyse hat sich bewährt. Wie in Bild 2-33 dargestellt, liefert es Chancen und Gefahren, die wiederum zu Handlungsoptionen führen. Liefert die Trendanalyse keine Chancen und nur Gefahren, und bieten sich für die Umgehung bzw. Bewältigung der Gefahren keine Handlungsoptionen an, so liegt es nahe, den Ausstieg aus dem Geschäft in Erwägung zu ziehen. Nachfolgend werden die vier Schritte der von uns praktizierten Trendanalyse beschrieben.

1) **Beschreibung von Trends:** Besonders im ersten Schritt können Ergebnisse aus der Trendforschung einfließen. Trends, die das Geschäft des Unternehmens betreffen, sollen hier aufgenommen und prägnant beschrieben werden. In Bild 2-33 ist dies beispielsweise die Reduktion der Fertigungstiefe. Neben der Nutzung der Trendforschung zur Ermittlung von Trends gibt es vielfältige weitere Informationsquellen wie das Internet, Fachliteratur, Fachmessen, Tagungen, Geschäftsberichte und Patentanmeldungen.

2) **Ranking der Trends:** Die Stärke eines Trends sowie die Wahrscheinlichkeit, mit der ein Trend eintritt, sind zu ermitteln. Ergebnis dieses Schrittes ist eine Priorisierung von Trends, um im Folgenden Chancen und Gefahren für die geschäftsrelevanten Trends abzuleiten. LIEBEL, KLOPP und HARTMANN sprechen hier von der Evidenz und dem Impact eines

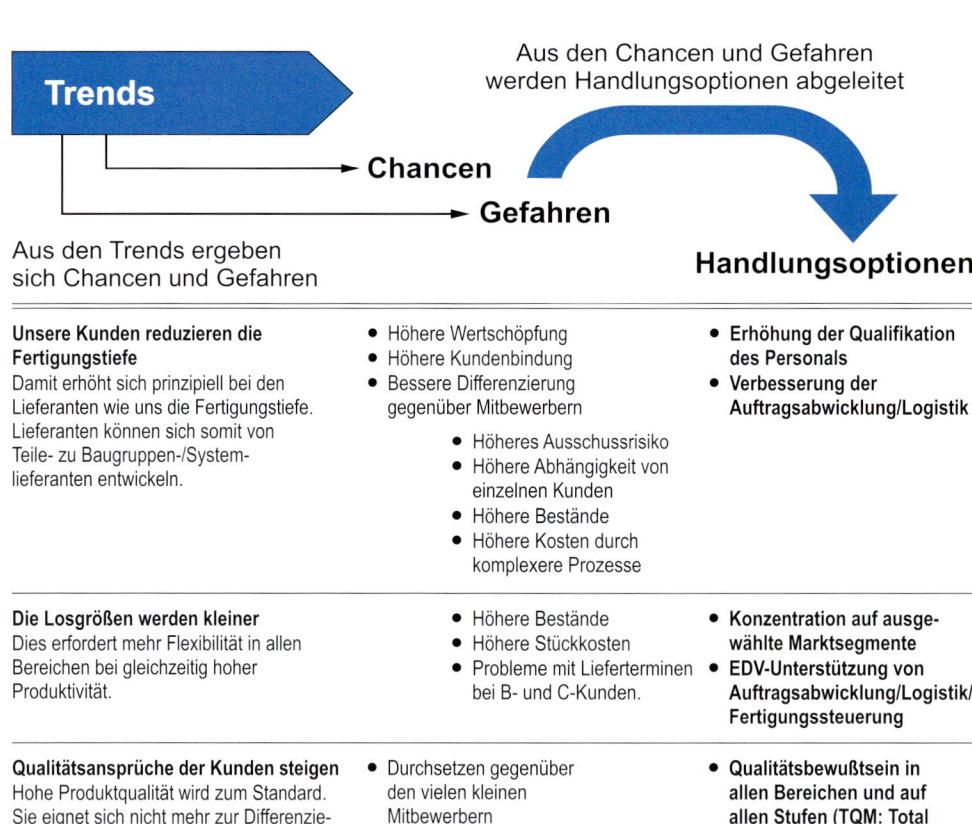

Bild 2-33: Ableitung von Handlungsoptionen aus Trends

Trends. Die Evidenz ist die Wahrscheinlichkeit für das Eintreffen eines Trends und der Impact beschreibt, wie stark ein Unternehmen von einem Trend betroffen ist. Der Impact wird beeinflusst durch das so genannte Trend-Niveau (Wie hoch ist der Innovationsgrad eines Trends?) und die Durchschlagskraft (Wer ist von einem Trend wie stark betroffen?) eines Trends [Lie96], [KH99]. Das Ranking kann aus einfachen Bewertungsverfahren wie dem paarweisen Vergleich hervorgehen oder auf einem Trendportfolio gemäß Bild 2-34 beruhen. Das Portfolio wird durch die Dimensionen „Auswirkungen auf das Unternehmen" und „Eintrittswahrscheinlichkeit" aufgespannt und weist sechs Felder auf. Anhand der Beschreibung der einzelnen Felder lassen sich Hinweise auf Chancen, Gefahren und Handlungsoptionen ableiten.

3) **Ermittlung von Chancen und Gefahren:** Die relevanten Trends bieten Chancen und Gefahren für das Geschäft des Unternehmens. Das Beispiel in Bild 2-33 „Reduktion der Fertigungstiefe" bietet sowohl Chancen als auch Gefahren.

4) **Ermittlung von Handlungsoptionen:** Im Anschluss können aus den ermittelten Chancen und Gefahren Handlungsoptionen abgeleitet werden. Diese treffen eine Aussage darüber, was das Unternehmen tun muss, um die erkannten Chancen zu nutzen und die aufkommenden Gefahren zu vermeiden. Im Beispiel aus Bild 2-33 ist eine Handlungsoption „Erhöhung der Qualifikation des Personals".

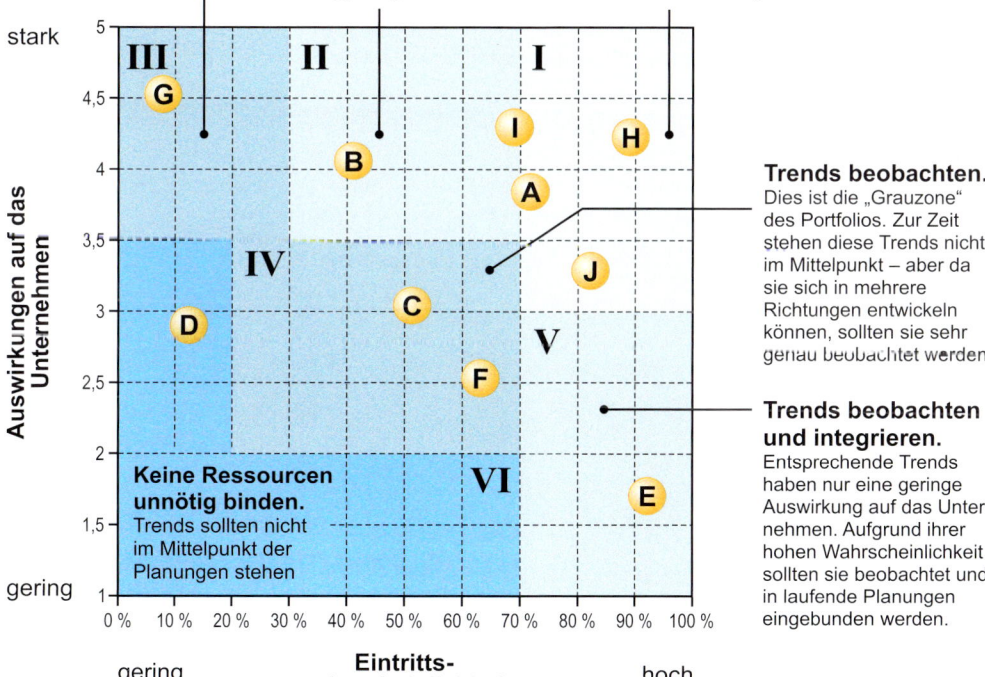

Bild 2-34:   Trendportfolio

Resümee

Die Trendanalyse bietet die Möglichkeit, aufkommende Entwicklungen frühzeitig zu erkennen. Die identifizierten Trends enthalten in der Regel Chancen und Gefahren für das zukünftige Geschäft. Die Trendanalyse ist ein pragmatisches und leicht zu handhabendes Instrument für die Vorausschau. Hauptproblem ist die zuverlässige Erkennung von geschäftsbestimmenden Trends. Des Weiteren werden weder mehrere alternative Entwicklungen nach dem Prinzip der multiplen Zukunft noch Konsistenzbewertungen von Trends zueinander in Betracht gezogen. Insofern ist die Trendanalyse bei weitem nicht so mächtig wie die Szenario-Technik.

2.2.3 Strategische Frühaufklärung

Frühaufklärung ist für Unternehmen ein weiterer Ansatz, sich systematisch mit der Zukunft zu befassen und die Sensibilität der Führungskräfte gegenüber Veränderungen von Märkten und Geschäftsumfeldern zu erhöhen. Den Begriff Frühaufklärung kennen wir aus der Wettervorhersage, der Medizin oder dem Militär. Aber auch die Industrie befasst sich seit längerem mit dem frühzeitigen Erkennen von Veränderungen, die sich zunächst nur sehr schwach bemerkbar machen (Berichte in Zeitungen oder dem Internet, neue Patente, Vorträge auf Seminaren usw.). Frühaufklärung fasst alle Tätigkeiten zusammen, die sich systematisch mit Fragen der Zukunft auseinandersetzen [ML03]. Im Folgenden wird erläutert, wie sich diese wichtige Managementaufgabe entwickelt hat. In der Literatur werden nach Bild 2-35 drei Entwicklungsstufen unterschieden [RW89], [KM93].

- **Frühwarnsysteme:** Als erste Entwicklungsstufe sind die Frühwarnsysteme zu nennen, die als eine spezielle Art von Informationssystem gelten. Der Benutzer soll lediglich durch eine *frühzeitige Ortung von Bedrohungen* „gewarnt" werden. Typische Systemkonzeptionen sind die hochrechnungsorientierten und indikatororientierten Ansätze, die einen Abgleich zwischen einem vorgegebenen Soll- und einem Ist-Stand liefern. Fällt ein Indikator (z.B. der Auftragseingang eines Unternehmens) unter eine festgelegte Toleranzgrenze, warnt das System seinen Benutzer vor einer entsprechenden Bedrohung.

- **Früherkennungssysteme:** Diese gehen über die reine Kontrolle im Sinne von Frühwarnung hinaus. Es wird darüber hinaus versucht, potentielle *Chancen aufzuspüren*. Dazu werden Diskontinuitäten identifiziert, die sich durch schwache Signale ankündigen [Ans76].

- **Frühaufklärungssysteme:** Sie liefern nicht nur Informationen, sondern geben auch *Handlungshinweise* zur Nutzung von Chancen oder zur Abwehr von Gefahren. Frühaufklärung ist nicht ausschließlich eine Methodensammlung, sondern zielt auch auf die Sensibilisierung des Top-Managements gegenüber den schwachen Signalen ab [ML03].

Frühaufklärung in der strategischen Unternehmensführung bezeichnen wir im Folgenden als strategische Frühaufklärung. Sie verarbeitet Informationen über Erfolgspotentiale wie Marktvolumen, Marktentwicklung, Wettbewerbsintensität, Substitutionsentwicklungen auf Produkt- und Prozessebene, Veränderung der Lieferantenmacht etc. Es handelt sich oft um qualitative Informationen, die unstrukturiert vorliegen und durch subjektive Meinungen von Personen oder Gruppen geprägt sind. Im Rahmen der strategischen Frühaufklärung geht es darum, diese Informationen zu ordnen und in die Strategieentwicklung einzubeziehen. Entsprechend Bild 2-36 gliedert sich die strategische Frühaufklärung in sieben Phasen; das Vorgehen ist idealtypisch und sieht eine zyklische Bearbeitung vor. Ob und mit wieviel Aufwand

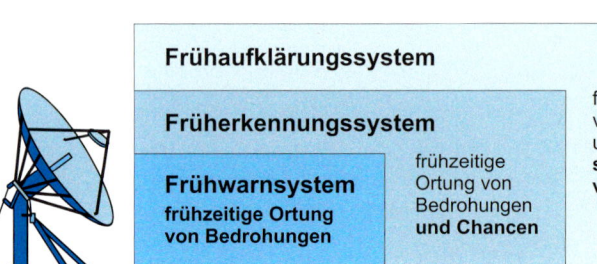

Bild 2-35:   Historische Entwicklung zum Frühaufklärungssystem [RW89]

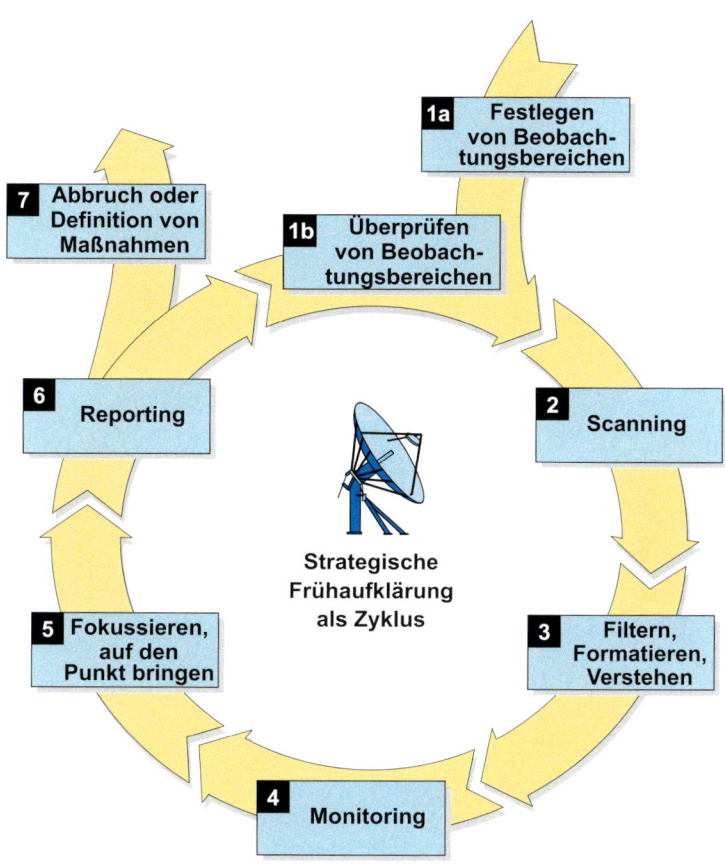

Bild 2-36: Idealtypisches Konzept zur strategischen Frühaufklärung

die einzelnen Phasen zu durchlaufen sind, muss fallspezifisch entschieden werden.

1a) Festlegen von Beobachtungsbereichen: Dies ist der Einstieg in den Zyklus. Es handelt sich hier um die Bereiche, in denen Informationen über strategisch relevante Entwicklungen aus dem Unternehmensumfeld aufgespürt werden sollen. Es ist darauf zu achten, nicht vorschnell Bereiche auszuschließen. Oft ergeben sich Denkanstöße für wichtige Erkenntnisse aus ganz anderen Bereichen als den vertrauten. Ein Beispiel ist die Agfa AG, die im Jahre 2004 den hochdefizitären Geschäftsbereich Fotografie verkaufte, da sie den Untergang der Fotochemie und die aufkommende digitale Fotografie nicht frühzeitig antizipierte. Grundsätzlich können Beobachtungsbereiche nach den Kriterien Märkte, Zulieferer, Technologie, Ökonomie, Ökologie und Gesellschaft etc. gegliedert werden. Beispiel: Die Kernkompetenz eines Unternehmens aus der Auto-

matisierungstechnik ist die Datenübertragung im Feld. Das Unternehmen sucht Informationen aus dem Bereich „Kommunikationstechnik/Datenübertragung".

2) Scanning: Dies ist ungerichtetes, offenes Beobachten der Umwelt mit dem Ziel, neue Informationen aufzuspüren. Ähnlich einem 360°-Radar werden die zuvor definierten Beobachtungsbereiche nach Informationen durchsucht. Am Ende des Scannings steht eine große Anzahl von Informationen, die noch zu verarbeiten ist. Beispiel: Nach der Suche in einschlägigen Quellen liegt nun eine große Anzahl an Informationen rund um das Thema „Möglichkeiten der Datenübertragung" vor.

3) Filtern, Formatieren, Verstehen: Die durch das Scanning gefundenen Informationen müssen handhabbar gemacht werden. Wichtige Hinweise werden herausgefiltert, Redundanzen bereinigt und zusammengehörige Informationen in Beziehung gesetzt. Nachdem die Informationen aufbereitet sind, wird entschieden, welche Themen weiter beobachtet werden sollen und zu welchen weitere Angaben eingeholt werden sollen. Beispiel: Durch die Aufbereitung der gefundenen Informationen können diese vier übergeordneten Themenbereichen zugeordnet werden: analoge, digitale, drahtgebundene und drahtlose Verfahren der Datenübertragung. Das Unternehmen entscheidet sich, den Themenbereich der drahtlosen Datenübertragung weiterzuverfolgen.

4) **Monitoring:** In dieser Phase soll ein tieferes Verständnis für die ausgewählten Informationen entwickelt werden. Insbesondere ist festzulegen, ob diese neue, geschäftsbestimmende Trends ergeben oder ob die Informationen zwar interessant, aber nicht von strategischer Bedeutung sind. Das Monitoring erfolgt im Gegensatz zum Scanning gerichtet, d.h. es ist bekannt, was gesucht wird. Beispiel: Das fokussierte Beobachten der einschlägigen Quellen liefert detaillierte Informationen über Ausgangszustand und Entwicklungen im konkretisierten Themenbereich „drahtlose Datenübertragung". Stagnierender Erkenntnisgewinn dient dem betrachteten Unternehmen dabei als Indikator, um diese Phase zu beenden.

5) **Fokussieren, auf den Punkt bringen:** Hier werden die gesammelten Informationen so aufbereitet, dass ein prägnantes Gesamtbild entsteht; es kommt zu einer Reduktion der Komplexität [KH99]. Die ermittelten Trends sind in Beziehung zu setzen. Somit wird auch die Wechselwirkung der Trends deutlich. Ferner werden die Informationen nach ihrer strategischen Wichtigkeit bewertet. Neue Ansätze zur Entwicklung von Strategien werden festgehalten. Beispiel: Die Analyse der beim Monitoring gefundenen Informationen stellt WLAN, WUSB, Bluetooth, ZigBee, RFID etc. als die wichtigsten Verfahren für den kabellosen Datenaustausch zwischen Applikationen heraus, deren primäres Anwendungsgebiet die Office- und Multimedia-Kommunikation ist.

6) **Reporting:** Darunter ist die Benachrichtigung der Entscheidungsträger zu verstehen. Dazu müssen die Informationen so aufbereitet sein, dass diese rasch die Lage erfassen und die erforderlichen Weichenstellungen vornehmen können. Wichtig sind hier die Beschreibungen der Chancen und Risiken im Hinblick auf die Weiterentwicklung des Geschäfts sowie Bedrohungen für das etablierte Geschäft von heute. Beispiel: Die Leitung des betrachteten Unternehmens ist davon überzeugt, dass durch die Anwendung der drahtlosen Datenübertragung hohe Nutzenpotentiale erschlossen werden können. Risiken werden auf dem Gebiet der Übertragungssicherheit gesehen.

7) **Abbruch oder Definition von Maßnahmen:** Im Falle einer nicht hinreichenden strategischen Relevanz der identifizierten Trends empfiehlt sich der Abbruch des aktuellen Zyklus der strategischen Frühaufklärung, um Ressourcen nicht unnötig zu binden. Sind die Trends hingegen relevant und liegen genügend fundierte Informationen vor, drängen sich Maßnahmen auf. Beispiel: Die Unternehmensleitung vereinbart als erste Maßnahme eine Machbarkeitsstudie, um die Potentiale der drahtlosen Datenübertragung im Feld besser abschätzen zu können.

1b) **Überprüfung von Beobachtungsbereichen:** Am Ende des Zyklus stellt sich häufig die Frage, ob man auch wirklich in den richtigen Bereichen gesucht hat. Selbst wenn klar ist, wofür man Informationen sucht, kann es sein, dass andere Beobachtungsbereiche wichtige Informationen liefern können. So bietet es sich im Fall der Suche nach Informationen über Fußgängerschutz im Automobilbau an, auch in Bereichen wie Gesetzgebung, Mobilität und Unfallchirurgie zu suchen. Beispiel: Im Fall der Datenübertragung in der Industrieautomatisierung könnten weitere Beobachtungsbereiche die Medizinelektronik und Gefahrenmanagementsysteme (u.a. Brandmeldeanlagen) sein, weil es hier auf sichere Datenübertragung ankommt und entsprechende Lösungen zu erwarten sind.

Bisher wurde die strategische Frühaufklärung im Kontext des Aufspürens von Trends betrachtet, die als Input für die Strategieentwicklung dienen. Allerdings können auch schon bestehende Strategien mit Hilfe der strategischen Frühaufklärung auf ihre Sinnhaftigkeit überprüft werden. Denn Veränderungen deuten häufig auch darauf hin, dass eine eingeschlagene Strategie bald obsolet wird. Das läuft auf ein Prämissen-Controlling hinaus, auf das wir im Kapitel 3.5.2 näher eingehen. Die strategische Frühaufklärung kann die Szenario-Technik ergänzen, indem Informationen zu Indikatoren und zu neuen Projektionen gewonnen werden. Insbesondere kann die Frühaufklärung helfen, die Indikatoren zu überwachen und so Hinweise für das Eintreten bzw. Nichteintreten desjenigen Szenarios geben, auf dem die Strategie eines Unternehmens beruht.

General Electric Plastics – Ein Beispiel für den erfolgreichen Umgang mit schwachen Signalen im Rückblick

Durch die ständig wachsende Anforderung des Leichtbaus an Komponenten und Systeme des Automobils unterliegen Zulieferer heutzutage immer mehr dem Trend zum Einsatz von Leichtmetallen und Kunststoffen. Unterstützt wird diese Entwicklung durch das wachsende Bewusstsein der Menschen für Umwelt- und Naturschutz sowie anderen Einflussfaktoren aus Ökologie und Ökonomie. So entfallen derzeit 10 bis 15 % des Gesamtfahrzeuggewichts auf Kunststoffe und Elastomere [BMN99]. Die Entwicklung neuer Hochleistungskunststoffe und der zugehörigen Verarbeitungstechnologien unterstützt die Nachfrage nach neuen intelligenten Leichtbaulösungen. Wer diesen Markt beobachtet und es versteht, die schwachen Signale zu deuten, kann Chancen frühzeitig erkennen und Überraschungen vermeiden.

In den vergangen zwei Jahrzehnten fanden sich viele Anzeichen für die oben beschriebene Entwicklung. So war beispielsweise am 1. Oktober 1988 im Manager Magazin [GE88] der im Folgenden verkürzt dargestellte Artikel zu entdecken:

„Der Stoff der Zukunft: Technische Kunststoffe machen Metall und Glas Konkurrenz: Für Autos und Elektrogeräte ist Plastik als wichtiger Werkstoff längst auf dem Weg nach vorn. Ein weithin unbekannter Außenseiter, General Electric (GE), zeigt den Chemieriesen Bayer, BASF und Hoechst, wie mit dem neuen Material Geschäfte gemacht werden."

Viele Halbzeuge und Komponenten können mit Kunststoffen besser und preiswerter hergestellt werden. Diesen Trend unterstützen die etablierten Chemieunternehmen durch ständig weiterentwickelte Rohstoffmischungen. Die Materialabteilung der US-Unternehmensgruppe General Electric (GE) war bis Ende der 80er Jahre weithin unbekannt. In den letzten zehn Jahren jedoch wuchs GEP doppelt so schnell wie vergleichbare Unternehmen der Chemieindustrie. Das Unternehmen konzentrierte sich auf eine kleine Produktpalette mit Kunststoffgranulaten für besonders hitzebeständige, schlagfeste oder transparente Präzisionsteile. Zielgruppe waren u.a. die europäischen Automobilhersteller.

Wird der Artikel aus heutiger Sicht unter dem Aspekt der schwachen Signale beurteilt, stellt sich heraus, dass GEP sich erfolgreich bei den Automobilherstellern etabliert hat. In den Fahrzeugen wie dem Renault Scenic und Clio, der A-Klasse von Mercedes Benz und dem VW New Beetle hat der Kunststoff die Stahlkotflügel substituiert. In der Automobilindustrie wird noch weiter gedacht: Die komplette Außenhaut und Crash-beanspruchte Komponenten sollen aus Kunststoff gefertigt werden. GEP Techniker denken sogar soweit, dass Automobildächer aus Organoblechen (thermoplastische Kunststoffplatten mit Glasfaserstrukturen) komplett aus einem Verarbeitungsautomaten kommen. Sie gaben daher die Alpha 1, den größten Verarbeitungsautomaten der Welt bei Krauss-Maffei in Auftrag [Här02].

General Electric Plastics hat frühzeitig Veränderungen erkannt und diese konsequent als Chance genutzt.

Literatur:

[BMN99] Beresheim, G.; Mitschang, P.; Neitzel, M.: Neuste Entwicklungen beim Einsatz faserverstärkter Kunststoffe im Automobilbau. In: Tagungsband „Vision Kunststoff-Automobil 2010". Bad Nauheim, 1999

[Här02] Härtel, W.: Issueorientierte Frühaufklärung. Dissertation, Fakultät für Maschinenbau, Universität Paderborn, HNI-Verlagsschriftenreihe, Band 114, Paderborn, 2002

[GE88]   GE Plastic: Der Stoff der Zukunft. Für Autos ist Plastik als wichtiger Werkstoff längst auf dem Weg nach vorn. Manager Magazin, 1. Oktober 1988, S. 266ff

Resümee

Strategische Frühaufklärung ist eine ganzheitliche Konzeption zum Umgang mit den Chancen und Risiken der Zukunft. Dazu werden Informationen, die oft in unstrukturierter und qualitativer Art vorliegen, erfasst, gefiltert, formatiert und interpretiert. Allerdings ist diese Konzeption in einem Unternehmen zu implementieren, da es keine unmittelbar einsetzbaren Lösungen gibt. Die im Folgenden beschriebenen Methoden der Bibliometrie und des Information Retrieval sind für den Aufbau einer strategischen Frühaufklärung von hoher Bedeutung – nicht zuletzt deshalb, weil diese Methoden durch einsetzbare Software-Werkzeuge unterstützt werden.

2.2.4 Bibliometrie

Wissen wird unter anderem durch Publikationen repräsentiert. Publikationen sind elementarer Bestandteil wissenschaftlicher Tätigkeit. Sie verkörpern das Ergebnis der Forschungsanstrengungen und sind Ausdruck der Reputation von Wissenschaftlern. Allerdings ist die Anzahl der Publikationen in den vergangenen Jahrzehnten extrem gestiegen, nicht von ungefähr gibt es den Begriff Wissensexplosion. Nach dem Brockhaus existieren gegenwärtig 100.000 bis 200.000 periodisch erscheinende wissenschaftliche Zeitschriften; Mitte des 19. Jahrhunderts waren es 1.000. Täglich erscheinen rund 20.000 Fachveröffentlichungen aus Naturwissenschaft und Technik; 1950 waren es 2.000. Der derzeit 15,5 Millionen Patente umfassende World Patents Index verzeichnet etwa 1,5 Millionen neue Patente pro Jahr. Selbst in einer eher eng begrenzten Domäne wie der Mechatronik ist die Anzahl der Publikationen so hoch, dass diese von einigen wenigen Personen nicht mehr gelesen werden können. Gezielt Wissen aus der großen Informationsmenge zu ziehen ist fast unmöglich. Daher sind Verfahren notwendig, welche die Informationsmenge derart strukturieren, dass die gewonnenen Informationen den Blick auf den Kern des gewünschten Wissens lenken. Die Verfahren der Bibliometrie können hier helfen.

Bibliometrie ist die quantitative Untersuchung von Publikationen mittels mathematischer und statistischer Verfahren [Raa03]. Die Grundlage bilden quantitativ und objektiv nachvollziehbare Messgrößen wie Publikations- und Zitationsmaße [LS04]. Die bibliometrischen Verfahren werden in eindimensionale und zweidimensionale Verfahren unterteilt.

- **Eindimensionale Verfahren:** Diese Verfahren basieren auf einem einfachen Auszählen von bibliographischen Elementen, wie zum Beispiel der Anzahl der Publikationen pro Autor oder pro Institution, um Hinweise auf die Publikationsintensität von Forschungsstellen etc. zu gewinnen. Zu diesen Verfahren gehören die Publikations- und Zitationsanalyse. Derartige Verfahren betrachten die Publikation als Ganzes; der eigentliche Inhalt wird nicht berücksichtigt [Cha08].

- **Zweidimensionale Verfahren:** Mit diesen Verfahren wird das gemeinsame Auftreten von bibliographischen Elementen untersucht. Zu den zweidimensionalen Verfahren gehören die Co-Zitations-Analyse und die Co-Wort-Analyse [KS98]. Mit diesen Verfahren lassen sich sowohl Textinhalte als auch inhaltliche Zusammenhänge zwischen Texten betrachten. Sie dienen unter anderem dazu, die Struktur und die zeitliche Dynamik der Forschungslandschaft zu verdeutlichen. Beispielhafte Fragestellungen sind: Welche Technologie wird zunehmend in einem bestimmten Anwendungskontext genannt? Welche Institutionen befassen sich intensiv mit welchen Technologien?

Eindimensionale Verfahren

Das Auszählen von Publikationen unter quantitativen Gesichtspunkten ist Gegenstand der **Publikationsanalyse.** Ziel ist es, die Aktivität von Autoren, Institutionen, Ländern etc. beurteilen zu können [SSW+89]. Sie beruht auf der Annahme, dass die Wissenschaftler, die etwas Wichtiges zu sagen haben, ihre Erkenntnisse in Fachzeitschriften und Büchern veröffentlichen.

Publikationsanalysen werden häufig angewendet, um die Bedeutung von Schlüsselpersonen bzw. Schlüsselinstitutionen in einem Wissenschaftsgebiet zu identifizieren. Eine weitere Anwendung der Publikationsanalyse ist die Analyse des Publikationsaufkommens bezüglich eines Fachbegriffes. So kann festgestellt werden, wann ein Fachbegriff zum ersten Mal aufgetreten ist und wie sich seine Verwendung zeitlich entwickelt hat. Auf diese Weise lassen sich Trends ableiten. Im Rahmen einer von uns durchgeführten Untersuchung wurde die Bedeutung der Technologie MID (Molded Interconnect Devices) untersucht. Die Technologie MID integriert sowohl mechanische als auch elektronische Funktionen in einem Bauteil. Sie bietet die Vorteile der Miniaturisierung, Reduzierung der Teilezahl und Erhöhung der räumlichen Gestaltungsfreiheit. Ziel der Untersuchung war es zu ermitteln, wie aktuell die Technologie MID ist und wann diese zum ersten Mal diskutiert wurde.

Bibliometrische Kennzahlen sind heute bei zahlreichen Evaluationen von Bedeutung. Bei der Verwendung von Publikationsmaßen gilt es jedoch, handwerkliche Fehler zu vermeiden. Dazu gehören ein ausreichend langer Untersuchungszeitraum sowie eine zusätzliche Qualitätsgewichtung der Publikationen. So werden zum Beispiel kurze Artikel geringer gewichtet als lange, oder es wird berücksichtigt, dass Artikel mehrfach publiziert werden [LS04].

Unter dem Begriff Zitationen sind zitierte Publikationen zu verstehen. Diese werden im Rahmen der Zitationsanalyse ausgezählt. Die Grundannahme der **Zita-**tionsanalyse ist, dass wichtige Literatur häufiger zitiert wird als weniger wichtige. Werden Zitationen zur Anzahl der Publikationen in Beziehung gesetzt, so lassen sich Zitationsraten (= Anzahl der Zitationen pro Publikation) für einzelne Autoren, für Forschungsgruppen, für Institutionen etc. bilden [WW84]. Hierbei ist es das Ziel, die Wirkung eines Autors etc. zu messen. Nach ANTHONY VAN RAAN lassen sich Zitationen wie Stimmen in einer Wahl interpretieren und sind somit eine Art Qualitätsurteil [Raa03].

Eine weitere mögliche Anwendung der Zitationsanalyse ist die Untersuchung des Wissenstransfers zwischen verschiedenen Disziplinen. Durch Auszählen der disziplinenübergreifenden Zitationen kann festgestellt werden, inwieweit die Arbeitsergebnisse einer Disziplin eine Breitenwirkung entfalten. Für eine solche Untersuchung wird angenommen, dass Zitationen ein Anzeichen der Relevanz früherer Arbeiten für die heutige Forschung sind [RLB02].

Bei der Zitationsanalyse müssen wie bei der Publikationsanalyse die unterschiedlichen Publikations- und Zitationsgewohnheiten in den verschiedenen Disziplinen berücksichtigt werden.

Zweidimensionale Verfahren

Die **Co-Zitations-Analyse** untersucht das gemeinsame Auftreten von Zitationen. Sie legt folgende Annahme zugrunde: je häufiger zwei Veröffentlichungen zusammen im Literaturverzeichnis dritter Publikationen aufgeführt werden, und somit zusammen co-zitiert werden, desto wahrscheinlicher ist auch ihre inhaltliche (kognitive) Nähe [WS02].

Die Co-Zitations-Analyse beruht allein auf der Auswertung der Ströme formaler Kommunikation (Publikationen und Zitationen) und ist damit unabhängig von bestehenden Klassifikationsschemata, disziplinären Zuordnungen und subjektiven Sichtweisen einzelner Experten. Es werden lediglich die durch die publizierenden Forscher selbst realisierten kognitiven Bezüge genutzt, um aktuelle Forschungsfronten zu identifizieren und ihre Relationen zueinander darzustellen [WS02].

Das exponentielle Wachstum von Wissen in den letzten Jahrzehnten hat zu einer immer größer werdenden Innendifferenzierung und Spezialisierung geführt. Dabei entstehen neue Spezialgebiete häufig gerade an den Grenzen der großen etablierten Disziplinen bzw. im Spannungsfeld mehrerer Disziplinen. Durch die Co-Zitations-Analyse können Forschungsfronten auch über die Grenzen von Disziplinen hinweg erkannt werden.

Die **Co-Wort-Analyse** ist der Co-Zitations-Analyse in Vorgehensweise und Zielsetzung sehr ähnlich. Der Unterschied besteht darin, dass bei der Co-Wort-Analyse nicht das gemeinsame Auftreten von Zitationen, sondern von Schlüsselworten auf eine Beziehung zwischen Publikationen hinweist. Dazu werden die Inhalte von Dokumenten auf wenige Schlagworte verdichtet. Schlagworte können Fachausdrücke, Produktnamen, Autoren etc. repräsentieren. Eine Möglichkeit der Darstellung der Ergebnisse sind so genannte Wissenslandkarten.

Bild 2-37 zeigt eine **Wissenslandkarte**: Die Kugeln stellen die Schlüsselworte dar, deren Durchmesser ein Maß für die absolute Häufigkeit der Nennung sind. Die Linienstärke einer Verbindung zwischen zwei Schlüsselworten steht für die relative Co-Häufigkeit, also die Häufigkeit des gemeinsamen Auftretens. Des Weiteren werden ähnliche Gebiete nah zusammen dargestellt. Die Ähnlichkeit wird mit der Clusteranalyse ermittelt, welche die Schlagworte auf Basis ihrer Co-Häufigkeit gruppiert. Dadurch lassen sich interdisziplinäre Beziehungen leicht erkennen. Diese Darstellungsweise ermöglicht es, auf Basis regelmäßiger Analysen Trends zu erkennen, die durch Extrapolation auch Vorhersagen zulassen. So kann beispielsweise verdeutlicht werden, ob sich Schlüsselworte im Laufe der Zeit einander annähern oder voneinander entfernen. Zudem können Schlüsselworte identifiziert werden, die neu sind [Raa03].

In dem Beispiel wird das Schlagwort AR (Augmented Reality) mit einer großen Kugel dargestellt. Das bedeutet, dass AR relativ häufig in den Publikationen genannt wird. Die verhältnismäßig breite Verbindungslinie zum Schlagwort Automobilindustrie zeigt an, dass die beiden Begriffe häufig zusammen in den analy-

sierten Publikationen vorkommen. AR spielt also als Technologie in der Automobilindustrie eine besondere Rolle. Das Schlagwort VR (Virtual Reality) liegt sehr nah an dem Begriff AR. Ihre Nähe deutet auf eine große Ähnlichkeit hin.

Da in der zugrunde liegenden Datenbasis vielfältige Beziehungen bestehen, geben die Wissenslandkarten auch mehr Informationen als zunächst in Bild 2-37 dargestellt. Beispielsweise existieren Beziehungen zwischen Schlagworten, Publikationen und Autoren. Dementsprechend ist es möglich, die Schlagworte in einer Farbe zu markieren, die von dem Autor x propagiert werden.

Wir sehen einen besonders großen Nutzen in der Co-Wort-Analyse. Dieser liegt im Erkennen von Technologie-Trends und der Bewertung von Entwicklungen ausgewählter Technologien. Daher gehen wir im Folgenden etwas näher auf die Anwendung der Co-Wort-Analyse ein. Dies erfolgt anhand des in Bild 2-38 dargestellten Vorgehensmodells.

1) Themenfindung: In der ersten Phase wird zunächst festgelegt, zu welchem Thema eine Co-Wort-Analyse durchgeführt werden soll. Das kann zum Beispiel ein Technologiefeld wie AR sein.

2) Detaillierung: Durch die Strukturierung der Aufgabenstellung werden die zu beantwortenden Fragestellungen festgelegt. Mögliche Fragestellungen sind zum Beispiel: Wer sind die Schlüsselpersonen auf dem Gebiet AR und womit beschäftigen sich diese im Einzelnen? Welche Technologien im Bereich AR sind weit verbreitet und welche sind auf dem Vormarsch? Abhängig von den Fragestellungen wird die zu recherchierende Datenbasis identifiziert.

3) Recherche: Die relevanten Publikationen werden gesammelt. Als Quelle können hier Literaturdatenbanken dienen. Unter Umständen sind die recherchierten Publikationen noch in ein einheitliches Format zu bringen.

4) Analyse: Aus den Publikationen werden die Schlagworte extrahiert. Das kann mit Hilfe von linguisti-

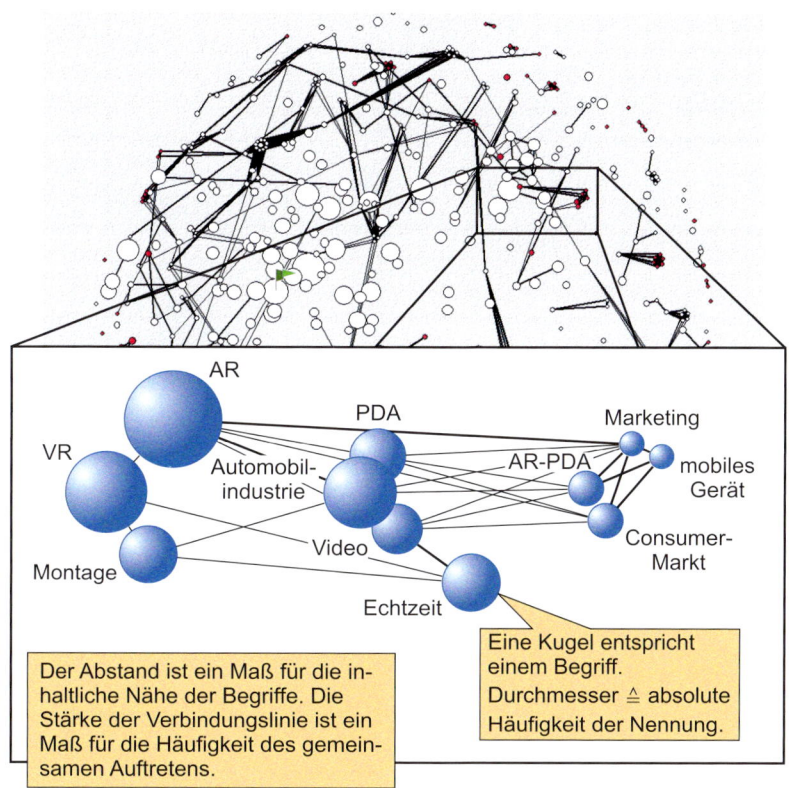

Bild 2-37: *Beispiel (Auszug) einer Wissenslandkarte nach BibTechMonTM (Austrian Research Centers, Seibersdorf)*

schen Algorithmen geschehen. Alternativ können die Schlagworte auch von Experten vergeben werden. Anschließend werden die Häufigkeiten bzw. die Co-Häufigkeiten berechnet.

5) Visualisierung: Die Ergebnisse der Analyse werden mit Hilfe von Wissenslandkarten dargestellt, wie eine beispielhaft in Bild 2-37 gezeigt ist.

Es bietet sich an, die Co-Wort-Analyse periodisch, z.B. jährlich, durchzuführen. Dadurch lässt sich die zeitliche Dynamik eines Wissensgebietes gut erkennen.

Resümee

Allein durch Lesen gezielt Wissen aus einer extrem großen Informationsmenge von Publikationen zu ziehen, ist fast unmöglich. Maschinelle Verfahren helfen hier weiter. Durch die regelmäßige Anwendung der vorgestellten Verfahren, insbesondere der zweidimensionalen Verfahren lassen sich wertvolle Hinweise auf Trends und Veränderungen gewinnen. Besonders ge-

eignet erscheint uns die regelmäßige Auswertung von Publikationen der Grundlagenforschung und angewandten Forschung (dazu zählen insbesondere auch die Dissertationen), weil dadurch ein guter Beitrag für die strategische Frühaufklärung geleistet werden kann. Als Nachteil ist der relativ hohe Aufwand für die Aufbereitung der zu analysierenden Informationsmenge zu nennen. Insgesamt gesehen überwiegen die Vorteile der Bibliometrie deutlich.

2.2.5 Information Retrieval

Durch Internet und kommerzielle Datenbanken steigt die Verfügbarkeit von Informationen stark an. Hinzu kommen weitere Quellen wie Fachliteratur, Newsletter, Technologieberichte, E-Mails usw. Ganz offensichtlich mangelt es uns nicht an Informationen; paradoxerweise sind wir aber nicht gut informiert. Das Problem liegt nicht mehr im Zugang zu Informationen; es liegt in der unstrukturierten Ablage. Eine Konsequenz daraus ist, dass das Extrahieren von relevanten Informationen aus einem großen Informationspool mehr Zeit

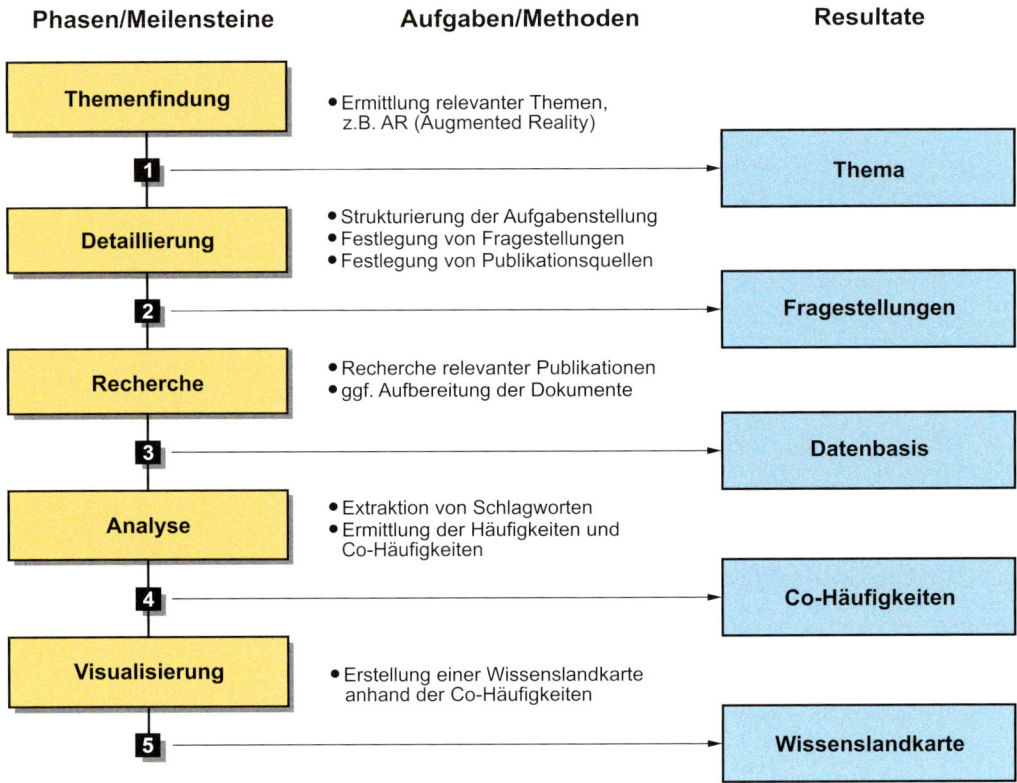

Bild 2-38:   Vorgehen bei der Anwendung der Co-Wort-Analyse

in Anspruch nehmen kann, als deren Analyse. Es fehlt die nötige Transparenz, um relevante Informationen gezielt in internen und externen Quellen zu identifizieren. Informationen sind aber nur dann wertvoll für ein Unternehmen, wenn sie auf Abruf zur Verfügung stehen [Xtr06], [PRR03].

Verfahren des Information Retrieval setzen hier an. Sie beschäftigen sich mit der Suche und Identifizierung von Informationen aus einer großen unstrukturierten Menge; das deckt sich mit dem Scanning im Prozess der strategischen Frühaufklärung. Zum Beispiel können anhand von im Internet gesammelten Daten automatisiert Marktanalysen erstellt werden, indem die relevanten Informationen erkannt, extrahiert und verdichtet werden[SMG+05].

Der Prozess des Information Retrievals gliedert sich in zwei Bereiche: zum einen in das **Extrahieren** der relevanten beschreibenden Features der Dokumente und zum anderen in das **Berechnen von Ähnlichkeitsmaßen**, um ähnliche Dokumente und eine Überein-

stimmung mit einem Benutzerprofil zu identifizieren [BLN04].

In Bild 2-39 ist die Funktionsweise eines Information-Retrieval-Systems gezeigt. Dargestellt sind die Phasen für die Dokumentensuche (Nachfragerseite N1-N5) sowie parallel dazu für die Dokumentenbereitstellung (Anbieterseite A1-A4). Beide Prozesse sind zeitlich voneinander unabhängig. Es ist jedoch zu beachten, dass vor der Suche zunächst Dokumente eingestellt und indiziert werden müssen. Das bedeutet, dass als erstes die relevanten, beschreibenden Merkmale der Dokumente (das sind in der Regel die Schlagwörter eines Dokumentes) extrahiert werden müssen. Die indizierten Dokumente werden in so genannten Indexdateien sortiert und referenziert. Die Indexdateien beschreiben damit den zur Verfügung stehenden Informationspool. Der Suchende gibt dann eine Anfrage Q in das IR-System ein. Abhängig von der Strukturierung der Dokumente beziehen sich Anfragen auf bestimmte Merkmale (z.B. Autor, Titel, Erscheinungsdatum) oder erlauben eine generelle Volltextsuche. Hierbei werden die eingegebenen Suchworte oft mittels boolescher Logik (AND, OR, NOT etc.) verknüpft. Die rechnerinterne Darstellung der Anfrage wird dann mit den Dokumentenindizes der Indexdateien verglichen. Es wird somit ein Ähnlichkeitsmaß zwischen Anfrage und Dokumenten berechnet. Je nach Retrieval-Modell werden dann entsprechende Verweise auf Dokumente aus den Indexdateien je nach Grad der Übereinstimmung (Matching) dem Suchenden als Liste geordnet angezeigt.

Es existiert eine Vielzahl von Retrieval-Verfahren, welche auch als Matching-Verfahren bezeichnet werden. BELKIN/CROFT unterscheiden **exaktes** (Boolsches Retrie-valmodell) und **partielles Matching** (z.B. Vektorraummodell, Probabilistisches Retrievalmodell). Während bei ersterem eine 100%ige Übereinstimmung von Anfrage und Ergebnis notwendig und somit auch kein Sortieren der Dokumente gemäß ihrer Relevanz zur Suchanfrage möglich ist, führen beim partiellen Matching auch vage Anfragen zu einem Ergebnis [BC87].

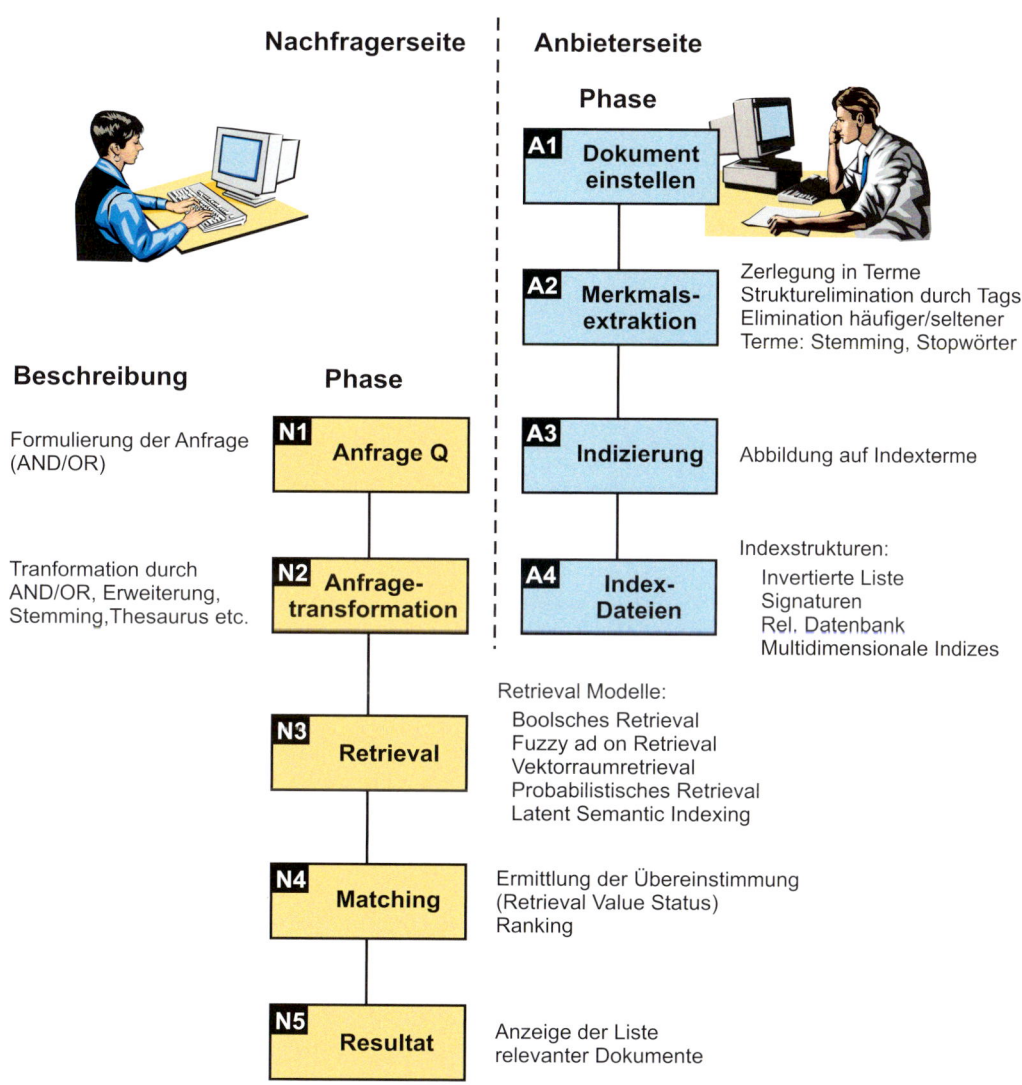

Bild 2-39: Funktionsweise eines Information-Retrieval-Systems nach KESPOHL [Kes03]

Der Informationminder

Detailliertes Wissen über Märkte, Produkte und Wettbewerber ist unabdingbar für strategische Entscheidungen in jedem Unternehmen. In einer großen Menge von unstrukturierten Informationen wie zum Beispiel dem Internet oder Datenbanken ist es schwer, nur die relevanten Informationen herauszufiltern.

Das Software-Tool *Informationminder* unterstützt die effektive Suche nach relevanten Informationen. Das Werkzeug wurde von der *Xtramind Technologies GmbH* in Saarbrücken entwickelt, die 2000 als Spin-Off des DFKI (Deutsches Forschungszentrum für Künstliche Intelligenz) gegründet wurde. Das System wurde ursprünglich zur Markt- und Wettbewerbsbeobachtung entwickelt, um mit Hilfe des gesammelten Wissens über Wettbewerber, Märkte, Produkte, Technologien etc. im Kontext eines Frühwarnsystems strategische Entscheidungen zu unterstützen.

Mögliche Informationsquellen für diese unternehmensrelevanten Informationen sind zum Beispiel das Internet, Portale, Newsgroups, Suchmaschinen, Intranet usw. In dem Bild ist die Funktionsweise des Tools *Informationminder* dargestellt:

Informationsquellen: Es können zum einen externe Datenquellen wie das Internet, Newsletter, Pressedienste etc. und zum anderen interne Quellen wie das Intranet, Datenbanken, Archive etc. als Informationsquelle eingebunden werden.

Informationen automatisiert sammeln und aufbereiten: Die Informationsquellen werden mit Hilfe von intelligenten Agenten nach für den Benutzer interessanten Informationen durchsucht. Die gefundenen Dokumente werden teilautomatisch in das System importiert und vorab definierten Informationskategorien zugeordnet. Die Unterscheidung zwischen relevanten und irrelevanten Dokumenten erfolgt mittels eines automatisierten Abgleichs auf Grundlage vom Benutzer im Vorfeld bewerteten Beispieldokumenten. Auf diese Weise lässt sich ein themenspezifischer Pool aus benutzer- bzw. unternehmensrelevanten Informationen aufbauen.

Informationen interaktiv nutzen: Dieser Wissenspool kann nach Informationen zu spezifischen Fragestellungen durchsucht werden. Im Vergleich zum vorherigen Schritt kann dies detaillierter und spezifischer erfolgen. Zusätzlich zu einer nach Relevanz geordneten Liste von Dokumenten werden dem Benutzer des Weiteren so genannte Assoziationen angezeigt. Das sind Begriffe, die besonders häufig ge-

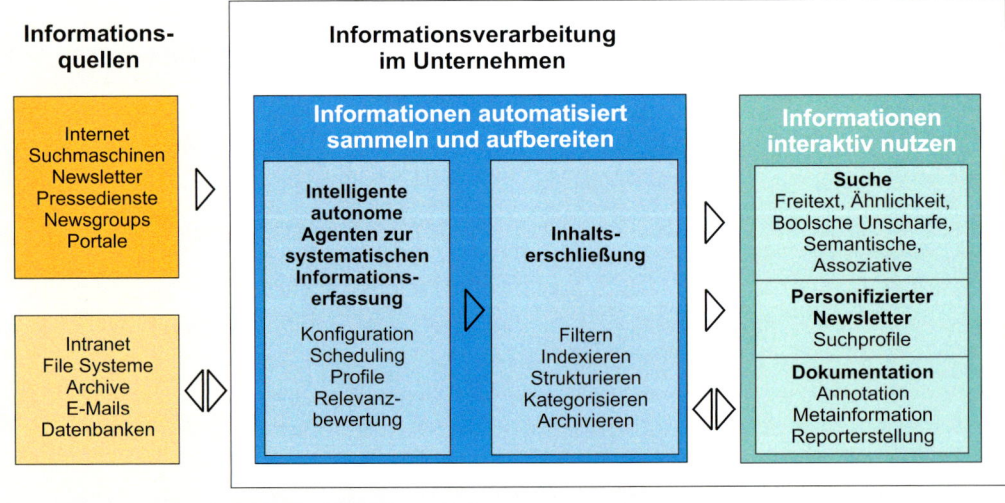

Xtramind Informationminder [Xtr06]

meinsam mit dem Suchbegriff in der Dokumentenmenge vorkommen. Mit Hilfe dieser Assoziationen kann der Benutzer schrittweise seine Suche erweitern oder eingrenzen. Bei dem Suchbegriff MID (Molded Interconnect Devices) wird dem Benutzer als Assoziation dann zum Beispiel Einkomponentenspritzgießen angezeigt. Mit dieser Technologie können MID-Bauteile gefertigt werden. Diese Informationen lassen sich in benutzerspezifischen Ordnern sammeln, anschließend verdichten und in einem Report zusammenstellen. Derartige Reports können eine gute Basis für strategische Entscheidungen bilden.

Literatur:

[Xtr06] XTRAMIND TECHNOLOGIES GMBH (Hrsg.): Whitepaper „Information-minder". Version 3.0, 12. November 2006

Resümee

Die extreme Vermehrung von digitalen Dokumenten in Informationsinfrastrukturen wie dem Internet führt zur Forderung nach Werkzeugen zur „möglichst" intelligenten Suche nach Dokumenten. Information-Retrieval hat vor diesem Hintergrund eine sehr hohe Bedeutung. Mit dessen Hilfe kann effizient nach Informationen recherchiert werden, wobei automatisch zwischen relevanten und irrelevanten Dokumenten unterschieden werden kann. Dem Benutzer werden somit nur die Dokumente angezeigt, die seinen Interessen entsprechen. Das bedeutet, dass er gezielt Informationen über Marktentwicklungen und Technologien zur Verfügung gestellt bekommt.

2.2.6 Kombinierte Anwendung der Methoden im Wissensbeschaffungsprozess

Technologien spielen bei den meisten der von uns adressierten Unternehmen eine wichtige Rolle. Um fundierte strategische Entscheidungen treffen zu können, reicht es aber nicht aus, allgemeine Informationen über eine ins Auge gefasste Technologie wie beispielsweise die Brennstoffzelle, magnetisierbare Kunststoffe etc. zu sammeln. Gefragt sind präzisere Informationen, die den Leistungsstand und die Perspektiven einer Technologie umfassend charakterisieren. Dafür verwenden wir Technologieindikatoren. Beispiele für solche Indikatoren sind Investitionen in Forschung und Entwicklung, Barrieren für die Verbreitung, Investitionen in Fertigungsanlagen, Umsatz in ausgewählten Anwendungsbereichen etc. Im Folgenden erläutern wir kurz, wie diese Art von Informationen beschafft werden kön-

nen [Cha08]. Dazu kommen die bereits vorgestellten Methoden in Kombination zum Einsatz. In Bild 2-40 ist der gesamte Prozess zur Beschaffung des detaillierten Wissens über eine Technologie wiedergegeben. Der Prozess besteht aus vier Phasen.

1) **Suche:** Mittels Information Retrieval wird in dieser Phase eine Informationsbasis aufgebaut. In dieser werden zu einer ausgewählten Technologie relevante Dokumente gesammelt. Im ersten Schritt wird der Suchbereich gemäß der Untersuchungsziele eingegrenzt. Hierunter ist zum einen die Auswahl geeigneter Publikationsformen zu verstehen. So liefern bspw. Patente mehr Informationen über technologische Entwicklungen, Presseartikel hingegen mehr Informationen über Marktentwicklungen. Zum anderen gilt es geeignete Informationsquellen auszuwählen (z.B. Datenbanken, Data-Warehouses etc.). Die Auswahlkriterien sind hierbei Sprache, Region, Publikationsform und Technologiedomäne. Im zweiten Schritt werden die Dokumente recherchiert. Hierzu sind Suchbegriffe zu definieren, die die Zieltechnologie kurz beschreiben. Diese Suchbegriffe werden mittels booleschen Operatoren zu Suchanfragen kombiniert, welche auf die Informationsquellen angewendet werden. Die hierbei gefundenen Dokumente werden in einem abschließenden dritten Schritt derart aufbereitet, dass Informationen maschinell extrahiert werden können. Dazu sind die unterschiedlichen Dateiformate zu vereinheitlichen, sowie Bilder, Grafiken und Literaturreferenzen zu entfernen. Des Weiteren werden die Dokumente mit „Tags" (ID-Nummer, Titel, Autor, Region, Inhalt, Quelle etc.) versehen. Das Ergebnis dieser Phase ist eine Menge von aufbereiteten Doku-

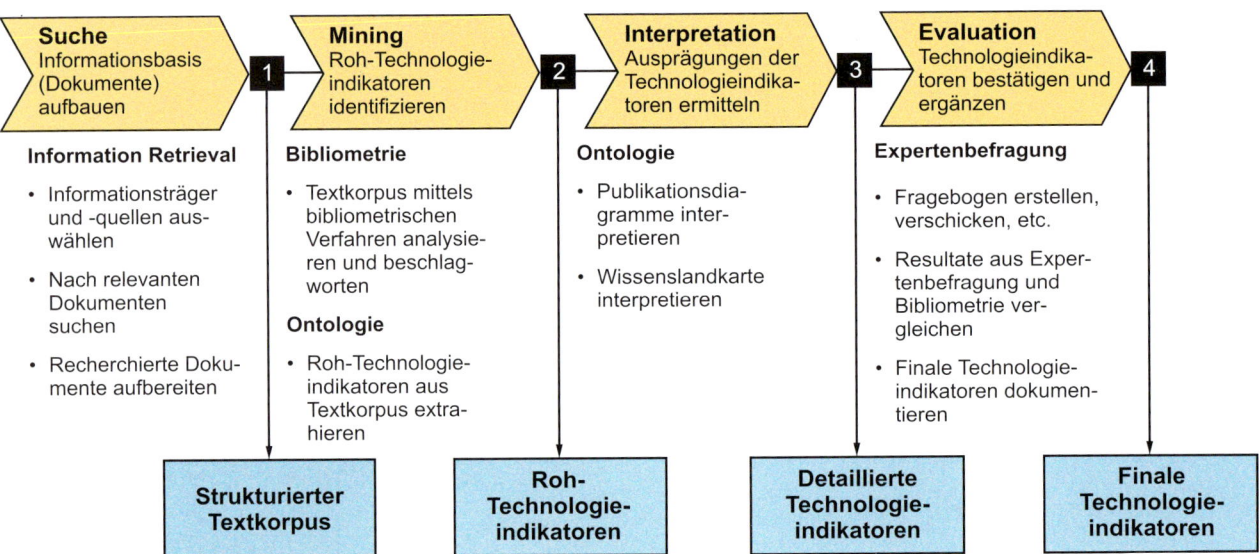

Bild 2-40 : Einordnung von Methoden der Vorausschau (Information Retrieval, Bibliometrie, Ontologie und Expertenbefragung) in den Wissensbeschaffungsprozess, nach H. CHANG

menten – der so genannte Textkorpus. Dieser ist die Grundlage für die folgenden Analysen.

2) **Mining:** Hierunter ist die Anwendung von statistischen und mathematischen Methoden zur Ermittlung von Kernelementen einer großen Informationsbasis zu verstehen. Mit Hilfe der bibliometrischen Analyse und einer domänenspezifischen Ontologie werden auf Grundlage des Textkorpus so genannte Roh-Technologieindikatoren identifiziert. Im Rahmen der bibliometrischen Analyse werden sowohl die Publikationsanalyse als auch die Co-Wort-Analyse durchgeführt. Mit der Publikationsanalyse wird der Textkorpus nach Kriterien wie Autor, Institution etc. ausgezählt. Bei der sich anschließenden Co-Wort-Analyse werden für die Schlüsselworte des Textkorpus die Texthäufigkeit (Anzahl der Nennungen eines Schlüsselwortes), die Co-Häufigkeit (Anzahl der gemeinsamen Nennungen zweier Schlüsselworte) etc. berechnet. Die Ergebnisse der bibliometrischen Analyse werden für die Positionierung der Schlüsselworte auf der Wissenslandkarte verwendet (vgl. Bild 2-37). Es folgt der Abgleich der Schlüsselworte mit Begriffen und Synonymen aus einer formalen und hierarchischen Beschreibung eines Wissensgebietes, einer so genannten domänenspezifischen Ontologie. Hierbei

werden übereinstimmende Schlüsselworte extrahiert und als Roh-Technologieindikatoren definiert. Am Ende dieser Phase liegt eine Liste von Roh-Technologieindikatoren vor, die jeweils durch Titel und eine kurze Definition beschrieben sind.

3) **Interpretation:** Die konkreten Ausprägungen der Technologieindikatoren werden durch die Interpretation der Ergebnisse aus der Publikationsanalyse und der Wissenslandkarte ermittelt. Die Interpretation der Publikationsanalyse liefert Informationen wie Anzahl an Publikationen über die Zeit, Zuordnung von Publikationen zu Regionen etc. Die Interpretation der Wissenslandkarte erfolgt in drei Schritten. Im ersten Schritt sind die Roh-Technologieindikatoren zusammen mit häufig gemeinsam genannten Schlüsselworten zu betrachten. Der Fokus liegt hierbei auf den Relationen zwischen den Begriffen: Die Linienstärke der Verbindung zwischen zwei Begriffen beschreibt die Häufigkeit der gemeinsamen Nennungen, der Abstand zwischen zwei Begriffen reflektiert ihre Inhaltsähnlichkeit etc. Das durch die domänenspezifische Ontologie abgebildete Informationsnetzwerk wird im Folgenden genutzt, um die identifizierten Relationen semantisch korrekt zu interpretieren und in präzise Formulierungen zu transformieren. Am Beispiel der

Wissenslandkarte aus Kapitel 2.2.4 (vgl. Bild 2-37) bedeutet dies: AR kommt bei der Montage in der Automobilindustrie zum Einsatz. Im zweiten Schritt werden dynamische Änderungen analysiert. Dabei wird der gesamte betrachtete Zeitraum unterteilt. Für jeden Zeitabschnitt gibt es eine entsprechende Wissenslandkarte. Diese können miteinander verglichen werden. So lassen sich Unterschiede bzw. zeitliche Änderungen erkennen sowie Aussagen darüber treffen, welche Schlüsselworte bspw. an Bedeutung gewinnen oder welche neu erscheinen. Im dritten Schritt werden Schlüsselworte analysiert, die sich am Rand der Wissenslandkarte befinden. Solche Randbegriffe weisen in der Regel wenige Verknüpfungen zu anderen Schlüsselworten auf, können jedoch neu entstehende Forschungsfronten aufzeigen. Die in den drei Schritten ermittelten Informationen und Erkenntnisse werden gesammelt und als Ausprägungen den Roh-Technologieindikatoren zugeordnet, wodurch diese zu detaillierten Technologieindikatoren werden.

4) **Evaluation:** Mit Hilfe einer Delphi-Befragung bzw. anderer Befragungstechniken wird die Meinung von Experten zu den Technologieindikatoren und ihren Ausprägungen eingeholt, um diese zu bestätigen und zu ergänzen. Die Meinung der Experten wird gesammelt und aufbereitet. Die Ergebnisse der Expertenbefragung werden mit denen der bibliometrischen Analyse verglichen. Durch die Expertenbefragung können Ausprägungen ermittelt werden, die durch die Analyse der Dokumente nicht identifiziert werden konnten. Das Ergebnis dieses Schritts sind die finalen Technologieindikatoren mit zugehörigen Ausprägungen.

Das geschilderte Vorgehen ist selbstredend auf andere Einflussbereiche wie Märkte, Marktsegmente, Branchen, Wirtschaftpolitik etc. anwendbar. im Prinzip geht es um das Gleiche: Zu einem Einflussfaktor fundierte Informationen über die derzeitige Situation und die denkbaren Entwicklungen effizient zu gewinnen.

Literatur zum Kapitel 2

[Ans76] ANSHOFF, H.-I.: Managing Surprise as Discontinuity – Strategic Reposes to Weak Signals. Zeitschrift für betriebswirtschaftliche Forschung (ZfbF), 28. Jg., 1976

[BK98] BERLINER KREIS – Wissenschaftliches Forum für Produktentwicklung e.V. (Hrsg.): Kurzbericht über die Untersuchung „Neue Wege zur Produktentwicklung". 2. Auflage 1998

[BC87] BELKIN, N. J.; CROFT, W. B.: Retrieval Techniques. Annual Review of Science and Technology Vol. 22. Elsevier, Amsterdam, 1987, pp. 109-145

[BG05] BRUESEKE, U.; GAUSEMEIER, J.: Employment of Bibliometric Analysis in the Strategic Early-Warning. In: 1st IFIP TC5 Working Conference on Computer Aided Innovation, Ulm, November 14-15, 2005

[BLN04] BADE, K.; DE LUCA, E. W.; Nürnberger, A.: Multimedia Retrieval – Fundamental Techniques and Principles of Adaptivity. In: Künstliche Intelligenz. Heft 4/2004, arendtap Verlag, Berlin, S. 5-10

[Cha08] CHANG, H.: A Methodology for the Identification of Technology Indicators. Dissertation, Fakultät für Maschinenbau, Universität Paderborn, HNI-Verlagsschriftenreihe, Band 233, Paderborn, 2008

[DG73] DUPPERIN, J. C.; GODET, M.: Méthode de hiérachisation des élémentes d'un système – Rapport Economique du CEA. R-45-41, Paris, 1973

[Dör92] DÖRNER, D.: Die Logik des Misslingens – Strategisches Denken in komplexen Situationen. Rowohlt, Reinbeck bei Hamburg, 1992

[Fle87] FLECHTHEIM, O. K.: Ist die Zukunft noch zu retten? Hofmann und Campe, 1987

[GFS96] GAUSEMEIER, J.; FINK, A.; SCHLAKE, O.: Szenario-Management – Planen und Führen mit Szenarien. 2. bearb. Aufl., Carl Hanser Verlag, München, Wien, 1996

[Geu97] GEUS, A. DE: The Living Company – Habits for Survival in an Turbulant Business Environment. Harvard Business School Press, Boston, 1997

[Gri04] GRIENITZ, V.: Technologieszenarien – Eine Methodik zur Erstellung von Technologieszenarien für die strategische Technologieplanung. Dissertation, Fakultät für Maschinenbau, Universität Paderborn, HNI-Verlagsschriftenreihe, Band 151, Paderborn 2004

[Häd02] HÄDER, M.: Delphi-Befragungen. Westdeutscher Verlag, Wiesbaden, 2002

[Hor98] HORX, M.: Trendbüro – Megatrends für die späten neunziger Jahre. Trendbuch 2. Econ Executive Verlags GmbH, Düsseldorf, 3. Auflage, 1998

[KB95] KOTLER, P.; BLIEMEL, F.: Marketing-Management – Analyse, Planung, Umsetzung und Steuerung. Schäffer-Poeschel Verlag, Stuttgart, 8. Auflage, 1995

[Kes03] KESPOHL, H. D.: Dynamisches Matching – ein agentenbasiertes Verfahren zur Unterstützung des Kooperativen Produktengineering durch Wissens- und Technologietransfer. Dissertation, Fakultät für Maschinenbau, Universität Paderborn, HNI-Verlags-schriftenreihe, Band 120, Paderborn, 2003

[KH99] KLOPP, M.; HARTMANN, M.: Das Fledermaus Prinzip – Strategische Früherkennung für Unternehmen. Log-X Verlag, 1999

[KM93] KRYSTEK, U.; MÜLLER-STEWENS, G.: Frühaufklärung für Unternehmen. Schäffer-Poeschel Verlag, 1993

[KS98] KOPSCA, A.; SCHIEBEL, E.: Science and Technology Mapping – A New Iteration Model for Representing Multidimensional Relationships. In: Journal of the American Society for Information Science. Volume 49, Nr.1, American Society for Information Science, 1998

[Lah04] LAHME, N.: Information Retrieval im Wissensmanagement. Dissertation. Westfälische Wilhelms-Universität Münster, Logos Verlag, Berlin, 2004

[Lie96] LIEBL, F.: Strategische Frühaufklärung. Trends – Issues – Stakeholders. Oldenbourg Verlag, 1996

[LS04] LITZENBERGER, T.; STERNBERG, R.: Leuchttürme oder Lichterkette. In: Forschung und Lehre, Jahrgang 11, 2004, S. 612-615

[ML03] MÜLLER-STEWENS, G; LECHNER, C.: Strategisches Management – Wie strategische Initiativen zum Wandel führen. 2. Auflage, Schäffer-Poeschel Verlag, Stuttgart, 2003

[NA92] NAISBITT, J.; ABURDENE, P.: Megatrends 2000. Econ Taschenbuchverlag, München, 2. Auflage, 1992

[PB03] PAHL, G.; BEITZ, W.: Konstruktionslehre – Methoden und Anwendung. 5. Aufl., Springer-Verlag, Berlin, 2003

[PM99] POPCORN, F; MARIGOLD, L.: Clicking – Der neue Popcorn-Report. Wilhelm Heyne Verlag, München, 1999

[PRR03] PROBST, G.; RAUB, S.; ROMHARDT, K.: Wissen managen – Wie Unternehmen ihre wertvollste Ressource optimal nutzen. 4. Auflage, Gabler Verlag, Wiesbaden, 2003

[Raa03] RAAN, A. F. J. VAN: The use of bibliometric analysis in research performance assessment and monitoring of interdisciplinary scientific developments. In: Technologiefolgenabschätzung – Theorie und Praxis. Nr. 1, 12. Jahrgang, März 2003

[Rei91] REIBNITZ, U. VON: Szenario-Technik – Instrumente für die unternehmerische und persönliche Erfolgsplanung. Gabler, Wiesbaden, 1991

[RLB+02] RINIA, E. J.; LEEUWEN, T. N. VAN; BRUINS, E. E. W.; VUREN, H. G. VAN; RAAN, A. VAN: Measuring knowledge transfer between fields of science. In: Scientometrics. Volume 54, No. 3, Kluwer Academic Publishers, Dordrecht, 2002, S. 347 – 362

[RW78] RAUCH, W.; WERSIG, G.: Delphi-Prognose in Information und Dokumentation. Verlag Dokumentation Saur KG, München, 1978

[RW89] RAFFÉE, H.; WIEDEMANN, K.: Strategisches Marketing. 2. Auflage, C.E. Poeschel Verlag, Stuttgart, 1989

[SMG+05] STEIN, B.; MEYER ZU EIßEN, S.; GRAEFE, G.; WISSBROCK, F.: Automating Market Forecast Summarization from Internet Data. 4th International Conference on the WWW/Internet, Lisbon, 19-22 October 2005

[Son70] SONTHEIMER, K.: Voraussage als Ziel und Problem moderner Sozialwissenschaft. In: Klages, H.: Möglichkeiten und Grenzen der Zukunftsforschung. Herder, Wien, Freiburg, 1970

[SSW+89] SEHRINGER, R.; STRATE, J.; WEINGART, P.; WINTERHAGER, M: Der Stand der schweizerischen Grundlagenforschung im internationalen Vergleich – Wissenschaftsindikatoren auf der Grundlage bibliometrischer Daten. In: Schweizerischer Wissenschaftsrat/Schweizerischer Nationalfonds zur Förderung der wissenschaftlichen Forschung (Hrsg.): Wissenschaftspolitik. Beiheft 44, Bern, 1989

[UP91] ULRICH, H.; PROBST, G.: Anleitung zum ganzheitlichen Denken und Handeln – Ein Brevier für Führungskräfte. 3. Auflage, Haupt, 1991

[Wac86] WACK, P.: Unbekannte Gewässer voraus – Ein managementorientiertes Planungsinstrument für eine ungewisse Zukunft. In: Harvard Manager 2/1986

[WS02] WINTERHAGER, M.; SCHWECHHEIMER, H.: Schweizerische Präsenz an internationalen Forschungsfronten 1999. Cest-Publikationsreihe 8/2002, Center for Science and Technology Studies, Bern, 2002

[WW84] WEINGART, P.; WINTERHAGER, M.: Die Vermessung der Forschung – Theorie und Praxis der Wissenschaftsindikatoren. Campus, Frankfurt am Main, 1984

[Xtr06] XTRAMIND TECHNOLOGIES GMBH (Hrsg.): Whitepaper „Information-minder". Version 3.0, 12. November 2006

3 Strategien –
Wege in eine erfolgreiche Zukunft

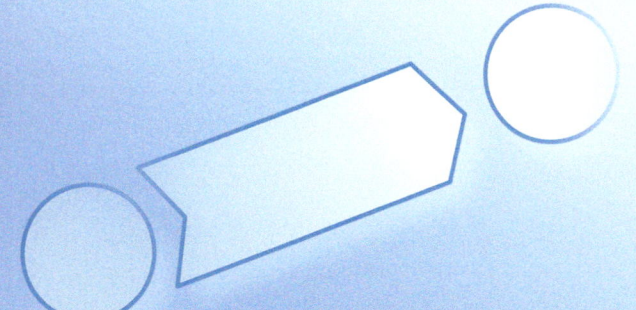

»Far better to dare mighty things, to win glorious triumphs, even though checkered by failure, than to take rank with those spirits who neither enjoy much nor suffer much, because they live in the grey twilight that knows not victory, nor defeat.«

– THEODORE ROOSEVELT, 1899 –

Zusammenfassung

Strategische Führung gilt als Königsdisziplin unter den Aufgaben eines Managers. Eigenartigerweise steht sie aber nur selten ganz oben auf der Agenda einer Geschäftsleitungssitzung. Das Operative ist naturgemäß dringender; und wenn nach einer Neuausrichtung gerufen wird, dann ist oft zunächst einmal Sanierung angesagt. Strategien entwickeln und umsetzen ist also leichter gesagt als getan.

Die Forschung auf dem Gebiet der strategischen Führung ist noch jung, gleichwohl hat sie eine Fülle von Schulen und Methoden hervorgebracht, sodass es dem Praktiker nicht einfach gemacht wird, die richtigen Instrumente zu finden. Es sieht auch so aus, dass die moderne Managementliteratur eine starke Tendenz zum Neuesten hat. Oft ist aber nicht das Neue, sondern das signifikante Alte wirklich relevant. Wir erfinden keine neue Schule der strategischen Führung, sondern wir stellen dar, welche Methoden die Strategielehre bietet und wie diese für einzelne Unternehmen zu wirkungsvollen Handlungskonzeptionen zu verknüpfen sind.

Wir orientieren uns an den vier Phasen der strategischen Führung: Analyse der Ausgangssituation, Ermittlung von Strategieoptionen, Strategieentwicklung und Strategieumsetzung. Eine Strategie besteht aus einem Zukunftsentwurf im Sinne einer unternehmerischen Vision und einer Beschreibung des Weges, den Zukunftsentwurf zu verwirklichen. Es reicht nicht, die Strategie entsprechend des Handlungsbedarfes aus heutiger Sicht zu formulieren; sie muss auch Antworten auf die sich abzeichnenden Herausforderungen der Zukunft geben. Letzteres hat uns dazu bewogen, die Vorausschau der eigentlichen strategischen Führung voranzustellen.

Die vielen Beispiele sollen unsere Erfahrung unterstreichen, dass sich Strategieentwicklung und -umsetzung mit einem Minimum an Aufwand in den Unternehmensführungsprozess integrieren lässt – man muss es nur wollen.

Die Wurzeln des Begriffs „**Strategie**" finden sich in der Kombination der griechischen Begriffe „stratos" (= Heer) und „agein" (= führen). Strategisches Denken wird daher vielfach mit antiken Heerführern wie ALEXANDER, HANNIBAL und CAESAR in Verbindung gebracht und als „Feldherrenkunst" bezeichnet.

Ausgehend von der Spieltheorie JOHANN VON NEUMANNS und OSKAR MORGENSTERNS wurde der Strategiebegriff zunächst in die anglo-amerikanische Managementlehre eingebracht. ALFRED D. CHANDLERS „Strategy and Structure" sowie IGOR H. ANSHOFFS „Corporate Strategy" gelten als Wegbereiter der strategischen Führung [Cha62], [Ans65]. RUDOLF MANN grenzt die **strategische Führung** in fünf Punkten von der traditionellen, operativen Führung ab [Man88]:

- Der erste Unterschied ist die **Fristigkeit**: Während die bisherige Jahres-, Mittelfrist- und Langfrist-Planung jeweils einen begrenzten Horizont hatte, löste sich die strategische Planung von einem festen Zeithorizont.

- Der zweite Unterschied ist die **Dimension**: Während die bisherige Planung grundsätzlich eindimensional war (Dimension „Geld"), ist die strategische Planung offen für weitere Dimensionen.

- Der dritte Unterschied liegt in der **Umweltbetrachtung**: Während sich die bisherige Planung vor allem an unternehmensinternen Daten orientiert, bezieht die strategische Planung die Unternehmensumwelt ein. Die Planer versuchen, das Unternehmen aus der Sicht der Unternehmensumwelt zu sehen.

- Der vierte Unterschied ist **Zwanglosigkeit**: Während Entscheidungen im operativen Tagesgeschäft oftmals zwangsläufig getroffen werden müssen, können strategische Entscheidungen jederzeit vertagt oder durch operative Entscheidungen ersetzt werden.

- Der fünfte Unterschied ist die **Zielsetzung**: Während die operative Planung ergebnisorientiert ist und eine Gewinnmaximierung anstrebt, können die Ergebnisse der strategischen Planung nicht so einfach „gemessen" werden. Sie ergeben sich vielmehr aus der Erfüllung eines mehrdimensionalen Zielsystems, wozu zunächst lediglich die Lebensfähigkeit des Unternehmens gewährleistet sein muss.

In diesem Hauptkapitel wollen wir die strategische Führung im Kontext der industriellen Produktion behandeln. Das beginnt mit der Analyse der Ausgangssituation und der Erarbeitung von Handlungsoptionen, geht über die Strategieentwicklung und die Strategieumsetzung und schließt ab mit der Gestaltung des entsprechenden Führungsprozesses. Doch zunächst geben wir einen kurzen Überblick über die strategische Führung.

3.1 Strategische Führung im Überblick

Wir orientieren uns an dem so genannten **St. Galler Management-Konzept** [Ble99]. Wie in Bild 3-1 dargestellt, gliedert sich das Konzept in neun Felder, die durch drei Ebenen (horizontale Sicht) und drei Aspekte (vertikale Sicht) gebildet werden. Die horizontale Sicht weist die Ebenen des normativen, strategischen und operativen Managements auf. Normatives und strategisches Management haben eine Gestaltungs- bzw. Entwicklungsfunktion, wobei sich das normative Management mit der Sicherstellung der Lebens- und Entwicklungsfähigkeit des Unternehmens befasst. Das operative Management setzt die Vorhaben der beiden übergeordneten Ebenen im täglichen Geschäft um. Der Weg über die Ebenen von oben nach unten entspricht einer Konkretisierung der Unternehmensführung; umgekehrt geht es um das Begründen und Legitimieren des Handelns. Die vertikale Sicht besteht aus den drei Aspekten Strukturen, Aktivitäten und Verhalten. Sie verdeutlichen das Spannungsfeld zwischen konzeptio-

nell-gestalterischem Wollen und Verwirklichung des Angestrebten durch die Konkretisierung von Normen zu Programmen, die wiederum in konkrete Vorgaben für operative Aktivitäten transformiert werden müssen. Die Aktivitäten zielen auf das Erkennen und Ausschöpfen von Erfolgspotentialen bzw. Nutzenpotentialen ab.

Bezogen auf das in Bild 3-1 dargestellte Referenzmodell liegt unser Fokus auf dem mittleren der neun Felder. Bevor wir darauf näher eingehen, sollen mit Hilfe von Bild 3-2 einige wichtige Begriffe der strategischen Unternehmensführung eingeordnet werden [Zoh04]. **Strategische Erfolgspotentiale** sind die Steuergrößen des strategischen Managements und die Vorsteuergrößen für operative Größen wie Erfolg und Liquidität (vgl. Kapitel 1.1). Unter dem Begriff **strategische Erfolgsposition** ist vereinfacht ausgedrückt eine erfolgsentscheidende Fähigkeit zu verstehen. Nach PÜMPIN handelt es sich um eine *„durch den Aufbau von wichtigen und dominierenden Fähigkeiten bewusst geschaffene Voraussetzung, die es dem Unternehmen ermöglicht, im Vergleich zur Konkurrenz langfristig überdurchschnittliche Ergebnisse zu erzielen"* [Püm83]. Strategische Erfolgspositionen richten die Fähigkeiten und Ressourcen des Unternehmens an den Nutzenpotentialen (vgl. Kapitel 1.1.4) aus.

Strategien auf verschiedenen Ebenen

Aus der vielfältigen Strukturierung von Unternehmen resultiert die Notwendigkeit, den Prozess der strategischen Führung auf mehreren Ebenen zu betrachten. Wir unterscheiden nach Bild 3-3 drei Arten von Strategien: Unternehmensstrategien (corporate strategies), Geschäftsstrategien (business strategies) und Substrategien (functional strategies). Selbstredend gibt es die volle Ausprägung dieser generischen Struktur nur bei größeren Unternehmen, die mehrere Geschäftsfelder haben. Beispiele für Ge-

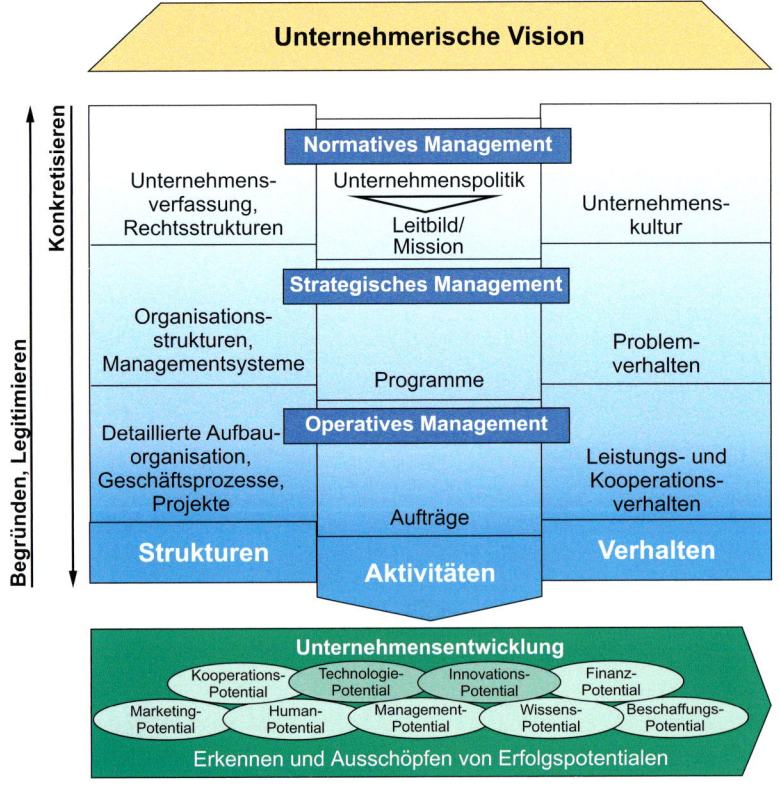

Bild 3-1: St. Galler Management-Konzept; das Konzept Integriertes Management nach BLEICHER

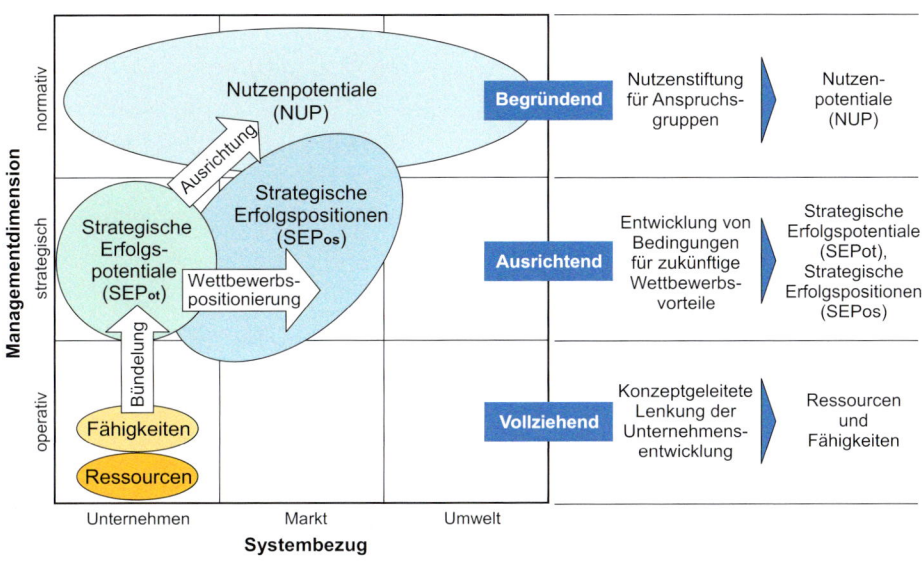

Bild 3-2: Begriffe der strategischen Unternehmensführung nach ZOHM

schäftsfelder sind „Handhabungstechnik für die Automobilindustrie" und „Verpackungsanlagen für die pharmazeutische Industrie". Beispiele für Substrategien sind Marketingstrategie, Produktstrategie, Fertigungsstrategie, Personalentwicklungsstrategie etc. Auf den ersten Blick wirkt das wie ein Top-Down-Ansatz; in der Realität der strategischen Führung handelt es sich aber um einen Kreislauf:

- Im Rahmen der **Unternehmensstrategie** wird eine zukunftsorientierte Geschäftsstruktur des Unternehmens erarbeitet – d.h. es wird im Grundsatz festgelegt, mit welchen Marktleistungen welche Märkte bearbeitet werden sollen.

- Im Rahmen der **Geschäftsstrategien** werden diese strategischen Ausrichtungen konkretisiert. Die Konsequenzen in einer Geschäftsstrategie drücken aus, was in welchen Handlungsbereichen bzw. Funktionsbereichen grundsätzlich geschehen muss, um die im Leitbild enthaltene Zielsetzung zu erreichen, die strategischen

Erfolgspositionen aufzubauen sowie die Marktleistung zu erbringen und zu vermarkten.

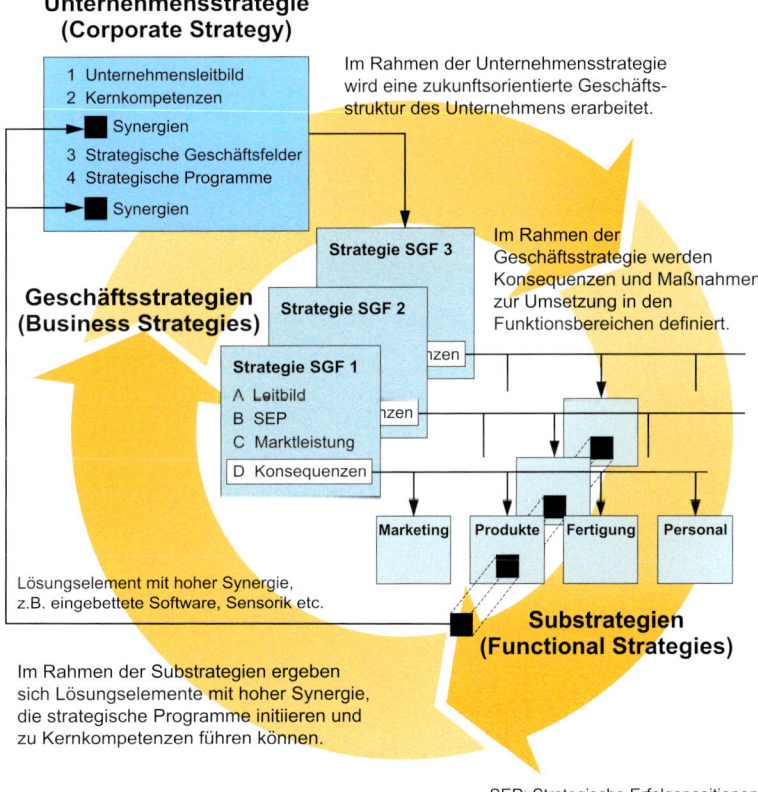

Bild 3-3: Strategieebenen und das Wechselspiel der entsprechenden Strategien

- Im Rahmen der **Substrategien** wird festgelegt, wie in den einzelnen Handlungs- bzw. Funktionsbereichen eines strategischen Geschäftsfeldes (SGF) vorzugehen ist, um die entsprechenden Ziele zu erreichen.

Dieses Modell der Strategieebenen und ihrer Wechselwirkung deckt zwei Typen von Unternehmen ab:

- Bei **zentralistischen Unternehmen** bildet die Unternehmensstrategie den Ausgangspunkt des strategischen Führungsprozesses. Im Mittelpunkt steht hier ein klares Unternehmensleitbild, an dem sich alle Geschäftstätigkeiten sowie die Auswahl der strategischen Geschäftsfelder orientieren.

- Bei dezentralen und **stark diversifizierten Unternehmen** bilden die Geschäftsstrategien den Ausgangspunkt des strategischen Führungsprozesses. Daraus ergeben sich eine Reihe von Substrategien für einzelne Handlungsbereiche wie Produkte, Informationstechnik oder Fertigung. In einzelnen Bereichen ergeben sich gleiche bzw. ähnliche Konzeptionen. Beispiele dafür sind das Produktdatenmanagement im Bereich Informationstechnik, neue Formen der Gruppenarbeit im Bereich Fertigung oder eingebettete Software und Sensorik im Bereich der Produkte. Es liegt nahe, die Konzeptionen als Lösungselemente mit hoher Synergie zu betrachten

und sie daher aus dem SGF herauszuziehen und unternehmensweit voranzutreiben. Hier könnten sie als Basis für den Aufbau von unternehmensweiten Kernkompetenzen dienen. Auch wenn den Geschäftseinheiten durch eine Konzentration der Kräfte ein Stück Autonomie und Flexibilität verloren geht, liegt der Vorteil auf der Hand: Die Synergien ermöglichen Einsparungen, und konzertierte Aktivitäten wie ein unternehmensweites Produktdatenmanagement schaffen mehr Flexibilität für Umorganisationen. Die Strategie des Gesamtunternehmens ergibt sich hier also in Wechselwirkung mit den Geschäftsstrategien und den SGF-spezifischen Substrategien.

Phasenmodell der strategischen Führung

Der Prozess der strategischen Führung vollzieht sich in fünf Phasen, wobei jede Phase mit einer grundsätzlichen Frage verknüpft ist, die zu beantworten ist (Bild 3-4):

1) **Analyse:** Wo stehen wir und welche Handlungsmöglichkeiten haben wir heute? Zunächst ist es notwendig festzustellen, wo man selbst – als Unternehmen, Geschäfts- oder Funktionsbereich – derzeit steht. Diese Analysephase lässt sich in eine (interne) Unternehmensanalyse und eine (externe) Markt- und Wettbewerbsanalyse gliedern. Als Er-

Bild 3-4: Die Phasen der strategischen Führung und die damit verbundenen Schlüsselfragen

gebnis liefert diese Charakterisierung der Ausgangssituation die gegenwärtigen Stärken und Schwächen des Unternehmens im Wettbewerb und die aktuellen Ansatzpunkte, die Position im Wettbewerb aus heutiger Sicht zu verbessern.

2) **Prognose:** Welche Handlungsoptionen haben wir, insbesondere in der Zukunft? Hier geht es um den Blick in die Zukunft. Das ist wichtig, weil die Lösung der aktuellen Probleme nicht zwangsläufig dazu beiträgt, die Herausforderungen der Zukunft zu bewältigen. Zur Ausleuchtung des Zukunftsraumes verwenden wir vor allem Szenarien, wie sie in Kapitel 2 bereits ausführlich beschrieben wurden. Dieser systematische Blick in die Zukunft umfasst sowohl die Zukunft des Unternehmens (Lenkungsszenarien) als auch die Zukunft des Unternehmensumfeldes (Umfeldszenarien). Aus den Szenarien ergeben sich jeweils Chancen und Gefahren. Diese führen unter Beachtung der Erkenntnisse der Analysephase zu Handlungsoptionen.

3) **Strategieentwicklung:** Welchen Plan verfolgen wir warum? Hier erfolgen die Entwicklung der unternehmerischen Vision und die Beschreibung des Weges, diese zu verwirklichen. Die unternehmerische Vision umfasst

- eine grundsätzliche Zieldefinition in Form eines Leitbildes,

- die Festlegung der wichtigsten Fähigkeiten in Form von strategischen Kompetenzen bzw. strategischen Erfolgspositionen sowie

- die *strategische Positionierung* durch Festlegung der Produkt-Markt-Kombinationen in der Wettbewerbsarena sowie der darin auszuführenden Wettbewerbsstrategien.

Aus allen drei Elementen der unternehmerischen Vision ergeben sich wiederum Handlungsoptionen, die die Möglichkeiten beschreiben, wie das Unternehmen sein grundsätzliches Ziel erreichen könnte. Mit der Auswahl und Zusammenstellung geeigneter Handlungsoptionen entstehen strategische Programme sowie Konsequenzen und Maßnahmen, die die Strategie komplettieren.

4) **Strategieumsetzung:** Liegen wir auf Kurs und gelten die Annahmen noch? Dies ist „die vergessene Phase", denn die Vernachlässigung der Umsetzung hat die strategische Führung häufig in Misskredit gebracht. Es geht hier

- um die konsequente Umsetzung der in der Strategie formulierten Maßnahmen und damit verbunden um die Kontrolle des Erfolgs der entwickelten Strategien (strategisches Controlling bzw. Umsetzungs-Controlling) sowie

- um ein regelmäßiges Umfeld-Monitoring im Sinne eines Prämissen-Controllings.

5) **Gestaltung des Prozesses der strategischen Führung:** Wie halten wir diesen Prozess in Gang? Damit ist gemeint, die strategische Führung als kontinuierlichen Prozess im Sinne einer Vorsteuerung der operativen Führung aufzufassen. Dies umfasst folgende Aspekte:

- Motivation und Koordination der am strategischen Führungsprozess beteiligten Personen. KOTTER spricht hier vom Aufbau einer Führungskoalition [Kot97].

- Erzeugen von Agilität. MILBERG definiert Agilität als Flexibilität erweitert um die Dimension „Zeit" [Mil97]. Agilität drückt also die Fähigkeit zur schnellen Veränderung bzw. Anpassung aus. Voraussetzung dafür ist das Vorausdenken der Zukunft und damit die entsprechende mentale Einstellung. Diese Grundeinstellung lässt sich treffend mit dem englischen Begriff „responsiveness" umschreiben. Strategisches Controlling und Umfeld-Monitoring unterstützen die Erzeugung und den Erhalt von Agilität.

- Verdeutlichung der Notwendigkeit strategischen Planens und damit verbundener Veränderungen innerhalb der Organisation.

3.2 Analyse: Charakterisierung der Ausgangssituation

Der Prozess der strategischen Führung beginnt mit der Phase „Analyse". Diese betrifft das Unternehmen und das Umfeld des Unternehmens (Markt, Wettbewerb etc.). Es geht um die Beantwortung der Schlüsselfrage: Wo steht das Unternehmen heute und welche Möglichkeiten bestehen aus heutiger Sicht? Im Folgenden stellen wir eine Reihe von Methoden vor, mit denen wir besonders gute Erfahrungen gesammelt haben. Es handelt sich um

- Methoden zur Strukturierung des Geschäfts,
- Marktportfolios,
- das integrierte Markt- und Technologie-Portfolio,
- die Stärken-Schwächen-Analyse,
- die Kompetenz-Analyse,
- die SPACE-Analyse,
- Methoden zur Analyse der Unternehmenskultur und
- die Stakeholder-Analyse.

3.2.1 Strukturierung des Geschäfts

Der Titel lässt vermuten, dass das Geschäft eines Unternehmens zunächst einmal präzise zu strukturieren ist. Dem ist in den meisten Fällen so. Andererseits soll das nicht heißen, dass ein Unternehmen sein Geschäft überhaupt nicht strukturiert hat. Die Wahrheit liegt wie häufig in der Mitte. Jedenfalls fehlt es in der Regel an einer klaren Struktur und vor allem an Zahlen, aus denen man die Position des Unternehmens im Wettbewerb präzise bestimmen und entsprechende Schlüsse ziehen kann. Dazu muss erst einmal eine klare Struktur in die Geschäftätigkeit gebracht werden. Vorrangiges Ziel ist die Identifikation von Geschäftsschwerpunkten, so genannten Hauptgeschäftsfeldern.

Identifikation von Hauptgeschäftsfeldern

Dafür verwenden wir die in Bild 3-5 dargestellte Matrix, die die zwei Achsen Marktleistung (Produkte und Dienstleistungen) und Marktsegmente aufweist. Wir bezeichnen diese Matrix daher als **Marktleistung-Marktsegmente-Matrix.**

Marktleistungssegmentierung: D.h. zunächst ist die gesamte Marktleistung zu gliedern. Die entsprechende Struktur schlägt sich in den Zeilen der Matrix nieder. Nachfolgend ein Beispiel für eine hierarchische Struktur der Produkte eines Herstellers für Lichttechnik:

1 Scheinwerfer
   1.1 High-End-Scheinwerfer
   1.2 Low-End-Scheinwerfer
   1.3 Zusatz-Scheinwerfer
2 Außenleuchten
   2.1 High-End
   2.2 Low-End
3 Innenleuchten
   3.1 Einzel-Innenleuchten ...

Marktsegmentierung: Hier sind die Absatzmärkte zu strukturieren. Nach PORTER kann sich das an drei Merkmalen orientieren [Por99]:

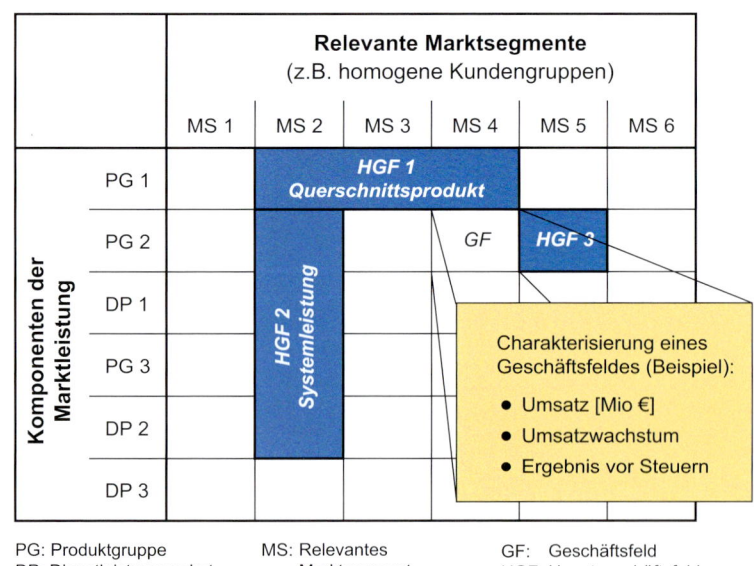

Bild 3-5: Marktleistung-Marktsegmente-Matrix (Prinzip)

- **Abnehmertyp:** Beispiele dafür sind Industrieunternehmen und private Konsumenten. Ein Abnehmertyp wird durch weitere Merkmale bestimmt, wie im Fall des Industrieunternehmens durch strategische Ausrichtung (Differenzierung, Kostenführung etc.), Hersteller von Originalgeräten vs. Anwender, Größe, Eigentumsverhältnisse etc.

- **Vertriebskanäle:** Beispiel dafür sind Direktvertrieb, Vertrieb über Vertretungen, Vertrieb über Systemhäuser (Lösungsanbieter), Vertrieb über das Internet etc.

- **Geographische Standorte der Abnehmer:** Die geographischen Standorte der Kunden können nach Städten, Postleitzahlgebieten, Regionen, Ländern, Ländergruppen etc. definiert sein.

Eine weitere Systematik der Marktsegmentierung schlägt BACKHAUS vor, die in Bild 3-6 wiedergegeben ist [Bac03]. Diese Systematik verwendet den Begriff **Buying Center**. Darunter sei eine kaufentscheidende Gruppe von Personen in einem Unternehmen verstanden.

Nach der Festlegung der Marktleistungskomponenten sowie der strategisch relevanten Marksegmente wird die Marktleistung-Marktsegmente-Matrix aufgebaut. Ein belegtes Feld in der Matrix wird als **Geschäftsfeld** bezeichnet. Ein Geschäftsfeld kann u.a. durch drei Merkmale charakterisiert werden (vgl. Bild 3-5 und Bild 3-7):

- **Umsatz:** Der Umsatz eines Geschäftsfeldes kann durch einen Balken in der dritten Dimension hervorgehoben werden. Dadurch lassen sich Geschäftsfelder mit hohen Umsätzen besser erkennen. Zusätzlich wird der Umsatz in der oberen linken Ecke des Geschäftsfeldes genannt.

- **Umsatzwachstum:** In der unteren rechten Ecke eines Geschäftsfeldes wird dessen Wachstum verzeichnet.

- **Ergebnis vor Steuern:** In der unteren linken Ecke findet sich der prozentuale Gewinn vor Steuern. Dementsprechend werden die Matrixfelder farblich markiert.

Unter Verwendung dieser Matrix werden **Hauptgeschäftsfelder** (HGF) identifiziert. Darunter werden verwandte Gruppen von Geschäftsfeldern verstanden, für deren Bildung drei Kriterien herangezogen werden können:

- *Eigenständige Marktaufgaben:* Ein HGF ist hinsichtlich seiner Marktleistungen und Marktsegmente weitgehend unabhängig von anderen Geschäftsfeldern.

- *Anteil am Unternehmensergebnis:* Ein HGF hat in der Gegenwart maßgeblichen Anteil am Ergebnis des Unternehmens.

- *Relative Unabhängigkeit der strategischen Entscheidungen:* Für die in einem HGF zusammenge-

	Merkmale der Nachfrageorganisation	
	allgemeine Merkmale	**kaufspezifische Merkmale**
direkt beobachtbar	**organisationsbezogene Merkmale** Unternehmensgröße, Organisationsstruktur, Standort, Betriebsform, Finanzrestriktionen u.a. **Buying-Center-bezogene Merkmale** demographische und sozioökonomische Merkmale der Buying-Center-Mitglieder (z.B. Ausbildung, Beruf, Alter, Stellung im Unternehmen)	**organisationsbezogene Merkmale** Abnahmemenge bzw. -häufigkeit, Anwendungsbereich der nachgefragten Leistung, Neu-/Wiederholungskauf, Marken-/Lieferantentreue, Verwenderbranche/Letztverwendersektor **Buying-Center-bezogene Merkmale** Größe und Struktur des Buying Centers
indirekt beobachtbar/abgeleitet	**organisationsbezogene Merkmale** Unternehmensphilosophie, Zielsystem des Unternehmens **Buying-Center-bezogene Merkmale** Persönlichkeitsmerkmale der Buying-Center-Mitglieder (z.B. Know-how, Risikoneigung, Entscheidungsfreudigkeit, Selbstvertrauen, Life-Style der Buying-Center-Mitglieder)	**organisationsbezogene Merkmale** organisatorische Beschaffungsregeln **Buying-Center-bezogene Merkmale** Kaufmotive, individuelle Zielsysteme, Anforderungsprofile, Entscheidungsregeln der Kaufbeteiligten, Kaufbedeutung in der Einschätzung der Kaufbeteiligten, Einstellungen/Erwartungen gegenüber Produkt/Lieferanten, Präferenzen

(linke Randbeschriftung: Erfassung der Merkmale)

Bild 3-6: Marktsegmentierungskriterien für das Investitionsgütergeschäft nach BACKHAUS

fassten Geschäftsaktivitäten gelten weitgehend die gleichen Erfolgsfaktoren.

Die Marktleistung-Marktsegmente-Matrix, wie in Bild 3-7 beispielhaft dargestellt, hilft **Segmentierungslücken** („segmentation gaps") zu erkennen. Darunter werden Marktsegmente verstanden, die mit den gegenwärtigen Produkten nicht oder nur in geringem Umfang bedient werden. Aus der Identifikation von Segmentierungslücken können sich bereits Hinweise für Handlungsoptionen ergeben.

Das Beispiel in Bild 3-7 zeigt, dass die Marktleistung-Marktsegmente-Matrix eine kompakte, gut strukturierte und leicht fassbare Darstellung des heutigen Geschäfts eines Unternehmens liefert. Damit ergibt sich aber auch die Gelegenheit, das Selbstverständnis der häufig „historisch gewachsenen" Geschäftsfelder zu überprüfen. LEVITT beschreibt am Beispiel der Eisenbahnen eine Fehldefinition eines Geschäftsfeldes und die daraus resultierenden Folgen [Lev60]:

„Es war nicht die Nachfrage nach Passagier- und Frachttransport, die zurückging und so das

Wachstum der Eisenbahn begrenzte. Das Passagier- und Frachtaufkommen wuchs vielmehr. Die Eisenbahnen sind heute in Schwierigkeiten, nicht weil diese Nachfrage durch andere befriedigt wurde (Autos, Lastwagen, Flugzeuge, sogar Telefone), sondern weil die Eisenbahnen die veränderten Bedürfnisse selbst nicht erfüllten. Sie ließen sich die Nachfrage wegnehmen, weil sie ihren relevanten Markt als den Markt für Eisenbahnen definiert hatten, anstatt sich als Transportunternehmen zu verstehen. Der Grund für die Fehldefinition des relevanten Marktes lag darin, dass sie schienenorientiert, anstatt transportorientiert waren. Sie waren produktorientiert, anstatt kundenorientiert zu sein."

Die Marktleistung-Marktsegmente-Matrix zeigt in Verbindung mit der ABC-Analyse (siehe Kasten) häufig eine gewisse Verzettelung der Geschäftätigkeit. Ursache dafür ist in der Regel ein opportunistischer, undifferenzierter Vertrieb, der nicht das verkauft, was vorhanden ist, sondern allzu bereitwillig auf Kundenwünsche eingeht und so unnötig Varianten generiert und das Produktprogramm aufbläht.

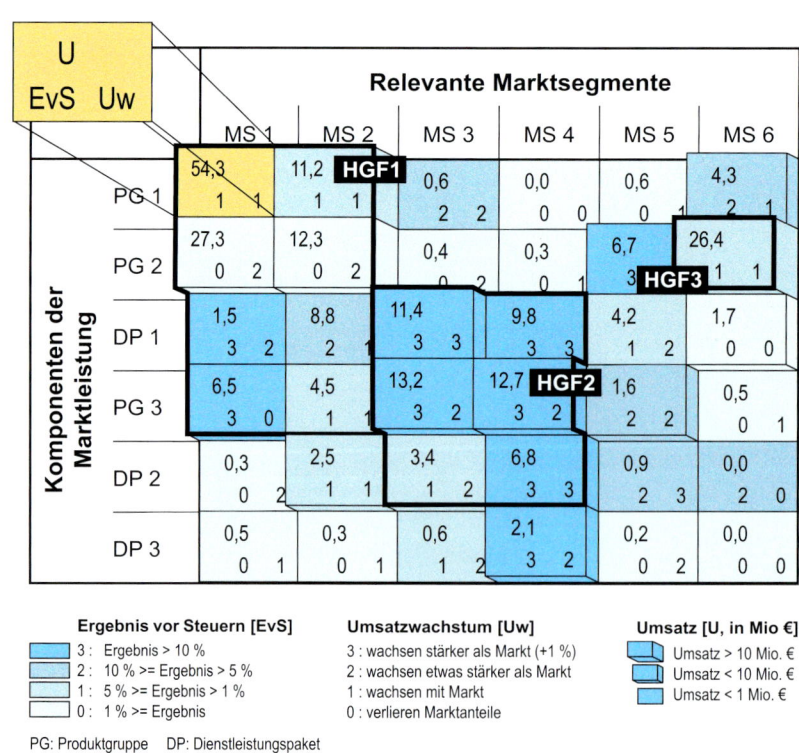

Bild 3-7: Beispiel einer Marktleistung-Marktsegmente-Matrix

ABC-Analyse

Die ABC-Analyse ist ein Verfahren zur wertmäßigen Klassifizierung von Entscheidungsobjekten (z.B. Produkten). Das Verfahren wird angewendet, wenn aus einer größeren Menge von Objekten Unwichtiges von Wichtigem zu trennen ist. Sind beispielsweise aus einer vorgegebenen Menge von Produkten die umsatzstärksten zu identifizieren, so ist folgendes Vorgehen zu wählen:

- Sortieren der Produkte nach abnehmendem Umsatzanteil.

- Berechnen der kumulierten Umsatzanteile in absoluten oder relativen Größen.

- Darstellen der Ergebnisse in einem Diagramm wie im Folgenden beispielhaft dargestellt.

Daraus ergibt sich die prinzipielle Klassifizierung in A-, B- und C-Produkte.

- Klasse A: Diese Produkte erzielen zusammen 75 % des Gesamtumsatzes. Produkte der Klasse A stellen die „Stars" des Unternehmens dar; sie sichern in der Regel die Existenz des Unternehmens.

- Klasse B: Diese Produkte erzielen einen signifikanten Umsatz. Weitere Analysen müssen zeigen, ob sich diese Produkte positiv auf den Geschäftsgang auswirken.

- Klasse C: Der große Rest trägt nur marginal zum Gesamtumsatz bei. Abgesehen von neuen Produkten, die gerade in den Markt eingeführt werden, ist hier der Hebel für die Programmbereinigung anzusetzen. Unserer Erfahrung nach führt die Streichung einer großen Anzahl von Produkten dieser Klasse zu einem leichten Rückgang des Umsatzes und einer starken Steigung des Gewinns. Gleichwohl gibt es sehr häufig erhebliche Widerstände des Vertriebs gegen die überfällige Programmbereinigung.

Literatur:

BURGHARDT, M.: Projektmanagement – Leitfaden für die Planung, Überwachung und Steuerung von Entwicklungsprojekten. 6. Auflage, Publicis Corporate Publishing, Erlangen, 2002

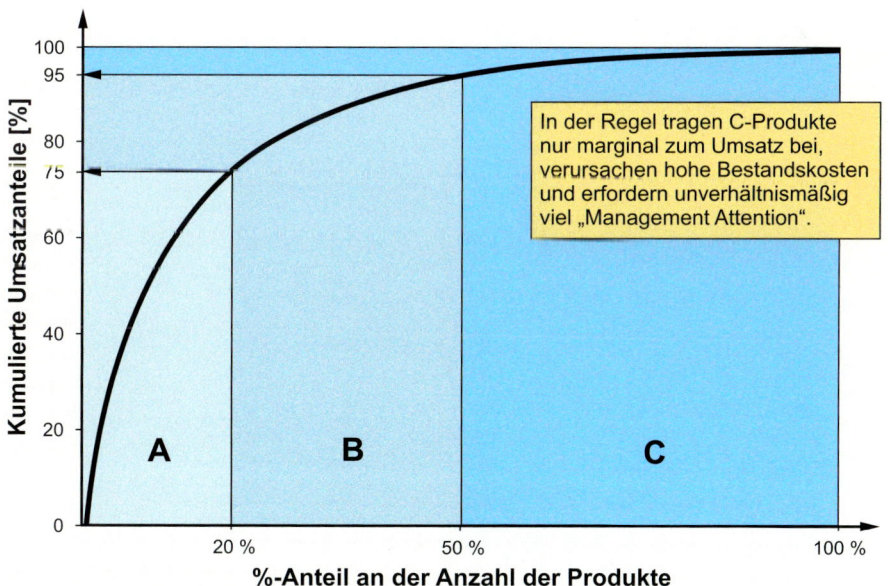

ABC-Analyse für ein Produktspektrum (Prinzipielle Darstellung)

Identifikation von Hauptgeschäftsregionen

Die zunehmende Freizügigkeit von Waren und Kapital erlaubt es Unternehmen, eine Vielzahl geographischer Märkte zu bedienen. Dabei treffen sie auf unterschiedliche Marktbedingungen, denen sie nicht mit einer einheitlichen Strategie begegnen können. Folglich entsteht die Notwendigkeit zur Identifikation von **Hauptgeschäftsregionen**. Ein wichtiges Instrument zu deren Festlegung ist die **Marktleistung-Regionen-Matrix**. Darin ergeben sich die strategisch relevanten Marktsegmente ausschließlich aus den Absatzregionen. Die Geschäftsfelder werden durch den Umsatz und den Marktanteil charakterisiert.

Besonders aufschlussreich ist es, den produktspezifischen Marktanteil in einer Region mit dem Gesamtmarktanteil des Unternehmens zu vergleichen. Diese Information lässt sich in der Matrix farblich unterstützen. Daraus ergeben sich die regionalen Stärken und Schwächen. Liegt der regionale Marktanteil bei einer Produktgruppe um mehr als 33 % unter dem Marktanteil des Unternehmens, so wird von einer **regionalen Schwäche** gesprochen. Regionale Schwächen lassen sich ebenfalls als Segmentierungslücken auffassen.

Ein weiteres Hilfsmittel zur Festlegung von Hauptgeschäftsregionen ist das **Regionen-Mapping**. Dabei werden die einzelnen Regionen anhand von verschiedenen Kriterien (Marktanteil der Produkte, Umsatz, Bedeutung von Wettbewerbsfaktoren etc.) verglichen und mit Hilfe multivariater Verfahren (Clusteranalyse, Multidimensionale Skalierung etc.) gegliedert oder graphisch angeordnet. Bild 3-8 zeigt ein solches Regionen-Mapping für ein mittelständisches Unternehmen der Elektroindustrie. Aus diesem Mapping ergeben sich vier Hauptgeschäftsregionen:

- **Nord- und Mitteleuropa** als traditionelles Kerngeschäft mit hohem Marktanteil und einer weitgehend zufriedenstellenden Positionierung im Wettbewerb;

- **Süd-Europa** als ebenfalls starke Geschäftsregion, die allerdings aufgrund der starken Stellung des Großhandels mit einer Reihe spezifischer Probleme konfrontiert ist;

- der **anglo-amerikanische Markt**, auf dem das Unternehmen aufgrund unterschiedlicher Standards und der starken Fokussierung der Kunden auf niedrige Marktpreise eher schwach ist sowie

- die **globalen Märkte**, die vor allem durch überdurchschnittliches Marktwachstum gekennzeichnet sind.

Angesichts der zunehmenden Internationalisierung vieler Geschäftsaktivitäten – insbesondere auch von kleinen und mittleren Unternehmen – gewinnen solche Analysen an Bedeutung. Es liegt auch nahe, das gerade die mittelständisch geprägten Unternehmen des Maschinenbaus, die einen sehr hohen Exportanteil haben, in Marketingfragen kooperieren. Dafür gibt es gute Gründe:

- Die Strategiekompetenz ist in den Unternehmen oft nicht ausreichend vorhanden; man könnte ein Stück weit voneinander lernen.

- Das mühsame Beschaffen, Aufbereiten und vor allem regelmäßige Aktualisieren von Marktdaten könnte effizienter gestaltet werden.

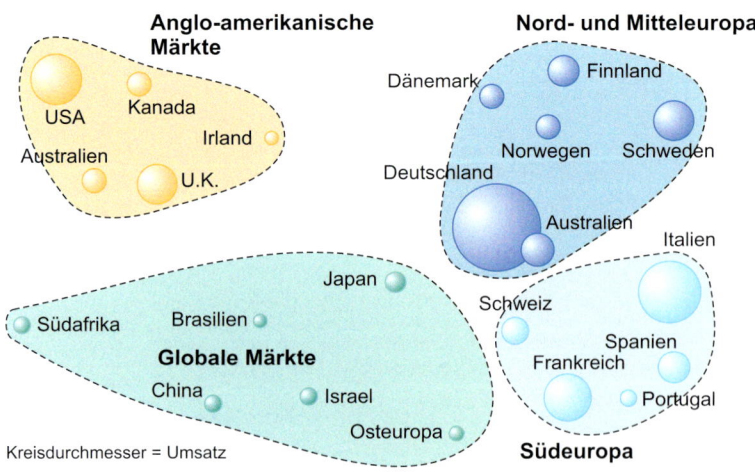

Bild 3-8: Regionen-Mapping mit vier Hauptgeschäftsregionen

- Der Marktauftritt könnte in den einzelnen geographischen Hauptmärkten konzertiert erfolgen.

Aber um dieses Nutzenpotential ausschöpfen zu können, müsste die vielmals im Mittelstand anzutreffende Kooperationsphobie überwunden werden. Das Beispiel im Kasten zeigt, dass es möglich und sinnvoll ist, auch in Marketingfragen zu kooperieren.

Identifikation von Anforderungssegmenten

Insbesondere große Unternehmen praktizieren in Ergänzung zur Produkt- und Marktsegmentierung die Segmentierung nach Kundenanforderungen bzw. Kundenbedürfnissen. Dazu werden zunächst die Anforderungen der Kunden detailliert erfasst. Mit Hilfe statistischer Verfahren werden dann Kundengruppen mit ähnlichen Bedürfnissen bzw. Anforderungen – sog. **Anforderungssegmente** – ermittelt. Jedes Anforderungssegment verfügt über ein spezifisches **Anforderungsprofil** (d.h. die das Segment definierenden charakteristischen Bedürfnisse) sowie spezifische Eigenschaften

(z.B. das durchschnittliche Alter der Kunden, ihre Kaufkraft, ihre Konsumgewohnheiten etc.).

Die verschiedenen Anforderungssegmente können in einem **Anforderungs-Mapping** visualisiert werden. Bild 3-9 zeigt exemplarisch ein solches Mapping für den europäischen PKW-Markt. Im Rahmen dieser Analyse zeigt sich beispielsweise, dass in einigen Anforderungssegmenten Kunden zusammengefasst werden, die zwar Fahrzeuge aus verschiedenen Produktgruppen präferieren, damit aber ähnliche Bedürfnisse befriedigen.

Interessant ist im Rahmen der Anforderungssegmentierung eine Analyse der Produkte und Dienstleistungen nach Umsatz und Marktanteil. Dazu wird ein **Marktleistungs-Portfolio** eingesetzt, das sich aus zwei Dimensionen ergibt (Bild 3-10):

- Auf der **Abszisse** wird der Umsatzanteil des betrachteten Anforderungssegments am Gesamtumsatz der jeweiligen Marktleistung aufgetragen. Produkte, die vornehmlich in diesem Segment verkauft

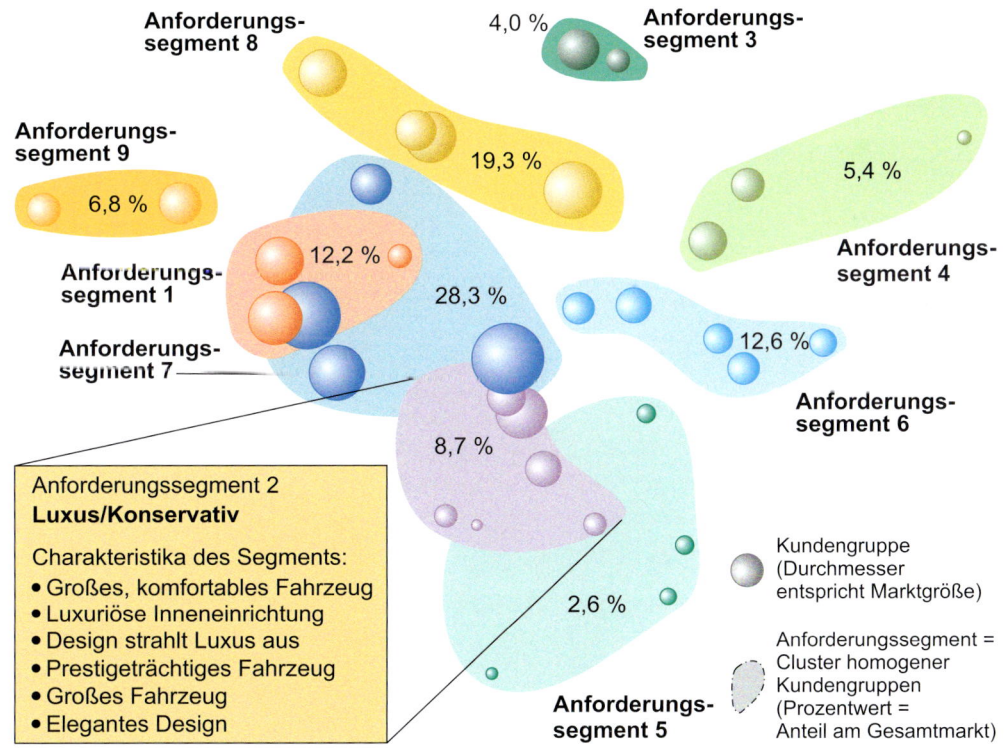

Bild 3-9: Entwicklung von Anforderungssegmenten für den europäischen Automobilmarkt (vereinfachte Darstellung)

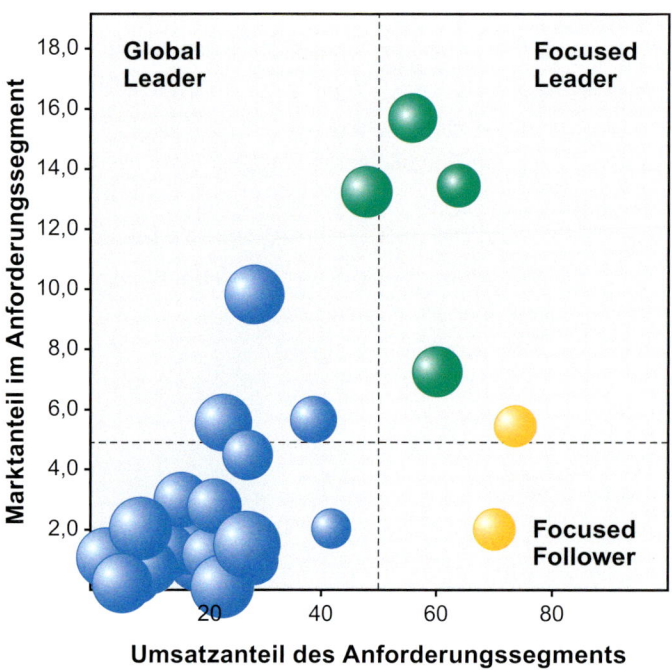

Global Leader
sind Produkte oder Dienstleistungen, die in dem betrachteten Anforderungssegment eine führende Position einnehmen, obwohl sie den größten Teil ihres Umsatzes in anderen Segmenten machen.

Focused Leader
sind Produkte oder Dienstleistungen, die in dem betrachteten Anforderungssegment eine führende Position einnehmen und gleichzeitig den größten Teil ihres Umsatzes in diesem Segment machen.

Focused Follower
sind Produkte oder Dienstleistungen, die in dem betrachteten Anforderungssegment keine führende Position einnehmen, aber gleichzeitig den größten Teil ihres Umsatzes in diesem Segment machen.

Bild 3-10:　Marktleistungs-Portfolio für ein spezifisches Anforderungssegment

werden, sind demnach in der rechten Hälfte des Portfolios angeordnet.

- Auf der **Ordinate** wird der Marktanteil der eigenen und fremden Produkte in dem spezifischen Anforderungssegment aufgetragen. Marktleistungen, die die Bedürfnisse in diesem Segment nachhaltig befriedigen, finden sich also im oberen Teil des Portfolios.

Im Marktleistungs-Portfolio ergeben sich drei charakteristische Bereiche:

- **Global Leader** sind Marktleistungen, die in dem betrachteten Anforderungssegment eine führende Position einnehmen, obwohl sie den größten Teil ihres Umsatzes in anderen Segmenten machen. Häufig werden Global Leader in *neuen* Anforderungssegmenten identifiziert. In einem solchen Segment bestehen häufig Möglichkeiten der Ausrichtung einer eigenen Marktleistung an den spezifischen Bedürfnissen der entsprechenden (neu entstandenen) Kundengruppe. Ein Beispiel ist der *Espace,* mit dem Renault in den 1980er Jahren das Anforderungs-

segment der Großraum-Limousinen als Global Leader übernommen hat.

- **Focused Leader** sind Marktleistungen, die in dem betrachteten Segment eine führende Position einnehmen und gleichzeitig den größten Teil ihres Umsatzes in diesem Segment machen. Häufig „besitzen" solche Marktleistungen das betrachtete Anforderungssegment und können nur über globale Strategien, eine weitere Spezifizierung oder im Rahmen von Bedürfnisveränderungen angegriffen werden. Ein Beispiel sind die japanischen Anbieter im Segment preisgünstiger Geländewagen.

- **Focused Follower** sind Marktleistungen, die in dem betrachteten Segment keine führende Position einnehmen, aber gleichzeitig den größten Teil ihres Umsatzes in diesem Segment machen. Hier zeigt erst eine weitergehende Segmentierung, ob diese Produkte noch spezifischere Kundenbedürfnisse befriedigen oder ob diese Produkte eine leicht angreifbare Position innehaben.

Herausforderungen der Zukunft für die deutsche Verpackungsmaschinen-industrie

Die deutsche Verpackungsmaschinenbranche ist Weltmarktführer für Lösungen rund um die Verpackungsaufgabe. Diese herausragende Stellung beruht vor allem auf dem hohen Stand des Wissens um Verpackungsprozesse, dem breiten und differenzierten Angebot an Verpackungstechnik und der exzellenten maschinenbaulichen Qualität. Diese Position wird von ausländischen Mitbewerbern, allen voran italienische Hersteller, attackiert. Vor diesem Hintergrund waren in einer Untersuchung folgende Fragen zu beantworten:

1. Wo stehen wir heute?

2. Wie entwickeln sich die Märkte und der Wettbewerb bis ins Jahr 2015?

3. Welche Handlungsoptionen ergeben sich?

4. Welche Maßnahmen auf Branchenebene bieten sich an?

Im Folgenden werden zwei Aspekte im Zusammenhang mit der ersten Frage vorgestellt.

Geschäftsstruktur der Branche

Die deutsche Verpackungsmaschinenindustrie ist eine sehr heterogene, mittelständisch geprägte Branche. Über 80 % der erfassten Unternehmen erzielen einen Umsatz von weniger als 25 Mio €. Ebenfalls 80 % beschäftigen weniger als 500 Mitarbeiter. Bild 1 zeigt eine Strukturierung des Geschäfts nach den zwei Achsen Marktsegmente und Verpackungsfunktionen.

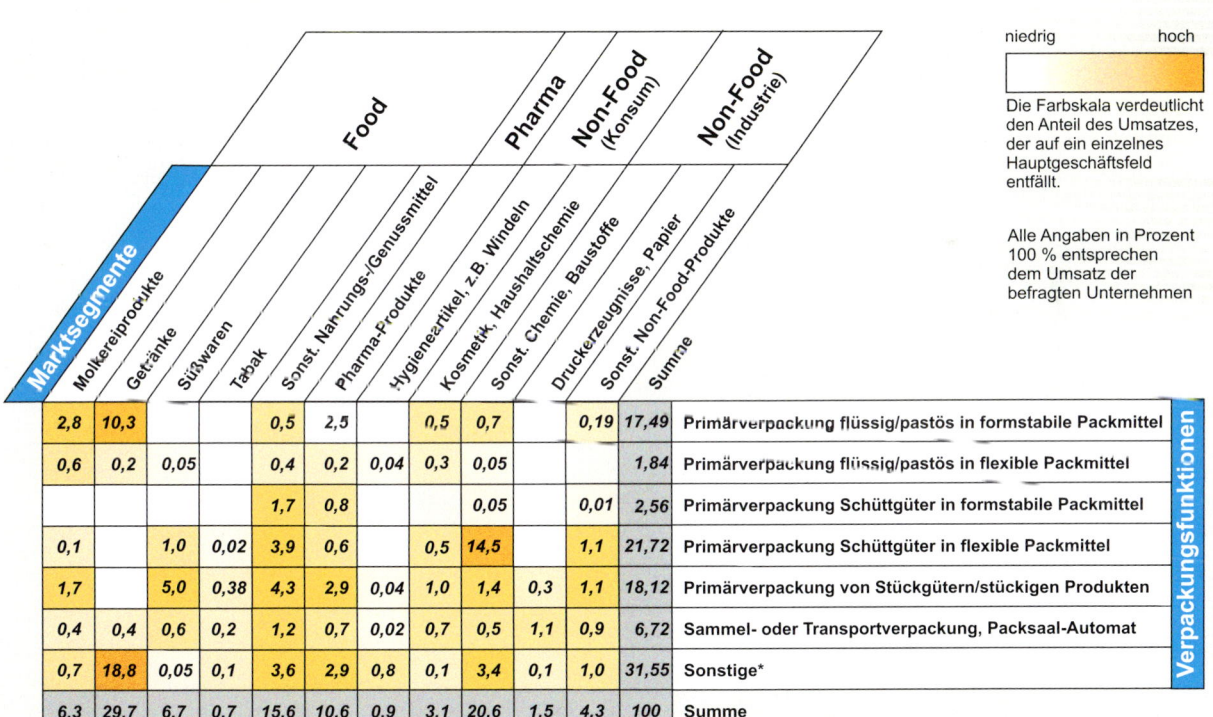

niedrig   hoch

Die Farbskala verdeutlicht den Anteil des Umsatzes, der auf ein einzelnes Hauptgeschäftsfeld entfällt.

Alle Angaben in Prozent 100 % entsprechen dem Umsatz der befragten Unternehmen

Molkereiprodukte	Getränke	Süßwaren	Tabak	Sonst. Nahrungs-/Genussmittel	Pharma-Produkte	Hygieneartikel, z.B. Windeln	Kosmetik, Haushaltschemie	Sonst. Chemie, Baustoffe	Druckerzeugnisse, Papier	Sonst. Non-Food-Produkte	Summe	Verpackungsfunktionen
2,8	10,3			0,5	2,5		0,5	0,7		0,19	17,49	Primärverpackung flüssig/pastös in formstabile Packmittel
0,6	0,2	0,05		0,4	0,2	0,04	0,3	0,05			1,84	Primärverpackung flüssig/pastös in flexible Packmittel
				1,7	0,8			0,05		0,01	2,56	Primärverpackung Schüttgüter in formstabile Packmittel
0,1		1,0	0,02	3,9	0,6		0,5	14,5		1,1	21,72	Primärverpackung Schüttgüter in flexible Packmittel
1,7		5,0	0,38	4,3	2,9	0,04	1,0	1,4	0,3	1,1	18,12	Primärverpackung von Stückgütern/stückigen Produkten
0,4	0,4	0,6	0,2	1,2	0,7	0,02	0,7	0,5	1,1	0,9	6,72	Sammel- oder Transportverpackung, Packsaal-Automat
0,7	18,8	0,05	0,1	3,6	2,9	0,8	0,1	3,4	0,1	1,0	31,55	Sonstige*
6,3	29,7	6,7	0,7	15,6	10,6	0,9	3,1	20,6	1,5	4,3	100	Summe

*: im Bereich „Sonstige" sind die folgenden Verpackungsfunktionen subsumiert: Palettierung, Depalletierung, Palettensicherung, Defolierung, Etikettiermaschine, Verpackungsausstattung, Komponenten/Software, Blechpackungsherstellungsmaschinen.

Bild 1: Marktsegmente-Verpackungsfunktionen-Matrix

Der Vergleich mit den italienischen Wettbewerbern

Bild 2 setzt die regionale Entwicklung der deutschen Verpackungsmaschinenhersteller mit der der italienischen Hersteller ins Verhältnis. Auf der Senkrechten ist die prozentuale Veränderung des Importvolumens einer Region aufgetragen, auf der Waagerechten die prozentuale Veränderung des aus Deutschland bzw. Italien stammenden Exportvolumens in die jeweilige Region.

Die italienischen Verpackungsmaschinenhersteller haben im Export zu Beginn der 1990er Jahre stärker zugelegt als die deutschen. Diese Entwicklung konnte seit 1998 umgekehrt werden. Dies resultiert z.T. aus dem Verlust des währungsbedingten Preisvorteils der italienischen Anbieter und einer strikteren Umsetzung und Kontrolle harmonisierter EU-Richtlinien.

Verteilt auf die geographischen Regionen ist festzustellen, dass die Trendwende in West-, Mittel- und Osteuropa sowie in Nordamerika geschafft worden ist. In Lateinamerika haben die Italiener die Nase vorn, aber hier holen die Deutschen auf. In Zentralasien/Fernost liegen die Italiener vorn.

Die deutschen Hersteller haben in den Jahren 1995 bis 1998 die Chancen des Marktes im Großen und Ganzen wahrgenommen. Die Italiener haben bis auf Nordamerika aber stärker zugelegt, und zwar primär auf Kosten Dritter, wie z.B. Japan, Niederlande und Taiwan.

Quelle:

VDMA Fachverband Nahrungsmittelmaschinen und Verpackungsmaschinen (Hrsg.): Herausforderungen der Zukunft für die deutsche Verpackungsmaschinenindustrie. Eine Untersuchung der UNITY AG. Frankfurt, 2000

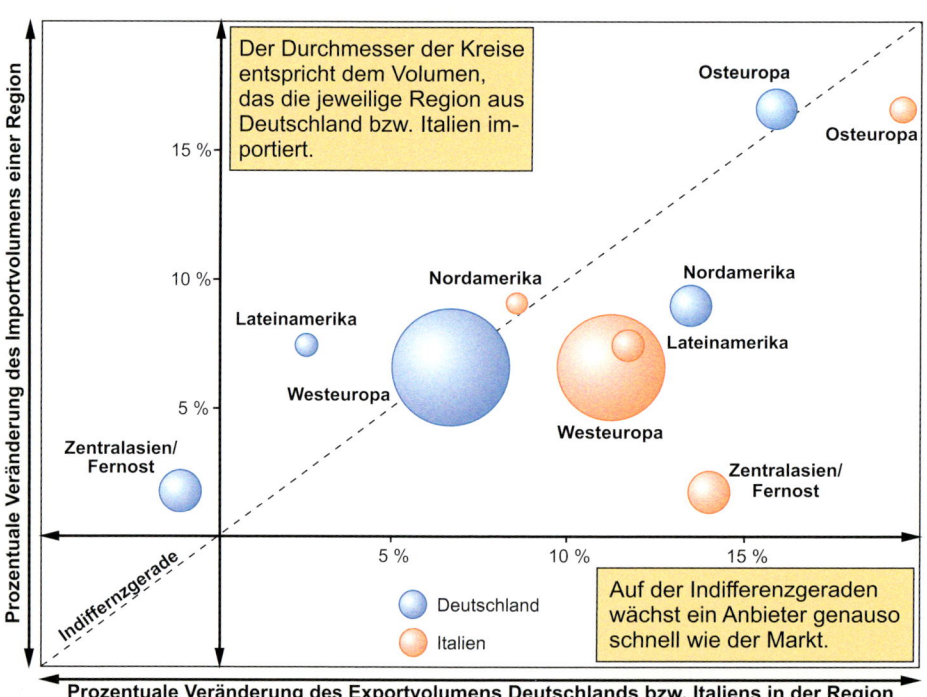

Bild 2:   Deutsche und italienische Hersteller im direkten Vergleich bezogen auf Regionen

3.2.2 Marktportfolios

Marktportfolios haben in der strategischen Unternehmensführung weite Verbreitung gefunden. Der Grundgedanke von Portfolios ist es, Untersuchungsobjekte (Unternehmen, strategische Geschäftseinheiten, Produktgruppen, Produkte etc.) nach mehreren Kriterien zu beurteilen und in einem Feld, das durch zwei Dimensionen aufgespannt wird, zu positionieren. In der Regel werden die Kriterien, die von außen gegeben sind und vom Unternehmen nicht beeinflusst werden können, auf der senkrechten Achse zusammengefasst. Die Kriterien, die die Leistungsfähigkeit des Unternehmens kennzeichnen, gehen in die waagerechte Dimension ein. Häufig drücken die Durchmesser der Objekte Kennwerte wie z.B. deren Umsatz oder absoluten Marktanteil aus. Aus der Position der Objekte im Portfolio können Stärken und Schwächen abgelesen sowie Handlungsempfehlungen abgeleitet werden. Es existiert eine Vielzahl verschiedener Portfolio-Ansätze, aus denen wir die wichtigsten herausgreifen:

- Marktwachstum-Marktanteil-Portfolio der Boston Consulting Group,

- Marktattraktivität-Wettbewerbsposition-Matrix nach McKinsey,

- Marktanteil-Umsatzentwicklung-Diagramm nach Lewis,

- Lebenszyklusphase-Wettbewerbsstellung-Portfolio nach Arthur D. Little.

Marktwachstum-Marktanteil-Portfolio der Boston Consulting Group (BCG)

Das ist der Klassiker unter den vielen Portfolios. Es eignet sich zur Darstellung der Wettbewerbsposition von Produkten, Produktgruppen und strategischen Geschäftsfeldern u.ä., wobei lediglich zwei Kriterien betrachtet werden (Bild 3-11):

- Die Ordinate drückt das **Marktwachstum** aus, und zwar für den Markt, der mit dem betrachteten Produkt erreichbar ist.

- Auf der Abszisse wird der **relative Marktanteil** angegeben. Ein relativer Marktanteil von 0,3 bedeutet, dass das Produkt zur Zeit über 30 % des Marktanteils des Haupt-Konkurrenzproduktes verfügt. Entsprechend der Erfahrungskurve ist ein hoher relativer Marktanteil erstrebenswert, weil dadurch Skalenvorteile entstehen.

Die vier Felder des Portfolios beschreiben Kategorien; für jede Kategorie wird eine **Normstrategie** vorgeschlagen. Eine Normstrategie ist eine allgemeine Handlungsempfehlung für das Untersuchungsobjekt.

- **Fragezeichen** sind Geschäftseinheiten mit einem niedrigen Marktanteil an stark wachsenden Märkten. Ein Ausbau solcher „Sorgenkinder" erfordert in der Regel erhebliche Finanzmittel. Kann oder will ein Unternehmen diese nicht aufbringen, so bleibt nur der Rückzug. Typisch für solche Geschäftsfel-

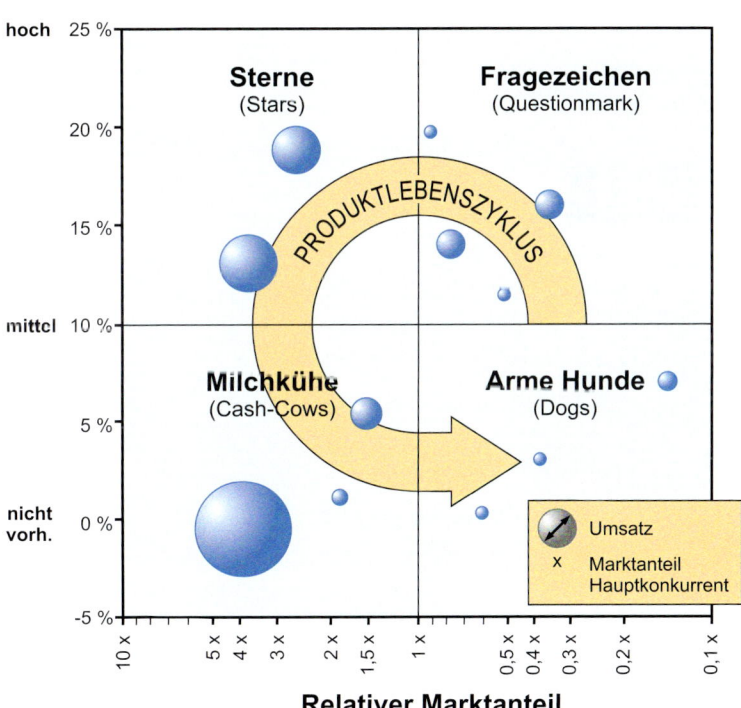

Bild 3-11: *Marktwachstum-Marktanteil-Portfolio der Boston Consulting Group [Hed77]*

der bzw. Produkte sind solche aus dem Hightech-Bereich (Bio-Technik, Nano-Technik etc.). Aber auch der Internet-Boom hat viele so genannte Fragezeichen hervorgebracht. Sie lösen erhebliche Wachstumsfantasien aus und führen zu einem hohen Börsenwert, haben aber noch nie richtig Gewinn abgeworfen. Es ist offensichtlich, dass gerade hier eine nüchterne Bewertung des erreichten Stands und der Zukunftsaussichten gefragt ist.

Normstrategie: Selektiv vorgehen.

- **Sterne** sind Geschäftseinheiten mit hohem Marktanteil in stark wachsenden Märkten. Sie beanspruchen in der Regel etwa gleich viel Finanzmittel wie sie aufgrund ihrer starken Position im Wettbewerb generieren.

Normstrategie: Fördern, investieren.

Mit dem Rückgang der Marktwachstumsrate werden Sterne zu Milchkühen.

- **Milchkühe** erzeugen in reifen Märkten bei einem hohen relativen Marktanteil einen hohen positiven Cashflow. Dieser könnte beispielsweise für die Entwicklung der Fragezeichen eingesetzt werden.

Normstrategie: Position halten, ernten.

- **Arme Hunde** sind Geschäftseinheiten mit geringem Marktanteil in tendenziell stagnierenden Märkten. Sie erzeugen wenig Cashflow und haben auch kaum positive Zukunftsaussichten.

Normstrategie: Desinvestieren, liquidieren.

Insgesamt sollte ein Unternehmen ein ausbalanciertes Portfolio von Geschäftseinheiten haben, das insbesondere ein Cash-Gleichgewicht aufweist. Hauptkritikpunkt an dieser sehr bekannten Portfolio-Analyse ist, dass die Bewertung einer Geschäftseinheit o.ä. auf nur zwei Dimensionen zurückgeführt wird und damit nicht differenziert genug sei.

Marktattraktivität-Wettbewerbsposition-Matrix nach McKinsey

Die Marktattraktivität-Wettbewerbsposition-Matrix ermöglicht eine differenzierte Analyse von Geschäftseinheiten. Sie wurde von dem Beratungsunternehmen McKinsey in Zusammenarbeit mit General Electric entwickelt [HM91]. Die zwei Dimensionen der Matrix beruhen jeweils auf mehreren Kriterien (Bild 3-12).

- **Marktattraktivität:** Hier gehen die von außen gegebenen Größen wie Marktvolumen, Marktentwicklung (Wachstum, Stagnation, Rückgang) und Marktqualität (Rentabilität der Branche, Reifegrad des Marktes etc.) ein.

- **Relative Wettbewerbsposition:** Diese Dimension gliedert sich in Kriterien wie Marktanteil, Umsatzentwicklung, F&E-Potential, Produktionspotential und Mitarbeiterqualität. Diese Kriterien drücken die Stärke des Unternehmens im Wettbewerb aus. Die Bewertung erfolgt relativ zu den führenden Wettbewerbern.

Die genannten Kriterien stellen Beispiele dar. Für ein spezifisches Unternehmen sind die Kriterien endgültig festzulegen und zu gewichten. Die Bewertung der Geschäftseinheiten erfolgt mit Hilfe der Nutzwertanalysen, die wir im Zusammenhang mit dem integrierten Markt- und Technologieportfolio zeigen (vgl. Kapitel 3.2.3). Die in Bild 3-12 wiedergegebene Matrix besteht aus neun Feldern mit den jeweiligen Normstrategien. Im Gegensatz zu dem eben vorgestellten Portfolio ergibt sich hier ein weitaus differenzierteres Bild an Handlungsmöglichkeiten.

Marktanteil-Umsatzentwicklung-Diagramm nach Lewis

Im BCG-Portfolio wird lediglich die gegenwärtige Situation dargestellt. Das Marktanteil-Umsatzentwicklung-Diagramm nach Lewis bietet hingegen eine Möglichkeit, die bisherige Entwicklung der Untersuchungsobjekte – z.B. der Geschäftseinheiten – sichtbar zu machen (Bild 3-13). Dazu wird zunächst ein relevanter zeitlicher Rahmen festgelegt – z.B. die ver-

Marktattraktivität \ Relative Wettbewerbsposition	schlechter als die Hauptkonkurrenten		besser als die Hauptkonkurrenten
hoch	**Selektives Vorgehen** Spezialisierung Nischen suchen Akquisitionen erwägen	**Selektives Wachstum** Potential für Marktführung durch Segmentierung abschätzen Schwächen identifizieren Stärken aufbauen	**Investitionen und Wachstum** Wachsen Marktführerschaft anstreben Investitionen maximieren
mittel	**Ernten** Spezialisierung Nischen suchen Rückzug erwägen	**Selektives Vorgehen** Wachstumsbereiche identifizieren Spezialisierung Selektiv investieren	**Selektives Wachstum** Wachstumsbereiche identifizieren Stark investieren Position halten
gering	**Ernten** Rückzug planen Desinvestieren	**Ernten** SGE „aussaugen" Investitionen minimieren Desinvestitionen vorbereiten	**Selektives Vorgehen** Gesamtposition halten Cashflow anstreben Investitionen nur zur Instandhaltung

Marktattraktivität

- Marktvolumen und Marktentwicklung
- Marktqualität
  - Rentabilität der Branche
  - Stellung im Markt-Lebenszyklus
  - Spielraum für die Preispolitik
- Energie- und Rohstoffversorgung
  - Störungsanfälligkeit
  - Existenz von Alternativen
- Umfeldsituation
  - Konjunkturabhängigkeit
  - Inflationsauswirkungen
  - Risiko staatlicher Eingriffe

etc.

Relative Wettbewerbsposition

- relative Marktposition
  - Marktanteil
  - Umsatzentwicklung
  - Marketingpotential
- relatives Produktionspotential
  - Prozesswirtschaftlichkeit
  - Umweltbelastung
- relatives F&E-Potential
  - Innovationspotential
  - Stand der Forschung
- relative Mitarbeiterqualität
- relative Qualität der Systeme und Strukturen

etc.

Der Übersichtlichkeit wegen wird auf das beispielhafte Eintragen von Geschäftseinheiten verzichtet.

(SGE: Strategische Geschäftseinheit)

Bild 3-12: Beispiel einer Marktattraktivität-Wettbewerbsposition-Matrix [ML03]

gangenen fünf Jahre. Die Position jeder einzelnen Geschäftseinheit wird wiederum in zwei Dimensionen aufgetragen:

- **Marktwachstum:** Hier wird die Marktwachstumsrate in der relevanten Zeit – z.B. in den letzten fünf Jahren – verzeichnet.
- **Umsatzentwicklung:** Hier wird die Umsatzsteigerung der Geschäftseinheit in derselben Zeitspanne aufgetragen.

Auf der Diagonalen liegende Geschäftseinheiten sind genauso schnell gewachsen wie die Branche, während Geschäftseinheiten unterhalb der Diagonalen Marktanteile gewonnen und Geschäftseinheiten oberhalb der Diagonalen Marktanteile verloren haben. Folglich kann aus dem Marktanteil-Umsatzentwicklung-Diagramm ein Trend der Entwicklung von Geschäftseinheiten abgelesen werden.

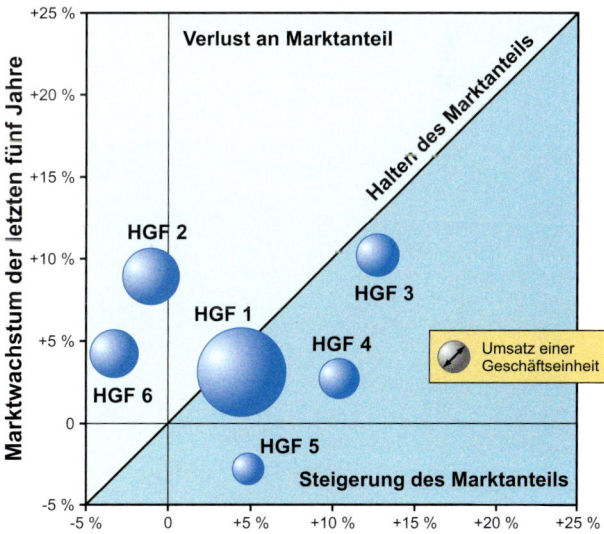

Bild 3-13: Marktanteil-Umsatzentwicklung-Diagramm nach Lewis

Lebenszyklusphase-Wettbewerbsstellung-Portfolio nach ARTHUR D. LITTLE

Das Portfolio der Unternehmensberatung ARTHUR D. LITTLE ähnelt dem bereits vorgestellten Marktwachstum-Marktanteil-Portfolio, zeichnet sich aber durch eine explizite Berücksichtung des Lebenszyklus eines Geschäfts (Entstehung, Wachstum etc.) aus. Bild 3-14 zeigt das entsprechende Portfolio.

- Auf der Senkrechten wird die Position der Geschäftseinheit in Bezug auf den **Lebenszyklus** angegeben. Dies korreliert in der Regel mit der Marktentwicklung (Wachstum, Stagnation, Rückgang).

- Die **Wettbewerbsposition** charakterisiert die gegenwärtige Stellung im Wettbewerb. Es werden keine konkreten Marktanteile angegeben, sondern lediglich Kategorien von „dominant" (hier wird der Markt beherrscht) bis „schwach" (hier besteht kaum Aussicht, den ohnehin marginalen Marktanteil zu erhöhen).

In der 4x5-Matrix ergeben sich Felder, die teils über Matrix-Zellen hinausgehen. Diesen Feldern sind wie üblich Normstrategien zugeordnet, die in Bild 3-14 kurz genannt sind.

Resümee zu Marktportfolios

Häufig treffen wir gerade bei jungen unerfahrenen Leuten in den Stabsstellen der großen Unternehmen auf eine gewisse Portfolio-Gläubigkeit. Wer schon mal selbst ein Geschäft geführt hat, weiß, dass die Portfolio-Analyse Vor- und Nachteile hat. Der herausragende Vorteil ist, dass mehrere Geschäftseinheiten transparent und nachvollziehbar unter Berücksichtung mehrerer Kriterien gegenüber gestellt werden. Der Nachteil ist, dass versucht wird, die Wirklichkeit auf wenige Kriterien abzubilden. Bei der BCG-Matrix sind das nur zwei; bei anderen mehr, was manchmal aber auf eine Scheinobjektivierung hinausläuft. Vor diesem Hintergrund wäre es schon sehr naiv, eine unternehmerische Entscheidung allein auf Basis einer Portfolio-Analyse zu fällen. Eine gut gemachte Portfolio-Analyse liefert wichtige Erkenntnisse, aber keinen Automatismus für eine unternehmerische Entscheidung.

3.2.3 Integriertes Markt-Technologie-Portfolio

In den von uns betrachteten Branchen spielt der Einsatz von Technologie in Erzeugnissen und in Leistungserstellungsprozessen in der Regel eine wichtige Rolle. Es reicht daher nicht aus, primär Marktgrößen zu betrachten, um ein realistisches Bild von der Position eines Produktes oder eines Geschäftsbereiches im Wettbewerb zu gewinnen. Das integrierte Markt-Technologie-Portfolio nach MCKINSEY verknüpft die Markt- und die Technologie-orientierte Bewertung einer Geschäftseinheit [FW78], [Kru82]. Wir wenden diese Art der Portfolio-Analyse sehr häufig an, weshalb wir sie im Folgenden etwas ausführlicher erläutern.

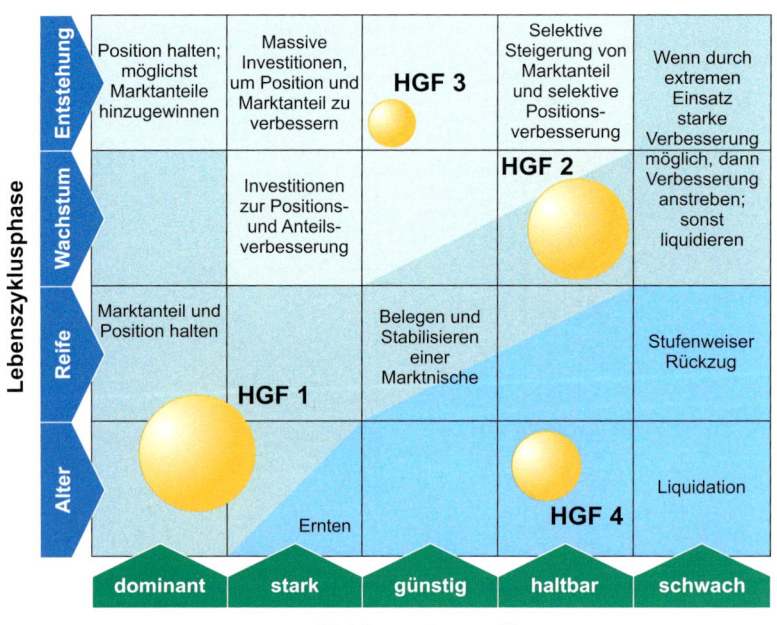

Bild 3-14: Lebenszyklusphase-Wettbewerbsstellung-Portfolio nach
ARTHUR D. LITTLE

Zunächst werden das Markt- und das Technologie-portfolio getrennt erstellt. Das **Marktportfolio** verdeutlicht die marktmäßige Positionierung der zu bewertenden Geschäftseinheit. Zur Ermittlung der beiden Dimensionen Marktattraktivität und Wettbewerbsstärke werden ausschließlich marktrelevante Merkmale herangezogen (Bild 3-15).

- Die **Marktattraktivität** ergibt sich aus Größen wie dem Marktvolumen, der Marktentwicklung (Wachstum, Stagnation, Rückgang) sowie der Wettbewerbsintensität.

- Die **Wettbewerbsstärke** ergibt sich aus dem Marktanteil, der Umsatzentwicklung, der Differenzierungsstärke und der Profitabilität.

Entsprechend der Positionierung ergibt sich eine niedrige, mittlere oder hohe Marktpriorität (Bild 3-16). So weist das Produkt B eine mittlere Marktpriorität

Marktattraktivität Kriterien/Bewertung	Gew. (%)	Produkt A		Produkt B		Produkt C		
		Bew.	B x G	Bew.	B x G	Bew.	B x G	
1. Marktvolumen 3 = hoch (> 500 Mio €) 2 = mittel (> 100 Mio €) 1 = klein (> 50 Mio €) 0 = sehr klein	30	2	**0,6**	1	**0,3**	1	**0,3**	
2. Marktentwicklung 3 = Wachstum (> 10 %) 2 = Wachstum (> 1 %) 1 = Stagnation (> 0 %) 0 = Rückgang (< 0 %)	50	1	**0,5**	3	**1,5**	1	**0,5**	
3. Wettbewerbsintensität 3 = einige kleinere Mitbewerber 2 = einige gleichwertige Mitb. 1 = viele starke Mitbewerber 0 = ruinös	20	1	**0,2**	3	**0,6**	0	**0,0**	
	100		**1,3**		**2,4**		**0,8**	

Wettbewerbsstärke Kriterien/Bewertung	Gew. (%)	Produkt A		Produkt B		Produkt C		
		Bew.	B x G	Bew.	B x G	Bew.	B x G	
1. Marktanteil 3 = gehören zur Spitzengruppe 2 = signifikant 1 = unter ferner liefen 0 = vernachlässigbar	40	3	**1,2**	1	**0,4**	2	**0,8**	
2. Umsatzentwicklung 3 = wächst stärker als Markt 2 = wächst etwas stärker 1 = wächst mit Markt 0 = verlieren Marktanteile	30	3	**0,9**	0	**0,0**	2	**0,6**	
3. Differenzierungsstärke 3 = hoch 2 = mittel 1 = gering 0 = nicht vorhanden	10	3	**0,3**	2	**0,2**	1	**0,1**	
4. Profitabilität (Gewinn vor Steuern) 3 = hoch (> 10 %) 2 = mittel (> 5 %) 1 = gering (> 0 %) 0 = Verlust	20	2	**0,4**	1	**0,2**	0	**0,0**	
	100		**2,8**		**0,8**		**1,5**	

Bild 3-15: Ermittlung der Marktattraktivität und der Wettbewerbsstärke (Die Skalierung der Werte beispielsweise für das Marktvolumen sowie die Festlegung der Gewichte sind projektspezifisch vorzunehmen.)

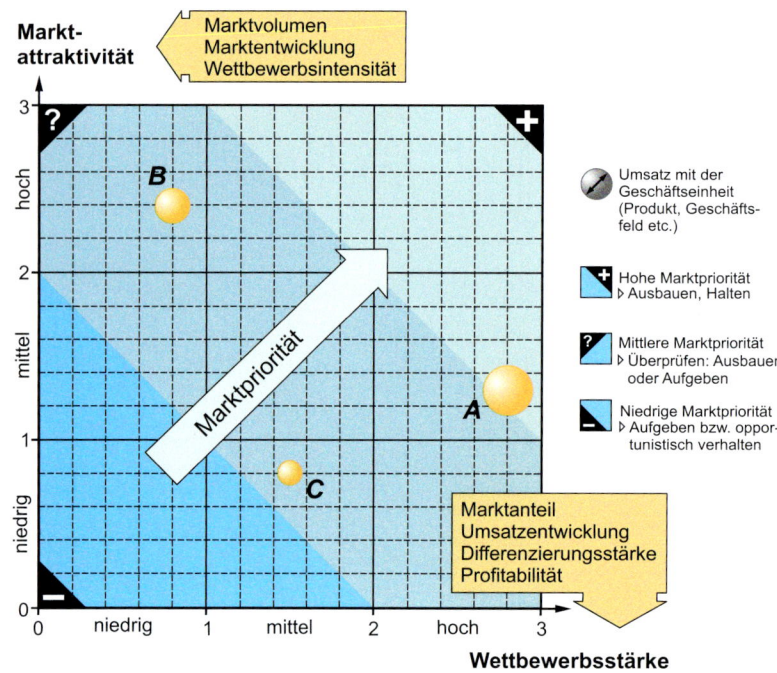

Marktattraktivität

Marktvolumen
Marktentwicklung
Wettbewerbsintensität

3

? （links oben）
＋（rechts oben）

hoch

B

Marktpriorität

Umsatz mit der
Geschäftseinheit
(Produkt, Geschäfts-
feld etc.)

2

＋ Hohe Marktpriorität
▷ Ausbauen, Halten

mittel

? Mittlere Marktpriorität
▷ Überprüfen: Ausbauen
oder Aufgeben

A

– Niedrige Marktpriorität
▷ Aufgeben bzw. oppor-
tunistisch verhalten

1

niedrig

C

Marktanteil
Umsatzentwicklung
Differenzierungsstärke
Profitabilität

0

0　　niedrig　　1　　mittel　　2　　hoch　　3

Wettbewerbsstärke

Bild 3-16:　Ermittlung der Marktpriorität von Geschäftseinheiten (Produkte, Geschäftsbereiche) in einem Marktportfolio

– allerdings bei hoher Marktattraktivität – auf. Dies könnte der Hoffnungsträger sein. Bei Produkt A handelt es sich um ein Produkt, mit dem sich das Unternehmen eine starke Stellung erarbeitet hat. Die Marktattraktivität ist eher gering, weil der Markt stagniert und ein Verdrängungswettbewerb herrscht.

Analog zum Marktportfolio wird im **Technologieportfolio** die Positionierung der Geschäftseinheit aus Technologiesicht vorgenommen. Bild 3-17 zeigt beispielhaft, wie die Werte für die beiden Dimensionen Technologieattraktivität und relative Technologieposition bestimmt werden.

- Mit der **Technologieattraktivität** wird die technologische Situation eines Produktes bewertet. Sie ergibt sich vor allem aus der Position der mit dem Produkt verbundenen Technologien auf der S-Kurve (siehe Kasten). Schlüssel- und Schrittmachertechnologien weisen aufgrund ihrer großen Zukunftspotentiale die größte Technogieattraktivität auf. Daneben werden Eintrittsbarrieren hinsichtlich des Know-hows, der Erfahrung und der Herstellprozesse in die Technologieattraktivität einbezogen.

- Die **relative Technologieposition** beschreibt die Stärke der Forschung und Entwicklung des Unternehmens bzw. der Geschäftseinheit in diesem Technologiebereich.

Aus der Positionierung der Produkte im Technologieportfolio ergibt sich eine niedrige, mittlere oder hohe Technologiepriorität (Bild 3-18). So verfügt das exemplarisch gezeigte Produkt B über eine relativ hohe Technologiepriorität, was aus Technologiesicht einen Ausbau bzw. ein Halten nahe legt.

Kundennutzen

1　0
Basis-
technologie
2
3
Schlüssel-
technologie
0　2
Schrittmachertechnologie

kumulierter F&E-Aufwand

Technologieattraktivität	Gew. (%)	Produkt A		Produkt B		Produkt C	
Kriterien/Bewertung		Bew.	B x G	Bew.	B x G	Bew.	B x G
1. Position auf S-Kurve 3 = neue Schlüsseltechn. 2 = Schrittm./verbr. Schlüssel. 1 = Basistechnologie 0 = ausgereifte Basistechn.	70	1	0,7	2	1,4	2	1,4
2. Eintrittsbarrieren[1] 3 = hoch 2 = mittel 1 = niedrig 0 = praktisch nicht vorhanden	30	2	0,6	3	0,9	1	0,3
	100		1,3		2,3		1,7

relative Technologieposition	Gew. (%)	Produkt A		Produkt B		Produkt C	
Kriterien/Bewertung		Bew.	B x G	Bew.	B x G	Bew.	B x G
1. Ressourcenstärke[2] 3 = hoch 2 = mittel 1 = niedrig 0 = praktisch keine R.	50	1	0,5	3	1,5	1	0,5
2. Umsetzungsstärke 3 = sind i.d.R. die Schnellsten 2 = wie die führenden Mitbew. 1 = langsam 0 = häufiges Scheitern	50	3	1,5	3	1,5	1	0,5
	100		2,0		3,0		1,0

1) Eintrittsbarrieren bzgl. Know-how, langjähriger Erfahrung, Herstellprozesse
2) Ressourcenstärke: Know-how, Mittel, Personal

Bild 3-17:　Ermittlung der Technologieattraktivität und der relativen Technologieposition

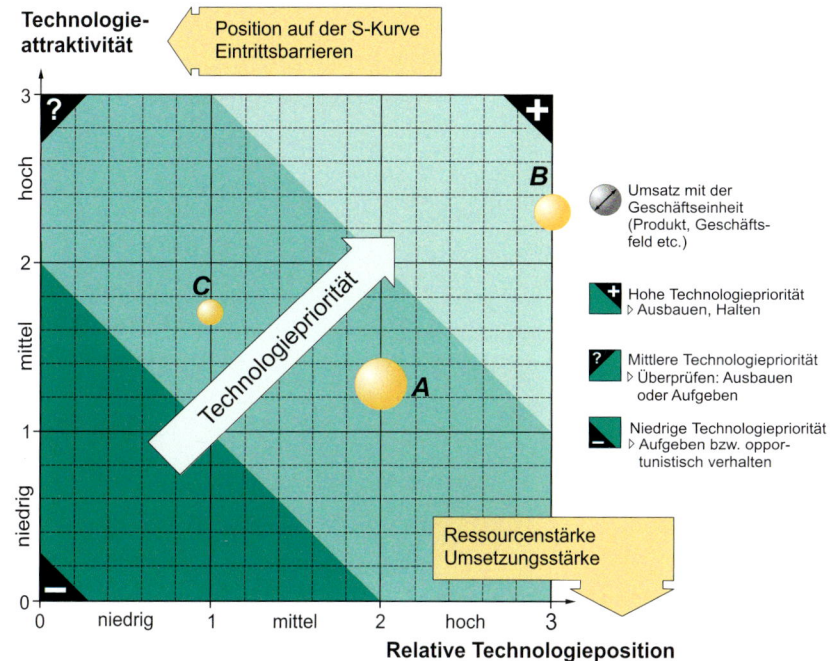

Bild 3-18: Ermittlung der Technologiepriorität von Geschäftseinheiten (Produkte, Geschäftsbereiche) in einem Technologieportfolio

- Besteht bei sehr hoher Technologiepriorität eine geringe Marktpriorität, so besteht die Gefahr, dass die bestehende Technologieführerschaft nicht in Markterfolg umgesetzt werden kann.

- Besteht bei sehr hoher Marktpriorität eine ausgesprochen geringe Technologiepriorität, so besteht die Gefahr, dass das Unternehmen die Chancen attraktiver Märkte nicht wahrnehmen kann.

Eine wesentliche Ergänzung erfährt das integrierte Technologie-Markt-Portfolio durch die Einbeziehung der Lebenszyklusphase, in der sich der betrachtete Markt befindet (Entstehungs- bzw. frühe Wachstumsphase oder späte Wachstums- bzw. Reifephase) [Hom96]. So ist der Bereich der eigenen Technologieentwicklung bzw. der technologischen Führerschaft bei reiferen Märkten wesentlich kleiner als bei Märkten in der Entstehungsphase (Bild 3-20).

Die Kombination der marktmäßigen und technologischen Positionen der Produkte erfolgt in einem integrierten Markt-Technologie-Portfolio (Bild 3-19). Darin werden als Ordinate die ermittelten Marktprioritäten und als Abszisse die ermittelten Technologieprioritäten aufgetragen. Mit den beispielhaft aufgeführten Produkten lässt sich der Vorteil dieser kombinierten Portfolio-Analyse unterstreichen: Bei einer ausschließlich marktmäßigen Betrachtung besteht die Gefahr, dass das Produkt B aufgegeben wird. Die zusätzliche Bewertung aus Technologiesicht zeigt aber, dass aufgrund der Technologieführerschaft gute Voraussetzungen gegeben sind, dieses Geschäft zum Erfolg zu führen. Für das Produkt C weist das Portfolio auf eine mittlere Wettbewerbsposition hin, die beispielsweise über Joint Ventures gestärkt werden könnte.

Das integrierte Markt-Technologie-Portfolio in Bild 3-19 weist zusätzlich auf zwei besondere Gefahren hin:

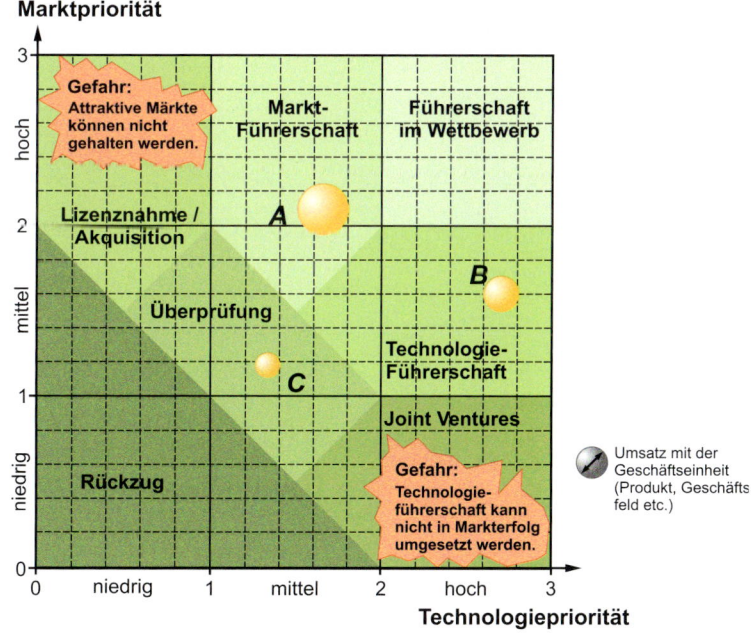

Bild 3-19: Beispiel für ein integriertes Markt-Technologie-Portfolio

Resümee

Das integrierte Markt-Technologie-Portfolio vermittelt eine umfassende Sicht auf die Positionierung von Produkten oder Geschäftsfeldern im Wettbewerb, die durch Technologie geprägt sind. Es erweitert die häufig eingeschränkte Sichtweise – sei es um Technologieaspekte, wenn die Kaufleute den Ton angeben wollen, oder um Marktaspekte, wenn die Ingenieure die Dinge aus ihrer bevorzugten Perspektive bewerten. Trotz der Mächtigkeit dieser Analyse muss auch hier erwähnt werden, dass sie eine Entscheidung für ein Produkt oder ein Geschäftsfeld unterstützt, aber nicht den Automatismus dafür liefert.

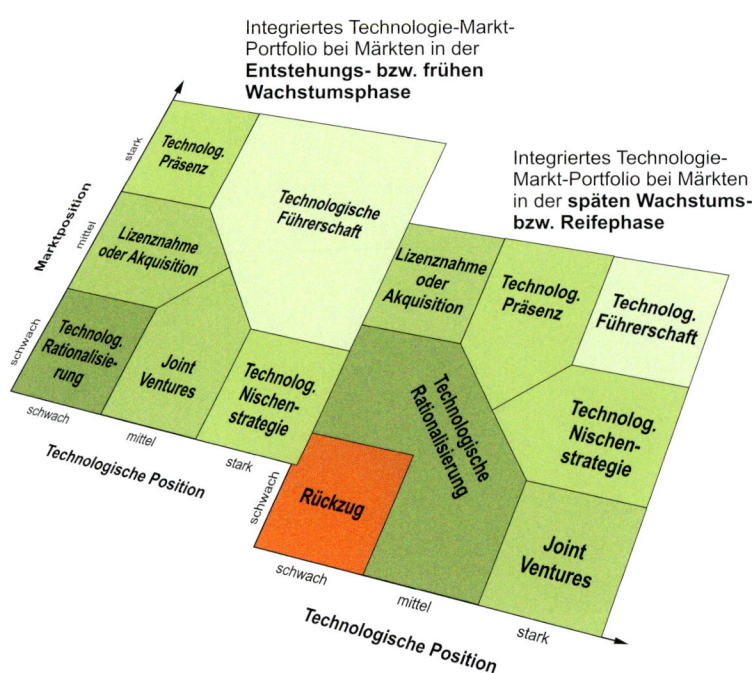

Bild 3-20: Integrierte Markt-Technologie-Portfolios in verschiedenen Phasen des Markt-Lebenszyklus nach HOMBURG

Technologielebenszyklus und S-Kurven-Konzept

Die Entwicklung von Technologien kann am Modell des Technologielebenszyklus idealtypisch in mehreren Phasen dargestellt werden. Nach dem Modell von ARTHUR D. LITTLE werden die vier Phasen Entstehung, Wachstum, Reife und Alter unterschieden, deren Charakteristika im Bild 1 dargestellt sind. Diesen Phasen können Technologietypen zugeordnet werden:

- **Neue Technologien** haben am Beginn ihres Lebenszyklus noch keinerlei wirtschaftliche Anwendung gefunden. Ihre Fortentwicklung wird zunächst vor allem von Visionären vorangetrieben. Nach GEOFFREY A. MOORE erreichen neue Technologien oft einen kritischen Punkt („Abgrund"), an dem der Massenmarkt noch nicht reif ist und das Interesse der Innovatoren nachlässt.

- Einige der neuen Technologien passieren diesen Abgrund und werden zu **Schrittmachertechnologien**. Diese befinden sich ebenfalls noch in einem frühen Entwicklungsstadium, haben aber in

einigen Nischen bereits Verbreitung gefunden. Dennoch sind sie für den gegenwärtigen Wettbewerb noch nicht entscheidend. Ein Beispiel hierfür ist die Nanotechnologie. MOORE spricht von einer „Bowlingbahn", in der sich die Technologien befinden:

„Die Bowlingbahn beschreibt den Teil der Entwicklung, in der sich neue Produkte in Nischen platzieren können, ohne den Massenmarkt zu durchdringen. ... Dabei ist jede Nische wie ein Kegel beim Bowling – etwas, das für sich allein umfallen kann, aber das ebenso hilft, zusätzliche Kegel umzustoßen. So ist es bei der Technologieentwicklung wie beim Bowling: Je mehr Kegel, desto mehr Punkte."

- Später können sie zu **Schlüsseltechnologien** werden. Darunter werden Technologien verstanden, die die Wettbewerbssituation entscheidend beeinflussen und die Grundlage für die Schaffung von Wettbewerbsvorteilen bilden. Diese Adaption einer Technologie durch den Massenmarkt beschreibt MOORE als „Tornado", in dem ungeheure

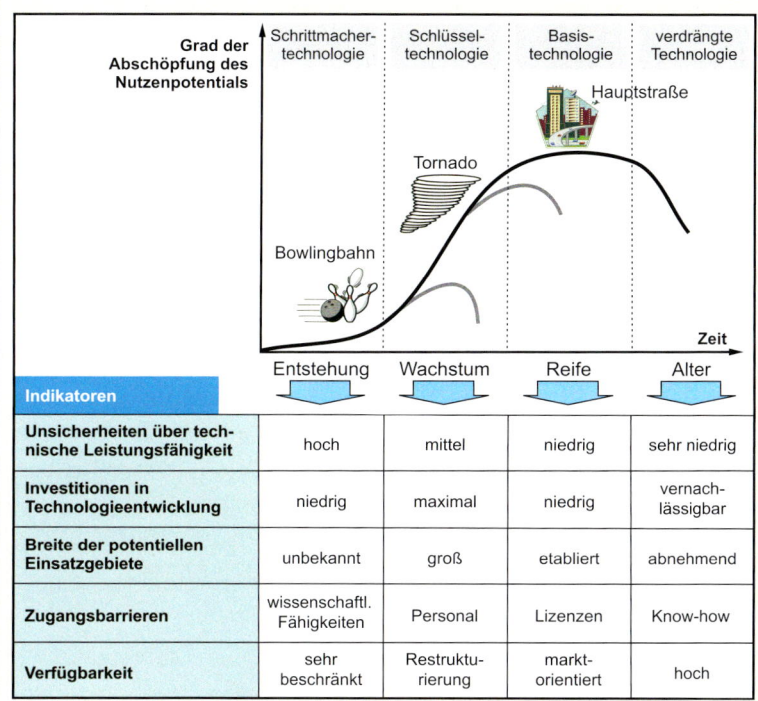

Indikatoren	Schrittmacher-technologie	Schlüssel-technologie	Basis-technologie	verdrängte Technologie
Unsicherheiten über technische Leistungsfähigkeit	hoch	mittel	niedrig	sehr niedrig
Investitionen in Technologieentwicklung	niedrig	maximal	niedrig	vernachlässigbar
Breite der potentiellen Einsatzgebiete	unbekannt	groß	etabliert	abnehmend
Zugangsbarrieren	wissenschaftl. Fähigkeiten	Personal	Lizenzen	Know-how
Verfügbarkeit	sehr beschränkt	Restrukturierung	marktorientiert	hoch

Bild 1:   Technologielebenszyklus und Technologietypen

Wettbewerbskräfte wirken. Eine Schlüsseltechnologie der letzten Jahrzehnte bis heute ist die Mikroelektronik.

- Wird eine Technologie von allen Konkurrenten einer Branche beherrscht und entsprechend in vielen Produkten und Verfahren eingesetzt, so sprechen wir von einer **Basistechnologie**. MOORE verwendet die Metapher der Hauptstraße („Main Street"). Die NC-Steuerung für Werkzeugmaschinen ist eine solche Basistechnologie.

- Daneben gibt es noch **verdrängte Technologien**, die am Ende ihres Lebenszyklus durch andere Technologien ersetzt wurden – beispielsweise der Eisenbahn-Dampfantrieb.

Für das strategische Technologiemanagement ist vor allem das Anfang der 1980er Jahre von MCKINSEY entwickelte **Substitutionspotential-Konzept** von Interesse. Trägt man dabei die Leistungsfähigkeit ei-

ner Technologie über dem kumulierten F&E-Aufwand auf, so ergibt sich in vielen Fällen eine idealtypische **S-Kurve** (Bild 2). Sie zeigt, dass sich die Leistungsfähigkeit reifer Basistechnologien durch zusätzliche F&E-Investitionen nicht mehr signifikant erhöhen lässt. Daher ist hier der Wechsel zu einer alternativen **Substitutionstechnologie** in Erwägung zu ziehen.

In Bild 2 ist der idealtypische Fall dargestellt. Danach führt der Wechsel auf die neue Technologie sofort zu einer Steigerung des Nutzens. Häufig ist es jedoch so, dass die neue Technologie ein wesentlich höheres Nutzenpotential bietet, aber noch eine lange Durststrecke zu durchlaufen ist, bis der Einsatz der neuen Technologie tatsächlich zu signifikanten Wettbewerbsvorteilen führt. Die in Bild 2 angedeuteten vier Beispiele sollen das Prinzip der S-Kurve verdeutlichen. Beispielsweise ist der Wechsel von der Glühlampe auf die Fluoreszenzlampe schon vor Jahrzehnten vollzogen worden. Gleiches gilt im Prinzip für das Telefon. Für die Bahntechnik und Datenbanksysteme ist festzustellen, dass wir uns noch in einer Übergangsphase befinden, d.h. es existieren jeweils Erzeugnisse mit der alten und der neuen Technologie.

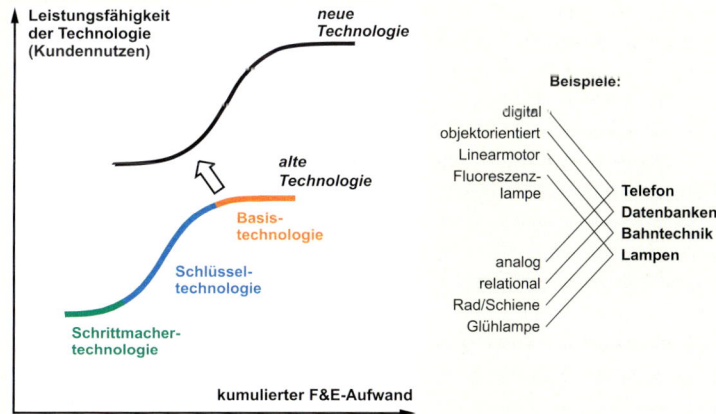

Bild 2:   S-Kurve der Technologieentwicklung nach MCKINSEY

Literatur:

BULLINGER, H.-J.: Einführung in das Technologiemanagement – Modelle, Methoden, Praxisbeispiele. Teubner, Stuttgart, 1994

MOORE, G. A.: Inside the Tornado – Marketing Strategies from Silicon Valley's Cutting Edge. HarperBusiness, New York, 1995

WOLFRUM, B.: Strategisches Technologiemanagement. Gabler Verlag, Wiesbaden, 1991

3.2.4 Stärken-Schwächen-Analyse

Gegenstand der Stärken-Schwächen-Analyse ist in der Regel ein Geschäftsbereich. Für diesen werden **Wettbewerbsfaktoren** identifiziert und bewertet. Unter Wettbewerbsfaktoren werden im Wettbewerb relevante Größen verstanden, die vom Unternehmen mittelbar oder unmittelbar beeinflusst werden können. Dazu zählen vor allem Fähigkeiten („capabilities"), Fertigkeiten („skills"), Informationen und Wissen (Knowhow), materielles und immaterielles Vermögen („assets"), Technologien, Geschäftsprozesse oder Firmenattribute. Wir sehen in einer Stärke einen heute nutzbaren Vorteil gegenüber relevanten Wettbewerbern. Bei einer Schwäche handelt es sich um einen gegenwärtig vorliegenden Nachteil. Für die Stärken-Schwächen-Analyse bieten sich zwei Vorgehensweisen an:

- Die detaillierte Betrachtung von Funktions- bzw. Handlungsbereichen und Vergleich mit dem Leistungsvermögen der Konkurrenz. Die Ergebnisse werden in **Stärken-Schwächen-Profilen** dargestellt.

- Die Ermittlung von Stärken und Schwächen anhand von Erfolgsfaktoren. Dazu dient das **Erfolgsfaktoren-Portfolio**.

Ermittlung von Stärken-Schwächen-Profilen

Den Ausgangspunkt für diese Analyse bilden Merkmalslisten für Funktionsbe-

reiche (Marketing/Vertrieb, Technik/Produktentwicklung, Fertigung etc.) bzw. für Handlungsbereiche wie Verhalten und Führung. Bild 3-21 deutet diese Listen an. Im Vordergrund sind die Merkmale für den Handlungsbereich Verhalten und Führung beispielhaft aufgeführt. Im Rahmen von Interviews erfolgen die Bewertungen bzw. Identifikation der Ausprägungen dieser Merkmale, und zwar auf der folgenden Skala:

--/0:   In diesem Merkmal ist die Ausprägung völlig inakzeptabel, das ist eine gravierende Schwäche.

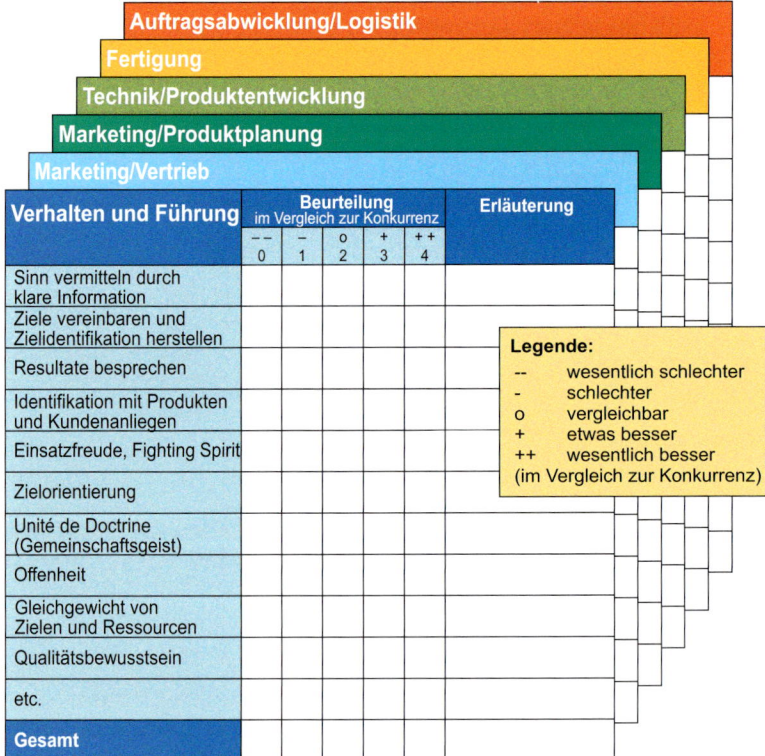

Bild 3-21:   Fragebogen für die Ermittlung von Stärken und Schwächen (Im Vordergrund für den Handlungsbereich „Verhalten und Führung")

-/1: Die Ausprägung deutet auf eine Schwäche im Vergleich zur Konkurrenz hin.

o/2: Die Ausprägung entspricht dem Branchenüblichen.

+/3: Die Ausprägung deutet auf eine Stärke im Vergleich zur Konkurrenz hin.

++/4: In diesem Merkmal liegt eine ausgesprochene Stärke im Vergleich zur Konkurrenz.

Die Erfahrung zeigt, dass das Bild der Stärken und Schwächen eines Betrachtungsbereiches schon mit relativ wenigen Interviews klare Konturen annimmt. Die Bewertungen der einzelnen Merkmale eines Betrachtungsbereiches werden zusammengefasst und in die Tabelle wie in Bild 3-22 dargestellt eingetragen. Daraus ergibt sich das Stärken-Schwächen-Profil eines Unternehmens bzw. Geschäftsbereiches. Eine Zeile in dieser Tabelle entspricht einem Betrachtungsbereich (Funktionsbereich oder Handlungsbereich). Im Bild 3-22 ist beispielhaft für den Betrachtungsbereich Fertigung angedeutet, dass sich der einzelne Punkt im Profil aus der Verdichtung der Merkmale eines Betrachtungsbereiches ergibt. Tabelle 3-1 enthält für die genannten Betrachtungsbereiche eine bewährte Auswahl von Merkmalen.

Resümee

Das vorgestellte Verfahren zur Ermittlung von Stärken und Schwächen ist pragmatisch und leicht zu handhaben. Schon relativ wenige Befragungen führen zu eindeutigen Erkenntnissen. Das Verfahren lässt sich auch in Workshops einsetzen, weil es wenig Zeit benötig und schnell zu einem gemeinsamen Bild über die Stärken und Schwächen kommt. Dies ist eine gute Basis für die Erarbeitung von Maßnahmen zur Überwindung der festgestellten Schwächen. In Hinblick auf die noch folgende Strategieentwicklung wäre selbstre-

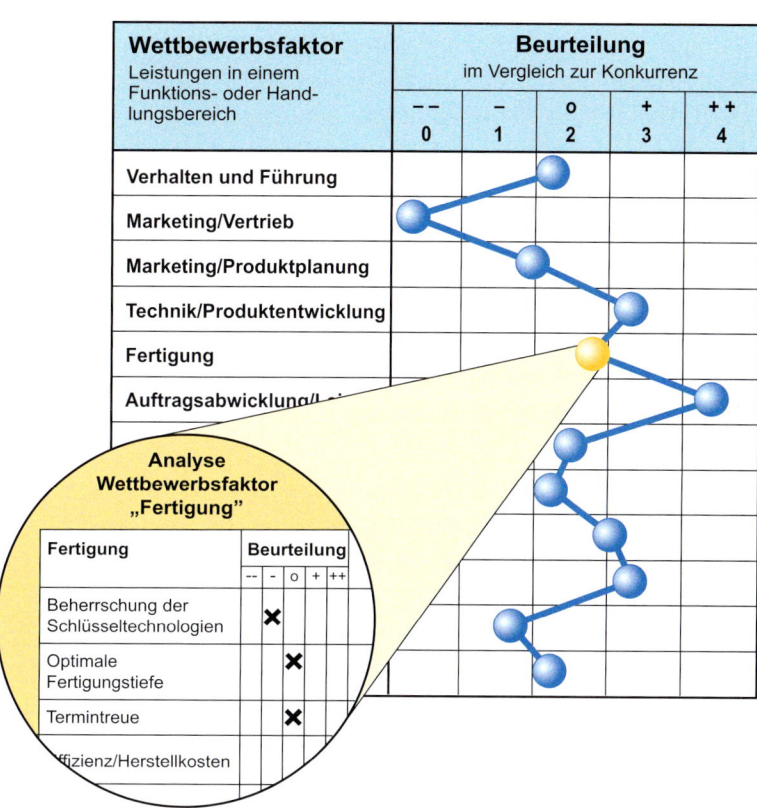

Bild 3-22: Vereinfachtes Beispiel eines Stärken-Schwächen-Profils

dend zu überprüfen, ob die Schwächen künftig einen Nachteil und die Stärken einen Vorteil bedeuten.

Erfolgsfaktoren-Analyse

Erfolgsfaktoren sind Faktoren, die den Erfolg eines Geschäftes beeinflussen. Häufig werden sie auch als kaufentscheidende Faktoren bezeichnet. Erfolgsfaktoren können produktspezifisch und branchenspezifisch sein. Beispiele für produktspezifische Erfolgsfaktoren von Pumpen sind Betriebskosten, Bedienungsfreundlichkeit, Leckagefreiheit, Störungsfrüherkennung etc. Beispiele für branchenspezifische Erfolgsfaktoren sind im Fall der deutschen Pumpenindustrie Logistikleistung, Service, Image, Auslandspräsenz etc. Die Analyse solcher Faktoren führt in der Regel zu interessanten Erkenntnissen. Dafür verwenden wir das **Erfolgsfaktoren-Portfolio**. Bild 3-23 zeigt beispielhaft ein derartiges Portfolio sowie den prinzipiellen Aufbau des entsprechenden Fragebogens.

Es handelt sich bei diesem Beispiel um produktspezifische Erfolgsfaktoren für eine Klasse von Maschinen. Das Portfolio weist als Achsen die Bedeutung des Erfolgfaktors und die derzeitige Position im Branchenvergleich aus Sicht des Unternehmens auf. Es gliedert sich in drei Bereiche:

- **Kritische Erfolgsfaktoren:** Das Unternehmen ist in Bereichen nicht stark genug, die eine hohe Bedeutung im Wettbewerb haben. Hier ergibt sich ganz offensichtlich Handlungsbedarf.

- **Ausgeglichene Erfolgsfaktoren:** Hier besteht eine Balance zwischen der Bedeutung im Wettbewerb und der Position des Unternehmens.

- **Überbewertete Erfolgsfaktoren:** Das Unternehmen ist auf Gebieten stark, die keine große Rolle spielen. Eine Positionierung in diesem Bereich kann ein Zeichen dafür sein, dass das Unternehmen mit einer gewissen Selbstgefälligkeit auf die Errungenschaften von gestern blickt und versäumt hat, Stärken bei den Erfolgsfaktoren von heute zu entwickeln.

Es kann aber auch sein, dass das Unternehmen zu früh ist, d.h. Stärken werden vom Markt noch nicht als solche erkannt und dementsprechend in ihrer Bedeutung als gering eingestuft. Wie dem auch sei, aus heutiger Sicht bedeutet das in beiden Fällen eine Vergeudung von Ressourcen.

Eine andere Form der Analyse von Erfolgsfaktoren ist das sog. Spinnendiagramm (Bild 3-24). In diesem Beispiel sind Kunden von so genannten aktiven Komponenten der elektrischen Verbindungstechnik nach der Bedeutung vorgegebener Erfolgsfaktoren gefragt worden. Aktive Komponenten ermöglichen eine elektrische Verbindung, wobei zusätzliche Funktionen wie Messen/Anzeigen oder Verstärken möglich sind. Derartige Produkte werden in verschiedenen Marktsegmenten wie dem Maschinenbau, der Verkehrstechnik etc. eingesetzt, weshalb sich je Marktsegment unterschiedliche Bedeutungsprofile ergeben können.

In Ergänzung zur Einschätzung der Kunden sind in Bild 3-24 je Erfolgfaktor die Bedeutung aus interner Sicht sowie der Erfüllungsgrad eingetragen. Im Prinzip

Tabelle 3-1: Merkmale für die Stärken-Schwächen-Analyse, geordnet nach Handlungs- bzw. Funktionsbereichen (in Anlehnung an PÜMPIN)

Verhalten und Führung	Marketing/ Vertrieb	Marketing/ Produktplanung	Technik/ Produkt-entwicklung	Fertigung	Auftrags-abwicklung/ Logistik
Sinn vermitteln durch klare Information	Engagement für Produkte	Präzise Markt-segmentierung	Anstreben von Kooperationen	Beherrschung der Schlüssel-technologien	Liefertreue
Ziele vereinbaren und Zielidentifi-kation herstellen	Marktauftritt	Bestimmen des Kundennutzens	Marktnähe		Lieferzeit
	Betreuung der Kundenbasis		Entwicklungszeit	Optimale Fertigungstiefe	
Resultate besprechen	Erschließung von Vertriebskanälen	Erarbeiten von Argumentations-hilfen für den Vertrieb	Termintreue		Lieferfähigkeit
	Proaktives Verkaufen			Termintreue	
Identifikation mit Produkten und Kunden-anliegen	Systematik und Transparenz im Akquisitions-geschehen	Präzises Beauf-tragen der Entwicklung	Effizienz		Lieferqualität
			Flexibilität	Effizienz/ Herstellkosten	
Einsatzfreude, Fighting Spirit	Erschließung von zusätzlichen Vertriebskanälen	Eingehen von Partnerschaften	Qualität der Resultate	Innovationen	Lieferflexibilität
Zielorientierung	Einhalten der Prognosen	Formulieren und Durchsetzen geschickter Make-or-Buy-Konzepte	Arbeitsmethodik/ Nachvollziehbarkeit	Flexibilität	Informations-bereitschaft
Unité de Doctrine (Gemeinschafts-geist)	Präzise Markt-segmentierung		Zusammenarbeit mit Vertrieb/ Marketing	Qualität der Resultate	Niedrige Bestände
Offenheit	Präzise Ermittlung der Marktanforde-rungen	Schulung und Unterstützung der Vertriebskanäle	Zusammenarbeit mit Fertigung	Zusammenarbeit mit Technik/ Produktentwicklung	Zusammenarbeit mit Fertigung
Gleichgewicht von Zielen und Ressourcen	Zusammenarbeit mit Technik/ Produktentwicklung	Aufstellen und Durchsetzen eines Geschäfts-planes	Herstellkosten	Zusammenarbeit mit Auftrags-abwicklung	Zusammenarbeit mit Vertrieb/ Marketing
Qualitäts-bewusstsein	Zusammenarbeit mit Auftrags-abwicklung		Innovationskraft		
etc.		etc.	etc.	etc.	etc.

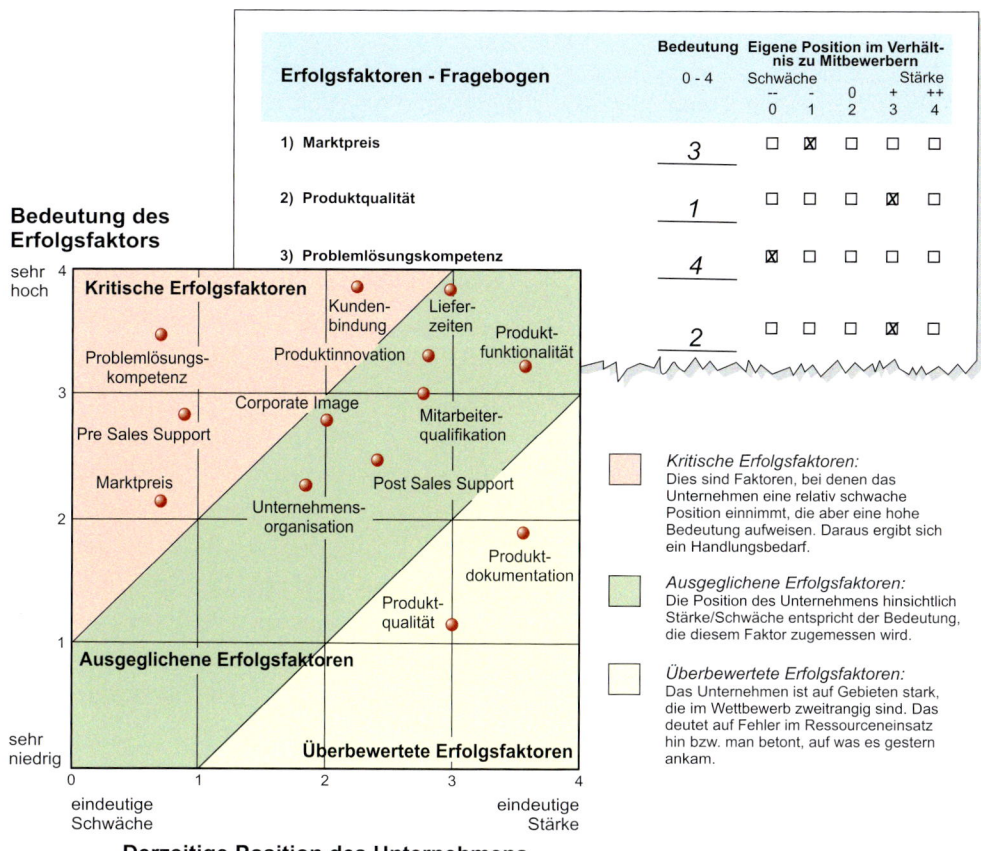

Erfolgsfaktoren - Fragebogen	Bedeutung 0 - 4	Eigene Position im Verhältnis zu Mitbewerbern				
		Schwäche		0	Stärke	
		--	-		+	++
		0	1	2	3	4
1) Marktpreis	3	☐	☒	☐	☐	☐
2) Produktqualität	1	☐	☐	☐	☒	☐
3) Problemlösungskompetenz	4	☒	☐	☐	☐	☐
	2	☐	☐	☐	☒	☐

Bild 3-23:   Erfolgsfaktoren-Portfolio, branchenspezifische Erfolgsfaktoren sowie der entsprechende Fragebogen

kann zur Darstellung dieses Sachverhalts auch das Erfolgsfaktoren-Portfolio herangezogen werden (Bild 3-25). Allerdings entspricht hier das Kriterium Position des Unternehmens (waagerechte Achse) nicht ganz dem Erfüllungsgrad, der ausdrückt, ob die mit den Erfolgsfaktoren verbundenen Kundenerwartungen uneingeschränkt erfüllt werden. In Bild 3-25 beziehen sich die beiden Sichten (Kundensicht und interne Sicht) nur auf die Bedeutung eines Erfolgsfaktors. Sicher wäre es auch aufschlussreich, die Kunden zu fragen, wie sie die Position ihres Lieferanten zu den übrigen Anbietern sehen.

Unserer Erfahrung nach wird die Position des Unternehmens aus interner Sicht in der Regel zu gut eingeschätzt. Das Analoge gilt auch für die von uns durchgeführten Branchenstudien; auch hier

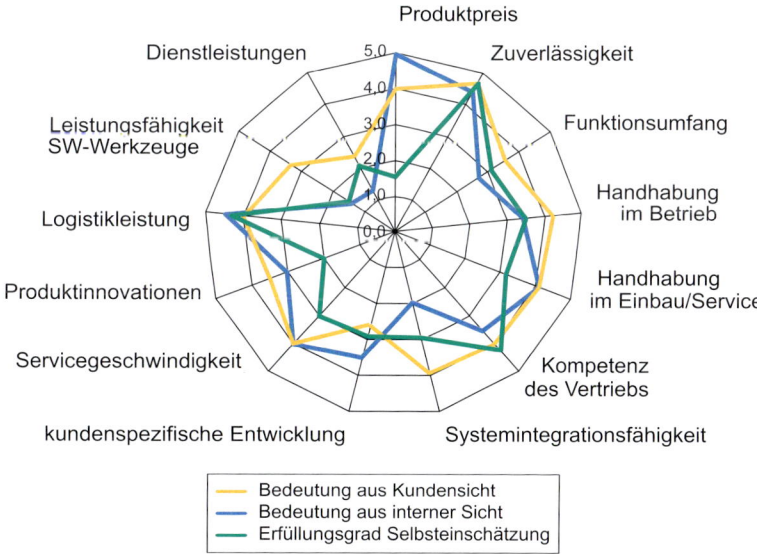

Bild 3-24:   Bedeutung und Erfüllungsgrad von Erfolgsfaktoren aus Kundensicht und interner Sicht (Geschäft mit aktiven Komponenten der elektrischen Verbindungstechnik)

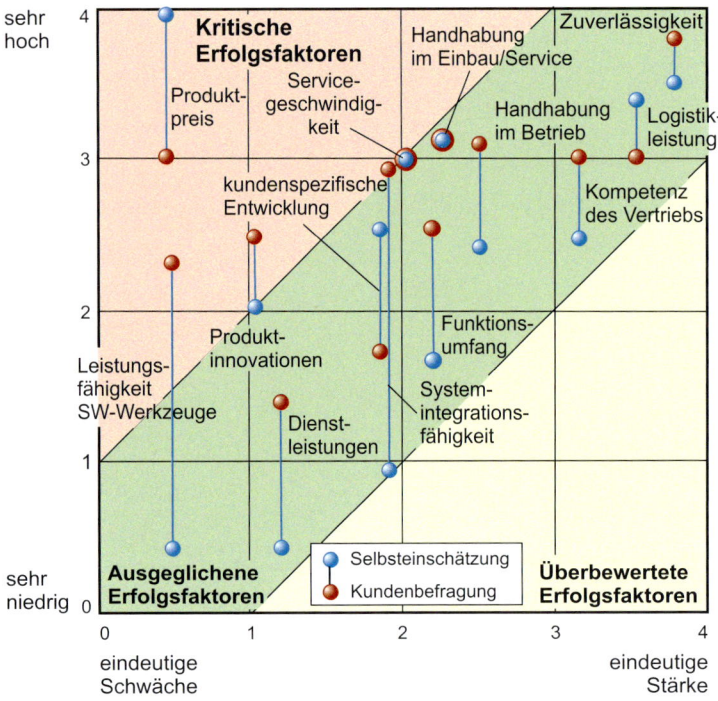

Bedeutung des Erfolgsfaktors

Bild 3-25:   *Erfolgsfaktorenportfolio (Geschäft mit aktiven Komponenten der elektrischen Verbindungstechnik)*

neigt man dazu, sich selbst zu überschätzen und die ausländischen Mitbewerber zu unterschätzen.

Im Kontext der Analyse der Ausgangssituation beurteilen wir die Bedeutung eines Erfolgsfaktors aus heutiger Sicht. Es liegt selbstredend nahe, sich zu fragen, ob ein Erfolgsfaktor auch künftig relevant ist, weil Erfolgsfaktoren von heute nicht zwangsläufig die von morgen sein müssen. Ferner sollte auch damit gerechnet werden, dass die Mitbewerber sich weiterentwickeln, so dass eine heute starke Position morgen eingebüßt sein kann.

Resümee

Die Erfolgsfaktoren-Analyse liefert sehr wertvolle Hinweise auf die „Spielregeln" eines Geschäfts und zeigt in Form von Stärken und Schwächen deutlich auf, ob das Unternehmen diesen Spielregeln gerecht wird. Dies gilt insbesondere dann, wenn es gelingt, die Bewertungen nach Sichten zu differenzieren. Sichten, die sich in ers-

ter Linie anbieten, sind Kunden, Vertrieb, Stammhaus, Landesgesellschaft etc. Die Erhebung über diese Sichten ist mit einem gewissen Aufwand verbunden. Da der Fragebogen in der Regel nur eine Seite umfasst und sich leicht bearbeiten lässt, ist die Rücklaufquote aber relativ hoch.

3.2.5 Kompetenz-Analyse

Nach PÜMPIN beruht der Erfolg eines Unternehmens in erheblichem Umfang auf strategischen Erfolgspositionen (vgl. Kapitel 3.4.2). Diese gehen wiederum aus Fähigkeiten bzw. Kompetenzen hervor, die im Unternehmen bewusst, manchmal auch unbewusst im Laufe der Zeit geschaffen worden sind. Vor diesem Hintergrund ist es daher wichtig, in Ergänzung zu den Stärken und Schwächen dezidiert die vorhandenen Kompetenzen zu ermitteln, auch wenn es am Ende in der Regel eine gewisse Deckung dieser beiden Bereiche gibt.

Im Kontext der strategischen Unternehmensführung geht der Begriff Kompetenz auf den so genannten „Resource based View" zurück, der Ende der 1980er Jahre propagiert wurde. Danach wird sich ein Unternehmen seiner eigenen Wertebasis und seiner Kompetenzen bewusst und setzt diese gezielt im Wettbewerb ein. Bis dahin dominierte der so genannte „Market based View" die Managementlehre. Ziel dieses Ansatzes ist, ein Unternehmen aus Sicht des Gesamtmarktes im Vergleich zu den Wettbewerbern zu positionieren und diese Position durch entsprechende Strategien zu verbessern. Insbesondere PORTER hat mit seinen Konzepten der Branchenstrukturanalyse und der Wertkette diesen Ansatz sehr gefördert.

Der Begriff **Kernkompetenz** wurde im Rahmen des „Resource based View" in den 1990er Jahren durch HAMEL und PRAHALAD geprägt [HP95]. Ihre so genannten „Core Competencies" stellen einzigartige Kombinationen von technologiebasierten Produktionsfertigkeiten im weitesten Sinne dar. Seit einigen Jahren wird die Dichotomie von „Market based View" („outside in") und „Resource based View" („inside out") aufgehoben. KRÜGER/HOMP konstatieren:

„Unternehmerischer Erfolg, so wie er hier verstanden wird, stellt eine Wirkungskette dar, an deren einen Ende die Ressourcen und Fähigkeiten der Unternehmung, an deren anderen Ende die Bedürfnisse bzw. Probleme von Kunden stehen" [KH97].

Beide Sichten werden in einem „Gegenstrommodell" zusammengeführt (Bild 3-26). Von der Unternehmensleitung werden dabei anspruchsvolle Ziele gesetzt („Stretch-orientiert"), die von den Mitarbeitern durch Weiterentwicklung der Kompetenzen erreicht werden können („Fit-orientiert").

Die Kompetenzen selbst lassen sich unserer Erfahrung nach am besten im Rahmen von Workshops identifizieren. Ausgangspunkte für die Ermittlung der Kompetenzen sind in der Regel erfolgreiche Produkte, besondere Leistungserstellungsprozesse, die offensichtlich zu einem deutlichen Wettbewerbsvorteil führen, kaufentscheidende Faktoren etc. Naturgemäß ergeben sich dann sehr viele Kompetenzen bzw. auch vermeintliche Kompetenzen, so dass eine Bewertung erfolgen muss. Eine umfassende Liste von Kriterien hat BERGER zusammengestellt [Ber06]. Er gliedert die Bewertungskriterien für Kompetenzen in zwei Kategorien.

- **Externe Sicht:** Diese Kriterien bezeichnen, wie eine Kernkompetenz am Markt wahrgenommen wird. Beispiele sind die Nicht-Imitierbarkeit, die Nicht-Substituierbarkeit, das Differenzierungspotential, das Innovationspotential etc.

- **Interne Sicht:** Diese Kriterien repräsentieren die Sicht aus dem Unternehmen auf die Kompetenzen. Dazu gehören Verwendungshäufigkeit in

Unternehmen, firmenspezifische Entstehung, Komplementarität, Immobilität des Wissens und Bedeutung für den Unternehmenserfolg.

Die Wertung erfolgt nach der Nutzwertanalyse, die insbesondere auch die geschäftsspezifische Gewichtung vorsieht. Eine andere Art der Kompetenzanalyse zeigt das in Bild 3-27 dargestellte Portfolio. Auf der Senkrechten ist der Wert der Kompetenz für den Kunden aufgetragen, auf der Waagerechten die Ausprägung der Kompetenz in Unternehmen relativ zu den besten Wettbewerbern. Wie bei solchen Portfolios üblich, enthalten die einzelnen Felder „Normstrategien". Hier sind es Empfehlungen für den weiteren Umgang mit den identifizierten Kompetenzen.

Resümee

Kompetenzen ergeben sich im Großen und Ganzen schon aus der Stärken-Schwächen-Analyse. Gleichwohl macht es Sinn, ganz dezidiert danach zu suchen. Dafür bieten sich Workshops an. Die herausragenden Kompetenzen, so genannte Kernkompetenzen, bilden in der Regel die Basis für die heutigen strategischen Erfolgspositionen.

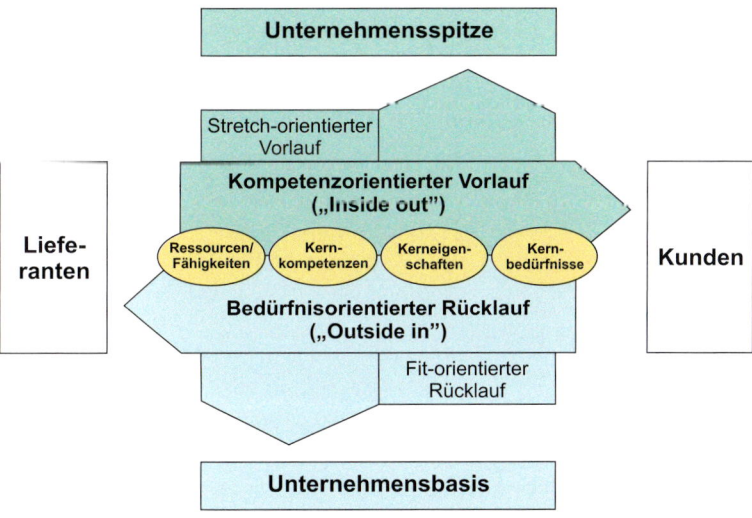

Bild 3-26: *„Gegenstrommodelle" des kompetenzorientierten Unternehmensführungsprozesses nach [KH97]*

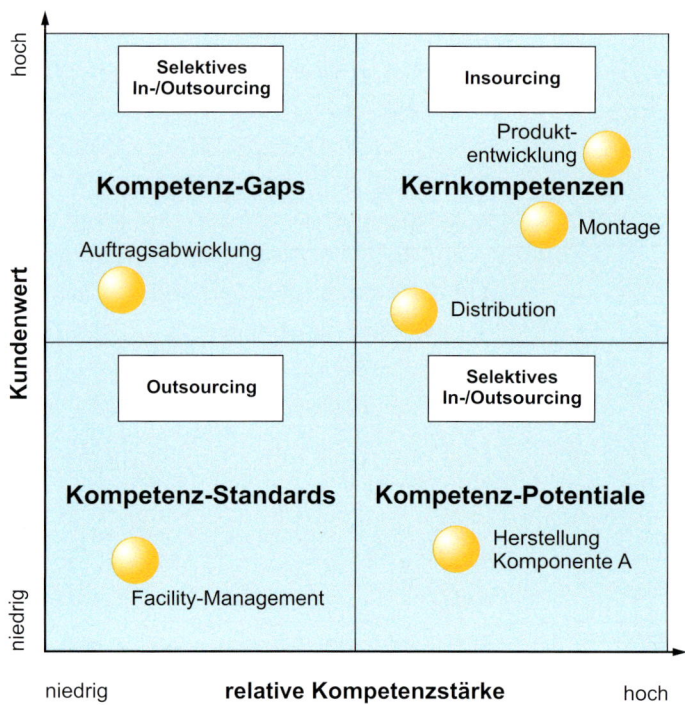

Bild 3-27:   Beispiel für ein Kompetenz-Portfolio [Hin96]

3.2.6 SPACE-Analyse

Eine sehr interessante Methode zur Analyse der Position eines Unternehmens bzw. eines Geschäftsfelds im Wettbewerb sowie der daraus resultierenden strategischen Stoßrichtungen ist SPACE (Strategic Position and Action Evaluation) nach ROWE/MASON/DICKEL [RMD85] – kurz SPACE-Analyse. Zunächst wird die Position des Unternehmens bezogen auf vier Merkmale ermittelt.

1) **Marktattraktivität:** Diese ergibt sich aus den klassischen Kriterien Marktvolumen und Marktwachstum sowie aus weiteren Kriterien wie Marktrentabilität und Investitionsintensität. Dieses Merkmal drückt also aus, wie attraktiv der Markt für das Unternehmen ist.

2) **Marktstabilität:** In dieses Merkmal gehen Kriterien ein wie Wettbewerbsintensität, Intensität des Preiskampfes, Markteintrittsbarrieren, Nachfrageschwankungen und weitere Risiken. Im Grunde genommen charakterisiert dieses Merkmal ebenfalls die Attraktivität des Marktes. In Hinblick auf die Ermittlung von strategischen Stoßrichtungen ist es

aber sinnvoll, dieses Merkmal separat auszuweisen.

3) **Wettbewerbsstärke:** Zu diesem Merkmal zählen die Kriterien Preise, Produktqualität etc. und zwar relativ zu den Mitbewerbern. Damit wird die Stärke des Unternehmens in der Wettbewerbsarena angegeben.

4) **Finanzielle Position:** Auch dieses Merkmal drückt die Stärke des Unternehmens im Wettbewerb aus, aber insbesondere die Fähigkeit, für strategisches Agieren die erforderlichen Mittel einsetzen zu können. In das Merkmal gehen ein: Umsatz, Rentabilität, Liquidität, Verschuldungsgrad etc.

Die Positionen des Unternehmens in den vier Merkmalen werden auf vier entsprechende Achsen eines Koordinatensystems markiert und durch Linien verbunden (Bild 3-28). Der Schwerpunkt der aufgespannten Fläche weist auf eine der im Folgenden beschriebenen vier strategischen Stoßrichtungen hin. Dies ist die eigentliche Stärke der SPACE-Analyse und erklärt die Wahl der vier geschilderten Merkmale.

- **Vorsichtige, segmentorientierte Stoßrichtung:** Ziel ist hier der Aufbau segmentspezifischer Wettbewerbsvorteile. Sie eignet sich für Unternehmen, die auf weniger attraktiven, aber dafür stabilen Märkten agieren und eine schwache Wettbewerbsposition aufweisen. Handlungsoptionen sind beispielsweise die Reduktion der Produktpalette und eine fokussierte Produktentwicklung.

- **Aggressive Stoßrichtung:** Ziele der aggressiven Strategie sind, die Kostenführerschaft zu erlangen, Marktanteile zu steigern und den Aufbau von Eintrittsbarrieren voranzutreiben. Dadurch kann eine dominierende Stellung im Wettbewerb eingenommen werden, existierende Konkurrenten können verdrängt und potentielle abgeschreckt werden. Diese Stoßrichtung wird für Unternehmen empfohlen, die auf einem attraktiven, stabilen Markt eine gute Wettbewerbsposition eingenommen haben und finanziell gut ausgestattet sind. Handlungsoptionen sind beispielsweise Akquisition verstärken, vertikale Integration, gezielte Produktinnovationen, Ausbau von Standortvorteilen und intensive Kostenkontrolle.

- **Wettbewerbs-/marketingorientierte Stoßrichtung:** Das Ziel dieser Strategie ist es, das Unternehmen weiter von den Wettbewerbern zu differenzieren, das Produktimage auszubauen und die Preissensibilität der Kunden zu senken. Sie eignet sich vor allem für Unternehmen, die finanziell eher schwach aufgestellt sind und auf einem attraktiven, aber stark umkämpften Markt eine gute Wettbewerbsposition eingenommen haben. Handlungsoptionen hier sind beispielsweise Erhöhung der Produktqualität, Produktvarianten und Eingehen von Kooperationen zur Verbesserung der finanziellen Situation.

- **Defensive Stoßrichtung:** Ziele der defensiven Strategie sind die Verteidigung profitabler Positionen sowie der selektive Rückzug aus unprofitablen Marktsegmenten. Sie bietet sich für eher schlecht positionierte Unternehmen an. Die Handlungsoptionen bestehen beispielsweise darin, Produkte mit marginaler Rendite aufzugeben, Kosten aggressiv zu reduzieren, Kapazitäten abzubauen und die Investitionen zurückzufahren.

Tabelle 3-2 enthält zusammengefasst die Charakteristika der genannten vier Stoßrichtungen sowie die jeweiligen Maßnahmen. Die SPACE-Analyse eignet sich auch sehr gut für die Wettbewerbsanalyse, indem auch einzelne Wettbewerber in das Diagramm gemäß Bild 3-28 eingetragen werden und daraus resultierend Stärken-Schwächen-Profile in Bezug auf das eigene Unternehmen ermittelt werden.

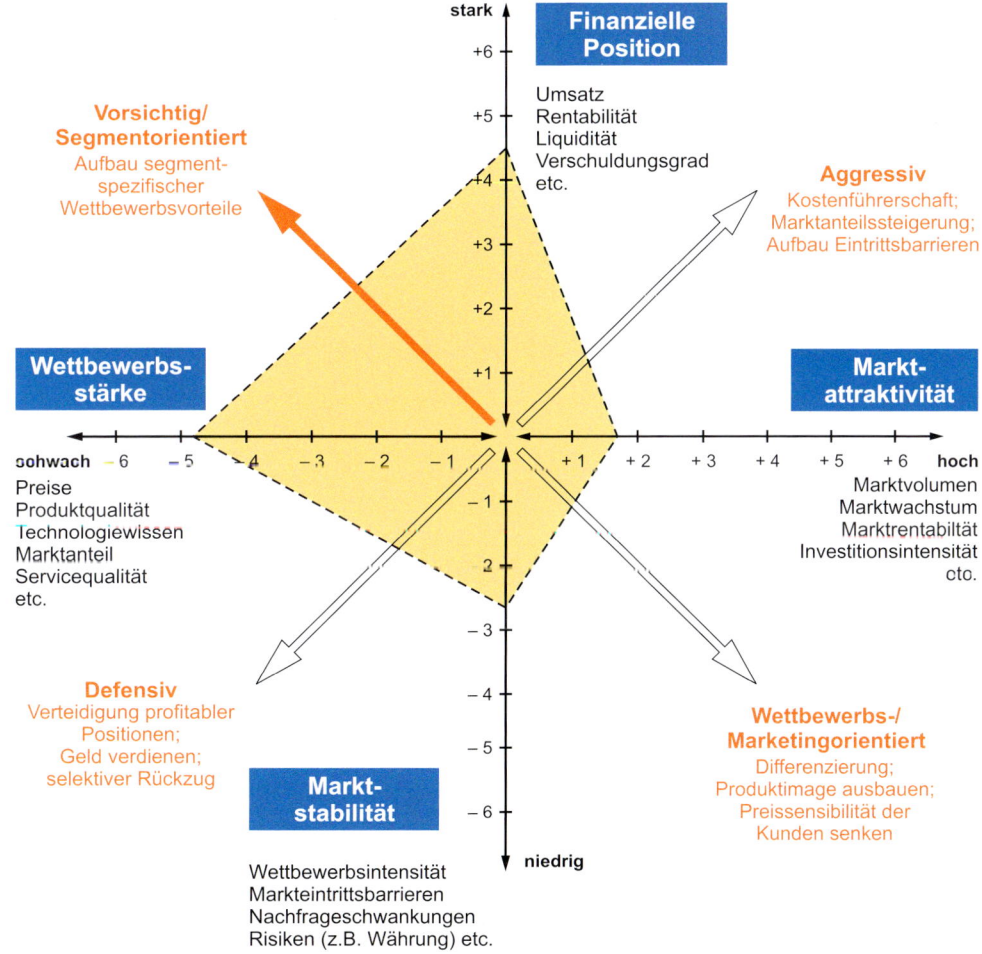

Bild 3-28:   Mehrdimensionales SPACE-Portfolio nach Homburg/Krohmer [HK03]

Tabelle 3-2: Charakteristika der Stoßrichtungen der SPACE-Analyse und entsprechende Standardmaßnahmen

Strategische Stoßrichtung	Charakteristika, Zielsetzung	Standard-maßnahmen
Vorsichtig/ Segment-orientiert	Aufbau segmentspezi-fischer Wettbewerbsvorteile	• Identifikation attraktiver Marktsegmente • Beschränkung auf Segmente • Neue Produktvarianten für Marktsegmente • F&E konzentrieren • Produktprogramm abspecken
Aggressiv	Kostenführerschaft; Marktanteilssteigerung; Aufbau von Eintrittsbarrieren	• Akquisition verstärken • Vertikale Integration • Gezielte Produktinnovation • Standortvorteile ausbauen • Intensive Kostenkontrolle
Wettbewerbs-/ Marketing-orientiert	Differenzierung; Produktimage ausbauen; Preissensibilität der Kunden senken	• Marketingaktivitäten intensivieren • Produktverbesserung/ -variation • Qualitätsimage ausbauen • Verbesserung der finanziellen Situation durch Kooperation • Vertrieb stärken
Defensiv	Verteidigung profitabler Positionen; Geld verdienen; selektiver Rückzug	• Produkte mit marginaler Rendite aufgeben • Kosten aggressiv reduzieren • Kapazitäten abbauen • Investitionen minimieren • Bei profitablen Produkten Position halten

Resümee

Die SPACE-Analyse ist ein mächtiges Werkzeug zur Identifikation der Position einer Geschäftseinheit im Wettbewerb und zur Ermittlung einer geeigneten Stoßrichtung zur Weiterentwicklung. Vorteil ist ferner, dass auch die möglichen Stoßrichtungen der Wettbe-werber deutlich werden, sofern man sich die Mühe macht, diese Analyse auch auf die Wettbewerber an-zuwenden. Nachteil der SPACE-Analyse ist – wie im-mer bei mächtigen Verfahren – der hohe Aufwand.

3.2.7 Unternehmenskultur-Analyse

Unternehmensführung ist eng mit der Unternehmens-kultur verbunden [Ulr01]. Strategische Führung heißt in der Regel auch eine bewusste Gestaltung und Wei-terentwicklung der Unternehmenskultur. Unter **Unter-nehmenskultur** verstehen wir nach PÜMPIN

„die Gesamtheit von Normen, Wertvorstellungen und Denkhaltungen, die das Verhalten der Mit-arbeiter aller Stufen und somit das Erschei-nungsbild eines Unternehmens prägen" [PKW85].

Damit wird deutlich, dass die Analyse der Ausgangssituation in Hinblick auf die Entwicklung einer Geschäftsstrategie auch eine Analyse der Unternehmenskultur umfassen muss. Im Folgenden stellen wir einige Ansätze und Verfahren vor, die zu einem Bild von der existierenden Unternehmenskultur beitragen können. Es handelt sich um

- das Unternehmenskultur-Profil nach PÜMPIN,
- die Analyse des Innovationsverhaltens und
- die Mitarbeiterbefragung.

Unternehmenskultur-Profil

Ein Unternehmenskultur-Profil drückt bezogen auf eine Reihe von Merkmalen die Unternehmenskultur aus. Typische Merkmale sind Kundenorientierung, Mitarbeiterorientierung, Resultats- und Leistungsorientierung, Innovationsorientierung, Kostenorientierung, Unternehmensorientierung und Technologieorientierung. Bild 3-29 verdeutlicht das von PÜMPIN vorgeschlagene prinzipielle Vorgehen, um zu Unternehmenskultur beschreibenden Merkmalen und deren Ausprägungen zu gelangen [PKW85].

Zunächst werden einzelne Symptome der Unternehmenskultur mit ihren Ausprägungen aufgenommen, z.B. regelmäßige Kundenkontakte und hohe Akzeptanz der Unternehmensstrategie bei den Mitarbeitern. Anschließend werden eng miteinander verbundene Symptome zu Merkmalen der Unternehmenskultur zusammengefasst (Bild 3-29, Mitte). So kennzeichnen regelmäßige Kundenkontakte beispielsweise das Merkmal „Kunden- und Marktorientierung", während eine stark ausgeprägte Sparmentalität zum Merkmal „Kostenorientierung" gehört. Die in Bild 3-30 dargestellte Checkliste zeigt die zu sieben Merkmalen gebündelten Symptome der Unternehmenskultur. Diese Checklisten sind in der Regel unternehmensspezifisch anzupassen.

In einem weiteren Schritt werden Ausprägungen der sieben Merkmale zu einem Profil verbunden, das die gegenwärtige Unternehmenskultur charakterisiert. So zeigt Bild 3-31 exemplarisch das Ist-Kulturprofil eines eher ingenieurgetriebenen Unternehmens, dessen Position im Wettbewerb offenbar gefährdet ist. Einen etwas einfacheren Ansatz beschreiben HAMEL/PRAHALAD in ihrem berühmten Buch „Wettlauf um die Zukunft" [HP95], der in dem folgenden Kasten kurz vorgestellt wird.

Analyse des Innovationsverhaltens

Der Erfolg eines Unternehmens hängt entscheidend davon ab, wie es heute mit neuen Möglichkeiten umgeht bzw. wie es in der Zukunft mit neuen Möglichkeiten umgehen möchte. Daher sollte die eine Strategieentwicklung vorbereitende Charakterisierung der Ausgangssituation auch eine Analyse der gegenwärtigen Innovationsfähigkeit des Unternehmens umfassen [SWA+06].

Das Innovationsverhalten und die Innovationsfähigkeit werden durch die Innovationskultur geprägt, die im Prinzip ein Teil der Unternehmenskultur ist [VB99]. Die Innovationskultur ist im Rahmen eines Innovationsmanagements nicht unmittelbar gestaltbar, gleichwohl ist es gut zu wissen, welche Innovationskultur vorherrscht. Spätestens bei der Entwicklung einer Geschäftsstrategie ist zu überprüfen, ob die vorherrschende Innovationskultur bzw. Unternehmenskultur die erfolgreiche Umsetzung der Strategie un-

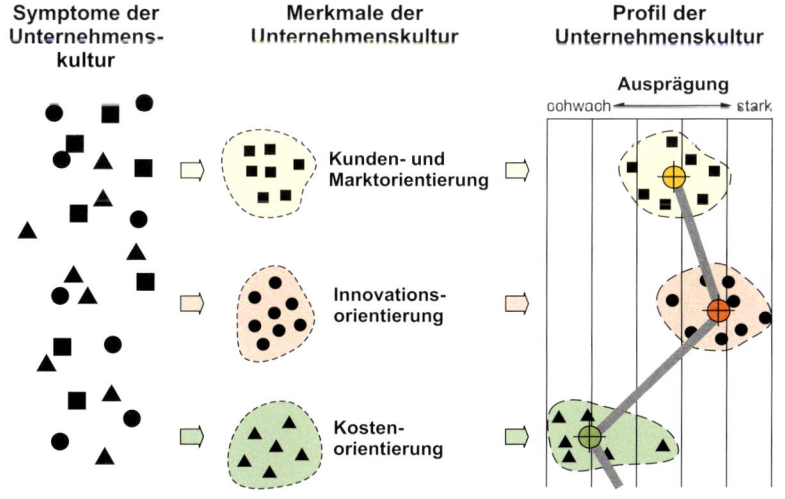

Bild 3-29: Prinzip der Erstellung eines Unternehmenskultur-Profils nach
PÜMPIN

Zusammenfassende Bewertung der Symptome in Form von Merkmals-ausprägungen der Unternehmenskultur

Einzelbewertung eines Symptoms der Unternehmenskultur

Symptom/Fähigkeit ist im Unternehmen ...

nicht vorh. / vor-handen / vorbild-lich

1 Kundenorientierung
- hohe Wertschätzung des Kunden
- profunde Kundenproblemkenntnisse
- gute regelmäßige Kundenkontakte

4 Innovationsorientierung
- ausgeprägte Risikofreudigkeit
- überdurchschn. Lern- und Veränderungsbereitschaft
- Experimentierfreudigkeit
- Offenheit für Neues, Toleranz gegenüber Abweichungen
- kontinuierliche Umsetzung von Innovationen
- Existenz kreativer Champions

5 Kostenorientierung
- stark ausgeprägte Sparmentalität
- Kostenbewusstsein auf allen Stufen
- Kostensenkungsprogramme als Selbstverständlichkeit
- Kosteneinsparung als Leitmaxime

6 Unternehmensorientierung
- starke persönliche Identifikation mit dem Unternehmen
- ausgeprägte Loyalität auf allen Stufen
- starker Gemeinschaftsgeist
- Bereitschaft persönliche Opfer zu bringen
- Fluktuation unter Branchendurchschnitt

7 Technologieorientierung
- ausgeprägtes Technologiebewusstsein auf allen Stufen
- Technologie als Mittel zur Differenzierung
- hoher technologischer Stand

2 Mitarbeiterorientierung
- hohe Wertschätzung des Mitarbeiters
- großes Vertrauen in die Mitarbeiter
- Partizipation als Selbstverständlichkeit
- Teamwork als Selbstverständlichkeit
- Zusammenarbeit auf allen Stufen
- transparente Karrieremechanismen
- professionelle Personalbetreuung
- überdurchschnittliche Bezahlungen und Sozialleistungen

3 Resultats-/ Leistungsorientierung
- ausgeprägtes Zielbewusstsein
- starke persönliche Einsatzbereitschaft
- überdurchschnittliche Arbeitsintensität
- beispielhafte Arbeitsmentalität
- überdurchschnittliche Produktivität
- gesundes Maß an Aggressivität im Angehen von Zielen
- handeln statt analysieren und administrieren
- persönliche Leistung als Basis der Bezahlung

Es handelt sich um eine Auswahl typischer Symptome

Bild 3-30: Checkliste zur Ermittlung der Unternehmenskultur in Anlehnung an PÜMPIN

Marktinnovation eines Unternehmens können spezielle Fragenkataloge eingesetzt werden. Produkt- und Marktinnovation werden anschließend in einem **Portfolio zur Darstellung der Innovationsfähigkeit** verzeichnet (Bild 3-32).

Daraus lässt sich ein Kennwert für die Geschäftsinnovation des Unternehmens ableiten. Dabei wird eine signifikant höhere Produktinnovation als **Produktorientierung** und eine signifikant höhere Marktinnovation als **Marktorientierung** bezeichnet. Erst eine gleichermaßen hohe Produkt- und Marktinnovation führt zu einer hohen Geschäftsinnovation.

Neben der strategischen Geschäftsinnovation ist die Innovation maßgeblich von der zumeist operativen **Prozessinnovation** („Wie innovativ ist das Unternehmen bei der Gestaltung seiner Geschäftsprozesse?") abhängig. Aus Geschäfts- und Prozessinnovation lässt sich dann ein **Innovationsportfolio** erzeugen, in dem fünf charakteristische und durch Persönlichkeitstypen beschriebene Felder unterschieden werden können (Bild 3-33).

terstützt bzw. behindert. Darauf gehen wir in Kapitel 3.4.5 noch ein.

Ein bewährtes Instrument zur Ermittlung des Innovationsverhaltens ist das Innovationsportfolio. Die Entwicklung eines Innovationsportfolios beginnt mit der Bewertung der **Geschäftsinnovation**. Diese ergibt sich aus der Produktinnovation („Wie innovativ ist das Unternehmen bei der Produktentwicklung und Produktschaffung?") und der Marktinnovation („Wie innovativ ist das Unternehmen bei der Marktentwicklung und Marktschaffung?"). Zur Bewertung der Produkt- und

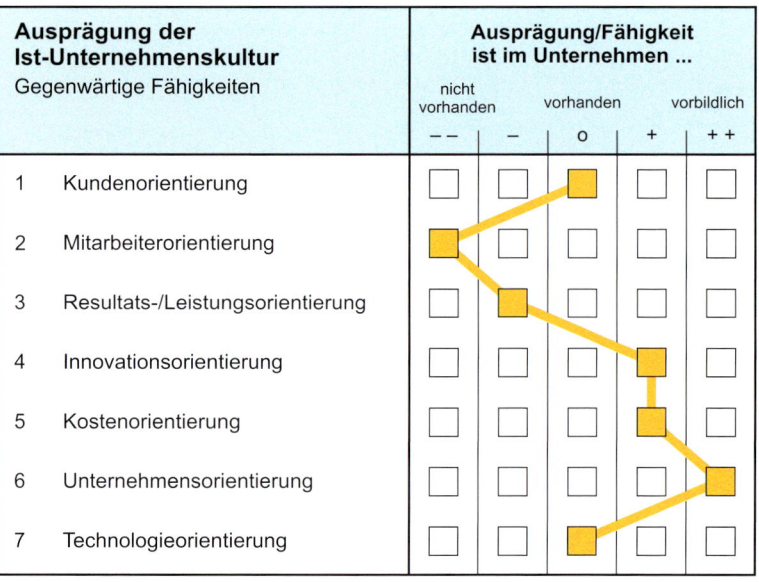

Ausprägung der Ist-Unternehmenskultur Gegenwärtige Fähigkeiten	Ausprägung/Fähigkeit ist im Unternehmen ...				
	nicht vorhanden – –	–	o	vorhanden +	vorbildlich + +
1 Kundenorientierung			■		
2 Mitarbeiterorientierung	■				
3 Resultats-/Leistungsorientierung		■			
4 Innovationsorientierung				■	
5 Kostenorientierung				■	
6 Unternehmensorientierung					■
7 Technologieorientierung			■		

Bild 3-31: Beispiel eines Ist-Unternehmenskultur-Profils

Der Wettlauf um die Zukunft – Einstufung des Unternehmens

G. HAMEL und C. K. PRAHALAD stellen in ihrem Bestseller „Wettlauf um die Zukunft" sieben einfache Fragen, deren Antworten einen deutlichen Hinweis auf die Zukunftsfähigkeit eines Unternehmens geben können.

Literatur:

HAMEL, G.; PRAHALAD, C. K.: Wettlauf um die Zukunft – Wie sie mit bahnenbrechenden Strategien die Kontrolle über ihre Branche gewinnen und die Märkte von morgen schaffen. Wirtschaftsverlag Ueberreuther, Wien, 1995

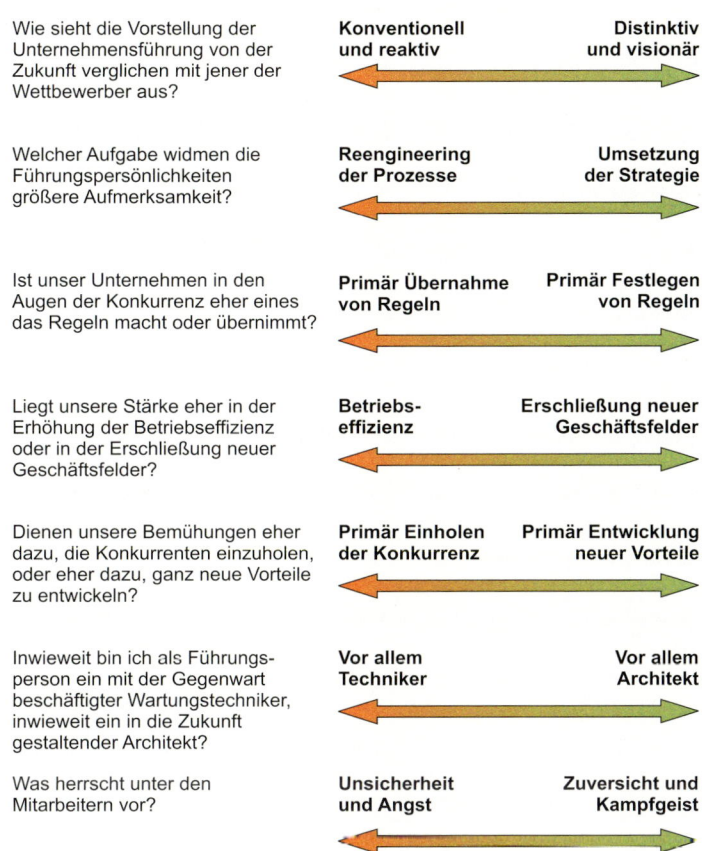

- Der **Visionär** verfügt zwar über strategische Stärken (= hohe Geschäftsinnovation), hat aber Mängel in der operativen Umsetzung der neuen Strategien.

- Der **Manager** hat demgegenüber erhebliche Stärken in der Umsetzung – es fehlt ihm allerdings an strategischer Durchschlagskraft.

- Der **Führer** ist der Idealtypus, denn hier treffen eine hohe Geschäftsinnovation und eine hohe Prozessinnovation aufeinander. Diese Unternehmen identifizieren Erfolgspotentiale frühzeitig und erschließen sie zeitgerecht.

- Der **Folger** verfügt über eine mittlere Geschäfts- und Prozessinnovation. Aufgrund der zunehmenden Änderungsgeschwindigkeit ist er immer mehr gefährdet.

- Den **Verlierer** kennzeichnet eine insgesamt geringe Innovationsfähigkeit, da er weder über eine hohe Geschäfts- noch Prozessinnovation verfügt.

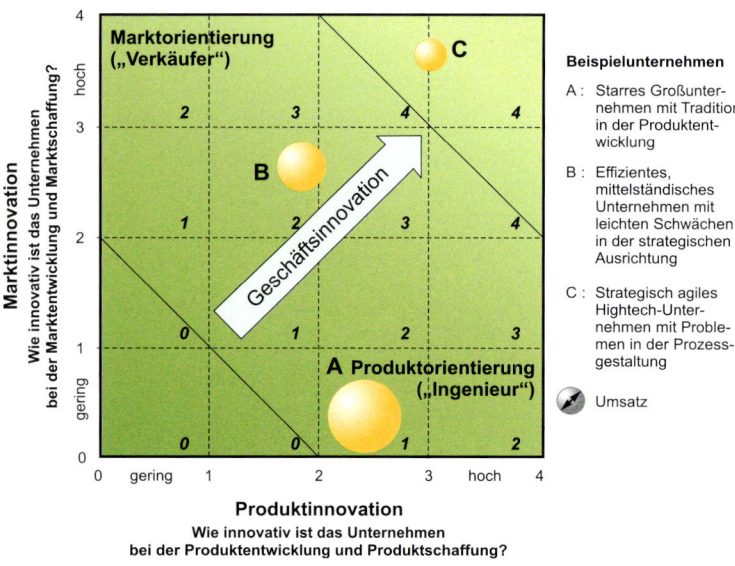

*Bild 3-32:　Portfolio zur Darstellung der Innovationsfähigkeit
　　　　　　　(Geschäftsinnovation)*

Mitarbeiterbefragung

Wohl kaum ein Instrument liefert so ein umfassendes Bild über die vorherrschende Unternehmenskultur wie eine gut durchdachte und systematisch durchgeführte Mitarbeiterbefragung. Die gewonnenen Informationen stellen eine gute Basis für die positive Weiterentwicklung des Unternehmens dar. Die Mitarbeiterbefragung ist als Prozess aufzufassen, der aus drei Hauptabschnitten besteht [TZ85]:

- Mitarbeiterbefragung als Diagnoseinstrument zur Analyse von Schwachstellen,

- Organisationsentwicklung, d.h. Planung und Durchführung von Verbesserungsmaßnahmen,

- Evaluation, d.h. Erfolgskontrolle, in der Regel durch eine erneute Mitarbeiterbefragung.

Im Zentrum der Mitarbeiterbefragung steht die Ermittlung der Zufriedenheit der Mitarbeiter (Bild 3-34). Basierend auf

den Überlegungen von Herzberg wurde deutlich,

„… dass man sowohl Tier als auch Mensch ist und als solche zwei komplett verschiedene Bedürfnis-Kategorien ausweist. Das Tier in uns strebt nach Überleben und der Vermeidung von Schmerzen bzw. Unbehagen, die von der Umgebung herrühren. Der Mensch in uns hat dagegen das Bedürfnis nach psychologischer Weiterentwicklung. Dementsprechend gibt es auch zwei Kategorien von Faktoren, die das menschliche Verhalten determinieren. Extrinsische Faktoren, die mit der Schmerzverhütung zu tun haben, nenne ich Hygiene-Faktoren. … Intrinsische Faktoren, die auf die Kategorie der Psycho-Weiterentwicklung entfallen, nenne ich Motivatoren." [Her87]

Bei der Untersuchung der Arbeitszufriedenheit im Unternehmen sollten daher sowohl die die Arbeitsbedingungen betreffenden Hygiene-Faktoren als auch die die Arbeitsinhalte betreffenden Motivatoren untersucht werden. Bei Mitarbeiterbefragungen verwenden wir beispielsweise einen Fragebogen, wie er in Bild 3-35

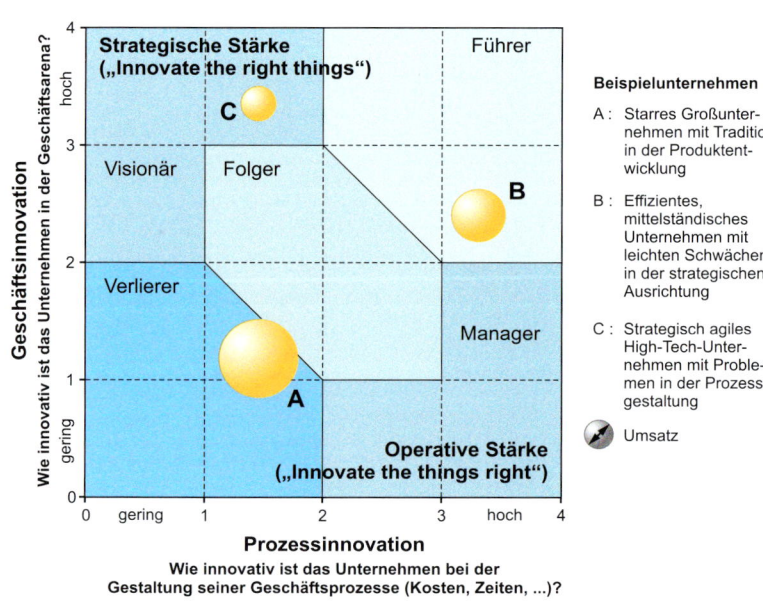

Bild 3-33:　Beispiel eines Innovations-Portfolios

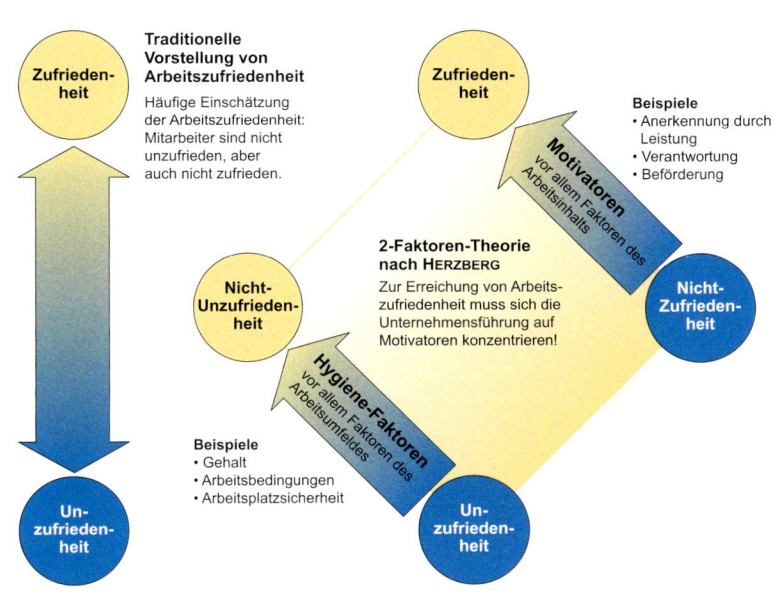

Bild 3-34: 2-Faktoren-Theorie der Arbeitszufriedenheit nach HERZBERG

kräfte im Bürobereich. Dadurch ergeben sich in der Regel weitere wichtige Hinweise auf Schwächen in der Unternehmenskultur.

Resümee

Häufig kommt die Unternehmenskultur-Analyse zu kurz. Zu Unrecht, weil der Erfolg bzw. der Misserfolg häufig seine Ursache im Verhalten der Menschen in einer Organisation hat. Ein klares, umfassendes Bild der Unternehmenskultur ist die Voraussetzung für die Entwicklung einer Erfolg versprechenden Strategie. Eine Strategie kann nur dann umgesetzt werden, wenn sie mit dem Selbstverständnis, den Denkhaltungen und den Praktiken der Zusammenarbeit der Mitarbeiter

dargestellt ist. Darin werden die einzelnen Fragen den Kategorien Situation am Arbeitsplatz, Zusammenarbeit mit Vorgesetzten, Arbeitsklima und Perspektiven zugeordnet. Wichtig ist, dass die Befragten nach jedem Abschnitt die Gelegenheit erhalten, Vorschläge zur Verbesserung der Situation zu unterbreiten.

Die Befragung und die Auswertungen erfolgen anonym. Bild 3-36 zeigt beispielhaft eine mögliche Auswertung. In der Regel vergleichen wir die Ergebnisse mit dem Durchschnitt aller bisher befragten Unternehmen oder mit den Ergebnissen der letztjährigen Befragung. Letzteres ist sehr wichtig, wenn deutlich gemacht werden soll, dass die in der Vergangenheit eingeleiteten Verbesserungsmaßnahmen auch Wirkung zeigen.

Des Weiteren lassen sich aufgrund der Angaben im Kopf des Fragebogens vier Gruppen bilden: (1) Führungskräfte in der Fertigung, (2) einfache Arbeitskräfte in der Fertigung, (3) Führungskräfte im Bürobereich und (4) einfache Arbeits-

---

Befragung der Mitarbeiterinnen und Mitarbeiter

Allgemeine Angaben

Ich arbeite in der Fertigung/Produktion: *ja* ☐   *nein* ☐

Mir sind Personen unterstellt: *ja* ☐   *nein* ☐

1 Situation am Arbeitsplatz

		überhaupt nicht	*es geht*	*sehr gut*
1.1	Gefällt Ihnen Ihre Arbeit?	☐ ☐	☐ ☐	☐ ☐

		überhaupt nicht	*meistens*	*ja immer*
1.2	Können Sie bei Ihrer Arbeit Ihr Wissen und Können einsetzen?	☐ ☐	☐ ☐	☐ ☐

		viel zu hoch	*angemessen*	*zu gering*
1.3	Wie empfinden Sie Ihre Arbeitsbelastung?	☐ ☐	☐ ☐	☐ ☐

		völlig unzufrieden	*es geht*	*sehr zufrieden*
1.4	Wie zufrieden sind Sie mit den äußeren Bedingungen an Ihrem Arbeitsplatz?	☐ ☐	☐ ☐	☐ ☐

Was müßte getan werden, damit Ihre Situation an Ihrem Arbeitsplatz weiter verbessert wird?
Bitte Vorschläge machen:

2 Zusammenarbeit mit Vorgesetzten

2.1 Wie beurteilen Sie das fachliche Können Ihres Vorgesetzten?

2.2 Erhalten Sie von Ihrem Vorgesetzten klare Aufträge?

2.3 Werden Sie von Ihrem Vorgesetzten über Ihre Aufgaben ausreichend informiert?

2.4 Wie verhält sich Ihr Vorgesetzter, wenn Sie Verbesserungsvorschläge machen?

2.5 Werden gute Leistungen von Ihrem Vorgesetzten anerkannt?

2.6 Übt Ihr Vorgesetzter konstruktive Kritik, wenn Ihre Leistungen nicht den Erwartungen entsprechen?

2.7 Setzt sich Ihr Vorgesetzter für Sie ein und gibt er Ihnen ausreichend Unterstützung?

3 Arbeitsklima

3.1 Fühlen Sie sich über das Wesentliche im Unternehmen gut informiert?

3.2 Glauben Sie, dass Ihre Arbeit leistungsgerecht bezahlt wird?

3.3 Arbeiten Sie gern mit Ihren Kollegen/innen zusammen?

3.4 Würden Sie einem Freund empfehlen, in Ihrem Unternehmen anzufangen?

4 Perspektiven

4.1 Glauben Sie, dass sich das Unternehmen weiter gut entwickeln wird?

4.2 Halten Sie Ihren Arbeitsplatz für sicher?

4.3 Glauben Sie, dass Sie Aussichten haben, im Unternehmen weiterzukommen?

Bild 3-35: Fragebogen (Auszug) für die Mitarbeiterbefragung

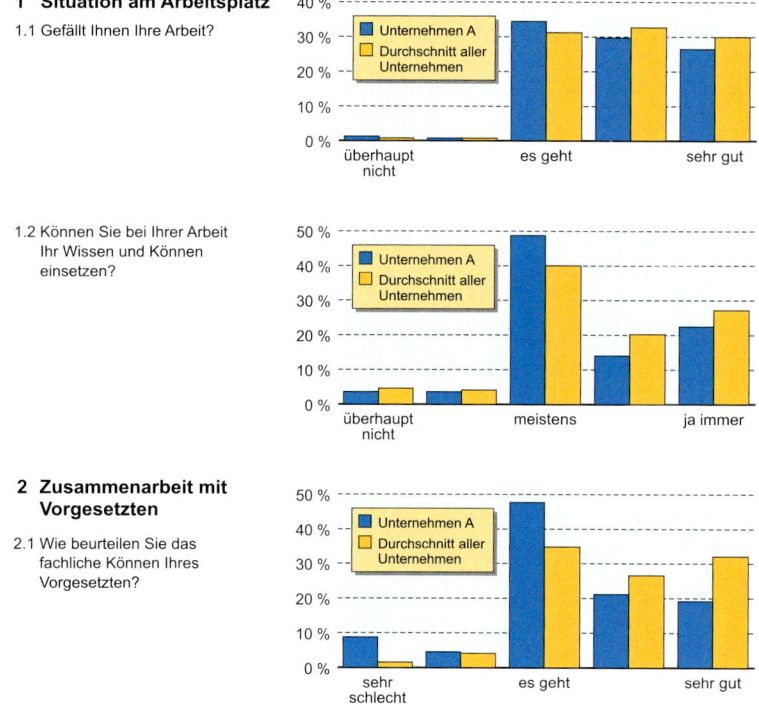

1 Situation am Arbeitsplatz

1.1 Gefällt Ihnen Ihre Arbeit?

1.2 Können Sie bei Ihrer Arbeit Ihr Wissen und Können einsetzen?

2 Zusammenarbeit mit Vorgesetzten

2.1 Wie beurteilen Sie das fachliche Können Ihres Vorgesetzten?

Bild 3-36: Beispiel für die Auswertung einer Mitarbeiterbefragung

im Unternehmen im Einklang steht. Die vorgestellten Instrumente sind einfach zu handhaben. Die Mitarbeiterbefragung ist eine Maßnahme, die regelmäßig durchgeführt werden sollte, insbesondere um den Erfolg von Maßnahmen, die sich aus zurückliegenden Befragungen ergaben, sichtbar zu machen.

3.2.8 Stakeholder-Analyse

Im Rahmen der Strategieentwicklung wird das eigene Unternehmen zunehmend als offenes System in einem gesellschaftlichen Umfeld gesehen. Daher versuchen Unternehmen, in ihrer Strategie verschiedenen Anspruchsgruppen – z.B. Kapitaleignern, Arbeitnehmern und Umweltgruppen – gerecht zu werden. Für diese Anspruchsgruppen ist 1963 durch ein Memorandum des *Stanford Research Institute* (SRI) der Begriff „**Stakeholder**" in die Managementliteratur eingeführt worden. FREEMAN definiert Stakeholder als Gruppen oder Individuen, die ein Unternehmen beeinflussen oder von einem Unternehmen beeinflusst werden. Für die Stakeholder-Analyse bietet sich eine Methodik an, die sich an das Vorgehen von FREEMAN anlehnt [Fre84]. Sie besteht aus sechs Schritten.

Entwicklung eines Stakeholder-Feldes (Schritt 1)

Im ersten Schritt geht es darum, die gegenwärtigen Stakeholder eines Unternehmens zu ermitteln. Dieser Vorgang wird auch als Stakeholder-Scanning bezeichnet. Eine sinnvolle Form des Stakeholder-Scannings ist die Verbindung mit der Ermittlung von Einflussfaktoren im Rahmen der Szenario-Erstellung. In diesem Fall wird für jeden internen bzw. externen Einflussfaktor gefragt, welche Stakeholder die Entwicklungsmöglichkeiten dieses Faktors beeinflussen.

Kategorisierung der Stakeholder (Schritt 2)

Die Stakeholder werden zunächst näherungsweise kategorisiert. Dafür bietet sich folgende hierarchische Struktur an:

- **Interne Stakeholder:** Darunter werden Personen oder Gruppen verstanden, die integraler Bestandteil des Unternehmens sind. Dazu gehören die *Arbeitnehmer*, die *Kapitaleigner* und die *Führungskräfte*.

- **Ökonomische Stakeholder:** Darunter werden Personen oder Gruppen verstanden, die primär durch geschäftliche Interaktion mit dem Unternehmen verbunden sind. Dazu gehören *Kunden*, *Lieferanten*, *Konkurrenten* oder *Partnerunternehmen*.

- **Direkte globale Stakeholder:** Darunter fallen Personen oder Gruppen, die über direkte nicht-ökonomische Interaktion mit dem Unternehmen verbunden sind. Dazu zählen die *Kommunen*, die *Verbraucherverbände* oder *Umweltschutzgruppen*.

- **Indirekte globale Stakeholder:** Dieses sind Personen oder Gruppen, die lediglich über indirekte nicht-ökonomische Interaktion mit dem Unternehmen verbunden sind. Dazu zählen bspw. *nicht-aktive In-*

teressenverbände oder die *Anwohner im Bereich von Fabrikationsanlagen*.

Zudem ist im Rahmen der Entwicklung des Stakeholder-Feldes festzulegen, bis zu welchem Level die Stakeholder betrachtet werden sollen. Während **allgemeine Stakeholder** eine Klasse von Anspruchsgruppen darstellen (Wettbewerber, Kunden, Gewerkschaften etc.), beschreiben **spezifische Stakeholder** konkrete Gruppen – beispielsweise den stärksten Wettbewerber oder eine neue, homogene Kundengruppe. Beim Stakeholder-Feld handelt es sich während des gesamten Prozesses um ein offenes System, d.h. es können im Rahmen der nachfolgenden Phasen identifizierte Stakeholder aufgenommen werden.

Stakeholder-Mapping (Schritt 3)

Zur Entwicklung des Stakeholder-Feldes gehört auch dessen Visualisierung in Form einer **Stakeholder-Map**. Darunter wird eine graphische Darstellung der Beziehungen der Stakeholder zum Unternehmen verstanden. Mit dem Stakeholder-Mapping werden zwei Ziele verfolgt:

- Mit dem Stakeholder-Mapping kann das Stakeholder-Scanning im Sinne eines Cognitive Mapping unterstützt werden, weil die graphische Analyse die Identifikation weiterer Stakeholder erleichtert.

- Das Stakeholder-Mapping kann auch eingesetzt werden, um das Verständnis für die Beziehung zwischen den zuvor identifizierten Stakeholdern zu verbessern.

Ein Ansatz zur Verbesserung des Verständnisses vom Stakeholder-Feld ist das **Stakeholder-Radar**, das auf einer Idee SLYWOTZKYS beruht. Dieser beschreibt die Notwendigkeit, dass sich Unternehmen von der Fokussierung auf die eigene Branche („Tunnelblick") lösen und stattdessen eine 360°-Sicht auf das Unternehmensumfeld aufbauen („Radarsicht"). Der dabei beschriebene Radarschirm lässt sich modifizieren und mit der traditionellen Stakeholder-Map kombinieren. In Bild 3-37 wird der Stakeholder-Radar durch vier konzentrische Ringe aufgebaut, die die vier Stakeholder-Kate-

gorien darstellen. So enthält der innere Ring beispielsweise die Aktionäre und Mitarbeiter als interne Stakeholder. Außerdem werden im Stakeholder-Radar allgemeine und spezifische Stakeholder unterschieden.

Bewertung der Stakeholder (Schritt 4)

Zunächst muss die gegenwärtige Situation der Beziehung zwischen dem eigenen Unternehmen und den identifizierten Stakeholdern näher beschrieben werden. Als relevante Kennwerte für die Bewertung der Stakeholder ergeben sich so deren **Ziele**, deren **Macht** und deren **Risiko** im Fall einer Interaktion (Einsatz). Betrachtet werden dabei sowohl die Positionierung (Ziele, Macht, Risiko) des Unternehmens gegenüber dem Stakeholder als auch die Positionierung der Stakeholder gegenüber dem Unternehmen (vgl. Bild 3-38).

Ziele (Konflikt- bzw. Kooperationspotential): Die verschiedenen Stakeholder eines Unternehmens verfolgen unterschiedliche Ziele, die sich ergänzen bzw. einander widersprechen können. Die Beziehung zwischen den Zielen der einzelnen Stakeholder und den Zielen des Unternehmens wird anhand von vier Input-Werten ermittelt:

- Kooperationspotential des Unternehmens,
- Konfliktpotential des Unternehmens,
- Kooperationspotential des Stakeholders,
- Konfliktpotential des Stakeholders.

Aus diesen Input-Werten lassen sich Kennwerte wie das allgemeine Kooperations- bzw. Konfliktpotential ermitteln. Mit dem **Zielniveau** des Unternehmens wird ausgedrückt, ob das Zielsystem des Unternehmens eher zu einer Kooperation oder zu einem Konflikt mit dem Stakeholder tendiert. Entsprechend lässt sich auch ein Zielniveau des Stakeholders ermitteln. Als zusammenfassender Kennwert für die Zielbeziehung zwischen Unternehmen und Stakeholder wird ein Zielniveau ermittelt, das die grundsätzliche Tendenz zur Kooperation bzw. zum Konflikt beschreibt.

Macht: Da Personen und Interessensgruppen in vielen Fällen über divergierende Ziele verfügen, ist zur Durchsetzung der eigenen Ziele Macht erforderlich. Nach

WEINERT und BROWN lassen sich unterschiedliche Erscheinungsformen von Macht unterscheiden [WB86]:

Potentielle Macht beschreibt das Potential zur Einflussnahme. Hier wird die vorhandene Macht weder angesprochen noch eingesetzt. Wird mit einem Machteinsatz gedroht, handelt es sich um *angekündigte Macht*. Wenn ein Stakeholder zusätzlich seine Ressourcen zum Machteinsatz bereitmacht, wird von *aktivierter Macht* gesprochen. Konkret ausgeübte Macht wird als *eingesetzte Macht* bezeichnet.

Zur Ermittlung der Macht eines Unternehmens in Bezug zu einem Stakeholder werden drei Machtkomponenten unterschieden, die individuell gewichtet werden können:

- *Informationsmacht:* Darunter werden die Möglichkeiten verstanden, dass ein Unternehmen (Stakeholder) über Informationen verfügt, auf die der Stakeholder (das Unternehmen) angewiesen ist, um seine Ziele zu erreichen.

- *Sanktionsmacht:* Darunter werden die Möglichkeiten verstanden, dass ein Unternehmen (Stakeholder) durch Belohnung oder Bestrafung den Stakeholder (das Unternehmen) in seinen Handlungen beeinflussen kann.

- *Substitutionsmacht:* Darunter werden die Möglichkeiten verstanden, dass ein Unternehmen (Stakeholder) die Beziehung zu einem Stakeholder (zum Unternehmen) abbrechen kann.

Die Machtkomponenten des Unternehmens bzw. eines Stakeholders werden anhand einer Skala von +5 (übermächtige Position) bis +1 (keine Machtposition) bewertet. Auf der Basis der drei Machtkomponenten werden die absolute Macht des Unternehmens (in Bezug auf einen Stakeholder) sowie die absolute Macht des Stakeholders (in Bezug auf das Unternehmen) ermittelt. Als relevanter Kennwert für die Macht des Unternehmens in Beziehung zu einem Stakeholder ergibt sich die **relative Macht**. Hier reicht das Spektrum von +5 (absolut dominante Machtposition des Unterneh-

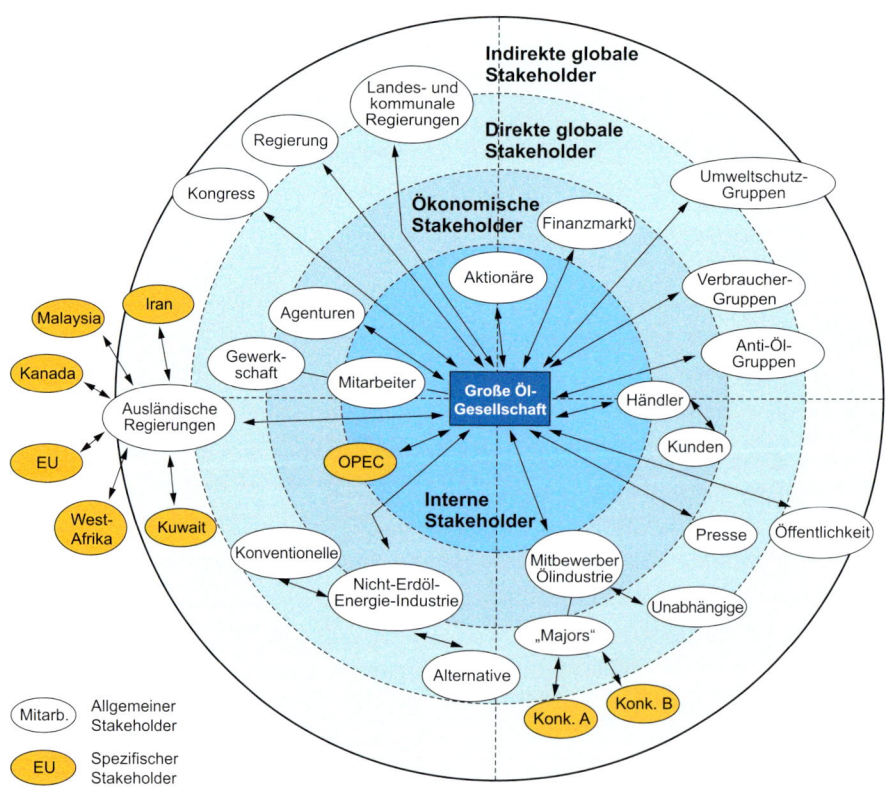

Bild 3-37: Stakeholder-Radar

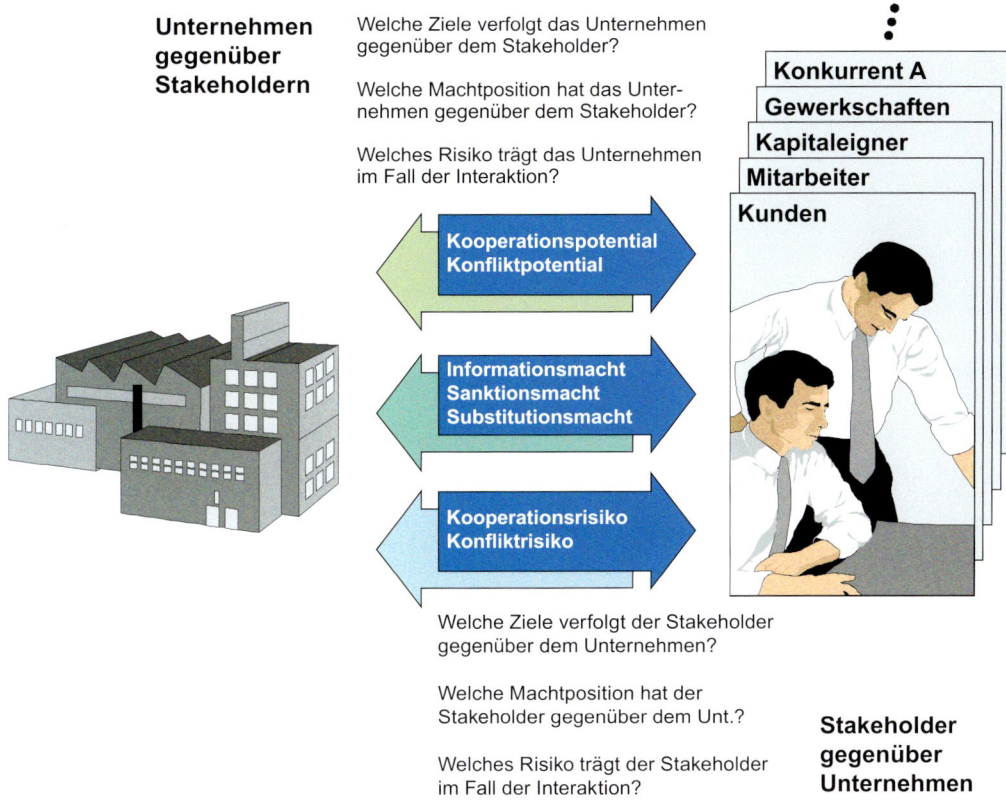

Bild 3-38:   Kennwerte für das Verhältnis zwischen Unternehmen und Stakeholdern

mens) bis zu -5 (absolut dominante Machtposition des Stakeholders).

Risiken: Ein weiteres Maß für den Einsatz („stake") der Stakeholder in Bezug auf das Unternehmen sind Risiken. Darunter wird verstanden, was ein Stakeholder in einer Auseinandersetzung verlieren könnte. Die Bewertung der Risiken erfolgt anhand von vier Input-Werten:

- Kooperationsrisiko des Unternehmens,
- Konfliktrisiko des Unternehmens,
- Kooperationsrisiko des Stakeholders,
- Konfliktrisiko des Stakeholders.

Erstellung eines Ziele-Macht-Portfolios (Schritt 5)

Die Ziele und die Macht des Unternehmens bzw. der Stakeholder sind statische Größen – d.h. sie bestehen unabhängig von einer möglichen Interaktion. Durch die gemeinsame Betrachtung des Zielniveaus und der

relativen Macht in einem Portfolio wird es möglich, die grundsätzliche Beziehung zwischen Unternehmen und Stakeholder zu charakterisieren. Es werden vier charakteristische Gruppen von Stakeholdern unterschieden (Bild 3-39):

- **Gefolgsleute:** Hier besteht ein signifikantes Kooperationspotential, das vom Unternehmen aufgrund seiner dominanten Machtposition ausgeschöpft werden könnte. Die entsprechenden Stakeholder werden als „Gefolgsleute" bezeichnet.

- **Paten:** Verfügt ein Stakeholder bei einem hohen Kooperationspotential über eine dominante Machtposition, so wird er als „Pate" charakterisiert, weil er einen erheblichen Einfluss auf die Kooperation ausüben kann.

- **Kanonenfutter:** Besteht ein erhebliches Konfliktpotential gegenüber einem schwachen Stakeholder, so wird dieser als „Kanonenfutter" charakterisiert.

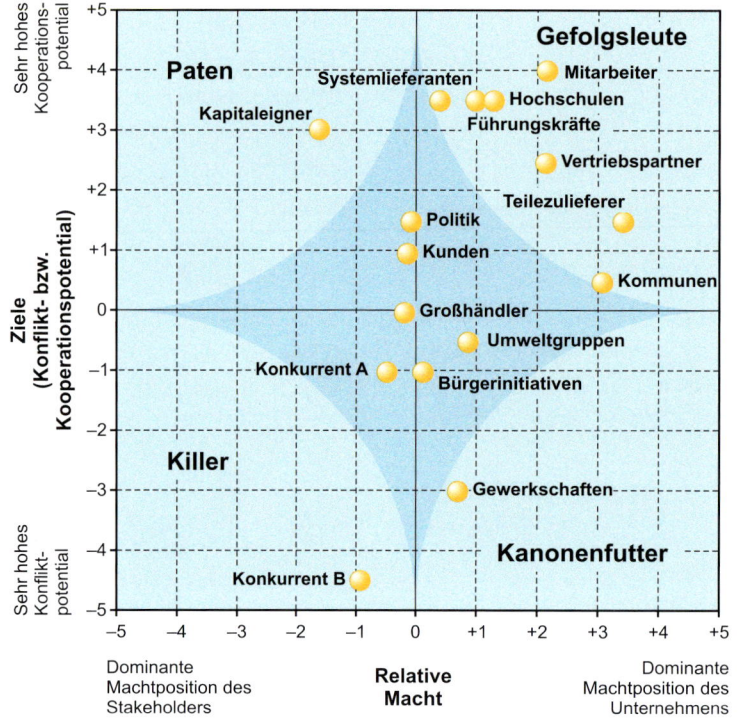

Bild 3-39:   Ziele-Macht-Portfolio

tivations-Portfolio visualisieren (Bild 3-40). Darin können vier charakteristische Bereiche unterschieden werden, für die sich spezielle strategische Handlungsoptionen anbieten:

- **Kooperationsstrategien:** Hier verfügen Unternehmen und Stakeholder über eine dominante Kooperationsneigung, so dass sich Handlungsoptionen anbieten, die zur Ausschöpfung der Kooperationspotentiale beitragen.

- **Offensive Stakeholder-Strategien:** Hier muss es das Ziel des Unternehmens sein, die Stakeholder im Rahmen einer Offensiv-Strategie von der Notwendigkeit einer Kooperation zu überzeugen bzw. sie von einem Konflikt abzubringen.

- **Killer:** Hier verfügt ein Stakeholder mit einem hohen Konfliktpotential über eine dominante Machtposition. Er wird daher als „Killer" eingestuft.

- **Defensive Stakeholder-Strategien:** Hier ist das Unternehmen mit kooperationswilligen Stakeholdern konfrontiert, obwohl es selbst eine

Erstellung eines Motivations-Portfolios (Schritt 6)

Durch die Einbeziehung der Risiken lassen sich mögliche Interaktionen zwischen Unternehmen und Stakeholdern bewerten. Durch eine Kombination von Kooperations-/Konfliktpotential und Kooperations-/Konfliktrisiko werden unternehmens- bzw. stakeholderspezifische Kooperations- und Konfliktneigungen ermittelt, die durch den Kennwert **Motivation** (= Interaktionsneigung) zusammengefasst werden. Die Motivation gibt an, ob und auf welche Art das Unternehmen bzw. der Stakeholder in Bezug zueinander aktiv werden möchte. Die Motivation des Unternehmens und seiner Stakeholder lässt sich in einem Mo-

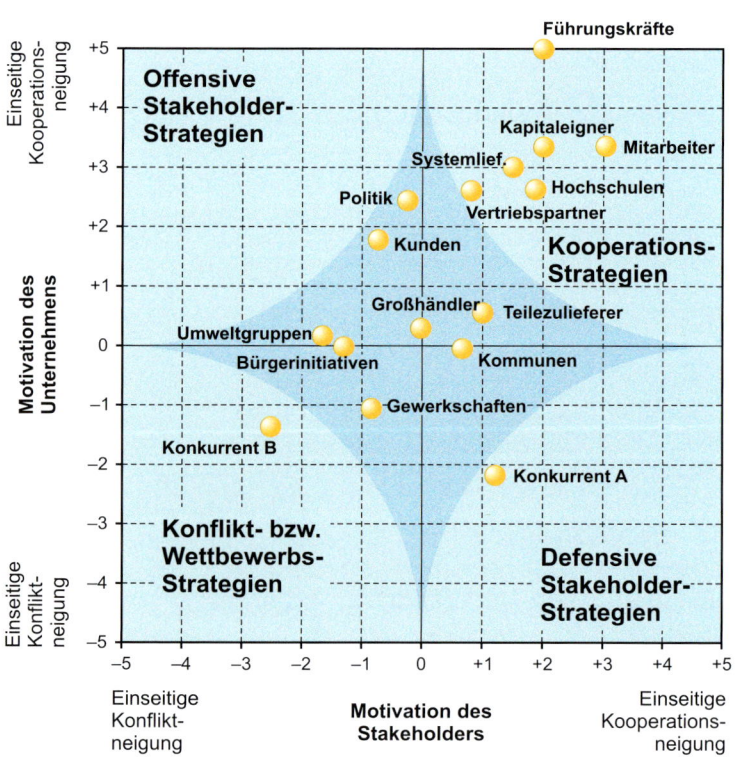

Bild 3-40:   Motivations-Portfolio

solche Kooperation nicht wünscht. Insofern hängt das weitere Verhalten von der relativen Macht ab: Im Falle einer dominanten Position kann es sinnvoll sein, dem Stakeholder „einen Konflikt aufzuzwingen". Verfügt der Stakeholder allerdings über eine dominante Position, so ist es sinnvoll, zu versuchen, eine Kooperation so weit wie möglich entsprechend den eigenen Vorstellungen zu gestalten.

- **Konflikt- oder Wettbewerbsstrategien:** Hier verfügen Unternehmen und Stakeholder über eine dominante Konfliktneigung, so dass sich Handlungsoptionen anbieten, die zur Vorbereitung oder Durchführung von Konflikten dienen.

3.3 Prognose: Ermittlung von Strategieoptionen

Aus der im Hauptkapitel 2 vorgestellten Vorausschau und der im vorangegangenen Kapitel 3.2 beschriebenen Analyse der Ausgangssituation ergeben sich Stoßrichtungen für ein strategisches Agieren. Diese zu erkennen und die richtige auszuwählen ist leichter gesagt als getan. Ferner gewinnt die Strategieentwicklung an Qualität, wenn es gelingt, mehrere Strategievarianten zu erarbeiten und dann die Beste der Varianten auszuwählen. Dies bestätigen auch W. Fritz und J. Effenberger nach einer Untersuchung von 84 Strategieberatungsprojekten [FE98]. Danach sind weniger erfolgreiche Strategieprojekte vor allem dadurch gekennzeichnet, dass keine Strategiealternativen entwickelt wurden, sondern von vornherein nur eine strategische Stoßrichtung verfolgt wurde. In der Regel ist man angesichts der überwältigenden Fülle an Informationen aus der Analyse und Vorausschau froh, überhaupt eine plausibel erscheinende Stoßrichtung gefunden zu haben. Zeitdruck, gedankliche Trägheit und was auch immer führen dazu, dass es bei der einen, in der Regel vertrauten Stoßrichtung bleibt. Um dies zu vermeiden, ist es gut, mit den klassischen Optionen für Strategien vertraut zu sein und Verfahren zu kennen, die uns diskursiv über mehrere Strategieoptionen zu einer besonders gut geeigneten Strategie führen. Im Folgenden erläutern wir die klassischen Standardansätze zur Ermittlung von strategischen Stoßrichtungen sowie ein Verfahren zur Entwicklung von Strategieoptionen (VITOSTRA).

3.3.1 Strategieoptionen im Überblick

Wir verstehen unter Strategieoptionen idealtypische Handlungsmuster der strategischen Führung. Im Folgenden stellen wir die klassischen Optionen kurz vor. Gemäß Bild 3-41 unterscheiden wir:

- **Geschäftsoptionen,** die Möglichkeiten der grundsätzlichen Positionierung des Unternehmens beschreiben,

- **Marktleistungsoptionen**, die Möglichkeiten der Gestaltung von Produkten und Dienstleistungen sowie des damit verbundenen Marktauftritts charakterisieren,

- **Marktoptionen**, die die Auswahl der Wettbewerbsarena betreffen,

- **Kompetenzoptionen**, die die Möglichkeiten der internen Ressourcenzuteilung aus strategischer Sicht beschreiben, sowie

- **Verhaltensoptionen**, die die Möglichkeiten des Verhaltens im Wettbewerb näher darstellen.

3.3.1.1 Geschäftsoptionen

Geschäftsoptionen beschreiben die grundsätzlichen Möglichkeiten eines Unternehmens zur Positionierung im Wettbewerb. In diesem Zusammenhang stellen wir zwei Instrumente vor:

- Ein bewährtes Hilfsmittel der strategischen Positionierung ist die von IGOR H. ANSOFF entwickelte Produkt-Markt-Matrix, die eine Kategorisierung der Geschäftsaktivitäten aus Produkt- und Marktsicht vornimmt.

- Die Positionierungsoptionen nach PORTER betonen, dass Unternehmen bei der Positionierung einen Schwerpunkt setzen müssen, der entweder varianten- (produkt-), bedarfs- (markt-) oder zugangsbezogen sein kann.

Produkt-Markt-Matrix

Die von ANSOFF entwickelte Produkt-Markt-Matrix setzt alte und neue Produkte (Marktleistungen) mit alten und neuen Märkten in Verbindung. Daraus ergeben sich zunächst vier Geschäftsoptionen (Bild 3-42):

- **Marktdurchdringung**: Hier wird versucht, den bekannten Markt mit den vorhandenen Marktleistungen auszuschöpfen. Übliche Ansätze sind, bei

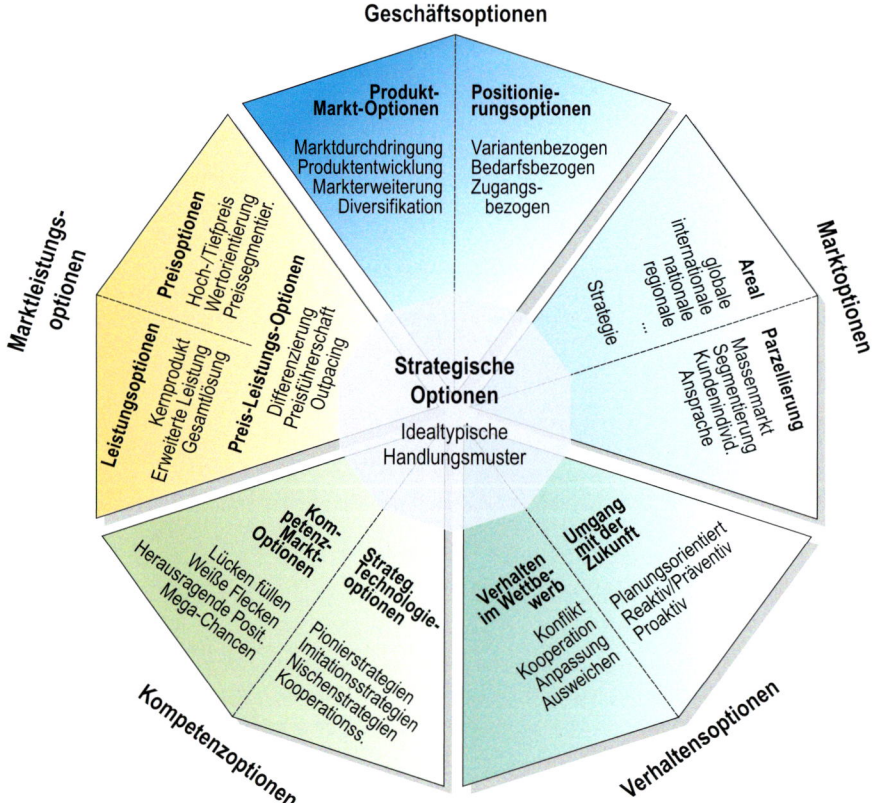

Bild 3-41:   Standardoptionen der strategischen Führung

den Kunden eine erhöhte Kaufrate zu erreichen, Kunden der Konkurrenz sowie Neukunden zu gewinnen.

- **Marktentwicklung:** Hier wird mit der vorhandenen Marktleistung ein bisher nicht erschlossener Markt bearbeitet. Dieses kann durch geographische Ausweitung oder Erschließung neuer Käuferschichten erfolgen.

- **Produktentwicklung:** Hier werden Lücken im bekannten Markt erschlossen, indem

  - neue Produkteigenschaften für bekannte Produkte entwickelt werden,

  - verschiedene Varianten eines Produktes entwickelt werden oder

  - neue Produkte entwickelt werden, die bisher nicht im Produktprogramm des Unternehmens standen, ggf. aber von den Wettbewerbern angeboten werden.

- **Diversifikation**: Bei der Diversifikation werden neue Märkte mit neuen Produkten bearbeitet. Dabei werden zunächst drei Formen unterschieden:

  - *Konzentrische Diversifikation*: Hier werden modifizierte Produkte auf bekannten bzw. neuen Märkten angeboten.

  - *Horizontale Diversifikation*: Hier sind modifizierte bzw. neue Produkte für alte Kunden (bekannter Markt) interessant.

  - *Konglomerative Diversifikation*: Hier handelt es sich um den Fall, dass bisher nicht bedienten Kundengruppen neue Marktleistungen angeboten werden sollen.

Diese traditionelle Matrix lässt sich um zukünftige Märkte und Marktleistungen erweitern, so dass sich weitere strategische Optionen ergeben (Bild 3-42):

- **Marktfindung:** Hier soll mit den vorhandenen oder modifizierten Marktleistungen ein künftiger Markt identifiziert und bearbeitet werden.

- **Produktfindung:** Diese Option beschreibt die Möglichkeit, auf bereits bedienten oder bekannten Märkten völlig neue Marktleistungen anzubieten, die es bisher in dieser Form nicht gibt.

- **Zukünftige Diversifikation:** Hier werden völlig neue Marktleistungen den bisher nicht bedienten Kun-

	Vorhandene Marktleistung	Modifizierte Marktleistung			Neue Marktleistung	Zukünftige Marktleistung
Bedienter Markt	**Marktdurchdringung** Geschäft mit vorhandenen Produkten in einem bereits heute bedienten Markt	**Produktentwicklung** Entwicklung neuer Eigenschaften für vorhandene Produkte	Entwicklung verschiedener Varianten eines Produktes	Neuprodukt-entwicklung		**Produktfindung** Findung von zukünftigen Marktleistungen für bediente bzw. bekannte Märkte
Bekannter Markt	**Marktentwicklung** Für diese Marktausweitung bestehen zwei Ansätze: 1) Geographische Ausweitung, 2) Erschließung neuer Käuferschichten • durch neue Vertriebskanäle • in neuen Marktsegmenten.	**Konzentrische Diversifikation** Modifizierte Produkte (Ähnlichkeit mit bestehenden Produkten), die auf bekannten bzw. neuen Märkten angeboten werden		**Horizontale Diversifikation** Modifizierte bzw. neue Produkte sind für alte Kunden (bekannter Markt) interessant		
Neuer Markt				**Konglomerative Diversifikation** Neue Produkte für neue Kundengruppen		
Zukünftiger Markt	**Marktfindung** Findung von zukünftigen Märkten für vorhandene oder modifizierte Marktleistungen	**Zukünftige Diversifikation** Zukünftige Marktleistungen für neue/zukünftige Märkte, Neue/zukünftige Marktleistungen für zukünftige Märkte				

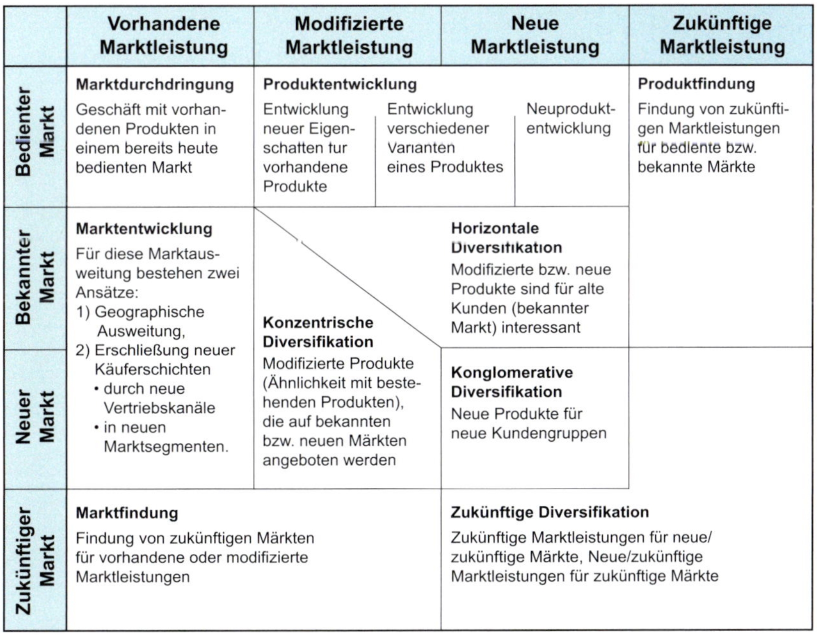

Bild 3-42: Erweiterte Produkt-Markt-Matrix

dengruppen angeboten oder bisher nicht erstellte Marktleistungen völlig neuen Kundengruppen angeboten.

In der Matrix steigt das Risiko von links oben („Schuster bleib bei deinen Leisten") nach rechts unten („Aufbruch zu neuen Ufern"). Das ist der Grund, warum Unternehmen in schwierigen Zeiten eher dazu neigen, sich auf das sog. Kerngeschäft zu konzentrieren. Die Kehrseite der Medaille ist, dass sie so u.U. die Entwicklung der Geschäfte von morgen verpassen.

Positionierungsoptionen nach PORTER

Während die Produkt-Markt-Matrix Produkt-Markt-Kombinationen untersucht, unterscheidet PORTER mit drei **Positionierungsoptionen** die Gewichtung zwischen Produkt-, Markt- oder Zugangsorientierung [Por97]:

- Bei der *variantenbezogenen Positionierung* geht es nach PORTER um die Wahl von „Produkt- und Servicevarianten". Diese bestehen aus spezifizierten Komponenten der Marktleistung (Produkte, Dienstleistungspakete). Eine Möglichkeit einer derartigen Positionierung ist eine Querschnittsleistung, die mehreren strategisch relevanten Marktsegmenten angeboten werden. Hier handelt es sich um eine Markterweiterung.

- Die *bedarfsbezogene Positionierung* basiert demgegenüber auf dem Bestreben, „die meisten oder alle Bedürfnisse einer bestimmten Kundengruppe zu befriedigen". Daher dominieren Systemleistungen; es handelt sich um programmerweiternde Geschäftsfelder.

- Die *zugangsbezogene Positionierung* charakterisiert die Vertriebskanäle. Beispiele für Vertriebskanäle sind Direktvertrieb, Versandhandel, Systemhäuser etc.

3.3.1.2 Marktleistungsoptionen

Unter Marktleistungsoptionen verstehen wir Möglichkeiten der Gestaltung von Produkten und Dienstleistungen sowie mögliche Formen des Marktauftritts. Un-

terscheiden lassen sich zunächst Preisoptionen, Leistungsoptionen und als deren Verbindung Preis-Leistungs-Optionen.

Preisoptionen

Vor allem in der Konsumgüterindustrie sowie im Dienstleistungsbereich spielen Preisoptionen als Instrumente des Wettbewerbs eine große Rolle. MICHAEL DE KARE-SILVER unterscheidet gemäß Bild 3-43 vier Preisoptionen [Kar97]:

- **Tiefpreis-Strategien** sind der traditionelle Ansatz, da hier von einem rational entscheidenden Kunden ausgegangen wird.

- **Hochpreis-Strategien** spielen eine immer größere Rolle. Hier sprechen die Unternehmen bestimmte Kunden durch ein hohes Preisniveau an, wobei dieses Preisniveau mit einem tendenziell schlechteren Preis-Leistungs-Verhältnis verbunden ist.

- **Wertorientierte Preisstrategien** heben hervor, dass die Preise der angebotenen Marktleistungen möglichst genau dem Kundenwert entsprechen.

- **Preissegmentierung** beschreibt als vierte Option das Bestreben, für unterschiedliche Kundengruppen differenzierte Preise für eine weitgehend identische Marktleistung durchzusetzen.

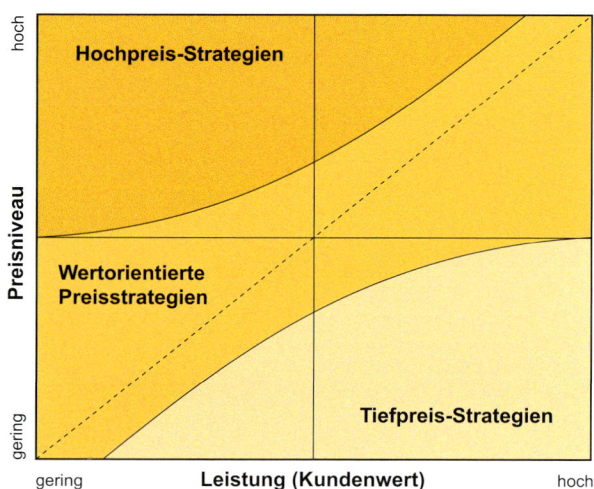

Bild 3-43:   Grundlegende Preisoptionen

Leistungsoptionen

Angesichts der grundsätzlichen Verschiedenartigkeit von Produkten und Dienstleistungen ist eine in der Praxis verwertbare Beschreibung von Leistungsoptionen kaum möglich. Allenfalls die Unterscheidung von Marktleistungen anhand der **„Value Proposition"** – d.h. dem Wertschöpfungsangebot für den Kunden – kann in konkreten Projekten von Nutzen sein. In Anlehnung an ROBERT E. WAYLAND und PAUL M. COLE werden drei Leistungsoptionen unterschieden [WC97]:

Die meisten Unternehmen beginnen mit einer **Kernleistung**, vor allem einem Kernprodukt (Bild 3-44). Mit der Zeit führen Wettbewerbsveränderungen sowie das entstehende Branchenwissen bei vielen Unternehmen zu einer **Erweiterung der Marktleistung**. Dies erfolgt oftmals entlang der Branchenwertschöpfungskette, was auch als vertikale Diversifikation bezeichnet wird. Wenn die Erweiterung der Marktleistung in Richtung Integration der Aufgaben des Abnehmers des Kernproduktes geht, handelt es sich um eine Vorwärtsintegration. Produziert man zusätzlich das, was bisher von Zulieferunternehmen bezogen wurde, so handelt es sich um eine Rückwärtsintegration.

Bei der Vorwärtsintegration sind es häufig Dienstleistungen wie Engineering, die eng mit dem Kernprodukt verbunden sind. In diesem Zusammenhang gewinnt der Ansatz der **hybriden Leistungsbündel** an Bedeutung, mit dem sich ein Unternehmen im Wettbewerb vorteilhaft positionieren kann (siehe Kasten). WAYLAND/COLE betonen, dass eine Erweiterung der Marktleistung mit zwei Dingen verbunden sein muss – einem konkreten Nutzenzuwachs sowie einem Grund, um die bisherige Position zu verlassen. So lässt sich

ein schlechtes Kernprodukt kaum dadurch retten, dass es in eine erweiterte Marktleistung integriert wird.

Die extreme Option ist die **Gesamtleistung.** Hier wird dem Kunden alles aus einer Hand geboten, was aber nicht zwangsläufig heißt, dass rückwärts in der Wertschöpfungskette alles selbst produziert werden muss. Im Markt findet das nur dann Akzeptanz, wenn die Kunden dadurch erhebliche Vorteile haben, weil als Nachteil dieses „Bundlings" die Gefahr der Abhängigkeit vom Lieferanten mit hohen Folgekosten gesehen wird.

Preis-Leistungs-Optionen nach PORTER

Nach PORTER basieren die langfristigen Erfolge eines Unternehmens auf zwei Grundtypen von Wettbewerbsvorteilen:

> *„Langfristig gesehen beruhen überdurchschnittliche Leistungen auf Wettbewerbsvorteilen, die sich behaupten lassen. Zwar mag ein Unternehmen im Vergleich zu seinen Konkurrenten unzählige Stärken und Schwächen haben, doch es gibt zwei Grundtypen von Wettbewerbsvorteilen, über die ein Unternehmen verfügen kann: niedrige Kosten oder Differenzierung. Letzten Endes sind Stärken und Schwächen eines Unternehmens eine Funktion dessen, wie sie niedrige Kosten oder Differenzierung beeinflussen"* [Por92].

Wir sind der Auffassung, dass diese in der Management-Literatur häufig zitierten strategischen Optionen in der Praxis häufig missverstanden werden. Kostenführerschaft bzw. hohe Effizienz ist ein Grundsatz, um

Kernprodukt

Prozessor → Computersysteme → **Anwendersoftwareprodukt** → Engineering, Service → Betrieb (Betreibermodelle)

vertikale Diversifikation

Rückwärts-Integration ← → Vorwärts-Integration

Gesamtleistung

Bild 3-44: Leistungsoptionen in der Branchenwertschöpfungskette

im Wettbewerb nachhaltig erfolgreich zu sein – und weniger eine strategische Option. Es ist einfach in jedem Fall vernünftig, kontinuierlich an der Steigerung der Effizienz zu arbeiten. Das gilt im Prinzip für alle Unternehmen und alle Geschäfte. Es ist daher sinnvoll, von den strategischen Optionen der Preisführerschaft und der Leistungsführerschaft zu sprechen:

- Die **Option der Preisführerschaft** entspricht in den meisten Fällen der von PORTER sowie TREACY/WIERSEMA beschriebenen *Kostenführerschaft*. Darunter wird verstanden, dass ein Unternehmen eine bestehende Marktleistung kostengünstiger als seine Konkurrenten herstellen kann und über eine marktorientierte Preisgestaltung Wettbewerbsvorteile erlangt. Hier können neben Tiefpreis-Strategien auch alternative Preisoptionen verfolgt werden.

- Die **Option der Leistungsführerschaft** entspricht weitgehend der von PORTER beschriebenen Differenzierung. Hier erlangt ein Unternehmen dadurch Wettbewerbsvorteile, dass es eine Marktleistung anbietet, die so von seinen Konkurrenten nicht angeboten wird. TREACY/WIERSEMA unterscheiden hier die *Produktführerschaft*, bei der bestehende Leistungsgrenzen überschritten werden, sowie die *Kundenpartnerschaft*, bei der Produkte und Dienstleistungen auf besondere Anforderungen zugeschnitten werden.

Die von PORTER zusätzlich vorgeschlagenen **Fokussierungsstrategien** werden hier nicht weiter betrachtet, da sie lediglich eine weitere Detaillierung im Rahmen der zukunftsorientierten Segmentierung beschreiben. Dafür spricht auch, dass PORTER die Fokussierungsstrategien wiederum nach Kosten- und Differenzierungsschwerpunkt unterscheidet. Ein Kunde, der grundsätzlich sowohl nach niedrigen Preisen als auch nach hoher Leistung strebt, trifft seine Kaufentscheidung anhand einer individuellen **Preis-Leistungs-Relation**. In Zeiten dynamischen Wettbewerbs reicht es daher häufig nicht aus, einseitig auf Produkt- oder Leistungsführerschaft zu setzen. Daher

werden diese beiden extremen Handlungskonzepte um die **Outpacing-Strategien** ergänzt, mit denen versucht wird, die Strategie an sich verändernde Wettbewerbsbedingungen anzupassen und längerfristig niedrige Preise und Differenzierung zu erreichen [Kle87]. Es werden drei Formen von Outpacing-Strategien unterschieden (Bild 3-45):

- **Leistungsorientierte Outpacing-Strategien:** Vor allem in jungen Märkten erfolgt zunächst eine Differenzierung, die zumeist von der Etablierung von Branchenstandards und dem Aufbau von Markteintrittsbarrieren unterstützt wird. Mit zunehmender Wettbewerbsintensität auf den Massenmärkten werden dann Rationalisierungs- und Kostendegressionspotentiale erschlossen [Moo95].

- **Preisorientierte Outpacing-Strategien:** Insbesondere in bestehenden Märkten ergibt sich als Wettbewerbsoption der Einstieg über eine aggressive Preisstrategie mit anschließendem Übergang zu produkt- und qualitätsorientierter Innovation.

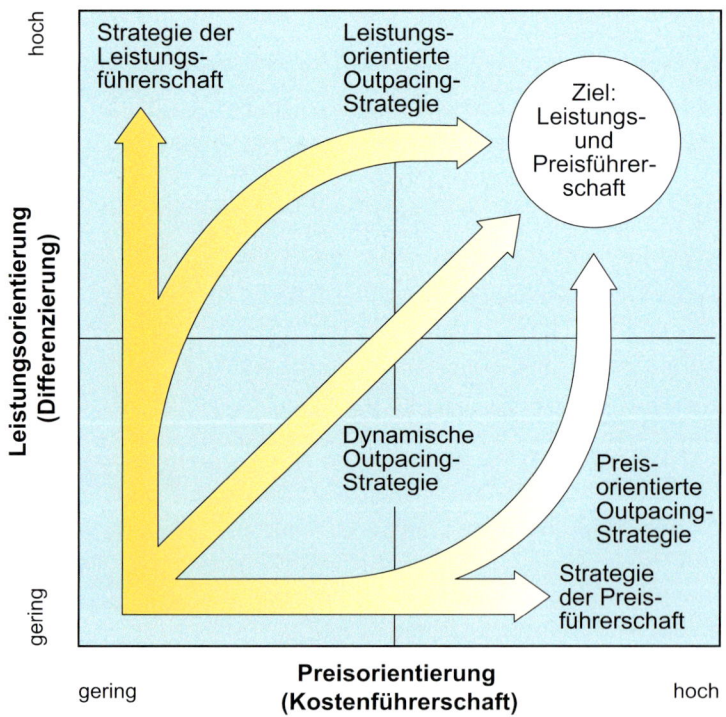

Bild 3-45:   Outpacing-Strategien

Hybride Leistungsbündel

Insbesondere im Maschinen- und Anlagenbau ist festzustellen, dass die Hersteller von anspruchsvollen Erzeugnissen zunehmend Betreiber-, Instandhaltungs- oder Optimierungsleistungen anbieten. Diese werden in der Regel als Add-on zur Sachleistung angeboten und häufig individuell gestaltet. Dies führt zu einer großen Vielfalt. Hinzu kommt, dass mangelnde Standardisierung und Rationalisierung der Leistungserstellung und Leistungserbringung hohe Kosten verursachen. Oft werden auch die wirklichen Kundenbedürfnisse im Kern nicht erkannt. Die Folge ist eine mangelnde Zahlungsbereitschaft der Kunden und damit ein Verlust im Dienstleistungsgeschäft.

Vor diesem Hintergrund hat sich die Forschungsdisziplin **Service Engineering** zum Ziel gesetzt, die Entwicklung von Dienstleistungen mit Methoden und Werkzeugen zu unterstützen [BS03]. Darüber hinaus ist es notwendig, neue Leistungsangebote sowohl zur optimalen Erfüllung des Kundennutzens als auch zur Ausschöpfung der Erlöspotentiale auf Anbieterseite durch innovative Geschäftsmodelle, wie zum Beispiel Betreibermodelle, Pay-on-production etc. zu entwickeln.

Daraus ergibt sich ein Paradigmenwechsel in der Dienstleistungsentwicklung und -erbringung, der durch den Begriff **hybrides Leistungsbündel** charakterisiert wird. Ein hybrides Leistungsbündel ermöglicht durch eine integrierte Planung, Entwicklung, Erbringung und Nutzung von Sach- und Dienstleistungen die optimale Gestaltung der Marktleistung. Dies eröffnet neue Perspektiven insbesondere für den Maschinen- und Anlagenbau. Im Folgenden wird anhand der Arbeiten von MEIER und UHLMANN auf diese Thematik näher eingegangen [MUK05].

Im Bild 1 werden Leistungsbündel in einer Typologisierung von Sach- und Dienstleistungen positioniert. Es wird deutlich, dass es fließende Übergänge von materieller zu immaterieller und von autonomer zu integrativer Leistung gibt. Die Erweiterung des von ENGELHARDT geprägten Begriffs der Leistungsbündel, d.h. Verbund aus Sach- und Dienstleistungen, um das Attribut „hybrid" verdeutlicht die Möglichkeit der Substitution von Sach- und Dienstleistungsanteilen innerhalb eines hybriden Leistungsbündels in Abhängigkeit von dem zugrunde liegenden Geschäftsmodell.

Durch die Integration der Sach- und Dienstleistungsanteile verbunden mit der Möglichkeit, die Grenzen zwischen Sach- und Dienstleistungen variabel zu gestalten, können hybride Leistungsbündel in besonders hohem Maße die Kundenanforderungen erfüllen. So reicht die Bandbreite der Leistung von der reinen Sachleistung, bei der der Kunde alle nach dem Kauf auftretenden Aufgaben (Werterhaltung, Mitarbeiterschulung, Prozessoptimierung etc.) selbst durchführt, bis hin zu komplexen Betreibermodellen, in deren Rahmen der Kunde lediglich für den erzielten Nutzen (z.B. eine lackierte Karosserie) zahlt. Bild 2 verdeutlicht dieses breite Spektrum an Leistungen und insbesondere die Ausprägungen von hybriden Leistungsbündeln.

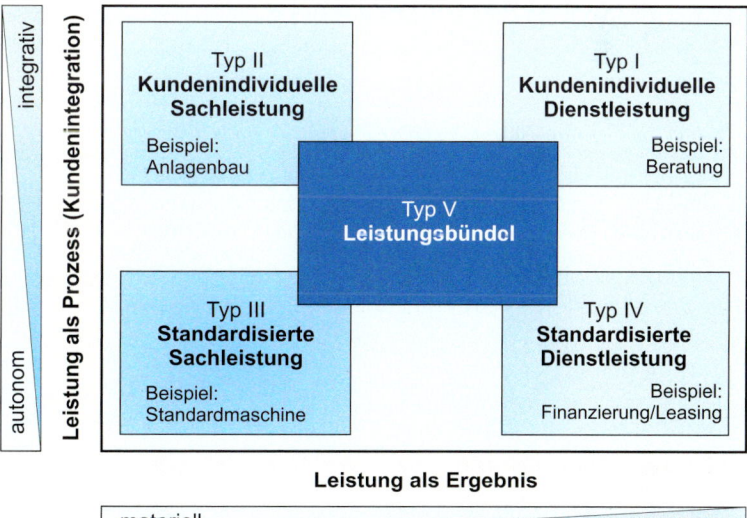

Bild 1: *Typologisierung von Leistungsbündeln nach ENGELHARDT [EKR93]*

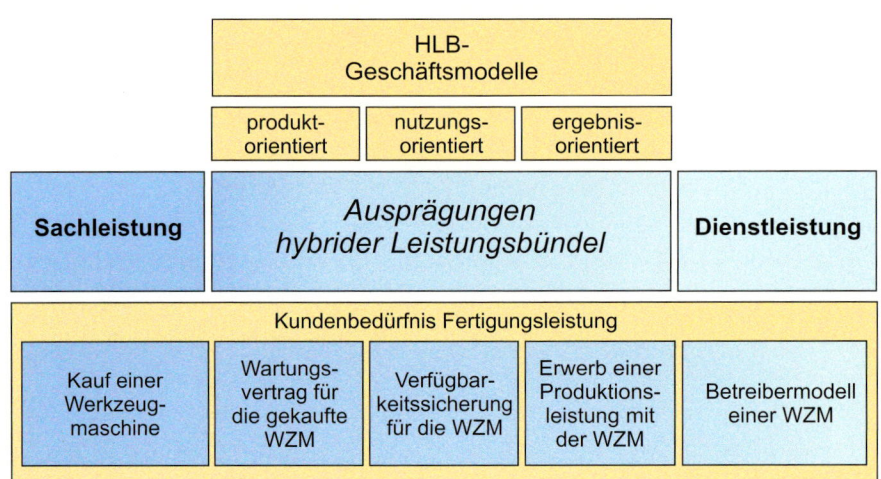

Bild 2: Das Spektrum der Marktleistung und Ausprägungen hybrider Leistungsbündel [MUK05]

Ein funktionsorientiertes Geschäftsmodell umfasst zum Beispiel einen Wartungsvertrag, um die Funktionsfähigkeit über einen vereinbarten Zeitraum sicherzustellen. Bei einem nutzungsorientierten Geschäftsmodell wird zusätzlich eine Verfügbarkeit garantiert, durch die der Ausrüster erstmalig Geschäftsprozesse des Kunden eigenverantwortlich übernimmt und dadurch einen Teil des Produktionsrisikos trägt. Er verantwortet somit alle Prozesse, die die Verfügbarkeit sichern, wie etwa Wartung oder vorbeugende Instandhaltung. Bei einem ergebnisorientierten Geschäftsmodell geht die Verantwortung für das Produktionsergebnis auf den Ausrüster über, da die Kunden nur nach fehlerfrei produzierten Teilen abrechnen.

Durch die konsequente Ausrichtung des Leistungsangebots am jeweiligen Kundennutzen übernimmt der Anbieter zunehmend Aufgaben, die zuvor durch die Kunden ausgeführt wurden. Somit ändert sich das Kunden-Lieferanten-Verhältnis von einer Anbieter-Käufer-Beziehung zu einer engen Kooperation [CC04].

Literatur:

[BS03]   BULLINGER, H.-J.; SCHEER, A.-W.: Service-Engineering – Entwicklung und Gestaltung innovativer Dienstleistungen. In: Bullinger, H.-J. (Hrsg.): Service-Engineering – Entwicklung und Gestaltung innovativer Dienstleistungen. Springer-Verlag, Berlin, 2003

[CC04]   CUNHA, P. F.; CALDEIRA DUARTE, J. A.: Development of a Productive Service Module Based on a Life Cycle Perspective of Maintenance Issues. In: Annals of the CIRP, Vol. 53, 1/2004

[EKR93] ENGELHARDT, H. W.; KLEINALTENKAMP, M.; RECKENFELDERBÄUMER, M.: Leistungsbündel als Absatzobjekte – Ein Ansatz zur Überwindung der Dichotomie von Sach- und Dienstleistungen. Zeitschrift für betriebswirtschaftliche Forschung 45 (1993)

[MUK05] MEIER, H.; UHLMANN, E.; KORTMANN, D.: Hybride Leistungsbündel – Nutzenorientiertes Produktverständnis durch interferierende Sach- und Dienstleistungen. wt Werkstofftechnik online, Jg. 95 (2005), Heft 7/8

- **Dynamische Outpacing-Strategien:** Bei den dynamischen Outpacing-Strategien erfolgt keine eindeutige Festlegung auf Kosten oder Differenzierung, sondern eine kontinuierliche Anpassung an die Marktgegebenheiten.

Im Prinzip handelt es sich bei diesem Ansatz um Strategiewechsel (Strategy-Shifts), die in der Praxis auch Probleme aufweisen [BS07]. Diese sind die Wahl des Zeitpunkts, die fehlende Zwangsläufigkeit und die Risiken, die mit einem Strategiewechsel verbunden sind.

3.3.1.3 Marktoptionen

Unter Marktoptionen verstehen wir mögliche Wettbewerbsarenen eines Unternehmens. Dazu werden zunächst Arealoptionen und Parzellierungsoptionen unterschieden:

- Die **Arealoptionen** nehmen eine geographische Marktdifferenzierung vor. BECKER unterscheidet hier zwischen *lokalen, regionalen, überregionalen, nationalen, multinationalen, internationalen* und *Weltmarkt-Strategien* [Bec92].

- Bei den **Parzellierungsoptionen** geht es um die Art bzw. den Grad der Differenzierung bei der Marktstimulierung. WAYLAND/COLE beschreiben diesen Schritt als Entwicklung des geeigneten Kunden-Portfolios. Als mögliche Optionen beschreiben sie eine *Massenmarktstrategie*, eine *Segmentierungsstrategie* sowie eine *kundenindividuelle Marktstimulierung*.

In Bild 3-46 sind diese beiden Marktoptionen in einer **Areal-Parzellierungs-Matrix** zusammengefasst. Darin sind zunächst drei maßgebliche Marktentwicklungen gekennzeichnet:

- **Globalisierung:** Darunter verstehen wir die zunehmende regionale Ausweitung der Marktaktivitäten von Unternehmen bis zu einem Punkt, an dem diese weltweit agieren.

- **Individualisierung:** Darunter verstehen wir die stetige Verkleinerung von Zielgruppen unternehmerischer Marktaktivitäten. KOTLER et al. beschreiben diese Entwicklung von der Fokussierung auf große Segmente zur gezielten Bearbeitung spezifischer Nischen als „in Marktnischen nach Chancen fischen" [KKB07].

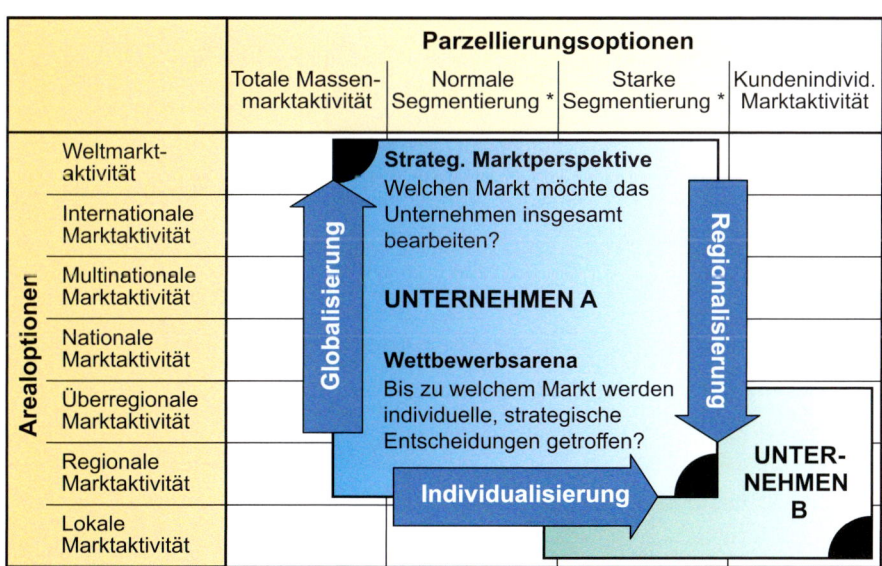

*Normale Segmentierung: Unternehmen unterscheidet einige Kundengruppen (< 10) nach wenigenKriterienStarkeSegmentierung:UnternehmenunterscheidetvieleKundengruppen (≥10) nach multivariater Analyse

Bild 3-46:   Areal-Parzellierungs-Matrix

- **Regionalisierung:** Verbunden mit der zunehmenden Segmentierung existiert auch ein der Globalisierung entgegenlaufender Trend zur Regionalisierung – d.h. zur Verkleinerung der Zielgruppen auf regionaler Ebene.

Wie die zwei Beispiele in Bild 3-46 zeigen, kann ein Unternehmen in der Areal-Parzellierungs-Matrix durch eine rechteckige Fläche dargestellt werden. Die Ecken der Fläche charakterisieren dessen Marktteilung:

- **Strategische Marktperspektive:** Die obere linke Ecke charakterisiert die strategische Marktperspektive. Die obere Kante des Rechtecks beschreibt, auf welcher Globalisierungsstufe sich das Unternehmen befindet. Die linke Kante drückt aus, in welcher Breite dieser Zielmarkt bearbeitet wird. So ist in Bild 3-46 ein weltweit agierendes Unternehmen dargestellt, das tendenziell eine Nischenstrategie verfolgt.

- **Wettbewerbsarena:** In der unteren rechten Ecke befindet sich die für das Unternehmen charakteristische Wettbewerbsarena. Dabei kennzeichnet die rechte Kante den Grad der Marktsegmentierung – d.h. die kleinste vom Unternehmen im Wettbewerb betrachtete Zielgruppe. Die untere Kante kennzeichnet den Grad der regionalen Segmentierung oder Regionalisierung der Marktaktivitäten – d.h. die kleinste im Wettbewerb adressierte Zielregion.

Die Komplexität der Marktbearbeitung ist umso höher, je größer das unternehmensspezifische Rechteck in der Areal-Parzellierungs-Matrix ist: Je höher das Rechteck, desto größer ist die Koordinierungsaufgabe zwischen den regionalen Einheiten. Je breiter das Rechteck, desto größer ist der Koordinierungsaufwand zwischen den Geschäftsfeldern.

3.3.1.4 Kompetenzoptionen

Im Rahmen der Kompetenzoptionen werden Möglichkeiten der internen Ressourcenzuteilung aus strategischer Sicht beschrieben. Dazu zählen vor allem die Kompetenz-Markt-Matrix sowie die strategischen Technologieoptionen (Technologiestrategien).

Kompetenz-Markt-Optionen

Ähnlich der Produkt-Markt-Matrix lassen sich die verschiedenen Handlungsoptionen in einer **Kompetenz-Markt-Matrix** darstellen, wie sie in ähnlicher Form von HAMEL und PRAHALAD vorgeschlagen wird (Bild 3-47). Kompetenzen führen zu strategischen Erfolgspositionen (SEP), weshalb diese hier synonym zu Kompetenzen genannt werden. Es ergeben sich vier spezifische Stoßrichtungen:

- **Lücken füllen:** Ein Unternehmen sollte sich überlegen, welche Möglichkeiten es gibt, den Anwendungsbereich bestehender strategischer Kompetenzen so zu erweitern, dass seine Position in den bestehenden Geschäftsfeldern gestärkt wird.

	Bestehende Kernkompetenzen (gegenwärtige SEP)	**Neue Kernkompetenzen (zukünftige SEP)**
Bekannter Markt	**Lücken füllen** Können wir unsere Position auf den bestehenden Märkten verbessern, indem wir unsere bestehenden SEP besser nutzen und ausschöpfen? *Beispiel: Kombination der SEP „Kundennähe" und „CAE-Prozess" durch eine gezielte Betonung der frühen Phasen des Entwicklungsprozesses.*	**Herausragende Position** Welche neuen Kernkompetenzen (zukünftige SEP) müssen wir aufbauen, um unsere Exklusivposition in unseren derzeitigen Märkten zu schützen und auszubauen? *Beispiel: Erforschung der elektronischen Bildverarbeitung durch die großen Photo-Unternehmen.*
Neuer Markt	**Weiße Flecken** Welche neuen Märkte könnten wir erschließen oder schaffen, indem wir unsere bestehenden SEP in kreativer Weise neu einsetzen oder anders kombinieren? *Beispiel: Entwicklung des iPhone durch Apple als Kombination der SEP Design und Usability.*	**Mega-Chancen** Welche neuen Kernkompetenzen (zukünftige SEP) müssten wir ausbauen, um an den Märkten der Zukunft teilnehmen zu können? Mega-Chancen enthalten zugleich die größten Risiken. *Beispiel: Aufbau einer japanischen Luftfahrt-Industrie.*

SEP: Strategische Erfolgsposition

Bild 3-47:   *Kernkompetenz-Markt-Matrix nach HAMEL/PRAHALAD*

- **Weiße Flecken:** Darüber hinaus müssen die Unternehmen Chancen ermitteln, bei denen mit den bestehenden Kompetenzen neue Märkte erschlossen oder neue Märkte geschaffen werden. Als Beispiel ist insbesondere der iPod von Apple genannt. Bei der Entwicklung wurden Kernkompetenzen aus den Bereichen Audioqualität, Design und Miniaturisierung in einem neuen Produkt kombiniert. Ergänzt wurde das Produkt durch den Aufbau des Apple iTunes Music Store, der es zulässt Musik aus dem Internet zu laden. Auf diese Weise wurde ein neuer Markt geschaffen. Als weiteres Beispiel ist in Bild 3-47 Apples iPhone angegeben.

- **Herausragende Position:** Andererseits ist es auch notwendig, dass die Unternehmen feststellen, mit welchen zukünftigen Kompetenzen ihre Position in den heutigen Geschäftsfeldern gefestigt werden kann. Viele IT-Anbieter versuchen beispielsweise durch den Aufbau von Kompetenzen im Consulting-Bereich ihre Positionen abzusichern. Häufig werden in diesem Prozess alte Kompetenzen durch zukünftige ersetzt. So erforschen die großen Energiekonzerne wie Shell oder BP längst die Entwicklung und Produktion effizienter Solarzellen, weil diese Form der Energieerzeugung über kurz oder lang die fossilen Brennstoffe ablösen wird.

- **Mega-Chancen:** Darunter werden Chancen verstanden, die sich aus dem Aufbau zukünftiger Kompetenzen in neuen Geschäftsfeldern ergeben. HAMEL und PRAHALAD nennen als Beispiel die japanische Luftfahrt-Industrie und zeigen, dass entsprechende Strategien mit besonders hohem Risiko verbunden sind.

Strategische Technologieoptionen (Technologiestrategien)

Ein besonders wichtiges Bündel von Kompetenzen – insbesondere für Industrieunternehmen – ist der Umgang mit Technologien. Nach HANS-JÖRG BULLINGER ergeben sich vier **Technologiestrategien** (Bild 3-48):

- Unternehmen können versuchen, im Rahmen von **Pionierstrategien** technologische Innovationen am Markt durchzusetzen. Dabei können sie sich auf Schrittmachertechnologien konzentrieren (Technologiepioniere) oder eine neue Technologie frühzeitig aufgreifen und konsequent ausbeuten (Technologieausbeuter).

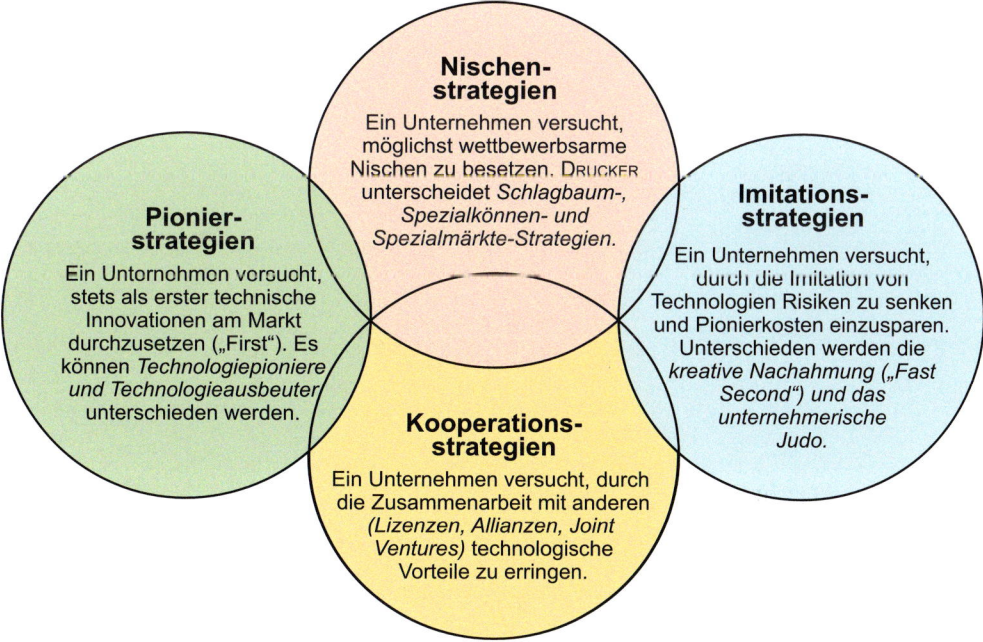

Bild 3-48: Strategische Technologieoptionen nach BULLINGER [Bul94]

- Unternehmen können durch **Imitationsstrategien** versuchen, die Risiken neuer Technologien zu senken und Pionierkosten einzusparen. Sie können gezielt Technologieführer verfolgen und ihre Produkte verbessern („Kreative Nachahmung") oder aber Marktführer an ihren Schwachstellen angreifen („Unternehmerisches Judo").

- Viele Unternehmen besetzen gezielt wettbewerbsarme **Nischen**, um unauffällig Gewinne zu erzielen. Solche Nischen können vollständig besetzt werden oder durch Spezialkönnen bzw. spezielles Marktwissen abgesichert werden. Hermann Simon beschreibt in seinem Buch „Wettbewerbsstrategien für Sieger" („Hidden Champions") sehr eindrucksvoll, dass es gerade vielen deutschen Unternehmen gelungen ist, sich mit dieser Grundstrategie eine führende Stellung auf dem Weltmarkt zu erobern [Sim96].

- In Form von **Kooperationsstrategien** können Unternehmen über Lizenzen, Allianzen oder die Zusammenarbeit mit jungen Hightech-Unternehmen ihr technologisches Know-how verbessern. Angesichts des zunehmenden technologischen Wandels, sich verkürzender Innovationszyklen und des globalen Wettbewerbs wird eine derartige Grundstrategie in vielen Fällen unumgänglich sein. Selbst Großunternehmen werden häufig nicht die Kompetenzen und Ressourcen schnell genug mobilisieren können, um eine entstehende Chance zeitgerecht zu nutzen. Allianzen zu bilden und zu nutzen wird eine der entscheidenden Fähigkeiten sein, die kleine und große Unternehmen aufweisen müssen.

Gerade beim Umgang mit Technologie sind das „Timing" und insbesondere die Wahl des Markteintrittszeitpunkts wichtig. Daraus ergeben sich die drei klassischen Optionen Pionier (First-to-market), früher Folger (Early-to-market, Fast-Follower) und später Folger (Late-to-market). Auf den ersten Blick bietet sich in vielen Fällen eine Pionier-Strategie an. Die Vor- und Nachteile werden in der Literatur ausführlich diskutiert [BS07], [Bul94], vgl. auch Tabelle 3-3.

Es gibt nahezu unzählige Beispiele für misslungene und gelungene **Pionierstrategien**, vgl. auch [KN89]. Ein berühmtes positives Beispiel ist das Unternehmen AGIE, das das in der ehemaligen Sowjetunion erfundene Prinzip der Funkenerosion aufgegriffen hat und auf dieser Basis Weltmarktführer für Funkenerosionsmaschinen wurde. Eine weitere Success-Story hat das Unternehmen Trumpf geschrieben, das die Lasertechnologie für die Fertigungsindustrie nutzbar gemacht hat und heute nicht nur Weltmarktführer für Laserschneidmaschinen, sondern auch für Laser-Aggregate ist, die von Dritten, beispielsweise in der Medizintechnik, eingesetzt werden [Tru96].

Die **„Früher-Folger"-Strategie** – auch als „Fast-Follower"-Strategie bezeichnet – baut darauf, dass der Markt vom Pionier reif gemacht worden ist. Sie erfordert einen hohen Mitteleinsatz, um am Pionier vorbeizuziehen und in kurzer Zeit einen hohen Anteil des reifen Marktes zu erobern. Das wohl bekannteste Beispiel ist der Eintritt von IBM in den PC-Markt Anfang der 1980er Jahre. Innerhalb weniger Jahre hat IBM den Pionier Apple abgehängt und über 50 % Marktanteil gewonnen. Die Marktstellung war so stark, dass Mitbewerber „IBM-kompatibel" sein mussten, um überhaupt eine Chance zu haben, d.h. ihr PC musste sich verhalten wie ein IBM-PC.

Tabelle 3-3:   *Pro und Contra der Pionier-Strategie nach* Backhaus

Pro:	Contra:
+ am Anfang kein direkter Konkurrenzeinfluss	- Ungewissheit über ökonomische und technologische Marktentwicklung
+ Imagevorteile	- Gefahr von Technologiesprüngen
+ preispolitische Spielräume	- hohe F&E-Aufwendungen
+ Chancen zur Etablierung eines dominanten Designs	- Nutzen der Markterschließung kommt auch den „Followers" zugute
+ Entwicklung eines produkttechnologischen Industriestandards	- Überzeugungsaufwand beim Kunden (Missionar-Effekt)
+ Vorsprung auf der Erfahrungskurve ermöglicht langfristige Kostenvorteile	
+ Aufbau von Markt-Know-how	
+ Aufbau von Kunden- und Lieferantenkontakten	
+ Hohe Motivation des Personals	

In vielen Geschäften ist die Innovationskraft ein entscheidender Erfolgsfaktor. In diesen Fällen ist die „Fast-Follower"-Strategie problematisch, weil sich auf diese Weise die Menschen im Produktinnovationsprozess nur schwer motivieren, geschweige denn begeistern lassen. Spitzenleistungen erfordern extreme Anstrengungen, die nur aufgebracht werden, wenn Begeisterung herrscht. Wie soll bei einer Entwicklungsmannschaft Begeisterung aufkommen, wenn die Unternehmensleitung die Parole ausgibt, erst mal zu schauen, was die Innovativen tun und dann das rasch nachzuvollziehen? Ferner zeigt auch die Erfahrung, dass es leichter gesagt als getan ist, schnell zu folgen. Das gelingt eigentlich nur dann, wenn die Mannschaft durch ständige Vorausschau mental auf Veränderungen und rasante technologische Entwicklungen eingestellt ist. Und wenn dem so ist, dann sollte sie eigentlich nichts davon abhalten, zu agieren statt zu reagieren.

Die **„Später-Folger"-Strategie** versucht, Nutzen aus einem bereits weit entwickelten Markt zu ziehen. Dies kann eigentlich nur dann funktionieren, wenn sich das Unternehmen auf eine Nische konzentriert, die bei anderen noch keine Beachtung gefunden hat, und dort innerhalb kürzester Zeit Marktführer wird oder das

Prinzip des unternehmerischen Judos Anwendung findet. Unternehmerisches Judo heißt, die Schwächen der etablierten Anbieter zu erkennen und sie dort anzugreifen. Etablierte Anbieter sind häufig träge, teils auch arrogant. Ein Angriff, der konsequent Kundenorientierung und Dienstleistung einsetzt, ist in solchen Fällen erfolgversprechend. Die Schlagkraft beider Ansätze wird natürlich verstärkt, wenn partielle Innovationen im Produkt und in den Leistungserstellungsprozessen hinzukommen. Unternehmerisches Judo setzt primär auf Prozess- und Verhaltensinnovationen, eine Nischenstrategie mehr auf Produktinnovationen.

Kompetenzoptionen auf Basis einer Technology Roadmap

Ein verbreitetes Instrument Technologiekompetenz zu planen ist die **Technology Roadmap** bzw. der **Technologiekalender.** Gemeint ist damit ein Plan, aus dem hervorgeht, wann welche Technologie für welche Marktleistung einzusetzen ist [Eve02], [WB02]. Bild 3-49 zeigt in stark vereinfachter Form eine Technology Roadmap, wie sie sich in unseren Industrieprojekten bewährt hat.

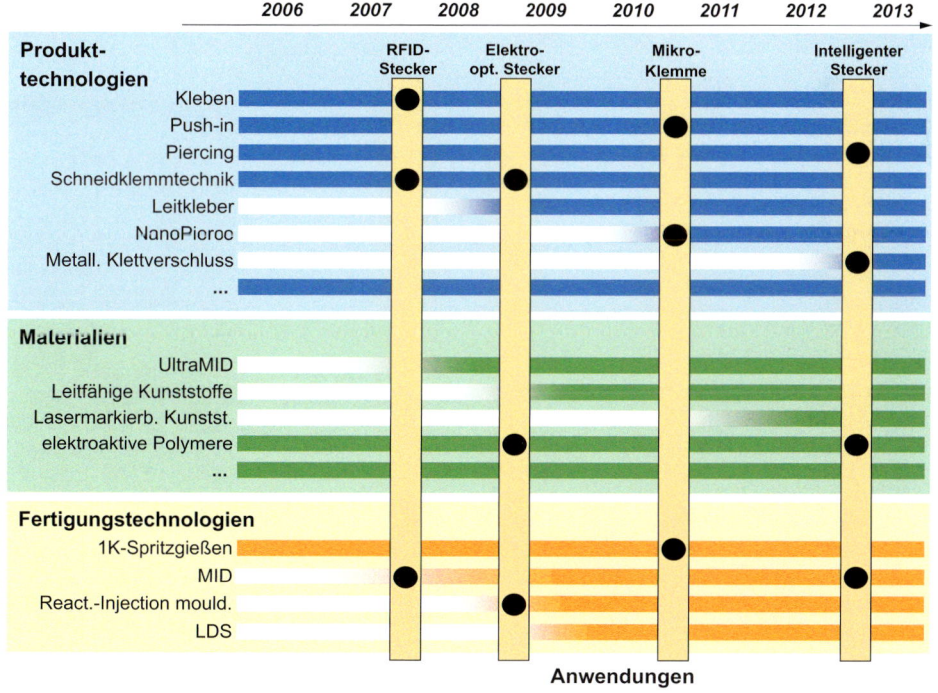

Bild 3-49:   Beispiel einer Technology Roadmap (stark vereinfacht)

In der Waagerechten sind die für das Unternehmen relevanten Technologien aufgeführt. Dabei ist auf der Zeitachse angegeben, wann die jeweilige Technologie reif für den Einsatz in einem Serienprodukt ist. In der Regel wirken einige Technologien zusammen, um eine Anwendung, die Nutzen stiften soll, zu realisieren. Im Bild sind beispielhaft vier Anwendungen der elektrischen Verbindungstechnik wiedergegeben. Unsere Erfahrung zeigt, dass die Erstellung solcher Roadmaps rechnerunterstützt erfolgen muss, schon weil die hohe Anzahl der zu betrachtenden Technologien – das können mehr als hundert sein – und die häufig auch hohe Anzahl von Anwendungen in einer manuell zu erstellenden Graphik nicht mehr zu handhaben ist. Bei einem derartigen Mengengerüst drängt sich auch eine Klassifizierung von Handlungsoptionen auf der Basis der Technology Roadmap auf. Eine Klassifizierung, die sich an die Produkt-Markt-Matrix von ANSOFF [Ans65] anlehnt, ist in Bild 3-50 dargestellt. Danach wäre zunächst festzustellen, ob das aktuell betriebene Geschäft (**Business as usual**) noch trägt oder Geschäftsinnovationen erforderlich sind. Wenn Geschäftsinnovationen notwendig sind, dann ergeben sich die drei folgenden Klassen von technologieorientierten Handlungsoptionen, die in der angegebenen Reihenfolge zu

überprüfen wären, weil die Unsicherheit des Erfolgs dementsprechend zunimmt.

1. **Produkte verbessern:** Hier geht es um die Beantwortung der Frage, welche Technologien, die von dem Unternehmen noch nicht beherrscht werden, das Preis-Leistungs-Verhältnis der bestehenden Erzeugnisse verbessern können.

2. **Kernkompetenzansatz:** Die von dem Unternehmen beherrschten Technologien stellen häufig Kompetenzen dar, die von Dritten nicht ohne weiteres aufgebaut werden können. Hier stellt sich die Frage: Welche neuen Anwendungsfelder können wir auf der Basis der vorhandenen Kompetenzen erschließen, um Kundennutzen zu stiften bzw. Bedürfnisse zu befriedigen?

3. **Aufbruch zu neuen Ufern:** Hier geht es um den Aufbau eines völlig neuen Geschäfts; sowohl die Technologien als auch die Kunden sind neu. Selbstredend ist das mit dem höchsten Risiko verbunden und kommt daher in der Regel nur dann in Frage, wenn die zwei vorher genannten Optionen keine

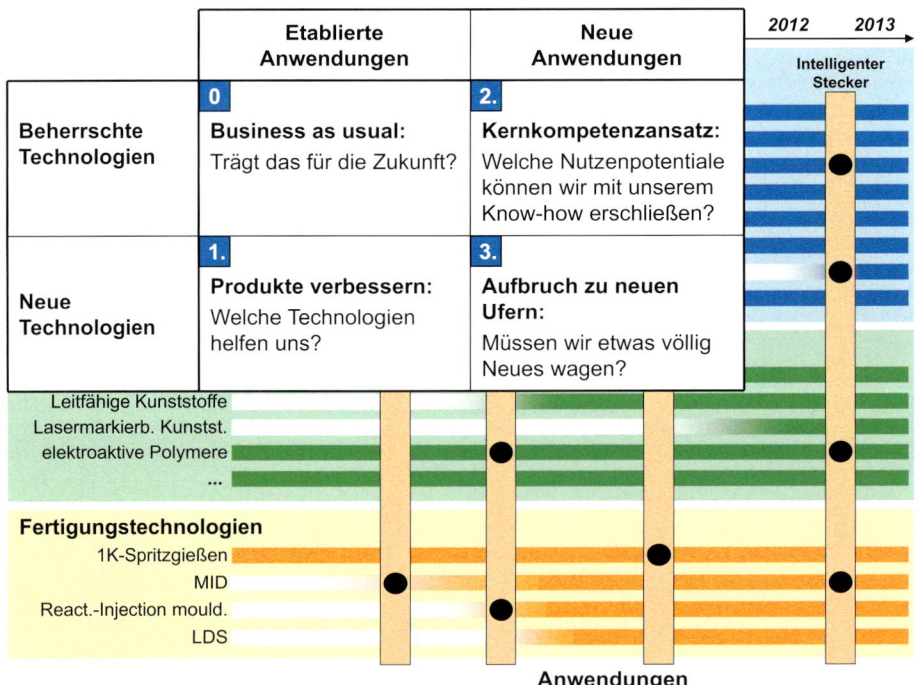

Bild 3-50:   Die Optionen zur technologiebezogenen Weiterentwicklung des Geschäfts

Ansätze für die Weiterentwicklung des Geschäfts liefern.

Um in dieser Weise planen zu können, ist es notwendig Technologien und Anwendungen in einer Datenbank entsprechend der Matrix zu klassifizieren. Diese Datenbank steht im Zentrum der von uns verfolgten Konzeption der Technologieplanung [GHK+06].

3.3.1.5 Verhaltensoptionen

Hier werden strategische Optionen dargestellt, die sich aus dem Verhalten eines Unternehmens ergeben können. Dabei sind vor allem das Wettbewerbsverhalten und der Umgang mit zukünftigen Entwicklungsmöglichkeiten von Interesse.

Optionen für das Verhalten im Wettbewerb

Das Verhalten eines Unternehmens im Wettbewerb kann nach Bild 3-51 auf zwei Dimensionen beruhen [Mef98].

- **Verhalten gegenüber Wettbewerbern:** Ein Unternehmen kann *wettbewerbsvermeidend* agieren. Dies bedeutet, dass es sein Verhalten reaktiv an die Aktivitäten seiner Mitbewerber anpasst. Im Gegensatz dazu können Unternehmen im Rahmen *wettbewerbsstellenden* Verhaltens bereits auf „schwache Signale" reagieren und frühzeitig mögliche Vorgehensweisen planen.

- **Innovationsfähigkeit:** Das Verhalten im Wettbewerb wird zudem maßgeblich von der Innovationsfähigkeit des Unternehmens geprägt. Hier wird zwischen *innovativem, Entrepreneur-orientiertem Verhalten* (siehe auch Pionierstrategien) sowie *imitativem* oder *konservativem Verhalten* (siehe auch Folgerstrategien) unterschieden.

Die Kombination der Ausprägungen dieser beiden Dimensionen führt zu vier typi-schen Formen von Verhaltensoptionen: Konflikt, Kooperation, Anpassung und Ausweichen. Daraus lassen sich gemäß Bild 3-51 vier Grundstrategien im Kontext Verhalten ableiten: Konfliktstrategie, Kooperationsstrategie, Anpassungsstrategie und Ausweichstrategie. Eine besondere Bedeutung wird in der Zukunft den Kooperationsstrategien zukommen, die über die Konfliktvermeidung hinausgehen und eine gemeinsame Ausschöpfung von Nutzenpotentialen im Rahmen von **Unternehmensnetzen** vorsehen. Eine Typologie von Netzen produzierender Unternehmen zeigt Bild 3-52. Diese Typologie orientiert sich an der Stückzahl des Geschäfts und der Komplexität der zu erstellenden Leistung [Dan96], [WFH96]:

- **Strategische Netzwerke** werden durch ein Unternehmen, häufig ein Endprodukthersteller (Original Equipment Manufacturer – OEM) oder ein Handelsunternehmen, strategisch geführt. Dieses Unternehmen bestimmt in erheblichem Umfang die Organisation des Netzwerkes, während die übrigen Partner eng an dieses Unternehmen gebunden sind. Ein Beispiel sind die Zulieferernetze der Automobilindustrie.

	Verhalten gegenüber Wettbewerbern	
	wettbewerbsvermeidendes Verhalten	**wettbewerbsstellendes Verhalten**
Innovationsfähigkeit (Strategische Technologieoptionen) — **innovatives Verhalten** Pionierstrategie	**Ausweichen** Ausweichstrategien sind dadurch gekennzeichnet, dass das Unternehmen versucht, dem Wettbewerb durch besonders innovatives Verhalten zu entgehen.	**Konflikt** Konfliktstrategien werden häufig in militärischen Kategorien beschrieben: • Direktangriff auf HGF oder Kernprodukte des Gegners; • Umzingelung: Aufweichung der Position des Gegners von mehreren Seiten; • Flankenangriff: Schwache und ungeschützte Stellen des Gegners gezielt angreifen.
imitatives Verhalten Folgerstrategie	**Anpassung** Anpassungsstrategien zielen auf die Erhaltung der einmal realisierten strategischen Position ab. Hier ist das eigene Verhalten stark von den Aktivitäten potentieller Wettbewerber abhängig.	**Kooperation** Kooperationsstrategien werden von Unternehmen verfolgt, • die bei schlechter Ausgangssituation einem Konflikt nicht aus dem Weg gehen können; • die aus einer Kooperation einen größeren Vorteil als aus einem Konflikt oder einem neutralen Verhalten erwarten.

HGF: Hauptgeschäftsfeld

Bild 3-51: Verhaltensoptionen im Wettbewerb nach MEFFERT

- **Virtuelle Unternehmen:** Hier arbeiten unabhängige Unternehmen auf der Basis eines gemeinsamen Geschäftsverständnisses für einen relativ kurzen Zeitraum projektähnlich zusammen. Dabei weisen die Projektpartner individuelle Schlüsselfähigkeiten auf, die synergetisch kombiniert werden. Beispiele sind sowohl Lowtech-Industrien mit sehr kurzen Produktzyklen (Bekleidung), Hightech-Industrien (Elektronik) oder Branchen mit einer hochentwickelten IT-Infrastruktur (Medien).

- **Regionale Netzwerke** basieren auf einer räumlichen Nähe der dem Netzwerk angehörenden, hoch spezialisierten kleinen und mittelständischen Unternehmen. Eine wichtige Fähigkeit dieser Unternehmen ist ihre hohe Flexibilität. Diese Kooperationsform ist häufig in Regionen mit einer stimulierenden Atmosphäre und guten Beziehungen der Unternehmerpersönlichkeiten wie in Norditalien anzutreffen.

- **Operative Netzwerke** haben den Zweck, dass die Unternehmen kurzfristig auf Produktions- und Logistikkapazitäten der Partner zugreifen können. Dabei werden relativ standardisierte Transaktionen abgewickelt. Ein Beispiel hierfür ist die Nutzung eines gemeinsamen Vertriebsnetzes und der damit verbundenen Transportkapazitäten.

Angesichts der zunehmenden Bedeutung und Verbreitung von Allianzen im Produkt-entstehungsprozess stellt sich auch die Frage nach Optionen zur Wahrnehmung der Innovationsfunktion. Wir sind der Auffassung, dass das eine zentrale Aufgabe des Top-Managements ist. Nach HAUSCHILDT bieten sich zwei Optionen an [Hau97]:

1) **Bewusste Übernahme der Innovationen Dritter:** Darunter fallen der *Innovationseinkauf* (Kauf von neuen Technologien für Produkt- und Prozessinnovationen), die *Lizenznahme*, die *Akquisition* und *Beteiligung* sowie die *Imitation*. Imitation ist negativ belegt, aber eine gut nachvollziehba-

re Option. Schließlich geht es am Ende darum, Geld zu verdienen. Abgesehen davon kommt es im Prozess der Imitation in der Regel zu partiellen Innovationen bzw. setzen Imitationen wieder Innovationen in Gang.

„Innovation zieht Imitation nach sich, und Imitation treibt zu neuen Innovationen" [Alb90].

2) **Ausgliederung der Innovationsfunktion:** Hierunter ist die Kooperation mit Partnern, z.B. mit Hochschulinstituten zu verstehen. Darunter fallen die drei Varianten Auftragsforschung, Gemeinschaftsforschung und Verbundprojekte. Einige Fachgemeinschaften des VDMA wie die Fachgemeinschaft Pumpen betreiben beispielsweise sehr intensiv Gemeinschaftsforschung. Diese bietet gerade in dieser mittelständisch strukturierten Branche erhebliche Vorteile für alle Teilnehmer. Gleichwohl gilt es trotz des offensichtlichen Nutzens immer wieder die im Mittelstand weit verbreitete Kooperationsangst zu überwinden. Verbundprojekte werden in der Regel durch die Forschungsförderungsprogramme der öffentlichen Hand stimuliert und bis zu 50 % gefördert. Die Förderung hat zum Ziel, eine notwendige

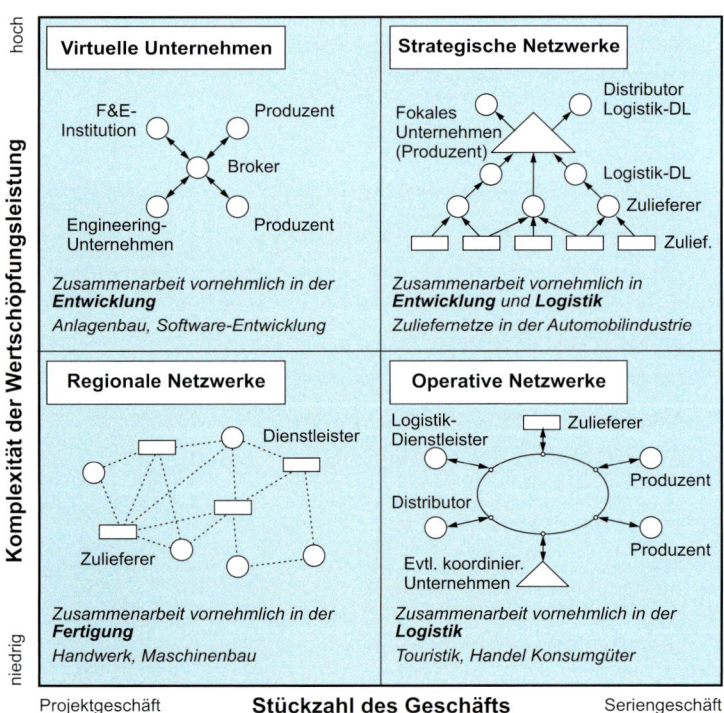

Bild 3-52: Typen von Unternehmensnetzen

Innovation, die von den beteiligten Unternehmen nicht aus eigener Kraft vorangetrieben werden kann, zu ermöglichen. Sowohl bei den Projekten der Gemeinschaftsforschung als auch bei den Verbundprojekten sind in der Regel einschlägige Institute der Universitäten und anderer Forschungsorganisationen beteiligt.

Optionen für den Umgang mit der Zukunft

Der Umgang mit zukünftigen Entwicklungsmöglichkeiten spielt im Rahmen der strategischen Führung eine entscheidende Rolle. Spyros G. Makridakis beschreibt drei grundsätzliche Möglichkeiten für den Umgang mit zukünftigen Entwicklungen [Mak90]:

- **Planungsorientierter Ansatz:** Hier basieren die Planungen bzw. Strategien auf der Überlegung, dass sich bestimmte Umweltveränderungen vorhersehen lassen. Daher brauchen Planer nicht auf die Veränderungen zu warten, sondern können heute bereits entsprechende Entscheidungen treffen. Entsprechende Handlungsoptionen basieren entweder auf Trends oder auf einem fokussierten Szenario.

- **Reagierender und präventiver Ansatz:** Hier akzeptieren die Unternehmen die Ungewissheit zukünftiger Umfeldentwicklungen und reagieren mit ihren Planungen und Strategien auf alternative Entwicklungsmöglichkeiten. Im Mittelpunkt reaktiver Strategien stehen die Robustheit und die Flexibilität der Strategien.

- **Proaktiver Ansatz:** Auch diese Handlungsoptionen bauen auf der Erkenntnis auf, dass sich die meisten Umfeldentwicklungen nicht exakt voraussagen lassen – sie fassen diese unsichere Zukunft allerdings nicht als Randbedingung auf, sondern versuchen, durch eigenes Handeln die Umfeldentwicklungen positiv zu beeinflussen.

Resümee zu Kapitel 3.3.1

Die vorgenommene Strukturierung von Optionen der strategischen Führung verschafft den Entscheidungsträgern einen guten Überblick, welche generischen Möglichkeiten grundsätzlich bestehen, und gibt Hinweise, an welchen Stellen des betrachteten Geschäfts Entscheidungen anstehen. Selbstredend sind die grundsätzlich in Frage kommenden Optionen auf das spezifische Geschäft zu projizieren und weiter zu detaillieren. Da die beiden folgenden Kapitel weitere Gliederungen von Optionen darstellen, gilt dieses Resümee auch dort.

Offensichtlich gibt es mehr als genügend Möglichkeiten zur Gestaltung der Unternehmenszukunft. Man muss sie nur zu nutzen wissen. Allein die Kosten zu senken dürfte wohl kaum reichen, die Zukunft eines Unternehmens zu sichern.

3.3.2 Strategieoptionen nach Müller-Stewens/Lechner

Die hier beschriebene Strukturierung von Strategieoptionen steht im Prinzip orthogonal zur Struktur des vorangegangenen Kapitels. Müller-Stewens/Lechner gliedern die Optionen für eine Strategie in Entscheidungen über die Positionierung gegenüber Kunden und Konkurrenten (Positionierungsprogramme) und über die individuelle Wertschöpfung (Wertschöpfungsprogramme). Die Positionierung erfolgt über Wettbewerbsstrategien und Marktstrategien; die Ausprägung der Wertschöpfung über Aktivitätsstrategien und Ressourcenstrategien (Bild 3-53). Zur Gestaltung der einzelnen Strategien stehen dem Unternehmen verschiedene Handlungsoptionen zur Verfügung, die im Folgenden erläutert werden:

- **Handlungsoptionen zur Gestaltung der Marktstrategie:** Eine Marktstrategie hat die Aufgabe, die Stellung gegenüber den einzelnen Marktsegmenten bzw. Zielgruppen festzulegen. Handlungsoptionen bestehen bezüglich der **Variation** der Marktstrategie (*Beibehalten* oder *Umpositionieren*), der **Substanz** der Marktstrategie (Welcher Nutzen soll geboten werden? Konzentration auf subjektiv wahrgenommene Leistungsmerkmale in einer *Präferenzstrategie* oder *Fokussierung auf den Preis*), dem **Feld** der Marktstrategie (Welche Marktsegmente und Zielgruppen sollen bearbeitet werden und welche nicht?) und dem **Stil** der Marktstrategie (Mit wel-

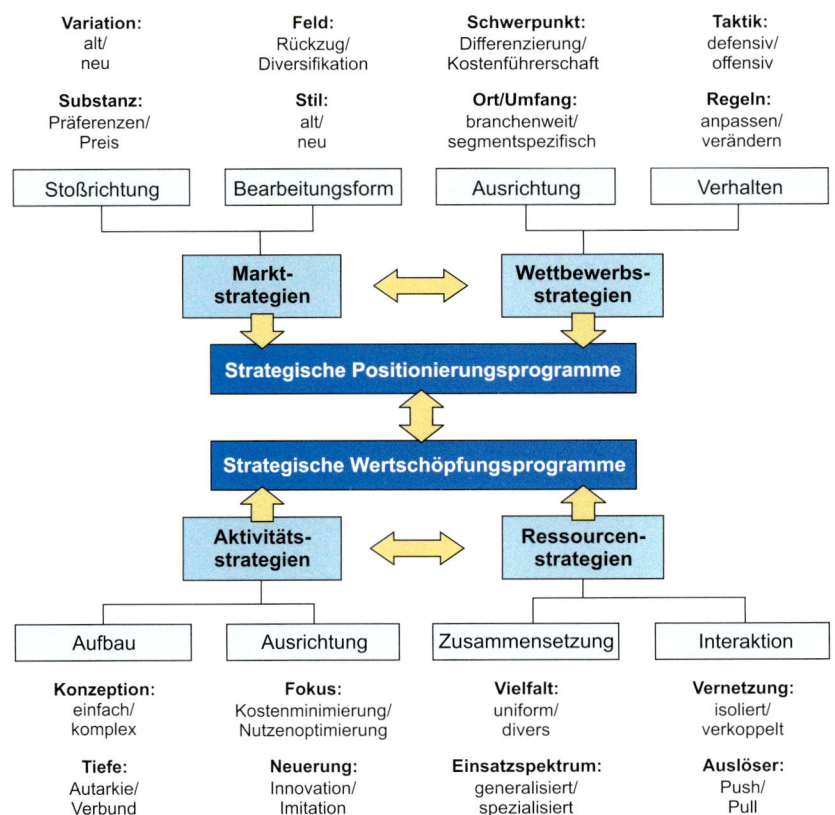

Bild 3-53: Strukturierung von Handlungsoptionen der strategischen Führung nach MÜLLER-STEWENS/LECHNER *[ML03]*

chen Mitteln des Marketing-Mix soll der Markt bearbeitet werden?).

- **Handlungsoptionen zur Gestaltung der Wettbewerbsstrategie:** Im Vordergrund steht die Positionierung gegenüber der Konkurrenz. Handlungsoptionen bestehen hinsichtlich des angestrebten Vorteils gegenüber der Konkurrenz (**Schwerpunktsetzung** auf *Differenzierung* oder *Kostenführerschaft*), dem **Ort** des Wettbewerbs (*branchenweit* oder *Fokussierung auf ein Segment*), den gewählten **Taktiken der Konfrontation** (*offensive* Strategien: Frontalangriff, Flankenangriff, Umgehungsstrategie oder Guerilla-Attacken; oder *defensive* Strategien: Festungsstrategie, Flankenabsicherung, Konfrontationsstrategie oder Rückzug) und dem Akzeptieren der **Regeln** im Wettbewerb (sich an bestehende Regeln *anpassen* oder die Regeln *verändern*).

- **Handlungsoptionen zur Gestaltung der Aktivitätsstrategie:** Mit einem Bündel von Aktivitäten ist Wert für den Kunden zu erzeugen und die Positionierung

abzusichern. Handlungsoptionen bestehen hinsichtlich der **Konzeption** des Wertschöpfungsmodells (*einfacher Aufbau* mit Konzentration auf wenige, klar definierte Aktivitäten oder *komplexer Aufbau*), der Gestaltung der **Wertschöpfungstiefe** (*autarke* Durchführung der Aktivitäten oder Durchführung im *Verbund*), dem **Fokus** bzw. den Handlungsmaximen, an denen sich die Aktivitäten ausrichten sollen (*Kostenminimierung* oder *Nutzenoptimierung*) oder dem **Neuerungsverhalten** (*Imitation* erfolgreicher Wertschöpfungsmodelle, der Entwurf neuer Wertschöpfungsmodelle durch *Innovation*).

- **Handlungsoptionen zur Gestaltung der Ressourcenstrategie:** Ressourcen haben einen wesentlichen Einfluss auf die Gestaltungsmöglichkeit der Aktivitäten. Grundsätzliche Handlungsoptionen bestehen bezüglich der Zusammensetzung der Ressourcen (erwünschte **Vielfalt** der verschiedenen Ressourcen und Breite des möglichen **Einsatzspektrums**) und der Interaktion zwischen den Ressourcen (Gestaltung des **Vernetzungsgrades** zwischen den Ressourcen und Festlegung des **Auslösers** für die Bereitstellung der Ressourcen).

3.3.3 Strategische Stoßrichtungen im Innovationswürfel

Das im Folgenden beschriebene Verfahren wurde im Rahmen des Verbundprojekts „Strategische Produkt- und Prozessplanung (SPP)" entwickelt [GLS04]. Motivation für das Projekt war die Erkenntnis, dass die strategische Planung von Produkten und Fertigungssystemen gerade in den mittelständischen Unternehmen des Maschinen- und Anlagenbaus häufig zu kurz kommt. Eine Ursache liegt in der großen Vielfalt an Methoden und dem fehlenden Wissen, welche Methoden für eine spezifische Aufgabe der strategischen Planung relevant sind und wie die strategische Planung in den Unternehmensführungsprozess einzubetten ist. Daraus resultierte die Zielsetzung, ein Verfahren zu entwickeln und in sechs repräsentativen Mitgliedsfirmen des

VDMA einzuführen, das einem mittelständischen Unternehmen genau die Methoden und Werkzeuge anbietet, die in der jeweils spezifischen Situation geeignet sind.

Den Ausgangspunkt für das Verfahren bildet der so genannte **Innovationswürfel**, in dem verschiedene Stoßrichtungen zur Strategieentwicklung einzuordnen sind (Bild 3-54). Die strategischen Stoßrichtungen werden anhand der Dimensionen Markt, Produkt und Technologie unterschieden. Charakteristisch für die Ausprägung einer oder mehrerer Dimensionen ist der jeweilige Innovationsgrad. Insgesamt ergeben sich acht Segmente in dem Innovationswürfel, von denen sich im Projekt SPP fünf strategische Stoßrichtungen als relevant erwiesen haben.

- **Marktdurchdringung:** Vorhandene Marktpotentiale ausschöpfen. In bisher bedienten Märkten sollen mit der vorhandenen Marktleistung und den Ferti-

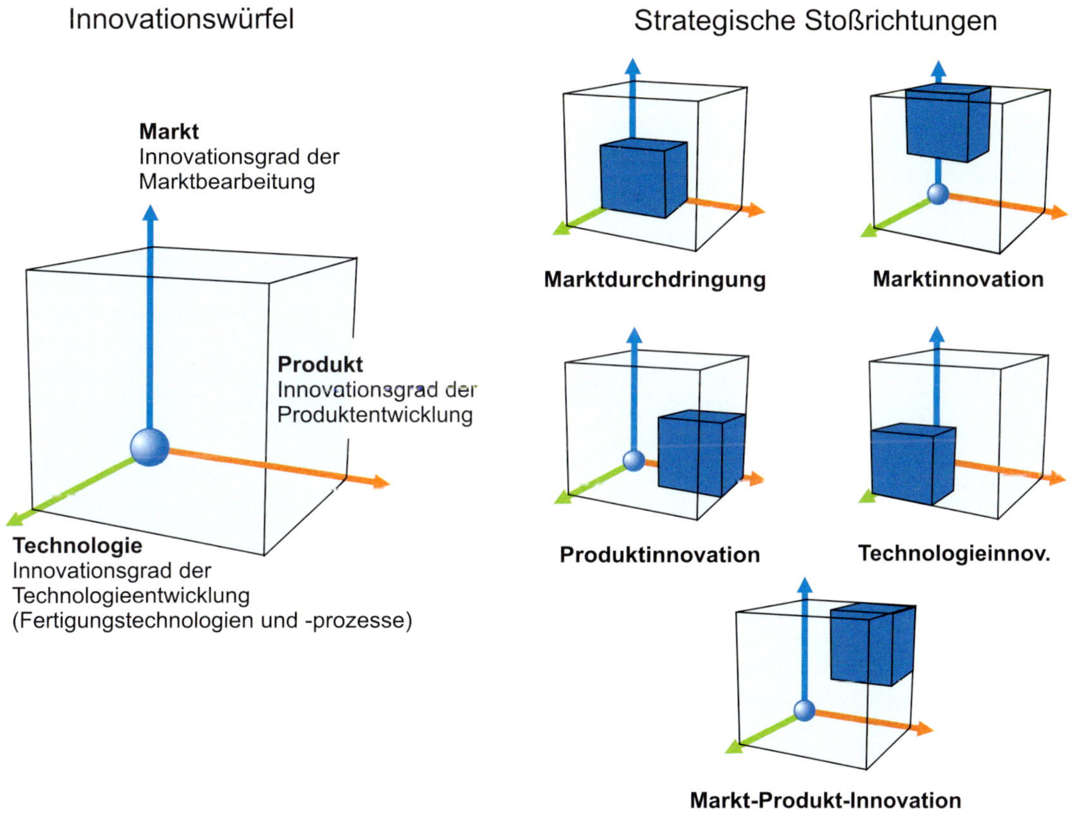

Bild 3-54: Innovationswürfel zur Einordnung strategischer Stoßrichtungen

gungstechnologien die Erfolgspotentiale der bear-
beiteten Märkte konsequent ausgeschöpft werden.

- **Marktinnovation:** Neue Märkte erschließen. Die vorhandene Marktleistung (bestehende Produkte inkl.
  Fertigungstechnologien) soll auf neue Anwendungen und Märkte übertragen werden.

- **Produktinnovation:** Neue Produkte entwickeln. Ziel
  ist die Entwicklung eines neuen Produktes oder einer neuen Produkttechnologie für einen vom Unternehmen bereits bedienten Markt. Dies soll mit
  den bestehenden Kompetenzen der Fertigung erreicht werden.

- **Technologieinnovation:** Neue Fertigungstechnologien und -prozesse entwickeln. Weiterentwicklung
  von Kernkompetenzen auf dem Gebiet der Fertigung; rechtzeitiges Erkennen und Erschließen von
  Substitutionstechnologien.

- **Markt-Produkt-Innovation:** Vorhandene Ferti-
  gungskompetenzen in Innovationen umsetzen. Das

entspricht der Diversifikation, wobei aber bewusst
auf den Fähigkeiten der Fertigung aufgebaut wird.

Aufbauend auf dem Innovationswürfel wurde ein Verfahren entwickelt, das am Ende einen Leitfaden in
Form eines Prozessmodells zur Verfügung stellt. Die
einzelnen Prozessschritte werden durch Methoden unterstützt, die für die spezifische Aufgabe des Unternehmens besonders geeignet sind und die ggf. an die
Anforderungen des Unternehmens angepasst worden
sind. Gemäß Bild 3-55 besteht das Verfahren aus drei
Schritten.

1) **Kurzanalyse der Unternehmenssituation:** Ziel dieses Schrittes ist die Auswahl einer strategischen
   Stoßrichtung auf der Grundlage einer kurzen Analyse der Unternehmenssituation. Es wird ein
   Überblick über die derzeitige Stellung des Unternehmens im Wettbewerb erstellt. Auf der Basis von
   Checklisten werden systematisch die Bereiche
   Markt, Produkt und Technologie analysiert. Nachfolgend wird anhand eines Entscheidungsbaumes
   die Einordnung in den Innovationswürfel vorge-

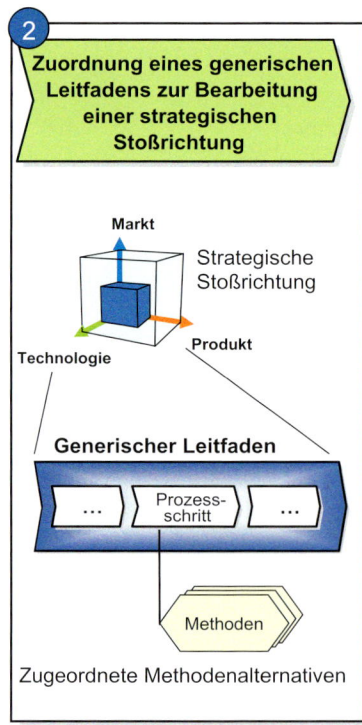
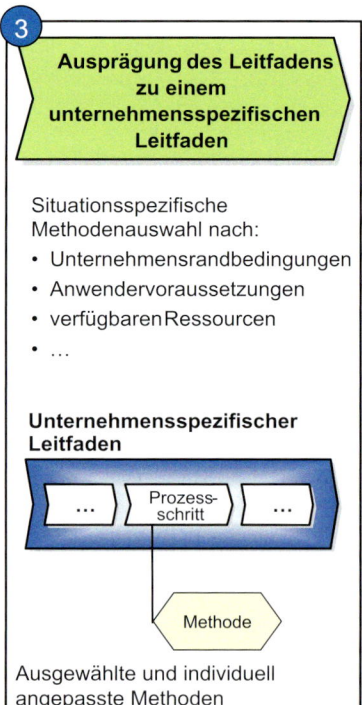

Bild 3-55:   Schritte zur Ermittlung eines unternehmensspezifischen Leitfadens

nommen und so eine strategische Stoßrichtung bestimmt.

2) **Ermittlung eines generischen Leitfadens:** Dies basiert auf dem Konzept, dass jeder Stoßrichtung ein allgemeingültiger Leitfaden in Form eines Prozessmodells zugeordnet ist. Dementsprechend erfolgt hier der Aufruf des generischen Leitfadens zur Realisierung der ausgewählten Stoßrichtung. Dieser gibt die durchzuführenden Prozessschritte und die notwendigen Informationen zur systematischen Bearbeitung einer Stoßrichtung vor. Den einzelnen Prozessschritten sind Methodenalternativen zugeordnet, die die Ausführung eines Prozessschrittes unterstützen.

3) **Ausprägung eines unternehmensspezifischen Leitfadens:** Ziel des dritten Schrittes ist die Anpassung des generischen Leitfadens an die Gegebenheiten des einzelnen Unternehmens. Je Prozessschritt des Leitfadens werden aus den im generischen Leitfaden vorgeschlagenen Methoden die für das einzelne Unternehmen geeigneten Methoden ausgewählt und ggf. an die Einsatzbedingungen angepasst. Das Resultat ist ein unternehmensspezifischer Leitfaden für die strategische Planung entsprechend der strategischen Stoßrichtung.

Das skizzierte Instrumentarium ist über das Internet-Fachportal „innovations-wissen.de" anwendbar (siehe Kasten).

Das Internet-Portal „innovations-wissen.de" – Instrumentarium für die strategische Planung

Im Rahmen des Verbundprojektes „Strategische Produkt- und Prozessplanung" (SPP), BMBF-Rahmenprogramm „Forschung für die Produktion von morgen", entstanden Leitfäden und eine Methodensammlung zur strategischen Planung, die zur Stärkung der Strategiekompetenz und Innovationskraft speziell im mittelständisch geprägten Maschinenbau beitragen können [GLS04]. Das erarbeitete Instrumentarium wurde in sechs repräsentativen Mitgliedsfirmen des VDMA erfolgreich erprobt. Seit 2006 ist dieses Instrumentarium öffentlich zugänglich, und zwar in Form des Internet-Fachportals www.innovations-wissen.de. Das Portal wird von der SPP GmbH in Kooperation mit der bwise GmbH, die das Portal business-wissen.de seit Jahren erfolgreich im Markt hat, betrieben. Die folgenden Screenshots vermitteln einen Eindruck von der Arbeitsweise des Portals innovations-wissen.de.

Bild 1 zeigt eine Seite im Zusammenhang mit der Kurzanalyse. Auf der Basis der Beantwortung von einfachen Fragen wird eine Einordnung des Unternehmens vorgenommen und dementsprechend der grundsätzliche Handlungsbedarf für die strategische

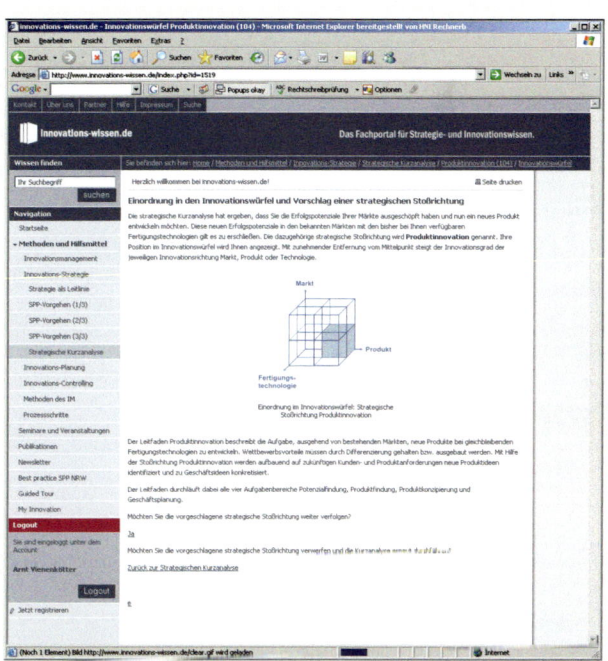

Bild 1:   Identifikation der strategischen Stoßrichtung

Weiterentwicklung in Form von strategischen Stoßrichtungen identifiziert.

Aus der Stoßrichtung ergibt sich ein generischer Leitfaden, der sich weiter untergliedern kann. In Bild 2 ist der generische Leitfaden für den Aufgabenbereich Potentialfindung für die Stoßrichtung Produktinnovation dargestellt. Wie im Bild 2 angedeutet, gibt es inner-

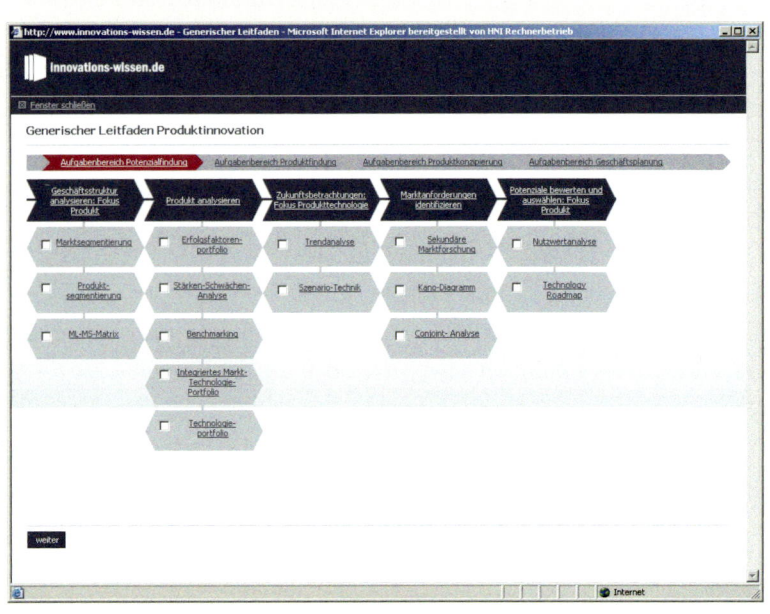

Bild 2: *Generischer Leitfaden Produktinnovation im Aufgabenbereich Potentialfindung*

halb der Stoßrichtung Produktinnovation neben dem Aufgabenbereich Potentialfindung noch die Aufgabenbereiche Produktfindung, Produktkonzipierung und Geschäftsplanung. Dem vorgeschlagenen Leitfaden sind je Prozessschritt Methoden zugeordnet,

die der Anwender näher ansehen und auswählen kann.

In Bild 3 ist eine Seite zur Erläuterung des integrierten Markt-Technologie-Portfolios dargestellt. Neben einer allgemeinen prägnanten Beschreibung der Methode erhält der Anwender auf Wunsch die Hilfsmittel zur Anwendung der Methoden wie Excel-Vorlagen, Checklisten und ggf. auch Software-Tools. Durch die Auswahl entsprechender Methoden zur Bearbeitung der Prozessschritte wird der Leitfaden unternehmens- bzw. projektspezifisch konfiguriert. Der Anwender hat im Anschluss die Möglichkeit, die fertig gestellte Konfiguration in dem personalisierten Bereich „My Innovation" zu speichern. Damit erhält der Anwender sein spezifisches Instrumentarium zum Bearbeiten einer Aufgabe der strategischen Planung.

Literatur:

GAUSEMEIER, J.; LINDEMANN, U.; SCHUH, G. (Hrsg.): Planung der Produkte und Fertigungssysteme für die Märkte von morgen. VDMA-Verlag, Frankfurt am Main, 2004

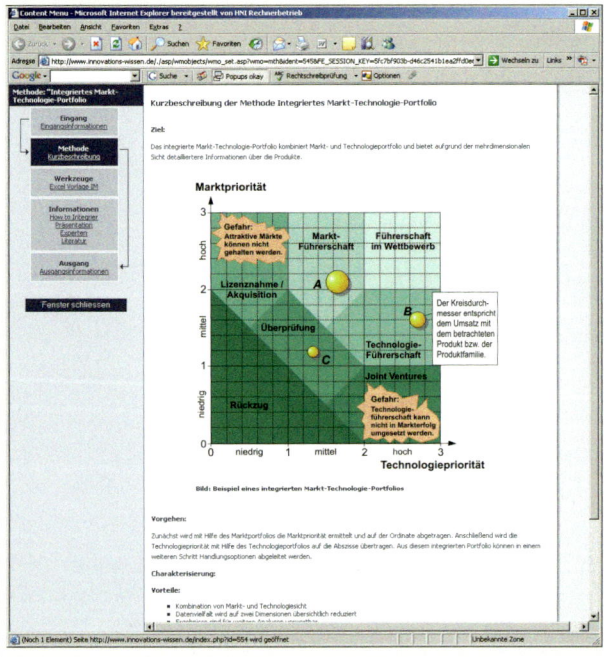

Bild 3: *Beispiel für die Darstellung einer Methode (Integriertes Markt-Technologie-Portfolio)*

3.3.4 Innovationsstrategien in der industriellen Produktion

Erfolgreiche Strategien führen zu Wachstum und Beschäftigung. Sie beruhen auf Innovationen. Das klassische Innovationsverständnis hat primär F&E-getriebene Produktinnovationen im Fokus. Entsprechend der von FRAUNHOFER ISI regelmäßig durchgeführten Produktionsinnovationserhebung in Betrieben der Metall- und Elektrogüterindustrie sowie in Betrieben der chemischen und kunststoffverarbeitenden Industrie in Deutschland gibt es wie erwartet eine Korrelation von F&E-Anstrengungen und Wachstum. Daneben gibt es offensichtlich noch weitere, sehr überzeugende Wachstumschancen in anderen Innovationspfaden [KLW04].

Diese Erkenntnis ist nicht grundlegend neu. Schon die Produkt-Markt-Matrix nach ANSOFF vermittelt ja ein differenziertes Bild von strategischen Stoßrichtungen für Wachstum (vgl. auch erweiterte Produkt-Markt-Matrix in Kapitel 3.3.1.1), indem als weitere Dimension der Markt betrachtet wird. Wir haben als dritte Dimension im vorangegangenen Kapitel 3.3.3 die Fertigungstechnologie eingeführt und sind so zu dem so genannten Innovationswürfel mit entsprechend differenzierten Stoßrichtungen gekommen. Die Ergebnisse aus der Erhebung des FRAUNHOFER ISI eröffnen weitere interessante Perspektiven für ein strategisches Agieren. Neben einer auf F&E setzenden Innovationsstrategie, die primär auf Produkte abzielt, gibt es noch drei weitere Stoßrichtungen für Wachstum und Beschäftigung. Diese insgesamt vier Innovationspfade resultieren aus dem in Bild 3-56 dargestellten Portfolio, das durch zwei Achsen aufgespannt wird.

- Der Gegenstand der Innovation kann das **Produkt** oder der **Prozess** im Sinne von Leistungserstellungsprozess sein.

- Die Art der Innovation kann **technologisch** (technisch) oder **organisatorisch** (nicht technisch) sein.

Im Folgenden werden die drei neuen Innovationspfade kurz charakterisiert. Grundsätzlich stehen sie orthogonal zu den bisher eingeführten Stoßrichtungen, wenngleich sich hier und da auch Ähnlichkeiten mit bereits vorgestellten zeigen. Wir werden im Folgenden kurz darauf hinweisen.

Wachstum mit innovativen Produkt-Dienstleistungs-Kombinationen: Die Hauptmotivation für diesen Innovationspfad ergibt sich aus der vielfach anzutreffen-

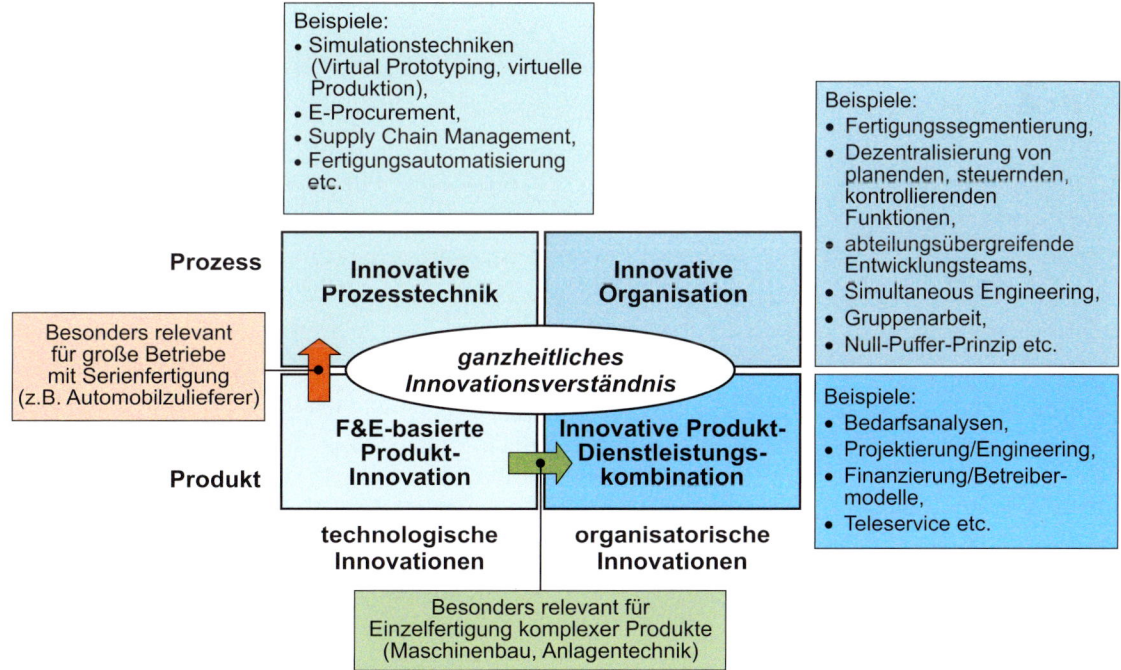

Bild 3-56:   Innovationspfade für Wachstum in Ergänzung zur Produktinnovation, nach FRAUNHOFER ISI

den Gegebenheit, dass ein technologisch führendes Produkt allein für den Erfolg nicht ausreicht, weil die Mitbewerber die technologische Entwicklung rasch nachvollziehen können. Daher gilt es insbesondere im Maschinen- und Anlagenbau, in Ergänzung und in Symbiose mit dem Produkt Dienstleistungen anzubieten. Dies geht in Richtung des Ansatzes *hybride Leistungsbündel* (vgl. Kapitel 3.3.1.2).

Wachstum durch innovative Organisation: Dieser Innovationspfad zielt auf die Leistungserstellungsprozesse bzw. die Ablauforganisation sowie auch auf die Unternehmenskultur ab. Es handelt sich im Prinzip um einen geschickten Mix aus Verfahrens- und Verhaltensinnovationen. Die Ansätze *Lean Production* und *Fraktale Fabrik* fallen in diese Kategorie.

Wachstum mit innovativer Prozesstechnik: Hier geht es um Technologien zur effizienten Gestaltung der Leistungserstellungsprozesse. Dies können beispielsweise neue Fertigungstechnologien wie MID (Molded Interconnect Devices) im Bereich der Integration von Mechanik und Elektronik oder thermo-mechanisch gekoppelte Umformprozesse zur Herstellung von Bauteilen mit gradierten Eigenschaften sein. Aber auch die durch die Informationstechnik getriebenen Verfahren wie Virtual Prototyping und Digitale Fabrik zählen zur innovativen Prozesstechnik. Dieser Innovationspfad entspricht zum Teil der Stoßrichtung Technologieinnovation nach dem Innovationswürfel (vgl. Kapitel 3.3.3). In Bild 3-56 ist angedeutet, dass insbesondere große Unternehmen ausgehend von der Produktinnovation in Richtung innovative Prozesstechnik gehen.

Der Untersuchung des Fraunhofer ISI zufolge haben die drei geschilderten Innovationspfade in den untersuchten Branchen zu deutlich mehr Wachstum und Beschäftigung geführt als der klassische Innovationspfad, der auf F&E-getriebenen Produktinnovationen beruht [KLW04]. Vor diesem Hintergrund kann nur empfohlen werden, auf der Suche nach strategischen Stoßrichtungen auch diese Systematik ins Kalkül zu ziehen.

3.3.5 VITOSTRA – Verfahren zur Entwicklung von konsistenten Strategieoptionen

Eine Strategie beruht auf vielen Unternehmensaktivitäten. Nicht die Art, sondern die Kombination von spezifischen Aktivitäten führt zu einer vorteilhaften Position im Wettbewerb, die für Mitbewerber nicht ohne weiteres nachvollziehbar ist. So hat Porter beispielsweise beobachtet, dass erfolgreiche Unternehmen Kombinationen von Tätigkeiten durchführen, die bei Konkurrenten nicht üblich sind, bzw. dort übliche Tätigkeiten auf eine ganz andere Weise ausführen und sich dadurch einzigartige Positionierungen im Wettbewerb geschaffen haben [Por97]. Markides stellt fest, dass erfolgreiche Unternehmen nicht versuchen, Strategien ihrer Konkurrenten zu kopieren oder zu übertrumpfen. Stattdessen haben sie einmalige Positionen eingenommen, die es ihnen ermöglichen, ein ganz anderes Spiel als die Konkurrenz zu spielen. Damit können sie einem direkten Effizienzwettbewerb ausweichen [Mar02].

Das klingt überzeugend. Die Frage, die sich hier aufdrängt, ist: Wie kommt man zu einer solch intelligenten Strategie? In den vielen Strategie-Workshops, die wir moderiert haben, gab es den entscheidenden Punkt, an dem die strategische Stoßrichtung festzulegen war. Vorangegangen waren eine Reihe von Analysen, wie wir sie im Kapitel 3.2 beschrieben haben und die Erarbeitung von Markt- und Umfeldszenarien (vgl. Kapitel 2). Die Fülle der vorliegenden Informationen macht es nicht leicht, eine Stoßrichtung für die Strategie zu erkennen. Der erfahrene Moderator sieht natürlich eher, in welche Richtung die Strategie zielen müsste – beispielsweise in Richtung Marktdurchdringung, Produktinnovationen, Produktionssysteminnovationen, Differenzierung, Vorwärts- oder Rückwärtsintegration und was es noch alles an Standardstoßrichtungen gibt. Oft ist es aber auch so, dass der Meinungsführer der Workshopteilnehmer die Richtung vorgibt, weil er meint, die Dinge klar zu sehen. Die übrigen stimmen dem zu, aus welchen Gründen auch immer; manchmal auch aus dem profanen Grund, dass man angesichts der fortgeschrittenen Zeit froh ist, dass es weiter geht. Uns hat das nicht gefallen; wir wollten einen diskursiven Ansatz, der gut nachvollziehbar ist und nicht nur eine, sondern mehrere in sich schlüssige strategische Stoßrichtungen liefert. Wir sind der Auffassung, dass Entscheider Alternativen benötigen und sich nicht mit einem Vorschlag zufrieden geben sollten.

Wir haben diesen Ansatz gefunden und zu einem Verfahren mit der Bezeichnung VITOSTRA (Verfahren zur Entwicklung intelligenter technologieorientierter Geschäftsstrategien) entwickelt [Bät04]. Im Zentrum dieses Verfahrens steht die Konsistenzanalyse, wie wir sie in der Szenario-Bildung (vgl. Kapitel 2.1.5) verwenden; sie liefert Kombinationen von Ausprägungen strategischer Variablen. Beispiele für diese Variablen sind die Breite des Produktprogramms, Fertigungstiefe, Vertriebskanäle etc. Wir bezeichnen strategische Variablen auch als Hebel, weil mit ihnen das Geschäft gestaltet wird.

Bild 3-57 zeigt die wesentlichen Schritte des Verfahrens. Im Folgenden beschreiben wir anhand eines Beispiels die fünf Phasen. Es handelt sich um ein Unternehmen, das hochwertige Transportbehälter herstellt, die durch Kunststoff-Tiefziehen gefertigt werden.

Phase 1: Geschäftsdefinition

Die präzise Definition des Geschäfts beschreibt den Bereich, in dem ein Unternehmen sich positionieren kann, und welche Unternehmen als Konkurrenten angesehen werden. Damit ergibt sich die Wettbewerbsarena. Auf dieser Basis lassen sich diejenigen Hebel bestimmen, die einem Unternehmen zur Gestaltung des Geschäfts zur Verfügung stehen. Für jede dieser strategischen Variablen bieten sich in der Regel alternative Handlungsoptionen an. Bezüglich der Fertigungstiefe kann sich ein Unternehmen zum Beispiel für eine hohe oder für eine geringe Fertigungstiefe entscheiden.

Strategische Variablen findet ein Unternehmen beispielsweise in den drei Suchbereichen „Was", „Wer" und „Wie", die nach MARKIDES die Antworten für die Entwicklung einer Geschäftsstrategie liefern. Eine Strategie definiert, was für Produkte und Dienstleistungen das Unternehmen anbietet, wer die Kunden bzw. Marktsegmente sind, die das Unternehmen mit seiner Marktleistung anspricht, und wie es die Kundenbedürfnisse befriedigt (Bild 3-58).

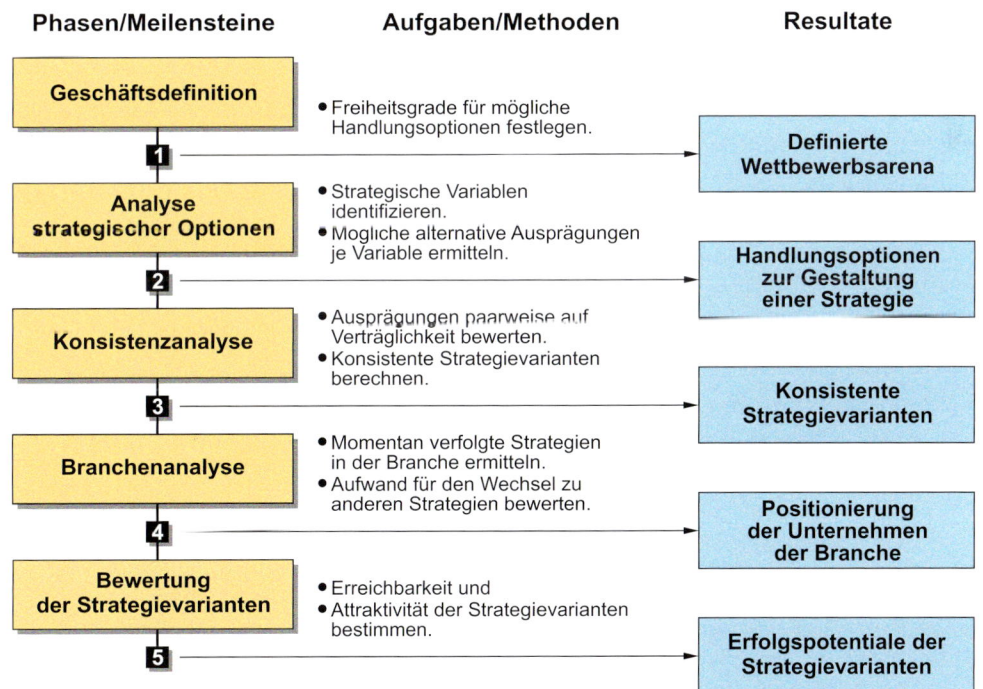

Bild 3-57: Vorgehen zur Entwicklung und Auswahl von Strategievarianten mit VITOSTRA [Bät04]

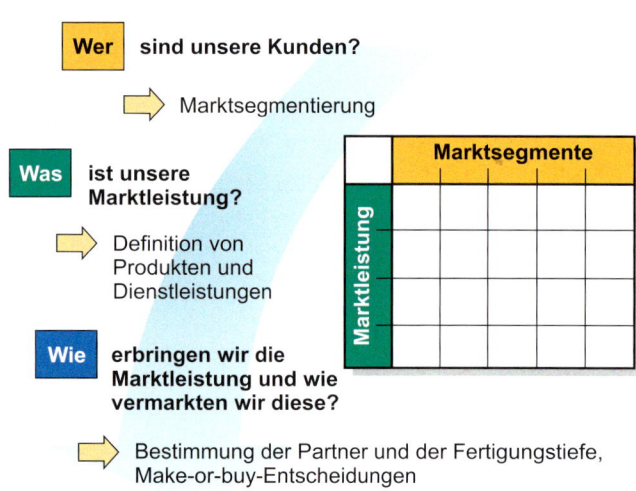

Bild 3-58: *Eine Strategie ist eine spezielle Ausprägung der drei Bereiche „Was", „Wer" und „Wie" (nach MARKIDES)*

Tabelle 3-4 zeigt Beispiele möglicher Geschäftsdefinitionen für das betrachtete Unternehmen. Die Beispiele verdeutlichen, dass die Geschäftsdefinition einen entscheidenden Einfluss auf die späteren Ergebnisse hat.

Schränkt das Unternehmen die Freiheitsgrade für die Ermittlung möglicher Positionierungen ein, indem es das Produktprogramm und das Fertigungsverfahren nicht ändern will, könnte die Geschäftsdefinition „Wir sind ein Hersteller von tiefgezogenen Behältern" lauten. Damit werden potentielle Variablen zu Konstanten. Strategiealternativen würden lediglich Variablen wie die Wahl der Distributionskanäle, die Konzentration auf bestimmte Marktsegmente und die verarbeiteten Kunststoffe beinhalten.

Erfolgt die Einschränkung der Freiheitsgrade nur auf das angewandte Fertigungsverfahren, so können über eine Änderung des Produktprogramms andere strategische Handlungsoptionen bei der Ermittlung von Strategiealternativen mit einbezogen werden. Zum Beispiel wäre eine strategische Positionierung denkbar, in der neben dem Produktgeschäft mit Behältern tiefgezogene Komponenten für den Automobilbau angeboten werden und folglich eine Konzentration auf die Kernkompetenz „Tiefziehen" inklusive „Werkzeugbau" impliziert würde. Eine Geschäftsdefinition könnte in diesem Fall lauten „Wir sind ein Tiefziehspezialist".

Die Geschäftsdefinition „Wir bieten Verpackungslösungen für Fluggesellschaften an" sucht nach Möglichkeiten, wie sich das Unternehmen in diesem Marksegment positionieren kann, nämlich beispielsweise über das Angebot zusätzlicher Produkte oder einer um Dienstleistungen ergänzten Marktleistung. Handlungsoptionen ergäben sich zum Beispiel in den Bereichen Zusammensetzung des Produktprogramms, Fertigungsverfahren und Fertigungstiefe.

Für das folgende Beispiel wird die Geschäftsdefinition „Wir sind ein Anbieter von Mehrwegbehältern" gewählt. Strategiealternativen beinhalten beispielsweise Aussagen zum Produktprogramm, den Distributionskanälen und den Fertigungsverfahren.

Eine enge Geschäftsdefinition führt zu Strategiealternativen, die tendenziell vom Unternehmen leichter umgesetzt werden können, aber weniger innovativ sind. Eine weite Geschäftsdefinition führt in der Regel zu innovativeren Strategiealternativen, deren Erfolgspotential aber schwerer abgeschätzt werden kann und deren Umsetzung eine stärkere Änderung des bisherigen Geschäfts bedeuten würde, also mit einer höheren Ungewissheit und einem größeren Risiko einhergeht.

Aufgrund des steigenden Risikos bei zunehmenden Freiheitsgraden der Geschäftsdefinition wird das folgende Vorgehen empfohlen: In einer schrittweisen Entfernung vom Status quo wird zunächst mit einer engen Geschäftsdefinition die Methode durchlaufen. Werden keine Strategiealternativen mit ausreichend hohem Erfolgspotential gefunden, ist die Methode mit größeren Freiheitsgraden bei der Geschäftsdefinition erneut zu durchlaufen.

Phase 2: Analyse strategischer Optionen

Hier erfolgt die systematische Ermittlung der strategischen Variablen – also der Hebel, die einem Unternehmen zur Verfügung stehen, um sich strategisch zu positionieren. Ferner werden je Variable mögliche Ausprägungen bestimmt – das sind quasi die möglichen

Tabelle 3-4: Beispiele für Geschäftsdefinitionen

Einschränkung der Freiheitsgrade				Beispiele	
	„Was"	„Wer"	„Wie"	Geschäftsdefinition	Mögliche strategische Variable
	Mehrweg-behälter		Tiefziehen	„Wir sind ein Hersteller von tiefgezogenen Behältern."	Werkstoffe, Distributionskanäle, Kundenbranche, …
			Tiefziehen	„Wir sind ein Tiefziehspezialist."	Produkte, Kunden, …
	Verpackungslösungen	Fluggesellschaften		„Wir bieten Verpackungslösungen für Fluggesellschaften an."	Produkte, Fertigungsverfahren, Fertigungstiefe, …
	Mehrweg-behälter			„Wir sind ein Anbieter von Mehrwegbehältern."	Angebotene Behältertypen, Distributionskanäle, Fertigungs-Verfahren, …

Einstellungen der einzelnen Hebel. Die strategischen Variablen und Ausprägungen sind gleichzusetzen mit den Schlüsselfaktoren und Projektionen in der Szenario-Technik (vgl. Kapitel 2.1.3 und 2.1.4). Die strukturierte Suche erfolgt in den drei Bereichen „Wer" (Wer sind die Kunden, die mit den Marktleistungen angesprochen werden?), „Was" (Was für Marktleistungen können angeboten werden?) und „Wie" (Wie kann die Befriedigung der Kundenbedürfnisse erfolgen?).

Dies ist der kreative Teil der Strategieermittlung. Ideen für strategische Variablen und deren Ausprägungen ergeben sich in der Regel schon bei der strategischen Analyse (vgl. Kapitel 3.2) und der Vorausschau (vgl. Kapitel 2). Dabei sind insbesondere solche Ausprägungen aufzudecken, die neuartig und noch von keinem Konkurrenten in dieser Form gewählt wurden.

Ermittlung der strategischen Variablen im Bereich „Wer"

Die strategische Entscheidung, die ein Unternehmen im Bereich „Wer" treffen muss, bezieht sich auf die Frage, welche Marktsegmente es ansprechen will. Marktsegmente innerhalb des relevanten Marktes, der durch die Geschäftsdefinition bestimmt wird, sind keine feststehenden, objektiven Gegebenheiten, sondern werden im Rahmen einer Marktsegmentierung subjektiv gebildet. Dort erfolgt die Aufteilung des Gesamtmarktes nach bestimmten Kriterien in Kundengruppen, die hinsichtlich ihres Kaufverhaltens bzw. hinsichtlich kaufverhaltensrelevanter Merkmale in sich möglichst ähnlich und untereinander möglichst unterschiedlich sind [Bac03].

Da die Marktsegmente sich aus bestimmten Ausprägungen von Kriterien, die das Kaufverhalten bestimmen, zusammensetzen, ist es aber sinnvoll, diese Kriterien direkt als Quellen für strategische Handlungsoptionen, also als strategische Variablen zu wählen. Durch die Betrachtung der Marktsegmente nach ihren bestimmenden Kriterien ist die Bewertung der Konsistenz zu den anderen strategischen Handlungsoptionen in der Regel wesentlich besser möglich als bei einer Betrachtung der Marktsegmente als Ganzes. Zudem können auch Kriterien berücksichtigt werden, die bei einer ursprünglichen Marktsegmentierung keine Rolle gespielt haben. Tabelle 3-5 zeigt mögliche Kriterien für eine Marktsegmentierung. Wir verwenden eine möglichst grobe Unterteilung, um die Übersichtlichkeit zu gewährleisten. Es wird kein Anspruch auf Vollständigkeit erhoben; die Beispiele sollen lediglich dazu anregen, mögliche strategische Variablen zu finden. Weitere Kriterien und Übersichten finden sich in der einschlägigen Literatur [Hor88], [FO00], [HK03]. Besondere Bedeutung haben die nutzenbezogenen Kriterien und dabei insbesondere die Anforderungen hinsichtlich der Funktionen, die die Marktleistung erfüllen muss. Sie bieten in der Regel gute Ansätze zur Bestimmung der strategischen Variablen.

Bei den nutzenbezogenen Kriterien wird für das Behälter-Beispiel die wichtige strategische Entscheidungsmöglichkeit identifiziert, welche Funktion, die ein Behälter beim Kunden erfüllen muss, im Mittelpunkt stehen soll. Die Funktion hat einen wesentlichen Einfluss auf die geforderten Produkteigenschaften. Grundsätzlich existieren die folgenden möglichen Kundenanforderungen an die Funktion eines Behälters:

- **Schützen:** Die Behälter müssen empfindliche Güter gegen mögliche Einflüsse von außen schützen. Hierbei kann man die Funktion „Schützen" hinsichtlich der Einflüsse weiter unterteilen: z.B. Schützen vor Stößen, Schützen vor Schwingungen, Schützen vor Temperaturdifferenzen oder Schützen vor Feuchtigkeit.

- **Präsentieren:** Die Behälter haben eine wesentliche Funktion bei der Präsentation der Güter. Hierbei spielt das Design des Behälters eine entscheidende Rolle.

- **Handhaben:** Der Behälter hat eine wesentliche Funktion bei der Nut-

zung bzw. bei der Logistik der Güter, z.B. 19-Zoll-Behälter, die darauf ausgelegt sind, elektronische Geräte im Behälter aufzunehmen und im Behälter zu nutzen, oder Behälter, die den Transport unterstützen.

- **Aufnehmen, Lagern, Transportieren:** Ein Beispiel einer solchen Funktion des Behälters ist Güter aufzunehmen (z.B. Werkzeugkoffer).

Als weitere wichtige Variablen aus dem Bereich der nutzenbezogenen Kriterien für eine Marktsegmentierung wurden die Lieferzeit, der Preis und die Berücksichtigung der Individualität identifiziert. In einer Strategie kann das betrachtete Unternehmen die folgenden Entscheidungen treffen: Liegt der Fokus auf Kunden, die Produkte sofort ab Lager nachfragen, oder auf Kunden, für die eine kurze Lieferzeit nicht entscheidend ist? Sollen hauptsächlich Kunden angesprochen werden, die Niedrigpreisprodukte nachfragen, oder Kunden, für die der Preis zweitrangiges Kaufkriterium ist? Erfolgt eine Konzentration auf Kunden, die individuelle Problemlösungen benötigen oder auf Kunden, die Standardlösungen nachfragen? Die Handlungsoptionen bezüglich der Individualität werden mit der strategischen Variable „Standardisierung des Produktprogramms" im Bereich „Was" aufgenommen.

Strategische Variablen, die aus den organisatorischen Kriterien resultieren, wie zum Beispiel die geographische Marktwahl oder die Unternehmensgröße, spielen für das betrachtete Unternehmen nur eine untergeordnete Rolle. Auch in der Fokussierung auf bestimmte

Tabelle 3-5: *Kriterien für eine Marktsegmentierung als Quelle für strategische Variablen im Bereich „Wer"*

Nutzenbezogene Kriterien	Organisationale Kriterien	Kriterien des Kaufverhaltens
Erfüllung bestimmter Funktionen beim Kunden	Geographische Kriterien	Wahl des Vertriebsweges
Qualität	Unternehmensgröße	Bestellmenge
Lieferzeit	Branche	Auftragshäufigkeit
Liefertreue	Branche des Endabnehmers	Lieferantentreue
Preis	Unternehmensalter	Kaufzeitpunkt
Image	Unternehmensziele	Bedeutung der Kaufentscheidung
Individualität	Beschaffungsorganisation	Entscheidungsträger
		Einkaufsverhalten

Abnehmerbranchen werden keine Differenzierungs- oder Kostenvorteile vermutet, da die Kundenanforderungen nicht branchenspezifisch sind.

Aus den Kriterien, die das Kaufverhalten beschreiben, wurde die Bestellmenge als Quelle für eine strategische Variable gewählt. Die weiteren Kriterien in diesem Bereich sind in der betrachteten Branche keine Quellen für Wettbewerbsvorteile. Eine Fokussierung auf Kunden, die sich hinsichtlich dieser Kriterien unterscheiden, stellt keine strategische Handlungsoption dar.

Tabelle 3-6 zeigt die im Behälter-Beispiel identifizierten strategischen Variablen und alternativen Ausprägungen aus dem Bereich „Wer".

Ermittlung der strategischen Variablen im Bereich „Was"

Für die systematische Suche nach strategischen Variablen im Bereich der angebotenen Marktleistung sind die möglichen Produkte und Dienstleistungen, die ein Unternehmen innerhalb der festgelegten Geschäftsdefinition am Markt anbieten kann, zu strukturieren (Produktstrukturierung). Hierfür werden grundsätzlich mögliche Produktmerkmale ermittelt, mit denen die Kundenanforderungen befriedigt werden können. Hieraus lassen sich dann in Anlehnung an die Methode QFD (Quality Function Deployment) produktspezifische Variablen ableiten [Ehr03], [GEK01]. Aus diesem Grund ist es sinnvoll, zunächst die strategischen Variablen im Bereich „Wer" zu ermitteln, da hier die möglichen Kundenanforderungen innerhalb der Geschäftsdefinition untersucht werden. Zur Ermittlung möglicher Produkteigenschaften erfolgt gemäß Bild 3-59 die Gliederung eines Produktes in die drei Bereiche Produktkern, Produktäußeres und Dienstleistungen [For89], [DNL96].

Der Produktkern umfasst die Hauptmaterialien, technische Grundfunktionen und Leistungscharakteristika, das Produktäußere die „Verpackung" des Pro-

duktkerns (wie z.B. Größe, Farbe oder Design) und die Dienstleistungen alle immateriellen Produktbestandteile und das materielle Vermarktungsobjekt (wie z.B. Montage, Reparatur oder Beratung). Ein guter Ansatz für die weitere Charakterisierung des Produktes bietet das Kano-Modell [KST+84], [GEK01]. Danach wird das Produkt durch Schwellen-, Leistungs- und Begeisterungsattribute charakterisiert. Leistungs- und Begeisterungsattribute bilden die Grundlage für die Bestimmung von treffenden strategischen Variablen.

Zusätzlich zu den Produkteigenschaften lassen sich allgemeine Variablen identifizieren, die das Produktprogramm eines Unternehmens insgesamt charakterisieren, wie zum Beispiel die Breite der angebotenen Produktpalette, die Anzahl angebotener Varianten oder die Standardisierung des Produktprogramms.

Zur Ermittlung der strategischen Variablen, die die angebotene Marktleistung im Fallbeispiel „Behälter" betreffen, werden die Produktmerkmale bestimmt, die die oben genannten Kundenfunktionen „Schützen", „Präsentieren", „Handhaben" und „Aufnehmen, Lagern und Transportieren" am stärksten beeinflussen. Den größten Einfluss haben die Außenhaut (Behältertyp) und die Inneneinrichtung des Behälters. Die Eigenschaften der Außenhaut werden durch den Werkstoff

Tabelle 3-6: Strategische Variablen im Bereich „Wer" für das Behälter-Beispiel

Strategische Variable	Alternative Ausprägungen
Fokus auf bestimmte Funktionen	A Schützen B Präsentieren C Handhaben D Aufnehmen (keine besondere Anforderung)
Lieferzeit	A Lieferung sofort ab Lager B Lieferzeiten < 3 Wochen C Lieferzeiten > 3 Wochen
Preis	A Niedrigpreispolitik B Hochpreispolitik
Bestellmenge	A Fokussierung auf Kunden mit geringen Bestellmengen (Stückzahl 1-10) B Fokussierung auf Kunden mit geringen Bestellmengen (Stückzahl 10-100) C Fokussierung auf Kunden mit großen Bestellmengen (Stückzahl > 100) D Keine Fokussierung; Lieferung aller gewünschten Stückzahlen

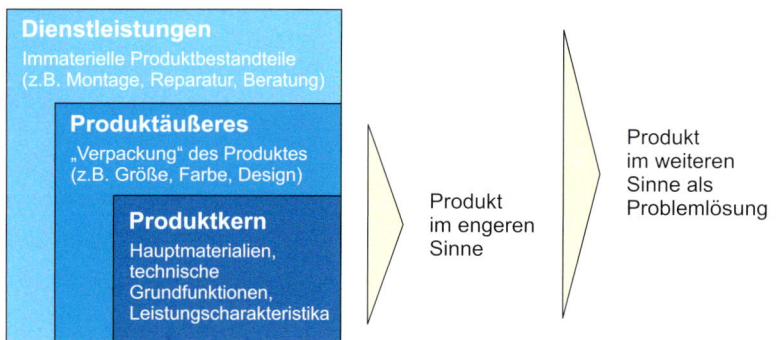

Bild 3-59:   Gliederung eines Produktes zur Ermittlung möglicher Produkteigenschaften nach FORSCHER [For89]

und das Fertigungsverfahren determiniert. Hierüber erfolgt die Produktstrukturierung in die folgenden Behältertypen: spritzgegossene Behälter aus Duroplasten, blasgeformte Behälter aus Thermoplasten, tiefgezogene Behälter aus Thermoplasten, Behälter aus Metall, Behälter aus glasfaserverstärktem Kunststoff und Behälter in Plattenbauweise (Kunststoffplatten oder Holzplatten). Das betrachtete Unternehmen muss die strategische Entscheidung treffen, welche Behältertypen es anbietet und welche nicht. Eine weitere strategische Variable ist die angebotene Inneneinrichtung. Mögliche Ausprägungen sind: Ausschließlich leere Behälter, Behälter mit standardisierten Inneneinrichtungen oder Behälter mit speziell auf Kundenbedürfnisse angefertigten Inneneinrichtungen.

Im Bereich „ergänzende Dienstleistungen" bieten sich z.B. folgende Optionen an: Entweder es wird ausgeschlossen, dass Ersatzteile geliefert werden, es können Ersatzteile bestellt werden oder die Reparatur der Behälter wird angeboten.

Die weiteren Handlungsoptionen betreffen das Produktprogramm im Ganzen. Eine strategische Entscheidungsmöglichkeit besteht bezüglich der Standardisierung dieses Produktprogramms. Handlungsoptionen bewegen sich im Spektrum zwischen dem ausschließlichen Angebot an vordefinierten Standardprodukten und dem ausschließlichen Verkauf von Behältern, die jeweils individuell

nach Kundenwunsch gefertigt werden. Die Anzahl der angebotenen Varianten ist ebenfalls eine strategische Variable. Tabelle 3-7 fasst die strategischen Variablen und Ausprägungen des Beispiels zusammen.

Ermittlung der strategischen Variablen im Bereich „Wie"

Die Suche nach strategischen Variablen im Bereich „Wie" orientiert sich in der Regel an der Wertschöpfungskette und den damit verbundenen Funktionsbereichen eines Unternehmens. Bild 3-60 zeigt die klassische Wertkette nach PORTER sowie entsprechende Anhaltspunkte für strategische Variablen.

Für die Produktion von Behältern sind strategische Entscheidungen hinsichtlich der Fertigungstiefe und der Fertigungsart zu treffen. Die Ausprägungen reichen von einer möglichst umfassenden Eigenfertigung der Behälter über die Zusammenarbeit mit Systemlieferanten bis hin zur Aufgabe der eigenen Fertigung. Darüber hinaus können bei der eigenen Fertigung Aussa-

Tabelle 3-7:   Strategische Variablen im Bereich „Was" für das Behälter-Beispiel

Strategische Variable	Alternative Ausprägungen
Angebotener Behältertyp	**A** Spritzgegossene Behälter **B** Blasgeformte Behälter **C** Tiefgezogene Behälter **D** Behälter aus Metall **E** GfK-Behälter **F** Behälter in Plattenbauweise
Inneneinrichtung	**A** Verkauf leerer Behälter **B** Standardisierte Inneneinrichtung **C** Individuelle Inneneinrichtung
Standardisierung des Produktprogramms	**A** Nur Standardbehälter **B** Standardbehälter und Spezialanfertigungen **C** Nur Spezialanfertigungen
Angebotene Varianten innerhalb einer Produktfamilie	**A** Keine bis wenige Varianten (< 10) **B** Viele Varianten (10 - 50) **C** Sehr viele Varianten (> 50)
Ersatzteilversorgung	**A** Keine **B** Lieferung von Ersatzteilen **C** Neuausstattung und Reparatur von Behältern

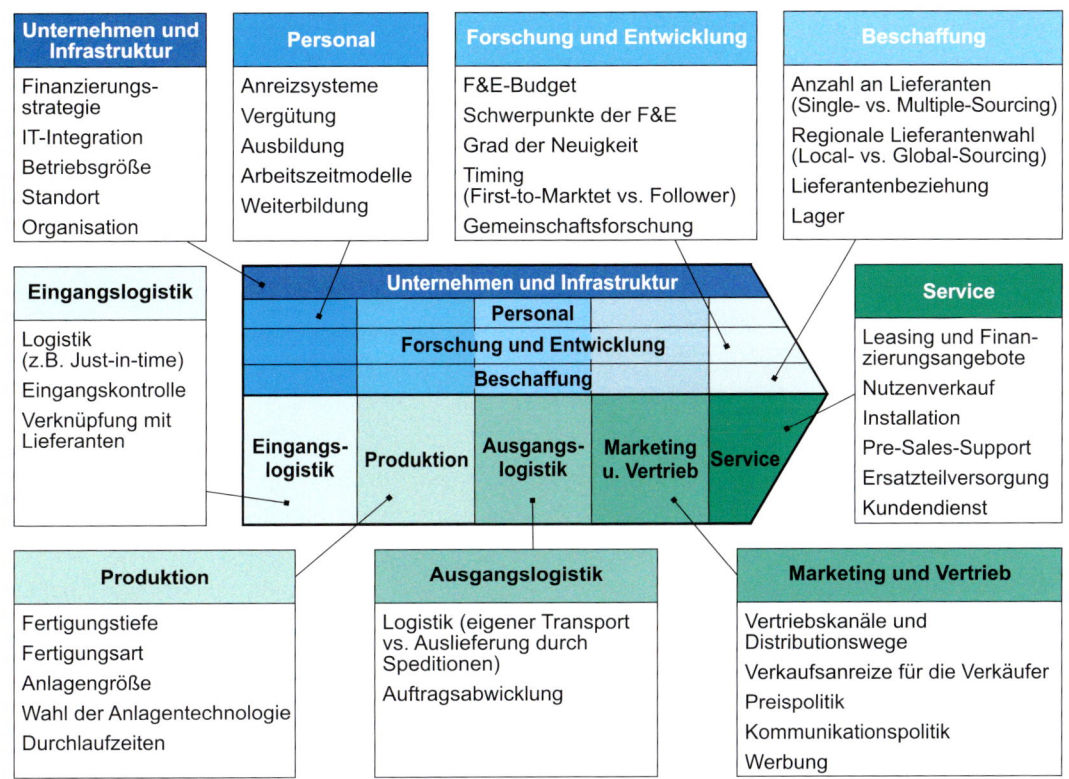

Bild 3-60:   Quellen für die strategische Variablen im Bereich „Wie"

gen über die Fertigungsart getroffen werden: Soll die Fertigung auf Einzel- und Kleinserienfertigung, auf Serienfertigung oder auf Massenfertigung eingerichtet werden? Falls die Strategie verfolgt wird, keine eigene Fertigung zu betreiben, spielt dieser Punkt selbstredend keine Rolle.

aus dem Bereich „Wie". Ferner wird noch einmal verdeutlicht, dass die Variablen den Schlüsselfaktoren und die Ausprägungen den Projektionen der Szenario-Technik entsprechen.

Aus dem Bereich Marketing und Vertrieb ist die Wahl des Distributionswegs eine strategische Entscheidung. Mögliche Alternativen sind dabei der Verkauf der Behälter über anonyme Vertriebswege ohne Kundenkontakt (z.B. Vertrieb über das Internet), Distribution der Behälter über eine eigene Vertriebsorganisation oder über selbstständige Händler.

Die Variable Pre-Sales-Support aus dem Bereich Service bildet unterschiedliche Möglichkeiten der Kaufberatung ab (keine Beratung, telefonische Beratung oder Beratung vor Ort). Bild 3-61 zeigt beispielhaft einige strategische Variablen

Strategische Variable	Alternative Ausprägungen
Fertigungstiefe	A Möglichst hoher Eigenfertigungsanteil B Mittlerer Eigenfertigungsanteil/Systemlieferanten C Geringer bis kein Eigenfertigungsanteil
Fertigungsart	A Keine eigene Fertigung B Einzelfertigung C Serienfertigung D Massenfertigung
Distributionsweg	A Anonymer Vertrieb (z.B. Internet) B Direktvertrieb C Direktvertrieb und Vertretungen D Vertretungen
Pre-Sales-Support	A Keine Beratung B Telefonische Beratung C Beratung vor Ort

Bild 3-61:   Strategische Variablen im Bereich „Wie" (Auswahl)

Alle in Phase 2 ermittelten Ausprägungen sind präzise zu beschreiben, und zwar aus folgenden zwei Gründen:

1) Die anschließende paarweise Bewertung der Konsistenz von Ausprägungen ist nur möglich, wenn alle Beteiligten ein klares Bild von den Ausprägungen haben.

2) Es muss möglich sein, den monetären und zeitlichen Aufwand eines Wechsels der Ausprägung je Variable – wenn auch grob – zu quantifizieren, z.B. was kostet es an Zeit und Geld, um die Fertigungstiefe von C nach A oder von B nach C zu verändern. Dies ist wichtig für die spätere Bewertung der Strategievarianten, die auf den Ausprägungen beruhen. Wir kommen darauf noch zurück.

Phase 3: Konsistenzanalyse

Die Konsistenzanalyse liefert diejenigen Kombinationen von Ausprägungen der strategischen Variablen, die

in einer Geschäftsstrategie gut zusammen passen. Voraussetzung dafür ist die paarweise Bewertung der Ausprägungen in der in Bild 3-62 wiedergegebenen Konsistenzmatrix. Die Bewertung erfolgt auf einer Skala von 1 bis 5:

1 = **totale Inkonsistenz:** Die beiden strategischen Handlungsoptionen schließen sich aus und können in einer Strategie nicht gemeinsam durchgeführt werden.

2 = **partielle Inkonsistenz:** Die beiden strategischen Handlungsoptionen widersprechen sich teilweise bzw. behindern sich. Die gemeinsame Durchführung in einer Strategie führt zu Reibungsverlusten und ist daher nicht empfehlenswert.

3 = **neutral oder abhängig von der Ausprägung weiterer Variablen:** Die beiden Handlungsoptionen stehen in keinem unmittelbaren Wirkzusammenhang.

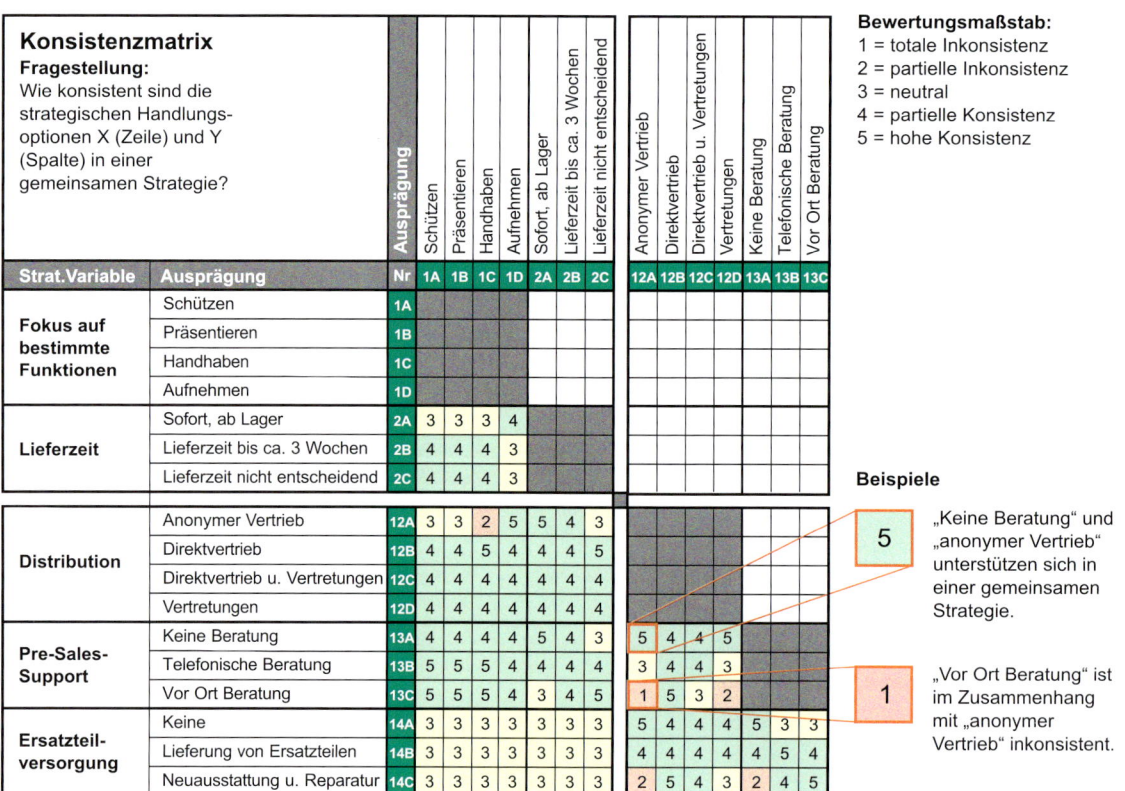

Bild 3-62: Beispiel einer Konsistenzmatrix

4 = **gegenseitige Begünstigung:** Die beiden strategischen Handlungsoptionen verstärken bzw. ergänzen sich. Die gemeinsame Durchführung in einer Strategie ist sinnvoll.

5 = **starke gegenseitige Unterstützung:** Die beiden strategischen Handlungsoptionen verstärken bzw. ergänzen sich stark oder bedingen sich sogar. Die gemeinsame Durchführung in einer Strategie ist deshalb anzustreben.

Die Auswertung der Konsistenzmatrix erfolgt mit dem in Kapitel 2.1.5.2 beschriebenen Algorithmus: Es werden konsistente Kombinationen von Ausprägungen ermittelt (wobei von jeder strategischen Variablen eine Ausprägung in der Kombination auftritt) und anschließend mit der Methode Clusteranalyse zusammengefasst. Die besten Ergebnisse werden dabei erreicht, indem die Distanzberechnung über ein quadriertes euklidisches Distanzmaß erfolgt und das Ward-Verfahren als Fusionierungsalgorithmus eingesetzt wird. Als Ergebnis liegen Strategievarianten vor. Die Berechnung der Strategievarianten kann mit der Scenario-Software der UNITY AG durchgeführt werden (http:// www.scenario-software.de).

Für das gewählte Beispiel ist das Ergebnis der Clusteranalyse mit Hilfe der multidimensionalen Skalierung (MDS) in Bild 3-63 dargestellt. Ein Punkt repräsentiert eine hochkonsistente Kombination von Ausprägungen. Ähnliche Kombinationen haben die gleiche Farbe. Jedes Cluster steht also für eine Gruppe von gleichartigen Strategievarianten. Der Einfachheit halber werden im Folgenden – insbesondere in Bild 3-67 – die Schwerpunkte der Cluster visualisiert. Wir bezeichnen diese Strategievarianten auch als ideale Strategien, weil nichts dafür spricht, etwas anderes zu tun als durch die neun Varianten vorgeschlagen. Etwas anderes wäre zumindest partiell inkonsistent.

Welche Ausprägungen in welchem Cluster, d.h. in welcher Strategie enthalten sind, geht aus der Ausprägungsliste hervor (Bild 3-64). In der Regel wird diese Liste spaltenweise gelesen. Geht man beispielsweise die Spalte I durch, so ist zu erkennen, dass diese Strategie die Ausprägungen 1D, 2A, 3A, 9A/9C etc. auf-

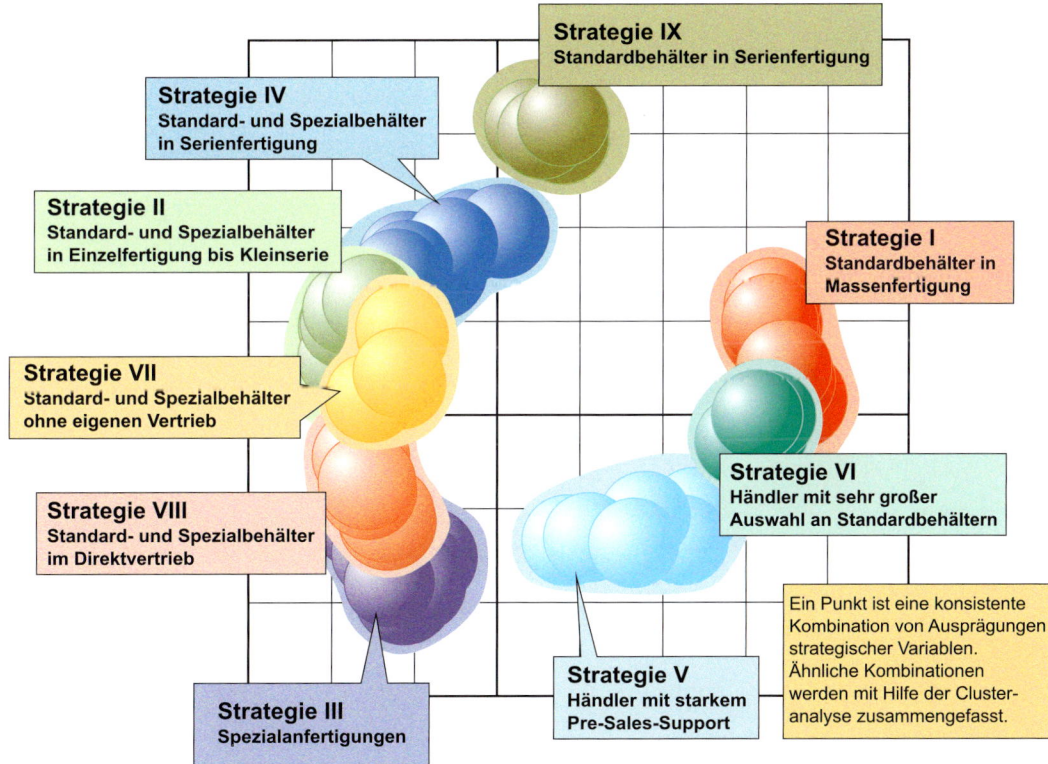

Bild 3-63: Darstellung von Strategievarianten mittels einer multidimensionalen Skalierung

Strat.Variable	Ausprägung	Nr	I	II	III	IV	V	VI	VII	VIII	IX
						Strategievarianten					
Fokus auf bestimmte Funktionen	Schützen	1A	0	60	0	40	38	0	60	44	44
	Präsentieren	1B	0	10	0	40	25	0	10	13	44
	Handhaben	1C	0	30	100	20	4	0	30	44	13
	Aufnehmen	1D	100	0	0	0	33	100	0	0	0
Lieferzeit	Sofort, ab Lager	2A	100	0	0	0	0	100	0	0	0
	Lieferzeit bis ca. 3 Wochen	2B	0	90	14	100	0	0	100	0	100
	Lieferzeit nicht entscheidend	2C	0	10	86	0	100	0	0	100	0
Preis	Niedrigpreispolitik	3A	100	0	0	50	25	100	0	0	25
	Hochpreispolitik	3B	0	100	100	50	75	0	100	100	75
Fertigungstiefe	Hoher Eigenfertigungsanteil	9A	25	25	95	0	0	0	60	80	0
	Mittlerer Eigenfertigungsanteil	9B	8	75	5	100	0	0	40	20	100
	Geringer bis kein Anteil	9C	67	0	0	0	100	100	0	0	0
Fertigungsart	Keine eigene Fertigung	10A	0	0	0	0	100	100	0	0	0
	Einzel-, Kleinserienfertigung	10B	0	100	100	13	0	0	100	100	0
	Serienfertigung	10C	0	0	0	88	0	0	0	0	100
	Massenfertigung	10D	100	0	0	0	0	0	0	0	0
Größe des Unternehmens	Großes Unternehmen	11A	100	10	5	50	100	100	0	0	50
	Mittleres Unternehmen	11B	0	55	43	44	0	0	40	40	50
	Kleines Unternehmen	11C	0	35	52	6	0	0	60	60	0
Distribution	Anonymer Vertrieb	12A	92	0	0	0	0	100	0	0	0
	Direktvertrieb	12B	0	80	95	100	100	0	0	100	0
	Direktvertrieb u. Vertretungen	12C	0	20	5	0	0	0	0	0	100
	Vertretungen	12D	8	0	0	0	0	0	100	0	0
Pre-Sales-Support	Keine Beratung	13A	100	0	0	0	0	100	0	0	0
	Telefonische Beratung	13B	0	25	10	0	0	0	0	0	100
	Vor Ort Beratung	13C	0	75	90	100	100	0	100	100	0
Ersatzteil-versorgung	Keine	14A	75	0	0	0	33	100	0	0	0
	Lieferung von Ersatzteilen	14B	25	10	0	0	0	0	0	0	100
	Neuausstattung u. Reparatur	14C	0	90	100	100	67	0	100	100	0

100	In 100 % der Kombinationen (Ausprägungsbündel) dieses Clusters kommt diese Ausprägung vor.

Bild 3-64: Ermittelte Strategievarianten in Form einer Ausprägungsliste

weist. Die Zahl 100 in einem Matrixfeld bedeutet, dass in 100 % der Kombinationen dieses Clusters diese Ausprägung auftritt. Treten bei einer Variablen mehrere Ausprägungen auf (vgl. Spalte I 9A und 9C), so bedeutet das, dass eine konsistente Strategievariante sowohl mit der einen als auch der anderen Ausprägung möglich ist.

Die von der Konsistenzanalyse gelieferten Strategievarianten stellen hochkonsistente Handlungsmuster dar. Ob sie für das betrachtete Unternehmen zu empfehlen sind, kann hier noch nicht gesagt werden. Dazu ist es notwendig, die Positionen der Mitbewerber bezogen auf diese Handlungsmuster zu betrachten. Dazu dient die folgende Brachenanalyse.

Phase 4: Branchenanalyse

Mit Hilfe der Branchenanalyse sollen, insbesondere im Hinblick auf die sich anschließende Bewertung der Strategievarianten, die folgenden Fragestellungen beantwortet werden:

- Welche Strategie verfolgt das betrachtete Unternehmen und welche Strategien verfolgen die Wettbewerber?

- Ist die verfolgte Strategie konsistent, d.h. wird bereits eine der ermittelten Strategievarianten – eine ideale Strategie – verfolgt? Falls nein: Welche Kombinationen von strategischen Entscheidungen haben dazu geführt, dass die verfolgte Strategie nicht ideal ist?

- An welchen Stellen unterscheidet sich die Strategie jeweils von den einzelnen idealen Strategien?

- Wie groß ist der finanzielle und zeitliche Aufwand für den Wechsel von der momentan verfolgten Strategie zu einer der idealen Strategien?

- Wie sind die Konkurrenten positioniert? Welche Unternehmen verfolgen eine ähnliche Strategie und sind damit die Hauptkonkurrenten für das Unternehmen?

- Existieren unter den Varianten einzigartige Strategien, die bisher noch von keinem Unternehmen verfolgt werden?

Hierfür sind zunächst die momentan verfolgten Strategien der Wettbewerber sowie die Strategie des betrachteten Unternehmens anhand der strategischen Variablen zu charakterisieren. Für jeden Wettbewerber und das betrachtete Unternehmen wird bestimmt, wie die einzelnen strategischen Variablen in deren Strategien ausgeprägt sind. Bild 3-65 zeigt tabellarisch diese momentan verfolgten Strategien als Ausprägungen der strategischen Variablen sowie weitere Informationen über die Unternehmen. Für jede strategische Variable wird je Unternehmen bewertet, welche Ausprägungen aktuell verfolgt werden. Die Bewertung erfolgt prozentual. In Bild 3-65 hat das betrachtete Unternehmen beispielsweise einen hohen Eigenfertigungsanteil, diese Ausprägung ist demnach mit 100 % zu bewerten. Der Eigenfertigungsanteil ist ein Beispiel für eine strategische Variable mit einander ausschließenden Ausprägungen; bei der Bewertung ist eine Ausprägung mit 100 zu bewerten, alle anderen Ausprägungen dieser Variable mit Null. Bei Variablen mit einander nicht ausschließenden Ausprägungen, wie beispielsweise der „Fokussierung auf eine bestimmte Funktion", sind die Ausprägungen entsprechend ihrem Anteil am Gesamtumsatz zu bewerten. Dabei ist darauf zu achten, in Summe je Unternehmen je strategischer Variable immer 100 % zu vergeben.

Allgemeine Informationen			Betrachtetes Unternehmen	Konkurrent 1	Konkurrent 2	Konkurrent 3	Konkurrent 4	Konkurrent 5	Konkurrent 6	Konkurrent xx
Name des Unternehmens										
Umsatz	1 : gering (< 2 Mio. €) 2 : mittel (2 - 5 Mio. €) 3 : hoch (5 - 10 Mio. €) 4 : sehr hoch (> 10 Mio. €)		2	2	2	1	2	4	2	1
Umsatzentwicklung (Durchschnittliche Entwicklung in den letzten drei Jahren)	-- : stark fallend (< -10 %) - : fallend (-10 % bis -2 %) o : stabil (-2 % bis +2 %) + : steigend (+2 % bis +10 %) ++: stark steigend (> 10 %)		+	+	o	-	+	++	+	+
Strat.Variable	**Ausprägung**	**Nr**	**U**	**K1**	**K2**	**K3**	**K4**	**K5**	**K6**	**Kxx**
Fokus auf bestimmte Funktionen	Schützen	1A	75	40	30	90	10	10	100	50
	Präsentieren	1B	0	50	70	0	90	60	0	0
	Handhaben	1C	25	10	0	10	0	0	0	50
	Aufnehmen	1D	0	0	0	0	0	30	0	0
Lieferzeit	Sofort, ab Lager	2A	0	0	0	0	0	0	0	0
	Lieferzeit bis ca. 3 Wochen	2B	100	100	100	100	100	100	0	0
	Lieferzeit nicht entscheidend	2C	0	0	0	0	0	0	100	100
Preis	Niedrigpreispolitik	3A	0	0	0	0	100	100	0	0
	Hochpreispolitik	3B	100	100	100	100	0	0	100	100
Fertigungstiefe	Hoher Eigenfertigungsanteil	9A	100	0	0	0	100	100	100	100
	Mittlerer Eigenfertigungsanteil	9B	0	0	0	0	0	0	0	0
	Geringer bis kein Anteil	9C	0	100	100	100	0	0	0	0
Fertigungsart	Keine eigene Fertigung	10A	0	100	100	100	0	0	0	0
	Einzel-, Kleinserienfertigung	10B	100	0	0	0	0	0	100	100
	Serienfertigung	10C	0	0	0	0	100	100	0	0
	Massenfertigung	10D	0	0	0	0	0	0	0	0
Größe des Unternehmens	Großes Unternehmen	11A	0	0	0	0	0	100	0	0
	Mittleres Unternehmen	11B	100	100	100	0	100	0	100	0
	Kleines Unternehmen	11C	0	0	0	100	0	0	0	100
Distribution	Anonymer Vertrieb	12A	0	0	0	0	0	0	0	0
	Direktvertrieb	12B	0	100	100	100	0	0	100	100
	Direktvertrieb u. Vertretungen	12C	100	0	0	0	100	100	0	0
	Vertretungen	12D	0	0	0	0	0	0	0	0
Pre-Sales-Support	Keine Beratung	13A	0	0	0	0	0	0	0	0
	Telefonische Beratung	13B	80	20	70	100	90	60	0	100
	Vor Ort Beratung	13C	20	80	30	0	10	40	100	0
Ersatzteilversorgung	Keine	14A	0	0	90	100	0	0	0	0
	Lieferung von Ersatzteilen	14B	0	0	0	0	100	0	0	0
	Neuausstattung u. Reparatur	14C	100	100	10	0	0	100	100	100

100   Das Unternehmen verfolgt zu 100 % diese Ausprägung in der derzeitigen Strategie.

Bild 3-65: Gegenwärtig verfolgte Strategien des betrachteten Unternehmens und der Konkurrenz

Zunächst wird überprüft, ob die verfolgte Strategie des betrachteten Unternehmens bereits mit einer der ermittelten konsistenten Strategievarianten übereinstimmt. Falls dies der Fall ist, ist zwar sichergestellt, dass die bisherige Positionierung im Wettbewerb konsistent ist, es bleibt aber die Frage offen, ob nicht andere Strategievarianten existieren, die ein höheres Erfolgspotential besitzen. Falls die bisher verfolgte Strategie des betrachteten Unternehmens nicht mit einer ermittelten konsistenten Strategievariante übereinstimmt, wird sie auf Inkonsistenzen überprüft. Dafür werden in der ausgefüllten Konsistenzmatrix diejenigen Zeilen und Spalten gelöscht, die Ausprägungen enthalten, die das Unternehmen in seiner gegenwärtigen Strategie nicht verfolgt. Anschließend sind unmittelbar die inkonsistenten Kombinationen ersichtlich. Sie erklären, warum die bisher verfolgte Strategie nicht optimal ist.

Für die Bewertung der einzelnen Strategievarianten sind zwei Fragen zu beantworten: Wie schwierig ist es für das betrachtete Unternehmen, von der derzeitig verfolgten Strategie zu einer idealen Strategie zu wechseln? Und wie weit sind die Konkurrenten von den idealen Strategien entfernt? Die Antwort auf die zweite Frage ist wichtig, um die Attraktivität einer Strategievariante abzuschätzen. Denn je weniger Konkurrenten eine Idealstrategie momentan verfolgen und je schwieriger es für sie ist, diese zu erreichen, desto attraktiver ist diese für das betrachtete Unternehmen. Die momentane Positionierung der Wettbewerber und deren Entfernung zu einer Idealstrategie geben Hinweise auf das zukünftige Verhalten der Wettbewerber in der Wettbewerbsarena.

Die Schwierigkeit für ein Unternehmen, von einer Strategie zu einer anderen zu wechseln, hängt davon ab, welche Ausprägungen der strategischen Variablen sich unterscheiden und somit von einem Unternehmen zu ändern sind. Zur Bestimmung des Aufwands für einen Strategiewechsel muss für jede strategische Variable der Aufwand abgeschätzt werden, der erforderlich ist, um von der aktuellen Ausprägung zu einer anderen zu

gelangen. Kosten entstehen beispielsweise durch die Anschaffung neuer Maschinen, Mitarbeiterschulungen, Erfüllung gesetzlicher oder vom Kunden geforderter Vorschriften, Umstrukturierung der Fertigung, Lizenzkosten, Produktentwicklungskosten etc. Je höher die Kosten sind, desto schwieriger ist es für ein Unternehmen, die Strategie zu erreichen. Die Kosten können auch die Finanzierungsmöglichkeiten des Unternehmens überschreiten, so dass die Strategie gar nicht erreicht werden kann.

Desweiteren ist die Zeit zu berücksichtigen, die für den Wechsel benötigt wird: Je mehr Zeit der Wechsel in Anspruch nimmt, desto problematischer gestaltet sich in der Regel der organisatorische Wandel und desto höher ist das Risiko. Beispiele für zeitintensive Vorgänge sind der Aufbau von Know-how (z.B. für die Erschließung neuer Marktsegmente, für den Aufbau neuer Unternehmensfunktionen oder für die Beherrschung neuer Fertigungsverfahren), das Schaffen eines Markennamens, die organisatorische Umstrukturierung etc.

Bild 3-66 zeigt beispielhaft die Bewertung des Aufwandes für den Wechsel zu anderen Handlungsoptionen der strategischen Variablen „Standardisierung des Produktprogramms". Da es im allgemeinen einen Unterschied macht, ob der Wechsel von einer Ausprägung A zur einer Ausprägung B stattfindet, oder ob er umgekehrt von der Ausprägung B zur Ausprägung A stattfindet, handelt es sich im Vergleich zur Konsistenzmatrix um eine gerichtete Bewertung: Bis auf die Diagonale wird die komplette Matrix ausgefüllt. Selbstredend sind die Beurteilungsmerkmale Kosten und Zeit fall-

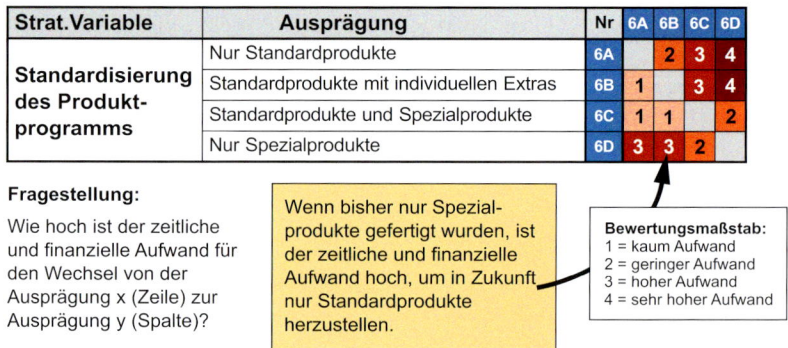

Bild 3-66:   *Bewertung des Aufwands für den Wechsel zu einer anderen Ausprägung einer strategischen Variablen (Ausprägungswechsel-Matrix)*

spezifisch zu skalieren. Voraussetzung dafür ist die präzise Beschreibung der Ausprägungen, worauf wir unter Phase 2 schon hingewiesen haben.

Über die Bewertungen des Aufwands für den Wechsel zwischen den Ausprägungen jeder strategischen Variablen lässt sich eine Kennzahl für den Aufwand eines Strategiewechsels berechnen. Die Ergebnisse der geschilderten Branchenanalyse werden mit Hilfe einer multidimensionalen Skalierung dargestellt (Bild 3-67). Dabei werden die Strategien so auf einer Ebene angeordnet, dass die folgende Bedingung möglichst gut erfüllt ist: Je höher der Aufwand ist, von einer Strategie zu einer anderen zu wechseln, desto weiter sollen sie auseinander liegen. Da die Ausprägungswechsel-Matrix asymmetrisch ist und die Berechnung des Aufwands sich aus mehr als zwei Kriterien zusammensetzt, erfolgt die Darstellung verzerrt: Vom Abstand der Strategie auf der Ebene kann nicht mehr direkt auf den tatsächlichen Aufwand geschlossen werden. Die Darstellung ist aber sehr gut geeignet, einen Eindruck über die Positionierungen der Unternehmen in einer Branche zu gewinnen und ist eine gute Hilfestellung, die Ergebnisse der Branchenanalyse zu interpretieren.

Für das im Bild 3-67 dargestellte Beispiel lassen sich folgende Erkenntnisse ablesen:

- Das betrachtete Unternehmen ist nicht optimal positioniert; sonst läge es in der Nähe einer konsistenten Strategievariante.

- Die konsistente Strategievariante II ist vom Unternehmen am einfachsten umzusetzen. Aktuelle Hauptkonkurrenten sind Unternehmen 6 und 7.

- Mehrere Unternehmen verfolgen eine ähnliche Strategie wie die ermittelte Strategie I. Dies weist auf eine hohe Wettbewerbsintensität hin.

- Strategie VI ist eine noch nicht besetzte Positionierung im Wettbewerb: Handlungsoptionen in dieser Kombination werden von noch keinem Unternehmen umgesetzt. Die Strategie ist vom betrachteten Unternehmen allerdings schwer zu erreichen.

- In der Regel gruppieren sich die Unternehmen einer Branche um ein konsistentes Handlungsmuster, wie das ja auch für Cluster I und Cluster III/VIII gut sichtbar ist. Das entspricht den so genannten strategischen Gruppen nach PORTER [Por99]. Strategische Gruppen sind Unternehmen, die ähnliche Wettbewerbsstrategien verfolgen.

- Das betrachtete Unternehmen und auch einige andere wie K1, K7 und K8 verfolgen offensichtlich Handlungen, die zumindest partiell inkonsistent sind. Hier drängt sich besonders auf, den Mix der Handlungen zu überprüfen.

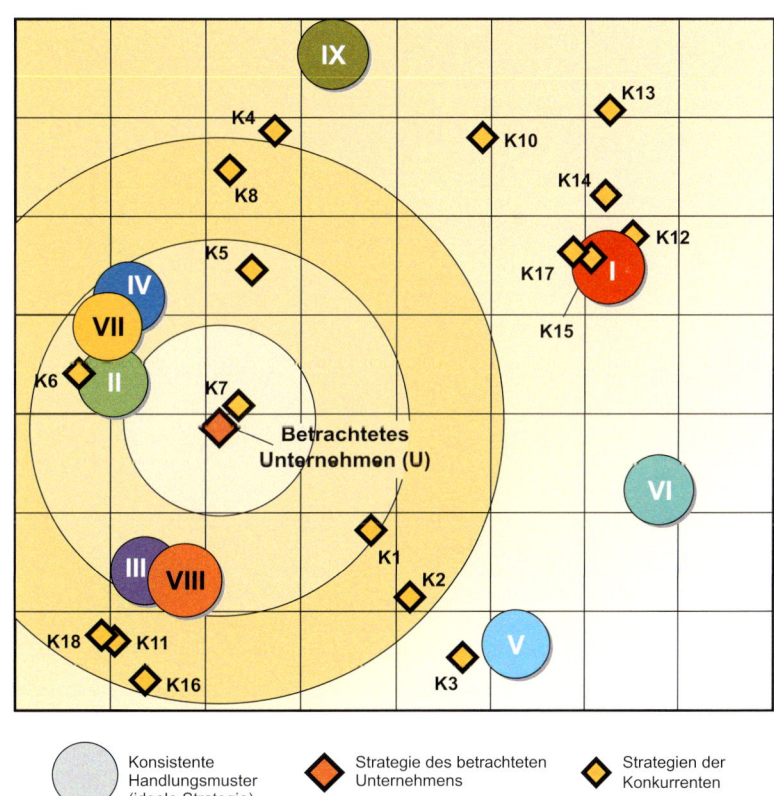

Bild 3-67:   *Positionierungen der Konkurrenten und des betrachteten Unternehmens dargestellt mit einer multidimensionalen Skalierung*

Diese Art der Branchenanalyse hilft, den Wettbewerb in der Branche zu verstehen und schafft eine gute Basis für die Entwicklung einer erfolgversprechenden Geschäftsstrategie.

Phase 5: Bewertung der Strategievarianten

Die Basis für diesen Schritt bilden die konsistenten Strategievarianten sowie die momentan verfolgte Strategie des betrachteten Unternehmens und die Strategien der Wettbewerber. Das Ziel ist, die Strategievariante mit dem höchsten Erfolgspotential für das betrachtete Unternehmen zu identifizieren. Hierbei sind zwei Kriterien zu berücksichtigen: die Erreichbarkeit und die Attraktivität der Strategievarianten:

Erreichbarkeit der Strategievarianten: Die Erreichbarkeit berücksichtigt den finanziellen und zeitlichen Aufwand, der mit einem Strategiewechsel einhergeht und beachtet zusätzlich mögliche Eintrittsbarrieren.

Attraktivität der Strategievarianten: Sie resultiert aus dem Marktpotential, zu welchem das Unternehmen in einer solchen Positionierung Zugang hat, der erwarteten Wettbewerbsintensität, der Übereinstimmung mit den Unternehmenszielen etc.

Je größer die Attraktivität einer Strategievariante ist und je leichter sie für ein Unternehmen erreichbar ist, desto höher ist ihr Erfolgspotential. Bild 3-68 zeigt die ermittelten konsistenten Handlungsmus-ter in einem Potentialportfolio, dessen Achsen die beiden Kriterien widerspiegeln. Im Beispiel besitzt die Strategievariante VIII für das betrachtete Unternehmen das höchste Erfolgspotential, gefolgt von den Varianten II und VII. Auch hier sind die beiden Kriterien des Portfolios fallspezifisch zu skalieren. Die hier zugrunde liegende Arbeit von BÄTZEL zeigt, wie das vorgenommen wird [Bät04].

Ein weiterer interessanter Aspekt im Rahmen der Bewertung der Strategievarianten ergibt sich aus der Kopplung der Wettbewerbsbeobachtung, die in vielen Unternehmen regelmäßig erfolgt, mit dem hier vorgestellten Verfahren VITOSTRA. Wenn es gelingt, die Wettbewerbsbeobachtung so zu strukturieren, dass die

Ausprägungen der strategischen Variablen anfallen, dann könnte die Positionierung der Konkurrenten in Bild 3-67 automatisch erzeugt werden, und zwar zu wählbaren Berichtszeitpunkten. Wir haben festgestellt, dass sich über mehrere Jahre betrachtet die Positionen der Konkurrenten verschieben – häufig von einer strategischen Gruppe kommend zu einer anderen konsistenten Strategievariante. Diese erkennbaren Bewegungen der Mitbewerber sind ins Kalkül zu ziehen, wenn die Attraktivität einer Strategievariante zu bewerten ist. Denn was heute attraktiv erscheint, zieht die Konkurrenten an und kann demzufolge morgen kaum noch erstrebenswert sein.

Resümee zum Verfahren VITOSTRA

Im Prinzip handelt es sich um Gestaltungsfeldszenarien kombiniert mit einer Branchenanalyse. Damit haben wir ein Verfahren geschaffen, das diskursiv eine Reihe von Strategievarianten liefert und Möglichkeiten aufzeigt, eine erfolgversprechende Position in der Zukunft einzunehmen. Das Verfahren sorgt für eine gute Basis

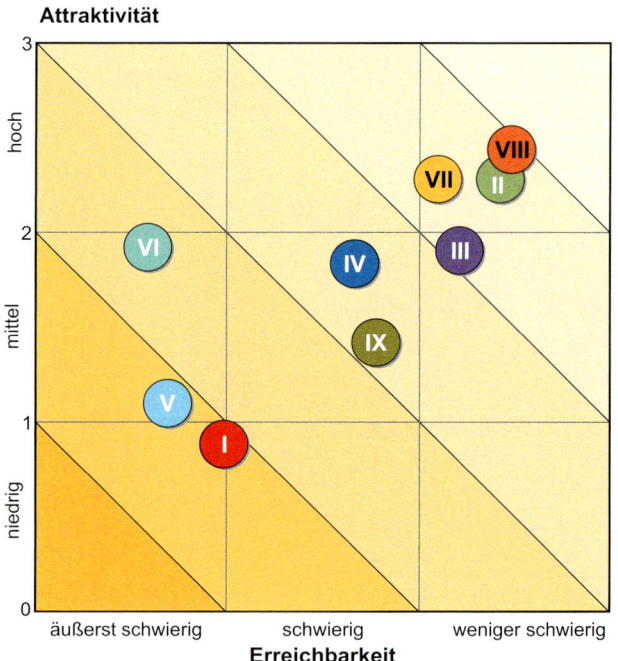

Bild 3-68:   Potentialportfolio zur Ermittlung des Erfolgspotentials der Strategievarianten für das betrachtete Unternehmen

für die Strategieentwicklung, bringt die vielen Informationen, die im Strategieentwicklungsprozess zu berücksichtigen sind, auf den Punkt und macht strategische Entscheidungen transparent und nachvollziehbar. Dies konnte in vielen Projekten bestätigt werden.

3.4 Strategieentwicklung

Eine Strategie beschreibt vereinfacht ausgedrückt den Weg zu einer unternehmerischen Vision. Wir verdeutlichen das symbolhaft mit einem Pfeil (vgl. Bild 1-28). Die Strategie geht von der heutigen Situation aus, die insbesondere durch Stärken und Schwächen gekennzeichnet ist, und soll die Erfolgspotentiale der Zukunft ausschöpfen und sich abzeichnenden Bedrohungen geschickt aus dem Weg gehen. Wir betrachten im Folgenden in erster Linie Geschäftsstrategien. Sie gliedern sich nach Bild 3-69 in fünf Bereiche. Da diese Struktur im Prinzip auch für Unternehmensstrategien gilt, werden diese Bereiche für Geschäfts- und Unternehmensstrategien erläutert.

- **Leitbilder:** Auf der Unternehmensebene wird ein Unternehmensleitbild entwickelt, das die grund-

Strategie-Bereiche	Aufbau einer *Unternehmensstrategie*	Aufbau einer *Geschäftsstrategie*
	Unternehmerische Vision	
Leitbild	**Unternehmensleitbild** Ein Unternehmensleitbild ergibt sich aus mehreren Elementen: • Motivation und Mission • Ziele/Grundwerte • Nutzenversprechen für Stakeholder	**Geschäftsleitbild** Ein Geschäftsleitbild umfasst die Beschreibung der möglichen und wünschenswerten Zukunft eines strategischen Geschäftsfeldes bzw. einer entspr. Unternehmenseinheit.
Strategische Kompetenzen	**Kernkompetenzen** sind ein unternehmensweit zu pflegendes Bündel von Fähigkeiten und Technologien, das die Grundlage für zukünftige Produkt-Markt-Aktivitäten darstellt.	**Strategische Erfolgspositionen (SEP)** sind Schlüsselfähigkeiten zur Verwirklichung der Geschäftsvision.
Strategische Position	**Strategische Geschäftsfelder (SGF)** sind Kombinationen aus Marktleistungen und Marktsegmenten, in denen das Unternehmen in der Zukunft nachhaltigen Erfolg anstrebt.	**Produkte und Märkte** Eine Geschäftsstrategie umfasst eine detaillierte Beschreibung der zukünftigen Komponenten der Marktleistung, der Marktsegmente, der Vertriebskanäle und der Ziele.
Strategieumsetzung	**Strategische Programme** sind gebündelte Maßnahmen, die geschäftsfeldübergreifend zu realisieren sind; z.B. eine unternehmensweite IT-Infrastruktur.	**Konsequenzen und Maßnahmen** dienen der Umsetzung der Geschäftsstrategie in den Funktions- und Handlungsbereichen.
Strategiekonforme Kultur	**Strategiekonforme Unternehmenskultur** umfasst Normen und Wertvorstellungen, die das Unternehmen prägen und zur Umsetzung der Unternehmensstrategie beitragen.	**Strategiekonforme Kultur des Geschäftsbereichs** umfasst Normen und Wertvorstellungen, die zum Erfolg des Geschäftsbereichs beitragen.

Bild 3-69: Aufbau von Unternehmens- und Geschäftsstrategien

sätzliche Richtung des Unternehmens vorgibt. Eine Geschäftsstrategie beginnt mit einem Geschäftsleitbild. Auch im Rahmen funktionaler Strategien werden Leitbilder entworfen – beispielsweise könnte das Leitbild der Informationstechnik-Strategie eines Unternehmens grundlegende Aussagen zum Selbstverständnis des entsprechenden Funktionsbereichs OI (Organisation und Informationstechnik) sowie zur konsequenten Verwendung von Standardsoftware enthalten.

- **Strategische Kompetenzen:** Auf der Unternehmensebene werden Kernkompetenzen ermittelt bzw. entwickelt, die zur Sicherung der Zukunft des Unternehmens notwendig sind. Auf der Geschäftsebene ordnen wir entsprechend dem Modell PÜMPINS die strategischen Erfolgspositionen (SEP) ein.

- **Strategische Position:** In diesem Bereich geht es darum, die Positionierung innerhalb der Wettbewerbsarena zu beschreiben – d.h. vor allem zukünftige Produkt-Markt-Kombinationen. Auf der Unternehmensebene umfasst dies die Strukturierung des Gesamtgeschäfts in strategische Geschäftsfelder, während auf der Geschäftsebene konkrete Marktleistungen und Marktsegmente sowie entsprechende Kombinationen beschrieben werden. Wichtig sind hier konkrete Ziele wie beispielsweise Umsatz oder Marktanteil für die betrachteten Geschäftsfelder.

- **Programme, Konsequenzen und Maßnahmen:** Dieser Bereich bildet die Schnittstelle zur Strategieumsetzung. Auf der Geschäftsebene werden Konsequenzen und Maßnahmen beschrieben. Auf der Unternehmensebene handelt es sich um konzertierte Aktionen zur Weiterentwicklung des Unternehmens, die oft als strategische Programme bezeichnet werden.

- **Strategiekonforme Unternehmenskultur:** Hier wird die für die Strategieumsetzung erforderliche Unter-

nehmenskultur charakterisiert. Da es in der Regel Diskrepanzen zwischen der vorherrschenden und der erforderlichen Unternehmenskultur gibt, werden in diesem Bereich auch die Maßnahmen beschrieben, die von der Ist- zur Soll-Unternehmenskultur führen.

Die ersten drei Strategiebereiche – Leitbild, strategische Kompetenzen und strategische Position – bilden die **unternehmerische Vision**. Das in Bild 3-70 skizzierte Modell unterstreicht, dass die Strategieentwicklung sowohl den „Market-based-view" als auch den „Resource-based-view" vereint: Unternehmen können einerseits von externen Möglichkeiten ausgehen und sich fragen, welche strategischen Kompetenzen sie zur Besetzung dieser Position benötigen (oberer Pfeil). Andererseits können sie bei der Strategieentwicklung auch mit bestehenden strategischen Kompetenzen beginnen und sich fragen, welche strategische Position sie basierend auf den eigenen Fähigkeiten besetzen sollten (unterer Pfeil). Letztlich erweist sich strategische Führung als ein iterativer Prozess, in dem der in Bild 3-70 beschriebene Kreislauf ständig neu durchlaufen wird.

Nach unserer Erfahrung aus einer Vielzahl von Strategieentwicklungen lässt sich auch kein Patentrezept für den Einstieg in einen Strategieentwicklungsprozess formulieren. Es gibt Unternehmen mit eindeutigem

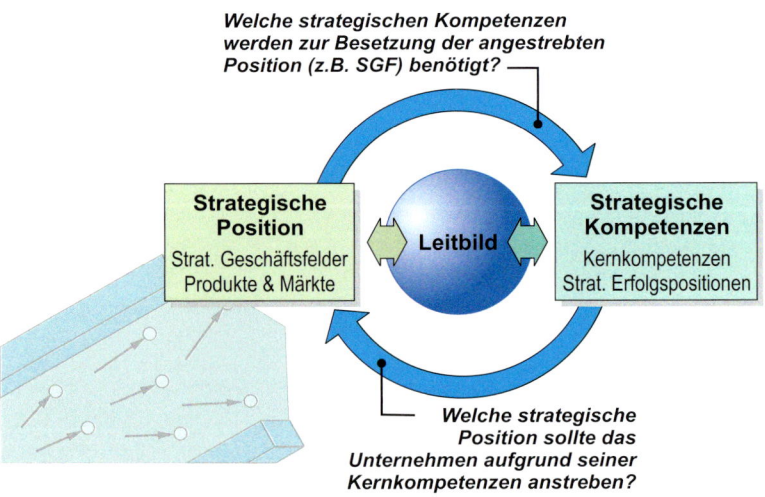

Bild 3-70:   *Unternehmerische Vision als Verbindung aus Leitbild sowie strategischen Kompetenzen und Positionen*

Kompetenzprofil, die mit einer Marktpositionierung starten sollten. Andere Unternehmen müssen sich zunächst über ihre eigenen Kompetenzen klar werden, ehe sie eine Marktpositionierung vornehmen. In beiden Fällen benötigen sie aber eine Vorstellung von der grundsätzlich angestrebten Zukunft – eben ein visionäres Leitbild.

Bevor auf die einzelnen Strategieelemente im Detail eingegangen wird, sei noch auf zwei grundlegende Aspekte hingewiesen:

- Da sind zunächst einmal die **Grundsätze der strategischen Führung**, die, wie die Bezeichnung vermuten lässt, zu beachten sind. Diese sind in dem folgenden Kasten ausführlich kommentiert.

- Wir beschreiben die Strategieentwicklung sehr pragmatisch. Damit reflektieren wir unsere Praxis. Es ist nicht unser Anspruch einen theoretischen Bezugsrahmen zu bringen. Stellvertretend für das breite Spektrum derartiger Arbeiten nennen wir den **General Management Navigator (GMN)** von MÜLLER-STEWENS/LECHNER, den wir im übernächsten Kasten kurz erläutern.

Grundsätze der strategischen Führung

In der strategischen Führung sind Grundsätze zu beachten [Püm83]. Diese Grundsätze mögen vielen zunächst als Binsenweisheiten erscheinen. Die Erfahrung lehrt aber, dass der Misserfolg vieler Unternehmen seine Ursache gerade im Verstoß gegen diese trivial erscheinenden Grundsätze hatte.

 Differenzierung: Damit ist gemeint, dass sich die Marktleistung des Unternehmens in einigen wichtigen Punkten von den Mitbewerbern unterscheidet und sich an diesen Unterschieden eine überzeugende Verkaufsargumentation festmachen lässt. Häufig fällt es schwer, sich mit den Produktmerkmalen allein zu differenzieren, weil die Branche die gleichen Basissysteme einsetzt – z.B. Mikroprozessoren in BDE-Terminals – bzw. Neuigkeiten rasch nachvollzogen werden können. Viele Unternehmen versuchen daher, sich mit ergänzenden Dienstleistungen zu differenzieren. Hier ist das Differenzierungspotential groß und die einfache Nachvollziehbarkeit nicht möglich, weil die Dienstleistungen in der Regel mit Innovationen der Unternehmenskultur verknüpft sind. Ein Beispiel für die Differenzierung mit einer ergänzenden Dienstleistung ist der Teleservice für Produkte des Maschinenbaus.

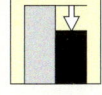 **Effizienz:** Darunter ist die Effizienz der Leistungserstellung zu verstehen. Häufig wird die Kostenführerschaft, die ja ein Zeichen hoher Effizienz ist, als Grundstrategie bezeichnet. Wir sind der Auffassung, dass die Kostenführerschaft bzw. hohe Effizienz ein Grundsatz ist, um im Wettbewerb nachhaltig erfolgreich zu sein und weniger Ausdruck einer Strategie. Es ist einfach in jedem Fall vernünftig, ständig an der Steigerung der Effizienz zu arbeiten. Dies gilt im Prinzip für alle Unternehmen und alle Geschäfte.

 Timing: Der Zeitpunkt, zu dem ein Produkt am Markt eingeführt wird, ist von entscheidender Bedeutung. Die meisten Erfolgsgeschichten handeln von Pionieren – also Unternehmen, die als erste in den Markt eintreten. Ein sehr bekanntes Beispiel ist die Firma TRUMPF, die die Lasertechnologie für die Blechbearbeitung erschloss. Das klassische negative Beispiel ist XEROX. Bereits 1961 führte XEROX eine sogenannte LDX-Maschine vor, mit der Kopien über weite Entfernungen gesandt werden konnten. Einen großen Markt für diese Erfindung gab es damals noch nicht. Erst in der zweiten Hälfte der 1980er Jahre änderten sich die Marktbedingungen: Die Fernmeldetechnik hatte sich entscheidend verbessert, Faxgeräte ließen sich zu niedrigen Kosten herstellen und die Zerschlagung von AT&T führte in den USA zu einem Rückgang der Fernsprechgebühren. Der Markt für Faxgeräte boomte urplötzlich – und die Erfinder von XEROX standen angesichts der japanischen Konkurrenz im Abseits.

Konzentration der Kräfte: Gegen diesen Grundsatz wird unserer Erfahrung nach besonders häufig verstoßen. Oft brechen Unternehmen verbal zu neuen Ufern auf; gleichzeitig werden aber alte Produktfamilien weitergeführt und andere dürfen nicht aufgegeben werden. Die Folge ist Verzettelung und die Stabilisierung ihrer Leistungsfähigkeit auf mittelmäßigem Niveau. Der harte Wettbewerb erfordert aber Spitzenleistungen, und diese lassen sich in der Regel nur erreichen, wenn die Kräfte auf das Wesentliche konzentriert werden. Viele Unternehmen haben dies erkannt und ziehen sich konsequent auf das „Core Business" (Kerngeschäft) zurück.

Auf Stärken aufbauen: Der neue Ansatz der strategischen Führung, von sog. Kernkompetenzen auszugehen, entspricht im Prinzip diesem Grundsatz. Die Frage ist also: Wo hat sich das Unternehmen über Jahre außerordentlich hoch entwickelte Fähigkeiten aufgebaut und welche Geschäftsfelder könnten mit diesen Fähigkeiten erfolgreich bearbeitet werden?

Synergiepotentiale ausnutzen: In der Regel erhofft man sich beim Kauf bzw. bei der Fusion von Unternehmen Synergiepotentiale. Häufig werden diese Potentiale überbewertet, sei es, dass die Unternehmenskulturen zu unterschiedlich sind oder die akquirierten Aktivitäten zu optimistisch beurteilt werden. Die Erfahrung zeigt, dass es zum einen sehr schwer ist, Synergiepotentiale sicher zu erkennen, und zum anderen in der Regel mit erheblichen Anpassungsanstrengungen, die Zeit und Geld kosten, verbunden ist, diese Potentiale auszuschöpfen. Gleichwohl gibt es solche Potentiale in vielen Bereichen wie der Forschung, im Verkauf, der Distributionslogistik und dem Kundendienst.

Umweltchancen ausnutzen: Im Prinzip geht es hier um die ständige Beobachtung des Umfeldes der Geschäftstätigkeit. Ziel ist, gravierende Einflüsse auf das etablierte Geschäft, die beispielsweise zu Substitutionseffekten führen könnten, frühzeitig zu erkennen und dementsprechend agie-

ren zu können. Mit der Szenario-Technik haben wir dafür eine leistungsfähige Methodik vorgestellt.

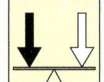

Gleichgewicht von Ressourcen und Zielen: Dieser Grundsatz ist insofern wichtig, weil die Erkenntnis, dass man mit den zur Verfügung stehenden Ressourcen keine Chance hat, ein ehrgeiziges Ziel zu erreichen, eine häufig anzutreffende Hauptursache für Demotivation ist. Extreme Überforderung verursacht also Demotivation. Andererseits schafft Unterforderung wider Erwarten nicht Wohlbefinden und Zufriedenheit, sondern aggressive Langeweile. Offensichtlich spornen ehrgeizige Ziele und zunächst als Überforderung empfundene Aufgaben zu Spitzenleistungen an. FELIX VON CUBE drückt dies mit dem Titel seines Buches „Fordern statt Verwöhnen" unseres Erachtens sehr treffend aus.

Unité de doctrine: Auf den ersten Blick drückt dieser Begriff Gemeinschaftsgeist aus. Damit verbunden ist jedoch auch die Fähigkeit der Führungspersonen, mit visionärer Kraft die Richtung zu weisen und die Menschen in einer Leistungsorganisation für diese Richtung zu gewinnen.

Literatur:

[Püm83] PÜMPIN, C.: Management strategischer Erfolgspositionen – Das SEP-Konzept als Grundlage wirkungsvoller Unternehmensführung. 2. Auflage, Haupt, Bern, 1983

[Cub88] CUBE VON, F.: Fordern statt verwöhnen – Die Erkenntnisse der Verhaltensbiologie in Erziehung und Führung. Piper, München, 1988

3.4.1 Leitbilder – Ziele, für die es lohnt, sich einzusetzen

Ein Leitbild orientiert sich logischerweise an der obersten Zielsetzung eines Unternehmens. Sie ist Gegenstand der Unternehmensphilosophie. Früher war das unternehmerische Oberziel allein die Gewinnmaximierung. Durch hohe Gewinne wurde ein Unternehmen für potentielle Kapitalgeber attraktiv und erhielt so die Möglichkeit, seine Beziehungen zu Kunden, Lieferanten und Arbeitnehmern zu verbessern. Alternative Zielsetzungen wie Selbstständigkeit, Wachstum oder Erfolgspotentiale waren lediglich Mittel der Gewinnmaximierung. Diese eindimensionale Sicht des Unterneh-

menszwecks reicht heute nicht mehr aus. So haben JAMES C. COLLINS und JERRY I. PORRAS in einer Langzeitstudie schon vor gut zehn Jahren herausgefunden, dass Gewinnmaximierung für langfristig erfolgreiche Unternehmen nicht das oberste Ziel ist.

„Profitability is a necessary condition for existence and a means to more important ends, but it is not the end in itself for many of the visionar companies. Profit is like oxygen, food, water and blood for the body; they are not the point of life, but without them, there is no life." [CP94]

Der General Management Navigator

Mit dem sogenannten General Management Navigator (GMN) schlagen MÜLLER-STEWENS/LECHER einen Bezugsrahmen vor, der strategisches Management strukturiert und insbesondere eine Leitlinie für die Strategieentwicklung darstellt. Das entsprechende Referenzmodell ist in Bild 1 dargestellt. Es weist zwei Achsen (Prozess/Inhalt und Genese/Wirksamkeit) und fünf Arbeitsfelder auf, die zunächst kurz erläutert werden.

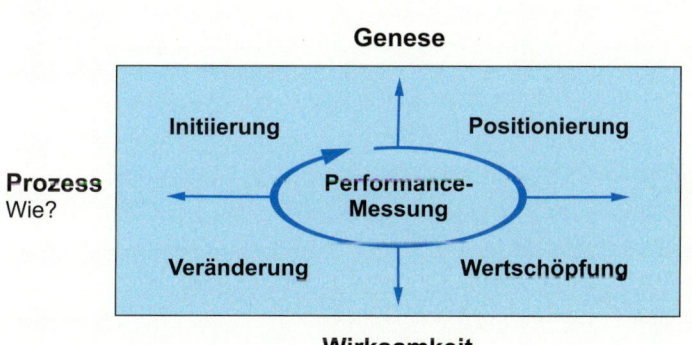

Bild 1: Der General Management Navigator

- **Initiierung:** Darunter sind die Impulse zu verstehen, die den Prozess der strategischen Führung einleiten. Das Spektrum der Quellen ist sehr vielschichtig.

- **Positionierung:** Hier geht es um die Gestaltung der Beziehungen zu den Stakeholdern. Das umfasst nicht nur den Transfer von Geld und Gütern, sondern auch weitere Interaktionen.

- **Wertschöpfung:** Dieses Arbeitsfeld befasst sich mit dem Aufbau und der Nutzung der Fähigkeiten des Unternehmens sowie der Leistungserstellung.

- **Veränderung:** Damit ist die Umsetzung strategischer Initiativen gemeint, die Veränderungen in den Funktions- und Handlungsbereichen eines Unternehmens erfordern.

- **Performance-Messung:** Dieses Arbeitsfeld befasst sich mit dem Beobachten des Wirksamwerdens strategischer Initiativen und dem Messen der Ergebnisse.

Die vorgestellte Reihenfolge beschreibt einen idealtypischen Prozess. In Wirklichkeit gibt es je nach Situation und Intention der strategischen Führung spezifische Verläufe durch das Referenzmodell, wobei jeder Verlauf seinen Ursprung in der Initiierung hat (Bild 2).

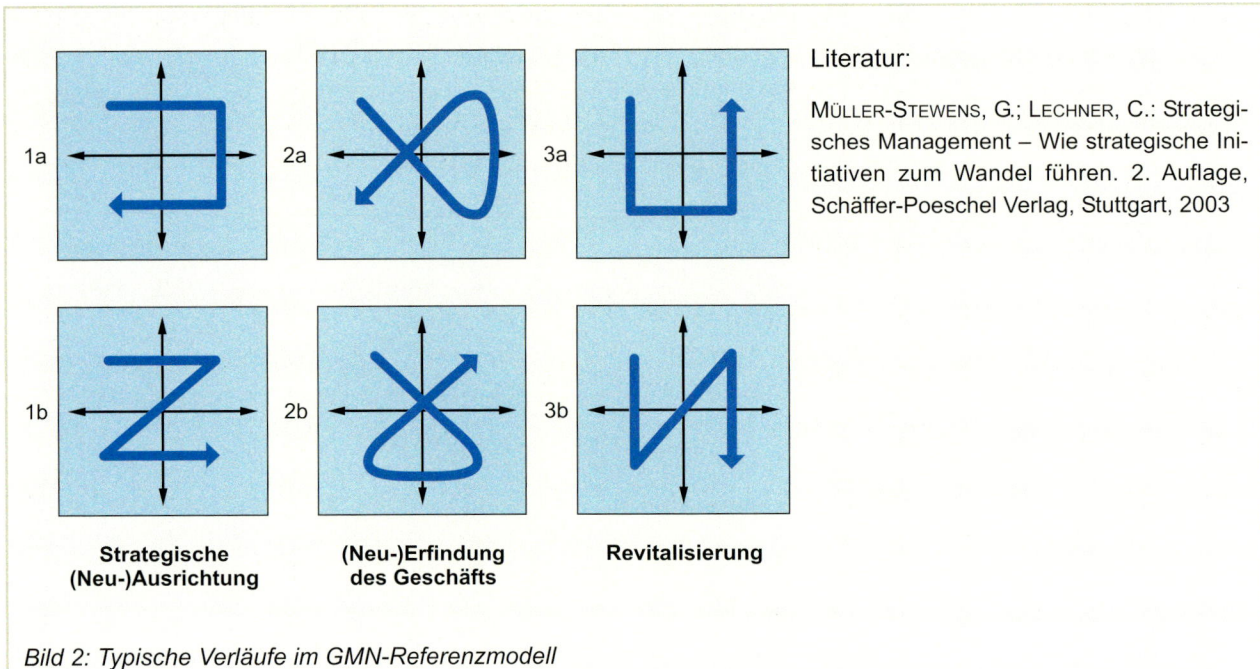

Bild 2: Typische Verläufe im GMN-Referenzmodell

Daher wird in der behaviouristischen Theorie die Gewinnmaximierung durch ein **mehrdimensionales Zielsystem** abgelöst, das soziale, politische, ökonomische und ökologische Zielsetzungen verbindet. Für Unternehmen bedeutet dies, dass sie mehr über ihren eigenen Zweck und die damit verbundenen, teilweise miteinander konkurrierenden Zielsetzungen nachdenken müssen. Auch Mitarbeiter fordern immer stärker eine Vision, für die es sich einzusetzen lohnt. Daher kommt der Entwicklung, Kommunikation und Umsetzung von **Leitbildern** eine große Bedeutung zu.

Trotz der Bedeutung, die visionären Leitbildern heute allgemein zugestanden wird, konzentrieren sich viele strategische Planer auf eine möglichst lückenlose Analyse der Ausgangssituation. Häufig sind so genannte „Strategien" nicht viel mehr als mechanische Anleitungen, wie die Probleme von heute zu lösen sind. Der Grund ist vor allem darin zu sehen, dass eine Vision noch immer „als eine geheimnisvolle, unkontrollierbare Kraft" [Sen06] gilt, für deren Erstellung es keine Formeln gibt. Daher sind **Kreativität** und **Vorstellungskraft** unverzichtbare Bestandteile visionärer Führung.

„Natürlich beschäftigen wir uns schon heute in allen Unternehmen mit einer langfristigen Planung und auch mit langfristigen Marktentwick-

lungen, und insofern ist Vision nichts Neues, aber wir bewegen uns dabei – das ist Wirklichkeit in vielen Unternehmen – noch zu stark in den Strukturen unserer heutigen Organisation. Daher holt uns häufig die Realität wieder ein, und daher müssen wir den Mut haben, mit einem „Radar durch die Wolken zu schauen", uns also von den Strukturen der Gegenwart lösen, um die Umrisse neuer Gebilde zu erahnen." [Oet94]

Eine solche Loslösung von den alten Strukturen kann aber nicht erfolgen, indem neue Planungsrituale eingeführt werden. HAMEL und PRAHALAD betonen, dass aus den Jahresplanungen großer Unternehmen nur sehr selten visionäre Strategien hervorgehen. Dies ist nicht verwunderlich, denn der Ausgangspunkt für die Strategie des nächsten Jahres ist fast immer die Strategie des vorangegangenen Jahres. Daher verstehen wir unter Leitbildern auch nicht die kleinen, alltäglichen Ziele, sondern „die großen Entwürfe, die das Blut in Wallung bringen". COLLINS und PORRAS haben hierfür den Begriff der **großen, verwegenen und brenzligen Ziele** (Bee-hags = „Big Hairy Audacious Goals") geprägt. Insofern sehen wir in einem Leitbild ein konkretes Zukunftsbild, nahe genug, um die Realisierbarkeit noch zu sehen, aber schon fern genug, um die Begeisterung der Organisation für eine neue Wirklichkeit zu erwecken. In Anlehnung an eine Darstellung von JOHN P. KOTTER weisen visionäre Leitbilder die in Bild 3-71 wiedergegebenen Eigenschaften auf [Kot97].

Aufbau von Leitbildern

Leitbilder sind dann besonders gut, wenn sie die „ureigene Seele" des Unternehmens beschreiben. Daher unterscheiden sich die von Unternehmen formulierten Leitbilder stark voneinander. Während General Electric mit drei Worten auskommt („Boundaryless ... Speed ... Stretch"), formulieren andere Unternehmen eine sehr viel umfangreichere Zielvorstellung.

Wir verstehen Leitbilder als ein Element der unternehmerischen Vision, d.h. sie werden durch strategische Kompetenzen und eine strategische Position – die wir auch als Ziele verstehen – ergänzt bzw. konkretisiert (vgl. Bild 3-70). Dabei sind die Übergänge fließend, so dass in einem Leitbild immer wieder auch Aussagen zu strategischen Kompetenzen bzw. strategischen Positionen vorkommen.

Insbesondere in diversifizierten Unternehmen bedarf es wohlfundierter Leitbilder, um auf der Unternehmensebene eine Basis für die Integration der verschiedenen Geschäftsaktivitäten zu schaffen. Daher bestehen insbesondere Unternehmensleitbilder aus mehreren Elementen, die in unterschiedlicher Form ausgeprägt und kombiniert werden können (Bild 3-72).

Motivation

In einem Leitbild wird der konstante und zu bewahrende Zweck des Unternehmens beschrieben. Dieses Selbstverständnis kann sich in einem mehrdimensionalen Zielsystem auf die Nutzenmehrung bei verschiedenen Stakeholdern beziehen oder auf einen zentralen Stakeholder ausgerichtet werden. Die folgenden Beispiele zeigen eine solche „monistische Zielausrichtung" auf einen zentralen Stakeholder [JK95]:

- **Kapitaleigner:** Hier stehen die Kapitaleigner im Mittelpunkt: „The first goal for Worthington Industries is to earn money for its shareholders and increase the value of their investment". Dies entspricht dem Shareholder-Value-Ansatz.

- **Kunden:** Goodyear sieht beispielsweise seinen Zweck in der Bereitstellung von Produkten und Dienstleistungen zur Befriedigung von Kundenbedürfnissen.

- **Gesellschaft:** Merck formuliert in seinem Leitbild als vornehmliche Aufgabe den Schutz der Gesellschaft durch Medikamente.

Diese eher einseitigen Ausrichtungen werden nicht der Gegebenheit gerecht, dass ein Unternehmen Teil eines komplexen Systems ist und einem Gefüge von Werten entsprechen muss. Unternehmen, die wachsen und nachhaltig erfolgreich sein wollen, müssen nach SPRENGER in drei Bereichen überdurchschnittliche Ergebnisse bringen: Ökonomische Wohlfahrt, Legitimität und kollektive Identität [Spr05]:

Ein Leitbild ist ...

- ... **vorstellbar**. Es vermittelt eine Vorstellung davon, wie die Zukunft aussehen könnte.

- ... **wünschenswert**. Es beschreibt eine zukünftige Situation, die den relevanten Stakeholdern langfristig Nutzen bringt.

- ... **fassbar**. Es umfasst realistische, grundsätzlich erreichbare Ziele.

- ... **fokussiert**. Es ist deutlich genug, um bei der Entscheidungsfindung Hilfestellung zu geben.

- ... **flexibel**. Es ist allgemein genug, um bei sich ändernden Rahmenbedingungen individuelle Initiativen und alternative Reaktionen zu zulassen.

- ... **kommunizierbar**. Es ist einfach zu kommunizieren und kann innerhalb von fünf Minuten überzeugend erklärt werden.

„Organisationen müssen ihren Kurs nach dem Licht der Sterne bestimmen und nicht nach den Lichtern jedes vorbeifahrenden Schiffes."
OMAR BRADLEY

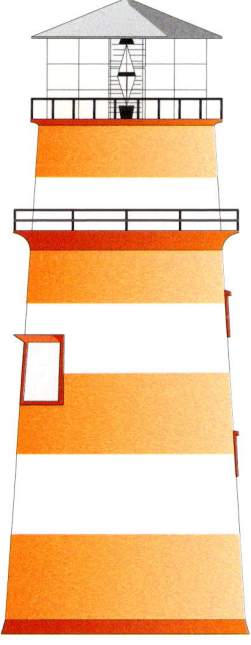

Bild 3-71: Anforderungen an visionäre Leitbilder nach KOTTER

Die unternehmerische Vision besteht aus einem Leitbild sowie strategischen Kompetenzen und strategischen Positionen.

Ein Leitbild besteht aus bis zu fünf Elementen:

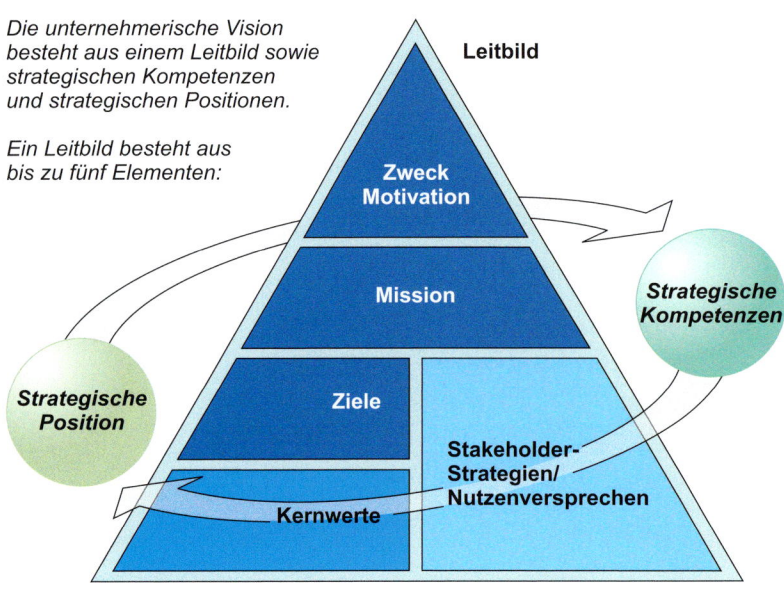

Bild 3-72: *Prinzipieller Aufbau von Leitbildern*

- **Ökonomische Wohlfahrt** bedeutet Daseinsvorsorge, was über das reine Gewinnstreben hinausgeht und weitere Möglichkeiten des wirtschaftlichen Überlebens einschließt. Dazu zählen Geldnachfluss vom Kapitalmarkt, Subventionen und Querfinanzierungen in einer Unternehmensgruppe. Von Bedeutung sind auch die Gewinnerwartungen der Stakeholder. Naturgemäß sind diese seitens der Belegschaft und der Gewerkschaften geringer als die der Kapitalgeber. Es soll logischerweise nicht die herausragende Bedeutung des Gewinns in Frage gestellt werden, aber doch darauf hingewiesen werden, dass Höhe und Zeitpunkt des Gewinns Gestaltungsgrößen sind und eine einseitige Fokussierung auf den Gewinn, geschweige denn auf den kurzfristigen Gewinn, nicht ausreicht, ein Unternehmen erfolgreich zu führen.

- **Legitimität:** Das Erreichen strategischer und operativer Ziele allein ist nicht geeignet, die Menschen im Unternehmen und im Umfeld des Unternehmens dauerhaft zu gewinnen. Die klassischen Führungsinstrumente wie die Strategie geben Antworten auf das „Was", aber nicht auf das „Warum". Die Menschen haben das Bedürfnis, einen Sinn in ihrem Wirken zu sehen, nur dann sind sie bereit, sich dauerhaft stark zu engagieren. Der Daseinszweck ei-

nes Unternehmens muss deutlich erkennbar sein und die Zustimmung der Menschen finden. Legitimität – also die Zustimmung der Menschen zum Daseinszweck des Unternehmens – wird erreicht, indem neben dem Gewinn auch weitere Ziele verfolgt und erreicht werden, wie Umweltschutz, Arbeitssicherheit, Offenheit und Verlässlichkeit.

- **Kollektive Identität**, d.h. Zusammengehörigkeitsgefühl, entspricht im Prinzip auch dem Grundsatz „Unité de Doctrine/Gemeinschaftsgeist" (vgl. Kasten „Grundsätze der strategischen Führung"). Offenbar fällt es den Managern leichter zu formulieren, was das Unternehmen nicht ist, als überzeugend zu vermitteln, wofür das Unternehmen steht. Gerade dann, wenn Unternehmen temporär Allianzen bilden, die Leistungserstellung geographisch stark verteilt erfolgt, häufiger als früher Unternehmensteile abgestoßen und neue hinzugewonnen werden und die Loyalität der Mitarbeiter zum Unternehmen vom Management vielerorts zu wenig beachtet wird, gerät die Erzeugung des Zusammengehörigkeitsgefühls zur zentralen Führungsaufgabe – Technokraten und rationale Macher geben hier eine schlechte Figur ab; das ist die Aufgabe von Führungspersönlichkeiten, die andere Menschen für eine gemeinsame Sache gewinnen und selbstredend dafür sorgen, dass ehrgeizige Ziele auch erreicht werden.

Die Unternehmensleitung muss eine Balance der übergeordneten Ziele aus diesen drei Bereichen finden und dies im Leitbild prägnant und allgemein verständlich artikulieren.

Mission

Die Mission beschreibt, wie das Unternehmen sein formuliertes Selbstverständnis in ein konkretes Geschäft umsetzt. Daher weist die Mission häufig bereits Elemente einer strategischen Position – d.h. Beschreibungen von Marktleistungen und Märkten – auf.

Ziele

Ein drittes Element, das viele Unternehmen in ihre Leitbilder aufnehmen, sind konkrete strategische Ziele. Darunter fallen vor allem angestrebte Positionen im Markt sowie interne Zielgrößen wie Gewinn, Umsatzwachstum oder Umsatzverteilung auf Marktleistungen oder Regionen.

Nutzenversprechen

Viele Leitbilder konkretisieren die angestrebte Beziehung zwischen Unternehmen und einzelnen Stakeholdern (Kunden, Mitarbeitern, Kapitaleignern) durch die Formulierung des Nutzens, den das Unternehmen den Stakeholdern anbietet. Dieses Nutzenversprechen („Value Proposition") wird vor allem eingesetzt, um ein Unternehmen bereits im Rahmen der Leitbild-Entwicklung eng an den Bedürfnissen der Kunden auszurichten. Während TREACY/WIERSEMA von Nutzenstrategien sprechen, bevorzugen wir den Begriff der Stakeholder-Strategien, da hier letztlich Wege beschrieben werden, wie das Unternehmen mit einzelnen Stakeholdern umzugehen gedenkt [TW95].

Beispiel für ein Unternehmensleitbild (Auszug) – erfolgreiches Start-up-Unternehmen

Motivation und Zweck

Wir haben … gegründet, um unsere Zukunft selbst zu gestalten. Dazu gehören insbesondere attraktive Arbeitsplätze, die uns und unseren Angehörigen Sicherheit bieten.

Der Zweck unserer Unternehmung wird durch die drei Gesichtspunkte Profitabilität & Daseinsvorsorge, Legitimität und Identität bestimmt, die es gilt, immer wieder auszubalancieren.

- **Profitabilität & Daseinsvorsorge:** Wir sind eine Unternehmung, die Gewinn erzielen muss. Der Gewinn ist die Luft zum Atmen; aber wir leben nicht um zu atmen, sondern wir atmen um zu leben.

- **Legitimität:** Nach außen bringen wir unsere Kunden voran und verstehen uns als konstruktiver Teil einer hoch entwickelten, freiheitlichen Gesellschaft. Nach innen ermöglichen wir unseren Mitarbeiterinnen und Mitarbeitern ein hohes Maß an kontinuierlicher persönlicher Entwicklung: intellektuell, beruflich und finanziell.

- **Identität:** Wir sind eine Veranstaltung von Menschen für Menschen in einer Solidargemeinschaft mit einer gleichen Sicht auf die grundlegenden Aspekte unserer Unternehmung. Wir lernen aus dem Erlebten, pflegen die Tradition, das Gemeinschaftsgefühl und Freundschaften. Gleichwohl respektieren wir individuelles Denken und Handeln und achten unser Umfeld.

Mission

Aus dem Wandel resultieren hohe Anforderungen an Industrieunternehmen, denen sich das Management stellen muss. Unsere Kunden suchen einen zuverlässigen Partner, der ihnen dabei hilft. Wir sind dieser Partner. Wir entwickeln mit unseren Kunden zukunftsorientierte Unternehmensführungskonzeptionen und helfen ihnen, diese umzusetzen. Mit uns erreichen unsere Kunden schneller und wirtschaftlicher ihre Ziele. Wir machen unsere Kunden erfolgreicher.

Messbare Ziele

Wir wollen in fünf Jahren folgende messbare Ziele erreicht haben:

-
-
-

Grundwerte

Ein weiteres Element eines Leitbildes sind die Grund- oder Kernwerte. Sie werden auch als „Policies" oder „Practicies" bezeichnet und beschreiben die Grundsätze des Handels im Unternehmen und charakterisieren die Unternehmenskultur. Wir gehen darauf noch näher in Kapitel 3.4.5 ein. Die Grundwerte weisen häufig enge Beziehungen zu den strategischen Kompetenzen eines Unternehmens auf.

Entwicklung von Leitbildern

In Praxis und Wissenschaft werden immer wieder zwei Ansätze zur Entwicklung von Leitbildern beschrieben [Ble99]: Leitbilder können von charismatischen **Führungspersönlichkeiten** individuell entwickelt werden oder aus einem gruppendynamischen Prozess von Führungskräften und weiteren „Vordenkern" im Unternehmen hervorgehen. Große Führungspersönlichkeiten, die quasi allein den Kurs des Unternehmens bestimmen, waren z.B. HENRY FORD, MAX GRUNDIG und HEINZ NIXDORF. Solche charismatischen Führer entwickeln nicht nur Zukunftsentwürfe, sondern sind in besonderer Weise fähig, die Mitarbeiter für eine Vision zu gewinnen. Persönlichkeiten dieses Kalibers sind rar; schon deshalb kann im Allgemeinen deren Existenz nicht die Grundlage des Erfolgs vieler Unternehmen sein. So haben COLLINS und PORRAS in ihrer Untersuchung nachgewiesen, dass charismatische Führungspersönlichkeiten keine Voraussetzung für Unternehmenserfolg sind:

> *„Eine charismatische Führungspersönlichkeit ist absolut keine Voraussetzung für visionäre Unternehmen – in Wirklichkeit können sie der langfristigen Unternehmensentwicklung sogar abträglich sein. Einige der wirkungsvollsten Führer in der Geschichte visionärer Unternehmen schreckten vor diesem Gedanken eher zurück und verstanden sich als Architekten ihrer Organisation." [CP97]*

In diesem Sinne rückt der zweite Ansatz der Visionsentwicklung in den Vordergrund. Hier entstehen Leitbilder als Ergebnis eines **kollektiven, kreativen Pro**zesses. Dieses Modell bedeutet keinen Verzicht auf visionäre Führungspersönlichkeiten, sondern eine Ergänzung. Dabei kommt der Unternehmensführung die Aufgabe zu, die vielen visionären Persönlichkeiten in den verschiedenen Bereichen und Funktionen des Unternehmens so zu stimulieren und zu konzertieren, dass diese eine gemeinsame Vision entwickeln. Das Ergebnis ist ein Leitbild, für das sich die Führungskräfte, Mitarbeiter und weiteren Anspruchsgruppen engagieren. Dies ist vor allem notwendig, weil ein großer Teil der Mitarbeiter heute vielerorts im Zustand der formellen oder gar widerstrebenden Einwilligung verharrt.

Da ein Leitbild die langfristige Zielrichtung eines Unternehmens beschreibt, sollte es auch über einen längeren Zeitraum die Unternehmensentwicklung bestimmen und nicht jedes Jahr verändert werden. Dennoch müssen Unternehmen auf das **„We've-arrived"-Syndrom** achten. Unternehmen, die seit längerem ein Leitbild verfolgen und damit sehr erfolgreich sind, neigen zur Selbstgefälligkeit und Arroganz; sie verlieren den klaren Blick auf Veränderungen der Geschäftsarena bzw. unterlassen es, aus wahrnehmbaren Veränderungen Schlüsse zu ziehen. Auch in diesen Fällen ist es wichtig, rechtzeitig neue „große, verwegene und brenzlige Ziele" zu bestimmen, das Unternehmen darauf auszurichten und die Kräfte dafür zu mobilisieren.

3.4.2 Strategische Kompetenzen – Schlüsselfähigkeiten der Zukunft

Eine Strategie muss das Wesentliche auf den Punkt bringen und leicht kommunizierbar sein. Daher sollte auch klar beschrieben sein, auf welche Fähigkeiten es ankommt, um die im Leitbild beschriebene Zielsetzung zu erreichen. Diese Fähigkeiten werden als **strategische Kompetenzen** bezeichnet. Dabei handelt es sich gemäß CUNO PÜMPIN um eine „durch den Aufbau von wichtigen und dominierenden Fähigkeiten bewusst geschaffene Voraussetzung, die es dieser Unternehmung erlaubt, im Vergleich zur Konkurrenz langfristig überdurchschnittliche Ergebnisse zu erzielen" [Püm83].

Einen Meilenstein in der Behandlung strategischer Kompetenzen stellt das von GARY HAMEL und C. K. PRA-

HALAD entwickelte Konzept der **Kernkompetenzen** dar. Danach ist es die Aufgabe der Unternehmensführung, das langfristige Bestehen des Unternehmens durch den Aufbau und die sorgfältige Pflege von Kernkompetenzen zu sichern:

„Kernkompetenzen sind eine Quelle zukünftiger Produktentwicklungen. Sie sind die „Wurzeln" der Wettbewerbsfähigkeit, während die einzelnen Produkte und Dienstleistungen die „Früchte" dieser Wettbewerbsfähigkeit darstellen. Die Unternehmensführungen kämpfen nicht nur darum, die Positionen ihrer Firmen auf den bestehenden Märkten zu sichern, sondern ihre Aufgabe besteht auch darin, ihre Unternehmen auf neuen Märkten in erfolgversprechende Positionen zu manövrieren. Das bedeutet, dass jede Unternehmensspitze, die es versäumt, sich dem Aufbau und der Pflege von Kernkompetenzen zu verschreiben, unbewusst die Zukunft des Unternehmens aufs Spiel setzt." [HP95]

Nach HAMEL/PRAHALAD besteht eine Kompetenz nicht in einer bestimmten Einzelfähigkeit oder Einzeltechnologie, sondern in einem Bündel von Fähigkeiten und Technologien. Ein solches Bündel muss drei Voraussetzungen erfüllen, um als Kernkompetenz gelten zu können:

- **Kundennutzen:** Eine Kernkompetenz muss einen überdurchschnittlichen Beitrag zu dem vom Kunden wahrgenommenen Wert leisten – d.h. sie muss das Unternehmen in die Lage versetzen, ihren Kunden wesentlichen Nutzen anzubieten.

- **Abhebung von der Konkurrenz:** Um als Kernkompetenz gelten zu können, muss eine Fähigkeit im Wettbewerb einzigartig sein.

- **Ausbaufähigkeit:** Eine Kernkompetenz muss „die Türen zu den Märkten von morgen öffnen". Folglich ist sie nicht lediglich eine bedeutsame

Stärke in der Gegenwart, sondern auch in der Zukunft für den Erfolg des Unternehmens relevant.

Angesichts der sowohl in der Literatur als auch in der Praxis vorhandenen begrifflichen Vielfalt schlagen wir folgende Einordnung vor: Wir verstehen unter **Kernkompetenzen** die strategischen Kompetenzen auf der Unternehmensebene. Auf der Geschäftsebene sprechen wir im Sinne PÜMPINS von **Strategischen Erfolgspositionen (SEP)**. Da wir uns primär mit Geschäftsstrategien befassen, gehen wir im Folgenden auf das Management strategischer Erfolgspositionen ein [Püm83].

In den meisten Unternehmen betonen die einzelnen Funktionsbereiche unterschiedliche Fähigkeiten (Bild 3-73): Der Vertrieb kultiviert beispielsweise die Erfüllung der Kundenwünsche „quasi um jeden Preis"; die Entwicklung/Konstruktion favorisiert ein neues, avantgardistisches und erklärungsbedürftiges Produkt; die Arbeitsvorbereitung strebt hohe Losgrößen an; die Fertigung/Montage ist stolz darauf, alle gängigen Fertigungstechnologien vorzuhalten und die Flexibilität eines Prototypenbaus bieten zu können. Das von PÜMPIN entwickelte „Management Strategischer Erfolgspositionen" ist demgegenüber ein besonders plausibles Prinzip der strategischen Unternehmensführung. Danach sind alle Unternehmensaktivitäten im Sinne einer **Fokussierung** konsequent auf den Aufbau bzw. Ausbau der als erfolgsentscheidend erkannten Fähigkeiten zu richten (Bild 3-73). Dies erfordert vom Manage-

Strategische Erfolgspositionen (SEP) sind Fähigkeiten, die für den nachhaltigen Erfolg eines Unternehmens von entscheidender Bedeutung sind.

Bei der Umsetzung des SEP-Konzeptes ist es wesentlich, alle Unternehmensaktivitäten im Sinne einer Fokussierung auf den Aufbau bzw. Ausbau dieser Fähigkeiten auszurichten.

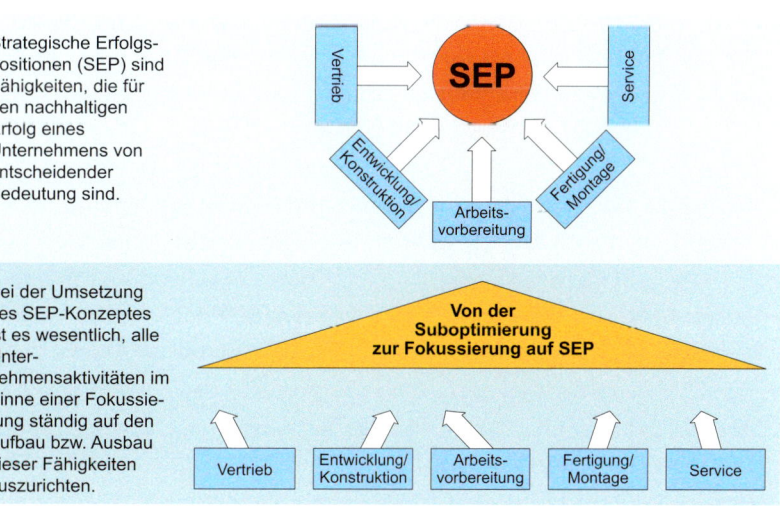

Bild 3-73: Prinzip des Managements strategischer Erfolgspositionen (SEP)

ment Überzeugungskraft und Durchsetzungsstärke, da die einzelnen Funktionsbereiche in der Regel zunächst an ihren historisch gewachsenen Stoßrichtungen festhalten. Management Strategischer Erfolgspositionen heißt also, den Wandel von der bereichsorientierten Suboptimierung zur Fokussierung auf die wirklich entscheidenden Fähigkeiten zu vollziehen. Entsprechende Beispiele sind im folgenden Kasten beschrieben.

Beispiele für strategische Erfolgspositionen im Zusammenhang mit der Entwicklung von Geschäftsstrategien

Beispiel 1: Geschäftsstrategie eines Unternehmens der Automatisierungstechnik/Interfacetechnik

Problemlösungskompetenz (SEP 1): Unsere Kunden wollen aus der Informations- und Kommunikationstechnik Nutzen ziehen. Angesichts der raschen Entwicklung dieser Technik und der hohen Komplexität der Automatisierungsaufgaben benötigen sie einen Partner, der ihnen attraktive Lösungsmöglichkeiten aufzeigt und ihnen hilft, diese effizient umzusetzen. Unser Vorteil ist, dass wir so den Preisverfall bei Hard- und Softwarekomponenten ein Stück weit kompensieren können.

Schnelligkeit (SEP 2): Die besonders dynamische Entwicklung der Informations- und Kommunikationstechnik prägt entscheidend das Automatisierungsgeschäft. Wir müssen uns auf Innovationszyklen einstellen, die im Bereich von wenigen Jahren liegen. Vor diesem Hintergrund muss es uns gelingen, erkannte Chancen für neue Produkte rasch zu nutzen. Nur der Schnellste kann sicher sein, dass er einen hohen Return-on-Investment erhält.

Beispiel 2: Geschäftsstrategie eines Unternehmens, das Komponenten der Verbindungstechnik entwickelt, produziert und weltweit vermarktet

Kostenführerschaft in den Herstellkosten (SEP 1): Produkt- und Fertigungstechnologien sind in unserer Hand. Wir beherrschen diese Technologien. Aus dieser Position heraus gestalten wir die Entwicklungs- und Herstellprozesse, um die Kostenführerschaft zu erzielen. Dies sichert uns im Stammgeschäft den erforderlichen Handlungsspielraum.

Weltweites Vertriebs- und Servicenetz (SEP 2): Unsere Vertriebs- und Kundendienstorganisation ist in den relevanten geographischen Marktgebieten vor Ort präsent. Wir sprechen die Sprache der Kunden und reagieren schnell.

Zuverlässiger Partner (SEP 3): Die Qualität unserer Produkte und Dienstleistungen entspricht den hohen Anforderungen unserer Kunden. Wir halten Zusagen strikt ein, dazu zählt insbesondere eine vorbildliche Liefertreue. Unsere Produkt- und Programmpolitik bietet Kontinuität.

Beispiel 3: Geschäftsstrategie eines Herstellers von Spezialmöbeln

Führung durch Innovation (SEP 1): Durch kontinuierliche Innovation setzen wir die Maßstäbe in umfassender Produktqualität (Funktionalität, Design, Haltbarkeit, Umweltschutz). In Markt und Branche gelten wir als Unternehmen, das durch diese Stärke immer wieder zusätzlichen Kundennutzen schafft. Wir sehen den Wandel als Herausforderung und nicht als Bedrohung. Pioniergeist und Vorwärtsdrang dominieren bei uns über Bedenkentragen und Stillstand.

Kompetenter Direktvertrieb (SEP 2): Wir sind in der Nähe der Kunden. Durch diese Nähe, die Professionalität in Akquisition und Auftragsabwicklung sowie durch intensive Betreuung der Kundenbasis erreichen wir eine hohe Kundenbindung. Eine besondere Stärke im Marktauftritt unseres Vertriebs ist die hohe Identifikation mit unserem Unternehmen und unserem Leistungsangebot.

Beispiel 4: Geschäftsstrategie eines Unternehmens, das mikroelektronische Produkte entwickelt und fertigt

„Key-Player"-Image (SEP 1): In unseren Märkten sind wir die erste Adresse. Wir gelten als innovativ und umsetzungsstark. Das erfordert selbstredend gute Leistungen, aber auch die Fähigkeit, diese Botschaft zu vermitteln. Professionalität im Marktauftritt und Qualität der Marktleistung sind dafür die Grundlage.

Nutzenorientierte Systemlösungen (SEP 2): Wir sprechen die Sprache unserer Kunden und gewinnen mit attraktiven Lösungsvorschlägen Vertrauen und Anerkennung. Das erfordert von uns integratives Denken, mit dem wir unterschiedliche Technologien wie Mikroelektronik, Informationsverarbeitung und Feinmechanik verknüpfen und in die spezifischen Erzeugnisse unserer Kunden optimal einbetten. Damit helfen wir unseren Kunden, erfolgreich zu sein.

Zielorientierte effiziente Zusammenarbeit (SEP 3): Was wir für unsere Kunden tun und uns Geld bringt, tun wir schnell. Dies gilt besonders für die Umsetzung von Ideen zu Lösungsvorschlägen und zu Produkten. Das erfordert eine enge Zusammenarbeit, die sich am zufriedenen Kunden orientiert und konsequent klar strukturierten Leistungserstellungsprozessen folgt. So gelingt es uns, die scheinbar widersprüchlichen Zielsetzungen Schnelligkeit, attraktive Preise und hohe Qualität in Einklang zu bringen.

Die Entwicklung strategischer Kompetenzen ist zunächst ein kreativer Prozess, der von den an der Strategieentwicklung beteiligten Führungspersönlichkeiten eine visionäre Vorstellung in Form des Leitbildes erfordert. Daneben gibt es aber ein Hilfsmittel, wie sich strategische Kompetenzen aufspüren lassen. Dazu greifen wir auf das Erfolgsfaktoren-Portfolio zurück, wie es in Bild 3-23 dargestellt wird. Bild 3-74 zeigt links das gegenwärtige Erfolgsfaktoren-Portfolio und rechts daneben das **zukünftige Erfolgsfaktoren-Portfolio**. In diesem beziehen sich die Bedeutung der Erfolgsfaktoren und ihre relative Stärke auf einen zuvor definierten Zeitpunkt in der Zukunft. Wir halten diese Zukunftsbetrachtung für sehr wichtig, weil die Erfolgsfaktoren von heute nicht zwangsläufig die von morgen sein müssen. Erfolgsfaktoren rechts oben in Bild 3-74 bilden die Basis für strategische Erfolgspositionen. Die Einordnung der Erfolgsfaktoren im zukünftigen Portfolio ergibt sich in Verbindung mit Markt- und Umfeldszenarien, die die Entwicklungsmöglichkeiten der Wettbewerbsarena beschreiben. Daher ergeben sich je Erfolgsfaktor mehrere Positionen. Im Einzelnen lässt sich das wie folgt kommentieren:

- Die Lieferzeit ist als strategische Erfolgsposition bei beiden Szenarien geeignet, wenn die relative Stärke gehalten werden kann.

- Die Qualität ist nur im Szenario B als strategische Erfolgsposition geeignet. Im Szenario A ist das nicht der Fall; in der entsprechenden Wettbewerbsarena wird hohe Qualität schlicht vorausgesetzt und ist somit für eine Differenzierung im Wettbewerb ungeeignet.

- Hinsichtlich der Bedeutung des Vertriebsnetzes stellt sich die Frage, ob das Unternehmen in diesem Bereich eine Stärke aufbauen kann. Da daran kaum ein Weg vorbeiführt, würde sich der Erfolgsfaktor Vertriebsnetz auch als strategische Erfolgsposition anbieten.

- Der Erfolgsfaktor Preis hat eine mittlere Bedeutung und kommt daher als strategische Erfolgsposition nicht in Betracht. Es ist aber offensichtlich, dass das Unternehmen im Fall des Szenario A seine Position wesentlich verbessern muss, um aus der Zone der kritischen Erfolgsfaktoren herauszukommen.

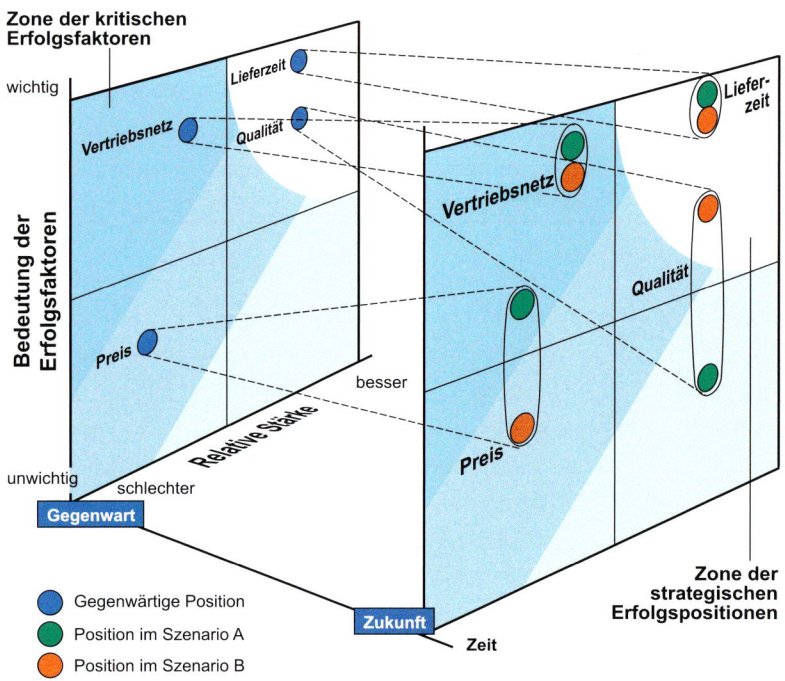

Bild 3-74:   Gegenwärtiges und zukünftiges Erfolgsfaktoren-Portfolio

3.4.3   Strategische Positionierung – Märkte und Marktleistung

Während in einem Leitbild die grundsätzlichen Ziele umrissen werden, umfasst die strategische Positionierung die Festlegung der **Wettbewerbsarena** in Form von strategischen Geschäftsfeldern sowie die Entwicklung einer Wettbewerbsstrategie zur Ermittlung und Ausschöpfung von Wettbewerbsvorteilen innerhalb dieser Produkt-Markt-Kombinationen.

Entwicklung strategischer Geschäftsfelder (SGF)

Zur Ermittlung strategischer Geschäftsfelder wird auf die Marktleistung-Marktsegmente-Matrix zurückgegriffen (vgl. Bild 3-5). Strategische Geschäftsfelder sind Geschäftsfelder oder Cluster von Geschäftsfeldern, in denen das Unternehmen in der Zukunft nachhaltigen Erfolg erzielen kann. Um strategische Geschäftsfelder identifizieren zu können, wird daher die bestehende Marktleistung-Marktsegmente-Matrix um die potentiellen zusätzlichen Marktleistungen sowie die potentiellen zusätzlichen Marktsegmente ergänzt (Bild 3-75). Diese können beispielsweise mit Hilfe einer Auswir-

kungsanalyse bzw. einer Handlungsoptionen-Matrix aus den Szenarien abgeleitet werden. In der erweiterten Marktleistung-Marktsegmente-Matrix ergeben sich vier Arten von zukünftigen Geschäftsfeldern:

- **Traditionelle Geschäftsfelder** sind Geschäftsfelder, in denen bisherige Marktsegmente mit bisherigen Marktleistungen bedient werden. Entsprechend der Produkt-Markt-Matrix geht es in diesen Geschäftsfeldern um eine Marktdurchdringung.

- **Markterweiternde Geschäftsfelder** sind Geschäftsfelder, in denen mit bisherigen Marktleistungen neue Marktsegmente bedient werden. Strategische Stoßrichtungen sind Marktentwicklung, Marktfindung und ggf. konzentrische Diversifikation.

- **Programmerweiternde Geschäftsfelder** sind Geschäftsfelder, in denen bisherige Marktsegmente mit neuen Marktleistungen bedient werden. Strategische Stoßrichtungen sind Produktentwicklung, Produktfindung und horizontale Diversifikation.

- **Völlig neue Geschäftsfelder** sind Geschäftsfelder, in denen neue Marktsegmente mit neuen Marktleistungen bedient werden. Hier handelt es sich um eine konglomerative bzw. eine zukünftige Diversifikation.

Anschließend werden den identifizierten Geschäftsfeldern Ziele zugewiesen. Im Wesentlichen sind das Umsatz und Gewinn. Es bietet sich aber auch an, die Geschäftsfelder mit zukunftsorientierten Kennwerten wie Marktattraktivität (Marktgröße, Marktwachstum, Wettbewerbsintensität etc.) bzw. Geschäftspotential (Umsatzmöglichkeiten, Gewinnmöglichkeiten etc.) weiter zu charakterisieren.

Im Rahmen unserer Strategieberatungen haben wir festgestellt, dass vielen Führungspersönlichkeiten eine

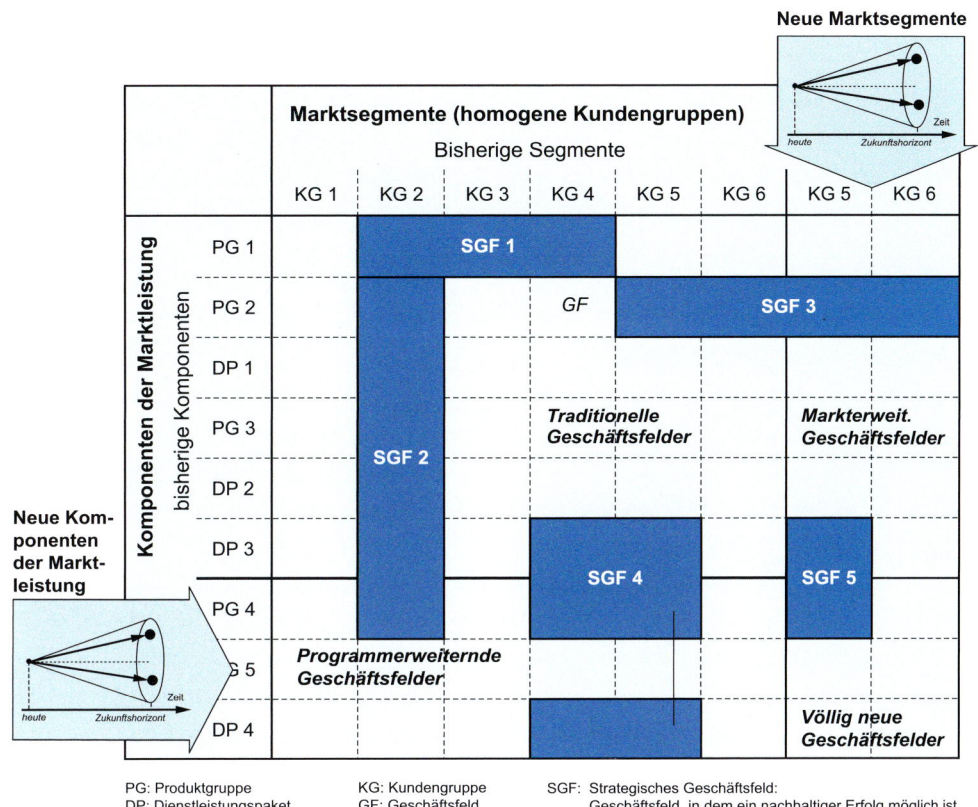

Bild 3-75: *Erweiterte Marktleistung-Marktsegmente-Matrix*

solche **zukunftsorientierte Segmentierung** schwer fällt. Sie neigen dazu, alle Geschäftsfelder abdecken zu wollen – und sei es dadurch, dass sie die erweiterte Matrix mit sehr vielen oder sehr großen SGF füllen. Wir stehen hier auf dem Standpunkt, dass in der Regel eine Fokussierung auf die wirklich erfolgversprechenden SGF notwendig ist, u.a. um dem Grundsatz der Konzentration der Kräfte zu entsprechen.

Das zentrale Problem ist aber nach wie vor die eigentliche Marktsegmentierung. In der Regel wird der Markt nach Kundentypen aufgeteilt. Typische Merkmale bei Geschäftskunden sind Größe des Unternehmens, Art der Erzeugnisse, verarbeitete Werkstoffe etc. Verbraucher werden nach Alter, Kaufkraft, Lebensform etc. eingeteilt. Damit werden aber noch nicht die Anforderungen der Kunden an die Marktleistung exakt definiert. Die Folge ist, dass den einzelnen Marktsegmenten Produkte zugeordnet werden, ohne exakt zu wissen, was das eigentliche Kundenproblem ist. Der renommierte Harvard-Marketingprofessor THEODORE LEVITT pflegte seinen Studenten zu sagen:

„Die Menschen wollen keine 50 Millimeter großen Bohrer, sie wollen 50 Millimeter große Löcher in den Wänden".

Offensichtlich wollen die Kunden keine Produkte kaufen, sondern Aufgaben lösen. Statt nach den üblichen Merkmalen Kundengruppen zu bilden, ist es wichtig, die Kunden zu beobachten und ein tiefes Verständnis für die Abläufe und die damit verbundenen Probleme bzw. die Nutzenpotentiale zu entwickeln. Dann ist der Nutzen zu verdeutlichen, weil die Kunden klare Aussagen erwarten, wie ein Produkt ihnen helfen kann und was es konkret bringt [CCH06].

Die Ausrichtung auf strategische Geschäftsfelder kann über die Kanalisierung von Unternehmensaktivitäten hinaus zu einer entsprechenden Gestaltung der Aufbauorganisation des Unternehmens führen. Diese Bildung von **strategischen Geschäftseinheiten (SGE)** wird auch als „Innensegmentierung" bezeichnet.

Entwicklung von Wettbewerbsstrategien

Eng verbunden mit der Festlegung der Wettbewerbs-arena ist die Strategie, mit der das Unternehmen in dieser Arena erfolgreich agieren möchte. Die geeigneten Wettbewerbsstrategien können auf diskursive Art bestimmt werden. Basis dafür sind die in Kapitel 3.3 vorgestellten strategischen Handlungsoptionen. Ferner ist hier auch festzulegen, inwieweit in den einzelnen Handlungsbereichen Produkte, Vertrieb/Marketing, Fertigung etc. eine Konkretisierung auf der Stufe der Substrategien (vgl. Bild 3-3) erfolgen muss.

Ein wichtiger Bestandteil von Wettbewerbsstrategien ist die Planung des Umgangs mit potentiellen Wettbewerbern. Dazu sind zunächst die in der anvisierten Wettbewerbsarena relevanten Erfolgsfaktoren zu identifizieren. Anschließend kann die eigene Position bezüglich dieser Erfolgsfaktoren mit der Position der wichtigsten Wettbewerber verglichen werden (Bild 3-76). Eine besondere Rolle spielt dabei häufig die vom Unternehmen bzw. den Wettbewerbern angestrebte Preisregion. Daraus können sich auch Ansätze für die Gestaltung der Wettbewerbsstrategie ergeben.

Im Idealfall wäre je strategischem Geschäftsfeld die Strategie gut strukturiert und nachvollziehbar zu beschreiben. Da dies relativ aufwändig ist und auch jährlich im Vorfeld der Budgetierung zu aktualisieren ist,

hat sich die Dokumentation der Strategie nach einem 4-seitigen Schema bewährt (vgl. Bild 3-77 und Bild 3-78). Dieses Schema repräsentiert die Argumentationslinie ausgehend von der Charakterisierung der Marktleistung bis zur Entscheidung der Unternehmensleitung für den Eintritt in dieses Geschäft bzw. für die Fortsetzung dieses Geschäfts. Den Abschluss bildet die Auflistung der Maßnahmen, die im positiven Fall mit hoher Priorität durchzuführen wären. Auf den Punkt „Maßnahmen" gehen wir im folgenden Unterkapitel noch näher ein.

3.4.4 Konsequenzen und Maßnahmen

Wenn die unternehmerische Vision Wirklichkeit werden soll und insbesondere die darin enthaltenen konkreten Ziele erreicht werden sollen, sind Konsequenzen zu ziehen und Maßnahmen durchzuführen. **Konsequenzen** beschreiben, was in welchen Handlungsbereichen grundsätzlich geschehen muss. **Maßnahmen** sind konkrete Aktivitäten, die aus den Konsequenzen resultieren. Sie haben einen Anfang und ein Ende und insbesondere einen Verantwortlichen. Die Maßnahmen sind Gegenstand der operativen Führung und des Strategie-Controllings (Umsetzungs-Controllings).

Handlungsbereiche für Konsequenzen sind zunächst die üblichen Funktionsbereiche wie Marketing/Vertrieb, Entwicklung/Konstruktion, Fertigung, Einkauf etc. Orthogonal dazu bieten sich aber auch Handlungsbereiche wie Produkte, Personalentwicklung, Finanzierung etc. an. In der Regel wird eine Konsequenz durch mehrere Maßnahmen konkretisiert. Der folgende Kasten enthält einige Beispiele. Häufig sind die Konsequenzen so weitreichend, dass einige wenige überschaubare Maßnahmen nicht ausreichen, um ihnen gerecht zu werden. In diesen Fällen bilden die Konsequenzen die Anknüpfungspunkte für die sogenannten Substrategien, wie wir das in Bild 3-3 visualisiert haben. D.h. beispielsweise, dass eine Konsequenz im Handlungsbereich Produkte zu einer Pro-

Anbieter	Preisregion			Stellung bei den Erfolgsfaktoren			
	Unten	Mitte	Oben	Produkt-qualität	Vertriebs-organisation	Pre-Sales-Support	Programm-breite
Mitbewerber A	▬			○	○	-	○
Mitbewerber B		▬		-	○	+	○
Mitbewerber C		▬		○	+	+	++
Mitbewerber D	▬			○	○	○	++
Mitbewerber E			▬	+	+	○	-
Mitbewerber F			▬	++	+	++	++
Eigenes Unternehmen		▬		+	-	○	○

++ herausragend, + gut, ○ branchenüblich, - schwach, -- sehr schwach

Bild 3-76:　SGF-spezifische Wettbewerber-Analyse

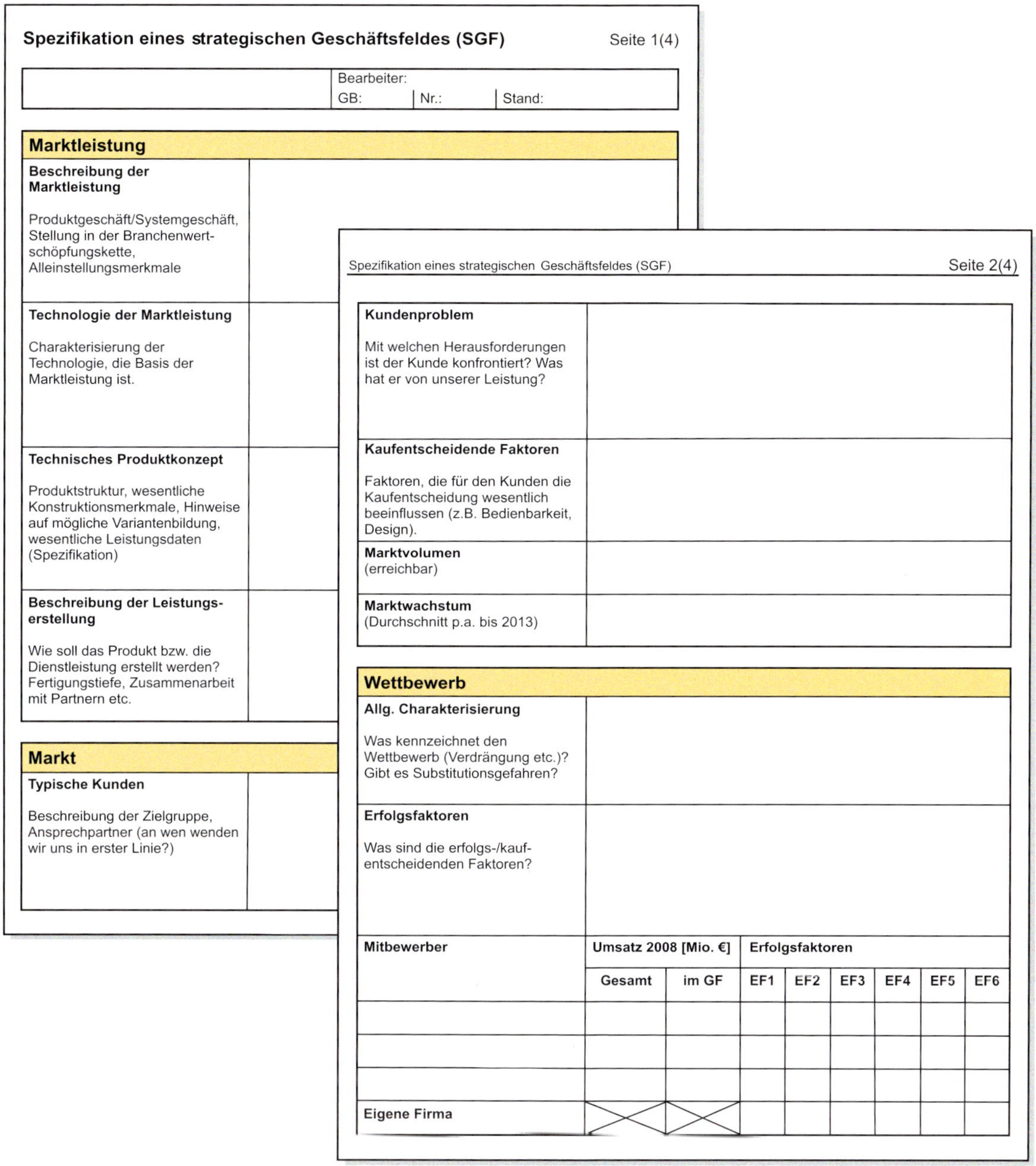

Spezifikation eines strategischen Geschäftsfeldes (SGF) Seite 1(4)

Bearbeiter:
GB: | Nr.: | Stand:

Marktleistung

Beschreibung der Marktleistung

Produktgeschäft/Systemgeschäft, Stellung in der Branchenwertschöpfungskette, Alleinstellungsmerkmale

Technologie der Marktleistung

Charakterisierung der Technologie, die Basis der Marktleistung ist.

Technisches Produktkonzept

Produktstruktur, wesentliche Konstruktionsmerkmale, Hinweise auf mögliche Variantenbildung, wesentliche Leistungsdaten (Spezifikation)

Beschreibung der Leistungserstellung

Wie soll das Produkt bzw. die Dienstleistung erstellt werden? Fertigungstiefe, Zusammenarbeit mit Partnern etc.

Markt

Typische Kunden

Beschreibung der Zielgruppe, Ansprechpartner (an wen wenden wir uns in erster Linie?)

Spezifikation eines strategischen Geschäftsfeldes (SGF) Seite 2(4)

Kundenproblem

Mit welchen Herausforderungen ist der Kunde konfrontiert? Was hat er von unserer Leistung?

Kaufentscheidende Faktoren

Faktoren, die für den Kunden die Kaufentscheidung wesentlich beeinflussen (z.B. Bedienbarkeit, Design).

Marktvolumen
(erreichbar)

Marktwachstum
(Durchschnitt p.a. bis 2013)

Wettbewerb

Allg. Charakterisierung

Was kennzeichnet den Wettbewerb (Verdrängung etc.)? Gibt es Substitutionsgefahren?

Erfolgsfaktoren

Was sind die erfolgs-/kaufentscheidenden Faktoren?

Mitbewerber	Umsatz 2008 [Mio. €]		Erfolgsfaktoren					
	Gesamt	im GF	EF1	EF2	EF3	EF4	EF5	EF6
Eigene Firma								

Bild 3-77: Schema zur Dokumentation einer Geschäftsfeldstrategie (Seite 1 und 2 von 4)

duktstrategie führt, die Fragen der folgenden Art zu beantworten hat: Wie kann die vom Markt geforderte Variantenvielfalt wirtschaftlich bewältigt werden? Oder welche Optionen bzw. Programmerneuerungen bieten wir im Produktlebenszyklus, um das Produkt attraktiv zu halten? Die Antwort auf die erste Frage könnte ein Plattformkonzept sein. Eine mögliche Antwort auf die zweite Frage könnte die Einführung einer neuen Mo-

torengeneration sein. Produktstrategische Festlegungen haben natürlich Auswirkungen auf die weiteren Substrategien wie die Fertigungsstrategie und die Einkaufsstrategie. Dementsprechend sind die Substrategien in der Regel vernetzt.

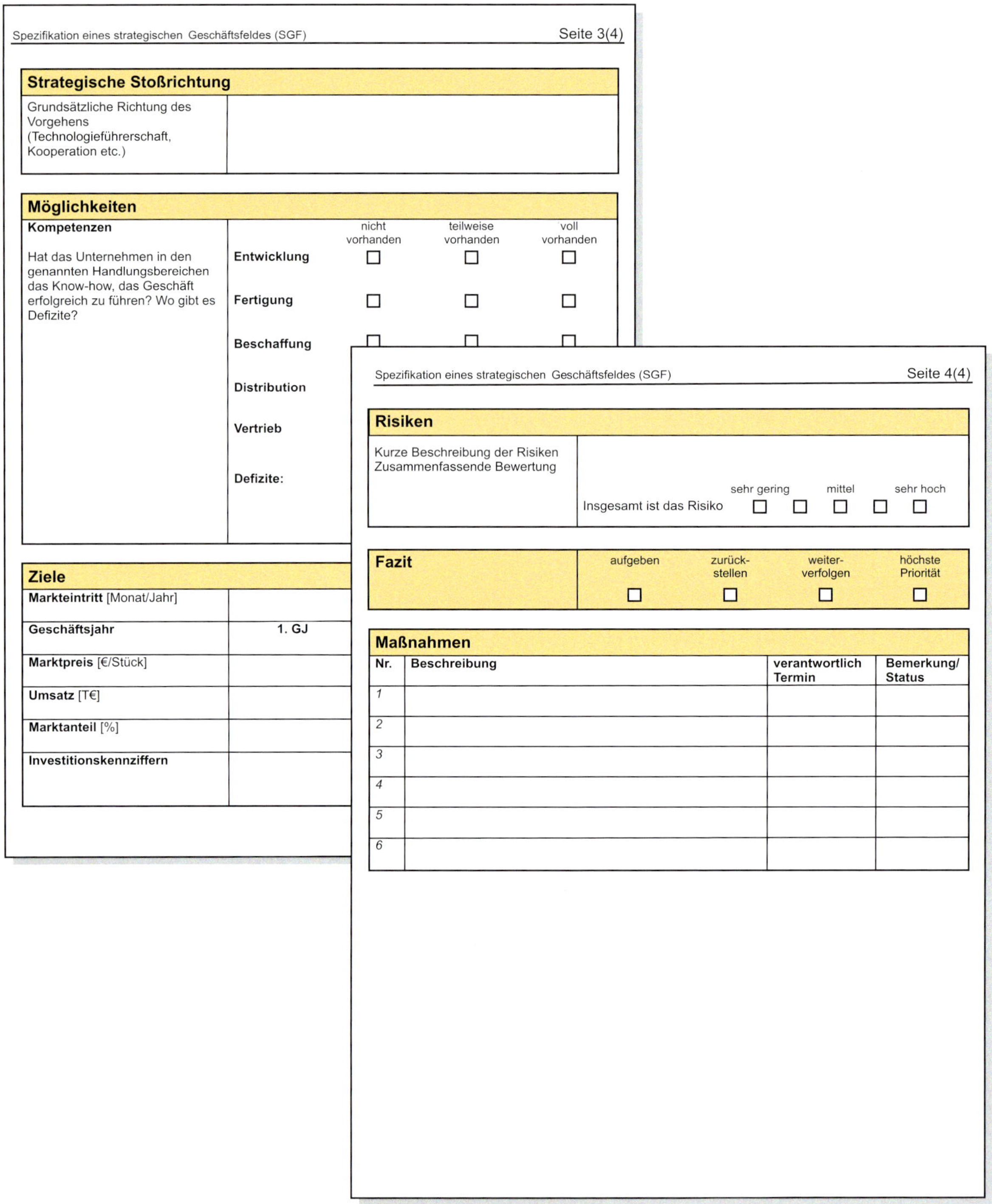

Spezifikation eines strategischen Geschäftsfeldes (SGF)   Seite 3(4)

Strategische Stoßrichtung

| Grundsätzliche Richtung des Vorgehens (Technologieführerschaft, Kooperation etc.) | |

Möglichkeiten

Kompetenzen		nicht vorhanden	teilweise vorhanden	voll vorhanden
Hat das Unternehmen in den genannten Handlungsbereichen das Know-how, das Geschäft erfolgreich zu führen? Wo gibt es Defizite?	Entwicklung	☐	☐	☐
	Fertigung	☐	☐	☐
	Beschaffung	☐	☐	☐
	Distribution			
	Vertrieb			
	Defizite:			

Ziele

Markteintritt [Monat/Jahr]	
Geschäftsjahr	1. GJ
Marktpreis [€/Stück]	
Umsatz [T€]	
Marktanteil [%]	
Investitionskennziffern	

Spezifikation eines strategischen Geschäftsfeldes (SGF)   Seite 4(4)

Risiken

Kurze Beschreibung der Risiken Zusammenfassende Bewertung		sehr gering		mittel		sehr hoch
Insgesamt ist das Risiko		☐	☐	☐	☐	☐

Fazit

	aufgeben	zurück- stellen	weiter- verfolgen	höchste Priorität
	☐	☐	☐	☐

Maßnahmen

Nr.	Beschreibung	verantwortlich Termin	Bemerkung/ Status
1			
2			
3			
4			
5			
6			

Bild 3-78: Schema zur Dokumentation einer Geschäftsfeldstrategie (Seite 3 und 4 von 4)

Ermittlung von Maßnahmen

Wesentliche Elemente des Weiterentwicklungsprozesses sind die **Maßnahmen**. Sie verdeutlichen, an welchen Stellen konkret die Hebel anzusetzen sind. Bei der Entwicklung von Maßnahmen kommt es weniger auf die Anzahl der Maßnahmen, sondern mehr auf deren strategischen Charakter an, d.h. auf deren Beitrag zur Verwirklichung der Strategie. Nach unserer Erfahrung ist die Ermittlung von Maßnahmen für den

Konsequenzen und Maßnahmen (Beispiele)

Proaktives Produktmarketing entwickeln: Wir müssen energisch darauf hinwirken, dass die von uns erstellte Marktleistung auch verkauft wird. Es reicht nicht aus, diese den Gruppenunternehmen lediglich „bereitzustellen".

Maßnahme 1: Gremienarbeit intensivieren
[L. Katthaus, laufend]

Zunächst sind Gremien auf nationaler, europäischer und internationaler Ebene zu identifizieren, die für unser Geschäft relevante Arbeit leisten. Wir sollten uns in den Gremien engagieren und auch Verantwortung übernehmen. Uns interessieren Resultate, die wir im Verkaufsprozess wirkungsvoll nutzen können. Vor diesem Hintergrund ist auch die derzeitige Gremienarbeit kritisch zu überprüfen.

Maßnahme 2: Produktprogramm „Atlanta" forcieren
[C. Hohle, September 2009]

Auf der Basis der guten Resonanz der Markteinführung ist die offensichtliche Chance zu nutzen, sich im höherwertigen Bereich zu etablieren. Als nächstes wäre zu erledigen:

- Kundenbefragung (Handel) durchführen, um ein exaktes Bild über Stärken und Schwächen zu erhalten.
- CD-Rom erstellen
-
-

Fertigung restrukturieren: Die nach dem Werkstattprinzip organisierte Fertigung verursacht zu hohe Bestandskosten. Ferner streuen die Durchlaufzeiten zu stark und die Liefertreue ist mangelhaft. Eine Restrukturierung ist im Kontext der neuen Geschäftspolitik auf europäischer Ebene durchzuführen.

Maßnahme 3: Produktspektrum definieren
[F. Mayr, November 2009]

Es liegt ein erstes Konzept vor, aus dem hervorgeht, welcher europäische Standort welche Produkte herstellen soll. Auf dieser Basis ist zu vereinbaren, welche Produkte künftig am Standort x gefertigt werden sollen.

Maßnahme 4: ABC-Analyse
[F. Mayr, November 2009]

Dies ist zusammen mit dem Vertrieb Deutschland sowie den Landesgesellschaften zu erledigen. Ferner ist eine Programmbereinigung vorzunehmen.

Maßnahme 5: Neue Fertigungskonzeption entwickeln
[R. Kaiser, März 2010]

Basis dafür ist die ABC-Analyse. Für die A-Produkte ist die Fertigung nach dem Fließprinzip zu organisieren. Der Rest ist nach dem Werkstattprinzip zu behandeln. Dabei ist zu überprüfen, ob es sinnvoll ist, neue CNC-Maschinen einzusetzen.

Moderator eines Strategieprozesses eine kritische Phase. Gelingt es ihm nicht, zwischen operativen Maßnahmen und strategischen Maßnahmen mit einer großen Hebelwirkung zu differenzieren und lässt er sich auf einen zu umfangreichen Maßnahmenkatalog ein, so wächst die Gefahr, dass die wirklich strategierelevanten Maßnahmen in der Masse untergehen und der Veränderungsprozess erst gar nicht in Gang kommt. Abgesehen von den negativen Auswirkungen auf die Unternehmenszukunft ist eine weitere negative Konsequenz zu beachten: Unter einer stockenden Strategieumsetzung leidet die Glaubwürdigkeit des Managements – was für sich allein schon katastrophal ist.

Entscheidend für den Erfolg der Strategieumsetzung sind die Haltung und das Handeln der Führungspersönlichkeiten. Sie müssen die Brücke zwischen der Strategie und dem operativen Tagesgeschäft schlagen sowie die Strategieumsetzung überzeugend praktizieren. Es bietet sich daher an, dass Mitglieder des Managements persönlich die Verantwortung für einzelne Maßnahmen übernehmen und dies im Unternehmen auch deutlich kommuniziert wird. Stattdessen ist es immer wieder zu beobachten, dass eine strategierelevante Maßnahme als existenzentscheidend für das Unternehmen dargestellt wird, aber die Verantwortung für diese Maßnahme einer subalternen Person ohne jegliche Macht übertragen wird. Das Top-Management hält sich hier offenbar zurück. Entweder ist es nicht risikobereit oder es glaubt selbst nicht richtig an den Erfolg der Strategie. Wie dem auch sei – die Signalwirkung auf die Mitarbeiter braucht nicht näher kommentiert zu werden.

Im Prinzip sind Maßnahmen Projekte. Umfangreichere Maßnahmen werden daher dem im Unternehmen üblichen Projektmanagement unterworfen.

Bewertung und Priorisierung von Maßnahmen

Eine häufig anzutreffende Schwierigkeit im Rahmen der Strategieentwicklung ist die Bewertung und Priorisierung entwickelter Maßnahmen. Daher kann es sinnvoll sein, den Prozess der Maßnahmenpriorisierung zu systematisieren. Dabei werden für die einzelnen Maßnahmen drei Kennwerte ermittelt:

- **Zielerreichung:** Dieser Wert gibt an, in welchem Umfang die Maßnahme zur Realisierung der Unternehmensziele beitragen würde. Die Bewertung kann anhand einer Skala von 5 bis 1 erfolgen (5 = sehr hohe Zielerreichung; 1 = geringe Zielerreichung).

- **Fristigkeit:** Innerhalb welcher Zeit lässt sich die Handlungsoption realisieren. Hier wird eine auf das spezifische Unternehmen angepasste Skala verwendet, die grundsätzlich von lang- bis kurzfristiger Realisierbarkeit reicht.

- **Ressourcen:** Dieser Kennwert beschreibt die Höhe der zur Realisierung der Handlungsoption notwendigen Ressourcen. Auch hier ist eine spezifische Anpassung notwendig.

Aus den Dimensionen Zielerreichung und Fristigkeit wird anschließend ein Zielerreichungs-Fristigkeits-Portfolio aufgespannt (Bild 3-79). In dem Portfolio ergeben sich vier charakteristische Bereiche:

- *Sofort die Initiative ergreifen:* Entsprechende Handlungsoptionen können kurz- bis mittelfristig erheblich zur Zielerreichung beitragen. Bei geringem Ressourcenbedarf sind entsprechende Maßnahmen ohne großen organisatorischen Aufwand zu starten. Bei größerem Ressourcenbedarf sind kurzfristige Sonderaktivitäten einzuleiten.

- *Nutzenpotentiale systematisch erschließen:* Hier liegen erhebliche Nutzenpotentiale vor, die sich allerdings nur längerfristig erschließen lassen. Bei geringem Ressourcenbedarf ist zu klären, wie sich entsprechende Aktivitäten absichern lassen, so dass eine Nachahmung erschwert wird. Maßnahmen mit einem großen Ressourcenbedarf sind in die strategische Unternehmensplanung zu integrieren.

- *Integration in den Planungsprozess prüfen:* In diesem Feld liegen Maßnahmen, die sich zwar kurzfristig realisieren lassen, die aber gleichzeitig nicht entscheidend zur Zielerreichung beitragen. Solche Maßnahmen sind am ehesten dann von Interesse, wenn sie keine großen Ressourcen benötigen und

Beispiel für ein Vorgehen zur Strategieentwicklung

Das vorliegende Buch enthält einen allgemeinen Ordnungsrahmen für die zukunftsorientierte Unternehmensgestaltung und in Kapitel 3 ein generisches Modell zur strategischen Führung. Wird man nun mit der Aufgabe konfrontiert, für ein existierendes Unternehmen eine Geschäftsstrategie zu erarbeiten, so sind der Ordnungsrahmen konkret auszufüllen und das Vorgehensmodell auszuprägen. Dazu gehört auch, dass aus der großen Anzahl der vorgestellten Methoden diejenigen zum Einsatz kommen, die für diesen spezifischen Fall besonders geeignet sind. So entsteht ein fallspezifisches Vorgehensmodell, das wir häufig in der folgenden Weise plakativ darstellen.

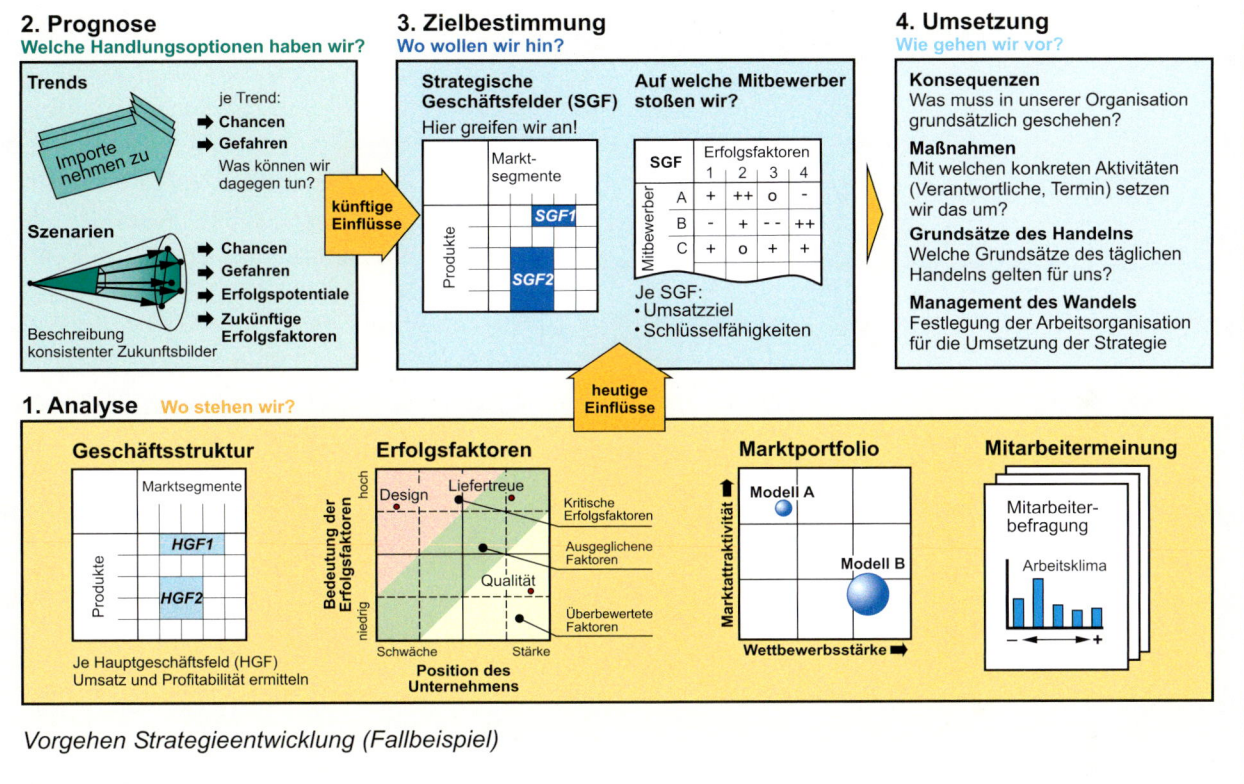

Vorgehen Strategieentwicklung (Fallbeispiel)

sich in den bestehenden Planungsprozess integrieren lassen.

- *Entwicklungen beobachten und Optionen offen halten:* Maßnahmen, die selbst langfristig nur eine geringe Zielerreichung versprechen, sind für die laufende Planung – insbesondere bei hohem Ressourcenbedarf – nicht relevant. Häufig werden jedoch die in den Maßnahmen enthaltenen Möglichkeiten erst später erkannt. Daher ist es sinnvoll, die Entwicklung der den Maßnahmen zugrunde liegenden Chancen und Gefahren zu beobachten und sich ggf. Optionen offen zu halten.

Strategische Programme

Auf der Unternehmensebene werden anstelle von Konsequenzen und Maßnahmen häufig **strategische Programme** formuliert. Sie sollen der erforderlichen Weiterentwicklung des gesamten Unternehmens Schubkraft verleihen. Ein Beispiel wäre ein Programm, das den Aufbau von Softwarekompetenz in einem Maschinenbau-Unternehmen zum Ziel hat, weil die Unternehmensführung erkannt hat, dass künftig ein erheblicher Teil des Kundennutzens und der Wertschöpfung durch Software erreicht werden wird.

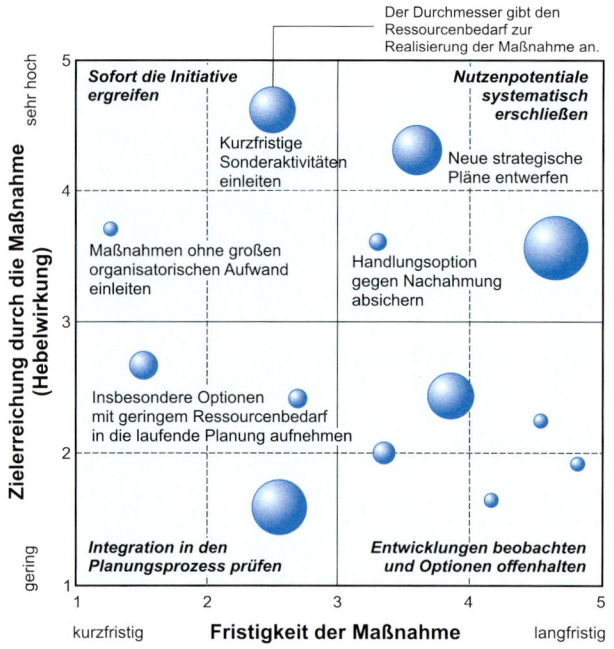

Bild 3-79:   Priorisierung von Maßnahmen mit dem Zielerreichungs-Fristigkeits-Portfolio

Strategische Programme setzen häufig auch Standards in den Prozessen, wie das im Zusammenhang mit der Einführung von SAP R/3 oder einem standortübergreifenden Produktdatenmanagement der Fall ist. Damit erhöhen die Unternehmen nicht nur die Effizienz, sondern stärken auch die Fähigkeit, standortübergreifend zu kooperieren.

Die genannten Beispiele zeigen, dass solche Programme sehr viel Zeit, Geld und Aufmerksamkeit durch das Management kosten. Allein mit Effizienzerhöhung im operativen Geschäft lässt sich das oft nicht rechtfertigen. Dahinter steckt in der Regel eine Vision, die eine sehr Erfolg versprechende Positionierung im Wettbewerb von morgen beschreibt.

3.4.5 Strategiekonforme Weiterentwicklung der Unternehmenskultur

Eine Unternehmens- bzw. Geschäftsstrategie kann nicht losgelöst von der Unternehmenskultur entwickelt werden. Jede spezifische Strategie erfordert eine spezifische Unternehmenskultur. Diese für die Umsetzung einer Strategie optimale Unternehmenskultur wird als **Soll-Unternehmenskultur** bezeichnet. Bestehen zwischen der vorherrschenden Ist-Unternehmenskultur

und der für die Strategieumsetzung erforderlichen Soll-Unternehmenskultur erhebliche Diskrepanzen, so wird die Strategie mit Sicherheit scheitern. In einer derartigen Situation wäre das Unternehmen gut beraten, eine andere Strategie zu wählen.

Maßnahmen zur Überwindung von Unternehmenskultur-Defiziten

In der Regel decken sich Ist- und Soll-Unternehmenskultur nicht vollständig. In einigen Merkmalen liegt Übereinstimmung vor, in anderen Merkmalen gibt es Diskrepanzen. In solch typischen Situationen stellt sich im Rahmen der Strategieentwicklung die Aufgabe, Maßnahmen zur Überwindung dieser Diskrepanzen – d.h. zur Weiterentwicklung der Unternehmenskultur – zu definieren. Diese Maßnahmen ergänzen den bereits erstellten Maßnahmenkatalog. Bild 3-80 verdeutlicht dieses Vorgehen.

Ausgangspunkt Strategie: Die umzusetzende Strategie weist in der Regel die im Bild wiedergegebene Struktur bestehend aus den Punkten A bis E auf. Auf den Punkt E „Grundsätze des Handelns" gehen wir unmittelbar nach diesem Abschnitt ein.

Ermittlung der Soll-Unternehmenskultur: Dies erfolgt mit Hilfe der bereits in Kapitel 3.2.7 vorgestellten Checkliste (vgl. Bild 3-30). Während bei der Ermittlung der Ist-Unternehmenskultur nach den derzeit vorhandenen Ausprägungen der Merkmale gefragt wird, lautet hier die Frage, inwieweit diese Merkmale für die umzusetzende Strategie relevant sind. Daraus ergibt sich das Profil der Soll-Unternehmenskultur.

Identifikation von Unternehmenskulturdefiziten: Aus der Gegenüberstellung von Ist- und Soll-Unternehmenskultur ergeben sich Diskrepanzen, d.h. die relativ geringe Ausprägung in diesen Merkmalen erschwert die Umsetzung der Strategie bzw. macht ein Scheitern der Strategieumsetzung sehr wahrscheinlich. Die erkannten Defizite sind durch Maßnahmen zu überwinden.

Entwicklung von Maßnahmen: PÜMPIN et al. gliedern die Maßnahmen in direkte und indirekte Maßnahmen.

Direkte Maßnahmen tragen unmittelbar zur Überwindung der erkannten Defizite bei. Beispielsweise wäre die Einführung des Personalführungsinstrumentes „Führen mit Zielvereinbarungen" eine direkte Maßnahme zur Überwindung eines Defizits im Bereich Mitarbeiterorientierung. Im Prinzip entsprechen diese Maßnahmen der Art der Maßnahmen, die im vorangegangenen Kapitel erläutert worden sind. Daher sind es in der Regel auch die direkten Maßnahmen, die dem bereits vorhandenen Katalog hinzugefügt werden. **Indirekte Maßnahmen** stehen für Verhaltensweisen – in erster Linie der Chefs – und „ungeschriebene Gesetze", die mittelbar zur Weiterentwicklung der Unternehmenskultur beitragen, aber gleichwohl eine hohe Hebelwirkung aufweisen. Beispiele für indirekte Maßnahmen sind die offene Tür des Chefs, der separate runde Besprechungstisch im Chef-Büro, die aktive Kommunikation von guten Leistungen, der Vorrang des Gespräches vor schriftlichen internen Mitteilungen im Falle eines Problems etc.

Während die direkten Maßnahmen in den Maßnahmenplan zur Strategieumsetzung aufgenommen werden und im Prinzip wie Projekte behandelt werden, finden die indirekten Maßnahmen ihren Niederschlag in den Grundsätzen des Handelns. Darauf gehen wir im Folgenden kurz ein.

Grundsätze des Handelns

Die Grundsätze des Handelns sollen die Unternehmenskultur charakterisieren und prägen. Vielerorts ist es üblich, diese offensiv zu kommunizieren, indem beispielsweise entsprechende Poster aufgehängt werden. Das Entscheidende ist, dass diese Grundsätze auch gelebt werden. Wenn das nicht so ist, dann sind sie nicht das Papier wert, auf dem sie stehen. In solchen Fällen ist es klüger, sich keine Grundsätze zu geben, weil nicht gelebte Grundsätze zu Sarkasmus herausfordern und somit kontraproduktiv sind. Dazu ein Beispiel: Der Grundsatz „Bei uns steht der Mensch im Mittelpunkt" provoziert in solchen Situationen todsicher „… und damit jedem im Wege". Abgesehen davon erscheint uns dieser Grundsatz eine Spur zu hehr. Besser kommen Grundsätze an, die gewünschte Verhaltensweisen treffend beschreiben und nicht zu weit von der Realität

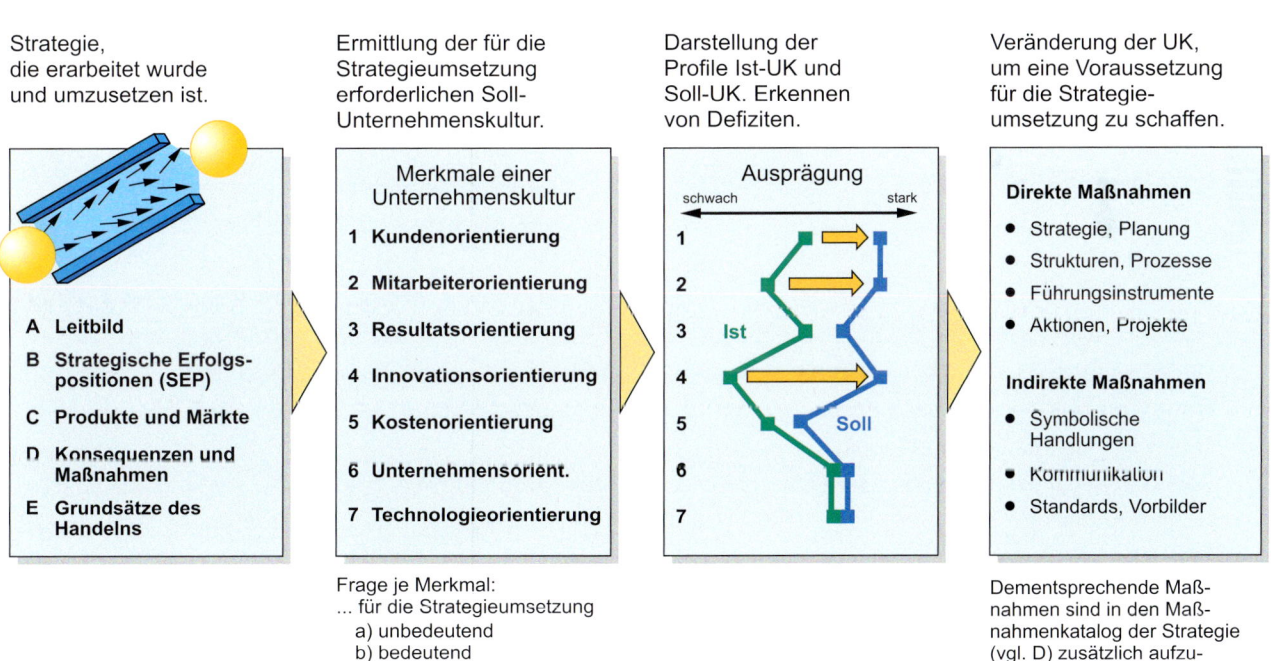

Bild 3-80: Vorgehen zur Identifikation von Maßnahmen zur strategiekonformen Weiterentwicklung der Unternehmenskultur nach Pümpin, Kobi, Wüthrich [PKW85]

entfernt sind. Der folgende Kasten enthält eine Sammlung dementsprechender Grundsätze.

Die Frage an dieser Stelle ist: Wie kommt man im Rahmen der Strategieentwicklung zu geeigneten Grundsätzen? Dazu schlagen wir fünf Schritte vor:

1) Zunächst werden mögliche Grundsätze des Handelns identifiziert. Dazu sind Checklisten eine Hilfe. Es liegt selbstredend nahe, weitere Grundsätze zu kreieren, die der spezifischen Situation gerecht werden.

Unternehmenskulturprägende Grundsätze (Beispiele)

Die folgende Aufstellung enthält eine Reihe von uns bekannten Grundsätzen. Diese sind nach fünf Gesichtspunkten strukturiert:

Der Kunde

- Jeder Kunde ist ein Referenzkunde.
- Wesentlich ist, was unsere Kunden von uns halten, und nicht, was wir von uns halten.
- Auf eine Frage erhält ein Kunde innerhalb von 48 Stunden eine konstruktive Antwort.
- Unser Kunde findet leichter einen neuen Auftragnehmer als wir einen neuen Kunden.
- Unser Kunde stört uns nicht bei der Arbeit, er gibt sie uns.
- Vor dem Verdienen kommt das Dienen.
- Der Kunde kommt zuerst.

Die Mitarbeiter

- Hohe Qualifikation und Leistungsbereitschaft unserer Mitarbeiter sind die wichtigsten Voraussetzungen zur Weiterentwicklung und Zukunftssicherung unseres Unternehmens.
- Wir haben nur Erfolg, wenn unsere Mitarbeiter erfolgreich sind.
- Wir sind Unternehmer.

Unser Verhalten

- Wir arbeiten in einer Atmosphäre des gegenseitigen Vertrauens und Wohlwollens.

- Stillstand ist Rückschritt.
- Das Beste oder gar nichts.
- Jeder trägt zum Gewinn bei.
- Wir lösen Probleme und reden nicht nur darüber.
- Die Zusammenarbeit bringt uns voran.
- Alles wird stetig verbessert.

Die Information

- Mit klarer Information schaffen wir Vertrauen und Verständnis.
- Wir informieren uns.

Der Gewinn

- Ein angemessener Gewinn ist das wesentliche Unternehmensziel.
- Gewinn ist keine Größe von morgen. Wir benötigen ihn heute als Voraussetzung zur nachhaltigen Sicherung der Existenz des Unternehmens.
- Der Gewinn sichert unsere Zukunft.

In der Praxis verwenden wir etwa fünf solcher Grundsätze, mehr würde das Anliegen überfrachten. Jeder der Grundsätze wäre prägnant zu erläutern. Im Folgenden werden drei Beispiele gegeben:

Der Kunde kommt zuerst: Der Kunde zahlt unsere Gehälter. Was wir für ihn leisten, muss seine Anerkennung finden; dann ist er auch bereit, dafür zu zahlen, uns wieder einen Auftrag zu geben und uns weiterzuempfehlen. Unsere Leistung vor Ort muss in den Augen des Kunden den Tagessatz uneingeschränkt rechtfertigen.

Jeder trägt zum Gewinn bei: Der Gewinn ist keine Größe von morgen. Wir brauchen ihn heute. Er entsteht, wenn wir mehr Geld einnehmen als ausgeben. Jeder hat an seinem Arbeitsplatz entsprechende Einflussmöglichkeiten, beispielsweise Verschwendung zu unterbinden und durch gute Leistung die Zahlungsbereitschaft der Kunden zu erhöhen. Was liegt näher, als sich darüber bewusst zu werden und dementsprechend zu handeln?

Wir informieren uns: Mit präziser Information schaffen wir Klarheit und Vertrauen. Informieren ist eine Bring- und Holschuld.

2) Anschließend werden die identifizierten Grundsätze hinsichtlich ihrer Bedeutung für die Strategieumsetzung bewertet. Außerdem wird angegeben, inwieweit die Grundsätze das heutige Handeln bestimmen.

3) Die ermittelten und bewerteten Grundsätze werden in ein Portfolio eingetragen, das drei Bereiche aufweist (Bild 3-81).

- *Kritische Grundsätze:* Für Grundsätze in diesem Bereich ergibt sich hinsichtlich der Strategieumsetzung Handlungsbedarf. Die gilt beispielsweise für den Grundsatz „Wir sind zuverlässig". Dies könnte an der mangelnden Liefertreue liegen.

- *Ausgeglichene Grundsätze:* Hier entspricht das gegenwärtige Handeln den Notwendigkeiten der Strategieumsetzung.

- *Überbetonte Grundsätze.* Hier herrschen Einstellungen vor, die in dieser Ausprägung für die Strategieumsetzung nicht notwendig sind. Möglicherweise werden dadurch Ressourcen fehlgeleitet.

4) In diesem Schritt werden die relevanten Grundsätze ausgewählt. Wesent-

liches Kriterium ist die Bedeutung für die Strategieumsetzung. Wir empfehlen, etwa fünf zu bestimmen.

5) Hier ist zu überprüfen, ob Maßnahmen erforderlich sind, mit deren Hilfe ausgewählte Grundsätze gefestigt werden und mehr Gewicht erhalten, sodass diese zu ausgeglichenen Grundsätzen werden. Dies

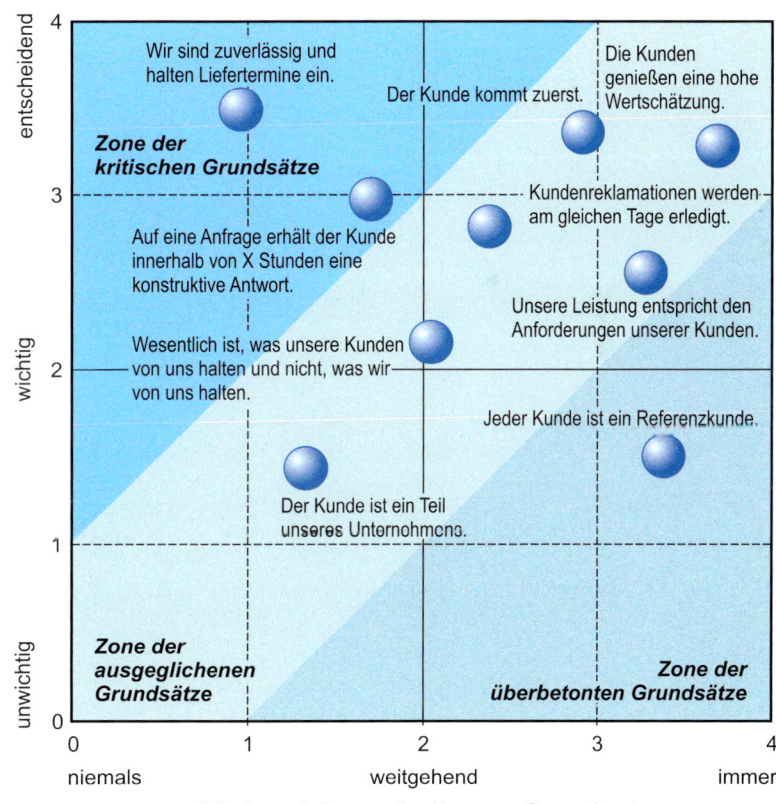

Bild 3-81: *Portfolio zur Einstufung der Grundsätze des Handelns und zur Ermittlung von Maßnahmen zur Kompensation von Defiziten*

würde beispielsweise für den Grundsatz der Zuverlässigkeit gelten. Damit verbunden wären Maßnahmen zur Erhöhung der Liefertreue.

3.5   Strategieumsetzung

Die vierte Phase der strategischen Führung – die Strategieumsetzung – ist am schwierigsten. Nach einer Umfrage des Magazins „Fortune" haben sich mehr als 90 % aller amerikanischen Unternehmen als unfähig erwiesen, eine formulierte Strategie auch auszuführen. Die Gründe für das Scheitern sind fast immer die gleichen:

- **Operative Verzettelung:** Das operative Tagesgeschäft erhält Vorrang vor den Maßnahmen der Strategieumsetzung. Infolgedessen werden für die strategischen Maßnahmen zu wenig Ressourcen eingesetzt. Ferner schenkt das Management der Strategieumsetzung zu wenig Aufmerksamkeit. Häufig mangelt es auch an der Konsequenz und Professionalität der Umsetzung.

  „Strategy Operationalization Stage … is where most of the models become very detailed …, almost as if the planning process suddenly passed through the strategy formulation neck of a wind tunnel to accelerate into the seemingly open space of implementation. In fact, the reality of strategy making would seem to be exactly the opposite: formulation should be the open-ended, divergent process (in which imagination can flourish in the creation of new strategies), while implementation should be the closed-ended, convergent one (in which these given strategies are subjected to the constraints of operationalization)." [Min94]

- **Mangelnde Identifikation mit der Vision:** Der Unternehmensführung gelingt es nicht, „den Funken des Aufbruchs zu übertragen". Insbesondere das mittlere Management identifiziert sich nicht kompromisslos mit den strategischen Maßnahmen. Dies ist der „Lehmschicht-Effekt", d.h. diese Schicht transformiert nicht die Vision der Unternehmensführung und verfolgt statt dessen wie gewohnt diverse Partialinteressen.

- **Vision und Strategie werden nicht operationalisiert:** Ein weiteres Problem der Strategieumsetzung ist die fehlende Verbindung zwischen der unternehmerischen Vision einerseits und den Zielvorgaben der einzelnen Funktionsbereiche.

Wir verstehen diese Phase als Umsetzung der unternehmerischen Vision. Sie entspricht damit dem in der anglo-amerikanischen Managementliteratur verwendeten Begriff der „strategy implementation", die einen Prozess beschreibt, wie bestehende Strategien in aktionsfähige Aufgaben umgewandelt werden und wie sichergestellt wird, dass diese Aufgaben so durchgeführt werden, dass die Strategie wie geplant wirkt. Folglich umfasst die Strategieumsetzung drei wichtige Aspekte (Bild 3-82):

- **Konsequenzen, Maßnahmen und Programme:** Überzeugende Konsequenzen und Maßnahmen bzw. Programme sind die Voraussetzung für die Strategieumsetzung – und damit quasi das Bindeglied zwischen Strategieentwicklung und Strategieumsetzung.

- **Ressourcenplanung und Budgetierung:** Das Gleichgewicht von Ressourcen und Aufgaben ist ein wichtiger Grundsatz. Um die Akzeptanz der Konsequenzen und Maßnahmen sicherzustellen, ist es zwingend notwendig, die erforderlichen Ressourcen bereitzustellen und dementsprechend zu budgetieren.

- **Controlling:** Wir unterscheiden Umsetzungs-Controlling und Prämissen-Controlling. Das **Umsetzungs-Controlling** hat die Aufgabe, die Umsetzung

der Maßnahmen sicherzustellen. Dazu werden entsprechend eines professionellen Projektmanagements regelmäßig Soll-Ist-Vergleiche durchgeführt und ggf. Abweichungen entgegengewirkt. Eine sehr geeignete Grundlage für das Umsetzungs-Controlling ist die Balanced Scorecard nach KAPLAN/NORTON. Mit dem **Prämissen-Controlling** wird regelmäßig überprüft, ob die Annahmen, auf denen die Strategie beruht, nach wie vor gelten.

Da die ersten beiden Aspekte bereits im Rahmen der Strategieentwicklung behandelt wurden bzw. bei der Gestaltung der strategischen Führungsprozesse wieder aufgegriffen werden, konzentrieren wir uns nachfolgend auf das Controlling.

3.5.1 Umsetzungs-Controlling – Mit der Balanced Scorecard mehrdimensional führen

Die zu ziehenden Konsequenzen und umzusetzenden Maßnahmen betreffen viele Funktions- und Handlungsbereiche eines Unternehmens. Die damit verbundenen Ziele lassen sich vorderhand nicht allein durch Finanzkennzahlen ausdrücken. Daher ist ein Führungssystem gefordert, das alle relevanten Dimensionen abbildet.

Auf der Suche nach neuen Steuerungsmöglichkeiten führten 1990 zwölf Unternehmen unter der Leitung des Nolan Norton Institute – des Forschungszweigs der KPMG – eine Untersuchung mit dem Titel „Performance Measurement in Unternehmen der Zukunft" durch. Das Ziel dieses von KAPLAN und NORTON geleiteten Projektes war es, die existierenden, von Finanzkennzahlen dominierten Controlling-Ansätze durch ein umfangreicheres, an den Erfordernissen der strategischen Führung orientiertes Kennzahlen-System zu ersetzen. Das Ergebnis war die Balanced Scorecard (auch: ausgewogener Berichtsbogen) [KN97], [HG98].

„Stellen Sie sich den ausgewogenen Berichtsbogen wie die Instrumenten-

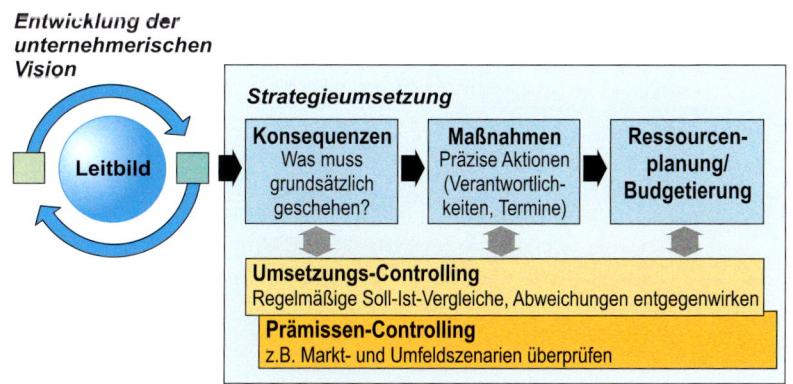

Bild 3-82: Aspekte der Strategie-Implementierung

tafel im Cockpit eines Flugzeugs vor. Für die komplizierte Aufgabe des Navigierens und Steuerns benötigen die Piloten detaillierte Daten über zahlreiche Umstände des Flugs. Sie müssen informiert sein über Treibstoff, Geschwindigkeit, Höhe, Luftdruck, Flugziel und andere Messwerte, die insgesamt ihr derzeitiges und erwartetes Umfeld beschreiben. Sich nur auf ein einziges Instrument zu verlassen kann da verhängnisvoll sein. Auch die Steuerung eines Unternehmens ist heute ähnlich kompliziert. Sie fordert von den Managern, dass sie im gleichen Moment die Leistungen auf ganz unterschiedlichen Feldern überblicken.“ [KN92]

Die Balanced Scorecard (BSC) weist die in Bild 3-83 wiedergegebenen vier Perspektiven auf. Jeder dieser Perspektiven sind strategische Ziele, entsprechende Messgrößen, operative Ziele und durchzuführende Aktivitäten – diese entsprechen den Maßnahmen – zugeordnet. Im Folgenden charakterisieren wir kurz diese vier Perspektiven:

- **Finanzielle Perspektive:** Dieser eher traditionelle Blickwinkel verdeutlicht, inwieweit die Unternehmens- oder Geschäftsstrategie das Betriebsergebnis und den Wert des Unternehmens verbessert. Typische Kennzahlen sind Cashflow und Aktienkurs.

- **Kundenperspektive:** Diese Perspektive zeigt, wie das Unternehmen vom Markt und dem Kunden wahrgenommen wird. Beispiele für Kennzahlen sind Kundenzufriedenheit, Marktanteil etc. KAPLAN/NORTON betonen, dass zu dieser Perspektive auch Kennzahlen gehören, die das Wertangebot des Unternehmens betreffen. Dazu zählen Eigenschaften der Marktleistung, Image, Reputation etc.

- **Interne Geschäftsprozesse:** Hier geht es um die Geschäfts- bzw. Leistungserstellungsprozesse des Unternehmens, die zur Marktleistung und zur Erfüllung von Kundenbedürfnissen/-anforderungen führen. Traditionelle Performance-Measurement-Systeme überwachen hier bestehende Prozesse anhand von Qualitäts-, Ausbeute-, Durchlauf- und Zykluszeitkennzahlen. KAPLAN/NORTON betonen, dass

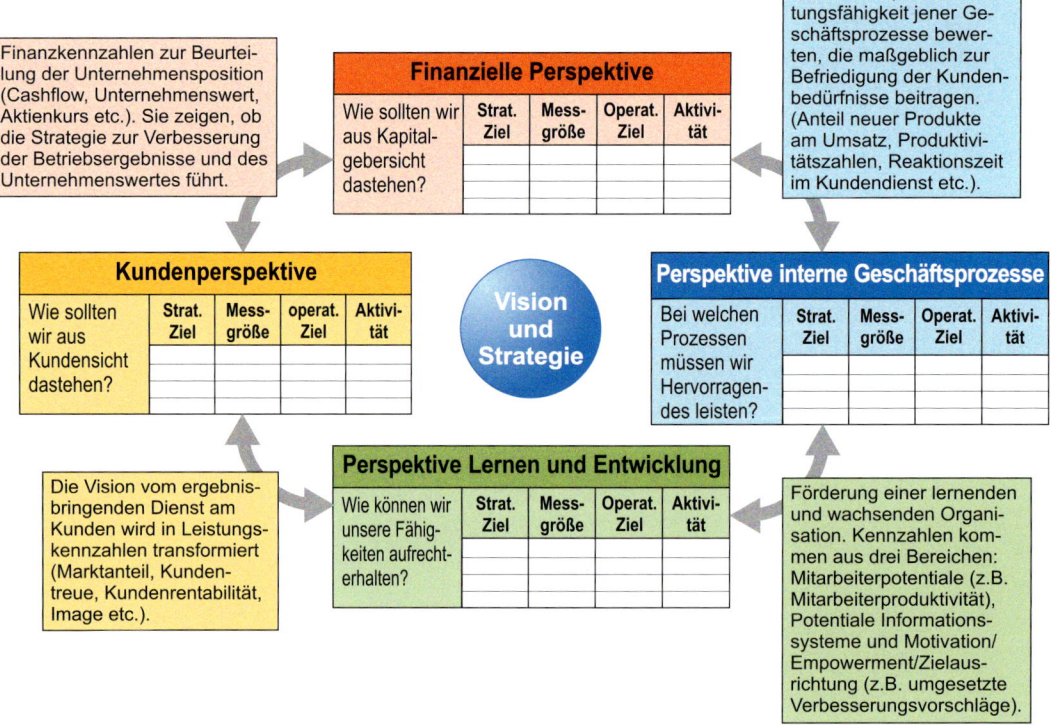

Bild 3-83: Prinzipieller Aufbau der Balanced Scorecard

es bei einer Balanced Scorecard darum geht, zunächst die kritischen Prozesse zu identifizieren und diese in die BSC zu integrieren. Dazu gehören auch Kennzahlen für den Innovationsprozess, d.h. insbesondere die Forschung und Entwicklung. Solche Kennzahlen sind beispielsweise der Prozentsatz des Umsatzes aus neuen Produkten oder die Zeitspanne bis zur Entwicklung der nächsten Produktgeneration.

- **Lernen und Entwicklung:** Hier liegt der Fokus auf der Förderung einer lernenden und wachsenden Organisation. Aktivitäten und Ergebnisse der Lern- und Entwicklungsperspektive sind die treibenden Kräfte für gute Ergebnisse in den drei übrigen Perspektiven. Im Einzelnen geht es um die Erschließung von Mitarbeiterpotentialen, von Potentialen der Informationssysteme und um den Komplex Motivation, Empowerment und Zielausrichtung. Typische Kennzahlen sind Mitarbeiterzufriedenheit und -produktivität, Online-Zugriff auf kundenbezogene Informationen, umgesetzte Verbesserungsvorschläge etc.

Bild 3-84 bringt die Beziehung zwischen unserem Strategieverständnis, dessen Sinnbild der Pfeil von einer heutigen Situation zu einer unternehmerischen Vision ist, und der Balanced Scorecard zum Ausdruck.

In Bild 3-85 sind beispielhaft strategische Ziele, Messgrößen, operative Ziele und Aktivitäten für die vier Perspektiven aufgeführt. Die Aktivitäten entsprechen den Maßnahmen, wie wir sie in Kapitel 3.4.4 erläutert haben.

Die Einführung einer Balanced Scorecard ist in der Regel selbst ein strategisches Programm, für das KAPLAN und NORTON vier Schritte vorschlagen [KN97]:

Definition der Kennzahlenarchitektur (Schritt 1): Am Anfang ist festzulegen, für welche organisatorische Einheit eine BSC angemessen ist. In der Regel ist dies eine Geschäftseinheit mit integrierten Funktionen. Nach der Entscheidung für die Startebene sind die Beziehungen zwischen den einzelnen Geschäftseinheiten sowie dem Unternehmen näher zu untersuchen.

Ermittlung strategischer Ziele (Schritt 2): Ausgehend von der unternehmerischen Vision werden im zweiten Schritt für jede der vier Perspektiven strategische Ziele ermittelt. Dabei sollte die Frage gestellt werden: „Wenn die unternehmerische Vision Erfolg hat, wie werden dann die Leistung für Aktionäre und Kunden, die interne Prozessperspektive sowie die Entwicklungsperspektive aussehen?"

Auswahl und Gestaltung von Kennzahlen (Schritt 3): Jetzt werden die einzelnen strategischen Ziele aufbereitet. Dabei berücksichtigen KAPLAN/NORTON vier Aspekte [KN97]:

1) Verbale Beschreibung der strategischen Ziele;

2) Identifizierung der Kennzahl oder Kennzahlen, die die Absicht des strategischen Ziels am besten zum Ausdruck bringen;

3) Identifizierung der Quellen notwendiger Information für jede Kennzahl und der Maßnahmen, die notwendig werden könnten, um diese Informationen verfügbar zu machen;

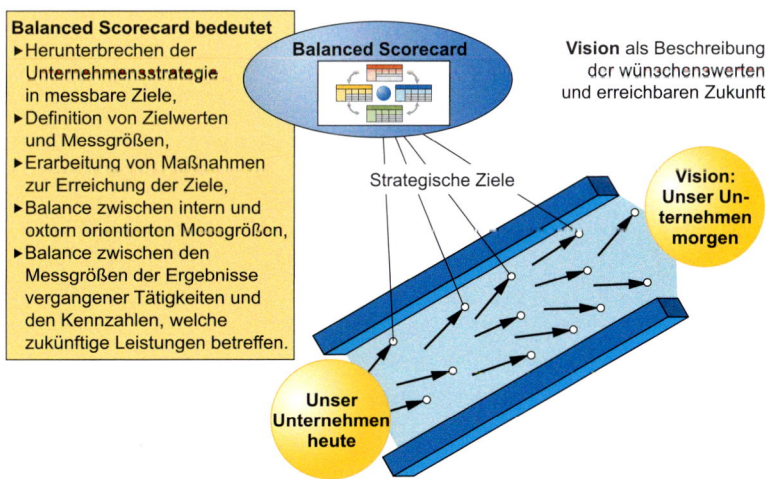

Balanced Scorecard bedeutet
- Herunterbrechen der Unternehmensstrategie in messbare Ziele,
- Definition von Zielwerten und Messgrößen
- Erarbeitung von Maßnahmen zur Erreichung der Ziele,
- Balance zwischen intern und extern orientierten Messgrößen,
- Balance zwischen den Messgrößen der Ergebnisse vergangener Tätigkeiten und den Kennzahlen, welche zukünftige Leistungen betreffen.

Balanced Scorecard

Strategische Ziele

Vision als Beschreibung der wünschenswerten und erreichbaren Zukunft

Vision: Unser Unternehmen morgen

Unser Unternehmen heute

Bild 3-84:   Charakterisierung der Balanced Scorecard und Bezug zur Strategie

	Strategische Ziele	Messgrößen	Operat. Ziele	Aktivitäten
Finanzen	CFROI deutlich steigern	CFROI	18 %	In den folgenden Perspektiven
	Konkurrenzfähige Kosten-struktur aufbauen	% Gesamtkosten vom Umsatz % Vertriebs- und Verwaltungskosten	80 % 7 %	In den folgenden Perspektiven
	Internationales Wachstum vorantreiben	Gesamtumsatz Umsatz nicht EU/USA	1 Mrd. € 450 Mio. €	Marktstudie Mittel-Ost-Europa Task Force"Pazific"
Kunden	Affordable but good: Einfachgeräte positionieren	Marktanteil im Massensegment Bewertungsindex Händler	12 % 75 Indexpunkte	Marketingoffensive Einrichtung Händlerforum
	Excellenz in copying im Hochpreissegment	Marktanteil im Hochpreissegment Imagewerte Zielkunde	16 % 88 Indexpunkte	Designstudie Überarbeitung Marketingmaterial
	Funktionssicherheit erhöh.	Anzahl Störfälle	-45 %	Technikumstellung RCP
	Kundenbetreuung aktiver gestalten	Wiederverkaufsquote Besuche/Zielkunde	75 % 2 p.a.	Key Account Management Vertriebsmeeting
Prozesse	Produkte standardisieren	Gleichteilkosten in Relation zu den gesamten Materialkosten	65 %	Benchmarking mit Hyoto Baukastenanalyse
	Synergien nutzen	Personalkosten in % vom Umsatz Synergiebericht	8,5 % kein Zielwert	Synergieleitfaden erarbeiten Synergiezirkel initiieren
	Fertigungstiefe an Kernkompetenzen anpassen	Kerntechnologiequote	80 %	Definition der Kernkompetenzen Anpassung Fertigungslayout
Lernen/Ent-wicklung	Entwicklungskompetenz steigern	Assessmentwerte (durch F&E, Vertrieb, Produktion, Management)	80 Indexpunkte	Rekrutierungsoffensive Partnerschaft mit Uni
	Neue Medien nutzen	Bestellvorgänge über Internet	+125 %	Neugestaltung Webauftritt
	Mitarbeitermotivation erhöhen	Austritte von Key Employees Mitarbeiterbefragungswerte	3 % 85 Indexpunkte	Einführung Mitarbeiterbefragung Feedbacksystem überarbeiten

Bild 3-85:   Balanced Scorecard: Die vier Perspektiven am Beispiel eines Herstellers von Kopierern [HP00]

4) Identifizierung der Hauptverbindungen und Beeinflussungen zwischen den Kennzahlen innerhalb einer Perspektive sowie zwischen den einzelnen Perspektiven.

Wichtig ist im Rahmen einer BSC die Unterscheidung zwischen **Kernergebnissen** (Spätindikatoren), die vornehmlich das Unternehmen in seinem gegenwärtigen Zustand beschreiben, und **Leistungstreibern**, die im Sinne von Frühindikatoren Auskunft darüber geben, wie sich das Unternehmen in der Zukunft verändern könnte.

Erstellung eines Umsetzungsplans (Schritt 4): Nach Verabschiedung eines Kennzahlen-Systems ist festzulegen, wie deren Handhabung durch informationstechnische Systeme unterstützt werden sollte. Häufig steht am Ende der Umsetzung ein völlig neues Informationssystem für Führungskräfte.

„In den letzten Jahren, in denen wir Erfahrung mit BSC-Programmen gesammelt haben, waren wir von der Wirkung und der Allgemeingültigkeit des Konzepts positiv überrascht. Was als Suche nach einer Verbesserung von Performance-Measurement-Systemen begonnen hatte, hat sich zu einem Ansatz entwickelt, der Führungskräften

hilft, ihr vielleicht größtes Problem zu lösen: eine Strategie ... umzusetzen." [KN97]

3.5.2 Prämissen-Controlling

Im Kontext der Strategieumsetzung sind Prämissen Annahmen, die der Strategie zugrunde liegen. Dabei handelt es sich um Randbedingungen, Voraussetzungen und Zusatzfaktoren, die in der Regel nicht oder nur mittelbar von einem Unternehmen beeinflusst werden können. Sie sind regelmäßig zu überwachen. Änderungen in den Planungsprämissen können nicht nur zu Änderungen von Zielen und Maßnahmen führen, sondern auch eine Überarbeitung oder Neuausrichtung der Strategie erforderlich machen.

Wenn z.B. ein Hersteller von Pumpen seine Strategie auf der Prämisse aufbaut, dass eine Drehzahlregelbarkeit die Zahlungsbereitschaft der Kunden um etwa zwanzig Prozent zum heutigen Kaufpreis erhöht, dann gilt es, dies regelmäßig zu überprüfen. Stellt sich heraus, dass diese Prämisse nicht mehr gültig ist, muss die Geschäftsstrategie überdacht werden, weil die Rentabilität des geplanten Geschäfts gefährdet ist.

Prämissen müssen kontrollierbar sein. Daher ist es notwendig, Prämissen mit Indikatoren zu verbinden, die konkrete Aussagen über die Gültigkeit zulassen [Lan94]. So könnten im oben genannten Beispiel des Pumpenherstellers regelmäßig durchgeführte Kundenbefragungen quantitative Werte für Indikatoren liefern.

Da wir als wesentliche Grundlage für die Strategieentwicklung **Markt- und Umfeldszenarien** verwenden, liegt es nahe, im Rahmen des Prämissen-Controllings zunächst einmal zu prüfen, ob das Szenario, auf dem die Strategie beruht, auch tatsächlich eintritt. Natürlich kann man das pragmatisch erledigen, indem man von Zeit zu Zeit „aus dem Fenster schaut" und sich fragt, ob das, was man an aktuellen Markt- und Umfeldentwicklungen beobachten kann, auf dieses oder jenes Szenario hindeutet. Wir praktizieren das systematischer [Bin06], [Sto05]. Die Basis dafür bilden Indikatoren, mit denen wir Einflussfaktoren und ihre denkbaren Entwicklungen (Projektionen) quantitativ und messbar beschreiben. Diese werden in die Wissensbasis zur Szenario-Erstellung aufgenommen (vgl. Kapitel 2.1.6). Da die Beschreibung und die regelmäßige Messung der Indikatoren aufwändig ist, haben wir uns zunächst auf Einflussfaktoren aus dem globalen Umfeld konzentriert. Derartige Einflussfaktoren werden praktisch in jedem Szenario-Projekt verwendet, sodass sich der Aufwand sehr lohnt. Ein Beispiel für einen globalen Einflussfaktor ist die „Innovationsfähigkeit"; Indikatoren, die diesen Einflussfaktor konkretisieren, sind „Anteil der Umsätze durch neue Produkte" und „Innovationsintensität" (Verhältnis zwischen den gesamten Innovationsaufwendungen und dem Gesamtumsatz aller Unternehmen). Ein weiteres Beispiel ist der Einflussfaktor „Image des Produktionsstandortes Deutschland". Dazu gehören folgende Indikatoren:

- Anzahl Patentanmeldungen in Deutschland,
- Foreign Direct Investments (FDI-Inflows),
- Foreign Direct Investments – FDI Confidence Index,
- Growth Competitiveness Index,
- Lohnstückkosten,
- Steuerquote,
- Bruttoinlandsprodukt etc.

Jeder dieser Indikatoren wird in der Wissensbasis in der in Bild 3-86 dargestellten Form dokumentiert und regelmäßig aktualisiert. Im Rahmen der Szenario-Pro-

gnostik (vgl. auch Kapitel 2.1.4) werden den Wertbereichen dieser Indikatoren die Projektionen zugeordnet. Dies ist am Beispiel des Einflussfaktors „Image des Produktionsstandorts Deutschland" für den Indikator „Bruttoinlandsprodukt" wiedergegeben (Bild 3-87).

Unter der Voraussetzung, dass die Indikatoren regelmäßig aktualisiert werden, kann im Rahmen des Prämissen-Controllings relativ einfach überprüft werden, ob das der Strategie zugrunde liegende Markt- und Umfeldszenario eintritt. Falls dies nicht bestätigt werden kann, ist dasjenige Szenario als Grundlage für die Korrektur der Strategie zu verwenden, auf das die Indikatoren zeigen. Im Prinzip reichen einige wenige Indikatoren, um das relevante Markt- und Umfeldszenario zu identifizieren, da ein Szenario ein konsistentes Cluster von Projektionen ist. Wenn einige Indikatoren auf das eine Szenario deuten und weitere Indikatoren auf die anderen Szenarien, dann ist die Konsistenz der Szenarien in Frage zu stellen. In diesem Fall sind die Szenarien von Grund auf zu überarbeiten, weil sie nicht mehr als Basis für Strategieüberlegungen taugen. Aber auch das wäre eine wichtige Erkenntnis im Rahmen der Strategieumsetzung.

Wie kann es nun dazu kommen, dass die Indikatoren nicht alle auf ein Szenario zeigen? In den meisten Fällen liegt es an der mangelhaften Qualität der Szenarien und hier insbesondere an der paarweisen Bewertung der Konsistenz von Projektionen. Ein seltener – aber besonders schwerwiegender – Grund kann sein, dass in der Konsistenzbewertung das gemeinsame Auftreten von zwei Projektionen in einem Szenario (z. B. hoher Benzinpreis und stark gestiegene Mobilität) ausgeschlossen wurde. In der Zwischenzeit ist es aber zu grundlegenden Innovationen gekommen, die diesen Widerspruch überwinden. Ein Beispiel wäre der Durchbruch der Brennstoffzelle als Antrieb für Autos; der Benzinpreis hätte seine Bedeutung für die Mobilität verloren.

Ein weiterer interessanter Ansatz für das Prämissen-Controlling ergibt sich aus der Anwendung des Verfahrens **VITOSTRA** (vgl. Kapitel 3.3.5). Mit diesem Verfahren erfassen wir auch die Positionen der Mitbewerber in der Wettbewerbsarena und stellen diese mit Hil-

Definition	Der **FDI-Confidence-Index** wird jährlich von der Unternehmensberatung A. T. Kearney ermittelt und drückt die Zufriedenheit der weltweit größten Investoren bzgl. der Zielorte ihrer Direktinvestitionen aus. Die Ermittlung erfolgt über eine Befragung der 1.000 größten transnationalen Unternehmen. Unter anderem wird auch Deutschland als Zielort ausländischer Direktinvestitionen bewertet.
Einflussfaktor	**Image des Produktionsstandorts Deutschland**
Verifikation Eindeutigkeit	Das Vertrauen der Anleger in einen bestimmten Standort ist ein eindeutiger Indikator für die Investitionstätigkeit an einem bestimmten Standort. Eine gute Vertrauensbasis hat dabei einen starken Einfluss auf das Image eines Standortes.
Frühzeitigkeit	Ein gesteigertes Anlegervertrauen in einem bestimmten Standort antizipiert zusätzliche zukünftige Investitionen.
Reliabilität	Die Methode zur Indexberechnung wird nicht publiziert. Auf Grund der hohen Akzeptanz des Indexes wird allerdings eine hohe Reliabilität angenommen.
Verfügbarkeit	Die Daten werden von der Unternehmensberatung A. T. Kearney erhoben und auf der Website veröffentlicht. Die Daten werden jährlich aktualisiert.
Validität	"FDI is a major source of process technology and learning ..." [WB08] "Foreign direct investment (FDI) is a key element in this rapidly evolving international economic integration, also referred to as globalisation." [OECD08] "... foreign direct investments by transnational corporations is an engine of the economic globalisation process. The nature of the globalisation process cannot been understood without understanding the growth patterns and characteristics of foreign direct investments." [Ric03]

Datenreihen	Jahre	2003	2004	2005	2006	2007
	Index für Deutschland 0 = geringes Vertrauen 3 = großes Vertrauen	1,056	1,1702	1,276	n/a	1,70
	Veränderung zu Vorperiode	-29,6 %	10,8 %	9 %	n/a	32,2 %
	Rangfolge im int. Vergleich	5	5	9	n/a	10

Organisation Überarbeitung	Bearbeiter: Felix Reymann Stand: 11. Mai 2008 ☒ jährlich ☐ 1/2 jährlich ☐ 1/4 jährlich ☐ monatlich

Quellen	[ATK08-ol] A. T. KEARNEY Deutschland/Central Group.
	              Unter: http://www.atkearney.de, 2008
	
	[WB08] THE WORLD BANK: Global Economic Prospects - Technology Diffusion
	              in the Developing World. The World Bank, Washington DC, 2008
	
	[OECD08] OECD: OECD Benchmark Definition of Foreign Direct Investment.
	              4th Edition, Paris, April 2008
	
	[Ric03] RICUPERO, R., Generalsekretär der UNCTAD (United Nations
	              Conference on Trade and Development, Welthandels- und
	              Entwicklungskonferenz der Vereinten Nationen)

Bild 3-86:   Exemplarische Darstellung eines Indikatoren-Steckbriefs am Beispiel „Foreign Direct Investments – FDI Confidence Index"

fe der multidimensionalen Skalierung graphisch dar (Bild 3-67). Wenn nun im Rahmen der regelmäßigen Wettbewerbsbeobachtung die Positionen der Mitbewerber aktualisiert werden, dann ergeben sich ggf. Bewegungsrichtungen. Diese deuten beispielsweise darauf hin, dass ein Mitbewerber eine strategische Gruppe verlässt und eine andere anstrebt, d.h. er ist dabei, seine Wettbewerbsstrategie grundlegend zu verändern. In einem Fall unserer Strategiepraxis war so gut zu er-

kennen, dass ein Mitbewerber im Begriff war, die angestammte Position des Massenherstellers zu verlassen und die des Premiumanbieters zu erobern. Selbstredend ergeben sich daraus wertvolle Informationen für die Überprüfung der eigenen Strategie im Rahmen des Prämissen-Controllings. Dies unterstreicht, dass Prämissen-Controlling insbesondere auf der periodischen Beobachtung des Wettbewerbs beruhen sollte. Die regelmäßige Überprüfung der Markt- und Um-

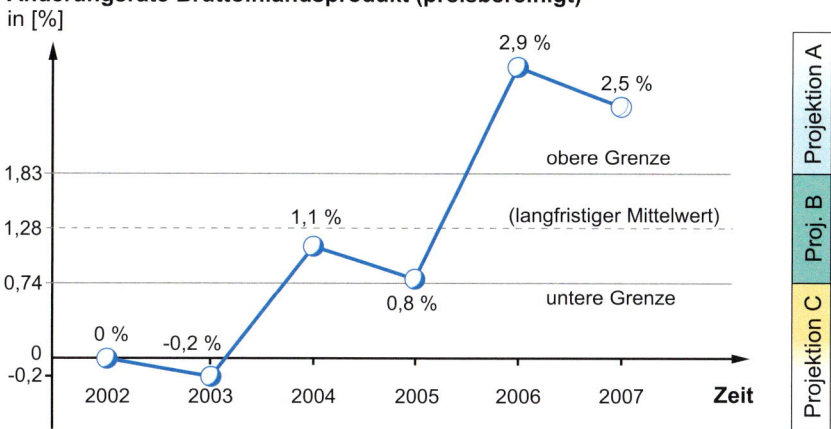

Image des Produktionsstandorts Deutschland

Definition: Wahrnehmung des Produktionsstandorts Deutschland durch ausländische Investoren, die in Betracht ziehen, in Deutschland zu investieren bzw. auf der Suche nach leistungsfähigen Betriebsorganisations- und Industrieautomatisierungsverfahren sind.

Projektion A: Deutschland als High-Tech-Standort
Durch vorbildliche Betriebsorganisation und intelligenten Technologieeinsatz ist die Produktionstechnik in Deutschland führend. Als Produktionsstandort gilt Deutschland als erste Adresse. Mit Anerkennung wird registriert, dass auch in einem Hochkostenland wirtschaftlich produziert werden kann. Produkte aus Deutschland genießen überall in der Welt höchstes Ansehen.

Projektion B: Der Produktionsstandort Deutschland hat wieder an Boden gewonnen
Der Produktionsstandort Deutschland wird neu entdeckt. Nach Jahren der Abwanderung aus Deutschland setzt sich die Einsicht durch, dass die vom Markt geforderte Produktqualität in Niedriglohnländern nicht erreicht werden kann. Die Produktivität in Deutschland übersteigt die der ausländischen Standorte um das Maß, wie die deutschen über den ausländischen Lohnkosten liegen. Ferner bieten die enge Verflechtung der deutschen Wirtschaft, die gute Infrastruktur und das klare Rechtssystem weitere Vorteile. Dadurch können immer wieder Produktivitäts- und Lohnkostenunterschiede vertreten werden.

Projektion C: Produktionsstandort unter vielen
Spitzenproduktionstechnik ist überall anzutreffen, weil die global tätigen Unternehmen dort investieren, wo es insgesamt gesehen am günstigsten ist. Deshalb konnte die Erosion des Produktionsstandorts Deutschland nicht aufgehalten werden. Bei der Vermarktung von Produkten spielt die Bezeichnung „Made in Germany" keine Rolle. Stattdessen etablieren sich markenbezogene Produktkennzeichnungen. Markennamen stehen für Qualität unabhängig vom Produktionsstandort.

Bild 3-87:　Änderungsraten des Indikators „Bruttoinlandsprodukt" und Zuordnung zu Projektionen des Einflussfaktors „Image des Produktionsstandortes Deutschland"

feldszenarien deckt das grundsätzlich ab, weil „Umfeld" auch die Mitbewerber erfasst. Das skizzierte Modell der Wettbewerbsbeobachtung mittels VITOSTRA vermag aber weitere wichtige Informationen über die Bewegungen der Mitbewerber in der Wettbewerbsarena zu liefern.

Fallbeispiel Prämissendokumentation

Im Rahmen des Verbundprojektes „Strategische Produkt- und Prozessplanung – SPP" (BMBF-Programm „Forschung für die Produktion von morgen") wurde deutlich, dass die Prämissen einer Strategie häufig nicht ausreichend dokumentiert sind und somit auch nicht systematisch überwacht werden können [GLS04]. Daher ergibt sich die Notwendigkeit, die Prämissen zu erfassen und diese in Beziehung zu den Zielen der Strategie zu setzen. Wie dies erfolgen

kann, wird am Beispiel der Strategie eines Herstellers von Vakuumpumpen gezeigt.

Ausgangspunkt für die Erfassung, Diskussion und Dokumentation der Prämissen war die Strategie. Diese war mit Hilfe einer semiformalen Spezifikationstechnik beschrieben [Soe02]. Im Bild ist die Sicht auf die Ziele wiedergegeben. Dabei handelt es sich bei den Zielen der Kategorie „Value Proposition" und „Ergebnis/Kosten" um strategische Ziele und bei deren übrigen Zielen um operative Ziele. Die Ziele sind in ei-

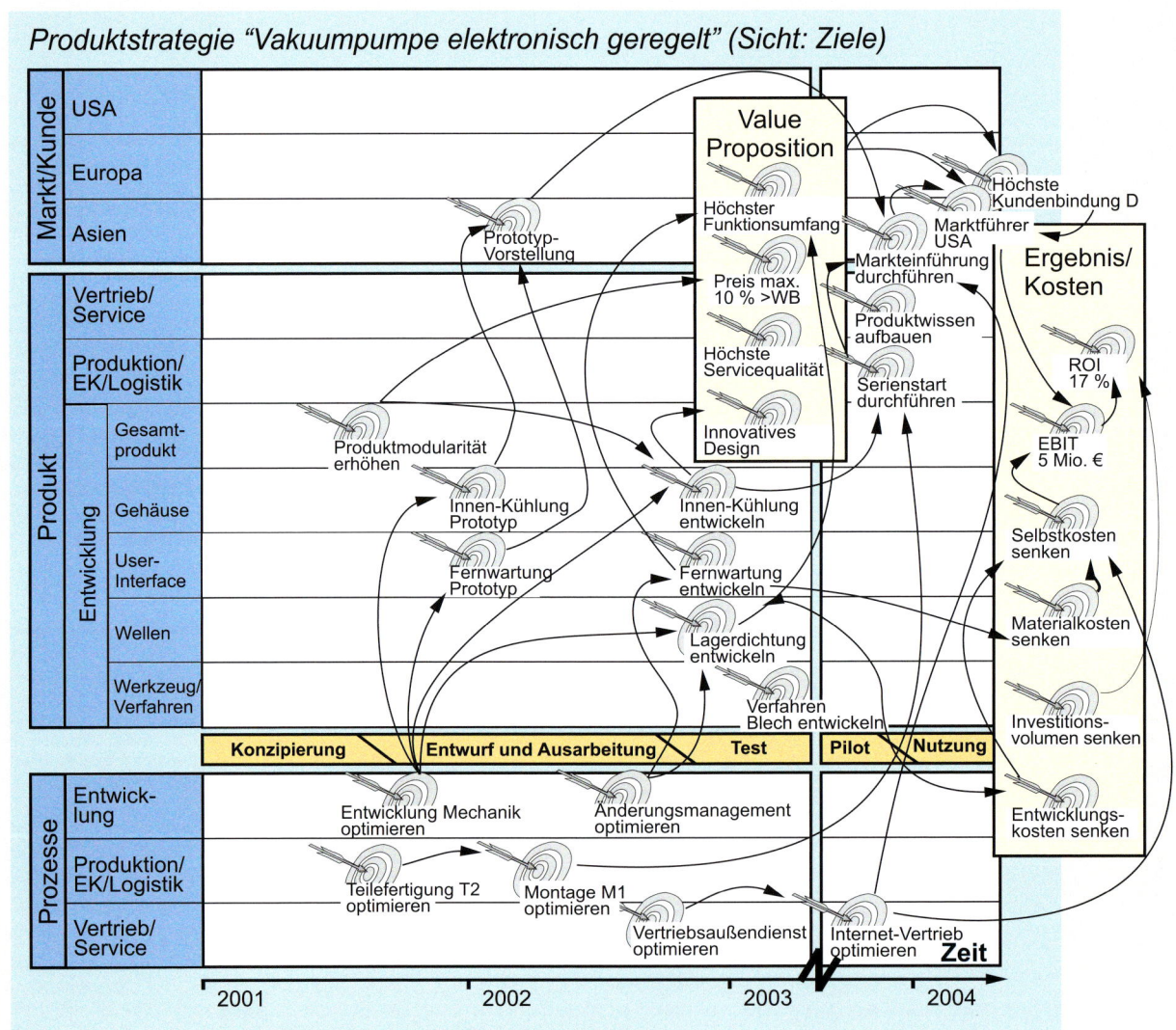

Beispiel für die semiformale Beschreibung einer Strategie (Sicht: Ziele) nach SOETEBEER [Soe02]

Tabelle zur systematischen Erfassung von Prämissen

Ziele	Verantw./ Termin	Prämissen	Verantw./ Nächste Kontrolle
Marktführer in den USA	J. Meier Juni 2007	Wachsender Markt im Bereich Pharma-Industrie	S. Vogel Okt. 2006
		Verschärfung der Umweltschutz-auflagen schaffen erhöhtes Absatzpotential für betriebsmittel-freie Pumpen.	S. Vogel Okt. 2006
Höchste Servicequalität	J. Meier Nov. 2006	Vertrieb Produktfamilie XY erfordert spezielles Know-how (Mechatronik, Telekomm. etc.)	M. Schwer Aug. 2006
		Das Marktvolumen Servicegeschäft wächst stärker als das Produkt-geschäft.	V. Beneke Dez. 2006

ner Matrix angeordnet. Die Zeilen entsprechen Handlungsbereichen, die nach Markt/Kunde, Produkt und Prozesse strukturiert sind. Die Waagerechte repräsentiert die Zeitachse und damit verbunden die Phasen der Produktentstehung und Markteinführung. Die Ziele stehen in Beziehung zueinander; dies wird durch Pfeile spezifiziert.

Auf der Basis der so dokumentierten Strategie wurden in einem Workshop mit Entscheidungsträgern die der Strategie zugrunde liegenden Prämissen erfasst. Im Prinzip wurden die Ziele durchgegangen und es wurde gefragt: Was sind die Prämissen, die diesem Ziel zugrunde liegen, und wann sind diese durch wen zu überprüfen? Die Ergebnisse wurden in einer Tabelle mit folgender Struktur dokumentiert:

Literatur:

[GLS04] GAUSEMEIER, J.; LINDEMANN, U.; SCHUH, G. (Hrsg): Planung der Produkte und Fertigungssysteme für die Märkte von morgen. VDMA-Verlag, Frankfurt am Main, 2004

[Soe02] SOETEBEER, M.: Methode zur Modellierung, Kontrolle und Steuerung von Produktstrategien. Dissertation, Fakultät für Maschinenbau, Universität Paderborn, HNI-Verlagsschriftenreihe, Band 106, Paderborn, 2002

3.6 Gestaltung des strategischen Führungsprozesses

Während es in den zuvor beschriebenen vier Phasen darum ging, den erstmaligen oder weitgehend eigenständigen Zyklus der strategischen Führung aufzuzeigen (Welche Strategie sollte ein Unternehmen entwickeln?), behandelt die Gestaltung der strategischen Führungsprozesse die Frage, wie ein Unternehmen die strategische Führung als kontinuierlichen Prozess praktizieren sollte. Offensichtlich ist das leichter gesagt als getan. Nach MANKINS/STEELE wird in den meisten Unternehmen viel geplant, aber wenig entschieden.

> *„... wir haben den Verdacht, dass die wenigen Entscheidungen in diesen Unternehmen nicht wegen, sondern trotz der strategischen Planung zustande gekommen sind. Das traditionelle Planungsmodell ist derart lästig und so wenig auf die Zeitpunkte abgestimmt, zu denen Führungskräfte Entscheidungen treffen wollen und müssen, dass Top-Manager dem Prozess allzu oft ausweichen, wenn sie ihre wichtigsten Weichenstellungen vornehmen.... . Nur 11 % der von uns befragten Manager sind dann auch davon überzeugt, dass die strategische Planung den Aufwand lohnt."* [MS06]

KAPLAN/NORTON decken eine Reihe von Defiziten auf dem Gebiet der Strategieumsetzung auf, die auch unseren Erfahrungen entsprechen und die vorgenannte mangelnde Integration des Prozesses der strategischen Führung in den „normalen" Führungsprozess bestätigen [KN06]:

- Die Führungskräfte stellen die Strategie nicht übereinstimmend dar. Offenbar gelingt es selbst der Top-Ebene nicht, eine klare einheitliche Sicht über den Kurs des Unternehmens zu erzeugen und zu vermitteln.

- Eine große Mehrheit der Führungskräfte verbringt weniger als eine Stunde pro Monat mit Strategiebesprechungen.

- 95 % der Mitarbeiter verstehen die Strategie nicht.

- 60 % der Unternehmen stimmen Budgets nicht auf die Strategie ab.

- 70 % des mittleren Managements erhalten Gehaltszulagen ohne Bezug zu Zielen der Strategie.

Kein Wunder, dass Strategien nicht umgesetzt werden und der Prozess der strategischen Führung mehr als jährliches Ritual gesehen wird, das eigentlich nicht viel bringt. Die meisten Leser werden hier den Kopf schütteln, weil sie wissen, dass es so nicht gehen kann. Aber wenn sie ehrlich sind, müssen sie einräumen, dass es in ihren Unternehmen wohl etwas anders ist, aber auch nicht viel besser.

Selbstredend ist strategische Führung in einem mittelständischen Unternehmen anders zu praktizieren als in einem multinationalen Konzern. Schon deshalb lässt sich an dieser Stelle kein einfaches, leicht zu übertragendes Modell beschreiben, nach dem der Prozess der strategischen Führung gestaltet werden kann. Es gibt aber einige Aspekte, die wertvolle Hinweise geben.

Ein Aspekt ist die **„prozessuale Gerechtigkeit"** („Fair Process"). Nach KIM/MAUBORGNE führt die Berücksichtigung von drei Grundsätzen zur „prozessualen Gerechtigkeit" [KM98]. **Engagement** bedeutet, die einzelnen Mitarbeiter in die sie betreffenden Entscheidungen einzubeziehen. **Erklärung** meint, dass jeder Mitarbeiter verstehen muss, warum Entscheidungen getroffen werden. Und **Klarheit über Erwartungen** heißt, dass die Unternehmensführung ihre Erwartungen an die einzelnen Mitarbeiter klar artikuliert, sobald dazu eine Entscheidung gefallen ist. Wir greifen diese Grundsätze auf und stellen nachfolgend fünf Aspekte der Gestaltung des Prozesses der strategischen Führung vor (Bild 3-88):

1) **Organisation des strategischen Führungsprozesses:** Im Zentrum steht zunächst die Ablauforganisation des strategischen Führungsprozesses – d.h. die Festlegung der einzelnen Prozessschritte sowie der sinnvollen Aufbauorganisation.

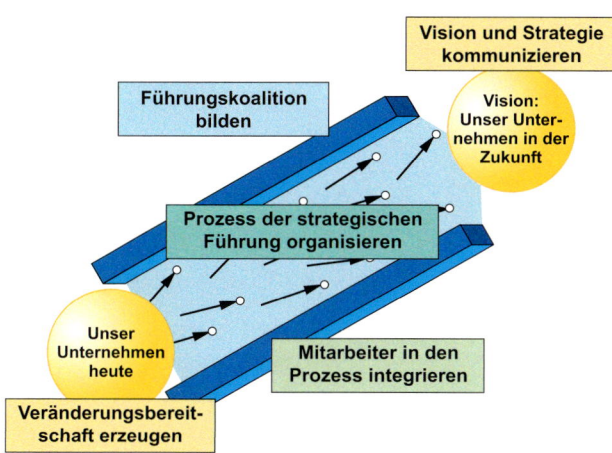

Bild 3-88:   Fünf Aspekte zur erfolgreichen Gestaltung des Prozesses der strategischen Führung

2) **Visionen und Strategien kommunizieren:** Viele strategische Führungsprozesse scheitern daran, dass die entwickelten Visionen und Strategien nicht richtig oder nicht in ausreichendem Maße kommuniziert werden. Daher sollte frühzeitig ein Augenmerk auf diesen Aspekt gelegt werden.

3) **Veränderungsbereitschaft erzeugen:** Am Beginn steht zudem die Aufgabe, die Notwendigkeit, sich Veränderungen zu stellen, und somit die Notwendigkeit des strategischen Führungsprozesses zu verdeutlichen.

4) **Führungskoalition bilden:** Eng verbunden mit der Organisation des strategischen Führungsprozesses ist die Auswahl der Personen, die diesen Prozess führen und vorantreiben sollen.

5) **Mitarbeiter in den Führungsprozess integrieren:** Es ist keine Frage, dass dies essentiell ist. Es gilt allerdings einen gut ausbalancierten Mittelweg zwischen einer „Verordnung der Strategie von oben" und nie endenden Diskussionen, die an Selbsterfahrungsgruppen erinnern, zu finden.

3.6.1 Organisation des strategischen Führungsprozesses

Intelligente Strategien und präzise Maßnahmenpläne reichen häufig nicht aus, erfolgreich strategisch zu führen. Der Prozess der strategischen Führung ist im Wechselspiel mit der operativen Führung zu sehen und kontinuierlich voranzutreiben. In der Literatur werden eine Vielzahl verschiedener Modelle beschrieben, die jeweils einen idealtypischen Prozess abbilden. Ein häufig angeführtes Modell ist das in Bild 3-89 dargestellte Verfahren der Unternehmensplanung nach HAX/ MAJLUF [HM91]; es deckt die drei von uns propagierten Strategieebenen ab (vgl. Bild 3-3). Es handelt sich um ein generisches Modell, das auf die spezifischen Gegebenheiten eines Unternehmens abzustimmen ist.

Die organisatorische Gestaltung des Prozesses der strategischen Führung hängt eng mit der Frage zusammen, ob dieser Prozess auf Geschäftsbereichs- oder auf Unternehmensebene angestoßen bzw. vorangetrieben wird. Dementsprechend gibt es zwei Ansätze:

- **Geschäftsnaher Ansatz:** Hier konzentriert sich die strategische Unternehmensführung zunächst auf die Entwicklung von Geschäftsstrategien sowie damit in Wechselwirkung stehenden Funktionsstrategien. Anschließend werden die Geschäftsstrategien zur Unternehmensstrategie zusammengefasst, wobei insbesondere auch nach Synergien aus den Funktionsstrategien gesucht wird.

- **Zentralistischer Ansatz:** Insbesondere in stark diversifizierten Großunternehmen führt oft die Unternehmenszentrale Regie, was die Selbstständigkeit der strategischen Geschäftseinheiten einschränkt. FORTELLE et al. sehen hier drei Vorteile:

  1) Die Zentrale ist besser geeignet, die langfristige, strategische Führung zu gewährleisten.

  2) Sie ist besser in der Lage, ein Gleichgewicht zwischen Fokus auf etablierte Geschäftsfelder und Wachstum durch Entwicklung neuer Geschäftsfelder zu halten.

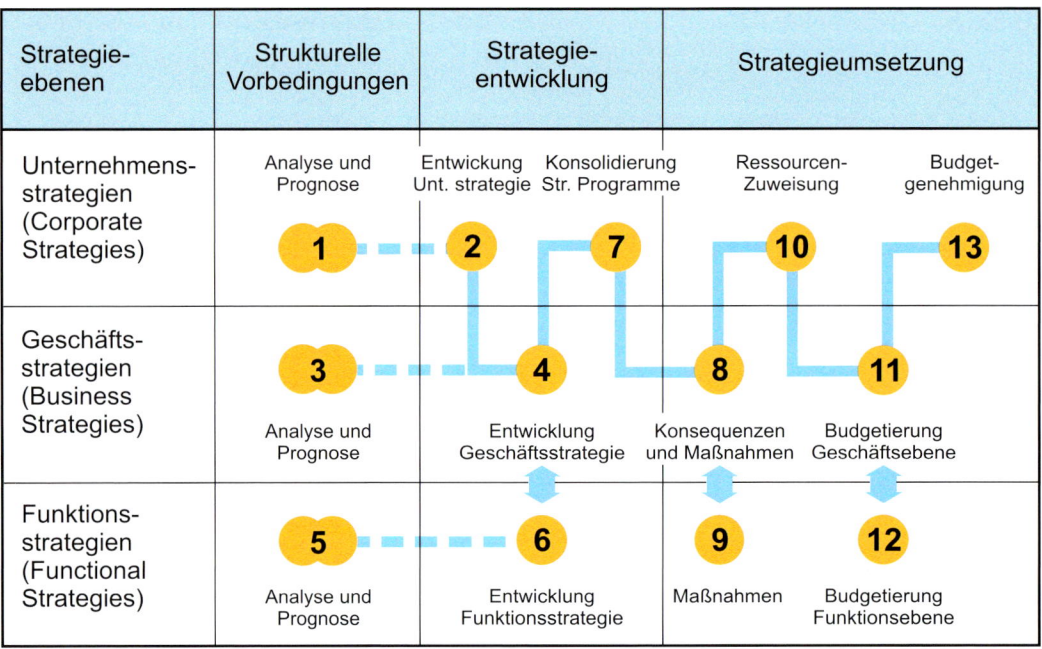

Strategie-ebenen	Strukturelle Vorbedingungen	Strategie-entwicklung		Strategieumsetzung	
Unternehmens-strategien (Corporate Strategies)	Analyse und Prognose	Entwickung Unt. strategie	Konsolidierung Str. Programme	Ressourcen-Zuweisung	Budget-genehmigung
	1	**2**	**7**	**10**	**13**
Geschäfts-strategien (Business Strategies)	**3**	**4**	**8**		**11**
	Analyse und Prognose	Entwicklung Geschäftsstrategie	Konsequenzen und Maßnahmen		Budgetierung Geschäftsebene
Funktions-strategien (Functional Strategies)	**5**	**6**	**9**		**12**
	Analyse und Prognose	Entwicklung Funktionsstrategie	Maßnahmen		Budgetierung Funktionsebene

Bild 3-89: Idealtypisches Verfahren der strategischen Planung nach Hax/Majluf

3) Sie kann den potentiellen Wert einer Akquisition besser beurteilen [FLL91].

Wir sind der Auffassung, dass beide Ansätze Vor- und Nachteile haben und daher die Vorteile beider Ansätze genutzt werden sollten. In diese Richtung geht auch das von Kaplan/Norton vorgeschlagene Konzept **Strategiebüro** [KN06]. Die Grundüberlegung ist, dass in vielen Unternehmen Planung und Umsetzung der Strategie nicht zusammenpassen. Eine kleine Einheit – das so genannte Strategiebüro (Office of Strategy Management) – soll diese Kluft überbrücken. Der Titel lässt den Verdacht aufkommen, hier handele es sich um eine Top-Down-Lösung. Dies ist nicht beabsichtigt. Das Strategiebüro ist eine kompetente Arbeitsgruppe für Ideen, die in die regelmäßig stattfindenden Strategiesitzungen der Entscheidungsträger einfließen. Die besten Ideen und Konzepte werden aufgegriffen. Das Strategiebüro arbeitet zu und dient insbesondere als Katalysator für die Implementierung der Strategie. Im Folgenden werden die Hauptaufgaben eines Strategiebüros kurz charakterisiert.

- Einführung und Management der Balanced Scorecard: Dazu zählt beispielsweise die Überführung

der Elemente der Strategie in die Balanced Scorecard.

- Abstimmung innerhalb des Unternehmens: Hier geht es primär um die Herstellung der Konsistenz der Strategien auf den verschiedenen Ebenen.

- Strategieüberprüfung: Dieser Aufgabenkomplex beruht auf der Erkenntnis, dass Führungspersonen erschreckend wenig Zeit verwenden, die Umsetzung der Strategie zu überprüfen und bei Soll-Ist-Abweichungen gezielt gegenzusteuern. Das Strategiebüro soll hier Unterstützung geben.

- Strategieentwicklung: Dafür liefert das Strategiebüro Analysen (z.B. Wettbewerbsanalysen), Markt- und Umfeldszenarien und Ideen für strategische Stoßrichtungen – also Informationen, deren Beschaffung für all jene aufwändig ist, die im operativen Geschäft stark engagiert sind, und denen es an der Routine für die Generierung solcher Informationen fehlt.

- Strategiekommunikation: Vorrangiges Ziel ist, die Mitarbeiter über Intention, Ziele und Maßnahmen zu informieren und sie für die Strategie zu gewinnen.

Das Konzept des Strategiebüros ist offensichtlich geeignet, den Prozess der strategischen Führung im Sinne eines kontinuierlich stattfindenden Prozesses auf Unternehmensleitungsebene fest zu etablieren. Oft bleibt es bei dem jährlich stattfindenden Ritual der Strategietagung, was dazu führt, dass es eine erhebliche Diskrepanz zwischen den formellen Planungsstrukturen und der Art, wie Entscheidungen tatsächlich gefällt werden, gibt. Ein sehr interessantes Konzept, diese Diskrepanz zu überwinden, schlagen MANKINS/ STEELE vor [MS06]. Sie propagieren eine fortlaufende entscheidungsorientierte Planung, die die Entscheidungsfreude des Managements fördert und am Ende die Qualität und Wirksamkeit der strategischen Führung wesentlich zu steigern vermag (Bild 3-90). Den Ausgangspunkt dieses Konzept bildet die jährliche Aktualisierung der Strategie, in deren Rahmen die Prämissen und die unternehmerische Vision bestätigt bzw. geändert werden und Prioritäten für die Entwicklung des Geschäfts festgelegt werden.

Die Kernidee des Konzepts ist, dass sich das Management über das Jahr verteilt mit Themen auseinandersetzt, die für die strategische Entwicklung des Unternehmens von hoher Bedeutung sind. Diese Themen werden von speziellen Teams sorgfältig aufbereitet, sodass das Management in jeweils zwei Sitzungen zu fundierten Entscheidungen kommt. In der ersten Sitzung wird Konsens über die Fakten erzielt, daraus Schlüsse gezogen und Alternativen zur Verfolgung des Themas erarbeitet. In der zweiten Sitzung werden die Alternativen bewertet und das weitere Vorgehen im Sinne eines strategischen Plans festgelegt. Unmittelbar danach wird die Budget- und Investitionsplanung des betroffenen Bereiches aktualisiert. Strategische Planung und Investitions- und Budgetplanung sind also miteinander verzahnt. Nachdem ein Thema in dieser Weise behandelt und erledigt worden ist, wird das nächste aufgegriffen.

Die Vorteile dieses Konzepts liegen auf der Hand: Das Management setzt sich intensiv und zeitnah mit bedeutenden Fragen der Unternehmensentwicklung auseinander. Entscheidungen werden sorgfältig vorbereitet und konsequent umgesetzt.

Unabhängig davon, welcher Organisationsansatz gewählt wird, ist die Ablauforganisation der strategischen Führung präzise zu beschreiben. Die entsprechenden Methoden und Werkzeuge stellen wir im Hauptkapitel 4 vor.

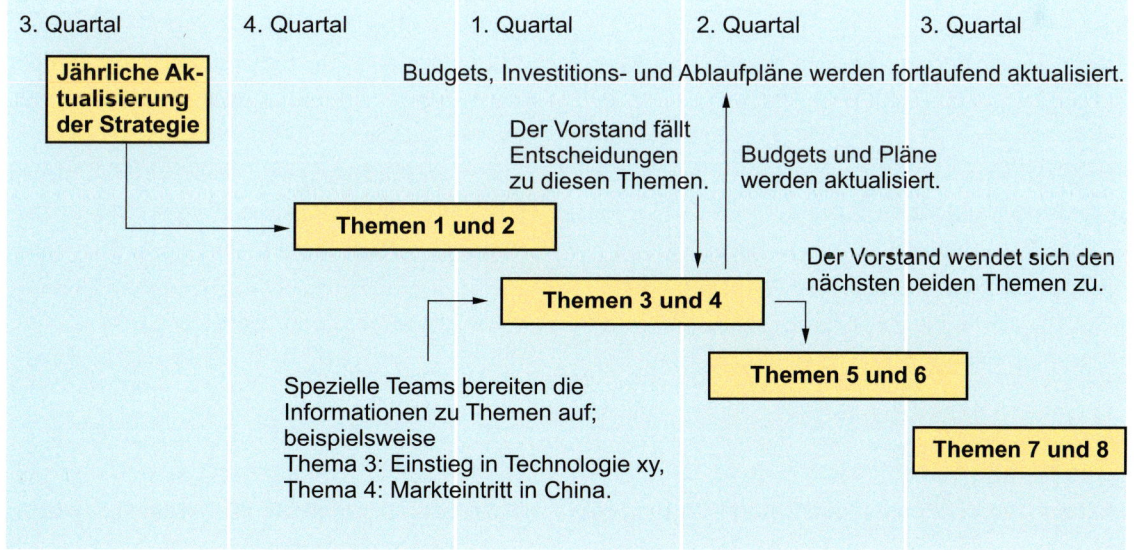

Bild 3-90: Konzept der fortlaufenden entscheidungsorientierten strategischen Planung nach MANKINS/STEELE [MS06].

3.6.2 Kommunikation von Vision und Strategie

Eine immer wieder gestellte Frage lautet: „Sollen wir die Strategie geheim halten?" Pümpin vertritt dazu eine eindeutige Position:

„Eine breite Information der Mitarbeiter führt zwangsläufig dazu, dass die neue Strategie für die Konkurrenten transparent wird. Damit wird es für sie leichter, Gegenmaßnahmen zu ergreifen. Die Frage erhebt sich, ob die Information der Mitarbeiter oder die Geheimhaltung wichtiger ist. Die Antwort ist eindeutig: Nur wenn die Mitarbeiter über die Strategie informiert sind, können sie bei deren Umsetzung sinngerecht mitwirken. Eine wirkungsvolle Strategieimplementierung bedingt zwangsläufig eine offene Information. Strategiepapiere, die aus Geheimhaltungsgründen in den Tresoren des Topmanagements aufbewahrt werden, sind a priori zum Scheitern verurteilt." [PG88]

Die Gefahr der Nachahmung einer Strategie durch die Konkurrenten wird um so geringer, je mehr strategische Variablen (vgl. Kapitel 3.3.5) kreativ kombiniert werden und je stärker die entsprechenden Handlungen in der Unternehmenskultur verwurzelt sind. Daher halten wir die Angst vor Nachahmung in den meisten Fällen für etwas übertrieben.

Die Kommunikation einer Unternehmens- oder Geschäftsstrategie ist ein schwieriger Prozess. Kotter beschreibt drei „ineffiziente Kommunikationsmuster", die die Strategieumsetzung in der Praxis häufig behindern oder sogar verhindern [Kot97]:

1) **Zu geringe Kommunikation:** Hier verwenden die an der Strategieentwicklung beteiligten Personen lediglich einen geringen Teil ihrer unternehmensinternen Kommunikation zur Kommunikation der Strategie. Ein möglicher Grund ist die Abschottung gegenüber Mitbewerbern. Dabei bleibt die Strategie allerdings auch den meisten Mitarbeitern verschlossen.

2) **Einseitige Kommunikation:** Hier verwendet die Unternehmensführung zwar sehr viel Zeit auf die Kommunikation der Strategie – die angesprochenen Führungskräfte der mittleren Ebenen sind aber nicht bereit, die Strategie in der Organisation weiterzutragen. Hier können Kontrollinstrumente, aber vor allem ein waches Auge des Topmanagements für Abhilfe sorgen.

3) **Verhalten widerspricht der Strategie:** Hier erfolgt zwar eine vielfältige Kommunikation von Entscheidungsträgern, doch deren Verhalten bzw. das Verhalten anderer Führungskräfte im Unternehmen widerspricht der Strategie und blockiert so deren Umsetzung. In diesem Fall ist großes Gewicht auf die strategiekonformen Grundsätze des Verhaltens und Handelns zu legen.

Im Rahmen der Kommunikation einer Strategie werden eine Vielzahl von Instrumenten eingesetzt, von denen wir lediglich zwei nennen wollen:

Strategiekonforme Corporate Identity

Corporate Identity ist die strategisch geplante und operativ eingesetzte Selbstdarstellung und Verhaltensweise eines Unternehmens nach innen und außen (Bild 3-91). Sie basiert auf der „Unternehmenspersönlichkeit" (Corporate Personality), d.h. der Geschichte des Unternehmens, seiner gegenwärtigen Situation sowie der unternehmerischen Vision. Die Dynamik der Corporate Identity ist fortschreitend und verändert sich, ohne dass sie als Ganzheit auseinanderbricht. Dies aufzubauen und zu steuern, ist die Aufgabe des Unternehmensverhaltens (Corporate Attitude), dies sichtbar zu machen ist die Aufgabe des Unternehmenserscheinungsbildes (Corporate Design) und dies zu kommunizieren ist die Aufgabe der Unternehmenskommunikation (Corporate Communication).

Während Corporate Identity das Selbstbild des Unternehmens bezeichnet, beschreibt das Corporate Image das Fremdbild. Corporate Image steht für die Wahrnehmung des Unternehmens in seinem Umfeld, das im Wesentlichen aus den externen Stakeholdern besteht. Corporate Identity und Corporate Image sollten strate-

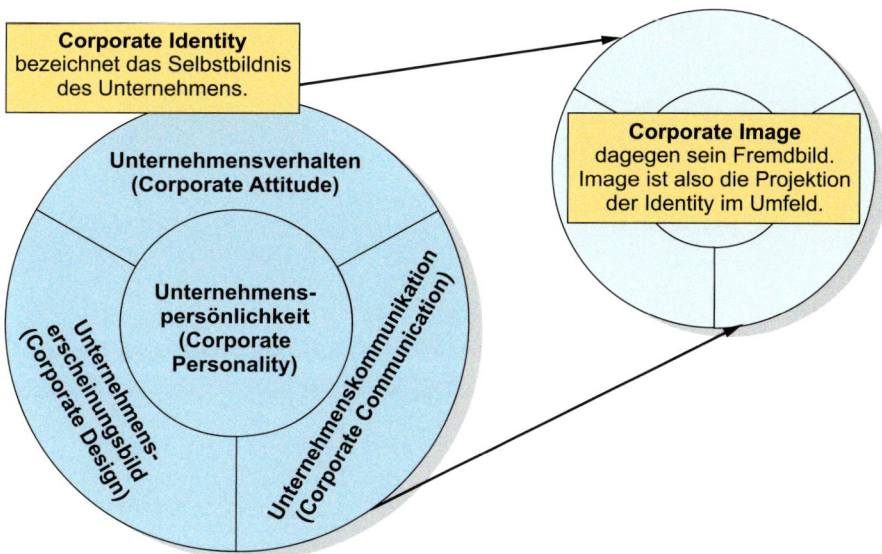

Bild 3-91:   Corporate Identity und Corporate Image

giekonform sein, d.h. die Umsetzung der Strategie bestmöglich fördern.

Hauszeitschrift und Intranet

Nach unserer Erfahrung sind Hauszeitschrift und Intranet ein geeignetes Mittel, um Strategien zu kommunizieren. Kommunikation bedeutet jedoch nicht, lediglich die Strategien „zu veröffentlichen", sondern sie in ein entsprechendes Umfeld einzubetten. Für ein Unternehmen, das vor einer Verlagerung des Geschäftsschwerpunktes steht, bedeutet dies beispielsweise, durch fundierte Hintergrundinformation zu erläutern, warum eine solche Verlagerung unausweichlich ist. Eine zunehmende Bedeutung kommt hier den Intranets zu, mit denen sich Inhalte der strategischen Unternehmensentwicklung wirkungsvoll und effizient kommunizieren lassen.

3.6.3 Erzeugung von Veränderungsbereit-schaft

Eine Voraussetzung erfolgreicher Führung ist die Bereitschaft, traditionelle Verhaltensweisen in Frage zu stellen. Besteht innerhalb eines Unternehmens ein hohes Maß an Zufriedenheit oder gar Selbstherrlichkeit, so führt dies häufig zu einer eingeschränkten Veränderungsbereitschaft. In diesem Fall ist die Vorausset-

zung für eine erfolgreiche strategische Führung nicht gegeben. Daher schlagen wir vor, die Veränderungsbereitschaft in vier Schritten zu verbessern [KB96]:

Veränderungsbereitschaft analysieren (Schritt 1): Die Unbeweglichkeit von Unternehmen kann verschiedene Gründe haben (Bild 3-92). Daher sollten Unternehmen zunächst ihre Veränderungsbereitschaft und ihre Innovationsfähigkeit untersuchen. Die strategische Führung verfügt über eine Reihe von Instrumenten wie beispielsweise das Innovationsportfolio und Unternehmenskultur-Profile.

Eine veränderungsverständige Kultur entwickeln (Schritt 2): Hier geht es um die Unternehmenskultur, die Veränderungen möglich macht, und damit eng verknüpft um die Entwicklung eines vertrauensvollen Verhältnisses zwischen Mitarbeitern und Führungskräften.

„Gute Gärtner bearbeiten die Erde, bevor sie pflanzen. Sie graben sie um, düngen und gießen sie. Dann erst sind sie bereit, zu pflanzen. Es ist dasselbe, wenn man Veränderung in einer Organisation erreichen will. Man muss zuerst den Boden bearbeiten, ehe der Wandel Wurzeln schlagen kann. Leider verzichten viele Unternehmen auf diese Vorarbeit. Oder sie starten damit, nach-

Bild 3-92:   Klassifizierung der Beweglichkeit von Unternehmen nach GLASS *[Gla96]*

dem sie die Folgen angekündigt haben. Das ist aber genau verkehrt herum – mit nicht selten verheerenden Resultaten." [KB96]

Widerstand in Veränderungsbereitschaft verwandeln (Schritt 3): Nur sehr wenige Menschen und Organisationen sind aus ihrem Inneren heraus sofort veränderungsbereit. Fast alle sehen in Veränderungen zunächst Bedrohungen – und bei (zu) vielen führt dies zu Widerstand gegen die Veränderung. MACHIAVELLI hat dies bereits 1513 prägnant beschrieben:

"Man muss sich nämlich darüber im Klaren sein, dass es kein schwierigeres Wagnis, keinen zweifelhafteren Erfolg und keinen gefährlicheren Versuch gibt, als ... eine neue Ordnung einzuführen; denn jeder Neuerer hat alle die zu Feinden, die von der alten Ordnung Vorteile hatten und er hat in denen nur laue Verteidiger, die sich von der neuen Ordnung Vorteile erhoffen. Diese Lauheit kommt zum Teil von der Furcht vor den Gegnern, ... teils von dem Misstrauen der Menschen, die wirkliches Zutrauen zu den neuen Verhältnissen erst haben, wenn sie von deren Dauerhaftigkeit überzeugt worden sind. Daher kommt es, dass die Feinde der neuen Ordnung diese bei jeder Gelegenheit mit aller Leidenschaft angreifen und die anderen sie nur schwach verteidigen."

Es gibt aber eine Reihe von Möglichkeiten, Widerstand in Veränderungsbereitschaft zu verwandeln (vgl. Kasten). Nicht vergessen sollte man allerdings die Formen von Widerstand, die nicht sofort sichtbar werden.

NEIL GLASS hat sie in sehr prägnanter Form zusammengetragen [Gla96] (Bild 3-93).

Menschen zu Veränderung motivieren (Schritt 4): Im letzten Schritt ist es notwendig, dem Veränderungsprozess eine Eigendynamik zu verleihen. Dies bedeutet, dass jetzt zunächst das Positive im Wandel gesehen und kommuniziert werden sollte, weil erste Erfolge motivieren und Zuversicht erzeugen.

Die kriechende Kröte

Ist mit allem einverstanden, solange Sie nur am Ende recht behalten. Aber sie stimmt auch jedem anderen zu und ist deshalb keine verlässliche Verbündete.

Die weise Eule

Weiß es immer besser als Sie und versucht, Sie zu entmutigen.

Die emsige Biene

Hat zahllose wichtigere Dinge zu tun und versucht, Sie damit abzuwimmeln.

Der schlaue Fuchs

Versucht ständig, Ihre Aufmerksamkeit vom eigenen Bereich abzulenken, und verwickelt Sie nach Möglichkeit in politische und persönliche Gefechte, damit Sie alle Lust verlieren, irgend etwas zu ändern.

Der gemächliche Elefant

Bekundet Unterstützung, schiebt aber Systeme, Handlungsanweisungen und Kontrollen vor, um Sie zu bremsen.

Der eifrige Biber

Versucht, Sie mit dem Verlangen nach sofortiger Lösung unter Druck zu setzen oder Sie mit der Behauptung abzuwimmeln, das Problem sei bereits erledigt.

Die Schlange im Gras

Versteckt sich hinter persönlichen Attacken auf andere.

Der hastende Hase

Findet Ihre Ideen „großartig", liefert gleich noch einen Haufen eigener „toller" Ideen. Obwohl er überall davon berichtet, wird er nicht respektiert und ist deshalb auch kein guter Verbündeter.

Bild 3-93: Persönliche Widerstandstaktiken nach GLASS [Gla96]

Wie sie Veränderungsbereitschaft erzeugen können…

Das Bewahrer-Spiel: Dies ist ein einfacher Ansatz, mit dem einer Gruppe die Notwendigkeit von Veränderungen verdeutlicht werden kann. Dabei wird gemeinsam darüber nachgedacht, was unternommen werden müsste, „damit alles so bleibt, wie es ist". Dabei wird schnell deutlich, dass „gerade wer das Bewahrenswerte bewahren will, muss verändern, was der Erneuerung bedarf" (WILLY BRANDT).

Das Extrapolations-Spiel: Hier werden gegenwärtige Trends grob in die Zukunft fortgeschrieben. Damit lässt sich aufzeigen, wie außergewöhnlich die Einflüsse auf das Unternehmen wären bzw. was passieren könnte, wenn das Unternehmen sein Verhalten nicht ändern würde [Nan92].

Das Vergangenheits-Spiel: Häufig fragen wir die Beteiligten an einem Strategieprozess zunächst, welche Entwicklungen der letzten Jahre ihr Geschäft am stärksten beeinflusst haben. Diese sehr vielfältigen Aspekte werden gesammelt und kurz anhand ihrer Bedeutung für den Unternehmenserfolg sortiert. Für die vier wichtigsten Einflüsse der letzen Jahre fragen wir anschließend, was das Unternehmen anders gemacht hätte, wenn es nur ein Jahr früher vom Eintreten dieser Entwicklungen erfahren hätte. In der Regel ist dies der Zeitpunkt, an dem eine Vielzahl von Hinweisen gegeben werden. Jetzt ist es aber ein Leichtes, eine Brücke in die Zukunft zu schlagen und zu verdeutlichen, wie wichtig es ist, schon heute über mögliche Entwicklungen und Veränderungen in der Zukunft nachzudenken.

Die Vergangenheit lebendig machen: Werden die Strategien von einem sehr heterogenen Personenkreis – beispielsweise im Rahmen von Zukunftskonferenzen – entwickelt, so kann mit einem Rückblick auf die Unternehmensentwicklung begonnen werden. Dieser Rückblick ist wichtig, weil er Gemeinschaftsgefühl aufbaut und die Voraussetzung für einen konstruktiven Dialog schafft. Außerdem haben viele zukünftige Entwicklungen ihren Ausgangspunkt in der Vergangenheit.

„There can be no viable future that does not have its roots somewhere in the past. New futures will not spring into being without sharing some of the continuities that people value in their lives and their previous work. … Strategy development cannot be detached from a system´s culture and history." [EP96]

Literatur:

[Nan92] NANUS, B.: Visionary Leadership. Jossey-Bass, San Francisco, 1992

[EP96]   EMERY, M.; PURSER, R. E.: The Search Conference – A Powerful Method for Planning Organizational Change and Community Action. Jossey-Bass, San Francisco, 1996

3.6.4   Bildung einer Führungskoalition

Der Erfolg strategischer Führungsprozesse hängt stark von der Auswahl und dem Zusammenwirken der beteiligten Personen ab. KOTTER spricht von einer **Führungskoalition** und nennt vier Hauptcharakteristika für eine effiziente Gruppe:

- **Autorität:** „Sind genügend Schlüsselmitspieler an Bord – besonders die wichtigsten Linienmanager, damit der Fortschritt nicht einfach blockiert werden kann?

- **Sachkenntnis:** Sind die wichtigsten Fähigkeiten vertreten, sodass sachverständige, intelligente Entscheidungen getroffen werden?

- **Glaubwürdigkeit:** Setzt sich die Gruppe aus genügend Leuten mit einer guten Reputation innerhalb der Firma zusammen, sodass ihre Entscheidungen von anderen ernst genommen werden?

- **Führung:** Verfügt die Gruppe über genügend hochrangige anerkannte Führungspersönlichkeiten, die den Veränderungsprozess lenken können?" [Kot97]

Ein weiterer Erfolgsfaktor strategischer Führungsprozesse ist die Integration verschiedener Sichtweisen. Zunächst hat die strategische Führung zwei Gesichter, denen die Unternehmen durch zwei Arten von Planern gerecht werden. Sie ergänzen einander:

- Die **analytischen Planer** entsprechen dem herkömmlichen Bild des Planers. Ihre Aufgabe ist es, Ordnung in die Organisation zu bringen und konkrete Pläne zum strategischen Agieren zu erstellen. Diese Planer bezeichnet MINTZBERG auch als „Rechtshänder-Planer" [Min94].

- Daneben gibt es die **kreativen Planer.** Sie arbeiten mit schnellen und ungenauen Plänen. Ihr Ziel ist es, andere zum strategischen Denken anzuregen. Diese werden „Linkshänder-Planer" genannt.

Die analytischen und kreativen Planer finden sich auch in einem einfachen Modell, das der Stanford-Professor HAROLD J. LEAVITT bereits 1983 vorgestellt hat. Er beschreibt die strategische Führung als einen Prozess, der auf den drei Fähigkeiten Entdecken, Analysieren und Realisieren aufbaut. Die meisten Führungspersönlichkeiten nennen – wenn sie gefragt werden – eine dieser Fähigkeiten als ihre Hauptneigung. Der Prozess der strategischen Führung erfordert alle drei Fähigkeiten. Da Einzelpersonen diese Fähigkeiten sicher nicht vollständig abdecken, liegt es nahe, Führungsteams so zu formieren, dass diese drei Fähigkeiten darin enthalten sind.

Der Myers-Briggs-Typenindikator (MBTI)

Ein weiteres, mächtiges Instrument zur Beurteilung einer Führungskoalition ist der Myers-Briggs-Typenindikator (MBTI) [BB95]. Er basiert auf den „Psychologischen Typen" des Schweizer Arztes und Psychoanalytikers CARL GUSTAV JUNG sowie den bereits in den 1920er Jahren begonnenen eigenen Untersuchungen der Amerikanerin KATHERINE BRIGGS und ihrer Tochter ISABEL BRIGGS MYERS. Die Durchführung des MBTIs führt zu vier verschiedenen Kennwerten:

- **Außenorientierung (E) – Innenorientierung (I):** Extrovertierte Personen orientieren sich vorwiegend an der Umwelt und tendieren dazu, Wahrnehmung und Beurteilung auf Menschen und Gegenständliches zu richten. Introvertierte Personen nehmen demgegenüber vorwiegend Impulse der eigenen Innenwelt auf und richten ihre Wahrnehmung und Beurteilung auf geistige Objekte und Ideen.

- **Sinnlich Wahrnehmen (S) – Intuitiv Wahrnehmen (N):** Beim sinnlichen Wahrnehmen werden konkrete Faktoren und Ereignisse durch einen oder mehrere der fünf Sinne registriert. Bei der weniger auffälligen intuitiven Wahrnehmung werden demgegenüber Bedeutungen, Beziehungen und/oder Möglichkeiten erfasst, die außerhalb der bewussten Wahrnehmung liegen.

- **Analytisch Beurteilen (T) – Gefühlsmäßig Beurteilen (F):** Beim analytischen Beurteilen entscheidet eine Person weitgehend unabhängig von subjektiv-gefühlsmäßigen Überlegungen, während beim gefühlsmäßigen Beurteilen gerade persönliche oder soziale Wertvorstellungen eine große Rolle spielen.

- **Beurteilung (J) – Wahrnehmung (P):** Dieser Kennwert weist darauf hin, wie eine Person mit der Außenwelt umgeht. Dabei können Wahrnehmungs- oder Beurteilungsprozesse dominieren.

Beim MBTI wird davon ausgegangen, dass eine Person jeweils einen Pol dieser vier Kennwerte präferiert. Diese Präferenzen werden über einen Bogen mit 90 Fragen ermittelt. Eine Person ordnet sich so einem von 16 Persönlichkeitstypen zu, die in Bild 3-94 dargestellt sind. So beschreibt beispielsweise „ENTJ" eine Person mit außenorientierter und urteilender Einstellung, intuitiver Wahrnehmung und analytischer Beurteilung. Der Myers-Briggs-Typenindikator lässt sich dazu einsetzen, die Zusammensetzung einer Führungskoalition zu untersuchen und beim Auftreten von Schwerpunkten oder Lücken die personelle Zusammensetzung zu verändern.

3.6.5 Integration der Mitarbeiter in den Führungsprozess

Strategische Führung muss viele Probleme überwinden, um am Ende die gewünschte Wirkung zu erzielen. Da gibt es beispielsweise die Situation, dass ein Großteil der Mitarbeiter die Strategie nicht versteht. Häufig wird die Strategie wohl verstanden, aber der Bauch sagt, dass die eingeleiteten Veränderungen nichts Gutes verheißen. Wie dem auch sei, dies kann nur überwunden werden, indem die Mitarbeiter in den Prozess der strategischen Führung eingebunden werden. GARY HAMEL spricht in diesem Zusammenhang von einer „Demokratisierung des Planungsprozesses" [Ham97]. Das Schlagwort erscheint uns etwas missverständlich; Tatsache ist aber, dass man gut beraten ist, auf die Expertise der Mitarbeiter zurückzugreifen und den Prozess für die Mitarbeiter transparent und nachvollziehbar zu gestalten.

"Today´s gurus of strategy urge companies to democratize the process – once the sole province of a company´s most senior officers – by handing strategic planning over to teams of line and staff managers from different disciplines. Frequently, these teams include junior staffers, handpicked for their ability to think creatively, and near-retirement old-timers willing to tell it like it is. And to keep the planning process close to the realities of markets, today´s strategists say it should also include interaction with key customers and suppliers. That openness alone marks a revolution in strategic planning, which was always among the most sacrosanct and clandestine of corporate activities." [Byr96]

		Typen mit sinnlicher Wahrnehmung		Typen mit intuitiver Wahrnehmung	
		und analytischer Beurteilung	und gefühlsmäßiger Beurteilung	und gefühlsmäßiger Beurteilung	und analytischer Beurteilung
Innenorientierte	mit urteilender Einstellung	**ISTJ** Ernsthaft, konzentriert, ruhig, gründlich, praktisch, sachlich, logisch, realistisch und zuverlässig. Achten auf gute Organisation. Übernehmen Verantwortung. Entscheiden, was getan werden muss und tun es. Lassen sich weder von Protesten noch Ablenkungen davon abbringen.	**ISFJ** Ruhig, freundlich, verantwortungsbewusst und gewissenhaft. Arbeiten engagiert, um ihren Verpflichtungen nachzukommen. Persönliche Beziehungen sind ihnen wichtig. Geduldig, wenn es um Details und Routine geht.	**INFJ** Erfolgreich durch Ausdauer, Originalität und den Wunsch, alles zu tun, was von ihnen verlangt wird. Für ihre Arbeit geben sie ihr Bestes. Kümmern sich um Belange anderer. Prinzipientreue und klare Überzeugungen.	**INTJ** Originelle Denker mit großem Antrieb, wenn es um ihre eigenen Ideen und Ziele geht. Auf Gebieten, die ihnen liegen, können sie gut organisieren und etwas durchführen. Skeptisch, kritisch, unabhängig, entschlossen, oft stur.
	mit wahrnehmender Einstellung	**ISTP** Kühle Beobachter, ruhig, zurückhaltend, analysieren ihre Umgebung mit zurückhaltender Neugier und äußern sich spontan mit origineller Interesse an Ursache-Wirkungs-Beziehungen, verausgaben sich nur soweit wie notwendig.	**ISFP** Zurückhaltend, unauffällig, freundlich, sensibel, bescheiden im Urteil über eigene Fähigkeiten, scheuen Auseinandersetzungen, drängen sich mit ihrer Meinung nicht auf, lassen sich durch äußere Umstände nicht drängen.	**INFP** Enthusiastisch und loyal, sprechen davon aber erst, wenn sie einen gut kennen. Legen großen Wert auf Weiterbildung, Ideen und eigene Projekte. Nehmen sich oft zuviel vor, bringen es aber zu Ende. Freundlich, aber manchmal in sich selbst versunken.	**INTP** Ruhig, zurückhaltend, schneiden bei Examen gut ab. Logisch bis zum Punkt der Haarspalterei. Interessieren sich hauptsächlich für Ideen. Keine Freude an unverbindlichem Geplauder. Scharf abgegrenzte Interessen.
Außenorientierte	mit wahrnehmender Einstellung	**ESTP** Sachlich, „Eile mit Weile", sorglos, sind zufrieden mit dem, was gerade da ist. Mögen mechanische Geräte und Sport. Manchmal zu direkt und unsensibel. Mögen keine langen Erklärungen.	**ESFP** Aufgeschlossen, umgänglich, entgegenkommend, freundlich, begeistern sich, wenn etwas los ist. Mögen Sport und basteln gern. Wissen, wann und wo etwas los ist und sind sofort mit von der Partie. Verfügen über gesunden Menschenverstand.	**ENFP** Begeisterungsfähig, hochgradig motiviert, geistreich, phantasievoll. Kommen in einer schwierigen Situation schnell mit einer Lösung und helfen gern jedem bei der Problemlösung. Verlassen sich oft auf ihr Improvisationstalent statt sich vorzubereiten.	**ENTP** Schnell, geistreich, gut auf vielen Gebieten, wirken stimulierend auf andere, wach und offen, nehmen aus Spaß auch mal die Gegenposition eines Arguments ein. Geschickt bei der Lösung von schwierigen Problemen, teilweise zu nachlässig.
	mit urteilender Einstellung	**ESTJ** Praktisch, realistisch, sachlich, natürliches Talent für Geschäft oder für Technik. Nicht interessiert an Dingen ohne unmittelbare Nutzanwendung, können sich aber hineinfinden, wenn nötig. Finden Gefallen an Organisation.	**ESFJ** Warmherzig, redselig, beliebt; gewissenhaft, geborene Teamer, aktive Mitglieder im Ausschuss oder Verein. Tun stets etwas Nettes für andere. Arbeiten am besten, wenn man sie ermutigt und lobt. Kein Interesse an abstrakten Gedanken.	**ENFJ** Zugänglich und verantwortungsbewusst. Versuchen, die persönlichen Gefühle der anderen zu berücksichtigen. Können in Diskussionen mit Umsicht und Takt leiten, sind beliebt, kein Interesse an abstrakten, technischen Sachverhalten.	**ENTJ** Herzlich, offen, können gut lernen, Führertypen, sehr gut im analytischen Denken und wenn es auf intelligente Argumentation oder kluge Rede ankommt. Sind gut informiert und pflegen ihren Wissensstand. Manchmal zu selbstsicher.

Bild 3-94: 16 Persönlichkeitstypen nach MYERS-BRIGGS

Der Vorteil einer angemessenen Beteiligung einer größeren Gruppe von Personen aus der Organisation liegt auf der Hand:

- Die Strategieentwicklung basiert auf einer wesentlich größeren Expertise, aber vor allem auf einer Expertise, die der Wirklichkeit entspricht und nicht dem Weltbild einiger weniger. Häufig kam uns als externen Beratern zu Ohren, dass das, was wir erfasst und gut aufbereitet hatten, schon einmal gesagt worden ist: „Man hört aber nicht auf uns!"

- Die Frustration vieler Mitarbeiter, nicht gefragt zu werden, obwohl sie einen guten Input geben können, wird vermieden.

- Die Beteiligung am Strategieentwicklungsprozess führt zu einer Identifikation mit dem erforderlichen Veränderungsprozess und damit letztlich zur erforderlichen Umsetzungsstärke.

Andererseits darf die Partizipation der Mitarbeiter nicht den Charakter einer Selbsterfahrungsgruppe annehmen oder – salopp ausgedrückt – zu einer „Quatschbude" degenerieren. Nachdem alle Fakten und Meinungen auf dem Tisch liegen, muss entschieden und umgesetzt werden. Das erfordert von allen Beteiligten Disziplin und Engagement. Die Mitarbeiter werden in dieser Phase dabei sein, wenn sie spüren, dass es dem Management ernst ist und es sich an die Spitze der Bewegung setzt. Die Kapitäne gehören in schwierigen Zeiten auf die Brücke. Was heißt das nun konkret?

Bereits in Kapitel 3.4.4 haben wir betont, wie wichtig es ist, dass Top-Führungskräfte persönlich die Verantwortung für die Umsetzung von bedeutenden Maßnahmen der Strategie übernehmen. Dies muss für die Mitarbeiter sichtbar sein. Ferner ist zu kommunizieren, dass diese Führungskräfte von Zeit zu Zeit über den Stand der Umsetzung der Maßnahmen berichten werden. Selbstredend muss das dann auch geschehen. Wenn in diesem Sinne vorgegangen wird, dann gewinnen die Mitarbeiter den folgenden Eindruck:

- Dem Top-Management ist das außerordentlich wichtig.

- Einzelne Führungskräfte übernehmen persönlich Verantwortung und gehen bewusst das Risiko eines Fehlschlags ein.

- Die persönlichen Commitments der Führungskräfte werden durch die Ankündigung, über den Stand der Umsetzung zu berichten, verstärkt.

- Das Top-Management schafft durch die regelmäßigen Statusberichte eine Plattform zur zielgerichteten Diskussion und zur Generierung von Impulsen für die Weiterentwicklung der Strategie.

Dies entspricht der „prozessualen Gerechtigkeit", die zu Beginn dieses Kapitels angesprochen wurde. Wir haben die Erfahrung gemacht, dass sich durch die skizzierte Praktik eine positive Eigendynamik im Prozess der strategischen Führung ergibt, der bald die Mitarbeiter erfasst und sie dazu bringt, sich für die notwendigen Veränderungen zu öffnen und sich am Ende dafür aus Überzeugung zu engagieren.

Literatur zum Kapitel 3

[Alb90]　Albach, H. (Hrsg.): Innovation als Fetisch und Notwendigkeit. In: Innovationsmanagement – Theorie und Praxis im Kulturvergleich. Gabler, Wiesbaden,1990

[Ans65]　Anshoff, H.: Corporate strategy – an analytical approach to business policy for growth and expansions. Wiley, New York, 1965

[Bac03]　Backhaus, K.: Industriegütermarketing. 7. Auflage, Verlag Vahlen, München, 2003

[Bät04]　Bätzel, D.: Methode zur Ermittlung und Bewertung von Strategievarianten im Kontext Fertigungstechnik. Dissertation, Fakultät für Maschinenbau, Universität Paderborn, HNI-Verlagsschriftenreihe, Band 141, Paderborn, 2004

[BB95]　Bents, R.; Blank, R.: Typisch Mensch – Einführung in die Typentheorie. 2., überarbeitete und erweiterte Auflage, Beltz Test, Göttingen, 1995

[Bec92]　Becker, J.: Marketing-Konzeption – Grundlagen des strategischen Marketing-Managements. 4. Auflage, Verlag Vahlen, München, 1992

[Ber06]　Berger, T.: Methode zur Entwicklung und Bewertung innovativer Technologiestrategien. Dissertation, Fakultät für Maschinenbau, Universität Paderborn, HNI-Verlagsschriftenreihe, Band 176, 2006

[Bin06]　Binger, V.: Konzeption eines wissensbasierten Instruments für die strategische Vorausschau im Kontext der Szenariotechnik. Dissertation, Fakultät für Maschinenbau, Universität Paderborn, HNI-Verlagsschriftenreihe, Band 184, Paderborn, 2006

[Ble99]　Bleicher, K.: Das Konzept Integriertes Management – Visionen, Missionen, Programme. 6. Auflage, Campus Verlag, Frankfurt, 1999

[BS07]　Backhaus, K.; Schneider, H.: Strategisches Marketing. Schäffer-Poeschel Verlag, Stuttgart, 2007

[Bul94]　Bullinger, H.-J.: Einführung in das Technologiemanagement – Modelle, Methoden, Praxisbeispiele. Teubner, Stuttgart, 1994

[Byr96]　Byrne, J. A.: Strategic Planning – After a decade of gritty downsizing, Big Thinkers are back in corporate vogue. In: Business Week, August 26, 1996

[CCH06]　Christensen, C. M; Cook, S.; Hall, T.: Wünsche erfüllen statt Produkte verkaufen. Harvard Business Manager, März 2006

[Cha62]　Chandler, A.: Strategy and structure. MIT-Press, Cambridge, 1962

[CP94]　Collins, J. C.; Porras, J. I.: Built to last – Successful habits of visionary companies. Harper, New York, 1994

[CP97]　Collins, J. C.; Porras, J. I.: Immer erfolgreich – die Strategien der Topunternehmen. Deutsche Verlags-Anstalt, Stuttgart, 1997

[Dan96]　Dangelmaier, W. (Hrsg.): Vision Logistik – Logistik wandelbarer Produktionsnetze zur Auflösung ökonomischer-ökologischer Zielkonflikte. Forschungszentrum Karlsruhe, Wissenschaftliche Berichte FZKA-PFT 181, 1996

[DNL96]　Dechamps, J.-P.; Nayak, P. R.; Little, A. D.: Produktführerschaft – Wachstum und Gewinne durch offensive Produktstrategien. Campus, Frankfurt, 1996

[Ehr03]　Ehrlenspiel, K.: Integrierte Produktentwicklung – Denkabläufe, Methodeneinsatz, Prozesse. 2. Auflage, Carl Hanser Verlag, München, 2003

[Eve02]　Eversheim, W. (Hrsg.): Innovationsmanagement für technische Produkte. Springer, Berlin, 2002

[Eve03]　Eversheim, W. (Hrsg.): Innovationsmanagement für technische Produkte. Springer, Berlin, 2003

[FE98]　Fritz, W.; Effenberger, J.: Strategische Unternehmensberatung – Verlauf und Erfolg von Projekten der Strategieberatung. In: Die Betriebswirtschaft 58, 1, S. 103-118, 1998

[FLL91]　Fortelle, G. de la; Lee, J.; Lewis, T. G.: Plädoyer für die Zentrale. In: Perspektiven. Boston Consulting Group, München, 1991

[FO00]　Freter, H.; Obermeier, O.: Marktsegmentierung. In: Herrmann, A.; Homburg, C. (Hrsg.): Marktforschung – Methoden, Anwendungen, Praxisbeispiele. 2. Auflage, Gabler, Wiesbaden, 2000

[For89]　Forschner, G.: Investitionsgüter-Marketing mit funktionellen Dienstleistungen – Die Gestaltung immaterieller Produktbestandteile im Leistungsangebot industrieller Unternehmen. Duncker & Humboldt, Berlin, 1989

[Fre84]　Freemann, R. E.: Strategic Management – A Stakeholder Approach. Pitman, Marshfield, 1984

[FW78]　Foster, R. N.; Wood, P. M.: Linking R&D to Strategy. In: Strategic Leadership. Hrsg. McKinsey & Company, 1978

[GEK01]　Gausemeier, J.; Ebbesmeyer, P.; Kallmeyer, F.: Produktinnovation – Strategische Planung und Entwicklung der Produkte von morgen. Carl Hanser Verlag, München, 2001

[GHK+06] GAUSEMEIER, J.; HAHN, A.; KESPOHL, H. D.; SEIFERT, L.: Vernetzte Produktentwicklung. Carl Hanser Verlag, München, Wien, 2006

[Gla96] GLASS, N.: Management Masterclass – A Practical Guide to the New Realities of Business. Nicholas Brealey, London, 1996

[GLR+01] GAUSEMEIER, J.; LINDEMANN, U.; REINHART, G.; WIENDAHL, H.-P.: Kooperatives Produktengineering – Ein neues Selbstverständnis des ingenieurmäßigen Wirkens. HNI-Verlagsschriftenreihe, Paderborn, 2000

[GLS04] GAUSEMEIER,, J.; LINDEMANN, U.; SCHUH, G. (Hrsg.): Planung der Produkte und Fertigungssysteme für die Märkte von morgen. VDMA-Verlag, Frankfurt am Main, 2004

[Ham97] HAMEL, G.: Strategy as Revolution. In: Brown, John Seely (Hrsg.): Seeing differently – insights on innovation. Harvard Business Review, Boston, 1997

[Hau97] HAUSCHILDT, J.: Innovationsmanagement. 2. Auflage, Verlag Franz Vahlen, 1997

[Hed77] HEDLEY, B.: Strategy and the business portfolio. In: Long Range Planning, Vol. 10, Nr. 1, 1977

[Her87] HERZBERG, F.: One more time – how do you motivate employees? In: Harvard Business Review, Jan./Febr. 1968 (wiederveröffentlicht in: Harvard Business Review, Sept./Oct. 1987 mit retrospektivem Kommentar vom Autor)

[Hin96] HINTERHUBER, H. H.: Strategische Unternehmensführung: 1. Strategisches Denken: Vision, Unternehmenspolitik, Strategie. 6. neu bearbeitete und erweiterte Auflage, de Gruyter, Berlin, 1996

[HG98] HORVATH, P.; GLEICH, P.: Die Balanced Scorecard in der produzierenden Industrie. ZWF 93, November 1998

[HK03] HOMBURG, C.; KROHMER, H.: Marketingmanagement – Strategie, Instrumente, Umsetzung, Unternehmensführung. Gabler, Wiesbaden, 2003

[HM91] HAX, A. C.; MAJLUF, N. S.: Strategisches Management – ein integratives Konzept aus dem MIT. Campus, Frankfurt/Main, 1991

[Hom96] HOMBURG, C.: Modelle zur Unterstützung strategischer Technologieentscheidungen. Arbeitspapier der wissenschaftlichen Hochschule für Unternehmensführung. Otto-Beisheim-Hochschule, Vallendar, 1996

[Hor88] HORST, B.: Ein mehrdimensionaler Ansatz zur Segmentierung von Investitionsgütermärkten. Centaurus-Verlags-Gesellschaft, Köln, 1988

[HP95] HAMEL, G.; PRAHALAD, C. K.: Wettlauf um die Zukunft – Wie sie mit bahnenbrechenden Strategien die Kontrolle über ihre Branche gewinnen und die Märkte von morgen schaffen. Wirtschaftsverlag Ueberreuther, Wien, 1995

[HP00] HORVATH & PARTNER (Hrsg.): Balanced Scorecard umsetzen. 2. überarbeitete Auflage, Schäffer-Poeschel Verlag, Stuttgart, 2000

[JK95] JONES, P; KAHANER, L.: Say it and live it – The 50 Corporate Mission Statements that hit the mark. Currency and Doubleday, New York, 1995

[Kar97] KARE-SILVER, M. DE: Strategy in crisis: why business urgently needs a completly new approach. Macmillan Business, Basingstoke, 1997

[KB96] KRIEGEL, R.; BRANDT, D.: Sacred Cows Make The Best Burgers. Developing Change-Ready People and Organizations. Warner Books, New York, 1996

[KH97] KRÜGER, W.; HOMP, C.: Kernkompetenz-Management – Steigerung von Flexibilität und Schlagkraft im Wettbewerb. Gabler Verlag, Wiesbaden, 1997

[KKB07] KOTLER, P; KELLER, K. L.; BLIEMEL, F.: Marketing-Management – Strategien für wertschaffendes Handeln. 12. Auflage, Pearson Studium, München, 2007

[Kle87] KLEINALTENKAMP, M.: Die Dynamisierung strategischer Marketing-Konzepte: Eine kritische Würdigung des „Outpacing Strategy"-Ansatzes von GILBERT und STREBEL. In: Zeitschrift für betriebswirtschaftliche Forschung, 39. Jg., Nr. 1, 1987

[KLW04] KINKEL, S.; LAY, G.; WENGEL, J.: Innovation: Mehr als Forschung und Entwicklung – Wachstumschancen auf anderen Innovationspfaden. Fraunhofer ISI, PI-Mitteilung Nr. 33, Karlsruhe, 2004

[KM98] KIM, W. C.; MAUBORGNE, R.: Warum rücksichtsvolle Chefs erfolgreicher sind. Harvard Business Manager, Januar 1998

[KN89] KETTERINGHAM, J. M; NAYAK, P. R.: Senkrechtstarter – Große Produktideen und ihre Durchsetzung. Econ, Düsseldorf, 1989

[KN92] KAPLAN, R. S.; NORTON, D. P.: The Balanced Scorecard - Measures that Drive Performance. In: Harvard Business Review, Vol. 70, Nr. 1, 1992

[KN97] KAPLAN, R. S.; NORTON, D. P.: Balanced Scorecard. Aus dem Amerikanischen übersetzt von Horváth, P.; Kuhn-Würfel, B.; Vogelgruber, C., Schäffer-Poeschel Verlag, Stuttgart, 1997

[KN06] KAPLAN, R. S.; NORTON, D. P.: Strategien (endlich) umsetzen. Harvard Business Manager, Januar 2006

[Kot97] KOTTER, J. P.: Chaos Wandel Führung – Leading Change. Econ, Düsseldorf, 1997

[Kru82] Krubasik, E. G.: Strategische Waffe. In: Wirt-schaftswoche, 36. Jahrgang, Nr. 25, 1982

[KST+84] Kano, N.; Seraku, N.; Takahashi, F.; Tsuji, S.: Attractive Quality and Must be Quality. In: Quality Journal, 14, Nr. 2, 1984

[Lan94] Langguth, H.: Strategisches Controlling. Verlag Wissenschaft & Praxis Dr. Bräuner, Ludwigsburg, 1994

[Lev60] Levitt, T.: Marketing Myopia. In: HBR, Juli-August, S.45-56, 1960

[Mak90] Makridakis, S.: Forecasting, planning, and strategy for the 21st century. Free Press, New York, 1990

[Man88] Mann, R.: Das ganzheitliche Unternehmen – Die Umsetzung des neuen Denkens in der Praxis zur Sicherung von Gewinn und Lebensfähigkeit. Scherz, Bern, 1988

[Mar02] Markides, C.: So wird Ihr Unternehmen einzigartig – Ein Praxisleitfaden für professionelle Strategieentwicklung. Campus, Frankfurt/Main, 2002

[Mef98] Meffert, H.: Marketing, Grundlagen marktorientierter Unternehmensführung – Konzepte, Instrumente, Praxisbeispiele. 8. Auflage, Gabler, Wiesbaden, 1998

[Mil97] Milberg, J.: Mit Schwung zum Aufschwung, Münchener Kolloquium 1997. Produktion – eine treibende Kraft für unsere Volkswirtschaft. Verlag Moderne Industrie, München, 1997

[Min94] Mintzberg, H.: The Rise and Fall of Strategic Planning. Free Press, New York 1994

[Moo95] Moore, G. A.: Inside The Tornado – Marketing Strategies from Silicon Valley´s Cutting Edge. HarperCollins, New York, 1995

[ML03] Müller-Stewens, G.; Lechner, C.: Strategisches Management – Wie strategische Initiativen zum Wandel führen. 2. Auflage, Schäffer-Poeschel Verlag, Stuttgart, 2003

[MS06] Mankins, M. C.; Steele, R.: Konzentrierter planen, besser entscheiden. Harvard Business Manager, April 2006

[Oet94] Oetinger, B. von (Hrsg.): Das Boston-Consulting-Group-Strategie-Buch. Die wichtigsten Management-Konzepte für den Praktiker. 3. Auflage, Econ, Düsseldorf, 1994

[PG88] Pümpin, C.; Geilinger, U. W.: Strategische Führung, Aufbau strategischer Erfolgspositionen in der Unternehmenspraxis. In: Die Orientierung, Nr. 88, 1988

[PKW85] Pümpin, C.; Koni, J.-M.; Wüthrich, M. A.: Unternehmenskultur – Basis strategischer Profilierung erfolgreicher Unternehmen. In: Die Orientierung, Nr. 85, 1985

[Por92] Porter, M. E.: Wettbewerbsvorteile – Spitzenleistungen erreichen und behaupten = (Competitive advantage), 3. Auflage. Campus, Frankfurt/Main, 1992

[Por97] Porter, M. E.: Nur Strategie sichert auf Dauer hohe Erträge. In: Harvard Business Manager (1997), Heft 3, S. 42-58

[Por99] Porter, M. E.: Wettbewerbsstrategie, Methoden zur Analyse von Branchen und Konkurrenten. 10. Auflage, Campus, Frankfurt/Main, 1999

[Püm83] Pümpin, C.: Management strategischer Erfolgspositionen – Das SEP-Konzept als Grundlage wirkungsvoller Unternehmensführung. 2. Auflage, Haupt, Bern, 1983

[Püm96] Pümpin, C.: Vision und Strategie im Umbruch. In: Dangelmaier, W.; Gausemeier, J. (Hrsg.): Fortgeschrittene Informationstechnologie in der Produktentwicklung und Fertigung. 2. Internationales Heinz Nixdorf Symposium für industrielle Informationstechnologie. HNI-Verlagsschriftenreihe, Band 19, Paderborn, 1996

[RMD85] Rowe, A. J.; Mason, R. O.; Dickel, K. E.: Strategic management and business policy – a methodological approach. 2. Auflage, Addison-Wesley, München, 1985

[Sen06] Senge, P. M.: Die fünfte Disziplin – Kunst und Praxis der lernenden Organisation. Aus dem Amerikanischen von Maren Klostermann, 10. Auflage, Klett-Cotta, Stuttgart, 2006

[Sim96] Simon, H.: Die heimlichen Gewinner – Die Erfolgsstrategien unbekannter Weltmarktführer. Campus, Frankfurt/Main, 1996

[Spr05] Sprenger, R.: Die drei Disziplinen gesunden Wachstums. Harvard Business Manager, März 2005

[Sto05] Stollt, G.: Wissensbasis für die Erstellung von Markt- und Umfeldszenarien für die Werkzeugmaschinenindustrie. In: Gausemeier, J. (Hrsg.): Vorausschau und Technologieplanung. HNI-Verlagsschriftenreihe, Band 178, Paderborn, 2005

[SWA+06] Spath, D.; Wagner, K.; Aslanidis, S.; Bannert, M.; Rogowski, T.; Paukert, M.; Ardilio, A.: Die Innovationsfähigkeit des Unternehmens gezielt steigern. In: Bullinger, H.-J. (Hrsg.): Fokus Innovation. Carl Hanser Verlag, München, Wien, 2006

[Tru96] Trumpf (Hrsg.): Faszination Blech – Flexible Bearbeitung eines vielseitigen Werkstoffs. Raabe, Stuttgart, 1996

[TW95] TREACY, M.; WIERSEMA, F.: Marktführerschaft – Wege zur Spitze. Campus, Frankfurt/Main, 1995

[TZ85] TÖPFER, A.; ZANDER, E. (Hrsg.): Mitarbeiter-Befragungen. Campus Verlag, Frankfurt/Main, 1985

[Ulr01] ULRICH, P.: Integrative Wirtschaftsethik – Grundlagen einer lebensdienlichen Ökonomie. 3. Auflage, Paul Haupt Verlag AG, Bern, 2001

[VB99] VAHS, D.; BURMESTER, R.: Innovationsmanagement – Von der Produktidee zur erfolgreichen Vermarktung. Schäffer-Poeschel Verlag, Stuttgart, 1999

[WB86] WEINERT, E.; BROWN, A.: Stakeholder analysis for effective issues management. In: Planning Review, Vol. 14, Nr. 3, Mai 1986

[WB02] WESTKÄMPER, E.; BALVE, P.: Technologiemanagement in produzierenden Unternehmen. In: Bullinger, H.-J.; Warnecke, H.-J.; Westkämper, E. (Hrsg.): Neue Organisationsformen in Unternehmen. Springer, Berlin, 2002

[WC97] WAYLAND, R. E.; COLE, P. M.: Customer connections – new strategies for growth. Harvard Business School Press, Boston, 1997

[WFH96] WIENDAHL, H.-P.; FATSABEND, H; HELMS, K.: Produktionsmanagement in wandelbaren Produktionsnetzen – Merkmale, Anforderungen und Instrumente. Vortrag vor dem VDI-Otto-Kienzle-Kreis, Hannover, 1996

[Zoh04] ZOHM, F.: Management von Diskontinuitäten – Das Beispiel der Mechatronik in der Automobilindustrie. Deutscher Universitäts-Verlag, Wiesbaden, 2004

4 Prozesse –
Gestaltung der Leistungserstellung

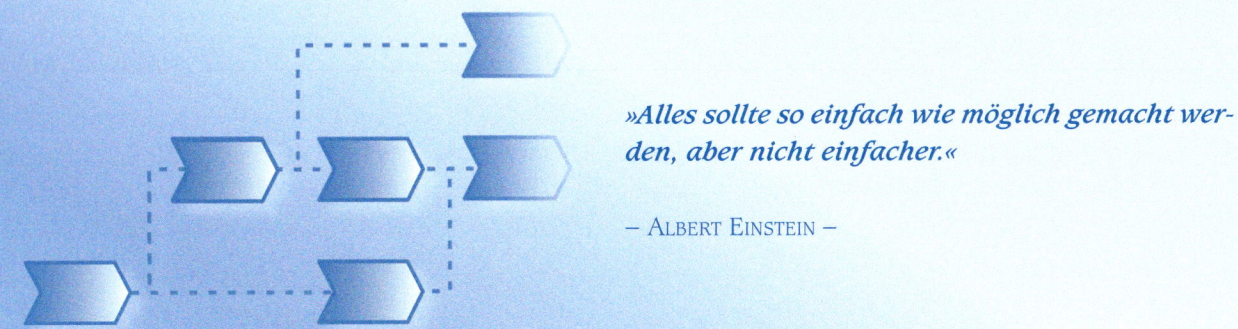

»Alles sollte so einfach wie möglich gemacht werden, aber nicht einfacher.«

– Albert Einstein –

Zusammenfassung

Geschäftsprozesse beschreiben das „eigentliche Leben" eines Unternehmens; sie ziehen sich im Sinne einer Ablauforganisation durch mehrere Funktionsbereiche und führen am Ende zu dem, worauf es ankommt – zufriedene Kunden und Gewinn. Erst vor gut einem Jahrzehnt wurde die Bedeutung von Geschäftsprozessen voll erkannt. Seitdem stehen Themen wie Prozessgestaltung und Business Process Reengineering ganz oben auf der Agenda der Unternehmensleitungen.

Wir sehen diesen Aufgabenkomplex aus zwei Blickwinkeln: Zum einen macht es in den meisten Fällen Sinn, die mehr oder weniger historisch gewachsenen Abläufe kritisch anzuschauen und zu restrukturieren. Hier liegen erhebliche Nutzenpotentiale. Zum anderen wissen wir, dass die Perfektionierung der Abläufe des Geschäfts von heute noch lange keine Gewähr dafür ist, auch künftig erfolgreich zu sein. Geschäftsprozesse müssen sich daher auch aus der Geschäftsstrategie begründen.

Mit diesem Kapitel liefern wir die Instrumente für die Gestaltung der Geschäftsprozesse. Zunächst ist die Frage zu beantworten, wie Geschäftsprozesse modelliert werden können. Dafür stellen wir die gängigen Methoden dar und schildern dann ausführlich die von uns entwickelte Methode OMEGA.

Den Schwerpunkt bildet das Verfahren zur Verbesserung von Geschäftsprozessen. Den Ausgangspunkt bildet eine gewachsene Ablauforganisation. Klar strukturierte Schritte zeigen, wie die derzeitige Situation ist, wo die zu erschließenden Nutzenpotentiale liegen, wie die künftige Ablauforganisation aussehen sollte und wie der Wandel zu vollziehen ist.

Wir betrachten eine Ablauforganisation differenziert nach der Art des Geschäfts und nach dem Reifegrad, d.h. nach dem Grad der Leistungsfähigkeit. Je nachdem wie fit eine Ablauforganisation ist, sind spezifische Verbesserungsmaßnahmen durchzuführen. Dies ist Gegenstand des Reifegradmanagements.

Der Zweck von Unternehmen ist, Leistungen zu erbringen, die die Bedürfnisse bzw. Anforderungen von Kunden erfüllen, und deren Vermarktung den wirtschaftlichen Erfolg des Unternehmens sichert. Bei den Leis-tungen kann es sich um Sach- und Dienstleistungen handeln. Wir betrachten primär Sachleistungen, also Erzeugnisse der Fertigungsindustrie. Derartige Leis-tungen sind Ergebnisse von Prozessen. Ein Prozess besteht aus Aktivitäten, die aus einem definierten Input ein definiertes Ergebnis erzeugen. Ein produzierendes Unternehmen weist hunderte von Prozessen auf, die ausgehend von den drei Hauptgeschäftsprozessen – Produktentstehungsprozess, Auftragsabwicklungsprozess und Herstellprozess (vgl. Kapitel 1.2.1, Bild 1-10) – hierarchisch gegliedert sind. Da die Prozesse ein Geschäft ermöglichen, werden sie als Geschäftsprozesse bezeichnet.

„Geschäftsprozesse bestehen aus der funktions-
überschreitenden Verkettung wertschöpfender
Aktivitäten, die von Kunden erwartete Leistun-
gen erzeugen und deren Ergebnisse strategische
Bedeutung für das Unternehmen haben. Ge-
schäftsprozesse ermöglichen es, die strukturbe-
dingte Zerstückelung der Prozessketten in Funk-
tionsorganisationen zu überwinden und die Ak-
tivitäten eines Unternehmens stärker auf die Er-
füllung von Kundenanforderungen auszurich-
ten." [SchS02]

Das klingt plausibel. Allerdings rückt diese Sichtweise erst in jüngster Zeit in das Bewusstsein der Führungskräfte und Mitarbeiter, obwohl wir auf zweihundert Jahre Industrialisierung zurückblicken.

4.1 Von der Funktions- zur Prozessorientierung

In einer Zeit, in der handwerkliche Werkstattfertigung vorherrschte, galten die Theorien von FREDERIK TAYLOR und ADAM SMITH als Revolution. TAYLORS Ausführungen zur Aufgabenteilung am Beispiel der Fertigung von Stecknadeln sind längst legendär. Im Kern propagierte er eine Zerlegung des gesamten Leistungserstellungsprozesses in dispositive sowie produktive Arbeitsschritte. Die einzelnen Arbeitsschritte sollten solange in Teilschritte zergliedert und delegiert werden, bis keine sinnvolle Aufteilung mehr möglich ist. Die Gestaltung der Leistungserstellungsprozesse erfolgt bei diesem Vorgehen, welches durch hohe funktionale Arbeitsteilung und Spezialisierung geprägt ist, „Top-down". In der funktionalen Arbeitsteilung liegt auch der Begriff der „Funktionsorientierung" begründet.

Die Anwendung der neuen Rationalisierungslehre mit dem Kernelement der Arbeitsteilung, insbesondere durch HENRY FORD bei der Produktion des „Modell-T" – auch bekannt als Ford Thin-Lizzy –, hat der industriellen Produktion entscheidende Impulse gegeben. Dadurch konnte der potentielle Massenbedarf an günstigen Erzeugnissen befriedigt werden. Ohne diese Rationalisierungslehre wäre der Aufschwung der Industrienationen kaum möglich gewesen.

In unserer heutigen komplexen Welt stößt dieser Ansatz der konsequenten Arbeitsteilung an seine Grenzen. Die hohe funktionale Spezialisierung führt zu einem hohen Koordinationsaufwand. Die Wechselwirkungen zwischen den Handlungen der Arbeitspersonen und dem Markterfolg lassen sich kaum verdeutlichen. Die Mitarbeiter erledigen gehorsam aber unmotiviert monotone Arbeiten, wie CHARLIE CHAPLIN in seinem Film „Modern Times" treffend karikierte; ihr Anteil am Markterfolg durch zufriedene Kunden bleibt ihnen verborgen. Fehlerkontrolle erfolgt in einem solchen System durch hierarchische Überwachung. Gute Leistungen von Einzelnen werden kaum sichtbar und auch nicht honoriert. Darüber hinaus kann der hohe Koordinationsbedarf nur bei Massenproduktion mit geringer Variantenvielfalt wirtschaftlich gerechtfertigt werden.

4.1.1 Kundenorientierung erfordert wohl-strukturierte Geschäftsprozesse

In den letzten Jahrzehnten ist ein ausgesprochener Wandel von Verkäufermärkten zu Käufermärkten zu verzeichnen, der sich auf absehbare Zeit fortsetzen wird. Die Kunden müssen gewonnen werden und das wirtschaftliche Erfüllen der Kundenwünsche wird zu einem herausragenden Erfolgsfaktor. Die bewährten Methoden der Arbeitsteilung, die in einer Zeit der durch Verkäufermärkte geprägten Massenproduktion entstanden sind, greifen nicht mehr. So führt die steigende Variantenvielfalt bei gegebener Arbeitsteilung zu einem höheren Organisationsaufwand. Verstärkt wird diese Entwicklung häufig durch zunehmende Produktkomplexität. Dies zusammen führt zur Notwendigkeit, den Grad der Arbeitsteilung zu reduzieren (Bild 4-1). Unter diesen Gesichtspunkten kommt es weniger auf die Zerlegung der Arbeit in elementare Schritte an, sondern mehr auf die durchgängige Gestaltung der Gesamtabläufe. Die heutige Situation weit vorausdenkend beschäftigte sich bereits in den dreißiger Jahren NORDSIECK mit der Trennung von Aufbau- und Ablauforganisation [Nor34].

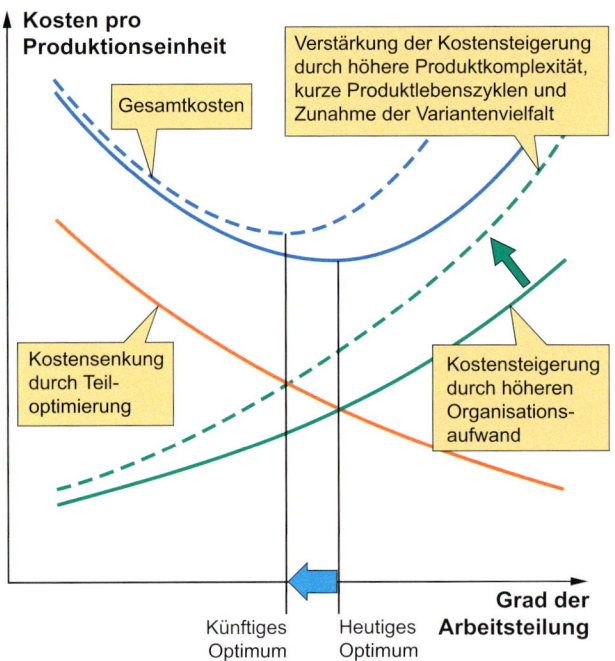

Bild 4-1: Verschiebung des kostenoptimalen Grads der Arbeitsteilung nach PICOT et al. [PRW98]

„Die Annahme und Planung besonderer Gliedaufgaben ist nur dort gerechtfertigt, wo der Prozess durch die Bildung von Abschnitten nur relativ gering gestört wird, d.h. wo die wenigsten Prozess- und Ablaufbeziehungen zerschnitten werden. Denn es versteht sich von selbst, dass alle diese abgeteilten Gliedaufgaben, die später- hin relativ selbstständigen Dienststellen übertragen werden, den Prozess selbst auseinandertrennen, wodurch das Bedürfnis nachträglicher Wiederherstellung der wechselseitigen Beziehungen durch Koordination entsteht. Dabei gilt der Satz, dass die organisatorische Koordination im Betrieb umso schwieriger wird, je weniger das Prinzip der Prozessgliederung beachtet worden ist." [Nor68]

Während als Ergebnis der funktionsorientierten Ausrichtung des Unternehmens die Aufbauorganisation im Vordergrund steht, ist die Prozessorganisation Ergebnis einer Prozessorientierung. Letztendlich beschreiben sowohl die Aufbau- als auch die Prozessorganisation die Arbeitsweise eines Unternehmens – jedoch aus unterschiedlichen Blickwinkeln. Die **Aufbauorganisation** ist die vertikale Sicht auf das Unternehmen, mit der die hierarchische Gliederung der Stellen und die Weisungsbefugnisse festgelegt werden. Die **Prozessorganisation** dagegen ist die horizontale Sicht, bei der das Unternehmen nach der Leistungserstellung gegliedert wird. Die **Ablauforganisation** ergibt sich durch die Abbildung der Prozess- auf die Aufbauorganisation und entspricht damit der Zuordnung der Leistungserstellungsprozesse (Geschäftsprozesse) zu den aufbauorganisatorischen Funktionseinheiten.

Die Aufgliederung von Arbeiten in kleine Arbeitselemente und deren Zuordnung zu ausführenden Stellen lässt wenig Raum für die Gestaltung durchgängiger Prozessketten und effizienter Ablauforganisationen. Die Reihenfolge müsste demnach umgekehrt werden: Zunächst sollten die Geschäftsprozesse optimiert und dann eine funktionale Gliederung des Unternehmens erarbeitet werden. Dadurch kann erreicht werden, dass die Prozesse einen möglichst einfachen Weg durch die Aufbauorganisation nehmen und das Unternehmen insgesamt eine einfache Ablauforganisation erhält.

Der Paradigmenwechsel von der Funktionsorientierung hin zu einer Betonung der Geschäftsprozesse ist in Bild 4-2 dargestellt: Im ersten Fall prägen Arbeitsteilung und eine komplexe Aufbauorganisation das Denken und Handeln der Arbeitspersonen. Die Geschäftsprozesse stehen im Bewusstsein der Arbeitspersonen im Hintergrund und prägen nicht ihr Verhalten. Die Folgen sind lange Durchlaufzeiten und eine geringe Qualität der Resultate. Im zweiten Fall ist den Arbeitspersonen bewusst, dass es auf das Endergebnis eines Prozesses ankommt, das die Anerkennung des Kunden finden muss und dessen Zahlungsbereitschaft erzeugt. Entscheidend ist hier eine neue Kultur der zielgerichteten Zusammenarbeit über Abteilungsgrenzen hinweg. Diese drückt sich u.a. darin aus, dass zu bestimmten Meilensteinen diejenigen Personen zusammenkommen, die a) mit ihrer Erfahrung dazu beitragen können, geeignete weitere Schritte für die Leistungserstellung festzulegen bzw. Verbesserungen zu initiieren und b) mit der Umsetzung dieser

Schritte befasst sind und sich damit identifizieren sollten. Die Resultate der Prozessorientierung sprechen für sich: kürzere Durchlaufzeiten, höhere Qualität und niedrigere Kosten. Natürlich ist auch hier eine funktionale Gliederung des Unternehmens notwendig. Sie ist immer notwendig, wenn ein größeres Kollektiv von Menschen zielgerichtet über einen längeren Zeitraum Leistungen erbringen soll. Allerdings ist die Aufbauorganisation als Grundordnung und nicht als Selbstzweck zu sehen.

Oft werden wir in diesem Zusammenhang mit der Forderung nach „flachen Hierarchien" konfrontiert. Die Anzahl der Hierarchiestufen ergibt sich aus der Größe des Unternehmens und der so genannten Führungsspanne, also der Anzahl der Arbeitspersonen, die von einer Führungsperson sinnvoll geführt werden kann. Die Hierarchiestufen ohne Beachtung der Führungsspanne zu reduzieren, erscheint uns unqualifiziert und populistisch. Wie bereits angedeutet, liegt das Problem vieler Unternehmen weniger in der Aufbauorganisation, sondern im Bereich der Unternehmenskultur. Die Hinwendung der Menschen in einer Organisation zu den Leistungserstellungsprozessen, an deren Ende zufriedene interne oder externe Kunden stehen, ist in erster Linie eine Frage der Unternehmenskultur. Verbesserungen primär durch Veränderung der Aufbauorganisation erzielen zu wollen ist daher der falsche Weg. Solche „Umorganisationen" haben nur geringe Auswirkungen auf die Leistungsfähigkeit des Unternehmens. Und wenn, dann meistens negative, weil die Mitarbeiter das oft als Aktionismus empfinden. Umorganisation ist häufig ein Ausdruck von Ratlosigkeit und Unvermögen, Menschen für eine gemeinsame Sache zu mobilisieren. Es zeigt sich, dass Umorganisieren die Leistungsfähigkeit eines Unternehmens nicht entscheidend erhöhen kann, wenn auf der anderen Seite die Unternehmenskultur erhebliche Defizite aufweist.

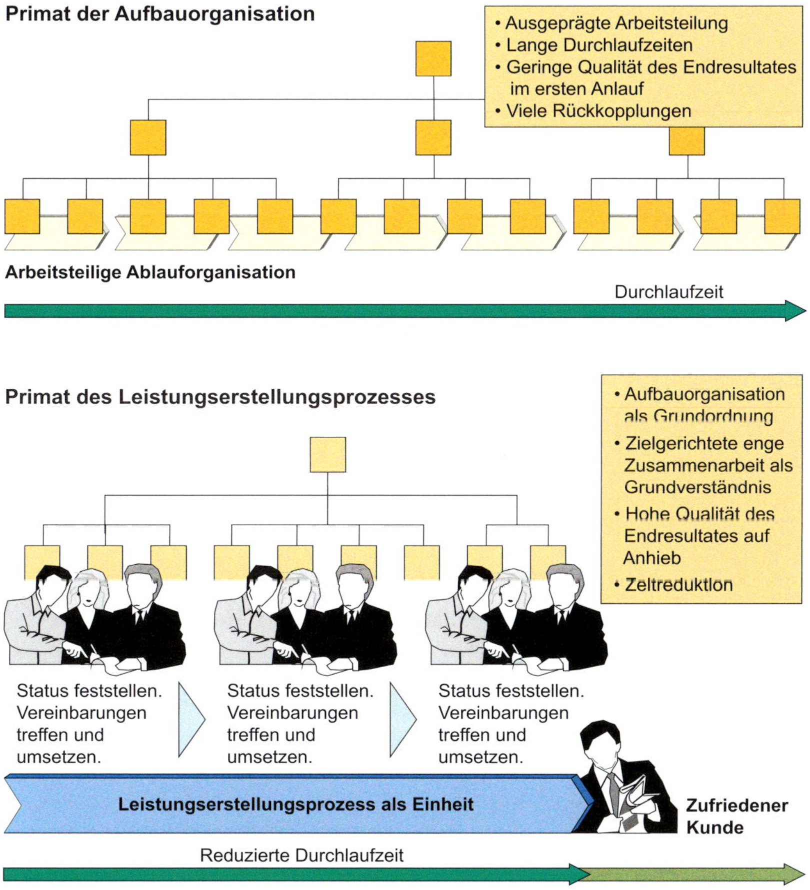

Bild 4-2: Von der Funktions- zur Prozessorientierung

Umgekehrt können erfolgreiche Unternehmen aufbauorganisatorisch fast beliebig strukturiert sein, wenn eine Unternehmenskultur gegeben ist, die durch Leistungswillen, Zielstrebigkeit, Innovationsvermögen und Kooperationsfähigkeit geprägt ist.

Diese Ausführungen sollen allerdings nicht den Anschein erwecken, das „Allheilmittel" sei allein in der prozessorientierten Aufstellung der Unternehmen zu finden. Die Wahrheit liegt wie so oft in der Mitte. Der Übergang zwischen funktions- und prozessorientierter Organisation ist fließend; je nach den speziellen Belangen der betrachteten Prozesskette

Bild 4-3: *Priorisierung der Funktionen bzw. des Prozesses bei der Spezialisierung von Organisationseinheiten [NF95]*

wird die eine oder andere Struktur stärker betont (siehe Bild 4-3). Allen diesen Strukturen sollte jedoch gemein sein, Aufbauorganisation und Abläufe im Wechselspiel zu gestalten und so zu einer erfolgversprechenden Ablauforganisation zu gelangen.

4.1.2 Prozessorientierte Managementansätze

Die Einsicht, anstelle der Funktionsorientierung die Prozessorientierung als Organisationsprinzip stärker zu betonen, um den Erfolg des Unternehmens zu sichern, verlangt den Einsatz neuer, prozessorientierter Managementansätze. Diese müssen dem Paradigmenwechsel und der mehrdimensionalen Zielsetzung, den Leistungserstellungsprozess hinsichtlich Zeit, Qualität und Kosten zu optimieren, gerecht werden. Traditionelle Managementansätze wie z.B. Gemeinkostenwertanalyse, Simultaneous Engineering, Zeitmanagement, Qualitätskostenmanagement, Zielkostenmanagement, Variantenmanagement, Informationsmanagement, Customer-Service-Improvement etc. werden diesen Anforderungen nicht voll gerecht – sie betrachten jeweils spezifische Aspekte.

Prozessorientierte Managementansätze lassen sich hinsichtlich der Breite und der Tiefe der Veränderungen,

die sie im Unternehmen bewirken, unterscheiden. Die Breite drückt aus, wie viele Bereiche eines Unternehmens betroffen sind. So können sich Veränderungen auf einen Prozess in einem Funktionsbereich, eine Prozesskette oder das gesamte Unternehmen beziehen. Die Tiefe bestimmt die Vielschichtigkeit bzw. den Grad der Veränderungen.

Aus dieser Betrachtung ergeben sich zwei Extrempositionen prozessorientierter Managementansätze: der ganzheitliche, radikale Ansatz des „Business Process Reengineering" und der lokal fokussierte, schrittweise Ansatz des „Kaizen". Eine Mittelposition nimmt das „evolutionäre Reengineering" ein. Bild 4-4 stellt diese Positionierungen dar. Im Prinzip haben alle diese Ansätze ihren Ursprung in Japan (siehe Kasten).

Kaizen steht für einen ständigen Verbesserungsprozess unter Einbeziehung der Mitarbeiter [Ima94]. Ins Deutsche übersetzt trägt der Managementansatz den Titel KVP (kontinuierlicher Verbesserungsprozess). Wesentliche Merkmale von Kaizen/KVP sind

- die permanente Steigerung der Prozessleistung durch Verbesserungen in kleinen Schritten,

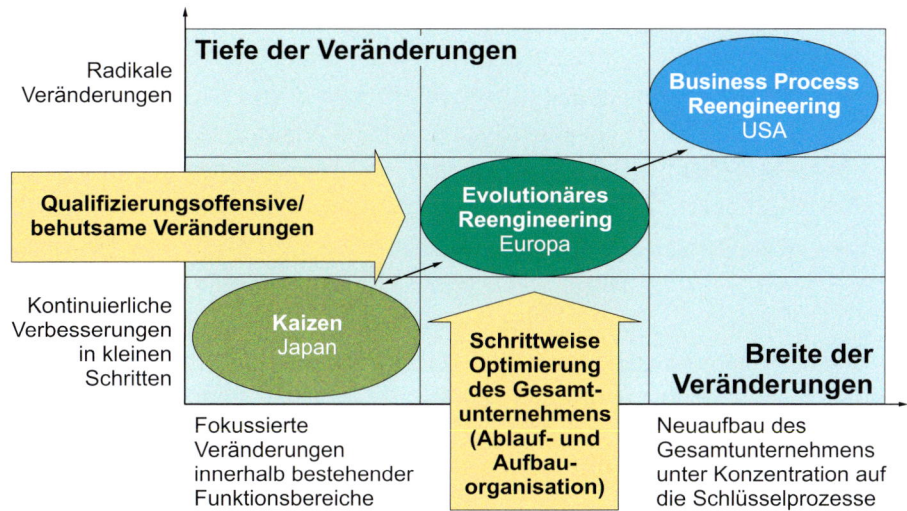

Bild 4-4: Einordnung der Restrukturierungsansätze bezüglich der Kulturkreise, nach
         SERVATIUS *[Ser94]*

- die Orientierung an den Anforderungen der internen und externen Kunden sowie

- die Nutzung der Fähigkeiten aller Mitarbeiter zur Lösung festgestellter Probleme.

Die funktionale Struktur des Unternehmens bleibt bei diesem Vorgehen im Prinzip unverändert. Aus ihr definieren sich die Schnittstellen für die internen Kunden-Lieferanten-Beziehungen.

Business Process Reengineering (BPR) ist ein sehr konsequenter Ansatz, der insbesondere durch die Veröffentlichungen von HAMMER und CHAMPY bekannt wurde [HC93], [HC94]. Danach lassen sich „Verbesserungen um Größenordnungen" in Unternehmen nur durch vollständiges Überwinden der gewachsenen Strukturen erreichen. Es wird ein völliger Neubeginn durch Neuplanung der gesamten Leistungserstellungsprozesse angestrebt. Diese Vorgehensweise ist durch den geringen Einfluss der Gewerkschaften und den geringen Kündigungsschutz in den USA leicht durchsetzbar. Reengineering-Projekte gleichen deshalb nicht selten einem Niederreißen der vorhandenen Strukturen mit einem anschließenden Neuaufbau „auf der grünen Wiese", wobei man sich auf die Schlüsselprozesse konzentriert. Auch wenn das wohl kaum auf hiesige Verhältnisse übertragbar ist, kann es doch hilfreich sein,

sich die Frage zu stellen: „Wie würden wir die Ablauforganisation gestalten, wenn wir auf der grünen Wiese neu beginnen könnten?" In vielen Fällen wird dadurch erstmals bewusst, wie weit man sich im Laufe der Zeit von einfachen schlanken Lösungen entfernt hat. Das dürfte zunächst nachdenklich machen und den notwendigen Veränderungsprozess stimulieren.

Beide Ansätze, sowohl BPR als auch Kaizen/KVP, werden der europäischen Kultur nicht voll gerecht: Das radikale Vorgehen ist kaum konform mit den gesetzlichen und tarifpartnerschaftlichen Rahmenbedingungen; die kontinuierlichen Verbesserungen bewirken nicht den oft notwendigen Bruch mit den gewachsenen Strukturen. In Europa und insbesondere in Deutschland hat sich daher ein Ansatz verbreitet, der treffend mit dem Begriff **evolutionäres Reengineering** umschrieben wird [Ser94]. Darin werden jeweils Teile der beiden vorgestellten Ansätze miteinander kombiniert. Aufbau- und Prozessorganisation werden dabei in Frage gestellt und, wo notwendig, optimiert und den veränderten Rahmenbedingungen angepasst, aber nicht eliminiert und anschließend völlig neu geplant. Das evolutionäre Reengineering fordert ebenso wie das BPR radikale Verbesserungen, die jedoch auf Basis des Status quo sukzessive eingeführt werden. Dies äußert sich in Unternehmen z.B. in Qualifizierungsoffensiven und Umstrukturierungen unter Ausnutzung der natürlichen Fluktuation als Möglichkeit des Wandels, um eine sozialverträgliche Veränderung zu erzielen.

Die Erfahrungen mit Kaizen sind durchweg sehr gut, wenn die betreffenden Unternehmen sich nicht gerade in einer Schieflage befanden, die rasches und mit gravierenden Schritten verbundenes Handeln erforderte. Die Resultate von BPR sind bisher kontrovers diskutiert worden. Es gibt unzählige Erfolgsgeschichten, aber auch viel Ernüchterung [Lin96]. Der Misserfolg basiert

Japanische Einflüsse des Prozessmanagements

Die inzwischen legendären Erfolge der japanischen Betriebsorganisation und insbesondere des „Toyota-Produktionssystems" beruhen auf Basismethoden wie „Kaikaku" und „Kaizen" [Ima94].

Unter **Kaikaku** (Innovation) wird die sprunghafte Verbesserung eines Prozesses verstanden. Dieser Ansatz ist im Amerikanischen mit Business Process Reengineering und im europäischen Sprachgebrauch als Geschäftsprozessoptimierung übersetzt worden. Diesem Ansatz liegt der Gedanke zugrunde, dass „grundsätzlich neue Lösungen zu Wettbewerbsvorteilen führen". Dies fand über die Veröffentlichung von HAMMER und CHAMPY seinen Weg in den amerikanischen Wirtschaftsraum, um über ein radikales Neudesign der Abläufe Verbesserungen um Größenordnungen zu erzielen [HC93]. Später wurde dieser Ansatz gemäß europäischer Rahmenbedingungen zum so genannten evolutionären Reengineering weiter entwickelt [Ser94].

Kaizen: Dieser Ansatz ist von dem Japaner OHNO entwickelt und in der Praxis eingesetzt worden. Als Erfinder des Toyota-Produktionssystems entwickelte er auch die logistischen Basismethoden „Kanban" und „Just-in-time" in den Jahren von 1950 bis 1980. „Kaizen" setzt sich zusammen aus „kai" (bedeutet „Veränderung") und „zen" (bedeutet „gut" bzw. „noch zu verbessern").

Dieser Begriff kann also als Veränderung zum Besseren bzw. als kontinuierliche Verbesserung verstanden werden.

Standardisierung: Ungeregelte Prozesse weisen hohe Schwankungen der Ergebnisse gegenüber den Soll-Werten auf. Die kontinuierliche Messung der Ergebnisse und die damit verbundene Regelung der Prozesse reduzieren die Schwankungen sukzessive und ergeben beherrschte Prozesse. Dies wird als Standardisierung bezeichnet.

In der Praxis werden diese drei Ansätze selbstredend situationsadäquat eingesetzt. Das Bild zeigt die kombinierte Wirkung der drei Ansätze. Danach wäre ein Unternehmen zunächst einmal mit radikalen Neuerungen „auf Kurs zu bringen" (Kaikaku), dann wären die neuen Prozesse zu stabilisieren (Standardisierung) und schließlich zu perfektionieren (Kaizen).

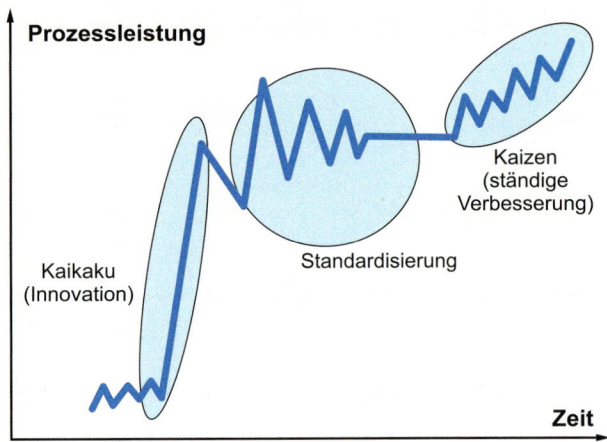

Die kombinierte Wirkung der Basismethoden des Prozessmanagements

Literatur:

[HC93]   HAMMER, M.; CHAMPY, J.: Reengineering the corporation. Nicolas Brealy Publishing Ltd., London, 1993

[Ima94] IMAI, M.: Kaizen – Der Schlüssel zum Erfolg der Japaner im Wettbewerb. Ullstein, München, 1994

[Ser94] SERVATIUS, H.-G.: Reengineering-Programme erfolgreich umsetzen. Schäffer-Poeschl, Stuttgart, 1994

zunächst auf dem falschen Verständnis dessen, was durch das Verbesserungsprojekt erreicht werden kann. Ferner fehlt es an konkreten nachvollziehbaren Handlungsempfehlungen. Darüber hinaus werden Restrukturierungsprojekte häufig als reine Kostensenkungsprogramme missverstanden. Sicherlich sollen im Rahmen der Restrukturierung von der Funktionsorientierung zur Prozessorientierung auch die Kosten gesenkt werden – insbesondere im Verwaltungsbereich. Primär geht es aber darum, die Wettbewerbsfähigkeit zu stärken, und das bedeutet oft, die Schnelligkeit und die Qualität zu erhöhen. Selbstredend führt das mittelbar auch zu Kostensenkungen, weil perfektionierte Prozesse auch weniger Kosten verursachen.

Obwohl sich die dargestellten prozessorientierten Managementansätze unterscheiden, so streben sie alle einen Veränderungsprozess im Unternehmen an, der auf das Denken und Handeln in Prozessen zielt und somit Veränderungen bis in die Unternehmenskultur erfordert. Derartige Veränderungen benötigen eine Orientierung; das im Folgenden beschriebene Leitbild der lernenden Organisation kann dazu dienen. Die eigentliche Handlungskonzeption für das evolutionäre Reengineering beschreiben wir in Kapitel 4.3. Da sich dieser Begriff in Deutschland in der Praxis nicht durchgesetzt hat und auch dieser Ansatz als Business Process Reengineering bezeichnet wird, verwenden wir im Folgenden für systematische Prozessverbesserungen den Begriff Business Process Reengineering (BPR).

4.1.3 Das Leitbild Lernende Organisation

In einem Umfeld, das sich ständig ändert, kann ein Unternehmen nur dann auf Dauer existieren, wenn es sich ebenfalls ständig anpasst und weiterentwickelt. Dazu sind spezifische Einstellungen und Fähigkeiten erforderlich, was durch das Leitbild der lernenden Organisation zum Ausdruck kommt. Eine lernende Organisation ist weniger eine Frage der Organisationsstruktur, sondern eine Ausprägung einer Unternehmenskultur. Nach SENGE bedarf es zum Aufbau einer lernenden Organisation fünf Disziplinen [Sen06]:

1) Denken in Systemen
2) Individuelle Reife
3) Mentale Modelle
4) Gemeinsame Visionen
5) Lernen im Team

Das **Denken in Systemen** basiert auf der Systemtheorie und Kybernetik und betrachtet die Welt, ein Unternehmen oder bestimmte Problemstellungen als ganzheitliches System. In einem solchen System lassen sich typische Wirkungsketten und Verhaltensmuster beobachten. Für die lernende Organisation bedeutet dies, dass sich anhand bestimmter Kriterien Verhaltensmuster identifizieren und ihre Wirkung auf das System (das Unternehmen) voraussagen lassen. Das Denken in Systemen unterstützt in hohem Maße die Entwicklung einer Prozesssicht.

Individuelle Reife drückt die Wahrnehmung des Einzelnen aus. Die lernende Organisation kann nur erfolgreich sein, wenn sich der Mensch in all seiner Eigenart akzeptiert und lernt, dies in Veränderungsprozessen zielgerichtet zu nutzen. Dabei nutzt jeder Mensch **mentale Modelle**, das heißt implizite und explizite Grundannahmen, um die Welt um sich herum zu erklären. Das Aufdecken und Bearbeiten solcher Modelle ist der Inhalt der dritten Disziplin.

Veränderungsprozesse laufen umso erfolgreicher ab, je mehr es gelingt, eine **gemeinsame Vision** aufzubauen, die eine starke emotionale Bindung des einzelnen Mitarbeiters in dem Prozess erzeugt (vgl. auch Kapitel 1.1.5). Mit Hilfe der gemeinsamen Vision kennt und trägt jeder seine Aufgabe und Rolle auf dem Weg zum gemeinsamen Ziel.

Das **Lernen im Team** macht aus einer Gruppe von Mitarbeitern mehr als eine simple Arbeitsgruppe. Erfolgreiche Teamarbeit entsteht vor allem dann, wenn die unterschiedlichen Fähigkeiten jedes einzelnen Teammitgliedes zur Problemlösung eingesetzt werden und so eine höherwertige Lösung entsteht. Über das Lernen im Team erfährt jeder Einzelne eine Wertschätzung des Teams und fühlt eine innere Verbundenheit zur Arbeit des Teams.

Eine lernende Organisation lässt sich in der praktischen Umsetzung durch folgende Charakteristika beschreiben:

- Klar formulierte und positionierte gemeinsame Werte und Visionen.
- Anerkennung der individuellen Person und deren Beitrag für die Organisation.
- Unternehmenskultur, die Offenheit und Vertrauen fördert.
- Starke Ziel- und Kundenorientierung.
- Arbeiten in interdisziplinären und bereichsübergreifenden Teams.
- Kontinuierliche Reaktion auf Veränderungen durch antizipatives Verhalten.
- Hohe Veränderungsbereitschaft – Freude an der Veränderung.
- Jeder trägt seinen Teil zum Unternehmenserfolg bei.

In der betrieblichen Praxis ist es wichtig, die Umsetzung der lernenden Organisation individuell nach den Spezifika des jeweiligen Unternehmens zu gestalten. Die lernende Organisation ist weder eine einmalige Installation noch ein Allheilmittel bei organisatorischen Problemen innerhalb von Unternehmen. Sie ist vor allem dann erfolgreich, wenn sie als permanente Kultur der Veränderung verstanden wird, die einerseits starke Auswirkungen auf jeden Einzelnen hat und andererseits auf die gesamte Organisation wirkt.

Der Weg zur lernenden Organisation

Begreift man das Ausmaß und den Einfluss der Unternehmenskultur, so wird deutlich, dass sich eine derart tiefgreifende Organisationsentwicklung nur basierend auf einer ganzheitlichen Handlungskonzeption vollziehen lässt, die die folgenden fünf Phasen aufweist:

1) Analyse der Ausgangssituation,
2) Dokumentation,
3) Kommunikation,
4) Kooperation und
5) Effektkontrolle.

Bild 4-5 zeigt den Aufbau dieser Handlungskonzeption; Hauptanliegen ist die Verhaltensänderung der Mitarbeiter. Sie verhalten sich vor dem Hintergrund ihrer persönlichen Wahrnehmung und Beurteilung der Realität und vor dem Hintergrund ihrer persönlichen Ziele, Werte und Interessen logisch. Erst durch die Veränderung dieser individuellen Gegebenheiten durch Kommunikation, Überzeugung und zielgerichtete Maßnahmen ist es möglich, Verhalten und somit die Unternehmenskultur weiterzuentwickeln. Im Folgenden gehen wir kurz auf die einzelnen Phasen ein.

Analyse der Ausgangssituation: Die Analyse umfasst die Ablauforganisation und insbesondere die „Logik" der Unternehmenskultur. Der Fokus liegt auf den Wirkzusammenhängen zwischen Unternehmenskultur, Wettbewerb und Markt. Ausgehend von der erfassten Ist-Ablauforganisation und den Wirkzusammenhängen wird die Soll-Ablauforganisation entwickelt. Als Ergebnis werden Handlungsbedarfe und Ziele formuliert, die die **Erfolgspotentiale** beschreiben.

Dokumentation: Zunächst werden die Kommunikationsstrukturen neu definiert, die sich aus den entwickelten Soll-Prozessen ergeben. Im Zentrum steht die Erarbeitung eines Organisationshandbuches, mit

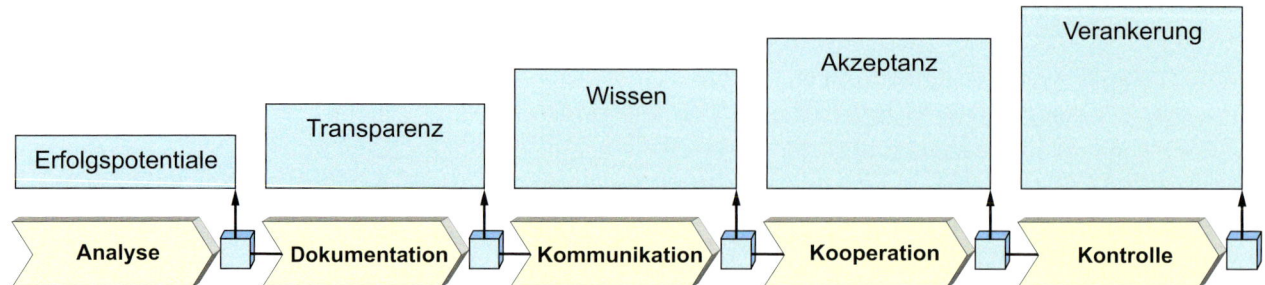

Bild 4-5: Schritte zur lernenden Organisation

dem die erforderlichen Veränderungen vor dem Hintergrund der Soll-Ablauforganisation nachvollziehbar dokumentiert werden. Das erzeugt **Transparenz** für alle Beteiligten.

Kommunikation: Hier geht es primär um die systematische Kommunikation der notwendigen Veränderungen im Sinne eines Dialogs mit den Beteiligten. Diese „Change-Kommunikation" verfolgt vier Ziele:

- Die Gründe verstärken, die für die Übernahme der neuen Gewohnheiten sprechen (Überzeugungen).

- Die Nachteile vergrößern, die es hat, wenn jemand die neuen Gewohnheiten nicht annimmt (Ausreißer einfangen).

- Die Gründe beseitigen oder abschwächen, welche für die Beibehaltung der bisherigen Gewohnheiten sprechen (Entwöhnung).

- Die Nachteile beseitigen oder reduzieren, die es hat, wenn man von den bisherigen Gewohnheiten abweicht (Effizienzsteigerung).

Durch eine mutige und direkte Kommunikation zwischen Management und Mitarbeitern erhält jeder mehr **Wissen**. Denn Wissen wird nur dann mehr, wenn man es mit anderen teilt.

Kooperation: Nur durch Kooperation zwischen allen Bereichen und Beteiligten können neue Konzepte und Veränderungen wie die Einführung eines neuen komplexen Softwaresystems erfolgreich umgesetzt werden. Aufbauend auf dem durch Dokumentation und Kommunikation manifestierten Wissen sollte den Mitarbeitern die Gelegenheit gegeben werden, das Neue gemeinsam zu explorieren. So entsteht **Akzeptanz**, ohne dass die Veränderungsprojekte im Sande verlaufen.

Effektkontrolle: Veränderungen sollten nicht nur spürbar, sondern auch messbar sein. Die angestrebten Effektkontrollen liefern zuverlässige Aussagen über die **Verankerung** der Veränderungen in der Organisation. Sie geben häufig wieder neue Hinweise für weiteren Handlungsbedarf und schließen somit den Kreis des kontinuierlichen Verbesserungsprozesses.

An dieser Stelle haben wir die Instrumente zur Gestaltung des Wandels nur angedeutet. In den folgenden Kapiteln gehen wir näher auf sie ein.

4.2 Methoden zur Geschäftsprozessmodellierung

Ein Geschäfts- bzw. Leistungserstellungsprozess ist zunächst einmal ein abstrakter organisatorischer Sachverhalt, der von den Menschen, die damit zu tun haben, naturgemäß selektiv wahrgenommen wird. Um sich konstruktiv und gründlich mit den Prozessen befassen zu können, sind diese zu beschreiben, und zwar in einer standardisierten Form, die wenig Spielraum für Interpretationen lässt. Dies ist Aufgabe der Geschäftsprozessmodellierung. Zweck der Modellbildung ist die Vereinfachung der komplexen Realität mit der Konzentration auf die für den Anwendungsbereich wesentlichen Inhalte. Die Methoden zur Geschäftsprozessmodellierung gestatten die Bildung von Modellen der Prozess- und Ablauforganisation sowie die anschauliche graphische Darstellung und Analyse dieser Modelle. Inhalte dieser Modelle sind die Prozesse, die daran beteiligten Personen bzw. Abteilungen (Organisationseinheiten der Aufbauorganisation), die eingesetzten technischen Ressourcen, wie Daten- und Materialspeicher, sowie die ausgetauschten Informationen und materiellen Objekte. Geschäftsprozessmodelle bilden die Basis für die Arbeit der Personen, die die Prozesse optimieren sollen. Diese Arbeit ist gekennzeichnet durch das Erzeugen des gemeinsamen Verständnisses der bestehenden Prozesse, das Erkennen von Schwachstellen und Verbesserungspotentialen, das Definieren neuer Prozesse und das Entwickeln von Maßnahmen zur Implementierung der neuen Prozesse. Die Geschäftsprozessmodellierung ist also ein wichtiges Planungs- und Führungsinstrument, wobei sie immer Mittel zum Zweck und nie Selbstzweck sein sollte.

Die Möglichkeiten der Modellierung von Leistungserstellungsprozessen lassen sich in dem in Bild 4-6 wiedergegebenen Ordnungsschema darstellen. Danach reicht das Spektrum der Modellbildung von groben, nicht formalen Darstellungen mittels anschaulicher Graphiken, die geeignet sind, das Grundverständnis einer Ablauforganisation zu erzeugen, bis zu detaillierten formalen Spezifikationen der Prozesse, die notwendig sind, um Produktdaten- bzw. Workflowmanagementsysteme zu implementieren. Zur Geschäftsprozessmodellierung sind Spezifikationstechniken (-methoden) notwendig. Je nach Zweck der angestrebten Modelle unterscheiden wir Techniken zur nicht formalen (semantischen), semiformalen und formalen Spezifikation von Modellen.

Die Darstellung der Funktionsbereiche und der groben Informationsflüsse eines Industriebetriebes wäre ein **nicht formales Modell** (Bild 4-7). Eine definierte einheitliche Festlegung von Konstrukten und Modellierungsregeln existiert hier nicht. Solche Modelle sind Ausdruck der Gedanken des Autors; sie können aber von Dritten beliebig interpretiert werden, weil eben Konstrukte und Regeln nicht definiert sind und die Graphiken erst mit ergänzenden mündlichen Erläuterungen voll zu erfassen sind.

Semiformale Modelle basieren auf einem vorgegebenen Satz von graphischen Konstrukten und unterliegen bei der Modellerstellung Regeln zur Anordnung und Verwendung dieser Konstrukte. Anwendung finden diese Modelle in fast allen Projekten zur Optimierung der Leistungserstellungsprozesse, bei denen die Ablauforganisation innerhalb einer vorgegebenen Detaillierungstiefe vollständig und für alle Projektbeteiligten nachvollziehbar und weitgehend interpretati-

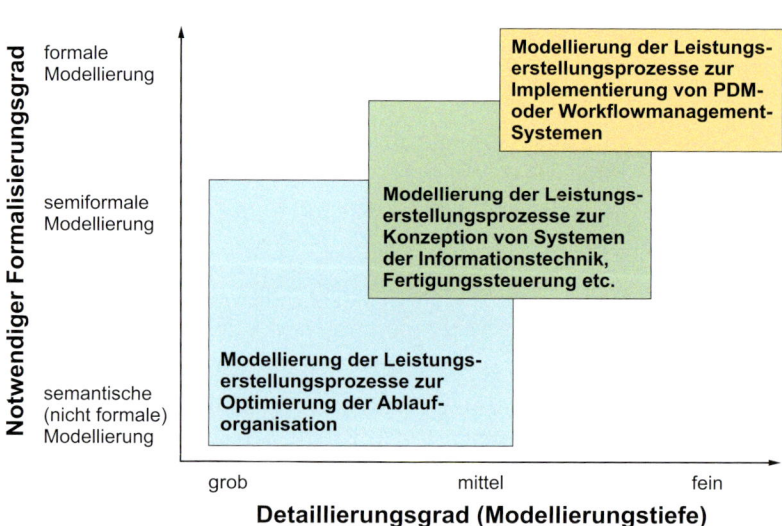

Bild 4-6: Grundsätzliche Möglichkeiten der Modellierung von Leistungserstellungsprozessen

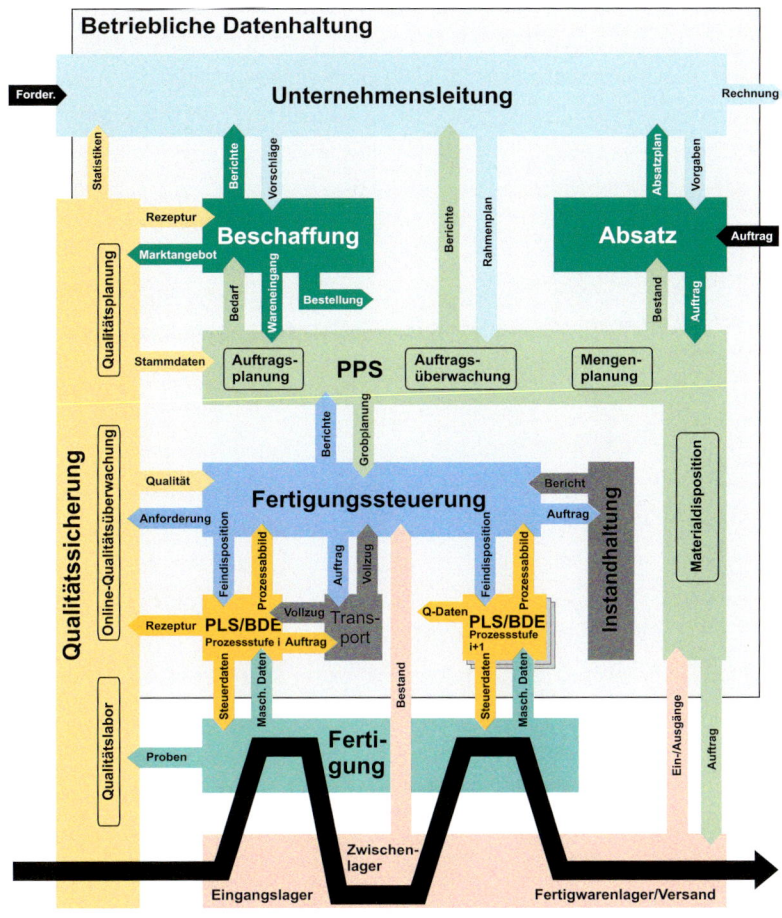

Bild 4-7: Beispiel eines nicht formalen Modells der Informationsverarbeitung in einem Industrieunternehmen (Spinnereibetrieb)

nisse der Spezifikationssprache, die im Prinzip einer Programmiersprache ähnelt, notwendig.

Entsprechend der Aufgabenstellung ist am Anfang einer Geschäftsprozessgestaltung zu entscheiden, welche Methode und welches Werkzeug die Anforderungen am besten erfüllt. Die Anforderungsvarianz erstreckt sich von der reinen Visualisierung, über Analyse und Optimierung bis hin zum kontinuierlichen Management von Prozessen einschließlich integriertem Workflow. Die entsprechenden Ansätze werden im Folgenden kurz charakterisiert.

Geschäftsprozessvisualisierung dient der graphischen Darstellung der Prozesse. Die entsprechenden Tools liefern Flussdiagramme, Netzdiagramme u.ä.

Geschäftsprozessanalyse dient der systematischen Untersuchung von Prozessen, um Schwachstellen und Verbesserungspotentiale zu identifizieren. Häufig werden auch Kennzahlen geliefert, die eine Leistungsmessung ermöglichen.

onsfrei dargestellt werden soll. Die graphischen Konstrukte führen zu Darstellungen, die eine anschauliche und definierte Grundlage für die Diskussion und die Weiterentwicklung der Prozesse bilden. Andererseits sind die Graphiken jedoch nicht so formalisiert, dass sie unmittelbar durch ein IT-System interpretiert werden könnten, wie das beispielsweise bei einem konzeptionellen Datenmodell gegeben ist.

Die Abbildung von Geschäftsprozessen in PDM- oder Workflowmanagement-Systemen erfordert **formale Modelle**. Diese sind so präzise und interpretationsfrei, dass sie unmittelbar zur Steuerung von Aktionen – z.B. Freigabeabläufe, Vorgangsbearbeitung etc. – verwendet werden können. Der Aufwand der Modellerstellung ist im Vergleich zur semiformalen oder nicht formalen Darstellung sehr hoch. Außerdem sind fundierte Kennt-

Geschäftsprozessoptimierung meint die Verbesserung bestehender Prozesse durch Eliminierung von Schwachstellen. Als Basis dienen die Visualisierung und Analyse der bestehenden Prozesse.

Geschäftsprozessmanagement umfasst die operative Planung, Steuerung und Kontrolle der Geschäftsprozesse zur effizienten Leistungserstellung eines Unternehmens. Es handelt sich dabei nicht um einen einmaligen Vorgang, sondern eine ständige Aufgabe.

Workflowmanagement meint die Ausführung von Arbeitsabläufen mit Hilfe von IT-Systemen und kann als technische Umsetzung des Geschäftsprozessmanagements verstanden werden.

Angesichts dieser Vielfalt an Möglichkeiten wird deutlich, dass zunächst Klarheit über die Aufgabenstellung gewonnen werden muss, bevor es an die Auswahl und Einführung einer Methode und des entsprechenden Werkzeugs geht. Für die Formulierung eines Anforderungskatalogs können wir folgende Hinweise geben.

Generische Modelle: Die Methoden und Werkzeuge müssen generisch, das heißt anwendungsneutral und auf vielschichtige Problemstellungen übertragbar sein. Sie müssen die zur Komplexitätsreduzierung notwendigen Mechanismen wie Abstraktion, Hierarchisierung und Modularisierung aufweisen. Darüber hinaus müssen sie formalen Vorgaben bis hin zu Qualitätsmanagement-Richtlinien genügen.

Intuitives Verständnis: Die Modelle müssen gut verständlich und eindeutig sein.

Übersichtliche Prozessmodelle: Geschäftsprozessmodelle werden häufig sehr umfangreich, so dass selbst eine Darstellung auf DIN A0 nicht ausreicht. Daher ist es wichtig, eine rasche Navigation in einem Modell zu unterstützen. Ferner sind Informations- und Materialflüsse sowohl isoliert für einzelne Geschäftsprozesse als auch im Gesamtzusammenhang, der den Fluss durch das Unternehmen bzw. den Betrieb darstellt, zu betrachten, um ein ganzheitliches Prozessverständnis zu schaffen.

Effizientes Vorgehenskonzept: Die Modellierungsmethode muss leicht erlernbar sein, um eine schnelle Durchdringung und eine hohe Akzeptanz im Unternehmen zu erreichen. Viele Methoden verlangen auf Grund komplexer Regeln und hoher Vielfalt der Konstrukte ein getrenntes Vorgehen bezüglich der Erfassung der Informationen und der eigentlichen Modellerstellung. In der Regel ist es dann nicht praktikabel, dass die Beteiligten aus den verschiedenen Unternehmensabteilungen in einem mehrtägigen Workshop die Modelle erstellen, analysieren und verbessern. Die Folge sind mehrere zeitraubende Validierungsschleifen.

Adäquate Funktionalität: Viele Softwarewerkzeuge bieten über die Modellierungsfunktion hinaus Module zur Analyse und Simulation der Geschäftsprozessmodelle

an. Dazu werden Prozesskennzahlen wie Kosten, Transport-, Liege- und Bearbeitungszeiten erfasst. In der Praxis zeigt sich, dass diese quantitativen Größen nur in seltenen Fällen mit akzeptablem Aufwand erfasst und verarbeitet werden können. Die Analyse- und Simulationsmodule werden daher häufig nicht genutzt.

4.2.1 Einführung in verbreitete Methoden zur Prozessmodellierung

Im Kontext dieses Buches sind insbesondere die semiformalen Modellierungsmethoden von Interesse. Zur Erstellung semiformaler Geschäftsprozessmodelle existiert eine Vielzahl von Spezifikationsmethoden. Viele dieser Methoden stammen aus dem Bereich des Softwareengineerings. Typische Vertreter sind Programmabläufe, Strukturierte Analyse (SA) nach DEMARCO, Structured Analysis and Design Technique (SADT), Petri-Netze, Architektur Integrierter Informationssystem (ARIS) und Unified Modeling Language (UML). Im Folgenden stellen wir einige Methoden kurz vor. Für ausführliche Vergleiche sei auf die Literatur verwiesen [HB96] [BS01].

4.2.1.1 SADT (Structured Analysis and Design Technique)

SADT wurde zwischen 1969 und 1973 von ROSS als Beschreibungsmittel für den Systementwurf entwickelt [Akt87], [Ros85]. Die Systembeschreibung erfolgt in einem Datenmodell (Datagramm) und Aktivitätenmodell (Aktigramm). Letzteres kann für die Modellierung von Geschäftsprozessen verwendet werden (Bild 4-8). Für Aktigramme stehen die Konstrukte *Aktivität, Eingabedaten, Ausgabedaten, Mechanismen* und *Steuerdaten* zur Verfügung. Die Aktivitäten entsprechen den Geschäftsprozessen. Sie stehen durch Eingabe- und Ausgabedaten miteinander in Beziehung. Damit kann sowohl der Informationsfluss als auch der Materialfluss des Unternehmens abgebildet werden. Die Mechanismen sind unterstützende Objekte zur Durchführung der Aktivität bzw. die in der Aktivität eingesetzten Ressourcen, z.B. die ausführende Organisationseinheit. Die Steuerdaten sind Vorschriften, nach denen die Aktivität auszuführen ist. Sie beschreiben je-

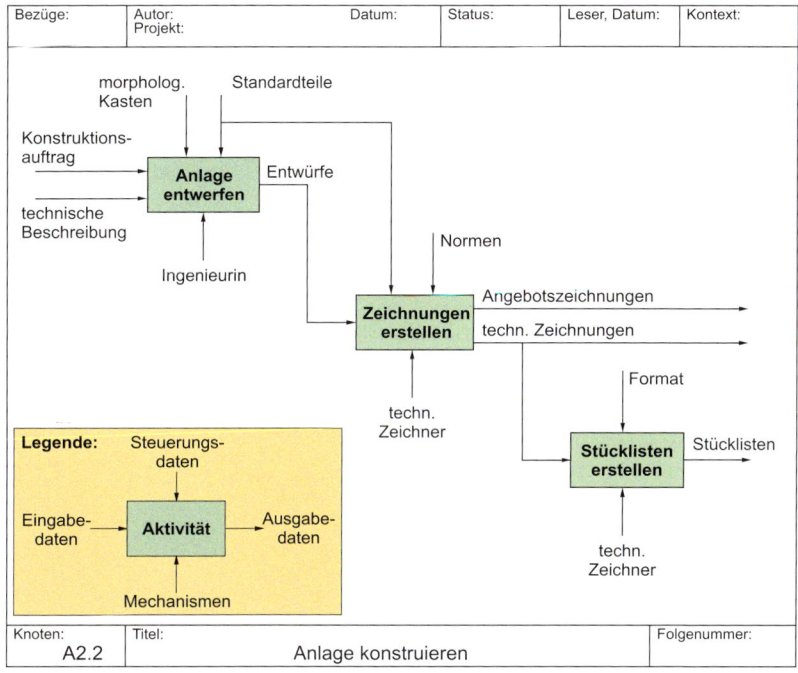

Bild 4-8: Beispiel eines SADT-Aktivitätenmodells (Aktigramm)

doch nicht die Auslösung oder Beendigung von Aktivitäten.

Das Aktigramm von SADT kennt keine Speicher von Informationen. Diese können nur mit einem Datagramm dargestellt werden. SADT sieht vor, höchstens sechs Aktivitäten auf einem Aktigramm darzustellen. Bei der Modellierung komplexer Ablauforganisationen entsteht dadurch eine Vielzahl tief gegliederter hierarchischer Teilmodelle. Das erschwert den Überblick erheblich. SADT ist daher für die Modellierung von Leistungserstellungsprozessen, die ja in der Regel sehr komplex sind, nur bedingt praktikabel.

4.2.1.2 Petri-Netze

Petri-Netze wurden zur Beschreibung von dynamischen, zeitkritischen Systemen entwickelt [Bau96]. Die zwei Hauptkonstrukte von Petri-Netzen sind *Transitionen* und *Stellen*. Die Stellen beschreiben Systemzustände. Die Transitionen erzeugen Systemzustandsübergänge. Sie modifizieren und transportie-

ren Datenobjekte und materielle Objekte. Transitionen entsprechen somit den Prozessen. Mit dem weiteren Konstrukt *Marke* lässt sich das zeitlich-dynamische Verhalten spezifizieren. Dazu gibt es die folgende Regel: Sind alle Stellen vor einer Transition mit der vorgegebenen Anzahl von Marken belegt, so kann die Transition ausgeführt werden. Nach dieser Ausführung wandern die Marken auf die Transition der nachgelagerten Stellen.

Ein Petri-Netz besteht aus einer Folge von Transitionen und Stellen (Bild 4-9). Neben den hier vorgestellten Stellen-Transitions-Netzen (S/T-Netze) existieren viele weitere Varianten; so werden beispielsweise bei den so genannten „Coloured Nets" individuelle Marken, die sich unterscheiden lassen, verwendet [Jen81]. Allen Darstellungen ist jedoch gemein, dass sie wenig anschaulich sind und die Verknüpfungslogik der Transitionen und Stellen nur implizit erkennbar ist, was wiederum die Verständlichkeit erschwert [Spe01]. Petri-Netze erlauben eine Darstellung kausaler Beziehungen zwischen Geschäftsprozessen sowie die Abbildung der durch die Geschäftsprozesse erreichbaren Systemzustände. Formale Regeln erlauben eine Simulation des modellierten Systems. Aus dem

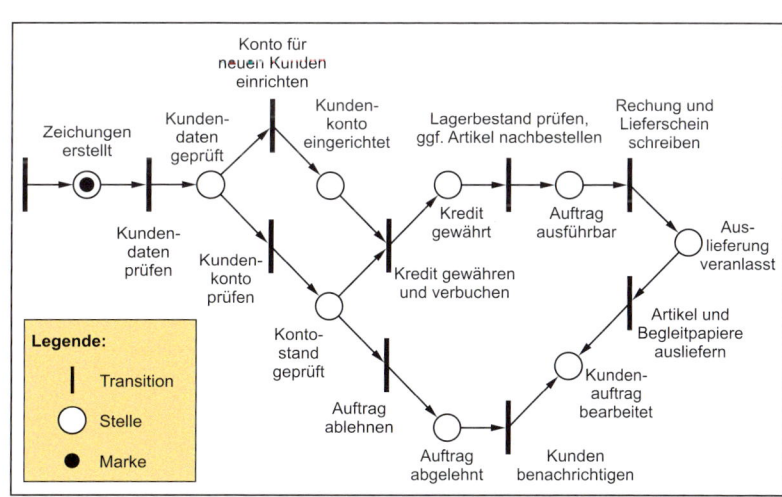

Bild 4-9: Beispiel für ein Petri-Netz

Blickwinkel der Modellierung von Leistungserstellungsprozessen fehlen jedoch Modellkomponenten zur Darstellung von erzeugten und verarbeiteten Daten, Speichern und ausführenden Organisationseinheiten. Zur Modellierung von Leistungserstellungsprozessen haben sich Petri-Netze daher nicht auf breiter Front durchgesetzt.

4.2.1.3 ARIS (Architektur Integrierter Informationssysteme)

ARIS ist die bekannteste Methode zur Modellierung von Unternehmen. ARIS gliedert das Gesamtmodell eines Unternehmens in die vier Sichten *Organisation, Daten, Funktionen* und *Steuerung* [Sch01]. Die Organisationssicht beschreibt die Aufbauorganisation des Unternehmens mittels eines Organigramms. Die Datensicht verwendet Entity-Relationship-Modelle zur strukturierten Darstellung der im Modell verarbeiteten Daten. Die Funktionssicht gliedert die Geschäftsprozesse (hier Funktionen genannt) hierarchisch sowie in ihrer Reihenfolge. Die Steuerungssicht vereint die drei Teilmodelle in einem gemeinsamen Modell, das entweder als (erweiterte) ereignisgesteuerte Prozesskette (Bild 4-10) oder als Vorgangskettendiagramm (Bild 4-11) dargestellt wird.

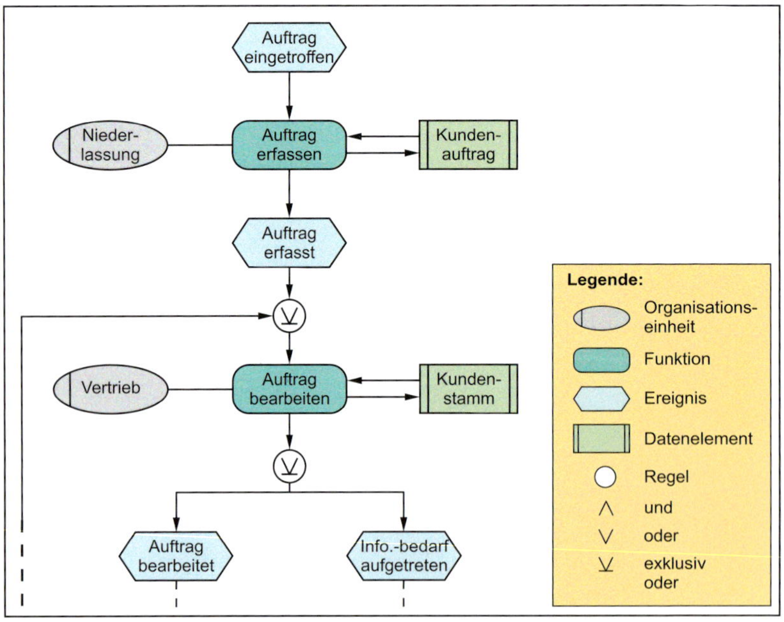

Inhaltlich unterscheiden sich die erweiterten ereignisgesteuerten Prozessketten (eEPK) nur unwesentlich von den Vorgangskettendiagrammen (VKD). Während die Vorgangskettendiagramme eine Anordnung der Symbole in tabellarischer Form vorschreiben, erfolgt die Anordnung der Symbole in einer eEPK, unter Wahrung der Syntax, frei. Bei der Modellierung in Form einer ereignisgesteuerten Prozesskette verwendet ARIS die folgenden Konstrukte [Gad01]:

- **Funktion:** Eine Funktion beschreibt die Transformation von einem Eingangs- in einen Ausgangszustand zur Erreichung eines Unternehmensziels. Sie ist in der Regel eine komplexe Tätigkeit, die weiter unterteilt werden kann und der Zeiten und Kosten zugeordnet werden können.

- **Ereignis:** Ein Ereignis beschreibt einen eingetretenen Zustand, von dem der weitere Verlauf eines Prozesses abhängt. Ereignisse sind passive Objekte, die Funktionen auslösen, oder Ergebnis einer ausgeführten Funktion.

- **Konnektor (Regel):** Da Funktionen von mehr als einem Ereignis ausgelöst werden können bzw. mehrere Ereignisse auslösen, werden in der EPK logische Konnektoren verwendet. Es werden die Konjunktion („und"-Verknüpfung), die Disjunktion („exklusiv-oder"-Verknüpfung) und die Adjunktion („oder"-Verknüpfung) unterschieden.

- **Organisationseinheit:** Diese entspricht einer Stelle (Abteilung etc.) in der Aufbauorganisation.

- **Informationsobjekt (Datenelement):** Diese werden zur Abbildung von materiellen Objekten (z.B. Betriebsmittel) und immateriellen Objekten (z.B. Fertigungsauftrag) der realen Welt verwendet und in der Datensicht mit Hilfe von Entity-Relationship-Modellen näher beschrieben.

Bild 4-10: Beispiel einer erweiterten ereignisgesteuerten Prozesskette (eEPK) nach ARIS

- **Anwendungssystem:** Das ist in der Regel ein IT-System zur Unterstützung des Geschäftsprozesses wie beispielsweise ein ERP-System.

Ereignisse und Funktionen werden jeweils im Wechsel angeordnet und durch Linien logisch verknüpft. Die Ereignisse sind als Auslöser der Funktionen zu verstehen. Die Organisationseinheiten und Anwendungssysteme werden auf der linken Seite der Funktionen angeordnet, die verwendeten Informationsobjekte entsprechend rechts. Durch einen Pfeil wird dargestellt, ob es sich um eine Eingangs- oder eine Ausgangsinformation handelt.

ARIS bietet in Ergänzung zu den oben dargestellten Beispielen eine Vielzahl weiterer Konstrukte zur Modellierung von Datenspeichern, Datenmedien etc. Datenmedien wie auch Speicher werden beispielsweise mit Hilfe eines Beziehungspfeils den sie betreffenden Daten zugeordnet. Damit erlaubt diese Methode die Modellierung nahezu aller Zusammenhänge der Informationsverarbeitung im Unternehmen.

Die Vielzahl der Symbole erfordert eine längere Einarbeitung. Das Nachvollziehen der Informationsflüsse als Weg eines Datenelements durch die Prozesskette ist in Vorgangskettendiagrammen und ereignisgesteuerten Prozessketten möglich, bei komplexen Modellen jedoch aufwändig. Die unterschiedlichen und in der Praxis sehr komplexen Darstellungen erschweren den weniger Geübten den Gesamtüberblick. Zusammenfassend lässt sich aber feststellen, dass sich ARIS für die Unternehmensmodellierung bewährt und fest etabliert hat.

4.2.1.4 UML (Unified Modeling Language)

Die Unified Modeling Language (UML) ist eine weit verbreitete Spezifikationstechnik für den Entwurf und die Analyse von objektorientierten Softwaresystemen [JRH+04]. UML geht auf Booch und Rumbaugh zurück, die 1995 begannen, ihre bis dahin getrennt entwickelten objektorientierten Modellierungsmethoden in eine gemeinsamen Notation zur Unified Method (UM) zusammenzuführen [Boo94] [RBP+91]. Kurze Zeit später wurde zusätzlich der objektorientierte Ansatz von Jacobson integriert [Jac95] [JBR99]. Aufgrund der bis dahin hohen Akzeptanz der von Booch, Rumbaugh und Jacobson entwickelten Modellierungssprachen führte ihre Integration zur Unified Modeling Language schnell zu einem Standard in der Softwareentwicklung. Sie unterstützt die vollständige Modellierung, Dokumentierung, Spezifizierung und Visualisierung einer Software von der Analyse bis zum lauffähigen Programm [Oes05]. Mit Hilfe ihrer Notationselemente liefert sie sowohl die Möglichkeit zur Modellierung von statischen als auch dynamischen Modellen.

Ein Ansatz zur Verwendung von UML zur Geschäftsprozessmodellierung findet sich bei Oestereich et al. [OWS+03]. Da ein Großteil der betrieblichen Abläufe durch Software unterstützt wird, lässt sich ein Bezug zur Softwaremodellierung herstellen. Um die für den Geschäftsprozess relevanten Aspekte zu modellieren, werden verschiedene Konstrukte und Diagramme der UML verwendet. Die einzelnen Tätigkeiten zur Erbringung eines

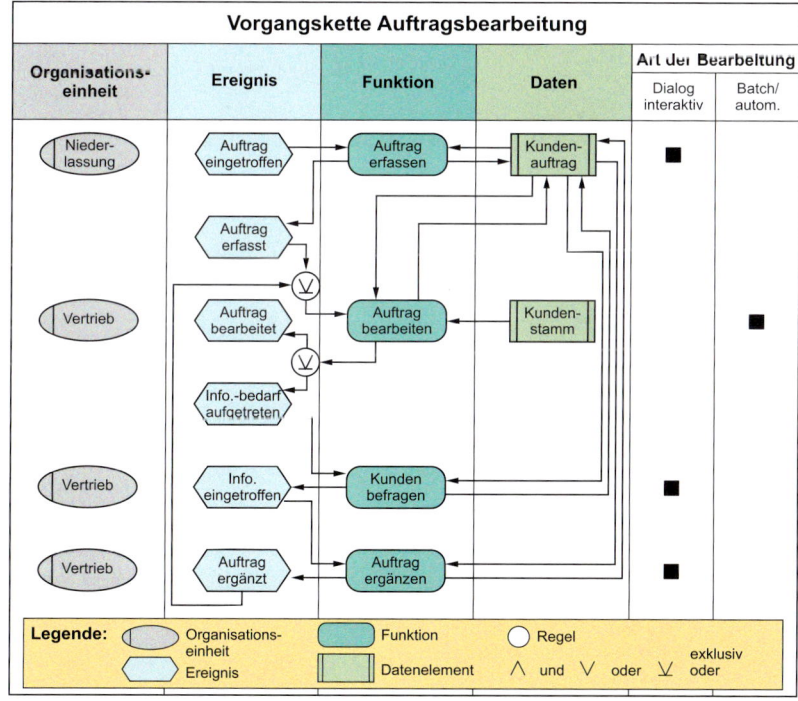

Bild 4-11: Beispiel eines Vorgangskettendiagramms (VKD) nach ARIS

geschäftlichen Wertes werden im Aktivitätsdiagramm dargestellt. Dieses stellt die logische Reihenfolge der Aktivitäten und ihre Zuordnung zu Verantwortungsbereichen dar. Eine Aktivität ist jeweils in der Spalte des zugehörigen Verantwortungsbereichs eingeordnet. Die Aktivitäten sind einzelne Schritte in einem Verarbeitungsablauf. Transitionen beschreiben den Übergang von Aktivitäten. Start- und Endknoten sind die Start- bzw. Endpunkte eines Ablaufs in einem Aktivitätsdiagramm. Ein Aktivitätsdiagramm ist beispielhaft in Bild 4-12 dargestellt. Die senkrecht unterteilten Bereiche im Aktivitätsdiagramm repräsentieren die Verantwortungsbereiche. Auf Grund ihres Aussehens werden diese auch als „Swimlanes" bezeichnet.

Die Verwendung von UML zur Geschäftsprozessmodellierung erlaubt die einheitliche Modellierung von Softwaresystemen und Geschäftsprozessen unter Verwendung gleicher Werkzeuge. Besonders bei stark durch IT-Unterstützung geprägten Geschäftsprozessen wird somit eine Basis für die Modellierung des zu entwickelnden Softwaresystems gelegt, da UML sehr implementierungsnah ist. Die Verwendung verschiedener Diagramme der UML zur Modellierung setzt jedoch den Einsatz eines geeigneten Modellierungswerkzeugs voraus, um die einzelnen Partialmodelle zu integrieren. Deren Benutzung ist im Bereich der Softwareentwicklung bekannt, die Verwendung in anderen Domänen ist auf Grund der Komplexität und der zu beachtenden Modellierungsregeln jedoch problematisch. Die verwendeten Konstrukte sind außerdem wenig anschaulich und führen zu Diagrammen, die von Praktikern nicht als besonders intuitiv empfunden werden. Zusammenfassend lässt sich festhalten, dass UML zur Modellierung von Geschäftsprozessen prinzipiell geeignet ist, sich aber bisher nicht durchgesetzt hat.

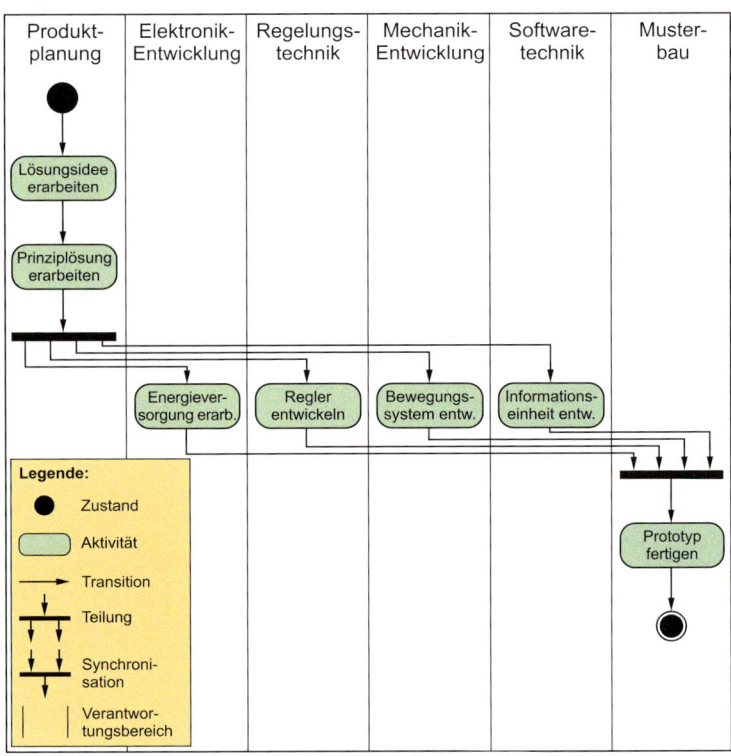

Bild 4-12:   Beispiel für ein UML-Aktivitätsdiagramm (vereinfachter Ausschnitt aus einem Mechatronik-Entwicklungsprozess nach REDENIUS [Red06])

4.2.1.5 Geschäftsprozessbeschreibung nach SCHMELZER/SESSELMANN

Eine einfache formalisierte Form zur Beschreibung von Geschäftsprozessen in Industrieunternehmen schlagen SCHMELZER/SESSELMANN vor [SchS02]. Danach wird je Geschäftsprozess eine Tabelle ausgefüllt, die im Prinzip Angaben über den Input und die Lieferanten des Inputs, die Ergebnisse und den Adressaten sowie über den Zuständigen für den Prozess enthält. In einer weiteren Tabelle wird der betrachtete Prozess in Teilprozesse aufgegliedert, wobei je Teilprozess Angaben über Input, Ergebnisse und Methoden zur Unterstützung dieses Teilprozesses gemacht werden. Bei den Geschäftsprozessen wird zwischen primären Prozessen (Produktentwicklungsprozess, Vertriebsprozess, Auftragsabwicklungsprozess etc.) und sekundären Prozessen (z.B. Strategieplanungsprozess) unterschieden. In Tabelle 4-1 ist der sekundäre Geschäftsprozess „Strategieplanungsprozess" wiedergegeben. In Tabelle 4-2 sind die entsprechenden Teilprozesse spezifiziert.

Tabelle 4-1: Beschreibung des Strategieplanungsprozesses

Prozessname: Strategieplanungsprozess von: Geschäftsauftrag bis: Geschäftsplan	Prozessverantwort- licher: Name
Objekt: Geschäftsstrategie	
Prozessinputs: Geschäftsauftrag, -vision, Markt-, Wettbewerber-, Technologiedaten	Lieferanten: Produktplanungsprozess, Innovationsprozess, Wettbewerber, Kunden, Institute
Prozessergebnisse: Kritische Erfolgsfaktoren, Kernkompetenzen, Geschäftssegmentierung, Geschäftsplan, Balanced Scorecard	Kunden: alle Geschäftsprozesse

Tabelle 4-2: Spezifikation der Teilprozesse des Strategieplanungsprozesses nach SCHMELZER/SESSELMANN

Teil-prozess	Geschäfts-situation aufzeigen	Trends aufzeigen	Geschäfts-situation bewerten	Geschäfts-strategie festlegen	Geschäfts-plan erstellen
Objekte	Geschäfts-analyse	Trendanalyse	Geschäfts-bewertung	Strategie-definition	Geschäfts-planung
Inputs	Informationen über Markt, Wettbewerber, Technologien, Geschäft	Informationen über Markt, Wettbewerber, Technologien	Geschäfts-status, Geschäfts-trends	Vision, Geschäfts-status, Geschäfts-trends	Geschäfts-strategie
Ergebnisse	Geschäfts-status	Geschäfts-trends, Vision	Stärken/Schwächen, Erfolgsfaktoren, Kernkompe-tenzen	Segmentierung, Wettbewerbs-strategie	Geschäftsplan
Methoden	Benchmarking, Markt-/Wettbewerber-analyse	Szenario-technik, Delphi-Befragung	Benchmarking, Stärken-/Schwächen-Analyse, Portfolios	Portfolios	Balanced Scorecard

Diese Beschreibungstechnik ist gut geeignet, einzelne Geschäftsprozesse pragmatisch standardisiert zu dokumentieren. Sie liefert aber keine Graphiken, die das Zusammenwirken mehrerer Prozesse und Teilprozesse anschaulich verdeutlichen.

4.2.2 OMEGA: Objektorientierte Methode zur Geschäftsprozessmodellierung und -analyse

Die Methode OMEGA (Objektorientierte Methode zur Geschäftsprozessmodellierung und -analyse) entstand am Heinz Nixdorf Institut [Fah95] und wurde zusammen mit der UNITY AG weiterentwickelt. Ziel war eine Methode, welche einerseits die vollständige Modellie-

rung einer Ablauforganisation in einem Modell ermöglicht und die sich andererseits mittels einfacher und prägnanter Visualisierung als Instrument zur anschaulichen Analyse und Planung von Leistungserstellungsprozessen eignet.

Die vollständige Modellierung einer Ablauforganisation bedeutet, sowohl die Objekte der Aufbau- als auch die Objekte der Prozessorganisation des Unternehmens in einer Graphik abzubilden. Dies geschieht durch Zuordnen von Organisationseinheiten zu Geschäftsprozessen.

Die Erfahrung zeigt, dass mit der Methode OMEGA modellierte Geschäftsprozessmodelle intuitiv verständlich sind. Durch die Beschränkung auf die wesentlichen Objekte eines Geschäftsprozesses ist die Methode über alle Unternehmensebenen hinweg einsetzbar. Die Modelle zeichnen sich durch eine hohe Flexibilität bei der Darstellung projekt- und unternehmensspezifischer Inhalte aus. Darüber hinaus lassen sich aus diesen Modellen die formalen Prozessspezifikationen für Produktdatenmanagementsysteme (z.B. Konstruktionsfreigabeprozess) und für Workflowmanagementsysteme ableiten.

4.2.2.1 Konstrukte der Methode OMEGA

Die Methode OMEGA stellt eine graphische Notation zur Verfügung, die alle wesentlichen Sachverhalte anschaulich verdeutlicht, und den Modellierer bei der Modell-Entwicklung weitestgehend von textuellen Angaben befreit. OMEGA bildet Prozessketten, die Informations- und Materialflüsse sowie die Parallelität von Prozessen graphisch ab. Die Modell-Analyse besteht aus einer Auswertung der in der Modell-Entwicklung erfassten Sachverhalte und liefert Hinweise auf mögliche Schwachstellen. Für die Modellierung der Ablauforganisation stellt OMEGA die folgenden Konstrukte bereit:

- Geschäftsprozesse und Aktivitäten,
- Organisationseinheiten,
- Externe Objekte,
- Bearbeitungsobjekte,
- Technische Ressourcen,
- Kommunikationsbeziehungen.

Bild 4-13 gibt einen Überblick über die Konstrukte der Methode OMEGA. Die Bedeutung und die Notation der einzelnen Elemente werden in den nachfolgenden Abschnitten detailliert erläutert.

Geschäftsprozesse

Ein Geschäftsprozess ist eine Folge logisch zusammenhängender Aktivitäten zur Erbringung eines Ergebnisses oder zur Veränderung eines Objekts (Transformation). Er besitzt einen definierten Anfang (Auslöser oder Input) und ein definiertes Ende (Ergebnis oder Output). Ein Geschäftsprozess wird durch die Kombination seines Namens, der aus einem Substantiv und einem Verb besteht (z.B. Bestelldaten erfassen), mit der Zuordnung zu einem Hauptgeschäftsprozess eindeutig beschrieben.

Geschäftsprozesse können – unter Verwendung des gleichen Symbols – beliebig in Teilprozesse zerlegt oder zu Hauptgeschäftsprozessen aggregiert werden. Mit Hilfe dieser Hierarchisierung lassen sich Prozessmodelle mit beliebigem Detaillierungsgrad erstellen (vgl. Kapitel 4.2.2.2).

Beispiele: Bestelldaten erfassen, Entwicklung durchführen, Angebot erstellen

Organisationseinheiten

Eine Organisationseinheit repräsentiert eine Stelle der Aufbauorganisation (Abteilung, Team, Arbeitsplatz etc.), die den Geschäftsprozess ausführt bzw. verantwortet. Eine Organisationseinheit kann mehrfach in einem Prozessmodell verwendet werden.

Die für die Ausführung verantwortliche Organisationseinheit wird durch einen Rahmen dargestellt, der den Geschäftsprozess umschließt. Wird ein Geschäftsprozess von einer IT-Applikation automatisch ausgeführt, d.h. es ist keine Organisationseinheit daran beteiligt, so wird dies dargestellt, indem kein Name in den Kasten eingetragen wird.

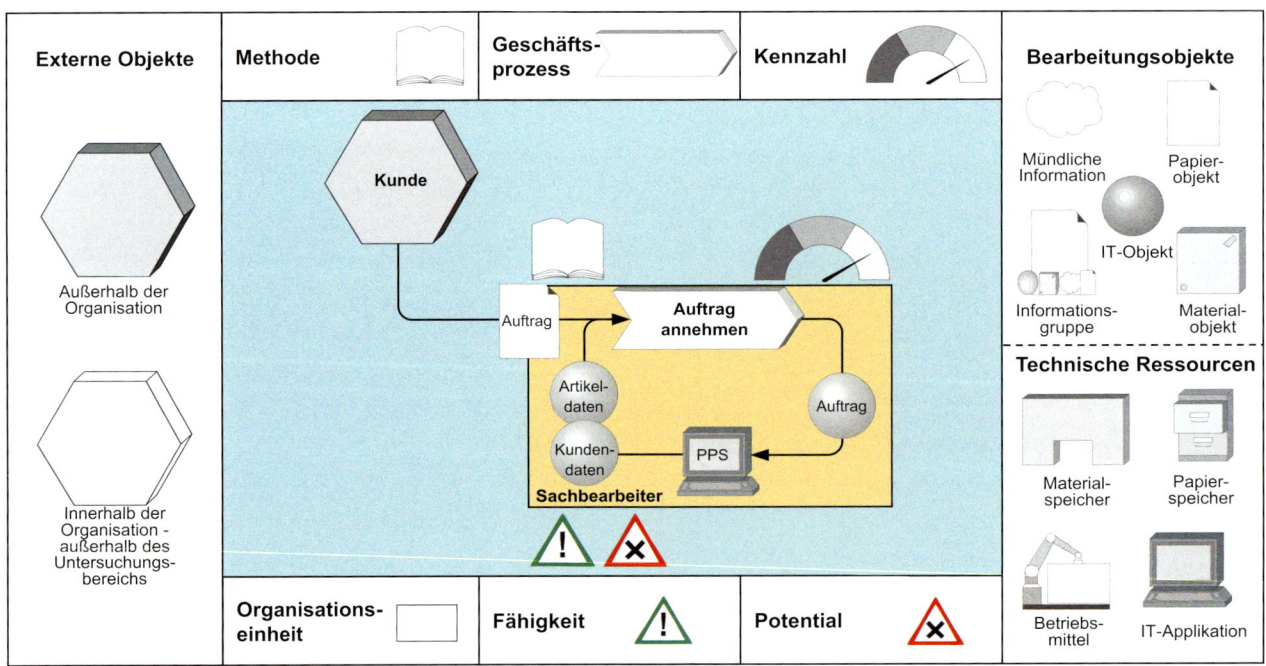

Bild 4-13:   Überblick über die Konstrukte der Methode OMEGA

Beispiele: Entwicklung/Konstruktion, Einkauf, Verwaltungsleitung

Externe Objekte

Externe Objekte sind Einheiten der Systemumwelt, sie stellen somit die Schnittstellen eines Prozesses zu seiner Umwelt dar. Externe Objekte repräsentieren Personen, Personengruppen, Institutionen, Firmen etc. außerhalb des betrachteten Systems. Sie senden und empfangen Bearbeitungsobjekte. Externe Objekte werden eindeutig durch ihren Namen beschrieben und können mehrfach in einem Prozessmodell verwendet werden.

OMEGA unterscheidet

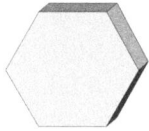

- externe Objekte außerhalb der Organisation

Beispiele: Zulieferer, Auftraggeber

und

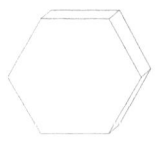

- externe Objekte außerhalb des Untersuchungsbereiches, die jedoch grundsätzlich zur Organisation des betrachteten Systems gehören.

Beispiele: unternehmensinterner Kunde, Vertriebsniederlassung

Bearbeitungsobjekte

Bearbeitungsobjekte sind Ein- und Ausgangsgrößen von Geschäftsprozessen. In der Regel ist ein Bearbeitungsobjekt, das von einem Prozess erzeugt bzw. transformiert wird, ein Inputobjekt für einen nachfolgenden Prozess. Wird ein eingehendes Bearbeitungsobjekt geändert oder erweitert, so ist dies bei der Modellierung mit einem Status zu vermerken, der sich im Namen wiederfinden kann. Alle Objekte sind eindeutig zu benennen. OMEGA unterscheidet folgende Bearbeitungsobjekte:

- IT-Objekt,
- Papierobjekt,
- mündliche Information,
- Materialobjekt,
- Informationsgruppe.

Neben den Geschäftsprozessen liefern und empfangen die externen Objekte und die technischen Ressourcen Bearbeitungsobjekte.

IT-Objekt

Ein IT-Objekt stellt ein Bearbeitungsobjekt eines Geschäftsprozesses in einer durch ein IT-System verarbeitbaren digitalen Form dar. Ein IT-Objekt entsteht, wenn ein Geschäftsprozess bei der Erzeugung eines Output-Objektes durch eine IT-Applikation (z.B. ERP-System) unterstützt wird.

Beispiele: E-Mail, 3D-CAD-Modell (Datei)

Papierobjekt

Ein Papierinformationsobjekt stellt ein Bearbeitungsobjekt auf dem Medium Papier dar.

Beispiele: Formular, Checkliste, Zeichnung

Mündliches Informationsobjekt

Ein mündliches Informationsobjekt ist ein Bearbeitungsobjekt für einen Geschäftsprozess in mündlicher Form. Dabei handelt es sich um eine Information, die weder formal fixiert noch reproduzierbar ist. Ein mündliches Informationsobjekt kann durch den Inhalt der Nachricht spezifiziert werden.

Beispiele: persönliches Gespräch, Telefonanruf (telefonische Übermittlung eines Auftrags)

Materialobjekt

Ein Materialobjekt ist ein Bearbeitungsobjekt in Form von Material. Damit kann der Material-/Produktfluss innerhalb eines Unternehmens abgebildet werden.

Beispiele: Halbzeug, Fertigprodukt

Informationsgruppe

Eine Informationsgruppe besteht aus mehreren Informationsobjekten. Dabei handelt es sich um eine beliebige Kombination aus IT-Objekten, Papierobjekten, mündlichen Informationsobjekten und Materialobjekten. Das Konstrukt kombiniert die Konstrukte aller möglichen Bestandteile der Informationsgruppe.

Beispiele: Software-Paket inkl. Datenträger und Versanddokumente

Technische Ressourcen

Technische Ressourcen unterstützen die Durchführung von Geschäftsprozessen. Alle Ressourcen sind eindeutig zu benennen. OMEGA unterscheidet vier Arten von technischen Ressourcen, die im Folgenden näher erläutert werden:

- IT-Applikation bzw. Speicher,
- Betriebsmittel,
- Papierspeicher,
- Materialspeicher.

IT-Applikation bzw. Speicher

IT-Applikationen unterstützen die Ausführung von Geschäftsprozessen. Sie speichern Informationen, verarbeiten diese und stellen sie zur Verfügung. Eine IT-Applikation kann mehrfach in einem Geschäftsprozessmodell vorhanden sein und wird durch einen Computer symbolisiert.

Beispiele: Textverarbeitungsprogramm, Desktop-CAD-System, ERP-System

Betriebsmittel

Ein Betriebsmittel unterstützt die Geschäftsprozesse, indem es Material transformiert oder transportiert. Das Betriebsmittel selbst kann kein Material speichern. Es kann jedoch Informationsobjekte (z.B. NC-Programme, Betriebsdaten) empfangen, speichern oder zur Verfügung stellen. Betriebsmittel können durch ihren Standort spezifiziert werden.

Beispiele: Bearbeitungszentrum, Portalroboter

Papierspeicher

Ein Papierspeicher speichert Papierobjekte oder stellt diese zur Verfügung. Er kann durch die Angabe seines räumlichen Standortes und seiner Art (z.B. Ablage/Vertrieb) spezifiziert werden.

Beispiele: Ablageordner, Archiv, Lieferantenregister

Materialspeicher

Materialspeicher speichern Materialobjekte oder stellen diese zur Verfügung. Es ist zwischen Lagern und Puffern zu unterscheiden.

Lager: Ein Materialspeicher ist immer dann ein Lager, wenn er mit einem bestandsführenden Geschäftsprozess in Verbindung steht.

Beispiele: Rohteile-, Zukaufteile- und Fertigteilelager

Puffer: Wird Material in einem Materialspeicher gepuffert, existiert kein bestandsführender Geschäftsprozess, d. h. die Bestände in diesem Puffer werden nicht erfasst.

Beispiele: Arbeitsplatzpuffer, in dem das Material vor einem Arbeitsplatz auf seine Bearbeitung wartet

Materialspeicher können durch ihren Standort spezifiziert werden.

Kommunikationsbeziehungen

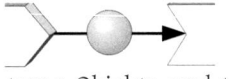

Kommunikationsbeziehungen verketten Geschäftsprozesse, externe Objekte und technische Ressourcen. Eine Kommunikationsbeziehung hat immer genau einen Sender und einen Empfänger und legt so die Kommunikationsrichtung fest. Durch Platzieren der Bearbeitungsobjekte auf den Kommunikationsbeziehungen werden die Informations- und Materialflüsse im Prozessmodell sichtbar. Kommunikationsbeziehungen übermitteln Bearbeitungsobjekte

- zwischen Geschäftsprozessen untereinander,
- zwischen Geschäftsprozessen und externen Objekten sowie
- zwischen Geschäftsprozessen und technischen Ressourcen.

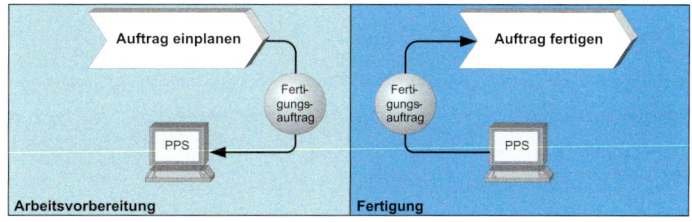

Bild 4-14: *Direkte und indirekte Kopplung von Geschäftsprozessen*

Eine Kommunikationsbeziehung wird als Pfeil dargestellt. Es wird immer mindestens ein Bearbeitungsobjekt übertragen, welches auf dem Pfeil zu platzieren ist.

Beispiel: Übertragung eines Fertigungsauftrags von der Arbeitsvorbereitung an die Fertigung

Kopplung von Geschäftsprozessen

Geschäftsprozesse können auf verschiedene Arten mit Kommunikationsbeziehungen gekoppelt werden. Diese sind in Bild 4-14 dargestellt.

- **Direkte Kopplung:** Eine direkte Kopplung zwischen Geschäftsprozessen liegt vor, wenn ein Geschäftsprozess einem anderen Geschäftsprozess ein Bearbeitungsobjekt direkt und unmittelbar übermittelt. Bei einer direkten Kopplung wird der Empfänger vom Sender zur Ausführung seiner Aktivität angestoßen.

  Beispiel: Fertigungsauftrag wird an Fertigung gesandt und löst Produktion aus

- **Indirekte Kopplung (Speicherkopplung):** Bei der Speicherkopplung besteht keine direkte logische und zeitliche Verknüpfung zwischen dem erzeugenden Geschäftsprozess und dem weiterverwendenden Geschäftsprozess. Sie sind indirekt über eine technische Ressource gekoppelt: Der erzeugen-

de Geschäftsprozess speichert das Bearbeitungsobjekt in einer technischen Ressource (IT-Applikation, Materialspeicher etc.). Der weiterverwendende Geschäftsprozess entnimmt es aus dieser, ohne dass die Prozesse direkt miteinander kommunizieren.

Beispiel: Auftrag wird erfasst und im ERP-System abgelegt; zu einem späteren Zeitpunkt wird der Auftrag bearbeitet und eine Bestätigung versandt

Kommunikationsbeziehungen zwischen Geschäftsprozessen und externen Objekten bzw. technischen Ressourcen erfolgen in der Regel über eine direkte Kopplung. Die indirekte Kopplung tritt vermehrt bei IT-unterstützten Arbeitsabläufen im Unternehmen auf. Kommunikationsbeziehungen, die kein Bearbeitungsobjekt übertragen, treten in den Geschäftsmodellen bei korrekter Anwendung der Methode OMEGA nicht auf.

Entscheidungen

Durch die Modellierung von Entscheidungen lassen sich logische Abhängigkeiten zwischen Geschäftsprozessen darstellen. OMEGA unterscheidet folgende Entscheidungen:

- UND-Entscheidungen,
- ODER-Entscheidungen,
- EXKLUSIV-ODER-Entscheidungen.

Entscheidungen können sowohl einen Prozess in mehrere Abschnitte verzweigen als auch mehrere Teilprozesse zusammenführen. Die Kriterien für EXKLUSIV-ODER-Entscheidungen sind neben den zugehörigen Kommunikationsbeziehungen anzugeben (vgl. Bild 4-15).

Der überwiegende Teil von Entscheidungen, die in Geschäftsprozessmodellen verwendet werden, sind UND-Entscheidungen. Werden in einem Geschäftsprozessmodell ausschließlich UND-Entscheidungen verwendet, ist die Benutzung des Konstrukts wahlfrei. Wird

das Konstrukt nicht modelliert, steht die Verzweigung bzw. die Verknüpfung zweier Kommunikationsbeziehungen für eine UND-Entscheidung. Werden in einem Geschäftsprozessmodell ODER- bzw. EXKLUSIV-ODER-Entscheidungen verwendet, sind die Konstrukte zwingend zu verwenden. In diesem Fall gilt das auch für das Konstrukt der UND-Entscheidung.

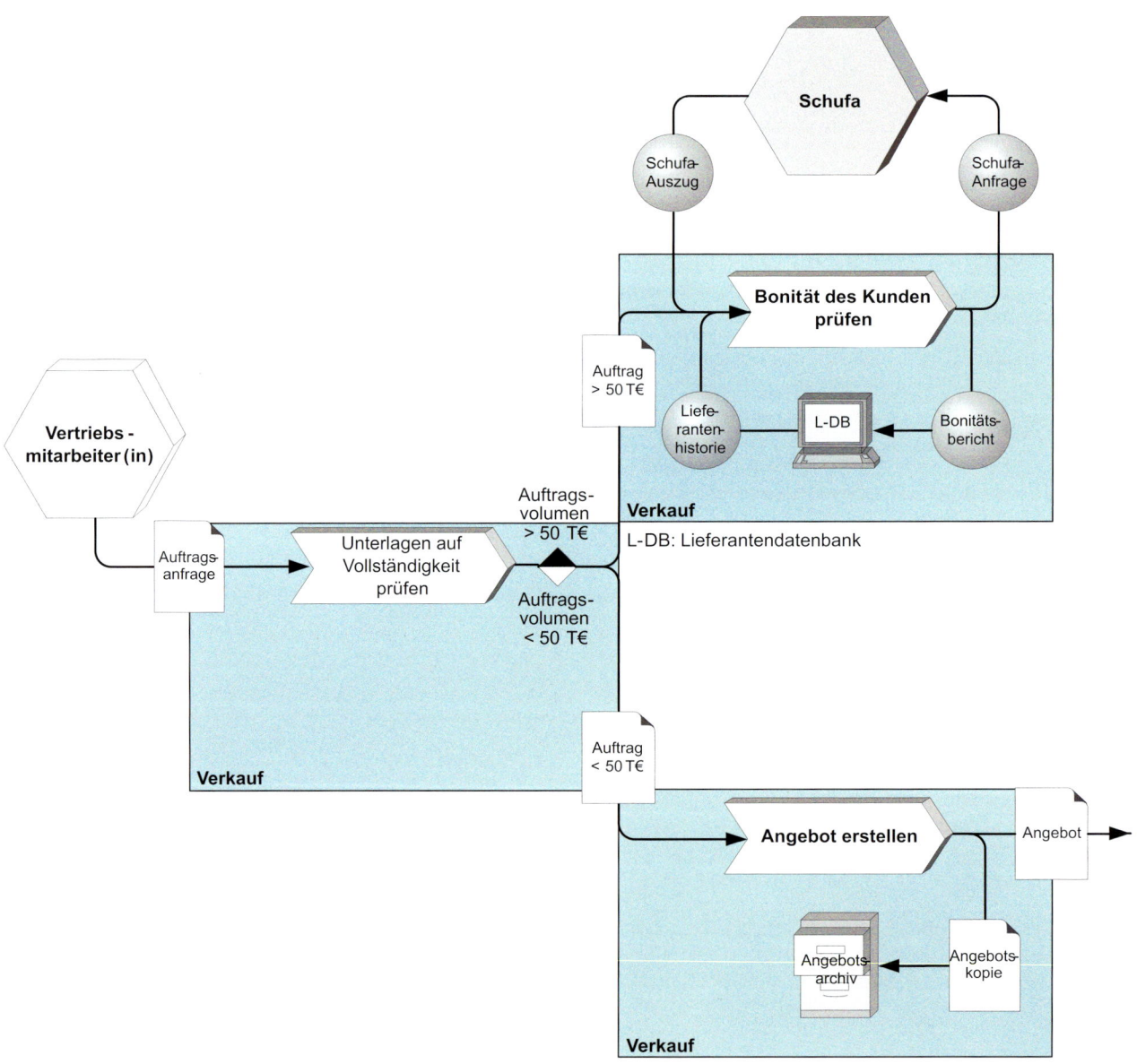

Bild 4-15:   Modellierungsbeispiel logischer Entscheidungen

UND-Entscheidung: Die UND-Entscheidung löst alle nachfolgenden Prozesse aus, sobald das Bearbeitungsobjekt vorliegt bzw. gibt den nächsten Prozessschritt erst dann frei, wenn die Bearbeitungsobjekte der vorhergehenden Prozesse vorliegen.

ODER-Entscheidung: Die ODER-Entscheidung löst einen oder mehrere der nachfolgenden Prozessschritte aus, sobald das Bearbeitungsobjekt vorliegt bzw. gibt den nächsten Prozessschritt frei, sobald eines oder mehrere der Bearbeitungsobjekte der vorhergehenden Prozessschritte vorliegen.

EXKLUSIV-ODER-Entscheidungen: Die EXKLUSIV-ODER-Entscheidung löst genau einen der nachfolgenden Prozessschritte aus, sobald das Bearbeitungsobjekt vorliegt. Die Kriterien für die Entscheidung sind auf den zugehörigen Kommunikationsbeziehungen anzugeben. Die Verknüpfung zweier Kommunikationsbeziehungen mit einer EXKLUSIV-ODER-Entscheidung tritt nicht auf.

Konnektoren

Durch das Modellieren von Kommunikationsbeziehungen zwischen Geschäftsprozessen, die auf der Darstellungsebene weit entfernt sind, wird das Modell leicht unübersichtlich. Um die Übersichtlichkeit des Prozessmodells zu wahren, können solche Kommunikationsbeziehungen mit Hilfe von Konnektoren unterbrochen werden. Die Konnektoren dienen dabei als Verweis zwischen den gekoppelten Geschäftsprozessen (Bild 4-16).

Potentiale

Das Symbol wird verwendet, um in einem Prozess eine Schwachstelle bzw. ein Verbesserungspotential im Ablauf zu kennzeichnen.

Beispiele: Mangelnde Anzahl schlüssiger Ideen/Konzepte, Meilensteine werden häufig nicht erreicht, hohe Durchlaufzeiten, Aufgabe/ Kompetenz/Verantwortung nicht geklärt bzw. festgelegt

Fähigkeiten

Das Symbol wird verwendet, um in einem Prozess eine besondere Fähigkeit zu kennzeichnen, die bereits vorhanden bzw. erforderlich ist, um den Prozess durchzuführen.

Beispiele: Projektmanagement, Analyse dynamisches Verhalten von Mehrkörpersystemen

Methoden

Eine Methode ist eine bewährte Abfolge von Arbeitsschritten, um ein bestimmtes Ergebnis zu erzielen. Methoden unterstützen die Durchführung von Geschäftsprozessen. Sie sind eindeutig zu benennen und können in einem oder mehreren Geschäftsprozessen verwendet werden. Das Symbol wird auf der linken oberen Ecke des Symbols einer Organisationseinheit (Rahmen) platziert (vgl. Bild 4-13).

Beispiele: Morphologischer Kasten, Quality Function Deployment, Methode 635

Kennzahlen

Kennzahlen dienen dem Controlling und der Steuerung von Geschäftsprozessen. Das Symbol gibt den Hinweis auf eine im Prozess genutzte Kennzahl zur Messung der Leistungsfähigkeit bzw. der Ergebnisse eines Prozesses. Kennzahlen sind eindeutig mit einem Namen oder einer Formel zu kennzeichnen. Das Symbol wird auf der rechten oberen Ecke des Symbols einer Organisationseinheit (Rahmen) platziert (vgl. Bild 4-13).

Beispiele: Reifegrad des in Entwicklung befindlichen Produktes, Anzahl erteilter Patente

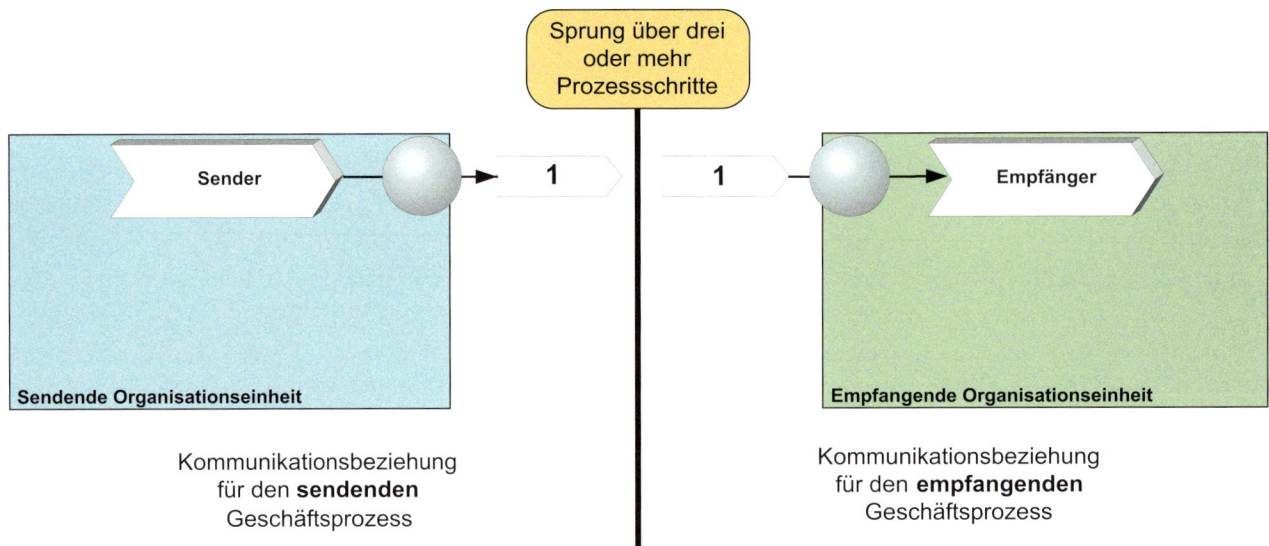

Bild 4-16:   Kommunikationsbeziehung mit Konnektoren

Meilensteine

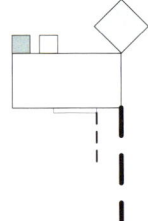

Meilensteine kennzeichnen Zwischenergebnisse und Entscheidungspunkte im Prozess- bzw. Projektablauf. Um einen Meilenstein festzustellen und die nachfolgenden Prozessschritte freizugeben, müssen definierte Ergebnisse vorliegen bzw. Ziele erreicht sein. Meilensteine werden in der Regel als Messpunkte zur Erreichung von Gesamtprozesszielen genutzt. Meilensteine erhalten einen Identifikator. An einem Meilenstein sind die Personen anzugeben, die an der Abnahme- bzw. Freigabeentscheidung beteiligt sind (kleines Quadrat). Der Entscheider ist hervorzuheben (kleines dunkles Quadrat).

Beispiele: Festlegung Lastenheft, Freigabe Serienentwicklung

Abgrenzungen (Splitting- und Synchronisationslinien)

Insbesondere die Produktentstehung ist durch eine starke Vernetzung der einzelnen Prozesse gekennzeichnet. Das gilt besonders für mechatronische Erzeugnisse. Beispielsweise sind hier Produktkonzipierung und Fertigungsplanung in engem Wechselspiel voranzutreiben. Die Darstellung aller Kommunikationsbeziehungen führt oft dazu, dass das Modell der Ablauforganisation unübersichtlich und schwer lesbar wird. Abgrenzungen dienen dazu, die Modellierung von vernetzter Zusammenarbeit zwischen verschiedenen Domänen oder Organisationseinheiten zu vereinfachen.

Bei der Darstellung vernetzter Zusammenarbeit mit Splitting und Synchronisation müssen nicht mehr alle Kommunikationsbeziehungen modelliert werden, sondern nur diejenigen zwischen den Prozessen der einzelnen Domänen. Abgrenzungen implizieren, dass innerhalb der Splitting- und Synchronisationslinien sämtliche Geschäftsprozesse untereinander verkettet sind. Die Notation von Abgrenzungen ist in Bild 4-17 abgebildet – im oberen Teil ohne, im unteren Teil mit Nutzung von Abgrenzungen. Abgrenzungen können durch einen Namen gekennzeichnet werden.

4.2.2.2 Modellierungsrichtlinien

Die Anwendung der vorgestellten Konstrukte zur Geschäftsprozessmodellierung unterliegt einigen einfachen Modellierungsrichtlinien, die im Folgenden erläutert werden. Diese erleichtern die Modellierung und sorgen für die Verständlichkeit und Übersichtlichkeit der Geschäftsprozessmodelle.

Anordnung der Konstrukte bezogen auf einen Geschäftsprozess

Zunächst soll die Anordnung und Verknüpfung der Konstrukte erläutert werden (Bild 4-18). Der Geschäftsprozess wird in der oberen Hälfte seiner ausführenden Organisationseinheit platziert. Dem Geschäftsprozess kann in Ergänzung zu seiner Bezeichnung ein Identifikator zugeordnet werden. Dieser wird oberhalb des Geschäftsprozesses notiert. Der Name der Organisationseinheit steht innerhalb des Rahmens unten links. Die technischen Ressourcen (Betriebsmittel, IT-Applikation, Papierspeicher, Materialspeicher) sind entlang des unteren Randes der Organisationseinheit zu platzieren. Der Raum unterhalb der Organisationseinheit kann für ergänzende Definitionen, Kommentare, Erläuterungen und Beschreibungen genutzt werden.

Die Verknüpfung zwischen Geschäftsprozessen, externen Objekten und technischen Ressourcen erfolgt durch die direkten und indirekten Kommunikationsbeziehungen, die als Pfeile dargestellt werden. Auf den Kommunikationsbeziehungen werden die Bearbeitungsobjekte (mündliche Information, IT-Objekt, Papierobjekt, Materialobjekt, Informationsgruppe) angeordnet, die im Geschäftsprozess bearbeitet werden (Input-Objekte) bzw. aus ihm als Ergebnis hervorgehen (Output-Objekte). Bearbeitungsobjekte durchlaufen einen Geschäftsprozess immer von links nach rechts – entsprechend gelangen Input-Objekte von links in den Geschäftsprozess und Output-Objekte verlassen ihn rechts.

Detaillierungsgrad, Hierarchisierung und Aggregation von Geschäftsprozessmodellen

Für die Erstellung von Geschäftsprozessmodellen ist ein der Problemstellung angemessener Detaillierungsgrad (Modellierungstiefe) zu wählen. Unterschiede in der Modellierungstiefe innerhalb eines Modells (eines Prozessplots) sollten unbedingt vermieden werden. Die Wahl des Detaillierungsgrads hängt von der Komplexität des jeweiligen Untersuchungsbereichs und der Zielsetzung des Projekts ab. Der Detaillierungsgrad eines Geschäftsprozessmodells kann variiert werden, indem – ausgehend von einer bisherigen Modellierungs-

ebene – die Modell-Elemente aggregiert oder detailliert werden. Aggregierte Geschäftsprozessmodelle bieten den Vorteil einer geringeren Komplexität und geben, zum Beispiel in der Startphase eines Projekts, einen schnellen Überblick über die Ablauforganisation. Detaillierte Geschäftsprozessmodelle hingegen ermöglichen, Kernpunkte der Ablauforganisation näher zu betrachten.

Die Aggregations- und Dekompositionsmöglichkeiten der Methode OMEGA sollen ausschnittweise anhand einer Aggregation von Geschäftsprozessen auf Abteilungsebene zu einem Hauptgeschäftsprozess auf Hauptabteilungsebene verdeutlicht werden (Bild 4-19). Folgende Regeln sind bei der Dekomposition eines übergeordneten Modells zu beachten. Die Organisationseinheiten der Geschäftsprozesse und des zugehörigen Hauptgeschäftsprozesses werden in einer einheitlichen Farbe modelliert. Die Input- und Output-Objekte des Grobmodells müssen Input- und Output-Objekte der detaillierten Prozesskette sein. Sind also „Fertigungsunterlagen" das Ergebnis des Geschäftsprozesses „Entwicklung durchführen", müssen die „Fertigungsunterlagen" auch aus den detaillierten Prozessen als Output-Objekt modelliert werden. Im Rückschluss sind durch die Aggregation die Kommunikationsbeziehungen zwischen den einzelnen Teilen der Prozesskette eines Hauptgeschäftsprozesses nicht mehr ersichtlich. So wird z.B. die Weiterleitung des Papierobjektes „Projektplan" von „Entwicklung planen" zu „Entwicklung durchführen" in dem Hauptgeschäftsprozess nicht modelliert. Bearbeitungsobjekte, die die detaillierte Prozesskette verlassen, müssen auch im aggregierten Modell dargestellt werden.

Als Input- bzw. Output-Objekte für einen Hauptgeschäftsprozess werden die Bearbeitungsobjekte des ersten bzw. letzten Geschäftsprozesses aggregiert. Alle weiteren Informationsobjekte, die innerhalb des Modells auf unteren Ebenen vorhanden sind, treten auf Hauptabteilungsebenen nicht mehr auf. Für die Aggregation der Bearbeitungsobjekte gelten die Regeln, dass gleichartige Objekte aggregiert werden können (bspw. mehrere Papierobjekte zu einem Papierobjekt) und ungleichartige nicht aggregiert werden können (bspw. Informationsobjekt zu einem Materialobjekt).

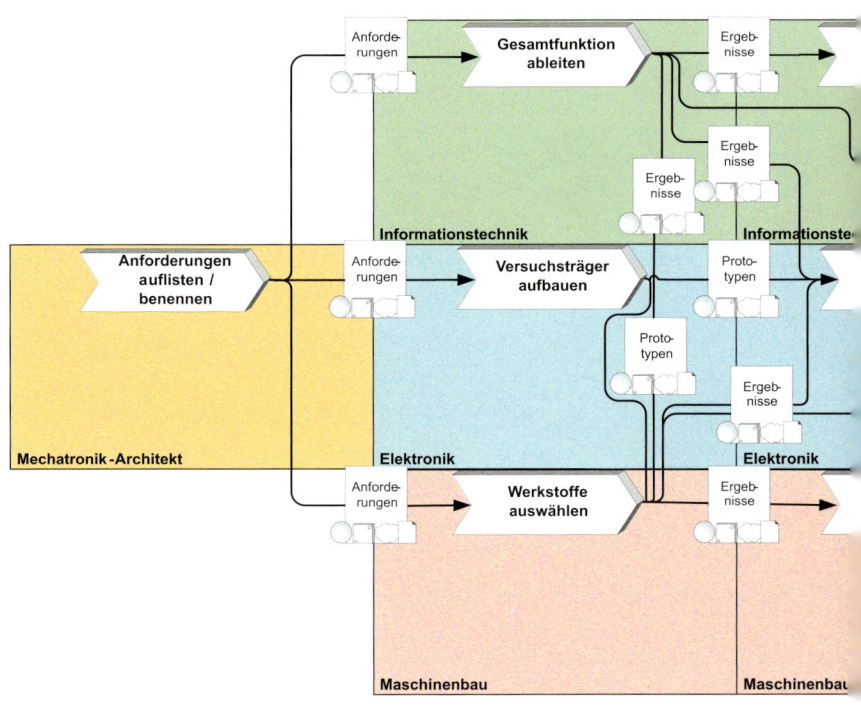

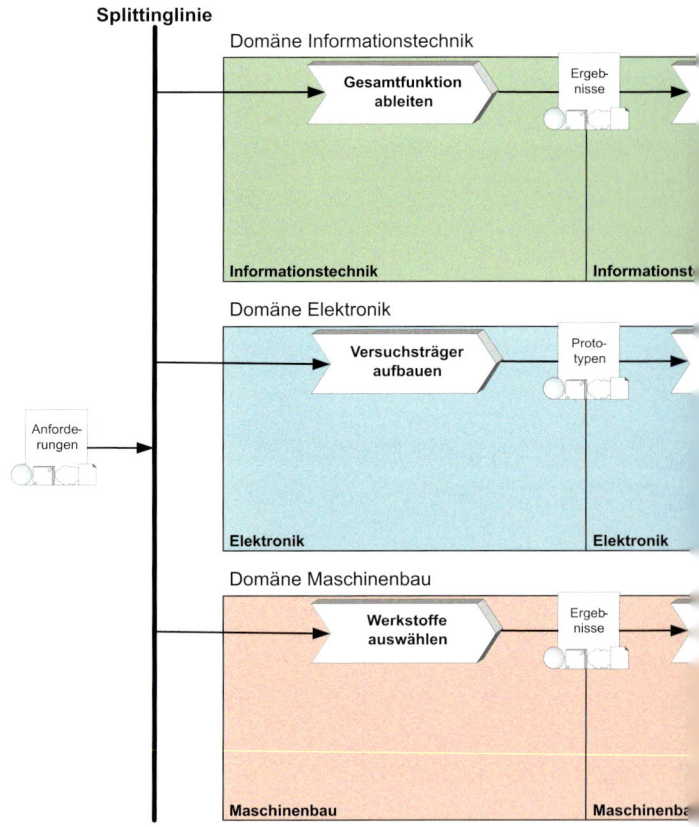

Bild 4-17:   Nutzung von Abgrenzungen zur Verbesserung der Übersichtlichkeit und Lesbarkeit von Prozessen (oben: Modellierung ohne Abgrenzungen, unten: Modellierung desselben Prozesses mit Abgrenzungen)

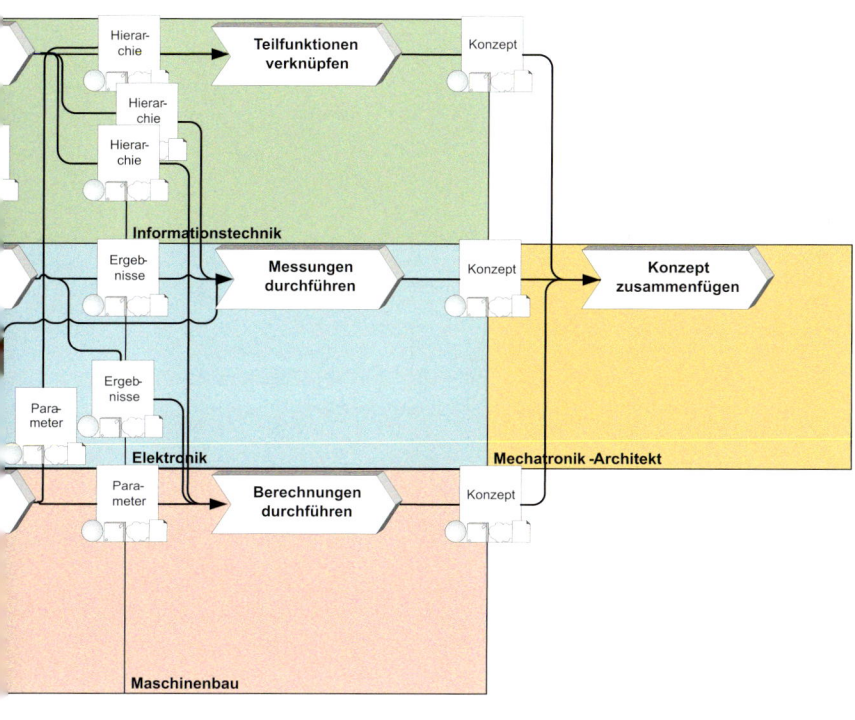

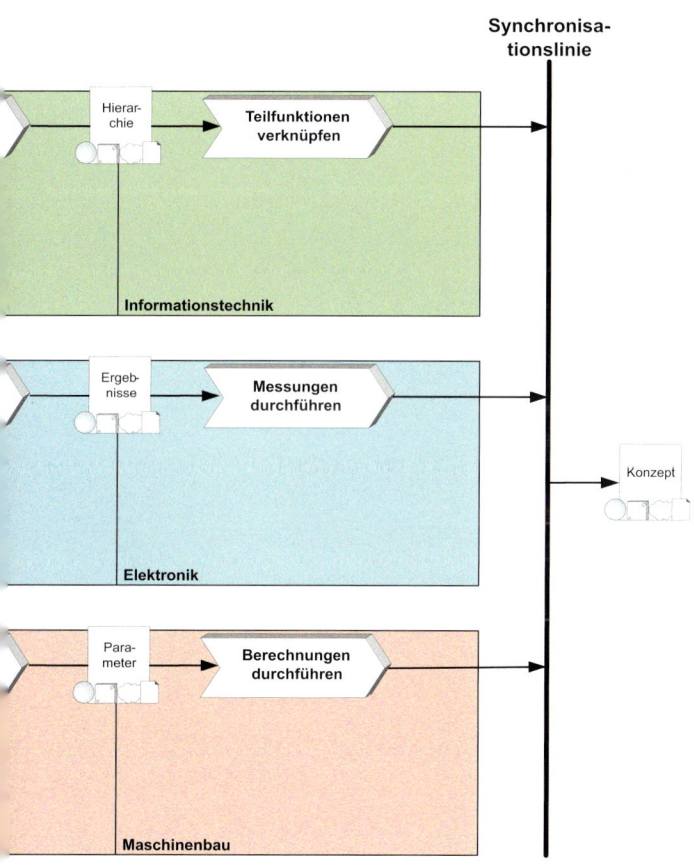

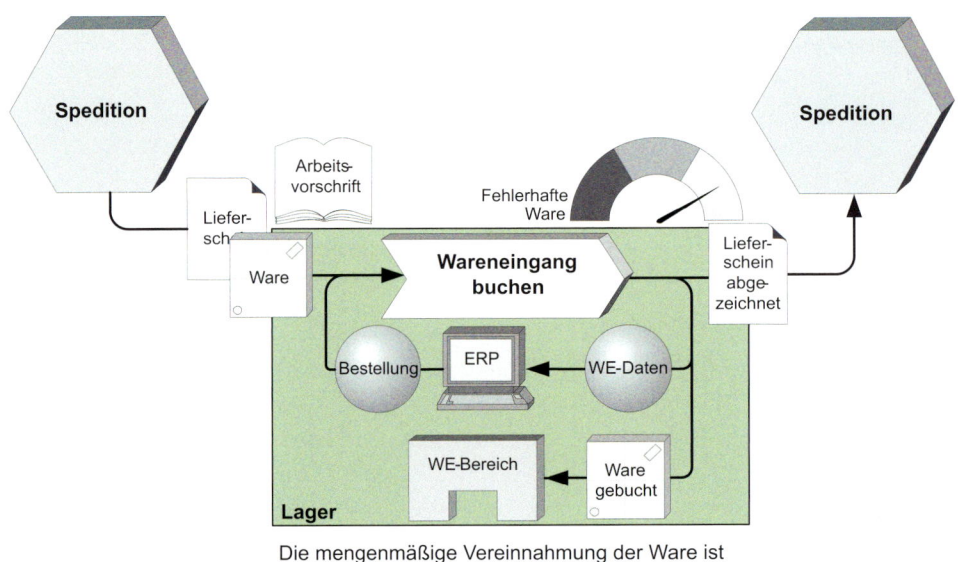

Die mengenmäßige Vereinnahmung der Ware ist
die Voraussetzung der Qualitätsprüfung und der
Freigabe der Ware für die weitere Verwendung.
Das ERP-System muss die Ware automatisch für
jegliche Disposition sperren.

Bild 4-18:   Anordnung und Verknüpfung der Konstrukte der Methode OMEGA bezogen auf einen einzelnen Prozess

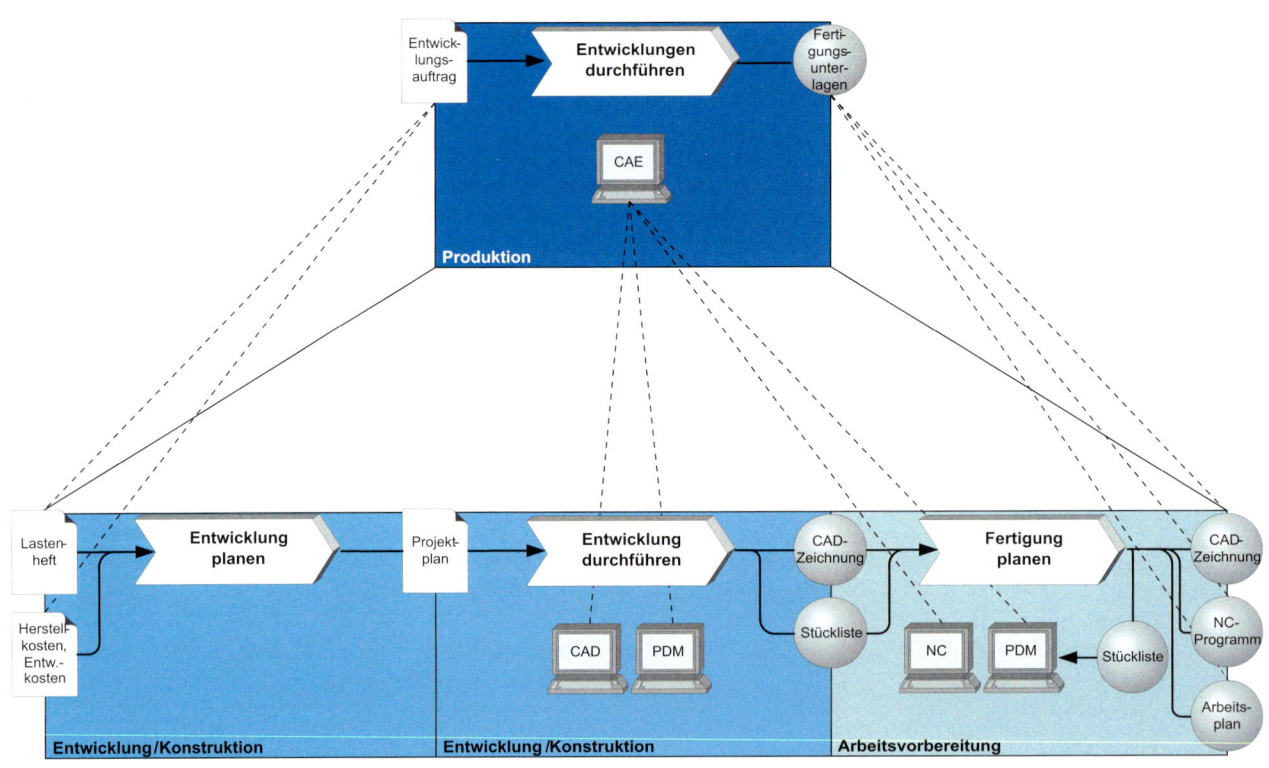

Bild 4-19:   Aggregation mehrerer Geschäftsprozesse zu einem Hauptgeschäftsprozess

Darüber hinaus ist die Aggregation von ungleichartigen Objekten zu einer Informationsgruppe möglich.

Auch gleichartige Ressourcen werden sinnvoll zusammengefasst. Die IT-Applikationen „CAD" und „NC" lassen sich beispielsweise zur IT-Applikation „CAE" aggregieren. Papierspeicher lassen sich ebenfalls hierarchisch gliedern. So kann ein Archiv in detaillierte Ebenen, in Regale, Fächer etc. spezifiziert werden. Die Aggregation unterschiedlicher Arten von technischen Ressourcen (bspw. Papierspeicher und IT-Applikation) ist unzulässig.

Anordnung von Geschäftsprozessen

Um ein Geschäftsprozessmodell zu erhalten, ist es zunächst notwendig, die Geschäftsprozesse selbst zu erzeugen und diese nach ihren Reihenfolgebeziehungen anzuordnen. Auf diese Weise wird der prinzipielle Ablauf der Leistungserstellung modelliert. Die für die Geschäftsprozesse notwendigen Input- und Output-Objekte – d.h. die Bearbeitungsobjekte – werden im nächsten Schritt angeordnet. Daraus ergeben sich die notwendigen technischen Ressourcen für die einzelnen Geschäftsprozesse.

Die Geschäftsprozesse werden im Geschäftsprozessmodell entsprechend ihrer Reihenfolgebeziehungen modelliert. Parallele Geschäftsprozesse sind untereinander anzuordnen, sequentielle Prozesse werden horizontal von links nach rechts dargestellt. Logische Abhängigkeiten zwischen Geschäftsprozessen sind in der Regel mit Hilfe der Konstrukte für Entscheidungen (vgl. Bild 4-15) zu modellieren.

Werden Geschäftsprozesse wiederholt durchgeführt, so werden sie nicht mehrfach dargestellt, da ein Geschäftsprozess nur einmal in einem Modell vorhanden sein darf. Die Rückkopplung wird über Kommunikationsbeziehungen abgebildet (vgl. Bild 4-20). Im Gegensatz zu Entscheidungen betreffen Iterationen nicht die Festlegung des weiteren Prozessverlaufs, sondern bilden lediglich die Wiederholung einer kurzen Prozesssequenz ab. Rücksprünge von mehr als drei Geschäftsprozessen sind mit Hilfe von Konnektoren zu modellieren (vgl. Bild 4-16).

4.2.2.3 Beispiele modellierter Geschäftsprozesse

Im Folgenden zeigen wir die Anwendung der Methode OMEGA zur Darstellung von Geschäftsprozessen an zwei relativ einfachen Beispielen: Beschaffungsprozess (Bild 4-21) und Innovationsprozess (Bild 4-22). Die Prozessschritte werden nicht im Einzelnen erläutert, es wird aber auf die wesentlichen Details kurz hingewiesen.

Der Beschaffungsprozess besteht aus zwei separaten Prozessen, je nachdem ob Büromaterial bzw. Verbrauchsmaterial beschafft werden soll oder allgemeine bzw. projektspezifische Investitionen zu tätigen sind. Startpunkt des **Bürobedarf-Beschaffungsprozesses** ist der Bedarf, der von den Mitarbeitern zu melden ist. Normalerweise wird dieser über eine Bedarfsliste kommuniziert, die durch den Empfang, der für diese

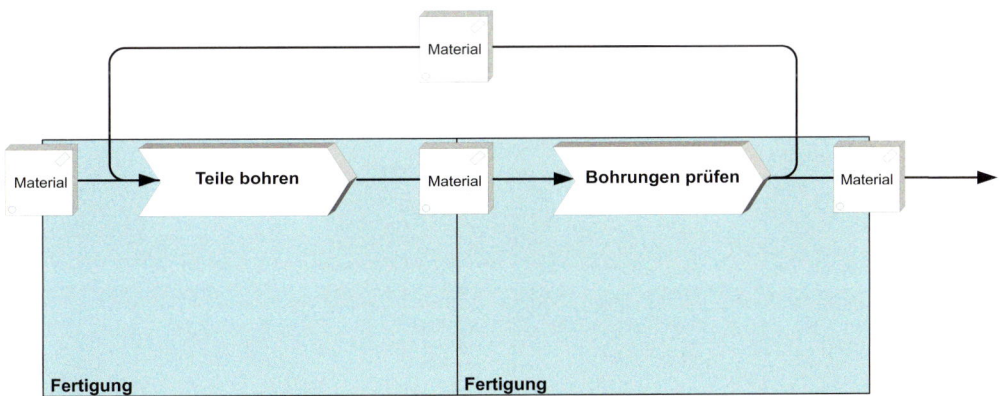

Bild 4-20:   Iteration über weniger als drei Prozessschritte

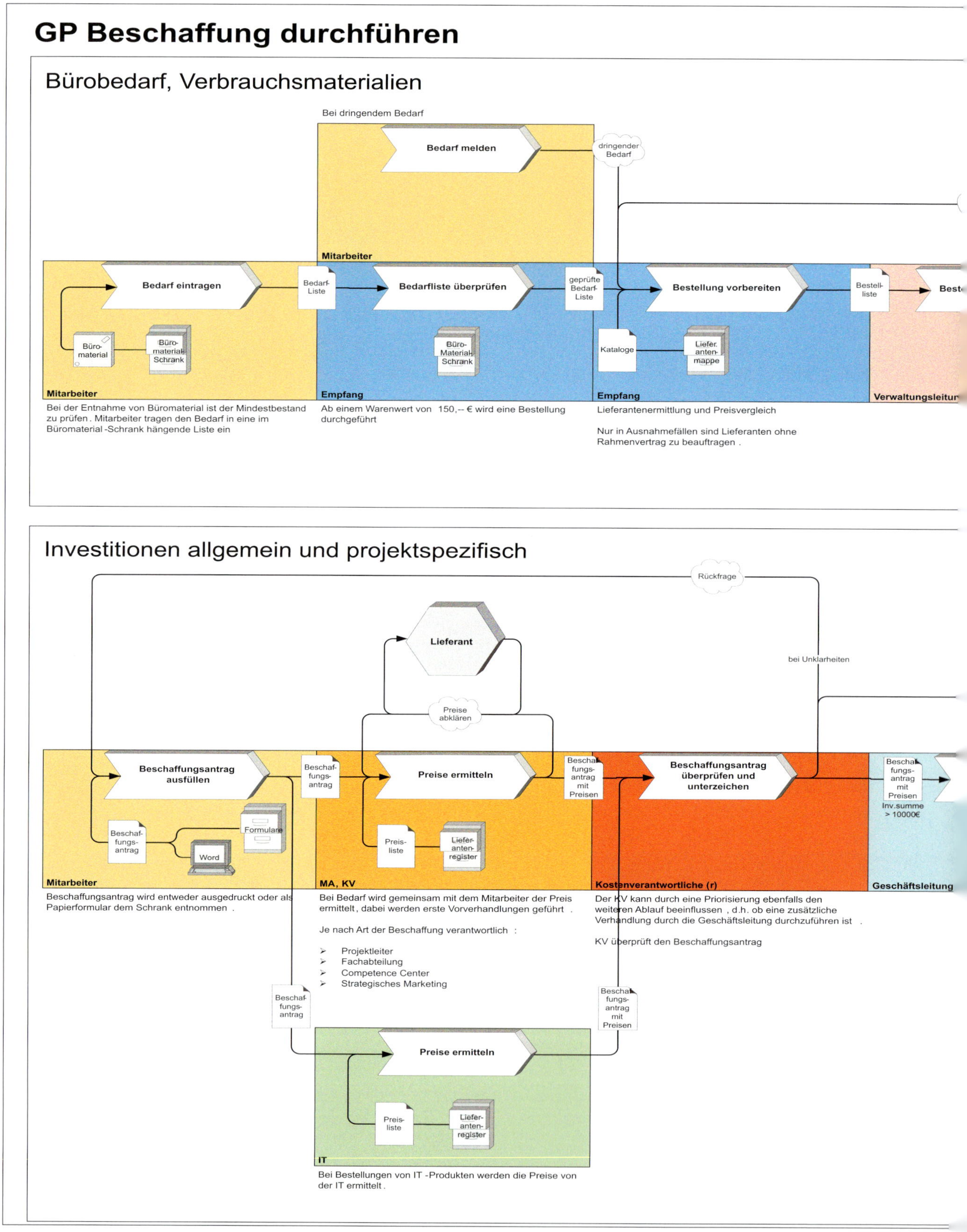

GP Beschaffung durchführen

Bürobedarf, Verbrauchsmaterialien

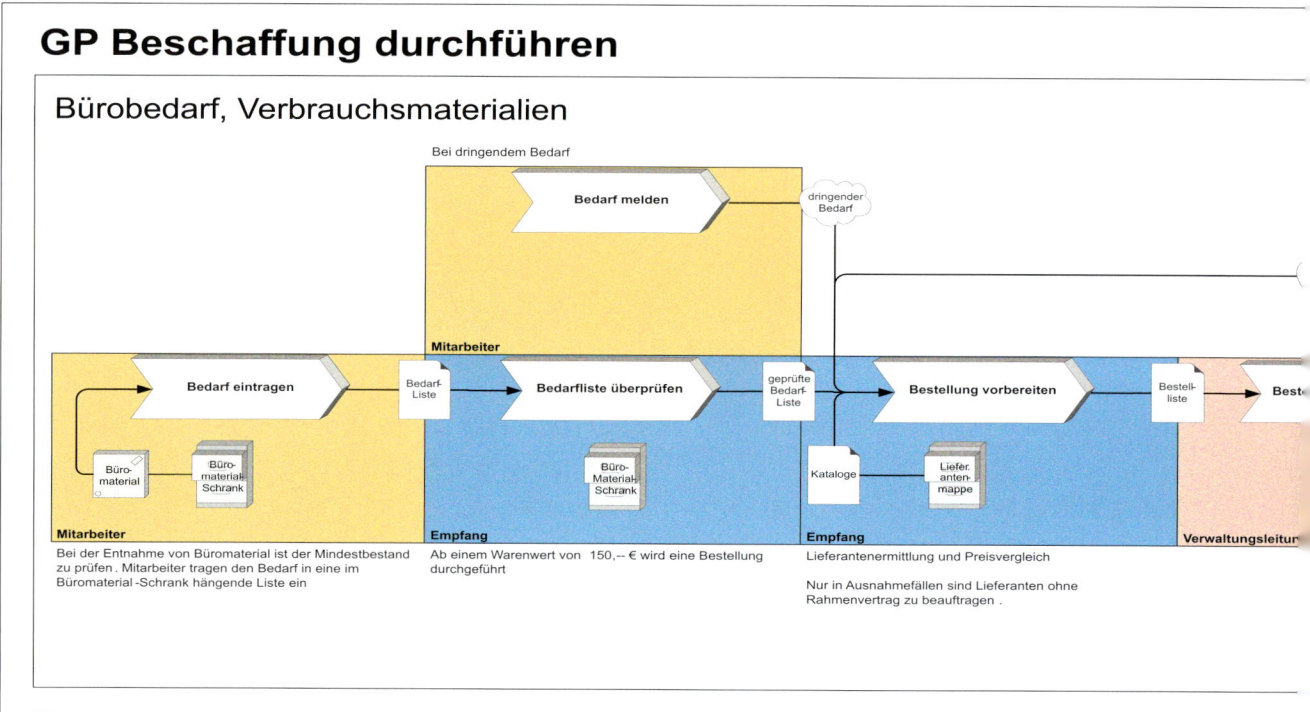

Bei dringendem Bedarf

Bedarf melden

dringender Bedarf

Mitarbeiter

Bedarf eintragen — Bedarf-Liste — **Bedarfliste überprüfen** — geprüfte Bedarf-Liste — **Bestellung vorbereiten** — Bestell-liste — Beste

Büro-material — Büro-material-Schrank — Büro-Material-Schrank — Kataloge — Liefer-anten-mappe

Mitarbeiter

Bei der Entnahme von Büromaterial ist der Mindestbestand zu prüfen. Mitarbeiter tragen den Bedarf in eine im Büromaterial-Schrank hängende Liste ein

Empfang

Ab einem Warenwert von 150,-- € wird eine Bestellung durchgeführt

Empfang

Lieferantenermittlung und Preisvergleich

Nur in Ausnahmefällen sind Lieferanten ohne Rahmenvertrag zu beauftragen.

Verwaltungsleitur

Investitionen allgemein und projektspezifisch

Rückfrage

Lieferant

bei Unklarheiten

Preise abklären

Beschaffungsantrag ausfüllen — Beschaf-fungs-antrag — **Preise ermitteln** — Beschaf-fungs-antrag mit Preisen — **Beschaffungsantrag überprüfen und unterzeichen** — Beschaf-fungs-antrag mit Preisen Inv.summe > 10000€

Beschaf-fungs-antrag — Word — Formulare

Preis-liste — Liefer-anten-register

Mitarbeiter

Beschaffungsantrag wird entweder ausgedruckt oder als Papierformular dem Schrank entnommen.

MA, KV

Bei Bedarf wird gemeinsam mit dem Mitarbeiter der Preis ermittelt, dabei werden erste Vorverhandlungen geführt.

Je nach Art der Beschaffung verantwortlich:

➢ Projektleiter
➢ Fachabteilung
➢ Competence Center
➢ Strategisches Marketing

Kostenverantwortliche (r)

Der KV kann durch eine Priorisierung ebenfalls den weiteren Ablauf beeinflussen, d.h. ob eine zusätzliche Verhandlung durch die Geschäftsleitung durchzuführen ist.

KV überprüft den Beschaffungsantrag

Geschäftsleitung

Beschaf-fungs-antrag

Beschaf-fungs-antrag mit Preisen

Preise ermitteln

Preis-liste — Liefer-anten-register

IT

Bei Bestellungen von IT-Produkten werden die Preise von der IT ermittelt.

Bild 4-21: Anwendungsbeispiel OMEGA – Beschaffungsprozess

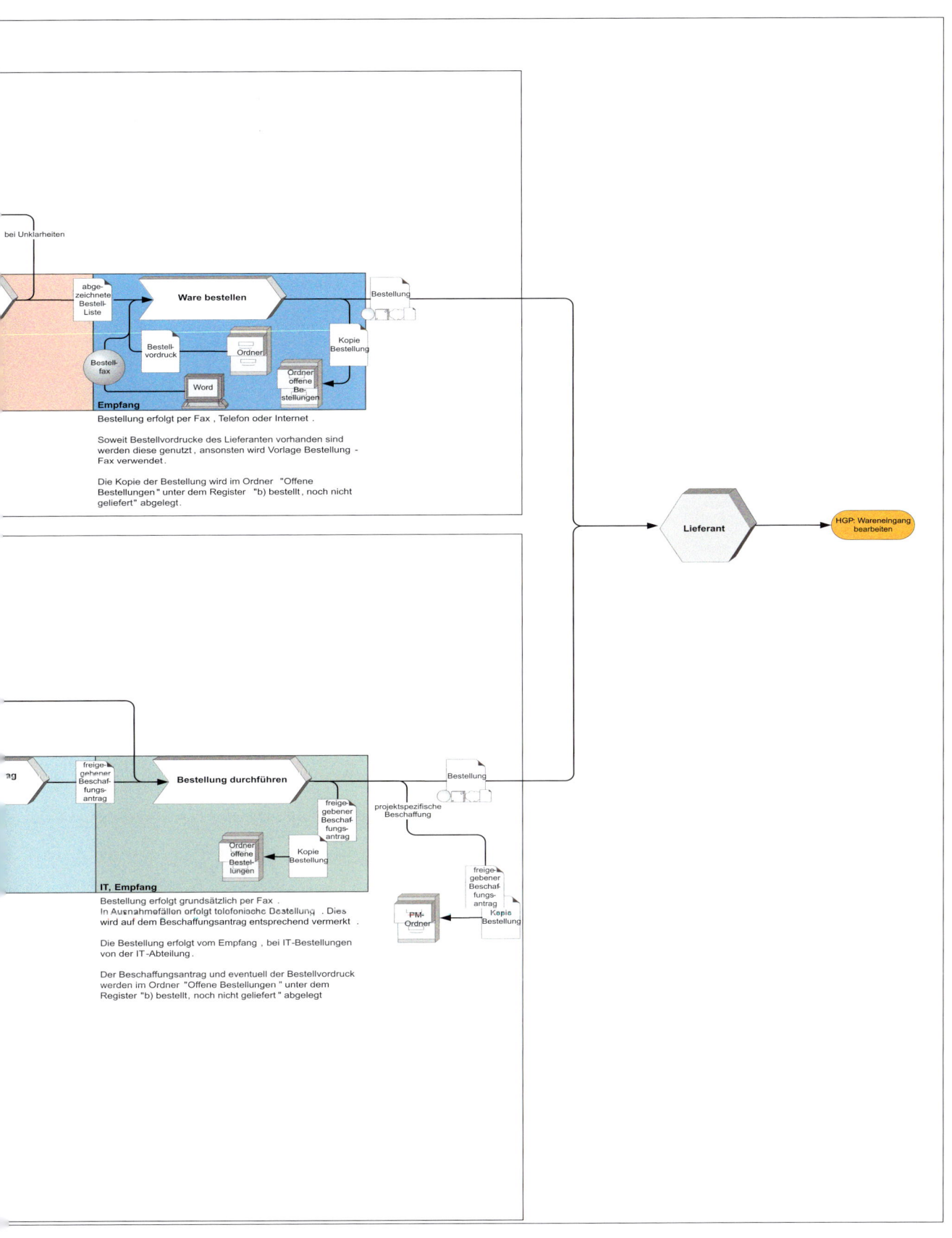

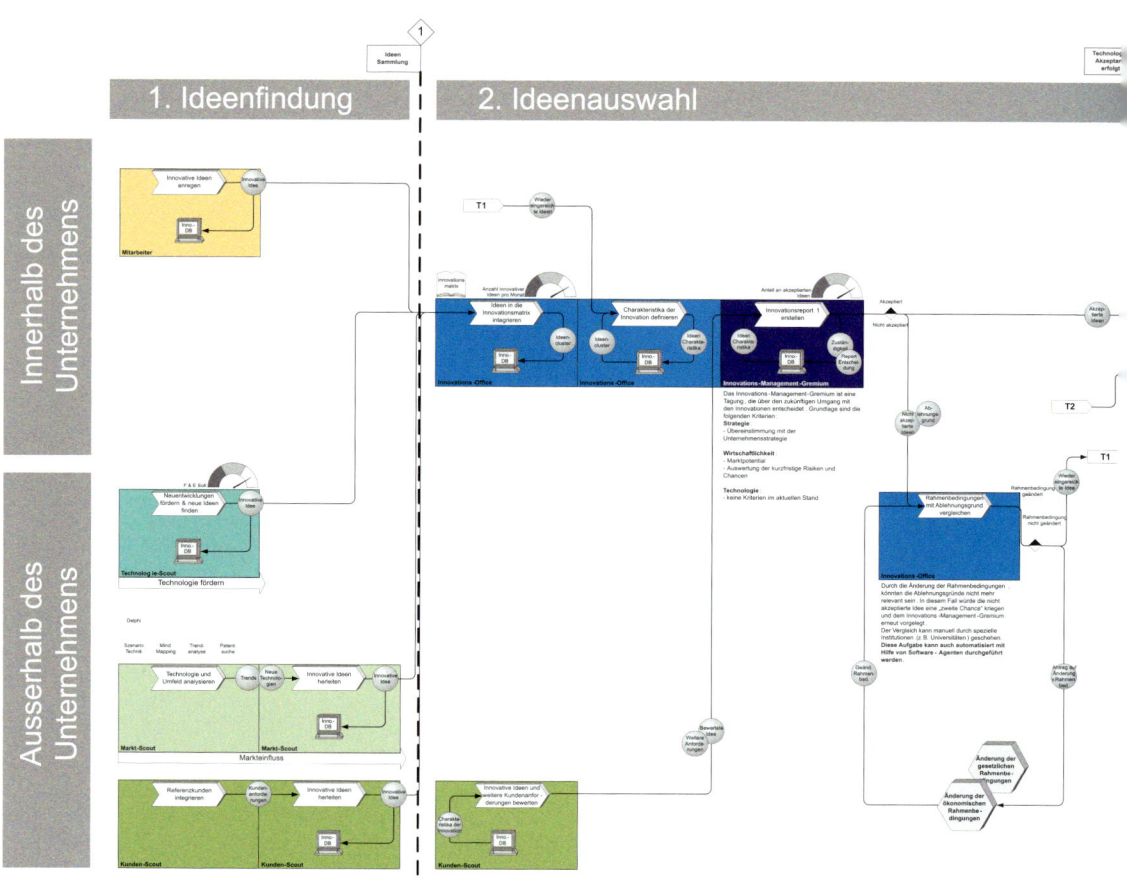

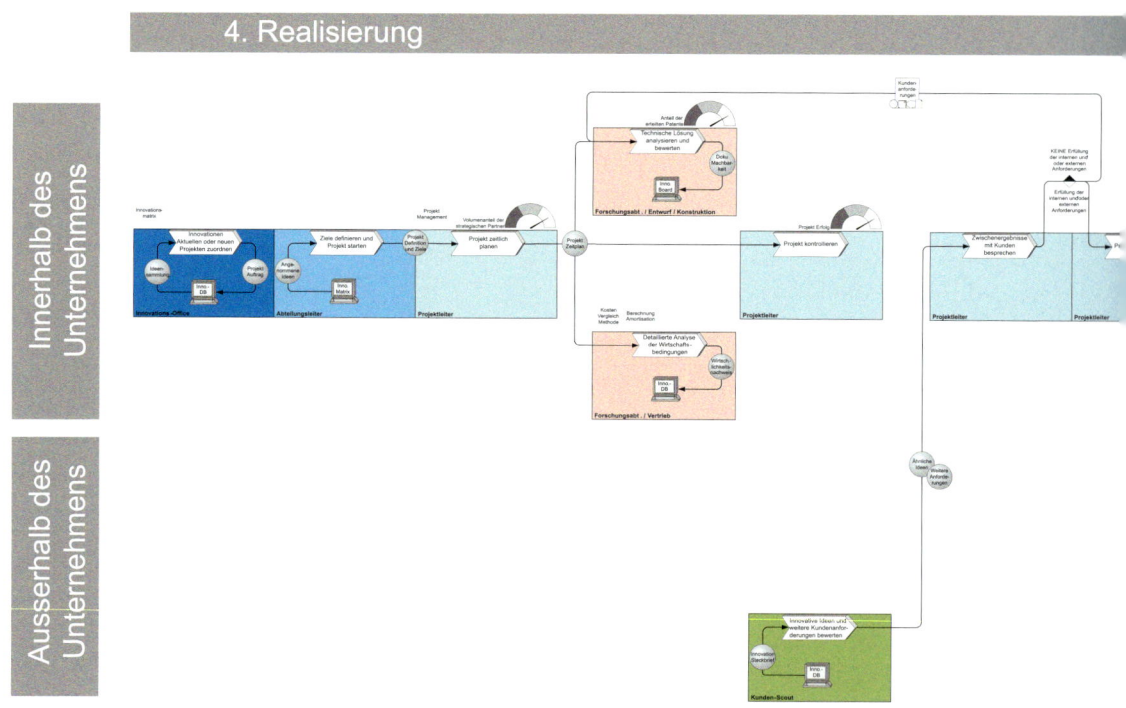

Bild 4-22:   Anwendungsbeispiel OMEGA – Innovationsprozess

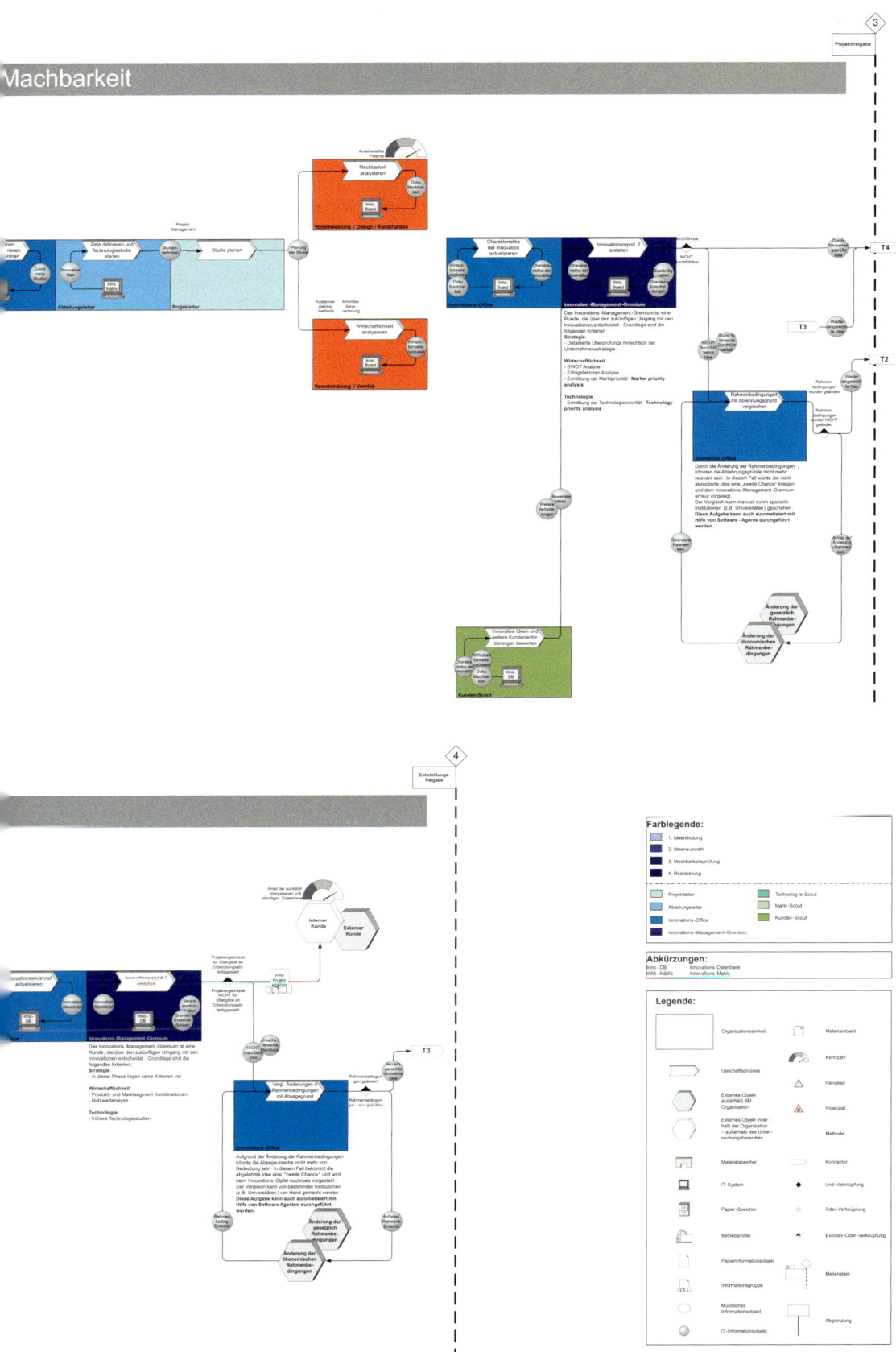

Art von Beschaffungen verantwortlich ist, regelmäßig zu kontrollieren ist. Ab einem Warenwert von 150 € auf der Bedarfsliste wird die Bestellung ausgelöst. Dringender Bedarf wird persönlich direkt an den Empfang gemeldet und löst eine sofortige Bestellung aus. Auf der Grundlage der in der Lieferantenmappe abgelegten Kataloge wird ein Preisvergleich angestellt und eine Bestellliste erstellt, die von der Verwaltungsleitung abgezeichnet wird. Bei Unklarheiten wird der Prozessschritt „Bestellung vorbereiten" erneut durchlaufen und ggf. ein anderer Lieferant ausgewählt. Nach der Freigabe erfolgt die eigentliche Bestellung per Fax, Telefon oder Internet bei dem Lieferanten. Eine Kopie der Bestellung wird im Ordner „Offene Bestellungen" abgelegt.

Der **Beschaffungsprozess für Investitionen** wird immer durch einen Beschaffungsantrag ausgelöst. Im nächsten Schritt werden Preise ermittelt und dabei ggf. erste Vorverhandlungen mit potentiellen Lieferanten geführt. Dieser Prozessschritt wird entweder durch den beantragenden Mitarbeiter zusammen mit dem Kostenverantwortlichen oder, bei Bestellungen von IT-Produkten, von der IT durchgeführt. Der Kostenverantwortliche überprüft den mit Preisen versehenen Beschaffungsantrag und unterzeichnet diesen. Unklarheiten werden per Rückfrage geklärt und sorgen ggf. für eine Änderung des Beschaffungsantrags. Bei Investitionssummen unter 10.000 € wird mit dem unterzeichneten Beschaffungsantrag direkt die Bestellung durchgeführt. Bei Investitionssummen über 10.000 € muss der Beschaffungsantrag von der Geschäftsleitung freigegeben werden. Die Bestellung erfolgt per Fax an den Lieferanten. Eine Kopie der Bestellung wird zusammen mit dem Beschaffungsantrag im Ordner „Offene Bestellungen" abgelegt. Zusätzlich werden bei projektspezifischen Beschaffungen Kopien im entsprechenden „PM-Ordner" abgelegt.

In beiden Fällen endet der Beschaffungsprozess beim Lieferanten. Es schließt sich der Hauptgeschäftsprozess „Wareneingang bearbeiten" an.

Der **Innovationsprozess** ist ein klassischer Phasen-Meilenstein-Prozess mit vier Phasen und entsprechenden Meilensteinen. Außerdem wird zwischen Aktivitäten innerhalb und außerhalb des Unternehmens unterschieden.

Die erste Phase ist die „Ideenfindung". Darunter fallen die Dokumentation der bei den Mitarbeitern vorhandenen Ideen und das Scouting auf den drei Ebenen Technologie, Markt und Kunden. Zum Markt-Scouting werden diverse Methoden zur Unterstützung vorgeschlagen. Eine wichtige Kennzahl für das Technologie-Scouting ist das F&E-Soll. Diese Kennzahl gibt an, wie viele Ideen in den Innovationsprozess eingebracht werden sollen. Die Ideenfindung wird in allen einzelnen Bereichen durch eine Innovations-Datenbank unterstützt, in der alle Ideen abgelegt werden. Die Ideenfindung mündet in den Meilenstein „Ideensammlung".

Die zweite Phase ist die „Ideenauswahl". Diese beginnt mit der Aufnahme detaillierter Anforderungen der Kunden. Diese fließen zusammen mit den durch den Kunden-Scout und das Innovations-Office vorzunehmenden Bewertungen der Innovationsideen in den Innovationsreport 1 ein, mit dem alle Ideen einheitlich und vergleichbar dokumentiert werden. Der Innovationsreport 1 bildet die Grundlage für die erste Entscheidung des Innovations-Management-Gremiums, ob die Idee weiter verfolgt wird. Akzeptierte Ideen gehen in die nächste Phase über. Abgelehnte Ideen werden zusammen mit den Ablehnungsgründen abgelegt. Das Innovations-Office kontrolliert regelmäßig die Rahmenbedingungen, die für die Ablehnungsgründe verantwortlich sind. Sollten sich diese Rahmenbedingungen irgendwann ändern und die Ablehnungsgründe ggf. wegfallen, werden die dadurch abgelehnten Ideen erneut in den Prozess eingebracht (Konnektor 1). Wichtige Kennzahlen in dieser Phase sind die „Anzahl innovativer Ideen pro Monat" sowie „der Anteil an akzeptierten Ideen". Die Phase mündet in den Meilenstein „Technologieakzeptanz erfolgt".

In der Phase „Machbarkeit" geht es darum, alle technologischen Voraussetzungen abzusichern und entsprechende Voruntersuchungen durchzuführen, um ein Innovationsprojekt anstoßen zu können. Dazu werden bestehende Studien gesichtet oder neue Technologiestudien durchgeführt. Diese umfassen sowohl technische Machbarkeitsaspekte als auch erste Wirtschaftlichkeitsüberlegungen. Das Innovations-Management-Gremium entscheidet auf der Basis der vorliegenden Machbarkeitsanalysen und weiterer Informationen hinsichtlich der Kundenanforderungen etc. über die Weiterverfolgung der Ideen. Auch hier werden abgelehnte Ideen zusammen mit den Ablehnungsgründen systematisch abgelegt und ggf. später erneut an entsprechenden Stellen in den Prozess eingebracht. Die akzeptierten Ideen erreichen den nächsten Meilenstein, die „Projektfreigabe".

Die vierte und letzte Phase ist die „Realisierung". Diese umfasst die gesamte Vorentwicklung der Innovation bis zur „Entwicklungsfreigabe", die gleichzeitig der abschließende Meilenstein dieses Innovationsprozesses ist. Auf der Basis weiterer vom Kunden-Scout zu liefernder Informationen zu den Anforderungen der Kunden und in direkter Abstimmung mit dem Kunden werden in mehreren Schleifen die technischen Lösungsmöglichkeiten untersucht. Das Innovations-Management-Gremium entscheidet letztendlich darüber, ob der Entwicklungsauftrag erteilt wird oder das Projekt zurückgestellt wird. An den Meilenstein „Entwicklungsfreigabe" schließt sich der Entwicklungsprozess an, der mit dem Entwicklungsauftrag beginnt und bis zum erfolgreichen Serienanlauf geht.

4.2.2.4 Moderationstechnik

Geschäftsprozessmodelle werden in der Regel im Rahmen von Workshops mit Vertretern aus den involvierten Bereichen erarbeitet. In Einzelfällen können auch Interviews genutzt werden. Diese dienen vor allem der Verifizierung von Unstimmigkeiten und zum nachfolgenden Review. Zur Unterstützung der Moderation der Workshops und Interviews zur Prozessaufnahme sind auf der Basis unserer langjährigen Erfahrung drei Varianten von Hilfsmitteln entstanden:

- OMEGAworkshopSet,
- OMEGAkombiCard,
- OMEGAkomPakt.

Diese genügen bestimmten Workshop- bzw. Interviewkonstellationen und bieten spezifische Vor- und Nachteile. Dabei spielen auch persönliche Vorlieben der

Moderatoren eine Rolle. Im Folgenden werden daher die drei Varianten vorgestellt und Hinweise für die Verwendung bei der Moderation gegeben. Letztendlich führt jede Variante zu einem in *Microsoft Visio* visualisierten Geschäftsprozessmodell.

OMEGAworkshopSet

Das *OMEGAworkshopSet* besteht im Prinzip aus größeren Papierkarten der vorgestellten Konstrukte von OMEGA. Mit diesen Karten wird der Prozessablauf auf Wandtapeten („Brown-Paper") Schritt für Schritt modelliert. Diese Variante ist besonders für Workshops mit großer Teilnehmerzahl geeignet. Die Modellierung sollte wenn möglich von den Teilnehmern des Workshops selbst vorgenommen werden. Ein Moderator koordiniert und moderiert die Teilnehmer und kontrolliert gleichzeitig die inhaltliche Konsistenz der modellierten Schritte. Ein Assistent digitalisiert die Ergebnisse parallel in *Microsoft Visio* und klärt dabei Verständnisfragen direkt vor Ort. So werden Ungereimtheiten bei der späteren Visualisierung vermieden. Optional arbeitet ein zusätzlicher externer Fachexperte inhaltlich mit und entlastet so den Moderator bei der Kontrolle der inhaltlichen Konsistenz. Bild 4-23 zeigt eine mit *OMEGAworkshopSet* modellierte „Prozess-Tapete" sowie einen Ausschnitt des daraus resultierenden Prozessmodells nach der Visualisierung in *Microsoft Visio*.

In der Regel hat die Verwendung des *OMEGAworkshop-Sets* eine stimulierende Wirkung auf die Teilnehmer des Workshops, vor allem, wenn es sich um eine große Runde handelt. In Diskussionen wird ein einheitliches Verständnis der bestehenden Prozesse erzeugt und dokumentiert. Dabei wird auch die Identifikation bestehender Schwachstellen gefördert; diese lassen sich dann häufig einzelnen Prozessschritten zuordnen. Die starke Interaktion der Teilnehmer sowie die daraus resultierende Integration der Teilnehmer in den Modellierungsprozess erhöhen die Akzeptanz der Ergebnisse und die Chancen der späteren Umsetzung von Prozessverbesserungen erheblich.

Diese Variante der Modellierung mit OMEGA erfordert jedoch ein eingespieltes Beraterteam mit besonderer Kompetenz im Bereich der Moderation. Besonders für

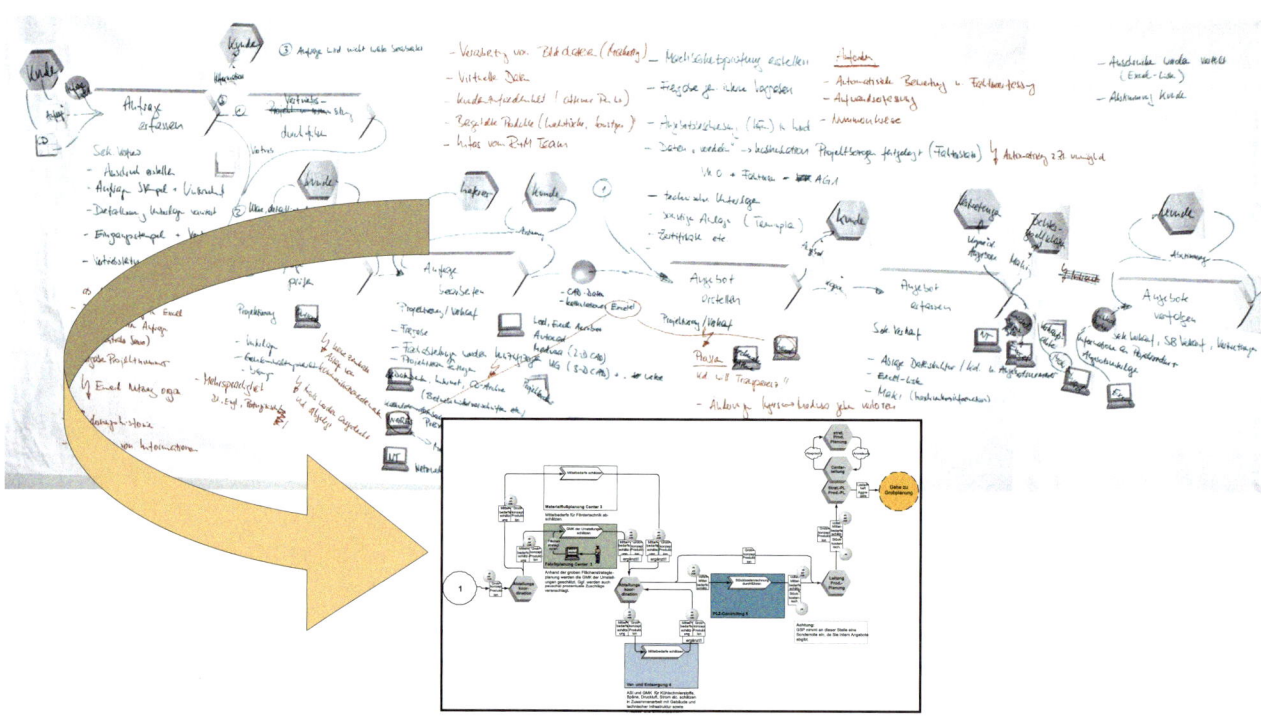

Bild 4-23:　Mit OMEGAworkshopSet modellierte „Prozess-Tapete" und Ausschnitt des daraus resultierenden Prozessmodells nach der Visualisierung in Microsoft Visio

den Moderator selbst ist ein ständiger Spagat zwischen den Rollen „Moderator" und „Fachexperte" notwendig, der sich auch durch die Unterstützung mit einem zusätzlichen Fachexperten nur teilweise aufheben lässt.

Bei der Verwendung des *OMEGAworkshopSets* sind wichtige Informationen immer präsent, der Gesamtprozess lässt sich schnell und schwerpunktmäßig erfassen. Dafür sind selbstverständlich große freie Wandflächen im Raum notwendig. Ein Sprung zu früheren Prozessschritten ist jederzeit leicht möglich und sehr gut von allen Workshop-Teilnehmern nachvollziehbar. Darüber hinaus lässt sich die erarbeitete „Prozess-Tapete" komplett archivieren und für die Klärung späterer Rückfragen wieder hervorholen.

OMEGAkombiCard

Die *OMEGAkombiCard* ist eine Prozesskarte in der Größe herkömmlicher Moderationskarten (Bild 4-24). Diese enthalten in sechs Feldern alle wesentlichen Konstrukte der Methode OMEGA. Für jeden Prozessschritt wird genau eine *OMEGAkombiCard* verwendet. Alle zusätzlich benötigten Informationen zu dem jeweiligen

Prozessschritt werden direkt auf der Karte festgehalten. Die Karten werden vom Moderator oder von den interviewten Personen selbst ausgefüllt und entsprechend ihrer Sequenz und Parallelität an einer Pinnwand fixiert.

Die *OMEGAkombiCard* eignet sich besonders gut für Interviews oder Workshops mit nur sehr wenigen Personen. Geführte Einzelinterviews, die mit der *OMEGAkombiCard* dokumentiert werden, können anschließend leicht zu einem Gesamtprozess konsolidiert werden. Dabei besteht allerdings die Gefahr, dass die Teilnehmer die Übersicht verlieren, da sie nicht aktiv in diesen Konsolidierungsprozess eingebunden sind.

Für die Durchführung der Prozessaufnahme sind lediglich die Karten selbst sowie eine Pinnwand nötig. Ein Moderator kann diese Variante gut alleine anwenden, ein Assistent wird nicht zwingend benötigt. Die *OMEGAkombiCard* ist somit eine schnelle und schlanke Variante der Modellierung mit OMEGA. Sie lässt sich insbesondere für erste Modellierungsschritte im Sinne eines Top-Down-Vorgehens einsetzen, da nur eine begrenzte Detaillierung möglich ist. Der Spielraum für

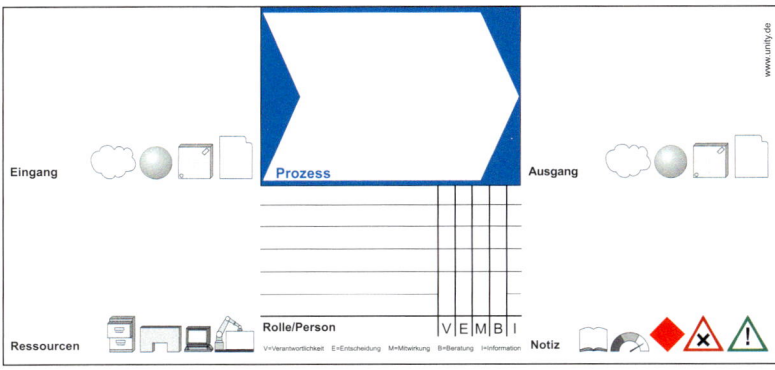

Bild 4-24: Die OMEGAkombiCard

zusätzliche Informationen auf der Karte ist begrenzt und einzelne Informationen können nur geändert werden, indem die gesamte Karte neu ausgefüllt wird.

Inhaltlich sind durch die Verwendung einer Pinnwand auch bei dieser Variante wichtige Informationen immer präsent und der Gesamtprozess lässt sich schnell und schwerpunktmäßig erfassen. Auch Rücksprünge lassen sich wieder leicht nachvollziehen. Schwachstellen können einfach identifiziert und gezielt einzelnen Prozessschritten zugeordnet werden.

OMEGAkomPakt

Die Variante *OMEGAkomPakt* besteht aus Prozesskärtchen in der Größe von Visitenkarten (Bild 4-25). Die Karten werden vom Moderator oder den Interviewten selbst ausgefüllt und entsprechend ihrer Sequenz und Parallelität auf einem Tisch positioniert. Als Unterlage

dient „Brown-Paper" oder Flipchart-Papier. Die Karten werden zunächst frei gelegt und erst dann auf der Unterlage fixiert, wenn alles modelliert ist – es ist also jederzeit möglich, ähnlich einem Puzzle, die Karten zu verschieben.

OMEGAkomPakt ist am besten für Workshops mit wenigen Personen geeignet. Maximal fünf Personen können sinnvoll gleichzeitig an einem Prozessmodell arbeiten. Größere Workshops können selbstredend in mehrere parallel arbeitende Teams aufgeteilt werden. Dabei arbeiten die Teilnehmer eigenständig und werden so gut in die Modellierung integriert. Der Workshopleiter füllt ausschließlich die Rolle des Moderators aus. Das Review der Prozessmodelle erfolgt parallel zur Modellierung selbst durch Diskussionen der Teilnehmer und entsprechende Neupositionierung oder Ergänzung der Karten vor der Fixierung. Gleichzeitig fördert diese Variante das Prozessverständnis der einzelnen Teilnehmer und die Teamentwicklung.

Auch bei Verwendung von *OMEGAkomPakt* sind wichtige Informationen immer präsent sowie schnell und schwerpunktmäßig zu erfassen. Auch Rückschritte sind jederzeit einfach möglich und sogar explizit gewünscht. Die Zuordnung von Schwachstellen zu den Prozessschritten ist auch hier eindeutig möglich. Allerdings ist die Variante durch die geringe Kartengröße

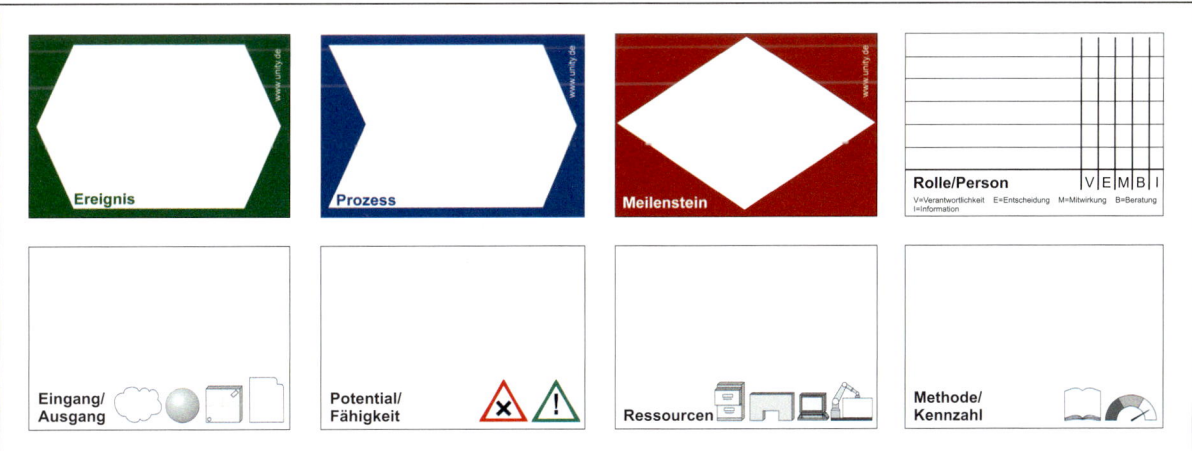

Bild 4-25: Einzelkarten der Variante OMEGAkomPakt

nicht für die Verwendung auf Pinnwänden geeignet. Bei Anforderungen an einen unterschiedlichen Detaillierungsgrad kann *OMEGAkomPakt* jedoch gut mit der Variante *OMEGAkombiCard* kombiniert angewendet werden.

Fazit

Es ist je nach Anwendungsfall zu entscheiden, welches Hilfsmittel am besten geeignet ist. Grundsätzlich ist das *OMEGAworkshopSet* für Workshops mit größeren Gruppen zu empfehlen. Die besondere Stärke liegt in der stringenten Darstellung des Prozesses, die schon stark der finalen Darstellung in *Microsoft Visio* ähnelt. Dabei ist zu bedenken, dass genügend Fläche für die „Prozess-Tapeten" vorhanden sein muss und ein Workshop-Team von mindestens zwei, besser drei Personen notwendig ist. *OMEGAkombiCard* ist besonders gut für Einzelinterviews und kleine moderierte Workshops geeignet. Die Karten können problemlos in der Jackett-Tasche mitgeführt und bei Bedarf zu Hilfe genommen werden. Die Informationsmenge, die auf den Karten untergebracht werden kann, ist jedoch begrenzt. Die Variante *OMEGAkomPakt* schließlich spielt ihre Stärken vor allem dann aus, wenn es darum geht, sich in kleinen Teams über Prozessabläufe klar zu werden, dabei die Prozessmodelle zu erstellen und diese gleichzeitig auch zu reflektieren. Der teambildende Charakter ist bei dieser Variante besonders stark ausgeprägt. Die einfache Kombination von *OMEGAkomPakt* mit *OMEGAkombiCard* eröffnet weitere Möglichkeiten, vor allem, wenn es um die Modellierung unterschiedlicher Detaillierungsgrade geht.

4.3 Verbesserung von Geschäftsprozessen – Business Process Reengineering (BPR)

Von den eingangs erläuterten prozessorientierten Managementansätzen propagieren wir das so genannte evolutionäre Reengineering. Das entsprechende Vorgehensmodell ist in Bild 4-26 wiedergegeben. Dementsprechend gestaltet sich ein Reorganisationsprojekt wie folgt.

In der Definitionsphase ist der Projektauftrag festzulegen. In der Vorbereitungsphase muss das konkrete Vorgehen erarbeitet und abgestimmt werden. Es bietet sich an, diese Phase mit einer Projektvereinbarung abzuschließen. Diese ist über den Projektverlauf regelmäßig zu überprüfen und ggf. zu aktualisieren. Die Ist-Aufnahme liefert die Beschreibung des Status quo der Ablauforganisation, die im folgenden Schritt näher analysiert wird. Daraus ergibt sich der Handlungsbedarf für die Reorganisation. Die Soll-Konzeptionierung führt zur neuen Ablauforganisation, die im Rahmen der Pilotierung in einem abgegrenzten Bereich einzuführen und zu erproben ist. Wenn dies erfolgreich durchgeführt ist, kommt das so genannte Roll-out, d.h. die neue Ablauforganisation ist flächendeckend einzuführen.

4.3.1 Definition

Ziel dieser Phase ist der Projektauftrag. Für dessen Erstellung sind die folgenden Aspekte zu beachten:

- Zielkonformität: Die Ziele der Prozessverbesserungen müssen konform mit den strategischen Zielen der Organisation (Unternehmen, Geschäftsbereich, Business Unit u.ä.) sein; eine geeignete Basis dafür bildet die Balanced Scorecard (vgl. Kapitel 3.5.1: Umsetzungs-Controlling – Mit der Balanced Scorecard mehrdimensional führen).

- Fokussierung: Das BPR-Projekt muss eine große Hebelwirkung bezogen auf die erwarteten Ergebnisse haben. Somit gilt es auch zu prüfen, mit welcher Prozesskomplexität das zu bildende Projektteam konfrontiert werden wird.

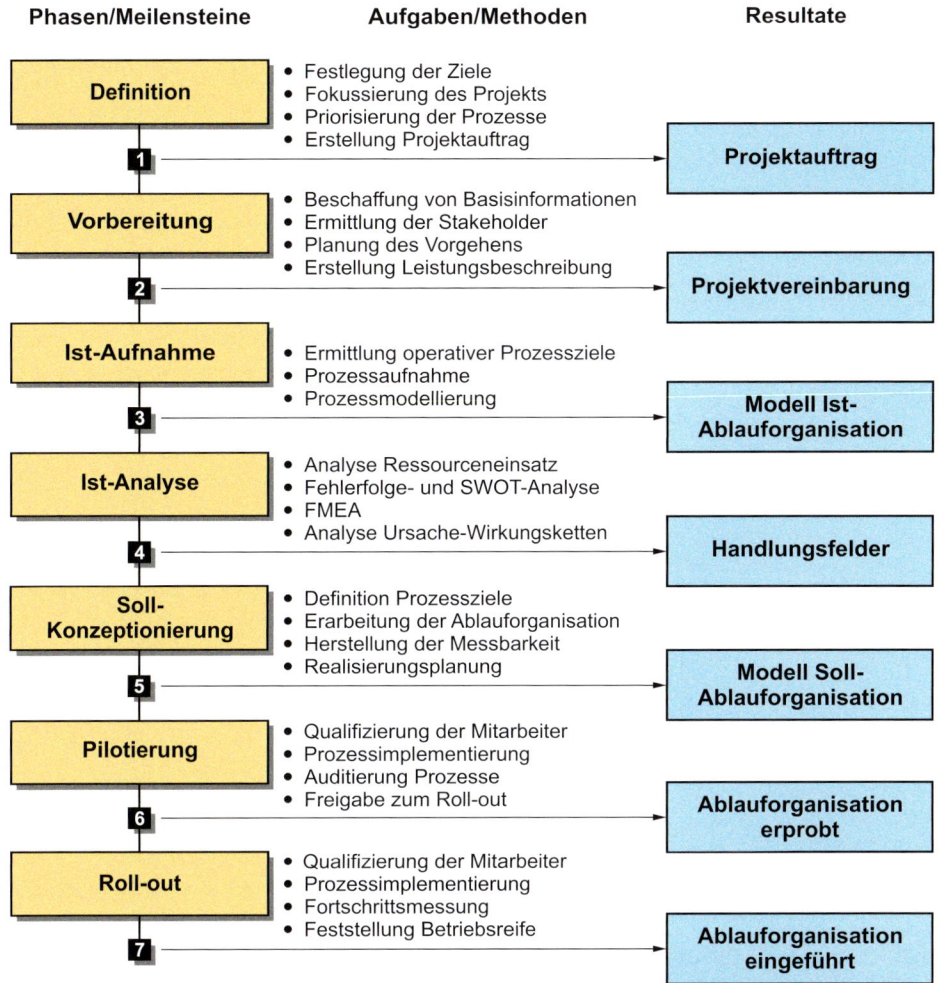

Phasen/Meilensteine	Aufgaben/Methoden	Resultate

Definition
- Festlegung der Ziele
- Fokussierung des Projekts
- Priorisierung der Prozesse
- Erstellung Projektauftrag

1 → **Projektauftrag**

Vorbereitung
- Beschaffung von Basisinformationen
- Ermittlung der Stakeholder
- Planung des Vorgehens
- Erstellung Leistungsbeschreibung

2 → **Projektvereinbarung**

Ist-Aufnahme
- Ermittlung operativer Prozessziele
- Prozessaufnahme
- Prozessmodellierung

3 → **Modell Ist-Ablauforganisation**

Ist-Analyse
- Analyse Ressourceneinsatz
- Fehlerfolge- und SWOT-Analyse
- FMEA
- Analyse Ursache-Wirkungsketten

4 → **Handlungsfelder**

Soll-Konzeptionierung
- Definition Prozessziele
- Erarbeitung der Ablauforganisation
- Herstellung der Messbarkeit
- Realisierungsplanung

5 → **Modell Soll-Ablauforganisation**

Pilotierung
- Qualifizierung der Mitarbeiter
- Prozessimplementierung
- Auditierung Prozesse
- Freigabe zum Roll-out

6 → **Ablauforganisation erprobt**

Roll-out
- Qualifizierung der Mitarbeiter
- Prozessimplementierung
- Fortschrittsmessung
- Feststellung Betriebsreife

7 → **Ablauforganisation eingeführt**

Bild 4-26: Vorgehensmodell Business Process Reengineering (Ansatz evolutionäres Reengineering)

- Reifegrad der Organisation: Ein BPR-Projekt setzt eine gewisse Qualität der Organisation voraus. In einer Organisation, in der eine Art Chaos herrscht, müsste erst einmal Ordnung geschaffen werden, bevor an ein evolutionäres BPR gedacht werden kann.

Im Folgenden gehen wir auf den zweiten und dritten Aspekt näher ein.

Fokussierung des Projekts

Ziel der Fokussierung des Projekts ist die Konzentration der Kräfte auf die Prozesse und Themen, die einen hohen Zielerreichungsbeitrag leisten können und eine hohe Erfolgswahrscheinlichkeit aufweisen. Das Vorgehen ist in Bild 4-27 verdeutlicht.

Ausgehend von den Eingangsgrößen Projektziele und dem Ordnungsschema der Prozesse erfolgt die Ermittlung der Hebelwirkung. Die Komplexitätsanalyse ermöglicht die Bewertung der Komplexitätstreiber je Prozess und lässt somit einen Rückschluss auf zu erwartende Aufwände zur Prozessoptimierung zu. Die Projektfokussierung fasst die Ergebnisse zusammen und ermöglicht die Ausrichtung des Projekts auf vielversprechende Prozesse und Themen.

Ermittlung der Hebelwirkung

Hier sind die Prozesse zu ermitteln, die die größte Wirkung für das BPR-Projekt haben. Die Kriterien zur Auswahl der entsprechenden Prozesse leiten sich aus dem Projektauftrag ab. Diese Kriterien können sein:

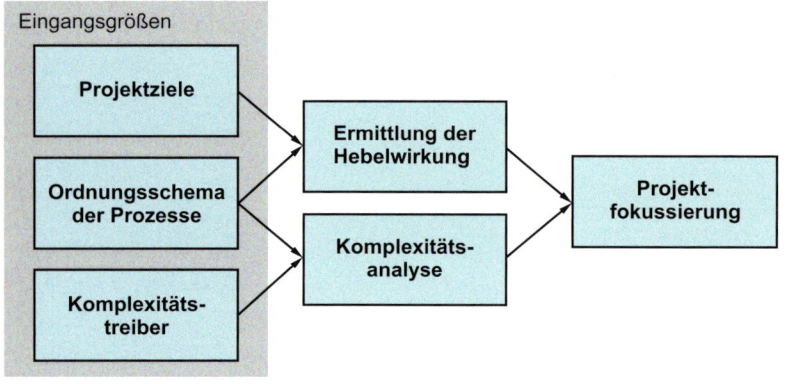

Bild 4-27:   Vorgehen zur Projektfokussierung

- der prozentuale Anteil an der Durchlaufzeit,
- der prozentuale Anteil an Qualitätsproblemen,
- der prozentuale Anteil an den Prozesskosten,
- die Anzahl der Terminverzüge oder
- die Wirkung auf die Herstellkosten.

Zur Ermittlung der Hebelwirkung ist von einem Ordnungsschema der Prozesse auszugehen. Der Kasten enthält einige Beispiele für Ordnungsschemata. Selbstredend muss ein Unternehmen seine Prozesswelt den Spezifika des Geschäfts entsprechend festlegen. Dazu können die in der Literatur beschriebenen Referenzschemata eine Hilfe geben. Das für ein Unternehmen definierte Schema ermöglicht die schnelle und effiziente Zuordnung der sachlichen Ziele bzw. angestrebten Veränderungen zu den Abläufen. Damit kann grundsätzlich abgegrenzt werden, wer die Betroffenen der geplanten Veränderungen voraussichtlich sein werden. Vorrang hat die Zuordnung der Ziele bzw. geplanten Veränderungen zu den Prozessen – erst wenn dieses nicht möglich ist, ist die Zuordnung zu Stellen der Aufbauorganisation zu betrachten.

Ordnungsschemata für Geschäftsprozesse

Mit dem Aufkommen des Business Process Reengineering sind eine Reihe von Referenzschemata bekannt geworden, die Erklärungsmuster für Prozessorganisationen liefern. Je nach Art des Geschäfts (kundenauftragsanonyme Produktion, kundenauftragsbezogene Produktion, reines Projektgeschäft etc.) gibt es unterschiedliche Schemata. Im Folgenden werden einige kurz vorgestellt.

Das in Bild 1 wiedergegebene Schema listet die relevanten Hauptgeschäftsprozesse auf und gibt je Prozess die Eingangs- und Ausgangsinformationen an.

Eine weitere Art der Strukturierung der Prozessorganisation ergibt sich aus der Unterscheidung in

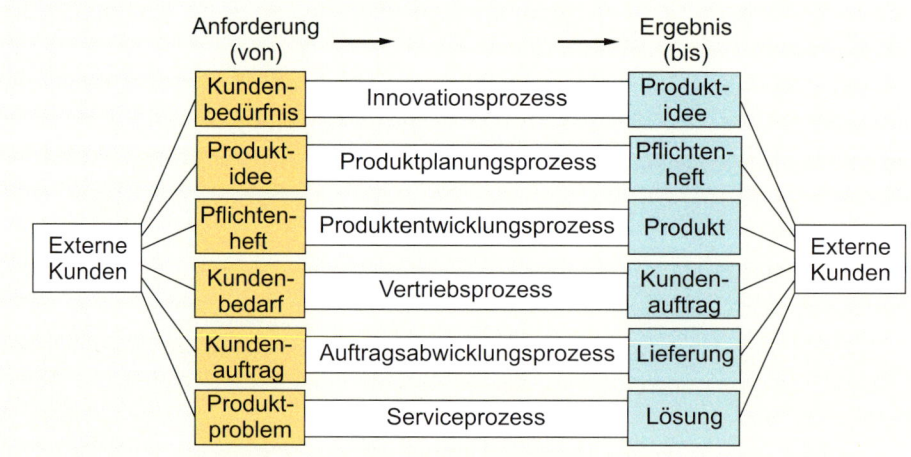

Bild 1:   Referenzschema nach Schmelzer/Sesselmann, Beginn und Ende von Hauptgeschäftsprozessen

primäre und sekundäre Geschäftsprozesse, wie das in Bild 2 dargestellt ist.

Das in Bild 3 wiedergegebene Referenzschema bildet die Prozesse für die Herstellung von technisch anspruchsvollen Massenerzeugnissen in Losgröße 1 auf oberster Stufe ab. Der Automobilbau fällt in diese Kategorie.

Das Schema in Bild 4 orientiert sich an den Aktivitäten eines Unternehmens (z.B. entwickle, beschaffe etc.) und nimmt eine Unterscheidung in Kernprozesse, unterstützende Prozesse und Managementprozesse vor. Die Kernprozesse dienen der unmittelba-

ren Leistungserstellung; die unterstützenden Prozesse befähigen zur Leistungserstellung; die Managementprozesse repräsentieren die Aktivitäten zur Führung der Organisation.

Literatur:

[SCC05] SUPPLY CHAIN COUNCIL: Supply-Chain Operations Reference Model. Brüssel, 2005

[SchS02] SCHMELZER, H. J.; SESSELMANN, W.: Geschäftsprozessmanagement in der Praxis. 2. vollständig überarbeitete Auflage. Carl Hanser Verlag, München, Wien, 2002

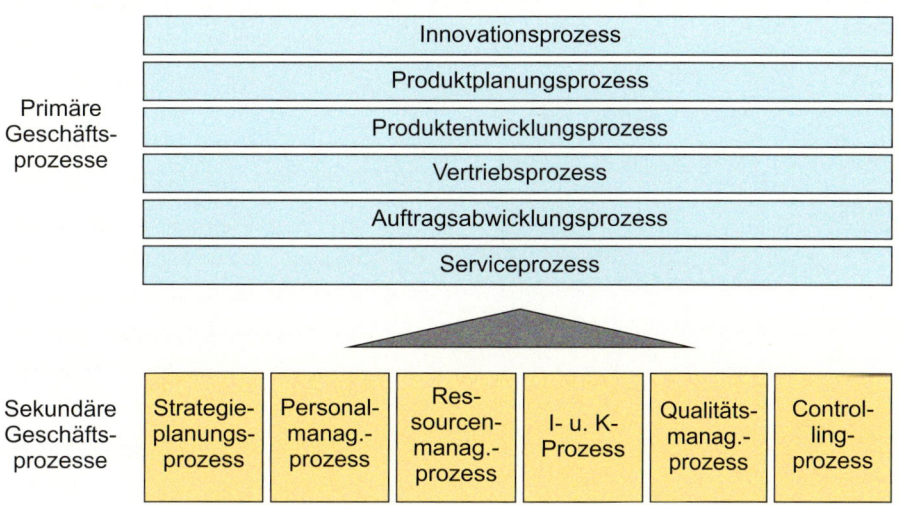

Bild 2:   Primäre und sekundäre Geschäftsprozesse [SchS02]

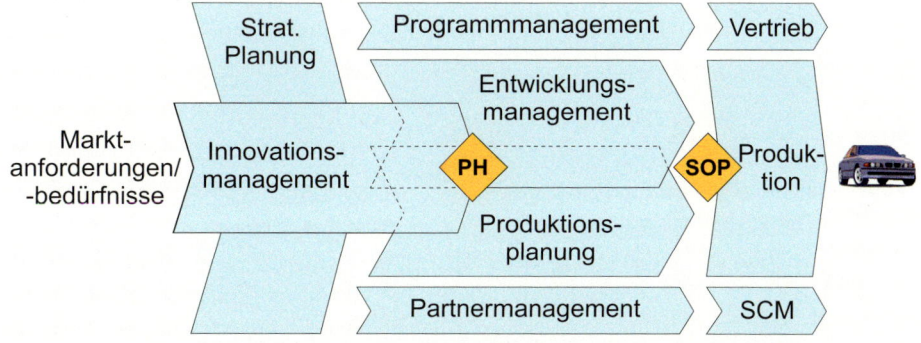

Bild 3:   Beispiel für ein Ordnungsschema (Massenproduktion in Losgröße 1, z.B. Automobilbau)

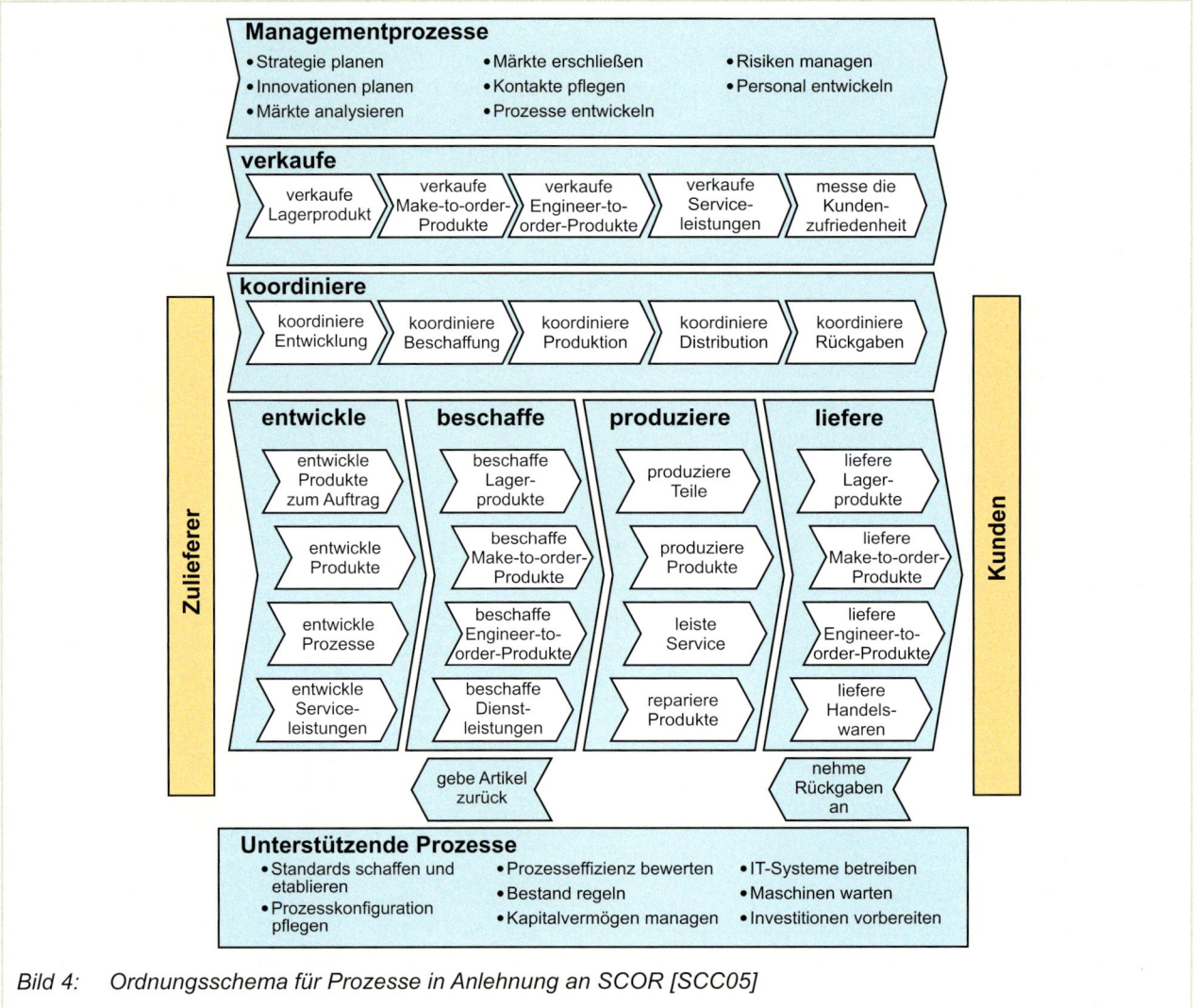

Managementprozesse
- Strategie planen
- Innovationen planen
- Märkte analysieren
- Märkte erschließen
- Kontakte pflegen
- Prozesse entwickeln
- Risiken managen
- Personal entwickeln

verkaufe

| verkaufe Lagerprodukt | verkaufe Make-to-order-Produkte | verkaufe Engineer-to-order-Produkte | verkaufe Service-leistungen | messe die Kunden-zufriedenheit |

koordiniere

| koordiniere Entwicklung | koordiniere Beschaffung | koordiniere Produktion | koordiniere Distribution | koordiniere Rückgaben |

Zulieferer

entwickle
- entwickle Produkte zum Auftrag
- entwickle Produkte
- entwickle Prozesse
- entwickle Service-leistungen

beschaffe
- beschaffe Lager-produkte
- beschaffe Make-to-order-Produkte
- beschaffe Engineer-to-order-Produkte
- beschaffe Dienst-leistungen

produziere
- produziere Teile
- produziere Produkte
- leiste Service
- repariere Produkte

liefere
- liefere Lager-produkte
- liefere Make-to-order-Produkte
- liefere Engineer-to-order-Produkte
- liefere Handels-waren

Kunden

gebe Artikel zurück

nehme Rückgaben an

Unterstützende Prozesse
- Standards schaffen und etablieren
- Prozesskonfiguration pflegen
- Prozesseffizienz bewerten
- Bestand regeln
- Kapitalvermögen managen
- IT-Systeme betreiben
- Maschinen warten
- Investitionen vorbereiten

Bild 4:   Ordnungsschema für Prozesse in Anlehnung an SCOR [SCC05]

Eine Befragung im Rahmen eines methodisch geführten Workshops, an der besonders fachkundige Mitglieder der Organisation teilnehmen sollten, fördert die Meinungsbildung einerseits und klärt die Stoßrichtung des Projektes im Spannungsfeld unterschiedlicher Interessen andererseits. Häufig erfolgt die Bestimmung der einzelnen Hebelwirkungen intuitiv. So können gute Ergebnisse in hoher Geschwindigkeit bei weitgehendem Konsens in der Organisation erarbeitet werden. Die Gegenüberstellung der Prozesse und der geplanten Projektziele erfolgt, wie in Bild 4-28 gezeigt, in Form einer Wirkungsmatrix. An den Schnittpunkten Prozess/Projektziel wird bewertet, wie hoch der Einfluss des Prozesses auf das geplante Projektziel ist. Anhand der Zeilensumme kann so ermittelt werden, welche Hebelwirkung der Prozess grundsätzlich auf die geplanten Ergebnisse hat.

Mit diesem Vorgehen kann vorderhand ein erstes gutes Ergebnis erzielt werden. Zusätzlich sind weitere Aspekte zu berücksichtigen:

- „Marketing-Effekt": Welche Prozessveränderung hat die größte Außenwirkung – zu anderen Bereichen innerhalb eines Unternehmens, zum Markt, zu den Lieferanten etc. Ersteres ist insbesondere dann zu berücksichtigen, wenn die Mobilisierung der Organisation hohe Priorität hat.

- Schneller Erfolg: Gibt es eine kritische Geschäftssituation, die sofort gelöst werden muss?

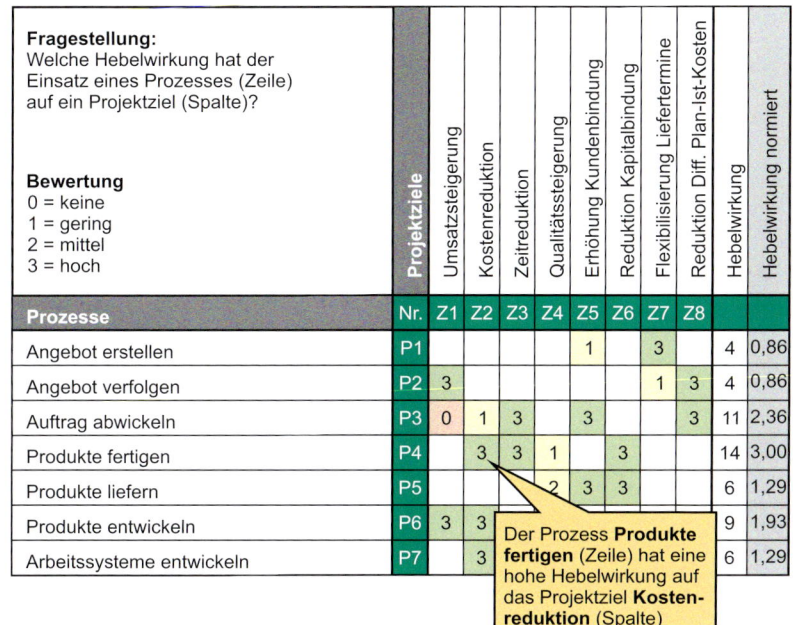

Fragestellung: Welche Hebelwirkung hat der Einsatz eines Prozesses (Zeile) auf ein Projektziel (Spalte)? Bewertung 0 = keine 1 = gering 2 = mittel 3 = hoch	Projektziele	Umsatzsteigerung	Kostenreduktion	Zeitreduktion	Qualitätssteigerung	Erhöhung Kundenbindung	Reduktion Kapitalbindung	Flexibilisierung Liefertermine	Reduktion Diff. Plan-Ist-Kosten	Hebelwirkung	Hebelwirkung normiert
Prozesse	Nr.	Z1	Z2	Z3	Z4	Z5	Z6	Z7	Z8		
Angebot erstellen	P1					1		3		4	0,86
Angebot verfolgen	P2	3						1	3	4	0,86
Auftrag abwickeln	P3	0	1	3		3			3	11	2,36
Produkte fertigen	P4		3	3	1		3			14	3,00
Produkte liefern	P5				2	3	3			6	1,29
Produkte entwickeln	P6	3	3							9	1,93
Arbeitssysteme entwickeln	P7		3							6	1,29

Der Prozess **Produkte fertigen** (Zeile) hat eine hohe Hebelwirkung auf das Projektziel **Kostenreduktion** (Spalte)

Bild 4-28:   Ermittlung der Hebelwirkung der Prozesse hinsichtlich der Projektziele

- Komplexester Fall: Wenn diese Herausforderung bewältigt ist, ist alles weitere „Routine".

- Einfachster Fall: Der bietet sich an, wenn ein einfacher Einstieg in das BPR-Projekt ratsam ist und das Team möglichst schnell zu Erfolgserlebnissen kommen soll, die zu mehr Zuversicht führen sollen.

Komplexitätsanalyse

Je höher die Komplexität eines Prozesses ist, desto anspruchsvoller und aufwändiger ist seine Optimierung. Eine erste grobe Komplexitätsanalyse gibt Aufschluss über den zu erwartenden Aufwand, um den Prozess zu verbessern. Sie geht davon aus, dass eine Basiskomplexität existiert, die sich aus der strategischen Positionierung des Unternehmens ergibt [GU06]. Die Komplexität wird durch Komplexitätstreiber bestimmt. Diese resultieren aus Suchfeldern wie Personal, Unternehmenskultur, Strategie, Logistik, Methoden, Produkte, Produktionsverfahren und betriebswirtschaft-

liche Situation. Wie die Komplexitätstreiber bewertet werden ist beispielhaft für den Auftragsabwicklungsprozess im Schema in Bild 4-29 dargestellt. Im Prinzip ist je angenommenem Komplexitätstreiber zu ermitteln,

- ob er auf den Prozess wirkt und wenn ja, ob diese Wirkung beherrscht wird,

- wie sich seine Wirkung auf den Prozess im Laufe der Zeit entwickeln wird (fallend, konstant, steigend) und

- ob seine Wirkung auf den Prozess beeinflussbar ist.

Das Beispiel zeigt, dass bei dem zugrunde liegenden Prozess die Produkte, das Personal und die Methoden wichtige Komplexitätstreiber sind. Das arithmetische Mittel der je Komplexitätstreiber ermittelten Bewertungen ergibt die Komplexitätskennzahl, die eine erste tendenzielle Aussage zur Komplexität und damit zum erwarteten Aufwand der Prozessgestaltungsaufgabe im Quervergleich mit weiteren Geschäftsprozessen liefert.

Komplexitätstreiber im Auftragsabwicklungsprozess	Wirkung auf Prozess 0 = keine 1 = beherrscht 2 = kaum beherrscht	Erwartete Entwicklung 0,5 = fallend 1 = konstant 2 = steigend	Beeinflussbar 1 = ja 2 = nein	Einfluss auf Komplexität der Prozessverbesserung
Personal	2	2	1	4
Kultur	1	1	1	1
Strategie	1	1	1	1
Logistik	1	0,5	1	0,5
Methoden	2	2	1	4
Produktionsverfahren	1	1	1	1
Produkte	2	2	2	8
Betriebsw. Situation	1	1	1	1
...				
			Komplexitätskennzahl:	**2,56**

Produkt der Bewertungen der Komplexitätstreiber in einer Zeile.

Quotient der Summe der Bewertungen und der Anzahl der Komplexitätstreiber.

Bild 4-29:   Ermittlung der Komplexitätstreiber für den Auftragsabwicklungsprozess

Priorisierung der Prozesse

Eine erste Einstufung der Geschäftsprozesse im Hinblick auf das BPR-Projekt ergibt sich aus dem Portfolio gemäß Bild 4-30, welches durch die Hebelwirkung auf das Projektziel und die Komplexität der Prozessgestaltungsaufgabe aufgespannt wird. Es bietet sich an, zunächst die Prozesse mit einer hohen Hebelwirkung und geringer Komplexität zu restrukturieren.

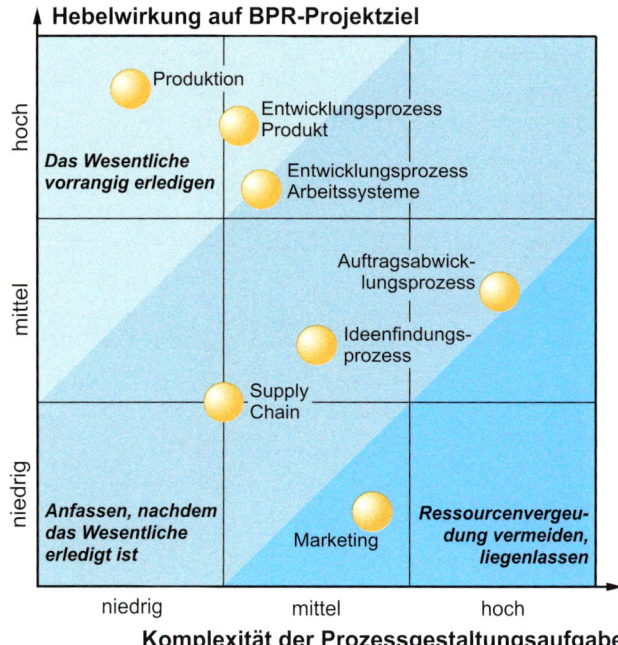

Bild 4-30: Portfolio zur Priorisierung der Prozesse

Gewichtung von Geschäftsprozessen

SCHMELZER/SESSELMANN schlagen eine Reihe von Hilfsmitteln vor, Geschäftsprozesse mit Hinblick auf Business Process Reengineering-Projekte zu priorisieren [SchS02].

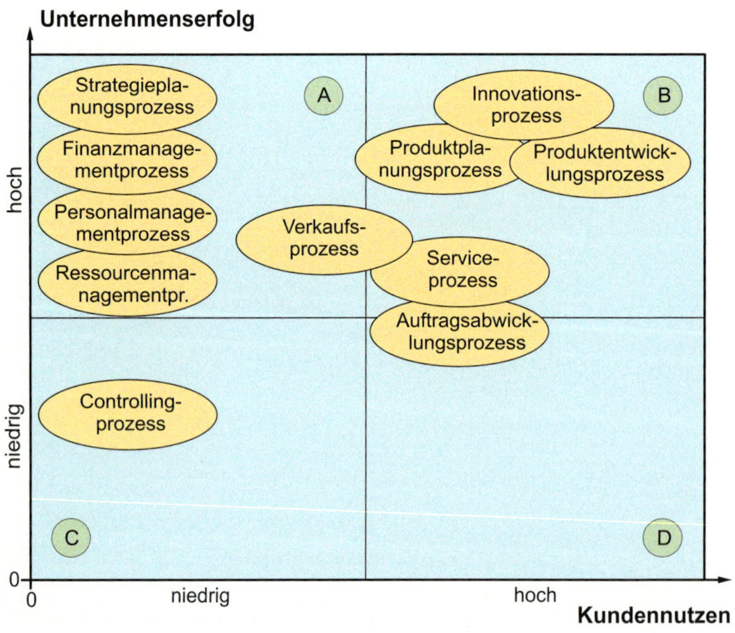

Bild 1: Geschäftsprozess-Portfolio

In einem Geschäftsprozess-Portfolio werden die Geschäftsprozesse gemäß ihrer Wirkung auf Kundennutzen und Unternehmenserfolg platziert (Bild 1). Das Portfolio weist die vier Felder A bis D auf.

Die Geschäftsprozesse mit der höchsten Priorität befinden sich in Feld B. Sie werden auch als Schlüssel- oder Kernprozesse bezeichnet. Bei einem zu niedrigen Leistungsniveau wird insbesondere für solche Prozesse eine Neugestaltung im Sinne des Business Process Reengineering notwendig.

In den Feldern A und C finden sich vorrangig sekundäre Geschäftsprozesse. Sie sind zwar für den Unternehmenserfolg notwendig, tragen aber nicht direkt zur Steigerung des Kundennutzens bei. Bei Teilprozessen in Feld C sollte auch über ein Outsourcing nachgedacht werden.

Ein weiteres Hilfsmittel zur Gewichtung von Geschäftsprozessen ist die Geschäftsprozess-Erfolgsfaktoren (GPE)-Matrix (Bild 2). Ausgangspunkt ist die Überlegung, dass die Geschäftsprozesse die Erfolgsfaktoren wie Qualität, Zeit oder Innovation eines Geschäfts beeinflussen. Mit Hilfe der GPE-Matrix wird aus dem Einfluss der Geschäftsprozesse auf die Erfolgsfaktoren das Gewicht der einzelnen Geschäftsprozesse abgeleitet.

Erfolgsfaktoren	Gewicht EF	Geschäftsprozesse (Einflussgrad 1-5)					
		Innovations-prozess	Produkt-planungs-prozess	Produkt-entwick-lungs-prozess	Vertriebs-prozess	Auftrags-abwick-lungs-prozess	Service-prozess
Leistungsangebot	6	4	5	2	1	2	2
Produktqualität	8	3	4	5	1	4	2
Preis/Leistung	7	3	4	4	1	5	2
Flexibilität	8	1	2	3	5	4	4
Innovation	6	5	2	3	1	1	1
Service	6	1	2	2	1	1	5
Lieferzeiten	8	1	1	2	2	5	1
Liefertreue	10	1	1	1	1	5	1
Summe GP		19	21	22	13	27	18

Bild 2: Geschäftsprozess-Erfolgsfaktoren-Matrix [SchS02]

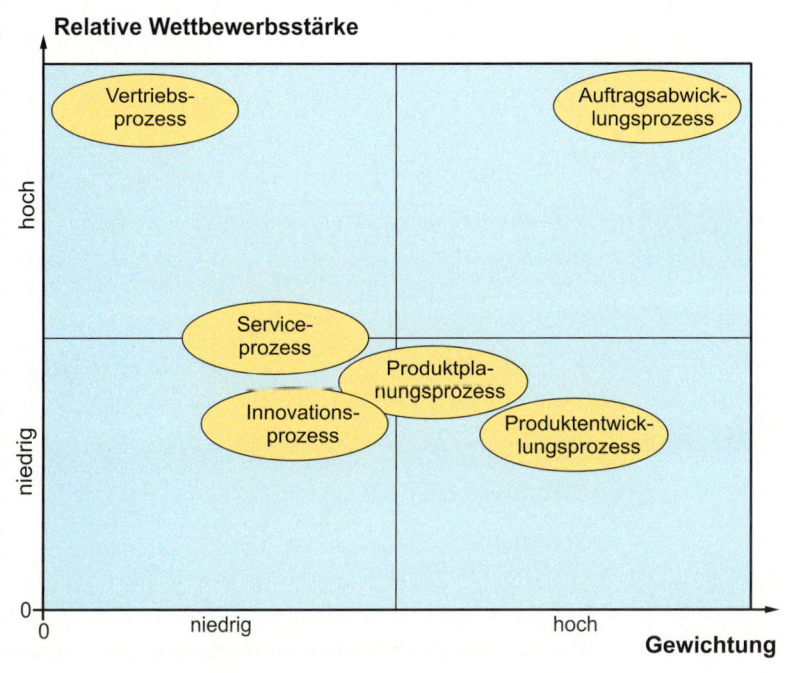

Bild 3: Geschäftsprozess-Portfolio [SchS02]

Das Ergebnis wird schließlich in einem Geschäftsprozess-Portfolio visualisiert (Bild 3). Daraus ergibt sich Handlungsbedarf für den Produktentwicklungs- und den Produktplanungsprozess. Diese sind wie der Auftragsabwicklungsprozess wettbewerbsentscheidend für das Unternehmen, weisen aber Schwächen im Vergleich zur Konkurrenz auf

Literatur:

[SchS02]   SCHMELZER, H. J.; SESSELMANN, W.: Geschäftsprozessmanagement in der Praxis. 2. vollständig überarbeitete Auflage. Carl Hanser Verlag, München, Wien, 2002

Reifegrad der Organisation

So genannte Reifegradmodelle sind ein sehr probates Mittel, den Leistungsstand einer Organisation zu bestimmen und darauf bezogen adäquate Verbesserungsmaßnahmen einzuleiten. Darauf gehen wir in Kapitel 4.4 näher ein. Zur Entscheidung, ob ein BPR-Projekt das beste Mittel zur Weiterentwicklung einer Organisation ist, nutzen wir unser **Modell der Organi-**

sationsqualität. Dieses ermöglicht die Einordnung einer Organisation oder Teilbereiche einer Organisation nach Qualitäts-Level (Level 0: „außer Kontrolle" bis Level 4: „exzellent"). Level 4 repräsentiert die lernende Organisation (siehe auch das Leitbild der lernenden Organisation in Abschnitt 4.1.3). Jeder Level ist durch seine Indikatoren bzgl. Infrastruktur, Mitarbeiter, Ergebnisqualität der Prozesse, Unternehmenskultur, Ergebnisqualität der Organisation und Kundenorientierung bestimmt. Die Aussagen zum Stand der Unternehmenskultur beruhen auf der Unternehmenskultur-Analyse (vgl. Kapitel 3.2.7). In Bild 4-31 ist das Modell der Organisationsqualität dargestellt. Es weist je Level einige Ausprägungen von Indikatoren sowie einige typische Maßnahmen, um den nächst höheren Level zu erreichen, auf.

Es sind die folgenden Level zu unterscheiden:

- Level 0, außer Kontrolle: Bei existenzbedrohenden Ergebnissen und nicht vorhandenem Kundenvertrauen befindet sich die Organisation in einem äußerst kritischen Zustand.

- Level 1, kritisch: Bei schlechten Ergebnissen und miserablem Kundenvertrauen befindet sich die Organisation in einem schlechten Zustand. IT-Systeme werden zum Teil genutzt; es existieren vielfältige Nebenorganisationen.

- Level 2, durchschnittlich: Bei tendenziell positiven Ergebnissen und geringem Kundenvertrauen wird eine Organisation betrieben, die Ziele hat und diese verfolgt. Mitarbeiter sind organisiert, die Infrastruktur ist in einem akzeptablen Zustand.

- Level 3, gut: Bei hohem Kundenvertrauen erwirtschaftet die Organisation gute Ergebnisse. Alle Prozesse sind definiert und werden gelebt. Die Prozessziele werden verfolgt und erreicht. Die Mitglieder der Organisation sind stolz auf ihre Ergebnisse und ihre Organisation. Die Infrastruktur der Organisation ist in einem sehr guten Zustand.

- Level 4, exzellent: Bei sehr hohem Kundenvertrauen und hervorragenden Ergebnissen ist die Organisation in der Lage, Verbesserungspotentiale kontinuierlich zu identifizieren und auszuschöpfen. Der Wert der Organisation wird beständig gesteigert; die Zukunft der Organisation ist geplant. Kontinuierliches Lernen, die Freude am gemeinsamen

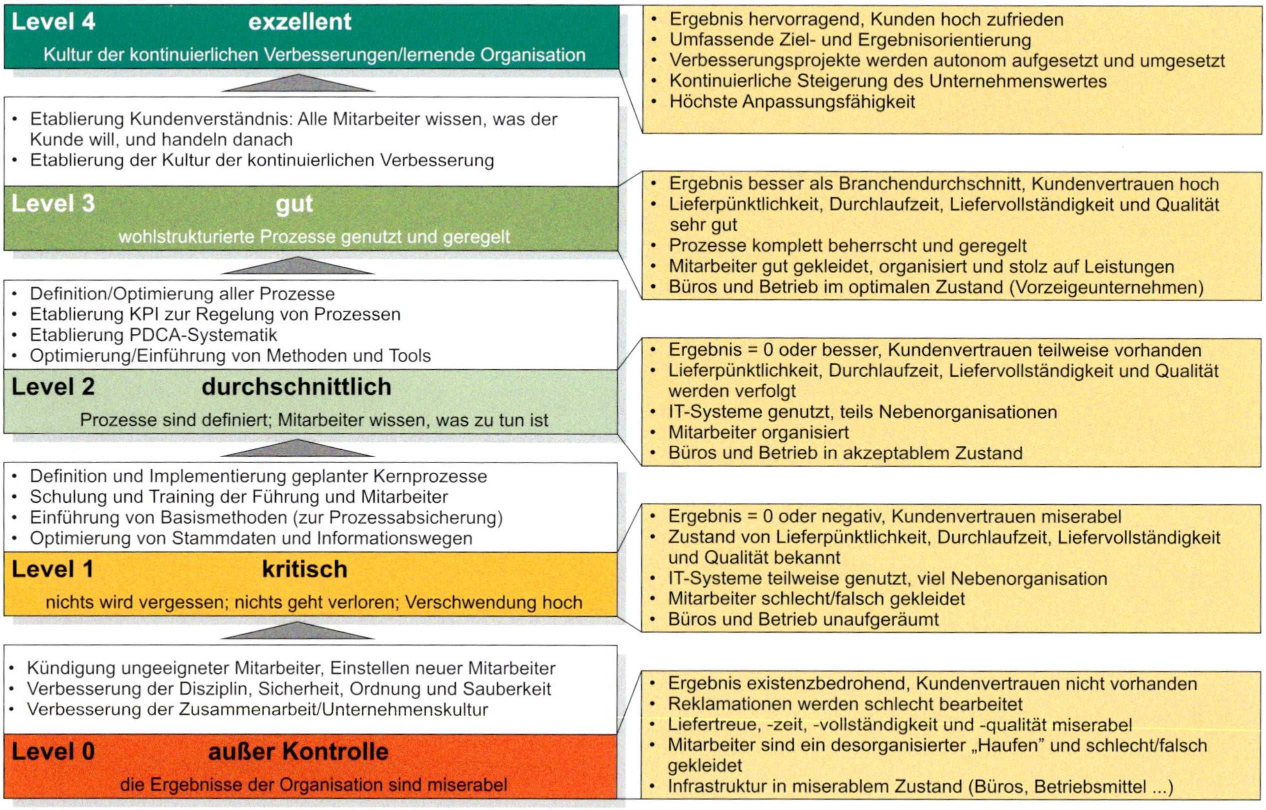

Level 4   exzellent
Kultur der kontinuierlichen Verbesserungen/lernende Organisation
- Ergebnis hervorragend, Kunden hoch zufrieden
- Umfassende Ziel- und Ergebnisorientierung
- Verbesserungsprojekte werden autonom aufgesetzt und umgesetzt
- Kontinuierliche Steigerung des Unternehmenswertes
- Höchste Anpassungsfähigkeit

- Etablierung Kundenverständnis: Alle Mitarbeiter wissen, was der Kunde will, und handeln danach
- Etablierung der Kultur der kontinuierlichen Verbesserung

Level 3   gut
wohlstrukturierte Prozesse genutzt und geregelt
- Ergebnis besser als Branchendurchschnitt, Kundenvertrauen hoch
- Lieferpünktlichkeit, Durchlaufzeit, Liefervollständigkeit und Qualität sehr gut
- Prozesse komplett beherrscht und geregelt
- Mitarbeiter gut gekleidet, organisiert und stolz auf Leistungen
- Büros und Betrieb im optimalen Zustand (Vorzeigeunternehmen)

- Definition/Optimierung aller Prozesse
- Etablierung KPI zur Regelung von Prozessen
- Etablierung PDCA-Systematik
- Optimierung/Einführung von Methoden und Tools

Level 2   durchschnittlich
Prozesse sind definiert; Mitarbeiter wissen, was zu tun ist
- Ergebnis = 0 oder besser, Kundenvertrauen teilweise vorhanden
- Lieferpünktlichkeit, Durchlaufzeit, Liefervollständigkeit und Qualität werden verfolgt
- IT-Systeme genutzt, teils Nebenorganisationen
- Mitarbeiter organisiert
- Büros und Betrieb in akzeptablem Zustand

- Definition und Implementierung geplanter Kernprozesse
- Schulung und Training der Führung und Mitarbeiter
- Einführung von Basismethoden (zur Prozessabsicherung)
- Optimierung von Stammdaten und Informationswegen

Level 1   kritisch
nichts wird vergessen; nichts geht verloren; Verschwendung hoch
- Ergebnis = 0 oder negativ, Kundenvertrauen miserabel
- Zustand von Lieferpünktlichkeit, Durchlaufzeit, Liefervollständigkeit und Qualität bekannt
- IT-Systeme teilweise genutzt, viel Nebenorganisation
- Mitarbeiter schlecht/falsch gekleidet
- Büros und Betrieb unaufgeräumt

- Kündigung ungeeigneter Mitarbeiter, Einstellen neuer Mitarbeiter
- Verbesserung der Disziplin, Sicherheit, Ordnung und Sauberkeit
- Verbesserung der Zusammenarbeit/Unternehmenskultur

Level 0   außer Kontrolle
die Ergebnisse der Organisation sind miserabel
- Ergebnis existenzbedrohend, Kundenvertrauen nicht vorhanden
- Reklamationen werden schlecht bearbeitet
- Liefertreue, -zeit, -vollständigkeit und -qualität miserabel
- Mitarbeiter sind ein desorganisierter „Haufen" und schlecht/falsch gekleidet
- Infrastruktur in miserablem Zustand (Büros, Betriebsmittel ...)

KPI: Key Performance Indicator; PDCA: Plan Do Check Act

Bild 4-31:   Modell der Organisationsqualität

Erfolg, zielorientierte effektive Zusammenarbeit und beste Umgangsformen prägen das Selbstverständnis der Mitglieder der Organisation.

Ein BPR-Projekt setzt mindestens Level 1 „kritisch" voraus. Befindet sich eine Organisation auf Level 1, so sind die Kernprozesse in Ordnung zu bringen, die Qualifizierung der Mitarbeiter und Basismethoden wie Statistische Prozesskontrolle einzuführen. Befindet sich eine Organisation auf Level 3, so ist davon auszugehen, dass die Prozesse weitestgehend in Ordnung sind. Nur grundlegende Veränderungen der Rahmenbedingungen der Organisation würden hier ein BPR-Projekt erforderlich machen. An dieser Stelle gehen wir von der Annahme aus, dass die Organisationsqualität Level 1 oder Level 2 hat.

Erstellung Projektauftrag

Mit dem Projektauftrag an den benannten Projektleiter werden die Anforderungen an das Projekt und an die Projektleitung spezifiziert. Bei einer komplexen Aufgabenstellung bietet es sich häufig an, die Ist-Aufnahme und -Analyse in Form eines Vorprojekts durchzuführen und erst anschließend die eigentliche bindende Projektvereinbarung abzuschließen. Aus der Projektvereinbarung ergibt sich die Referenz, an der nachfolgend der Projektfortschritt zu messen ist. Der Projektauftrag hat folgende Inhalte:

- Ziele des Projektes: Hier sind die erwarteten Resultate, insbesondere die erwarteten quantitativen Ergebnisse der Geschäftsprozessverbesserungen zu definieren.

- Hauptstoßrichtungen: Hier ist zu charakterisieren, in welche grundsätzliche Richtung die Maßnahmen gehen sollen, sowohl bezogen auf die zu optimierenden Prozesse als auch auf die zu optimierenden bzw. neu bereitzustellenden Ressourcen (Maschinen, Personal, Produktionssysteme, IT-Systeme etc.).

- Vorgehensmodell: Hier handelt es sich um eine Systematik der Projektabwicklung, die für das spezifische Projekt auszuprägen ist. Sie legt fest, was in welcher Reihenfolge grundsätzlich zu tun ist, welche Ergebnisse an welchen Meilensteinen vorliegen müssen und wer welche Entscheidungen zu treffen hat. Die Grundlage zur Erstellung dieses Vorgehensmodells ist das Bild 4-26.

- Zeit- und Kapazitätsplanung: Hier sind der zeitliche Verlauf des Projektes und die erforderlichen Ressourcen (im Wesentlichen Personal) zu planen. Dies orientiert sich in der Regel an den Schritten des Vorgehensmodells.

Am Ende der nächsten Phase „Vorbereitung" des BPR-Projekts muss auf Basis des Projektauftrages die Projektvereinbarung zwischen dem Auftraggeber des Projekts und der das Projekt durchführenden Stelle abgeschlossen werden.

4.3.2 Vorbereitung

Ziel dieser Phase ist die zwischen Projektleitung und Auftraggeber abzuschließende Projektvereinbarung. Für die Ist-Aufnahme und Ist-Analyse ist die Vereinbarung sehr konkret, die Planungen für die weiteren Phasen sind im hohen Maße abhängig von den Analyseergebnissen. Um zu einer Projektvereinbarung zu kommen, sind folgende Aufgaben zu erledigen:

- Beschaffung Basisinformationen: Dazu zählen beispielsweise Organigramm, bereits dokumentierte Prozesse, Richtlinien, Systematiken der Leistungserstellung etc.

- Ermittlung der Stakeholder: Um einen ersten Eindruck von der zu erwartenden Veränderungserkenntnis, -bereitschaft und -fähigkeit zu erhalten, sind die verschiedenen Anspruchsgruppen des BPR-Projekts zu identifizieren und einzuordnen.

- Planung des Vorgehens: Das BPR-Projekt muss insbesondere für die Phasen Ist-Aufnahme und Ist-Analyse eine detaillierte Vorgehensweise erarbeiten.

Ermittlung der Stakeholder

Die von einem BPR-Projekt betroffenen Stakeholder, also Personengruppen, die ein Interesse an dem Projekt haben bzw. von diesem betroffen sind, sind zu erfassen und hinsichtlich ihrer Ziele und Macht zu klassifizieren (vgl. auch Kapitel 3.2.8 „Stakeholder-Analyse"). Es gilt engagierte und qualifizierte Mitarbeiter für das Team zu gewinnen sowie Entscheider und weitere Betroffene in das Projekt adäquat einzubinden.

Es ist anzustreben, dass die Stakeholder das Projekt bis zur Übergabe an die Linienorganisation fördern und gestalten. Prinzipiell werden die Stakeholder in einem ersten Ansatz wie folgt klassifiziert:

- Opfer: Diese sind von signifikanten Veränderungen betroffen, ohne selbst Einfluss auf das Projekt nehmen zu können.

- Feinde: Diese beurteilen die Veränderungen als nachteilig. Sie sehen ihren Rang gefährdet und keine erstrebenswerten Perspektiven. Diese Stakeholder werden versuchen, Einfluss auf das Projekt zu nehmen.

- Betroffene: Diese Personen werden von den Veränderungen betroffen und sie haben die Möglichkeit, auf das Geschehen Einfluss zu nehmen. Sie sehen keine Nachteile für sich.

- Beteiligte: Das sind Personen, die aufgefordert sind, im Projekt mitzuwirken. Es ist anzustreben, dass die Beteiligten auch einen guten Zugang zu den Entscheidern des betroffenen Bereiches haben.

- Sponsoren: Sie tragen zur Finanzierung des Projektes bei, ohne von den Prozessverbesserungen direkt zu profitieren.

- Kunden: Sie profitieren direkt von der Leistung des Projektes; häufig sind diese Personen auch Sponsoren.

- Nutznießer: Sie profitieren direkt von der Leistung des Projektes, ohne Einfluss auf das Projekt zu nehmen und ohne in das Projekt zu investieren.

Gerade in größeren Organisationen bietet es sich an, die Stakeholder entsprechend dieser Klassifizierung in einer Matrix zu erfassen und sich zumindest gedanklich ein Bild von den Zielen und der Macht der erfassten Personengruppen zu machen. Auf dieser Basis wären die konstruktiven Kräfte in das Projekt geschickt einzubinden, und denjenigen, die der Sache nichts Positives abgewinnen können, wäre durch eine offensive Informationspolitik der Wind aus den Segeln zu nehmen. Geschicktes Einbinden beginnt mit einer proaktiven Informationspolitik, geht über die konsequente Beteiligung der Arbeitnehmervertreter bis zu einer Arbeitsorganisation, die alle Kräfte aufnimmt. Ein gutes Beispiel für eine derartige Arbeitsorganisation sind gut organisierte Workshops; darauf sind wir bereits in Kapitel 4.2.2.4 „Moderationstechnik" kurz eingegangen.

Planung des Vorgehens

Ziel ist die Planung der nachfolgenden Phasen Ist-Aufnahme und Ist-Analyse. Die Planung der Phasen Soll-Konzeptionierung, Pilotierung und Roll-out kann an dieser Stelle nur grob erfolgen, weil die Ergebnisse der Ist-Analyse noch nicht vorliegen.

Zur Planung eines BPR-Projekts gehört die Festlegung der **Aufnahmeverfahren** der Ist-Aufnahme. Dafür kommen Interviews oder Workshops in Frage. Die Vor- und Nachteile von **Interviews** sind:

+ Die Ansprechpartner können gezielt angesprochen werden.

+ Die Aufnahme kann in geschützter Umgebung stattfinden.

+ Die Anforderungen an die Kompetenz des Moderators ist geringer.

- Eine kreative Diskussion findet kaum statt.

- Widersprüche zwischen Ansprechpartnern müssen nachträglich geklärt werden.

- Die Konsensbildung über Prozessmodelle ist sehr aufwändig, das gemeinsame Verständnis über das produzierte Ergebnis ist gering.

Die Vor- und Nachteile von **Workshops** sind:

+ Die Konsensbildung über gemeinsame Ergebnisse kann schon im Workshop stattfinden.

+ Es lässt sich eine kreative Atmosphäre herstellen.

+ Widersprüche können sofort geklärt werden.

+ Der persönliche Nutzen des Workshops ist für Teilnehmer offensichtlich.

- Die gewünschten Ansprechpartner müssen terminlich koordiniert werden.

- Die Anforderungen an den Moderator bzgl. Fachkompetenz, Sozialkompetenz und Moderationsfähigkeit ist hoch.

Die Entscheidung für ein Verfahren ist sowohl abhängig von den Fähigkeiten des Teams als auch von den Umgangsformen der Organisation. Die Erfahrung der Autoren zeigt, dass Workshops das zu bevorzugende Verfahren darstellen. Sie minimieren den Aufwand, Sofortmaßnahmen können direkt festgelegt werden und es findet eine Konsensbildung statt.

Über die Festlegung der Workshopteilnehmer oder Interviewpartner ist sicherzustellen, dass alle Prozesse abgedeckt werden. In Workshops ist darauf zu achten, dass neben den Prozessverantwortlichen auch Vertreter der internen/externen Lieferanten und Kunden berücksichtigt werden. So können Unstimmigkeiten und Schnittstellen immer direkt geklärt werden.

Die von uns favorisierten Techniken zur Unterstützung der Workshops und Interviews wurden bereits in Kapitel 4.2.4 „Moderationstechnik" im Kontext der Prozessmodellierungsmethode OMEGA vorgestellt. Generell werden zwei Verfahren der **Prozessaufnahme** unterschieden:

- Follow the Order: Gilt es ein umfassendes Verständnis für den jeweiligen Prozess aufzubauen, so erfolgt die Prozessaufnahme in zeitlicher Reihenfolge der jeweiligen Abwicklung; entsprechend sind die Inhalte und Ansprechpartner zu planen.

- Against the Order/Gegen die Chronologie: Diesem Ansatz liegt zugrunde, dass am zeitlichen Ende des Prozesses die Auswirkung aller Fehler im Vorfeld in voller Konsequenz zum Tragen kommen. Mit Kenntnis dieser Fehlerauswirkungen ist die Ist-Aufnahme von der Fehlerauswirkung zur Fehlerursache zu führen.

In der Praxis hat sich die Kombination dieser Vorgehensweisen bewährt. Erfolgt die Aufnahme nach bestimmten Regelwerken oder Normen wie ISO/TS 16949 (vgl. Kasten), CMMI (vgl. Kapitel 4.4), ITL (vgl. Kapitel 5.3) etc., so sind auch die jeweiligen Forderungen des Regelwerkes an einen Prozess als Bewertungsreferenz heranzuziehen.

ISO/TS 16949

Die ISO/TS 16949 (2. Ausgabe 2002, daher auch ISO/TS 16949:2002 genannt) ist eine international anerkannte Technische Spezifikation (TS) der Internationalen Organisation für Normung (engl. International Organization for Standardization (ISO)). Entwickelt wurde die aktuelle Version von der Internatio-

nal Automotive Task Force (IATF) in Zusammenarbeit mit der ISO, um den Anforderungen der internationalen Automobilindustrie an Qualitätsmanagementsysteme gerecht zu werden. Die ISO/TS 16949:2002 basiert auf der ISO 9001:2000 und vereint zusätzliche Forderungen der Automobilhersteller an die Prozesse ihrer Lieferanten wie die Richtlinien VDA 6.1 in Deutschland, QS 9000 in den USA, EAQF in Frankreich und AVSQ in Italien. Ein nach ISO/TS 16949:2002 zertifiziertes Unternehmen erfüllt automatisch die Anforderungen der ISO 9001:2000.

Ziel der ISO/TS 16949:2002 sind unter anderem eine ständige Verbesserung des Qualitätsmanagementsystems, die Integration unternehmerischer Prozesse, verstärkte Kundenorientierung, die frühzeitige Vermeidung von Fehlern und die Reduktion des Fehleranteils in der Lieferkette [ISO02].

Die Norm wird weltweit von allen Automobilherstellern anerkannt. Bereits Ende 2006 waren 28.000 Zertifikate in fast 80 Ländern vergeben [ISO07].

Literatur:

[ISO02] Technische Spezifikation ISO/TS 16949:2002: Qualitätsmanagementsysteme – Besondere Anforderungen bei Anwendung von ISO 9001:2000 für Serien- und Ersatzteil-Produktion in der Automobilindustrie. 2. Ausgabe, 2002

[ISO07] ISO CENTRAL SECRETERIAT: The ISO Survey of Certifications – 2006. Genf, 2007

Auf der Basis der vorgestellten Gesichtspunkte ist eine übliche Leistungsbeschreibung zu erstellen, die die Arbeitspakete, die jeweiligen Ergebnisse, die Arbeitsorganisation sowie eine Zeit- und Kostenplanung enthält. Dadurch hat das Projektteam ein detailliertes Verständnis für das Projekt und die geschuldete Leistung gewonnen. Die Leistungsbeschreibung ist das Kerndokument der Projektvereinbarung, die vom Auftraggeber zu unterzeichnen ist. Danach wird das eigentliche BPR-Projekt mit der Ist-Aufnahme gestartet.

4.3.3 Ist-Aufnahme

Diese Phase soll Klarheit über die derzeitige Situation schaffen. Dabei kommt es insbesondere darauf an, Konsens über diese Situation und den grundsätzlichen Handlungsbedarf zu erzielen. Der auf klaren Fakten beruhende Handlungsbedarf im Detail ergibt sich aus der folgenden Phase Ist-Analyse. Am Ende der Ist-Aufnahme müssen folgende Ergebnisse vorliegen:

- Modell der Ist-Ablauforganisation,
- Liste der Verbesserungspotentiale je Prozess,
- Liste der Sofortmaßnahmen,
- Leistungsportfolio der Organisation,
- Erfolgsfaktoren gemäß Geschäftsstrategie und aus Mitarbeiterperspektive.

Die Ist-Aufnahme kann ergebnisoffen sein oder auf Basis einer konkreten Aufgabenstellung erfolgen. Letzteres wäre der Fall, wenn die vorangegangene Priorisierung der Geschäftsprozesse erhebliche Missstände ans Licht gebracht hätte. Das systematische Vorgehen in der Ist-Aufnahme ist in Bild 4-32 wiedergegeben.

Den Startpunkt bildet ein so genanntes Kick-off. Die weiteren Schritte werden jeweils für einen aufzunehmenden Hauptgeschäftsprozess in mehreren Workshops durchgeführt. Zu Beginn einer solchen Workshop-Serie sind die operativen Prozessziele zu ermitteln. Dann folgen die Prozessaufnahme und die Prozessmodellierung in OMEGA. Das abschließende Review soll die Qualität der Aussagen sichern, den Konsens der Beteiligten festigen, aber auch Sofortmaßnahmen identifizieren, um die Beseitigung ganz offensichtlicher Mängel in Angriff nehmen zu können. Erfahrungsgemäß ist es sinnvoll, an einem Tag die Prozessziele zu verifizieren und die Aufbauorganisation inklusive der von der Aufnahme betroffenen Geschäftsvorfälle zu erfassen, um an einem weiteren Tag die Prozessaufnahme durchzuführen.

Kick-off

Ziel des Kick-offs ist die Herstellung eines gemeinsamen Verständnisses für das Vorhaben. Teilnehmer sind Auftraggeber, Moderatoren, die Beteiligten der Ist-Auf-

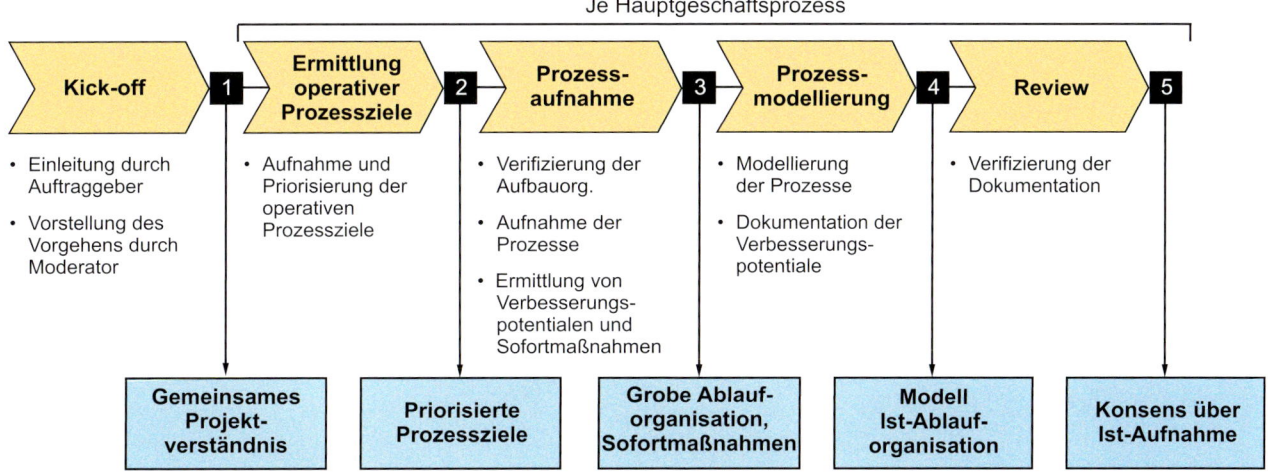

Bild 4-32:   Vorgehen in der Ist-Aufnahme

nahme und die (internen) Kunden der Ist-Aufnahme. Der Auftraggeber stellt die Motivation, die Aufgabe und das Ziel vor. Die Moderatoren erläutern das Vorgehen und stellen es zur Diskussion. Ggf. wird das Vorgehen modifiziert. Anschließend ist der Zeitplan unter Berücksichtigung der Belastung der Betroffenen im täglichen Geschäft zu vereinbaren.

Ermittlung operativer Prozessziele

Die Ermittlung der operativen Prozessziele verdeutlicht das Selbstverständnis der Prozessbeteiligten. Anhand von Geschäftsvorfällen sind die Prozessziele zu ermitteln und zu dokumentieren. In der Regel wird von den Teilnehmern des Workshops eine Vielzahl von Zielen diskutiert, beispielsweise für den Produktentwicklungsprozess:

* kurze Entwicklungszeiten,
* Einhalten von Herstellkostenzielen,
* hohe Zuverlässigkeit der Produkte,
* Einhalten von Terminen,
* hohe Gleichteileverwendung,
* Outsourcing von Entwicklungsaufgaben etc.

Die diskutierten Ziele sind zu priorisieren. Dafür haben sich zwei Verfahren bewährt, der paarweise Vergleich und die Abstimmung.

Paarweiser Vergleich: In einer Relevanzmatrix (Bild 2-10) werden die Prozessziele jeweils paarweise gegenübergestellt. Im Schnittpunkt von zwei Zielen ist zu vermerken, welchem der beiden Ziele im direkten Vergleich die höhere Priorität zugeordnet wird. Durch die Auswertung der absoluten Zahlen der Nennungen ergibt sich eine Rangfolge. Da die Änderungen einzelner Bewertungen nur geringen Einfluss auf das Ergebnis haben, kann mit Hilfe dieser Methode weitgehend objektiv die Priorität der operativen Prozessziele untereinander ermittelt werden.

Abstimmen mit Hilfe von Klebepunkten: Jeder Teilnehmer erhält mehrere Klebepunkte (in Abhängigkeit von der Anzahl der herausgearbeiteten Prozessziele) und ist aufgefordert, diese Punkte auf die Ziele zu verteilen.

Prozessaufnahme

Die Prozessaufnahme ist die Kernaufgabe der Ist-Aufnahme; sie liefert die Substanz für die Erstellung eines Modells der etablierten Ablauforganisation und je Prozess Verbesserungspotentiale sowie ggf. Sofortmaßnahmen. Im Folgenden schildern wir kurz, was in welcher Reihenfolge zu tun ist. Es handelt sich um die Teilaufgaben Verifizierung der Aufbauorganisation, Identifikation der Geschäftsvorfälle, Aufnahme der Prozesse, Ermittlung von Verbesserungspotentialen und Festlegung von Sofortmaßnahmen.

Verifizierung der Aufbauorganisation

Häufig entspricht die dokumentierte Aufbauorganisation nicht der gelebten Situation, oder die Aufbauorganisation ist nur in den Grundzügen dokumentiert. In diesen Fällen ist die faktische Aufbauorganisation zu ermitteln. Neben den üblichen Angaben wie Bezeichnung der Stellen und deren hierarchische Einordnung kommt es vor allem darauf an, die Hauptaufgaben der Schlüsselmitarbeiter zu erfassen.

Identifikation der Geschäftsvorfälle

Geschäftsvorfälle und damit verbundene Arbeitsergebnisse stellen gute Ansatzpunkte für die Erfassung von Prozessen dar. Daher bietet es sich an, zunächst diese aufzunehmen. Beispiele für Arbeitsergebnisse sind eine erbrachte Serviceleistung, eine Auftragsbestätigung, eine Systemspezifikation, ein Arbeitsplan, ein geschulter Kunde etc. Die Arbeitsergebnisse sind nach Häufigkeit bzw. Wichtigkeit zu bewerten, um die Ist-Aufnahme der Prozesse auf die wesentlichen Prozesse zu führen. Es bietet sich u.U. auch an, die Ergebnisse nach dem geschätzten Aufwand zu ihrer Erstellung und nach ihrer Wirkung im Kundenempfinden zu gewichten.

Aufnahme der Prozesse

Die Aufnahme der Geschäftsprozesse erfolgt mit Hilfe der Moderations- und Beschreibungstechniken, die wir in Kapitel 4.2.2.4 vorgestellt haben. Wichtig ist im Rahmen dieser Aufgabe, die Ergebnisse für alle gut nachvollziehbar zu erfassen. Die entsprechende Dokumentation sollte je Prozess zu folgenden Punkten Aussagen treffen:

- Stärken: Hier geht es um die Identifikation der Stärken des Prozesses bzw. der Organisation. Es gilt folgende Fragen zu beantworten: Warum ist der Prozess erfolgreich? Warum sind die Ergebnisse des Prozesses gut? Warum machen die Beteiligten des Prozesses eine gute Arbeit?

- Schwächen: Es gilt die wesentlichen Schwächen zu dokumentieren. Typische Fragen sind: Warum sind

wir unwirtschaftlich? Warum haben wir im Prozess fehlergetriebene Rücksprünge? Welche Prozessziele erreichen wir nicht? Warum erreichen wir die Prozessziele nicht? Wo und warum erreichen wir die geforderte Qualität nicht auf Anhieb? Bei welchen Aufgaben fehlt uns die Qualifikation?

- Zusammenspiel Prozess – Ressourcen: Hier geht es um die Frage, welche Ressourcen (Mitarbeiter, Maschinen, IT-Systeme etc.) in welchem Umfang genutzt werden. Unserer Erfahrung nach ist es sinnvoll, erst die Frage nach der Nutzung der Ressourcen zu stellen, bevor Ressourcen grundsätzlich in Frage gestellt werden – eine Optimierung von Ressourcen ist häufig rentabler als der Austausch von Ressourcen. Häufig wird im Rahmen des Zusammenspiels Prozess – Ressourcen die Informationsverfügbarkeit thematisiert. Fälschlicherweise wird dann die Funktionalität von IT-Systemen diskutiert und nicht die Informationsbarrieren innerhalb der Organisation; diese basieren oft auf Zielkonflikten, vorgefassten Meinungen, Fachterminologieproblemen, fehlender Motivation, unzuverlässigen Informationsquellen, mangelnder Kommunikationsfähigkeit, Misstrauen, informellen Organisationsstrukturen etc. Erst in zweiter Linie sind unzureichende IT-Systeme die Verursacher für mangelnde Informationsverfügbarkeit.

- Aufwandsschätzung: Hier geht es um eine erste Kalkulation des erforderlichen Ressourceneinsatzes zur Lösung der identifizierten Probleme.

Da die Dokumentation unmittelbar in den Workshops erfolgt, bezeichnen wir sie auch als Sofortdokumentation.

Ermittlung von Verbesserungspotentialen

Die Diskussion der aufgenommenen Prozesse offenbart in der Regel Schwachstellen und Verbesserungspotentiale. Diese sind wie in Tabelle 4-3 exemplarisch aufgeführt zu dokumentieren. Die Verbesserungspotentiale sind Geschäftsprozessen und den übergeordneten Hauptgeschäftsprozessen zuzuordnen. Ferner ist je Verbesserungspotential anzugeben, welche Aktionen durchzuführen sind, das Potential auszuschöpfen, und welche Effekte sich erzielen lassen. Da es über alle Geschäftsprozesse eine größere Anzahl von zu verfolgenden Aktionen gibt, bietet sich ein datenbankunterstütztes Aktionsmanagement bzw. ein Projektmanagementsystem an.

Festlegung von Sofortmaßnahmen

Häufig kommen in Workshops offensichtliche Missstände in der Ablauforganisation zu Tage, die sich im Prinzip ohne Weiteres beheben lassen. Insbesondere dann, wenn im Unternehmen und im Workshop eine Aufbruchstimmung zu verzeichnen ist. In solchen Fällen bietet es sich an, den Worten auch gleich Taten folgen zu lassen; denn nichts motiviert mehr als rasche Erfolge. Besonders stimulierend ist es, wenn in Folge-Workshops über die positiven Ergebnisse solcher Sofortmaßnahmen berichtet wird. Selbstredend darf diese durchaus gewollte hemdsärmelige Arbeitsweise nicht in Aktionismus ausarten. Daher ist darauf zu achten, dass

- die Sofortmaßnahmen im Wirkungsbereich der Teilnehmer des Workshops liegen,

- die Sofortmaßnahmen keine starken direkten Interdependenzen zu weiteren, aktuell nicht im Fokus liegenden Prozessen haben und

- nicht zu erwarten ist, dass zeitlich nachfolgende Workshops/Interviews die Sofortmaßnahmen in Frage stellen.

Ein vernünftiger Mix aus systematischem Vorgehen, wie es Gegenstand dieses Kapitels und in Bild 4-26 dargestellt ist, und einer Reihe von Sofortmaßnahmen ist aus unserer Sicht das richtige Rezept, die Organisation zu mobilisieren und die Basis für den nachhaltigen Erfolg des BPR-Projektes zu schaffen.

Prozessmodellierung

Im Kontext des vorliegenden Buches verstehen wir unter einem Modell eine digitale Repräsentation eines realen Sachverhalts (z.B. Geschäftsprozess) oder Objekts (z.B. Bauteil). Hier geht es um die Bildung eines Mo-

Tabelle 4-3: Beispiel einer Liste von Verbesserungspotentialen (Geschäftsprozess: Teile beschaffen; Hauptgeschäftsprozess: Bedarf decken)

Nr.	Verbesserungspotential	Aktion	Effekte
1	Lieferverzögerung bei Kaufteilen bis zu zwei Wochen, keine Transparenz über den Lieferstatus	**Optimiere Bestellvorgang** Konsequente Erfassung aller Bestellungen im System inkl. konsequenter Einforderung von ABs von Lieferanten Auswertung nicht erfolgter Wareneingänge zum Termin	• Durchlaufzeitverkürzung um 20 %
2	Dezentraler Bestellvorgang, Verkäufer leiten dezentral Bestellungen ein, Kostenoptimierung bzgl. Lieferanten können nur eingeschränkt umgesetzt werden (Pay Back-Verfahren, Mengenvorteile etc.)	**Aktiviere Bestellvorschläge** Aktivierung von Bestellvorschlägen/ Bestellanforderungen im System basierend auf aufgelösten Bedarfen	• Zentraler Bestellvorgang • Kostenoptimierung bzgl. Lieferanten um 15 %
3	Manuelle Reservierungen sind nicht nachzuvollziehen (Teile verschwinden)	**Optimiere Auftragsmanagement für FA** Optimierung der Abwicklung der Fertigungsaufträge, Aktivierung der Kundeneinzelfertigung für kundenspez. Produkte	• Nachvollziehbarkeit aller Reservierungen
4	Kommissionierungen sind nicht nachvollziehbar	**Optimiere die Kommissionierung** Einführung von Kommissionslagern, buchbar im System	• Verfolgung der Kommissionierungen möglich
5	Wie groß ist der Anteil der Bestellungen, die durch den Verkauf erfasst werden?	**Analysiere Erzeuger von Bestellungen** Auswertungen der Bestellungen bzgl. Erfasser gemäß Login	• Transparente Teilebeschaffung
6	Teilekauf durch Verkauf: Die Chargenverfolgung findet für diese Teile nicht statt (insbesondere für Sonderbleche)	**Stoppe die Beschaffung durch Verkauf** Implementierung eines zentralen Wareneingangs	• Teileeinkauf durch zentralen Wareneingang • Transparente Chargenverfolgung

dells der Ablauforganisation. Dafür werden Prozessmodellierungsmethoden eingesetzt. Wir verwenden die in Kapitel 4.2.2 beschriebene Methode OMEGA.

Das Modell der Ablauforganisation bildet die finale Basis für die Diskussion der Ist-Situation und insbesondere für die folgende Phase Ist-Analyse. Die Erstellung des Modells erfolgt auf der Grundlage der Sofortdokumentation der unmittelbar zuvor erläuterten Subphase „Aufnahme der Prozesse" durch das Projektteam, wobei die eigentliche Modellierungstechnik nur vom Moderator und seinen Assistenten beherrscht werden muss.

Ziel der Prozessmodellierung ist die umfassende modellbasierte Dokumentation der Ablauforganisation. Dies erfolgt im Workshop – in der Regel durch die Moderatoren. Diese Dokumentation ist eine Präzisierung der Sofortdokumentation. Es ist unabdingbar, dass diese Phase zeitlich direkt nach der Prozessaufnahme erfolgt.

Am Ende ist die Konsistenz der im Modell der Ablauforganisation implizit enthaltenen Aufbauorganisation mit der vorgängig verifizierten Aufbauorganisation zu überprüfen. Ferner lassen sich aus dem Modell häufig weitere Verbesserungspotentiale wie unmotiviert wechselnde Zuständigkeiten im Ablauf und Medienbrüche erkennen. Diese sind dann in die bereits existierende Liste aufzunehmen.

Review

BPR-Projekte werden in der Regel unter einem gewissen Zeitdruck durchgeführt, weil die Resultate möglichst bald und nicht in ferner Zukunft benötigt werden und das motivierte Projektteam sich auch selbst unter Druck setzt. Der Zeitdruck wirkt eher als positive Verstärkung und motivationsfördernd, vor allem dann, wenn sich bald konkrete Verbesserungen abzeichnen.

Viele der Beteiligten empfinden die Aufnahme dessen, was in vielen Jahren gewachsen ist, als strammes Programm. Es ist daher vernünftig, allen die Gelegenheit zu geben, über die dokumentierte Ist-Situation noch einmal nachzudenken und die Sache mit anderen zu

reflektieren. Das Review ist dann eine gute Gelegenheit, weitere Erkenntnisse einzubringen. Gegenstand des Reviews sind das Modell der Ablauforganisation und die damit verbundene Dokumentation. Am Ende sollte das Projektteam Konsens über die Ist-Aufnahme erzielen.

4.3.4 Ist-Analyse

Ist-Aufnahme und Ist-Analyse lassen sich nicht strikt trennen. Selbstredend gewinnt ein BPR-Team schon während der Ist-Aufnahme eine Fülle von Informationen über Schwachstellen und Verbesserungsmöglichkeiten. Es liegt daher nahe, diese unmittelbar zu dokumentieren. Hier in der Ist-Analyse geht es zunächst darum, diese Dokumentation zu vervollständigen und ggf. weiter zu systematisieren. Die unter Ist-Aufnahme eingeführte Struktur (Stärken, Schwächen, Zusammenspiel Prozess – Ressourcen und Aufwandsschätzung) wird beibehalten.

Auf der Basis dieser Dokumentation und des Modells der Ist-Ablauforganisation können eine Reihe von dedizierten Analysen durchgeführt werden, die das Bild von der vorherrschenden Situation weiter schärfen und weitere Ansatzpunkte für die Reorganisation liefern. Im Folgenden gehen wir kurz auf diejenigen Analysen ein, die in unserer Praxis relativ häufig durchgeführt werden. Es handelt sich um die Analyse Personalbedarf, die Analyse Ressourceneinsatz, die Fehlerfolgeanalyse, die SWOT-Analyse, die Fehlermöglichkeits- und Einflussanalyse (FMEA) und die Analyse der Ursache-Wirkungsketten.

Analyse Personalbedarf

Diese Analyse liefert den zusätzlichen Personalbedarf aufgrund von ineffizienten Prozessen, Fehlerfolgeaufwänden etc. Es ergeben sich Hinweise auf die Produktivitätsreserven der Organisation im Ist-Zustand. Der folgende Kasten „Ermittlung der Leistungsreserve" gibt dazu ein Beispiel.

Analyse Ressourceneinsatz

Mit dieser Analyse werden Erkenntnisse gewonnen, wie gut eine Organisation mit Ressourcen ausgestattet ist bzw. in welchem Umfang diese genutzt werden. Daraus ergeben sich Hinweise, in welchen Organisationsbereichen und Prozessen welche Ressourcen erhalten, ausgebaut oder abgebaut werden sollten. Im Folgenden stellen wir das Vorgehen am Beispiel der IT-Ressourcen dar. Dazu dient das Schema gemäß Tabelle 4-4.

Die Hauptgeschäftsprozesse für das Werk in Deutschland sind in den Zeilen eingetragen, die in den Prozessen verfügbaren Systeme (A bis D) in den Spalten. In welchem Prozess die Systeme genutzt werden, ist dem Prozessmodell zu entnehmen. Dabei ist zu bewerten, ob und wie intensiv die Systeme in den einzelnen Geschäftsprozessen genutzt werden. Das führt zur Kenngröße „Verbreitung des Systemeinsatzes". Ferner ergibt sich der **Systemnutzungsgrad je Prozess** (letzte Spalte). Er ergibt sich aus dem Quotienten der Summe der Bewertungen je Prozess und der Anzahl der tatsächlich in diesem Prozess genutzten Systeme. Die Bewertungsskala für die Systemnutzung wird im Folgenden kurz erläutert:

Beispiel: Ermittlung der Leistungsreserve

Die Basis zur Ermittlung der Leistung ist die Anzahl produzierter Einheiten zu Herstellkosten pro Monat. Der Personaleinsatz beruht auf der Anzahl erbrachter Stunden gemäß der gebuchten Stunden im Zeiterfassungssystem.

Die Auslastung der Produktionswerke und die Anwesenheit der Mitarbeiter unterliegen saisonalen Schwankungen. In den drei Sommermonaten werden ca. 45 % des jährlichen Umsatzes produziert. In diesen Monaten nehmen die Beschäftigten mit schul-

pflichtigen Kindern ihren Jahresurlaub. Insbesondere im Herbst und Winter wird pro Mitarbeiter deutlich weniger produziert, obwohl nahezu die gesamte Belegschaft verfügbar ist. Die Auswertung der Anwesenheitsstunden in Bezug auf die Betriebsleistung nach Herstellkosten deutet auf Produktivitätsreserven hin (vgl. Bild).

In diesem Produktionswerk liegt die Produktivitätsreserve der Organisation über alle Mitarbeitergruppen im Ist-Zustand offensichtlich bei mindestens 20 % gegenüber dem durchschnittlichen Pro-Kopf-Umsatz.

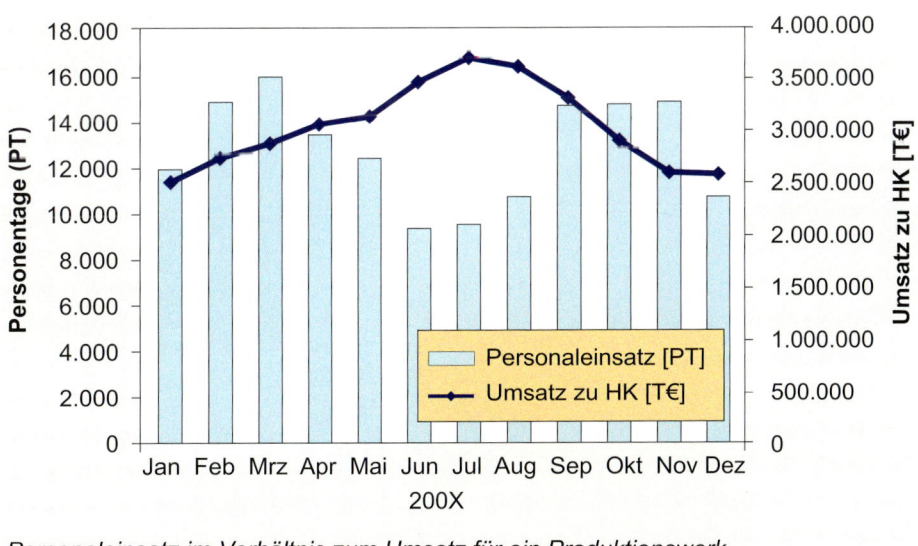

Personaleinsatz im Verhältnis zum Umsatz für ein Produktionswerk

0 = nicht genutzt.

1 = geringe Systemnutzung: Das System wird von einzelnen Mitarbeitern im Prozess verwendet, der Nutzen des Systems im Prozess ist nicht nachzuweisen.

2 = eingeschränkte Systemnutzung: Das System ist als Werkzeug im Prozess vereinbart, alle Mitarbeiter sollen das System nutzen. Das System erfüllt aber nicht diesen Anspruch, sodass zusätzlich zum System eine „Nebenorganisation" entstanden ist, um die Prozessziele zu erreichen.

3 = befriedigende Systemnutzung: Das System ist als Werkzeug im Prozess vereinbart, alle Mitarbeiter nutzen das System. Zusätzlich zum System sind Zusatzarbeiten zwingend erforderlich, um das Prozessziel erreichen zu können.

4 = weitgehende Systemnutzung: Das System ist als Werkzeug im Prozess vereinbart, alle Mitarbeiter nutzen das System und erreichen die Prozessziele. Es gibt aber Unzulänglichkeiten im Zusammenwirken der Systeme: beispielsweise sind die Daten nicht integriert, sodass die Bildung von Sichten über alle Daten nur sehr eingeschränkt möglich ist.

5 = umfassende Systemnutzung: Das System ist als Werkzeug im Prozess vereinbart, alle Mitarbeiter nutzen das System und erreichen die Prozessziele. Werden mehrere Systeme im Prozess genutzt, so sind diese integriert, Auswertungen der Daten und Sichtenbildung auf die Daten sind möglich und werden von den Anwendern genutzt.

Wie beim Vergleich der Prozesse „Fremdleistung beziehen" und „Projekt verfolgen" zu sehen ist, muss eine Vielzahl von Systemen nicht zwangsläufig einen

Tabelle 4-4: Ermittlung des Nutzungsgrades (beispielhaft für das Werk Deutschland)

Hauptgeschäftsprozesse	Systeme				Systemnutzungsgrad je Prozess
	A	B	C	D	
Projekt akquirieren	2	2	3	2	2,25
Projekt planen		1	1	2	1,33
Projekt verfolgen		5		2	3,50
Projekt fakturieren	2	2	4	2	2,50
Fremdleistung beziehen	2	1	2	2	1,75
Anwesenheit erfassen				3	3,00
Zahlungseingang verwalten				2	
Zahlungsausgang verwalten				2	
Lohn und Gehalt ermitteln				2	
Mitarbeiter akquirieren	3	2		2	
Auswertung erstellen				3	
Kurse planen		1		2	1,50
Teilnehmer akquirieren		2		2	2,00
Kurse abwickeln				3	3,00
Trainingsmaßnahmen durchführen		1		3	2,00
Auftrag akquirieren		3			3,00
Auftrag erfassen			2	2	2,00
Material beschaffen	2	1			1,50
Produkt fertigen	1	1		3	
Auftrag fakturieren	1	2	4		
Betriebsergebnis prüfen/Inventur				2	
Summe der Bewertungen	**13**	**24**	**16**	**41**	
Verbreitung des Systemeinsatzes	**7**	**13**	**6**	**18**	
Bewertungsdurchschnitt	**1,86**	**1,85**	**2,67**	**2,28**	
Nutzungsgrad des Systems	**12 %**	**23 %**	**15 %**	**39 %**	**22 %**

0 = nicht genutzt
1 = geringe Systemnutzung
2 = eingeschränkte Systemnutzung
3 = befriedigende Systemnutzung
4 = weitgehende Systemnutzung
5 = umfassende Systemnutzung

Die Verbreitung des Systemeinsatzes gibt an, in wie vielen Prozessen ein System eingesetzt wird.

Der Nutzungsgrad des Systems gibt an, wie stark das System auf die Organisation wirkt.

Der **Gesamtnutzungsgrad** des Werkes ist der Durchschnittswert aller Nutzungsgrade der Systeme.

höheren Systemnutzungsgrad je Prozess nach sich ziehen. Der **Nutzungsgrad des Systems** gibt an, wie stark ein System auf die Organisation (Gesamtheit der Prozesse) wirkt. Er ergibt sich aus dem Quotienten der Summe der Bewertungen je System und der Summe der maximalen Bewertung in jedem Prozess. Im Beispiel aus Tabelle 4-4 ergibt die maximale Bewertung (5) multipliziert mit der Anzahl der Prozesse (21) eine theoretische Maximalbewertung je Prozess von 105. Für das betrachtete Werk Deutschland zeigt das System D den besten Nutzungsgrad.

Der **Gesamtnutzungsgrad** für das Werk Deutschland von 22 % ergibt sich als Durchschnittswert aller Nutzungsgrade der Systeme. In unseren Projekten sind im Rahmen von Systemoptimierungen Nutzungsgrade bis zu 80 % in rentabler Form erzielt worden. Für weitere Werke und Organisationsbereiche ist die Analyse in gleicher Form durchzuführen.

Die an den einzelnen Standorten eines Unternehmens eingesetzten IT-Systeme sind hinsichtlich ihrer Zukunftssicherheit und ihrer Technologieattraktivität zu bewerten. Die **Zukunftssicherheit** verdeutlicht, ob die eingesetzten Systeme auch künftig verfügbar sein werden. Bewertungskriterien sind der Verbreitungsgrad und die Ausbaufähigkeit der Systeme, der Verbreitungsgrad der zugrunde liegenden Technologien und die unternehmerische Überlebensfähigkeit der Lieferanten. Die **Technologieattraktivität** zeigt, ob die eingesetzten Technologien für das Unternehmen gute Entwicklungsmöglichkeiten bieten und nachhaltig erfolgreiche Lösungen ermöglichen.

Diese beiden Kriterien spannen das in Bild 4-33 dargestellte Ressourcenportfolio auf, in dem die IT-Systeme der einzelnen Standorte des Unternehmens positioniert sind. Der Durchmesser der einzelnen Kreise steht für den Gesamtnutzungsgrad in Prozent der Systeme an einem Standort. Daraus lässt sich ein Handlungsbedarf ableiten. Beispielsweise besteht für das Werk in Polen hoher Handlungsbedarf: Die Technologieattraktivität der Systeme und deren Zukunftssicherheit sind gering, der Gesamtnutzungsgrad beträgt nur 12 %.

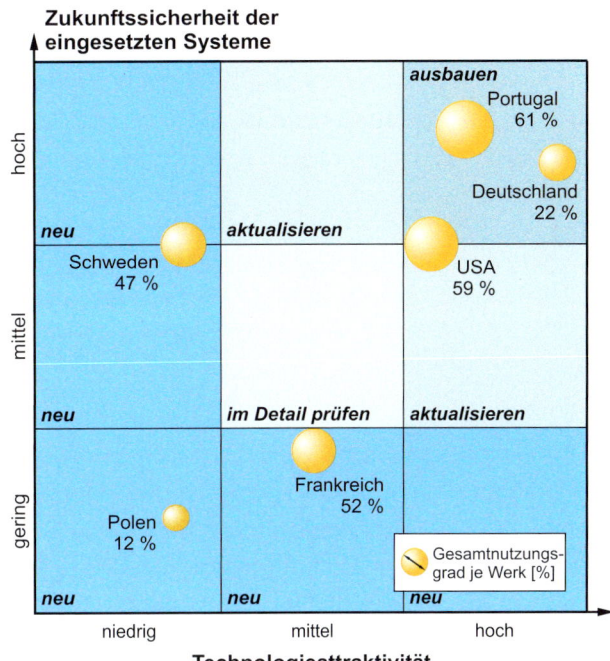

Bild 4-33:   Ressourcenportfolio

Fehlerfolgeanalyse

In der Regel wirken sich Fehler erst im weiteren Verlauf einer Prozesskette aus. Die Behebung dieser Fehler wird erfahrungsgemäß umso aufwändiger, je weiter sie vom eigentlichen Ursprung entfernt auftreten. Die entsprechenden **Fehlerfolgekosten** können Materialkosten, Maschinenkosten und Personalkosten sein; ggf. entstehen auch weitere Folgekosten, beispielsweise durch mangelnden Durchsatz in der Fertigung und Vertrauensverlust bei Kunden. Um diesen Effekten wirkungsvoll begegnen zu können, ist es zunächst wichtig, die Fakten zu sichten, beispielsweise

- Fehleraufschreibungen,

- die Rückbuchung ungeplanter Aufwände der Mitarbeiter im Betriebsdatenerfassungssystem nach Fehlerklassen,

- die Zuschlagswerte einer Organisation zur Kalkulation von Dienstleistungen und Produkten und

- die Rückstellungen der Organisation für laufende Projekte basierend auf Erfahrungswerten.

Auf dieser Basis sind die Fehlerfolgekosten in den Prozessen, in denen sie anfallen, gegliedert nach Ursachen zu erfassen (Bild 4-34). Die auf fehlerhafte und unvollständige Zeichnungen zurückzuführenden Fehlerfolgeaufwände betragen nach diesem Beispiel über 700 T€ und verursachen somit ca. 25 % der Fehlerfolgeaufwände. Daraus ergibt sich das Haupthandlungsfeld, gefolgt von Stücklistenfehlern, die ca. 18 % der Fehlerfolgekosten verursachen.

SWOT-Analyse

SWOT steht für Strengths, Weaknesses, Opportunities und Threats (Stärken, Schwächen, Chancen und Gefahren). Die SWOT-Analyse verknüpft die Sicht auf das interne Leistungsvermögen mit der Sicht auf das Geschäftsumfeld. Aus interner Sicht werden Aussagen zu Stärken und Schwächen getroffen. Das externe Geschäftsumfeld drückt sich in Chancen und Gefahren aus. Ein Beispiel für eine SWOT-Analyse ist in Bild 4-35 wiedergegeben. Daraus wird deutlich, dass sich eine 2x2-Matrix ergibt, in deren Felder die Handlungsoptionen eingetragen werden.

- Chancen/Stärken-Ansatz: Welche unserer Stärken passen zu welchen Chancen? Wie können wir unsere Stärken einsetzen, um unsere Chancen besser zu realisieren?

- Gefahren/Stärken-Ansatz: Welchen Gefahren können wir mit welchen Stärken begegnen? Wie müssen wir welche Stärken einsetzen, um den Eintritt bestimmter Gefahren abzuwenden?

- Chancen/Schwächen-Ansatz: Wo können aus unseren Schwächen Chancen entstehen? Wie können wir unsere Schwächen zu Stärken entwickeln?

- Gefahren/Schwächen-Ansatz: Wo befinden sich unsere Schwächen? Wie können wir uns vor Schaden schützen? Wie stelle ich sicher, dass Wettbewerber diese Schwäche nicht nutzen können?

Durch die Beantwortung dieser Fragen ergeben sich die Handlungsoptionen. Bei der SWOT-Analyse gemäß Bild 4-35 hat sich die Unternehmung dafür entschieden, die Bestandskunden in verbesserter Form zu entwickeln und ein neues ERP-System einzuführen. Parallel dazu sind mittels Wertanalysen die Herstellkosten für einzelne Baureihen gesenkt worden.

Fehlermöglichkeits- und Einflussanalyse (FMEA)

Die FMEA ist eine Analysemethode, um zu (möglichen) Fehlern die jeweiligen Ursachen und Auswirkungen sowie entsprechende Handlungskonzepte zur Prävention zu ermitteln. Die FMEA fokussiert also auf die vorsorgende Fehlerverhütung anstelle einer nachfolgenden Fehlerermittlung und Behebung der Folgen. Heute wird die FMEA bevorzugt in den frühen Phasen der Produktentstehung zur Fehlervermeidung eingesetzt [QS9000]. Im Rahmen unserer Prozessanalysen nutzen wir die P2I-FMEA [JU07]. Sie ermöglicht die vergleichende Analyse der Dimensionen Projekt,

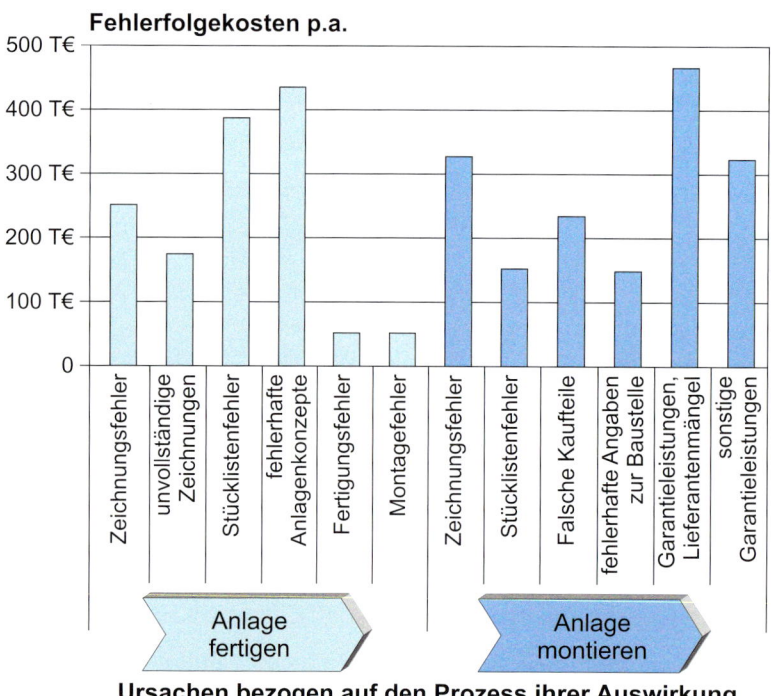

Fehlerfolgekosten p.a.

Ursachen bezogen auf den Prozess ihrer Auswirkung

Bild 4-34: Fehlerfolgekosten des Entwicklungsprozesses in Fertigung und Montage

Interna SWOT / Umfeld SWOT	Stärken/Strenghts • Beherrschte Abwicklung - ähnliche Prozesse mit hoher Wiederholhäufigkeit • Umfassende Fähigkeiten, Prozesssicherheit herzustellen • Umfassende Fähigkeiten, Ideen zu Innovationen zu entwickeln	Schwächen/Weaknesses • Komplexitätsgrenze für Produkt und Produktionsprozess weitgehend erreicht • Hohe Aufwände zur Fertigungssteuerung aufgrund unzureichender IT-Systeme • Wenig Fähigkeiten, neue Kunden zu gewinnen
Chancen/Opportunities • Gute Etablierung bei Bestandskunden • Ausweitung des Lieferumfangs bei Bestandskunden ohne dass es der Wettbewerb merkt	Chancen/Stärken-Ansatz • Mit bekannten Produkten/Technologien bei (bekannten) Kunden wachsen • Mit neuen Technologien bei (bekannten) Kunden wachsen	Chancen/Schwächen-Ansatz • Aufbrechen der zwingend linearen Abwicklungsform um komplexere Produkte fertigen zu können • Entwicklung einer Neukunden-Akquisition
Gefahren/Threats • 40 % der Verkaufsprodukte sind am Ende ihres Lebenszyklus • Produkte sind unter Preisdruck • Produktionstechnologien ermöglichen nicht die künftig geforderten Qualitäten	Gefahren/Stärken-Ansatz • Kostenoptimierung für etablierte Produkte mit hoher Prozessfähigkeit • Identifikation und Etablierung neuer Produktionstechnologien	Gefahren/Schwächen-Ansatz • Reduktion Abwicklungsaufwände/ Gemeinkosten zur Auftrags- und Fertigungssteuerung • Einführung neuer Systeme

Bild 4-35: Beispiel für eine SWOT-Analyse

Prozess und IT-System. Ausgehend von den Potentialen aus der Ist-Aufnahme sind die Ursachen und Fehlerfolgen zu ermitteln und in einem Formblatt gemäß Tabelle 4-5 einzutragen.

Die Spalten sind wie folgt auszufüllen:

• Fehlertyp: Hier sind ausgehend von den Verbesserungspotentialen aus der Ist-Aufnahme die Fehler zu erfassen. Alle Abweichungen vom gewünschten Verhalten sind Fehler.

• Fehlerwirkung: Hier sind die Konsequenzen des Fehlertypes zu verdeutlichen; der (potentielle) Schaden für die Organisation ist herauszustellen.

• Fehlerursache: Bezogen auf einen Fehlertyp und seine Wirkungen sind die (möglichen) Ursachen einzutragen.

• Fehlerprävention: Für jede Ursache ist eine Maßnahme bzw. sind mehrere Maßnahmen in der Organisation zur Vorbeugung zu ermitteln.

• Fehlerentdeckung: Die Möglichkeiten und Methoden zur Entdeckung eines Fehlers sind zu dokumentieren.

Nach Abschluss der Analyse erfolgt die Bewertung anhand der Kriterien Bedeutung (B), Auftretenswahrscheinlichkeit (A) und Entdeckungswahrscheinlichkeit (E). Die Risikoprioritätszahl (RPZ) zeigt den Handlungsbedarf. Sie ergibt sich als Multiplikation der jeweiligen Bewertungen. Je höher die Risikoprioritätszahl, desto stärker der Handlungsbedarf.

Analyse der Ursache-Wirkungsketten

Die in der Ist-Aufnahme erfassten Verbesserungspotentiale lassen sich durch so genannte Deskriptoren beschreiben. Beispiele für Deskriptoren sind Lagerkapazität, Höhe der Lagerbestände, taktische Planungsrichtlinien der Fertigungssteuerung, Struktur des Maschinenparks, Ausschussquote, Rüstzeiten, Personalkosten etc. Schon bei dieser willkürlichen Aufzählung entsteht zu Recht der Eindruck, dass diese Faktoren Teil eines vernetzten Systems sind und dementsprechend Unterschiede in ihrem systemischen Verhalten bestehen. Ziel der im Folgenden beschriebenen Analyse ist es, von den sichtbaren Auswirkungen (Symptomen) auf deren Ursachen zu schließen [Lew00]. Nachhaltige Verbesserungen lassen sich nur durch die Behebung der Ursachen erzielen. Die Behandlung der Symptome dagegen führt meist nicht zu den erwünschten Effizienzsteigerungen und kann im

Tabelle 4-5: Auszug aus einer P2I-FMEA für die Sicht Prozess [JU07] – Beispielprozess „Kundenauftrag beliefern"

Fehler					Auswertung			
Fehlertyp	Fehlerwirkung	Fehlerursache	Fehler-prävention	Fehlerent-deckung	B	A	E	RPZ
Ware aus dem Zentrallager ist nicht bedarfsgerecht verfügbar	Lieferung durch die lokale Vertriebs-organisation (100 % höhere Prozesskosten)	Prozessimple-mentierung nicht zeitgerecht	Projektüber-wachung durch Programm-Management	Meilensteine werden nicht erreicht	5	7	2	70
	Zentrallager ist unfähig, den Kunden termingerecht aus dem Zentrallager zu beliefern (Fehlerfolgeauf-wände, nicht genutzte Kapazität, ...)	Material-Management des Zentrallagers fehlerhaft	Schulung der Mitarbeiter	Verfügbarkeit des Materials nicht wie erwartet	5	4	8	160
		Material aus Zentrallager nicht verfügbar	Verbesserung der SAP- und Planungs-parameter		5	4	8	160
		Fabriken befüllen das Zentrallager nicht	Starke Motivation durch das Management	Kein Material aus Fabriken verfüg-bar, verspätete Lieferungen zu Kundenaufträgen	6	7	8	336
		Prozesszeit/ Lieferzeit zum Versandort ist zu lang	Optimierung der Lager-Logistik/ wir müssen es tun	Liefertreue ist schlecht	6	7	1	42
		Spediteur arbeitet nicht termingerecht		Kundenbe-schwerden	5	5	8	200
		Lieferung wurde nicht ordnungsgemäß durchgeführt	Siehe Kapitel Transfer dieser FMEA	Fehlbestände im Lager	7	5	2	70

B: Bedeutung (1 - 10)
A: Auftretenswahr-scheinlichkeit (1 - 10)
E: Entdeckungswahr-scheinlichkeit (1 - 10)
RPZ: Risikoprioritätszahl (B x A x E)

Extremfall sogar weitere Effizienzeinbußen mit sich bringen. Ein einfaches Beispiel soll dies verdeutlichen:

In einem Unternehmen wurden hohe Bestände in allen Produktionsstufen festgestellt. Die Umschlaghäufigkeit dieser Bestände ist aufgrund der Variantenvielfalt sehr gering. Ohne den weiteren Ursachen der hohen Bestände auf den Grund zu gehen, wurde beschlossen, die Lagerflächen zu verkleinern. Die Fertigungssteuerung wurde angehalten, nur noch kundenauftragsbezogene Lose aufzulegen. Nach einiger Zeit stellte man eine starke Zunahme der Rüstkosten sowie häufige Terminverzögerungen aufgrund nicht rechtzeitig fertig gestellter Produkte fest. Die Reduktion der Lagerflächen und die kundenauftragsbezogenen Lose haben das Symptom hoher Lagerbestände beseitigt. Die Ursachen wurden dadurch jedoch nicht behoben.

Bevor also Maßnahmen zur Beseitigung von Schwachstellen ergriffen werden, sind daher die Ursache-Wir-

kungsketten zu analysieren. Eine einfache Ursache-Wirkungskette für das beschriebene Beispiel zeigt Bild 4-36. Die Deskriptoren „Höhe der Lagerbestände", „Taktische Planungsrichtlinien" und „Maschinenpark" bzw. die diesen zugeordneten Schwachstellen können drei Kategorien zugeordnet werden:

- **Ursachen:** Die Behebung von Schwachstellen in dieser Kategorie kann zu nachhaltigen Verbesserungen führen. Die entsprechenden Deskriptoren werden daher als **Gestaltungsvariablen** bezeichnet, weil durch sie auf die Organisation eingewirkt werden kann. Ursache für die hohen Lagerbestände ist in unserem Beispiel der auf Massenproduktion ausgerichtete Maschinenpark. Gestaltungsvariable ist daher der Deskriptor „Maschinenpark".

- **Auswirkungen:** An den Deskriptoren dieser Kategorie lassen sich Optimierungsziele festmachen bzw. Verbesserungen ablesen. Sie werden daher als

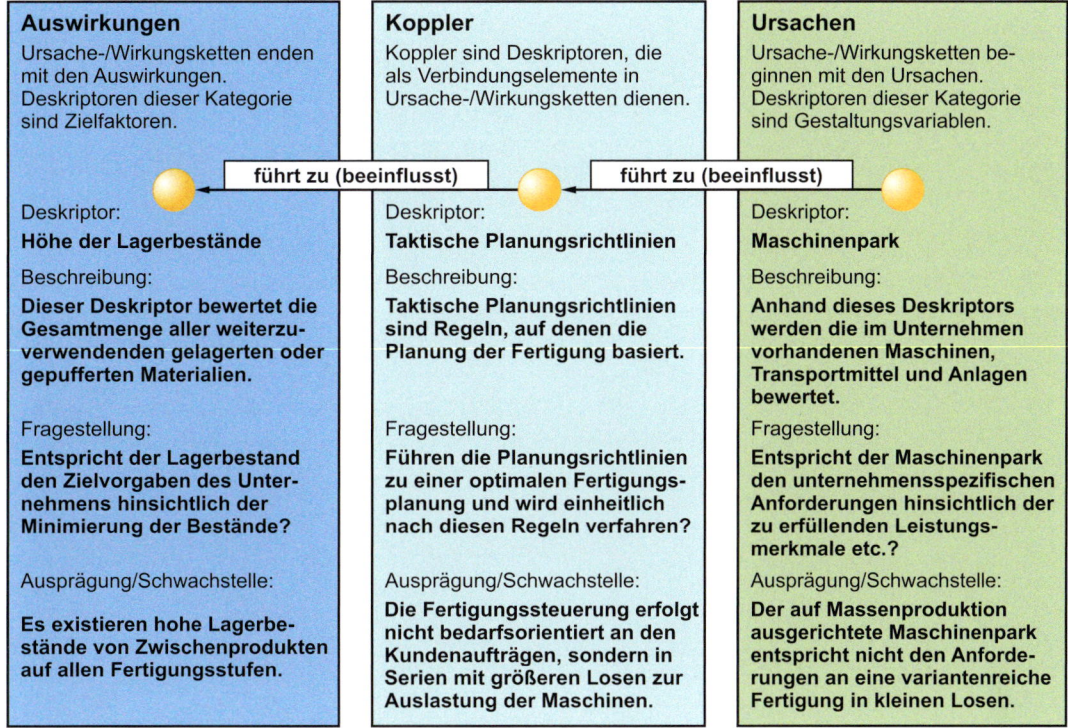

Bild 4-36:   Beispiel für eine einfache Ursache-Wirkungskette

Zielfaktoren bezeichnet. Die hohen Lagerbestände auf allen Produktionsstufen sind die Auswirkungen im oben beschriebenen Beispiel. Der Deskriptor „Höhe der Lagerbestände" ist der entsprechende Zielfaktor.

- **Koppler:** In der Kategorie der Koppler liegen die Elemente der Ursache-Wirkungskette, die die Ursachen mit den Auswirkungen koppeln. Koppelnde Schwachstellen sind selbst nicht Ursache, ziehen aber weitere Schwachstellen nach sich. Auch Koppler eignen sich daher nicht, um nachhaltige Verbesserungen im Unternehmen zu erzielen. In unserem Beispiel sind die „Taktischen Planungsrichtlinien" das koppelnde Element. So werden die großen Losgrößen durch den Maschinenpark bedingt. Diese wiederum verursachen die hohen Lagerbestände.

Die Methode zur Ermittlung der Ursache-Wirkungsketten ist die Ursache-Wirkungsmatrix (Bild 4-37). Sie entspricht in ihrem Aufbau einer Einflussmatrix, wie wir sie in der Szenario-Technik vorgestellt haben (vgl. Kapitel 2.1.3). Die Bewertung der Ursache-Wirkungsbe-

ziehung erfolgt jeweils zwischen zwei Deskriptoren anhand der Frage: „Führt eine Schwachstelle, die Deskriptor A zugeordnet ist, zu einer Schwachstelle, die Deskriptor B zugeordnet ist?". Als Bewertungsmaßstab wird der folgende verwendet:

3 = starke Ursache-Wirkungsbeziehung: Schwachstellen, die Deskriptor A zugeordnet sind, führen zwangsläufig zu Schwachstellen des Deskpriptors B.

2 = mittlere Ursache-Wirkungsbeziehung: Schwachstellen, die Deskriptor A zugeordnet sind, führen häufig oder leicht zeitverzögert zu Schwachstellen des Deskriptors B.

1 = schwache Ursache-Wirkungsbeziehung: Schwachstellen, die Deskriptor A zugeordnet sind, führen manchmal oder stark zeitverzögert zu Schwachstellen des Deskriptors B.

0 = keine Ursache-Wirkungsbeziehung: Schwachstellen, die Deskriptor A zugeordnet sind, führen nicht zu Schwachstellen des Deskriptors B. Die

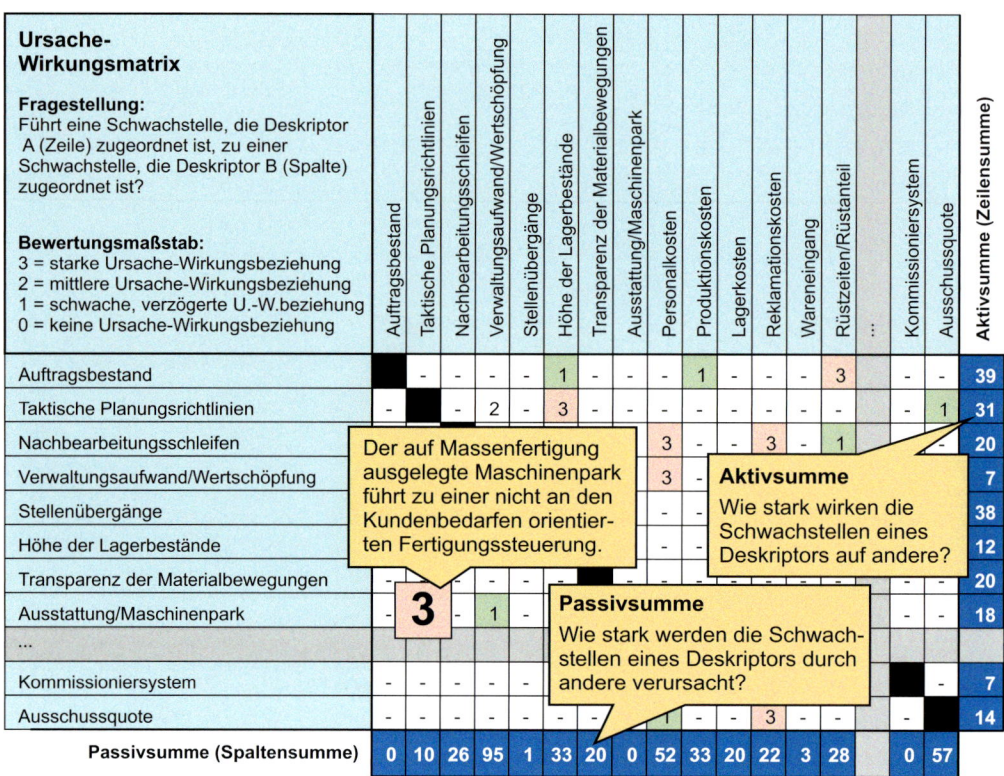

Bild 4-37:　Beispiel für eine Ursache-Wirkungsmatrix: Zeilen und Spalten beinhalten deskriptorenbezogene Schwachstellen

Schwachstellen treten unabhängig voneinander auf.

Die so ausgefüllte Matrix enthält eine Aussage über die paarweisen direkten Ursache-Wirkungsbeziehungen zwischen den Schwachstellen. Durch Summenbildung lassen sich zwei Basiskennwerte berechnen: Die „Aktivsumme" (Zeilensumme) bewertet, wie stark die Schwachstellen eines Deskriptors andere Schwachstellen verursachen, die „Passivsumme" (Spaltensumme) ist ein Maß dafür, wie stark die Schwachstellen eines Deskriptors durch andere Schwachstellen verursacht werden.

Aus den beiden Basiskennwerten lassen sich zwei weitere Kenngrößen bestimmen, anhand derer sich das grundsätzliche Wirkungsverhalten der Schwachstellen beschreiben lässt: Der „Impulsindex" ist der Quotient aus Aktiv- und Passivsumme. Er ist ein Maß dafür, wie stark Schwachstellen andere verursachen, ohne dabei durch andere verursacht zu werden. Schwachstellen mit einem hohen Impulsindex, also hoher Aktivsumme bei gleichzeitig niedriger Passivsumme, können da-

durch als ursächliche Schwachstellen identifiziert werden. Entsprechend sind Schwachstellen mit einem niedrigen Impulsindex, also hoher Passivsumme und niedriger Aktivsumme, Auswirkungen.

Der „Dynamikindex" als Produkt von Aktiv- und Passivsumme misst die Stärke der Vernetzung. Schwachstellen mit einem hohen Dynamikindex, also hoher Aktiv- und Passivsumme, sind stark im Ursache-Wirkungsnetz eingebunden. Sie verursachen andere Schwachstellen und werden gleichzeitig durch andere verursacht. Sie sind demnach als Koppler zu identifizieren.

Die direkte Ursache-Wirkungsmatrix bildet das Systemverhalten der Deskriptoren im Ursache-Wirkungsnetz nur unvollständig ab. Indirekte Beziehungen über Koppler sind dort nicht enthalten. So wurde die Beziehung zwischen dem Deskriptor „Maschinenpark" und dem Deskriptor „Höhe der Lagerbestände", die über den Koppler „Taktische Planungsrichtlinien" besteht, nicht bewertet, weil es keine unmittelbare Beeinflussung gibt. Über die in Bild 4-38 dargestellten zwei

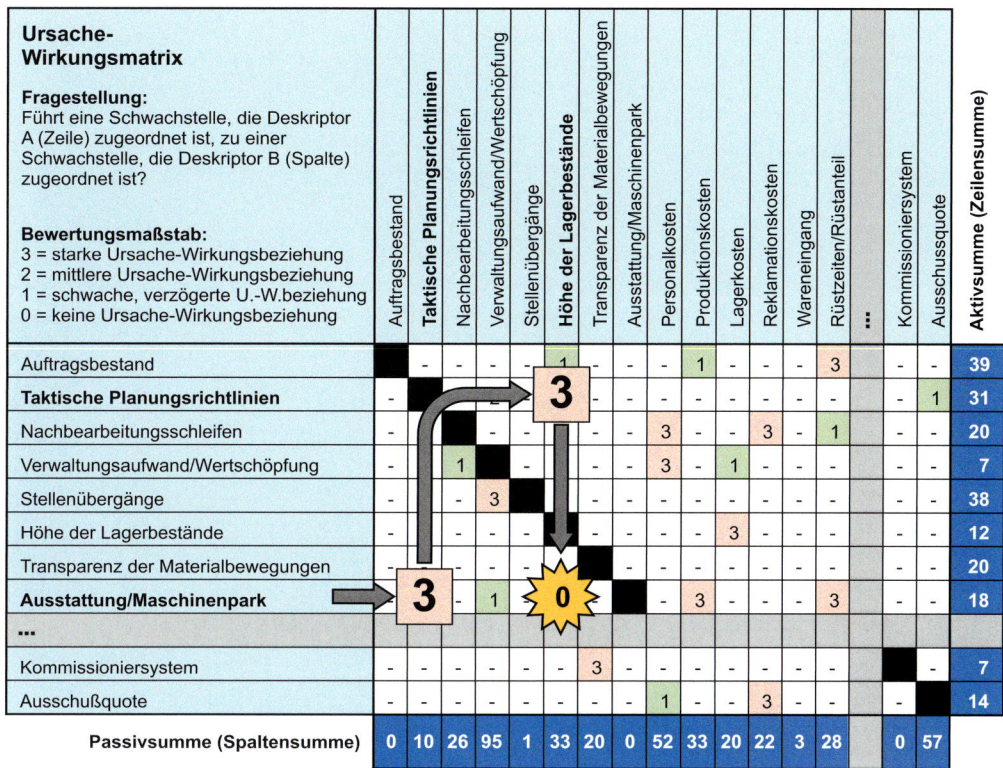

Bild 4-38:   Prinzipdarstellung der indirekten Beeinflussung: Über Zwischenstationen kommt es am Ende doch zu einer Beeinflussung.

Situationen „Maschinenpark" auf „Planungsrichtlinien" sowie „Planungsrichtlinien" auf „Lagerbestände" kommt es zu einer Beeinflussung von „Maschinenpark" auf „Lagerbestände". Diese Analyse der indirekten Beeinflussungen erfolgt automatisch durch algorithmische Matrizentransformation, z.B. mit Hilfe des MICMAC-Algorithmus von DUPPERIN/GODET [DG73]. Als Resultat dieser Analyse verändern sich die Einträge in der Ursache-Wirkungsmatrix und somit auch die Aktiv- und Passivsummen (Bild 4-39).

Die Ergebnisse lassen sich in einem sog. Systemgrid darstellen (Bild 4-40). Im Systemgrid wird das Systemverhalten durch die Position der Deskriptoren hinsichtlich des Impulsindexes und des Dynamikindexes visualisiert. Das Systemgrid lässt sich in drei Bereiche gliedern.

- **Ursachen (Bereich 1):** Deskriptoren, die in diesem Bereich liegen, sind potentielle Gestaltungsvariablen. Die diesen Deskriptoren zugeordneten Schwachstellen sind die Ursachen. Bei zunehmendem Dynamikindex sind die Deskriptoren mehr und mehr in das Ursache-Wirkungsnetz eingebunden und nehmen ein koppelndes Verhalten an. Die Eignung als Gestaltungsvariablen ist im Einzelfall zu überprüfen. Bei abnehmendem Impulsindex verringert sich die Hebelwirkung, die von den Gestaltungsvariablen ausgeht.

- **Koppler (Bereich 2):** Im zweiten Bereich des Systemgrids sind die Koppler angeordnet. Koppler mit extrem hohem Dynamikindex charakterisieren Kernschwächen, für die sich meist Rückkopplungssysteme in Form von „Teufelskreisen" ermitteln lassen. Bei abnehmendem Dynamikindex sind diese Schwachstellen selbstregulierende Größen, die das System stabilisieren.

- **Auswirkungen (Bereich 3):** Im dritten Bereich des Systemgrids finden sich Deskriptoren, die einen geringen Impuls- und Dynamikindex haben, also reaktive Größen, die eine Indikatorwirkung im Ursache-Wirkungsnetz haben und sich dementsprechend zur Ableitung von **Zielfaktoren** und zur Definition von Zielen eignen. Mit zunehmendem

Ursache-Wirkungsmatrix	Auftragsbestand	Taktische Planungsrichtlinien	Nachbearbeitungsschleifen	Verwaltungsaufwand/Wertschöpfung	Stellenübergänge	Höhe der Lagerbestände	Transparenz der Materialbewegungen	Ausstattung/Maschinenpark	Personalkosten	Produktionskosten	Lagerkosten	Reklamationskosten	Wareneingang	Rüstzeiten/Rüstanteil	...	Kommissioniersystem	Ausschussquote	Aktivsumme (Zeilensumme)
Auftragsbestand	■	1,6	1,6	2,4	-	1	0,6	-	1,9	2,4	1,9	1,5	-	3		-	1,5	**115,4**
Taktische Planungsrichtlinien	-	■	1,6	2,4	-	3	-	-	2,4	1,9	2,4	2,4	-	-		-	1,6	**87,7**
Nachbearbeitungsschleifen	-	0,5	■	2,4	-	1,3	-	-	3	1	1	3	-	1		-	0,6	**50,8**
Verwaltungsaufwand/Wertschöpfung	-	-	1	■	-	-	-	-	3	-	1	0,8	-	-		-	-	**12,0**
Stellenübergänge	-	-	0,8	3	■	-	2,4	-	2,4	2,4	2,4	1	-	-		-	1,3	**90,0**
Höhe der Lagerbestände	-	-	0,7	1,3	-	■	-	-	1,6	0,8	3	1	-	-		-	1	**48,9**
Transparenz der Materialbewegungen	-	-	1	2,4	-	2,4	■	-	1,9	0,8	1,9	1,9	-	-		-	1,9	**79,9**
Ausstattung/Maschinenpark	-	3	1,3	1	-	2,4	-	■	1,9	3	1,9	1,9	-	3		-	1,3	**88,1**
...																		
Kommissioniersystem	-	-	0,8	1,9	-	1,9	3	-	1,5	0,7	1,5	1,5	-	-		■	1,5	**66,4**
Ausschußquote	-	-	0,6	2,4	-	1,5	-	-	2,4	0,8	1,5	3	-	-		-	■	**51,9**
Passivsumme (Spaltensumme)	0,0	30,5	102,7	180,5	4,6	148,0	48,3	0,0	186,4	120,9	144,5	139,2	13,1	47,3		0,0	142,8	

Fragestellung:
Führt eine Schwachstelle, die Deskriptor A (Zeile) zugeordnet ist, zu einer Schwachstelle, die Deskriptor B (Spalte) zugeordnet ist?

Bewertungsmaßstab:
3 = starke Ursache-Wirkungsbeziehung
2 = mittlere Ursache-Wirkungsbeziehung
1 = schwache, verzögerte U.-W.beziehung
0 = keine Ursache-Wirkungsbeziehung

Bild 4-39: Automatische Analyse der indirekten Beeinflussungen, diese führt zu Veränderungen der Aktiv- und Passivsummen.

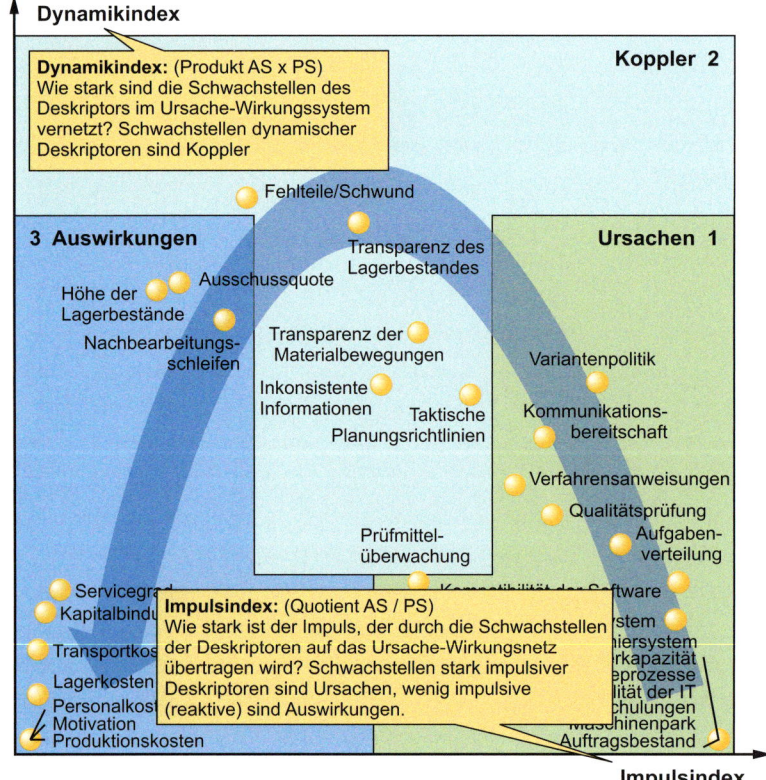

Bild 4-40: Darstellung des systemischen Verhaltens der Deskriptoren im Impuls-Dynamik-Systemgrid

Dynamikindex verlieren die Deskriptoren ihre Indikatoreigenschaften. Mit zunehmendem Impulsindex sind die Faktoren schwach-reaktive Größen.

Der geschwungene Pfeil im Systemgrid symbolisiert die grundsätzliche Wirkrichtung von den Ursachen über die Koppler zu den Auswirkungen/Zielfaktoren.

Ableitung prioritärer Handlungsfelder

Auf der Basis der eingangs festgelegten Ziele und Hauptstoßrichtungen des BPR-Projektes, der in der Ist-Aufnahme aufgenommenen Verbesserungspotentiale sowie der Erkenntnisse aus den verschiedenen Analysen ergeben sich prioritäre Handlungsfelder. Im Folgenden nennen wir beispielhaft typische Erkenntnisse, die aus dedizierten Analysen gewonnen werden: Aus der Analyse Ressourceneinsatz die Anforderungen zur Bereitstellung neuer oder die Optimierung bestehender Systeme; aus der Fehlerfolgeanalyse und der FMEA die Maßnahmeansätze zur Vermeidung von Fehlern; aus der SWOT-Analyse ergeben sich Stoßrichtungen aus der 4×4-Matrix; die Analyse der Ursache-Wirkungsketten verdeutlich die Hebel.

Es bietet sich unserer Erfahrung nach an, aus solchen Analysen ein Resümee in Form von Steckbriefen zu ziehen, die die entscheidenden Handlungsfelder prägnant beschreiben. Das gilt besonders dann, wenn mehrere Analysen durchgeführt worden sind. Es liegt in der Natur der Sache, dass die Analyse mit dem größten Aha-Erlebnis bzw. die zuletzt durchgeführte Analyse die Diskussion über Verbesserungsaktionen besonders stark bestimmt. Der je Handlungsfeld zu erstellende Steckbrief sollte folgende Aussagen aufweisen:

- Ausgangslage: Hier sind die entsprechende Schwachstelle und das Verbesserungspotential zu charakterisieren. Ein Beispiel wäre ein nicht geschlossener Regelkreis Entwicklung – Fertigung – Entwicklung, sodass die Entwicklung kein Feedback aus der Fertigung erhält.

- Ansätze für Maßnahmen: Im Beispiel der nicht geschlossenen Regelkreise zur Entwicklung wäre das die Definition eines entsprechenden Prozesses und der Einsatz von Informationstechnik.

- Nutzen: Hier sind grobe quantitative Aussagen zu jährlichen Einsparungen zu treffen. Im Beispiel ergibt sich der Nutzen in der Fertigung, weil es dort aufgrund besserer Entwicklungsunterlagen weniger Aufwand gibt.

- Methodik: Hier ist darzustellen, wie prinzipiell vorzugehen ist und welche Methoden zum Einsatz kommen. Das hier beschriebene Hauptkapitel 4 bietet dafür eine Fülle von Möglichkeiten.

Derartige Steckbriefe bringen die bisher durchgeführten Arbeiten in einem BPR-Projekt auf den Punkt und sind daher auch gut geeignet, die Unternehmensleitung zu

informieren. Ferner bilden sie die Grundlage für die nächste Phase, in der für die dokumentierten Handlungsfelder detaillierte Konzeptionen zu erarbeiten sind.

4.3.5 Soll-Konzeptionierung

In der Soll-Konzeptionierung ist die neue Ablauforganisation zu erarbeiten. Das ist der Kern eines BPR-Projekts. Die Soll-Konzeptionierung schließt in der Regel auch Ressourcen wie neue Fertigungsanlagen und IT-Systeme ein, wenn die Arbeitsweise in den neuen Prozessen mit diesen Ressourcen eng verbunden ist. Auf dem Weg zur präzisen Dokumentation der neuen Ablauforganisation sind folgende Hauptaufgaben zu erledigen: Definition der Prozessziele, Spezifikation der Soll-Ablauforganisation und die Planung der Realisierung der neuen Ablauforganisation. Ein wesentlicher Aspekt ist die Sicherstellung der Messbarkeit der Prozesse hinsichtlich der Erreichung der Ziele mittels so genannter Key Performance Indicators (KPI). Am Ende der Soll-Konzipierung liegen folgende Ergebnisse vor:

- die Prozessziele und KPI,

- die Dokumentation der Soll-Prozesse, Soll-Aufbauorganisation und Soll-Ablauforganisation,

- die Spezifikation von optimierten bzw. neuen Ressourcen,

- der Nachweis des ROI und

- der Arbeitsplan für die Einführung.

Definition der Prozessziele

Für die Geschäftsprozesse der geplanten Ablauforganisation sind messbare Ziele festzulegen. Bevor dies erfolgen kann, sind die künftigen Prozesse und ihr Zusammenwirken zu bestimmen. Wir bezeichnen das als Prozessarchitektur. In der Regel resultiert sie schon aus der Ist-Aufnahme und der Ist-Analyse. Es kann aber auch sein, dass sich neue Prozesse ergeben. Den Ausgangspunkt für die Festlegung der Prozessarchitektur bildet die zu erbringende Leistung der Organisation.

Anschließend ist mit der Methode des paarweisen Vergleichs (siehe Relevanzmatrix Bild 2-10) die Rangreihe der Prozesse in Bezug auf ihren Beitrag auf die zu erbringende Leistung zu ermitteln.

In diesem Zusammenhang stellt sich auch die Frage, ob es sinnvoll ist, Prozesse auszulagern bzw. Prozesse in jedem Fall selbst zu betreiben, weil sie für das Unternehmen von entscheidender Bedeutung sind. Um diese Frage zu beantworten, bieten sich das „Make-or-buy"-Portfolio und Prüffragen folgender Art an:

- Ist der Prozess wichtig für die Zufriedenheit des Kunden und ggf. auch weiterer relevanter Stakeholder?

- Wie ist das systemische Verhalten des Prozesses? Wie stark wirkt er auf das Gefüge der Prozesse?

- Bestehen gesetzliche Auflagen? etc.

Das „Make-or-buy"-Portfolio ist in Bild 4-41 wiedergegeben. Die zwei Hauptkriterien, die jeweils eine Reihe von Unterkriterien umfassen können, sind „Beitrag für den Wettbewerbsvorteil" und „Leistungsfähigkeit im Vergleich zu externen Anbietern". In das Portfolio sind beispielhaft einige Prozesse aus einem konkreten

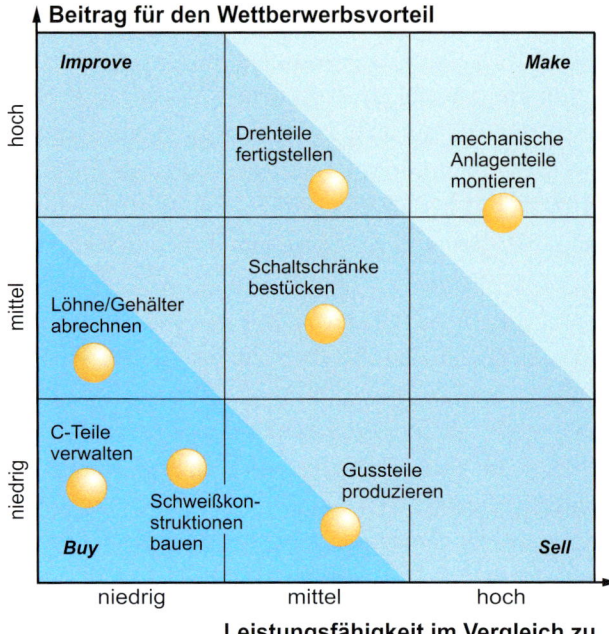

Bild 4-41: „Make-or-buy"-Portfolio

BPR-Projekt eingetragen. Es wird deutlich, dass es einige Prozesse gibt, die an Externe übertragen werden sollten, weil sie offensichtlich nicht entscheidend sind und externe Anbieter in der Lage sind, diese Leistungen günstiger zu erbringen. Es handelt sich um die vier Prozesse links unten in Bild 4-41. Eine Einschätzung

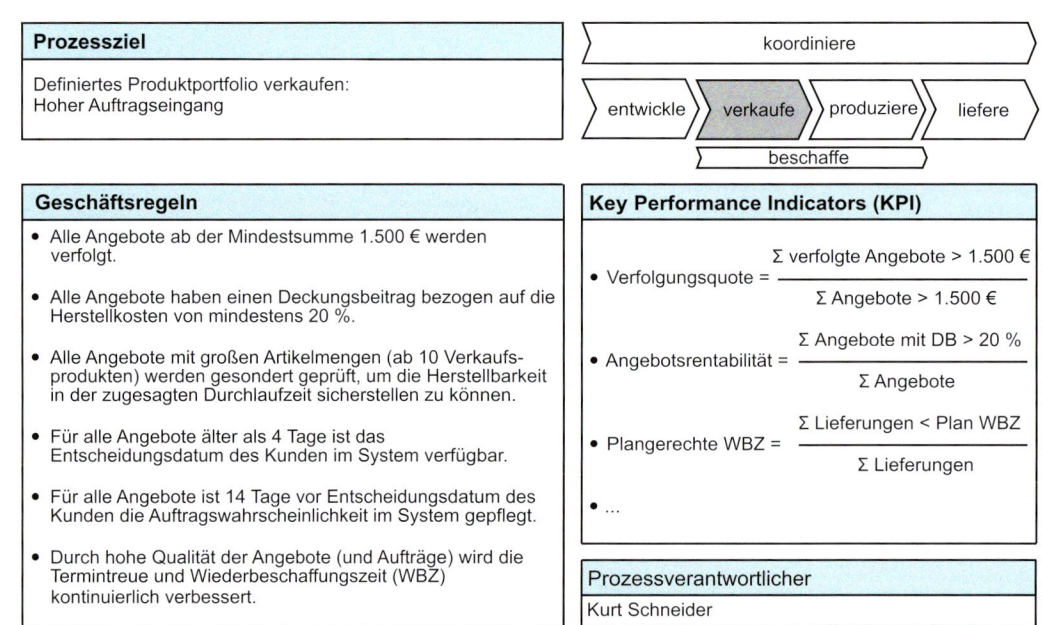

Bild 4-42: Prozesssteckbrief zum Hauptgeschäftsprozess „Auftrag akquirieren"

„Improve" bedeutet, dass dieser Prozess unbedingt zu verbessern ist; „Sell" heißt, dass diese Art von Leistungen u.U. auch extern angeboten werden könnte, um zusätzlichen Ertrag zu erzielen. Selbstredend sind das nur grobe Entscheidungshilfen. Um sicherzugehen, sind viele weitere Überlegungen ins Kalkül zu ziehen, beispielsweise der Grad der Abhängigkeit, in die sich das Unternehmen begibt; die Gefahr, dass Wissen zu Mitbewerbern gelangt; die Antizipation der Bedeutung von Wettbewerbsfaktoren etc.

Wenn nun klar ist, welches die relevanten Prozesse sind, ist je Prozess ein Steckbrief anzulegen. Dieser weist, wie im Beispiel in Bild 4-42 dargestellt, drei Hauptinformationen auf: Prozessziel, Geschäftsregeln und „Key Performance Indicators (KPI)". Die Geschäftsregeln sollten durch die KPI messbar gemacht werden. Für die Geschäftsregel „Alle Angebote haben

einen Deckungsbeitrag bezogen auf die Herstellkosten von mindestens 20 %" wird beispielsweise der KPI „Summe Angebote mit Deckungsbeitrag kleiner 20 %" herangezogen.

Ferner ist zu überprüfen, wie die Prozessziele auf die übergeordneten Unternehmensziele wirken. Die entsprechende Wirkungsanalyse ist in Bild 4-43 beispielhaft dargestellt. Dabei wird jeweils bewertet, ob und wie stark die Unternehmensziele durch die Prozessziele unterstützt werden. Die Zielorientierung (letzte Spalte) ergibt sich aus der normierten Durchschnittsbewertung je Prozessziel, d.h. die durchschnittliche Bewertung je Prozessziel wird durch die Summe aller durchschnittlichen Bewertungen dividiert. Der Unterstützungsgrad (letzte Zeile) berechnet sich analog.

Wirkungsanalyse	Unternehmensziele									
Prozesse / **Prozessziele**	Umsatzsteigerung	Kostenreduktion	Zeitreduktion/kurze Durchlaufzeiten	Margensteigerung	Auslastung mit Standardprodukten	Einhaltung Liefertermine	Flexibilisierung Liefertermine	Reduktion Differenz Plan-Ist-Kosten	durchschnittliche Bewertung	Zielorientierung [%]
Auftrag akquirieren / hoher Anteil gepflegter Stammdaten	-1	-1		2	2	3			1	**3,70**
hohe Angebotserfolgsquote	3					3		2	2,67	**9,87**
hohe Anzahl Angebote/Mitarbeiter	3								3	**11,11**
geringe Prozesszeit zur Angebotserstellung			3			2			2,5	**9,26**
hoher Anteil angebotener Standardprodukte			3		3		3	3	3	**11,11**
hoher Anteil angebotener Serviceleistungen					3				3	**11,11**
Produkt produzieren / hoher Anteil gepflegter Artikelstammdaten		-1	3				3	1	1,5	**5,55**
hohe Lieferpünktlichkeit Standardprodukte	3	3		2		3		3	2,8	**10,37**
geringer Auftragsrückstand	2	3	3						2,67	**9,87**
kurze Antwortzeiten in der Fertigung		-2	3						0,5	**1,85**
Wiederbeschaffungszeit nach Vereinbarung		3			3	3			3	**11,11**
geringer Lagerbestand	-2	-2	-2	1		-2	-2	1	-1,43	**-5,29**
geringer Auftragsrückstand aufgrund fehlender Kaufteile	2	3	3			3	3		2,8	**10,37**
durchschnittliche Bewertung	1,43	0,75	2,29	2,0	2,67	2,14	1,75	2,6		
Unterstützungsgrad [%]	9,77	5,13	15,63							

> Der **Unterstützungsgrad [%]** ergibt sich aus dem Quotienten der durchschnittlichen Bewertung je Unternehmensziel und der Summe aller durchschnittlichen Bewertungen.

> Das Ziel „geringer Lagerbestand" ist bezogen auf die Unternehmensziele im hohen Maße kontraproduktiv.

Bild 4-43:   Wirkungsanalyse zur Verifizierung der Prozessziele

Key Performance Indicator (KPI)

KPIs quantifizieren Leistung und Qualität von Prozessen. Ein KPI ist in der Regel eine relative Kennzahl, die auf Bezugsgrößen normiert ist. KPI dienen dem Monitoring, d.h. durch kontinuierliche Beobachtung werden Veränderungen über die Zeit erfasst. Ein KPI kann auch eine Kennzahl sein, die durch Aggregation mehrerer Kennzahlen auf untergeordneter Systemebene entsteht. Beispiele für KPI für den Prozess „Bedarf decken" sind:

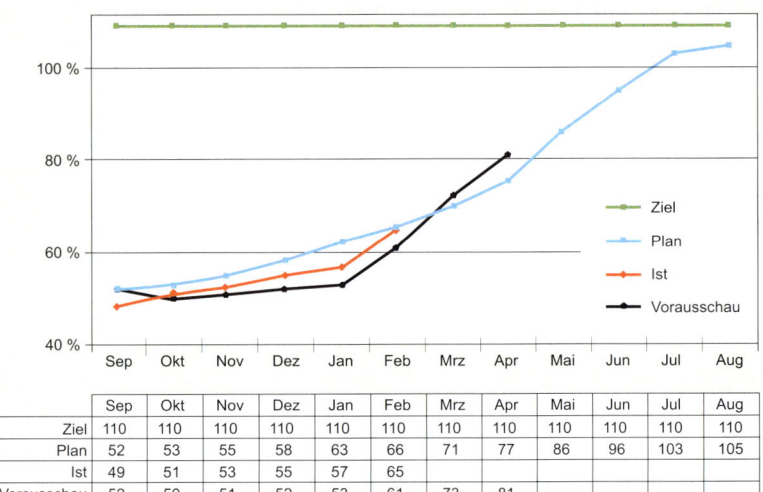

	Sep	Okt	Nov	Dez	Jan	Feb	Mrz	Apr	Mai	Jun	Jul	Aug
Ziel	110	110	110	110	110	110	110	110	110	110	110	110
Plan	52	53	55	58	63	66	71	77	86	96	103	105
Ist	49	51	53	55	57	65						
Vorausschau	52	50	51	52	53	61	73	81				

Alle Angaben in %

Beispiel für den KPI „Produktivität"

$$\text{Lieferpünktlichkeit} = \frac{\text{Summe pünktlicher Lieferungen}}{\text{Summe Lieferungen}}$$

$$\text{Lieferperformance} = \frac{\text{Summe Bestellpositionen mit hinterlegter WBZ}}{\text{Summe Bestellpositionen abweichend von WBZ}}$$

WBZ = Wiederbeschaffungszeit

Die umfassende Beschreibung eines KPI besteht aus einem Definitions- und einem Erfassungsteil, einer Bewertung je Periode und einem daraus abgeleiteten Resümee mit ggf. einzuleitenden Maßnahmen.

Definitionsteil

Durch eine eindeutige Beschreibung des KPI werden zukünftige Diskussionen vermieden: Der KPI „Produktivität" ist durch das Verhältnis zwischen Ist-Leistung und Soll-Leistung definiert. Er beschreibt somit die Fähigkeit der Produktion, besser oder schlechter als geplant zu arbeiten.

$$\text{Produktivität} = \frac{\text{Ist - Leistung}}{\text{Soll - Leistung}}$$

Geplante Verbesserung (Soll-Wert): Erhöhung der Produktivität um 50 %-Punkte innerhalb von 10 Monaten.

Erfassungsteil

Im Erfassungsteil erfolgt die Ermittlung und Bewertung des KPI je Periode (vgl. Bild). Hieraus lassen sich Bewertungen und Maßnahmen ableiten.

Bewertung je Periode (hier für Februar)

- Wir sind 1%-Punkt hinter der Planung.

- Die Vorausschau ist nicht präzise; das Produktionsmanagement ist noch nicht stabil.

Resümee

Die Abweichung von der Planung hat sich im Vergleich zum Vormonat verringert; wir sind wieder auf Kurs. Es ist keine weitere Maßnahme erforderlich.

Prinzipiell weisen die Beziehungen zwischen Prozessen und aufbauorganisatorischen Bereichen die Kardinalität des Typs m : n auf, d.h. ein Prozess erstreckt sich über mehrere Bereiche und ein Bereich ist an mehreren Prozessen beteiligt. Dies führt zu vernetzten Zielsystemen, wie das in Bild 4-44 angedeutet ist. Das vernetzte Zielsystem, von dem die beiden Bereiche Produktionsgesellschaft und Verkaufsorganisation betroffen sind, umfasst die folgenden Ziele:

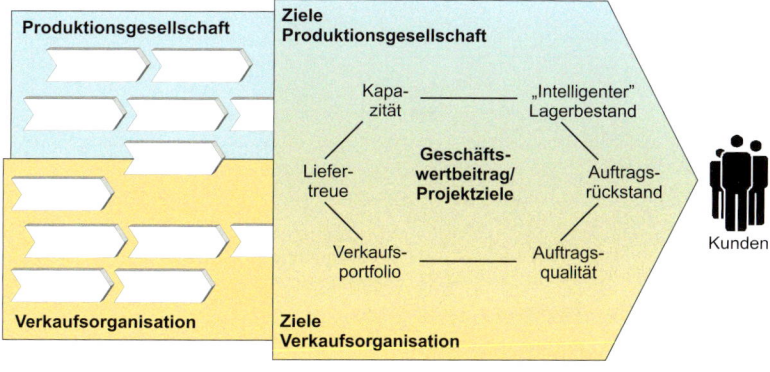

Bild 4-44:   Vernetztes Zielsystem der Bereiche Produktionsgesellschaft und Verkaufsorganisation

- Kapazität: Die Produktionsgesellschaft ist aufgefordert, für ihre Ressourcen dynamisch Kapazität bereitzustellen, um Auftragsschwankungen von ± 15 % kostenneutral und leistungsneutral abzufedern.

- „Intelligenter" Lagerbestand: Die Produktionsgesellschaft ist aufgefordert, für definierte „Montiere zum Auftrag"-Produkte und „Produziere zum Auftrag"-Produkte Lagerbestände verfügbar zu halten. Damit kann sie die vereinbarte Lieferleistung realisieren.

- Liefertreue: Die Produktionsgesellschaft muss all ihre Lieferungen zu einem hohen Prozentsatz pünktlich bereitstellen. Die Verkaufsorganisation muss sicherstellen, dass ihre Aufträge an die Produktionsgesellschaft gleichermaßen zeitgerecht bereitgestellt werden. Über die Vereinbarung der Lieferzeiten/Liefertermine mit ihren Kunden hat die Verkaufsorganisation maßgeblichen Einfluss auf die Einhaltung der zugesagten Liefertermine.

- Auftragsrückstand: Die Produktionsgesellschaft muss durch eine intelligente Logistik und hohe Liefertreue den Auftragsrückstand gering halten. Die Verkaufsorganisation kann über gut geklärte Aufträge die ungeplanten Koordinationsaufwände zu Aufträgen gering halten.

- Verkaufsportfolio: Über den vermehrten Verkauf von Standardprodukten kann die Verkaufsorganisation Einfluss auf die Liefertreue nehmen. Je weiter ein verkauftes Produkt vom Standardliefersortiment entfernt ist, desto fehleranfälliger ist der Prozess zur Erstellung und Lieferung des Produkts.

- Auftragsqualität: Sind nach Auftragseingang noch umfangreiche Klärungen erforderlich, so sind häufig Verzögerungen die Folge. Damit hat die Verkaufsorganisation maßgeblichen Einfluss auf Abwicklungsaufwände und Liefertreue.

Im Zentrum der Ziele muss der Geschäftswertbeitrag stehen: der von dem BPR-Projekt zu liefernde Nutzen für das Unternehmen. Wenn die einzelnen Bereiche die Erkenntnis gewinnen, dass die vereinbarten Ziele nicht nur zum eigenen, sondern zum gegenseitigen Nutzen sind, werden sie für das Ganze sensibilisiert; dies verstärkt unserer Erfahrung nach die positive Einstellung zum BPR-Projekt.

Erarbeitung der Ablauforganisation

Die Ablauforganisation ergibt sich aus der Abbildung der Prozesse auf die Aufbauorganisation, d.h. den Prozessen bzw. Teilprozessen werden die aufbauorganisatorischen Stellen zugeordnet, die für den jeweiligen Prozess bzw. Teilprozess zuständig sind.

Die Erarbeitung der Ablauforganisation erfolgt nach der im Bild 4-45 dargestellten Vorgehenssystematik. Danach sind zunächst für jeden Hauptgeschäftsprozess die Schritte Prozessdetaillierung, Prozessmodellierung und Review zu durchlaufen. In der abschließenden Integration sind die einzelnen Hauptgeschäfts-

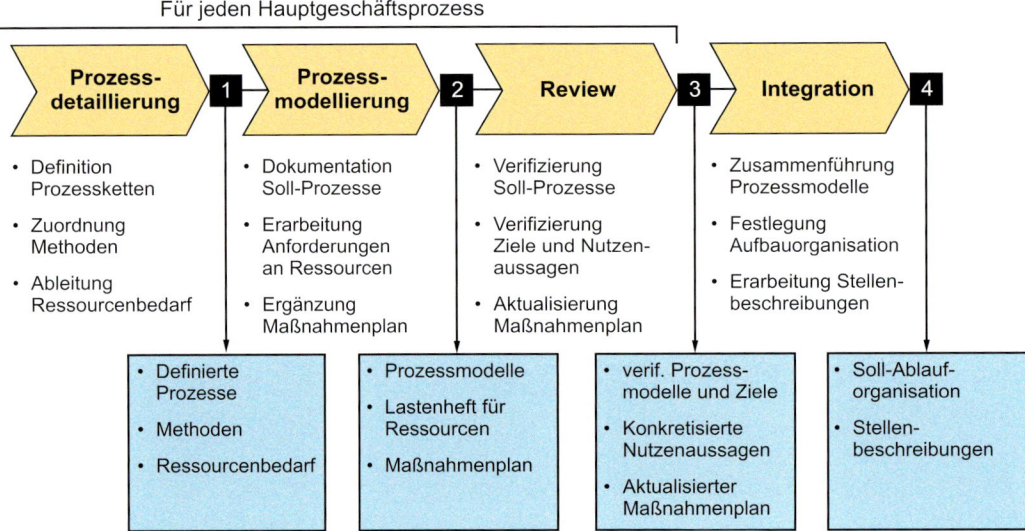

Für jeden Hauptgeschäftsprozess

| Prozess-detaillierung | 1 | Prozess-modellierung | 2 | Review | 3 | Integration | 4 |

- Definition Prozessketten
- Zuordnung Methoden
- Ableitung Ressourcenbedarf

- Dokumentation Soll-Prozesse
- Erarbeitung Anforderungen an Ressourcen
- Ergänzung Maßnahmenplan

- Verifizierung Soll-Prozesse
- Verifizierung Ziele und Nutzen-aussagen
- Aktualisierung Maßnahmenplan

- Zusammenführung Prozessmodelle
- Festlegung Aufbauorganisation
- Erarbeitung Stellen-beschreibungen

| Definierte Prozesse / Methoden / Ressourcenbedarf | Prozessmodelle / Lastenheft für Ressourcen / Maßnahmenplan | verif. Prozess-modelle und Ziele / Konkretisierte Nutzenaussagen / Aktualisierter Maßnahmenplan | Soll-Ablauf-organisation / Stellen-beschreibungen |

Bild 4-45:   Vorgehen zur Erarbeitung der Soll-Ablauforganisation

prozesse zusammenzuführen und auf die Aufbauorganisation abzubilden. Damit wäre ein Initialzustand erreicht, der in der Regel noch Potential für kontinuierliche Verbesserungen aufweist. Wie dieses Potential erschlossen werden kann, wird im folgenden Kasten erläutert.

Kontinuierliche Verbesserung der Ablauforganisation

Soll-Prozesse weisen auch nach erfolgreicher Implementation ein Verbesserungspotential auf, das durch das Prinzip der kontinuierlichen Verbesserung (KVP bzw. KAIZEN) erschlossen werden kann. Dazu dient die sogenannte PDCA-Systematik nach Deming [Dem86] [Kir88]:

Plan: Die Planungskomponente selbst muss dem Prozess zugeordnet sein – die im Prozess involvierten Mitarbeiter müssen ihre Tätigkeiten und ihren Prozess planen dürfen und können.

Do: Die Ausführung muss den planenden Mitarbeitern zugeordnet sein – die im Prozess involvierten Mitarbeiter müssen mit den Konsequenzen ihrer Planung konfrontiert sein.

Check: Die Messung der Prozessergebnisse und der Prozesseffizienz muss dem Prozess zugeordnet sein – die im Prozess involvierten Mitarbeiter müssen von ihrer Prozessfähigkeit und der Qualität ihrer Prozessergebnisse wissen.

Act: Die autonome Optimierung (bei Abweichungen von der Planung) muss dem Prozess zugeordnet sein – die im Prozess involvierten Mitarbeiter müssen

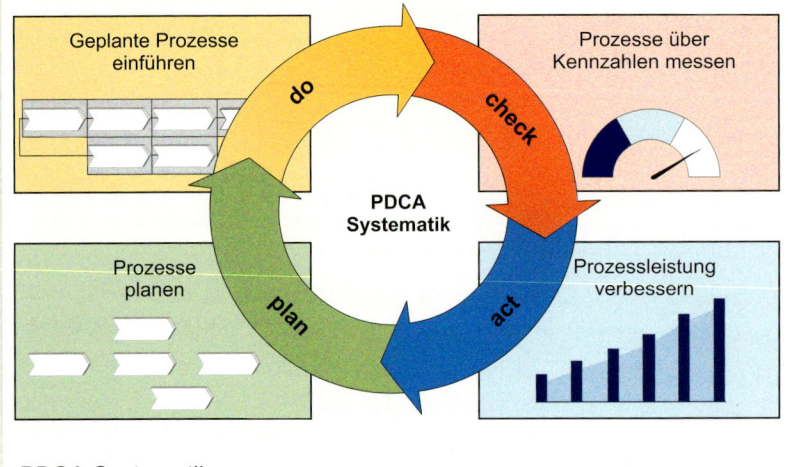

PDCA-Systematik

die Fähigkeit und die Rechte haben, den Prozess selbstständig zu verbessern.

In diesem Zusammenhang liegt es auch nahe, die Abbildung der Prozesse auf die Aufbauorganisation zu überprüfen, weil anzustreben ist, dass ein Prozess im Idealfall von einem aufbauorganisatorischen Bereich verantwortet wird. Da Änderungen der Aufbauorganisation naturgemäß sehr heikel sind, ist es am Ende Aufgabe der Unternehmensleitung, sich damit zu befassen und entsprechende Entscheidungen zu treffen.

Literatur:

[Dem86] Deming, W.E.: Out of the Crisis. MIT Press, Cambridge, 1986

[Kir88] Kirstein, H.: Ständige Verbesserung als Schlüssel für Produktivität durch Qualität. In: Qualität und Zuverlässigkeit, Carl Hanser Verlag, 33, 1988, S. 677-683

Prozessdetaillierung

Im Prinzip ist hier zu erarbeiten, wie die definierten Ziele der Hauptgeschäftsprozesse erreicht werden können. Dazu führen wir in der Regel je Hauptgeschäftsprozess einen mehrtägigen Workshop durch. Die damit verbundenen Arbeitstechniken sind in Kapitel 4.2.2 beschrieben. Besonderes Gewicht legen wir auf die Identifikation von Methoden, die einzelne Prozesse unterstützen können, und die Zuordnung dieser Methoden zu den Prozessen. Beispiele dafür sind der Einsatz der Szenario-Technik im Produktplanungsprozess, die Fehlerbaum-Analyse und Quality Function Deployment im Produktentwicklungsprozess, Statistical Process Control (SPC) im Herstellprozess etc. Die Methodenkompetenz ist ein herausragender Erfolgsfaktor erfolgreicher Organisationen.

Aus den definierten Prozessen ist ferner der Bedarf an Ressourcen (Betriebsmittel, Räume, IT-Systeme etc.) abzuleiten. Dieser Bedarf wird in Form von Basisanforderungen dokumentiert. Abschließend sollte sich das BPR-Team folgende Fragen stellen, um sicher zu gehen, auch alle Aspekte beachtet zu haben:

- Erreichen wir so die Ziele?

- Haben wir die Verbesserungspotentiale aus der Ist-Analyse erschlossen?

- Warum funktionierte der alte Prozess nicht?

- Warum werden wir mit dem neuen Prozess erfolgreich sein?

- Mit welchen Maßnahmen vollziehen wir den Übergang von der Ist-Situation zum Soll-Prozess?

- Mit welchen Sofortmaßnahmen können wir Wirkung erzielen und Sicherheit gewinnen, dass wir auf dem richtigen Weg sind?

Zum Abschluss eines jeden Hauptgeschäftsprozesses ist ein Monitoring-Prozess festzulegen. Dieser ermöglicht, dass die erforderlichen Kennzahlen (KPI) aus dem Prozesssteckbrief regelmäßig erhoben werden und die Zielerreichung des Prozesses regelmäßig überprüft wird.

Prozessmodellierung

Ziele dieses Arbeitsschrittes sind ein vollständiges Prozessmodell des betrachteten Hauptgeschäftsprozesses, ein Maßnahmenplan für die Implementierung des Modells und präzise Anforderungen an die unterstützenden Ressourcen. Das Prozessmodell ist mit einer Modellierungsmethode zu erstellen (vgl. Kapitel 4.2). Die Maßnahmen sind mit der Liste der Verbesserungspotentiale (vgl. Kapitel 4.3.3, Ist-Aufnahme) und den Steckbriefen für die prioritären Handlungsfelder (vgl. Kapitel 4.3.4, Ist-Analyse) abzustimmen, um die Konsistenz des Maßnahmengefüges sicherzustellen.

Die im vorangegangenen Schritt ermittelten Basisanforderungen an die Ressourcen sind in Lastenheften zu detaillieren. Dies ist einerseits ein Beitrag für die Investitions- und Kostenplanung, andererseits erforderlich für die Bereitstellung der Ressourcen selbst. In Bild 4-46 ist die Dokumentation der Prozessanforderungen für ein PLM-System auszugsweise dargestellt.

Derartige Anforderungen beziehen sich in der Regel auf Prozesse bzw. Teilprozesse eines Hauptgeschäftsprozesses. Das Lastenheft wird im weiteren Projektfortschritt zusammen mit Anbietern in ein Pflichtenheft überführt (vgl. auch Kapitel 5.4). Es bildet die eigentliche Basis für die Entwicklung und Bereitstellung der technischen Ressourcen.

Abschließend ist der Prozesssteckbrief gemäß Bild 4-42 zu detaillieren. Der Prozesssteckbrief ist der Kern der Prozessdokumentation und die Grundlage für die Erstellung der Schulungsunterlage.

Review

Ziel des Reviews ist die Verifizierung des definierten Hauptgeschäftsprozesses. Folgende Themen sind zu diskutieren:

- Maßnahmenfortschritt: Welche Maßnahmen sind umgesetzt worden? Was ist erreicht worden? Dies gilt besonders für die in der Ist-Aufnahme veranlassten Sofortmaßnahmen.

- Zielkonsistenz: Erreichen wir mit diesem Prozess die vereinbarten Ziele? Stellt sich der geplante Nutzen ein?

- Prozessorganisation: Was haben wir nicht beachtet, welche Punkte sind offen?

Die Verantwortlichen für die Maßnahmen und Sofortmaßnahmen stellen ihre Ergebnisse zur Diskussion. Dadurch erhält das Team auch einen Eindruck von seiner Veränderungskraft, was die Motivation erheblich steigern kann. Zur Verifizierung der Prozessorganisation ist der erarbeitete Prozess möglichst auf einem Blatt mit allen Wirkungsketten als Ausdruck verfügbar zu machen. Ausgehend von den Prozesszielen ist zu prüfen, ob der definierte Soll-Prozess die Zielerreichung konsequent unterstützt und die geeigneten Messpunkte und Messgrößen vorhanden sind. Typische messbare Ziele sind Reduktion der Prozesskosten und der Durchlaufzeiten, Erhöhung der Liefertreue etc. Die am Ende der Ist-Analyse getroffenen Aussagen zum Nutzen des BPR-Projektes sind zu überprüfen und zu erhärten. Ferner ist der Maßnahmenplan zu überprüfen und ggf. zu ergänzen. Wichtig ist, dass es zu jeder Maßnahme einen Verantwortlichen gibt, der sich mit seiner Maßnahme hochgradig identifiziert und auch über die erforderlichen Ressourcen und Kompetenzen verfügt.

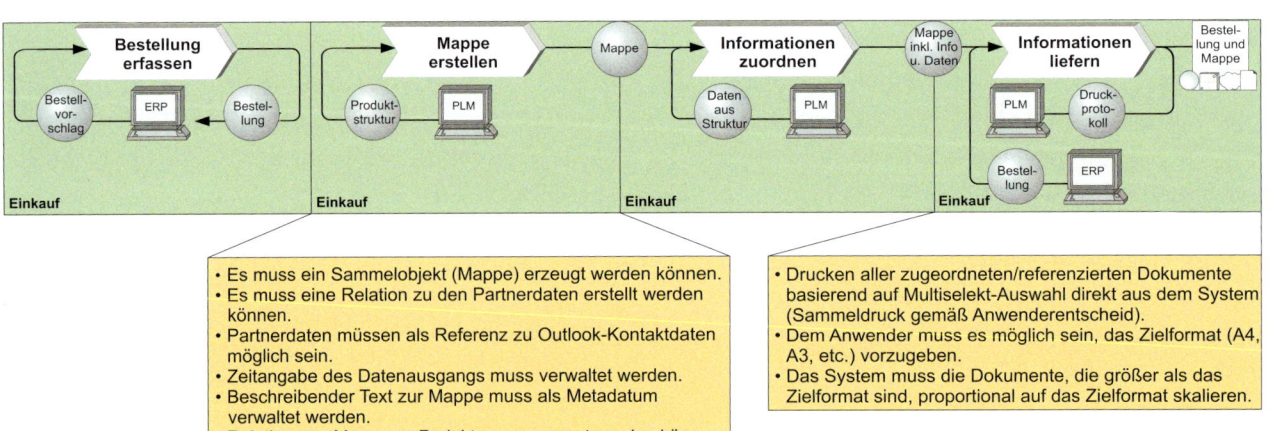

Bild 4-46: Prozessanforderungen (Auszug) zu einem PLM-System

Integration

In diesem Schritt sind die erarbeiteten Hauptgeschäftsprozesse zur Soll-Prozessorganisation zusammenzuführen, die Aufbauorganisation festzulegen und die Stellenbeschreibungen zu erarbeiten. Bei der Zusammenführung der Hauptgeschäftsprozesse müssen folgende Punkte sichergestellt werden:

- die Widerspruchsfreiheit und Redundanzfreiheit der Hauptgeschäftsprozesse untereinander,

- die Vollständigkeit der Prozesse hinsichtlich der zu erbringenden Marktleistung des Unternehmens,

- die Zielkonsistenz der Prozesse und

- die Messbarkeit der Leistung und Ergebnisse der Prozesse.

Das Ausarbeiten der Aufbauorganisation erfolgt Bottom-up, das heißt auf Basis des detaillierten Soll-Geschäftsprozessmodells. Sämtlichen Geschäftsprozessen bzw. Prozessschritten werden nun ausführende Organisationseinheiten zugeordnet. Auf detailliertem Level sind dies meist Abteilungen oder Teams. Je mehr sich die neue Prozessorganisation von der bisherigen unterscheidet, desto mehr sollte darauf geachtet werden, neue Bezeichnungen für die Einheiten der Aufbauorganisation zu finden. Ein Festhalten an alten Strukturen und Begriffen bremst die Einführung der neuen Ablauforganisation.

Neben den Organisationseinheiten ist auch die Führungsstruktur festzulegen. Diese prägt ganz entscheidend die Effizienz der Geschäftsprozesse. Ein Prozess, der sich durch mehrere Abteilungen zieht und über mehrere Hierarchiestufen wechselt, ist eher ein Hindernislauf als ein anzustrebender schlanker Prozess. Um zu einer effizienten Ablauforganisation zu gelangen, sollte der Denkanstoß vom Prozess kommen, d.h. es wäre die Frage zu beantworten: Wie sollten wir uns aufbauorganisatorisch aufstellen, um diesen

Prozess einfach abwickeln zu können? Für viele Unternehmen ist das eine neue Denkweise, weil man gewohnt ist, zunächst die Aufbauorganisation festzulegen und dann davon auszugehen, dass die Prozesse schon funktionieren werden, weil ja eigentlich jeder weiß, was er zu tun hat.

Als Planungshilfsmittel zur Gestaltung der Ablauforganisation dient die in Bild 4-47 dargestellte **Ablauforganisationsmatrix**. Darin kann der Weg der Prozesse durch die Aufbauorganisation nachvollzogen werden. Indikator für eine effiziente Ablauforganisation mit wenigen Stellenübergängen (Bearbeiterwechseln) ist die Stellenübergangszahl, die für jede Prozesskette ermittelt werden kann. Die Stellenübergangszahl ist die Summe der Bewertungen der einzelnen Stellenübergänge zwischen jeweils zwei Prozessschritten einer Prozesskette. Stellenübergänge innerhalb einer Abteilung werden mit einem Punkt, Stellenübergänge über Abteilungsgrenzen hinweg mit zwei Punkten und Stellenübergänge zu Stabsstellen mit drei Punkten bewertet. In unserem stark vereinfachten Beispiel ergibt sich eine Stellenübergangszahl von fünf für die Prozesskette „Auftrag abwickeln".

Realisierungsplanung

Der Übergang von der Ist-Ablauforganisation zur Soll-Ablauforganisation ist der kritische Teil eines BPR-Projektes und muss daher besonders sorgfältig geplant werden. Dies umfasst die Sicherstellung der Messbarkeit der Aktionen, die Strukturplanung des Projekts,

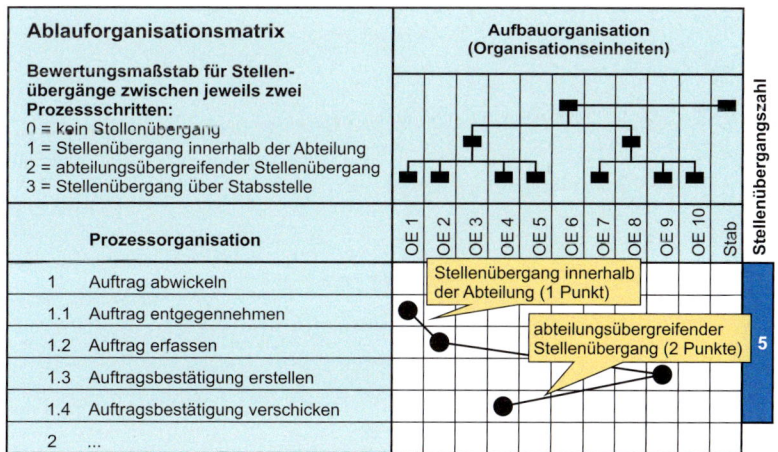

Bild 4-47: Visualisierung der Ablauforganisation

die Zeit- und Kostenplanung, die Liquiditätsplanung und die Verantwortungsplanung.

Sicherstellung der Messbarkeit

Je Hauptgeschäftsprozess existieren KPIs. Diese sind über alle Hauptgeschäftsprozesse zusammenzufassen und als Grundlage der operativen Führung aufzubereiten. Es ist anzustreben, dass diese Kennzahlen zur Messung der Prozesserfolge identisch mit den Kennzahlen zur Messung des Erfolgs des BPR-Projektes sind. Ferner ist darauf zu achten, dass die KPIs ausbalanciert sind, d.h. die Verfolgung der Prozessziele einzelner Hauptgeschäftsprozesse sollte positiv auf die Leistung des gesamten Gestaltungsbereiches wirken. Um die große Anzahl der KPIs effizient zu verarbeiten und ggf. auch Simulationen zu ermöglichen, bietet sich der Einsatz eines Management-Informationssystems (MIS) an.

Strukturplanung des Projekts

Es handelt sich hier um die im Projektmanagement übliche Projektstrukturplanung [Bur02]. Im Kontext von BPR-Projekten empfehlen wir folgende Grundstruktur:

- Teilprojekte zur Prozessentwicklung: Ziel dieser Teilprojekte ist es, Soll-Prozesse zu entwickeln, zu pilotieren, einzuführen und den Geschäftsnutzen zusammen mit der Linienorganisation (wertschöpfende Bereiche der Aufbauorganisation) zu erreichen.

- Querschnittsprojekte zur Bereitstellung von Ressourcen: Häufig setzen in komplexen BPR-Projekten mehrere Teilprojekte zur Prozessentwicklung die gleichen Ressourcen bzw. Funktionsbereiche voraus. Hier liegt es nahe, diese Ressourcen in separaten Teilprojekten zu entwickeln. Beispiele dafür sind Fertigungssysteme, Logistikzentren, IT-Systeme etc.

Beispiel: Projektstruktur Optimierung Änderungsmanagement

Zur Optimierung des Änderungsmanagements bei einem Serienproduzenten hat sich die im Bild wiedergegebene Projektorganisation bewährt.

Projektmanagement und Stakeholder-Management

TP 1: Änderungsmanagement in der Entwicklung

TP 2: Änderungsmanagement in der Serie

TP 3: Änderungen implementieren

QP1: PLM-Entwicklung

QP2: Systembetrieb

QP3: Mitarbeiterentwicklung

Geschäftsziele

Anforderungen der Stakeholder

Projektstruktur zur Optimierung des Änderungsmanagements

Die Teilprojekte TP 1, 2 und 3 dienen der Entwicklung und Implementierung der Soll-Ablauforganisation. Sie verantworten die Zielerreichung und den ROI. Ferner definieren diese Teilprojekte die erforderlichen Leistungen der Querschnittsprojekte QP1, 2 und 3 und nehmen diese bei Lieferung ab. Das Querschnittsprojekt PLM-Entwicklung realisiert die Funktionalität gemäß dem vereinbarten Pflichtenheft. Danach übernimmt das Querschnittsprojekt Systembetrieb die Betreuung des Einsatzes des PLM-Systems. Das Querschnittsprojekt Mitarbeiterentwicklung ist im ersten Schritt für die Qualifizierung der Mitarbeiter der Projektorganisation zuständig, später für die Schulung und das Training der Mitarbeiter für das Änderungsmanagement auf Basis des PLM-Systems. Das Stakeholder-Management stimmt laufend die Aktivitäten der Projekte mit den Anforderungen der Organisation ab.

- Querschnittsprojekte zur Mitarbeiterentwicklung: BPR-Projekte haben für die Unternehmen in der Regel einmaligen Charakter. Die Mitarbeiter können daher nicht auf Erfahrungen zurückgreifen, geschweige denn, dass sie eine gewisse Routine haben. Umso wichtiger ist daher die zweckorientierte Schulung. Diese umfasst in erster Linie BPR-Methoden und die Vermittlung von Sozialkompetenz zur Bewältigung der vielfältigen Aufgaben eines Reorganisationsprojektes.

Zeit- und Kostenplanung

Aufgabe der Zeitplanung ist, die aus der Strukturplanung resultierenden Teilprojekte und Arbeitspakete in eine zeitliche Reihenfolge zu bringen. Das erfolgt mit Hilfe eines Gantt-Diagramms bzw. bei komplexen Vorhaben mit Hilfe der Netzplantechnik. In der Kostenplanung werden den Teilprojekten und Arbeitspaketen Plankosten zugeordnet. Mit der Zeit- und Kostenplanung ist die wesentliche Grundlage geschaffen für regelmäßige Soll-Ist-Vergleiche von Terminen und Kosten im Zuge der Projektdurchführung.

Liquiditätsplanung

Mit Hilfe der Liquiditätsplanung wird der Bedarf an liquiden Mitteln für die Phasen der Pilotierung, dem Roll-out und einer definierten Zeit der Optimierung nach dem Roll-out ermittelt. Zielsetzung ist es, i.d.R. auf Monats- oder Quartalsbasis die Liquiditätsüber- bzw. -unterdeckungen zu antizipieren. Hiermit erfolgt eine notwendige Vorbereitung zur Steuerung der finanziellen Mittel, um potentielle Zahlungsengpässe bei hohem Liquiditätsbedarf zu vermeiden.

Zur Ermittlung des Finanzmittelbedarfs sind zunächst sämtliche Investitionsauszahlungen für die Systemeinführung in den entsprechenden Auszahlungsperioden zu berücksichtigen. Weiterhin sind alle Liquiditätsabflüsse in die Berechnung mit einzubeziehen, welche durch laufende Kosten für Wartung, Pflege, Nachbesserungen etc. des Systems voraussichtlich entstehen werden. Neben diesen Positionen sind zusätzlich Veränderungen bei den bestehenden Kosten, insbesondere geplante Einsparpotentiale, zu quantifizie-

ren. Vornehmlich nach Beendigung der Systemeinführung wird mit beachtlichen Kosteneinsparungen durch effizientere Abläufe kalkuliert. Hierbei kann es sich um direkte oder mittelbare Einsparungen handeln. Letztere ergeben sich ohne direkte Einflussnahme. Nur in wenigen Fällen sind direkte Kosteneinsparungen und damit reduzierte Liquiditätsabflüsse bereits in der Phase des Roll-outs erreichbar. Es kann vorkommen, dass den Kosteneinsparungen zunächst Kostensteigerungen durch temporäre Mehraufwände vorhergehen. Beispielhaft können Personalkostensteigerungen durch Überstundenzahlungen angeführt werden, da die anfängliche Unsicherheit der Systembedienung die Ablaufgeschwindigkeit reduziert. Indirekte Kosteneinsparungen treten meist erst in der Phase der Optimierung auf. Bild 4-48 zeigt ein Beispiel. Danach beläuft sich die kumulierte Liquiditätsüberdeckung nach Ablauf von dreieinhalb Jahren auf 2,8 Mio. €.

Die Liquiditätsabflüsse sind während und nach Ablauf eines Vorhabens relativ leicht auf Basis der umfassenden Strukturplanung zu ermitteln; die Einsparungen und damit die Nutzenplanung jedoch gehen mit erhöhter Planungsunsicherheit einher. Ausgehend von dem zu aktivierenden Potential sind die Maßnahmen zu beschreiben, welche den Nutzen stiften. Der Nutzen und auch die mittelbaren Einspareffekte müssen als eingesparte Auszahlungen quantifiziert werden, beispielsweise unter Zuhilfenahme von Durchlaufzeiten [Tage, Wochen, Monate oder Prozent], Qualitätsverbesserungen [Prozent oder €/Zeiteinheit] oder Kostenreduktionen [€/Zeiteinheit].

Verantwortungsplanung

Die Verantwortung zur Entwicklung und Implementierung der Soll-Ablauforganisation verteilt sich auf die temporäre BPR-Projektorganisation und die statische Linienorganisation (Aufbauorganisation, Geschäftsorganisation). Die Linienorganisation ist verantwortlich für das Erreichen der Geschäftsziele und ist Kunde für die Projektergebnisse. Ferner ist die Linienorganisation verantwortlich für die Implementierung der Soll-Ablauforganisation. Demgegenüber ist es Aufgabe der BPR-Projektorganisation, die Soll-Ablauforganisation zu erarbeiten sowie den Roll-out vorzubereiten und zu

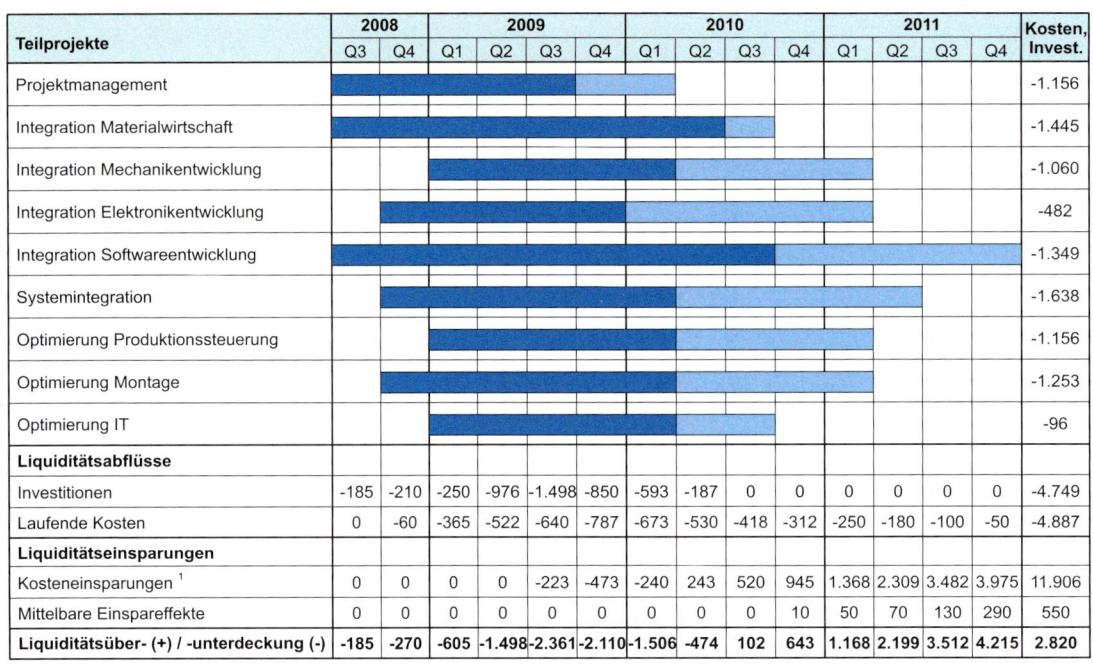

Teilprojekte	2008		2009				2010				2011				Kosten, Invest.
	Q3	Q4	Q1	Q2	Q3	Q4	Q1	Q2	Q3	Q4	Q1	Q2	Q3	Q4	
Projektmanagement															-1.156
Integration Materialwirtschaft															-1.445
Integration Mechanikentwicklung															-1.060
Integration Elektronikentwicklung															-482
Integration Softwareentwicklung															-1.349
Systemintegration															-1.638
Optimierung Produktionssteuerung															-1.156
Optimierung Montage															-1.253
Optimierung IT															-96
Liquiditätsabflüsse															
Investitionen	-185	-210	-250	-976	-1.498	-850	-593	-187	0	0	0	0	0	0	-4.749
Laufende Kosten	0	-60	-365	-522	-640	-787	-673	-530	-418	-312	-250	-180	-100	-50	-4.887
Liquiditätseinsparungen															
Kosteneinsparungen [1]	0	0	0	0	-223	-473	-240	243	520	945	1.368	2.309	3.482	3.975	11.906
Mittelbare Einspareffekte	0	0	0	0	0	0	0	0	0	10	50	70	130	290	550
Liquiditätsüber- (+) / -unterdeckung (-)	**-185**	**-270**	**-605**	**-1.498**	**-2.361**	**-2.110**	**-1.506**	**-474**	**102**	**643**	**1.168**	**2.199**	**3.512**	**4.215**	**2.820**

■ Projektzeit
□ Pflege, Optimierung nach Roll-out

[1] Negative Kosteneinsparungen stellen anfängliche Kostensteigerungen dar.

Bild 4-48:   Beispiel für die Liquiditätsplanung eines BPR-Projektes [in T€]

unterstützen. Dies umfasst insbesondere die Spezifikation der Ressourcen und des Systems der KPI. In diesem Sinne sind die Zuständigkeiten festzulegen und die verantwortlichen Personen zu bestimmen.

4.3.6 Pilotierung

Ziel der Pilotierung ist die Umsetzung und Erprobung der Soll-Ablauforganisation in einem leicht zu beherrschenden Bereich: der Pilotorganisation. Im Einzelnen soll unter realen Bedingungen Folgendes getan werden:

- Erprobung und Optimierung der Soll-Ablauforganisation in der Praxis,

- Erprobung der neuen bzw. optimierten Ressourcen,

- Förderung der Fähigkeiten des Projektteams für den Roll-out und

- Optimierung der Roll-out-Planung.

Unserer Erfahrung nach gibt es zwei Punkte, die die Pilotierung sehr begünstigen:

- Die Bereitschaft der Führung der Pilotorganisation, Vorreiter im Unternehmen zu sein und als erste von der Reorganisation zu profitieren.

- Die Beteiligung von Exponenten der Pilotorganisation am BPR-Projekt und daraus resultierend eine hohe Motivation, die neuen Prozesse „scharf zu schalten".

Im Folgenden schildern wir die wesentlichen Aktivitäten der Pilotierung, von der Initialisierung – dem sogenannten Set-up – bis zur Freigabe zum Roll-out.

Set-up

Unter dem Set-up wird das Aufsetzen der Pilotierung in der Pilotorganisation verstanden. In diesem Zusammenhang sind eine Reihe von Punkten zu klären:

- Die Zusammenarbeit zwischen Projektteam und Pilotorganisation.

- Die Nominierung von Personen aus der Pilotorganisation, die im Projektteam mitarbeiten sollen.

- Die bereichsbezogene Festlegung der Ziele und der angestrebten Verbesserungen sowie der entsprechenden KPIs.

- Der Arbeitsplan im Detail.

Derartige Klärungen sind u.a. deswegen wichtig, weil das BPR-Projektteam und die Pilotorganisation in der Regel etwas unterschiedliche Interessenlagen haben: Das Projektteam möchte Testen und Erfahrungen gewinnen, die Pilotorganisation will aus dem Vorhaben möglichst rasch messbaren Nutzen ziehen. Häufig ist die Soll-Ablauforganisation auch mit der Bereitstellung eines umfassenden IT-Systems verbunden, was längere Zeit in Anspruch nimmt. In diesen Fällen kann der Zeitraum von der ursprünglichen Projektvereinbarung bis zum Start der Pilotierung mehrere Jahre betragen. Da sich in der Zwischenzeit vieles geändert haben kann, beispielsweise durch Personalfluktuation, wäre es dann besonders wichtig, Zweck und Ziele der Pilotierung zu aktualisieren und zu präzisieren.

Am Ende des Set-ups findet die Auftaktveranstaltung für die Pilotierung – das so genannte Kick-off – statt, an der alle involvierten Personen teilnehmen.

Qualifizierung der Mitarbeiter

Durch Qualifizierung ist sicherzustellen, das die Mitarbeiter die neuen Prozesse nicht nur kennen, sondern sich damit auch identifizieren und danach arbeiten. Dementsprechend ergeben sich drei Schwerpunkte für die Schulung:

- Prozessschulung: Hier werden die Mitarbeiter in den neuen Prozessen ausgebildet. Ziel ist die Vermittlung des grundsätzlichen Verständnisses für die neuen Prozesse bis hin zu den Details für die konkrete tägliche Arbeit.

- Fachschulung: In der Regel werden im Zuge der Reorganisation auch neue Ressourcen – Fertigungsanlagen, IT-Systeme u.ä. – eingesetzt. Aufgabe der Fachschulung ist, die Mitarbeiter für den Betrieb solcher Ressourcen zu unterweisen.

- Verhaltenstraining: Hier geht es um die Vermittlung derjenigen Sozialkompetenz, die für die Überzeugung in diese neue Ablauforganisation erforderlich ist.

Der Erfolg der Mitarbeiterqualifizierung wird bei der folgenden Auditierung deutlich. Spätestens bei der Auswertung der Kennzahlen dürfte klar werden, ob die Qualifizierung die gewünschten Effekte gebracht hat.

Auditierung der Prozesse

Prozessaudits ermitteln den Grad der Implementierung der Soll-Prozesse. Das erfolgt mit Hilfe von standardisierten Fragenkatalogen, die eine spätere Wiederholung unter gleichen Prämissen und den direkten Vergleich mit den früheren Ergebnissen ermöglichen. Ein Prozessaudit liefert folgende Ergebnisse:

- eine kurze Beschreibung des erreichten Zustandes für jeden Hauptgeschäftsprozess mit seinen Stärken und Schwächen,

- die Maßnahmen je Hauptgeschäftsprozess, um den Soll-Prozess komplett zu implementieren,

- einen Qualifizierungsplan zur Weiterbildung der Mitarbeiter sowie

- Aussagen zu besonderen Fähigkeiten und Methoden der Pilotorganisation, die zur weiteren Verbesserung der Soll-Ablauforganisation beitragen.

In der Praxis ist insbesondere das erste Audit eine Mischung aus der Evaluierung des Implementierungserfolges und einer Schulung der Mitarbeiter direkt an ihren Arbeitsplätzen. Letzteres fördert die Akzeptanz und trägt somit zur erfolgreichen Pilotierung bei. In Bild 4-49 ist beispielhaft eine Seite aus einem Fragenkatalog zur Auditierung wiedergegeben. Die eigentlichen Anweisungen für den Auditor sind in der Mitte aufgelistet. Auf dieser Basis nimmt der Auditor die Bewertung von zwei Kriterien vor:

Frage: Wie werden Unterbeauftragungen abgewickelt?

Gefordertes Ergebnis:
- In den Arbeitsplänen ist jeweils ein Arbeitsschritt „externe Fertigung" vorgesehen.
- Der Arbeitsschritt „externe Fertigung" ist im System mit den Einkaufsinformationen verbunden.
- Die disponierten Arbeitsschritte werden vom System in Form von Bestellvorschlägen erzeugt.

Verfahren zur Auditierung:
- Lasse die Artikel ausdrucken, die extern gefertigte Artikel enthalten.
- Lasse 10 Artikel zeigen, die aktuell gefertigt worden sind.
- Prüfe in der Auftragshistorie, ob zu den extern gefertigten Artikeln Bestellvorschläge erzeugt wurden.
- Prüfe, ob für die extern gefertigten Artikel die Wareneingänge und die Rückmeldungen der jeweiligen Fertigungsaufträge mit maximal 2h Zeitdifferenz rückgebucht worden sind.
- Prüfe, ob die Mitarbeiter qualifiziert worden sind, Fertigungsaufträge rückzumelden.

Bewertung:	nein	vorwiegend	ja
In der Organisation definiert:	☐	☐	☒
Wirksam in der Praxis:	☐	☒	☐
Anzahl Punkte:	*5*		

Kommentar:

Bild 4-49:　Auszug aus einem Fragenkatalog für die Prozessauditierung

- In der Organisation definiert: Hier ist zu validieren, ob die Prozess- und Arbeitsanweisungen komplett vorliegen und geschult sind. Dieses ist in erster Linie die geschuldete Leistung des Projekts zur Pilotierung.

- Wirksam in der Praxis: Hier ist zu bewerten, ob der Prozess angewandt wird und die geforderte Wirkung zu verzeichnen ist.

Abschließend wird der Implementierungsgrad für jeden einzelnen Prozess in Prozent angegeben. Kurzfristig anzustrebendes Ziel sind 80 %; die weitere Steigerung auf 100 % erfolgt im Rahmen der kontinuierlichen Verbesserung (KVP) unter Verantwortung der Geschäftsorganisation (vgl. Kasten auf Seite 334).

Maßnahmenmanagement

Aus den vorangegangenen Phasen des BPR-Projekts resultieren schon eine Reihe von Maßnahmen, die aufgrund der Erkenntnisse der Pilotierung und insbesondere der Auditierung weiter ergänzt werden. Maßnahmen sind konkrete Aktivitäten, die ein messbares Ziel, einen Anfang und ein Ende sowie einen Verantwortlichen haben. Es sind quasi kleine Projekte, auf die aber nicht das klassische Projektmanagement angewandt wird, weil das u.U. hieße „mit Kanonen auf Spatzen zu schießen". Andererseits ist die Anzahl an Maßnahmen so groß, dass eine systematische Erfassung und Verfolgung der Maßnahmen unabdingbar ist. Ein vielfach bewährtes Mittel für ein Maßnahmenmanagement ist der Maßnahmenplan (vgl. auch Kasten). Bei einer sehr großen Anzahl von Hunderten von Maßnahmen bietet sich auch ein datenbankunterstütztes Maßnahmenmanagement an.

Im Prinzip durchläuft eine Maßnahme im Rahmen des Maßnahmenmanagements die in Bild 4-50 dargestellten Phasen. Dabei kann die Maßnahme unterschiedliche Zustände einnehmen.

Freigabe zum Roll-out

Am Ende der Pilotierung ist festzustellen, ob die angestrebte Ablauforganisation auf breiter Front eingeführt werden kann. Die entsprechende Entscheidung wird in der Regel vom Lenkungskreis des BPR-Projektes getroffen. Aufgabe des BPR-Projekts ist in diesem Kontext, die Entscheidungsvoraussetzung zu schaffen. Dazu gehören die folgenden Punkte:

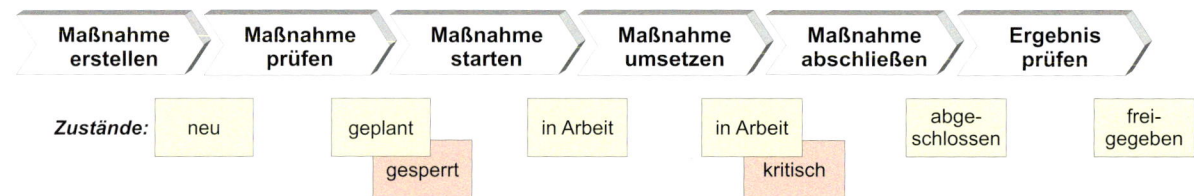

Bild 4-50:　Phasen des Maßnahmenmanagements

Der Maßnahmenplan

Im Alltag sind viele Dinge zu erledigen. Nur ein kleiner Teil davon sind Arbeitspakete unter der Steuerung eines Projektmanagementverfahrens. Der überwiegende Teil sind Kleinigkeiten oder vermeintliche Kleinigkeiten; sie zu vergessen verursacht aber in der Regel erheblichen Ärger. Der Maßnahmenplan ist das probate und einfach zu handhabende Mittel, die vielen kleinen Aktionen und Zusagen zu erfassen und deren Durchführung zu überwachen.

Der Maßnahmenplan wird regelmäßig durchgesprochen und aktualisiert. Das ersetzt größtenteils längere Protokolle, die ohnehin nur widerwillig geschrieben und kaum gelesen werden. Und wer schaut schon in die Protokolle der letzten Sitzungen, um zu erfassen, wer welche Aktion durchzuführen hat.

Maßnahmenplan Projekt DAKOTA
Stand: 6. Mai 2008

Seite 1(4)

Verteiler: Christian Maier
Waltraud Kordes
Fritz Grafe
Hans-Peter Kettelgerdes

Nr.	Maßnahme	Verantw. Termin	Bemerkung/Status
1	**CASE- Tool beschaffen**	F.G.	Zur Auswahl stehen ...
1.1	Referenzen besuchen	W.K. Mai	System U bei Firma V: 13. Mai System X bei Firma Y: 26. Mai
1.2.	Nutzwertanalyse erstellen	W.K. Juni	Kriterien und Gewichtung zur Teamsitzung am 18. Mai vorlegen.
1.3	Beschaffungsantrag erstellen	F.G. 30. Juni	
1.4	Schulungskonzept erstellen	W.K. Juli	
2	**Artikel für Kundenzeitung schreiben**	H.-P.K. 12. Juli	Botschaft: Technologieführer AR in der Montage. Die Sache mit Herrn Müller, Vertrieb absprechen.
...			

Beispiel (Auszug) eines Maßnahmenplans

- Nachweis der Wirksamkeit: Über die KPIs muss nachgewiesen sein, dass das angestrebte Maß der Verbesserung realisiert worden ist. Ferner ist durch Audits ein Implementierungsgrad der Prozesse von mindestens 80 % zu belegen.

- Nachweis der Rentabilität: Mit der Liquiditätsplanung ist nachzuweisen, ob mit einer Liquiditätsüberdeckung zu rechnen ist.

- Nachweis der Verhaltensinnovationen: Die angestrebten Verhaltensinnovationen haben sich durchgesetzt; die geforderten neuen Arbeitsformen sind in der Praxis nachweisbar.

- Nutzung der Ressourcen: Neue Maschinen und weitere Ausrüstung, Räumlichkeiten und IT-Systeme sind nicht nur bereitgestellt, sondern werden auch genutzt.

- Monitoring KPIs: Die Organisation bewertet die KPIs regelmäßig und setzt bei Bedarf selbstständig Korrekturmaßnahmen um.

- Aufbauorganisation: Die neue Aufbauorganisation ist etabliert.

Ferner ist ein Maßnahmenplan für den Roll-out vorzulegen. Das Ganze mündet in einem schriftlichen Antrag für die Freigabe zum Roll-out an den Lenkungskreis. Der Antrag ist vom Projektleiter des BPR-Projekts zu erstellen.

4.3.7 Roll-out

Mit dem Roll-out ist die mehr oder weniger gleichzeitige Einführung der Soll-Ablauforganisation in den dafür vorgesehenen Bereichen eines Unternehmens gemeint. Dies kann auch die Einführung von neuen Ressourcen wie Fertigungsanlagen und IT-Systeme einschließen. Das Vorgehen für das Roll-out ist noch stringenter als in der Pilotierung, weil es hier weniger um das Testen und Erfahrung sammeln geht, sondern dass die Bereiche in der neuen Ablauforganisation unverzüglich produktiv werden. Bild 4-51 zeigt das entsprechende Vorgehensmodell als vereinfachtes Gantt-Diagramm.

Set-up

Hier sind in den einzelnen Bereichen die Roll-out-Projekte zu initiieren. Die wesentlichen Aspekte und Aufgaben eines Set-ups sind bereits unter Pilotierung (Kapitel 4.3.6) beschrieben worden. Das jeweilige Set-up ist abgeschlossen, wenn das Team in der Lage ist, die neue Ablauforganisation einzuführen, und die Arbeit aufnimmt. Der „Startschuss" dafür erfolgt in der so genannten Kick-off-Veranstaltung. Selbstredend ist es wichtig, die lokalen Set-ups zu synchronisieren, damit die Ablauforganisation im Unternehmen zum gleichen Zeitpunkt wirksam wird.

Prozessimplementierung

In diesem Arbeitsschritt geht die Soll-Ablauforganisation in Betrieb. Die Prozessimplementierung startet mit dem **Leistungs-Check**, das ist quasi ein Prozessaudit ohne Bewertung. Folgende Aufgaben sind hier zu erledigen:

- die Ermittlung des Startpunkts der Organisation hinsichtlich der einzuführenden Soll-Ablauforganisation,

- die Information der betroffenen Mitarbeiter über das grundsätzliche Vorhaben direkt an ihren Arbeitsplätzen,

- die direkte Einweisung der Mitarbeiter an ihren Arbeitsplätzen,

- die Ermittlung des operativen Handlungsbedarfs zur Prozessimplementierung und Aufstellen des lokalen Maßnahmenplans.

Die nachfolgende **Qualifizierung** entspricht derjenigen der Pilotierung, d.h. es werden Prozessschulungen, Fachschulungen und Verhaltenstrainings durchgeführt.

Das **Coaching** an den Arbeitsplätzen sollte vorzugsweise von den Mitarbeitern der Pilotorganisation durchgeführt werden. Diese sind am besten in der Lage, die neuen Prozesse anschaulich zu vermitteln und insbesondere im täglichen Geschäft zu demonstrieren, dass es jetzt besser geht. Des Weiteren ist im Coaching darauf zu achten, dass die Mitarbeiter unter dem Druck des Tagesgeschäfts nicht in die alten, gut vertrauten Abläufe zurückfallen.

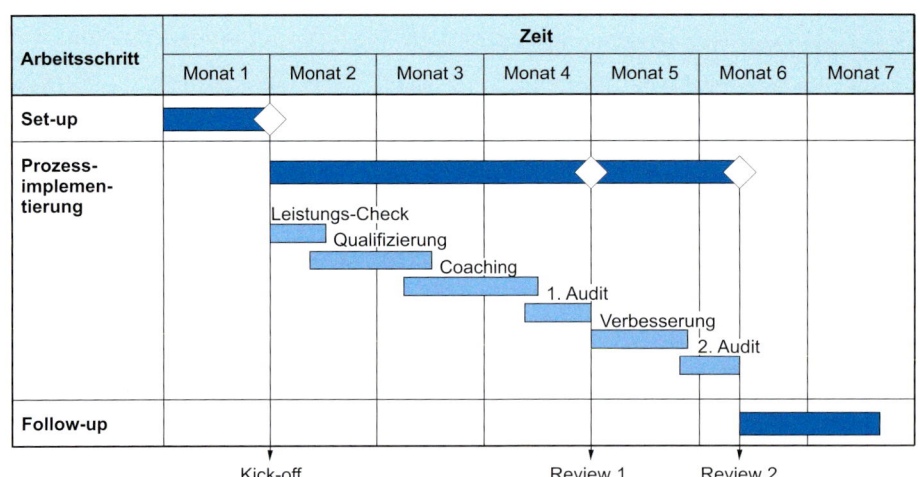

Bild 4-51:　Vorgehensmodell für den Roll-out

Sind die neuen Prozesse grundsätzlich implementiert, ist über das **1. Audit** der Implementierungsgrad zu bestimmen. Zeitgleich erfolgt die Ermittlung der Ist-Werte zu den KPI. Im Review 1 ist der Status des Rollouts festzustellen. Dazu sind die folgenden fünf Kernaussagen zu treffen:

1) Grad der Mitarbeiterqualifizierung: Wie hoch ist der Anteil geschulter Mitarbeiter?

2) Grad der Prozessimplementierung: Zu wieviel Prozent ist der Prozess implementiert?

3) Fortschritt nach KPI: Zu wieviel Prozent ist die vereinbarte Verbesserung eingetreten?

4) Liquiditätsplanung: Zu welchem Anteil sind die finanziellen Ergebnisse des Projekts erreicht?

5) Fortschritt der Maßnahmenumsetzung: Wie weit ist man mit der Umsetzung der vereinbarten Maßnahmen? Ist das nachhaltig? Welche Probleme treten auf? Wie leistungsstark ist das lokale Projektteam?

Die Ergebnisse des Review 1 sind die Basis für die nachfolgende **Verbesserung**. Sind die Verbesserungen realisiert, erfolgt das **2. Audit.** Jetzt sollte ein Implementierungsgrad der Prozesse von 80 % erzielt sein. Im nachfolgenden Review 2 wird der Roll-out-Fortschritt mit den gleichen fünf Kernaussagen wie im Review 1 bewertet.

Follow-up

Im Follow-up sind in erster Linie die Kennzahlen zu beobachten, die die Wirksamkeit der neuen Ablauforganisation belegen und Hinweise für die Nachhaltigkeit der Verbesserungen geben. Es ist davon auszugehen, dass sich die Ablauforganisation nach ihrer Implementierung einschwingen muss und eine gewisse Zeit vergeht, bis die gewünschten Resultate zu verzeichnen sind. Wird beispielsweise ein Terminierungsverfahren für die Produktionsplanung verändert, so müssen in der Regel erst alle "alt" terminierten Fertigungsaufträge abgewickelt sein, bevor die Auswirkungen der neuen Terminierung sichtbar werden. Entsprechen aber die vereinbarten Kennzahlen nach einer Einschwingzeit nicht der Vorausschau, so müssen vom BPR-Projekt Korrekturmaßnahmen eingeleitet werden.

Messung des Fortschritts

Die Fortschritte lokaler Roll-out-Projekte müssen gemessen werden. Die Messergebnisse dienen zum einen den lokalen Reviews zur Bewertung des jeweiligen Roll-out-Fortschritts, zum anderen dem BPR-Projekt zur Führung des gesamten Roll-outs. Den Roll-out-Fortschritt stellen wir plakativ mit fünf Feldern dar (Bild 4-52). Die Werte 1-4 entsprechen den im 1. Audit zu treffenden gleichnamigen Kernaussagen (vgl. vorstehender Absatz Prozessimplementierung). Der 5. Wert „Betriebsreife" repräsentiert das Resumee. Im Folgenden werden diese fünf Werte charakterisiert. Der im Bild 4-52 angedeutete Pfeil deutet den typischen Verlauf des Roll-out-Fortschritts an, der logischerweise mit der Mitarbeiterqualifizierung beginnt und sich schließlich in der Liquiditätsplanung äußert.

1) **Grad der Mitarbeiterqualifizierung:** Dieser Wert ergibt sich aus der Anzahl der geschulten Mitarbeiter im Verhältnis zu der Anzahl der Mitarbeiter, die grundsätzlich zur Schulung vorgesehen sind. Basis sind die Feedback-Bögen zu einzelnen Qualifizierungen.

2) **Grad der Prozessimplementierung:** Dieser Wert wird über Audits gemessen (vgl. Kapitel 4.3.6). Der

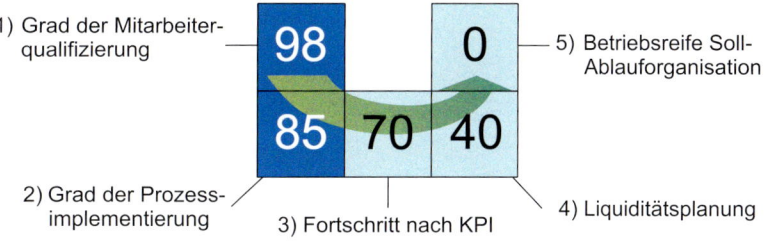

Bild 4-52: 5-Felder-Modell zur Qualifizierung der Betriebsreife der Soll-Ablauforganisation

Tabelle 4-6: Beispiel für den Vergleich zweier Werke eines Unternehmens nach KPIs

Prozess Leistung verkaufen	Gew. [%]	Deutschland		geplante Verbesserung	Durchschnitt Vorjahr	Grad Zielerreichung	Polen		geplante Verbesserung	Durchschnitt Vorjahr	Grad Zielerreichung
		Ziel	Aktuell				Ziel	Aktuell			
KPI 1.1 Angebotserfolgsquote [% monatlich]	30	20	17,3	4	16	33 %	18	17,3	6	12	88 %
KPI 1.2 Anzahl Angebote [Stück/Monat]	10	1461	1392	311	1150	78 %	820	722	148	672	34 %
KPI 1.3 Anzahl Angebote/Mitarbeiter [Stück/Monat]	10	15	13,7	7	8,5	80 %	15	13,7	11	4	88 %
KPI 1.4 Prozesszeit [durchschn. Anzahl Tage/Monat]	5	3	4,2	-2,3	5,3	48 %	3	4,2	-1,2	4,2	0 %
KPI 1.5 Pünktlichkeit Angebote [% monatlich]	10	80	61	30	50	37 %	80	65	26	54	42 %
KPI 1.6 Anteil Standardprodukte [% monatlich]	10	90	71	40	50	53 %	70	55	40	30	63 %
KPI 1.7 Liefertreue Produkte [% monatlich]	25	95	78	40	55	58 %	95	60	55	40	36 %
	100	**Fortschritt nach KPI**				**52,7 %**	**Fortschritt nach KPI**				**61,03 %**

Durchschnitt der Ergebnisse je Hauptgeschäftsprozess ergibt die Kennzahl.

3) **Fortschritt nach KPI:** Basis sind die Kennzahlen für die einzelnen Prozesse. Es bietet sich an, diese Kennzahlen in Form eines internen Wettbewerbs regelmäßig gegenüberzustellen. In der Tabelle 4-6 sind beispielhaft für einen Prozess die Zahlen für die Werke der Länder Deutschland und Polen dokumentiert. Für jeden Roll-out ist der Fortschritt auf der Grundlage der KPIs in das jeweilige 5-Felder-Modell zu übernehmen.

4) **Liquiditätsplanung:** Hier wird die monetäre Zielerreichung in Prozent angegeben. Die Liquiditätsplanung eines Roll-out-Projekts gibt Aufschluss über die Wirtschaftlichkeit und den Finanzbedarf des jeweiligen Projekts. Sie resultiert aus der Verankerung der Roll-out-Projekte in der Gewinn- und Verlustrechnung des jeweiligen Organisationsbereichs. Dazu ist es erforderlich, dass der Geschäftswertbeitrag eines Roll-out-Projekts als zusätzlicher Ertrag bzw. zusätzlicher Aufwand in der Gewinn- und Verlustrechnung berücksichtigt wird. Es muss unterschieden werden zwi-

schen der Roll-out-Periode, in welcher die Effekte noch nicht voll auftreten, und den Effekten während der Pflege- bzw. Optimierungsphase.

5) **Betriebsreife Soll-Ablauforganisation:** Voraussetzung für die Feststellung der Reife der Soll-Ablauforganisation für den Produktivbetrieb ist, dass die vier vorangehenden Werte bei mindestens 80 % liegen.

Auf der Grundlage des 5-Felder-Modells erzeugen wir eine sogenannte **Kennzahlenkarte**, die den Stand der lokalen Roll-out-Projekte im Quervergleich darstellt (Tabelle 4-7) und als gut zu handhabendes Führungs-

Tabelle 4-7: Roll-out-Kennzahlenkarte zur Ermittlung des Roll-out-Fortschritts (beispielhafter Auszug)

Prozesse	Gew. [%]	Deutschland		Polen		Frankreich	
Leistungen verkaufen	20	84 / 70 50 30	47	81 / 0 / 65 33 20	40		0
Produkt konstruieren	50	82 / 75 33 12	40	70 / 60 70 40	48	94 / 85 86 75	68
Produkt herstellen	10		0	90 / 20 40	30	76 / 55 23 13	33
Bedarf decken	20		0	75 / 34 45	31	30 / 10 5	9
	100		**29,4**		**41,2**		**39,1**

Der **Fortschritt des Roll-outs [%]** je Land ergibt sich aus dem Durchschnitt der gewichteten Zielerreichungsgrade.

Der **Zielerreichungsgrad [%]** ist der Durchschnitt der fünf Werte des 5-Felder-Modells.

instrument dient. In dem Beispiel werden in drei Werken vier Hauptgeschäftsprozesse in Betrieb genommen. Der Prozess „Produkt konstruieren" ist in diesem Projekt der Prozess mit der größten Hebelwirkung auf die zu erzielenden Ergebnisse; er geht zu 50 % in den „Fortschritt des Roll-outs" ein. In den Schnittpunkten Hauptgeschäftsprozess – Land werden jeweils die fünf Kennzahlen eingetragen. Für den Prozess „Produkt konstruieren" weist Polen den größten Roll-out-Fortschritt aus.

Abschluss des BPR-Projekts

Mit der Feststellung der Betriebsreife in allen Breichen des Roll-outs hat das BPR-Projekt sein Ziel erreicht; es kann aufgelöst werden. Die Verantwortung für die Abläufe und Ressourcen obliegt nun endgültig den jeweiligen Bereichen. Aus der Soll-Ablauforganisation ist eine Ist-Ablauforganisation geworden. Mögliche Verbesserungen und Weiterentwicklungen sind Sache der Bereiche.

4.4 Reifegradmanagement der Ablauforganisation

Kernpunkte der Verbesserung von Geschäftsprozessen sind eine möglichst objektive Bewertung des derzeitigen Leistungsstands und ein schlüssiges Konzept zu einer schrittweisen Ertüchtigung. Reifegradmodelle zielen auf diese Punkte ab; sie ermöglichen eine weitgehend objektive Leistungsbewertung und eine davon ausgehende systematische Leistungssteigerung [FSR08]. Bereits zu Beginn des vorangegangenen Kapitels 4.3 sind wir auf dieses Thema kurz eingegangen, um die Bedeutung des Reifegrades einer Organisation für ein BPR-Projekt zu verdeutlichen. An dieser Stelle gehen wir auf einige verbreitete Reifegradmodelle und das damit verbundene Reifegradmanagement näher ein. Der Fokus dieser Modelle liegt auf verschiedenen Untersuchungsbereichen, beispielsweise Produktentwicklungsprozessen oder Prozessen des IT-Managements. Prinzipiell weisen die Modelle aber die gleiche Grundstruktur auf, die aus vier Aspekten besteht:

1) **Handlungsfelder**: Diese kategorisieren den Untersuchungsbereich nach übergeordneten Kriterien, wie z.B. Mensch, Organisation und Technik. Sie stellen sicher, dass alle relevanten Facetten des Untersuchungsbereichs berücksichtigt werden und es nicht zu einer einseitigen Betrachtung kommt.

2) **Handlungselemente**: Das sind die Stellhebel, die einen hohen Einfluss auf den Untersuchungsbereich haben. Beispiele dafür sind Teamfähigkeit, Projektmanagement oder der Einsatz von CAD-Werkzeugen. Diese Stellhebel spielen in der Regel eine wichtige Rolle bei der Planung und der Umsetzung von Verbesserungsmaßnahmen.

3) **Reifegrade**: Reifegrade drücken objektiv messbar den Leistungsstand einer Organisation aus. Sie basieren auf der Annahme, dass Handlungselemente in unterschiedlichen Entwicklungsstufen etabliert sein können. Je besser das Handlungselement entwickelt ist, desto größer ist der Nutzen für das Unternehmen. Folglich bedeutet ein hoher Reifegrad hoch entwickelte Handlungselemente.

4) **Leistungsbewertung und Leistungssteigerung:** Eine Leistungsbewertung erfolgt anhand der definierten Reifegrade und dient zunächst der Identifikation des Ausgangszustandes des Unternehmens. Die Leistungsbewertung basiert auf Interviews oder Workshops. Je nach Modell sind dafür zertifizierte Personen (Auditoren o.ä.) hinzuzuziehen. Ergebnis einer solchen Leistungsbewertung ist ein Reifegrad für die Organisation bzw. für einen Prozess. Eine Leistungsbewertung fördert die Kommunikation im Unternehmen, da meist unterschiedliche Sichtweisen bezüglich des Ausgangszustandes bestehen. Basierend auf dem Ausgangszustand wird der angestrebte Soll-Zustand definiert. Zur Definition des Soll-Zustandes wird meist ein Ziel-Reifegrad festgelegt. Einige Reifegradmodelle definieren konkrete Maßnahmen, wie der Ziel-Reifegrad strukturiert erreicht werden kann.

Die Vielfalt der Reifegradmodelle bzw. der Verfahren, die in diese Richtung gehen, ist sehr groß. Wesentlicher Treiber ist das IT-Management, auf das wir in Kapitel 5.3 noch eingehen werden. Das IT Governance Institute kommt in seinem „Global Status Report 2008", der auf der Befragung von 749 Unternehmen aller Größenordnungen beruht, auf achtzehn Modelle [ITG08]. Dazu zählen u.a. ITIL/ISO 20000, CobiT und CMMI. Die beiden ersten rechnen wir dem IT-Management zu (vgl. Kapitel 5.3). Im Folgenden behandeln wir drei Verfahren, die im Kontext des Businesss Process Reengineering aus unserer Sicht von besonderem Interesse sind. Damit ist weder ein Anspruch auf Vollständigkeit verbunden noch soll das repräsentativ sein. Es handelt sich um CMMI von Software Engineering Institute (SEI), PEMM von Hammer und einem von uns propagierten Ansatz mit Fokus auf Produktentwicklungsprozesse.

4.4.1 Capability Maturity Model Integration – CMMI®

CMMI hat seinen Ursprung im Software Capability Maturity Model (Software CMM, SW-CMM, häufig auch nur CMM). Das Software CMM war eine Methoden- und Werkzeugsammlung, mit dem Ziel, die Effizienz von Softwareentwicklungsprozessen zu bewerten und

strukturiert zu verbessern. Das Modell wurde 1986 auf Initiative des US-Verteidigungsministeriums vom Software Engineering Institute (SEI) an der Carnegie Mellon University, Pittsburgh entwickelt. Im Laufe der Zeit wuchs das Modell über die Domäne der Softwareentwicklung hinaus. Es entwickelten sich verschiedene Derivate wie z.B. das Systems Engineering CMM und das Integrated Product Development CMM. Um einer weiteren Zerfaserung entgegenzuwirken, wurde im Jahr 2000 das CMMI veröffentlicht, welches alle Derivate in einem domänenübergreifenden Modell vereint. Die kontinuierliche Weiterentwicklung des CMMI führte 2006 zum CMMI for Development, dem derzeit aktuellen Stand des Modells. Seit 2006 wird an zwei weiteren Konstellationen des CMMI gearbeitet – dem CMMI for Acquisition und dem CMMI for Services [SEI06]. Zusammengefasst bilden die folgenden drei Konstellationen die vorläufige Spitze der CMMI-Evolution:

CMMI for Development (CMMI-DEV, Version 1.2) dient zur Beurteilung und Verbesserung der Effizienz von Produktentwicklungsprozessen. CMMI-DEV ist seit August 2006 der offizielle Nachfolger des CMMI.

CMMI for Acquisition (CMMI-ACQ, Version 1.2) wird vom SEI in Zusammenarbeit mit General Motors speziell für Unternehmen entwickelt, die eine Vielzahl von Zulieferern koordinieren müssen. Das Modell fokussiert auf das Management von Zulieferketten und Beschaffungsprozessen.

CMMI for Services (CMMI-SVC, Entwurfsstadium) wird für Unternehmen bzw. Organisationseinheiten entwickelt, deren Kerngeschäft serviceorientierte Dienstleistungen sind. Im Vordergrund steht die Entwicklung und Bereitstellung sowie das Management von Dienstleistungen. Das Modell befindet sich derzeit noch im Entwurfsstadium.

Die Struktur aller CMMI Konstellationen ist identisch. Die Modelle unterscheiden sich lediglich in den betrachteten Prozessgebieten und den zugehörigen spezifischen Zielen. In den folgenden Ausführungen beziehen wir uns auf das CMMI for Development.

Die Einführung von CMMI erfordert umfassende Schulungen des Personals und das Mitwirken aller Unternehmensbereiche. Nach unseren Erfahrungen ist eine vollständige Implementierung von CMMI nur langfristig erreichbar (Zeitbedarf >12 Monate, abhängig von der Unternehmensgröße). Bild 4-53 stellt die Funktionsweise von CMMI schematisch dar. Eine offizielle Leistungsbewertung kann ausschließlich durch vom SEI zertifizierte Auditoren durchgeführt werden. Das Ergebnis einer Leistungsbewertung sind Fähigkeitsgrade (Capability Level) der Prozesse bzw. der Reifegrad (Maturity Level) des Unternehmens. CMMI beinhaltet einen Katalog mit sogenannten Praktiken, die bei Umsetzung zu einer Steigerung des Fähigkeitsgrades eines Prozesses bzw. des Reifegrades des Unternehmens führen.

Tabelle 4-8: 22 Prozessgebiete von CMMI-DEV, unterteilt in vier Kategorien

Kategorie	Prozessgebiet	Kürzel
Prozess-management	Organisationsweiter Prozessfokus	OPF
	Organisationsweite Prozessdefinition	OPD
	Organisationsweites Training	OT
	Leistung der organisationsweiten Prozesse	OPP
	Organisationsweite Innovation und Verbreitung	OID
Projekt-management	Projektplanung	PP
	Projektverfolgung und -steuerung	PMC
	Management von Lieferantenvereinbarungen	SAM
	Integriertes Projektmanagement	IPM
	Risikomanagement	RSKM
	Quantitatives Projektmanagement	QPM
Ingenieur-disziplinen	Anforderungsmanagement	REQM
	Anforderungsentwicklung	RD
	Technische Umsetzung	TS
	Produktintegration	PI
	Verifikation	VER
	Validation	VAL
Unterstützung	Konfigurationsmanagement	CM
	Qualitätssicherung von Prozessen und Produkten	PPQA
	Messung und Analyse	MA
	Entscheidungsanalyse und -findung	DAR
	Ursachenanalyse und Problemlösung	CAR

CMMI Handlungsfelder: Prozessgebiete

Alle CMMI Konstellationen geben eine Reihe von fest definierten Prozessgebieten vor. Ein Prozessgebiet ist eine Zusammenfassung aller Anforderungen zu einem bestimmten Thema, z.B. Projektplanung [Kne03]. CMMI-DEV nutzt 22 Prozessgebiete, die in vier Kategorien unterteilt werden (Tabelle 4-8).

Die Unterteilung der Prozessgebiete in Kategorien weist darauf hin, dass zwischen Prozessgebieten einer Kategorie Interdependenzen bestehen, die bei der Ausprägung von Prozessen berücksichtigt werden müssen. Selbstverständlich bestehen auch kategorieübergreifende Interdependenzen. Diese sind jedoch meist schwächer ausgeprägt und gewinnen erst bei einem fortgeschrittenen Einsatz des Modells an Bedeutung. Eine ausführliche Diskussion der Interdependenzen ist in [SEI06] zu finden.

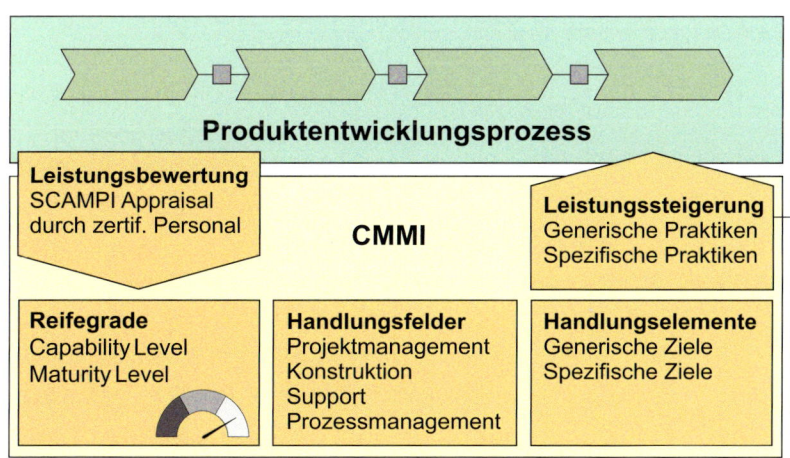

Bild 4-53: Schematische Darstellung der Funktionsweise von CMMI

CMMI Handlungselemente

Jedem Prozessgebiet wird eine Reihe von Zielen zugeordnet. Das Erreichen der Ziele führt zu einer Verbesserung des Prozessgebietes. Es werden spezifische Ziele und generische Ziele unterschieden:

- **Spezifische Ziele (Specific Goals, SG)**: Jedes Prozessgebiet hat zwei bis drei spezifische Ziele, die ausschließlich für dieses Prozessgebiet gelten. Ein Beispiel für ein spezifisches Ziel des Prozessgebietes „Projektplanung" ist „Schätzungen sind etabliert". Um ein spezifisches Ziel zu erreichen, werden zwischen zwei und sechs spezifische Praktiken (Specific Practises, SP) vorgeschlagen. Um das spezifische Ziel „Schätzungen sind etabliert" zu erreichen, wird u.a. die spezifische Praktik „Aufwand-/Kosten-Schätzung durchführen" vorgeschlagen.

- **Generische Ziele (Generic Goals, GG)**: Alle Prozessgebiete haben in der Regel die gleichen generischen Ziele. Generische Ziele beschreiben den Grad der Institutionalisierung von Prozessen, die im Rahmen eines Prozessgebietes implementiert wurden. Es sind fünf generische Ziele definiert:

    GG1 – Ausgeführter Prozess (Spezifische Ziele erreicht)

    GG2 – Wiederholbarer Prozess institutionalisiert

    GG3 – Definierter Prozess institutionalisiert

    GG4 – Quantitativ kontrollierter Prozess institutionalisiert

    GG5 – Selbstoptimierender Prozess institutionalisiert

Dem generischen Ziel GG2 sind zehn generische Praktiken (Generic Practises, GP) zugeordnet. Für alle übrigen generischen Ziele werden ein bis zwei generische Praktiken vorgeschlagen.

CMMI Reifegrade: Kontinuierliche Darstellung vs. stufenförmige Darstellung

CMMI ermöglicht zwei unterschiedliche Herangehensweisen zur Leistungsbewertung und Leistungssteigerung von Prozessen: eine kontinuierliche Darstellung anhand von **Fähigkeitsgraden (Capability Level)** und eine stufenförmige Darstellung mit Hilfe von **Reifegraden (Maturity Level)**. Prozessgebiete werden mittels Fähigkeitsgraden bewertet; die Bewertung des Unternehmens bzw. der Organisation als Ganzes erfolgt anhand eines Reifegrades. Die Einstufung in Fähigkeits- bzw. Reifegrade basiert auf der Umsetzung der generischen Ziele der Prozessgebiete. Es ist daher nicht verwunderlich, dass der Terminus der jeweiligen Fähigkeits- bzw. Reifegradlevel ähnlich ist und größtenteils mit den generischen Zielen korreliert. Beide Darstellungsarten sind gleichwertig und ineinander überführbar, so dass die Darstellungsart theoretisch jederzeit gewechselt werden kann. Welche der beiden Darstellungsarten gewählt wird, hängt von unterschiedlichen Faktoren ab (z.B. der Ausgangssituation des Unternehmens).

Kontinuierliche Darstellung

Bei der kontinuierlichen Darstellung wird jedes Prozessgebiet getrennt betrachtet und anhand eines Fähigkeitsgrades bewertet, d.h. es wird kein einheitlicher Reifegrad für das Unternehmen bzw. die Organisation ermittelt. Diese Darstellungsart wird häufig dann verwendet, wenn die Prozessgebiete, die verbessert werden sollen, bekannt sind bzw. ineffiziente Prozessgebiete bereits identifiziert wurden. Abhängig vom Grad der Institutionalisierung des Prozesses wird der Fähigkeitsgrad des Prozessgebietes bestimmt. Die kontinuierliche Darstellung arbeitet mit sechs Fähigkeitsgraden:

Fähigkeitsgrad 0 – unvollständig: Gilt für Prozesse, die nicht ausgeführt werden bzw. deren erwartete Ergebnisse nur teilweise erreicht werden. Ein oder mehrere spezifische Ziele des Prozessgebietes werden nicht erfüllt.

Fähigkeitsgrad 1 – ausgeführt: Ein ausgeführter Prozess erfüllt alle spezifischen Ziele des Prozessgebietes. Obwohl Fähigkeitsgrad 1 eine wichtige Verbesserung gegenüber Fähigkeitsgrad 0 bedeutet, können diese Verbesserungen mit der Zeit verloren gehen, da sie nicht institutionalisiert sind.

Fähigkeitsgrad 2 – wiederholbar: Ein wiederholbarer Prozess ist ein ausgeführter Prozess, der über eine Basisinfrastruktur verfügt, die den Prozess unterstützt (z.B. geschulte Mitarbeiter). Das generische Ziel GG2 wurde erreicht.

Fähigkeitsgrad 3 – definiert: Ein definierter Prozess ist ein wiederholbarer Prozess, der von Standardprozessen des Unternehmens abgeleitet wurde. Die standardisierte Form trägt dazu bei, dass Verbesserungen auf andere Prozesse übertragen werden können. Das generische Ziel GG3 wurde erreicht.

Fähigkeitsgrad 4 – quantitativ verwaltet: Ein quantitativ verwalteter Prozess ist ein definierter Prozess, der mittels Kennzahlen und Statistiken gesteuert und verbessert werden kann. Das generische Ziel GG4 wurde erreicht.

Fähigkeitsgrad 5 – selbstoptimierend: Ein selbstoptimierender Prozess ist ein quantitativ verwalteter Prozess, dessen Effizienz ständig durch innovative und kontinuierliche Verbesserungen optimiert wird. Das generische Ziel GG5 wurde erreicht.

Stufenförmige Darstellung

Bei der stufenförmigen Darstellung wird ein Reifegrad für das gesamte Unternehmen ermittelt, d.h. die „Reifegrade" der einzelnen Prozessgebiete werden nicht explizit dargestellt. Diese Darstellungsart wird häufig dann gewählt, wenn eine sukzessive Verbesserung aller Prozessgebiete angestrebt wird. Grundlage der stufenförmigen Darstellung ist eine durch CMMI vorgegebene Hierarchisierung der Prozessgebiete. Die Hierarchisierung legt fest, in welcher Reihenfolge die Prozessgebiete verbessert werden sollten. Nach CMMI sollte z.B. das Prozessgebiet „Anforderungsmanagement" vor dem Prozessgebiet „Risikomanagement" angegan-

gen werden. Aufgrund der bekannten Interdependenzen zwischen den Prozessgebieten werden von CMMI vier Sets von Prozessgebieten definiert (Tabelle 4-9). Ein Set beinhaltet Prozessgebiete, die nach Möglichkeit gemeinsam angegangen werden sollten, da sie sich gegenseitig beeinflussen. Jedem Set ist ein Reifegrad zugeordnet. Ein Reifegrad wird erst dann erreicht, wenn das ihm zugeordnete Set von Prozessgebieten sowie alle Sets niedrigerer Reifegrade vollständig verbessert sind. Dem niedrigsten Reifegrad 1 ist kein Set zugeordnet, dieser entspricht dem ungeordneten Ursprungszustand. Der Reifegrad der stufenförmigen Darstellung ist somit ein Indiz dafür, welche Sets von Prozessgebieten im Unternehmen bereits erfolgreich implementiert wurden. Zusätzlich richtet sich der Reifegrad nach dem Grad der Institutionalisierung der Prozesse. Es werden folgende fünf Reifegrade unterschieden:

Reifegrad 1 – initial: Prozesse mit dem Reifegrad 1 sind meist „ad hoc" und unstrukturiert. Es ist keine stabile Infrastruktur vorhanden, die den Prozess unterstützt. Erfolge werden in der Regel durch die Kompetenz und den außerordentlich hohen Einsatz einzelner Personen erzielt. Reifegrad 1 stellt einen rudimentären Ausgangszustand dar und wird nicht in Tabelle 4-9 aufgeführt.

Reifegrad 2 – verwaltet: In Unternehmen mit dem Reifegrad 2 werden Prozesse verwaltet und nach Richtlinien ausgeführt. Qualifizierte Personen, die über ausreichende Ressourcen verfügen, produzieren kontrolliert ein Ergebnis. Das erste Set von Prozessgebieten wurde umgesetzt. Die generischen Ziele der Prozessgebiete wurden gemäß dem stufenförmigen Vorgehen erreicht.

Reifegrad 3 – definiert: Reifegrad 3 ist gekennzeichnet durch verwaltete und standardisierte Prozesse. Die Standardisierung unterstützt die organisationsübergreifende Übertragbarkeit von Prozessverbesserungen. Das erste und zweite Set von Prozessgebieten wurden umgesetzt. Die generischen Ziele der Prozessgebiete wurden gemäß dem stufenförmigen Vorgehen erreicht.

Reifegrad 4 – quantitativ verwaltet: Auf dieser Reifegradstufe werden Produktqualität und Effizienz von Prozessen mittels Kennzahlen erfasst und bewertet. Statistische Methoden unterstützen die Auswertung der Kennzahlen. Das erste, zweite und dritte Set von Prozessgebieten wurden umgesetzt. Die generischen Ziele der Prozessgebiete wurden gemäß dem stufenförmigen Vorgehen erreicht.

Reifegrad 5 – selbstoptimierend: In selbstoptimierenden Organisationen sind Prozesse von innovativen und kontinuierlichen Verbesserungen geprägt. Die Basis hierfür bilden quantitative Kenngrößen. Es besteht ein Verständnis über die Streuung von Kennzahlen. Alle Sets von Prozessgebieten wurden umgesetzt. Die ge-

nerischen Ziele der Prozessgebiete wurden gemäß dem stufenförmigen Vorgehen erreicht.

CMMI Leistungsbewertung und Leistungssteigerung

Um die Vergleichbarkeit von Leistungsbewertungen sicherzustellen, werden Bewertungsrandbedingungen für das CMMI (engl. Appraisal Requirements for CMMI – ARC) vorgegeben. Die ARC-Dokumentation definiert Randbedingungen für unterschiedliche Stufen der Leistungsbewertung. Es wird nach Leistungsbewertungen der Klassen A, B und C unterschieden. Die methodische Formalisierung einer Leistungsbewertung nimmt von A nach C ab. Leistungsbewertungen müssen von durch das SEI autorisierten Personen durchgeführt werden; eine Liste so genannter „Lead Appraiser" findet sich auf den Internetseiten des SEI. Im deutschsprachigen Raum hat sich das „German Lead Appraiser and Instructor Board (CLIB)" etabliert.

Eine vom SEI entwickelte Leistungsbewertung ist die so genannte SCAMPI Bewertung (engl. **S**tandard **C**MMI **A**ppraisal **M**ethod for **P**rocess **I**mprovement), die aus der CBA-IPI-Methode hervorgegangen ist (engl. CMM-Based Appraisal for Internal Process Improvement). Die SCAMPI Bewertung bildet alle Klassen der Leistungsbewertung ab.

Leistungsbewertung

Das Ergebnis einer Leistungsbewertung anhand der kontinuierlichen Darstellung von CMMI ist ein so genanntes Fähigkeitsgradprofil. Bild 4-54 zeigt beispielhaft ein Fähigkeitsgradprofil der Prozessgebiete, die ein Unternehmen für sich priorisiert hat. Für jedes Prozessgebiet wird der erreichte Fähigkeitsgrad mittels eines Balkens eingetragen. Das sich so ergebende Balkenprofil stellt das Ist-Fähigkeitsgradprofil dar.

Tabelle 4-9: Nach Reifegraden aufgeteilte Prozessgebiete der stufenförmigen Darstellung nach CMMI

Prozessgebiet	Kürzel	Reifegrad
Anforderungsmanagement	REQM	2
Projektplanung	PP	2
Projektverfolgung und -steuerung	PMC	2
Management von Lieferantenvereinbarungen	SAM	2
Messung und Analyse	MA	2
Qualitätssicherung von Prozessen und Produkten	PPQA	2
Konfigurationsmanagement	CM	2
Anforderungsentwicklung	RD	3
Technische Umsetzung	TS	3
Produktintegration	PI	3
Verifikation	VER	3
Validation	VAL	3
Organisationsweiter Prozessfokus	OPF	3
Organisationsweite Prozessdefinition	OPD + IPPD	3
Organisationsweites Training	OT	3
Integriertes Projektmanagement + IPPD	IMP + IPPD	3
Risikomanagement	RSKM	3
Entscheidungsanalyse und -findung	DAR	3
Leistung der organisationsweiten Prozesse	OPP	4
Quantitatives Projektmanagement	QPM	4
Organisationsweite Innovation und Verbreitung	OID	5
Ursachenanalyse und Problemlösung	CAR	5

Prozessgebiete

Bild 4-54:   *Beispiel eines Fähigkeitsgradprofils gemäß der kontinuierlichen Darstellung von CMMI*

Das Ergebnis einer Leistungsbewertung anhand der stufenförmigen Darstellung ist der Reifegrad der Organisation bzw. des Unternehmens (z.B. Reifegrad 3). Der Reifegrad ermöglicht einen Vergleich mit anderen Un-

ternehmen der Branche. Über das Internetportal des Software Engineering Institute werden die Reifegrade aller geprüften Unternehmen veröffentlicht.

Leistungssteigerung

CMMI geht grundsätzlich davon aus, dass höhere Entwicklungsstufen (höhere Reife- bzw. Fähigkeitsgrade) eine Verbesserung darstellen. Generell gilt, dass die höchsten Entwicklungsstufen erstrebenswert sind. Die Festlegung, welcher Fähigkeits- bzw. Reifegrad angestrebt werden sollte, bleibt in der Regel dem Unternehmen überlassen. Für die Einführung von CMMI wurde vom SEI die Methode IDEAL entwickelt (Bild 4-55). Die Methode basiert auf einem fünfstufigen Vorgehensmodell, dessen Ursprung im PDCA-Zyklus (Plan, Do, Check, Act – siehe Kapitel 4.3) liegt [Kne03]. Die Methode Ideal umfasst folgende Phasen:

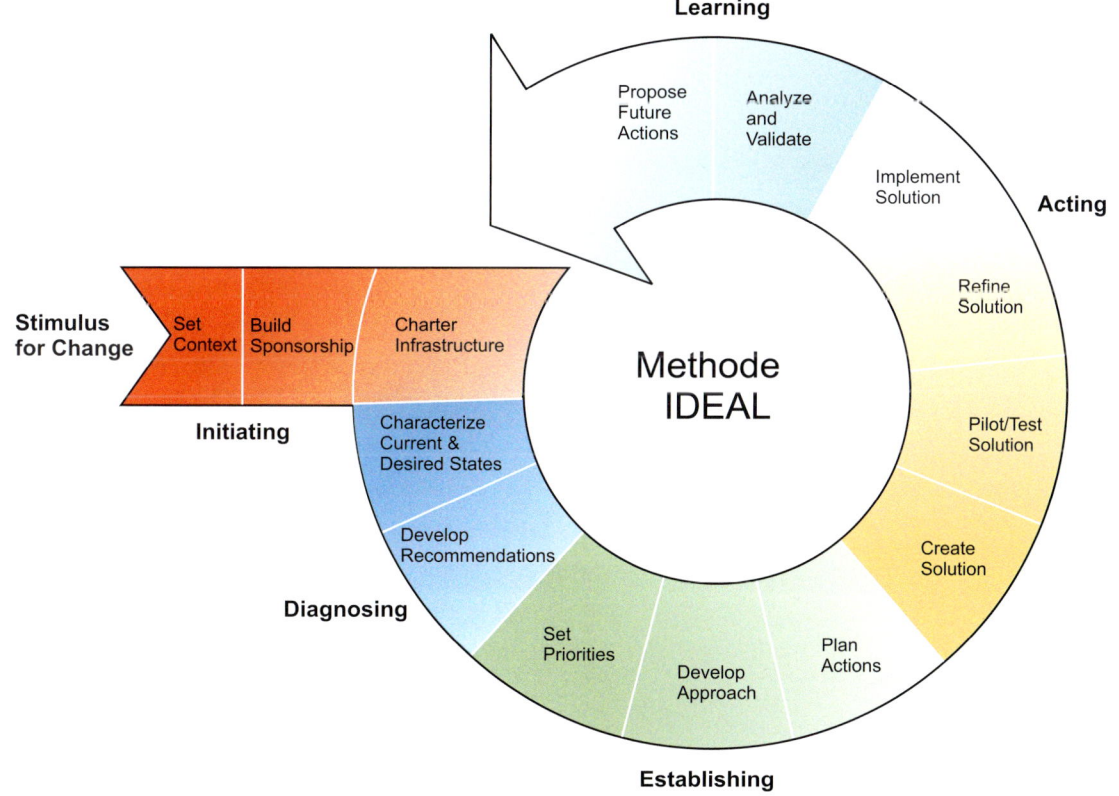

Bild 4-55:   *Methode IDEAL, 5-stufiges Vorgehensmodell zur Einführung von CMMI*

I – Initiating: Grundlage für ein erfolgreiches Verbesserungsprojekt schaffen, Notwendigkeit für das Verbesserungsprojekt kommunizieren.

D – Diagnosing: Erarbeitung des Ausgangszustandes und Festlegung des Soll-Zustandes.

E – Establishing: Vorgehensweise spezifizieren, wie der Soll-Zustand erreicht werden kann. Meilensteine und Verantwortlichkeiten festlegen.

A – Acting: Umsetzten des Verbesserungsprojektes. Diese Phase benötigt in der Regel mehr Zeit und Ressourcen als alle anderen Phasen zusammen.

L – Learning: Aus den Erfahrungen des Verbesserungsprojektes lernen und Fähigkeiten auf neue Bereiche übertragen.

4.4.2 Process and Enterprise Maturity Model – PEMM

Das PEM-Modell wurde von der Unternehmensberatung HAMMER AND COMPANY mit Sitz in Cambridge, Massachusetts entwickelt [Ham06]. Es ist ein Werkzeug, das Unternehmen bei der Verbesserung ihrer Geschäftsprozesse unterstützt. PEMM zeichnet sich durch einen sehr pragmatischen Ansatz aus und kann mit relativ geringem Aufwand angewandt werden. Zur Durchführung wird kein intensiv geschultes Personal benötigt. Die Ermittlung der Reifegrade kann innerhalb eines Tages erfolgen.

Bild 4-56 gibt einen Überblick über die Funktionsweise des PEM-Modells. Die Leistungsbewertung wird durch zwei Tabellen unterstützt, die im Rahmen eines Workshops ausgefüllt werden. Aus den Tabellen können der Reifegrad des betrachteten Prozesses und der Reifegrad des Unternehmens direkt abgelesen werden. Zusätzlich geben die Tabellen Aufschluss darüber, in welchen Bereichen Schwachstellen sind. Diese können im Rahmen der Leistungssteigerung durch individuelle Maßnahmen behoben werden.

PEMM Handlungsfelder: Prozessdeterminanten und Unternehmenskompetenzen

Prozessdeterminanten bestimmen, wie gut ein Prozess über einen längeren Zeitraum hinweg funktionieren kann. Je stärker die Prozessdeterminanten ausgeprägt sind, umso leistungsfähiger und robuster ist der Prozess. Nach der Erfahrung von HAMMER bilden folgende fünf Prozessdeterminanten die Grundvoraussetzung für gut funktionierende Prozesse:

• Prozessdesign: Ist der Prozess umfassend dokumentiert? Ist verständlich beschrieben, wie der Prozess ausgeführt werden soll?

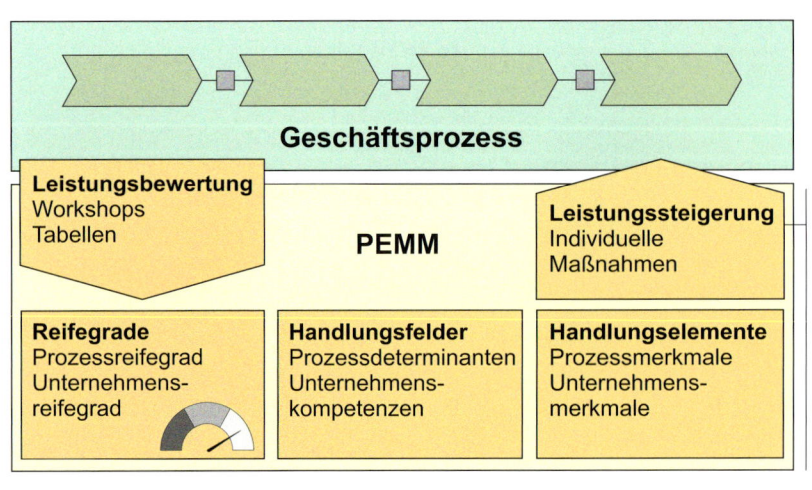

Bild 4-56: Schematische Darstellung der Funktionsweise des PEM-Modells.

- Mitarbeiter: Ist das nötige Wissen bei den Mitarbeitern, die den Prozess ausführen, vorhanden? Sind die Mitarbeiter qualifiziert?

- Verantwortung: Ist eine Führungskraft für den Prozess und das Prozessergebnis verantwortlich? Hat die Führungskraft ausreichende Befugnisse?

- Infrastruktur: Wird der Prozess von den Informations- und Managementsystemen hinreichend unterstützt?

- Kennzahlen: Existieren im Unternehmen geeignete quantitative Kenngrößen, um das Prozessergebnis zu bewerten?

Zwischen diesen Determinanten bestehen starke Interdependenzen. Eine schwache Führungsperson kann z.B. kein exzellentes Prozessdesign implementieren, unzureichend geschultes Personal wird den Prozess nicht strukturiert ausführen etc. Ist eine Prozessdeterminante nur schwach ausgeprägt, können gute Ergebnisse nur kurzfristig und mit hohem Aufwand erzielt werden.

Unternehmenskompetenzen bilden die Voraussetzung für das Entstehen von leistungsfähigen Prozessen, d.h. ein Unternehmen muss über Kompetenzen in verschiedenen Bereichen verfügen, um leistungsfähige Prozesse zu schaffen. Ohne diese Kompetenzen sind keine leistungsfähigen Prozesse möglich. Das PEM-Modell definiert folgende vier Kompetenzbereiche:

- Leadership: Werden die Prozessveränderungen durch das Top-Management unterstützt?

- Unternehmenskultur: Wie groß ist die Bereitschaft für Veränderungen? Wie ausgeprägt ist die Fähigkeit zum Teamwork?

- Erfahrungen: Welche Fähigkeiten und Erfahrungen bezüglich der Neugestaltung von Prozessen sind im Unternehmen vorhanden?

- Steuerung: Welche Systeme und Strukturen existieren im Unternehmen, die das Management von Veränderungen unterstützen?

PEMM Handlungselemente: Prozess- und Unternehmensmerkmale

Das PEM-Modell ordnet jeder Prozessdeterminante und jeder Unternehmenskompetenz je 2 bis 4 fest definierte Merkmale zu. Die Merkmale haben den Vorteil, dass sie sich in jedem Unternehmen relativ leicht identifizieren lassen. Der Kompetenzbereich „Leadership" wird beispielsweise anhand der Merkmale Bewusstsein, Abstimmung, Verhalten und Führungsstil definiert:

- Bewusstsein: Betrachtet das Top-Management seine Arbeit aus Prozesssicht und versteht Prozessmanagement als Managementmethode?

- Abstimmung: Übernehmen Personen aller Unternehmensteile Führungsrollen bei Prozessprojekten?

- Verhalten: Engagiert sich das Top-Management bei Prozessinitiativen?

- Führungsstil: Wurden Weisungsbefugnisse an die Prozesseigner und die Ausführenden delegiert?

Einen Ausschnitt der Tabelle der Unternehmenskompetenzen liefert Tabelle 4-10. Anhand der konkreten Merkmale lässt sich im weiteren Verlauf der Reifegrad der jeweiligen Prozessdeterminante bzw. Unternehmenskompetenz bestimmen.

PEMM Reifegrade

Das PEM-Modell arbeitet mit je vier Reifegraden für die Prozessdeterminanten (Process Maturity P-1 bis P-4) und vier Reifegraden für die Unternehmenskompetenzen (Enterprise Maturity E-1 bis E-4). P-1 bzw. E-1 definiert die niedrigste Entwicklungsstufe, P-4 bzw. E-4 entsprechend die höchste Entwicklungsstufe. Um den Reifegrad einer Prozessdeterminanten oder Unternehmenskompetenz zu bestimmen, wurden für jedes Merkmal vier Entwicklungsstufen anhand eines kurzen Textes formuliert. Jede Entwicklungsstufe entspricht einem Reifegrad. Eine Übersicht der Merkmale und deren Entwicklungsstufen liefert Tabelle 4-10.

Eine Unternehmenskompetenz hat dann den Reifegrad E-1 erreicht, wenn alle Merkmale dieser Unternehmenskompetenz mindestens die erste Entwicklungsstufe erreicht haben. Oder anders ausgedrückt: Eine Unternehmenskompetenz hat immer den Reifegrad, den das am geringsten entwickelte Merkmal dieser Unternehmenskompetenz hat. Niedrige Entwicklungsstufen eines Merkmals lassen sich nicht durch besonders hoch entwickelte Merkmale kompensieren. Die Reifegrade der Prozessdeterminanten werden im Prinzip analog zu den Reifegraden der Unternehmenskompetenzen bestimmt. Eine Besonderheit ist, dass die Unternehmenskompetenzen die Prozessdeterminanten dominieren. Das PEM-Modell geht davon aus, dass die Grundvoraussetzung für erfolgreiche Prozesse gut ausgebildete Unternehmenskompetenzen sind. Eine Prozessdeterminante kann deshalb maximal den Reifegrad des am höchsten entwickelten Reifegrades der Unternehmenskompetenzen annehmen. Die Prozessdeterminanten werden durch die Unternehmenskompetenzen quasi „gedeckelt".

Der unternehmensweite Reifegrad der Prozessdeterminanten bzw. Unternehmenskompetenzen wird durch den Reifegrad der am geringsten entwickelten Prozessdeterminante bzw. Unternehmenskompetenz definiert. Hat ein Unternehmen bezüglich der Prozessdeterminanten z.B. den Reifegrad 2, dann haben alle Prozessdeterminanten mindestens den Reifegrad 2. Gleichfalls bedeutet dies, dass die Unternehmenskompetenzen den Reifegrad 2 oder höher erreicht haben.

PEMM Leistungsbewertung und Leistungssteigerung

Das PEM-Modell erfordert zur Anwendung wie bereits erwähnt weder autorisierte Personen noch ausgesprochene Experten. Es wird sogar explizit gefordert, dass die Beschäftigten eines Unternehmens selbst die Leistungsbewertung durchführen, da dadurch das Vertrauen in die Ergebnisse gesteigert wird.

„Nach einer kurzen Einführung können selbst Mitarbeiter, die keinerlei Erfahrung mit Prozessen mitbringen, die beiden Tabellen erstellen und auswerten. [...] Die subjektiven Einschätzungen der Mitarbeiter fließen in die Bewertung eines

Tabelle 4-10: Ausschnitt der Tabelle zur Bestimmung des Leistungsstandes der Unternehmenskompetenzen. Die Tabelle wurde exemplarisch ausgefüllt (Farbmarkierungen rechts)

Unternehmenskompetenzen						Bewertungen			
	Merkmale	Entwicklungsstufen							
		E-1	E-2	E-3	E-4	E-1	E-2	E-3	E-4
Leadership	Bewusstsein	Das Top-Management erkennt die Notwendigkeit, die betriebliche Leistung zu verbessern, ist sich der Bedeutung und der Möglichkeiten von Geschäftsprozessen jedoch nur in eingeschränktem Maße bewusst.	Mindestens ein Manager der Unternehmensleitung verfügt über tiefergehendes Wissen darüber, wie Geschäftsprozesse funktionieren, wie sie zur Leistungssteigerung des Unternehmens beitragen können und wie sie umgesetzt werden.	Das Top-Management ist prozessorientiert und hat eine Vision für die weitere Entwicklung des Unternehmens und der Prozesse.	Das Top-Management betrachtet auch die eigene Arbeit aus Prozesssicht und sieht Prozessmanagement nicht als Projekt, sondern als Managementmethode.				
	Abstimmung	Die Führung des Prozessprogramms ist im mittleren Management angesiedelt.	Ein Manager der oberen Führungsebene hat die Führung und die Verantwortung für das Prozessprogramm übernommen.	Das Top-Management ist sich über die Prozessinitiative weitgehend einig. Es wird von vielen Leuten aus dem Unternehmen unterstützt.	Personen in allen Unternehmensteilen begeistern sich für die Veränderung und übernehmen Führungsrollen bei Prozessprojekten.				
	Verhalten	Ein Manager der oberen Führungsebene unterstützt die Veränderung und ist bereit, das Projekt zu sponsern.	Ein Manager der oberen Führungsebene hat offizielle Leistungsziele gesteckt und ist bereit, Ressourcen bereitzustellen, tief greifende Änderungen vorzunehmen und Hindernisse aus dem Weg zu räumen, um die Ziele zu erreichen.	Das Top-Management agiert als Team, managt das Unternehmen prozessorientiert und engagiert sich in Prozessinitiativen.	Das Top-Management hat seine eigenen Aufgaben als Prozess definiert, richtet die strategische Planung auf Prozesse aus und entwickelt Geschäftschancen auf Basis von Hochleistungsprozessen.				
	Führungsstil	Das Top-Management ist von einem stark hierarchischen Führungsstil zu einem offeneren, auf Zusammenarbeit basierenden Führungsstil übergegangen.	Der für die Prozessveränderung verantwortliche Top-Manager setzt sich leidenschaftlich für notwendige Veränderungen ein und sieht Prozesse als Schlüsselwerkzeug für Veränderungen.	Das Führungsteam hat die Kontrolle und die entsprechenden Weisungsbefugnisse an die Prozesseigner und die Ausführenden delegiert.	Das Top-Management führt das Unternehmen mit Vision und Einfluss statt mit Anweisungen und Überwachung.				
Unternehmenskultur	Teamwork	Teamwork findet nur gelegentlich bei einzelnen Projekten statt und ist nicht die Regel.	Das Unternehmen setzt regelmäßig abteilungsübergreifende Projektteams ein, um Verbesserungen zu erzielen.	Teamwork ist bei den Mitarbeitern, die die Prozesse ausführen, an der Tagesordnung und wird auch häufig von Managern praktiziert.	Teamwork mit Kunden und Lieferanten ist an der Tagesordnung.				

Aussage trifft zu mehr als 80 %		Wahrheitsgehalt der Aussage liegt zwischen 20 % und 80 %		Aussage trifft zu weniger als 20 % zu	

Prozesses oder eines Unternehmens mit ein. Und je stärker sie an der Konzipierung neuer Prozesse beteiligt sind, desto stärker werden sie sich für die Veränderungen einsetzten." [Ham06]

Die Leistungsbewertung durch unterschiedliche Hierarchieebenen führt häufig zur Aufdeckung unterschiedlicher Sichtweisen. Üblicherweise fällt die Einschätzung des Managements wesentlich positiver aus als die der Mitarbeiterinnen und Mitarbeiter. Diese Diskrepanz kann als erstes Arbeitsergebnis verstanden werden und sollte genutzt werden, um die Kommunikation im Unternehmen zu fördern.

Leistungsbewertung

Im Rahmen einer Leistungsbewertung wird der Reifegrad der Prozessdeterminanten bzw. Unternehmenskompetenzen festgestellt. Die Tabellen verfügen zu diesem Zweck auf der rechten Seite über vier Spalten, in denen farbliche Markierungen eingetragen werden können. Die Farben rot, gelb und grün geben eine Aussage darüber, ob der jeweilige Reifegrad erreicht wurde oder nicht (siehe Tabelle 4-3). Über die Farbmarkierungen lässt sich im Anschluss der Reifegrad der Prozessdeterminanten bzw. Unternehmenskompetenzen feststellen. Eine Entwicklungsstufe eines Merkmals gilt nur dann als erreicht, wenn die Aussage überwiegend zutrifft (Wahrheitsgehalt der Aussage mehr als 80 %, Farbmarkierung: grün). Die Merkmale der Unternehmenskompetenzen in Tabelle 4-10 wurden beispielhaft bewertet.

Leistungssteigerung

Das PEM-Modell geht grundsätzlich davon aus, dass höhere Entwicklungsstufen eines Merkmals, respektive ein höherer Reifegrad einer Prozessdeterminante oder Unternehmenskompetenz, eine Verbesserung für das Unternehmen darstellt. Die höchsten Reifegrade gelten als erstrebenswert. Welche Reifegradstufe angestrebt wird, bleibt dem Unternehmen überlassen.

Die Auswertung einer Leistungsbewertung deckt Schwachstellen gezielt auf. Im Beispiel aus Tabelle 4-10 herrscht offensichtlich ein Defizit bei der Unter-

nehmenskompetenz Leadership. Die Leistungsbewertung hat ergeben, dass insbesondere die Abstimmung mit oberen Führungsebenen nur unzureichend durchgeführt wird. Das Unternehmen kann nun gezielt darauf hinarbeiten, die Leistung in diesem Bereich zu verbessern. Um die Leistungssteigerung zu beobachten, sollte die Leistungsbewertung in angemessenen Zeitabständen kontinuierlich wiederholt werden.

4.4.3 Instrumentarium zur Leistungsbewertung und Leistungssteigerung des Produktentwicklungsprozesses

Das Instrumentarium zur Leistungsbewertung und Leistungssteigerung des Produktentwicklungsprozesses wurde am Heinz Nixdorf Institut entwickelt [Bal05]. Ziel ist die Optimierung von Produktentwicklungsprozessen; die entsprechenden Handlungselemente sind nicht generisch, sondern für jedes Unternehmen bestimmbar. Dies ermöglicht es Unternehmen, die entscheidenden Stellhebel zu identifizieren, um die eigene Produktentwicklung nachhaltig zu verbessern.

Das Reifegradmodell des Instrumentariums orientiert sich nicht an den klassischen Entwicklungsstufen anderer Modelle, die die Handlungselemente in der Regel von „gering entwickelt" bis „hoch entwickelt" einstufen. Wir propagieren ein Reifegradmodell, das auf einem Entwicklungsstufenkatalog basiert, in dem unterschiedliche Ausprägungen eines Handlungselementes beschrieben werden. Die Ausprägungen müssen dabei nicht zwangsweise aufeinander aufbauen. Das Instrumentarium ermöglicht die Identifikation derjenigen Ausprägungen der Handlungselemente die den höchsten Beitrag zu den Entwicklungszielen aufweisen. Die Entwicklungsziele sind demnach eine wichtige Eingangsgröße für das Instrumentarium (siehe Bild 4-57). Diese sind zumeist direkt aus der Unternehmens- oder Geschäftsstrategie bzw. aus den Produktstrategien abzuleiten.

Mit dem Instrumentarium wird systematisch und gut nachvollziehbar eine individuelle Leistungssteigerungsstrategie, wie der Zielzustand ausgehend vom Ausgangszustand zu erreichen ist, ermittelt. Das Besondere ist das evolutionäre Vorgehen zur Leistungs-

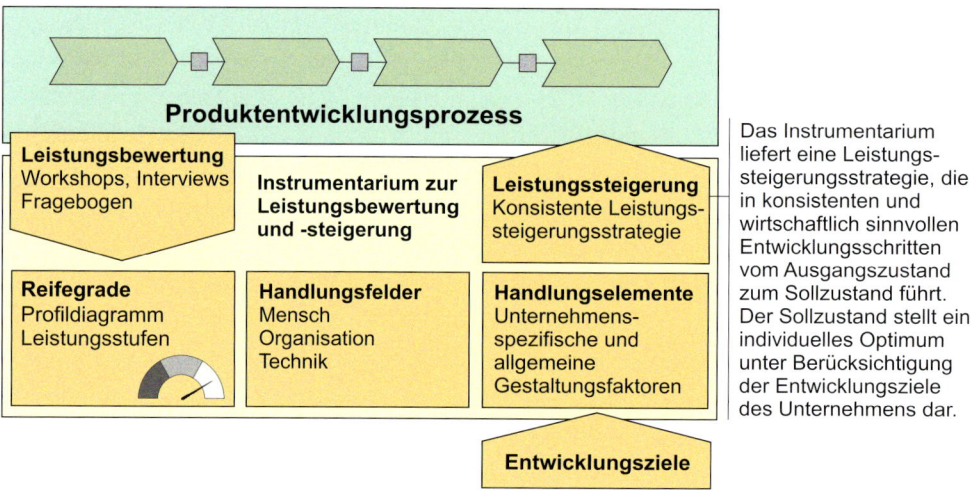

Bild 4-57: Schematische Darstellung der Funktionsweise des Instrumentariums zur Leistungsbewertung und Leistungssteigerung

steigerung auf Basis konsistenter Zwischenschritte. Diese Zwischenschritte sind in sich schlüssige Kombinationen von Entwicklungsstufen der Handlungselemente, für die darüber hinaus der erforderliche finanzielle und zeitliche Aufwand bestimmt wird.

Handlungsfelder

Im Rahmen unserer Arbeiten haben wir für die Produktentwicklung drei Handlungsfelder identifiziert, die die Leistung des Produktentwicklungsprozesses wesentlich beeinflussen:

Mensch: Dieses Handlungsfeld umfasst Handlungselemente, die die Arbeitspersonen unmittelbar betreffen. Beispiele hierfür sind der Einsatz von Personen gemäß ihren Fähigkeiten, Schulungs- und Weiterbildungsmaßnahmen sowie die Fähigkeit zur Teamarbeit.

Organisation: Dieses Handlungsfeld beinhaltet die Handlungselemente, die sich auf den organisatorischen Ablauf der Produktentwicklung beziehen. Dies umfasst beispielsweise die Entwicklungssystematik, die Aufbauorganisation und das Projektmanagement.

Technik: Zu diesem Handlungsfeld zählen wir Handlungselemente, die einen hohen Einfluss auf die Methoden und Werkzeuge der Produktentwicklung aufweisen. Beispiele sind Entwicklungsmethoden, IT-Werkzeuge und Spezifikationstechniken.

Verbesserungsprojekte sollten alle drei Handlungsfelder ausgewogen berücksichtigen. Diese Aussage mag trivial klingen, jedoch ist eine einseitige Fokussierung auf eines der Handlungsfelder eine häufige Ursache für das Scheitern von Verbesserungsprojekten [KB03].

Handlungselemente: Gestaltungsfaktoren

Die Leistungsfähigkeit der Produktentwicklung wird durch eine Reihe von Handlungselementen beeinflusst. Wir sprechen in diesem Zusammenhang auch von Gestaltungsfaktoren, weil es in der Hand der Unternehmen liegt, diese wichtigen Hebel so einzustellen, dass eine möglichst hohe Leistung erbracht wird. Einige dieser Gestaltungsfaktoren sind meist gut bekannt, andere hingegen liegen im Verborgenen bzw. es herrscht kein Verständnis über den potentiellen Beitrag dieser Gestaltungsfaktoren zu den Entwicklungszielen. Es gilt, die wesentlichen Gestaltungsfaktoren aus allen Handlungsfeldern zu identifizieren, die einen hohen Beitrag zu den Entwicklungszielen haben. Vielfach sind die Entwicklungsziele ihrerseits ebenfalls nicht schriftlich fixiert. Daher erfolgt in der Regel zunächst eine Analyse der Produkt- und Geschäftsstrategien sowie ggf. der Unternehmensstrategie.

Im Rahmen unserer Arbeiten haben wir einen Gestaltungsfaktoren-Katalog und einen Entwicklungsziele-Katalog zusammengetragen, die sich unternehmensspezifisch erweitern lassen. Dies stellt sicher, dass individuelle Aspekte des Unternehmens berücksichtigt werden. Die für das Unternehmen relevanten Gestaltungsfaktoren bzw. Entwicklungsziele werden in der Regel im Rahmen von Workshops diskutiert und festgelegt. Dies wird durch Methoden wie die Einflussanalyse (vgl. Kapitel 2.1.3) unterstützt.

Reifegrade: Leistungsstufen

Eine Leistungsstufe beschreibt eine konkrete Ausprägung eines Gestaltungsfaktors, d.h. in welcher Art und Weise sich ein Gestaltungsfaktor im Unternehmen etablieren könnte. Für jeden Gestaltungsfaktor werden mehrere Leistungsstufen definiert und in einem Leistungsstufenkatalog zusammengefasst. Für die generischen Gestaltungsfaktoren liegt auch hierzu ein Vorschlag vor; für die spezifischen Gestaltungsfaktoren sind die Leistungsstufen zu definieren. Dies sollten nicht mehr als fünf sein. In dem folgenden Kasten werden die Leistungsstufen am Beispiel des Gestaltungsfaktors „Entwicklungssystematik" beschrieben.

Leistungsstufen von Gestaltungsfaktoren am Beispiel „Entwicklungssystematik"

Eine Entwicklungssystematik ist eine planmäßige Vorgehensweise zur Bearbeitung einer Entwicklungsaufgabe. Sie legt fest, was durch wen in welcher Reihenfolge zu tun ist, welche Meilensteine existieren, welche Resultate an diesen vorzuliegen haben und wer an den Meilensteinen die Entscheidung zur Freigabe der nächsten Schritte trifft. Ferner enthält eine Entwicklungssystematik Aussagen zu einzusetzenden Methoden, Werkzeugen, Metriken, Techniken der Ergebnisdokumentation etc.

Ausprägung A: lernende Organisation

Die Entwicklungssystematik ist nicht nur präzise dokumentiert und uneingeschränkt akzeptiert, sondern wird kontinuierlich weiterentwickelt. Es herrscht eine klare Orientierung auf den Nutzen für den Kunden (Auftraggeber) vor. Dabei werden, wenn angebracht, auch Vereinfachungen vorgenommen, sodass der Gefahr des Entstehens eines Bürokratie-Monsters entgegengewirkt wird. Transparenz sowie Konfliktlösungs- und Kooperationsbereitschaft kennzeichnen den Umgang miteinander.

Ausprägung B: gut dokumentiertes und gelebtes Vorgehensmodell

Die Entwicklungsprozesse sind detailliert festgelegt. Es ist klar definiert, wer was zu liefern hat und wer an welchen Meilensteinen zu entscheiden hat. Es herrscht Transparenz über Aufgaben und Entscheidungsstrukturen. Die definierten Abläufe werden konsequent eingehalten. Ausnahmen gibt es nicht. Entwicklungsergebnisse werden konsequent dokumentiert und aktualisiert.

Leistungsstufe C: rudimentäres Vorgehensmodell

Der prinzipielle Ablauf der Entwicklung und die Entscheidungspunkte sind festgelegt. Es ist bekannt, wer entscheidet. In der Regel wird dieses Vorgehen jedoch nicht konsequent eingehalten. Der Dokumentation der Entwicklung und der Ergebnisse kommt keine besondere Bedeutung zu. Wichtig ist nur das Ergebnis, nicht der Weg dorthin.

Leistungsstufe D: kein systematisches Vorgehen

Der Entwicklungsablauf des Unternehmens ist nicht definiert. Die Entwicklung erfolgt in der Regel chaotisch und unsystematisch. Es mangelt an Transparenz der Arbeit. Verantwortlichkeiten sind nicht geregelt, es existieren keine klaren Entscheidungsstrukturen.

Die Leistungsstufen stellen zunächst unbewertete Ausprägungen der Gestaltungsfaktoren dar. So ist die Leistungsstufe „lernende Organisation" des Gestaltungsfaktors „Entwicklungssystematik" nicht notwendigerweise die optimale Ausprägung für das betrachtete Unternehmen. Handelt es sich beispielsweise um ein kleines Unternehmen mit nur wenigen Entwicklern, flachen Hierarchien und kurzen Entscheidungswegen würde ggf. schon ein „rudimentäres Vorgehensmodell" die optimale Leistungsfähigkeit ermöglichen und eine „lernende Organisation" könnte eher hinderlich sein, weil der dafür notwendige Formalismus zu groß wäre. Im nächsten Schritt sind die Leistungsstufen daher je Gestaltungsfaktor hinsichtlich ihres Beitrags zu den Entwicklungszielen zu staffeln. Es sind diejenigen Leistungsstufen zu identifizieren, die einen hohen Beitrag zu den Entwicklungszielen liefern. Mit Hilfe der so genannten Zielbeitragsmatrix wird die Zielwirkung jeder Leistungsstufe eines Gestaltungsfaktors ermittelt (Bild 4-58). Die Zielwirkung sagt aus, welchen Beitrag eine Leistungsstufe zu den Entwicklungszielen leistet.

Aus den Leistungsstufen mit dem höchsten Beitrag zu den Entwicklungszielen wird das Soll-Profil für das betrachtete Unternehmen erarbeitet. Dazu werden die Leistungsstufen je Gestaltungsfaktor gemäß ihrer Zielwirkung in einem Profildiagramm aufgetragen. Die Verbindung der Leistungsstufen mit den höchsten Zielwirkungen definiert folglich das Soll-Profil, in Bild 4-59 ganz rechts dargestellt. Zur Absicherung wird das Soll-Profil durch eine Konsistenzanalyse auf seine Widerspruchsfreiheit überprüft. Bei der Konsistenzanalyse werden die Leistungsstufen aller Gestaltungsfaktoren paarweise miteinander auf ihre Konsistenz bewertet (vgl. Kapitel 2.1.5). Das Ergebnis sind Leistungsstufenbündel. Ein derartiges Bündel ist eine hochkonsistente Kombination von Leistungsstufen, wobei für jeden Gestaltungsfaktor genau eine Leistungsstufe enthalten ist. Das Soll-Profil enthält diejenigen Leistungsstufen, die für das betrachtete Unternehmen vor dem Hintergrund der Ziele anzustreben sind.

Zielbeitragsmatrix der Leistungsstufen		Entwicklungsziel	Leistungsziele			Kostenziele			Zeitziele			Zielwirkung
Fragestellung: „Wie stark trägt die Leistungsstufe des Handlungselementes (Zeile) zu dem Entwicklungsziel (Spalte) bei?" **Bewertungsskala:** 0 = kein Beitrag 1 = schwacher, verzögerter Beitrag 2 = mittlerer Beitrag 3 = starker, unmittelbarer Beitrag			Alleinstellungsmerkmal	Zuverlässigkeit steigern	Standardteile steigern	Entwicklungskosten senken	Änderungskosten senken	Fertigungskosten senken	Entwicklungszeiten verkürzen	Änderungszeiten verkürzen	Markteintrittszeitpunkt einhalten	
Gestaltungsfaktoren	**Leistungsstufen**	Nr.	1	2	3	4	5	6	22	23	24	
Wissensmanagement (WM)	Umfassendes WM	12A	3	3	3	3	3	3	3	3	3	53
	WM beschränkt auf ...	12B	2	2	2	1	1	1	1	1	1	33
	Kein WM, jeder hilft sich selbst	12C	0	0	0	0	0	0	0	0	0	0
Datenmanagement	Konsequentes PLM	13A	3	3	3	3	3	2	2	2	2	49
	PDM für CAD-Daten	13B	2	2	2	2	1	1	1	1	1	26
	Dateiverwaltung	13C	0	0	0	0	0	0	0	0	0	0
Projektmanagement (PM)	Umfassendes Multi-PM	14A	3	3	2	3	3	2	3	3	3	48
	Pragmatisches PM	14B	2	2	1	1	1	1	1	1	1	22
	Einfaches PM für größere Projekte	14C	0	0	0	0	0	0	0	0	0	0
Technisches Risikomanagement (RM)	Umfassendes RM	19A	3	3	2	3	3	1	3	3	3	42
	Rudimentäres RM	19B	2	2	1	2	2	1	2	2	2	29
	Kein RM	19C	0	0	0	0	0	0	0	0	0	0

PLM: Product-Lifecycle-Management; PDM: Produktdatenmanagement

Bild 4-58:　Beispiel einer Zielbeitragsmatrix [nach Bal05]

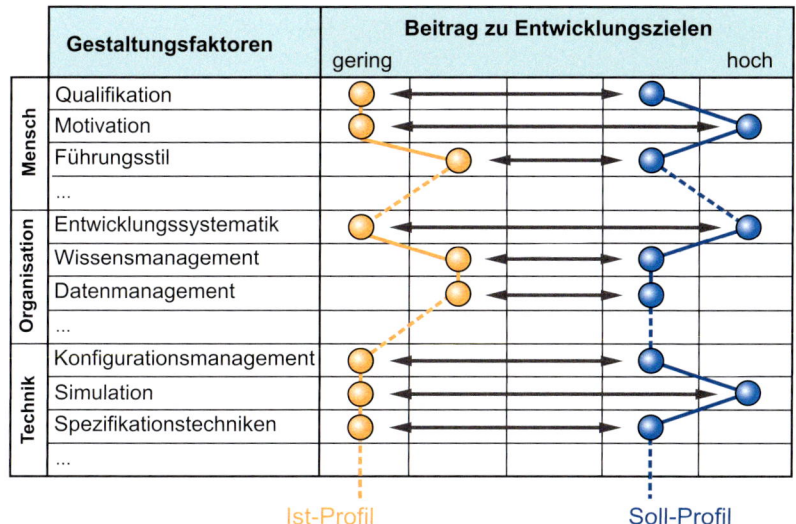

Gestaltungsfaktoren		Beitrag zu Entwicklungszielen	
		gering	hoch
Mensch	Qualifikation		
	Motivation		
	Führungsstil		
	...		
Organisation	Entwicklungssystematik		
	Wissensmanagement		
	Datenmanagement		
	...		
Technik	Konfigurationsmanagement		
	Simulation		
	Spezifikationstechniken		
	...		

Ist-Profil   Soll-Profil

Bild 4-59:   Exemplarische Darstellung eines Profildiagramms mit eingetragenem Ist- und Soll-Profil

Leistungsbewertung und Leistungssteigerung

Die Leistungsbewertung bezogen auf den Ausgangszustand erfolgt auf der Basis von Befragungen und im Rahmen von Workshops. Die Einordnung in die Leistungsstufen der unternehmensspezifischen Gestaltungsfaktoren bereitet in der Regel keine Schwierigkeiten, da meist eine Leistungsstufe exakt die Ausgangssituation des Unternehmens beschreibt. Bild 4-59 zeigt beispielhaft die Gegenüberstellung von Ist- und Soll-Profil in einem Profildiagramm. Durch die Darstellung des Ist- und des Soll-Profils in einem Profildiagramm werden die Diskrepanzen zwischen den Profilen deutlich (in Bild 4-59 durch Pfeile markiert). Das Profildiagramm ist die Grundlage für die Leistungssteigerung.

In den meisten Fällen ist der Aufwand, um das Soll-Profil zu erreichen, hoch. Da kein Unternehmen in der Lage ist, alle Hebel gleichzeitig auf die maximale Stellung zu bringen, müssen unter Berücksichtigung des Aufwand-/Nutzenverhältnisses sinnvolle Schritte im Sinne eines evolutionären Vorgehens, die so genannten Entwicklungsstufen, gebildet werden. Eine Entwicklungsstufe ist ein Bündel von Leistungsstufen, wobei wieder in einem Bün-

del von jedem Gestaltungsfaktor eine Leistungsstufe enthalten ist. Doch welche Kombinationen von Leistungsstufen sind sinnvoll? Gibt es vielleicht besonders günstige bzw. besonders ungünstige Konstellationen? Diese Fragen lassen sich unter Rückgriff auf die zuvor durchgeführte Konsistenzanalyse beantworten; denn nur in sich stimmige Kombinationen von Hebelstellungen tragen letztendlich zu der angestrebten evolutionären Verbesserung der Leistungsfähigkeit bei.

Daneben erfolgt eine Bewertung anhand der zu erwartenden Leistungssteigerung, also dem Nutzen aus der Einnahme der Entwicklungsstufe und des Aufwands, den das Unternehmen dafür investieren muss. Den Nutzen einer Entwicklungsstufe leiten wir direkt aus den Zielbeiträgen der enthaltenen Leistungsstufen ab. Der Aufwand wird mit Hilfe der so genannten Aufwand-Wechsel-Matrix ermittelt (Bild 4-60). Darin wird für jeden Gestaltungsfaktor auf Basis eines vierstufigen Bewertungsmaßstabs eingeschätzt, wie hoch der finanzielle und zeitliche Aufwand ist, um von einer Leistungsstufe zu einer anderen zu wechseln. Daraus lassen sich – wenn auch grob – Aussagen zum monetären und zeitlichen Aufwand treffen, um vom Ist-Profil zur ersten Ent-

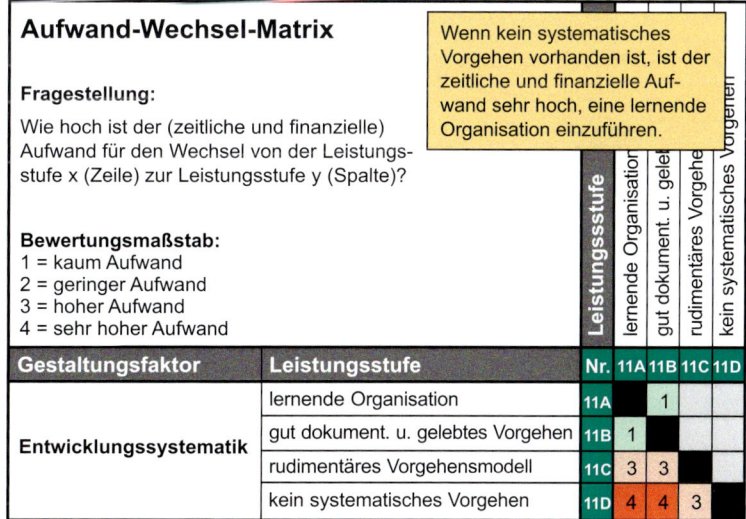

Bild 4-60:   Aufwand-Wechsel-Matrix

wicklungsstufe bzw. von einer Entwicklungsstufe zur nächst höheren zu gelangen. Für eine zeitnahe Leistungssteigerung sind beispielsweise nur Entwicklungsstufen geeignet, die für den Wechsel der Leistungsstufen kaum oder nur geringen zeitlichen Aufwand erfordern.

Auf der Basis solcher Aufwand-/Nutzenbetrachtungen wird die individuelle Verbesserungsstrategie für das betrachtete Unternehmen erarbeitet. Diese beschreibt den Weg vom Ist-Zustand in leistbaren Schritten zu dem zuvor ermittelten individuellen Soll-Zustand (Bild 4-61). Dabei werden als Schritte solche Entwicklungsstufen gewählt, die an die verfügbaren finanziellen und zeitlichen Ressourcen des Unternehmens angepasst sind und durch vorherige Maßnahmen bereits erreichte Verbesserungen nicht wieder in Frage stellen.

Resümee

Das Instrumentarium zur Leistungsbewertung und Leistungssteigerung des Produktentwicklungsprozesses wird den spezifischen Erfordernissen eines Unternehmens gerecht. Für viele Unternehmen ist der bei generischen Verbesserungsmodellen angestrebte Idealzustand nicht erforderlich. Ihn anzustreben hieße, für die letzten 20 % Leistungssteigerung das Mehrfache an Ressourcen einzusetzen, als das, was für das Erreichen der 80 % Leistungssteigerung notwendig ist. Bei dem vorgestellten Instrumentarium steht die individuell sinnvolle und eben nicht die ultimativ mögliche Verbesserung im Vordergrund. Daneben überzeugt das evolutionäre Vorgehen vom Ist-Zustand über leistbare und messbare Entwicklungsstufen zum individuellen Soll-Zustand. Selbstredend lässt sich das beschriebene Instrumentarium leicht auf andere Funktionsbereiche eines Unternehmens übertragen.

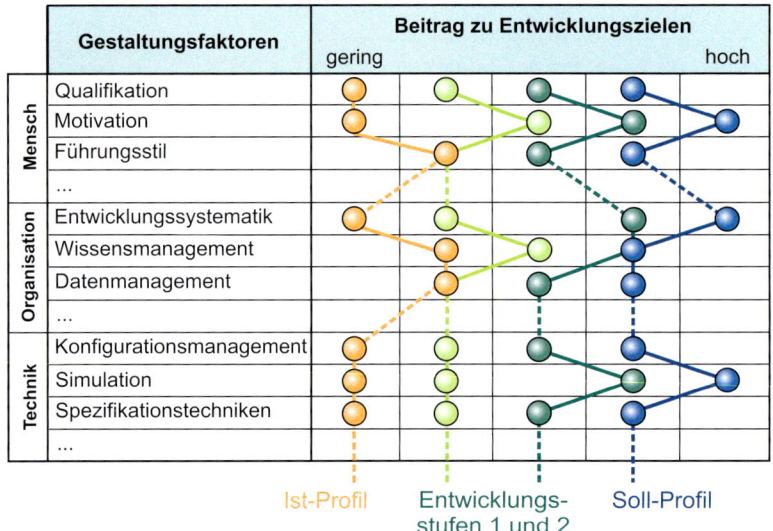

Bild 4-61:   *Visualisierung von Ist- und Soll-Zustand sowie verschiedener Entwicklungsstufen in einem Profildiagramm*

Literatur zum Kapitel 4

[Akt87] Aktas, A. Z.: Structured Analysis and Design of Information Systems. Prentice Hall, Englewood Cliffs, NJ, 1987

[Bal05] Balážová, M.: Methode zur Leistungsbewertung und Leistungssteigerung der Mechatronikentwicklung. Dissertation, Fakultät für Maschinenbau, Universität Paderborn, HNI-Verlagsschriftenreihe, Band 174, Paderborn, 2005

[Bau96] Baumgarten, B.: Petri-Netze – Grundlagen und Anwendungen. Spektrum Akademischer Verlag, Heidelberg, 1996

[Akt87] Aktas, A. Z.: Structured Analysis and Design if Information Systems. Prentice Hall, Englewood Cliffs, NJ, 1987

[Bal05] Balá ová, M.: Methode zur Leistungsbewertung und Leistungssteigerung der Mechatronikentwicklung. Dissertation, Fakultät für Maschinenbau, Universität Paderborn, HNI-Verlagsschriftenreihe, Band 174, Paderborn, 2005

[Boo94] Booch, G.: Object-Oriented Analysis and Design with Applications. 2nd Edition, Benjamin/Cummings, Redwood City, CA, 1994

[BS01] Bullinger, H.-J.; Schreiner, P. (Hrsg.): Business Process Management Tools – Eine evaluierende Marktstudie über aktuelle Werkzeuge. Fraunhofer IRB Verlag, Stuttgart, 2001

[Bur02] Burghardt, M.: Projektmanagement. 6. Auflage, Publicis Corporate Publishing, Erlangen, 2002

[DG73] Dupperin, J. C.; Godet, M.: Méthode de hiérachisation des élémentes d'un système – Rapport Economique du CEA. R-45-41, Paris, 1973

[Fah95] Fahrwinkel, U.: Methode zur Modellierung und Analyse von Geschäftsprozessen zur Unterstützung des Business Process Reengineering. Dissertation, Fachbereich für Wirtschaftswissenschaften, Universität-Gesamthochschule Paderborn, HNI-Verlagsschriftenreihe, Band 1, Paderborn, 1995

[FSR08] Foegen, M.; Solbach, M.; Raak, C.: Der Weg zur professionellen IT – Eine praktische Anleitung für das Management von Veränderungen mit CMMI, ITIL oder SPICE. Springer-Verlag, Berlin, Heidelberg, 2008

[Gad01] Gadatsch, A.: Management von Geschäftsprozessen – Methoden und Werkzeuge für die IT-Praxis. Vieweg Verlag, Wiesbaden, 2001

[GU06] Greitemeyer, J.; Ulrich, T.: Komplexitätsmanagement für den Mittelstand. Scope 4/2006, Hoppenstedt, Darmstadt

[Ham06] Hammer, M.: Der große Prozess-Check. In: Harvard Businessmanager, Mai 2007, S. 35-52

[HB96] Hess, T.; Brecht, L.: State of the Art des Business Process Redesign – Darstellung und Vergleich bestehender Methoden. 2. Auflage, Gabler, Wiesbaden, 1996

[HC93] Hammer, M.; Champy, J.: Reengineering the Corporation. Nicolas Brealy Publishing Ltd., London, 1993

[HC94] Hammer, M.; Champy, J.: Business Reengineering – Eine Radikalkur für das Unternehmen. Campus, Frankfurt/Main, 1994

[Ima94] Imai, M.: Kaizen – Der Schlüssel zum Erfolg der Japaner im Wettbewerb. Ullstein, München, 1994

[ITG08] IT Governance Institute (ITGI): IT Governance Global Status Report – 2008. ITGI, Rolling Meadows, USA, 2008

[Jac95] Jacobson, I.: Object-Oriented Software Engineering – A Use Case Driven Approach. 4th Edition, Addison-Wesley, Reading, MA, 1995

[JBR99] Jacobson, I.; Booch, G.; Rumbaugh, J.: The Unified Software Development Process. Addison-Wesley, Reading, MA, 1999

[Jen81] Jensen, K.: Coloured Petri Nets and the Invariant Method. Theorctical Computer Science 14, North-Holland, 1981, 317-336

[JRH+04] Jeckle, M.; Rupp, C.; Hahn, J.; Zengle, B.; Queins, S.: UML 2 glasklar. Carl Hanser Verlag, München, 2004

[JU07] Janssen, H.; Ulrich, T.: Risikomanagement für Prozessinnovationen. In: MQ – Management und Qualität, Ausgabe 4/2007, TÜV Media AG, Köln, 2007

[KB03] Kleer, M.; Boeke, E.: Arthur D. Little Studie – Best Practise in der Produktentwicklung 2003 – Zusammenfassung Studienergebnisse. Arthur D. Little GmbH, München, 2003

[Kne03] Kneuper, R.: CMMI – Verbesserung von Softwareprozessen mit Capability Maturity Model Integration. dpunkt.verlag, Heidelberg, 2003

[Lew00] Lewandowski, A.: Methode zur Gestaltung von Leistungserstellungsprozessen in Industrieunternehmen. Dissertation, Fakultät für Maschinenbau, Universität Paderborn. HNI-Verlagsschriftenreihe, Band 68, Paderborn, 2000

[Lin96] Linder, F. A.: Traurige Bilanz. In: Manager Magazin, August 1996, S. 110-113

[NF95] Nippa, M.; Franck, E.: Prozessorganisation – Eine Bewertung der neuen Ansätze aus Sicht der Organisationslehre. In: Nippa, M.; Picot, A.: Prozessmanagement und Reengineering – Die Praxis im deutschsprachigen Raum. Campus-Verlag, 1995

[Nor34] Nordsieck, F.: Grundlagen der Organisationslehre. C.E. Poeschel Verlag, Stuttgart, 1934

[Nor68] Nordsieck, F.: Betriebsorganisation – Betriebsaufbau und Betriebsablauf. Poeschel, Stuttgart, 1968

[Oes05] Oestereich, B.: Objektorientierte Softwareentwicklung – Analyse und Design mit UML 2.0. 7. aktualisierte Auflage, Oldenbourg Verlag, München, 2005

[OWS+03] Oestereich, B.; Weiss, C.; Schröder, C.; Weilkiens, T.; Lenhard, A.: Objektorientierte Geschäftsprozessmodellierung mit der UML. dpunkt.verlag, Heidelberg, 2003

[PRW98] Picot, A.; Reichwald. R.; Wigand, R. T.: Die grenzenlose Unternehmung. Gabler, Wiesbaden, 1998

[QS9000] QS 9000: FMEA – Fehler-Möglichkeits- und -Einfluss-Analyse. 3. Auflage, Carwin Ltd., 2001

[RBP+91] Rumbaugh, J.; Blaha, M.; Premerlani, W.; Eddy, F.; Lorensen, W.: Object-Oriented Modeling and Design. Prentice Hall, Englewood Cliffs, New Jersey, 1991

[Red06] Redenius, A.: Verfahren zur Planung von Entwicklungsprozessen für fortgeschrittene mechatronische Systeme. Dissertation, Fakultät für Maschinenbau, Universität Paderborn, HNI-Verlagsschriftenreihe, Band 194, Paderborn, 2006

[Ros85] Ross, D. T.: Applications and Extensions of SADT. IEEE Computer 18, 4/1985, S.25-34

[Sch01] Scheer, A. W.: ARIS – Modellierungsmethoden, Metamodelle, Anwendungen. 4. Auflage, Springer Verlag, Berlin, 2001

[SchS02] Schmelzer, H. J.; Sesselmann, W.: Geschäftsprozessmanagement in der Praxis. Carl Hanser Verlag, München, Wien, 2002

[SEI06] Software Engineering Institute (SEI): CMMI® for Development, Version 1.2. SEI, Pittsburgh, 2006

[Ser94] Servatius, H.-G.: Reengineering-Programme erfolgreich umsetzen. Schäffer-Poeschel, Stuttgart, 1994

[Sen06] Senge, P. M.: Die fünfte Disziplin – Kunst und Praxis der lernenden Organisation. 10. Auflage, Klett-Cotta, Stuttgart, 2006

[Spe01] Speck, M. C.: Geschäftsprozessorientierte Datenmodellierung – Ein Referenz-Vorgehensmodell zur fachkonzeptionellen Modellierung von Informationsstrukturen. Logos Verlag, Berlin, 2001

5 Systeme – Nutzung der Informationstechnik

»Technik ist Mittel zum Zweck, nicht Selbstzweck.«

– Carl Friedrich von Weizsäcker –

Zusammenfassung

Ein Unternehmen ist ein hoch komplexes informationsverarbeitendes System. Nichts liegt daher näher, als mit Informationstechnik (IT) die Abläufe zu unterstützen. Diese müssen nur gut strukturiert sein; daher kommt der Einsatz von IT-Systemen nach der Reorganisation der Ablauforganisation und nicht stattdessen.

Um dem Leser zu vermitteln, was heutige IT-Systeme leisten, schildern wir zunächst das breite Spektrum der IT-Systeme aus Anwendersicht. Dies umfasst die IT-Systeme für die beiden Hauptgeschäftsprozesse Produktentstehung (CAD-Systeme, Virtual Prototyping, Digitale Fabrik) und Auftragsabwicklung (Enterprise Resource Planning/ Produktionsplanung und -steuerung, Customer Relationship Management, Supply Chain Management) sowie die Themen Product Lifecycle Management und Industrieautomatisierung.

Die Gestaltung der Informationstechnik ist ein wesentlicher Hebel zur Sicherung der Wettbewerbsfähigkeit. Auf Unternehmensleitungsebene drückt sich das durch die Funktion *Chief Information Officer* (CIO) aus. Unter IT-Management zeigen wir, wie diese Funktion konkret auszugestalten ist. Dies beruht auf einer Beschreibung der Rahmenwerke für die Gestaltung des IT-Managements (ITIL, CobiT etc.) und der generischen Prozesse des IT-Managements vom Anforderungsmanagement über das Störungs- und Problemmanagement bis zum Partnermanagement.

Abschließend gehen wir ausführlich auf die Einführung von IT-Systemen ein. Wir stellen eine Systematik vor, die in klaren Schritten von der Aufgaben- und Anforderungsanalyse über die Systemauswahl bis zum Roll-out zeigt, wie ein komplexes IT-Einführungsprojekt erfolgreich durchgeführt werden kann.

Es muss nicht mehr sein, dass ein Unternehmen unter den IT-Kosten ächzt und IT etwas Undurchschaubares ist. Es gibt in jeder Hinsicht beste Möglichkeiten IT aufgabengerecht, effektiv, transparent und hocheffizient einzusetzen. IT-Management gibt dafür die Leitlinie und die Instrumente.

Schon seit Jahrzehnten prägen Informations- und Kommunikationstechnik die Prozesse der Wirtschaft und insbesondere die Leistungserstellung produzierender Unternehmen. Angesichts des Zusammenwachsens von Informations- und Kommunikationstechnik verwenden wir im Folgenden der Einfachheit halber den Begriff Informationstechnik (IT). Von Beginn an äußerte sich die hohe Bedeutung der Informationstechnik durch eigene Funktionsbereiche in den Aufbauorganisationen.

Ganz früher, besonders zu Zeiten der Rechenzentren und des Batch-Betriebs, war es die geheimnisvolle EDV-Abteilung. Später mit der Entdeckung der Geschäftsprozesse und der Erkenntnis, dass wirkungsvoller IT-Einsatz wohlstrukturierte Prozesse erfordert, bemächtigten sich vielerorts die EDV-Abteilungen der Prozessgestaltung, was sich in der Abteilungsbezeichnung niederschlug. Von nun an sprach man von OI, d.h. Organisation und Informationsverarbeitung. Aufgehängt war das in der Regel beim obersten Kaufmann des Unternehmens.

Kein Wunder, dass das bei selbstbewussten Technikchefs und Fertigungsleitern auf wenig Gegenliebe stieß. In der Konsequenz entstanden in den meisten Unternehmen neben der zentralen OI in den Fachbereichen eigene dedizierte IT-Abteilungen, technische Rechenzentren u.ä. Begünstigt wurde diese Entwicklung durch die Verbreitung der Abteilungsrechner in den 80er Jahren und in der Folge auch durch die Verbreitung von Workstations und Personalcomputern. Das führte zu Konflikten zwischen der zentralen OI und den IT-Abteilungen der Bereiche, die auch weidlich ausgelebt wurden. Typisch ist beispielsweise die Frage, wer das Sagen bei der Einführung eines Produktdatenmanagement (PDM)-Systems hat. Das ist eigentlich nur für diejenigen eine wichtige Frage, die primär Bereichspolitik betreiben; die Frage, wie IT genutzt werden kann, um die Wettbewerbsposition eines Unternehmens zu verbessern, wird so wohl kaum beantwortet. So konnte es nicht weitergehen.

Der Chief Information Officer (CIO) kam ins Spiel. Er sollte das IT-Geschehen zum Wohle des Unternehmens konzertieren; damit er die Macht hatte, wurde diese Funktion auf Unternehmensleitungsebene angesiedelt. Der kaufmännische Leiter, der Technikchef etc. bekamen also einen Kollegen. Der skizzierte Konflikt wurde damit aber nicht grundlegend gelöst. So verwundert es denn auch nicht, dass der CIO vielerorts de facto wieder ins zweite Glied gerückt ist. Offensichtlich kann die Frage, wie intensiv sich die Unternehmensleitung bis hinein in den Aufsichtsrat mit IT-Fragen befassen soll, nicht allgemeingültig beantwortet werden. Der Grund ist, dass der Grad, wie IT das Geschäft eines Unternehmens prägt, sehr unterschiedlich ist. Der folgende Kasten soll das verdeutlichen. Die für uns zentrale Frage ist, wie IT-Systeme und das damit verbundene Geschehen mit der Strategie und den Leistungserstellungsprozessen eines Unternehmens gut verzahnt werden können. Dieser Frage wollen wir uns als nächstes zuwenden. Anschließend geben wir einen leicht verständlichen Überblick über die facettenreiche Welt der Anwendungssysteme. Im Kapitel IT-Management schildern wir, wie die IT in einem Unternehmen strategisch begründet zu gestalten ist. Abschließend beschreiben wir, was in welcher Reihenfolge wie zu tun ist, um ein IT-System erfolgreich einzuführen.

IT-Management auf Unternehmensleitungsebene

Informationstechnik trägt in den meisten Unternehmen zur rationellen Leistungserstellung bei und führt in vielen Unternehmen zu einer vorteilhaften Positionierung im Wettbewerb. Im Durchschnitt entfallen mehr als die Hälfte der Investitionen auf den Bereich IT. Gute Gründe für das Top-Management und ggf. auch für den Aufsichtsrat, sich mit grundlegenden IT-Fragen auseinanderzusetzen. Der Grad dieser erforderlichen Zuwendung hängt aber von der Rolle der Informationstechnik für das Geschäft ab. RICHARD NOLAN und F. WARREN MCFARLAN schlagen die im Bild wiedergegebene Matrix des IT-Einflusses vor, um die Rolle der IT für das Unternehmen zu verdeutlichen und zu Fragen zu führen, mit denen sich die Unternehmensleitung intensiv befassen sollte [NM06]. Aus dieser Matrix resultieren vier Modi, denen sich Unternehmen zuordnen lassen. Ferner werden zwei Warten charakterisiert, aus denen Unternehmen das Thema IT betrachten:

- In der **defensiven Warte** ist IT schlicht Mittel zum Zweck im operativen Geschäft. Hier geht es in erster Linie um die Zuverlässigkeit und Effizienz der Systeme.

- In der **offensiven Warte** wird IT als strategischer Hebel betrachtet. Häufig betreten solche Unternehmen auf dem IT-Gebiet Neuland und gehen hohe Risiken ein. Selbstredend müssen die implementierten Systeme am Ende auch hier zuverlässig laufen und effizient sein.

Im Folgenden charakterisieren wir kurz die vier Modi nach dem folgenden Bild und nennen je Modus einige typische Fragen, die von NOLAN/McFARLAN formuliert worden sind.

„Supportmodus" (defensiv)

Hier ist die IT ein einfaches Werkzeug, das den Mitarbeitern hilft, ihre Arbeit zu erledigen. An die Zuverlässigkeit werden keine besonders hohen Anforderungen gestellt; für die strategische Weiterentwicklung spielt die IT keine signifikante Rolle. Beispiele für typische Fragen an das Top-Management sind:

- „Hat sich die strategische Bedeutung unserer IT verändert?"

- „Was machen unsere derzeitigen und unsere potentiellen Konkurrenten im IT-Bereich?"

- „Verwenden wir die passende IT-Infrastruktur und die richtigen Anwendungen, um die Entwicklung unseres geistigen Kapitals zu nutzen?"

„Fabrikmodus" (defensiv)

IT prägt hier die Leistungserstellung entscheidend. Das gilt beispielsweise für viele moderne Produktionsbetriebe und Fluggesellschaften. Die Systeme müssen höchsten Anforderungen an die Zuverlässigkeit genügen und hocheffizient sein. Typische Fragen auf Top-Level sind:

- Vgl. „Supportmodus" sowie

- „Hat sich im Bereich Notfallsysteme und Sicherheit etwas verändert, das die langfristige Planung unseres Geschäfts beeinträchtigen könnte?"

- „Verfolgen wir geeignete Managementziele, um zu vermeiden, dass unsere Hardware, die Software oder die vorhandenen Anwendungen veralten?"

- „Reichen unsere Schutzmaßnahmen, um Angriffe auf die Funktionstüchtigkeit des Systems und Hacker-Angriffe abzuwehren?"

- „Drohen Überraschungen, die mit der IT zusammenhängen?"

Reorganisationsmodus (offensiv)

Das ist das Business-Process-Reengineering-Szenario, d.h. das Unternehmen hat sich eine „schlanke" Ablauforganisation erarbeitet und will nun die wohlstrukturierten Geschäftsprozesse durch zeitgemäße Informationstechnik unterstützen. Im Vordergrund steht das Schaffen von Wettbewerbsvorteilen und weniger die hohe Zuverlässigkeit im Alltag. Typische Fragen an das Top-Management sind:

- Vgl. „Supportmodus" sowie

- „Geht unsere strategische IT-Entwicklung so schnell voran wie geplant?"

- „Tun wir alles, um bei IT-Entwicklungen immer auf dem neuesten Stand zu sein?"

- „Tun wir alles, um uns vor IT-Risiken zu schützen?"

- Überprüfen wir unsere Leistungen regelmäßig darauf, ob wir eine wettbewerbsfähige Kostenstruktur behalten?"

Strategischer Modus (offensiv)

Hier geht es um Innovation im wahrsten Sinne des Wortes: neue, oft avantgardistische IT-Lösungen, die einen herausragenden Beitrag zum Unternehmens-

ergebnis leisten. Ein Beispiel ist die Firma Boeing, die vor gut einem Jahrzehnt mit dem Typ 777 voll auf die Karte Digital Mock-up (vgl. Kap. 5.2.1) setzte und damit Vorreiter für einen radikalen Wandel in der Produktentstehung wurde. So spielt auch bei der Boeing 787 die IT wieder eine entscheidende Rolle [NM06]. Selbstredend, dass in diesem Modus IT ein zentrales Thema auf Unternehmensleitungsebene ist. Die typischen Fragen sind die des „Fabrikmodus" **und** des „Reorganisationsmodus".

Literatur:

[NM06]   NOLAN, R.; MCFARLAN, F. W.: Wie Sie Ihre IT-Strategie richtig überwachen. Harvard Business Manager, Februar 2006

Defensiv Zuverlässige IT als Mittel zum Zweck im operativen Geschäft	**Offensiv** IT als Gestaltungsfeld der strategischen Unternehmensentwicklung
„Fabrikmodus" • Die meisten Kerngeschäfte werden online abgewickelt. • Wenn Systeme für eine Minute oder länger ausfallen, erleidet das Unternehmen unmittelbar Verluste. • Systemarbeit ist überwiegend Pflege und bietet wenig strategische Differenzierung und keine erheblichen Kosteneinsparungen.	**„Strategischer Modus"** • Wenn Systeme für eine Minute oder länger ausfallen, erleidet das Unternehmen unmittelbar Verluste. • Neue Systeme versprechen enorme Prozess- und Serviceverbesserung sowie Kosteneinsparungen. • Durch neue Systeme können bedeutende Nachteile bei den Kosten, dem Service oder der Prozessleistung gegenüber der Konkurrenz beseitigt werden.
„Supportmodus" • Sogar bei wiederholten Serviceausfällen von bis zu zwölf Stunden erleidet das Unternehmen keine Einbußen. • Interne Systeme sind für Zulieferer und Kunden beinahe unsichtbar; kein Bedarf für ein Extranet. • Das Unternehmen kann zu manuellen Vorgehensweisen zurückkehren. • Systemarbeit ist überwiegend Pflege.	**„Reorganisationsmodus"** • Neue Systeme versprechen enorme Prozess- und Serviceverbesserungen sowie erhebliche Kosteneinsparungen. • Durch neue Systeme können bedeutende Nachteile bei den Kosten, dem Service oder der Prozessleistung gegenüber der Konkurrenz beseitigt werden. • IT stellt mehr als 50 % der Investitionen und mehr als 15 % der Gesamtausgaben des Unternehmens dar.

Bedarf an zuverlässiger IT: hoch / niedrig

Bedarf an neuer Informationstechnik: niedrig / hoch

Matrix des IT-Einflusses auf das Geschäft nach NOLAN/MCFARLAN

5.1 IT im 4-Ebenen-Modell

Informationstechnik und das damit verbundene Management ist für uns integraler Teil einer ganzheitlichen Unternehmensführungskonzeption, die wir durch das 4-Ebenen-Modell ausdrücken (vgl. Kapitel 1.3, Bild 1-29). Aus diesem Referenzmodell zur zukunftsorientierten Unternehmensgestaltung ergeben sich folgende Aspekte: Geschäftsstrategie, operatives Geschäft, IT-Strategie und operative IT. Diese charakterisieren wir im Folgenden kurz. Anschließend gehen wir auf das Zusammenwirken dieser Aspekte ein, um zu verdeutlichen, wie die IT in einer Unternehmensführungskonzeption zu verankern ist. Die vier Aspekte und ihr Zusammenwirken sind in Bild 5-1 dargestellt.

Geschäftsstrategie: Sie ist Ergebnis der ersten zwei Ebenen des Referenzmodells und besteht aus einem Leitbild, strategischen Kompetenzen und einer strategischen Position (Produkt-Markt-Kombinationen) sowie aus Konsequenzen und Maßnahmen. Je nachdem, ob es sich um ein einzelnes Geschäftsfeld oder um ein Unternehmen mit mehreren Geschäftsfeldern handelt, wäre das zu differenzieren (vgl. Bild 3-69).

Operatives Geschäft: Hier geht es um die Umsetzung der Vorgaben der Geschäftsstrategie, gesteuert durch jahres- bzw. quartalsbezogene Geschäftspläne. Dies beruht im Wesentlichen auf der Ablauforganisation und den Ressourcen (Personal, Betriebsmittel, IT-Systeme etc.).

IT-Strategie: Sie bringt die technologischen Möglichkeiten mit den Erfordernissen der Geschäftsstrategie in Einklang (IT-Modell). Ferner zählen dazu die so genannten systemischen Kompetenzen. Das sind Fähigkeiten der IT, die sich aus den Kompetenzen der Geschäftsstrategie ableiten. Und schließlich gehören dazu Aussagen, wie das Unternehmen die erforderlichen Kompetenzen nachhaltig wirtschaftlich und gesetzeskonform aufrecht erhalten kann. Dazu dient eine IT-Politik, die im Rahmen von Vorgaben (IT-Governance) Festlegungen über Out-

Sourcing, Joint Ventures, Softwareentwicklung etc. trifft. In unserer Terminologie ist die IT-Strategie eine Substrategie einer Geschäftsstrategie (vgl. Bild 3-3).

Operative IT: Im Vordergrund steht hier die Leistungserbringung durch die IT. Dazu sind die Handlungsfelder IT-Architektur und IT-Infrastruktur, IT-Prozesse und IT-Ressourcen entsprechend den Vorgaben auszugestalten.

Für den Unternehmenserfolg ist es nun essentiell, die Aspekte des Geschäfts (Business) und der IT aufeinander abzustimmen. Um dies näher zu erläutern, sei das Bild 5-1 herangezogen. Das darin wiedergegebene Zusammenspiel von Business und IT orientiert sich an dem **Strategic Alignment Model** von HENDERSON und VENKATRAMAN [HV99]. Die Abstimmungserfordernisse verdeutlichen, dass weder mit einer außergewöhnlichen Technologie noch mit einem brillanten Geschäftsmodell allein der Unternehmenserfolg zu sichern ist. Stattdessen ist der Erfolg eine Funktion aus der Symbiose von beiden. Die Nachhaltigkeit des Erfolgs wird ständig durch den technologischen Fortschritt und das Handeln der Konkurrenz infrage gestellt. Umso wichtiger ist es daher, IT als wesentliches Handlungsfeld strategischen Agierens auf Geschäftsebene zu begreifen und dies auch als regelmäßigen Prozess zu sehen.

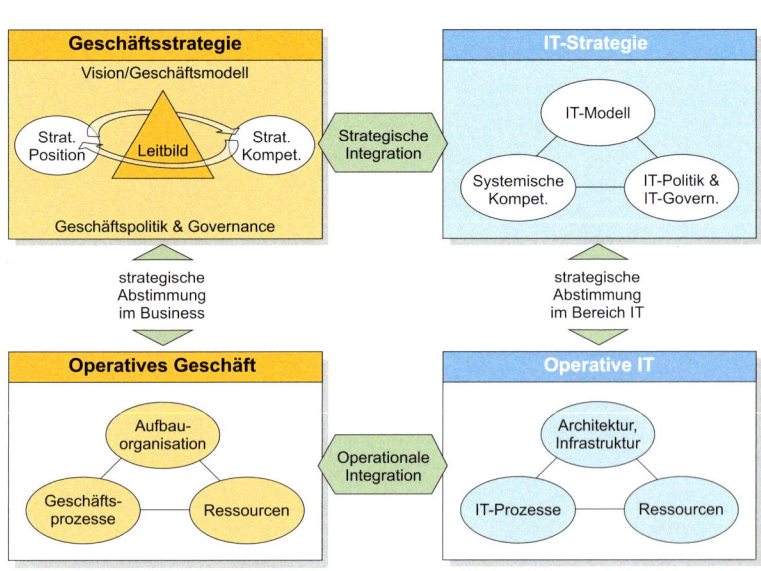

Bild 5-1: Wechselwirkungen und Abstimmungsbedarfe zwischen Geschäft (Business) und IT (nach Strategic Alignment Model)

Basierend auf Bild 5-1 stellen wir im Folgenden vier Handlungsmuster für die Zusammenarbeit von Business und IT vor [LLO93]. Diese sind mit den Buchstaben A bis D bezeichnet in ein abstrahiertes Schema von Bild 5-1 eingeordnet (vgl. Bild 5-2).

A Strategie-Umsetzung

Die klassische und bekannteste Form der Zusammenarbeit zwischen Business und IT geht von einem Geschäftsmodell aus, für dessen Umsetzung laufend bessere operationale Strukturen gesucht werden. Hierzu gehört auch die Automatisierung von Geschäftsprozessen durch den Einsatz von IT-Systemen. Ausgangspunkt für das entsprechende Handlungsmuster sind Entscheidungen der Geschäftsführung über Erfordernisse auf der operativen Ebene zur Erreichung der Vorgaben der Geschäftsstrategie. Sie beauftragt das operative Management mit der Konkretisierung und Umsetzung. Dies betrifft insbesondere die Geschäftsprozesse, die Aufbauorganisation und die Ressourcen sowie die operative IT. Die operative IT hat ihr Leistungsangebot an die Anforderungen des Geschäfts anzupassen bzw. die für sie vorgesehenen Aufgaben zu übernehmen. Typische Beispiele für dieses Handlungsmuster sind

- die Prozessintegration durch ERP-Systeme,

- die Prozesskoordination durch CAD- und PDM-Systeme,

- die Automatisierung von Prozessketten durch Workflow-Systeme,

- die Komplexitätsbewältigung durch Produktkonfigurationssysteme etc.

Die Aufgabe der IT ist strikt funktional in dem Sinne, als sie die Reaktion auf ein Geschäftsmodellerfordernis ist: Die IT unterstützt die Erreichung eines Geschäftsergebnisses, beeinflusst aber nicht das Geschäftsmodell. Wichtigstes Erfolgskriterium ist die Effizienz, die sich beispielsweise in Menge, Zeit oder Kosten messen lässt.

B Technologische Transformation

Auch hier bildet ein existierendes Geschäftsmodell den Ausgangspunkt. Aber im Gegensatz zu A soll die Realisierung stark durch technische Lösungen geprägt und vorangetrieben werden. Aufgabe der IT ist es daher u.a., geeignete Technologien frühzeitig zu identifizieren und rechtzeitig zu operationalisieren [WR04]. Dieser Ansatz impliziert einige Voraussetzungen:

- Der Geschäftsleitung ist bewusst, dass der Erfolg der Geschäftsstrategie vom Einsatz neuer und im Unternehmen noch nicht vorhandener Technologien abhängig ist.

- Die Geschäftsleitung verfügt über hinreichende Informationen über Technologien, um die mit ihrem Einsatz verbundenen Chancen und Risiken abschätzen zu können.

- Der IT-Abteilung wird die Beherrschung der neuen Technologie zugetraut.

- Die Leitlinie der Umsetzung wird im Rahmen der IT-Strategie kommuniziert.

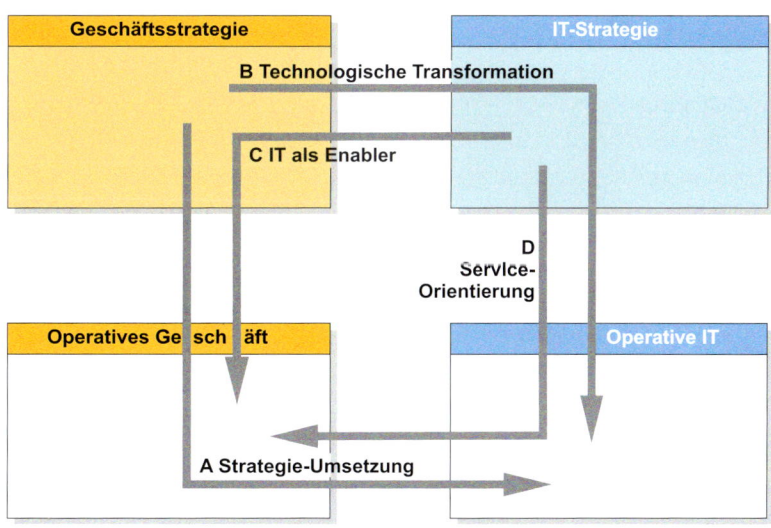

Bild 5-2: Handlungsmuster im „Strategic Alignment Model"

Es ist in erster Linie Aufgabe der IT-Leitung, diese Voraussetzungen zu schaffen bzw. dafür zu sorgen, dass diese entstehen, und schließlich auf der Ebene der operativen IT die Architektur und die Infrastruktur sowie die Prozesse und die Ressourcen aufzubauen.

Dieses Handlungsmuster erfordert ein Informationsmanagement, das die Wettbewerbsfähigkeit des Unternehmens durch die Reduktion von Koordinations- und Transaktionskosten auf Basis neuer Prozesse und Produkte sicherstellt. Typische Beispiele dieses Handlungsmusters sind:

- in der Produktentwicklung Virtual Prototyping (vgl. Kapitel 5.2.1) und das Management von verteilten Entwicklungsaktivitäten,

- in der Auftragsabwicklung Verfahren zur Unterstützung des Paradigmas Mass Customization oder Tracking und Tracing in logistischen Ketten,

- Teleservice.

Die IT nimmt im Rahmen dieses Handlungsmusters die Rolle des Technologiearchitekten ein; sie operationalisiert auf dem Sektor IT und IT-Einsatz die Vision der Geschäftsführung. Erfolgsfaktoren sind die effektive und effiziente Verwirklichung der angestrebten Technologieführerschaft unter Beachtung der Vorgaben.

C IT als „Enabler"

IT hat immer wieder die Spielregeln für etablierte Geschäfte verändert bzw. obsolet werden lassen und neue Geschäftmodelle ermöglicht. Dies war beispielsweise mit der Verbreitung des Internets zu beobachten. Im Rahmen dieses Handlungsmusters ist es Aufgabe der IT-Leitung, aufkommende Technologien zu erkennen, ihr Potential für Geschäftsmodellinnovationen abzuschätzen und Impulse für die Gestaltung des Geschäfts von morgen zu geben. Beispiele für derartige Handlungsmuster sind:

- Satellitengestützte Navigationssysteme wie Galileo oder das US-amerikanisches System NAVSTAR-GPS mit neuen Produkten (Navigationssysteme) und

Dienstleistungen (z.B. Angebot digitalisierter Karten, Stadtpläne etc.),

- die Verschmelzung von Telefonie und IT oder Fernsehen und IT, die zu neuen Geschäftsmodellen führt, z.B. IP-Telefonie und Multimediadienste über das Internet-Protokoll (IPTV),

- neue Logistikapplikationen auf der Basis von RFID (Radio Frequency Identification).

Im Kontext dieses Handlungsmusters spielt die IT die Rolle eines Katalysators. Sie beeinflusst die Reaktionsgeschwindigkeit der Geschäftsleitung auf technologische Veränderungen, ohne selber direkten Einfluss auf die Gestaltung der Geschäftsmodelle zu nehmen. Die Wirkung dieser Impulse äußert sich in Messgrößen wie Anteil des Umsatzes mit neuen Produkten und Dienstleistungen, Marktanteil etc.

D Service-Orientierung

Insbesondere in Unternehmen mit so genannten digitalen Produkten und Diensten, wie Banken, Versicherungen, Online-Handel kommt es sehr auf die Fähigkeit der IT an, Informationen und Dienste in der vereinbarten Qualität und Quantität zu liefern. Die Abstimmung zwischen Business und IT erfolgt idealtypisch auf Basis von definierten Service Levels. Die Initiative für dieses Handlungsmuster kommt von der IT-Leitung. Diese muss dafür sorgen, dass die von der IT-Organisation erbrachten Dienste in hohem Maße effektiv, effizient und risikoarm sind. Die Eckwerte dafür gibt die Geschäftsleitung im Rahmen der Geschäftsstrategie in Form von Richtlinien der IT-Governance vor. Die Umsetzung erfolgt durch die operative IT, die die Architektur, die Prozesse und die Kompetenzen dafür aufbaut. Dies geht einher mit einem geänderten Selbstverständnis: nicht der CIO legt fest, was effektiv, effizient und risikoarm ist, sondern der die Dienste in Anspruch nehmende Geschäftsbereich. Diese geänderte Einstellung lässt sich wie folgt charakterisieren:

- Die Geschäftsbereiche sollen Eigner der Dienste werden und diese Rolle nicht – wie in der Vergangenheit vielerorts üblich – an die IT delegieren. Als

Eigner der Dienste legen sie die Maßstäbe für Effektivität, Effizienz und Risiko fest und kontrollieren deren Einhaltung regelmäßig.

- Die IT ist im Rahmen der vereinbarten Richtlinien (IT-Governance) autark in der Festlegung der für die Zielerreichung notwendigen Mittel. Sie entscheidet über die erforderliche Architektur und Infrastruktur, strukturiert die IT-Prozesse und sichert durch entsprechende Kompetenzen anforderungsgerechte Dienste.

- Der Service-Verantwortliche erhält damit die Budgethoheit, um den Service wirtschaftlich (effizient), im Hinblick auf den erwarteten Kundennutzen wirkungsvoll (effektiv) und in der gewünschten Leistungsklasse zu beschaffen. Die IT selbst muss sich die Budgets für die von ihr zu erbringenden Leistungen (Architektur und Infrastruktur) beschaffen.

Im Rahmen dieses Handlungsmusters kommt es besonders darauf an, die Investitionsanträge von Business und IT zu bewerten, zu priorisieren und aufeinander abzustimmen. Die IT hat das Selbstverständnis, das Business durch leistungsfähige Dienste erfolgreich zu machen. In vielen Unternehmen wird die Leistung der IT schon allein deshalb nicht wertgeschätzt, weil damit kein (Knappheits-) Preis verbunden ist: Jeder darf Anforderungen an die IT stellen, ob diese ökonomisch einen Sinn ergeben oder nicht. Ein Anforderungsmanagement veranlasst hier zu einem Umdenken, indem u.a. zu belegen ist, dass den Anforderungen und den damit verbundenen Kosten auch ein adäquater Nutzen gegenübersteht. Die IT ist in die Wertschöpfung des Unternehmens eingebunden. Der Ausfall der IT führt daher zu hohen Folgekosten (entgangener Umsatz etc.). Demzufolge wird der Anspruch an die Verfügbarkeit der IT durch unterschiedliche Vereinbarungen festgehalten. Hierzu zählen u.a.:

- maximale Ausfallzeiten (gesteuert im Rahmen des Prozesses „Systemmanagement" – „Verfügbarkeits- und Kontinuitätsmanagement"),

- die Festlegung von Dienstleistungen bei Störungen (definiert in den Prozessen „Störungs- und Problemmanagement"),

- Regeln für die Durchführung von Änderungen am System (auf Basis der Prozesse „Changemanagement" und „Releasemanagement") und

- Maßnahmen für den rechtzeitigen Kapazitätsaufbau (im Rahmen des Prozesses „Systemmanagement" – „Kapazitätsmanagement").

Auf die in Klammern aufgeführten Prozesse wird in Kapitel 5.3.4 näher eingegangen. In Ergänzung zu dem erläuterten „Strategic Alignment Model" muss die IT fähig sein, sich ständig einem sich wandelnden Geschäft anzupassen. Bei der Gestaltung der IT ist es daher wichtig zu wissen, inwieweit die IT-Systeme wandlungsfähig sind. Der folgende Kasten gibt dafür Hinweise.

Wandlungsfähigkeit von IT-Systemen

Wandlungsfähigkeit, im Englischen als „Agility" bezeichnet, ist die Nachfrage nach effizientem und ökonomischem Handeln unter sich ändernden, aber vorhersehbaren Bedingungen [GNP95]. Die vielfältigen Einflüsse auf ein Unternehmen erfordern Wandlungsfähigkeit. Dabei kommt es darauf an, diese Einflussfaktoren zu identifizieren, ihre denkbaren Entwicklungen zu antizipieren und diese zu konsistenten Zukunftsszenarien zu verknüpfen. Dazu dient die Szenario-Technik. So beschreibt HERNÁNDEZ, wie aus Markt- und Umfeldszenarien Schlüsse für die Gestaltung wandlungsfähiger Fabrikstrukturen gezogen werden können [Her02].

Wandlungsfähigkeit betrifft die gesamte Unternehmensarchitektur und damit auch die Architektur der

Informationsverarbeitung und der entsprechenden Systeme. GRONAU schlägt eine Systematik vor, wie Wandlungsfähigkeit von IT-Systemen gestaltet werden kann [Gro08].

Es wird deutlich, dass Wandlungsfähigkeit weit über Flexibilität und auch Anpassungsfähigkeit hinausgeht. „Während die Flexibilität lediglich ein Änderungspotential, das bei Nachfrage aktiviert werden kann, voraussetzt und das Erkennen des Wandels und das Entwickeln brauchbarer Alternativen außerhalb des Systems erfolgt, so wird bei der Anpassungsfähigkeit der Bedarf für eine Änderung schon vom System erkannt, aber die passenden Alternativen noch außerhalb des Systems entwickelt. Bei der Wandlungsfähigkeit selbst werden dann sowohl die Anforderungen vom System erkannt, als auch die Alternativen vom System selbst entwickelt. Wandlungsfähigkeit kann daher als Langzeitziel der Entwicklung von betrieblichen Anwendungssystemen bezeichnet werden." Wandlungsfähigkeit von IT-Systemen wird von einer Reihe von Merkmalen bestimmt. Bild 1 zeigt diese Merkmale und je Merkmal ein typisches Entwicklungsparadigma.

Im Zuge der Auswahl eines IT-Systems ist es wichtig, den Grad der Wandlungsfähigkeit des in Betracht gezogenen Systems zu ermitteln. Dazu schlägt GRONAU zwei Dimensionen vor. Die technische Wandlungsfähigkeit ergibt sich aus der Bewertung der in Bild 1 wiedergegebenen Merkmale. Die zweite Dimension

ist die geschäftsspezifische Wandlungsfähigkeit; sie ergibt sich aus vier typischen Reorganisationsmustern: 1) Bildung von Subsystemen, 2) Prozessorientierung statt einer Betonung der Aufbauorganisation, 3) kontinuierliche Verbesserung und 4) Auflösung von Betriebs- bzw. Unternehmensgrenzen.

Diese zwei Dimensionen spannen ein Portfolio auf, in das sich IT-Systeme einordnen lassen. Dies ist exemplarisch in Bild 2 wiedergeben [Gro08].

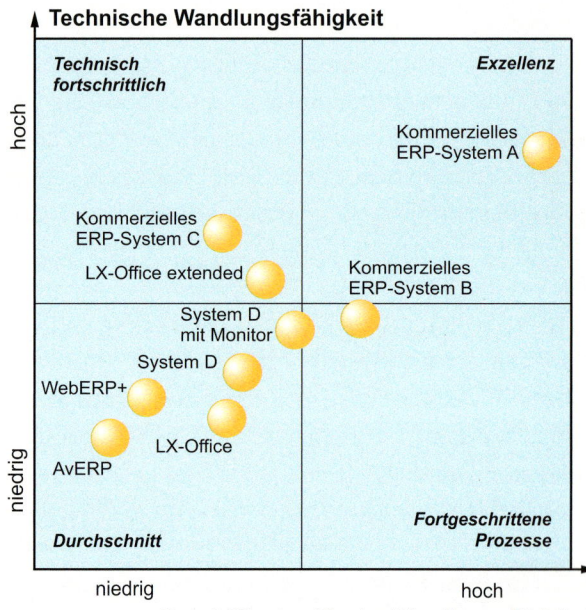

Bild 2: Portfolio zur Bewertung der Wandlungsfähigkeit von IT-Systemen (exemplarische Darstellung)

Literatur:

[GNP95] GOLDMAN, S. L.; NAGEL, R. N.; PREISS, K.: Agile Competitors and Virtual Organizations – Strategies for Enriching the Customer. Van Nostrand Reinhold, New York, 1995

[Gro08] GRONAU, N.: IT-Business Alignment und Wandlungsfähigkeit von Informationssystemen. Industrie Management 24 (2008) 2

[Her02] HERNÁNDEZ, R.: Systematik der Wandlungsfähigkeit in der Fabrikplanung. In: Fortschritts-Berichte VDI, Reihe 16, Nr. 149, Düsseldorf, 2002

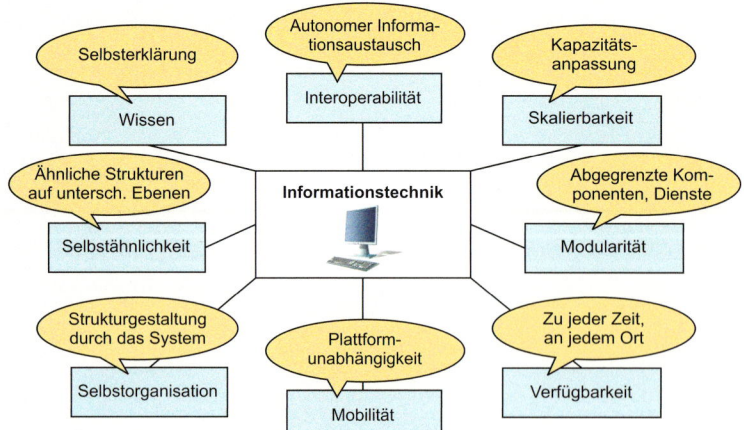

Bild 1: Kriterien und Entwicklungsparadigmen zur Förderung von Wandlungsfähigkeit

5.2 Anwendungssysteme

Die Datenverarbeitungssysteme von gestern unterstützten in der Regel didiziert einzelne Bereiche eines Unternehmens bei der Lösung ihrer Aufgaben. Erst so grundlegende Konzeptionen wie Computer Integrated Manufacturing (CIM) und die Geschäftsprozessorientierung führten zu einer integrativen Betrachtung der betrieblichen Datenverarbeitung. Die enge Verzahnung von IT-Systemen und Geschäftsprozessen hat neue Perspektiven für die Steigerung der Effizienz von Unternehmen eröffnet. Im Folgenden geben wir einen Überblick über das breite Spektrum von IT-Systemen aus Anwendersicht. Dieser orientiert sich an den beiden Hauptgeschäftsprozessen Produktentstehung (Produktentwicklung und Produktionssystementwicklung) und Auftragsabwicklung. Ferner adressieren wir den Aufgabenbereich Product Lifecycle Management (PLM), der der Produktentstehung zugeordnet wird, und Systeme für die Industrieautomatisierung. Damit sollen die Möglichkeiten der verfügbaren Technologie zur Unterstützung der wesentlichen Aufgaben in einem produzierenden Unternehmen verdeutlicht werden und den noch folgenden Ausführungen über IT-Management und Einführung von IT-Systemen ein konkreter Hintergrund gegeben werden.

5.2.1 Systeme zur Produktentwicklung – von der technischen Zeichnung zum virtuellen Prototypen

Bis zur Industrialisierung galt es als besondere Kunst, technische Artefakte darzustellen. Die großen Meister wie ALBRECHT DÜRER und LEONARDO DA VINCI schufen berühmt gewordene Zeichnungen von technischen Systemen. Sicher gab es auch unzählige Handwerksmeister, die mit einer Skizze zum Ausdruck brachten, was ihre Gesellen schaffen sollten. Das technische Zeichnen, wie wir es heute kennen, entstand aber erst im Zuge der Industrialisierung. Innerhalb weniger Jahrzehnte ergab sich die Notwendigkeit, Zeichnungen im großen Stil zu produzieren. Diese mussten von vielen technischen Zeichnern ohne größere künstlerische Begabung erstellt werden können. Des Weiteren war eine korrekte Interpretation der Zeichnungen von vielen Menschen erforderlich. Dies führte zur Zeichnungs-

norm, die ein Katalysator der Technikentwicklung war. Heute modellieren wir Artefakte jedweder Art im Computer und stellen sie nahezu realitätsgerecht auf dem Bildschirm dar. Wer mag da noch mit einer technischen Zeichnung arbeiten? Im Nachhinein betrachtet hat die Verbreitung des Computer Aided Design (CAD) in den 1980er Jahren die Produktentwicklung nicht groß verändert. Es ging primär darum, mit Hilfe von 2D-CAD-Systemen technische Zeichnungen rationell zu erstellen. Der wirklich entscheidende Punkt ist, ob im Computer ein Modell des zu entwickelnden Objektes gebildet wird. Bei einem 2D-CAD-System ist das nicht der Fall, da lediglich die Ansichten, die Bemaßungen und die übrigen Textinformationen gespeichert werden. Das Modell bildet der Mensch im Kopf auf Basis der Ansichten des Objektes. Erst die 3D-CAD-Systeme brachten die eigentliche Revolution. Sie war jedoch nicht so spektakulär, weil die Leistungsfähigkeit der Rechner bis weit in die 1990er Jahre hinein nicht ausreichte, komplexe Objekte zu modellieren.

Heute haben sich 3D-CAD-Systeme im Großen und Ganzen durchgesetzt. Sie erlauben die Modellierung der Gestalt eines komplexen Objektes. Daraus lassen sich beliebige – auch photorealistische – Darstellungen des Objekts und selbstredend auch die Ansichten und Schnitte einer technischen Zeichnung automatisch generieren. 3D-CAD-Systeme bilden die Basis für virtuelle Prototypen bzw. Digital Mock-ups. Die Zusammenhänge sind in Bild 5-3 dargestellt.

Der Digitale Mock-up (DMU) ist die Aggregation der 3D-Modelle einzelner Bauteile zu einem 3D-Modell des Produktes bzw. Erzeugnisses. Diese Aggregation erfolgt entsprechend der Produkt- bzw. Erzeugnisstruktur und unter Angabe von Position und Orientierung eines jeden Bauteils im Raum. Die Produktstruktur ergibt sich aus der Stückliste bzw. aus dem Produktdatenmanagement (PDM). Auf der Basis des Digitalen Mock-ups lassen sich vielfältige Analysen wie Kollision von Bauteilen, Montierbarkeit, Demontierbarkeit, etc. durchführen. Die Integration von weiteren Aspekten neben der Gestalt, wie das Bewegungsverhalten, die Festigkeit, das thermische Verhalten, führt zum virtuellen Prototypen. Dieser ist eine rechnerinterne Repräsentation des kompletten Produktes. Es lassen sich ver-

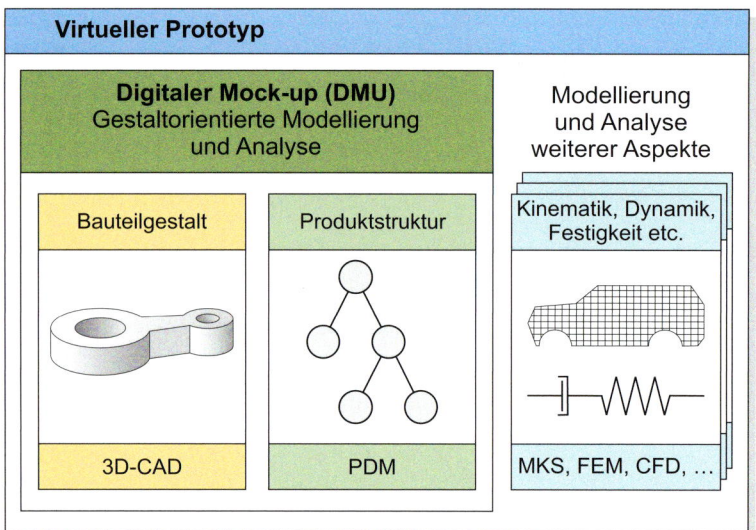

PDM: Produktdatenmanagement
MKS: Mehrkörpersimulation
FEM: Finite Elemente Methode
CFD: Computational Fluid Dynamics

*Bild 5-3: Einordnung der Begriffe Digitaler Mock-up und Virtueller Proto-
typ*

schiedene Arten von Analysen zum Nachweis der Funktionsfähigkeit durchführen. Dafür hat sich auch der Begriff Virtual Prototyping durchgesetzt; d.h. von dem in Entwicklung befindlichen Produkt werden Partialmodelle, die einzelne Aspekte beschreiben, gebildet und analysiert. Dies spart Zeit und Geld, weil auf den Bau und den Test von realen Prototypen weitgehend verzichtet werden kann.

5.2.1.1 CAD-Systeme

Ursprünglich stand der Begriff CAD für „Computer Aided Drafting". Der Computereinsatz für die Zeichnungserstellung führte zu erheblichen Zeiteinsparungen insbesondere durch die Verwendung von vordefinierten Bibliotheken für Norm- und Wiederholteile und bei Zeichnungsänderungen. Moderne CAD-Systeme ermöglichen die Beschreibung der Gestalt von Bauteilen. Wie dies konkret erfolgt, sei anhand des Beispiels in Bild 5-4 dargestellt. Es handelt sich um das Kunststoffgehäuse eines Miniaturroboters. Es werden lediglich die wesentlichen Schritte zur Erfassung der Gestalt erläutert. Daneben ist die Gestalt hinsichtlich der Fertigungsrestriktionen zu modifizieren; dazu zählen beispielsweise die Berücksichtigung der Schwindung, der Aushebeschrägen und der Trennebenen. Auf der Basis

des erzeugten 3D-Modells des Bauteils lassen sich Größen wie Volumen/Gewicht, Schwerpunkt und Massenträgheitsmoment automatisch berechnen. Ferner bildet das 3D-Modell in diesem Fall auch die Basis für die Simulation des Spritzgießprozesses.

Aus der beispielhaft genannten Literatur geht die außerordentlich hohe Leistungsfähigkeit heutiger 3D-CAD-Systeme hervor [Rem07], [Sch07], [Vog06].

5.2.1.2 Digital Mock-up

Mit der zunehmenden Komplexität technischer Systeme haben sich auch die gestaltbezogenen Analysen auf der Basis des Digital Mock-ups durchgesetzt. Dies trifft insbesondere dann zu, wenn in einem knapp bemessenen Bauraum eine hohe Bauteildichte erreicht werden muss [Mar03], [Web03]. Dabei geht es nicht nur um Mechanik, sondern auch um die Objekte anderer Domänen, wie Elektrik/Elektronik, Hydraulik etc. Auch diese Objekte sind am Ende gestaltbehaftet und zu verbauen.

Als Vorreiter für den Einsatz des Digital Mock-ups gilt die Flugzeugindustrie. Boing hat Anfang der 1990er Jahre die komplette Entwicklung des Typs 777 auf diese Weise vorangetrieben und die Entwicklungszeit erheblich reduzieren können. Bild 5-5 zeigt eine typische Anwendung. Im Folgenden gehen wir kurz auf einige weitere DMU-typische Anwendungen ein.

Kollisionsuntersuchungen

Insbesondere in komplexen kinematischen Systemen mit volumenbehafteten Objekten ist die rechnerunterstützte Analyse auf Kollision unumgänglich. Untersuchungsgegenstand solcher Analysen sind Bauteilberührungen (Contact), Bauteilüberschneidungen (Clash) und Freigangsverletzungen (Clearance). Letztgenannte sind angebracht, wenn beispielsweise nachzuweisen ist, dass ein Bauteil einen Mindestabstand zu einem heißen Abgaskrümmer nicht unterschreitet. Bild

5-6 zeigt den Nachweis der Kollisionsfreiheit eines Querträgers auf dem Prüfstand. Hier ist das Resultat negativ; der Querträger kollidiert in der Bewegung mit dem Rahmen des Prüfstandes. Dies wird farblich angezeigt.

Bauraum- und Montageanalysen

Bauraumanalysen verfolgen das Ziel, den zur Verfügung stehenden Bauraum optimal auszunutzen. In der Regel müssen aus Montage- oder Sicherheitsgründen Mindestabstände zwischen Bauteilen bzw. Baugruppen eingehalten werden.

Um den Ein- und Ausbau zu gewährleisten, werden Montage- und Demontageanalysen durchgeführt. Mit Hilfe des Digital Mock-ups kann beispielsweise untersucht werden, ob ein Behälter für die Kühlflüssigkeit im Motorraum montierbar ist. Während der Montagesimulation dürfen keine Durchdringungen des Behälters mit den umgebenden Bauteilen auftreten. Darüber hinaus ist eine Erreichbarkeit des Montageortes im Motorraum mit den Betriebsmitteln und Werkzeugen erforderlich. Auch ergonomische Gesichtspunkte sind zu beachten, da der Werker das Bauteil während des Montageprozesses handhaben muss. Um dies zu berücksichtigen, lässt sich ein Mindestabstand zu anderen Bauteilen definieren. Das System ermittelt automatisch mögliche Montagepfade. Anschließend kann ein Translationsvolumen generiert werden, das den benötigten Montageraum definiert. Es lässt sich als Platzhalter in die Baugruppe implementieren, um den benötigten Bauraum freizuhalten bzw. zu markieren.

Ferner lassen sich auf dieser Basis mit Hilfe von Animationen sehr anschauliche Schulungsunterlagen für die Montage- und Demontage erstellen. In einer Ani-

mation kann der Anwender die einzelnen Montage- und Demontageschritte verfolgen. Bild 5-7 zeigt die Montagevorgänge eines hydraulischen Lenkaggregats.

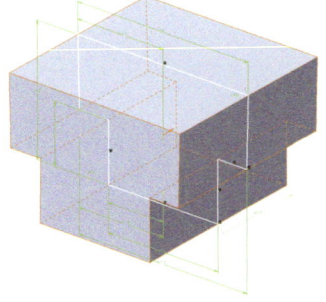

- Erzeugen einer 2D-Kontur in einer gewählten Ebene.
- Erzeugen des Grundkörpers (Profil) durch Verschieben der 2D-Kontur entlang einer Geraden.

- Modifikation von ausgewählten Kanten durch Fasen und Rundungen. Das System erzeugt die entsprechenden neuen Flächen automatisch.

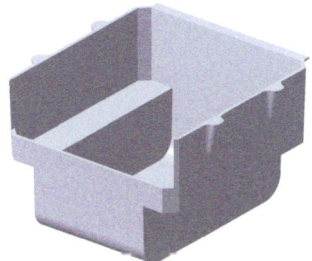

- Subtraktion eines vorher erzeugten Körpers, der den Hohlraum beschreibt, von dem Grundkörper.
- Hinzufügen von vier Zylindern, die später die Befestigungen für den Aufbau aufnehmen.

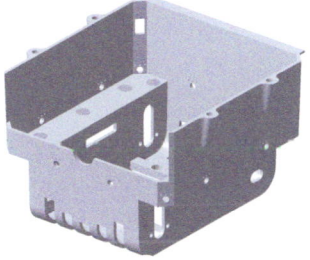

- Subtraktion weiterer Grundkörper, um Durchbrüche, Bohrungen etc. zu beschreiben.

- In der Technologie MID (Molded Interconnect Devices) realisiertes Gehäuse. In das Gehäuse sind zwölf Infrarotsensoren inkl. Signalverarbeitung integriert.

Bild 5-4: Schrittweises Vorgehen bei der Modellierung eines Robotergehäuses mit einem 3D-CAD-System

Bild 5-5: Digital Mock-up des zweistrahligen Flugzeugs Eclipse 500 (Quelle: Siemens PLM Software, Eclipse Aviation)

Erstellung von Verkaufsunterlagen

Großer Aufwand wird heutzutage in Marketing und Verkauf getrieben, um realitätsgerechte Produktpräsentationen zu erzeugen, obwohl das Produkt noch nicht verfügbar ist. Die Basis dafür bilden 3D-Modelle. Aus diesen werden zunächst Details, die für die Visualisierung irrelevant sind, entfernt. Dann werden den Oberflächen Eigenschaften wie Farbe, Textur, Reflexion etc. zugeordnet. Die Berechnung der photorealistischen Bilder erfolgt mit einer so genannten Raytracing-Software. Diese setzt das spätere Produkt quasi ins rechte Licht und liefert realistisch anmutende Produktbilder. Bild 5-8 zeigt die photorealistische Wiedergabe des virtuellen Prototypen eines Sportwagens.

Der Schwerpunkt der Produktpräsentation verlagert sich heute von den klassischen Printmedien zu interaktiven webbasierten Medien. Dies eröffnet neue Möglichkeiten, das Produkt dem Kunden näherzubringen.

Hier werden die statischen 3D-Modelle animiert, um in einem realistischen Produktfilm z.B. die Fahreigenschaften eines neuen Sportwagens in rasanten Fahrmanövern kinoreif zu demonstrieren. Neben dem 3D-Modell, das die Gestalt repräsentiert, ist dafür auch die Fahrdynamik zu modellieren und in der Animation

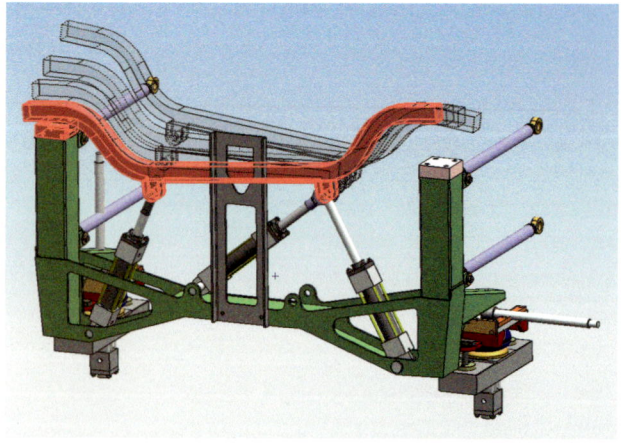

Bild 5-6: Kollisionsuntersuchung auf einem Prüfstand

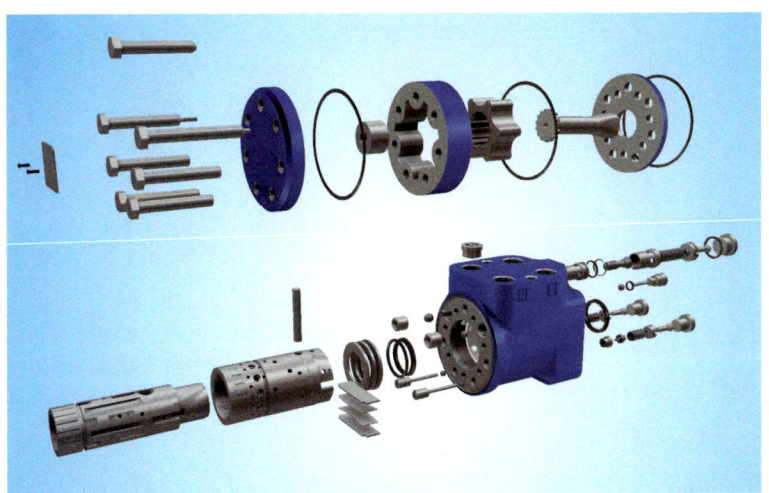

Bild 5-7: Darstellung des Zusammenbaus eines hydraulischen Lenkaggregats (Quelle: Bosch Rexroth AG)

wiederzugeben (vgl. Simulation von Mehrkörpersystemen im folgenden Unterkapitel).

5.2.1.3 Virtual Prototyping

Virtual Prototyping unterstützt den gesamten Entwicklungsprozess, es hilft dem Entwicklungsingenieur viele Sachverhalte zu analysieren, Entscheidungen zu treffen und die weitere Konkretisierung voranzutreiben. Dies bezieht sich immer auf einen spezifischen Aspekt des Systems, wie das Bewegungsverhalten von Mehrkörpersystemen, die Festigkeit einer Struktur, das Verhalten einer Strömung, die Temperaturverteilung in einem thermisch belasteten Objekt, die Beeinflussung eines Steuergerätes durch elektromagnetische Felder etc. Dementsprechend stützt sich Virtual Prototyping auf dedizierte Modelle ab, die den jeweiligen Sachverhalt im Rechner repräsentieren. Diese Partialmodelle bilden zusammen mit den 3D-Modellen, die den Aspekt Gestalt beschreiben, und der Produktstruktur die drei Hauptsichten Struktur, Verhalten und Gestalt eines technischen Systems ab. Der virtuelle Prototyp ist im Prinzip ein kohärentes System von Partialmodellen, das im Verlauf des Entwicklungsprozesses kontinuierlich verfeinert wird. Am Ende des Prozesses hat der virtuelle Prototyp eine so

hohe Güte, dass Analysen und Simulationsläufe zu Ergebnissen führen, die auch Versuche mit dem realen Prototypen zeigen würden. Diesem hohen Anspruch kommt man heute schon sehr nahe. Somit kann auf einen erheblichen Teil von Versuchen mit realen Prototypen verzichtet werden. Dies ist einer der wesentlichen Gründe, warum beispielsweise in der Automobilindustrie die Entwicklungszeit drastisch reduziert werden konnte, obwohl die Fahrzeuge komplexer geworden sind. Im Folgenden gehen wir kurz auf einige typische Analysen ein, um den Nutzen zu verdeutlichen. Die Beispiele haben nicht den Anspruch, das weite Feld der heutigen Möglichkeiten umfassend zu beschreiben.

Simulation von Mehrkörpersystemen

Die Simulation von Mehrkörpersystemen (MKS) wird eingesetzt, um das Bewegungsverhalten komplexer Systeme zu untersuchen, die aus einer Vielzahl gekoppelter beweglicher Teile bestehen. Die Mehrkörpersystemsimulation hat ein breites Anwendungsspektrum. Es reicht von der Überprüfung des Bewegungsverhaltens einzelner, aus wenigen Bauteilen bestehenden Baugruppen über die Identifikation von Kolli-

Bild 5-8: Photorealistische Visualisierung eines Pkws auf Basis von DMU-Daten (Quelle: Realtime Technology AG)

sionsproblemen und das Schwingungsverhalten von Systemen bis hin zum Bewegungsverhalten eines Gesamtsystems. Ferner ermöglicht die MKS-Simulation die Bestimmung der Kräfte und Momente, die durch Bewegungen auf das System einwirken. Die MKS-Simulation umfasst die Kinematik und die Dynamik:

- Die **Kinematik** untersucht die Bewegung starrer Körper im Raum ohne die Ursachen der Bewegung zu betrachten – also die wirkenden Kräfte und Momente. Im Fokus steht hier die Ermittlung der Positionen aller Bauteile infolge einer Verschiebung (Bild 5-9). Während des Verschiebevorgangs (z.B. der Bewegung eines Industrieroboters) beschreiben ausgewählte Punkte der Konstruktion eine Raumkurve. Für Kinematikanalysen wird auf Ersatzmodelle zurückgegriffen. Diese bestehen aus starren Körpern und Gelenken, welche die Körper miteinander verbinden. Die gekoppelten starren Körper bilden sogenannte kinematische Ketten. Hierbei wird zwischen offenen und geschlossenen kinematischen Ketten unterschieden: Offene kinematische Ketten besitzen eine Baumstruktur, in der es von jedem Körper einen eindeutigen Pfad zu einem beliebigen anderen Körper im System gibt. Geschlossene kinematische Ketten hingegen bilden Schleifen, sodass es keinen solchen eindeutigen Pfad mehr gibt. Bei der Bewegungsanalyse offener kinematischer Ketten ergibt sich oft die Aufgabe, den Endpunkt der kinematischen Kette von einer Raumposition zu einer anderen zu bewegen (z.B. die Bewegung des Referenzpunktes eines Roboterwerkzeuges). Über die Vergabe von Drehwinkeln für jedes Gelenk kann dann die Endposition ermittelt werden. Dieses wird auch als Vorwärtstransformation bezeichnet. Müssen jedoch die Drehwinkel ermittelt werden, die den Werkzeugreferenzpunkt von der Ausgangsposition in die gewünschte Endposition bewegen, so spricht man von einer Rückwärtstransformation. Die numerische Berechnung der Bewegungsgleichungen ist für die meisten in der Praxis anzutreffenden Kinematikprobleme vergleichsweise einfach, sodass die Modellanalyse und die Interpretation der Ergebnisse interaktiv erfolgen können.

- Die **Dynamik** beschreibt das Verhalten eines Systems infolge der einwirkenden inneren und äußeren Kräfte und Momente. Im Rahmen einer Dynamikanalyse werden die am und innerhalb des Systems wirkenden Kräfte und Momente ermittelt. Darüber hinaus ermöglicht die Dynamikanalyse die gezielte Untersuchung des Schwingungsverhaltens eines Systems (Bild 5-10). Im Fokus steht oft die Ermittlung des Eigenschwingungsverhaltens. Sie verfolgten das Ziel, eine Anregung des Systems im Bereich seiner Eigenfrequenz zu vermeiden. Dies könnte aufgrund der Resonanz zur Systembeeinträchtigung und sogar zu seiner Zerstörung führen. Bei der Modellbildung werden neben starren Körpern und Gelenken auch die Massen berücksichtigt. Sie bestimmen die Trägheitseigenschaften eines Körpers. Darüber hinaus werden auch sogenannte Kraftstellglieder benutzt, die starre Körper über bindende Kräfte koppeln. Typische Beispiele sind Feder oder Dämpfer. Für die Dynamikanalyse muss aus diesem physikalischen Ersatzmodell ein mathematisches Modell abgeleitet werden. Dabei handelt es sich um Differentialgleichungssysteme, die das Mehrkörpersystem anhand von Bewegungsgleichungen beschreiben [RS88]. Zur Approximation des Differentialgleichungssystems werden numerische Verfahren eingesetzt. Dennoch ist die Berechnung von Dynamikanalysen in der Regel zeitaufwendiger als die Berechnung von Kinematikanalysen. Für bestimmte Anwendungen wie „Hardware in the Loop" ist es erforderlich, die Berechnungen in Echtzeit durchzuführen [Wäl00]. Dieses muss bei der Bildung der Ersatzmodelle und der Ablei-

Bild 5-9: Kinematikanalyse eines Roboters mit Schweiß-
zange (Quelle: Solid-Works Deutschland GmbH)

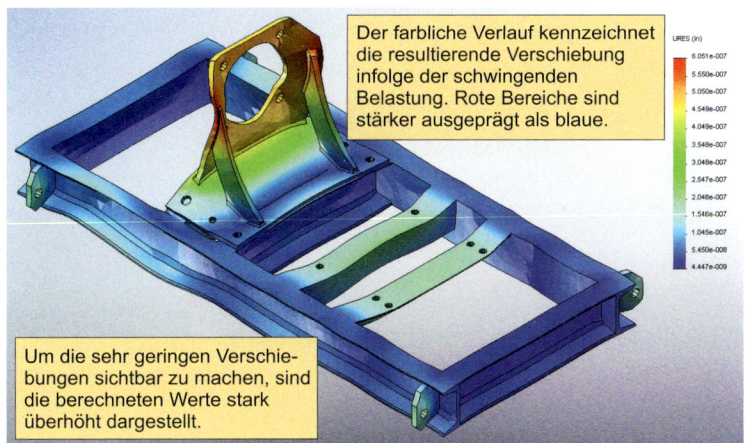

Der farbliche Verlauf kennzeichnet die resultierende Verschiebung infolge der schwingenden Belastung. Rote Bereiche sind stärker ausgeprägt als blaue.

Um die sehr geringen Verschiebungen sichtbar zu machen, sind die berechneten Werte stark überhöht dargestellt.

Bild 5-10: Untersuchung des Eigenschwingungsverhaltens mittels einer Dynamikanalyse (Quelle: SolidWorks Deutschland GmbH)

tung der mathematischen Modelle entsprechend berücksichtigt werden.

Die MKS-Simulation in der geschilderten Art beruht auf einer starken Vereinfachung der Realität. Um diese genauer abzubilden, wird die MKS-Simulation oft mit weiteren Verfahren wie Finite Elemente Methode (FEM) oder Computational Fluid Dynamics (CFD) kombiniert.

Finite Elemente Methode

Verformungen und Spannungen in Festkörpern aufgrund von äußeren Belastungen oder die Temperaturverteilung werden anhand von Differentialgleichungen beschrieben. Die Lösung dieser Gleichungen ist für einfache Aufgabenstellungen möglich, nicht aber für komplexe und kontinuierliche Systeme wie sie in der Praxis zu finden sind. Die Finite Elemente Methode (FEM) ist ein Verfahren, das allgemeine Feldprobleme, die durch orts- und zeitabhängige partielle Differentialgleichungen beschrieben werden, näherungsweise löst. Die wesentliche Näherung besteht darin, das betrachtete Kontinuum zunächst zu diskretisieren. Bei dieser Diskretisierung wird das Kontinuum durch eine endliche (finite) Anzahl kleiner Elemente angenähert. Die problemspezifische mathe-

matische Formulierung wird im folgenden Schritt auf die entstandenen Teilbereiche, die Elemente angewendet. Über Verträglichkeitsbedingungen zwischen diesen Teilbereichen sowie über Anfangs- und Randbedingungen entsteht auf diesem Weg ein lineares Gleichungssystem. Die Lösung des Gleichungssystems liefert die unbekannten Zustandsgrößen für die einzelnen Teilbereiche. Bild 5-11 zeigt die Überführung des 3D-Modells eines Verbrennungsmotors in ein Modell aus finiten Elementen. Topologische Primitive (Eckpunkte, Kanten oder die Kombination aus beiden) approximieren hier die Gestalt. Auf diesen Elementen werden Funktionen definiert, aus denen sich über die partielle Differentialgleichung ein Gleichungssystem ergibt. Aus dem gelösten Gleichungssystem werden dann die gesuchten Resultate wie Verformungen und Spannungen abgeleitet.

Mittels FEM können heute neben Festigkeitsanalysen eine Vielzahl von Untersuchungen durchgeführt werden, beispielsweise Akustikanalysen, zeitliche Temperaturverläufe und elektromagnetische Verträglichkeit. Bild 5-12 zeigt als Ergebnis einer thermischen Belastung die Temperaturverteilung in einem Verbrennungsmotor.

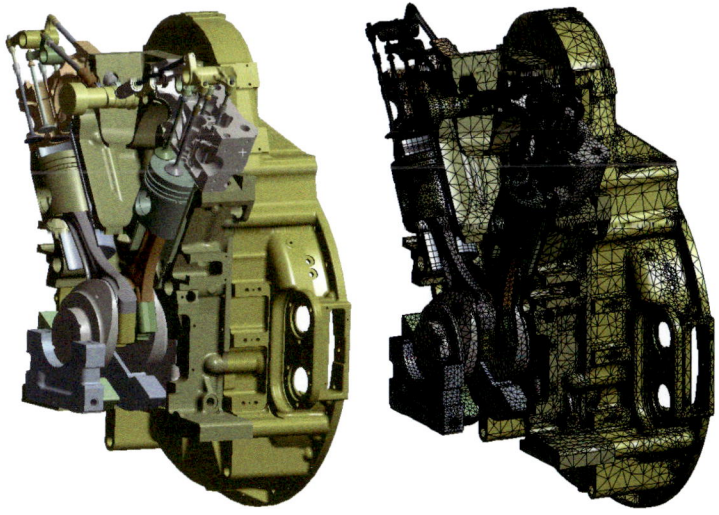

Bild 5-11: Approximation eines Verbrennungsmotors durch finite Elemente (Quelle: CADFEM GmbH)

Computational Fluid Dynamics

Für Analysen aus dem Bereich der Strömungsmechanik nehmen numerische Strömungssimulationen (Computational Fluid Dynamics, CFD) eine herausragende Stellung ein. Mittels CFD können Stromlinien, Kräfte, Druckmodelle, Verdrängung usw. sichtbar gemacht werden. Dieses kann generell in zweierlei Darstellungen erfolgen: im lokalen Flussfeld, welches spezifische Einblicke in das Verhalten der Strömung zur Verfügung stellt, oder im globalen Flussfeld, das die gesamten dynamischen Eigenschaften anzeigt. CFD löst strömungsmechanische Probleme approximativ mit numerischen Methoden. Auf diese Weise kann beispielsweise das Strömungsfeld im Brennraum während des Ansaugtaktes simuliert werden. Neben der Form des Strömungsfeldes werden hier auch die auftretenden Temperaturen durch unterschiedliche Farben visualisiert (Bild 5-13).

Analyse von flexiblen Bauteilen

Die Analyse von flexiblen Bauteilen wird immer dann durchgeführt, wenn die Verlegung von Bauteilen aus elastischen bzw. biegeschlaffen Materialien geplant werden muss; dazu zählen Kabel, Schläuche, Dichtungen und Manschetten. Diese werden in virtuellen Prototypen verlegt; Befestigungselemente wie Schellen und Clips werden in die Modellierung einbezogen (Bild 5-14). Kabel lassen sich auch zu komplexen Gebilden wie Kabelbäumen oder Kabelverzweigungen zusammenfassen.

Unter Berücksichtigung der Materialparameter und der Geometrie wird das Verhalten der flexiblen Bauteile in Echtzeit simuliert. Einwirkungen wie Verdrehung, Verspannung, Dehnung und Schwerkraft werden dabei berücksichtigt. Der Nutzen liegt auf der Hand: Statt Erkenntnisse über die Verlegung von Kabeln etc. erst in der realen Montage zu gewinnen, können schon frühzeitig die Kabellängen ermittelt, deren Verhalten in Montage und Betrieb untersucht und die Montageoperationen optimiert werden. Das spart Zeit und Geld, hier wie auch in den anderen Bereichen des Virtual Prototyping. Virtual Prototyping oder allgemeiner ausgedrückt die Virtualisierung der Produktentstehung ist daher ein Schlüsselgebiet des Einsatzes von IT-Systemen in der industriellen Produktion.

Die im Verbrennungsmotor prognostizierten Temperaturen werden durch entsprechende Farbverläufe kenntlich gemacht. Eine rote Farbgebung bedeutet hier eine hohe Temperatur, eine blaue eine niedrige Temperatur.

*Bild 5-12:   Darstellung der Temperaturverteilung in einem Motorinnenraum mittels FEM-Berechnung
(Quelle: CADFEM GmbH)*

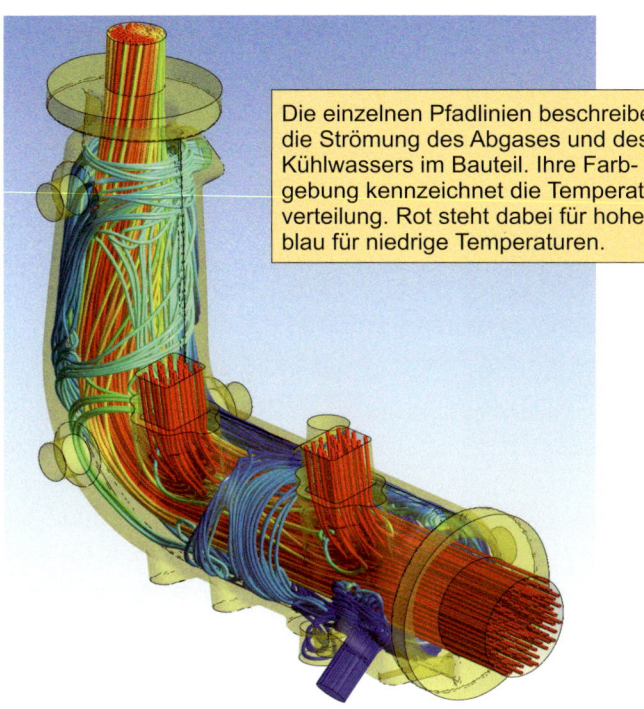

Die einzelnen Pfadlinien beschreiben die Strömung des Abgases und des Kühlwassers im Bauteil. Ihre Farbgebung kennzeichnet die Temperaturverteilung. Rot steht dabei für hohe, blau für niedrige Temperaturen.

Bild 5-13:   Mit CFD simuliertes Strömungsfeld in einem wassergekühlten Abgasrohr (Quelle: ANSYS Germany GmbH)

5.2.2 Systeme zur Produktionssystementwicklung – Digitale Fabrik

IT-Systeme unterstutzen nahezu alle Aufgaben der Produktionssystementwicklung, angefangen bei der Arbeitsplanerstellung und Arbeitsplanverwaltung über die Vorgabezeitermittlung und Arbeitskostenplanung bis zur Materialflusssimulation. Wir konzentrieren uns in diesem Kapitel auf Anwendungssysteme, die wesentlichen Anteil an der Verwirklichung des Paradigmas Digitale Fabrik haben. Unter **Digitale Fabrik** verstehen wir in Analogie zum Virtual Prototyping eine Arbeitstechnik, die auf der Bildung und Analyse von rechnerinternen Modellen des in Planung befindlichen Produktionssystems beruht. Das spart Zeit und Kosten, weil das Testen an realen Systemen auf ein Minimum beschränkt werden kann. Synonym zum Begriff Digitale Fabrik hat sich auch der Begriff Virtuelle Produktion verbreitet. Ausgehend von unserem Verständnis der Produktentstehung, das im so genannten 3-Zyklen-Modell der Produktentstehung (vgl. Bild 1-16) zum Ausdruck kommt, gliedert sich die Produktionssystementwicklung in die vier Bereiche Arbeitsablaufplanung,

Arbeitsmittelplanung, Arbeitsstättenplanung und Produktionslogistik. Im Folgenden stellen wir die für die Aufgabenbereiche Arbeitsablaufplanung und Arbeitsstättenplanung typischen Anwendungen der digitalen Fabrik vor. Ferner gehen wir unter Produktionslogistik kurz auf die Materialflussplanung und -simulation ein.

5.2.2.1 Arbeitsablaufplanung

Hauptziel der Arbeitsablaufplanung ist die Beschreibung aller notwendigen Arbeitsschritte zur Fertigung eines Produkts in einem Arbeitsplan. Dies umfasst die Fertigung der Einzelteile und die Montage. Eine große Rolle spielt die Programmierung von numerisch gesteuerten Produktionsmaschinen und Industrierobotern. Da es sich hier um die Erstellung einer detaillierten Folge von Befehlen zur Beschreibung einer Fertigungsaufgabe handelt, werden die NC- und Roboterprogrammierung der Arbeitsablaufplanung zugeordnet. Häufig werden die entsprechenden Systeme auch als Computer Aided Process Planning (CAP)-Systeme bezeichnet.

NC-Programmierung

Numerisch gesteuerte Werkzeugmaschinen werden heute fast ausschließlich computerunterstützt programmiert. Spezielle Programmiersysteme ermöglichen eine schrittweise Eingabe der Steuerinformationen oder eine Erstellung des Programms aufgrund bestehender CAD-Daten. Je nach Verfahren sowie Ort der Programmierung werden drei Konzepte der NC-Programmierung unterschieden:

- **Manuelle Programmierung nach DIN 66025:** Bei diesem Verfahren beschreibt der Programmierer die Bearbeitungsaufgabe in einem NC-Code nach DIN 66025. Das NC-Programm besteht aus einer Folge von Anweisungen, die sich in Weg- und Schaltinformationen sowie in Hilfsbefehle gliedern. Weginformationen beschreiben die Relativbewegung vom

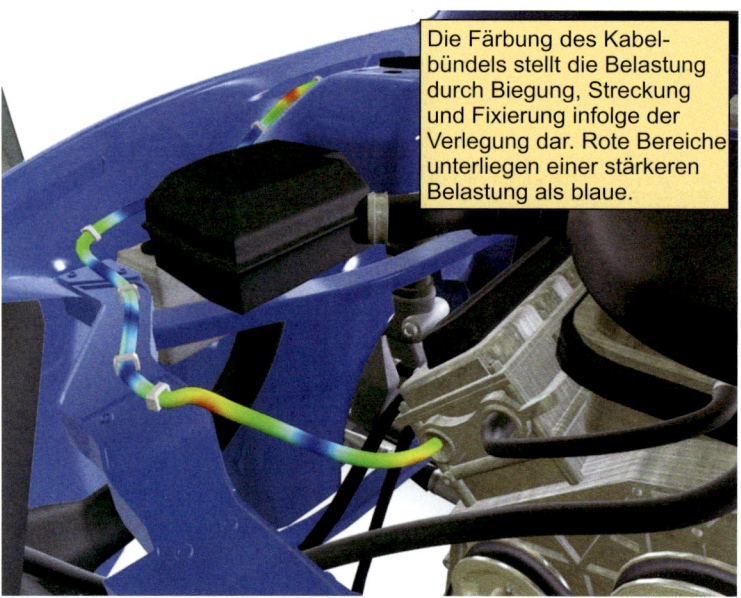

Die Färbung des Kabelbündels stellt die Belastung durch Biegung, Streckung und Fixierung infolge der Verlegung dar. Rote Bereiche unterliegen einer stärkeren Belastung als blaue.

Bild 5-14:   Verlegung eines Kabelbündels im virtuellen Prototypen eines Fahrzeugs (Quelle: ICIDO GmbH)

Werkzeug zum Werkstück, Schaltinformationen beinhalten Anweisungen wie Vorschubgeschwindigkeit, Spindeldrehzahl und Auswahl der Werkzeuge. Hilfsbefehle sind beispielsweise Korrekturaufrufe für die Werkzeuglängenkorrektur und die Nullpunktverschiebung. Die Programmierung erfolgt in der Regel direkt in der Steuerung der Werkzeugmaschine. Die Generierung der Arbeitsvorgangsfolge sowie die Erstellung von Werkzeug- und Aufspannplänen werden nicht unterstützt.

- **Rechnerunterstützte Programmierung im Werkstattbereich:** Das NC-Programm wird auch hier direkt in der NC-Steuerung erstellt. Die Programmierung erfolgt in einem graphisch interaktiven Dialog mit werkstattgerechten Begriffen und Symbolen. Das Resultat ist im Gegensatz zur Programmierung nach DIN 66025 maschinenspezifisch. Werkstückgeometrie und Arbeitsablauf werden getrennt programmiert. Der Programmierer kann auf hinterlegte Maschinen- und Werkzeugparameter zurückgreifen. Außerdem ermöglichen moderne leistungsfähige NC-Steuerungen Kollisionsbetrachtungen und Prozessoptimierungen über eine 3D-Simulation der Bearbeitung.

- **CAD-unterstützte Programmierung im Planungsbereich:** Da die Fertigteilgeometrie bereits mit dem CAD-System erfasst worden ist, liegt es nahe, diese in der NC-Programmierung zu verwenden, anstatt sie noch einmal einzugeben. Moderne NC-Programmiersysteme bauen daher auf CAD-Modellen auf und bieten die graphisch interaktive Angabe der noch fehlenden Informationen. Dazu zählen die Rohteilbeschreibung und die Angabe der Fertigungsreihenfolgen sowie der Schaltinformationen. Häufig werden bereits bei der Werkstückbeschreibung mittels eines CAD-Systems so genannte Form-Features verwendet. Wenn diesen im Zuge der CAD-/NC-Einsatzvorbereitung fertigungsrelevante Informationen zugeordnet worden sind wie die Werkzeugnummer, so ist die Eingabe dieser Informationen bei der NC-Programmierung nicht mehr erforderlich. Auch bei diesem Verfahren sind Prozessoptimierung und präventive Schadensvermeidung durch 3D-Simulationen möglich (Bild 5-15).

Das Resultat der CAD-unterstützten Programmierverfahren ist ein maschinenunabhängiges NC-Programm im CL Data (Cutter Location Data)-Format. Es wird mit Hilfe eines Anpassungsprogramms, dem Postprozessor, an die maschinenspezifischen Möglichkeiten angepasst. Dabei ist für jede Kombination aus Steuerung und Werkzeugmaschine ein spezieller Postprozessor notwendig [KR07].

Roboterprogrammierung

Industrieroboter führen wiederkehrende Handhabungsvorgänge bzw. Arbeitsoperationen mit höchster Präzision aus. Diese Abläufe werden bei der Programmierung festgelegt. Es werden zwei Arten der Roboterprogrammierung unterschieden: Online- und Offline-Programmierverfahren, je nachdem, ob die Programmierung direkt an der Robotersteuerung stattfindet oder in einem Planungsbereich.

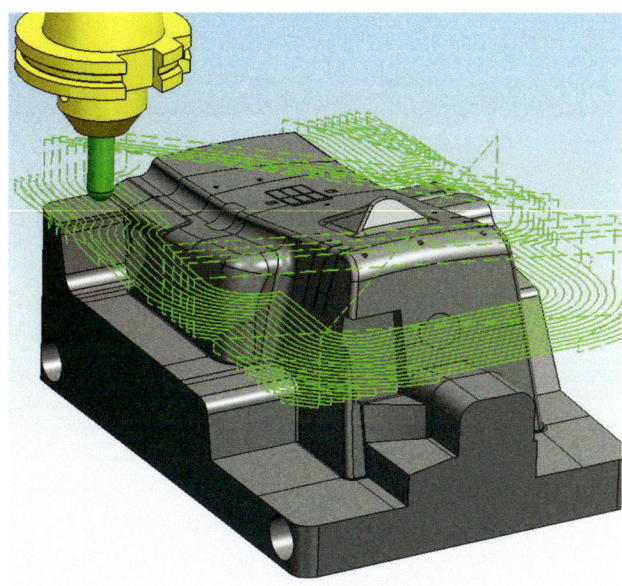

Bild 5-15: Simulation einer Fräsbearbeitung (Quelle: Siemens PLM Software GmbH)

- **Online-Programmierung:** Dieses Verfahren wird auch als prozessnahe oder prozessgekoppelte Programmierung bezeichnet. Sie wird am realen Roboter vorgenommen. Die Erstellung der Programme erfolgt in der Regel über ein Programmierhandgerät im Teach-In oder Playback Verfahren. Beim **Teach-In-Verfahren** wird der Roboter vom Bediener mit Hilfe des Programmierhandgerätes in die gewünschte Position gefahren. Die angefahrenen Punkte (Koordinaten) werden in der Steuerung gespeichert. Der gesamte Arbeitsablauf des Roboters wird einmal durchlaufen. Später im Betrieb fährt der Roboter die gespeicherten Punkte selbstständig an. Für die Bewegungen zwischen den Punkten werden in der Steuerung Parameter wie Geschwindigkeit oder Beschleunigung angegeben. Führt der Programmierer den Roboter über Handgriffe entlang einer später nachzufahrenden Bahn wird vom **Playback-Verfahren** gesprochen. Die Steuerung speichert dabei alle für die Wiedergabe (Playback) dieser Bewegung notwendigen Daten selbstständig. Alternativ kann der Programmierer auch ein kinematisches Ersatzmodell des Roboters führen, dessen Bewegung über ein Wegmesssystem an den Roboter übertragen wird. Der Vorteil liegt in der leichteren Handhabbarkeit des Modells; Nachteile ergeben sich durch die höheren Kosten und die Korrektur der Differenzen zwischen Modell und Roboter.

- **Offline-Programmierung:** Diese findet prozessentkoppelt statt. Die Steuerungsanweisungen des Roboters werden an einem separaten Roboterprogrammiersystem erstellt, was den Vorteil hat, dass der Roboter für die Programmierung nicht benötigt wird. Zu den Verfahren der Offline-Programmierung zählen die textbasierte und die CAD-basierte Programmierung. Bei der **textbasierten Programmierung** schreibt der Programmierer die Ablaufanweisungen direkt in der Steuerungssprache des Roboters oder in einer Meta-Sprache. Es handelt sich um aufgabenorientierte Programmiersprachen, in denen der Arbeitsauftrag beschrieben wird. Das Programmiersystem setzt ihn automatisch in für den Roboter verständliche Basisaktionen um. **CAD-basierte Verfahren** ermöglichen eine Modellierung und Simulation der gesamten Roboterzelle. Dafür notwendige Robotertypen unterschiedlicher Hersteller und Komponenten der Roboterperipherie (z.B. Materialflusssysteme, Sicherheitssysteme, Schaltschränke) werden Bibliotheken entnommen und in einem 3D-Modell der Zelle abgebildet. Anschließend werden die Kinematik des Roboters und seine Bewegungen festgelegt. Das Kinematikmodell beschreibt die Anzahl und die Kopplungen der Gelenke. Die abschließende Simulation ermöglicht vielfältige Analysen beispielsweise des Arbeitsraums, der Zykluszeiten oder Kollisionsbetrachtungen. Alternative Zellenlayouts lassen sich leicht erstellen und mit Hilfe der Simulation bewerten. Bild 5-16 zeigt die Simulation einer Roboterzelle mit der Zielsetzung der Kollisions- und Reichweitenüberprüfung. Im gezeigten Beispiel konnte eine Kollision zwischen Schweißroboter und Vorrichtung frühzeitig identifiziert werden. Ferner ist es möglich, die Auswirkungen der geänderten Schweißparameter zu simulieren. Durch die frühe digitale Absicherung des Fertigungsprozesses lassen sich zeit- und kostenaufwändige Änderungen vermeiden.

Bei der CAD-basierten Programmierung entsteht eine virtuelle Nachbildung der realen Roboterbewegungen. Sie werden im Anschluss an die Planung und Simula-

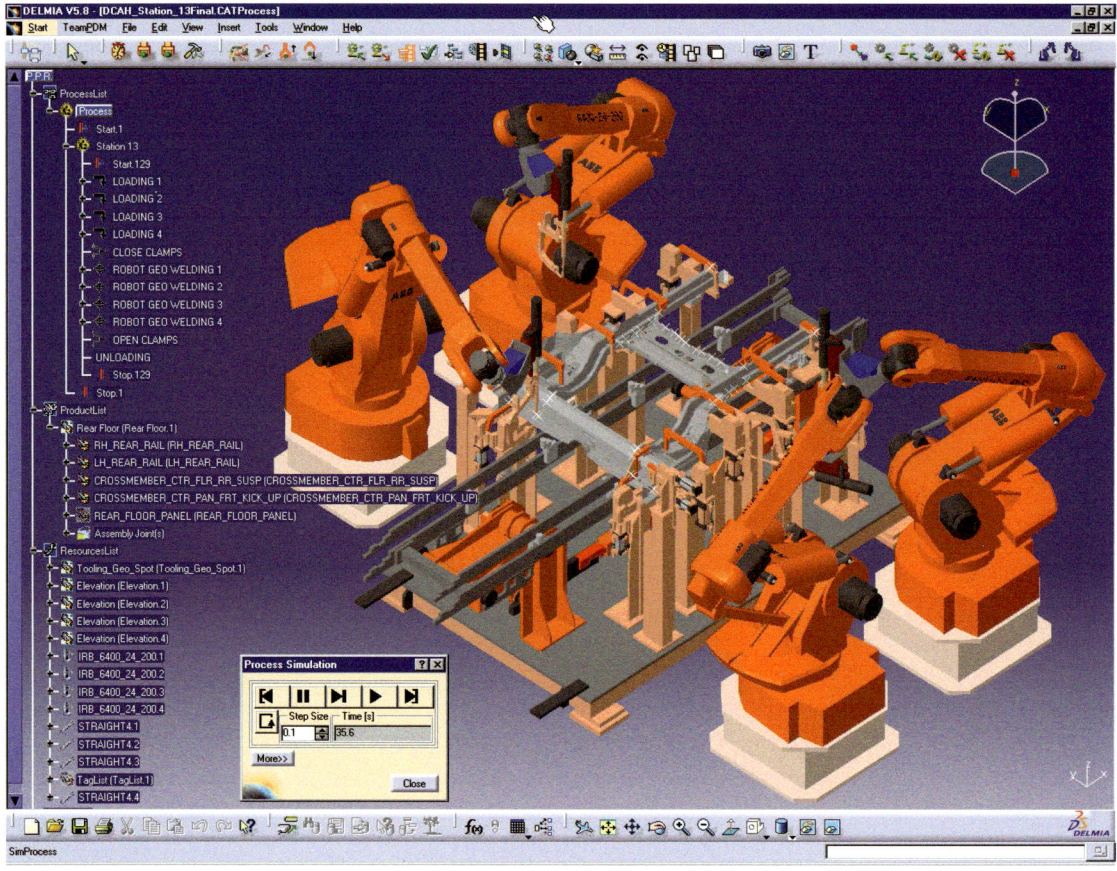

Bild 5-16:   3D-Robotersimulation (Quelle: Delmia)

tion über ein Roboter-spezifisches RRS-Modul (realistische Roboter Simulation) an die Steuerung des realen Roboters übertragen.

In der Praxis hat sich eine Kombination aus Online- und Offline-Verfahren etabliert. Da die Umgebung in der Werkhalle im Allgemeinen von dem geplanten und modellierten Idealzustand abweicht, werden zunächst die Ablauf-, Überwachungs- und Kommunikationsanweisungen in einem Offline-Verfahren programmiert. Die Bewegungsanweisungen werden entweder ebenfalls offline programmiert und bei der Inbetriebnahme im Online-Verfahren angepasst oder direkt in einem Online-Verfahren programmiert [KR07], [Wec01].

In Ergänzung zur NC- und Roboterprogrammierung kann die Arbeitsablaufplanung durch weitere Analysen unterstützt werden; einige Typische stellen wir im Folgenden vor.

Simulation von ur- und umformenden Fertigungsverfahren

Bei der Simulation von urformenden Verfahren werden vorwiegend gießtechnische Prozesse von Metallen und Kunststoffen betrachtet. Im Vordergrund steht das Füll- und Erstarrungsverhalten des Materials in der Gussform. Dabei werden detaillierte Prozess- und Randbedingungen wie Wärmefluss und Wärmehaushalt berücksichtigt. Die Simulationen ermöglichen eine Verbesserung der Formauslegung, der Speiser- und Anschnittstechnik sowie eine Optimierung des Gießprozesses. Ferner werden Vorhersagen über Gussfehler, den zu erwartenden Verzug und spätere Bauteileigenschaften abgeleitet, z.B. thermisch induzierte Eigenspannungen [BH03]. Dadurch lassen sich die Kosten für Nacharbeit und Ausschuss erheblich reduzieren. Bild 5-17 zeigt links die Erstarrungssimulation eines Motorblocks. Die Farben kennzeichnen den Zeitpunkt der Erstarrung; blaue Bereiche erstarren zuerst, weiße zuletzt. Das rechte Bild stellt eine Gefügesimulation dar. Je nach Farbgebung variiert die Zusammensetzung der Gefügebestandteile.

Typische Anwendungen der Simulation umformender Fertigungsverfahren sind die Blechumformung (z.B. Tiefziehen), die Massivumformung (z.B. Schmieden) und das Innenhochdruckumformen. Entsprechende Verfahren werden in der Regel im Werkzeugbau eingesetzt. Die Simulationen geben Aufschluss über Materialverdünnungen, Rückfederungsverhalten sowie Falten- und Rissbildung. Zusätzlich liefern die Simulationen Informationen über die verbleibende Blechstärke nach der Bearbeitung. Diese fließt wiederum in die Festigkeits- und Crashberechnungen der später entstehenden Strukturen (z.B. Karosserien) ein. Neben den Rückschlüssen auf das Bauteil lassen sich auch Abschätzungen zum Werkzeugverschleiß treffen. Dies ermöglicht Aussagen zu den Standzeiten der Umformwerkzeuge und der zu erwartenden Instandhaltungskosten [HNE+07]. Bild 5-18 zeigt eine Simulation des Umformablaufes beim Walzprofilieren. Die unterschiedlichen Farbbereiche symbolisieren die im Profil auftretenden Spannungen. Rot entspricht einer hohen Spannung, blau einer niedrigen.

5.2.2.2 Arbeitsstättenplanung

Die Aufgabe der Arbeitsstättenplanung ist, die bauliche Struktur des Fertigungsbetriebes auf das Fertigungssystem und den damit verbundenen Materialfluss abzustimmen. Wie wir bereits in Kapitel 1.2.3 dargestellt haben, gliedert sie sich in die vier Hauptaufgaben Bebauungsplanung, Anordnungsplanung, Planung der Produktionslinien und Gestaltung der Arbeitsplätze. In der modernen Arbeitsstättenplanung kommen Softwaresysteme durchgängig zum Einsatz. Diese Systeme bieten eine Vielzahl von Analyse- und Simulationsmöglichkeiten. Das dynamische Verhalten der Produktionsprozesse und -systeme kann somit bereits in der Planungsphase berücksichtigt werden (dynamische Fabrikplanung) [Gru06]. Aufgrund ihres großen Funktionsumfanges lassen sich diese Systeme nicht trennscharf den vier genannten Hauptaufgaben zuordnen. Die am Markt befindlichen Systeme decken mehrere bzw. alle Aufgaben ab.

Bebauungs- und Anordnungsplanung

Die Bebauungsplanung dient im Wesentlichen der Ermittlung des Flächenbedarfs sowie der Anordnung der Gebäude auf dem Grundstück. Die Anordnungsplanung konkretisiert die innerbetrieblichen Strukturen des Produktionssystems. Zusammenfassend handelt es sich also um eine gestaltorientierte Planung mit dem Ziel, ein geeignetes Fabrik-Layout zu entwickeln, das allen funktionalen und wirtschaftlichen Ansprüchen der Fabrik gerecht wird. Im Vordergrund steht die Integration aller Gewerke, da neben den eigentlichen Produktionslinien und Materialflusssystemen auch die

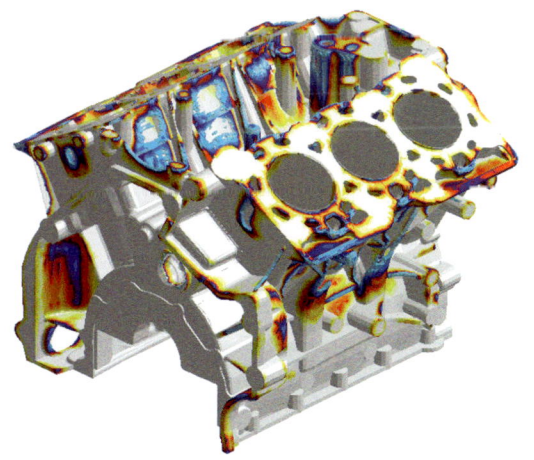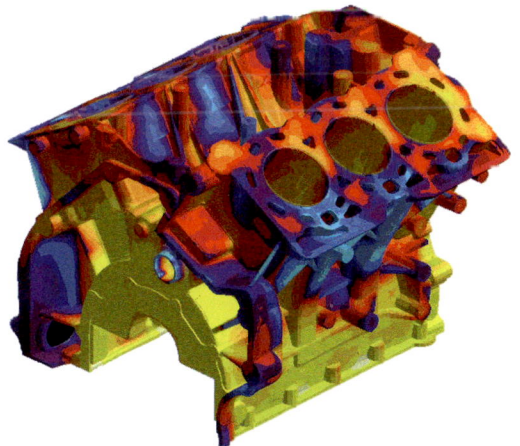

Bild 5-17: Erstarrungssimulation (linkes Bild) und Gefügesimulation (rechtes Bild) eines Motorblocks (Quelle: MAGMA GmbH)

*Bild 5-18:   Simulation des Umformablaufes beim Walzpro-
                filieren (Quelle: data M Software GmbH)*

Komponenten der Versorgungstechnik wie Lüftungs-
technik und Energieversorgung betrachtet werden
müssen.

Systeme für die Layout-Planung ermöglichen die Erstellung dreidimensionaler Fabrikmodelle. Die abzubildenden Objekte, wie Wände, Maschinen, Arbeits-
bühnen etc. werden mit Hilfe der Softwaresysteme modelliert oder aus bestehenden CAD-Daten importiert.
Des Weiteren stehen Bibliotheken mit detailliert modellierten Standardbausteinen zur Verfügung. Sie repräsentieren typische in einer Fabrik verwendete Objekte wie Betriebsmittel, Transportmittel und Lager-
komponenten. Auch so genannte Menschmodelle – rea-
litätsnahe Modelle von Werkern, die Gestalt und Bewegungsverhalten abbilden – können in das Fabrik-
modell integriert werden. Die Bausteine sind parame-
trisiert und können leicht dimensioniert werden. Dies
erlaubt eine schnelle und maßgenaue dreidimensiona-
le Darstellung. Bild 5-19 zeigt das 3D-Modell einer Fabrikhalle mit den Gewerken Stahlbau, Gebäude, technische Gebäudeausrichtung und Fördertechnik sowie
Werkermodellen.

Der Anteil grundlegender Neuplanungen („Grüne-Wie-
se"-Projekte) ist mit 10 % relativ gering [Küh06]. Meist
geht es um die Modifikation vorhandener Systeme, bei
der neue Produktionslinien in ein bestehendes Fabrik-

layout integriert werden müssen. Oftmals liegen für
diese Aufgabe jedoch keine ausreichend aktuellen Lay-
out-Daten vor, sodass die Gesamtstruktur neu erfasst
werden muss. Eine relativ schnelle und genaue Lösung
zur Erfassung der bestehenden Strukturen ist das **3D-
Laserscanning**. Bei diesem Verfahren kann die Fabrik
im laufenden Betrieb vermessen werden [HW04]. Der
Laser tastet sein Umfeld ab. Die so erfassten Raumko-
ordinaten werden mit der entsprechenden Software als
eine Punktwolke dargestellt und in Volumenkörper
überführt. Das Resultat ist ein rechnerinternes Modell
der bestehenden Struktur.

Mit Hilfe der digitalen Fabrikmodelle werden Probleme
im geplanten Layout bereits in der frühen Planungsphase identifiziert. Beispielsweise ermöglichen Bewe-
gungsanimationen die Identifikation kollisionsfreier
Förderstrecken von Fahrzeugen und weiterer Trans-
portsystemen. Das verkürzt die Planungszeit und ver-
meidet später kostenintensive und zeitraubende Korrekturen.

Planung von Produktionslinien

Die Planung von Produktionslinien erfordert neben einer rein gestaltorientierten Sicht in Form der Layout-
Planung auch eine Berücksichtigung der Kapazitäten,
der Durchlaufzeit und der Materialpuffer. Ziel der Planung ist, die Maschinenanordnung und den Materialfluss so zu wählen, dass die Fertigungsaufträge effizient ausgeführt werden können. Um dies zu erreichen,
werden verschiedene Anordnungen der Bearbeitungs-
stationen und Materialflusskonzepte durchgespielt. Dazu kommen Systeme zum Einsatz, die eine diskrete er-
eignisorientierte Simulation ermöglichen. Bild 5-20
vermittelt den Eindruck von einem System zur Simulation einer Montagelinie. Es simuliert den Materialfluss, die Arbeitsabläufe von Maschinen und Robotern
sowie manuelle Operationen von Werkern in einer 3D-
Umgebung. Für die Montagesimulation werden die
CAD-Daten der zu montierenden Bauteile importiert.
Es entsteht ein realitätsnahes Modell der Montagelinie, das den Montageprozess abbildet und die Optimierung von Taktzeiten, Roboterbewegungen und ma-
nuellen Arbeitsoperationen ermöglicht.

Bild 5-19: 3D-Modell einer Fabrikhalle (Quelle: Siemens PLM Software)

Arbeitsplatzgestaltung

Aufgabe der Arbeitsplatzgestaltung ist die Festlegung von Arbeitsräumen, die Anordnung von Betriebsmitteln und Materialflusskomponenten sowie die Sicherstellung der Energie-, Material- und Werkzeugversorgung. Des Weiteren werden Beleuchtung und Klimatisierung geplant. Zur Vermeidung von gesundheitsschädlichen Einflüssen werden anthropometrische und arbeitsphysiologische Aspekte berücksichtigt. Dies basiert auf Ergonomiesimulationen. Menschmodelle interagieren darin mit ihrer virtuellen Arbeitsumgebung. Geschlecht, Alter und Physiognomie der Menschmodelle werden über Parameter angegeben. Des Weiteren stehen in Bibliotheken Modelle zur Verfügung, denen unterschiedliche auf internationalen Standards beruhende physiognomische Durchschnittswerte zugeordnet sind. Ein Kinematikmodell, das die Grundlage der Bewegungsabläufe bildet, sowie Greifraum und Sichtfeld sind ebenfalls definiert. Die Menschmodelle werden in die virtuelle Produktionsumgebung integriert. Die Bewegungsabläufe, beispielsweise Montagevorgänge, werden mit Hilfe von vorgefertigten Greif- und Bewegungsmakros simuliert und bewertet. Die Bewertung erfolgt nach Standardmethoden der Ergonomieuntersuchung. Bild 5-21 zeigt die Ergonomiesimulation einer Montageoperation.

5.2.2.3 Produktionslogistik – Systeme zur Materialflussplanung

Die wirtschaftliche Bereitstellung von Materialien in der richtigen Menge und Qualität zur richtigen Zeit am richtigen Ort ist die Aufgabe der Produktionslogistik [Mar00]. Sie umfasst den gesamten Materialfluss in einem Fertigungsbetrieb vom Wareneingang bis zum Versand sowie der damit verbundenen Ausrüstung inkl. der Erstellung der Steuerungssoftware (vgl. Kapitel 1.2.3). Im Vordergrund der folgenden Erläuterung steht die Planung und Optimierung des Materialfusses. Die entsprechenden IT-Systeme gliedern sich in Systeme zur statischen und dynamischen Untersuchung [Küh06].

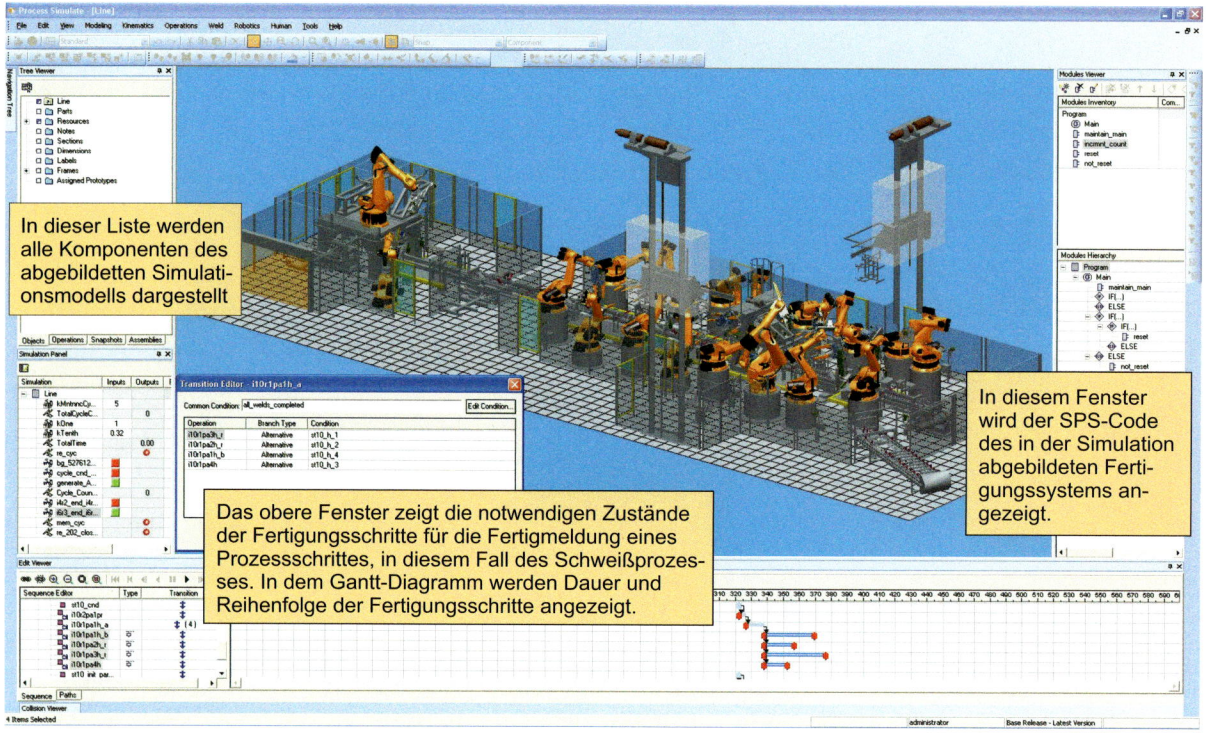

In dieser Liste werden alle Komponenten des abgebildetten Simulationsmodells dargestellt

In diesem Fenster wird der SPS-Code des in der Simulation abgebildeten Fertigungssystems angezeigt.

Das obere Fenster zeigt die notwendigen Zustände der Fertigungsschritte für die Fertigmeldung eines Prozessschrittes, in diesem Fall des Schweißprozesses. In dem Gantt-Diagramm werden Dauer und Reihenfolge der Fertigungsschritte angezeigt.

Bild 5-20:   Modell einer Montagelinie (Quelle: Siemens PLM Software)

Systeme zur statischen Untersuchung von Materialflüssen

Für eine schnelle und relativ einfache Überprüfung der Materialtransporte eignen sich Systeme zur statischen Untersuchung der Materialflüsse. Statisch bedeutet, die Materialtransporte werden hinsichtlich ihrer Menge und Richtung untersucht, ihr zeitliches Verhalten wird jedoch nicht berücksichtigt. Die Intensität der Materialtransporte wird mit Hilfe von Materialflussmatrizen erfasst und mit Pfeilen in Flussdiagrammen (Sankey-Diagramm) beschrieben (Bild 5-22). Zusätzlich verfügen Systeme zur statischen Untersuchung von Materialflüssen über Algorithmen zur Optimierung der Maschinenaufstellung und der Transportwege. Arbeitspläne, Lagervorschriften für das Material, Förderhilfsmittel und Informationen zur Verpackung werden dabei berücksichtigt.

Systeme zur dynamischen Untersuchung von Materialflüssen

Für die exakte Auslegung der Produktionslogistik ist eine statische Betrachtung nicht ausreichend; es ist eine zeitlich dynamische Untersuchung mit Hilfe einer diskreten ereignisorientierten Simulation notwendig. Sie berücksichtigt, zu welchen Zeitpunkten die Mate-

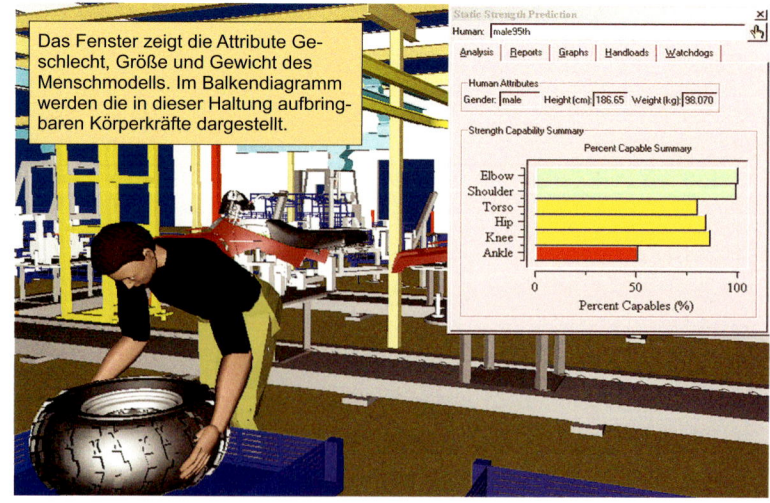

Das Fenster zeigt die Attribute Geschlecht, Größe und Gewicht des Menschmodells. Im Balkendiagramm werden die in dieser Haltung aufbringbaren Körperkräfte dargestellt.

Bild 5-21:   Ergonomieuntersuchung zur Bewertung von Montageoperationen (Quelle: Siemens PLM Software)

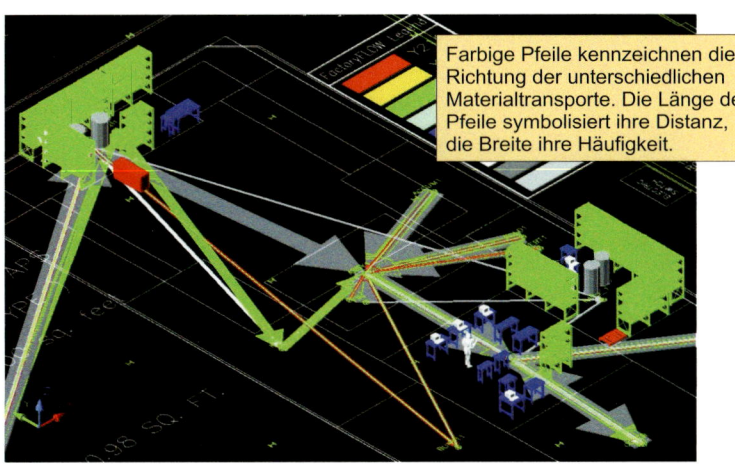

Farbige Pfeile kennzeichnen die Richtung der unterschiedlichen Materialtransporte. Die Länge der Pfeile symbolisiert ihre Distanz, die Breite ihre Häufigkeit.

Bild 5-22: *Flussdiagramm zur Visualisierung von Materialflussdistanzen und -häufigkeiten im Fabriklayout (Quelle: Siemens PLM Software)*

rialflüsse auftreten. Zur dynamischen Untersuchung von Materialflüssen werden Modelle von Logistik- und Produktionssystemen erstellt, die das zeitliche Verhalten der Systeme abbilden. Sie ermöglichen die Planung von Taktzeiten, Materialpuffern und Maschinenauslastungen. Engpässe im Durchsatz können erkannt und unterschiedliche Lösungsvarianten durchgespielt werden. Die Modellerstellung erfolgt in diesen Systemen in der Regel in einer 2D-Umgebung. Bearbeitungs- und Montagestationen, Puffer und Fördersys-teme werden durch parametrisierte Bausteine symbolisiert (siehe Bild 5-23).

Über die Parameter der Bausteine oder freiprogrammierbare Makros wird das Verhalten des Systems modelliert. In der Simulation durchlaufen so genannte bewegliche Einheiten (BE) das Modell. Sie repräsentieren Materialien, Werkstücke und Baugruppen. Die Art und Anzahl der BE oder auch ihre Verweildauer in den einzelnen Bausteinen des Modells (Bearbeitungs- und Montagestationen, Puffer, Förderstrecken, etc.) wird vom System erfasst, ausgewertet und in Diagrammen oder Tabellen dargestellt. Diese Simulationen können von wenigen Sekunden bis hin zu mehreren Tagen dauern, je nachdem, wie lang der Zeitraum ist, der

bei der dynamischen Untersuchung betrachtet werden soll.

5.2.3 Product Lifecycle Management (PLM)-Systeme

Komplexe Produktmodelle, Simultaneous Engineering und die Vielzahl der eingesetzten Werkzeuge bestimmen die heutige Produktentstehung. Neben einem systematischen Vorgehen und entsprechend angepassten Organisationsstrukturen ist für einen effizienten Produktentstehungsprozess ein konsequentes Produktdatenmanage-ment (PDM) notwendig.

In der Vergangenheit, insbesondere in den USA, wurde oft der Begriff Engineering Data Management (EDM) verwendet. Im deutschen Sprachraum ist die Bezeichnung PDM geläufiger und noch heute für die Organisation und Verwaltung der Daten in technischen Bereichen weit verbreitet [Obe03]. Zur Kernfunktionalität von PDM-Systemen zählen die Speicherung und Konsistenzsicherung sowie die Bereitstellung der Daten an den Arbeitsplätzen der Produktentstehung. Das verlangt für große Konzerne mit verteilten Entwicklungszentren überregionale IT-Strukturen mit verteilter Datenhaltung und Servern. Ergänzend zur Kernfunktio-

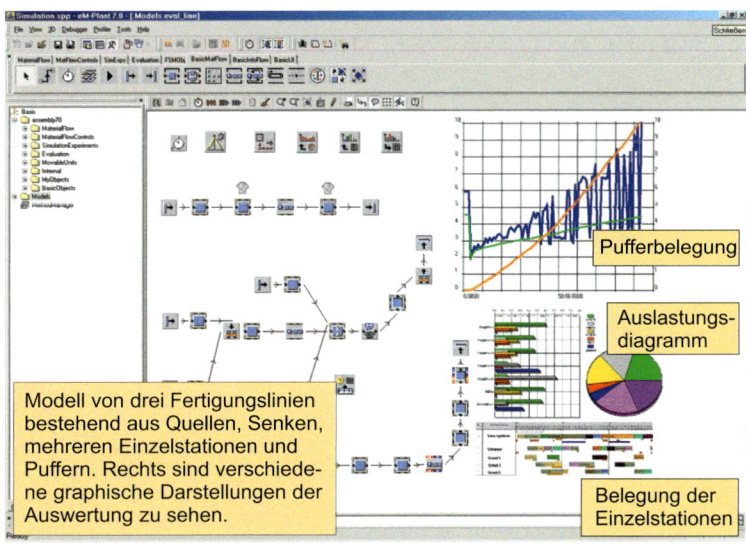

Modell von drei Fertigungslinien bestehend aus Quellen, Senken, mehreren Einzelstationen und Puffern. Rechts sind verschiedene graphische Darstellungen der Auswertung zu sehen.

Pufferbelegung

Auslastungsdiagramm

Belegung der Einzelstationen

Bild 5-23: *Modell des Materialflusses von drei Fertigungslinien (Quelle: Siemens PLM Software)*

nalität bieten PDM-Systeme in der Regel Workflow- und Projektmanagement sowie Funktionen für Design-Reviews. PDM-Systeme finden sich heute schwerpunktmäßig im Maschinen-, Anlagen- und Automobilbau. In der Elektrotechnik und dem Softwareengineering haben sich dagegen spezifische Systeme zum Konfigurations-, Versions- und Variantenmanagement durchgesetzt.

Die Summe der Produktdaten bildet das **Produktmodell** – die rechnerinterne Repräsentation des zu entwickelnden Produktes. Produktmodelle haben die Zielsetzung, Produkte mit ihren für den gesamten Lebenszyklus relevanten Informationen digital abzubilden. Die durchgängige Rechnerunterstützung von Produktentstehungsprozessen ist aufgrund der Menge und der Heterogenität der Daten, der Komplexität des Produktmodells ohne ein entsprechendes Produktdatenmanagement nicht möglich.

Die Menge und Vielfalt der zu verwaltenden Daten ist sehr groß; allein im Bereich der Gestaltmodellierung reicht die Bandbreite von Punktkoordinaten, Kanten und Flächen des 3D-Modells bis zur Anordnung der Bauteile zu Baugruppen und der Baugruppen zu Erzeugnissen. Um dies handhabbar zu machen, wurde schon in den 1980er Jahren ein Ansatz für die Strukturierung der Datenhaltung auf zwei Ebenen eingeführt (Bild 5-24), der auch heute noch üblich ist [Gau87]: Danach wird in der Datenverwaltung zwischen Metadaten- und Dateimanagement unterschieden. Metadaten sind „Daten über Daten" und beschreiben die Beziehung der Daten untereinander und deren Einordnung und Verwendung innerhalb des Produktentwicklungsprozesses. Metadaten für ein Bauteil sind beispielsweise Teilenummer, Name, Name der Datei des gespeicherten CAD-Modells und der Name des Erstellers.

Die Metadaten sind durch das Metadatenmodell definiert. Es dient in erster Linie der Abbildung von Produktstrukturen

bzw. Erzeugnisstrukturen. Da diese Metadaten eine grobe Sicht auf das Produktmodell darstellen, wird das entsprechende Modell auch als **Makromodell** bezeichnet. Die Makromodelle werden durch PDM-/PLM-Systeme verwaltet und dort für das Arbeiten (Speicherung, Konsistenzsicherung, Navigation des Benutzers, Prozessunterstützung) mit dem Produktmodell genutzt.

Der überwiegende Teil der produktbeschreibenden Daten wird in so genannten **Mikromodellen** abgebildet. Mikromodelle sind z.B. 3D-CAD-Modelle, FEM-Rechenmodelle und NC-Steuerprogramme. Diese Modelle sind partielle Bestandteile des Produktmodells, deren Kohärenz zu sichern ist. Die eingesetzten Entwicklungswerkzeuge wie 3D-CAD-Systeme verwenden proprietäre Datenmodelle. Aus dem Bedarf des Austauschs dieser Daten haben sich daher eine Reihe von Standarddatenformaten verbreitet [GHK+06]; in erster Linie ist STEP (Standard for the Exchange of Product Model Data) zu nennen [AT00].

Aus der Notwendigkeit, dass Produktdaten- und Prozessmanagement über den gesamten Produktlebenszyklus hinweg zu etablieren, ist der Begriff **Product Lifecycle Management (PLM)** entstanden. PLM hat den

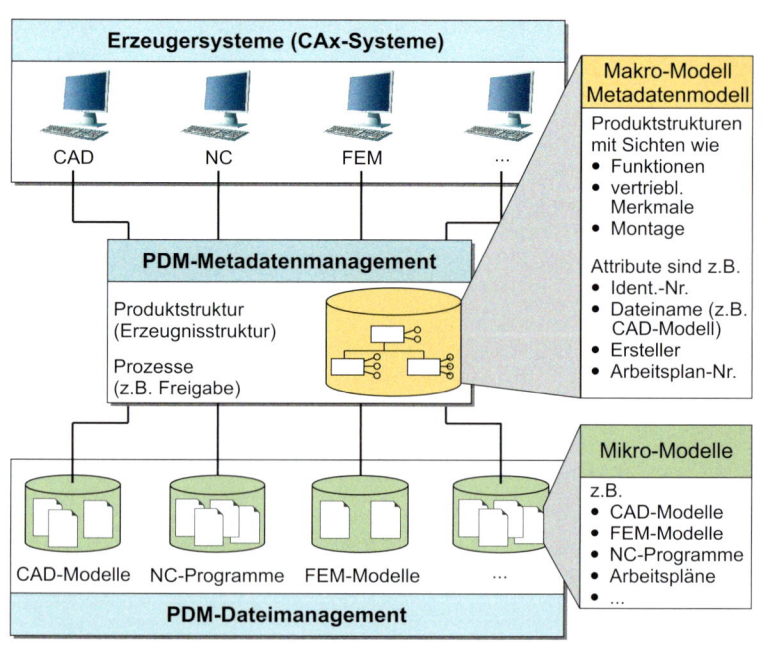

Bild 5-24: Metadaten- und Dateimanagement als Grundprinzip der Strukturierung der Datenhaltung in PDM-Systemen

Anspruch, alle Funktionalität zum Management der Produktdaten entlang des Produktlebenszyklus zusammenzuführen [AS04]. Last but not least hat sich der Begriff für diese Anwendungssystemklasse auch durch den Sprachgebrauch des Anbieters SAP etabliert. PLM beschränkt sich also nicht mehr auf die Entwicklung/Konstruktion, sondern berührt all die Funktionsbereiche eines Unternehmens, die im Laufe der Entstehung, der Herstellung und Vermarktung, der Nutzung und der Rücknahme eines Produktes involviert sind. Im Folgenden erläutern wir typische Arten und Klassen von PLM-Systemen sowie die Funktionalität von PLM-Systemen.

Klassen von PLM-Systemen

Der Ursprung von PLM liegt aber nicht nur im PDM [ASL05]. Wie in Tabelle 5-1 dargestellt, ergeben sich je nach Ursprung verschiedene Klassen von PLM-Systemen:

- **Klassische PLM-Systeme:** fokussieren auf das Produktdatenmanagement entlang des kompletten Lebenszyklus des Produktes. Diese Art von PLM-Systemen hat ihren Ursprung in der Produktentwicklung, ihr Einsatzgebiet geht aber heute darüber hinaus. Ziel ist es, alle notwendigen Daten über das Produkt in jeder Lebenszyklusphase zu speichern und bei Bedarf bereitzustellen.

- **CAD-orientierte PLM-Systeme:** Umfassende leistungsfähige CAD-Systeme haben in der Regel ein eigenes Datenmanagement. Sie bieten Funktionen zur Verwaltung der CAD-Modelle sowie Schnittstellen, um die Modelle auch für weitere Phasen des Produktlebenszyklus vorzuhalten, z.B. für die Fertigungsplanung oder den Vertrieb.

- **Dokumentenorientierte PLM-Systeme:** Dokumentenmanagementsysteme sind universelle Systeme zur Verwaltung von Dokumenten ohne speziellen Anwendungsbezug. Sie werden häufig im Bürobereich in Ergänzung zu Workflowmanagementsystemen eingesetzt. Sie strukturieren, verwalten und archivieren Dokumente. Durch Erweiterung der Funktionalität dieser Systeme um spezielle Funktionen für die Verwaltung von Produktdaten (insbesondere die Bereitstellung spezifischer Dokumentenstrukturen) ist diese Klasse von PLM-Systemen entstanden.

- **ERP-orientierte PLM-Systeme:** Nicht nur produktbezogene, sondern auch auftragsabwicklungsorientierte Softwaresysteme wie ERP- bzw. PPS-Systeme nutzen seit jeher produktbezogene Daten wie z.B. Stücklisten und Arbeitspläne. Es liegt daher nahe, diese Systeme als Ausgangspunkt für PLM zu nehmen.

Tabelle 5-1: Klassifizierung von PLM-Systemen, nach ABRAMOVICI [BK02]

Klassen	Ursprung	Fokus
Klassische PLM-Systeme	PDM-Systeme	• Lifecycle Management
CAD-orientierte PLM-Systeme	CAD-Systeme	• CAD-Management • Integration mit CAD/DMU
Dokumentenorientierte PLM-Systeme	DM-Systeme	• Verwaltung von Dokumenten • Archiv-Management
ERP-orientierte PLM-Systeme	ERP-Systeme	• Integration mit Auftragsabwicklung
SCM-orientierte PLM-Systeme	SCM-Systeme	• Kunden-/Zuliefermanagement • Internet-Integration

CAD: Computer Aided Design ERP: Enterprise Resource Planning
DMU: Digital Mock-up SCM: Supply Chain Management
DM: Dokumentenmanagement

- **SCM-orientierte PLM-Systeme:** Hier steht das so genannte Supply Chain Management (SCM) im Vordergrund (vgl. Kapitel 5.2.4). Diese Klasse von PLM-Systemen fokussiert auf die Gestaltung der Beziehungen zu den Lieferanten und den Kunden. Die entsprechenden Systeme unterstützen die Beschaffung und Distribution von technisch anspruchsvollen Produkten und den Austausch von Produktinformationen in der abteilungs- bzw. firmenübergreifenden Produktentstehung.

Funktionalität von PLM-Systemen

Für das Daten- und Informationsmanagement entlang des Produktlebenszyklus bieten PLM-Systeme eine umfangreiche Funktionalität. Bild 5-25 gibt einen entsprechenden Überblick über wesentliche Funktionen, die jeweils einzelnen Phasen des Produktlebenszyklus zugeordnet sind. Die unter Entwicklung/Konstruktion (Produktentwicklung) und Fertigungsplanung (Produktionssystementwicklung) aufgeführten Funktionen entsprechen der Funktionalität heutiger PDM-Systeme.

Die Funktionen werden von den meisten am Markt angebotenen Systemen in Module oder Komponenten strukturiert und können z.T. einzeln erworben und installiert werden. Durch unternehmens- und produktspezifische Ausgestaltung der Produktentstehungsorganisation kommt es bei der Einführung von PLM-Systemen oftmals zu einem erheblichen Anpassungs- und Konfigurationsaufwand. Daher ist bei der Auswahl des Anbieters möglichst auf branchenspezifisch vorkonfigurierte Funktionalität und eine einfache Anpassbarkeit zu achten [ASL05]. Ein weiterer wesentlicher Beitrag zur Senkung der Einführungskosten

wird durch ein systematisches Vorgehen bei der Auswahl und Einführung von PLM-Systemen geleistet. Dies kommt insbesondere dann zur Geltung, wenn einschlägige Beratungsunternehmen eingeschaltet werden.

In der Verantwortung des PLM-Systems liegt die Verwaltung des Makromodells. Wie schon erläutert, beschreibt das Makromodell die Struktur des Produktes und wird für die Organisation des Prozesses und Verwaltung der Mikromodelle genutzt, die in der Regel als Dokumente bzw. Dateien abgelegt sind. Im Folgenden werden die im Bild 5-25 aufgeführten Funktionen kurz vorgestellt. Für eine umfangreiche Darstellung der Funktionalität von PDM- und PLM-Systemen sei auf die weiterführende Literatur verwiesen [ES01], [Sch99], [SI02].

Dokumentenmanagement

Entwickler speichern ihre Arbeitsergebnisse in Dokumenten, d.h. ein oder mehrere Dateien im File-System, die eine logische Einheit bilden. Der Begriff Dokument hat sich verbreitet, obwohl er nicht zutreffend ist. Gemeint sind rechnerinterne Repräsentationen von Bauteilen, Belastungssituationen, Fertigungsprozessen etc. Diese Repräsentationen sind Modelle, die auf der Stufe eines PDM- oder PLM-Systems als Dateien (Mikromodelle) behandelt werden. Wie oben bei der Vorstellung der Historie der PLM-Systeme erläutert, hat das Dokumentenmanagement eine besondere Rolle und ist eine der wichtigsten Funktionen des Systems. Es gilt, die im Zuge der Produktentstehung erarbeiteten Dokumente zu ordnen, zu speichern und bei Bedarf am Arbeitsplatz des Entwicklers zur Verfügung zu stellen.

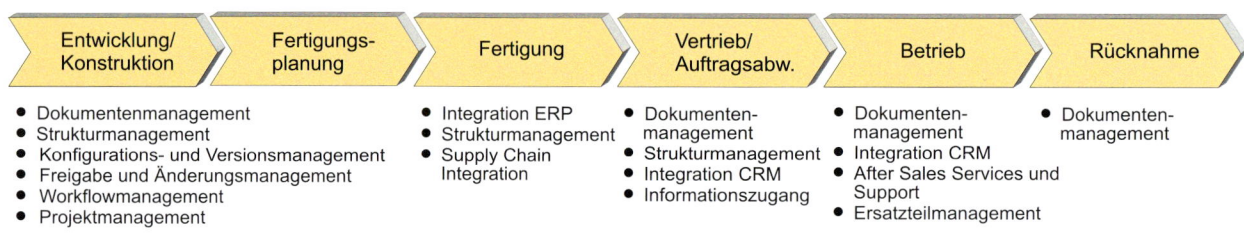

Bild 5-25:　Funktionen von PLM-Systemen entlang des Produktlebenszyklus

Metadaten dienen dem Dokumentenmanagement zur Beschreibung der Dokumente. Typische Metadaten beschreiben Informationen über den Inhalt und Bearbeiter der Dokumente, wie sie auch im Zeichnungskopf zu finden sind. Wenn im Kontext PDM/PLM vom „Zeichnungskopf" gesprochen wird, dann gilt das im übertragenen Sinne für diese Art von Daten. Denn ein 3D-Modell, ein FEM-Rechenmodell oder ein Roboterprogramm sind ja keine Zeichnungen und haben keinen Zeichnungskopf, aber dafür Metadaten.

Wie bereits in Bild 5-24 angedeutet, werden Metadaten und Dokumente auf verschiedene Art gespeichert. Metadaten werden in einer Datenbank abgelegt. Die Dokumente speichert man direkt in geschützten Bereichen eines Datenträgers (Data Vault), meist einer Festplatte. Je nach Zahl der Dokumente sowie der Struktur des lokalen oder auch standortübergreifenden Rechnernetzes kann es einen einzelnen Ablagebereich oder auch beliebig viele, auch dezentrale Ablagebereiche geben. Zur Archivierung lagert das Dokumentenmanagement Dateien auf externen Datenträgern wie DVDs oder Magnetbändern aus.

Das Dokumentenmanagement stellt dem Entwickler die Dokumente zur Bearbeitung an seinem Arbeitsplatz bereit. Durch das Reservieren („Check-out") kann er sich einen exklusiven Zugriff sichern. Nach der Bearbeitung speichert der Entwickler das Dokument wieder im Dokumentenmanagement und gibt es für die Bearbeitung durch andere frei („Check-in").

Der Abgleich der Metadaten mit den innerhalb der Dokumente gespeicherten Daten verlangt eine Integration der IT-Werkzeuge der Produktentstehung mit dem PLM-System. Trotz einer Vielzahl von Datenformaten, die PLM-Systeme unterstützen, verbleibt hier oftmals mühevolle Kleinarbeit in der Entwicklung von Schnittstellen für den Zugriff auf diese Informationen.

Strukturmanagement/Produktstrukturmanagement

Für die Beschreibung und Untergliederung komplexer Produkte findet eine Vielzahl von Strukturen Verwendung. Strukturen beschreiben den inneren Aufbau des Produktes und werden mit dem Makromodell des Produktes durch das PLM-System verwaltet. Beispiele für solche Strukturen sind:

- **Teilestruktur:** Beschreibung des Aufbaus des Produktes aus Baugruppen und Einzelteilen. Die Teilestruktur entspricht der Definition von Produktstruktur nach DIN 199 [DIN199]. In der Praxis wird in der Regel der Begriff der Stückliste (engl.: Bill of Material, daher häufig mit BOM abgekürzt) verwendet, besonders im Bereich ERP und PPS.

- **Funktionsstruktur:** Beschreibung des funktionalen Aufbaus des Produktes, hierarchische Aufgliederung der Hauptfunktion in Teilfunktionen.

- **Vertriebs- und Konfigurationsstruktur:** Beschreibung und Regeln für unterschiedliche am Markt angebotene Varianten des Produktes.

- **Montagestruktur:** Beschreibung der Reihenfolge des Zusammenbaus der einzelnen Teile, Beschreibung des Montageprozesses mittels Montagevorgängen und Montagestufen.

- **Servicestruktur:** Klassifizierung und Strukturierung der Bauteile und Baugruppen nach Servicegesichtspunkten.

Im Prinzip sind mit dem Begriff Stückliste die vorstehenden Strukturen gemeint. Streng genommen handelt es sich bei einer Stückliste um eine Präsentation der rechnerinternen Repräsentation (Makromodell) eines Erzeugnisses. Neben den produktbeschreibenden Strukturen finden sich in PLM-Systemen weitere Strukturen wie etwa Dokumententypen, Standardbauelementkataloge, Benutzerverzeichnisse usw.

Die vorgestellten Strukturen helfen den Entwicklern, die Komplexität des Produktes zu beherrschen: Sie ordnen Inhalte und verknüpfen Dokumente mit einzelnen Produktbestandteilen, sie erlauben durch die gespeicherten Informationen zu navigieren. Die einzelnen Strukturen sind nicht unabhängig voneinander. Aufgabe des Strukturmanagements ist es, die verschiedenen produktbeschreibenden Strukturen konsistent zu halten.

Auch für das Strukturmanagement gilt: Ein Abgleich mit Strukturen, die innerhalb der CAE-Werkzeuge gespeichert werden, ist notwendig, um konsistente Datenstrukturen zu schaffen und zu erhalten. Das betrifft z. B. Teilestrukturen, wie sie in DMU-Systemen verwendet werden. Die Anpassung der Strukturen und beschreibenden Merkmale an die individuellen Anforderungen eines Unternehmens ist neben der Prozessanpassung und der Integration der involvierten Systeme eine wichtige Aufgabe bei der Einführung von PLM-Systemen.

Konfigurations-, Versions- und Varianten-management

Produktstrukturen und die damit verbundenen Dokumente sind während des Produktlebenszyklus hinweg häufig Änderungen unterworfen. In der Baustruktur kommen Teile hinzu oder werden entfernt, Dokumente werden verändert oder es werden Alternativen entwickelt. All dieses gilt es zu erfassen und zu verwalten. Insbesondere bei komplexen Produktstrukturen mit einer hohen Anzahl von Dokumenten müssen Änderungen nachvollziehbar bleiben (Änderungshistorie) und konsistente Kombinationen von Strukturen und Dokumenten gespeichert werden und ggf. wieder herstellbar sein.

Dokumente und Strukturen werden ständig verändert. Es wird zwischen Varianten und Versionen unterschieden. Versionen sind die verschiedenen Entwicklungsstände eines Dokumentes, und Varianten sind alternative Dokumente, die u.U. sogar unabhängig voneinander weiterentwickelt werden. Gegebenenfalls werden verschiedene Dokumentenvarianten wieder zu einem Dokument zusammengeführt. Entsprechende Nummernsysteme zur Bezeichnung der Versionen und Varianten von Bauteilen und Dokumenten schaffen Ordnung.

Konfiguration ist ein weiter Begriff; darunter verstehen wir den gültigen Stand einer Produktzusammensetzung mit den zugehörigen Dokumenten zu einem

bestimmten Zeitpunkt. Diese Art von Konfiguration ist nicht zu verwechseln mit den möglichen Produktkonfigurationen (Kunde wählt „blaue Lackierung" und „Ledersitze"), die auf der Vertriebsstruktur beruhen. Das Konfigurationsmanagement definiert „gültige" Konfigurationen: d. h. konsistente Teileaggregationen und dazugehörende Dokumente, die zusammen ein Produkt beschreiben.

Freigabe- und Änderungsmanagement

Das Freigabemanagement steuert auf der Basis des Konfigurations-, Versions- und Variantenmanagements das Genehmigungsverfahren (Freigabeabläufe) für Änderungen an Dokumenten und Produktstrukturen, das Erzeugen von Varianten und gültigen Konfigurationsständen sowie deren Nummerierung. Das Änderungsmanagement verwaltet mit Hilfe des Konfigurations-, Versions- und Variantenmanagements die Änderungen am Produkt und Produktionssystem. Dabei wird gespeichert, wer was wann und warum ändert bzw. geändert hat. Die Entwickler können auch für Teile oder Dokumente Abhängigkeiten zu anderen Teilen oder Dokumenten definieren. Im Falle einer Änderung informiert das PLM-System die verantwortlichen Entwickler abhängiger Teile oder Dokumente, um die Konsistenz der Produktspezifikation zu überprüfen. Die Abarbeitung der Prüf-, Freigabe- und Informationsprozesse wird durch das Freigabe- und Änderungsmanagement initiiert und durch das Workflowmanagement kontrolliert durchgeführt.

Workflowmanagement

Das Workflowmanagement steuert die Abläufe in der Produktentstehung. Hierzu werden insbesondere Standardabläufe definiert wie Freigabe oder Änderungsprozesse. Bedingt durch ihre Historie verwalten viele PLM-Systeme die Arbeitsabläufe (Prozesse) auf der Basis von Statusübergängen der Dokumente (z.B. „in Arbeit", „zur Prüfung", „freigegeben"). An dem Übergang eines Dokumentes in einen anderen Status können verschiedene Aktionen und Bedingungen, wie E-Mail-Benachrichtigungen und Vergabe bzw. Änderung von Zugriffsrechten gebunden werden.

In Erweiterung des Freigabewesens, welches für die Objekte alle zulässigen Zustände sowie die Bedingungen für die Übergänge zwischen ihnen festlegt, übernimmt das Workflowmanagement auch unabhängig von einzelnen Objekten die Koordinierung des Gesamtprozesses. Der Prozess beschreibt, wer wann was zu tun hat, um einen Änderungsauftrag komplett abzuarbeiten. Die Definition derartiger Prozesse ist eine der Hauptaufgaben bei der Einführung von PLM-Systemen.

Projektmanagement

Das Projektmanagement übernimmt die Planung, Steuerung und Überwachung von Projekten der Produktentstehung. Bei den meisten am Markt befindlichen PLM-Systemen wird diese Funktion durch die Integration von dedizierten Projektmanagementsystemen abgedeckt.

5.2.4 Systeme für die Auftragsabwicklung

In Kapitel 1.2.4 beschreiben wir ein generisches Modell des Hauptgeschäftsprozesses Auftragsabwicklung und ordnen die etablierten Begriffe PPS und Fertigungssteuerung ein. Dies beruht auf den klassischen Quellen. Andererseits ergeben sich aus der Dynamik des Angebots von IT-Systemen zur Unterstützung dieses Hauptgeschäftsprozesses neue Sichtweisen, die sich auch in neuen Begriffen niederschlagen. Hier an dieser Stelle beschreiben wir das Systemangebot ausgehend von diesen Begriffen aus der Anbieterwelt. Zunächst gehen wir auf Enterprise Resource Planning (ERP)-Systeme ein, die im Zentrum des Geschehens stehen. Dann behandeln wir Systeme unter den Schlagworten Customer Relationship Management (CRM) und Supply Chain Management (SCM) sowie Manufacturing Execution Systeme (MES) und Management-Informationssysteme (MIS). Zum Schluss gehen wir kurz auf die angrenzenden Funktionen Finanzmanagement und Human Resource Management ein.

5.2.4.1 Enterprise Resource Planning (ERP)

Unter den Systemanbietern hat sich der Begriff Enterprise Resource Planning (ERP) als übergeordneter Begriff für Systeme etabliert, die die Auftragsabwicklung (warenorientierte, dispositive, logistische und abrechnungsbezogene Aufgaben), den Herstellprozess und weitere Prozesse zur kaufmännischen Unternehmensführung unterstützen. *„ERP-Systeme können die wichtigsten Geschäftsprozesse eines gesamten Unternehmens in einem einzigen Softwaresystem integrieren, welches den reibungslosen, unternehmensweiten Informationsaustausch ermöglicht. Diese Systeme konzentrieren sich primär auf interne Prozesse, können jedoch auch Transaktionen mit Kunden und Lieferanten umfassen"* [LLS06]. ERP-Systeme dienen also zur effektiven Planung und Steuerung aller Ressourcen, die zur Beschaffung, zur Herstellung, zum Vertrieb und zur Abwicklung von Kundenaufträgen in einem Unternehmen nötig sind. Dies gilt für produzierende Unternehmen und in abgewandelter Form auch für Handels- und Dienstleistungsunternehmen. ERP umfasst im Allgemeinen die im Folgenden kurz beschriebenen Funktionen bzw. Teilprozesse.

Angebotserstellung und -verfolgung

Hier geht es in erster Linie um die Unterstützung der Vertriebsorganisation bei der Erstellung von Angeboten. Basis dafür sind die Kunden- (Debitoren) und Produktstammdaten. In der Regel gliedert sich die Vertriebsorganisation in Außendienst und Innendienst, Vertrieb und Vertriebsunterstützung etc., sodass an der Angebotserstellung Mitarbeiter mehrerer Stellen beteiligt sind. Gerade in solchen Fällen kann mit ERP-Systemen ein erheblicher Nutzen erzielt werden. Ferner unterstützen solche Systeme auch die Angebotsverfolgung, deren Aufgabe es ist, die Kunden zur Bestellung zu bewegen. Im negativen Fall werden die Gründe erfasst und zusammen mit dem Angebot im System archiviert.

Auftragserfassung

Entspricht das Angebot den Vorstellungen des Kunden, so schickt der Kunde an den Lieferanten den Auftrag in Form einer Angebotsannahme oder einer Bestellung. Der Auftrag wird dann vom Sachbearbeiter im Vertriebsinnendienst in das ERP-System eingegeben. Es wird eine Auftragsbestätigung erstellt und an den Kunden versandt. Wichtig ist an diesem Prozess, dass es keine Differenzen in der Beschreibung des Leistungsangebots in den Dokumenten gibt. Der Auftrag wird anschließend an die betroffen internen Bereiche im Unternehmen weitergegeben.

Beschaffung, Einkauf

Der Einkauf beschafft die Roh-, Hilfs- und Betriebsstoffe sowie die Handelswaren, die für den Auftrag erforderlich sind. Die Bestellungen an die Lieferanten werden aus den Lieferanten- (Kreditoren) und Produktstammdaten erstellt. Die Lieferanten sollten im System bewertet sein. Zahlungsziele, Einkaufsbedingungen und weitere Besonderheiten sind in den Stammdaten hinterlegt.

Logistik

Üblicherweise gliedert sich die Logistik in die Beschaffungs-, Produktions- und Distributionslogistik. Die Beschaffungslogistik sorgt dafür, dass Rohwaren, Betriebs- und Hilfsstoffe sowie Zulieferkomponenten zeitgerecht in der Fertigung sind. Dies wird häufig durch Just-in-time oder Kanban-Steuerungen sichergestellt. Derartige Verfahren können selbstredend auch zur Steuerung der Fertigungsprozesse im Rahmen der Produktionslogistik eingesetzt werden. Im Kontext der Distributionslogistik erfolgen die Kommissionierung, die Tourenplanung und die Lieferscheinerstellung. Die Kommissionierung ordnet im Versand die Waren dem Kunden zu. Die Tourenplanung muss kurze effiziente Lieferwege für die Speditionen sicherstellen. Der Lieferschein ist das Begleitdokument für die Ware. Er enthält die Beschreibung der Ware und die gelieferte Menge sowie ggf. Hinweise auf Mängel oder Schäden.

Produktionsplanung und -steuerung (PPS)

Zur Produktionsplanung zählen die Produktionsprogrammplanung, die Mengenplanung und die Termin- und Kapazitätsplanung. Ein wesentliches Ergebnis der Mengenplanung sind die Fertigungs- und Bestellaufträge. In der Termin- und Kapazitätsplanung werden die Fertigungsaufträge auf die Kapazitäten und zeitlichen Restriktionen der Fertigungseinheiten abge-

stimmt, um beispielsweise Liefertermine zu bestimmen. Die zwei Hauptfunktionen der Produktionssteuerung sind die Auftragsveranlassung und die Auftragsüberwachung, und zwar für die Fertigungsaufträge und ggf. auch für die Bestellaufträge.

Gerade hier in dem Bereich PPS werden in der Praxis unterschiedliche Sichtweisen deutlich, je nachdem, ob es um ein produzierendes Unternehmen oder ein Handelsunternehmen geht bzw. ob eine weitgehend allgemeingültige Aufgabenstruktur oder mehr die Sicht eines Systemherstellers gefragt ist. Die einen sehen PPS als Teil von ERP, andere sehen in PPS und ERP eher das Gleiche.

Rechnungsstellung, Faktura

Am Ende des Auftragsabwicklungsprozesses ist die Rechnung auf Basis der Lieferscheine an den Kunden zu stellen. Ist die Menge der Informationen, die im Zuge der Auftragsabwicklung ausgetauscht werden, und insbesondere die Anzahl der Rechnungen sehr groß, so werden digitale Austauschformate (z.B. EDIFACT) genutzt [GHK+06]. Entscheidend ist, dass die Kosten mit Hilfe der Kostenrechnung nicht erst bei der Faktura transparent gemacht werden. Die Kosten sollten konsequent bei ihrer Entstehung verursachungsgerecht in der Kostenrechnung erfasst werden. Damit ist die mitlaufende Kalkulation sichergestellt und Kostentreiber können frühzeitig entdeckt werden.

Durch Standardisierung und Automatisierung können insbesondere in den Prozessen der Auftragsabwicklung und Fertigung die Kosten deutlich gesenkt werden. Dabei ist zu betonen, dass relevante Informationen jederzeit aktuell und schnell im Zugriff sein müssen. Unternehmen, die diese Prozesse gut beherrschen, können jederzeit Aussagen zu Lieferzeiten, Beständen, Auslastung und Kalkulation ihrer Produkte geben. Die entsprechenden Systeme müssen zwei wesentliche Anforderungen erfüllen: Zum einen ist die detaillierte spezifische Abbildung der Teilprozesse notwendig, zum anderen ist die Vernetzung der Daten in der gesamten Wertschöpfungskette abzubilden. Dies hat zur Folge, dass sich eine Vielzahl von Speziallösungen im Laufe der Zeit etabliert hat. Eine große Marktpräsenz konnten die Speziallösungen naturgemäß nicht gewinnen. Der Markt wird im Wesentlichen unter den großen Standardsystemen aufgeteilt, die an die Unternehmensspezifika anzupassen sind. Diese Systeme weisen eine Vielfalt von Funktionsmerkmalen auf und unterstützen damit nahezu die gesamte Wertschöpfungskette. Die Basisfunktionen sind heute bei allen führenden Lösungen ausreichend gut umgesetzt. Aufgrund der Branchen- und Unternehmensspezifika gibt es allerdings kein Einführungsprojekt, das ohne größere spezielle Erweiterungen oder Anpassungen an der Software auskommt. Die Abbildung der Besonderheiten sowie die Personen, die das entsprechende Verständnis dafür haben, machen heutzutage eine erfolgreiche Systemeinführung aus.

Die Meinungen und Definitionen, was denn nun ERP ist, gehen auseinander. An manchen Stellen werden selbst Produktdatenmanagement (PDM) und Product Lifecycle Management (PLM) dazu gerechnet. Vieles deutet darauf hin, dass das Ganze sehr marketinggetrieben ist, wie das seinerzeit auch mit Computer Integrated Manufacturing der Fall war. In den letzten Jahren haben sich zwei große Anbieter herauskristallisiert, die das Feld ERP stark prägen. Es handelt sich um die Systeme von SAP und Microsoft. Im Folgenden stellen wir die entsprechenden Systemarchitekturen auf Benutzerstufe kurz vor.

SAP-Architektur

SAP stellt mit seiner Plattform ein umfassendes integriertes ERP-System für verschiedene Branchen und Unternehmensgrößen bereit. Im Einzelnen werden folgende Funktionskomplexe angeboten (Bild 5-26):

Analytics: Zur Unternehmensführung sind Kennzahlen notwendig. Diese werden in MIS-Systemen (vgl. Kapitel 5.2.4.5) gesammelt, analysiert und dem Benutzer zur Verfügung gestellt. Bei SAP ist diese Funktion im Bereich Analytics im System integriert und stellt damit immer aktuelle Daten für unterschiedliche Aufgabenstellungen bereit.

Financials: Das Finanzmanagement ist bei SAP ebenfalls integriert. Neben den bekannten Funktionen der Finanzbuchhaltung, der Kostenrechnung und Anlagenbuchhaltung sind auch Steuerungsinstrumente wie z.B. Corporate Governance integriert.

Human Capital Management: Dazu zählen die Gehalts- und Lohnabrechnung sowie die Ablage der Vertragsdaten für die Mitarbeiter. Um Mitarbeiter zu binden, wird die Qualifizierung, Weiterbildung und Talentförderung im Unternehmen immer wichtiger. SAP bietet für das Management und die Weiterentwicklung der Belegschaft (Workforce) Funktionen, die diese Aufgaben unterstützen.

Beschaffung und Logistik: In der Beschaffung und Logistik bietet SAP Funktionen, die den Einkaufsprozess, die Beurteilung der Lieferanten, die innerbetriebliche Bestandsführung, den Wareneingang und -ausgang sowie das Transportmanagement (Fuhrpark und Speditionen) unterstützen. Diese Funktionen können mit SAP auch im so genannten Portal dargestellt werden. Damit ist die Unterstützung in der gesamten Lieferkette (Supply Chain) gegeben.

Produktentwicklung und Produktion: SAP unterstützt die wichtigsten entwicklungs- und herstellungsbezogenen Aktivitäten. Es werden unterschiedliche Grundstrategien zur Produktionsplanung geliefert und auf deren Basis entsprechende Pläne als Grundlage für optimale Produktionsprozesse erstellt. In der Produktion werden alle Produktionsprozesse (Auftrags-, Lager-, Serien-, Fließ- und Werkstattfertigung, schlanke Fertigung, Prozessfertigung) unterstützt. Material- und Kapazitätsengpässe werden in Echtzeit berücksichtigt. Eine Integration der Produktion in alle Logistikprozesse ermöglicht eine schnelle Umsetzung von Konstruktionsänderungen und Terminverschiebungen. Im Enterprise Asset Management unterstützt SAP die vorbeugende Wartung (Predictive and Preventive Maintenance), Budgetierung der Wartungskosten und Ausführung der Wartungsmaßnahmen. Seit einigen Jahren unterstützt SAP auch die Produktentwicklung. SAP legt hier Wert auf die Integration der Stammdaten und Prozesse der Produktentwicklung und Produktion. In der Produktentwicklung können Personen und Informationen in einen einzigen, optimierten Produktentwicklungs- und -einführungsprozess (New Product Deve-

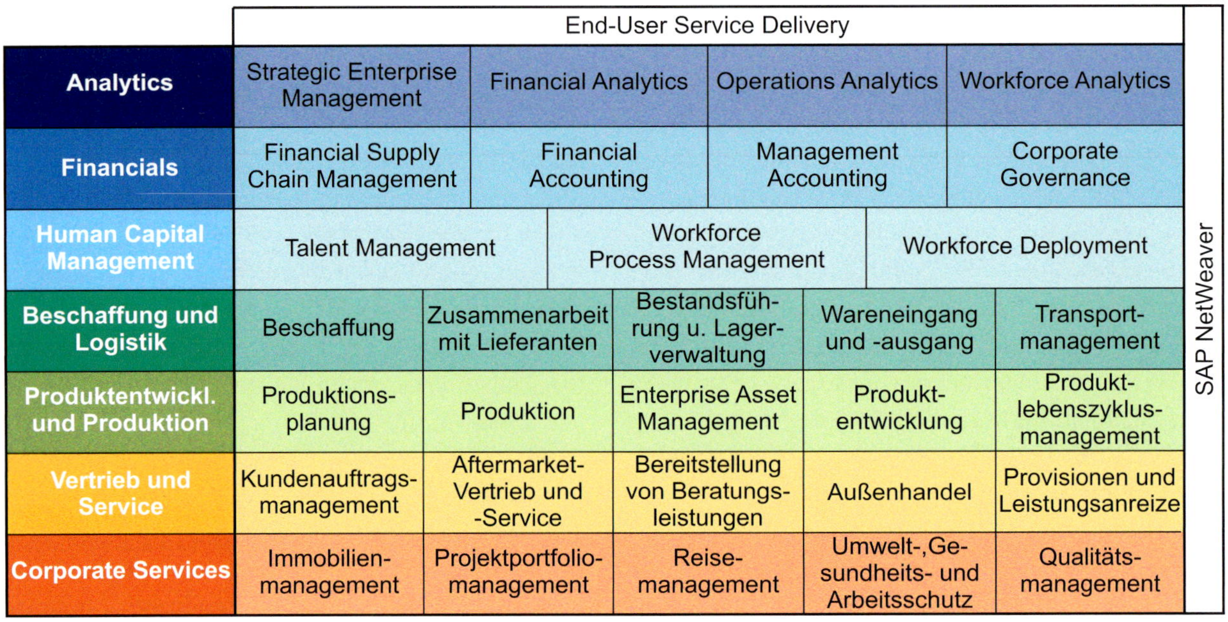

End-User Service Delivery				
Analytics	Strategic Enterprise Management	Financial Analytics	Operations Analytics	Workforce Analytics
Financials	Financial Supply Chain Management	Financial Accounting	Management Accounting	Corporate Governance
Human Capital Management	Talent Management	Workforce Process Management		Workforce Deployment
Beschaffung und Logistik	Beschaffung	Zusammenarbeit mit Lieferanten	Bestandsfüh-rung u. Lager-verwaltung	Wareneingang und -ausgang	Transport-management
Produktentwickl. und Produktion	Produktions-planung	Produktion	Enterprise Asset Management	Produkt-entwicklung	Produkt-lebenszyklus-management
Vertrieb und Service	Kundenauftrags-management	Aftermarket-Vertrieb und -Service	Bereitstellung von Beratungs-leistungen	Außenhandel	Provisionen und Leistungsanreize
Corporate Services	Immobilien-management	Projektportfolio-management	Reise-management	Umwelt-,Ge-sundheits- und Arbeitsschutz	Qualitäts-management

SAP NetWeaver

Bild 5-26:   mySAP ERP Solution Map: Wertschöpfung im Überblick [SAP05-ol]

lopment and Introduction, NPDI) integriert werden, der die Bereiche Ideen- und Innovationsmanagement, Produktdefinition, Erfassung von Anforderungen, Produktentwicklung, Beschaffung von Lieferanten und Ramp-up umfasst. Damit der gesamte Produktlebenszyklus unterstützt wird, bietet SAP im Produktlebenszyklus-Management die Verwaltung der produktbezogenen Stammdaten schon während des Produktentwicklungsprozesses, z.B. im Hinblick auf Produktstrukturen, Dokumente und Rezepte.

Vertrieb und Service: SAP unterstützt zentrale Vertriebs- und Serviceprozesse. Im Kundenauftragsmanagement werden Funktionen für die Back-Office-Prozesse des Vertriebs, einschließlich Bearbeitung von Kundenanfragen und Angeboten, Auftragsgenerierung und -bearbeitung sowie Vertrags- und Fakturierungsverwaltung geliefert. Zur Steuerung des Vertriebs bietet SAP Programme für Leistungsanreize und Methoden zur Berechnung von Verkaufs- und Vermittlungsprovisionen und weiterer Bonuszahlungen. Es können Vertriebsaktivitäten im gesamten Unternehmen verfolgt und überwacht werden. Alle Aspekte der Serviceauftragsbearbeitung innerhalb einer Serviceorganisation, von der Bearbeitung der ersten Anfrage bis zur Auftragsbestätigung und Abrechnung, werden durch die

Funktionen im Bereich Aftermarket-Vertrieb und Service abgedeckt. Es können Angebote und Aufträge angelegt und bearbeitet werden. Diese sind dem zuständigen Außendienstmitarbeitern zugeordnet. Weiterhin können projektbezogene Services (Bereitstellung von Beratungsleistungen) verkauft, geplant, bereitgestellt und abgerechnet werden. Durch die Einführung eines einheitlichen, unternehmensweiten Standards für Handelsprozesse über SAP-Systeme und die Systeme anderer Anbieter hinweg werden durchgängige Prozesse für den Außenhandel bereitgestellt. Es können internationale Logistikketten verwaltet und die elektronische Kommunikation mit den IT-Systemen von Regierungsbehörden erleichtert werden. Dies unterstützt den grenzüberschreitenden Handel.

Corporate Services: In diesem Bereich sind eine Reihe von unterstützenden Funktionen zusammengefasst. Dazu zählen die Verwaltung von Immobilien, Projekten und Reisen, die Bearbeitung von Aspekten des Umwelt-, Gesundheits- und Arbeitsschutzes sowie die Unterstützung des Qualitätsmanagements.

Microsoft-Architekturen

Microsoft hat sich im Bereich dieser Anwendungssysteme durch Akquisitionen positioniert. Dementsprechend werden die zwei Systeme Microsoft Dynamics NAV und Microsoft Dynamics AX angeboten.

Microsoft Dynamics NAV (MD NAV) ist das ehemalige Navision (Bild 5-27). Das System ist sehr ausgeprägt in der mittelständischen Industrie verankert. Im Bereich Marketing & Vertrieb sind alle Funktionen für die Angebotserstellung und Auftragsabwicklung enthalten. Mit den Modulen zum Servicemanagement und Supply Chain Management sind die Funktionen der gesamten Lieferkette abgedeckt. Dies schließt auch die PPS-Funktionen ein. Das Finanzmanagement leistet die Finanzbuchhaltung, die Kostenrechnung und die Anlagenbuchhaltung. Zur Unternehmenssteuerung bieten Reports & Analysen die notwendigen Kennzahlen. Das System basiert auf der proprietären Datenbank C/SIDE (Client/Server Integrated Development Environment) oder auf MS SQL. Ferner verwendet MD NAV die Programmiersprache C/AL (C/SIDE Application Language), die Ähnlichkeit mit dem bekannten „Turbo Pascal" aufweist.

Microsoft Dynamics AX (MD AX) ist das ehemalige Axapta von Damgaard (Bild 5-28). Mit diesem Zukauf hat Microsoft ein System in sein Portfolio aufgenommen, das eine moderne Web-Architektur hat. Das System weist alle Funktionen für die Auftragsabwicklung und Fertigung auf. Es ist für große Unternehmen geeignet. MD AX deckt die Funktionen für Produktionsplanung, Supply Chain Management, Marketing & Vertrieb sowie für Projektmanagement, Finanzmanagement und Personalverwaltung ab. Mit den Funktionen

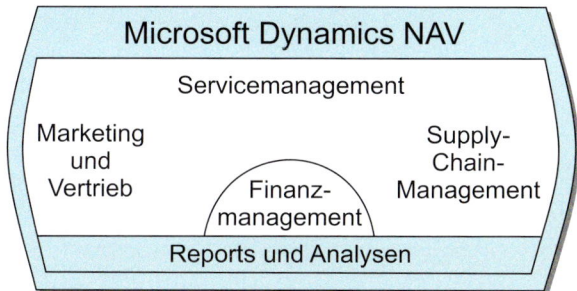

Bild 5-27: Microsoft Dynamics NAV [Mic08-ol]

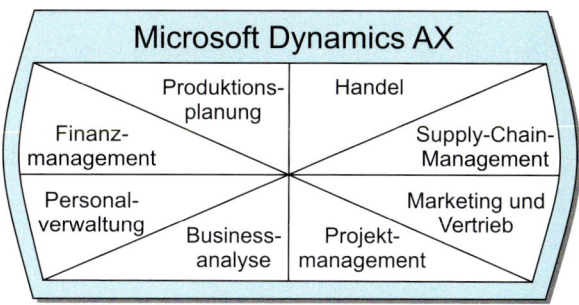

Bild 5-28: Microsoft Dynamics AX [Mic08-ol]

für Businessanalysen sind die Unternehmenskennzahlen ohne Medienbrüche direkt im System online aufrufbar. Die technologische Grundlage von MS AX ist als Programmiersprache X++ (Einflüsse von Java, Basic, C++ und SQL). Eingesetzte Datenbanksysteme sind MS SQL und ORACLE.

Microsoft bietet seine ERP-Systeme ausschließlich über Systemhäuser an. Diese haben sich auf Branchen z.B. die Fertigungsindustrie, den Handel oder den Gesundheitsmarkt spezialisiert.

Der ERP-Markt wird derzeit von SAP dominiert. Neben SAP und den Microsoft-Systemen gibt es noch eine Reihe weiterer Anbieter. Infor besetzte mit dem Produkt infor.com über Jahre ausschließlich das Marktsegment für mittelgroße Unternehmen. Mit dem Zukauf des Produktes Baan hat infor mit infor LN nun auch eine Lösung, die zu SAP aufschließt. Oracle ist eher im internationalen Markt als ERP-Wettbewerber zu sehen. Sage ist Marktführer in kleinen Unternehmen. Alle Anbieter versuchen schon seit Jahren, das so genannte Mittelstands-Marktsegment zu erschließen. Hohe Personalkosten, die für die notwendige Anpassung und Schulung anfallen, machen es den Anbietern allerdings oft schwer, ihre Produkte zu platzieren.

Erwartete Entwicklungen

Wesentliche Einflüsse auf ERP-Anwendungen werden „Service-orientierte Architekturen" (SOA) und „Software as a Service" (SaaS) ausüben. Diese Konzepte beruhen darauf, dass immer mehr Funktionen standardisiert und gekapselt werden können. Es wird daher nicht mehr von Funktionen gesprochen, sondern von Services. Services sind Leistungen, die klar zu beschreiben sind und eindeutige Schnittstellen haben (vgl. Kapitel 5.3). Für Services ist es zunehmend unerheblich, an welchem Ort sie tatsächlich „ausgeführt" werden. Hinzu kommt, dass Anwender weltweit auf die Systeme zugreifen müssen. Internet und Web-Applikationen sowie professionelle Provider unterstützen den Trend zum „Outsourcing". Dadurch lassen sich auch erhebliche Skaleneffekte nutzen und die Kosten senken. Wenn Unternehmen ihre Systeme nicht komplett außer Haus betreiben, sondern gezielt Teilbereiche auslagern, spricht man von „Out-Tasking". Teilen sich Unternehmen die Leistungen eines Lieferanten, wird dieses in Fachkreisen ‚Managed Services' genannt.

5.2.4.2 Customer Relationship Management (CRM)

Customer Relationship Management unterstützt die Geschäftsprozesse, die unmittelbar mit dem Kunden zu tun haben. Die entsprechenden Systeme integrieren die für diese prozessrelevanten Datenbestände und machen sie unternehmensweit verfügbar [Sch02]. Dies betrifft in erster Linie die Funktionsbereiche Marketing, Vertrieb und Service. Den Ausgangspunkt bilden die Kundenstammdaten. Eine Herausforderung besteht darin, diese aktuell zu halten. Das wird nur zufriedenstellend erfolgen können, wenn hierzu Prozesse und Verantwortlichkeiten klar definiert worden sind. Diese Daten sind Grundlage für die Angebotserstellung und Auftragsbearbeitung. Auf der anderen Seite sind akkurate Daten für die Durchführung von Kampagnen und Veranstaltungen mit professioneller Kundenansprache unabdingbar.

Insbesondere im Vertrieb ist es sinnvoll, weitere Informationen im Kontext des Akquisitionsgeschehens zu verarbeiten. Dazu zählen beispielsweise Besuchsberichte und zeitliche Umsatzentwicklungen. Die Funktionalität von Customer Relationship Management gliedert sich nach Bild 5-29 in drei Bereiche [HU01-ol]:

Operatives CRM: Dies umfasst alle Anwendungen, die den direkten Kontakt des Kundenbearbeiters mit dem Kunden un-

terstützen (Front Office). Die entsprechenden Funktionen haben den Anspruch, den Dialog zwischen Kunden und Unternehmen sowie die dazu erforderlichen Geschäftsprozesse zu optimieren. CRM-Back-Office-Prozesse, wie z. B. die Weiterleitung von Beschwerden per definiertem Workflow, liefern dabei die Informationen, um einen zielorientierten Dialog mit dem Kunden zu führen. Damit Insellösungen vermieden werden, ist es von Bedeutung, Schnittstellen zwischen CRM-System und dem ERP-System des Unternehmens zu schaffen. Eine sehr große Verbreitung hat das System von Siebel gefunden.

Kollaboratives CRM: Funktionen, die in diesen Bereich fallen, umfassen die gesamte Steuerung und Unterstützung sowie die Synchronisation aller Kommunikationskanäle zum Kunden (Telefon, Internet, E-Mail, Mailings, Außendienst etc.). Diese werden eingesetzt, um eine möglichst wirkungsvolle und effiziente Kommunikation zwischen Kunden und Unternehmen zu ermöglichen.

Analytisches CRM: Hier geht es um die Auswertung der erhobenen Kundendaten, z.B. zur effizienten Kampagnengestaltung oder optimalen Marktsegmentierung. Die gewonnenen Erkenntnisse sollten kontinuierlich in die Ausgestaltung der Geschäftsprozesse zum Kunden einfließen. Systematische Grundlage für analytische CRM-Funktionen bildet ein so genanntes Data Warehouse, welches die relevanten Kundendaten für die einzusetzenden Auswertungsinstrumente bereithält.

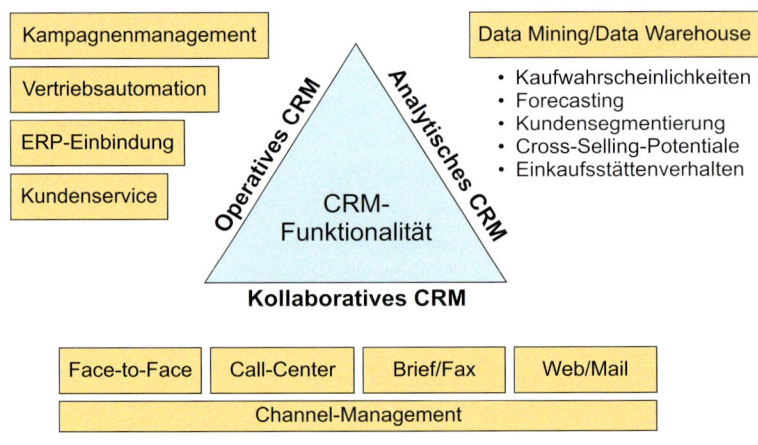

Bild 5-29:   Funktionalität von CRM-Systemen

5.2.4.3 Supply Chain Management (SCM)

Supply Chain Management, auch Lieferkettenmanagement genannt, ist die unternehmensübergreifende Steuerung des Materialflusses über die gesamte Wertschöpfungskette von der Rohstoffgewinnung über die einzelnen Veredelungsstufen bis hin zum Endkunden mit dem Ziel, den Gesamtprozess sowohl zeit- als auch kostenoptimal zu gestalten [SJ99]. Damit betrachtet das Supply Chain Management aus der Sicht eines Unternehmens die Vernetzung von Beschaffungs-, Produktions- und Distributionsprozessen. Supply Chain Management betrifft also unternehmensinterne und unternehmensübergreifende logistische Wertschöpfungsketten [BD02]. Die Kernfunktionalität gliedert sich in drei Aufgabenbereiche:

Gestaltung: Die strategische Netzwerkgestaltung, die den Rahmen und die Services definiert.

Planung: Die operative/taktische Bedarfs- und Netzwerkplanung sowie die Auftragsvergabe in Form von Grob- und Feinplanungen für die Beschaffung, Produktion und Distribution.

Ausführung: Dies betrifft die Auftragsabwicklung, die die operative Versorgung durch die Transport- und Produktionsabwicklung sowie durch das Lagermanagement sicherstellt.

Die Basis für die aufgeführten Aufgaben ist ein funktionierendes **Netzwerk-Informationsmanagement**. Es umfasst im Wesentlichen die Funktionskomplexe Datenintegration, Monitoring, Alert Management, Workflow Management und Kommunikation [HHL I 02].

Die Herausforderung ist, bei geringen Lagerbeständen lieferfähig zu sein. Die Globalisierung bietet hier einige Chancen, birgt aber auch Gefahren. So ist es entscheidend, die Komplexität „in den Griff zu bekommen" und den Prozess zu beherrschen. Aufgrund der Vernetzung kommt es neben der Leistungsfähigkeit der SCM-Systeme auch auf die Zusammenarbeit der Beteiligten an. Durch gezielte Maßnahmen können Bestände über die Unternehmensgrenzen hinweg aufeinander abstimmt werden. Dadurch verringern sich die Kapitalbindungskosten für alle Beteiligten. Für den Erfolg von SCM-Systemen sind drei Aspekte entscheidend: Spezifikation des Services, Integration der Prozesse sowie Integration von Daten und Systemen.

Spezifikation der Services

Hier gilt es Regeln festzulegen, nach denen die Zusammenarbeit zwischen den Partnern erfolgen soll. Dafür sind fünf Aspekte besonders zu beachten:

- **Positionierung:** Zunächst kommt es darauf an, die Kundenbedürfnisse und insbesondere die der Endkunden zu erkennen und die für ihre Befriedigung erforderliche Wertschöpfungskette darzustellen.

- **Variantenbeherrschung:** Hier steht die Frage im Vordergrund, wie die vom Markt verlangte Variantenvielfalt wirtschaftlich bewältigt werden kann. Das verlangt eine Auseinandersetzung mit der Produkt- und Prozessarchitektur, in deren Rahmen modularisierte Produkte definiert werden. Dies gelingt nur, wenn Produktplanung, Konstruktion, Produktion und Logistik zielführend, d.h. die Wertschöpfung im Netzwerk maximierend, firmenübergreifend zusammenarbeiten.

- **Partnerschaft:** Produkt- und Prozesskomplexität lassen sich durch die Identifikation von gut abgrenzbaren Teilsystemen und ihre Auslagerung auf Systemlieferanten reduzieren. Der damit einhergehende Einflussverlust bedarf einer besonderen Vertrauensbasis zwischen den Partnern, die durch intensive Kommunikation zu fördern ist.

- **Pull-Prinzip:** Ein Grundsatz der Steuerung in Versorgungsnetzwerken ist das Pull-Prinzip. Hiernach werden die Maßnahmen aller Beteiligten durch eine Kundenanfrage ausgelöst, gemeinsam geplant und in Bezug auf die Wertschöpfung optimiert. Durch die Synchronisation liefert jede Versorgungsstufe genau die Menge, die für den Kundenauftrag notwendig ist.

- **Planung:** Zur Umsetzung des Supply Chain Managements sind Pläne unter mehreren Beteiligten zu erstellen und abzustimmen. Hierfür bedarf es einer Infrastruktur, die die Planungsprozesse steuert und den Datenaustausch sichert.

Integration der Prozesse

Für die Erfüllung eines Kundenwunsches sind die dafür erforderlichen Geschäftsprozesse auf viele Partner im Netzwerk verteilt. Daher ist es wichtig, die Planungsaktivitäten auf jeder Planungsstufe und in jeder Planungseinheit zu koordinieren und den Gesamtplan konsistent zu halten. Den Ausgangspunkt bildet der mit den Kunden vereinbarte Lieferplan. Die so erfasste Nachfrage soll durch eine das Angebot repräsentierende Grobplanung gedeckt werden. Hierzu werden die Informationen aller Lieferanten für eine kollaborative Planung zusammengestellt. Im Ergebnis liegt eine konsistente Verfügbarkeits- und Bedarfssituation für Produkte und Materialien im Netzwerk vor [KM02]. Die Messbarkeit der Leistungsfähigkeit eines Wertschöpfungsnetzwerks beruht auf Erfolgskennzahlen (Tabelle 5-2):

Zu den Maßnahmen zur Beeinflussung der Kennzahlen gehört insbesondere auch die Vermeidung der „Sieben Verschwendungen" [HLJ+00]: Überproduktion, Wartezeiten (von Personen und Produkten), Transport, unangemessene Verarbeitung, unnötiger Lagerbestand, unnötige Bewegungen (fehlende Ergonomie) und Defekte.

Integration von Daten und Systemen

Wie bereits beschrieben sind im Supply Chain Management sowohl die internen Unternehmensprozesse als auch die Prozesse mit externen Partnern zu koordinieren. Damit werden neben den internen logistischen Funktionen, die das ERP-System liefert, weitere Funktionen notwendig, die die gesamte Wertschöpfungskette unterstützen. Die entsprechenden Systeme werden im Rahmen von ERP- und SCM-Systemen auch als Advanced Planning Systeme (APS) bezeichnet. Sie liefern insbesondere Daten über Bedarf und Verfügbarkeit von Ressourcen und Materia-

lien aus sämtlichen Einheiten der Wertschöpfungskette. Ein SCM-System bzw. APS-System ist also auch ein systemübergreifendes Entscheidungsunterstützungssystem [KM02].

5.2.4.4 Fertigungssteuerung – Manufacturing Execution Systeme (MES)

Auch hier handelt es sich um einen neuen Begriff, der von den Systemherstellern geprägt worden ist. Im Prinzip ist damit die Fertigungssteuerung gemeint, wie wir sie in Kapitel 1.2.4 vorgestellt haben. Manufacturing Execution Systeme sind zwischen den ERP-Systemen und den eigentlichen Herstellprozessen einzuordnen, d.h. in der Terminologie der Leitebenen zwischen der Betriebsleitebene und der Prozess-/Maschinenleitebene (vgl. auch Bild 1-25). Diese Einordnung nimmt auch ANSI/ISA (Instrumentation, Systems and Automation Society) im Rahmen des ISA-95 Standard vor [Ans05]. Hiernach sind MES zwischen den Automatisierungssystemen und dem unternehmensweiten ERP-System zwischengeschaltet.

MES steuern die Abläufe in den Fertigungsbereichen Teilefertigung, Montage, Lagerhaltung, betriebliches Transportwesen, Instandhaltung und Qualitätssicherung im Detail und haben die Aufgabe, Störungen in den Abläufen auszuregeln.

„Manufacturing Execution Systeme liefern Informationen, die die Optimierung von Produktionsabläufen vom Anlegen des Auftrags bis hin zum fertigen Produkt ermöglichen. Aktuelle und exakte Daten erlauben eine schnelle Reaktion auf Bedingungen, die den Fertigungsablauf beeinflussen und führen zu effektiven Fertigungs- und Prozessabläufen. MES verbessern die Betriebsbereitschaft der Fertigungsanlagen, forcieren die

Tabelle 5-2: Kennzahlen (Auswahl) zur Messung der Leistungsfähigkeit von Wertschöpfungsnetzwerken [Bec02]

Zielgröße	Kennzahlen
Kundenservice	Lieferfähigkeit und Liefertreue
Flexibilität	Auftragsabwicklungszeit, Produktionsflexibilität
Kosten	Kosten des SCM, Mehrkosten durch Garantiefälle
Kapital	Cash-to-Cash-Cycle, Bestandsreichweite, Kapitalumschlag

termingerechte Auslieferung der Produktionsgüter, verkürzen die Lagerzyklen und erhöhen den Cash-Flow." [Mes00]

Das Konzept des **Fertigungsleitstands** hat in den letzten Jahren die Attraktivität von MES-Lösungen weiter erhöht. Im Prinzip ist ein Fertigungsleitstand eine Leitwarte, von der aus die zuständigen Arbeitspersonen die Fertigungsaufträge einlasten und deren Durchführung überwachen können. Durch die Möglichkeiten der graphischen Interaktion und die Online-Kopplung zum Prozess erhalten Verantwortliche einen anschaulichen Überblick über das Fertigungsgeschehen und gute Einflussmöglichkeiten auf die Arbeitssysteme. Das Bild 5-30 vermittelt einen Eindruck von der Benutzungsoberfläche eines modernen Fertigungsleitstands. Es wird deutlich, wie die Fertigungsaufträge zeitlich eingelastet sind. Die Abhängigkeiten von vor- und nachgelagerten Fertigungsschritten werden durch die Verbindungslinien ersichtlich.

Der Leitstand verknüpft alle Fertigungsinformationen in einem Berieb bezogen auf die zu fertigenden Produkte, die verbundenen Arbeitsschritte und die Maschinen. Den Ausgangspunkt bildet die Einlastung der Arbeitsschritte. Dies führt in der Regel zu einer komplexen Darstellung. Zur einfacheren Steuerung können dann unterschiedliche Sichten zum Beispiel auf die Fertigungsfolge für ein Produkt oder eine Maschinengruppe angezeigt werden. Die Steuerung von Engpasssituationen oder auch Machbarkeitsprüfungen werden durch den Fertigungsleitstand und seiner graphischen Darstellung wesentlich vereinfacht. Planungsfehler können reduziert werden; auf Störungen kann schneller und gezielter reagiert werden.

5.2.4.5 Management-Informationssysteme (MIS)

Führungskräfte stehen täglich vor der Aufgabe, den Erfolg ihres Unternehmens sicherzustellen. Dazu benötigen sie zum richtigen Zeitpunkt die richtigen Informationen bzw. Daten. Weniger das Sammeln aller we-

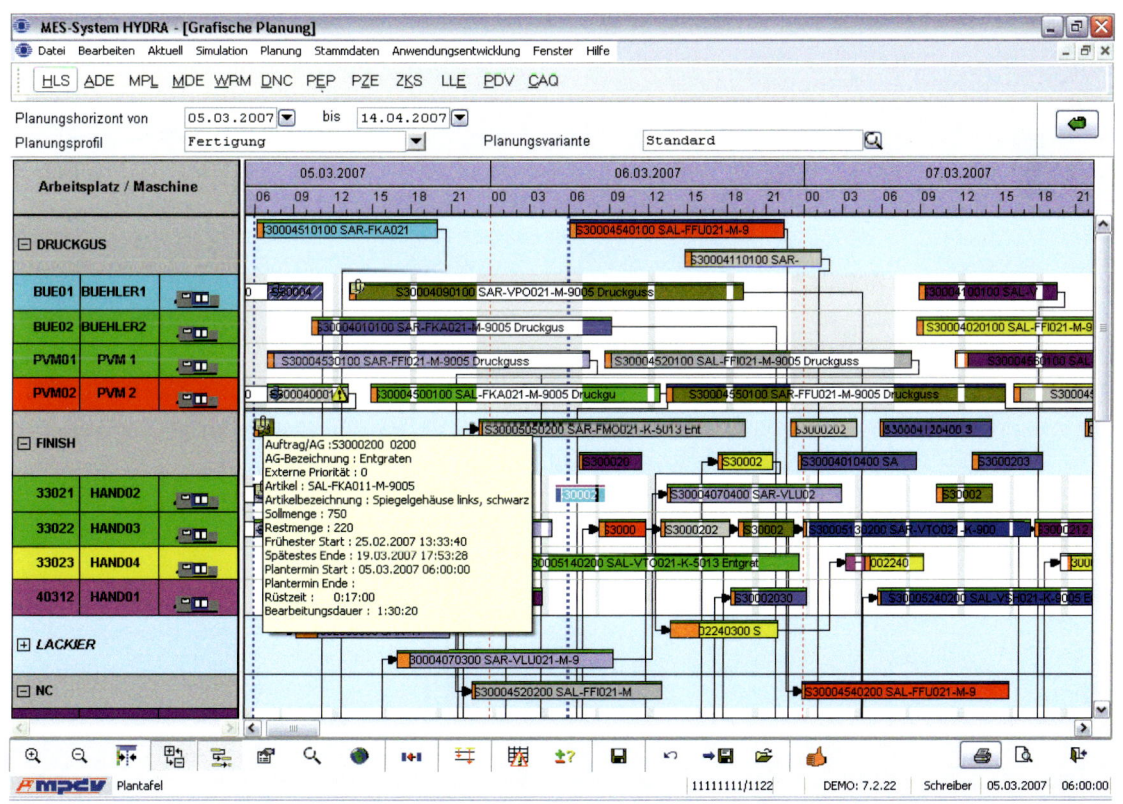

Bild 5-30: Benutzungsoberfläche eines Fertigungsleitstands (Quelle: MPDV Mikrolab GmbH) [MPDV07-ol]

sentlichen Daten als vielmehr deren verständliche Aufbereitung ist der kritische Erfolgsfaktor. Es ist gang und gäbe, Kennzahlen sowohl aus Finanzsystemen als auch aus den technischen Systemen in Excel-Tabellen aufzubereiten. Der Charme der Excel-Tabellen liegt darin, dass sie einfach zu erstellen sind. Außerdem gibt es mittlerweile genügend Schnittstellen zwischen den Anwendungssystemen und Excel. Dennoch birgt dieser gängige Lösungsansatz Gefahren. Excel ist kein System, mit dem große Datenmengen dauerhaft bearbeitet werden können. Die Multi-User-Fähigkeit und die Datenbankanbindung sind nicht gegeben. Die Verknüpfungen in den Tabellen versteht nur derjenige, der sie erstellt hat. Die Manipulationsmöglichkeit ist damit sehr groß.

Anders ist das bei Management-Informationssystemen (MIS) oder Data Warehouse-Anwendungen, die häufig unter dem Begriff **Business-Intelligence (BI)** zusammengefasst werden. Bei diesen Systemen entfällt die mühevolle Handarbeit, Daten aus den einzelnen Anwendungssystemen zu exportieren und aufzubereiten. Die Daten werden automatisiert zusammengeführt und entsprechend den Anforderungen der Fachabteilungen in beliebiger Form graphisch oder tabellarisch aufbereitet. Durch die direkte Verknüpfung mit den liefernden Anwendungssystemen sind die Daten zur Zeit der Abfrage immer aktuell.

BI-Systeme liefern somit Transparenz über die Zahlen im Unternehmen und ersparen Diskussionen, wer die „richtigen" Zahlen hat. Dadurch wird zum Beispiel der Prozess der Geschäftsplanung effizienter. In Bild 5-31 ist eine Geschäftsplanung beispielhaft darstellt. In der oberen Tabelle werden für die einzelnen Produktgruppen die Umsätze des Vorjahres (VJ) mit den Umsätzen des aktuellen Jahres (IST) verglichen. Die Abweichungen werden in den Ampelfarben dargestellt. Damit ist die Umsatzentwicklung leicht zu analysieren. Ferner liefert das MIS die aktuellen Kosten und den Vergleich zum Vorjahr. Die Zahlen sind direkt verfügbar und brauchen nicht aufwändig ermittelt

zu werden. In der unteren Tabelle von Bild 5-31 dienen nun die aktuellen Zahlen und Verläufe zur Planung für das aktuelle oder das folgende Jahr. Planungen, die auf konkreten Werten der Vergangenheit basieren, bieten eine wesentlich fundiertere Planungsgrundlage für die Folgeperioden. Saisonale Schwankungen können durch die graphische Darstellung der Ist-Umsätze (Balkendiagramm unten links) schneller visuell erfasst werden und fließen damit in die Planungsüberlegungen ein. So werden Geschäftsplanungen einfacher und sicherer. Wichtig ist aber auch die unterjährige Betrachtung der Geschäftsentwicklung. Das Management erhält somit ein Instrument zur frühzeitigen Steuerung des Unternehmens und kann die Planungen kurzfristig korrigieren und Fehlentwicklungen entgegenwirken.

BI-Systeme zeichnen sich dadurch aus, dass aus der großen Anzahl der Unternehmensdaten diejenigen gezielt aufbereitet werden, die zur Unternehmensführung benötigt werden (vgl. auch Kasten Methodische Ableitung des Informationsbedarfs).

Des Weiteren ist das so genannte Data-Mining eine Stärke. Darunter versteht man die systematische Anwendung von Methoden, die meist statistisch-mathematisch begründet sind, auf einen Datenbestand mit dem Ziel der Mustererkennung. Dabei finden insbe-

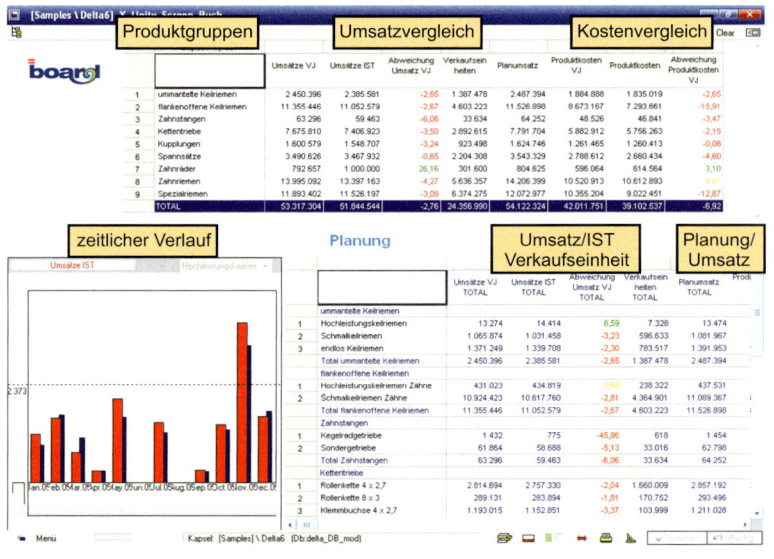

Bild 5-31:   Darstellung Geschäftsplanung mittels MIS (Quelle: Board Deutschland GmbH)

sondere solche Methoden Anwendung, die hervorragende asymptotische Laufzeiten haben, weshalb Data-Mining oft im Zusammenhang mit sehr großen Datenbeständen genannt wird. Gleichwohl ergeben sich durch den Verzicht auf Modellannahmen über den Datenentstehungsprozess auch bei kleinen oder mittleren Datenbeständen interessante Anwendungsmöglichkeiten.

Im Markt für BI-Systeme und Dienstleistungen zeichnet sich ein verstärkter Bedarf an Analyse in den Bereichen Customer Relationship Management (CRM), Human Resources (HR) und Business Process Management (BPM) ab. Ferner zeichnet sich ab, dass BI-Systeme nicht nur vergangene, sondern auch gegenwärtige und zukünftige Prozesse oder Szenarien analysieren und simulieren können.

Methodische Ableitung des Informationsbedarfs

„Controlling erfüllt im Kern die Aufgabe, die Informationssysteme und somit auch die entsprechenden Reports so zu gestalten, dass die Entscheidungsträger innerhalb der Unternehmung die zur Erfüllung der jeweiligen Aufgaben erforderlichen Informationen in wirtschaftlicher vertretbarer Form erhalten. Die Zweckorientierung kann mit Hilfe des von Szyperski entwickelten Modells der Informationsmengen und -teilmengen verdeutlicht werden" [BW06].

Der Informationsbedarf zur Lösung einer Aufgabe kann objektiv (B) festgelegt werden. Die Einzelperson, die die Aufgabe zu lösen hat, wird nicht den objektiven Informationsbedarf wünschen, sondern einen Bedarf, den die Person aus ihrer eigenen Sicht, Fähigkeit und Vorliebe gerne hätte, dem subjektiven Informationsbedarf (C). Die Informationssysteme sollten diese beschriebenen Informationen bereitstellen. In der Realität stellen wir aber fest, dass die durch die vorhandenen Informationssysteme bereitgestellten Daten durchaus eine dritte Menge darstellen (A). Die Entscheidung wird am Ende mit den Informationen getroffen, die der subjektiven Informationsnachfrage (D) entsprechen, also aufgrund der Informationen, die tatsächlich zum Entscheidungszeitpunkt vorhanden sind.

Ziel sollte es nun sein, dass die Schnittmengen aller Informationen (Kreis A bis D) möglichst groß sind. Das Maximum liegt bei konzentrischer Anordnung von gleich großen Kreisen vor, wenn also der objektive

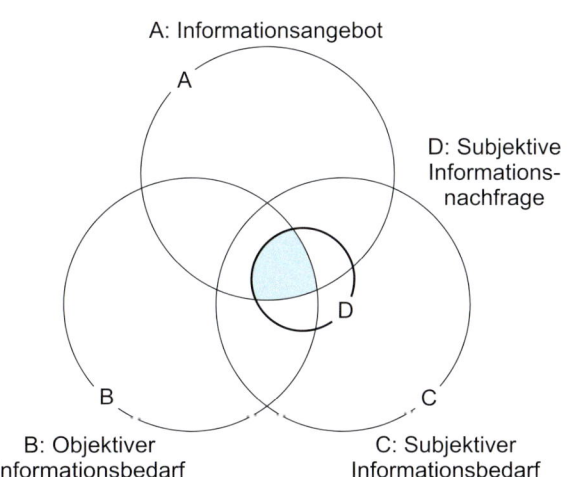

Modell der Informationsmengen

und subjektive Informationsbedarf gleich sind, die Systeme genau diese anbieten und die damit vorhandenen Informationen zur Entscheidung genutzt werden.

Literatur:

[BW06] BECKER, J.; WINKELMANN, A.: Handelscontrolling: Optimale Informationsversorgung mit Kennzahlen. Springer, Berlin, Heidelberg, 2006

5.2.4.6 Unterstützung weiterer Funktionen

Im Kontext Auftragsabwicklung/ERP werden häufig weitere Funktionen gesehen. Dazu zählen im Wesentlichen das Finanzmanagement und die Personalverwaltung (Human Resource Management – HRM). Das **Finanzmanagement** ist der Funktionskomplex in ERP-Systemen, der die kaufmännische Integration sicherstellt. Dieser Bereich gliedert sich in fünf Bereiche:

- **Finanzbuchhaltung:** Alle kaufmännischen Vorgänge sind mit den Methoden der Buchführung sachlich und zeitlich zu erfassen. Der Kontenplan wird im System unternehmensspezifisch festgelegt. In der Finanzbuchhaltung müssen die Funktionen Mehrwährungsfähigkeit, automatische Generierung von zusammenfassenden Meldungen (wie z.B. Intrastat) und eine Bankkontenverwaltung sowie umfassende Analyseansichten gegeben sein. Um unterschiedliche Finanzeinheiten im System abzubilden, können mehrere Mandanten angelegt werden. Für Unternehmensgruppen und Konzerne müssen die Finanzzahlen konsolidiert werden. Die Finanzbuchhaltung ist die Grundlage für Bilanzen und GuV-Rechnungen.

- **Debitoren- und Kreditorenbuchhaltung:** In der Debitorenbuchhaltung werden die Ausgangsrechnungen und offenen Forderungen erfasst. Durch das Mahnwesen wird das finanzielle Risiko eingegrenzt. Die Eingangsrechnungen der Lieferanten werden in der Kreditorenbuchhaltung erfasst. Die Kreditorenbuchhaltung hat einen engen Bezug zum Beschaffungswesen, insbesondere dem Einkauf. Nach Rechnungseingang werden die Forderungen des Lieferanten als Verbindlichkeiten geführt. Fällige Verbindlichkeiten werden mittels Zahlungen ausgeglichen. Über die zeitliche Fälligkeitsstruktur der Rechnungen ergibt sich eine Möglichkeit zur kurzfristigen Liquiditätsplanung.

- **Kostenrechnung:** Um das Unternehmen gut führen zu können, werden die Kosten in der Kostenrechnung systematisch verursachungsgerecht erfasst. Hierzu werden Kostenarten, Kostenstellen und Kostenträger definiert. Durch die gezielte Zuordnung und Auswertung der Kosten können die Kostentreiber erkannt und Maßnahmen zur Kostensenkung eingeleitet werden.

- **Liquiditätsplanung:** Die ein- und ausgehenden Zahlungsströme des Unternehmens sollten regelmäßig überwacht und transparent im Liquiditätsplan dargestellt werden. Viele Zahlungen treten regelmäßig auf und können daher periodisch im Plan eingetragen werden. Aus der Debitoren- und Kreditorenbuchhaltung sind die aktuellen Werte der Ein- und Auszahlungen bezogen auf den zu erwartenden tatsächlichen Zahlungstermin einzutragen. Ein Liquiditätsplan sollte wochengenau für die folgenden zwölf Wochen geführt werden. In Krisenzeiten sind durchaus auch Tagespläne sinnvoll, damit die Zahlungsfähigkeit des Unternehmens sichergestellt wird.

- **Anlagenbuchhaltung:** Die langlebigen Vermögensgegenstände des Anlagevermögens (gem. § 247 HGB) eines Unternehmens werden in der Anlagenbuchhaltung erfasst und verwaltet. Aufgabe ist die Bewertung und Buchung von Zu- und Abgängen des Anlagevermögens und die Ermittlung und Buchung der Abschreibungen.

Die entsprechenden Systemmodule beinhalten heutzutage im Standard alle diese Grundfunktionen. Dennoch sind sie „leer", da sie für die unternehmensspezifischen Anforderungen des Unternehmens eingestellt werden müssen. So sind z.B. Kontenrahmen auszuwählen und Zahlungsbedingungen zu hinterlegen. Die Logik der Kostenrechnung (Kostenarten, Kostenstellen, Kostenträger) muss in jedem Unternehmen individuell festgelegt werden.

Zur **Personalverwaltung** gehören alle Funktionen, die sich mit dem eigenen Personal befassen. Neben den Funktionen, die die administrativen Tätigkeiten unterstützen, existieren auch Funktionen, die den Führungsprozess unterstützen. Im Wesentlichen sind das folgende Funktionen:

- **Recruiting:** Auf eine Stelle bewerben sich eine Vielzahl von Bewerbern. Für diese werden die Bewerbungsunterlagen gespeichert. Der vom Unternehmen festgelegte Ablauf des Bewerbungsprozesses wird im System als Workflow hinterlegt. Das System unterstützt so eine schnelle, zuverlässige Bearbeitung der Bewerbungen.

- **Vertragswesen:** Ist der Mitarbeiter angestellt, so sind seine Vertragsdaten im System zu hinterlegen. Diese Daten bilden die Basis für den Abrechnungsprozess und die Organisation der Personalentwicklung.

- **Gehalts- und Lohnabrechnungen:** Die entsprechenden Prozesse sind weitgehend standardisiert. Oftmals werden im Unternehmen nur noch die Grunddaten (z.B. Stundenerfassung) erfasst und dann einem externen Dienstleister übergeben, der die Abrechnungen eigenständig durchführt.

- **Schulungs- und Qualifizierungsübersichten:** Diese beruhen auf Datenbanken, in denen abgebildet wird, welche Schulungsmaßnahme für welche Mitarbeiter durchgeführt worden ist bzw. geplant ist. Daraus ergeben sich wertvolle Informationen für die Personaldisposition und die Personalentwicklung.

5.2.5 Systeme zur Industrieautomatisierung

Nachdem wir in den vorangegangenen Kapiteln den Einsatz von IT-Systemen in den beiden Hauptgeschäftsprozessen Produktentstehung und Auftragsabwicklung beschrieben haben, wollen wir hier unter dem Schlagwort Industrieautomatisierung typische IT-Konzepte und -Lösungen auf der Stufe der eigentlichen Fertigungsprozesse vorstellen. Die entsprechenden Systeme sind in unserer Terminologie CAM-Systeme (vgl. auch Bild 1-10). Bezogen auf die in Kapitel 1.2.4 vorgestellten Leitebenen bewegen wir uns auf der Prozess- bzw. Maschinenleitebene sowie auf der noch darunter liegenden Sensor-/Aktorebene. Im Folgenden adressieren wir den Einsatz von speicherprogrammierbaren Steuerungen (SPS) und von so genannten Industrie-PC (IPC) sowie Kommunikationskonzepte der Industrieautomatisierung, die Betriebsdatenerfassung und die

Verwaltung von NC-Programmen (Direct Numerical Control – DNC). Dabei handelt es sich um einen Überblick, der das Bild auf der Systemebene unseres 4-Ebenen-Modells komplettieren soll.

SPS und IPC

Die Steuerung von Maschinen und Anlagen erfolgt überwiegend mit Hilfe speicherprogrammierbarer Steuerungen. Eine SPS verarbeitet Eingangssignale von Sensoren (z.B. Temperatursensoren, Endlagenschalter, Drehzahlgeber) und steuert damit Aktoren (z.B. Antriebe, Ventile, u. ä.). Eine SPS besteht aus Zentralprozessor, Arbeitsspeicher, Ein- und Ausgabelogik und Bus-System. Sie entspricht somit dem Aufbau eines Rechners. Die Peripherie (Ein- und Ausgänge, Feldbus-Module) der SPS und die Programmiersprache sind speziell auf Steuerungsaufgaben abgestimmt. Eine SPS ist frei programmierbar und kann flexibel eingesetzt werden. Ihr Einsatz empfiehlt sich besonders dort, wo eine Signalverarbeitung in Echtzeit und eine hohe Zuverlässigkeit gefordert sind [Jac04].

Neben SPS werden auch PC-basierte Steuerungen zur Anlagenautomatisierung eingesetzt. Hierbei wird auf Industrie-PCs (IPC) zurückgegriffen. Dies sind PCs, die für den industriellen Einsatz angepasst sind und besondere Zuverlässigkeitsanforderungen erfüllen. Die Steuerungsaufgabe wird mittels Software realisiert (Software-SPS). Als Betriebssysteme dienen sowohl Linux, UNIX als auch Windows. PC-basierte Steuerungen verfügen neben den E/A-Bausteinen oder Feldbus-Erweiterungen auch über die modernen Schnittstellen der heutigen PC-Welt (USB, DVI – Digital Visual Interface, Ethernet etc.).

Die Auswahl des Steuerungskonzeptes hängt von der Anwendung ab: Echtzeitnahe Signalverarbeitung und ein schneller Anlauf sowie höchste Zuverlässigkeit sind typische Merkmale für den Einsatz von SPS. Sind aufwändige Berechnungen, ein hoher Speicherbedarf sowie die Nutzung von Datenbanken notwendig, spricht dies für die Wahl eines IPCs. SPS und IPCs sind jedoch keine konkurrierenden Systeme mehr, sondern werden häufig in Kombination eingesetzt [Gie01].

Aufbau und Programmierung von speicherprogrammierbaren Steuerungen (SPS)

Die wesentlichen Bestandteile einer SPS lassen sich in die Funktionsgruppen Eingabe, Verarbeitung und Ausgabe einteilen. Die Ansteuerung von Sensoren und Aktoren geschieht dabei über Punkt-zu-Punkt-Verbindungen oder über Feldbussysteme. Die Verarbeitung erfolgt durch die Zentraleinheit, bestehend aus dem Zentralprozessor (CPU), dem Programmspeicher sowie Zusatzmodulen (z.B. Merker, Zähler, Zeitgeber). Sie sind über den internen Systembus miteinander verbunden (Bild 1).

- Strukturierter Text – Structured Text (ST)
- Ablaufsprache (AS) – Sequential Function Chart (SFC)

Graphische Sprachen:

- Kontaktplan (KOP) – Ladder Diagram (LD)
- Funktionsbausteinsprache (FBS) – Function Block Diagram (FBD)

Die Programmiersprachen der IEC 61131-3 werden von einigen Programmierumgebungen unterstützt. Beispiele für solche Programmierumgebungen sind STEP 7 der Firma Siemens und CoDeSys (Controller Development System) der Firma 3S – Smart Software Solutions GmbH. STEP 7 ist speziell auf die Siemens SPS Simatic S7 ausgerichtet, während CoDeSys herstellerunabhängig ist. Die Programmierumgebungen bieten zahlreiche Funktionen, wie beispielsweise Simulation und Fehlersuche, die die Programmierung erheblich erleichtern.

Ausgehend von der Norm IEC 61131 haben sich Hersteller und Anwender von Steuerungssystemen zu der internationalen Organisation PLCopen zusam-

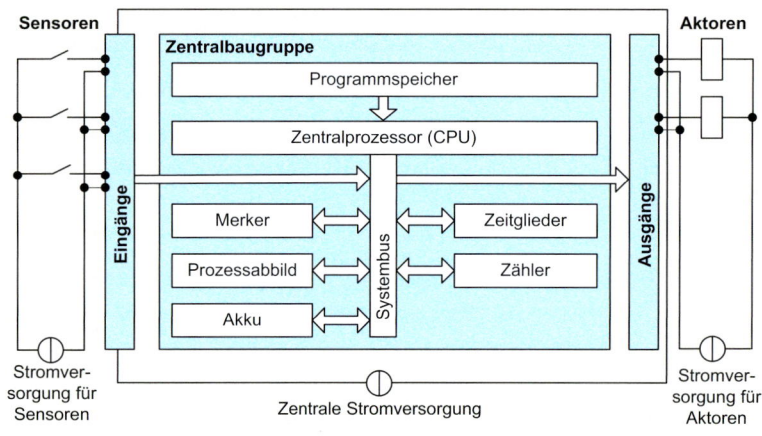

Bild 1:   Aufbau einer Speicherprogrammierbaren Steuerung [WZ98]

Die Programmierung von SPS fand lange Zeit länder- bzw. firmenspezifisch statt. Die internationale Norm IEC 61131-3 setzt einen Standard für die SPS-Programmierung. In Deutschland ist sie durch die DIN EN 61131-3 umgesetzt worden. Die Norm legt die Syntax und die Semantik von fünf Programmiersprachen für speicherprogrammierbare Steuerungen fest:

Textsprachen:

- Anweisungsliste (AWL) – Instruction List (IL)

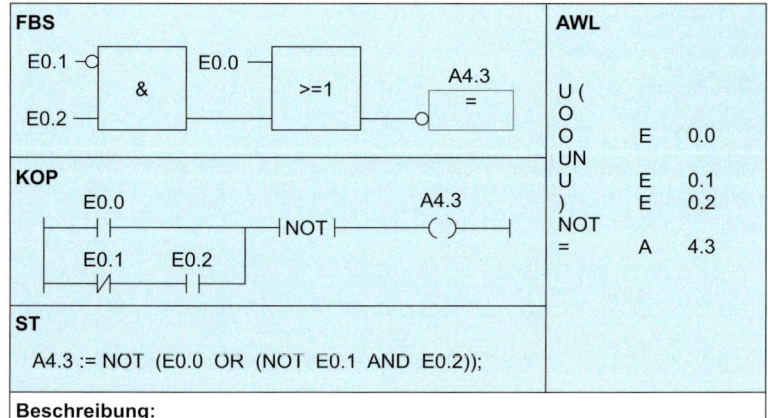

Bild 2:   Programmierung einer Negation nach IEC 61131-3/DIN EN 61131-3 [Bra99]

mengeschlossen. Ihr Ziel ist es, die Anwendung und Verbreitung der Norm zu forcieren und somit Anwenderprogramme auf Geräte unterschiedlicher Hersteller portierbar zu machen [Bra99].

Literatur:

[Bra99] BRAUN, W.: Speicherprogrammierbare Steuerungen in der Praxis. Vieweg, Braunschweig, 1999

[DIN61131] DIN 61131, Teil 3: Programmiersprachen. Beuth Verlag, Berlin, 2003

[IEC61131] IEC 61131, Part 3: Programming languages. International Electrotechnical Commission, Genf, 2003

[WZ98] WELLENREUTHER, G.; ZASTROW, D.: Steuerungstechnik mit SPS. Vieweg, Braunschweig, 1998

Kommunikationskonzepte

Neben der Steuerung fällt der Kommunikation im Bereich der Automatisierungstechnik eine wichtige Rolle zu. Die entsprechenden Kommunikationskonzepte haben sich im Laufe der Zeit gewandelt (Bild 5-32).

1. Generation: Prozessrechner übernehmen die zentrale Steuerung aller E/A-Einheiten. Da die Prozessrechner in einer Leitwarte angeordnet sind, wird von einer örtlich zentralen Struktur des Steuerungssystems gesprochen. Die Verbindung von Prozessrechnern und E/A-Einheiten erfolgt parallel.

2. Generation: Die Prozessrechner werden von speicherprogrammierbaren Steuerungen abgelöst. Diese werden nicht mehr nur in einer zentralen Leitwarte sondern verteilt eingesetzt (örtlich dezentrale Strukturen). Die parallele Verbindung mit den E/A-Einheiten ändert sich jedoch nicht. Zur Kommunikation zwischen den Steuerungen und übergeordneten Systemen kommen serielle Schnittstellen zum Einsatz [LG99].

3. Generation: Bus-Systeme ersetzen die parallele Verdrahtung der E/A-Einheiten. Ein Bus ist eine gemeinsame Datenleitung, an die alle E/A Einheiten angeschlossen werden. Er leitet die Daten und Steuerinformationen nach einem definierten Protokoll. Für unterschiedliche Einsatzgebiete sind eine Vielzahl von Bus-Systemen entwickelt worden. Welches Bus-System verwendet wird, hängt vor allem davon ab, auf welcher Ebene der Automatisierung die gestellte Aufgabe einzuordnen ist und welche Echtzeit-Anforderungen existieren (Bild 5-33). Auf der Prozessleitebene hat sich Ethernet als weltweiter Standard durchgesetzt. Feldbus-Systeme sind auf den industriellen Einsatz auf der Ebene der Sensoren, Aktoren bzw. Feldgeräte abgestimmt. Sie zeichnen sich durch eine echtzeitnahe Datenübertragung und hohe Zuverlässigkeit aus. Beispiele sind Profibus, Interbus und CAN [Hae04].

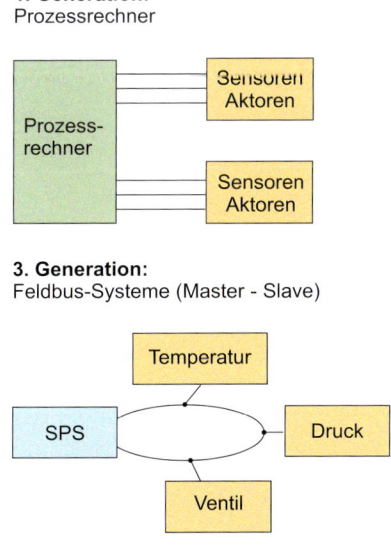

1. Generation:
Prozessrechner

3. Generation:
Feldbus-Systeme (Master - Slave)

Kommunikationssystem,
z.B. Profibus, Interbus-S, CAN

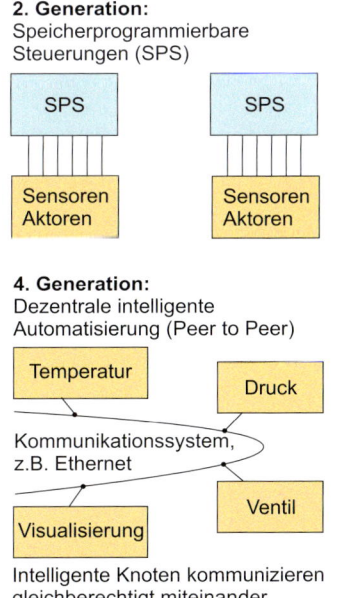

2. Generation:
Speicherprogrammierbare
Steuerungen (SPS)

4. Generation:
Dezentrale intelligente
Automatisierung (Peer to Peer)

Kommunikationssystem,
z.B. Ethernet

Intelligente Knoten kommunizieren
gleichberechtigt miteinander

Bild 5-32: Die vier Generationen der Automatisierungstechnik

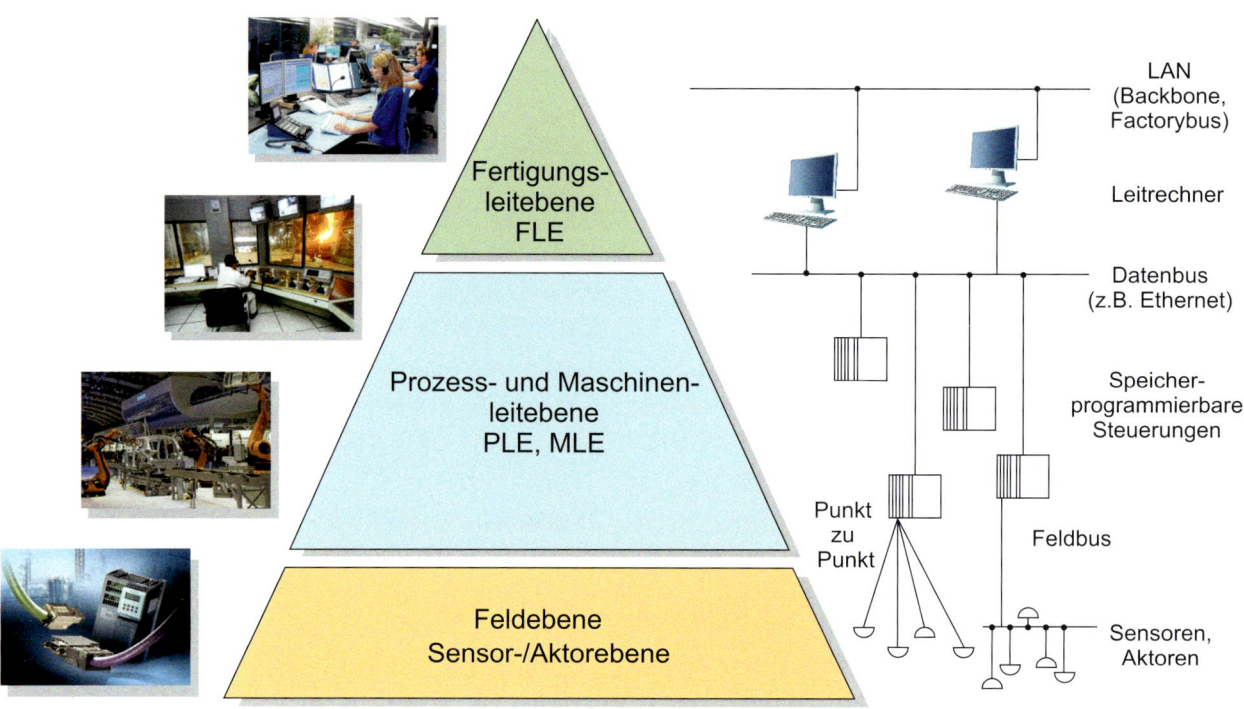

Bild 5-33:   Automatisierungspyramide und Zuordnung von Kommunikationssystemen [Fotos: Siemens-Pressebilder]

4. Generation: Dezentrale Steuerungsarchitekturen ersetzen die zentrale Steuerung. Dieser Paradigmenwechsel beruht auf der Gegebenheit, dass die Komponenten einer komplexen Anlage eine inhärente Teilintelligenz aufweisen. Die Steuerungsaufgabe wird hier in kooperierenden intelligenten Komponenten gelöst. Dies führt zu einem steigenden Kommunikationsbedarf und somit zu einem steigenden Datenvolumen in der industriellen Kommunikation. Um dem gerecht zu werden, wird seit einiger Zeit eine durchgängige Verwendung von Ethernet angestrebt. Das entsprechende Industrial Ethernet ist speziell an die Bedingungen eines Industriebetriebes angepasst. Dazu zählen beispielsweise eine erhöhte Schutzart (Schutz gegen Staub, Spritzwasser usw.), eine geringe Vibrationsanfälligkeit sowie besondere Vorkehrungen zur Ausfallsicherheit. Mit Hilfe spezieller Hardware, Netztopologien und Übertragungsprotokolle wird den hohen Echtzeitanforderungen im Feldeinsatz entsprochen. Industrial-Ethernet-Netze verwenden häufig Ringtopologien. Störfälle werden somit auf einen „Switch" beschränkt; d.h. fällt eine Leitung aus, kann das Netzwerk dennoch vollständig weiterarbeiten [Fur03]. Trotz vieler Bemühungen existiert noch kein Standard für

Industrial Ethernet. Beispiele für unterschiedliche Systeme sind SERCOS III, SafetyNET p, VARAN, Profinet, EtherNet/IP, Ethernet Powerlink oder EtherCAT.

Betriebsdatenerfassung (BDE)

Das Erfassen und Aufbereiten von technischen und organisatorischen Daten des Fertigungsprozesses ist Aufgabe der Betriebsdatenerfassung. Die Betriebsdaten bilden die Grundlage der Fertigungssteuerung, die den Herstellprozess im Detail überwacht, steuert und auftretende Störungen kompensiert. In Kapitel 1.2.4 haben wir die Fertigungssteuerung bereits in den Kontext des Auftragsabwicklungsprozesses eingeordnet. Die Systeme zur Betriebsdatenerfassung werden hinsichtlich der Art der erfassten Betriebsdaten unterschieden:

- **Maschinendatenerfassung (MDE):** Sie dokumentiert gefertigte Stückzahlen und Mengen, Fertigungs- und Stillstandszeiten, Störungsmeldungen sowie Instandhaltungsoperationen.

- **Prozessdatenverarbeitung (PDV):** Mittels der PDV wird in erster Linie die Qualität der Fertigungsprozesse sichergestellt. Es werden Prozesswerte (Einstelldaten wie Prozesszeiten, Drücke, Temperaturen usw.) und Prüfmerkmale verwaltet und überwacht. Ferner werden Prozessstörungen protokolliert und ausgewertet.

- **Auftragsdatenerfassung:** Sie dient primär der Erfassung und Rückmeldung des Arbeitsfortschritts einzelner Fertigungsaufträge.

- **Personendatenerfassung:** Diese dokumentiert An- und Abwesenheitszeiten, Zutrittskontrolle, Erfassung geplanter und nicht geplanter Tätigkeiten.

Mit Hilfe der erfassten Daten können jederzeit Informationen über den Maschinenstatus, den Auftragsfortschritt, die anwesenden Mitarbeiter etc. eingeholt werden. Diese Informationen helfen die Einhaltung von Lieferterminen und die Kapazitätsauslastung zu überwachen, Durchlaufzeiten und Auftragskosten zu ermitteln etc. [Wec01].

BDE-Systeme bestehen aus Endgeräten (BDE-Terminals), Leitrechnern und einer Netzwerkinfrastruktur. Im Bereich der Endgeräte sind mobile Lösungen wie z.B. mobile Barcode-Leser verbreitet. Basis dieser Lösungen sind unter anderem drahtlose lokale Netzwerke (WLAN). RFID (Radio Frequency Identification) ersetzt zunehmend die traditionelle Barcode-Technologie [SMU+06]. RFID ermöglicht die berührungslose Identifizierung von Objekten aller Art. Das Objekt wird mit einem RFID-Chip, dem sogenannten Transponder, gekennzeichnet. Der RFID-Chip ist ein einfacher Datenspeicher, auf dem beliebige Produktdaten abgelegt werden können. Zum Auslesen des Transponders wird ein Lesegerät benötigt, welches über eine entsprechende Infrastruktur mit einem Anwendungssystem verbunden ist. Das Lesegerät sendet Radiowellen aus, die der Transponder empfängt; dieser liefert dann die gespeicherten Daten zurück.

Distributed Numerical Control (DNC)

DNC-Systeme werden zur Übertragung von NC-Programmen an numerisch gesteuerte Werkzeugmaschinen genutzt. Die Abkürzung DNC steht für Direct Numerical Control oder Distributed Numerical Control. Die Begriffe entstammen der historischen Entwicklung von DNC-Systemen. Zunächst stand die direkte Übertragung des NC-Programms aus dem Meisterbereich an die Werkzeugmaschine im Vordergrund (Direct Numerical Control). Heute stellt die Verteilung der Daten von einem Server über ein Netzwerk an die Maschinensteuerungen der CNC-Maschinen den Kern der DNC-Systeme dar (Distributed Numerical Control). Die Funktionen eines DNC-Systems umfassen die NC-Programm-Verwaltung, die NC-Daten-Verteilung und die NC-Daten-Korrektur. Bild 5-34 zeigt den Aufbau eines DNC-Systems. Es werden zwei Arten von DNC-Systemen unterschieden: Terminal-DNC und Remote-DNC [Man07].

Terminal-DNC: Über ein Terminal an der Werkzeugmaschine kann der Bediener ein NC-Programm vom DNC-Datenserver laden. Müssen vom Bediener aus fertigungstechnischen Gründen Änderungen am NC-Programm vorgenommen werden, werden diese zentral vom Server verfolgt und dokumentiert. DNC-Terminals sind meist kompakte Industrie-PCs, die noch weitere Aufgaben erfüllen, z.B. die Maschinen- bzw. Betriebsdatenerfassung.

Remote-DNC: Bei dieser Art sind die Werkzeugmaschinen direkt mit einem Fertigungsleitrechner verbunden. Er dient neben der NC-Programmverteilung und -ver-

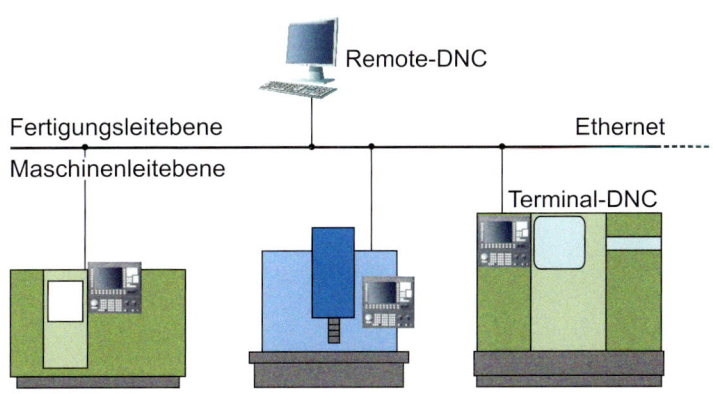

Bild 5-34:   DNC-System nach MANTOVANI [Man07]

waltung auch der übergeordneten Steuerung der hoch automatisierten Werkzeugmaschinen. Die Remote-DNC wird daher auch als Voll-DNC bezeichnet [Wec01].

Heute werden die zu einem Fertigungsauftrag gehörenden NC-Programme üblicherweise von den in den Unternehmen eingesetzten ERP-Systemen (vgl. Kapitel 5.2.4) an das DNC-System übergeben. Dazu sind Netzwerk-DNC-Systeme notwendig, bei denen die Steuerungen der CNC-Maschinen ins betriebsinterne Ethernet integriert sind. Eine kostengünstige Variante für kleine Unternehmen ist die serielle Verkabelung eines PCs mit den CNC-Steuerungen. Er dient als zentraler Rechner für die Programmspeicherung [Man07].

5.3 IT-Management

Informationstechnologie bzw. Informationstechnik und deren erfolgreicher Einsatz ist, wie in Kapitel 5.1 bereits aufgezeigt, nicht mehr nur eine Frage der Technologie und deren Beherrschung, sondern auch eine Frage des Managements. In diesem Kapitel betrachten wir das IT-Management, also die Tätigkeiten, Maßnahmen und Methoden, die für eine wirksame Unterstützung der Geschäftsprozesse durch Informationstechnik notwendig sind. In diesem Zusammenhang wird oft von einer „Enabling" Funktion gesprochen: IT-Organisationen ermöglichen das Erreichen von Geschäftszielen. Welche Führungsaktivitäten hierfür erforderlich sind, davon handelt dieses Kapitel.

Wenn wir hier von **IT-Organisation** sprechen, so ist dies ein Sammelbegriff für Abteilungen, Gruppen oder Bereiche innerhalb eines Unternehmens, aber auch für eigenständige Dienstleister, die Geschäftsprozesse mit IT-bezogenen Leistungen unterstützen. Ob eine IT-Organisation aus fünf oder mehreren hundert Mitarbeitern besteht, ist für das IT-Management zunächst einmal zweitrangig. Selbstverständlich muss bei einer großen Anzahl an Mitarbeitern eine andere Aufbauorganisation gewählt werden als bei einer kleinen. Das Spektrum der auszuführenden Aktivitäten ist jedoch fast immer gleich. Diese Feststellung birgt Vor- und Nachteile zugleich. Nachteilig ist, dass sich auch kleine IT-Organisationen um fast alle Details des IT-Managements kümmern müssen; Skaleneffekte und IT-Prozessautomatisierung wirken sich kaum aus. Vorteilhaft ist, dass sich IT-Managementaufgaben gut strukturieren, standardisieren und in Form von Handlungsanweisungen formulieren lassen. Diesen Vorteil macht sich das vorliegende Kapitel zu Eigen: Die Aufgaben und Prozesse von IT-Organisationen werden in strukturierter Form dargestellt. Hierzu werden verbreitete internationale Standards und so genannte Best Practices herangezogen. Für den Leser ergibt sich so eine praktische Handlungsleitlinie zur Gestaltung des IT-Managements im eigenen Unternehmen.

5.3.1 Herausforderungen und Kernkompetenzen

Die Herausforderungen an das IT-Management sind vielfältig und, abhängig von den Geschäftsprozessen des Unternehmens, im Detail unterschiedlich. Unserer Erfahrung nach gibt es eine Reihe von allgemeingültigen Herausforderungen, denen sich nahezu jede IT-Organisation stellen muss. Tut sie dies gut, wird sie ihrer bedeutenden Rolle im Unternehmen gerecht. Tut sie es nicht oder nicht gut, so äußert sich das im Ergebnis des Unternehmens, im Ausmaß von Trouble Shooting und schließlich in einer allgemeinen Unzufriedenheit mit der IT-Organisation. Im Folgenden gehen wir auf diese allgemeingültigen Herausforderungen an das IT-Management eines Unternehmens kurz ein.

Reaktionsfähigkeit auf technologische Entwicklungen: Seit Anbeginn der elektronischen Datenverarbeitung kommt dem technologischen Wandel und dessen Beherrschung besondere Bedeutung zu. Ständig neue Hard- und Softwareprodukte sowie kontinuierlich steigende Anforderungen zwingen die IT-Organisationen zu Anpassungen. Sie dürfen nicht ins technologische Abseits geraten oder ihren Anwendern Nutzen stiftende Neuerungen längere Zeit vorenthalten. Zumal sich durch Innovationen häufig verbesserte oder gar neue Geschäftsprozesse erreichen lassen.

Flexibilität der Systemlandschaft: Der Begriff Flexibilität steht für die Fähigkeit, in angemessener Zeit auf neue Anforderungen reagieren zu können, ohne merkliche Leistungseinbußen hinnehmen zu müssen. Entsprechend der Einleitung dieses Kapitels bezieht sich der Begriff Flexibilität in unserem Verständnis eher auf technische Eigenschaften – also auf die Fähigkeit, mit der bestehenden Systemlandschaft auch neue Anforderungen erfüllen zu können. Daher hat das Management der Systemlandschaft hohe Bedeutung. Zu berücksichtigen ist ferner, dass immer das schwächste Glied bzw. die instabilste Komponente einer Systemkette die Gesamtleistung bestimmt. Ein langfristiges Ziel ist die Weiterentwicklung zu wandlungsfähigen Systemlandschaften.

Agilität der IT-Organisation: Agilität bedeutet flexible Reaktion in kurzer Zeit. Von der IT-Organisation wird Agilität verlangt (vgl. auch Kasten am Ende von Kapitel 5.1). Eine Organisation ist nur dann agil, wenn die Akteure mental auf mögliche Veränderungen der Einflüsse auf die IT-Organisation vorbereitet sind. Anderenfalls kommt es zu langen geistigen Rüstzeiten, wenn neue Technologien auftauchen, sich Geschäftsmodelle ändern oder die Geschäftsprozesse neuen Leistungsprofilen genügen müssen. Schlimmstenfalls werden die Augen verschlossen und es kommt zu einem „Augen zu und durch", was in der Regel an der Wand endet. Aber wie kann sich eine IT-Organisation gedanklich auf mögliche Veränderungen vorbereiten? Die etwas simple Antwort lautet: mit offenen Augen die Welt beobachten und sich abzeichnende Veränderungen phantasievoll antizipieren. Die methodisch motivierte Antwort liefert unser 4-Ebenen-Modell: es weist aus gutem Grund die Szenario-Ebene auf, auf der es um die Vorausschau und das Vorausdenken der Zukunft geht.

Systemverfügbarkeit und -stabilität: Erst wenn diese beiden Merkmale von der IT-Organisation angemessen erfüllt werden, sollte über eine weitere Optimierung des IT-Managements nachgedacht werden. Was „angemessen" bedeutet, ist unternehmensspezifisch auszuhandeln. Wichtig ist aber, dass Anwender der Systeme und die hierfür verantwortliche IT-Organisation das gleiche Verständnis über Angemessenheit erzielt haben. Es empfiehlt sich unbedingt, die Zielwerte dieser beiden Merkmale zu definieren. Mehr dazu folgt im Abschnitt über Service Level Agreements.

Datenschutz: Der Schutz persönlicher bzw. personenbezogener Daten ist eine wesentliche Prämisse im Umgang mit Informationen. Insofern ist der Datenschutz weitreichend gesetzlich geregelt, und Abweichungen sind nicht zulässig. Zu erwähnen ist, dass die jeweils gültigen regulatorischen Vorgaben eine nicht zu unterschätzende Herausforderung für den Datenaustausch über Staatsgrenzen hinweg darstellen.

Informationssicherheit: Dieser Begriff umfasst eine Reihe von Eigenschaften, welche inzwischen weitreichenden Einfluss auf den Geschäftserfolg haben. Entsprechend der Norm ISO/IEC 27001:2005 kann Informationssicherheit anhand der Eigenschaften Verfügbarkeit, Vertraulichkeit und Integrität bewertet werden. Die Bedeutung von Verfügbarkeit ist den meisten IT-Mitarbeitern inzwischen verständlich und wird in der Systemplanung berücksichtigt. Die Vertraulichkeit von

Informationen muss aufgrund immer neuer Datenverknüpfungen und der häufig laxen Haltung der Beteiligten immer wieder bewusst gemacht werden. Das Gleiche gilt für die Datenintegrität, deren Sicherung viel zu selten die erforderliche Aufmerksamkeit zuteil wird (vgl. Kasten).

Datenintegrität

Dieser Begriff findet sich in den wichtigen Normen und Standards zur Informationssicherheit. So führt die Norm ISO/IEC 27001:2005 neben Verfügbarkeit und Vertraulichkeit die Integrität als eine der drei Grundwerte der Informationssicherheit. Diese Einteilung wird auch von den Rahmenwerken CobiT [ITGI07] und ITIL (IT Infrastructure Library) Version 2 im Service-Delivery Prozess „Security-Management" [Bon05] übernommen. Das Bundesamt für Sicherheit in der Informationstechnik nennt in seinen Grundschutzkatalogen [BSI07-ol] weitere Attribute wie Authentizität, Verbindlichkeit oder Zuverlässigkeit, beschränkt sich aber im BSI-Standard 100-2 [BSI05] ebenso auf die drei oben genannten fundamentalen Grundwerte.

Nicht verfügbare Daten sind typischerweise viel risikoärmer als fehlerhafte, deren Integritätsverlust nicht offensichtlich ist. Beispiele lassen sich zahlreich finden: So können fehlerhaft ausgetauschte CAD-Modelle Ursache für Produktionsfehler und Qualitätsmängel sein. Ähnliches gilt für Steuerungen, wenn deren Sensordaten aufgrund fehlerhafter Rundung inakzeptable Abweichungen aufweisen.

Zur Vorbeugung solcher folgenschweren Fehler ist bei stetig wachsender Komplexität mit unzähligen Schnittstellen, Datentransfers und Formatwandlungen ein wirksames und effizientes Qualitäts- und Risikomanagement gefordert. So sollten umfassende Testprozeduren ebenso selbstverständlich sein wie Prüfbescheinigungen von Softwareherstellern, die belegen, dass keine Integritätsdefizite auftreten. In etlichen Anwendungen und insbesondere dann, wenn sie neu entwickelt oder wesentlich angepasst wurden, fehlen automatische Prüfroutinen oder integritätssichernde

Datenstrukturen. Ein Unternehmen tut gut daran, für die Beweisführung der Datenintegrität ihrer Systeme regelmäßig und möglichst bereits in der Konzeptionsphase zu sorgen. Globale Compliance-Anforderungen zum ordnungsgemäßen Geschäftsbetrieb gemäß Basel II oder Sarbanes-Oxely Act erfordern genau hier effektive Mechanismen. Geschulte Auditoren verifizieren dies. Die beiden Veröffentlichungen des IT Governance Instituts „IT Control Objectives for Basel II" [ITGI07a] und „IT Control Objectives for Sarbanes-Oxley" [ITGI06] geben hierzu wichtige Informationen.

Literatur:

[Bon05] BON, J. VAN: IT Service Management basierend auf ITIL, eine Einführung. 2. Auflage, Van Haren Publishing, Zaltbommel, Niederlande, 2005

[BSI05] BUNDESAMT FÜR SICHERHEIT IN DER INFORMATIONSTECHNIK (BSI): BSI-Standards 100-1,100-2 und 100-3. Bundesamt für Sicherheit in der Informationstechnik, Bonn, 2005

[BSI07-ol] BUNDESAMT FÜR SICHERHEIT IN DER INFORMATIONSTECHNIK (BSI): IT-Grundschutz-Kataloge, Stand 9. Unter: http://www.bsi.de/gshb/deutsch/index.htm (abgerufen am 31.3.2008). Bundesamt für Sicherheit in der Informationstechnik, Bonn, 2007

[ITGI06] IT GOVERNANCE INSTITUTE (ITGI): IT Control Objectives for Sarbanes-Oxley – The Role of IT in the Design and Implementation of Internal Control over Financial Reporting. 2nd Edition, ITGI, Rolling Meadows, Illinois, USA, 2006

[ITGI07] IT GOVERNANCE INSTITUTE (ITGI): CobiT 4.1 – Framework, Control Objectives, Management Guidelines, Maturity Models. ITGI, Rolling Meadows, Illinois USA, 2007

[ITGI07a] IT GOVERNANCE INSTITUTE (ITGI): IT Control Objectives for Basel II – The Importance of Governance and Risk Management for Compliance. ITGI, Rolling Meadows, Illinois, USA, 2007

Transparenz von Kosten und Nutzen: Im Prinzip investieren Unternehmen jährlich pro Mitarbeiter mehrere Tausend Euro in Informationstechnik; das ist etwa soviel wie in Büros, Lager und Produktionsstätten zusammen [McA07]. Paradoxerweise werden Investitionsentscheidungen häufig eher von Slogans wie „Customer Relationship Management (CRM) bringt sie dem Kunden näher" oder „Mit Supply Chain Management (SCM) lässt sich der Lagerbestand verringern" als durch gut nachvollziehbare Wirtschaftlichkeitsüberlegungen geleitet. Um hier weiterzukommen, muss für mehr Transparenz bei den Kosten und dem Nutzen gesorgt werden.

Verfügbarkeit des notwendigen Know-hows: Allen bereits aufgeführten Herausforderungen ist die Eigenschaft gemein, dass zu ihrer Bewältigung umfangreiches Know-how erforderlich ist. Hierzu sind nicht nur die eigenen Mitarbeiter weiterzuentwickeln und zu befähigen, es ist auch unumgänglich, sich mit leistungsfähigen Partnern und Dienstleistern zu umgeben. Aufgrund der zunehmenden Komplexität lassen sich fast nur noch durch eine geschickte Kombination von spezialisierten Dienstleistern innovative, wertsteigernde und funktionsfähige IT-Lösungen schaffen. Die Auswahl, die Aufgabenverteilung und das Management der Partner stellen bedeutende Erfolgsfaktoren jeder IT-Organisation dar.

Aus den aufgeführten Herausforderungen ziehen wir folgende Schlussfolgerung: Der Erfolg einer IT-Organisation ist im Wesentlichen von der Managementkompetenz abhängig. Das richtige Management der Informationstechnik stellt den wesentlichen Erfolgsfaktor dar. Hier ist mehr oder weniger das gesamte Management eines Unternehmens gefragt. Sicher hat in vielen Fällen die Unzufriedenheit mit dem IT-Geschehen dazu geführt, dass das Managementteam eines Unternehmens versucht, das Thema IT zu delegieren, auszulagern, es herunterzuspielen oder die Systeme zu leasen. Damit entziehen sich die Manager ihrer Verantwortung. Die Führungskräfte eines Unternehmens sollten im Kontext der IT-Organisation drei Aufgaben wahrnehmen: Sie müssen erstens an der Auswahl der richtigen Anbieter mitwirken, zweitens die Einführung der IT-Systeme unterstützen und drittens sicherstellen,

dass diese Systeme auch wie geplant genutzt werden [McA07].

IT-Management muss also in der Unternehmensführung verankert sein. Ferner ist in zahlreichen IT-Organisationen eine Verhaltensänderung zum strategisch begründeten IT-Management notwendig: Management ist nicht mehr lästige Pflicht, die von operativen Tätigkeiten abhält, sondern das strategisch begründete IT-Management steht im Vordergrund. Es sind eher die operativen Tätigkeiten, die durch Dritte erledigt bzw. zugekauft werden können.

Im Zusammenhang mit der Ausrichtung des IT-Managements ist es notwendig, sich mit den **Kernkompetenzen** der eigenen IT-Organisation zu befassen. Der Begriff Kernkompetenz wurde im Zuge der Entwicklung des „Resource based View" in den 1990er Jahren u.a. durch HAMEL und PRAHALAD geprägt [HP95]. Ihre so genannten „Core Competencies" stellen einzigartige Kombinationen von technologiebasierten Fertigkeiten in der Wertschöpfungskette dar. Sich dieser Kernkompetenzen bewusst zu werden, ist keine leichte Aufgabe. Sie erfordert Weitblick und einen gewissen Abstand vom IT-Tagesgeschäft. Neben der Kenntnis der Kernkompetenzen ist es vorteilhaft zu wissen, wie diese verändert werden müssen. Sind sie ausreichend vorhanden, ist ein Ausbau oder Abbau erforderlich, wie kann dieser erfolgen? Im Folgenden erläutern wir die Kernkompetenzen.

• **Daten- und Informationsmanagement:** Unvollständige Stammdaten, redundante Informationen, fehlerhafte Verknüpfungen, inhaltlich falsche Reports – eigentlich keine Aufgabe für eine IT-Organisation, wenn nicht die Systeme die Ursache hierfür sind. Dennoch besitzen oft nur die IT-Mitarbeiter das Wissen über Quellen, Formate und Verknüpfungen von Daten; sie kennen die Methoden zur Entwicklung und Pflege von Datenmodellen und die Möglichkeiten, eine verteilte Datenhaltung zu betreiben.

• **Partnermanagement:** Dienstleister und Zulieferer spielen nicht nur für die Produktion eine große Rolle. Um die vielfältigen Aufgaben überhaupt noch erfüllen zu können, bedürfen auch IT-Organisationen leistungsfähiger Partner. Diese sind oft so wichtig und kaum ersetzbar, dass um ein partnerschaftliches Verhältnis kein Weg herumführt. Die Entwicklung und Pflege einer langfristig angelegten Partnerschaft, die auf eine win-win-Situation hinausläuft, ist für eine leistungsfähige IT unumgänglich.

- **Performancemanagement:** Schneller, höher, weiter und das um jeden Preis? Sicher nicht, denn entscheidend ist eine anforderungsgerechte Performance. Eine Übererfüllung bedeutet die Vergeudung von Ressourcen; eine Untererfüllung wird nicht dem Auftrag einer IT-Organisation gerecht. Es kommt daher zunächst darauf an, die aus dem Geschäft begründeten Leistungserwartungen zu ermitteln. Wer diese Erwartungen kennt, sie versteht und sie in geeignete Mess- und Steuerungssysteme transferieren kann, sichert dem Unternehmen sehr wahrscheinlich optimale IT-Systeme.

- **Projektmanagement:** Die Aufgaben werden immer umfangreicher, die einzuführenden Systeme komplexer und gleichzeitig spezifischer; alles muss miteinander vernetzt sein und am Ende auch noch anforderungsgerecht funktionieren. Hier hilft nur ein ausgezeichnetes Projektmanagement und aufgrund der Verzahnung der Systeme müssen auch die Projekte miteinander in enger Verbindung stehen, was auf ein Multi-Projektmanagement hinausläuft.

- **Prozessanalyse:** Eine alte IT-Weisheit besagt, dass eine Stunde sorgfältiges Konzipieren etwa zehn Stunden sinnlose Implementierung ersparen kann. Unprofessionelle Konzipierung ist einer der wesentlichen Kostentreiber. Konzipierung setzt eine gut ausgeprägte Fähigkeit voraus, Prozesse zu analysieren und so zu gestalten, dass die IT ihr Nutzenpotential voll entfalten kann.

- **Qualitätssicherung:** Was für Entwicklung und Produktion gilt, gilt selbstredend auch für die IT-Organisation. Neben den klassischen Zielen eines Qualitätsmanagements kommt es hier insbesondere darauf an, höchsten Ansprüchen an Zuverlässigkeit und Robustheit zu genügen.

- **Ressourcenmanagement:** Zur richtigen Zeit die richtigen Ressourcen am richtigen Ort – ein Trumpf, der die Basis für ein erfolgreiches Agieren bildet. Das erfordert in der IT-Organisation ein kompromissloses Verständnis als Dienstleistungsorganisation, statt dem Gehabe einer Institution.

- **Systemintegration:** Die vielfältigen und zahlreichen Komponenten eines IT-Systems entfalten nur im Zusammenspiel ihre gewünschte Wirkung. Es reicht aber nicht aus, nur die Hard- und Softwarekomponenten zu integrieren; in der Regel sind unterschiedliche Konzepte und Denkweisen über Aufbau und Betrieb von IT-Systemen zu konzertieren. Nicht umsonst wird diese Disziplin von IT-Fachleuten auch Orchestrierung genannt.

- **Systemverwaltung:** Durch moderne Hard- und Softwarekomponenten lassen sich zahlreiche Tätigkeiten des IT-Betriebs automatisieren. Das ist ganz im Sinne der Stabilität und Verfügbarkeit von IT-Systemen, setzt aber ein bedachtes und strukturiertes Vorgehen bei Auswahl und Implementierung solcher oftmals teuren Werkzeuge voraus.

5.3.2 Das Leistungsangebot einer IT-Organisation

Ursprünglich wurde die IT rein funktional betrachtet; sie bietet dem Anwender Funktionen wie „Auftrag erfassen" oder „Rechnung drucken". Häufig lagen Realisierung und Betrieb in einer Hand. Mit der Verbreitung von Standardsoftware wurden diese Aufgabenkomplexe getrennt. Davon ausgehend vollzieht sich seit einigen Jahren ein Paradigmenwechsel von der Funktions- zur Serviceorientierung. Statt Funktionen bereitzustellen, werden nun **IT-Services** betrieben. Diese Dienstleistungen sind das eigentliche Produkt, denn schließlich sind neben Hard- und Software auch zahlreiche Aktivitäten erforderlich, um den sicheren Systembetrieb überhaupt erst zu ermöglichen. Die Strukturierung des Leistungsangebots der IT in Services bietet erhebliche Vorteile, die im Folgenden kurz erläutert werden:

- **Abgrenzung der Leistungen:** IT-Services erlauben, wenn sie gut beschrieben sind, eine exakte Abgrenzung, was die Anwender von der IT-Organisation erwarten dürfen und was nicht. Dieser Aspekt soll nicht das Innovationspotential begrenzen, sondern für eine Erwartungskonformität sorgen. Weiterentwicklungen sollten auf Basis abgestimmter Grundlagen vorangetrieben werden und nicht durch spontane Einfälle der Anwender dominiert sein.

- **Definition von Leistungsparametern und -kennzahlen:** Qualitäts- und Quantitätsmerkmale wie Verfügbarkeit, Bandbreite oder Speicherplatz können servicespezifisch ausgeprägt und an die jeweils aktuellen Bedürfnisse adaptiert werden. Die tatsächlichen Werte können mit den Vorgaben verglichen werden. Der Grad der Leistungserfüllung lässt sich so transparent bestimmen – eine wichtige Grundlage für die sachliche Kommunikation mit den Anwendern und eine optionale Leistungsverrechnung.

- **Eindeutige Zuordnung von Systemen, Aufgaben und Kosten:** Bei den oftmals zahlreich vorhandenen Hard- und Softwarekomponenten ist es zwingend erforderlich, eine Klassifikation zu schaffen, die sowohl aus Anwender- wie aus IT-Perspektive einheitlich ist. IT-Services stellen das Schema für die Zuordnung aller Bestandteile einer IT-Landschaft (Applikationen, IT-Infrastruktur und IT-Prozesse) dar.

- **Standardisierung des Leistungsangebots:** Durch die genaue Definition der IT-Services wird dem Wildwuchs an Systemen nachhaltig begegnet. Allein die Zuordnung von Anforderungen zu einem IT-Service führt mittelbar zu einer Reduktion von Systemredundanzen, die aufgrund der resultierenden Kosten (u.a. für Wartung und Anwenderunterstützung für mehrere Systeme mit gleichem Nutzen) zwingend vermieden werden müssen.

- **Grundlage für Risikobewertungen und IT-Sicherheitsaktivitäten:** Ein Blick allein in die BSI-Grundschutzkataloge (vgl. Kasten S. 416) und die dort genannten Maßnahmen zur Gefahrenabwehr zeigt, dass die mehreren hundert zu ergreifenden Maßnahmen nur bewältigt werden können, wenn strukturiert und priorisiert vorgegangen wird: Sicherheitsaktivitäten für IT-Services mit hohem Schutzbedarf und damit hohem Risiko werden prioritär behandelt, im Vergleich zu Maßnahmen für Services, die eine geringe Kritikalität für das Unternehmen aufweisen.

Vor diesem Hintergrund sind auch kleine IT-Abteilungen in kleinen und mittleren Unternehmen gut beraten, die dargelegte Service-Orientierung und entsprechende Modelle konsequent zu praktizieren. Service-Orientierung bezeichnet die kontinuierliche, möglichst optimale Ausrichtung der IT-Systeme an den Bedarfen ihrer Anwender. Bild 5-35 visualisiert dieses Prinzip. Danach unterstützen sogenannte IT-Services die Geschäftsprozesse im operativen Geschäft. Diese verarbeiten wiederum Daten und Informationen. **IT-Servicemanagement** schließt alle Aktivitäten einer IT-Organisation von der Planung über die Realisierung und den Betrieb bis zur Einstellung eines Service ein. Die IT-Services weisen nach Bild 5-35 die drei Aspekte Applikationen, IT-Infrastruktur und IT-Prozesse auf.

Jeder IT-Service wird von den Applikationen bestimmt, die in seinem Rahmen bereitgestellt werden. Applikationen bestehen aus sogenannten Frontend- und Backend-Komponenten. Backend bezeichnet Server-Software wie die Applikationsserver eines ERP-Systems, aber auch Datenbank-Systeme, in denen die Daten der Applikation gespeichert werden. Bei den Frontend-Komponenten handelt es sich um Client-Software, die entweder auf den Arbeitsstationen der Mitarbeiter oder auf Terminalservern installiert, eine Benutzungsoberfläche für den Zugriff auf die Applikationsserver bietet (beispielsweise das „SAP-GUI" zum Zugriff auf eine SAP-Installation oder ein Webbrowser zur Nutzung webbasierter Applikationen). Dies alles basiert auf einer IT-Infrastruktur, auf der die Software ausgeführt und über die Daten ausgetauscht wird. Zur IT-Infrastruktur zählen nicht nur Server und Arbeitsstationen, Netzwerk-Router und -Switches, sondern auch passive Bestandteile wie Server-Räume oder Netzwerkkabel. Wie bereits dargelegt, ist für den Betrieb der IT-Landschaft Personal erforderlich, das sich um Erwei-

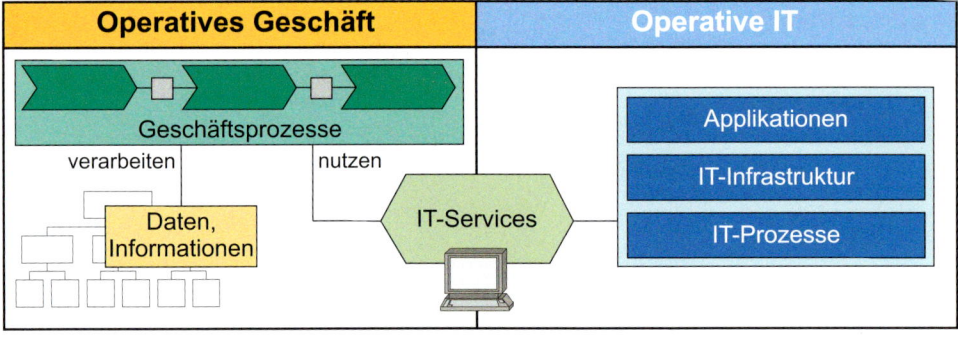

Bild 5-35:   IT-Services zur Unterstützung von Geschäftsprozessen

terungen, Wartung, Fehlerkorrektur und Unterstützung der Anwender sorgt und dieses in Form von strukturierten Abläufen, den IT-Prozessen, tun sollte. Als objektorientiertes Paradigma formuliert, bilden die IT-Prozesse quasi die Methoden eines IT-Service-Objekts, welches aus Hard- und Software-Komponenten besteht. Die IT-Prozesse unterscheiden sich von Service zu Service nur geringfügig, so dass sie übergreifend definiert werden können (siehe Kapitel 5.3.4).

5.3.3 Rahmenwerke für die Gestaltung des IT-Managements

Da das IT-Management und die damit verbundenen Prozesse in allen Unternehmen mehr oder weniger ähnlich sind, liegt es nahe, diese generisch zu beschreiben. Dementsprechend sind in den letzten Jahren eine Reihe von Rahmenwerken, Standards, Best Practices u.ä. entstanden, die im Prinzip ein Managementsystem mit den Aspekten Abläufe, Rollen, Strukturen und Kontrollen definieren. Grundlage der meisten IT-relevanten Rahmenwerke sind die Qualitätsmanagement-Normen ISO 9000/9001. Einen guten Überblick über die Rahmenwerke geben BON/VERHEIJEN [BV06]. Im Folgenden charakterisieren wir die aus unserer Sicht besonders relevanten Werke. Es handelt sich um die drei Klassiker ITIL, ISO/IEC 20000 und CobiT. Ferner gehen wir kurz auf ergänzende Werke ein, die nicht unmittelbar aus den internationalen Bestrebungen zur Gestaltung des IT-Managements entstanden, aber in diesem Kontext von Bedeutung sind. Abschließend werden Rahmenwerke des Informationssicherheitsmanagements vorgestellt.

IT Infrastructure Library - ITIL Version 3

ITIL ist ein in den 1980er Jahren in Großbritannien im Auftrag der britischen Regierung entwickelter Leitfaden zur Erbringung von IT-Services. Es handelt sich um eine Sammlung von „Best Practices" mit Prozess- und Funktionsbeschreibungen sowie Hinweisen zu deren Implementierung. Von Anfang an wurden die ITIL-Inhalte in Form von Büchern, die physikalisch als Hefte in verschiedenen Sprachen publiziert werden, strukturiert. Die wohl bekanntesten Bücher, die in zahllosen Sekundär-Werken aufbereitet wurden, sind „Service Delivery" und „Service Support" der ITIL Version 2. Mit der aktuellen Version 3, die im Dezember 2007 veröffentlicht wurde, sind alle bestehenden Inhalte komplett neu strukturiert, ergänzt und überarbeitet worden. Den Kern von Version 3 [OGC07] bilden nun fünf Phasen (siehe Bild 5-36), deren Prozesse und Funktionen in jeweils einem Buch, den fünf sogenannten Core Books beschrieben sind. Diese werden durch zusätzliche Materialien ergänzt, welche im Laufe der Zeit vom britischen Office of Government Commerce (OGC) und anderen Organisationen angeboten werden sollen.

Im Gegensatz zu CobiT und ISO/IEC20000 (siehe unten) bleibt bei ITIL in Version 3 die gängige Darstellung des Demingkreis oder PDCA-Zyklus mit seinen vier Phasen „Plan", „Do", „Check", „Act" [Dem82] zugunsten eines Drei-Phasenmodells unberücksichtigt. Der in Bild 5-36 dargestellte ITIL IT-Service Lifecycle genügt einer operativ-ausgerichteten Betrachtung. Die beschriebenen Prozesse und Funktionen werden in nur drei Kernphasen „Service-Design", „Service-Transition" und „Service-Operation" unterteilt, die von zwei Themen „Service Strategies" und „Continual Service Improvement" ergänzt werden. Große Anbieter von IT-Management-Softwareprodukten wie Hewlett Packard reagieren darauf und sortieren ihre Produktpalette ebenfalls in drei Abschnitte, die hier „Strategy", „Application" und „Operations" heißen [HPDC07].

Die ITIL-Inhalte können frei genutzt werden, die Weiterentwicklung wird zu einem großen Anteil über den Verkauf von Büchern, Schulungen und Zertifizierungen finanziert. Mit ITIL wird der Wortschatz in der IT zunehmend vereinheitlicht; laut einer Studie setzten im Jahr 2007 bereits 76 % der in Deutschland und Österreich befragten Unternehmen ITIL ein [Mat07]. ITIL ist also auf dem Weg, der weltweite De-facto-Standard im Bereich IT-Servicemanagement zu werden. Für die eigene IT-Organisation folgt daraus, dass eine Beschäftigung mit dem Thema ITIL und hier insbesondere mit der Version 3 unumgänglich ist. Der Umfang liegt bei gut tausend Seiten, aber das Studium der fünf Core-Books stellt die zurzeit wohl beste Vorbereitung zur Gestaltung der eigenen Prozesse dar. Als Hilfestel-

lung werden in Kapitel 5.3.4 die Inhalte der fünf Bücher mit einem generischen Prozessmodell verknüpft, so dass dem Leser ein strukturierter Zugang zu dem umfangreichen Werk ermöglicht wird.

Aufgrund der Vielschichtigkeit und der Komplexität des Themas ist es dennoch sehr hilfreich, bei der Ausgestaltung auf das Wissen erfahrener Dienstleister zurückzugreifen.

ISO/IEC 20000:2005

Der ISO/IEC 20000 Standard, 2005 veröffentlicht, ist aus der britischen Vorgängerversion BSI 15000 hervorgegangen. Er repräsentiert inhaltlich quasi den Entwicklungsstand zwischen ITIL Version 2 und Version 3. Der ISO/IEC 20000 Standard definiert weltweit einheitliche Anforderungen an ein IT-Servicemanagement, während ITIL einen Teil der zugehörigen Prozesse im Detail beschreibt. Ein weiterer Unterschied ist, dass im Gegensatz zu ITIL eine Zertifizierung entsprechend ISO/IEC 20000 für Unternehmen weltweit möglich ist. Mit einer solchen Zertifizierung stellen insbesondere

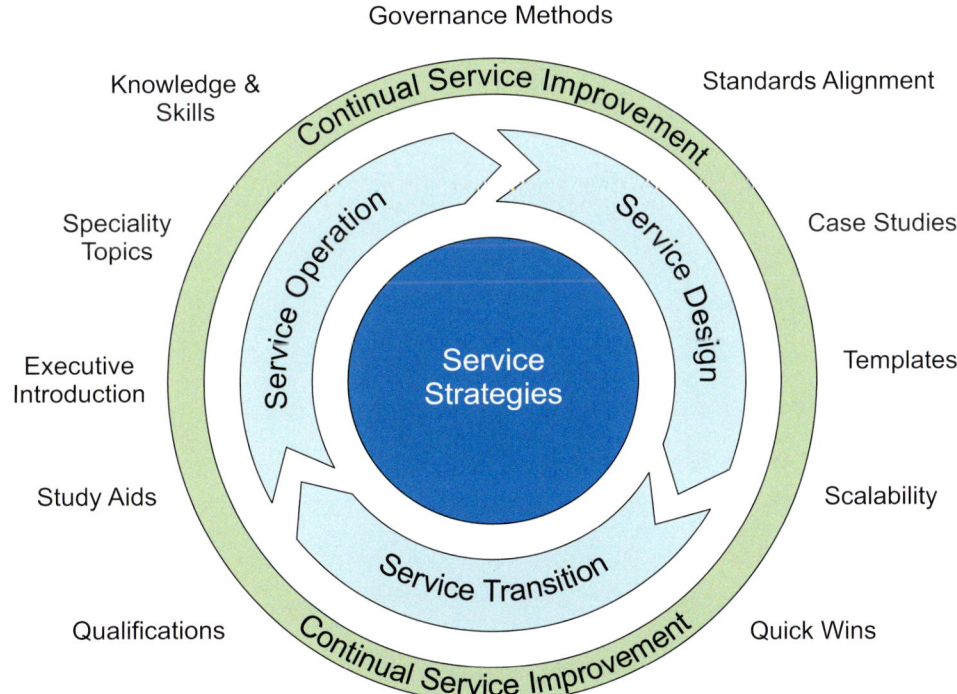

Bild 5-36: IT-Service Lifecycle ITIL Version 3, nach OGC [OGC07]

IT-Dienstleister ihr strukturiertes Vorgehen und ihre Prozesskonformität unter Beweis, was insbesondere bei der Verlagerung von Aufgaben an einen solchen Dienstleister von großem Vorteil sein kann.

In Bild 5-37 sind die im Standard beschriebenen dreizehn IT-Servicemanagement-Prozesse, die in fünf Bereiche unterteilt sind, dargestellt. Die Prozess-Anforderungen werden ergänzt von Vorgaben an ein Management-System, Hinweisen zur Einführung von IT-Servicemanagement und zur Definition von IT-Services. Der Standard besteht aus vier Dokumenten, die käuflich erworben werden müssen und nur in englischer Sprache verfügbar sind: Part 1 Specification, Part 2 Code of Practice, BIP0005 A Managers Guide sowie BIP0015 Self-Assessment Workbook. Insbesondere das letzte Dokument stellt eine nützliche Hilfestellung bei der Ausrichtung der eigenen Prozesse dar; es erlaubt aus Sicht eines Auditors, den eigenen Status zu bewerten. ITIL Version 3 verhält sich konform zu ISO/IEC 20000:2005, ist aber um etliche Prozesse und Funktionen erweitert. Da auch ISO/IEC 20000 wie viele Standards im Drei-Jahres-Rhythmus überarbeitet wird, ist mit einer Anpassung an ITIL Version 3 zu rechnen.

Control Objectives for Information and related Technology – CobiT Version 4.1

CobiT bildet ein Rahmenwerk zur IT-Steuerung [ITGI07] und wird vom amerikanischen IT-Governance Institute (ITGI) herausgegeben. Mehr aus Business- bzw. Geschäftsleitungsperspektive formuliert CobiT Anforderungen an einzelne IT-Prozesse. Ähnlich wie ITIL Version 3, hat CobiT den Anspruch, nahezu alle Abläufe einer IT-Organisation zu berücksichtigen: Dazu werden, wie in Bild 5-38 dargestellt, die Geschäftsziele durch Anforderungen hinsichtlich der IT-Steuerung (Governance) ergänzt und bilden mit den Informations-Kriterien „Effektivität", „Effizienz", „Vertraulichkeit", „Integrität", „Verfügbarkeit", „Compliance" und „Zuverlässigkeit" die Vorgaben für alle CobiT-Prozesse. Die Prozesse sind in vier Domänen unterteilt und gruppieren sich um die IT-Ressourcen Applikationen, Informationen, Infrastruktur und Personal. Jeder der 34 IT-Prozesse wird über zugehörige Aktivitäten, mög-

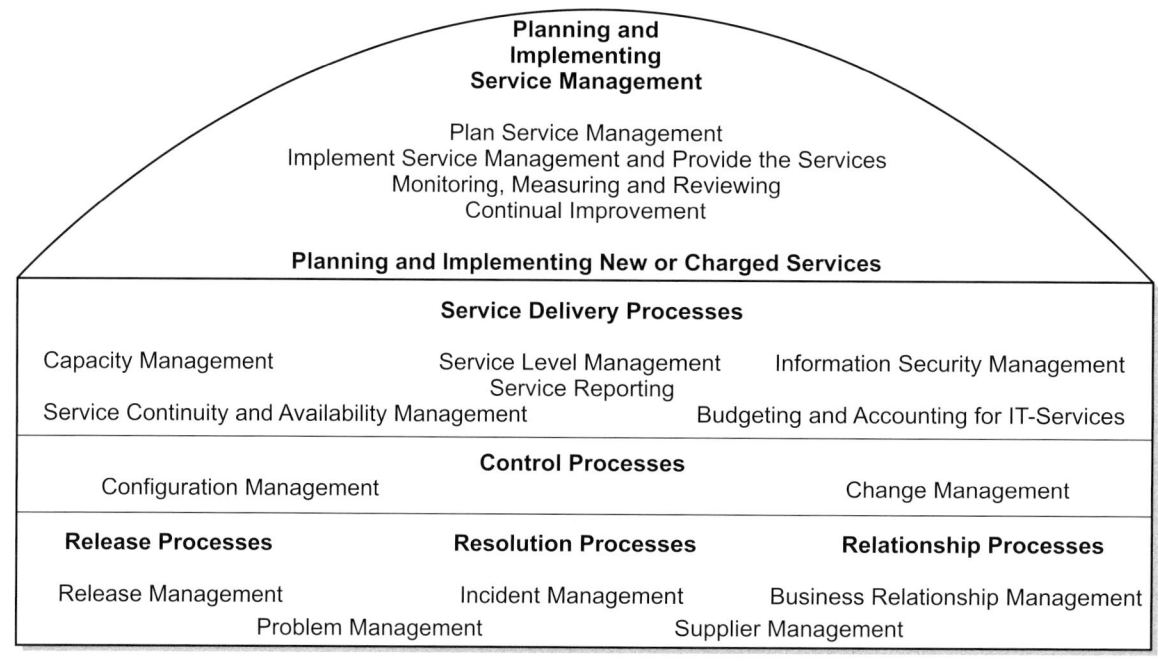

Bild 5-37: Implementierungs- und IT-Servicemanagement-Prozesse nach ISO/IEC 20000

liche Kennzahlen und einer dedizierten Reifegrad-Aussage beschrieben. CobiT kann somit für IT-Prozesse zum Reifegradmanagement, wie wir es in Kapitel 4.4 für Entwicklungsprozesse beschrieben haben, eingesetzt werden. Werden die ITIL-Prozesse, die nicht immer deckungsgleich sind, um die Vorgaben von CobiT ergänzt, entstehen nahezu vollständige Prozessvorgaben, die nur noch für den eigenen Einsatz angepasst werden brauchen. CobiT ist als PDF-Datei kostenlos per Download und gedruckt als Primär- und Sekundärliteratur verfügbar. Eine gute Beschreibung zum Umgang mit CobiT inklusive konkreter Anwendungsbeispiele findet sich im Praxishandbuch CobiT [Bit06].

Ergänzende Rahmenwerke

Neben den drei oben genannten Dokumenten sind eine Reihe weiterer Rahmenwerke verfügbar, die den Werkzeugkasten des IT-Organisationsentwicklers anreichern. Es handelt sich um CMMI, das V-Modell XT, PRINCE2 und PMBoK.

Capability Maturity Model Integration – CMMI

CMMI [CKS07] liefert eine Grundlage für die Prozessintegration und -optimierung (vgl. auch Kapitel 4.4).

Obgleich nicht unmittelbar für IT-Prozesse bestimmt, erlauben die Bewertungsverfahren und Prozessdarstellungen kontinuierliche Verbesserungen der wichtigsten Aktivitäten einer IT-Organisation. Dieses Rahmenwerk ist insbesondere immer dann von Bedeutung, wenn in anderen Bereichen des Unternehmens CMMI bereits verwendet wird. Zur Bewertung der IT-Prozesse hinsichtlich des Reifegrads sind die Vorgaben nach CobiT, die auf CMMI basieren, hinreichend.

V-Modell XT

Das sogenannte V-Modell ist ein gut etabliertes Vorgehensmodell zur Entwicklung von größeren Softwaresystemen. Die Bezeichnung drückt die V-förmige Anordnung der Entwicklungsphasen bzw. der Meilensteine aus (siehe Bild 5-39), wonach ausgehend von den Anforderungen den spezifizierenden Aktivitäten (linker Ast des V) die umsetzenden Aktivitäten (rechter Ast des V) gegenübergestellt sind. Das V-Modell deckt neben der Softwareentwicklung die Aufgabenbereiche Projektmanagement, Qualitätssicherung und Konfigurationsmanagement ab. Herausgegeben wird das V-Modell von der „Koordinierungs- und Beratungsstelle der Bundesregierung für Informationstechnik in der Bundesverwaltung (kurz KBSt)" [KBSt08-ol].

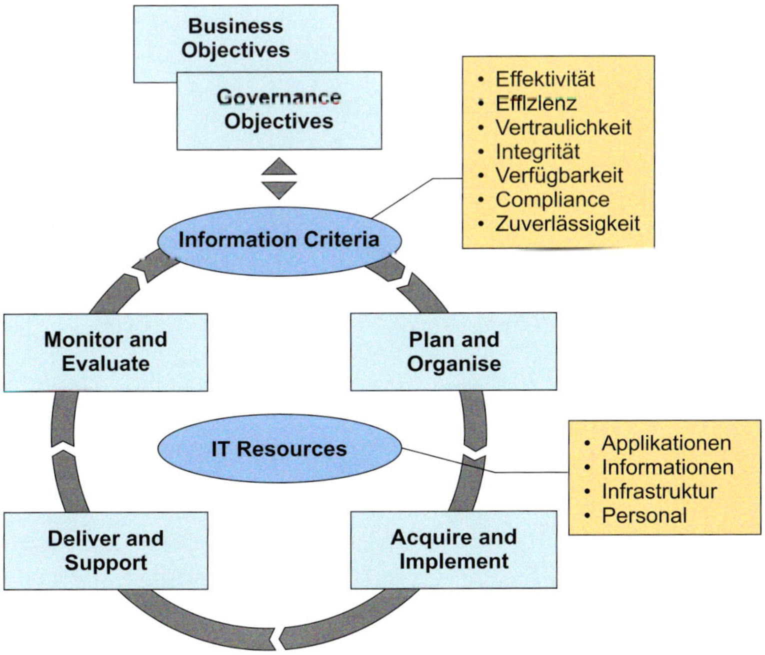

Project in Controlled Environment – PRINCE2

PRINCE2 des britischen Office of Government Commerce (OGC) ist ein Rahmenwerk zur Projektabwicklung [OGC05]. In der konkreten Anwendung ist es auszuprägen. PRINCE2 hat aufgrund des gleichen Urhebers wie ITIL und den zahlreichen Verweisen bei ITIL Version 3 eine relativ weitverbreitete Anwendung gefunden. Jedoch beschränkt sich der Einsatz insbesondere auf den europäischen Raum; weltweit agierende Unternehmen forcieren im Business- und IT-Bereich eher das im Folgenden vorgestellte PMBoK.

Bild 5-38:   CobiT Overall-Framework, nach ITGI [ITGI07]

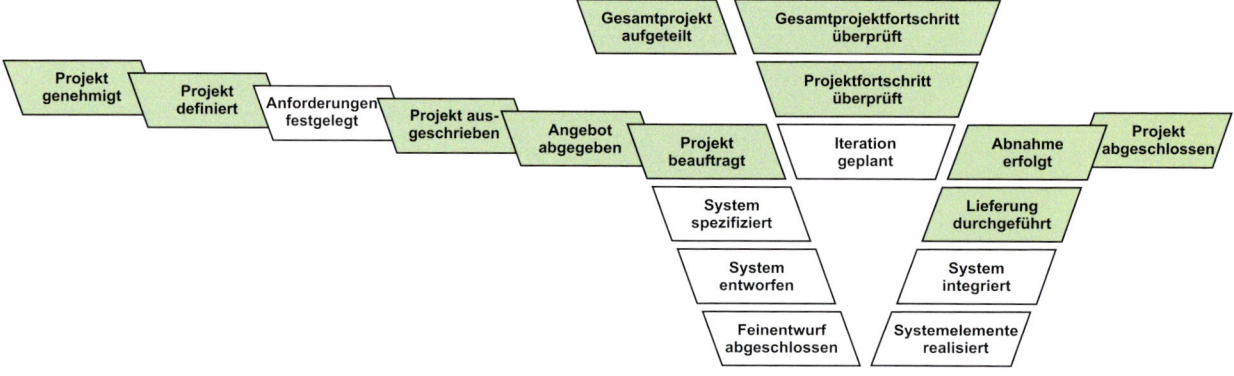

Bild 5-39:   Meilensteine im V-Modell XT

Project Management Body of Knowledge – PMBoK

PMBoK vom Project Management Institute (PMI) ist ebenfalls ein international anerkanntes Rahmenwerk zur Projektabwicklung [PMI05]. Wie PRINCE2 erfordert es eine konkrete Ausgestaltung im Unternehmen. Beide Rahmenwerke sind im IT-Bereich ähnlich weit verbreitet und wie bei PRINCE2 sind personenbezogene Zertifizierungen möglich. Mit einer PMI-Zertifizierung, die es in verschiedenen Abstufungen gibt, wird die Kenntnis und das praktische Verständnis von Projektmanagement nach PMI dem Prüfungsteilnehmer bescheinigt.

Informationssicherheitsmanagement

Die hohe Relevanz eines leistungsfähigen Informationssicherheitsmanagements ist offensichtlich. Grundlagen und Hinweise zur Ausgestaltung finden sich in den drei Rahmenwerken ISO/IEC 27001:2005, BSI-Grundschutzkataloge und SoGP, die im Folgenden kurz vorgestellt werden.

ISO/IEC 27001:2005

Dieser Standard beschreibt die Vorgaben für ein Informationssicherheits-Managementsystem. Dazu verweist er auf so genannte Controls, die im Standard ISO/IEC 27002:2005 (vormals ISO/IEC 17799) beschrieben werden. Die Controls behandeln insbesondere den organisatorischen Umgang mit dem Thema IT-Sicherheit und geben nur wenige konkrete Implementierungshinweise. Eine Auditierung nach ISO/IEC 27001 ist weltweit möglich, weshalb ein solches Zertifikat für alle Anbieter, die sicherheitsrelevante Dienste anbieten, unumgänglich ist. So sollte der eigene Serverbetrieb (Hosting) nur zu Dienstleistern verlagert werden, die ein Informationssicherheitssystem nach ISO/IEC 27001 nachweisen können.

BSI-Grundschutzkataloge

Die Grundschutzkataloge des Bundesamts für Sicherheit in der Informationstechnik stellen einen praktischen Leitfaden zur Sicherung von IT-Komponenten dar [BSI05]. Zu einzelnen speziellen Gefährdungen werden Maßnahmen genannt, mit deren Hilfe Systeme geschützt oder fachsprachlich „gehärtet" werden können. Die Grundschutzkataloge sind kostenlos erhältlich und werden um drei BSI-Grundschutzstandards ergänzt. Auf dieser Basis ist eine BSI-Zertifizierung möglich, welche die ISO/IEC 27001-Vorgaben einschließt. Allerdings sind die Grundschutzkataloge und -standards trotz teilweiser englischer Übersetzung nur im deutschsprachigen Raum bekannt und entsprechend akzeptiert.

SoGP – Standard of Good Practice for Information Security

Dieses Dokument, welches kostenlos beim Information Security Forum bezogen werden kann, bietet übersichtliche und knappe Hinweise zur Ausgestaltung einzelner Handlungsfelder wie beispielsweise Zugangsschutz oder Systemabsicherung [ISF07]. Die Inhalte stellen eine hervorragende Ergänzung zu den vorgenannten Rahmenwerken dar und sollten bei der Formulierung eines IT-Sicherheitskonzepts Berücksichtigung finden.

5.3.4 Generische Prozesse des IT-Managements

Auf der Basis der vorgestellten Rahmenwerke und im Hinblick auf die Aufgaben einer IT-Organisation haben wir die in Bild 5-40 wiedergegebene Übersicht generischer Prozesse des IT-Managements erstellt, die sich in zahlreichen Projekten bewährt hat. Im Folgenden beschreiben wir jeden einzelnen Prozess und stellen auch je Prozess die Bezüge zu den Rahmenwerken ITIL, ISO/IEC 20000 und CobiT sowie zu CMMI her. In konkreten Projekten werden diese Prozesse als Grundlage verwandt und ausgeprägt. Da das Ganze auf international verbreiteten Standards beruht, wird gerade bei Unternehmen mit global verteilten Standorten die Festlegung von standortübergreifenden Prozessen erleichtert.

Anforderungsmanagement

Im Rahmen dieses Prozesses werden alle Anforderungen und Änderungsanforderungen an IT-Services verwaltet, priorisiert und freigegeben. Da somit nicht nur Auslastung und Kosten der IT-Organisation, sondern auch mögliche Innovationen der Geschäftsprozesse gesteuert werden, ist dieser Prozess besonders wichtig. Das Management von Anforderungen fällt leicht, wenn abgestimmte Kriterien zur Bewertung existieren und die festgelegten Abläufe strikt eingehalten werden. Daneben erhalten Unternehmen durch die strukturierte Behandlung aller IT-Anforderungen sehr schnell die gewünschte Transparenz über die Prioritäten und den jeweiligen Status ihrer IT-Vorhaben.

Bezüge zu den wichtigen Rahmenwerken:

- ITIL Version 3: Im Buch „Service Strategies" die Prozesse „Demand Management" und „Service Portfolio Management"

- ISO/IEC 20000: „Business Relationship Management" im Abschnitt „Relationship-Processes"

- CobiT: In der Phase „Acquire and Implement" im Prozess AI1 „Identify Automated Solutions"

- CMMI: Hinweise in den Prozessbeschreibungen zu RD „Requirements Development" und REQM „Requirements Management"

IT-Servicemanagement

Die Ausrichtung der IT-Services, das Management der vereinbarten Leistungsparameter sowie die kontinuierliche Optimierung erfordern Strukturiertheit und Koordination. Hierbei spielt die Definition, Überwachung und Auswertung von Performance-Indikatoren eine wichtige Rolle. Hier ist die Balance zu finden zwischen wenigen aussagekräftigen Werten und vielen, aufwändig zu implementierenden Sensoren. Sehr gute Hinweise hierzu finden sich im Praxishandbuch CobiT [Bit06] im Kapitel von B. Sucker „IT-Kennzahlen auf Basis von CobiT auswählen". Bei jedem der 34 CobiT-Prozesse sind darüber hinaus zahlreiche Mess-

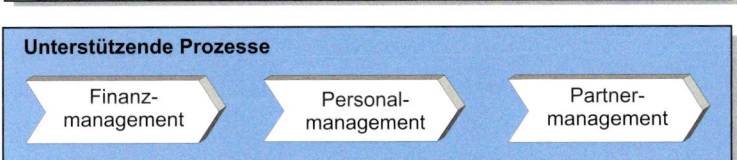

Bild 5-40: Generische Prozesse des IT-Managements

größen zusammengetragen, die für die eigene Praxis lediglich ausgewählt und implementiert werden müssen.

Bezüge zu den wichtigen Rahmenwerken:

- ITIL Version 3: Buch „Service Design", Prozesse „Service Catalogue Management" und „Service Level Management" sowie im Buch „Continual Service Improvement" die Prozesse „Service Reporting" und „Service Measurement"

- ISO/IEC 20000: „Service Level Management", „Service Reporting" und „Budgeting and Accounting for IT Services" im Abschnitt „Service Delivery Processes"

- CobiT: „Plan and Organise", Prozess DS1 „Define and Manage Service Levels"

Changemanagement

Bewilligte Änderungen und Anforderungen müssen umgesetzt werden. Dieses erfolgt unter Berücksichtigung aller Rahmenbedingungen und unter Kontrolle des Changemanagement-Prozesses. Wenn die Änderung sehr komplex ist, werden Projektmanagement-Methoden angewendet.

Bezüge zu den wichtigen Rahmenwerken:

- ITIL Version 3: Grundlagen zum Change- und Projektmanagement im Buch „Service Transition", Prozesse „Transition Planning & Support", „Change Management" und „Evaluation"

- ISO/IEC 20000: Prozess „Change Management" im Abschnitt „Control Processes"

- CobiT: „Acquire and Implement", Prozess AI6 „Manage Changes" sowie „Plan and Organise", Prozess PO10 „Manage Projects"

- CMMI: Bezug im Wesentlichen zu den Prozessen PP „Project Planning" und IPM „Integrated Project Management"

Implementation

Die Aktivitäten zur Implementierung der konzipierten IT-Funktionen können vielfältig sein: Wie in Kapitel 5.4 noch detailliert ausgeführt wird, müssen Komponenten oder ganze Systeme beschafft, angepasst oder eigens entwickelt werden. Für die Softwareentwicklung sind spezifische Rahmenwerke verfügbar. Da die Rahmenwerke ITIL und ISO/IEC 20000 eher auf den IT-Betrieb fokussieren, kann hier nur ein Verweis auf CobiT-Prozesse gegeben werden. Nützliche Hinweise zur Bewertung und Optimierung von Entwicklungsaufgaben sind beispielsweise von FEYHL zusammengestellt worden [Fey04].

Bezüge zu den wichtigen Rahmenwerken:

- CobiT: „Acquire and Implement", Prozesse AI2 „Acquire and Maintain Application Software" und AI3 „Acquire and Maintain Technology Infrastructure"

Konfigurationsmanagement

Im Rahmen des Konfigurationsmanagements werden alle IT-Komponenten und ihre Konfigurationen verwaltet. Das System, in dem die Konfigurationsinformationen gespeichert werden, dient anderen Prozessen wie beispielsweise dem Problemmanagement als Informationsquelle bei der Fehleranalyse. Die Herausforderung dieses Prozesses besteht nicht so sehr in den Aktivitäten – die Datenpflege muss nur akkurat und sorgfältig erfolgen. Entscheidend ist vielmehr die Bereitstellung einer Datenbank, mit der alle Informationsbedarfe im Rahmen des IT-Managements erfüllt werden können.

Bezüge zu den wichtigen Rahmenwerken:

- ITIL Version 3: Im Buch „Service Transition", Prozess „Service Asset & Configuration Management"

- ISO/IEC 20000: „Configuration Management" im Abschnitt „Control Processes"

- CobiT: „Deliver and Support", Prozess DS9 „Manage the Configuration"

- CMMI: Hinweise im Prozess CM „Configuration Management"

Qualitätssicherung

Die ausgiebige Qualitätssicherung sowohl der beschafften als auch von eigens entwickelten Anwendungen sollte zum Standardrepertoire einer IT-Organisation gehören. Es muss eine Qualitätsautorität bestehen. Um dies zu unterstützen, sind zahlreiche Testmethodiken verfügbar, die jedoch je nach System und Einsatzzweck unterschiedlich ausgeprägt werden müssen.

Bezüge zu den wichtigen Rahmenwerken:

- ITIL Version 3: Im Buch „Service Transition", Prozess „Service Validation & Testing"

- CobiT: „Plan and Organise", Prozess PO8 „Manage Quality" und „Acquire and Implement", Prozess AI7 „Install and Accredit Solutions and Changes"

Releasemanagement

Ziel ist, dass alle Anwender zum geplanten Zeitpunkt den gleichen, möglichst fehlerfreien Release einer Anwendung einsetzen. Das Releasemanagement regelt die dafür erforderlichen Aktivitäten: Meldungs- und Fehlermanagement, Planung von Releases, Koordination von Weiterentwicklungs- und Wartungsarbeiten, Freigabe und Abkündigung von Releases sowie Organisation des Roll-outs von Releases. Das Releasemanagement ist eng mit dem Changemanagement sowie dem Störungs- und Problemmanagement verknüpft.

Bezüge zu den wichtigen Rahmenwerken:

- ITIL Version 3: Im Buch „Service Transition", Prozess „Release & Deployment Management"

- ISO/IEC 20000: „Release Management" im Abschnitt „Release Processes"

- CobiT: „Acquire and Implement", Prozess AI4 „Enable Operation and Use"

- CMMI: Hinweise im Prozess PI „Product Integration"

Anwenderunterstützung

Die Ausprägung der Anwenderunterstützung kann sehr unterschiedlich sein: von der einfachen Annahme von Anfragen bis zum selbstlösenden Service-Desk. Entscheidend ist, für die Anwender eine zentrale Anlaufstelle für alle Anfragen und Störungsmeldungen zu schaffen. ITIL Version 2 hat für diesen Bereich die Funktionsbezeichnung „Service-Desk" geprägt und damit Begriffe wie „Hotline" oder „User-Helpdesk" verbannt. Da der Störungsmanagement-Prozess häufig im Rahmen der Anwenderunterstützung bearbeitet wird, gelten die dort genannten Vorgaben auch hier als Referenz. Nicht vergessen werden darf die kontinuierliche Qualifizierung der Anwender beispielsweise durch Schulungen oder durch Informieren via Intranet. Sind brauchbare und aktuelle Hilfestellungen verfügbar, kann die Anzahl der Rückfragen sehr schnell auf wirkliche Fehlermeldungen reduziert werden.

Bezüge zu den wichtigen Rahmenwerken:

- ITIL Version 3: Im Buch „Service Operation", Prozess „Request Fulfillment"

- ISO/IEC 20000: Keine Funktionsbeschreibungen enthalten

- CobiT: „Deliver and Support", Prozesse DS8 „Manage Service Desk and Incidents" sowie DS7 „Educate and Train Users"

Störungs- und Problemmanagement

Mit Störungen werden Unterbrechungen bei der Nutzung der IT-Services bezeichnet. Störungen können nicht nur auf Fehlern des jeweiligen Systems beruhen, sondern beispielsweise aus Ausfällen der Netzwerkinfrastruktur resultieren. Unabhängig von der Ursache der Störung gilt es, die Verfügbarkeit für die Anwender so schnell wie möglich wiederherzustellen. Hierzu sind eindeutige und verlässliche Abläufe entscheidend: Dort, wo Fehler nicht sofort behoben werden können, weil sie vielleicht einer detaillierteren Analyse bedürfen, werden sie vom Problemmanagement-Prozess behandelt. Die Prozesse sind zu differenzieren, da es beim Störungsmanagement auf Lösungsgeschwindigkeit ankommt, beim Problemmanagement im Gegensatz dazu auf nachhaltige Fehlerbehebung. Viele IT-Organisationen starten mit der Etablierung dieser beiden Prozesse, da diese eine hohe Hebelwirkung auf die Anwenderzufriedenheit haben (siehe auch Kasten „Software für das Systemmanagement", S. 430).

Bezüge zu den wichtigen Rahmenwerken:

- ITIL Version 3: Im Buch „Service Operation", Prozesse „Incident Management", „Problem Management" sowie „Event Management"

- ISO/IEC 20000: „Incident Management" und „Problem Management" im Abschnitt „Resolution Processes"

- CobiT: „Deliver and Support", Prozesse DS8 „Manage Service Desk and Incidents" sowie DS10 „Manage Problems"

Systemmanagement (Kapazitäts-, Verfügbarkeits- und Kontinuitätsmanagement)

Diese Aktivitäten sind auch unter dem Begriff Systemadministration bekannt. Mit der Erweiterung um den Managementaspekt soll deutlich gemacht werden, dass Systeme überwacht werden müssen und auf entsprechende Ereignisse zu reagieren ist. Eine sehr wichtige Voraussetzung hierfür ist die nachvollziehbare Protokollierung aller Arbeitsschritte. Die zugehörigen Prozesse Kapazitäts-, Verfügbarkeits- und Kontinuitätsmanagement beziehen sich auf die Sicherstellung einer anforderungsgerechten Systemverfügbarkeit. Durch proaktive Maßnahmen soll sichergestellt werden, dass stets ausreichende Kapazitäten wie Speicherplatz, Bandbreite und Transaktionsvolumen bereitstehen. Die bekannteste Komponente zur Sicherstellung der Verfügbarkeit ist ein Backup-System mit einem zugehörigen Sicherungskonzept. Dieses dient dazu, bei Ausfall oder bei einem Datenfehler Informationen oder Systeme kurzfristig wieder herzustellen. Darüber hinaus sind im Rahmen des Kontinuitätsmanagements Maß-

nahmen zur Prävention von Ausfallrisiken sowie die Erstellung von Notfallplänen (und natürlich deren regelmäßige Verifikation) vorzusehen.

Bezüge zu den wichtigen Rahmenwerken:

- ITIL Version 3: Im Buch „Service Design", Prozesse „Capacity Management", „Availability Management" sowie „Service Continuity Management"

- ISO/IEC 20000: „Capacity Management" und „Service Continuity and Availability Management" im Abschnitt „Service Delivery Processes"

- CobiT: „Deliver and Support", Prozesse DS3 „Manage Performance and Capacity", DS12 „Manage the Physical Environment" sowie DS13 „Manage Operations"

Identitätsmanagement

Unter diesem neuen Schlagwort werden alle Aktivitäten zur Verwaltung von Benutzer-Accounts und zur Zugriffssteuerung verstanden. Hier ist nicht so sehr ein einzelner Prozess von Bedeutung, sondern das Vorhandensein von eindeutigen Richtlinien für die Gewährung von Zugangs- und Zugriffsrechten. Der Begriff Identitätsmanagement soll verdeutlichen, dass eine Konsolidierung der oft zahlreichen Benutzerverzeichnisse in verschiedenen Anwendungen anzustreben ist. Den Überblick über alle diese Verzeichnisse (so genannte User Directories) und die resultierenden Zugriffsrechte zu behalten stellt nach wie vor eine Schwierigkeit dar und sollte darum so strukturiert wie möglich erfolgen.

Bezüge zu den wichtigen Rahmenwerken:

- ITIL Version 3: Im Buch „Service Operation", Prozess „Access Management"

Finanzmanagement (Finanzplanung und Kostenrechnung)

Wenn über IT-Organisationen nachgedacht wird, fallen den Beteiligten zuerst einmal die hohen Kosten ein;

der gestiftete Nutzen wird nicht gesehen oder lässt sich nicht ohne weiteres quantifizieren. IT-Services bieten auch hierfür einen gangbaren Weg, den Nutzen bzw. den Leistungsverbrauch zu ermitteln und den Kosten gegenüberzustellen. Grundlagen hierfür finden sich unter dem Stichwort Kosten- und Geldflussplanung in Kapitel 4.3.5. Dort werden die wertschöpfenden Aspekte der Geschäftsprozessoptimierung betrachtet, während in Kapitel 5.4.2 ein Verfahren zur Wirtschaftlichkeitsanalyse von IT-Projekten vorgestellt wird. Um die gewünschte Transparenz und Handlungsfähigkeit zu erzielen, sorgt dieser Prozess auf Kostenseite für die Finanzplanung und Budgetierung. Die Nutzenseite wird über den IT-Servicemanagement-Prozess bestimmt. Die Kostenrechnung und eine mögliche Leistungsverrechnung basieren auf der Unterscheidung von Betriebs- und Projektkosten. Wird die Kostenartenstruktur wohldefiniert und mit der Finanzbuchhaltung des Unternehmens abgeglichen, ist eine IT-spezifische Kostenerfassung und -auswertung ohne Extraaufwand mit bestehenden Systemen möglich. Dass hier in enger Zusammenarbeit mit der Finanzbuchhaltung und dem Controlling gearbeitet werden sollte, ist selbstverständlich. Die häufig unzureichenden betriebswirtschaftlichen Erfahrungen in den IT-Organisationen können so kompensiert werden.

Bezüge zu den wichtigen Rahmenwerken:

* ITIL Version 3: Buch „Service Strategy", Prozesse „Financial Management" und „Return on Investment"

* CobiT: „Plan and Organise", Prozess PO5 „Manage the IT Investment" sowie „Deliver and Support", Prozess DS6 „Identify and Allocate Costs"

Personalmanagement

Hier geht es um Personalführung und Personalentwicklung. Ein wesentlicher Aspekt ist die Personalbedarfs- und Qualifizierungsplanung. Diese orientiert sich am Leistungsangebot und den Kernkompetenzen der IT-Organisation.

Bezüge zu den wichtigen Rahmenwerken:

* CobiT: "Plan and Organise", Prozess PO7 "Manage IT Human Resources"

Partnermanagement

Dieser Prozess umfasst die Aktivitäten zur Gestaltung und dem Management von Verträgen über die Zusammenarbeit mit Partnern sowie zur Abwicklung entsprechender Aufträge. Partner sind in der Regel externe Dienstleister. In großen Unternehmen sind das auch häufig interne Organisationen bzw. Dienstleister.

Bezüge zu den wichtigen Rahmenwerken:

* ITIL Version 3: Im Buch „Service Design", Prozess „Supplier Management"

* ISO/IEC 20000: „Supplier Management" im Abschnitt „Relationship Processes"

* CobiT: „Acquire and Implement", Prozess AI5 „Procure IT Resources" sowie „Deliver and Support", Prozess DS2 „Manage Third-Party Services"

* CMMI: Prozess SAM „Supplier Agreement Management"

Software für das Systemmanagement

Systemmanagement-Werkzeuge überwachen die IT-Systemlandschaft, generieren Log-Files und alarmieren bei sich abzeichnenden Engpässen oder Ausfallerscheinungen autorisierte Mitarbeiter. Eine weitere wichtige Funktion ist das Backup; eine Backup-Lösung sichert die unternehmensinternen Daten in regelmäßigen Zyklen. Ferner werden spezielle Tools zur Verwaltung von Virenscannern, Firewalls, Netzwerkkomponenten, Servern, Speichersystemen etc. benötigt. Diese werden im Normalfall vom Anbieter bereitgestellt und bieten oft eine gute Überwachungsmöglichkeit, so sie denn installiert und konfiguriert werden. Neben diesen Werkzeugen finden die beiden folgenden Kategorien von Software für das IT-Systemmanagement mehr und mehr Zuspruch in der Praxis.

Die **Configuration Management Database (CMDB)** ist eine unternehmensinterne Datenbank. Sie speichert zu sämtlichen IT-Betriebsmitteln die relevanten Konfigurationsinformationen ab. Konfigurationsinformationen sind in diesem Zusammenhang Eigenschaften von Komponenten, die durch logische Beziehungen miteinander verknüpft sind. So kann beispielsweise einem PC die installierte Software, der Hersteller oder der Lieferant genauso zugeordnet

werden wie abgeschlossene Supportverträge oder aufgetretene Problemfälle. CMDB-Produkte sind in ihrem Entwicklungszyklus noch nicht sehr weit vorangeschritten. Aufgrund dessen und der mitunter hohen Kosten ist eine genaue Analyse der Anforderungen unumgänglich.

Ein **Trouble-Ticket-System (TTS)**, auch Help-Desk-System oder Service-Desk-System genannt, ist eine datenbankgestützte Software, mit der Anfragen von Anwendern aufgenommen werden und deren strukturierte Bearbeitung unterstützt wird. Diese Anfragen können Störungsmeldungen oder Serviceanfragen, wie z.B. Änderungswünsche an der installierten Software sein. Eine Anfrage bleibt solange als offene Meldung im System, bis sie als gelöst geschlossen wird. Durch eine Abbildung der Arbeitsabläufe im System werden die Bearbeitungszeit reduziert und die Kommunikation zwischen Anwendern und den Service-Desk-Mitarbeitern transparent gehalten. Moderne Trouble-Ticket-Systeme verfügen darüber hinaus über Tools zur statistischen Auswertung der erfassten Meldungen, um aus den Vorfällen zu lernen und den Service auf dieser Basis kontinuierlich zu verbessern. Entsprechende Software kann inzwischen als sehr ausgereift angesehen werden; es existiert eine breite Palette von Open-Source bis zu umfangreichen Konzernlösungen.

5.3.5 Gestaltung der IT-Organisation

Nachdem nun alle Grundlagen für ein erfolgreiches IT-Management geschaffen wurden, geht es im Folgenden um die Umsetzung: die Definition des IT-Leistungsangebots, die Optimierung von IT-Prozessen zur Erbringung der Leistung sowie die Adaption der IT-Organisation [Bon05].

5.3.5.1 Definition des IT-Leistungsangebotes

Ein IT-Leistungsangebot besteht aus so genannten IT-Services, die sich nach Bild 5-41 in Haupt- und Basis-Services gliedern. Zur Erstellung eines unternehmens-

spezifischen Angebots an IT-Services bieten sich die folgenden vier Arbeitsschritte an:

Schritt 1: Analyse durchführen

Im Rahmen dieses ersten Schrittes sind Fragen folgender Art aus IT-Sicht zu beantworten: Welche Geschäftsprozesse werden unterstützt? Welche Systeme sind im Einsatz? Welche Leistungen werden von der IT-Organisation mit welchen Systemen und für welche Geschäftsprozesse erbracht? Die entsprechende Dokumentation sollte strukturiert, beispielsweise in Matrixform (Zeilen: Geschäftsprozesse; Spalten: Leistungen, Systeme) erfolgen, damit eine präzise Grundlage für das weitere Vorgehen besteht.

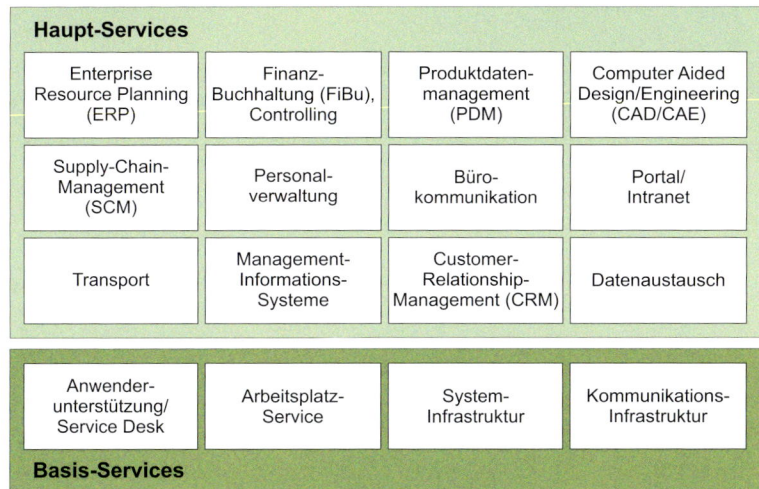

Bild 5-41: Generischer IT-Services-Katalog

Schritt 2: Service-Katalog entwickeln und abstimmen

Anschließend werden die geplanten IT-Services benannt und in Form von „Steckbriefen" beschrieben. Aufgrund der hohen Bedeutung sollte diese erste Spezifikation solange abgestimmt und justiert werden, bis alle Vertreter von Leistungsabnehmern und Leistungserbringern ein einheitliches Verständnis darüber erlangt haben. Der in Bild 5-41 wiedergegebene generische IT-Services-Katalog bildet die Grundlage für diesen Schritt. Wir empfehlen, die Anzahl der IT-Services auf maximal 20 zu begrenzen. Ist die Anzahl zu groß, sind die Services zu spezifisch; ist die Anzahl andererseits zu gering, werden die Leistungsbeschreibungen zu umfangreich. In der Regel sind die Haupt-Services gemäß Bild 5-41 nach den spezifischen Gegebenheiten eines Unternehmens zu gestalten. Die vier Basis-Services finden sich im Gegensatz dazu in nahezu allen IT-Organisationen wieder. Anwenderunterstützung und die Einrichtung von Arbeitsplätzen, egal ob Desktop-PC oder Notebook, ein Rechenzentrum mit Servern sowie ein funktionsfähiges Netzwerk werden generell benötigt. Das alles ist unabhängig davon, wo die Server aufgestellt sind, von wem sie betrieben werden und wer die Arbeitsplatzrechner bereitstellt. Die Anforderungskonformität und Qualität verantwortet in jedem Fall die IT-Organisation.

Schritt 3: Services detailliert beschreiben

Ausgehend von den Steckbriefen wird jeder einzelne Service präzise bis ins Detail beschrieben. Eine derartige Dokumentation enthält Aussagen zu folgenden Punkten:

- Beschreibung des eigentlichen Dienstes (Zielgruppe, Leistungsumfang, Aufgaben der IT-Organisation, mögliche Varianten des Services)

- Technische Merkmale (Datenklassen, Server- und Client-Anwendungen, Speicher- und Archivierungsverfahren und -umfang, Schnittstellen, Benutzerverwaltung, Datensicherung)

- Interne und externe Ansprechpartner

- Randbedingungen (technische und organisatorische Anforderungen, Abgrenzungen)

- Anwenderunterstützung (Art und Umfang)

- Risikomanagement (Nennung wichtiger Risiken und Präventionsmöglichkeiten)

- Anforderungs- und Änderungsmanagement (Verweis auf das jeweilige Verfahren)

- Lizenzmanagement (Verfahren, Lizenzmodelle, -zuordnung und -verwahrung)

- Mitwirkungspflichten (u.a. zumutbare Umgehungslösungen)

- Berichtswesen (Struktur, Empfänger und Zyklus)

Schritt 4: Service-Abmachungen treffen

Die Service-Beschreibung wird abschließend mit Leistungsparametern versehen, die die Angabe von sogenannten Service-Levels ermöglichen. Im Folgenden nennen wir beispielhaft Leistungsbereiche, für die in der Regel verbindliche Zusagen erwartet werden:

- Systemverfügbarkeit,
- Speicherplatz,
- Reaktionszeiten des Systems,
- Transaktionsvolumen, Anzahl der Transaktionen,
- max. Anzahl der Anwender,
- Reaktionszeiten der Anwenderunterstützung,
- Umgang mit Störungsmeldungen, Störungsmanagement etc.

Zusammenfassend sei festgestellt, dass Vereinbarungen in dieser Art die Zusammenarbeit zwischen den Fachbereichen, die die Dienste nutzen, und der IT-Organisation wesentlich und nachhaltig verbessern.

5.3.5.2 IT-Servicelifecycle und Hauptaufgaben

Eine IT-Organisation hat als Hauptaufgaben die Planung, die Realisierung und den Betrieb von IT-Services sowie die Erstellung und Weiterentwicklung der IT-Strategie und des Informationssicherheitskonzepts. Wie in Bild 5-42 angedeutet bilden die drei erstgenannten Aufgaben einen Zyklus, den sogenannten IT-Servicelifecycle, der verdeutlichen soll, dass diese Aufgaben nicht einmal, sondern immer wieder durchlaufen werden, je nachdem, ob neue Anforderungen des Geschäfts oder geänderte Rahmenbedingungen wie technologischer Fortschritt das ratsam erscheinen lassen. Im Folgenden charakterisieren wir zunächst diese drei Hauptaufgaben kurz:

- **Planung:** Hier werden alle Vorbereitungen zum Neuaufbau oder zur Erweiterung von IT-Services getroffen. Es werden die Grundlagen des Business-Alignments gelegt, also die Ausrichtung der IT-Systemlandschaft an den Geschäftsaktivitäten und -zielen des Unternehmens. Die Aufgaben hierzu werden in Kapitel 5.4.1 unter „Problem- und Anforderungsanalyse" beschrieben.

- **Realisierung:** Nachdem alle Grundlagen für eine erfolgreiche Umsetzung der Anforderungen geschaffen und mit allen Beteiligten abgestimmt und ver-

einbart wurden, erfolgen die Systemauswahl, die Systemeinführung und das Roll-out. Diese Aufgabenkomplexe sind in den Kapiteln 5.4.2 bis 5.4.4 ausführlich beschrieben.

- **Betrieb:** Damit die bereitgestellten Systeme von den Anwendern auch optimal genutzt werden können, ist eine wirkungsvolle Unterstützung erforderlich. Dieses schließt die Störungs- und Problembehandlung ein, die im Falle von Fehlern oder ungeplanten Unterbrechungen des Betriebs erforderlich ist. Das proaktive Management der Verfügbarkeit und Systemkapazität ist ein kritischer Aspekt für den reibungslosen Betrieb und basiert auf der Systemüberwachung, um Engpässe frühzeitig zu erkennen. Darüber hinaus müssen Systeme gewartet, also regelmäßig aktualisiert und angepasst, sowie die Accounts der Anwender und deren Zugriffsrechte verwaltet werden.

Das **IT-Servicemanagement** koordiniert die drei genannten Hauptaufgaben. Dies erfolgt nach Maßgabe der IT-Strategie und dem Konzept zur Informationssicherheit (siehe Kästen). Die IT-Strategie und das Informationssicherheitskonzept sind aufgaben- und prozessübergreifend zu betrachten. Beide Dokumente sind für alle IT-Services gleichermaßen von Bedeutung und gelten als bindende Vorgaben für alle Aktivitäten der IT-Organisation.

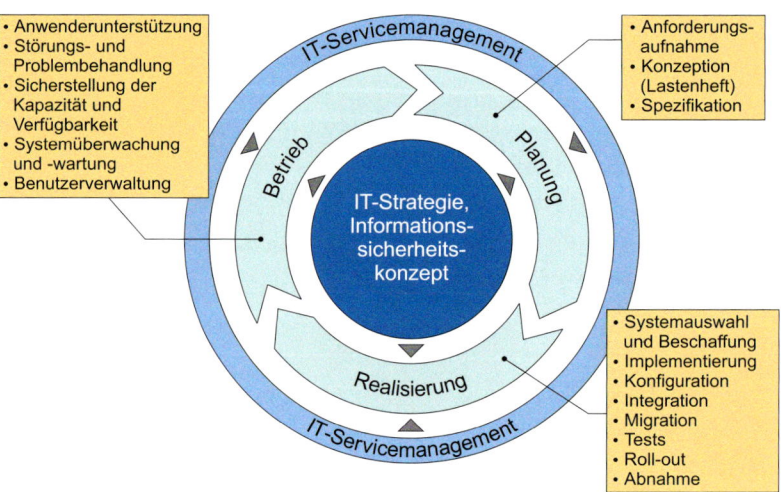

Bild 5-42: Struktur der wichtigsten Aufgaben einer IT-Organisation

IT-Strategie

Die IT-Strategie ist eine Substrategie der Geschäftsstrategie und somit die Antwort der IT-Organisation auf die Anforderungen der Geschäftsstrategie. Hinweise zum Vorgehen zu ihrer Erstellung finden sich erwartungsgemäß im CobiT-Rahmenwerk, und zwar im Abschnitt „Plan and Organise" (Prozesse PO1 „Define a Strategic IT-Plan" und PO6 „Communicate Management Aims and Directions") [ITGI07].

Was den Inhalt und den Aufbau des Strategiedokuments betrifft, so gibt es in der Literatur und unter IT-Beratern unterschiedliche Auffassungen. Einen guten Überblick gibt DURST [Dur07]. Die Projekterfahrung der Autoren hat gezeigt, dass nicht nur das Endergebnis, die IT-Strategie, sondern einmal mehr der strukturierte und nachvollziehbare Weg dorthin ein Meilenstein bei der Gestaltung von IT-Organisationen bildet. So ist es unserer Meinung nach unerlässlich, die Strategie gemeinsam mit den Mitarbeitern der IT-Organisation und den Vertretern der Anwender zu erarbeiten. Die IT-Strategie soll zu folgenden Punkten Aussagen treffen:

Zukunftsszenarien: Darstellung des künftigen Umfelds, in das die IT-Organisation einzubetten ist. Daraus ergeben sich die Anforderungen an die IT-Organisation.

Leitbild: Das beschreibt die grundsätzliche Ausrichtung, die Mission und das Selbstverständnis der IT-Organisation.

Kompetenzen: Hier sind die Kompetenzen zu beschreiben, die für den nachhaltigen Erfolg der IT-Organisation entscheidend sind – im Prinzip sind das die strategischen Erfolgspositionen der IT-Organisation.

Leistungsangebot: Das sind die IT-Services. Dieser Abschnitt stellt die Verknüpfung mit den Anforderungen des Geschäfts her, indem die IT-Services den zu unterstützenden Geschäftsprozessen gegenübergestellt werden. Dabei sollte auf das so genannte Business Alignment, also die optimale Unterstützung der Geschäftsprozesse durch IT, eingegangen werden: Wie wird dieses erreicht, welche Indikatoren sind maßgeblich und welche Kennzahlen dienen der Erfolgskontrolle?

Leistungserbringung: Hierunter werden alle Aspekte verstanden, die zu einer rationellen Erbringung der Leistungen erforderlich sind. Das schließt Aussagen zur Optimierung der IT-Prozesse und zur Adaption der IT-Organisation ein. Ferner sind unter diesem Punkt auch Make-or-Buy-Aussagen zu treffen: Welche Leistungen werden selbst erbracht und welche von Dienstleistern? Das erfolgt auf der Basis des üblichen Make-or-Buy-Portfolios (Achsen: Beitrag zum Wettbewerbsvorteil des Unternehmens, Effizienz der Leistungserstellung im Vergleich mit Dienstleistern).

IT-Architektur: Diese ist quasi der Generalbebauungsplan der IT-Landschaft eines Unternehmens. Die IT-Architektur ist Quelle und Resultat von Geschäfts- und Prozessinnovationen. Ohne konkrete Architekturvorgaben entstehen erfahrungsgemäß in kurzer Zeit monolithische Systeme, im Fachjargon „Silos" genannt, die sich kaum integrieren lassen und aufwendig zu warten sind. Hinweise zur Ausgestaltung eines strukturierten IT-Architekturmanagements finden sich im CobiT-Rahmenwerk im Abschnitt „Plan and Organise" mit den Prozessen PO2 „Define the Information Architecture" und PO3 „Determine Technological Direction" sowie sehr anschaulich in ITIL, Version 2, in den Büchern „IT-Infrastructure" und „IT-Application Management", die von BON zusammengefasst worden sind [Bon05].

Strategieumsetzung: In diesem Teil wird beschrieben, wie die Ziele erreicht werden sollen. Das mündet in Konsequenzen und Maßnahmen. Ferner bietet es sich an dieser Stelle an, das im Leitbild formulierte Selbstverständnis durch klare Leitsätze des Handelns zu konkretisieren.

Erfolgskontrolle: Hierfür hat sich die IT-Balanced Scorecard bewährt [Gre00]. Diese basiert auf der von KAPLAN und NORTON entwickelten Balanced Scorecard [KN97].

Literatur:

[Bon05] BON, J. VAN: IT Service Management basierend auf ITIL, eine Einführung. 2. Auflage, Van Haren Publishing, Zaltbommel, Niederlande, 2005

[Dur07] DURST M.: Wertorientiertes Management von IT-Architekturen. Deutscher Universitätsverlag, Wiesbaden, 2007

[ITGI07] IT GOVERNANCE INSTITUTE (ITGI): CobiT 4.1 – Framework, Control Objectives, Management Guidelines, Maturity Models. ITGI, Rolling Meadows, Illinois, USA, 2007

[KN97]   KAPLAN, R. S.; NORTON, D. P.: Balanced Scorecard. Aus dem Amerikanischen übersetzt von Horváth, P.; Kuhn-Würfel, B.; Vogelgruber, C., Schäffer-Poeschel Verlag, Stuttgart, 1997

[Gre00] GREMBERGEN, W. VAN: The Balanced Scorecard and IT Governance. In: Information Systems Control Journal, Volume 2, März 2000. Online verfügbar unter: http://www.itgi.org/template_ITGI.cfm?template=/ContentManagement/ContentDisplay.cfm&ContentID=33582 (Abruf am 22.4.08)

Informationssicherheitsmanagement

Ein Informationssicherheitskonzept ist eine Art Masterplan zur Gewährleistung der Informationssicherheit. Es ist eingebettet in eine Reihe von Dokumenten, die zusammen das Informationssicherheitsmanagementsystem (ISMS) beschreiben. Im Bild ist eine etablierte Dokumentenstruktur dargestellt. Hier bildet ein Strategiedokument den globalen Rahmen für das Informationssicherheitsmanagement eines Unternehmens. Im darunter liegenden Konzept wird beschrieben, was alles zu tun ist. Dessen Inhalt wird maßgeblich von einer internen Risikoanalyse und den Vorgaben der einschlägigen Standards wie ISO27001 und Best-Practice-Guides [BSI05] bestimmt. Die im Konzept definierten Anforderungen können Richtlinien und Verfahrensanweisungen (beispielsweise „Zugriff auf das Unternehmensnetzwerk") aber auch technische Maßnahmen (beispielsweise Installation einer Firewall) fordern. Darüber hinaus sind für sehr kritische IT-Services Notfallpläne anzufertigen, um die Ausfallzeit auch im Katastrophenfall zu minimieren. Die Um-

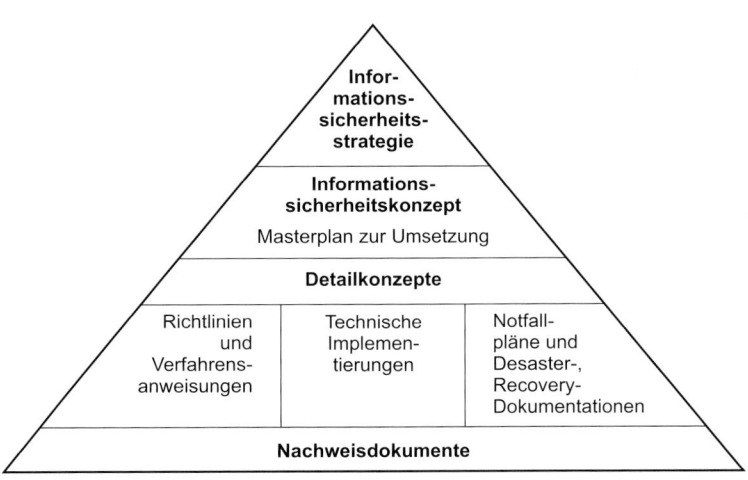

Dokumente eines Informationssicherheitsmanagementsystems (ISMS)

setzung der Vorgaben und deren Einhaltung muss durch Nachweisdokumente (Protokolle, Bildschirmfotos, Testberichte) belegt werden können.

Literatur:

[BSI05] BUNDESAMT FÜR SICHERHEIT IN DER INFORMATIONSTECHNIK (BSI): BSI-Standards 100-1, 100-2 und 100-3. Bundesamt für Sicherheit in der Informationstechnik, Bonn, 2005

5.3.5.3 Aspekte der Aufbauorganisation

Der Aufbau der IT-Organisation ist maßgeblich von den IT-Prozessen abhängig und sollte durch sie bestimmt werden. Da im Rahmen dieses Kapitels nicht auf die Ausgestaltung von Aufbauorganisationen detailliert eingegangen werden kann, sind hier nur einige wesentliche Aspekte für eine erfolgreiche Gestaltung von IT-Organisationen beschrieben.

Verteilung der Verantwortlichkeiten: Die Anwender bestimmen und verantworten ihre Anforderungen und sind für die Abnahme der von der IT-Organisation bereitgestellten Services verantwortlich. Die IT-Organisation ist für die termin- und kostengerechte Umsetzung der Anforderungen und den stabilen Betrieb verantwortlich. Dieses entspricht der Forderung nach „Separation of Duties" (Verteilung der Verantwortlichkeiten), die unter anderem in den Ausbildungsunterlagen von Certified Information System Auditoren, kurz CISA, als Grundlage jeder IT-Organisation gefordert wird [ISACA04]. Hiervon ist unbenommen, dass IT-Mitarbeiter Innovationen fördern und für Optimierungen der Geschäftsprozesse sorgen. Dies tun sie jedoch im Auftrag der Geschäftsprozessverantwortlichen.

Keine „Schatten-IT": Die IT-Organisation sollte alle Systeme unter ihrer Kontrolle haben. Bauen Fachbereiche oder Standorte eigene IT-Systeme im Schatten der zentralen Organisation auf, so führt das über kurz oder lang zu Konflikten und zur Vergeudung von Ressourcen. Die Verwirklichung einer unternehmensweiten einheitlichen IT-Architektur und die Notwendigkeit der Systemintegration wird so konterkariert. Allein schon der Blick auf die im Kapitel 5.3.4 beschriebenen und wohlbegründeten Prozesse zeigt, dass kein Weg an einer unternehmensweiten IT-Organisation vorbeiführt.

Etablieren von Entscheidungsgremien: Welche Anforderung genießt welche Priorität? Welche Systeme werden zukünftig unterstützt? Welche Projekte müssen wann begonnen werden? Dies sind Beispiele für notwendige Entscheidungen, die eine IT-Organisation in der Regel nicht allein treffen kann und auch nicht treffen sollte. Zur Absicherung benötigt sie Gremien, die über die IT-Strategie und deren Weiterentwicklung befinden, für den Abgleich von Angebot und Nachfrage in Sachen IT sorgen und Entscheidungen über die Weiterentwicklung der IT-Landschaft treffen. Unserer Erfahrung nach bieten sich zwei Gremien an: ein IT-Lenkungskreis, der vorstehende Aufgaben wahrnimmt, und ein IT-Sicherheitsgremium zur Koordination aller IT-Sicherheitsaktivitäten.

IT-Service-Organisation: Traditionell sind IT-Organisationen nach Fachkompetenzen strukturiert. Einzelne Abteilungen stellen Systemspezialisten, die für den Betrieb und die Fortentwicklung der von ihnen betreuten Systeme und Komponenten sorgen. Da diese über längere Zeit gewachsene Struktur nur schwer zu verändern ist, bietet sich eine Matrix-Organisation an. Gemäß Bild 5-43 sind die fachlichen Schwerpunkte in den Kompetenz-Teams gebündelt. Die Services sind orthogonal zu den Kompetenz-Teams angeordnet und greifen auf die jeweils erforderlichen Kompetenzen zu.

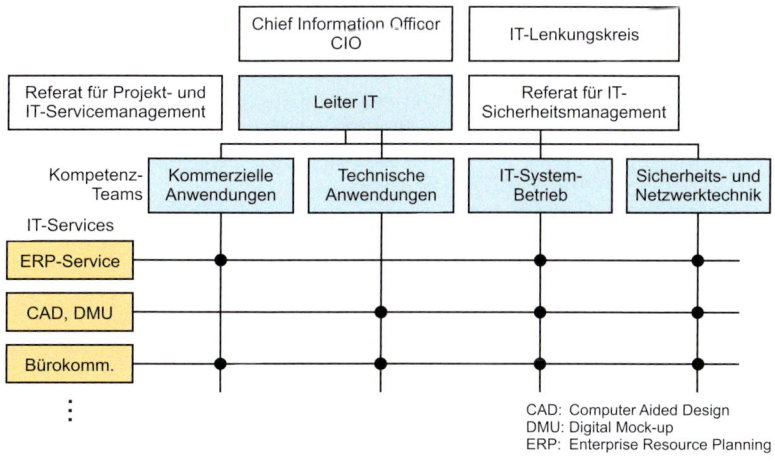

Bild 5-43: Beispiel für eine Service-orientierte Aufbauorganisation

5.4   Einführung von IT-Systemen

Die Einführung eines umfassenden IT-Systems stellt einen wesentlichen Meilenstein in der Entwicklung eines Unternehmens dar. Grundlagen dafür sind wohlstrukturierte Geschäftsprozesse und eine stimmige IT-Strategie. Die IT-Einführung hat nicht nur zum Ziel, alte Anwendungen gegen neue auszutauschen; in der Hauptsache geht es um die Effizienzsteigerung der Geschäftsprozesse. Zwei Aspekte sind für die erfolgreiche IT-Einführung von besonderer Bedeutung: das so genannte Business IT Alignment und Projektmanagement.

Unter **Business IT Alignment** wird die Ausrichtung der IT an den Geschäftsaktivitäten und -zielen verstanden. Der Einsatz von IT darf keinen Selbstzweck darstellen, sondern soll in hohem Maße das Geschäftsergebnis positiv beeinflussen. Business IT Alignment schafft die Grundlage, dass einerseits Geschäftsabläufe wirkungsvoll und effizient durch IT-Systeme unterstützt werden und andererseits wohlstrukturierte Geschäftsabläufe den wirtschaftlichen Betrieb von IT-Systemen ermöglichen. Wie in Bild 5-44 dargestellt, sind Aufbauorganisation, Geschäftsprozesse und Ressourcen auf der Seite des operativen Geschäfts mit der IT-Architektur, der IT-Infrastruktur, der IT-Prozesse und der IT-Ressourcen auf der Seite der operativen IT abzustimmen.

Business IT Alignment ist keine einmalige Aktion, sondern als permanenter Prozess zu verstehen und im Unternehmen ganzheitlich zu leben. Auf der Basis dieses Grundverständnisses wird sichergestellt, dass es zu gut begründeten ausgewogenen Investitionsentscheidungen kommt und die Informationstechnik den maximal möglichen Nutzen entfaltet.

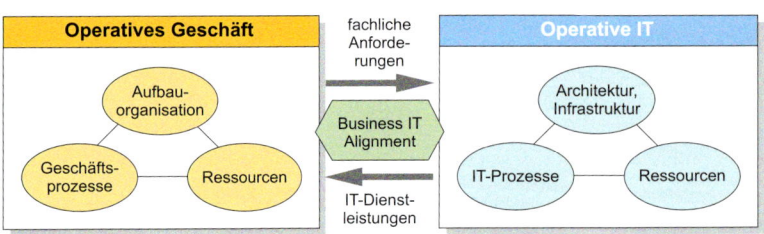

Bild 5-44:   Business IT Alignment verknüpft operatives Geschäft und operative IT

Projektmanagement ist der zweite wichtige Aspekt bei der Einführung von IT-Systemen. Neben den klassischen Projektmanagementaufgaben Planung, Kontrolle und Steuerung sind sozialkommunikative Faktoren für den Projekterfolg entscheidend. Eine hohe Integration und Partizipation der späteren Anwender aus den Fachabteilungen verbunden mit einem ganzheitlichen methodischen Vorgehen verstärkt die Bindung zwischen dem operativen Geschäft und der IT-Organisation. Ein wirkungsvolles Management von IT-Einführungsprojekten erfordert ein Vorgehensmodell. Das von uns empfohlene Vorgehensmodell ist in Bild 5-45 dargestellt. Es weist vier Phasen auf.

1) **Aufgaben- und Anforderungsanalyse:** Ausgehend von den Soll-Geschäftsprozessen sind im Wesentlichen die Funktionalität des geplanten Systems sowie die Informationen und Informationsstrukturen zu definieren. Ergebnis ist das Lastenheft.

2) **Systemauswahl:** Hier werden mit Hilfe von Marktanalysen und Systempräsentationen geeignete Systeme verglichen. Der Kosten- und Nutzenvergleich sowie die Wirtschaftlichkeitsanalyse bestimmen die Entscheidung für einen Anbieter. Als finale Ergebnisse liegen ein Pflichtenheft und ein IT-Vertrag vor.

3) **Systemeinführung:** Die dritte Phase beinhaltet die Aktionen in Hinblick auf die Inbetriebnahme des neuen IT-Systems. Wesentliche Aufgaben sind das Projektmanagement, das Customizing, die Vorbereitung der Datenmigration, das Testen und die Schulung der Anwender. Am Ende ist das IT-System betriebsbereit.

4) **Roll-out:** Darunter ist im Allgemeinen die eigentliche Einführung des uneingeschränkt betriebsbereiten IT-Systems zu verstehen. Ein wesentlicher Meilenstein ist die Abnahme des Systems.

In der Praxis zeigt sich, dass Unternehmen bei der Einführung neuer Systeme überwiegend auf Standardsoftware zurückgreifen und Individuallösungen oftmals abgelöst werden. Dafür gibt es

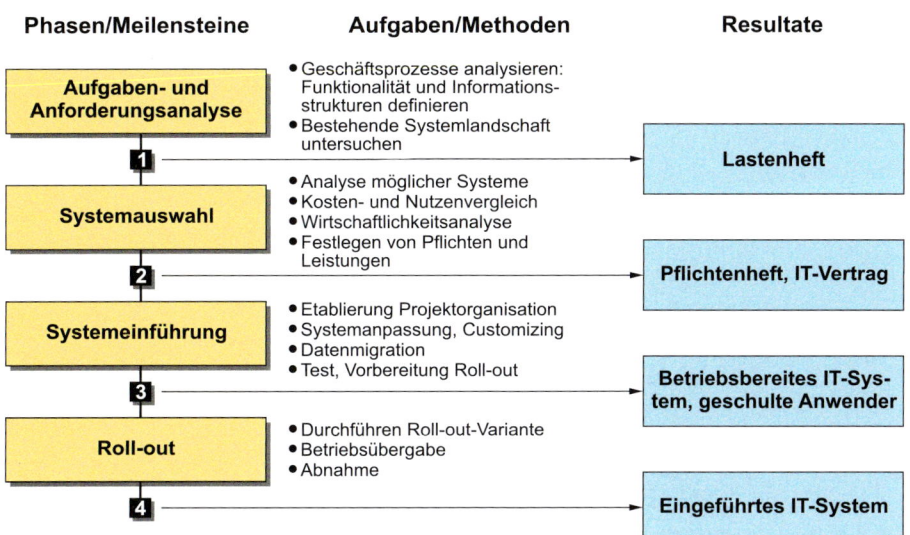

Phasen/Meilensteine	Aufgaben/Methoden	Resultate

Bild 5-45: Vorgehen bei der IT-Einführung

oft gute Gründe: Die Erstellung, ständige Erweiterung und Pflege der Individualsoftware hat sich vielerorts als Fass ohne Boden erwiesen; trotz hoher Aufwendungen konnte mit dem Stand der Technik nicht mithalten werden; die Know-how-Träger werden rar. Wir behandeln daher nachfolgend das Vorgehen der IT-Einführung auf Basis von Standardsystemen.

Herausforderung IT-Einführung

Sich für das richtige IT-System und den passenden Anbieter zu entscheiden, ist bei einer derart komplexen Investitionsentscheidung nicht einfach. Im Bereich der ERP-Lösungen sind zum Beispiel aktuell in Deutschland ca. 500 Systeme von mehr als 1.000 Anbietern am Markt verfügbar. Demzufolge gestaltet sich die Auswahl schwierig, zumal auch die Möglichkeit zur Realisierung einer Individuallösung besteht.

Die Einführung des Systems ist dann besonders heikel, wenn die eigenen Mitarbeiter nur unzureichende Erfahrung im Management von IT-Projekten haben. Häufig fehlt auch schlicht die Personalkapazität. Somit stellt sich die Frage, wie ein derartiges Projekt mit einem hohen Anspruch an Investitionssicherheit erfolgreich abgewickelt werden kann.

Vor dem Hintergrund, dass ein Unternehmen im Schnitt alle sieben Jahre ein solches Projekt angeht,

empfiehlt sich der Einsatz externer Fachleute. Externe Unterstützung ist dann zu empfehlen, wenn

- das erforderliche Wissen für ein spezialisiertes Projektmanagement nicht vorhanden ist,

- kaum Erfahrungen mit Projekten zur IT-Auswahl und IT-Einführung vorliegen,

- Wissen aus vergleichbaren Projekten Mehrwerte liefern kann und

- eine neutrale Instanz gefragt ist, weil die erforderliche Sachentscheidung durch Bereichspolitik, Gewohnheiten etc. überlagert wird.

Ausprägungen externer Beratung in IT-Einführungsprojekten reichen heute vom Projekt-Coaching mit der Vermittlung von Methoden über die Begleitung als Fachmoderator und Vermittler der Auftraggeberinteressen gegenüber dem Softwareanbieter bis zum Generalunternehmer.

5.4.1 Aufgaben- und Anforderungsanalyse

Wesentliches Ziel ist das Lastenheft für das geplante IT-System. Zur Erarbeitung des Lastenheftes sind folgende drei Aspekte relevant, die auch prinzipiell in der angegebenen Reihenfolge zu bearbeiten sind.

1) **Wohldefinierte Soll-Geschäftsprozesse:** Sie bilden die Basis für ein erfolgreiches IT-Einführungsprojekt, die in der Regel im Zuge eines vorangegangenen BPR-Projektes (vgl. Kapitel 4.3) geschaffen wurde. Soll-Geschäftsprozesse definieren, was in welcher Reihenfolge zu tun ist, und somit prinzipiell das geplante IT-System aus Benutzersicht. Aus der Analyse der Geschäftsprozesse resultieren die erforderlichen Funktionen des Systems und die zu verarbeitenden Informationen.

2) **Transparente Informationsstrukturen:** Neben den Soll-Geschäftsprozessen müssen die Informationsstrukturen des neuen Systems definiert werden. In einem ERP-System zählen dazu beispielsweise die abzubildenden Produktkonfigurationen bei einem Variantenfertiger und kaufmännische Werteflüsse in einem Konzern. Die Informationsstrukturen sind transparent und nachvollziehbar zu dokumentieren; sie spielen bei der Auswahl des zukünftigen IT-Systems und des Implementierungspartners eine wichtige Rolle. Ferner ist die Kenntnis der Informationsstrukturen eine Voraussetzung für das Erarbeiten von Aussagen über die Migration von abzulösenden Systemen auf das neue System.

3) **Notwendige Systemintegration:** Zusätzliche Anforderungen an das neue IT-System ergeben sich aus der Einbettung des Systems in die bestehende Systemlandschaft. So sind beispielsweise Aussagen darüber zu treffen, wie vorhandene Systeme über Schnittstellen anzubinden sind und ob nur noch Systeme mit spezifischen Architekturmerkmalen infrage kommen.

Die Bearbeitung dieser drei Aspekte führt zu einem Lastenheft, das im Wesentlichen eine Beschreibung der geforderten Funktionalität sowie Aussagen zu Informationen und Informationsstrukturen, zur Migration und zur Integration beinhaltet. Für eine fundierte und damit belastbare Investitionsentscheidung kommt dem Lastenheft eine herausragende Bedeutung zu. Im Lastenheft werden die Anforderungen aller betroffenen Unternehmensbereiche konsolidiert. Einen Auszug aus einem Lastenheft einer ERP-Systemauswahl zeigt Tabelle 5-3. Hier sind den Geschäftsprozessen (GP) des übergeordneten Hauptgeschäftsprozesses (HGP) „Fertigungssteuerung durchführen" die für die Systemauswahl relevanten Aussagen zugeordnet. Unter Klassifizierung ist im Rahmen der Systemauswahl anzugeben, ob die jeweilige funktionale Anforderung durch den Standard abgedeckt wird oder eine Anpassung bzw. Erweiterung des Standards erfordert. Der dafür notwendige Aufwand würde daneben eingetragen. Das Lastenheft ist bis auf Weiteres das wesentliche Dokument für die unternehmensinterne Kommunikation und die erforderlichen Abstimmungsprozesse. Ferner bildet das Lastenheft die Grundlage zur Auswahl der infrage kommenden Systemlieferanten.

5.4.2 Systemauswahl

Die Entscheidung für ein umfassendes IT-System hat für ein Unternehmen erhebliche Konsequenzen. Es liegt nahe, den entsprechenden Entscheidungsprozess sehr sorgfältig durchzuführen. Das sollte folgende Aufgaben umfassen, auf die näher eingegangen wird: Analyse infrage kommender Systeme, Kosten- und Nutzenvergleich, Wirtschaftlichkeitsanalyse sowie die Erstellung eines Pflichtenhefts und eines IT-Vertrags.

Analyse möglicher Systeme

Die Startaktivität ist in der Regel die Sondierung des Anbietermarktes. Dazu empfiehlt es sich, grundsätzlich geeignete IT-Systeme auf Basis der absolut notwendigen IT-Anforderungen (K.-o.-Kriterien) auszuwählen. Hierfür sind unternehmenskritische IT-Funktionen aus dem Lastenheft zu extrahieren und als Anforderungsprofil an potentielle Systemanbieter auszuschreiben. Ziel dieser Vorauswahl ist, nur mit denjenigen Anbietern Systempräsentationen und Workshops zu planen, deren System auch für einen Einsatz grundsätzlich infrage kommt.

Tabelle 5-3: Auszug aus einem Lastenheft zur Einführung eines ERP-Systems

HPG „Fertigungssteuerung durchführen"	Klass.	Aufwand
GP „Fertigungsvorschläge optimieren"		
Das System muss anhand der Kapazitätsauslastung Vorschläge zur Einplanung der Fertigungsaufträge erstellen.		
Das System muss je Arbeitsplatz einen prozentualen Auslastungsgrad innerhalb definierbarer Perioden anzeigen.		
Das System muss eine Funktion bieten, Arbeitsgänge von interner auf externe Fertigung und umgekehrt umzudisponieren.		
GP „Verfügbarkeit prüfen"		
Zu einer konkreten Auftragsnummer muss im System jederzeit die Verfügbarkeit des Lagermaterials, der Kaufteile und Fertigungsteile abgefragt werden können.		
Es ist eine Fehlteilliste auf Auftragsebene und heruntergebrochen auf einzelne Stücklistenelemente im System zu erzeugen.		
GP „Rückstände prüfen"		
Es müssen Fehlteillisten erzeugt werden: Informieren über noch nicht erledigte Fertigungsaufträge und fehlende Teile.		
GP „Fertigungsaufträge simulieren"		
Veranlasst durch eine Vertriebsanfrage sind Fertigungsaufträge bzgl. ihrer Durchlaufzeit und Materialbedarfe zu simulieren.		
Konkrete Fertigungsaufträge müssen hinsichtlich frühestem Fertigungsendtermin in Bezug auf Fertigungs- und Montagekapazitäten sowie Materialverfügbarkeit zu simulieren sein.		
Im Teilekonto müssen Reservierungen, die aus einer Simulation resultieren, als solche ausgewiesen werden.		

Die **Systempräsentationen** durch die Anbieter sind im Auswahlprozess von sehr hoher Bedeutung und müssen durch das Anwenderunternehmen intensiv vorbereitet werden. Die Systempräsentationen sind so zu organisieren, dass die Präsentationen der einzelnen Anbieter nach demselben Schema ablaufen. Nur eine einheitliche Durchführung gewährleistet die Vergleichbarkeit der IT-Systeme. Freie Präsentationen, die häufig als „Werbeveranstaltungen" der Systemhäuser genutzt werden, können dazu führen, dass die eigenen relevanten Anforderungen nur unzureichend überprüft werden und die Aufmerksamkeit auf Punkte gelenkt wird, die im späteren Einsatz nur marginale Bedeutung haben.

Es liegt nahe, Systempräsentationen und Workshops mit Anbietern mit einer Agenda und einer Checkliste zu strukturieren. Die Checkliste sollte insbesondere die K.-o.-Kriterien berücksichtigen, so dass die zwingend notwendigen IT-Funktionen hinreichend überprüft wer-

den können. Hierzu wird empfohlen, den Systemanbietern im Voraus Geschäftsvorfälle mit zugehörigen Stamm- und Bewegungsdaten des eigenen Unternehmens zur Verfügung zu stellen, mit denen die zu präsentierenden Systeme voreingestellt und präsentiert werden.

Mit den gewonnenen Eindrücken aus den Systempräsentationen sollte die Leistungsfähigkeit der in die engere Wahl genommenen Systeme und Systemanbieter durch Besuche von **Referenzkunden** überprüft werden. Auch wenn diese natürlich nur spezifische Anwendungen widerspiegeln, lassen sich hier Informationen über das Projektmanagement und die Zuverlässigkeit des Herstellers sehr gut überprüfen – Kriterien, die im Rahmen der vorher erfolgten Systempräsentation kaum zu bewerten sind.

Mit den Ergebnissen der Systempräsentationen, den Eindrücken aus den Referenzbesuchen und ersten konkreten Angeboten für das Einführungsprojekt liegen genügend Informationen für eine Abschätzung der Kosten und des Nutzens von in Betracht gezogenen Systemen vor.

Empfehlung für eine ERP-Systempräsentation

Bei der Präsentation eines ERP-Systems sollte die Überprüfung der eigenen Anforderungen möglichst praxisnah erfolgen. Dazu trägt beispielsweise bei, dass die Systemfunktionen entlang eines vollständigen Auftragsdurchlaufs mit typischen Anwendungsfällen demonstriert werden. Wenn es das Anforderungsprofil erfordert, sollten komplexe mandantenübergreifende Geschäftsfälle (so genannte Business Cases) wie eine Auftragserfassung in der Vertriebsgesellschaft, die anschließende Disposition in der Produktionsgesellschaft, drittens die Fertigung im ausländischen Partnerunternehmen, als weiteres die Just-in-time-Auslieferung über ein Logistik-Unternehmen und zuletzt die Ergebnisrechnung in der Management-Gesellschaft nachvollzogen werden. Die folgende Checkliste enthält auszugsweise die funktionalen Anforderungen und ermöglicht, während der Demonstration des Systems Bewertungen vorzunehmen und Kommentare aufzunehmen.

Tabelle: Auszug einer Checkliste

HPG „Fertigungssteuerung durchführen"	Bew.	Notizen
GP „Fertigungsvorschläge optimieren"		
Das System muss anhand der Kapazitätsauslastung Vorschläge zur Einplanung der Fertigungsaufträge erstellen.	+	
Das System muss je Arbeitsplatz einen prozentualen Auslastungsgrad innerhalb definierbarer Perioden anzeigen.	-	*Anpassungsbedarf*
Das System muss eine Funktion bieten, Arbeitsgänge von interner auf externe Fertigung und umgekehrt umzudisponieren.	0	*umständliche Handhabung*
GP „Verfügbarkeit prüfen"		
Zu einer konkreten Auftragsnummer muss im System jederzeit die Verfügbarkeit des Lagermaterials, der Kaufteile und Fertigungsteile abgefragt werden können.	+	
Es ist eine Fehlteilliste auf Auftragsebene und heruntergebrochen auf einzelne Stücklistenelemente im System zu erzeugen.	+	
GP „Rückstände prüfen"		
Es müssen Fehlteillisten erzeugt werden: Informieren über noch nicht erledigte Fertigungsaufträge und fehlende Teile.	+	
GP „Fertigungsaufträge simulieren"		
Veranlasst durch eine Vertriebsanfrage sind Fertigungsaufträge bzgl. ihrer Durchlaufzeit und Materialbedarfe zu simulieren.	+	
Konkrete Fertigungsaufträge müssen hinsichtlich frühestem Fertigungsendtermin in Bezug auf Fertigungs- und Montagekapazitäten sowie Materialverfügbarkeit zu simulieren sein.	+	
Im Teilekonto müssen Reservierungen, die aus einer Simulation resultieren, als solche ausgewiesen werden.	-	*Anpassungsbedarf*

Kosten- und Nutzenvergleich

Die **Kosten** für eine IT-Investition sind zu unterscheiden in einmalige und laufende Kosten.

- **Einmalige Kosten:** Hierzu zählen als erstes die Vorbereitungskosten. Darunter sind die bislang angefallenen Kosten des IT-Einführungsprojekts zu verstehen. Ferner fallen hierunter die Investitionskosten für Hardware, Systemsoftware und Anwendungssoftware. Darüber hinaus sind die sogenannten Minderleistungen zu berücksichtigen, die sich beispielsweise durch Maschinenstillstand oder die Freistellung von Systemanwendern für das Projekt ergeben.

- **Laufende Kosten:** Es handelt sich um Personal- und Sachkosten. Hierzu zählen die Kosten für Schulung, Systembetrieb, Wartung, Fehlermanagement, Benutzerbetreuung sowie Material-, Energie- und Kommunikationskosten.

Der **Nutzen** einer IT-Investition bzw. des auszuwählenden IT-Systems lässt sich in drei Kategorien unterteilen:

- **Direkter Nutzen:** Das sind Kosteneinsparungen, die sich aus der unmittelbaren Wirkung der IT-Investition auf einen Geschäftsprozess ergeben, beispielsweise im Personalbereich und im Materialeinsatz.

- **Indirekter Nutzen:** Der indirekte Nutzen zeigt sich durch positive Auswirkungen auf vor- bzw. nachgelagerte Geschäftsprozesse und bewirkt beispielsweise eine höhere Kapazitätsauslastung, weniger Übertragungsfehler etc.

- **Strategischer Nutzen:** Der strategische Nutzen ergibt sich durch einen positiven Beitrag der IT-Investition zur Erreichung der strategischen Ziele wie die Verbesserung der Liefertreue und des Images eines Unternehmens. Der strategische Nutzen

kann monetär quantifizierbar oder qualitativer Natur sein. So kann sich der strategische Nutzen einer IT-Investition monetär in einem höheren Umsatz niederschlagen oder qualitativ in einer schnelleren Umsetzung von Marktanforderungen, was sich letztlich auch in Geld ausdrücken lässt.

Mit Hilfe der **Nutzwertanalyse** lassen sich verschiedene Systeme gegenüberstellen. Dabei werden die einzelnen Kriterien gewichtet und ggf. durch Unterkriterien beschrieben. Das Beispiel in Bild 5-46 zeigt eine Nutzwertanalyse auf der Basis von sechs Hauptkriterien. Im vorliegenden Beispiel müsste die Entscheidung zugunsten des Systems 2 fallen. In der Praxis unterstützt die Nutzwertanalyse die Entscheidungsfindung. Schon aufgrund der Subjektivität der Beurteilungen ist es nicht sinnvoll, die Entscheidung ausschließlich auf Basis dieser Methode zu treffen. Ihr Vorteil liegt in der Transparenz und der Nachvollziehbarkeit des Entscheidungsprozesses.

Die eigentliche Kosten- und Nutzenerfassung bezieht sich ausschließlich auf quantifizierbare Größen. Die Kosten und der Nutzen werden nach Kategorien bezogen auf die einzelnen Geschäftsprozesse und für die Jahre des Einsatzes ermittelt (Bild 5-47). Somit ergeben sich die jährlichen Gesamtkosten und der jährliche geldwerte Nutzen der IT-Investition. Quantitative Elemente des strategischen Nutzens werden unter direkten und indirekten Nutzen erfasst.

Bewertungs-kriterien (Zielsystem) Bewertung: 0 bis 10	Ge-wich-tung [in %]	System 1		System 2	
		Bew.	Nutzw.	Bew.	Nutzw.
1 Einmalige Kosten	(35)				
1.1 Hardware	10	3	0,30	5	0,50
1.2 Software	15	6	0,90	7	1,05
1.3 Einführung	10	7	0,70	8	0,80
2 Laufende Kosten	20	5	1,00	9	1,80
3 Akzeptanz	10	7	0,70	3	0,30
4 Funktionalität	15	3	0,45	9	1,35
5 Integrationsfähigkeit	10	4	0,40	5	0,50
6 Techn. Attraktivität	10	9	0,90	6	0,60
	100		**5,35**		**6,90**

Bild 5-46: Bewertung von Systemvarianten durch eine Nutzwertanalyse

Wirtschaftlichkeitsanalyse

Im Rahmen der Wirtschaftlichkeitsanalyse ist ein zweistufiges Vorgehen notwendig [Bur97]. In einem ersten Schritt werden die zuvor quantitativ ermittelten Kosten- und Nutzengrößen mit der **Kapitalwertmethode** gegenübergestellt, so dass für jede IT-Investition ein Kapitalwert ermittelt werden kann (Bild 5-48).

Im zweiten Schritt sind die zuvor ermittelten qualitativen Größen zu bewerten. Es handelt sich in der Regel um Größen, die den **strategischen Nutzen** ausdrücken, und sich vorderhand nicht quantifizieren lassen. Demzufolge wird mittels eines weiteren Schemas der strategische Nutzwert der IT-Investition bestimmt (Bild 5-49). Hierzu werden zunächst die Geschäftsprozesse entsprechend ihrer Bedeutung gewichtet. Anschließend wird der qualitative Nutzen der IT-Investition bezogen auf die einzelnen Nutzenkriterien je gewichtetem Geschäftsprozess mit einem Wert zwischen 0 (kein Nutzen) und 10 (großer Nutzen) bewertet. Aus der Summe ergibt sich die Bewertung eines jeden Kriteriums über die Geschäftsprozesse.

Da in der Regel mehrere qualitative strategische Nutzenkriterien vorhanden sind, werden diese Kriterien ebenfalls gewichtet und mit der zuvor ermittelten Summe zum kriterienbezogenen Nutzwert multipliziert. Die Summe aller kriterienbezogenen Nutzwerte liefert dann den Gesamtnutzwert der IT-Investition. Im letzten Schritt lassen sich dann die ermittelten Ergebnisse zu einem Nutzenportfolio zusammenführen (Bild 5-50). Dieses stellt für jede Alternative sowohl den wirtschaftlichen als auch den qualitativen strategischen Nutzen anschaulich

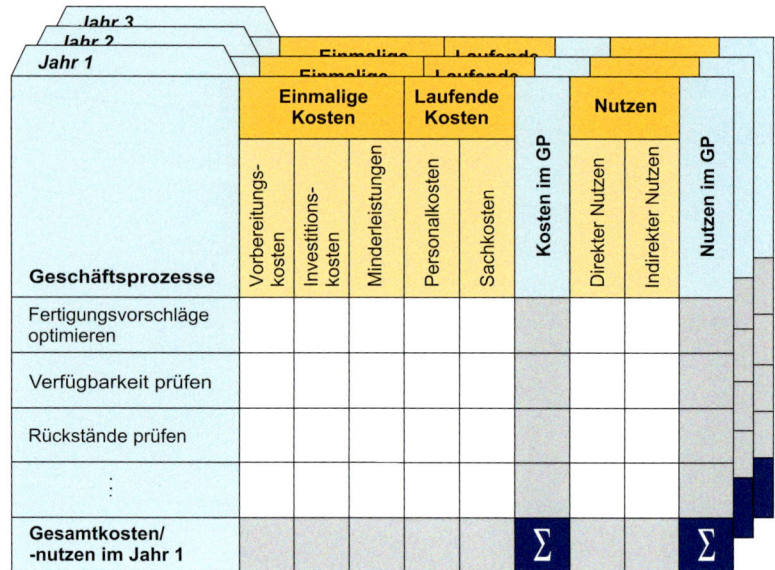

Bild 5-47:   *Prozessorientierte quantitative Kosten- und Nutzenerfassung*

Kapitalwertmethode

$$C_0 = -a_0 + \sum_{t=1}^{N} c_t \cdot q^{-t}$$

C_0 = Kapitalwert (Barwert aller Zahlungen zum Zeitpunkt t = 0)

a_0 = Anschaffungsauszahlungen im Zeitpunkt t = 0

c_t = Überschuss der Einzahlungen (e_t) über die Auszahlungen (a_t); jeweils kumuliert am Ende der Periode t

q = (1 + i) mit i = Kalkulationszinssatz

n = Nutzungsdauer der Investitionsalternative mit t = 1, 2, .., N

	t = 0 (2008)	t = 1 (2009)	t = 2 (2010)	t = 3 (2011)	t = 4 (2012)
Kosten a_t	200 T€	150 T€	100 T€	50 T€	0 T€
Nutzen e_t	0 T€	50 T€	120 T€	200 T€	300 T€
Überschuss $c_t = e_t - a_t$	-200 T€	-100 T€	20 T€	150 T€	300 T€

angenommener Zinssatz: i = 0,08

Kapitalwert = 64,14 T€   ➔   Der Kapitalwert C_0 ist positiv.
   ➔   Die Investition ist vorteilhaft.

Bild 5-48:   *Quantitative Wirtschaftlichkeitsanalyse mit der Kapitalwertmethode*

dar und erweitert die Entscheidungsgrundlage zur Durchführung der IT-Investition.

Erstellung Pflichtenheft und IT-Vertrag

Nachdem das System bestimmt ist und alles darauf hindeutet, dass die Investition aus technischer und un-ternehmerischer Sicht erfolgreich sein wird, sind die Leistungen des Lieferanten eindeutig schriftlich zu fixieren. Dies geschieht durch das Pflichtenheft und den IT-Vertrag. Das Pflichtenheft beruht auf dem Lastenheft und spezifiziert die zu erbringende Leistung im Detail (vgl. auch folgender Kasten).

Geschäftsprozesse	Gew.	Strategische Nutzenkriterien				...	100 %
		Liefertreue		Image			
		30 %		20 %			
		Bew. [0-10]	Bew. x Gew.	Bew. [0-10]	Bew. x Gew.		
Fertigungsvorschläge optimieren	25 %	3	0,75	8	2		
Verfügbarkeit prüfen	30 %	5	1,5	2	0,6		
Rückstände prüfen	10 %	8	0,8	4	0,4		
⋮							
Bewertung Kriterium über Geschäftsprozesse	100 %		6,2		5,6		
Kriterienbezogener Nutzwert (Bew. x Gew.)			1,86		1,12		**6,8**

Gesamtnutzwert der IT-Investition

Bild 5-49: *Bewertungsschema für die Ermittlung des nicht quantifizierbaren strategischen Nutzens einer IT-Investition*

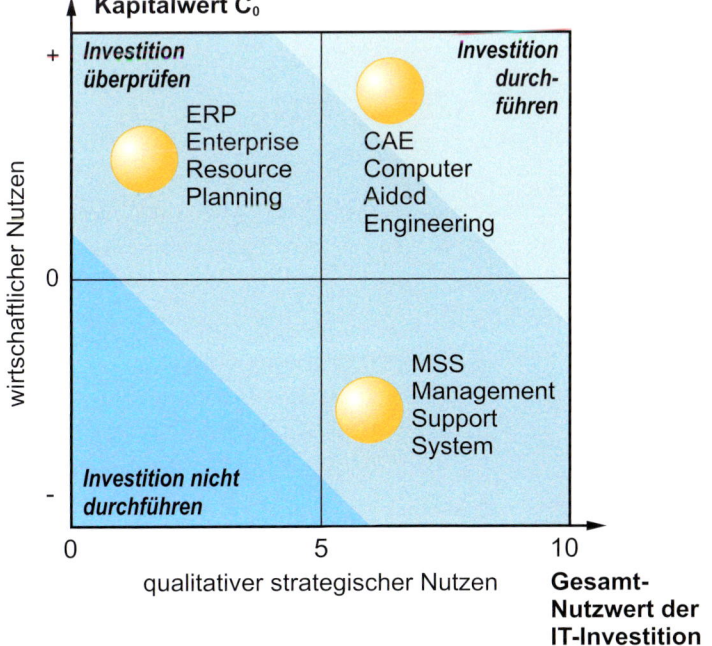

Bild 5-50: *Nutzenportfolio der Wirtschaftlichkeitsanalyse*

Lastenheft und Pflichtenheft

Im **Lastenheft** ist die Gesamtheit der Forderungen des Auftraggebers aus Anwendersicht einschließlich aller Randbedingungen zu beschreiben. Diese sollten qualifizierbar und prüfbar sein. Im Lastenheft wird definiert, was für eine Aufgabe vorliegt und wofür diese zu lösen ist. Das Lastenheft ist ein Dokument,

- das weitestgehend systemanonym ist,
- in dem alle Anforderungen eines Unternehmens an eine Lösung festgelegt sind,
- in dem Umfang und geforderte Qualität festgeschrieben sind.

Das **Pflichtenheft** enthält das Lastenheft. Im Pflichtenheft werden die Anwendervorgaben detailliert und in einer Erweiterung die Realisierungsforderungen unter Berücksichtigung konkreter Lösungsansätze beschrieben. Im Pflichtenheft wird demnach definiert, wie und wo die Forderungen zu realisieren sind. Das Pflichtenheft

- ist system- und anbieterspezifisch,
- dokumentiert die mit dem Anbieter vereinbarte geschuldete Leistung,
- legt die Art der Realisierung der geschuldeten Leistung fest und
- sollte verpflichtender Vertragsbestandteil sein.

Quelle:

DIN 69905-VDI/VDE 3694 – VDA 6.1: Projektwirtschaft – Projektabwicklung – Begriffe

---

Zusätzlich zur geforderten Funktionalität und der damit verbundenen Informationsstruktur, die sich aus den Geschäftsprozessen ergibt, sind nachfolgend beispielhaft aufgezählte Aspekte im Pflichtenheft zu berücksichtigen:

- **Integration:** Wie soll das neue System in die bestehende IT-Landschaft eingebettet werden? Welche Schnittstellen sind zu realisieren?

- **Migration:** Welche Daten des Altsystems müssen durch Konvertierungs- und Portierungsleistungen für das neue System übernommen werden?

- **Performance:** Welche Antwortzeiten soll das neue System gewährleisten?

- **Dokumentation:** Welche Dokumente (Benutzerhandbuch, Systemadministrationshandbuch, Entwicklungsdokumentation der unternehmensspezifischen Erweiterungen etc.) müssen in welcher Form und in welcher Sprache vorliegen? Wie erfolgt die Aktualisierung?

Insbesondere bei der Notwendigkeit von Anpassungs- und Programmierarbeiten ist ein auf die spezifischen Anforderungen einer IT-Einführung ausgerichteter Vertrag zu erstellen. Wichtig ist, dass neben den inhaltlichen Realisierungsumfängen auch die juristischen und kaufmännischen Aspekte über einen IT-Vertrag eindeutig definiert sind.

Vertragstypen für IT-Projekte sind der Kaufvertrag, Werkvertrag und Dienstvertrag (Tabelle 5-4). Der Erwerb eines Standardsoftwaresystems bzw. Standardsystems basiert in der Regel auf einem Kaufvertrag. Häufig besteht die Notwendigkeit, das System für unternehmensspezifische Aufgaben zu erweitern. Dafür wird ein Werkvertrag unterzeichnet. Der Dienstvertrag ist dafür nicht geeignet, weil sich auf dieser Grundlage das IT-Einführungsprojekt als Fass ohne Boden erweisen könnte; außerdem sieht der Dienstvertrag keine Mängelhaftung vor.

Ein präziser **IT-Vertrag** hält fest, welche Pflichten den Vertragsparteien obliegen und welche nicht. Er dient der Streitvermeidung und erlaubt den Vertragspart-

Tabelle 5-4: Vertragstypen in IT-Projekten

Vertragstyp	Charakteristika	Beispiele
Kaufvertrag	• Übereignung einer Sache bzw. Rechteübertragung • Keine Projekttätigkeit im klassischen Sinne • Mängelhaftung, aber keine Abnahme • Keine Kündigung	• Kauf eines Standard-Office-Systems oder eines Standard-CAD-Systems • Erwerb von Lizenzen
Werkvertrag	• Erfolg geschuldet • Eigenverantwortliche Projektarbeit durch Auftragnehmer • Abnahme und Mängelhaftung • Auftragnehmer kann i.d.R. nicht kündigen	• Erweiterung des CAD-Systems für eine spezifische Anpassungskonstruktion auf der Basis der Programmierschnittstelle • Einführung eines ERP-Systems
Dienstvertrag	• Nur Tätigwerden geschuldet • Projektarbeit nach Auftraggeberweisung • Keine Mängelhaftung • Kurzfristig kündbar	• Bezug externer Unterstützungsleistung zur Aufbereitung von Altdaten für Migration

nern, sich auf die Leistungserbringung und damit auf ihr eigentliches Geschäft zu konzentrieren. In einem IT-Vertrag sollten mindestens nachfolgende Aspekte geregelt werden:

• **Vertragsgegenstand:** Kern eines IT-Vertrages ist der Vertragsgegenstand, der durch das Pflichtenheft präzise und frei von Interpretationsmöglichkeiten beschrieben sein sollte. Konflikte wird es bei der Einführung eines komplexen IT-Systems immer geben, weil sich eben nicht alles antizipieren lässt. Daher kommt es auch auf den guten Willen der Parteien und das beidseitige Bestreben an, eine Win-win Situation zu erreichen. Gleichwohl muss das Ziel ein professionelles Pflichtenheft sein. Leider bekommen wir von Zeit zu Zeit Verträge mit Formulierungen der Art auf den Tisch, wie „Der Auftragnehmer kennt die Bedürfnisse des Auftraggebers und wird eine diesen Bedürfnissen entsprechende Leistung erbringen" oder „Der Auftragnehmer garantiert einen reibungslosen Datentransfer". Solche Formulierungen sind nicht nur unprofessionell, sondern lassen auch erkennen, dass hier jemand übervorteilt werden soll.

• **Meilensteine:** Die Einführung des IT-Systems sollte einer Systematik folgen, die als Messpunkte für

Zwischenergebnisse Meilensteine aufweist. Das gibt den Beteiligten die Möglichkeit, den Projektfortschritt zu bewerten und den Zahlungszielen eine überprüfbare Basis zu geben.

• **Abnahmeregelungen:** Grundlage für eine Abnahme ist die Abnahmespezifikation, in der festgelegt ist, welche Überprüfungen während der Abnahme wie durchzuführen sind. Außerdem müssen Regelungen getroffen werden, wie im Falle von Mängeln verfahren wird. Hier bietet sich an, schwerwiegende Mängel wie test- und produktionsverhindernde Mängel von vornherein als Grund für die Verweigerung jeglicher näheren Abnahmeprüfung konkret festzuschreiben. Als abnahmehindernd lassen sich „mittelschwere" Mängel festlegen, wie insbesondere produktionsbehindernde Mängel oder eine höhere Anzahl von Bagatellfehlern. Liegen nur wenige Bagatellfehler vor, so wären diese als „unwesentliche Mängel" kein Grund für eine Abnahmeverweigerung.

• **Projektdurchführung:** Die Mitwirkung des Auftraggebers ist unerlässlich. Daher sind Art und Umfang von Mitwirkungsleistungen vertraglich zu regeln. Die Verletzung von Mitwirkungspflichten des Auftraggebers kann durchaus zu Nachforderungen bzw. Schadenersatzansprüchen des Systemanbieters oder zur Kündigung des Vertragsverhältnisses durch den Systemanbieter führen. Für wichtige Entscheidungen, beispielsweise das Feststellen von wesentlichen Meilensteinen, sollte ein Lenkungsausschuss vertraglich festgelegt werden.

- **Änderungsmanagement:** Im Verlauf der Realisierung jedes größeren IT-Projekts können Erweiterungen oder Anpassungen der vereinbarten Leistungen erforderlich werden. Sinnvollerweise sind daher Regelungen zu treffen, wie Änderungs- und Erweiterungswünsche des Auftraggebers zu behandeln sind. Selbstredend können Änderungsanforderungen auch vom Auftragnehmer kommen.

- **Mängelansprüche und Haftung:** Mängel begründen in der Regel Nacherfüllungsansprüche und Forderungen nach deren Beseitigung. Durch den Vertrag ist festzulegen, welche Nachbesserungsmöglichkeiten es für den Systemanbieter gibt, welchen Schadensersatz der Auftraggeber geltend machen und wann er vom Rücktrittsrecht Gebrauch machen kann.

- **Quellcoderegelung:** In IT-Verträgen ist zu regeln, ob, zu welchem Zweck und mit welchen Nutzungsrechten Quellcode überlassen wird. Die Möglichkeiten entsprechender Regelungen sind vielfältig. Sie reichen von der Überlassung der Software nur im Objektcode über die Hinterlegung bei Dritten (z. B. bei einem Notar) bis zur generellen Überlassung des Quellcodes mit weitgehenden oder gar uneingeschränkten Nutzungsrechten.

- **Geheimhaltung und Datenschutz:** Geheimhaltungsverpflichtungen im Projekt sollten für beide Seiten eindeutig festgelegt werden. Des Weiteren sind Maßnahmen zu definieren, um Geheimhaltung und Datenschutz durchzusetzen.

Das IT-Recht ist im Vergleich zu anderen Rechtsgebieten noch jung. Viele Streitigkeiten resultieren aus unausgesprochenen Erwartungen der einen Vertragspartei gegenüber der anderen. In der Regel wird darüber gestritten, welche Funktionalität die Software aufweisen soll, ob Leistungen noch im vereinbarten Preis enthalten sind, ob rechtzeitig geliefert wurde, welche Rechte an der Software eingeräumt werden müssen und vieles mehr. Häufig werden die mit der Vertragsgestaltung verbundenen Kosten gescheut. Oft sehen die Geschäftspartner einen Vertrag auch als entbehrlich an – in der Hoffnung, dass alles gut wird. Wir empfehlen, eine Systemeinführung nur auf Basis eines professionellen IT-Vertrags inkl. Pflichtenheft vorzunehmen.

5.4.3 Systemeinführung

Im Prinzip ist hier systematisch abzuarbeiten, was im Pflichtenheft und im IT-Vertrag vereinbart ist. Dies erfolgt in den Abschnitten Vorbereitung, Implementierung, Vorbereitung Datenmigration sowie Test und Vorbereitung Roll-out.

Vorbereitung

Im Sinne eines systematischen Projektmanagements ist hier das Projekt zu planen. Dies umfasst die Projektstruktur, die Termine und die Kosten. Ferner ist die Projektorganisation zu etablieren.

Das **Projektmanagement** wird häufig vernachlässigt, weil nach der Entscheidung für das zukünftige System die hemdsärmelige Haltung anzutreffen ist, die Sache jetzt „zügig durchzuziehen". Lobenswert ist sicher der gute Wille, der hier deutlich wird. Aber angesichts der hohen Komplexität einer IT-Einführung ist es unerlässlich, das Projekt mit den üblichen Methoden zu steuern und den Status von Arbeitspaketen und Meilensteinen zu überprüfen. Die Feststellung der Zielerreichung von Meilensteinen ist notwendige Voraussetzung für die Freigabe von Folgeschritten. Abweichungen von Zielen ist auf den Grund zu gehen, weil diese erste Signale einer Fehlentwicklung im Projekt sein können.

Die zu etablierende **Projektorganisation** hängt selbstredend von der Projektgröße und dem Grad der Überbereichlichkeit ab [Bur02]. Der folgende Kasten beschreibt einige idealtypische Formen von Projektorganisationen, deren Einordnung auf diesen beiden Kriterien beruht. Es wird deutlich, dass es keine zwingende Empfehlung für die Organisation eines IT-Projektes gibt. Die Projektorganisation ist fallbezogen zu wählen; es kann auch angebracht sein, die Form der Projektorganisation über den Verlauf des Einführungsprojektes zu verändern, wenn sich die Anforderungen an die Projektorganisation ändern. Für ein größeres Projekt, von dem nahezu alle Bereiche des Unternehmens betroffen sind, das eine Laufzeit von mindestens einem Jahr hat und Personalkapazität im Kernteam von etwa zehn Personenjahren erfordert, bietet sich vorderhand die Auftrags-Projektorganisation an. Ein Beispiel eines größeren Projekts ist die Einführung eines PDM- oder ERP-Systems.

Die Wahl der „richtigen" Projektorganisation

Projekte weisen viele Charakteristika auf: Größe, Schwierigkeitsgrad, Laufzeit etc. Ein Projekt hat ein Anfang und ein Ende; nicht alle Personen, die im Verlauf eines Projekts eine Leistung erbringen, müssen dem Projekt zugeordnet oder gar dem Projektleiter disziplinarisch unterstellt sein. Vor diesem Hintergrund haben sich eine Reihe von typischen Projektorganisationen bewährt, die primär durch die beiden Merkmale Projektgröße und Grad der Überbereichlichkeit bestimmt werden (Bild 1).

Bei der **Einfluss-Projektorganisation** gibt es anstatt eines echten Projektleiters einen Projektkoordinator, der kaum Kompetenzen hat und nur koordinierend und lenkend wirken kann. Entscheidungen werden ausschließlich in der Linie getroffen. Der Projektkoordinator verfolgt das Projektgeschehen und ist Informant der Linieninstanzen. Für den Erfolg oder Misserfolg kann der Koordinator nicht verantwortlich gemacht werden; er kann allerdings großen Einfluss ausüben, wenn seine Autorität von der obersten Führung der Linienorganisation entsprechend getragen wird.

Der Projektleiter hat bei der **Matrix-Projektorganisation** die gesamte Verantwortung für das Projekt. Er verfügt aber nicht über die volle Weisungsbefugnis für die am Projekt beteiligten Mitarbeiter, da diese aus verschiedenen Organisationseinheiten stammen und nur temporär einer Projektgruppe zugeordnet werden. Somit ergibt sich eine zweidimensionale Weisungsbefugnis. Der Projektmitarbeiter ist fachlich dem Projektleiter und disziplinarisch seinem Vorgesetzten in der Linie unterstellt.

- Vorteile: Schnelle Bildung von interdisziplinären Gruppen; keine Versetzungsprobleme bei Projektbeginn und Projektende.

- Nachteile: Projektmitarbeiter „dienen zwei Herren"; hohe Konfliktträchtigkeit zwischen Projekt und Linie.

Die **Auftrags-Projektorganisation** gemäß Bild 2 ist matrixorientiert. Projektleiter und Projektstammmannschaften bilden eine eigene Organisationseinheit „Projektmanagement" und sind somit nicht in die Linienorganisation ein-

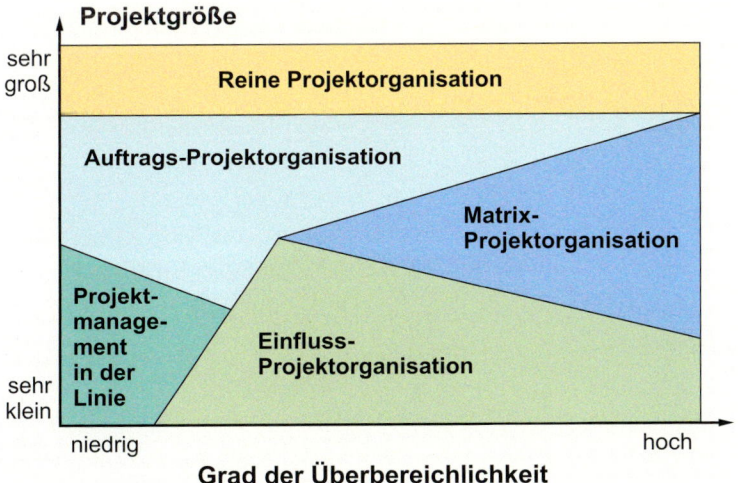

Bild 1: Varianten von Projektorganisationen nach BURGHARDT [Bur02]

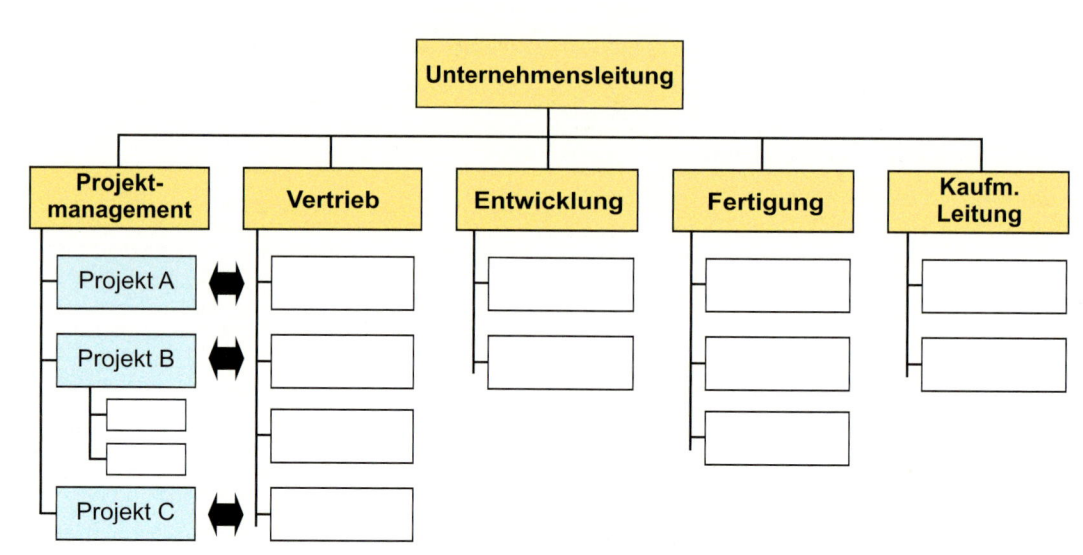

Bild 2:   Auftrags-Projektorganisation

gebettet. Dadurch hat der Projektleiter neben der fachlichen auch die organisatorische Gesamtverantwortung für das Projekt. Ferner hat der Projektleiter die Personalverantwortung für sein Stammpersonal.

- Vorteile: Klare Kompetenzabgrenzung zwischen Projekt und Linie; leichte Einbindung beliebiger Unterauftragnehmer (auch außerhalb des eigenen Unternehmens); große Flexibilität bei Multiprojekten.

- Nachteile: Notwendigkeit einer eigenen Organisationssäule; Konkurrenzdenken der zwei Hauptorganisationssäulen (Projekte und funktionsorientierte Linienorganisation); Gefahr der Bürokratisierung des Projektmanagements.

Reine Projektorganisation heißt, dass dies die einzige Organisation ist. Es gibt neben der Projektorganisation keine Linienorganisation. Die extreme Form einer Projektorganisation ist allenfalls bei langlaufenden Großprojekten anzutreffen.

Bei dem **Projektmanagement in der Linie** wird das Projekt weitestgehend von einer Stelle in der Linienorganisation ausgeführt. Selbstredend ist das nur

möglich, wenn hier die erforderlichen Mitarbeiter verfügbar sind.

Häufig ändern sich über die Laufzeit eines Projekts die Anforderungen an die Projektorganisation, sodass es angebracht ist, die Projektorganisation zu wechseln. In Tabelle 1 sind den verschiedenen Phasen eines Projektes die idealtypischen Projektorganisationen gegenübergestellt.

Literatur:

[Bur02] BURGHARDT, M.: Projektmanagement. 6. Auflage, Publicis Corporate Publishing, Erlangen, 2002

Tabelle 1:   *Zuordnung von idealtypischen Projektorganisationen zu Projektphasen*

Projektphase	Projektorganisation
Definitionsphase	**Einfluss-Projektorganisation** Auswahlgrund: Es ist noch unsicher, ob es zu einer Auftragsvergabe und damit zu einem Projekt kommt.
Entwurfsphase	**Matrix-Projektorganisation** Auswahlgrund: Alle relevanten Stellen sollen erst einmal ohne Personalversetzungen zusammengefasst werden.
Realisierungs- und Erprobungsphase	**Reine Projektorganisation** Auswahlgrund: Das Projekt ist so bedeutend geworden, dass eine eigene Projektorganisation angebracht erscheint.
Einsatzphase	**Projektmanagement in der Linie** Auswahlgrund: Wartung und Einsatzunterstützung soll von den „zuständigen" Stellen überwacht werden.

Unabhängig von der Form der Projektorganisation halten wir drei Institutionen im Zusammenhang mit der Einführung von IT-Systemen für besonders wichtig.

- **Lenkungsausschuss:** Dieser wird von leitenden Repräsentanten der ausführenden Stellen und der betroffenen Bereiche des Unternehmens gebildet. Der Lenkungsausschuss nimmt die Statusberichte entgegen und trifft wesentliche Entscheidungen, wie Genehmigung der Planung, Abnahme von Meilensteinen und Freigabe zum weiteren Vorgehen, Änderungen des Pflichtenheftes und des IT-Vertrags u.ä.

- **Kernteam:** In diesem wirken die Personen mit, die – in der Regel mit ihrer vollen Kapazität – die eigentliche Einführung des IT-Systems vornehmen. Einen Arbeitsschwerpunkt bildet das Customizing des ausgewählten Systems. Hier arbeiten in der Regel externe Kräfte mit, weil das Unternehmen das Personal in der erforderlichen Qualifikation nicht zur Verfügung stellen kann.

- **Key User:** Das sind besonders fachkundige Benutzer aus den anwendenden Bereichen des Unternehmers, die gedanklich einen zweiten konzentrischen Kreis um das Kernteam bilden. Sie sollen sicherstellen, dass das System die Akzeptanz der Benutzer findet. Wesentliche Aufgaben der Key User sind fachliche Unterstützung beim Customizing, Mitarbeit bei der Erstellung der Benutzerdokumentation, Erarbeitung von Testfällen und Durchführen von Tests, Unterweisung der Benutzer etc. Angesichts der sehr hohen Bedeutung sollten die Key User im Rahmen der Vorbereitung der Systemeinführung eine umfassende Schulung in der Anwendung des neuen Systems erhalten.

Implementierung

Aufgrund der unterschiedlichen Rahmenbedingungen, Zielsetzungen und Inhalte für die Implementierung von IT-Systemen, ist es nicht möglich, für alle IT-Projekte ein einheitliches Vorgehen verbindlich vorzuschreiben. Es gibt aber zwei Grundmuster: das inkrementelle Vorgehen und das konzeptionelle Vorgehen.

Das **inkrementelle Vorgehen** beruht auf einem evolutionären zyklischen Ansatz. Hier werden Ausbaustufen definiert und nacheinander verwirklicht. Nachdem die letzte Ausbaustufe eingeführt ist, liegt die Gesamtfunktionalität vor. Gründe für dieses Vorgehen können sein: Man will das Wesentliche möglichst rasch haben; man handelt nach der Weisheit „Probieren geht über Studieren". In der Tat kann sich das als klug erweisen, weil es für viele frustrierend ist, längere Zeit zu konzipieren und zu planen, ohne konkrete Resultate zu sehen und Erfolgserlebnisse zu haben.

Das weiter verbreitete Implementierungsmuster ist das **konzeptionelle Vorgehen**. Hier wird das System in seiner vollen Funktionalität auf einmal zum Einsatz gebracht. Basis dafür bildet das Pflichtenheft. Auf dem Weg vom Pflichtenheft zum einsatzfähigen System muss selbstredend sehr systematisch vorgegangen und ein professionelles Projektmanagement praktiziert werden. Die folgenden Ausführungen beziehen sich auf dieses Implementierungsmuster, das wir häufig auf die Einführung von ERP/PPS-, PDM- und BDE-Systemen angewandt haben. Die wesentlichen Aussagen gelten aber auch für andere IT-Systeme.

Eine Implementierung läuft grob wie folgt ab: Zunächst werden die Anforderungen gemäß Pflichtenheft durch entsprechende Einstellungen im IT-System abgebildet und ausführlich dokumentiert. Anpassungen werden in einer Implementierungsspezifikation definiert. Weil die **Implementierungsspezifikationen** neben dem Pflichtenheft Grundlage der späteren Abnahme sind, müssen sie verbindlich abgezeichnet und in den Vertragsumfang des Projektes aufgenommen werden.

Das sukzessive Einstellen der Programmparameter entlang der abzubildenden Geschäftsprozesse und die im Projektverlauf nacheinander erfolgende Definition und Umsetzung von **Anpassungsprogrammierungen** erfordern häufig ein iteratives Vorgehen während der Realisierung. Anpassungsprogrammierungen sollten bei der Softwareentwicklung durch Prototyping unterstützt werden. Allgemein bedeutet Prototyping, „bei der Systementwicklung und -implementierung frühzeitig ablauffähige Modelle (Prototypen) des zukünftigen Anwendungssystems zu erstellen und mit diesem zu experimentieren" [KLS+92]. Hierzu werden einzelne Funktionsschritte implementiert und dem Auftraggeber präsentiert. Die Kombination aus der Anwendung von Standardfunktionen und auf unterschiedlichem Komplexitätsniveau zu integrierender Anpassungen er-

fordert einen hohen Anspruch an das Projektmanagement. Fortwährend müssen die Implementierung von Standardsoftware, die Realisierung der Anpassungen, die Dokumentation sowie die Vorbereitung der Datenübernahme integrativ sowohl zeitlich als auch inhaltlich zueinander passen und dementsprechend gesteuert werden.

Vorbereitung Datenmigration

Die Arbeiten zur Datenmigration ergänzen die Implementierung. Da wesentliche Datenbestände des Unternehmens auch mit dem neuen System weiter zu verwenden sind, muss dies bei der Einstellung und Anpassung des neuen Systems berücksichtigt werden. Die Altdatenbestände sollten dahingehend untersucht werden, ob deren „Informationswert" sich in den Datenstrukturen bzw. Funktionen des neuen Systems wiederfindet. Hauptaufgaben zur Vorbereitung der Datenmigration sind die Abbildung der Altdaten auf die Neudaten (Datenmapping), das Vorbereiten der Werkzeuge zur Datenbereinigung und Datenübernahme und die Realisierung von Schnittstellen zur Einbettung des neuen Systems in die bestehende IT-Landschaft.

Besondere Aufmerksamkeit erhält in diesem Zusammenhang die Gestaltung des Übergangs vom Alt-System zum neuen System – die sog. **Migrationsstrategie**. Grundsätzlich ist es möglich, zu einem bestimmten Zeitpunkt das neue System einzuschalten und das alte System abzuschalten. Selbstredend ist das mit dem Risiko verbunden, dass es in dieser Phase zu Ausfällen kommen kann. Da in den meisten Fällen ein paralleler Betrieb des neuen und des alten Systems aus wirtschaftlichen und organisatorischen Gründen nicht möglich ist, muss die Durchführung der Migration detailliert und sehr sorgfältig geplant werden.

Test und Vorbereitung Roll-out

Nach der Implementierung und der Vorbereitung der Datenmigration erfolgt die Prüfung und Freigabe des IT-Systems sowie die Qualifizierung der Endanwender für den Roll-out. Das klassische Testverständnis im Rahmen der Einführung von Systemen beruht auf der Prüfung der Übereinstimmung zwischen dem Pflichtenheft und dem realisierten IT-System. Dabei wird zwischen folgenden Testkategorien unterschieden:

- Komponententest,
- Funktionstest und
- Integrationstest.

Komponententests befassen sich mit der Prüfung einzelner Bestandteile des Systems. So werden einzelne Anpassungsprogrammierungen getestet, inwiefern sie sich gemäß der zuvor definierten Implementierungsspezifikation verhalten. Die Prüfung erfolgt anhand von aufgestellten Testszenarien und untersucht das Verhalten des Systems in Standard- und Sonderfällen. Um einen schnellen Testablauf zu ermöglichen, der bei Erweiterungen und Anpassungen des Systems beliebig wiederholt werden kann, sollten derartige Tests nach Möglichkeit automatisiert werden.

Funktionstests stellen sicher, dass die geschäftsprozessorientierten und funktionalen Anforderungen gemäß Pflichtenheft erfüllt werden. Da das Überprüfen der einzelnen Funktionen am einfachsten in einem realen System erfolgen kann, ist eine Automatisierung nur sehr eingeschränkt möglich. Deshalb empfiehlt sich ein Praxistest mit Key-Usern. Diese gehen anhand einer Anleitung vor, die spezifiziert, welche Systemschritte ausgeführt werden sollen und welches Ergebnis zu erwarten ist. Auch hier wird mit vordefinierten Testszenarien das korrekte Systemverhalten überprüft und dokumentiert. Die Testszenarien müssen das Anforderungsprofil des Pflichtenhefts widerspiegeln.

Integrationstests zielen im Wesentlichen auf den Nachweis der zugesagten Performance und der korrekten Einbindung des neuen Systems in die bestehende IT-Landschaft ab. Unter verschiedenen Lastsituationen wird das Antwortverhalten bei Client-Anfragen untersucht und die korrekte Interaktion mit externen Systemen getestet. Über entsprechende Monitoring-Tools werden Faktoren wie die CPU- und Speicherauslastung festgehalten sowie auf Basis der hierdurch erhobenen Werte genaue Aussagen bezüglich der definierten Hardwareanforderungen getroffen. Die Ergebnisse des Integrationstests bestimmen den noch erforderlichen Op-

timierungsbedarf vor Freigabe des Systems zum Roll-out.

Die Funktionstests müssen erfolgreich abgeschlossen sein, um die Anwender zu qualifizieren. Für die Schulung der Anwender sind folgende Punkte wichtig:

- Schulungen idealerweise durch fachlich qualifizierte Key-User,

- Qualifizierung auf Basis gut strukturierter Schulungsunterlagen,

- Aussagekräftige Beispiele, die den Anwendern gut verdeutlichen, was auf sie bei der Anwendung des neuen Systems zukommt und was das Besondere ist,

- Ausbildungsstand der Endanwender als wesentliches Freigabekriterium für den Roll-out.

Kurz vor dem Roll-out erfolgt die finale Datenmigration nach Vorgabe der Migrationsstrategie. Die Werkzeuge zur Migration der Daten sollten im Vorfeld hinreichend getestet worden sein.

5.4.4 Roll-out

Unter Roll-out verstehen wir im Allgemeinen die flächendeckende Einführung des neuen IT-Systems. Dafür gibt es unterschiedliche Ansätze, die als Roll-out-Varianten bezeichnet werden. Ferner ist es das Ziel, das IT-Einführungsprojekt auch formal korrekt zu beenden. Dies ist Gegenstand der Betriebsübergabe und Abnahme.

Roll-out-Varianten

Parr und Shanks charakterisieren Roll-out-Varianten nach Implementierungsumfängen und Implementierungsmerkmalen [PS00]. **Implementierungsumfänge** charakterisieren die Breite und Intensität der Einführung des IT-Systems. Es werden drei Stufen unterschieden:

- **Komplett (Comprehensive):** Bei dieser Variante wird ein IT-System mit voller Funktionalität an mehreren Standorten bzw. in mehreren Landesgesellschaften quasi gleichzeitig eingeführt. Das ist typisch für multinationale Unternehmen; die Anforderungen an das Management der Einführung sind sehr hoch. In der Regel ist der IT-Einführung ein breit angelegtes BPR-Projekt vorangegangen, in dem die an den einzelnen Standorten gewachsenen Ablauforganisationen harmonisiert und verbessert worden sind.

- **„Vanilla":** Damit ist die Implementierung an zunächst nur einem Standort gemeint, wobei nur ein Teil der Funktionalität des IT-Systems zum Einsatz kommt und die Anzahl der Systembenutzer relativ klein ist. In der Regel ist die Systemeinführung nicht mit einem tiefgreifenden BPR-Projekt verbunden. Es handelt sich also um einen punktuellen pragmatischen Ansatz, der nicht den Anspruch hat, das Erfolgspotential von BPR und IT-Nutzung unternehmensweit konsequent auszuschöpfen.

- **Mittelweg (Middle Road):** Wie der Name es schon sagt, ist dieses der Mittelweg zwischen den Varianten „komplett" und „Vanilla". Typischerweise sind es auch hier mehrere Standorte, aber es wird nur je Standort ein Teil des neuen IT-Systems eingeführt. Das Niveau von BPR ist bedeutend, aber nicht so umfangreich wie im Falle einer kompletten Implementierung.

Implementierungsmerkmale dienen der weiteren Charakterisierung der Roll-out-Varianten. Die drei Merkmale werden im Folgenden kurz beschrieben:

- **Physischer Bereich (Physical Scope):** Damit wird eine Charakterisierung hinsichtlich der geographischen Lokalisierung des Roll-outs vorgenommen. Ein Roll-out kann einen einzelnen Standort, mehrere Standorte innerhalb der gleichen Region oder mehrere Standorte in verschiedenen Staaten betreffen. Dies korreliert mit der Anzahl und der geographischen Verteilung der Benutzer.

- **Bereich des Business Process Reengineering (BPR-Scope):** In der Regel ist die geplante Einführung eines neuen IT-Systems der Anlass, die vielerorts historisch gewachsenen Geschäftsprozesse zu überprüfen. Daher geht mit der Einführung eines IT-Systems auch eine Reorganisation der Geschäftsprozesse einher. Selbst wenn der „Vanilla"-Ansatz praktiziert wird, sind Veränderungen der Geschäftsprozesse oft ratsam. Selbstredend gibt es begründete Situationen, in denen Unternehmen die Geschäftsprozesse beibehalten [Ban96]. Der naheliegendste Grund ist, dass in der Prozessorganisation keine signifikanten Verbesserungspotentiale gesehen werden.

- **Modulimplementierungsstrategie (Module Implementation Strategy):** Sofern das IT-System über einzelne unabhängig voneinander zu betreibende Module (Baukastensystem) verfügt, bietet es sich an, nach einem gut durchdachten Plan nur die Module sukzessive einzuführen, die in den jeweiligen Bereichen tatsächlich benötigt werden.

Tabelle 5-5 enthält die drei Grundformen der Roll-out-Varianten mit den Ausprägungen der drei Merkmale.

Vor diesem Hintergrund haben sich umgangssprachlich der Big-Bang-Ansatz und der Step-by-Step-Ansatz etabliert. Beim **Big-Bang-Ansatz** werden am Stichtag alle geplanten Funktionsbereiche des IT-Systems auf einmal in Betrieb genommen, wohingegen beim **Step-by-Step-Ansatz** Bereiche nacheinander im Rahmen einer schrittweisen Einführung in Betrieb gehen. Die Vor- und Nachteile dieser beiden Ansätze sind in der Tabelle 5-6 dargestellt [Bei97].

Betriebsübergabe und Abnahme

Im Kapitel 5.4.2 wurde bereits auf die Notwendigkeit der juristischen Absicherung eines IT-Projektes eingegangen. Gerade die Abnahme hat eine hohe Bedeutung in IT-Projektverträgen; es stellt sich die Schlüsselfrage, ob die geschuldete Leistung erbracht worden ist. Eine Abnahme erfolgt nach dem Wortlaut des Gesetzes mit Herstellung des Werkes, also mit vertragsgemäßer Erstellung der Software. In der Praxis wird die Abnahme

Tabelle 5-5: Charakterisierung von Roll-out-Varianten nach Parr/Shanks

	Implementierungsumfänge		
Roll-out Varianten	**Komplett** (Comprehensive)	**„Vanilla"**	**Mittelweg** (Middle Road)
Physischer Bereich (Physical Scope)	Flächendeckend (multinational)	Nur an einem Standort	An mehreren, aber nicht an allen Standorten
Bereich des BPR (BPR-Scope)	Vorhergegangene, tiefgreifende Reorganisation und Harmonisierung der Prozesse	Minimale, nur unbedingt notwendige Prozessverbesserungen	Größere, auf Standorte bezogene Prozessverbesserungen
Modulimplementierungsstrategie	Der komplette Funktionsumfang wird überall eingeführt	Nur die Funktionen, die am Standort erforderlich sind	Sukzessive Einführung der Funktionen bezogen auf Standorte

(Linke Spalte, vertikal: **Implementierungsmerkmale**)

BPR: Business Process Reengineering

nach einer vertraglich geregelten Zeit des Echtbetriebs durchgeführt. Mit der Abnahme erklärt der Kunde die Vollständigkeit und Funktionstüchtigkeit der Lieferung, und zwar auf der Grundlage des Pflichtenheftes, der Implementierungsspezifikation und des IT-Vertrags. Jede Anforderung aus dem Pflichtenheft und der Implementierungsspezifikation ist hinsichtlich ihrer Erfüllung zu bewerten. Festgestellte Fehler sind entsprechend der Mängelklassifikation einzustufen. Die Ergebnisse werden in einer Abnahmedokumentation festgehalten, die sowohl vom Auftraggeber als auch vom Auftragnehmer zu unterzeichnen ist. Diese stellt die juristische Basis für die Endabnahme bei einem Werkvertrag dar. Weist die Systemabnahme in Summe ein positives Resultat auf, so gilt das neue System als abgenommen. Schwere Mängel verhindern eine Abnahme. Selbstredend ist im Zuge eines IT-Einführungsprojektes im Vorfeld schon alles zu tun, damit diese nicht auftreten. Der „Normalfall" einer Abnahme ist, dass relativ viele kleinere Fehler und Mängel festgestellt werden. Der Lieferant verpflichtet sich, diese zum vereinbarten Termin unentgeltlich zu beseitigen. Die formale Abnahme erfolgt dann unter dem Vorbehalt, dass dies auch geschieht. Nach der Abnahme beginnt die Gewährleistungszeit.

Gesetzliche Regelungen (siehe Kasten) machen es erforderlich, dass in IT-Projektverträgen detaillierte Abnahmevereinbarungen getroffen werden müssen. Mit der Abnahme wird i.d.R. nicht nur die vollständige Vergütung des Projektes fällig, sondern die Beweispflicht für Mängel wandert nach der Abnahme vom Auftragnehmer zum Auftraggeber.

Nach Übergabe des IT-Systems in den laufenden Betrieb hat der Auftraggeber für die Dauer der gesetzli-

Tabelle 5-6: Die IT-Einführungsansätze „Big-Bang" und „Step-by-Step" mit ihren Vor- und Nachteilen

	Vorteil	**Nachteile**
Big-Bang-Ansatz	+ i.d.R kurze Einführungszeit + geringer Aufwand für Schnittstellenerstellung + eine hohe, potentiell erreichbare Verbesserung + Umsetzbarkeit von bereichsübergreifenden Geschäftsprozessen in einem Schritt	- sehr hoher Personalbedarf - hohes Risiko - Notwendigkeit eines straffen Projektmanagements - umfangreiche Tests sind unerlässlich - notwendige Vorlaufzeit für Konzeption und Schulung
Step-by-Step-Ansatz	+ wenige betroffene Fachabteilungen + Anfragen der Anwender können bewältigt werden + sukzessiver Erfahrungsgewinn und Know-how-Transfer + geringes Einführungsrisiko + sicheres Erfolgserlebnis	- zusätzliche Schnittstellen pro Zwischenschritt erforderlich - Verwendung der Schnittstellen nur während der Einführung - langer Einführungszeitraum - neue Prozessorganisation nur schwer mit dem neuen IT-System realisierbar, da vor- und nachgelagerte Bereiche mit dem alten System arbeiten

chen oder vertraglich vereinbarten Gewährleistungszeit den Anspruch, dass das System fehlerfrei funktioniert. Aufgrund von kontinuierlichen Optimierungen und Veränderungen der Geschäftsprozesse muss das System häufig schon während der Gewährleistungsfrist, die gesetzlich zwei Jahre ab Abnahme beträgt, an neue Anforderungen angepasst werden. Dies erfordert neue Releases, deren Erstellung bei den Lieferanten Kosten verursachen. Daher unterbreiten die Systemlieferanten in der Regel schon bei Vertragsschluss, spätestens aber mit der Abnahme Angebote auf Abschluss von Pflege- und Wartungsverträgen, obwohl die Gewährleistungsfrist noch lange nicht abgelaufen ist und der Lieferant verpflichtet ist, Fehler und Mängel unentgeltlich zu beseitigen. Der Systemlieferant ließe sich somit die ohnehin geschuldete Fehlerbeseitigung im Rahmen des Pflegevertrags vergüten. Abgesehen von der Notwendigkeit neuer Releases aufgrund von neuen Anforderungen ist zu beachten, dass der Pflegevertrag dem Auftraggeber auch im Hinblick auf die im Rahmen der Fehlerbeseitigung zu erbringenden Leistungen oftmals einen Mehrwert bietet, etwa durch die

Zusage von Reaktions- und Fehlerbeseitigungszeiten, die über die Verpflichtung der Gewährleistung hinausgehen. Hierdurch ist der Auftraggeber gegenüber den gesetzlichen Mängel- und Gewährleistungsansprüchen aus einem Kauf- oder Werkvertrag deutlich besser gestellt. Diese sehen nämlich eine Fehlerbeseitigung nur innerhalb „angemessener Fristen" vor. Hinzu kommt, dass im Rahmen eines Pflegevertrages oftmals eine Fehlerbeseitigung durch Remote-Zugriff oder durch einen Vor-Ort-Service angeboten wird. Es hat also Vorteile, bereits unmittelbar nach Inbetriebnahme auf der Basis eines Pflege- und Wartungsvertrags zusammenzuarbeiten.

BGB-Regelungen zur Abnahme eines IT-Projektes

Bei einem IT-Projekt schuldet der Auftragnehmer grundsätzlich den Erfolg des Projekts, also eine funktionierende, den Anforderungen des Auftraggebers entsprechende Softwarelösung. In einem solchen Fall gehen der Gesetzgeber und die Rechtssprechung in der Regel davon aus, dass ein Werkvertrag oder ein Werklieferungsvertrag im Sinne der §§ 631 ff. BGB vorliegt. Falls Auftraggeber und Auftragnehmer einen Werkvertrag zur Grundlage ihrer Leistungsbeziehungen gemacht haben, was für den Auftraggeber auf jeden Fall zu empfehlen ist, besteht für diesen die Verpflichtung zur Abnahme des Werkes. Nimmt der Auftraggeber nicht ab, obwohl er hierzu vertraglich verpflichtet ist, gilt die Abnahme als erfolgt (§ 640 Abs. 1 S. 3 BGB).

Erst mit der Abnahme wird nach dem Gesetz der Vergütungsanspruch des Werkunternehmers (System-

anbieters) fällig (§ 641 BGB). Die Abnahme kann wegen unwesentlicher Mängel nicht verweigert werden (§ 640 Abs. 2 S. 2 BGB). Mit Abnahme erlöschen grundsätzlich die Erfüllungsansprüche des Auftraggebers; an deren Stelle treten seine Mängelansprüche (Nacherfüllung bzw. Mangelbeseitigung, Neuherstellung, Selbstvornahme, Rücktritt, Minderung, Schadenersatz - §§ 634 ff. BGB). Dies gilt jedoch nur, wenn er sich bei der Abnahme die Beseitigung der für ihn erkennbaren Mängel vorbehalten hat. Macht er dies nicht, verliert er seine Mängelansprüche (§ 640 Abs. 2 BGB). Entscheidend wirkt sich die Abnahme auf die Frage aus, wer vorhandene Mängel an der Software beweisen muss. Bis zur Abnahme muss der Auftragnehmer beweisen, dass seine Werkleistung mangelfrei ist. Nach Abnahme ist der Auftraggeber in der Pflicht, etwaige Mängel nachzuweisen.

Quelle:

REHMANN, F. J., Rechtsanwalt, Büren

Literatur zum Kapitel 5

[Ans05] ANSI/ISA-95.00.03-2005: Enterprise-Control System Integration, Part 3: Activity Models of Manufacturing Operations Management. ISA Organization, 2005

[AS04] ABRAMOVICI, M.; SCHULTE, S.: PLM – logische Fortsetzung der PDM-Ansätze oder Neuauflage des CIM-Debakels? In: VDI Gesellschaft EKV (Hrsg.): VDI-Bericht 1819, I2P 2004 – Integrierte Informationsverarbeitung in der Produktentstehung. VDI-Verlag, Düsseldorf, 2004

[ASL05] ABRAMOVICI, M.; SCHULTE, S.; LESZINSKI, S.: Best Practice Strategien für die Einführung von Product Lifecycle Management – Ergebnis einer Experten-Studie in der Automobilindustrie. In: Industie Management 2/05, Gito Verlag, Berlin, 2005

[AT00] ANDERL, R.; TRIPPNER, D.: STEP – Standard for the Exchange of Product Model Data – Eine Einführung in die Entwicklung, Implementierung und industrielle Nutzung der Normenreihe ISO 10303. Teubner Verlag, Stuttgart, 2000

[Ban96] BANCROFT, N.: Implementing SAP R/3. Manning Publications, Greenwich, 1996

[BD02] BUSCH, A.; DANGELMAIER, W. (Hrsg.): Integriertes Supply Chain Management. Gabler, Wiesbaden, 2002

[Bec02] BECKER, T.: Supply Chain Prozesse: Gestaltung und Optimierung. In: Busch, A.; Dangelmaier, W.: Integriertes Supply Chain Management – Theorie und Praxis effizienter unternehmensübergreifender Geschäftsprozesse. Gabler, Wiesbaden, 2002

[Bei97] BEIDATSCH, H.: Strategien und Aufgaben zur Umsetzung BDVA mittels betrieblicher Standardsoftwaresysteme. Hochschule für Technik und Wirtschaft, Dresden, 1997

[BH03] BÄR, T.; HAASIS, S.: Prozessplanung, Produktionsmodellierung und -simulation – ein Überblick. In: Bayer, J.; Collisi, T.; Wenzel, S.: Simulation in der Automobilproduktion. Springer-Verlag, Berlin, Heidelberg, 2003

[Bit06] BITTERLING, P. R.: Praxishandbuch CobiT – IT-Prozesse steuern, bewerten und verbessern. Symposium Publishing, Düsseldorf, 2006

[BK02] BERLINER KREIS (Hrsg.): PLM-Systemklassen. Technology monitoring 1/02, Product Lifecycle Management, Berliner Kreis – Wissenschaftliches Forum für Produktentwicklung, Paderborn, 2002

[Bon05] BON, J. VAN: IT Service Management basierend auf ITIL, eine Einführung. 2. Auflage, Van Haren Publishing, Zaltbommel, Niederlande, 2005

[BSI05] BUNDESAMT FÜR SICHERHEIT IN DER INFORMATIONSTECHNIK (BSI): BSI-Standards 100-1, 100-2 und 100-3. Bundesamt für Sicherheit in der Informationstechnik, Bonn, 2005

[Bur97] BURGER, A.: Methode zum Nachweis der Wirtschaftlichkeit von Investitionen in die rechnerintegrierte Produktion. Dissertation, Fachbereich Wirtschaftswissenschaften, Universität-GH Paderborn, HNI-Verlagsschriftenreihe, Band 22, Paderborn, 1997

[Bur02] BURGHARDT, M.: Projektmanagement. 6. Auflage, Publicis Corporate Publishing, Erlangen, 2002

[BV06] BON, J. VAN; VERHEIJEN, T.: Frameworks for IT Management. Van Haren Publishing, Zaltbommel, Niederlande, 2006

[CKS07] CHRISSIS, M. B.; KONRAD, M.; SHRUM, S.: CMMI – Guidelines for Process Integration and Product Improvement. Addison-Wesley, 2. Auflage, Boston USA, 2007

[Dem82] DEMING, W. E.: Out of the Crisis. Massachusetts Institute of Technology, Cambridge, USA, 1982

[DIN199] DIN 199, Teil 1-5: Begriffe im Zeichnungs- und Stücklistenwesen. Beuth Verlag, Berlin, 1977

[ES01] EIGENER, M.; STELZER, R.: Produktdatenmanagementsysteme. Springer Verlag, Berlin, 2001

[Fey04] FEYHL, A. W.: Management und Controlling von Softwareprojekten. 2. Auflage, Gabler Verlag, Wiesbaden, 2004

[Fur03] FURRER, F.: Industrieautomatisierung mit Ethernet-TCP/IP und Web-Technologie. Hüthig Verlag, Heidelberg, 2003

[Gau87] GAUSEMEIER, J.: CAD/CAM-Systeme in der Fertigungsautomatisierung. atp-Sonderheft Fertigungsautomatisierung, Oldenbourg Verlag, München, 1987

[GHK+06] GAUSEMEIER, J.; HAHN, A.; KESPOHL, H. D.; SEIFERT, L.: Vernetzte Produktentwicklung. Carl Hanser Verlag, München, Wien, 2006

[Gie01] GIESSLER, W.: Simatic S7, SPS-Einsatzprojektierung und -Programmierung. VDE Verlag, Berlin, 2001

[Gro04] GRONAU, N.: Enterprise Resource Planning und Supply Chain Management – Architektur und Funktionen. Oldenbourg Wissenschaftsverlag, München, 2004

[Gru06] Grundig, C.-G.: Fabrikplanung, Planungssystematik – Methoden – Anwendungen. Carl Hanser Verlag, München, Wien, 2006

[Hae04] Haehnel, H.: Kommunikation. In: Langmann, R.: Taschenbuch der Automatisierung. Carl Hanser Verlag, München, 2004

[HHL+02] Hellingrath, B.; Hieber, R.; Laakmann, F.; Nayabi, K.: Die Einführung von SCM-Softwaresystemen. In: Busch, A.; Dangelmaier, W.: Integriertes Supply Chain Management – Theorie und Praxis effizienter unternehmensübergreifender Geschäftsprozesse. Gabler, Wiesbaden, 2002

[HLJ+00] Hines, P.; Lamming, R.; Jones, D.; Cousins, P.; Rich, N.: Value Stream Management – Strategy and Excellence in the Supply Chain. Prentice-Hall, London, 2000

[HNE+07] Hoffmann, H.; Nürnberg, G.; Ersoy-Nürnber, K.; Herrmann, G.: A New Approach to Determine the Wear Coefficient for Wear Prediction of Sheet Metal Forming Tools. In: Production Engineering – Research and Development 1/4, Springer, Berlin, 2007

[HP95] Hamel, G.; Prahalad, C. K.: Wettlauf um die Zukunft – Wie Sie mit bahnbrechenden Strategien die Kontrolle über Ihre Branche gewinnen und die Märkte von morgen schaffen. Wirtschaftsverlag Ueberreuther, Wien, 1995

[HPDC07] Hewlett-Packard Development Company: Realizing ITIL v3 – Top technologies to drive value, White paper. Hewlett-Packard Development Company, Palo Alto, USA, 2007

[HU01-ol] Helmke, S.; Uebel, M. F.: CRM-Grundlagen. Unter: http://www.competence-site.de/crm, Köln, 2001

[HV99] Henderson, J. C.; Venkatraman, N.: Strategic Alignment – Leveraging Information Technology for Transforming Organizations. In: IBM Systems Journal, 1999, S. 476 ff.

[HW04] Herkommer, J.; Weis, M.: Das 3D-Fabrikmodell als Integrationsplattform am Beispiel der Automobilindustrie. In: Leipzig Annual Civil Engineering Report No. 9, Leipzig, 2004

[ISACA04] Information Systems Audit And Control Association (ISACA): Certified Information System Auditor Review Manual 2005 – Chapter 2 – Management planning and Organization of IS. ISACA, Rolling Meadows, Illinois, USA, 2004

[ISF07] Information Security Forum (ISF): The Standard of Good Practice for Information Security 2007. ISF, London, 2007

[ISO20000] International Organization For Standardization (ISO): International Standard ISO/IEC 20000-1:2005: Information technology – Service Management – Part 1: Specification; International Standard ISO/IEC 20000-2:2005 Part 2: Code of practice. International Organization for Standardization (ISO), Genf, Schweiz, 2005

[ITGI07] IT Governance Institute (ITGI): CobiT 4.1 – Framework, Control Objectives, Management Guidelines, Maturity Models. ITGI, Rolling Meadows, Illinois USA, 2007

[Jac04] Jacques, H.: Komponenten. In: Langmann, R.: Taschenbuch der Automatisierung. Carl Hanser Verlag, München, 2004

[KBSt08-ol] Koordinierungs- und Beratungsstelle der Bundesregierung für Informationstechnik in der Bundesverwaltung im Bundesministerium des Innern (KBST): V-Modell XT, Release 1.2.1.1. Unter: http://www.v-modell-xt.de (abgerufen am 31.3.2008), KBSt, Berlin, 2008

[KLS+92] Kieback, A.; Lichter, H.; Schneider-Hufschmidt, M.; Züllinghoven, H.: Prototyping in industriellen Software-Projekten. In: Informatik-Spektrum Vol. 15, Nr. 3, S. 65-77, 1992

[KM02] Kilger, C.; Müller, A.: Integration von Advanced Planning Systemen in die innerbetriebliche DV-Landschaft. In: Busch, A.; Dangelmaier, W.: Integriertes Supply Chain Management – Theorie und Praxis effizienter unternehmensübergreifender Geschäftsprozesse. Gabler, Wiesbaden, 2002

[KR07] Kief, H. B.; Roschiwal, H. A.: NC/CNC Handbuch 2007/2008 – CNC, DNC, CAD, CAM, CIM, FFS, SPS, RPD, LAN, NC-Maschinen, NC-Roboter, Antriebe, Simulation, Fach- und Stichwortverzeichnis. Carl Hanser Verlag, München, 2007

[Küh06] Kühn, W.: Digitale Fabrik – Fabriksimulation für Produktionsplaner. Carl Hanser Verlag, München, Wien, 2006

[LG99] Lauber, R.; Göhner, P.: Prozessautomatisierung 1. Springer Verlag, Berlin, 1999

[LLO93] Luftman, J. N.; Lewis, P. R.; Oldach, S. H.: Transforming the Enterprise – The Alignment of Business and Information Technologies. In: IBM Systems Journal, 1993, Page 211 ff.

[LLS06] Laudon, K. C.; Laudon, J. P., Schoder, D.: Wirtschaftsinformatik – Eine Einführung. Pearson Studium, München, 2006

[Man07] Mantovani, E.: DNC – Direct Numerical Control oder Distributed Numerical Control. In: Kief, H.; Roschiwal,

H.: NC/CNC Handbuch 2007/2008. Carl Hanser Verlag, München, 2007

[Mar00] MARTIN, H.: Transport- und Lagerlogistik, Planung, Aufbau und Steuerung von Transport- und Lagersystemen. Vieweg Verlag, Braunschweig, Wiesbaden, 2000

[Mar03] MARKWORTH, R.: Entwicklungsbegleitendes digital Mock-up im Automobilbau. Dissertation, Fakultät V – Verkehrs- und Maschinensysteme, Technische Universität Berlin, Shaker Verlag, Aachen, Band D83, 2003

[Mat07] MATERNA: IT-Service Management Executive Studie 2007. MATERNA GmbH Information & Communications, Dortmund, 2007

[McA07] McAFEE, A.: Keine Angst vor IT-Management. In: Harvard Business Manager, Januar 2007, S. 84-99

[Mes00] MESA WHITE PAPER NUMBER 3: Controls Definitions & MES to Data Flow Possibilities. MESA International, Pittsburgh, USA, 2000

[Mic08-ol] MICROSOFT DEUTSCHLAND GMBH: Microsoft Dynamics AX und NAV. Unter: http://www.microsoft.com/germany/dynamics/ax/top-technologie.mspx und http://www.microsoft.com/germany/dynamics/nav/uebersicht.mspx http://www.softguide.de/prog_k/pk_1233.htm, Unterschleißheim, 2008

[MPDV07-ol] MPDV MIKROLAB GMBH: Leitstandsplanung mit dem HYDRA-HLS. Unter: http://www.mpdv.de/de/products/hydra/hls.htm, Mosbach, 2007

[Obe03] OBERMANN, K.: CAD CAM PLM Handbuch 2003/04. Carl Hanser Verlag, München Wien, 2003

[OGC05] OFFICE OF GOVERNMENT COMMERCE (OGC): Managing Successful Projects with PRINCE2. The Stationery Office, London, Großbritannien, 2005

[OGC07] OFFICE OF GOVERNMENT COMMERCE (OGC): ITIL Version 3 – Service Strategy, Service Design, Service Transition, Service Operation, Continual Service Improvement. The Stationery Office, London, Großbritannien, 2007

[PMI05] PROJECT MANAGEMENT INSTITUTE (PMI): A Guide to the Project Management Body of Knowledge, Official German Translation. PMI, Newton Square, USA, 2005

[PS00] PARR, A. N.; SHANKS, G.: A Taxonomy of ERP Implementation Approaches. In: Proceedings of the 33rd Hawaii International Conference on System Sciences, Vol. 7, 2000

[Rem07] REMBOLD, R. W.: Einstieg in Catia V5 – Objektorientiertes konstruieren in Übungen und Beispielen. Carl Hanser Verlag, München, 2007

[RS88] ROBERTSON, R. E.; SCHWERTASSEK, R.: Dynamics of Multibody Systems. Springer Verlag, Berlin, 1988

[SAP05-ol] SAP AG: mySAP™ ERP im Überblick. Unter: http://www.sap.com/germany/media/mc_319/50067886.pdf, Walldorf, 2005

[Sch99] SCHÖTTNER, J.: Produktdatenmanagement in der Fertigungsindustrie. Carl Hanser Verlag, München Wien, 1999

[Sch02] SCHÖNSLEBEN, P.: Integrales Logistikmanagement. 3. überarbeitete und erweiterte Auflage. Springer-Verlag, Berlin Heidelberg, 2002

[Sch07] SCHABACKER, M.: Solid Edge – kurz und bündig – Grundlagen für Einsteiger. 2. Auflage, Friedr. Vieweg & Sohn Verlag, Wiesbaden, 2007

[SI02] SAAKSVOURI, A.; IMMONEN, A.: Product Lifecycle Management. Springer Verlag, Berlin, 2002

[SJ99] SCHOLZ-REITER, B.; JAKOBZA, J.: Supply Chain Management – Überblick und Konzeption. In: HMD – Praxis der Wirtschaftsinformatik, Nr. 207. dpunkt.verlag, Heidelberg, 1999

[SMU+06] SCHOLZ-REITER, B.; MATTERN, F; UCKELMANN, D.; HINRICHS, U.; GORLDT, C.: RFID wird erwachsen. In: acatech bezieht Position Nr.1. Fraunhofer IRB Verlag, Stuttgart, 2006

[Vog06] VOGEL, H.: Konstruieren mit SolidWorks. Carl Hanser Verlag, München, 2006

[Wäl00] WÄLTERMANN, P.: Der serielle Hybridantrieb – Vom rechnergestützten Entwurf bis zur Hardware-in-the-Loop-Realisierung. Dissertation, Fachbereich für Maschinentechnik, Universität-Gesamthochschule Paderborn, 2000

[Web03] WEBER, P.: Digital Mock-up im Maschinenbau. Dissertation, Fakultät für Maschinenwesen, RWTH Aachen, Shaker Verlag, Aachen, Band 23, 2003

[Wec01] WECK, M.: Werkzeugmaschinen – Automatisierung von Maschinen und Anlagen. Springer Verlag, Berlin, 2001

[WR04] WEILL, P.; ROSS, J. W.: IT-Governance on One Page. CIS Working Paper No. 349, 2004, S. 40 ff.

Stichworte

Input-Lieferanten

Sven-Kelana Christiansen ist wissenschaftlicher Mitarbeiter am Heinz Nixdorf Institut der Universität Paderborn. Schwerpunkt seiner Forschungsarbeiten bilden reifegradbasierte Managementmodelle insbesondere für Prozesse der virtuellen Produktentstehung. Nach der Ausbildung zum Fluggerätbauer bei der Airbus Deutschland GmbH studierte er an der Technischen Universität Hamburg-Harburg Maschinenbau mit der Fachrichtung Flugzeugsystemtechnik. Sven-Kelana Christiansen war vor seinem Eintritt in das Heinz Nixdorf Institut bei der Firma ConmatiX Engineering Solutions GmbH als Berater für rechnergestützte Konstruktion im Maschinen- und Anlagenbau tätig. Input zu Kapitel 4.4.

Dr. Ulrich Deppe ist Competence Center Leiter in der UNITY AG und verantwortet im Bereich Entwicklungsmanagement Themen wie Mechatronik, Produktstrukturierung, Prozessmanagement und Organisationsentwicklung. Er berät internationale Kunden in der Automobil- und Luftfahrtindustrie, dem Maschinen- und Anlagenbau sowie der Medizintechnik. Ulrich Deppe studierte Chemieingenieurwesen an der Universität Paderborn und Total Quality Management an der Universität Kaiserslautern. Er promovierte an der Fakultät für Naturwissenschaften an der Universität Paderborn. Input zu Kapitel 4.2.

Andreas Fellhauer ist Leiter des Competence Centers Informationsmanagement und IT-Einführung in der UNITY AG. Dazu zählt insbesondere das Thema Supply Chain Management mit den Schwerpunkten Portfolio-, Technologie- und Kollaborationsstrategien, Komplexitätsmanagement sowie IT-gestützte Optimierung von Planungs- bis hin zu Betriebsprozessen. Er berät internationale Kunden in der Fertigungsindustire sowie der Finanzdienstleistungs-, Konsumgüter- und Telekommunikationsbranche. Andreas Fellhauer studierte Betriebswirtschaft an der Universität Münster. Vor seinem Eintritt in die UNITY AG war er Partner und Geschäftsführer bei Mummert+Partner und verantwortete verschiedene IT-Projekte in Frankreich, Italien, Österreich und der Schweiz. Input zu Kapitel 5.1.

ANDREAS HINDER ist Partner und Competence Center Leiter in der UNITY AG. Er ist zertifizierter IT-Auditor (CISA) und verantwortet im Bereich IT-Management die Themen IT-Strategie und -Organisation mit den Schwerpunkten Gestaltung von IT-Strategien, Architekturkonzeptionen und der Optimierung von IT-Prozessen. Er berät internationale Kunden in der Fertigungsindustrie und verschiedene Dienstleister der Gesundheitsbranche. Andreas Hinder studierte Elektrotechnik. Nach mehreren Stationen als IT-Leiter arbeitet er seit 1999 bei der UNITY AG. Input zu Kapitel 5.3.

DR.-ING. HANS D. KESPOHL ist Leiter des Competence Centers Strategische Unternehmensführung der UNITY AG. Seine Beratungsschwerpunkte sind Strategie- und Innovationsberatung. Zu seinen Kunden zählen namhafte internationale Unternehmen u. a. aus den Branchen Maschinenbau, Luftfahrt, Hausgeräte- und Konsumgüterindustrie. Hans Kespohl ist ferner Autor zahlreicher Publikationen und fachlicher Leiter für F&E-Management in der berufsbegleitenden Ausbildung. Vor seiner Beratertätigkeit war er als Teamleiter für Entwicklungsinformationssysteme am Heinz Nixdorf Institut tätig. Dort promovierte er bei Prof. Gausemeier. Hans Kespohl studierte Wirtschaftsingenieurwesen an der Universität Paderborn. Input zu Kapitel 2.2.

MARKUS KNOBEL ist Competence Center Leiter in der UNITY AG und verantwortet im Bereich Produktionsmanagement das Thema Digitale Fabrik mit den Schwerpunkten Fertigungs- und Fabrikplanung, Virtual Reality und Augmented Reality. Er berät internationale Kun-

den in der Automobilindustrie sowie im Maschinen- und Anlagenbau. Markus Knobel studierte Maschinenbau an der Universität Paderborn und war vor seinem Eintritt in die UNITY AG bei der Siemens AG Energieerzeugung Erlangen in der Kraftwerksplanung tätig. Input zu Kapitel 5.2.1 und 5.2.2.

DANIEL NORDSIEK ist Leiter des Teams „Integrative Produktionssystemplanung" am Lehrstuhl von Prof. Gausemeier. Sein Forschungsschwerpunkt liegt im Bereich der Planung und Simulation komplexer Fertigungssysteme im Wechselspiel mit der Produktkonzipierung. Des Weiteren arbeitet er in Industrieprojekten zur Reorganisation von Fertigungsprozessen. Nach der Ausbildung zum Schiffsmechaniker bei der Hapag Lloyd Container Linie GmbH in Hamburg studierte er an der Universität Paderborn Wirtschaftsingenieurwesen mit der Fachrichtung Maschinenbau. Input zu den Kapiteln 5.2.1, 5.2.2 und 5.2.5.

GUIDO STOLLT ist Geschäftsführer der Smart Mechatronics GmbH, die Ingenieurdienstleistungen in den Bereichen Mechatronik, Elektronik und Embedded Software anbietet. Guido Stollt studierte Wirtschaftsingenieurwesen an der Universität Paderborn und arbeitete danach als wissenschaftlicher Mitarbeiter am Lehrstuhl für Rechnerintegrierte Produktion von Prof. Gausemeier, zuletzt als Leiter des Teams „Integrative Produktionssystemplanung". Ferner leitete er eine Reihe von anspruchsvollen Forschungsprojekten wie „WZM20XX – Initiative für die Werkzeugmaschine von morgen" und „Zukunftsszenarien für die Antriebstechnik-Industrie". Input zu Kapitel 2.1.

THOMAS ULRICH ist Partner in der UNITY AG. Als Senior Experte verantwortet und leitet er internationale Projekte mit den Schwerpunkten Unternehmensentwicklung, Prozess- und Organisationsmanagement und der Einführung von IT-Systemen sowohl im Produktentwicklungsprozess als auch in der Auftragsabwicklung und Produktion. Er berät in internationalen Projekten primär Unternehmen der Fertigungsindustrie. Nach der Ausbildung zum Werkzeugmechaniker bei der Benteler AG in Paderborn studierte er Maschinenbau an der Universität Paderborn. Thomas Ulrich war einer der ersten Mitarbeiter der UNITY AG und hat eine große Anzahl der Methoden praxisorientiert entwickelt. Input zu Kapitel 4.3.

ANDREAS ZIMMERMANN ist Projektmanager in der UNITY AG und hat in zahlreichen Projekten Erfahrungen in der Planung und Steuerung zur Einführung von komplexen IT-Systemen gesammelt. Er berät mit den Schwerpunkten Prozess-, Organisations- und Projektmanagement vorwiegend Kunden aus der Fertigungsindustrie. In der Rolle des Projektleiters als Generalunternehmer verantwortet er IT-Einführungsprojekte von der Anforderungsanalyse bis zur erfolgreichen Abnahme. Er studierte an der Universität Paderborn Wirtschaftsingenieurwesen mit der Fachrichtung Fertigungstechnik. Input zu Kapitel 5.4.